Der Erfinder der 5. Dimension
Theodor Kaluza
Leben und Werk

Der Erfinder der 5. Dimension

Theodor Kaluza

Leben und Werk

Daniela Wuensch

Verbesserte 2. Auflage

Termessos

Göttingen & Stuttgart 2008

Im Gedenken an Dorothea Rath

geborene Kaluza

12.1.1916 – 27.8.2006

DIE THEORIE

KIEL

GÖTTINGEN

RÜCKBLICK UND SCHLUSSFOLGERUNG

ANHÄNGE

BIBLIOGRAPHIE

INDICES

Zusammenfassung

Zum ersten Mal wird hier in einer umfassenden und anhand einer Vielzahl unveröffentlichter Quellen eingehend recherchierten Biographie das Leben des Physikers und Mathematikers Theodor Kaluza geschildert, der 1921 in seiner Theorie der Vereinheitlichung der Gravitation und des Elektromagnetismus die fünfte Dimension des Raumzeitkontinuums einführte. So genial seine Idee war, so unbekannt blieb ihr Schöpfer. Kaluza, 1885 in Wilhelmsthal, Kreis Oppeln, geboren, starb 1954 in Göttingen, nachdem er dort als Krönung seiner Universitätslaufbahn 19 Jahre einen Lehrstuhl am berühmten Mathematischen Institut innegehabt hatte. Obwohl seine Theorie die Aufmerksamkeit großer Physiker – darunter Einstein – fand, erlangte Kaluza zu seinen Lebzeiten nicht die verdiente Anerkennung, von Ruhm ganz zu schweigen.

Erst fünfzig Jahre nach ihrer Entstehung wurde Kaluzas Theorie wiederentdeckt und führte in der Physik zu einem Paradigmenwechsel. Sie liegt den modernen Superstringtheorien und den heutigen M-Theorien zugrunde. Dank Kaluzas Idee herrscht heute in der Physik die Vorstellung eines elfdimensionalen Raumes vor. Seine Theorie ist in ihrer geistigen Leistung mit den großen Theorien unseres Jahrhunderts, der Relativitätstheorie und der Quantenmechanik, auf eine Stufe zu stellen. Das veranlasste manche Historiker, ihre Wirkung in der Physik als einen „noch heute spürbaren Schock"[1] zu bezeichnen.

Das Buch verfolgt das Ziel, das Werk und das Leben Kaluzas in ihrer untrennbaren Einheit zu schildern. Dabei wird gezeigt, dass seine fünfdimensionale vereinheitlichte Theorie in engem Zusammenhang mit Kaluzas philosophischer Auffassung steht.

Nicht nur die großartige wissenschaftliche Leistung Kaluzas, sondern seine gesamte Persönlichkeit in ihrer moralischen Haltung verdient Bewunderung. Es handelt sich um einen faszinierenden Menschen, der 17 Sprachen sprach, immer frei vortrug und sich in fast jedem Bereich auskannte, der jedoch nie bestrebt war, seine überragende Begabung in den Vordergrund zu stellen. Sein universales Können und seine anziehende Erscheinung verbanden sich mit einer sokratischen Bescheidenheit.

Bemerkenswert ist Kaluzas ethische Haltung. Er hat sein Leben lang konsequent verantwortungsbewusst entsprechend seinen humanistischen Idealen gehandelt. Auch in den Jahren der Nazidiktatur hat er seine geistige Freiheit nicht

---

[1] Greene (1999), S. 185.

geopfert. Kaluza war von dem ethischen Wert des Lehrens überzeugt. Ähnlich wie Sokrates betrachtete er den Unterricht als Möglichkeit, die Welt zu verbessern. Seine besondere pädagogische Fähigkeit sowie sein Engagement für seine Studenten zeichnen seine Tätigkeit als Professor aus. Auch Königsberg als geistige Heimat Kaluzas und Ort, wo er am längsten gelebt hat, wird im Buch gewürdigt, eine Stadt, die durch ihre besondere Atmosphäre der Kantianischen Aufklärung Kaluza zutiefst geprägt hat.

Kaluzas physikalisches Werk wird mit besonderem Schwerpunkt auf seine vereinheitlichte Theorie analysiert. Da jedoch ihre Bedeutung außerhalb des Kontextes der Entwicklung des Vereinheitlichungsgedanken sowie der Vorstellung von höherdimensionalen Räumen schwer verstanden werden kann, wird im Buch der Geschichte dieser Entwicklung ausführlich nachgegangen. Ebenfalls wird die Rolle der Theorie Kaluzas im Rahmen der vereinheitlichten Theorien bis in die moderne Zeit verfolgt.

Es zeigt sich heute wieder, dass der Wissenschaftler der Zukunft Wissen aus allen Gebieten beherrschen und vereinigen muss. Durch sein universales Wissen und sein Streben nach Einheit kann Kaluza als Vorbild gelten. Sein Leben ist durch das Streben gekennzeichnet, im Einklang mit seinen hohen ethischen Idealen verantwortungsvoll zu handeln. Auch aus diesem Grund bietet Kaluza dem Wissenschaftshistoriker das interessante Beispiel eines Menschen, dem es gelang, wissenschaftliche Verdienste und ethische Haltung zu vereinbaren.

Abstract

The life of the physicist and mathematician Theodor Kaluza, who, in 1921, introduced the fifth dimension of the space-time continuum in his unified theory of forces of nature, has been described for the first time in this comprehensive biography. In spite of his brilliant idea, Kaluza was a relatively unknown person. He was born in Wilhelmsthal, district of Oppeln, in 1885 and died in Göttingen in 1954. There he spent the last 19 years of his life as a professor at the well-known Institute for Mathematics – the culmination of his career. Although his theories gained the attention of great physicists like Einstein, he achieved neither well-deserved appreciation nor fame during his lifetime.

Kaluza's theory was not rediscovered until 50 years after its development, and caused a paradigm change in physics. The modern superstring theories and the present so-called M-theories are based on his work. Thanks to Kaluza's ideas, the eleven-dimensional space dominates present physics. His theory, in regard to its intellectual achievement, should be placed at the same level as the great theories of the 20th century – the Theory of Relativity and Quantum Mechanics. This prompted many scholars and physicists to describe the effect of Kaluza's theory on physics as *"a shock that we still feel today."*

The aim of this book is to describe Kaluza's life and work as the inseparable unit that they are. The close connection between his fifth-dimensional unified theory and his philosophical views is emphasized.

Not only is Kaluza's magnificent scientific work worthy of admiration, but his personality as a whole and his moral standing as well. He was a fascinating man, who spoke 17 languages, never used notes while lecturing and was knowledgeable in a variety of other fields, who remained extremely modest, and showed no ambition to show off his brilliant talents.

Kaluza's ethical attitude is remarkable. All his life he was consistent in acting responsibly, according to his humanistic ideals. He was also convinced of the ethical value of teaching. Similar to Socrates, he believed teaching to be a way to improve the world. His special educational skills and commitment to his students distinguished him as a professor. The book also acknowledges Kaluza's spiritual home, Königsberg, the city which deeply shaped Kaluza with its special atmosphere.

Kaluza's work in physics is analyzed with a special emphasis on his theory of unification. However, since its importance is difficult to comprehend outside of the context of the development of the idea of unification and of higher-dimensional spaces, the book pursues this evolution in detail. Additionally, the role of Kaluza's theory in the Theories of Unification up to modern times is examined.

We see again today that the scientist of the future must master and combine knowledge from all disciplines. Through his universal knowledge and his aspiration of unity, Kaluza can be regarded as a model for such scientists. His life is characteristic of his desire to act responsibly in harmony with his ethical ideals. Even in the years of the Nazi dictatorship, he did not sacrifice his intellectual freedom. For this reason, scientific historians see Kaluza as an interesting example of how a person can successfully harmonize scientific achievment with ethical and moral countenance.

„Du brachtest mir die Lilie, die aus dem Golde,
aus der Urkraft der Erde, noch ehe Phosphorus
den Gedanken entzündete, entspross – sie ist die
Erkenntnis des heiligen Einklangs aller Wesen,
und in dieser Erkenntnis lebe ich in höchster
Seligkeit immerdar."

E. T. A. Hoffmann

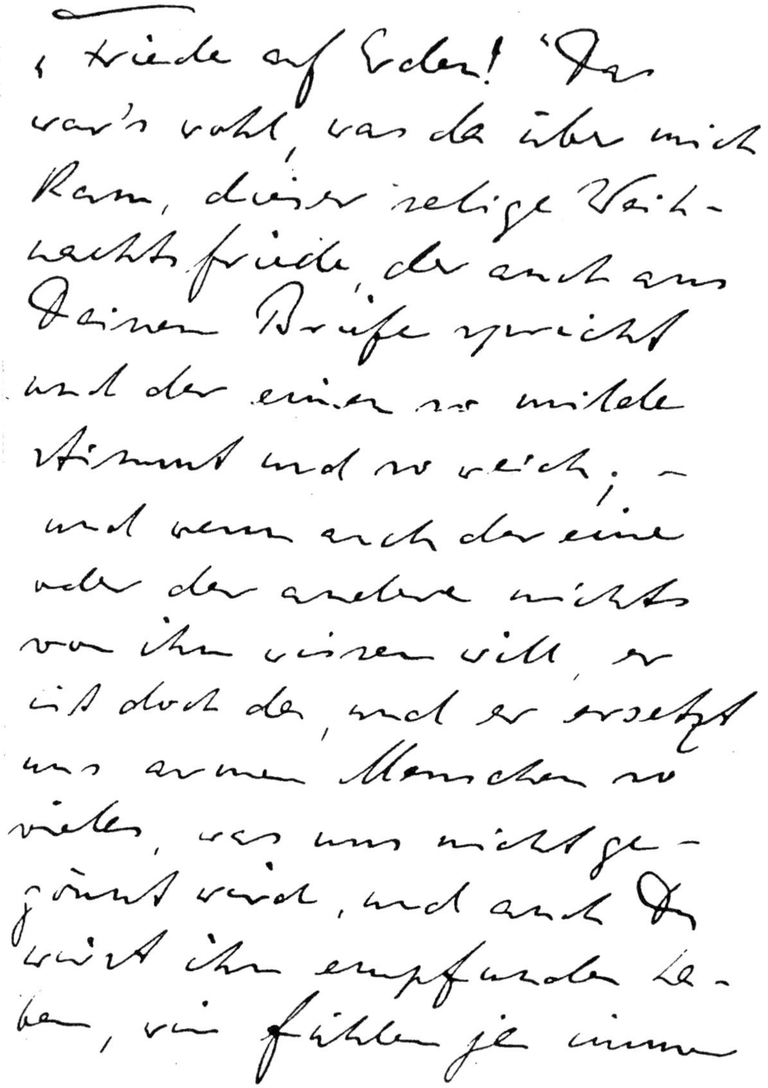
‚Friede auf Erden!' Das
war's wohl, was da über mich
kam, dieser selige Weih-
nachtsfriede, der auch aus
Deinem Briefe spricht
und der einen so milde
stimmt und so reich, –
und wenn auch der eine
oder der andere nichts
von ihm wissen will, er
ist doch da, und er ersetzt
uns armen Menschen so
vieles, was uns nicht ge-
gönnt wird, und auch Du
wirst ihn empfunden Le-
ben, wir fühlen ja immer

Abb. 1: Aus einem Brief von Theodor Kaluza an Anna Beyer, seiner späteren Frau, vom 24. Dezember 1907 (teilweise Transkription unten S. 599f.)

Einführung

> *„Sprich nur dich selbst aus,*
> *wird schon Rätsel sein."*
>
> Goethe, „Faust"

1983 eröffnete der Nobelpreisträger Steven Weinberg einen Vortrag in Oxford über „Die Kaluza-Klein-Theorie und die Große Vereinheitlichung" mit der Frage: *„We begin with the most fundamental question of all: WHO WAS KALUZA?"*

Theodor Kaluza hat dem Historiker die Beantwortung dieser Frage nicht leicht gemacht: Er scheute stets die Öffentlichkeit, publizierte wenig, trat selten auf Kongressen in Erscheinung und tat nichts zur Beförderung seines Nachruhms. Offensichtlich wollte er im Verborgenen bleiben.

Kaluzas Name wurde in der modernen Physik trotzdem zum Begriff. Er hat die berühmte Kaluza-Theorie[1] konzipiert, in der die fünfte Dimension des Raumzeitkontinuums eingeführt wurde. Einige Wissenschaftler wissen auch, dass sich mit seiner Theorie ein Paradigmenwechsel in der Physik vollzog. So bekannt sein Name in der theoretischen Physik wurde, so unbekannt blieb bislang seine Person – in Publikationen über die Superstringtheorien wird er als „obskurer Mathematiker" bezeichnet, in manchen Physiklehrbüchern sogar als Linguist.[2] Zwei Kurzbiographien sind bereits erschienen. Die erste, eine zweiseitige Biographie, verfasst von dem Physiker Varadaraja V. Raman, wurde 1973 im *Dictionary of Scientific Biography* veröffentlicht[3], und die zweite, eine achtseitige Darstellung des Lebens und Werkes von Kaluza durch seinen Schüler, den Mathematikprofessor Detlef Laugwitz, wurde 1985 anlässlich des 100. Geburtstages Theodor Kaluzas verfasst.[4]

Noch rätselhafter erscheint das alles angesichts der Aussagen seiner Zeitgenossen, dass Kaluza eine anziehende Persönlichkeit war, die durch ihre geistigen Eigenschaften die Menschen ihrer Umgebung faszinierte. Er zeichnete sich durch eine vornehme Zurückhaltung und Bescheidenheit aus und versuchte niemals, in den Vordergrund zu treten. Kaluzas Erscheinung strahlte intellektuelle Brillanz

---

[1] Heute besser unter dem Namen Kaluza-Klein-Theorie bekannt wegen Oskar Klein, der Kaluzas Theorie fünf Jahre nach ihrer Veröffentlichung aufgriff und im Rahmen der Quantenmechanik erweiterte.

[2] Vgl. Zee (1990) und Greene (1999).

[3] Siehe Raman, V. (1973).

[4] Siehe Laugwitz (1986).

und Souveränität, zugleich aber auch Wohlwollen aus. Er war ein humorvoller Mensch; seine geistvollen Witze waren immer erheiternd, aber nie böswillig. Er konnte in 17 Sprachen ein Alltagsgespräch führen, beherrschte sieben Sprachen perfekt (in Wort, Schrift, Dialekt und Jargon), las *Ilias* und *Edda* im Original, die Bibel in Hebräisch, den Koran in Arabisch. An Karl May schrieb er Briefe in Arabisch – die allerdings nie beantwortet wurden. Sein Gedächtnis war beeindruckend. Seine völlig frei gehaltenen Vorlesungen fesselten die Zuhörer. Er kannte sich in klassischer und moderner Literatur gut aus und rezitierte mit großer Leichtigkeit Shakespeare und Schiller. Er musizierte gern, spielte Klavier und Orgel und seine Vorliebe galt Beethovens Sonaten und Mozarts Opern.

Kaluza war beliebt und geschätzt. Mit seinem feinsinnigen Humor konnte er jeden erheitern und ihm Lebensmut einflößen. Gleichzeitig war er ein sehr intro-vertierter Mensch, der sich zurückgezogen mit wissenschaftlichen und erkennt-nistheoretischen Fragen beschäftigte. Er vermied jeden öffentlichen Auftritt und stellte seine Genialität nie zur Schau. Die Einsamkeit bot ihm die Möglichkeit, seiner Leidenschaft für die Wissenschaft nachzugehen. Kaluzas Leben war ge-prägt von seinem Streben nach Harmonie. Er glaubte daran, dass das Universum einen tiefen Sinn habe, dem sich der Mensch durch Erkenntnis nähern könne. Bei den Studenten war er vor allem wegen seiner pädagogischen Begabung, die schwierigsten wissenschaftlichen Inhalte in klaren Vorlesungen einfach darzustel-len, sehr beliebt. Aber auch seine Fähigkeit, mit jedem verständnisvoll umzu-gehen, und seine Hilfsbereitschaft wurden geschätzt.

Die Schwierigkeiten, die dem Historiker bei der Erforschung der Persönlich-keit Kaluzas begegnen, sind erheblich. Man versucht, sich einem Menschen zu nähern, der trotz seiner genialen Eigenschaften nie danach gestrebt hat, sich den Zeitgenossen und der Kulturwelt bekannt zu machen. So schrieb der Wissen-schaftsjournalist Dietrick E. Thomsen 1984 ironisch über Kaluza, dessen Name damals plötzlich in der theoretischen Physik viel genannt wurde, über dessen Biographie jedoch nichts bekannt war, außer dass er in Königsberg gelebt hatte: *"But where was poor Theodor Kaluza in those days? Did he get lost trying to solve the Koenigsberg bridge problem?"*[5] Gemeint waren zwei Gruppenfotos Ende der 20er-Jahre in Leiden und Kopenhagen, auf denen einige der bedeutenden Physiker, die sich für die fünfdimensionalen vereinheitlichten Theorien interessierten, verewigt wurden, darunter Oskar Klein, George Uhlenbeck, Samuel A. Goudsmit, Niels Bohr und Chandrasekhara V. Raman, aber nicht Kaluza.

Kaluza legte nur Wert darauf, sich in Ruhe auf seine Forschung konzentrie-ren zu können. Die Einsamkeit, in der sich die Geheimnisse des Universums er-

---

[5] Thomsen (1984), S. 13.

kennen lassen, war ihm das Wichtigste. Umso spannender und faszinierender erscheint dem Historiker die Aufgabe, die geheimnisvolle Persönlichkeit Kaluzas zu verstehen. Die Vermutung liegt nahe, dass sich Kaluza selbst allen Versuchen verweigert hat, ihm näher zu kommen. Auch die spärliche Quellenlage unterstützt diesen Eindruck. Andererseits lässt sich zeigen, dass Kaluza persönliche Kontakte sehr wichtig waren. Dabei bedeutete ihm das gesprochene Wort mehr als das geschriebene. Kaluza lebte in der Erinnerung einiger seiner Schüler und der Menschen weiter, die ihn gekannt haben. Glücklicherweise war es möglich, einige davon zu befragen.

Sein wissenschaftliches Werk umfasst wenig mehr als Hundert Seiten, deren Originalität aber durchaus berechtigt, Kaluza zu den bedeutendsten Wissenschaftlern seiner Zeit zu zählen. Die Krönung seines Werkes stellt seine Theorie der Vereinheitlichung des Elektromagnetismus und der Gravitation dar, die 1921 unter dem Titel *„Zum Unitätsproblem der Physik"* erschien. Sie sollte 50 Jahre später einen Paradigmenwechsel in der modernen theoretischen Physik bewirken. Dass der Raum in den Superstringtheorien elf Dimensionen hat, ist Kaluza zu verdanken.[6]

Die besondere Problematik einer Arbeit über Theodor Kaluza besteht darin, dass es sich um einen Wissenschaftler handelt, dessen Werk seinem Schöpfer zu Lebzeiten nicht die verdiente Anerkennung gebracht hat, dessen „geniale" Leistung[7] aber heute diesen Ruhm beansprucht. Das vorliegende Buch untersucht daher auch die Auswirkungen, die dieser Umstand auf Kaluzas wissenschaftliche Karriere und auf sein ganzes Leben gehabt hat.

Die Wissenschaftsgeschichte hat die Aufgabe, Kaluza den ihm gebührenden Platz in der Welt der Wissenschaft zuzuweisen. Diese Aufgabe ist wegen der lange währenden Ignorierung seiner Theorie und des Verkennens seiner bedeutenden Leistung nicht leicht zu erfüllen.

Die Forschung über Kaluza hat ergeben, dass nicht nur seine großartige wissenschaftliche Leistung, sondern seine gesamte Persönlichkeit in ihrer moralischen Haltung Bewunderung verdient. Es entsteht häufig der Eindruck, dass die Welt der Wissenschaft aus Persönlichkeiten besteht, die der realen Welt fern stehen. Die Wissenschaftler scheinen privilegierte Menschen zu sein, die jenseits des normalen Alltagslebens wirken und denen eine gewisse Arroganz anhaftet. Der Philosoph Paul Feyerabend hat bereits die Forderung nach einer Öffnung der Welt der Wissenschaft in Richtung der „normalen Menschen" gestellt. Er

---

[6] Auch die allumfassende M-Theorie beruht auf elf Dimensionen. Das steht ebenfalls im Zusammenhang mit Kaluzas Idee.

[7] In seinem Brief an Abraham A. Fraenkel bezeichnete Einstein 1928 Kaluzas fünfdimensionale Theorie als „genial", siehe Einstein an Fraenkel vom 26. Oktober 1928, EA 14-250.

forderte die Offenbarung ihrer Ziele und Interessen denjenigen gegenüber, die schließlich die finanzielle Grundlage der wissenschaftlichen Forschung sichern.[8]

In dieser Hinsicht war Kaluza eine bemerkenswerte Ausnahme. In seiner stillen Art konnte er konsequent in beiden Welten handeln. Er war ein Wissenschaftler, der auch im alltäglichen Leben seine philosophische Überzeugung und seine ethische Haltung erkennen ließ. Nur wenige Naturwissenschaftler – Einstein und Marie Curie sind die bekanntesten unter ihnen – lassen ihre großen Ideale durch verantwortungsvolles Handeln im Dienste der Menschheit erkennen. Noch weniger beweisen ihre Liebe zu den Menschen so großzügig wie Kaluza. Deshalb bildet Kaluzas Persönlichkeitsprofil einen Schwerpunkt des Buches.

Das Leben Kaluzas lässt sich in zwei Abschnitte einteilen: Der erste umfasst seine Königsberger Jahre bis 1929; er könnte unter dem Motto „Der Naturforscher" zusammengefasst werden. In dieser Zeit, die durch den Ersten Weltkrieg und materielle Entbehrungen überschattet wurde, konzipierte Kaluza sein wissenschaftliches Werk und stellte seine Theorie auf, die ihn 50 Jahre später berühmt machen sollte. Diese Periode war trotz aller Schwierigkeiten ein glücklicher Lebensabschnitt für ihn. Er verfolgte unbeirrt sein Ziel, das Universum wissenschaftlich zu erkunden. Damals entstanden seine wichtigsten Abhandlungen in der Physik und Mathematik. Er führte in Königsberg ein erfülltes Familienleben. Er fand innere Ruhe in der Natur; die samländische Landschaft hat auf ihn stark gewirkt. Kaluza bekam den Ersten Weltkrieg hart zu spüren; trotzdem erwies sich die unmittelbare Nachkriegszeit für seine wissenschaftliche Arbeit als sehr fruchtbar.

Der zweite Abschnitt ab etwa 1929 könnte unter dem Motto „Der Lehrer" stehen. Kaluza wirkte bis 1935 als ordentlicher Professor für Mathematik an der Universität Kiel und anschließend in Göttingen, wo er Nachfolger von Richard Courant wurde. Trotz seiner umfangreichen Lehrverpflichtung blieb sein wissenschaftliches Interesse unverändert. Er setzte seine Forschung fort, und es liegt sogar die Vermutung nahe, dass er 1952 eine Erweiterung seiner Theorie vollzog.

Dieser Abschnitt war vor allem vom Nationalsozialismus und vom Zweiten Weltkrieg überschattet. Theodor Kaluza veröffentlichte nur noch sehr wenig. Seine bekannteste Publikation aus jenen Jahren war sein Lehrbuch – zusammen mit seinem Kollegen Georg Joos geschrieben – „Höhere Mathematik für den Praktiker".[9] Seine auffallend intensive Lehrtätigkeit war eng mit seiner philosophischen und erkenntnistheoretischen Auffassung verbunden. Seine Lehre basierte auf der ethischen Überzeugung, dass die Vermittlung wissenschaftlicher Erkenntnisse

---

[8] Vgl. Paul Feyerabend (1976): „Wider den Methodenzwang".
[9] Siehe Joos und Kaluza (1938).

weniger durch Veröffentlichungen als vielmehr durch lebendige persönliche Unterrichtstätigkeit eine wichtige Aufgabe sei.

Es liegt die Vermutung nahe, dass sein Vorbild Sokrates war – der Philosoph, der sein Leben lang bewusst nichts niederschrieb und dessen Wissen der Nachwelt durch seine Schüler weitergegeben wurde. Nicht das geschriebene, sondern das gesprochene Wort war wichtig; nach seinem Tod sollte es in seinen Schülern weiterleben.[10] Hierin Sokrates ähnlich, sah Kaluza im Unterricht die Möglichkeit, die Welt zu verbessern, indem man den Einzelnen in Gesprächen dazu bringt, richtig zu denken. Seine Lehrmeinung vermittelte er den Studenten unaufdringlich. Kaluza hatte den hohen ethischen Wert seines pädagogischen Wirkens erkannt. Jenseits des pragmatischen Zwecks der Existenzsicherung lag für ihn die ethische Bedeutung der Lehre darin, anderen Menschen den Blick für die Komplexität der Welt zu öffnen und ihnen ideelle Werte zu vermitteln.

Im Einklang mit seiner Ansicht von der anregenden Wirkung der Lehrtätigkeit war Theodor Kaluza auch von der entscheidenden Bedeutung von Moral und Ethik im Leben des Einzelnen und in der Gesellschaft überzeugt. Er folgte hierin der Auffassung Albert Schweitzers und versuchte im selben Geist zu handeln. Seine Teilnahme am Ersten Weltkrieg an der Front beeinflusste seine weitere Lebensanschauung nachhaltig. Besonders bedeutsam wurde für ihn seine während des Zweiten Weltkriegs verbrachte Zeit als geschäftsführender Direktor des Mathematischen Instituts in Göttingen. Im zweiten Teil des Buches wird dargelegt, wie Kaluza aus einer deutlich distanzierten Position gegenüber dem Nationalsozialismus seine Lehrtätigkeit fortsetzte und in den Studenten die Hoffnung auf eine gerechtere Welt wach hielt.

Die vielschichtigen Verflechtungen, die die Zeit in einem Menschen webt und in denen wir anschließend die Zusammenhänge, die ihm einen Sinn geben, zu entdecken versuchen, lassen sich innerhalb einer linearen, chronologischen Vorgehensweise nur schwer schildern. Trotzdem wählte die Autorin für die Darstellung der Persönlichkeit Kaluzas die chronologische Vorgehensweise, die, wie ein taktgebender Puls, den Rhythmus seines Lebens wiedergibt. Unter diesem Blickwinkel lässt sich das Leben Theodor Kaluzas in drei Zeitabschnitte einteilen, die zugleich verschiedenen Stufen seiner Karriere entsprechen: Sie sind von den drei Universitätsstädten bestimmt, in denen sich sein Berufsleben abgespielt hat:

1. *Die Königsberger Zeit* umfasste die Jahre 1887 bis 1929. Theodor Kaluza verbrachte hier die schöpferischste Periode seines Lebens. Die Stadt Königsberg in Ostpreußen hat durch ihre besondere Atmosphäre seine Persönlichkeit geprägt.

---

[10] Siehe dazu das Kapitel „Unterrichten nach dem Krieg", S. 565ff. im Teil „Göttingen".

Nach der langen Wartezeit von 20 Jahren erhielt Kaluza dann endlich ein Ordinariat an der Universität Kiel.

2. Kaluzas Universitätsleben in Kiel währte nur von 1929 bis 1935. In diesen Jahren begann sich sein sokratisches Wesen abzuzeichnen. Er spürte seine Berufung, durch pädagogisches Wirken sein umfassendes Wissen weiter zu vermitteln. Es war aber auch die Zeit der Wirtschaftskrise und des Nationalsozialismus. Die Einschränkung der geistigen Freiheit in Deutschland traf Kaluza hart.

3. Das Mathematische Institut Göttingen war von 1935 bis zu seinem Lebensende 1954 Kaluzas Wirkungsstätte als ordentlicher Professor und zeitweise geschäftsführender Direktor. Das Überleben in der Zeit des Nationalsozialismus forderte Kaluza heraus, der Macht der Nazidiktatur die Werte des Humanismus entgegenzusetzen. Seine Aktivität als Professor und Direktor des Mathematischen Instituts bekam eine neue Dimension, die von der Symbolkraft des Widerstandes gegen die Barbarei einer von dem einzelnen nicht mehr kontrollierbaren Welt geprägt war.

Jenseits der chronologischen Darstellung kristallisieren sich Aspekte seiner Persönlichkeit und seines wissenschaftlich-philosophischen Denkens heraus, die nicht immer in speziellen Kapiteln behandelt werden. Es handelt sich dabei um folgende Gesichtspunkte:

Unternimmt man den Versuch, Theodor Kaluza mit nur einem Wort zu charakterisieren, dann eignet sich dafür am besten das Wort *universell*. Er war ein universeller Geist in einem Zeitalter, in dem längst die Entwicklung zum Spezialistentum begonnen hatte. Als Kaluza seine Karriere am Anfang des 20. Jahrhunderts begann, stand Deutschland gerade an der Kreuzung dieser beiden Wege. Diese Periode erstreckte sich dann bis etwa in die 30er-Jahre hinein. Bereits 1936 bemerkte Einstein in diesem Zusammenhang: *„Aber jene Liebe zur Einsicht und Wahrheit, welche die Geister in der Renaissance beflügelte, ist erkaltet und hat einem nüchternen Spezialistentum Platz gemacht, das mehr in den materiellen als in den geistigen Sphären der Gesellschaft wurzelt."*[11]

Kaluza erlebte seine kreativste Periode bis etwa Mitte der 20er-Jahre in einer Blütezeit der deutschen Wissenschaft. Die Mehrheit der Wissenschaftler dieser Zeit zeichnete sich durch ihre *klassische* oder *humanistische* Weltanschauung aus. Geprägt durch den Geist der Aufklärung vertraten sie die Auffassung, dass man die Geheimnisse des Universums nur enthüllen könne, wenn man sich als Natur-

---

[11] Einstein (1936), in Einstein (1979), S. 238.

forscher das ganze Wissen, das der menschliche Geist errungen habe, aneigne. Der allseitig gebildete Wissenschaftler war sowohl in den Naturwissenschaften ausgebildet als auch in der Philosophie, in den Sprachen des Altertums und in der Literatur bewandert. Theodor Kaluza gehörte, wie die meisten deutschen Wissenschaftler seiner Zeit – darunter Max Planck, Felix Klein Klein, David Hilbert und Albert Einstein – zu diesem Typus. Kaluza war ein universeller Geist, der von einem hohen Idealismus geprägt war. Seine Theorie stellt den tiefsinnigsten Versuch dar, alle bekannten Kräfte des Universums zu vereinigen. Er war aber gleichzeitig mit einem ausgeprägten Sinn für die praktischen Seiten des Lebens ausgestattet. Beide Bereiche konnte er harmonisch verbinden.

Theodor Kaluza war sowohl Wissenschaftler und Philosoph als auch ein hervorragender Kenner der Literatur, der Linguistik und der Musik. Seine Vorgehensweise war durch *Synthese* gekennzeichnet – alles, was er kannte, suchte er in Beziehung zueinander zu setzen und zu vereinigen.

Nach dem Zweiten Weltkrieg nahm die Spezialisierung in der Wissenschaft weiter zu. Als Universalist war Kaluza in der Nachkriegszeit in Göttingen von „genialen Spezialisten" umgeben, die jedoch von seiner Fähigkeit, sich auf vielen wissenschaftlichen Gebieten betätigen zu können, beeindruckt waren. Heute scheint die Zeit des Spezialistentums mit ihrem reduktionistischen Ansatz erneut in Frage gestellt zu werden. Die Wissenschaftler der Zukunft werden wieder Wissen aus allen Gebieten beherrschen und vereinigen müssen. In diesem Sinne könnte Kaluza in seinem Streben, die Einheit des Wissens zu erreichen, als interessantes Beispiel für künftige Wissenschaftler dienen.

Man kann Kaluzas Persönlichkeit nicht getrennt von seinem kulturellen Umfeld, das sie gefördert hat, betrachten. Er genoss an den Königsberger Schulen und an der Universität eine vorzügliche Ausbildung im Geiste der neuhumanistischen Reform, die in Deutschland seit Beginn des 19. Jahrhunderts einen Aufschwung in der Wissenschaft zur Folge hatte. Ohne die Königsberger mathematisch-physikalische Schule, zu deren Ruhm Bessel, Jacobi und Neumann beigetragen haben, wäre Kaluzas wissenschaftliches Profil nicht erklärbar.

Kaluza ist in die Reihe der großen Wissenschaftler einzuordnen, die Deutschland seit dem Ende des 19. Jahrhunderts aufzuweisen hat. In diesem Buch wird der Versuch unternommen, das Bildungsprinzip zu erläutern, das diese Fülle namhafter Wissenschaftler hervorgebracht hat, nämlich die neuhumanistische Ausbildungsreform zu Anfang des 19. Jahrhunderts. Im Zusammenhang mit der Königsberger Schule wird beschrieben, wie sich diese Ausbildung fördernd auf die Entwicklung der Wissenschaft auswirkte.

In vielen Biographien wird dieser wichtige Bereich vernachlässigt. Ein Wissenschaftler wird dann als Persönlichkeit beschrieben, die sich durch außerordentliche Eigenschaften von ihrem kulturellen Umfeld abhebt. Ohne die Berücksichtigung des Ausbildungsfaktors ist eine historische Arbeit über die Entfaltung der Persönlichkeit eines Wissenschaftlers unvollständig.[12] Erst vor dem Hintergrund der staatlich geförderten Ausbildung wird das Profil des Wissenschaftlers Kaluza besser verständlich.

Ein besonderer, auf den ersten Blick allerdings unbegreiflicher Zug der Persönlichkeit Kaluzas war, dass er weder danach gestrebt hat, durch Publikationen bekannt zu werden, noch seine Theorie „durchzusetzen", die für eine Zeit lang viele Diskussionen in der Gemeinschaft der Physiker auslöste. Er trug sie auch niemals vor und sprach darüber mit nur wenigen Eingeweihten. Er weigerte sich, seine Gedanken oder Entdeckungen zu veröffentlichen und führte auch nie ein Tagebuch. Auch seine Vorlesungen, in denen er den Studenten öfter sagte „Das finden Sie in keinem Buch", wollte er nicht veröffentlichen, denn „so würden sie das wichtigste verlieren".[13] Der kleine Umfang seines veröffentlichten Werkes ist in Zusammenhang mit Kaluzas wissenschaftlichem Stil zu sehen. Originalität galt für ihn als wichtigstes Kriterium einer Publikation. Zeitzeugen erinnern sich mit Bewunderung daran, dass jede von Kaluzas Äußerungen ein origineller Gedanke war. In diesem Sinn ist auch die Strenge zu verstehen, mit der er eigene Veröffentlichungen beurteilte: Eine Abhandlung musste seinen hohen Ansprüchen an Originalität genügen, um einer Veröffentlichung wert zu sein. So ließ er viele seiner Ideen unveröffentlicht, an die sich nur noch seine Schüler erinnern.[14]

Insbesondere wird im Folgenden Kaluzas Leistung in der Physik analysiert, die mit seiner vereinheitlichten Theorie herausragt. Sowohl der Geschichte der Entwicklung der vereinheitlichten Theorien als auch der Bedeutung der fünfdimensionalen Theorie Kaluzas für die moderne Physik werden mehrere Kapitel gewidmet. Die Entstehung der vereinheitlichten Theorien beruhte auf einer jahrhundertelangen Entwicklung der Idee der Einheit, die hauptsächlich in der Philosophie stattfand und die anschließend in die Physik überging. Eine umfassende wissenschaftliche Untersuchung dieser Entwicklung wurde bis jetzt nicht geleistet. Deshalb räumt die Autorin diesem Thema im Kapitel „Die Entwicklung des

---

[12] In der Literatur werden zu diesem Thema immer wieder Beispiele von Wissenschaftlern angegeben, die keine Ausbildung erhielten, wie etwa das des genialen indischen Mathematikers Srinivasa Ramanuian (1887–1920), den man als zweiten Gauß ansieht. Jedoch darf man die Tatsache nicht unterschätzen, dass diese Beispiele als Ausnahmen zu betrachten sind und dass die staatlich geförderte Ausbildung als ein entscheidender Faktor zur Entwicklung der Wissenschaftler zu berücksichtigen ist, wie auch das Beispiel von Gauß zeigt.

[13] Siehe Laugwitz (1986) und Brief von Theodor Kaluza junior an V. Raman vom 7. Oktober 1970, NTK.

[14] Siehe Laugwitz (1986).

Vereinheitlichungsgedankens" viel Platz ein. Die Einheit der Gravitation und des Elektromagnetismus im fünfdimensionalen Raum basierte jedoch auch auf der hundertjährigen Entwicklung der höherdimensionalen Räume in der Mathematik, die im 19. Jahrhundert stattfand. Sie wird im Kapitel „Die Dimensionalität des Raumes" analysiert.

Kaluzas philosophische Auffassung ist für sein wissenschaftliches Werk von großer Bedeutung. Seine Vereinheitlichungstheorie ist von seiner philosophischen Anschauung nicht zu trennen. Deshalb widmet das Buch dem Zusammenhang zwischen dem konzeptionellen Inhalt seiner Theorie und seiner philosophischen Auffassung große Aufmerksamkeit. Die Entwicklung der Idee der Vereinheitlichung beruht grundsätzlich auf dieser Verbindung. In drei „philosophischen Abschnitten" werden die Veränderungen seiner philosophischen Ansichten im Laufe seines Lebens dargestellt.

Auch die Beantwortung der kontroversen Frage, ob Theodor Kaluza ein Physiker oder ein Mathematiker war, bildet einen weiteren Schwerpunkt des Buches.

Eine aufwändige Untersuchung, die sich auf zahlreiche Archivakten und Quellen stützt, widmet die Autorin der Stellung Kaluzas zum Dritten Reich.[15] Sie bezeugt Kaluzas stilles, aber hartnäckiges Bestreben, sich stets im Einklang mit seinen humanistischen Idealen der nationalsozialistischen Politik zu widersetzen. Seine besondere Art, die man als gewaltlosen Widerstand bezeichnen kann, wird mehrfach im Buch thematisiert. Kaluzas Haltung bedarf einer näheren Erklärung, um in ihrer philosophisch begründeten Komplexität erfasst zu werden.

Auch Kaluzas wissenschaftliche Leistung ist ein historisches Artefakt und daher Studienobjekt der Wissenschaftsgeschichte. Dafür wurden in unserem Fach – auch wenn es erst 100 Jahre alt ist – eigene Begriffe und Strukturen entwickelt, an denen sich die folgende Analyse orientieren wird. Bei der Untersuchung wird auf die Theorien der bedeutenden Wissenschaftshistoriker Alexandre Koyré, T. S. Kuhn und Imre Lakatos zurückgegriffen. Kuhns Begriffe wie „Paradigmenwechsel" und „wissenschaftliche Krise" oder Lakatos' „wissenschaftliches Programm" werden im Buch verwendet, auch wenn sie der Autorin nicht geeignet erscheinen, die Entstehung der vereinheitlichten Theorien wissenschaftlich zu erfassen. In der Geschichte der vereinheitlichten Theorien spielte die vielschichtige Verflechtung zwischen mathematischen Strukturen und physikalischen Konzepten eine entscheidende Rolle, die anhand der bisher bekannten Theorien über die Entwicklung der Wissenschaft nicht erklärt werden kann. Erst in einer späteren Veröffentlichung beabsichtigt die Autorin, eine neue Theorie über die Entwicklung der Wissenschaft und über wissenschaftliche Revolutionen vorzulegen, die es er-

---

[15] Siehe Kapitel „Quellenlage", S. 28ff.

möglichen wird, solche komplexen Phänomene in der Wissenschaftsgeschichte zu erfassen. Im Anhang II entwickelt die Autorin außerdem neue wissenschaftshistorische Begriffe, um das Phänomen der Priorität bezüglich einer neuen physikalischen Theorie beschreiben zu können.

Man kann das Leben von Kaluza nicht schildern, ohne die besondere Atmosphäre seiner Zeit in Königsberg darzustellen. Diese Atmosphäre, die durch hohe Ideale und geistige Größe geprägt war, ist heute weitgehend in Vergessenheit geraten, deshalb soll ihr im Zusammenhang mit der Schilderung von Kaluzas Leben besondere Aufmerksamkeit gewidmet werden. Es ist für Kaluzas geistige Entfaltung wesentlich, dass sich seine Kindheits- und Jugendjahre in diesem Milieu abspielten. Man kann sein Wesen nur schwer verstehen, wenn man die geistige Fülle seines Lebens in der besonderen Atmosphäre dieser Stadt nicht kennt. Deshalb spielt die Beschreibung der Hauptstadt Ostpreußens, die auch am Ende des 19. Jahrhunderts immer noch unter dem geistigen Einfluss des großen Philosophen Immanuel Kant stand, eine wichtige Rolle.

Theodor Kaluza gehörte offensichtlich zu jenen Menschen, die ihre Lebensaufgabe in der Erfüllung ihrer Ideale sehen, aber wenig von sich reden. Daraus erklärt sich, dass er nicht berühmt wurde, obwohl er in der modernen Physik einen wichtigen Platz einnimmt. Er war davon überzeugt, dass sein Werk für sich spreche. Daher hat der Historiker die Aufgabe, das besondere Wesen dieses außerordentlichen Wissenschaftlers bekannt zu machen.

Das Buch stellt den Versuch dar, die faszinierende Persönlichkeit Theodor Kaluzas vor dem Vergessen zu bewahren und ihm seinen wohlverdienten Platz in der Reihe der größten Wissenschaftler zuzuweisen, die die Physik- und die menschliche Geistesgeschichte bereichert haben: Galilei, Newton, Riemann, Einstein, Bohr und Heisenberg. Es ist eine wichtige Aufgabe der Historiographie, Theodor Kaluza, dem zu seinen Lebzeiten wenig von der ihm gebührenden Anerkennung zuteil wurde, nachträglich zu ehren und seine große wissenschaftliche Bedeutung bekannt zu machen.

Zur Methode der Biographieschreibung

Wie man eine Biographie schreiben soll, ist ein ungelöstes Problem der Wissenschaftsgeschichte, obwohl es sich um eine ihrer wichtigsten Aufgaben handelt. Auch die Beliebtheit, die diese Gattung heute bei einem nicht nur wissenschaftlichen Publikum genießt, führt zu der Frage nach Regeln der Biographieschreibung. Es gibt bislang jedoch keine einheitliche Sichtweise darüber. Es lassen sich auf den ersten Blick zwei Richtungen unterscheiden: Heben sie das wissenschaftliche Werk hervor und der Mensch bleibt weitgehend unbekannt, so nennt man sie „wissenschaftliche Biographien" (oder „Werkbiographien"). Misst man dagegen dem Menschen und seinem Leben eine größere Bedeutung zu und seine wissenschaftliche Leistung tritt in den Hintergrund, so bezeichnet man sie eher abwertend als „populärwissenschaftliche Biographien".

Dass das Leben eines Wissenschaftlers und nicht nur sein Werk wichtig ist, bleibt unbestritten, schließlich steht das Werk mit dem Menschen in einer unzertrennlichen Einheit. Eine ausgewogene Synthese dieser beiden Aspekte zu finden, ist jedoch nicht einfach. Eine Persönlichkeit zu erfassen, stellt eine vielschichtige Aufgabe dar, die nicht nur das Gebiet der Wissenschaft, auf dem der „Held" gewirkt hat, sondern auch den Bereich der Psychologie und den kulturellen und sozialhistorischen Kontext mit einbezieht.

Nicht zuletzt bewegt sich eine Biographie, die allen diesen Ansprüchen gerecht werden möchte, an der Grenze zwischen Wissenschaft und Literatur. Ein Wissenschaftshistoriker verfügt zunächst über Daten. Doch eine reine Ansammlung von Lebensdaten und wissenschaftlichen Veröffentlichungen machen noch nicht eine Persönlichkeit aus, die ein reales Leben geführt hat. Diese Daten, auf die sich ein Wissenschaftler stützt, müssen mit Leben erfüllt werden, um letzten Endes das Bild eines Menschen wiederzugeben. Eine Biographie muss den Eindruck vermitteln, dass man diesem Menschen mit seinen Gedanken und Gefühlen, mit seinen Entscheidungen und Fehlern real begegnet. Der eigene Beitrag des Autors jenseits der wissenschaftlichen Daten ist beträchtlich, wenn er seine Aufgabe ernst nimmt. Das hat manche Historiker veranlasst, zu behaupten, dass die beste Biographie ein Roman sei. Diese Leistung hat jedoch bisher niemand erreicht, zumal es prinzipiell unüberwindbare Barrieren gibt: Möchte man den Lebensfluss eines Menschen in einer Biographie wiedergeben, so versetzt man sich in die Lage der betrachteten Person, man folgt dem Erlebten und verlässt den Abstand des Wissenschaftlers. Betrachtet man dagegen die Persönlichkeit wie einen von dem Wissenschaftshistoriker untersuchten Studiengegenstand, so unterbricht man den Lebensfluss und man begibt sich auf das trockene Gebiet der abstrakten Welt der Wissenschaft. Zwischen diesen beiden Maßstäben bewegt sich die Autorin in ihrer Untersuchung: Sie versuchte beide Methoden zu vereinen.

Das vorliegende Buch beruht im Wesentlichen auf der Doktorarbeit, die die Autorin im Jahre 2000 an die Universität Stuttgart eingereicht hat. Sie trug den Titel „Kaluza (1885–1954). Leben und Werk." Bei der Doktorarbeit hielt sich die Autorin an die Vorgaben ihres Doktorvaters, des Wissenschaftshistorikers Professor Armin Hermann, der durch seine vielen Publikationen und sein schriftstellerisches Talent die Geschichte der Physik bei einem breiteren Publikum beliebt machte. Seine Vorgaben waren, in erster Linie das Leben Kaluzas und seine Persönlichkeit wiederzugeben. Seine wissenschaftliche Leistung sollte als Teil seines Lebens so dargestellt werden, dass auch ein Leser, der kaum über physikalische Kenntnisse verfügt, Kaluzas Theorien in ihren konzeptionellen Inhalten begreift. Von diesem – trotz seiner Vorzüge bei vielen Fachgenossen umstrittenen – Grundsatz musste die Autorin im vorliegenden Buch abweichen. Hier erweiterte sie sowohl die Kapitel über Kaluzas physikalische Beiträge als auch jene über die Geschichte der Entwicklung der vereinheitlichten Theorien. So kommen zu der ursprünglichen Version etwa 350 neue Seiten hinzu.

In dem Bewusstsein, dass sich gerade diese Kapitel dem allgemeinen Leser entziehen werden, hat die Autorin ein Kapitel aus der ersten Version übernommen, in dem sie Kaluzas fünfdimensionale Theorie durch ein einfach verständliches Beispiel anhand eines in ein Flachland geratenen Elefanten erklärt. Ein physikalisch nichtbewanderter Leser kann einfach die schwierigen, rein physikalischen Kapitel überspringen und sich trotzdem ein Bild von Kaluzas Theorie und anziehender Persönlichkeit verschaffen.

Das geheimnisvolle Wesen dieses deutschen Gelehrten, dessen Leben sich im ausgehenden 19. und in der ersten Hälfte des 20. Jahrhunderts abspielte, ist durch seine Bescheidenheit und seine menschliche Wärme so beeindruckend, dass es jeden, der sich ihm nähert, bereichert.

Quellenlage

Da es sich um die erste Biographie über Theodor Kaluza handelt, erwies sich die Quellensuche als sehr aufwendig. Daher musste ein umfangreiches Quellenmaterial bewertet werden, das bis dahin unbekannt geblieben war. Kaluzas Nachlass, den die Autorin eingehend untersuchen durfte, befindet sich in Privatbesitz.

Die Sichtung seiner Korrespondenz mit den Physikern, die sich für seine Theorie interessiert haben, gestaltete sich in zahlreichen öffentlichen und privaten Archiven äußerst arbeitsintensiv. Es wurde Kaluzas Briefwechsel mit Albert Einstein, Oskar Klein, Louis de Broglie, Wolfgang Pauli, Pascual Jordan, Gustav Herglotz, Helmut Hasse, Arnold Sommerfeld, David Hilbert, Hermann Weyl, Felix Klein, Gustav Mie, Contantin Carathéodory, Niels Bohr, Max Born, Werner Heisenberg, Erwin Schrödinger und vielen weiteren untersucht. Außer im Fall von Einstein, Jordan und Hasse blieb die Suche nach Korrespondenz weitgehend erfolglos: Kaluza war zwar durch seine fünfdimensionale Theorie den meisten Wissenschaftlern bekannt, ein brieflicher Kontakt kam jedoch nicht zustande.

Eine Liste der wichtigsten Archive befindet sich am Ende der Arbeit (im Abkürzungsverzeichnis S. 692). Geradezu als eine Fundgrube für die Forschung erwies sich die wissenschaftliche Korrespondenz zwischen Einstein und Kaluza, die Kaluza auch bekannt machte. Sie wurde bislang, wenn auch nicht vollständig, mehrfach veröffentlicht.[1] Der Briefwechsel zwischen Pascual Jordan und Theodor Kaluza ist leider nur teilweise erhalten.

Insgesamt sind die Quellen über Theodor Kaluza spärlich. Von wenigen Ausnahmen abgesehen, beschränken sie sich auf seine Korrespondenz mit Familienmitgliedern und Freunden, den Mathematikern Gábor Szegö und Kurt Reidemeister, auf seine wenigen Veröffentlichungen. Die dienstliche Korrespondenz gibt Auskunft über seine Eloquenz, die Kaluza meisterhaft nutzte, um seinen immer sachlich begründeten Standpunkt durchzusetzen.

Eine besonders wichtige Quelle für die Beurteilung seiner Persönlichkeit sind Kaluzas zahlreiche Briefe an seine Frau aus dem Ersten Weltkrieg. Etwa 500 dieser Briefe wurden für diese Biographie ausgewertet. Leider sind die Antwortbriefe seiner Frau verlorengegangen.

Bezüglich der Quelleninterpretation steht der Historiker vor dem besonderen Problem, Kaluzas erkenntnistheoretische, philosophische und ethische Überzeugungen anders als mit den klassischen Mitteln erforschen zu müssen, weil er seine Gedanken nur selten niederschrieb. Aus diesem Grunde spielen mündliche und schriftliche Interviews mit Zeitzeugen eine wichtige Rolle. Für die historische Forschung ist das Interview noch immer umstritten, obwohl einige Präzedenzfälle, wie beispielsweise die *Sources for History of Quantum Physics* bereits bestätigten, dass das Interview als zusätzliche Quelle herangezogen werden muss. Die Zuverlässigkeit dieser Informationen wurde durch ständige Vergleiche mit den Aussagen anderer Zeitzeugen überprüft. Einen wichtigen Teil der Quellenforschung bildeten Briefe von Kaluzas Tochter, Schwiegertochter und ehemaligen Studenten an die Autorin, wie auch Interviews mit ihnen. Dazu gehörten in erster Linie die etwa 150 Briefe von seiner Tochter an die Autorin im Zeitraum von 1996 bis 1999 sowie die Briefe von seinen ehemaligen damals noch lebenden Studenten an die Autorin.

Als wichtige Stütze erwiesen sich die Erinnerungen von Kaluzas Sohn und dessen Briefe an mehrere Wissenschaftler in Bezug auf seinen Vater. Seine drei *Philosophischen Tagebücher* aus den Jahren 1937–1938 gaben Auskunft über die At-

---

[1] In Laugwitz (1986) und im Band 9 der CPAE.

29

mosphäre jener Jahre, aber gleichzeitig auch über wichtige Gedanken und Ansichten Theodor Kaluzas, die sich sein Sohn zu eigen gemacht hatte.[2]

Für die kritische Zeit des Nationalsozialismus wurden jedoch überwiegend Akten über das Berufungsverfahren aus verschiedenen Göttinger Archiven benutzt – sowie seine dienstliche Korrespondenz aus diesen Jahren.

Kaluzas Haltung im Dritten Reich wurde durch eine intensive Recherche in mehreren Archiven erkundet: Im Hauptstaatsarchiv Hannover, wo sich Kaluzas Entnazifizierungsakte befindet, im Geheimen Staatsarchiv Preußischer Kulturbesitz in Berlin, das die Ministerialakten über Kaluzas Berufung nach Göttingen aufbewahrt, im Universitätsarchiv Göttingen, wo sich die Fakultäts-, Kuratorial- und Rektoratsakten befinden, im Bundesarchiv Berlin, wo man einzelne Daten über diese Periode findet, in der Niedersächsischen Staats- und Universitätsbibliothek Göttingen, Nachlass Hasse, wo sich einige Briefe zwischen Hasse und seinen Kollegen betreffend die Besetzung des Lehrstuhls von Richard Courant 1935 befinden und nicht zuletzt im Nachlass von Theodor Kaluza, in dem man einzelne Korrespondenzen mit Kollegen entdecken kann. Zu keinen Ergebnissen führte dagegen die Untersuchung im Landesarchiv Schleswig-Holstein, wo die Autorin nach den Akten der Universität Kiel gesucht hat, und im Richard-Courant-Archive in New York, wo die Autorin Notizen und Tagebücher Courants suchte, die seine Ansichten über Kaluzas Übernahme des Lehrstuhls in Göttingen hätten enthüllen können. Als noch dem Publikum unerschlossen erwies sich der Nachlass von Abraham A. Fraenkel in Jerusalem sowie das Archiv des Institutes für Strömungsforschung in Göttingen. Aus dem letztgenannten konnte die Autorin nur vereinzelte Briefe untersuchen. Noch nicht zugänglich ist die aus sieben Briefen bestehende Korrespondenz zwischen Kaluza und Helmut Hasse zwischen 1941 und 1943.[3]

Über Kaluzas philosophische Auffassung gaben folgende schriftliche Quellen Auskunft: die Dissertation seines Studenten und später bekannt gewordenen Wissenschaftshistorikers Samuel Sambursky aus dem Jahr 1923, die Kaluza intensiv betreut hatte, und seine Rezension über das Buch von J. A. Schouten aus dem Jahre 1926.

Kaluzas eigene wissenschaftliche Abhandlungen in der Mathematik und Physik boten ebenfalls die Möglichkeit, Rückschlüsse auf seine erkenntnistheoreti-

---

[2] Nach seiner eigenen Bekundung als auch der seiner Schwester stand Theodor Kaluza junior seinem Vater sehr nah. Der Briefwechsel zwischen dem Sohn und dem Vater bestätigt durchaus diese Feststellung. Die philosophische und insbesondere die ethische Auffassung seines Vaters vertrat auch der Sohn in hohem Maße.

[3] NSUBG Cod. Ms. H. Hasse 25:2, f. 63–70. Dieser Teil des Nachlasses von Hasse ist bis Ende 2009 gesperrt.

schen Ansichten zu ziehen. Aufschlussreich in diesem Zusammenhang waren auch die bereits erwähnten Interviews und der Briefwechsel von Kaluza mit seinem Sohn. Eine große Hilfe stellten besonders die zahlreichen Hinweise seiner Tochter in den etwa 150 Briefen an die Autorin dar.

Auch das Drehbuch zu dem 1985 gedrehten wissenschaftlichen Film „What Einstein never knew", eine kurze Geschichte der Entwicklung der vereinheitlichten Theorien, lieferte nützliche Hinweise. Dort spielt Kaluzas wissenschaftlicher Beitrag ebenso wie seine Persönlichkeit eine wichtige Rolle, außerdem enthält der Film ein Interview mit Kaluzas Sohn.

Danksagung

Mein Dank richtet sich an alle, die mich bei dieser langwierigen Arbeit unterstützt haben. Ich möchte sie hier nennen:

Die großen Physiker Michio Kaku und Anthony Zee haben in ihren Büchern nicht vergessen, die besondere Bedeutung von Theodor Kaluza für die moderne Physik hervorzuheben. Durch sie wurde ich auf ihn aufmerksam. Es ist bemerkenswert, dass der Name eines der größten Physiker des 20. Jahrhunderts, Theodor Kaluzas, in Deutschland erst durch Arbeiten amerikanischer Physiker bekannt gemacht wurde. Dies spricht für den internationalen Charakter der Wissenschaft.

Mein Doktorvater, Professor Dr. Armin Hermann, hat die Arbeit stets unterstützt und anregende Diskussionen mit mir geführt. Ich möchte mich auch für das Verständnis bedanken, mit dem er auf mein Thema eingegangen ist.

Dem inzwischen verstorbenen Professor Dr. Detlef Laugwitz gebührt mein besonderer Dank. Er hat mir die Persönlichkeit Kaluzas und sein mathematisches Werk in vielen langen Briefen näher gebracht. Seine stete Ermutigung hat mir besonders geholfen, meine Arbeit auch in den schwierigsten Momenten fortzusetzen.

Theodor Kaluzas Tochter, Dorothea Rath, die mir immer nahe stand und unermüdlich meine Fragen über ihren Vater ausführlich und sachlich beantwortet hat, möchte ich meine Dankbarkeit zum Ausdruck bringen.

Den Professoren Dr. Martin Glatfeld und Dr. Arnold Kirsch, die ihre Erinnerungen an Theodor Kaluza in mehreren Briefen darlegten, gebührt ebenfalls besonderer Dank.

Professor Dr. Nikolaus Stuloff, der die Freundlichkeit hatte, ein mehrtägiges Interview mit mir zu führen, und der mir die an ihn adressierten Briefe Theodor Kaluzas zu Verfügung stellte, möchte ich ebenfalls herzlich danken.

Professor Peter Roquette, der es mir ermöglicht hat, die besondere Atmosphäre Königsbergs und Ostpreußens näher kennenzulernen und wissenschaftliche Fragen zu klären, erwähne ich mit besonderem Dank.

Weiter möchte ich mit Dank hervorheben:
– Professor Dr. Eckehard Mielke, der den physikalischen Inhalt meiner Doktorarbeit geduldig und sachlich überprüft hat und mir stets mit Rat beistand,
– Frau Ingemarie Kaluza, die die große Güte hatte, mich während meiner Recherchen im Nachlass für mehrere Wochen zu beherbergen und mit mir anregende Diskussionen über die kulturellen Zusammenhänge der Lebenszeit von Kaluza zu führen,
– Beate Schröder-Nauenburg und Reinhard Neunhöffer für die mehrmalige und geduldige Verbesserung meiner Doktorarbeit und die anregenden Diskussionen,
– Professor Pascual Jordan junior für seinen mehrseitigen Brief über seine Erinnerungen an Göttingen nach dem Zweiten Weltkrieg,
– Professor Norbert Schappacher für die anregenden Diskussionen über Göttinger Mathematiker und für die Ermutigung und Unterstützung, die er mir gab,
– dem Geheimen Staatsarchiv Berlin und besonders Herrn Eckehard, der meine Recherche in freundlicher Weise erleichtert hat und anregende Diskussionen zu führen bereit war,
– dem Universitätsarchiv Göttingen und Herrn Dr. Ulrich Hunger und besonders aber Klaus P. Sommer, dessen kompetente Hilfe schon während meiner Recherchen weit über das Übliche hinausging,
– Herrn Jürgen Matthes, dem Bibliothekar des Mathematischen Instituts in Göttingen, der mir bei der Suche nach Spuren von Theodor Kaluza am Mathematischen Institut stest geholfen hat,
– dem Einstein-Archiv in Jerusalem und besonders Dr. Ze'ev Rosenkranz, der mir wichtige Akten zur Verfügung stellte,
– Klaus P. Sommer für umfangreiche historische Diskussionen über Kaluza und sein Werk, für kritische Lektüre, für unzählige wertvolle Vorschläge und für die sorgfältige Annotierung der Abbildungen in diesem Buch.

Um Kaluzas Vermächtnis zu bewahren, möchte die Autorin die Theodor Kaluza Stiftung gründen. Sie soll Quellenmaterial über Theodor Kaluza sammeln und Kaluza nicht nur den Wissenschaftlern, sondern auch einem breiteren Publikum bekannt machen. Die Einnahmen aus dem Verkauf des vorliegenden Buches werden in die Stiftung fließen. All denjenigen, die die Kaluza Stiftung durch ihre unentgeltliche Hilfe unterstützten, gebührt mein aufrichtiger Dank, insbesondere Jürgen Wünsch, der das Logo der Theodor Kaluza Stiftung gestaltete, Frau Ingemarie Kaluza und Christian Kaluza für zahlreiche Fotos aus dem Nachlass Kaluzas, die sie der Stiftung überließen, Herrn Professor Hans-Heinrich Voigt, der zahlreiche Fotos aus seiner Studienzeit in Göttingen – darunter auch zwei Fotos von Kaluza – zur Verfügung stellte, Herrn Professor Dr. Otto Lange aus Oldenburg, der bei Kaluza in Göttingen von 1950 bis 1951 studierte und mir davon eingehend berichtete, und Frau Dr. Ruth Nobbe, die zwischen 1943/44 bei Kaluza Seminare besuchte und der Stiftung Kopien ihrer Studienbücher zur Verfügung stellte. Herrn Otto Lange und Herrn Heinrich Tuitje danke ich für aufmerksames Korrekturlesen. Christian Kaluza, Jürgen Wünsch, Hans-Rainer Brosselt, Charlotte Gottschalk, Thomas Kohlstädt und Klaus P. Sommer danke ich für technische Ratschläge und für die Anfertigung von Scans der hier veröffentlichten Fotos, dem letzteren auch für die Aufbereitung der Daten für den teils einfarbigen, teils mehrfarbigen Druck wie überhaupt für die Gestaltung der Farbseiten und des gesamten Buches.

Natürlich teilt keiner der Genannten die Verantwortung für die verbliebenen Fehler.

Gerne würde ich auch irgendeiner Institution für die Unterstützung bei der Drucklegung danken. Doch dass ein bis heute weitgehend unbekannter genialer Königsberger Physiker die Wissenschaft des 20. Jahrhunderts wesentlich bereichert hat, fand bislang noch nicht seinen wohlverdienten Platz im Bewusstsein der Kultur- und Wissenschaftsförderer.

Göttingen, den 2. Dezember 2006

Bemerkung zur 2. Auflage

Schon im September 2008 war die erste Auflage dieses Buches vergriffen. Für die 2. Auflage wurden zwischenzeitlich entdeckte Fehler beseitigt und einige Ergänzungen, bedingt durch neuere Forschungsergebnisse, hinzugefügt. Die wichtigsten seien hier erwähnt: Es handelt sich um einen Aufsatz von Gerrit Bol, in dem Kaluzas mathematische Leistung gewürdigt wurde, einen Auszug eines Briefes von Wilhelm Wien aus dem Jahr 1918 sowie Auszüge eines Briefes von Richard Courant an Hermann Weyl über Teichmüller, Witt und Hasse von 1934.

Obwohl dieses Buch exzeptionell gute Rezensionen erhielt und sich unerwartet schnell verkaufte, kann ich wie bei der 1. Auflage niemandem danken für finanzielle Unterstützung zur Förderung der Drucklegung dieser verbesserten 2. Auflage – mit Ausnahme von Professor Hans-Heinrich Voigt, Göttingen.

Göttingen, den 24. November 2008

33

KÖNIGSBERG

Die Stadt Königsberg in Ostpreußen

„Stadt der sieben Hügel, sieben Tore und der sieben Brücken" wurde Königsberg in einem Reisebericht um 1850 genannt.[1] Die Stadt am Pregel spielte eine große Rolle in der Geschichte der Mathematik. 1735 fand Leonhard Euler die Lösung des Königsberger Brückenproblems und begründete damit die Topologie.[2] Er zeigte, dass es nicht möglich war, einen Rundgang durch die Stadt zu unternehmen und dabei jede der sieben Brücken über die Teilarme des Pregel genau einmal zu überschreiten. Die sieben Brücken über den Pregel gehörten zum Alltag der Bewohner von Königsberg. „Die Brücke war auf!" war eine gern gebrauchte Ausrede, wenn man zu spät kam, denn unablässig befuhren Schiffe aus der ganzen Welt vom Hafen Pillau aus den Fluss.

Verglichen mit Danzig war Königsberg in Ostpreußen in der zweiten Hälfte des 19. Jahrhunderts allerdings eine weniger glanzvolle Stadt. Bei Spaziergängen durch das Stadtzentrum und die Handelsstraßen am Hafen waren Besucher aber vom Reiz der Stadt durchaus beeindruckt. Diese ehemalige Residenzstadt der Könige von Preußen vereinigte die Schwermut des Nordens, die ihre zahlreichen Dichter zum Träumen brachte, mit der Tüchtigkeit der Handelsleute und der Strenge des Geistes, der an der Universität Albertina herrschte. Königsberg war die Stadt Kants, der von 1755 bis 1796 an der Albertina gelehrt und durch seine „Kritik der reinen Vernunft" die Universität weltberühmt gemacht hatte. E. T. A. Hoffmann schrieb hier seine phantastischen Geschichten, in denen er der geheimnisvollen Seele der Ostpreußen künstlerischen Ausdruck verlieh. Königsberg war aber auch die Stadt, in der General Yorck im Februar 1813 zum Freiheitskampf der ostpreußischen Stände gegen Napoleon aufgerufen hatte.[3]

Die Stadt vereinigte harmonisch verschiedene Bereiche des menschlichen Daseins: Gelehrsamkeit, deren Symbol die alte Universität war, wirtschaftliche Betriebsamkeit, die durch den Seehandel begünstigt wurde, und die Sensibilität der ostpreußischen Seele.

---

[1] Rosenheyn, Max: „Die Eigentümlichkeiten Königsbergs um 1850" in ders. (1861): „Reiseskizzen aus Ost- und Westpreußen." Danzig.

[2] Stewart (1990), S. 124. „Das Königsberger Brückenproblem", das Euler 1735 gelöst hat, ist in der Mathematik berühmt geworden.

[3] Gause (1968).

Von diesem besonderen Reiz hatte sich Theodor Kaluzas Vater, Max Kaluza, wohl angezogen gefühlt, als er sich 1887 entschloss, sich in englischer Philologie an der Universität Königsberg zu habilitieren.

Max Kaluza war 1856 in Ratibor geboren und hatte in Breslau studiert. Die 300 Jahre umfassende Familienchronik weist auf die Herkunft der Kaluzas aus Oberschlesien hin. Durch seine Heirat mit Amalie Zaruba war Max Kaluza nicht gezwungen, seinen Lebensunterhalt durch Arbeit zu verdienen. Durch die Vermählung gehörte er zu den damals etwa 1.000 Millionären Deutschlands.[4] Max Kaluza strebte jedoch nach Bildung, und sein Wissensdurst war kaum zu stillen. Seine Fähigkeiten lagen besonders auf dem Gebiet der Mathematik. Seinem Reifezeugnis vom Königlichen Katholischen St. Matthias-Gymnasium in Breslau ist zu entnehmen, dass er in den alten Sprachen (Latein, Hebräisch und Griechisch) *gut*, in Mathematik aber *vorzüglich* erhielt: „Schnelles Erfassen, klares Verständnis und richtiges Operieren haben seine Arbeiten stets vor denen seiner Mitschüler ausgezeichnet; ebenso seine Prüfungsarbeit *vorzüglich*. Diesen schriftlichen Arbeiten entsprechen die mündlichen."[5] Mit 17 Jahren bestand er die Reifeprüfung, bei der er vom mündlichen Teil „wegen seiner guten und befriedigenden Leistung" befreit wurde.

Entsprechend einer langen Familientradition begann Max Kaluza an der Breslauer Universität Theologie zu studieren. Nach fünf Semestern widmete er sich jedoch der neueren Philologie und beendete 1881 sein Studium als Doktor der Philologie mit einem Thema über mittelalterliche englische Literatur: „*Über das Verhältnis des mittelenglischen alliterierenden Gedichtes ‚William of Palerne' zu seiner französischen Quelle"*.[6] Die Begeisterung für die englische Sprache und Literatur blieb sein ganzes Leben lang bestehen.

Man betrachtet die geistige Beschaffenheit eines genialen Menschen oft als Resultat eines mehrere Generationen umfassenden Entwicklungsprozesses. Diese Betrachtung sollte metaphorisch verstanden werden, denn nicht selten haben die Biographien großer Persönlichkeiten aus Wissenschaft und Kunst dieser Ansicht widersprochen. Die Entscheidung über ihre wissenschaftliche Geltung steht noch

---

[4] Brief von Theodor Kaluza junior an Detlef Laugwitz vom 26. Juni 1985, NTK, S. 4.

[5] Reifezeugnis von Max Kaluza, 1874, NTK.

[6] Janzen (1922), S. 1–2. In seinem Reifezeugnis liest man, dass er in der Religion *befriedigend* hatte, trotzdem entschloss er sich, Theologie zu studieren. Auch seine späteren Verbindungen mit seinem Bruder Franz, einem katholischem Pfarrer in Rogau, sprechen dafür, dass Max ein tiefes religiöses Gefühl sein ganzes Leben hindurch bewahrt hat. Auch sorgte er dafür, dass sein Sohn dieses Gefühl vermittelt bekam. Schon mit fünf Jahren half Theodor seinem Onkel Franz in der Kirche in Rogau. Brief von Franz Kaluza an Theodor Kaluza, der damals sieben Jahre alt war, September 1892.

aus. Ein Exkurs durch die Ahnenfolge der Familie Kaluza scheint diese Sichtweise allerdings zu bestätigen.

Die Familie stammte aus Ratibor, wo sie nachweisbar seit dem 16. Jahrhundert lebte.[7] Sie war katholischen Glaubens. Jede Generation brachte einen Lehrer, Pfarrer oder hohen Beamten hervor. Einer davon war Augustin Kaluza (1776–1836), der von 1792 bis 1798 in Breslau Theologie studierte. Er wurde Hofmeister beim Grafen Sedlenitzky in Geppersdorf, ehe er dann von 1811 bis 1818 Professor am katholischen Gymnasium Leopoldino in Breslau wurde. Er zeichnete sich als begeisterter Naturforscher aus und veröffentlichte mehrere Werke im Bereich der Naturwissenschaften: „Übersicht der Mineralien Schlesiens und Glatz nebst ihren Fundorten und vielen neuen Höhenmessungen auf sieben Karten dargestellt" (Breslau 1818), „Systematische Beschreibung der Schlesier Amphibien und Fische" (1815), „Kurze Beschreibung der schlesischen Säugetiere" (1815), „Ornithologia Silesica oder kurzer Leitfaden zum Gebrauch bei Unterricht über die schlesischen Vögel" (Breslau 1814). Während seiner Tätigkeit am Gymnasium erweiterte er seine Kenntnisse bei dem berühmten Naturphilosophen Henrik Steffens.[8] „Sein Lieblingsgegenstand war die Naturwissenschaft und er war in derselben als Schriftsteller und Sammler tätig", ist im *Lexikon des Kaisertums Österreich* zu lesen.[9] Das Breslauer Gymnasium verdankt ihm eine reiche Sammlung ausgestopfter Vögel und Säugetiere, Amphibien im Weingeist, Insekten, präparierte Fische, Eier und Nester und eine Sammlung von schlesischen Mineralien. Obwohl er gern unterrichtete, verließ er den Schuldienst, weil die uneinsichtige Schulbehörde zu wenig Geld für seine wissenschaftliche Forschung zur Verfügung stellte. Er nahm eine Pfarrstelle in Nassiedel (Schlesien) an, wo er bis zum Ende seines Lebens blieb. Seine naturwissenschaftliche Betätigung gab er trotz der Erfolge auf.[10] Ein weiterer direkter Vorfahre der Familie Kaluza soll unter Friedrich dem Großen im Amt als „oberster Holzflössereiinspektor für die Provinz Schlesien" gedient haben.[11]

Max Viktor Kaluza kam am 22. September 1856 in Ratibor als Sohn des Schneiders Franz Kaluza und seiner Ehefrau Maria Kaluza, geborene Winkler,

---

[7] Ahnenstamm, NTK, zum Ursprung des Namens Kaluza siehe Anhang I.

[8] Henrik Steffens (1773–1845) war Naturphilosoph und Schriftsteller und unterrichtete 1811 als Physikprofessor in Breslau. Er war bekannt mit Schelling, Goethe und Schlegel und fühlte sich dem deutschen Idealismus und der Romantik zugehörig. Neben wissenschaftlichen Abhandlungen über die Philosophie der Naturwissenschaften und Anthropologie verfasste er Novellen mit meisterhaften Naturschilderungen.

[9] Siehe Wurzbach.

[10] Ebd.

[11] Brief von Theodor Kaluza junior an die NDB vom 22. Oktober 1976, NTK.

zur Welt.[12] Die drei Geschwister Max Kaluzas traten in den geistlichen Stand: Der zehn Jahre ältere Franz Kaluza wurde Pfarrer („Erzpriester") in Ratibor, seine drei Jahre ältere Schwester Bonaventura Kaluza trat in einen Orden ein; sie wurde durch ihre Frömmigkeit und Herzensgüte bekannt.[13] Max war der einzige, der sich nicht in den Dienst der Kirche stellte, sondern eine Universitätslaufbahn bevorzugte. Nach seinem Abschluss an der Universität Breslau unterrichtete er als Gymnasiallehrer in Ratibor und Oppeln. Doch das tiefe religiöse Empfinden, das seine Familie über Generationen geprägt hatte, bestimmte auch sein Dasein. Daher legte er später viel Wert auf die religiöse Erziehung seines Sohnes.

Abb. 2 und 3: Fotos von Franz Kaluza und Maria Kaluza, geborene Winkler

---

[12] In der Biographie von Theodor Kaluza junior, siehe Theodor Kaluza junior (1991), wie auch im Taufschein (1856) von Max (NTK) ist Franz Kaluza, der Vater von Max, als Schneider erwähnt, doch im Zeugnis der Reife (1874) von Max ist sein Vater als „Kastellan" genannt: „Sohn des Kastellans Franz Kaluza zu Ratibor". Es ist anzunehmen, dass er in der Zwischenzeit eine Funktion als Verwalter oder Aufsichtsbeamter von einem Schloss oder einem anderen öffentlichen Gebäudes in Ratibor erfüllte. Franz Kaluzas Lebensdaten sind nicht bekannt.

[13] Maria Kaluza, die Pfarrwirtin wurde, liegt zusammen mit ihren zwei älteren Geschwistern in Ratibor auf dem katholischen Friedhof begraben; Ahnenstamm und Fotos der Gräber von Ratibor, NTK.

Am 6. Januar 1885 fand die Hochzeit von Max Kaluza mit Amalie, geborene Zaruba, im Schloss Ratibor statt. Amalie stammte aus Ostrog, einem kleinen Ort bei Ratibor.[14] Wie sich die beiden kennengelernt haben, lässt sich nicht mehr feststellen. Der gutaussehende und gebildete Max Kaluza hatte offenbar mit seinem vornehmen Benehmen, seriösem Äußeren und seiner Neigung zu Humor und feiner Ironie Eindruck auf Amalie gemacht. Ihr Vater Eduard Zaruba, Landtagsabgeordneter, war überzeugt, dass seine Tochter mit dem tüchtigen und ehrgeizigen Mann eine gute Wahl getroffen hatte. Der stattlich gebaute junge Mann mit seiner hohen Stirn und scharfen graublauen Augen, dem es nicht an Herzensgüte fehlte, mag in ihm die Überzeugung geweckt haben, seine Tochter und einen Teil seines großen Vermögens einem Mann mit Zukunft anvertraut zu haben.[15] Er hatte sich tatsächlich nicht geirrt. Auch andere Gesichtspunkte mögen bei dieser Entscheidung noch eine Rolle gespielt haben. Denn der am 16. Februar 1819 in Slawikau geborene Eduard Zaruba war nicht nur ein wohlhabender Ziegeleibesitzer, sondern auch ein gebildeter Mensch. Er war auch Lehrer und Organist[16], liebte Musik, und seinem musikalischen Talent verdankte er sogar die Bekanntschaft mit Franz Liszt.[17] Von Eduard Zarubas Ehefrau Amalie, geborene Scholz, ist wenig bekannt.

Die aus einer österreichischen Adelsfamilie stammenden Zarubas behielten ihren Wohnsitz in Ostrog. 1891 fand dort die goldene Hochzeit statt. Ein Vorfahre der Familie Zaruba war der Hauptmann Joseph Zaruba d'Oroszova, der sich 1799 in der Schlacht bei Zürich ausgezeichnet hatte.[18] Die Adelsfamilie Zaruba starb aus, danach gab es nur noch bürgerliche Familien dieses Namens.[19] In der Familie Eduard Zarubas kamen zehn Kinder zur Welt, von denen aber nur

---

[14] Siehe Meyers Lexikon (1916), S. 432.

[15] Pass von Max Kaluza, NTK, auch Interview mit Ingemarie Kaluza (1997) und Brief von Theodor Kaluzas Tochter an die Autorin vom 3. April 1997. Zwischen Amalie und Max scheint es sich um eine große Liebe gehandelt zu haben.

[16] Brief von Theodor Kaluza junior an die NDB vom 4. Oktober 1976, NTK.

[17] Aus den Notizen zu dem Stammbaum der Familie, „Sippentafel Zaruba", NTK. Franz Liszt unternahm mehrere Reisen durch Ostpreußen und Schlesien auf dem Weg nach St. Petersburg, Ungarn und Österreich.

[10] Wurzbach, Constant, „Biographisches Lexikon des Kaisertums Österreich", Wien 1891.

[19] Ebd. Im Zusammenhang mit der adligen Herkunft der Zarubas ist noch anzumerken, dass der Vater von Theodor, Max Kaluza, in den an seinen Sohn adressierten Briefen stets die Bezeichnung Wohlgeboren benutzte, z.B. im Brief vom 5. Oktober 1896: „*an Herrn Theodor Kaluza, Wohlgeboren*" (NTK). Doch hat Theodor Kaluza nie seine adlige Herkunft betont. Es gehörte zu seinem Charakter, wirklich vornehm zu sein und seine adlige Herkunft nie zu erwähnen. Er war aber auch mit Kollegen adliger Herkunft befreundet, wie mit Professor von Buddenbrock und Professor Rausch von Traubenberg in Kiel.

vier das Erwachsenenalter erreichten. Das älteste, das den Namen des Vaters trug, wurde Pfarrer. Das zweite Kind war Amalie, die zukünftige Frau Max Kaluzas, die am 16. Juni 1850 in Ratibor geboren wurde. Der ein Jahr jüngere Adolf übernahm später die Ziegelei seines Vaters. Die jüngste war Wilhelmine Zaruba. Sie starb bereits im Alter von 35 Jahren.

Abb. 4 und 5: Fotos von Max Kaluza und Amalie Kaluza, geborene Zaruba

Amalie war ein besonders begabtes Mädchen, in der Schule hatte sie die besten Noten. Ihr Vater hatte dafür gesorgt, dass sie eine gute Ausbildung bekam. Sie besuchte nach der Grundschule die *Höhere Töchterschule der Ursulinen* in Ratibor. Amalie zeichnete schön, ihre Kohle- oder Bleistiftzeichnungen wurden häufig bewundert. Sie war außerdem sehr musikalisch, wie eine Charakterisierung im Stammbaum der Familie Zaruba vermerkt.[20] In „Deutscher Sprache und Stilübungen" bekam sie immer ein *sehr gut*, in der Deutschen Literatur *lobenswert* und *sehr erfreulich*. Ihre besondere Stärke war das Kopfrechnen, wofür sie mit *sehr lobenswert* ausgezeichnet wurde. Englisch und Französisch wurden mit *recht gut* und Physik mit *lobenswert* beurteilt, nur in Geschichte bekam sie *recht befriedigend*. Die Quellen berichten über Amalie nicht viel. Aber aus den wenigen Fakten sind einige wesentliche Charaktereigenschaften feststellbar. In einem Schulzeugnis

---

[20] Stammbaum der Familie Kaluza, NTK.

wird zum Beispiel ausdrücklich bemerkt „Amalie lacht zu viel".[21] In der Tat hatte sie viel Humor.

Fotos aus den späteren Lebensjahren Amalies zeigen eine von Statur kleine Frau mit beeindruckend vornehmer Haltung. Man glaubt ihr die adelige Herkunft. Die letzten Jahre ihres Lebens verbrachte sie verarmt, aber würdevoll in einem Kloster. Sie lebte von ihrer Witwenrente und strickte Socken und Handschuhe, die sie armen Frauen mit Kindern schenkte.[22] Von ihrer kleinen Rente sparte sie Geld und gab es ihren Enkelkindern. Sie war als Erbin eines sehr vermögenden Vaters zur Welt gekommen, hatte aber zeitlebens und noch in hohem Alter gearbeitet. Auf den Fotos beeindruckt uns ihre aufrechte Haltung, die innere Überlegenheit und natürliche Würde zeigt. Durch die Verbindung der Familien Kaluza und Zaruba scheinen sich also vorteilhafte Eigenschaften vereint zu haben: die Gelehrsamkeit und Frömmigkeit der Vorfahren von Theodor Kaluza mit der Vornehmheit und dem Idealismus des Adelsgeschlechts der Zarubas.

Die junge Familie Kaluza nahm ihren Wohnsitz zunächst in Wilhelmsthal, Kreis Oppeln, wo sie in einem herrschaftlichen Haus lebte. Das frühere Koloniedorf Wilhelmsthal war 1891 in die schöne Stadt Oppeln eingemeindet worden[23] und bildete seitdem einen Stadtteil der „Grünen Brückenstadt" an der Oder.[24] Das zweistöckige Wohnhaus der Kaluzas hatte einen parkartigen Garten. Es war im Neo-Renaissance-Stil errichtet und lag an einer ruhigen Straße. Hier kam Theodor Kaluza am 9. November 1885 zur Welt. Die Eltern gaben dem Jungen außer den Vornamen seiner Großväter Eduard und Franz noch den Namen Theodor, was auf Griechisch „Geschenk Gottes" bedeutet – ein Hinweis auf die philologische Beschäftigung seines Vaters.

In der 700 Jahre alten deutschen Stadt unterrichtete Max Kaluza in dieser Zeit als Hilfslehrer am Katholischen Gymnasium Französisch.[25] Seit 1202 Residenz der Herzöge von Opalen, war Oppeln (heute Opole, Polen) mit seinem aus dem 13. Jahrhundert stammenden Franziskaner- und Dominikanerkloster eine kleine ruhige Stadt in Schlesien. Sie hatte sich im Umkreis des 500 Jahre alten Piastenschlosses entwickelt. Die schönen Gartenanlagen des Schlosses auf der Oderinsel Pascheke luden zu ruhigen Spaziergängen ein. Das Schloss und seine

---

[21] Schulzeugnisse Amalie Zaruba, NTK.

[22] Brief von Theodor Kaluzas Tochter an die Autorin vom 3. April 1997

[23] Neumann (1894), S. 984.

[24] Ullmann (1992), S. 231. Aus diesem Grund wird der Geburtsort von Theodor Kaluza stets zwischen Oppeln und Wilhelmsthal abwechselnd angegeben. In der Geburtsurkunde, der Heiratsurkunde und dem Zeugnis der Reife ist Wilhelmsthal, Kreis Oppeln, eingetragen, im Reisepass Oppeln.

[25] Janzen (1922), S. 1.

Umgebung wirkten romantisch und behielten Spuren vergangenen Glanzes aus der Zeit, als Oppeln ab 1200 fast 350 Jahre lang Residenz der Herzöge von Oppeln und Ratibor gewesen war.[26] Dank seiner Kalksteinindustrie hatte sich Oppeln in der zweiten Hälfte des Jahrhunderts rasch entwickelt. Die Bevölkerung verfünffachte sich innerhalb von 80 Jahren und betrug 1894 um die 19.000 Einwohner. Doch trotz der Ziegeleien und Zementfabriken, die sich mit ihren zahlreichen qualmenden Schloten an der Oder entlang reihten, hatte die Stadt ihr idyllisches Aussehen zwischen den mittelalterlichen Stadtmauern nicht verloren. Schon seit 1843 war Oppeln durch die Eisenbahn mit Breslau, der Hauptstadt Schlesiens, verbunden. Da die kleine Provinzstadt nur 82 Kilometer entfernt lag, bot sich dadurch die Möglichkeit, am Kulturleben Breslaus teilzunehmen. Max Kaluza unterhielt weiterhin Kontakte mit der Universität und ihrer Bibliothek.[27]

Abb. 6: Foto des Geburtshauses Theodor Kaluzas in Wilhelmsthal (Oppeln)

---

[26] Ullmann (1992), S. 231.
[27] Theodor Kaluza junior (1991).

Die Stadt Oppeln lag inmitten einer malerischen Landschaft, deren rauschende Wälder den Komponisten Carl Maria von Weber im Jahre 1804 zu seiner
Oper *Der Freischütz* inspiriert hatten. Die Oderebene verlor sich in ausgedehnten
dunkelgrünen Wäldern, deren flüsternde Wipfel der romantische Dichter Joseph
von Eichendorff in seinen Gedichten besungen hatte. Hier führte die Familie
Kaluza ein ruhiges und glückliches Leben. Amalie umsorgte ihren (nach damaligen Vorstellungen spät geborenen) Sohn mit besonderer Liebe.[28] Die Kaluzas
führten eine glückliche Ehe. In ihrem Verhalten gab es die vornehme Zurückhaltung, die die Basis des gegenseitigen Respektes der Ehegatten ausmachte. Bilder
von Amalie zeigen eine scharfblickende, mit sich selbst strenge Person. Sie war
eine intelligente und tüchtige Frau, die ihren Mann bei seinen geistigen Beschäftigungen unterstützte. Über ihren Scharfsinn und die Genauigkeit ihrer Beobachtungen gibt einer ihrer späteren Briefe Auskunft, in dem sie die neu eingerichteten Kaskaden im Schlosspark von Königsberg akribisch beschreibt: „Aber ich
muss mich trösten mit den Sehenswürdigkeiten, die neuerdings anzustaunen sind,
z.B. die Kaskaden am Einfluss des Oberteichs in den Schlossteich, die wirklich
wundervoll sind. [...] und sahen dann mit Staunen was Menschenhände geschaffen – unterirdisch [...], durch ein vielleicht 50 Zentimeter breites Rohr, das Wasser aus dem Oberteich, erst über eine breite flache Ebene, dann floss es langsam
über mehrere breite Stufen, in ein breites Bassin um wieder unterirdisch sich mit
dem Schlossteich zu vereinen und dort sich mit diesem weiter zu verbinden."[29]

Theodor Kaluzas Neugier und Scharfsinn, die ihn später auszeichneten,
scheinen ein Erbteil auch von seiner Mutter gewesen zu sein. Amalies Strenge
paarte sich mit ihrer unbegrenzten Herzensgüte und einem deutlichen Sinn für
Humor. Ihre vornehme Zurückhaltung scheint der Schlüssel zu ihrem Glücks-
empfinden gewesen zu sein. Sie betrachtete Ereignisse, über die sich andere Frau-
en ärgern konnten, als unbedeutend, um sich den wichtigeren widmen zu können. Spätere Briefe an ihre Enkelkinder verraten eine grenzenlose Liebe, die sie
sowohl ihren Familienangehörigen als auch einfachen Menschen schenkte. Als sie
schon todkrank war, ließ sie ihre Kinder und Enkelkinder, die ihre Ferien öfter in
Königsberg verbrachten, nichts von ihrer Krankheit wissen. Sie wollte sie nicht
beunruhigen und die schöne Zeit, die sie zusammen verbrachten, nicht trüben.
Sie beklagte sich während ihrer monatelangen Krankheit nicht ein einziges Mal.[30]

Theodor Kaluza war durch diese Zurückhaltung, die seiner Mutter eigen war,
und durch das Bestreben, andere nicht mit dem eigenen Leiden zu belasten, deut-

---

[28] Amalie war 35 Jahre alt, als sie ihren Sohn zur Welt brachte. Sie war auch sechs Jahre äl-
ter als ihr Mann. Brief von Theodor Kaluzas Tochter an die Autorin vom 3. April 1997.

[29] Brief von Amalie Kaluza an ihren Sohn vom 24. September 1930, NTK.

[30] Briefe von Amalie Kaluza an die Familie ihres Sohnes, 1933, NTK.

lich geprägt. Sie war ihm auch in ihrer Hilfsbereitschaft und dem Wunsch, anderen Menschen Gutes zu tun, ein Vorbild.

Das stille Leben in Oppeln in einem wohlhabenden Haus abseits des Trubels einer Großstadt bot zwar gute Entwicklungsmöglichkeiten für das Kind, aber den unruhigen und wachen Geist Max Kaluzas konnte es nicht befriedigen. Mehr als die Lehrtätigkeit am Gymnasium zog ihn die wissenschaftliche Forschung an. Als er zwei Jahre später als Doktor für englische Philologie die Möglichkeit erhielt, sich an der Universität Königsberg zu habilitieren, zögerte er nicht lange. Sein munterer, forschender Geist strebte danach, sich seinen philologischen Arbeiten zu widmen. Er hätte sich keinesfalls mit dem Provinzleben in Oppeln abgefunden. So entschloss er sich 1887, mit seiner Familie nach Königsberg zu ziehen. Im selben Jahr habilitierte sich Max Kaluza an der Universität Königsberg als Privatdozent für englische Sprache und Literatur.[31]

Die Entscheidung für Königsberg erwies sich als äußerst vorteilhaft. Während seiner fünfjährigen Tätigkeit als Gymnasiallehrer in Ratibor und Oppeln hatte er Erfahrungen gesammelt, die er nun im Englischen Seminar einsetzen konnte. Hier entwickelte er eine rege Aktivität, die zur Verbesserung der Lernmethoden der neuen Sprachen, besonders des englischen Unterrichts in Schule und Universität dienten. Max Kaluza hatte nun wieder die engen Beziehungen zu Kultur und Wissenschaft aufgenommen, die für ihn so lebensnotwendig waren.

Die Stadt Königsberg wirkte sich durch die Lebendigkeit ihrer Großstadtatmosphäre und durch ihr reiches Kulturleben höchst anregend aus. Im Königsberger Stadttheater hatte Richard Wagner 1836 für ein Jahr als Theaterkapellmeister gewirkt. Seine Segelfahrt auf dem Kurischen Haff sollte ihn später zu der Oper „Der fliegende Holländer" inspirieren.[32] Franz Liszt versetzte die sonst eher zurückhaltenden Königsberger in drei Konzerten, die er unterwegs nach St. Petersburg in der ostpreußischen Hauptstadt gab, in einen Taumel der Begeisterung. Daraufhin verlieh ihm die Königsberger Universität die Würde eines Ehrendoktors.[33] Königsberg galt später als Musikstadt der Romantik. Viele neue Werke erklangen hier kurz nach ihrer Uraufführung in Berlin. Auch Robert Schumann trat mehrmals in Königsberg auf. Außerdem gab es namhafte Buchhandlungen: In der Nähe der Universität am Paradeplatz befand sich die „größte Buchhandlung in Europa", Gräfe und Unzer. Ihr Gebäude, das wie eine geräumige Bibliothek anmutete und mit bequemen Stühlen für die Leser ausgestattet war, beherbergte 250.000 Bücher.[34]

---

[31] Janzen (1922), S. 2.
[32] Matull (1978), S. 91.
[33] Gause (1968), S. 164.
[34] Matull (1978), S. 86.

Die besondere Anziehungskraft Königsbergs bildeten aber drei harmonisch koexistierende Pole, die zur historischen Entwicklung und zum Aufblühen der Stadt beigetragen hatten: das Schloss, der Dom und der Hafen.[35]

Das Schloss erhob sich an der unteren Seite des idyllischen Schlossteichs. Es war für Königsberg das Symbol der staatlichen Macht. Hier residierten der Herzog und der König; zwei Krönungen der preußischen Könige hatten hier stattgefunden, und mehrmals war das Schloss sogar der Ort gewesen, von dem aus Preußen regiert wurde. Die Geschichte des Schlosses begann schon im 13. Jahrhundert mit dem Ritterorden, der das Schloss zu Verteidigungszwecken gebaut hatte. Der böhmische König Ottokar II. hatte verfügt, dass der Bau der Burg (1254) zur „Sicherung des Samlandes"[36] dienen sollte. Zu seinen Ehren hatte die Stadt auch ihren Namen bekommen, denn Königsberg bedeutet „Der Berg des Königs". Am 18. Januar 1701 erlebte das Schloss die Krönung des Kurfürsten Friedrich I. zum ersten König Preußens. So zeugte das Schloss von der Geburt des preußischen Königtums.[37] Am 18. Oktober 1861 wurde im Schloss König Wilhelm I. gekrönt, ein ähnlich prachtvolles Ereignis, an das sich die Königsberger stolz erinnerten. Im Nordflügel des Schlosses, in den aus dem 14. Jahrhundert stammenden Kellern, gab es eine berühmte Weinstube, „das Blutgericht", wo viele namhafte Männer edle Weine getrunken haben: E. T. A. Hoffmann, Heinrich von Kleist, Ernst Wiechert, Felix Dahn und später Thomas Mann, der Maler Lovis Corinth und der Komponist Richard Strauss. Ein geheimnisvoll gedämpftes Licht umgab die Fässer aus dunklem Holz, die goldenen Kerzenleuchter und die kunstvoll geschnitzten Segelschiffe. Im Krönungssaal der Schlosskirche im Westflügel des Schlosses bezeugten die Wappen sämtlicher Ritter des Schwarz-Adler-Ordens die 600-jährige Geschichte Königsbergs. Daher nannten die Königsberger das Schloss „unser steinernes Geschichtsbuch".[38] Der Ostflügel bestand aus den königlichen Gemächern und dem Thronsaal Friedrichs I., der mit Bildern von Rubens und Willmann geschmückt war.[39] Die Räume waren mit kostbaren Möbeln aus dem Besitz von Königin Luise ausgestattet. Das Schlafzimmer zierte eine Intarsiendecke aus dem 16. Jahrhundert, die Schwarz-Adler-Kammer und der Ahnensaal zeigten den Stammbaum der Hohenzollern. Zeitweise war das Schloss Residenz und Stätte höfischer Repräsentation bei den Kaiserbesuchen. Auch Zar Peter der Große war hier Gast gewesen.

---

[35] Vgl. auch Gause (1974).

[36] Matull (1978), S. 59.

[37] Ebd., S. 61.

[38] Ebd., S. 59.

[39] Hermanowski (1996), S. 158.

Abb. 7: Foto: Kaiser-Wilhelm-Platz und Südwestecke des Schlosses in Königsberg (Postkarte)

Der Dom war dagegen ein kirchliches Symbol von Reform und Gelehrsamkeit, von Bildung, Schule und Universität. Denn angelehnt an den Dom stand die 1554 durch Herzog Albrecht von Preußen gegründete alte Königsberger Universität, in deren Gebäude auch Kant gelehrt hatte.

*Abb. 8: Foto: Eingang (in dem niedrigen Häuschen rechts) zum Weinkeller „Blutgericht"
unter der Turniergalerie an der Nordseite des Schlosses, links Schlosskirche (Postkarte)*

Zum 300-jährigen Jubiläum der Universität Albertina hatte König Friedrich Wilhelm IV. den Grundstein für das neue Universitätsgebäude am Paradeplatz im Königsgarten gelegt.

Der fast 600 Jahre alte Dom mit seiner aus dem 17. Jahrhundert stammenden gräflich Wallenrodschen Bibliothek erhob sich ehrwürdig an der östlichen Seite der Kneiphöfschen Insel, die der Pregel im Herzen Königsbergs bildete. Eine Legende will, dass diese Bibliothek E. T. A. Hoffmann als Vorbild für die Bibliothek des Archivars Lindhorst in seiner Novelle „Der goldene Topf" diente. An der Nordseite des Domes befand sich die Stoa Kantiana, die Grabstätte Kants.

Der dritte wichtige Pol Königsbergs war der Hafen. Er war das Symbol der Seefahrt und des Handels, der Weltoffenheit und der Hanse, des wirtschaftlichen Erfolgs und der Börse. Im Königsberger Hafen landeten über den Flusslauf des Pregels Baumstämme aus den nach Tannen duftenden Wäldern der Umgebung an. Am Hundegatt, dem Handelsviertel mit seinen alten Fachwerkspeichern und Giebeldächern, hauften sich die Holzflöße auf und warteten darauf, abgeholt und in andere Gegenden der Welt transportiert zu werden. Dieses Holz war überall begehrt und hochgeschätzt. Es war eine wichtige Handelsware, denn die Wälder Ostpreußens, des „Landes der dunklen Wälder", erstreckten sich unendlich weit.[40]

---

[40] Siehe Naujok und Hermanowski (1992), S. 58–59.

Diese drei Pole standen miteinander im Einklang und führten zu dem harmonischen Gebilde, das die Stadt Königsberg darstellte.[41] Es war eine Stadt voll nüchternen Verstands, die aber dennoch Phantasie und Gefühl beflügeln konnte. Ihre verträumten Gärten am Schlossteich regten das poetische Gemüt an, und das helle transparente Licht des Nordens löste trübe seelische Zustände auf. Königsberg war eine Stadt, die den Geist in Bewegung hielt und anregte, die Geheimnisse des Universums zu enträtseln. Es war eine Stadt, in der man sich nicht langweilte und die Gäste durch die Herzlichkeit ihrer Einwohner anlockte.

Abb. 9: Foto: Schlossplatz an der Ostseite des Schlosses (Postkarte 20er-Jahre)

Die drei Stützpfeiler beeinflussten den Alltag der Einwohner und wirkten prägend auf die Gestaltung ihres Lebens. Das sollte sich auch im Wirken von Max Kaluza und seiner Familie zeigen. Nach seiner Habilitierung an der Albertina (1887) verließ er Königsberg nie mehr und lehnte alle auswärtigen Rufe ab.[42] Königsberg wurde während der folgenden 34 Jahre zu seiner zweiten Heimat. Als Privatdozent hätte er seine Familie nicht ernähren können. Ihm half aber sein ererbtes Vermögen. Da er mit dessen Verwaltung möglichst wenig Mühe haben wollte, legte er sein Geld in Staatsanleihen an – eine Entscheidung, die sich zu-

---

[41] Gause (1974), S. 3.
[42] Vgl. Janzen (1922).

nächst als richtig erwies. Er mietete ein Haus in der Nähe der Universität und widmete sich mit Leidenschaft seinen philologischen und linguistischen Forschungen. Die Familie Kaluza wohnte in der Rhesastraße 21. Im Haus Nummer 10 wohnte David Hilbert mit seinen Eltern. Er unterrichtete seit 1886 als Privatdozent ebenfalls an der Albertina.[43]

Am 8. Juli 1893 bekam der Abgeordnete Eduard Zaruba in Ostrog folgendes Telegramm: „Bin zum außerordentlichen Professor ernannt worden. Max."[44] Es war eine große Genugtuung für den stolzen und ehrgeizigen Max Kaluza, seinem wohlsituierten Schwiegervater mitteilen zu können, dass er noch eine weitere Stufe der Gelehrtenkarriere erreicht hatte. Der Titel eines Professors hatte zu dieser Zeit großes Ansehen. Mehr als anderswo in Europa genossen die Professoren in Deutschland soziale Privilegien und waren in das kulturelle und politische Leben einbezogen.[45]

Die Veröffentlichungen Max Kaluzas zeugen von diesem Zeitpunkt an von seiner regen Forschungstätigkeit im Bereich der englischen Linguistik und Philologie. 1894 erschien seine Arbeit „Der altenglische Vers. Eine metrische Untersuchung". Sie wurde 1896 durch das Werk „Zur Betonungs- und Verslehre des Altenglischen" ergänzt. 1902 erhielt Max Kaluza eine frei gewordene ordentliche Professur für englische Literatur. Seine Ernennung zum ordentlichen Professor an der Universität Königsberg erfolgte durch königlichen Erlass. Sein Schwiegervater erlebte aber diese Freude nicht mehr.

Max Kaluza wurde ein angesehener Vertreter der englischen Philologie. Er publizierte über englische Linguistik und über Chaucer. Seine Bücher („Zur Betonungs- und Verslehre des Altenglischen", 1896, „Historische Grammatik der englischen Sprache", 1900, und „Chaucer-Handbuch für Studierende", 1919) werden immer noch geschätzt und von Anglistik-Studenten benutzt.

Doch die Krönung seiner Aktivitäten war die Gründung der *Zeitschrift für französischen und englischen Unterricht* im Jahre 1902, die als eines der wichtigsten Teile seines „reichen Lebenswerkes" von den Gelehrten der Universität Albertina betrachtet worden war.[46]

---

[43] Siehe „Vorlesungsverzeichnis der Universität Königsberg", 1900–1910.

[44] Max Kaluza an Eduard Zaruba, Telegramm vom 8. Juli 1893, NTK.

[45] Croce (1993), S. 297.

[46] „Ihr hat er die von amtlichen Pflichten freibleibende Zeit gewidmet, in ihr seine Gedanken und Urteile über die Lage, Bedeutung und Entwicklung des neusprachlichen, insbesondere des englischen Unterrichts an Schule und Universität niedergelegt", kann man im Nekrolog auf den Tod von Max Kaluza lesen. (NTK) Die linguistische Aktivität für die Zeitschrift steht in engem Zusammenhang mit der sprachlichen Erziehung, die Max Kaluza seinem Sohn gegeben hat.

Kindheit und Schuljahre

In seiner frühesten Kindheit war Theodor Kaluza ein ruhiges, fröhliches und immer ausgeglichenes Kind, das sich durch eine ausgesprochene Leichtigkeit im Lernen auszeichnete.[1] Es interessierte sich für alles, was es sah und hörte, in einer für die Erwachsenen erstaunlichen Art. Sein träumerischer Blick blieb manchmal lange an Gegenständen haften, in deren Betrachtung es sich ohne Mühe vertiefen konnte, ohne sich stören zu lassen. Dabei fiel den Eltern sein glücklicher Ausdruck auf, wenn das Kind Entdeckungen machte. Seine Augen glänzten, wenn es etwas fand, das seine Aufmerksamkeit weckte. Die Mutter erinnerte sich noch als Siebzigjährige daran, wie der kleine Theodor, erst zwei Jahre alt, beim Hören der Jahreszahl 1888 lange darüber staunte und immer neue Erklärungen über diese ihm merkwürdig erscheinende Zahl verlangte.[2] Niemand verstand damals, was das Kind an dieser Zahl so sehr verwunderte: die dreimalige Wiederholung der Zahl 8 oder andere Eigenschaften, die es bemerkt hatte. Es wird erzählt, dass er im Alter von vier Jahren mit großem Interesse einen Knoten an der Schürze seiner Mutter beobachtete. Nach intensiver Betrachtung soll er nach einem Band verlangt und den Knoten reproduziert haben, ohne ihn zuvor aufgemacht zu haben.[3]

Schon bald darauf stellten die Eltern fest, dass Theodor zählen und rechnen konnte. Die Zahlen faszinierten ihn. Sein Vater, dessen Liebe zur Mathematik nie aufgehört hatte, unterstützte das Kind in seinen mathematischen Interessen. Er gab ihm Rechenaufgaben, die Theodor im Alter von vier Jahren schnell löste.[4] Überhaupt war seine Freude an der Beschäftigung mit Mathematik in diesem frühen Alter auffällig. Mit vier Jahren konnte Theodor auch schon schreiben und lesen. Im Juni 1889 schrieb er seiner Mutter eine Geburtstagskarte in einer gewählten Sprache, die sich von der Kindersprache abhob.[5]

Max Kaluza überwachte frühzeitig die Ausbildung seines Sohnes. Als Philologe und Linguist legte er viel Wert darauf, dass Theodor schon von klein an mehrere Sprachen lernte. Die Eltern nahmen den kleinen Theodor auf die vielen Reisen nach England mit, wo sie des öfteren den Geburtsort von Shakespeare, Stratford-upon-Avon, besichtigten. Amalie unterstützte ihren Mann in seinen Bemühungen um eine erlesene Erziehung des jungen Theodor. Mit neun Jahren

---

[1] Brief von Theodor Kaluzas Tochter an die Autorin vom 25. Februar 1997.
[2] Brief von Theodor Kaluzas Tochter an die Autorin vom 26. April 1998.
[3] Ebd.
[4] Ebd.
[5] Geburtstagskarte von Theodor Kaluza an seine Mutter im Juni 1889, NTK.

sprach er fließend Englisch und las mit Leichtigkeit die Romane von Dickens. Als Erwachsener beherrschte er diese Sprache meisterhaft: Sein Sohn erinnerte sich daran, wie der Vater mit perfektem Akzent zwischen Hochsprache, Slang und verschiedenen Dialekten der englischen Sprache differenzierte.[6]

Mit zehn Jahren, bei einem einmonatigen Sommeraufenthalt mit seinen Eltern in Ungarn, lernte Theodor Ungarisch. Bald konnte er in dieser Sprache nicht nur sprechen, sondern auch schreiben. Im Erwachsenenalter korrespondierte er mit seinem Freund, dem Mathematiker Gábor Szegő, in Ungarisch. Als Fünfzigjähriger freute er sich auf Urlaubsreisen mit seiner Frau in Ungarn wie ein Kind, dass die Einheimischen ihn für einen der Ihren hielten.[7] Auf den langen Reisen durch Europa lernte Theodor in seinen Kinderjahren neben Englisch und Ungarisch auch Italienisch, obwohl keine der Sprachen Schulfächer waren.[8] Es gelang ihm, diese Sprachen perfekt zu erlernen. Auch später noch schrieb ihm sein Vater Briefe in Ungarisch und Englisch.

Aus der Schulzeit Theodor Kaluzas sind keine besonderen Ereignisse überliefert. Er war ohne große Anstrengung Klassenprimus. Besonderes Interesse zeigte er für Physik, Mathematik, Sprachen, Musik und Religion. Das einzige Fach, das er nur mit *genügend* bestand, war Sport. Auch Geographie und Geschichte zogen ihn nicht sonderlich an.[9] Auffallend war sein erstaunliches Auffassungsvermögen. Er schien sich nie besonders anstrengen zu müssen und fand alle Lösungen mühelos. Diese Begabung prägte auch seine spätere Persönlichkeit. Da ihm alles so schnell gelang, zeigte er weder Ehrgeiz, noch den Wunsch aufzufallen oder sich in den Vordergrund zu rücken.

Die Entfaltung des jungen Theodor wurde durch die materielle Situation und durch das kulturelle Umfeld in der Familie begünstigt. Sein Vater war ein Gelehrter, der sich leidenschaftlich für sein Fach begeisterte. Max Kaluza benutzte seine gesicherte finanzielle Situation dazu, seinen philologischen und linguistischen Interessen nachzugehen. Auf regelmäßigen Reisen nach England verschaffte er sich die neuesten Bücher, traf sich mit englischen Kollegen und betrieb wissenschaftliche Forschungen über die englische Sprache und Literatur. Auf solchen Reisen nach England und durch ganz Europa begleiteten ihn fast immer seine Frau und sein Sohn, ihr einziges Kind.

Die Familie Kaluza kaufte sich in Königsberg kein Haus, sie änderte jedoch mehrmals ihren Wohnsitz, dem jeweiligen Bedürfnis nach Ruhe oder nach Lebendigkeit der Großstadtgegend entsprechend. Das häusliche Leben verlief still

---

[6] Brief von Theodor Kaluza junior an Detlef Laugwitz vom 26. Juni 1985, NTK.

[7] Brief von Anna Kaluza an Familie Szegö vom 16. September 1949, NTK.

[8] Reifezeugnis Theodor Kaluza, NTK.

[9] Theodor Kaluza junior (1991).

und einfach. Max Kaluza führte das übliche Leben eines deutschen Gelehrten. Seine Erfüllung fand er in der Wissenschaft, in ruhiger, unauffälliger Arbeit in der Familie, in der Natur an der schönen Samländischen Küste und im Verkehr mit seinen vertrauten Freunden. Dagegen mochte er die „große und förmliche Geselligkeit nicht und mied sie."[10] Das lag an seiner bescheidenen, in sich selbst zurückgezogenen Art. Seine Frau Amalie bot ihm die nötige Unterstützung. Obwohl aus großem Hause stammend, fühlte sie sich in der familiären Zurückgezogenheit ihrer Familie glücklich.[11] So verlief Theodor Kaluzas Leben im elterlichen Haus ruhig und ohne tiefgreifende äußere Ereignisse.

Max Kaluza war ein Anhänger der neuhumanistischen Bildung, die auch die Grundlage für die Erziehung seines Sohnes bildete. Sie wurde in Deutschland durch Wilhelm von Humboldt (1767–1835) begründet. Humboldt, Bruder des Naturforschers Alexander von Humboldt, war Anfang des 19. Jahrhunderts Leiter des Kultus- und Unterrichtswesens im Preußischen Innenministerium. Er hatte damals an der Berliner Universität und am humanistischen Gymnasium neue pädagogische und philosophische Prinzipien eingeführt. Als ein führender Vertreter des Neuhumanismus konzipierte er eine universale Bildung, die zur Entfaltung aller Persönlichkeitskräfte des Individuums führen sollte, ohne die naturwissenschaftliche Bildung auszuschließen. Die Begegnung mit antiker Kunst, vor allem aber mit Literatur und dem Medium Sprache, bildeten darin einen Schwerpunkt. Das Modell der einheitlich gebildeten Individualität ermöglichte eine freie und harmonische Entfaltung des Menschen und stellte für Humboldt das humanistische Bildungsideal dar. Im Konzept seiner Schulreform, die sowohl die Gymnasialstufe als auch das Universitätswesen verändern sollte, spielte die Wissenschaft eine besondere Rolle. Als wichtige Komponente der Humboldtschen Reformen sollte die Wissenschaft durch die Einheit von Forschung und Lehre in die Ausbildung eingebettet werden.[12]

Das preußische Bildungswesen wurde in der Zeit von 1809–1818 reformiert; die Universität Königsberg gehörte zu den ersten, an denen die Humboldtschen Reformen eingeführt wurden.[13] Sie wurden hier durch die Gründung des Pädagogischen Seminars 1810, des Philologischen Seminars 1812 und des Mathematisch-physikalischen Seminars verwirklicht, das 1834 unter der Leitung der drei

---

[10] Janzen (1922), S. 5.

[11] Die Familie Zaruba zählte nicht weniger als 24 Mitglieder mit den drei Kindern, dem Verwalter der Ziegelei und der Dienerschaft. Brief von Amalie Kaluza an die Familie ihres Sohnes vom 7. März 1930, NTK.

[12] Vgl. Richter, W. (1971).

[13] Vgl. Brausch (1996).

großen Wissenschaftler Carl Gustav Jacobi, Franz Neumann und Wilhelm Bessel ins Leben gerufen wurde.

Die Aktivität Max Kaluzas an der Universität Albertina konzentrierte sich auf sein Wirken im englischen Seminar, in dem er sich mit großer Leidenschaft der Erforschung der neuesten Lernmethoden für Sprachen widmete. Diese linguistischen Forschungen hatten offenbar Auswirkungen auf die erlesene Ausbildung, die Max Kaluza seinem Sohn zuteil werden ließ. Er vertrat die Auffassung, dass das Aneignen einer Sprache sich nicht nur auf das Erlernen der Sprachfertigkeit beschränken dürfe: „Gründliche, geschichtlich und psychologisch vertiefte Kenntnis der Grammatik und der Literatur erschien [ihm] ungleich wertvoller als die stark betonte, oft genug recht äußerliche und im Oberflächlichen stecken bleibende, zudem meist recht leicht vergängliche Sprechfertigkeit."[14] Das Aneignen einer Sprache war demzufolge unmittelbar an Kenntnis der Literatur der jeweiligen Sprache und an die Beherrschung der Grammatik gebunden. Auch später blieb Theodor Kaluza ein leidenschaftlicher Leser von Universalliteratur in der Originalsprache.[15]

Das Erlernen mehrerer Sprachen war aber nicht das einzige Ziel, auf das Max Kaluza Wert legte. Er teilte die Ideale einer harmonischen Gesamtentfaltung der menschlichen Individualität. Obwohl er Linguist war, interessierte er sich sehr für Mathematik und hielt es für wichtig, die mathematische Begabung seines Sohnes zu unterstützen. Er führte des öfteren lange Gespräche mit dem von ihm bewunderten Königsberger Mathematiker David Hilbert und besorgte sich dessen Schrift über eine mathematische Studienreise zu den großen Universitäten Deutschlands im Jahre 1888.[16] Hilbert hörte sich auf dieser Reise die bekanntesten Mathematiker und Wissenschaftler seiner Zeit an und informierte sich über die neuesten Bereiche der Mathematik und Physik.[17]

---

[14] Janzen (1922), S. 4.

[15] Interview mit Ingemarie Kaluza, Juni 1997. Sie erzählte der Autorin, wie erstaunt sie war, als sie als Buchhändlerin und im Besitz einer soliden philologischen Kenntnis der universalen Literatur um 1945 nach ihrer Heirat mit Theodor Kaluza junior feststellte, dass der Senior ein hervorragender Kenner nicht nur der klassischen, sondern auch der modernen Weltliteratur war – Joyce, T. S. Eliot, Musil, Franz Werfel, Marjorie Kinnan Rawlings, Tyde Monnier usw. Auch im Brief von Ingemarie Kaluza an die Autorin vom 3. Juli 1998.

[16] Er war mit Hilbert bekannt und hatte sich sein Heft von dessen Studienreise in Fotografie verschafft.

[17] Die Reise dauerte vier Wochen und während dessen schrieb er sich alles in ein ordentliches Heft. In Leipzig besuchte er die Vorlesungen bei Sophus Lie, dem berühmten norwegischen Mathematiker, der über die von ihm entwickelte Theorie der kontinuierlichen Transformationsgruppen (heute als Lie-Gruppen bezeichnet) seit zwei Jahren in Leipzig Vorlesungen hielt. In Berlin hörte er Hermann von Helmholtz, der über die Bedeutung der maxwellschen

Die Neigung Kaluzas für Mathematik und Naturwissenschaften blieb offenbar sein ganzes Leben hindurch bestehen. Er war froh, dieses Interesse auf seinen Sohn übertragen zu können.[18] Max Kaluza war von der Mathematik als „universeller Sprache der Natur" fasziniert und er freute sich darüber, dass sein Sohn eine große Begabung dafür zeigte.

Zu der neuhumanistischen Bildung gehörten neben Naturwissenschaften, Mathematik, Philosophie und Sprachen auch die „musischen" Fächer wie Kunst und Musik und außerdem eine praktische, handwerkliche Ausbildung. Daraus erklärt sich, dass Heinrich Hertz, der ein hervorragender Schüler in Mathematik und Physik war und die klassischen Sprachen perfekt beherrschte, eine Tischlerlehre abgeschlossen hat. Als Hertz später Professor der Physik wurde, bedauerte sein Tischlermeister, dass sein Schüler nicht Drechsler geworden war. Bei seinem Talent sei das ein großer Verlust.[19] Humboldts Lehre zufolge vermittelte handwerkliches Können ein Sicherheitsgefühl und ein neues Verständnis für die praktische Welt, das zum Einklang zwischen dem Individuum und seiner Umgebung führte. Humboldt hatte sich zu diesem Thema in seiner Abhandlung von 1809, „Der Königsberger und der litauische Schulplan", folgendermaßen geäußert: „Auch Griechisch gelernt zu haben, könnte auf diese Weise dem Tischler ebenso wenig unnütz sein, als Tische zu machen dem Gelehrten."[20]

Theodor Kaluzas Vater Max hatte ebenfalls eine Tischlerlehre gemacht. Er sorgte nun dafür, dass Theodor eine Lehre als Buchbinder mit der Gesellenprüfung abschloss.

Um die künstlerische Ausbildung kümmerte sich Theodors Mutter. Sie bemerkte seine große Liebe zur Musik und sorgte dafür, dass er Klavier- und Orgelunterricht bekam. Später bereitete es ihm immer große Freude, Sonaten von

---

Theorie vortrug und die Bedeutung des Prinzips der kleinsten Wirkung erläuterte. Gleichzeitig interessierte er sich für die mathematischen Methoden, die Neumann für die Behandlung des Prinzips der Kraft benutzte. Am Ende des Heftes steht eine Liste von Veröffentlichungen berühmter Wissenschaftler, wie Maxwell: „Elektrizität und Magnetismus", Felix Klein: „Realität von Berührungskurven", Möbius „Elementarverwandtschaft (Die projektive Ebene ist eine Doppelfläche)" und andere wissenschaftliche Werke, die sein Interesse und seine Kenntnisse in den Wissenschaften beweisen. Eine alte fotografierte Kopie dieses Heftes vom Ende des vorigen Jahrhunderts ist im NTK zu finden. (Hilbert: „Meine Reise", 1888.) Dieses Heft von Hilbert wurde bis zum 60. Geburtstag von Hilbert 1922 nicht veröffentlicht. Vgl. Siegel (1922), S. 99–103.

[18] Auch die Tochter von Kaluza erinnert sich daran, dass ihr Großvater Max ihr als fünfjähriges Kind stets in spielerischer Art und Weise Aufgaben im Kopfrechnen gab. Im Brief von Theodor Kaluzas Tochter an die Autorin vom 16. März 1997.

[19] Hermann (1983), S. 221.

[20] Humboldt (1809), S. 279.

Beethoven zu spielen, den er sehr bewunderte. Die Liebe zur Musik hat ihn sein ganzes Leben lang begleitet; in schweren Stunden hat sie ihm Trost und Mut gegeben.[21] Max Kaluza sorgte außerdem dafür, dass Theodor Reiten lernte – eine Tätigkeit, die er später immer wieder mit viel Begeisterung betrieb.

Unsere heutige Zeit ist vom Geist des Spezialistentums bestimmt. Man versucht, eine Fähigkeit besonders gut zu entfalten, während die anderen vernachlässigt werden. Es ist daher kaum noch zu verstehen, wie es möglich war, dass in der Zeit der neuhumanistischen Reformen die Schüler eine so vielfältige Ausbildung erfolgreich abschließen konnten, bei der sie drei klassische und eine moderne Sprache, Mathematik, naturwissenschaftliche Fächer, Musik, Kunst, Sport und ein Handwerk lernen konnten. Gerade diese Reformen aber haben dazu beigetragen, dass sich in Deutschland hervorragende Wissenschaftler und Künstler entfalten konnten.

Die Ausbildung Theodor Kaluzas vollzog sich in einer Zeit, in der das geistige Leben von der Idee universellen Wissens geprägt war. Wilhelm von Humboldt hat in seinen Reformen den Geist der Aufklärung verwirklicht. Im Lichte dieses Geistes sollte sich jeder Mensch, der kreativ schöpferisch arbeiten wollte, das ganze Wissen der Menschheitsgeschichte aneignen. Dadurch sollte er einen Überblick über das universell Gültige und einen Einblick in die in jeder Sache steckende Wahrheit bekommen. Die Humboldtschen Reformen brachten auch hervorragende Gymnasiallehrer hervor, die in den Seminaren an der Universität Königsberg ausgebildet wurden. Sie sollten befähigt werden, im neuhumanistischen Geist zu unterrichten. Das war die Grundlage der Königsberger Schule, deren hoch qualifizierte und engagierte Lehrer das Ideal einer Verbindung von Unterricht und Forschung verwirklichten. So genoss Theodor Kaluza in der Schule eine ausgezeichnete Ausbildung durch solche hervorragenden Lehrer.[22]

Den vielfältigen Fähigkeiten und Interessen seines Sohnes entsprechend wählte Max Kaluza für ihn das traditionsreiche Gymnasium Fridericianum. 1894 wurde Theodor als Schüler in die Sexta des Fridericianums aufgenommen. Das Königliche Friedrichskollegium lag in der ruhigen Jägerhofstraße, in der Nähe des Schlossteichs. 1698 gegründet, galt es als ausgezeichnete Lateinschule und Vorbild für ähnliche Einrichtungen. Lehrer mit hervorragendem Charakter haben hier unterrichtet, darunter auch der Philosoph, Theologe, Schriftsteller und Lite-

---

[21] In mehreren Briefen von der Front erwähnte Theodor Kaluza seine Liebe zur „Appassionata" von Beethoven, die er auf dem Klavier spielen konnte, wie auch seine Mitwirkung bei Aufführungen von Beethovens Oktetten.

[22] Zur Organisation und zu den Grundprinzipien der Bildungsreform von Humboldt in den Königsberger Schulen ist seine Abhandlung von 1809, „Der Königsberger und der litauische Schulplan" aufschlussreich.

raturwissenschaftler Johann Gottfried Herder (1744–1803).[23] Der Schulunterricht war streng. Er begann für Internatsschüler um 5 Uhr mit dem Wecken und endete um 21 Uhr mit dem Abendgebet.[24] Theodor war ein externer Schüler. Er musste den Weg von der Rhesastraße zum Gymnasium morgens zu Fuß zurücklegen. Er ging über die Schlossteichbrücke und dann am Ufer des Schlossteichs mit seinen hundert Jahre alten Weiden entlang.[25] Dann erreichte er die Vorderrossgartenstraße, die die Jägerhofstraße kreuzte. Der Weg, der eine halbe Stunde dauerte, gefiel dem jungen Theodor. Er konnte in der morgenfrischen Luft den Duft der Gärten und Bäume am Schlossteich einatmen, einen Blick auf die stille Wasserfläche des Teichs werfen und die weißen Schwäne beobachten.[26] Von 1732 bis 1740 war Immanuel Kant Schüler dieses Gymnasiums gewesen. Bereits mit 16 Jahren begann dieser geniale Absolvent des Fridericianums das Studium an der Universität Albertina. Auch David Hilbert hatte hier auf der Schulbank gesessen. Ein Mitschüler Theodors war der zwei Jahre jüngere Ernst Wiechert, der später Literaturlehrer und ein namhafter Schriftsteller werden sollte. Die beiden jungen Männer verband eine lebenslange Freundschaft.

In Theodor Kaluzas Schulzeugnissen ist festzustellen, dass zu den klassischen Sprachen Latein, Griechisch und Hebräisch, die er mit *sehr gut* bestand, auch noch Französisch als moderne Sprache hinzukam. Theodor teilte sich die Ehre, Klassenprimus zu sein, mit seinem Klassenkameraden und Freund Leo Beyer. Theodors Fleiß wurde nur als *gut,* sein Betragen jedoch mit *sehr gut* bewertet.

Im August 1903 beendete er seine Schulzeit auf dem Collegium Fridericianum in Königsberg mit der Reifeprüfung, bei der er aufgrund ausgezeichneter Leistungen vom mündlichen Abitur befreit wurde. Über seine Leistungen in Mathematik kann man in seinem Reifezeugnis lesen: „Er hat sich auf allen Gebieten des mathematischen Unterrichtes ein sehr klares Verständnis der Lehrsätze und ihrer Herleitung erworben. In geschickter Anwendung seiner Kenntnisse hat er sich besonders hervorgetan."[27] Diese Charakterisierung klingt zutreffend angesichts der wissenschaftlichen Laufbahn, die Kaluza wählte. Denn tatsächlich sollte die Verbindung zwischen dem schnellen Erfassen einer wissenschaftlichen Aufgabe und dem mathematischen Ausdruck, den er dieser Aufgabe gab, das am meisten bewunderte Merkmal des zukünftigen Wissenschaftlers Kaluza sein.

---

[23] Matull (1987), S. 174.

[24] Ebd.

[25] Foto der Schlossteichbrücke in Richtung des Fridericianum (hinter der Stadthalle) Abb. 24 im Farbbildteil.

[26] Kaluza erinnerte sich später an diese Zeit mit viel Emotion. Brief von seiner Tochter an die Autorin vom 19. Februar 1997.

[27] Reifezeugnis Theodor Kaluza, NTK.

Über seine Leistung in Physik, in der er ebenso wie in Mathematik mit *sehr gut* bewertet wurde, kann man lesen: „Auf den verschiedenen Gebieten der Physik und namentlich in der mathematischen Erd- und Himmelskunde besitzt er sehr gute Kenntnisse." Theodor Kaluza entschloss sich, außer Physik und Mathematik auch noch Astronomie zu studieren. Er war 17 Jahre alt, als er als glücklicher Abiturient das Fridericianum verließ.

Abb. 10 und 11: Fotos Theodor Kaluzas als Abiturient (1904)

An seiner roten Abiturientenmütze trug er einen von seinen Eltern angesteckten goldenen *Albert*, und am selben Tag sollte er noch weitere *Alberte* bekommen. Das war ein Brauch in Königsberg: Am Tage des Abiturs warteten die Eltern vor dem Gymnasium und steckten kleine, aus Metall gestanzte Abzeichen mit dem Bild des Herzogs Albrecht – dem Symbol der Königsberger Universität – an die Mützen der Abiturienten. Einige Abzeichen waren sogar aus reinem Gold oder aus Silber. Jeder Verwandte, der dem jungen Abiturienten, dem frischgebackenen „civis academicus", gratulieren wollte, steckte ihm einen *Albert* an den Knoten der Krawatte oder auf die Rockaufschläge.[28] Die *Alberte* wurden 14 Tage lang mit Stolz getragen.[29]

---

[28] Naujok und Hermanowski (1992), S. 55.

[29] Siehe Abbildung der Abiturmütze von Kaluza im Farbbildteil (Abb. 2). Sie hing noch später in seiner Königsberger Wohnung an der Wand, siehe Abb. 25 im Textteil S. 302).

Zusammen mit seinen Klassenkameraden zog Theodor am Abiturabend durch die Straßen der Stadt – von dem Haus des einen Lehrers zum nächsten. Sie dankten ihnen in Sprechchören und mit Liedern:

„So leb' denn wohl Gymnasium!
Ich scheide ohne Trauern;
Ich trieb mich lang genug herum
In deinen dumpfen Mauern.
Du sollst mir stets in Ehren sein,
Doch kriegt kein Pferd mich mehr hinein!
Trallarum, lirum, larum,
Hic finis est curarum!"[30]

Die „Primanermütze" des Fridericianums, grün mit goldenem Band, wurde am Ende des festlichen Umzugs verbrannt.[31] Mit ihren fröhlichen Gesängen, in denen sie sich über alles lustig machten, verbreiteten die Abiturientenzüge eine heitere Stimmung in der Stadt:

„Ganz Europa wundert sich nicht wenig
Welch ein neues Reich entstanden ist.
Wer am meisten trinken kann, ist König,
Bischof, wer die meisten Mädchen küßt.
Wer da kneipt recht brav, vallerala!
Heißt bei uns Herr Graf, vallerala!
Wer randaliert wird Polizist."[32]

Nun war die schöne Zeit des Gymnasiums, die manchmal mit großer Anstrengung verbunden war, vorbei. Theodor Kaluza erinnerte sich noch lange an das unbeschwerte Leben auf diesem Gymnasium, an den Zuckerbäcker Zippert, der in der gleichen Straße seine Konditorei für die Gymnasiasten öffnete, und an die schönen Spaziergänge im Frühling am Schlossteich. Auch die Lehrer, die sich um ihre Schüler mit viel Sorgfalt gekümmert hatten, damit sie die beste Ausbildung bekamen, blieben ihm unvergesslich.

Es war üblich, dass Schulklassen mit ihrem Deutschlehrer auf einem Ausflug auch die Kapelle zum Gedenken an Immanuel Kant, die sogenannte *Stoa Kantiana* neben dem Dom, besuchten. An der Fußmauer des Schlosses befand sich eine Tafel mit den berühmten Worten aus Kants Schrift „Kritik der praktischen Vernunft": *„Zwei Dinge erfüllen das Gemüt mit immer neuer und zunehmender Bewunderung und Ehrfurcht, je öfter und anhaltender sich das Nachdenken damit beschäftigt:*

---

[30] Aus „Festlieder der Abiturienten des Königlichen Friedrichscollegiums von 1903", NTK.

[31] Matull (1978), S. 21.

[32] Ebd.

Der bestirnte Himmel über mir und das moralische Gesetz in mir."[33] Diese Worte, die Theodor bereits als kleiner Knabe mit seinem Vater gelesen hatte, haben ihn das ganze Leben hindurch begleitet und seine Handlungen bestimmt. Das „moralische Gesetz" war Theodor Kaluzas wichtigste Maxime, die stets Geltung für ihn behielt und in schweren Zeiten seine Entscheidungen beeinflusste.

Auf einer solchen Exkursion machte der Lehrer noch auf einen Gedenkstein mit einem Portraitmedaillon aufmerksam, der sich an der Ostseite des Doms am Pauperhausplatz befand. Dieser Gedenkstein war von der Künstlerin Käthe Kollwitz geschaffen worden. Er war ihrem Großvater, dem Liberalen und Prediger Julius Rupp, gewidmet. Als Vertreter der Bewegung des Deutschkatholizismus hatte er sich in der zweiten Hälfte des 19. Jahrhunderts für Kants Lehre und für die Forderung nach einer fortschreitenden christlichen Humanität eingesetzt. Als er wegen dieser Haltung immer mehr in Konflikt mit dem Staat geriet, wurde er seines Amtes enthoben und mehrmals zu Gefängnisstrafen verurteilt. Er nahm sie unbeugsam hin, weil er von der Wahrheit seiner Ideale überzeugt war.[34] Auf dem Gedenkstein stand die Inschrift: „*Wer nach der Wahrheit, die er bekennt, nicht lebt, ist der gefährlichste Feind der Wahrheit selbst.*"[35] Diese Worte hatten sich dem jungen Gymnasiasten tief eingeprägt. Er gab sie später an seinen Sohn weiter.[36]

Die Ausbildung am Friedrichsgymnasium wurde vom Geist der Moral und der humanistischen Werte geprägt, die ein Leitfaden für das Leben Kaluzas werden sollten. Eine derartige moralische Einstellung entsprach zwar durchaus dem Zeitgeist in Deutschland, aber Königsberg war durch Persönlichkeit und Wirken Kants noch tiefer davon geprägt. „Das moralische Gesetz in mir" und „der ewige Frieden" waren für die Königsberger keine leeren Worte. Die vielen Statuen des Philosophen, die überall in der Stadt standen, zeugten von der hohen Wertschätzung der Königsberger für den weltberühmten Sohn ihrer Stadt. Die Bürger gestatteten auch nicht, damit zu scherzen. Der Journalist und Schriftsteller Wilhelm Matull erinnerte sich daran, wie empört die Königsberger reagierten, als er als junger Student unter dem Einfluss eines „Prünellchen fürs Marjellchen" (ein Pflaumenlikör nach Königsberger Art) eine Kantbüste auf dem Kaiser-Wilhelm-Platz im Winter mit seinem Schal umhüllt hatte.[37] Kant galt damals in Königsberg als der größte Philosoph aller Zeiten, dessen Wirken das Schicksal der Stadt mitbestimmt hatte. Darüber hinaus galt er als Symbol der geistigen Freiheit, als

---

[33] Siehe Gause (1974), S. 1.

[34] Gause (1968), S. 167.

[35] Matull (1978), S. 26.

[36] Nach einem Bericht des Sohnes von Kaluza, Theodor Kaluza junior, Tagebuch 1938.

[37] Matull (1978), S. 30.

„Lehrer und Verkünder der Menschenrechte, der Gleichheit vor dem Gesetz, des Weltbürgertums, der Selbstbefreiung durch das Wissen".[38]

Letztendlich machte die Ironie der Königsberger aber auch vor ihrem Lokalpatriotismus nicht halt. Im Königspark vor der neuen Universität am Paradeplatz war eine Statue von Immanuel Kant errichtet worden, die im Winter aber sorgfältig mit Holzbrettern abgedeckt wurde. Darüber kursierte folgende Anekdote: Ein Engländer, der die Stadt des berühmten Philosophen im Winter besuchte, wollte diese Statue vor der Universität sehen. Doch er fand nur die Reiterstatue von König Friedrich Wilhelm III. und fragte den Pförtner erstaunt, ob Kant auch geritten sei. Der stolze Königsberger entgegnete ihm: „Na Mannche, der dient' damals jrad' sein Jahr ab – bei der Kavall'rie!"[39]

Die Schuljahre Theodor Kaluzas, so das Resümee, waren nicht nur von ausgezeichneten Lehrern und den pädagogisch hochrangigen Idealen seines Vaters geprägt, sondern auch von den moralischen Werten des Königsberger Philosophen Kant. Aber auch die Ironie, die so charakteristisch für die Königsberger war, sollte ihre Spuren ebenso hinterlassen wie die sensible und gefühlvolle ostpreußische Seele.

Am Ende der Gymnasialzeit zeichnete sich Theodor Kaluzas Zukunft in klaren Umrissen ab: Er wollte, wie sein Vater, das Leben eines Gelehrten führen. Das war damals, sofern die finanzielle Grundlage gesichert war, eine der erstrebenswertesten Existenzformen in Deutschland. Außerhalb seiner wissenschaftlichen Fächer stellte ein Professor auch einen bedeutenden Vertreter der deutschen Kultur dar: er führte das Leben eines Intellektuellen auf höchstem akademischen und kulturellen Niveau und genoss dadurch Einfluss und Ansehen. Doch die Ernennung zum ordentlichen Professor war nicht leicht zu erlangen. Lange Zeit musste sich ein junger Gelehrter, der sich für die Universitätslaufbahn entschieden hatte, als Privatdozent mit bescheidenem finanziellem Einkommen begnügen. Die Anwartschaft auf eine Professur dauerte zu Beginn des Jahrhunderts etwa 12 Jahre.[40] Dieses Problem hatte Theodor Kaluza infolge seiner privilegierten finanziellen Lage nicht zu befürchten. Er konnte sich uneingeschränkt seinen wissenschaftlichen Interessen widmen.

---

[38] Popper (1984a), S. 137.

[39] Fechter (1989): „Wiedersehen mit Königsberg", in Kluge (1989), S. 195, siehe unten Abb. 14, S. 76, im Textteil.

[40] Vgl. Nipperdey (1993).

Im Oktober 1903 begann Theodor Kaluza das Studium der Mathematik, Physik und Astronomie an der Albertina.[41]

Abb. 12: Foto: Das Friedrichskollegium in Königsberg (erbaut 1892)

Abb. 13: Foto: Aula des Friedrichskollegiums Königsberg

---

[41] Theodor Kaluza war laut seines Studienbuches für Mathematik und Astronomie einge-schrieben. Die physikalischen Fächer nahmen aber das gleiche Gewicht wie die Astronomie- und Mathematikfächer ein.

Studium an der Albertina

Die Tradition der Königsberger Universität

> *„Es wird stets der Prüfstein für die Größe einer Volksbewegung sein, ob sie für das Neue, das sie zu bringen hat, auch das notwendige Bildungsinstitut zu schaffen imstande ist." Götz von Selle*[1]

Im 16. Jahrhundert wurden neue Grundlagen für das Bildungswesen der deutschen Nation geschaffen. Der Reformator und Universitätsprofessor Martin Luther erachtete die Hochschulreform als überaus notwendig, sie war ihm genauso wichtig wie die Reformation der Kirche.

Im Jahre 1544 gründete Herzog Albrecht die Universität in Königsberg, die als Bildungsstätte und als Zentrum des lutherischen Glaubens für den ganzen Nordosten bis Litauen und Polen dienen sollte. Nun mussten die jungen preußischen Akademiker nicht mehr an ausländische Universitäten (mitunter bis nach Italien) gehen, wenn sie studieren wollten. Bei der Gründung dieser Universität hatte weniger der nationale Gedanke eine Rolle gespielt als vielmehr der Wunsch, auf diese Weise in Ostpreußen einen Leuchtturm des evangelischen Glaubens zu errichten.[2] Herzog Albrecht war nämlich schon 1523 von dem berühmten Prediger Osiander für Luthers Lehre gewonnen worden. So trug er entschieden dazu bei, die Reform in Preußen durchzusetzen.[3] 1525 wurde Königsberg evangelisch und Hauptstadt des Herzogtums Preußen.[4]

Die Universität wurde zu Ehren ihres Begründers Albertina genannt. Ihr erster Rektor war Melanchthons Schwiegersohn, Georg Sabinus, ein Humanist und glänzender Lateiner.[5] Er entwarf auch das Universitätssiegel, das Herzog Albrecht im Harnisch mit dem Symbol seiner Herrschaft, dem bloßen Schwert über der Schulter, darstellte. Aus diesem Siegel entstanden die beliebten Albertusnadeln. Sie wurden von allen Studenten mit Stolz getragen, weil sie die jahrhundertealte Tradition der Universität und ihres Geistes symbolisierten. In den ersten drei Jahren ihres Bestehens nahm die Universität 310 Studenten auf, eine für die

---

[1] Selle (1956), S. 4.
[2] Ebd. und Gause (1974), S. 8.
[3] Gause (1968), S. 49.
[4] Gause (1974), S. 28.
[5] Vgl. Scheible (1995).

damalige Zeit erstaunlich hohe Zahl. Die Albertina zog sofort auch Studenten aus den benachbarten Universitäten an. Das verwundert nicht, denn Königsberg war Hauptstadt der Provinz Ostpreußen und fungierte öfter als Residenzstadt der preußischen Könige. Der Universität gebührt der Ruhm, eine der ältesten Universitäten Preußens zu sein.

Das kleine Gebäude, das eher an ein einfaches Haus als an eine Universität erinnerte, befand sich neben dem Dom auf der Kneiphöfischen Insel.[6] Der anliegende Dom wurde zur Universitätskirche, in der Rektoratseinführungen, Dankfeste, Jubiläen und Festgottesdienste stattfanden. In der an der Außenwand angebauten Professorengruft wurde Kant begraben.

Zunächst stand die Theologie an der Albertina als der einstigen Bastion protestantischen Glaubens im Mittelpunkt der Lehre. Bis ins 17. und 18. Jahrhundert hinein bestimmten die Theologieprofessoren das Bild der Universität, die damit die jahrhundertealte protestantische Tradition verteidigte. Erst ab 1866 konnten Katholiken und Juden Professoren an der Universität werden. Ein reformierter Professor wurde erst 1711 an der Universität zugelassen. In jener Zeit war die Universität ein Zentrum von Glaubensstreitigkeiten. Doch die Professoren hielten an der Reinheit des Glaubens fest, so wie es in diesem Zeitalter der Glaubenskämpfe im ganzen Land der Fall war.

Der Protestantismus strebte danach, den Menschen aus dogmatischen Bindungen zu lösen, damit er frei über sich selbst entscheiden könne. In der Zeit der Aufklärung schien der Religionsstreit ein Ende genommen zu haben. Ein Stern leuchtete plötzlich am Himmel der Albertina: Immanuel Kant, ein Vertreter dieses Zeitalters des Rationalismus, machte durch seine Philosophie Königsberg weltbekannt. Durch Kant bekam die Philosophie Priorität vor der Theologie. Durch sein 1781 erschienenes Werk „Kritik der reinen Vernunft" rückte die Universität Königsberg in das Bewusstsein der europäischen Gelehrten. Hunderte von Studenten kamen aus dem Ausland, um Kant zu hören und sich mit seiner „Kritik der reinen Vernunft", „Kritik der praktischen Vernunft" und „Kritik der Urteilskraft" auseinanderzusetzen.

Die Lehre Kants schien durch die Bedeutung, die sie für den Rationalismus hatte, im Einklang mit dem Geist der lutherischen Reform zu stehen. Dadurch entstand eine Kontinuität zur protestantischen Tradition, aus der die Universität einst entstanden war.[7] Dieser geniale Sohn Königsbergs genoss auch in Adelskreisen hohes Ansehen. Er war nicht nur ein gewandter Redner, sondern auch ein beliebter Gast im gesellschaftlichen Milieu. Elegant gekleidet, faszinierte er

---

[6] Fotos der alten Universität, des Domes und der Stoa Kantiana (1924) im Farbbildteil Abb. 18 und 21 und im Text Abb. 16, S. 90, und Abb. 47, S. 641.

[7] Vgl. Brausch (1996), S. 63.

durch seine Ausstrahlung die Anwesenden. Berufungen an größere und renommiertere Universitäten hat er übrigens stets abgelehnt und Königsberg niemals verlassen.[8]

In dieser Zeit wirkte in Königsberg auch Johann Georg Hamann (1730–1788), der wegen des Mystizismus seiner philosophischen Werke auch „Magus [Magier] des Nordens" genannt wurde. Er wendete sich gegen den Rationalismus der Philosophie der Aufklärung. Dieser „Mystiker unter den Vertretern der Glaubensphilosophie" wurde in den Grundsätzen seiner Philosophie zu einem ernstzunehmenden Gegner der bereits weltberühmten Lehre Kants. Doch in Königsberg begegneten sich diese Gegensätze harmonisch: Hamann war mit Kant sogar befreundet. Sie verkehrten miteinander als zwei geniale geistige Kräfte, die sich gegenseitig Anerkennung schenkten. Hamann zog bald auch den jungen Studenten Johann Gottfried Herder an. Hamann unterrichtete nicht an der Universität und führte ein „genial unordentliches Leben".[9] In seinen philosophischen Anschauungen betonte er die Schöpferkraft des Genies und des Gefühls. Er schrieb der Sprache – nicht der Vernunft – die führende Rolle innerhalb der menschlichen Kreativität zu. Hamann behauptete, dass in der Sprache das Bindeglied zwischen Idealismus und Realismus bestehe. Seine Philosophie sollte zu einer tiefgreifenden Entwicklung der Sprachwissenschaft führen, deren bekannter Vertreter Wilhelm von Humboldt wurde.[10]

Der eigentliche Aufschwung, der aus der Albertina eine der bedeutendsten Universitäten Europas im Bereich der Naturwissenschaften und der Mathematik machte, sollte jedoch erst in der ersten Hälfte des 19. Jahrhunderts beginnen.

Kant hatte bis 1796 an der Albertina gewirkt. Nach seinem Tod im Jahre 1805 wurde der hoch verehrte Sohn Königsbergs, der aus einer Handwerkerfamilie stammte, von mehreren hundert Teilnehmern in jenem Teil des Domes zu Grabe getragen, der seitdem Stoa Kantiana hieß. Kants Lehre wirkte weiter in der neuhumanistischen Bildungsreform, die zu Beginn des 19. Jahrhunderts in Preußen durchgeführt wurde. Sie revolutionierte bald die Ausbildung in fast allen deutschen Ländern, so dass Deutschland nun einen bedeutenden Stellenwert in der Geisteswelt Europas erlangte.

In den kirchlichen Dogmen des Mittelalters war die Einheit von Körper und Seele, von Natur und Vernunft aus dem Blickfeld geraten. Die Vorstellung von der Ganzheit der menschlichen Existenz sollte nun wieder befördert und das Individuum befähigt werden, sich frei zu entfalten. Mit dieser Absicht begann die „neuhumanistische Bildungsreform" in Deutschland. Sie wurde durch ihre Ver-

---

[8] Gause (1974), S. 7.

[9] Ebd., S. 16

[10] Störig (1992), S. 443.

treter Wilhelm von Humboldt, Freiherr vom Stein und den Kultusminister Johann Wilhelm Süvern in die Tat gesetzt. Es war beabsichtigt, eine umfassende Bildung zu vermitteln, in deren Rahmen sowohl Sprachen als auch Mathematik und Naturwissenschaften, das Künstlerische und das Rationale, das Praktische und das Theoretische im Gleichgewicht sein sollten, um zur harmonischen Entfaltung der Persönlichkeit beitragen zu können. Nur ohne einengende Spezialisierung war die Entfaltung eines universellen Geistes vorstellbar, der zur Erkenntnis der allgemein gültigen Gesetze des Universums gelangen und auch im Einzelphänomen das Ganze erkennen konnte. Dieser Weg führte nach neuhumanistischer Auffassung zu Erkenntnis und Glück.[11]

Im Rahmen dieser Ausbildung, mit deren Verwirklichung die Kultusminister zu Anfang des 19. Jahrhunderts begannen, bekam die Mathematik eine wichtige Bedeutung. Die Mathematik, zu der auch die Physik gerechnet wurde, galt bislang nicht als selbständiges Fach an deutschen Universitäten. Sie war als Instrument nur anderen – medizinischen, juristischen und theologischen – Fakultäten untergeordnet. Nun gehörten die Forderung nach Wissenschaftlichkeit und die Hebung des Niveaus im Fach Mathematik zu den Grundsätzen der Reform. An den Universitäten sollten Gymnasiallehrer ausgebildet werden, die das Wissen von Gelehrten hatten und die bereits an Gymnasien den Geist der neuhumanistischen Lehre verbreiten konnten.

Dass das Studium der Mathematik gerade an der Königsberger Universität besonders intensiv betrieben wurde, hatte mehrere Gründe. Besonders positiv wirkten sich die Vorgaben staatlicher Behörden, aber auch die persönlichen Initiativen bedeutender Naturwissenschaftler aus, die in dieser Zeit in Königsberg wirkten: Carl Gustav Jacob Jacobi, Friedrich Wilhelm Bessel und Franz Neumann.[12]

Nachdem Preußen 1806 den Krieg gegen Napoleon in der Schlacht von Jena und Auerstedt verloren hatte, wurde Königsberg Hauptstadt von Preußen. Die königliche Familie wohnte im Königsberger Schloss, das für zwei Jahre Regierungssitz wurde. Dadurch stieg auch die Bedeutung der Universität; sie erfuhr durch führende Beamte im Ministerium eine besondere Förderung.[13] Diese historischen Ereignisse begünstigten die Entfaltung des Fachgebiets Mathematik und trugen zur Gründung des mathematisch-physikalischen Seminars (1834) an der Albertina bei. Es war das erste Seminar dieser Art an einer deutschen Universität und sollte als Beispiel für andere Universitäten dienen. Mit Sicherheit wäre aber der Aufschwung, den die Mathematik an der Albertina nahm, ohne die Mitwir-

---

[11] Vgl. Humboldt (1797), S. 325.
[12] Brausch (1996), S. 64–79.
[13] Ebd.

kung bedeutender Persönlichkeiten, die damals als Mathematiker in Königsberg tätig waren, nicht möglich gewesen.

Friedrich Wilhelm Bessel (1784–1846) wurde 1810 nach Königsberg berufen. Während seiner Tätigkeit in einem Bremer Handelshaus hatte er sich im Selbststudium zu einem hervorragenden Mathematiker und Astronomen entwickelt. Er leitete die Arbeiten zur Errichtung einer Sternwarte auf dem Königsberger Butterberg[14] und wurde 1813 deren Direktor. Bessel widmete sich ganz der Forschung und begründete eine deutsche Schule der praktischen Astronomie. Er gehörte zu den bedeutendsten Astronomen seiner Zeit. Bemerkenswerterweise lehnte er das Angebot ab, als Leiter der Sternwarte nach Berlin zu gehen. Bessel entdeckte durch die Untersuchung der Beobachtungsfehler eine neue Methode in der astronomischen Forschung. Mit dieser Methode schuf er einen fundamentalen Katalog der Fixsterne. Außerdem bestimmte er als erster eine Fixsternparallaxe, die den letzten Beweis für die Richtigkeit des Kopernikanischen Systems lieferte.[15]

Durch seine Arbeit eröffnete er eine neue Epoche der klassischen Astronomie. Bessel war auch als Mathematiker tätig, indem er für seine astronomische Forschung die mathematischen Mittel entwickelte. Die Besselschen Funktionen, die bei der mathematischen Behandlung der physikalisch-astronomischen Schwingungsvorgänge von grundlegender Bedeutung sind, waren sein bekanntester Beitrag auf diesem Gebiet.[16] Bessel blieb bis zu seinem Tode 1846 in Königsberg und lebte ganz seiner astronomischen Forschung. Bei den wissenschaftlichen Methoden, die er bei der Auswertung der astronomischen Beobachtungen anwandte, waren seine Präzision und die Berücksichtigung und Untersuchung der Beobachtungsfehler besonders wichtig. Unter deren Einfluss gründete der Physiker und Mathematiker Franz Neumann (1798–1895) die theoretische Physik.[17]

Neumann kam 1826 nach Königsberg, nachdem er in Berlin Mineralogie, Kristallographie und Mathematik studiert hatte. Während Bessel wenig Wert auf die Lehrtätigkeit legte, weil er der Meinung war, dass die Freiheit der Forschung

---

[14] Ich danke Professor Peter Roquette, der mir eine Kopie der historischen Quelle des Butterberg-Kaufvertrags zur Verfügung stellte und mich so darauf aufmerksam machte, dass sich die Königsberger Sternwarte nicht auf dem „Windmühlenberg" befand, wie es in den meisten Büchern geschrieben steht, sondern auf dem Butterberg. Durch den Kaufvertrag vom 22. Dezember 1810 erwarb die Universität die „Holländische Windmühle mit allen An- und Zubehör, das dazugehörige Wohnhaus, ingleichen das darauf befindliche kleine Stallgebäude und den an den Wohnhause stoßenden bezäunten kleinen Garten […] behufs der daselbst anzulegenden Sternwarte."

[15] Vgl. Lavrynovich (1995).

[16] Brausch (1996), S. 72.

[17] Siehe dazu Olesko (1991).

das Wesen der Ausbildung sei, dachte Neumann anders darüber. Ein wichtiges Ereignis während seines Studiums hatte seine Wertschätzung pädagogischer Tätigkeit befördert: Neumann berichtete über einen Professor, der den Vorlesungsraum betrat und dann, ohne ein Wort zu sprechen, die ganze Stunde Formeln an die Tafel schrieb. Nach drei solchen Vorlesungen kam kein einziger Student mehr zu ihm.[18] Neumann war davon überzeugt, dass Mathematik und Physik zu den Fächern gehörten, die nur von Professoren vermittelt werden konnten, deren pädagogisches Talent und Persönlichkeit besonders ausgeprägt waren. „Denn in keiner Disziplin hängt der Erfolg der Schule mehr von der Persönlichkeit des Lehrers ab als gerade in der Mathematik", hat später der Mathematiker Lindemann über diese wichtige Tatsache geäußert.[19] Das größte Verdienst Neumanns bestand jedoch darin, die theoretische Physik in Deutschland begründet zu haben. Die Präzision im Experimentieren, die er durch Fehlerschätzung erreichen konnte, war nur ein Teil seines Beitrages zur deutschen Physikerschule. Wichtiger noch war seine „Experimentierkunst", die er in Königsberg entwickelte. Neumann war Zeitgenosse Michael Faradays, dessen Ruhm als Experimentator schon längst die Grenzen Englands überschritten hatte. Doch Faraday betrieb eine *induktive Experimentierart,* die sich in Deutschland erst viel später verbreitete.[20] Neumann war ein Bewunderer von Jean-Baptiste Joseph Fourier (1768–1830), dem der Ruhm gebührt, einer der Begründer der theoretischen Physik zu sein.[21] Von der Bedeutung der Mathematik für die Physik überzeugt, entwickelte Neumann die *deduktive Experimentierkunst,* die eine entscheidende Rolle für die Entwicklung der Physik in Deutschland spielen sollte. Das bedeutete, *„dass das Experiment seine Anregung in stärkerem Grade einer deduktiven Betrachtung entnimmt, sich in stärkerem Grade von mathematischen Theorien und Schlüssen abhängig machen will und auch tatsächlich abhängig macht",* erklärte Neumanns Schüler Paul Volkmann.[22]

Das Experiment ist für einen Physiker sehr wichtig. Das unterscheidet die Physik auch in hohem Grade von der Mathematik. Ausschlaggebend ist, wie ein Experiment durchgeführt wird, denn im Gegensatz zu der naiven Vorstellung, dass der Zufall die Entdeckungen regiert, hat sich gezeigt, dass die experimentelle Forschung vom physikalischen Weltbild, das sich der Physiker über die Natur gebildet hat, entscheidend geprägt wird. Der Wissenschaftshistoriker Thomas S. Kuhn bezeichnete später diese Vorgehensweise als Paradigma.

---

[18] Olesko (1991), vgl. auch Olesko (1995).

[19] Ebd., S. 78, Aussage von Ferdinand Lindemann.

[20] Volkmann (1910), S. 932.

[21] Durch seine „Théorie analytique de la chaleur" (1822), in der er Fouriersche Reihen zur Analyse der Wärmelehre einführte.

[22] Volkmann (1910), S. 932.

Da sich dieses physikalische Weltbild mathematisch sinnvoll ausdrücken lässt, ist es nachvollziehbar, dass der Forscher auf dem Weg des Experimentierens von seinen mathematischen Vorstellungen, die er in Erwägung zieht, gesteuert wird. Das hatte Neumann als erster deutlich erkannt und zur wissenschaftlichen Methode entwickelt. Er bezog mathematische Strukturen in seine Experimentierkunst mit ein, was in der Forschung wegweisend werden sollte.

Neumann beschäftigte sich in Königsberg mit Fragen der mathematischen Physik und verfasste bedeutende Arbeiten zur Elektrodynamik, zur Wärmelehre und zur Optik. Gleichzeitig widmete er sich mit großer Leidenschaft dem Lehren und der Begründung einer mathematisch-physikalischen Schule an der Universität Königsberg. Dabei wurde er von Carl Gustav Jacob Jacobi (1804–1851) unterstützt, der im selben Jahr (1826) nach Königsberg berufen wurde.

In Berlin hatte sich Jacobi durch sein Wissen und die Fähigkeit ausgezeichnet, viele Hörer in seine Mathematik-Vorlesungen zu ziehen. Zu diesem Zeitpunkt war er bereits durch seine Arbeit auf dem Gebiet der elliptischen Funktionen international bekannt. In Königsberg entwickelte er auch die Theorie der partiellen Differentialgleichungen; er galt als der bedeutendste deutsche Mathematiker nach Gauß. In seinen Vorlesungen „lehrte er nicht die traditionellen Inhalte der Universitätsmathematik, sondern las über die neuesten Fragen der Wissenschaft" und verbreitete seine neuesten Forschungsergebnisse im Unterricht.[23] Seine Vorlesungen galten als höchst anspruchsvoll, denn Jacobi rechnete selbst in Vorlesungen wie *Astronomische Mechanik* keine Spezialfälle durch, sondern behandelte „die dahinter stehende allgemeine Theorie".[24] Die Leidenschaft aber, mit der er unterrichtete, und seine Begabung, Studenten für die neuesten Themen der Mathematik zu begeistern, machten ihn bei jungen Wissenschaftlern sehr beliebt. Sein pädagogisches Geschick und Rednertalent hatte Jacobi auch durch das Studium der alten Sprachen befördert, denn er hatte in Berlin das Oberlehrerexamen für Latein, Griechisch und Mathematik abgelegt.[25] Das hohe wissenschaftliche Niveau seines Unterrichtes sowie die Fähigkeit, sein Wissen weiterzuvermitteln, trugen zum großen Einfluss dieses brillanten Mathematikers und Professors auf die „Königsberger Mathematik" bei. Durch Jacobis 14-jähriges Wirken an der Albertina entstand die Königsberger mathematische Schule, die bald europaweit bekannt wurde.[26] Jacobi zog viele junge begabte Mathematiker in seinen Bann, die später zur Verbreitung dieser Schule beitrugen.

---

[23] Brausch (1996), S. 70.

[24] Ebd.

[25] Ebd., S. 69.

[26] Zur Entstehung der Königsberger Schule vgl. Schlote (1995).

Jacobi und Neumann waren aber davon überzeugt, dass Vorlesungen in Mathematik und Physik allein nicht genügten, um das Wissen in diesen Fächern zu vermitteln. Deshalb riefen sie 1834 das *mathematisch-physikalische Seminar* ins Leben. Im Rahmen dieses Seminars hatten die Studenten Übungen in Form von Vorträgen oder Ausarbeitungen durchzuführen. Die Professoren stellten ihre eigenen Forschungsergebnisse vor. In der Philologie gab es solche Seminare schon seit 1812.[27]

Das mathematisch-physikalische Seminar hatte getrennte Abteilungen für Mathematik und Physik, letztgenannte wurde von Neumann bis 1877 geführt. Das physikalische Seminar spielte bei der wissenschaftlichen Ausbildung der Physiker eine wichtige Rolle. Hier lernten sie, den Zusammenhang zwischen der Messpraxis und den mathematischen Grundlagen der Physik, zwischen theoretisch gerechneten und experimentell gefundenen Ergebnissen, zu erkennen.

Das Königsberger Seminar, das von anderen Universitäten, zum Beispiel elf Jahre später von der Göttinger Universität, nachgeahmt wurde, zeigte in kurzer Zeit Auswirkungen auf die nächsten Generationen von Wissenschaftlern an der Albertina. Die Königsberger Gymnasien erhielten nun engagierte Lehrer mit Charisma, wirkliche Gelehrte, die im Geist der neuhumanistischen Reformen unterrichteten und unter deren Mitwirkung Theodor Kaluzas Ausbildung am Fridericianum stattfand.

Das mathematisch-physikalische Seminar spielte eine wesentliche Rolle in der Entstehung der Königsberger Schule der Mathematik- und Physik.[28] Ihre zahlreichen Absolventen wirkten anschließend erfolgreich auch an anderen Universitäten und Technischen Hochschulen Deutschlands und trugen die Ideen der Königsberger Reform weiter.[29]

Carl Gustav Jacob Jacobi blieb an der Albertina bis 1844. Nachfolger wurde sein Schüler Friedrich Julius Richelot, der das mathematisch-physikalische Seminar in der Tradition Jacobis auf einem hohen wissenschaftlichen Niveau weiterführte. Wie sein Lehrer war auch Richelot ein hervorragender Pädagoge. Seine wissenschaftliche Leistung bestand unter anderem darin, die neuen funktionentheoretischen und geometrischen Ideen von Bernhard Riemann aufzunehmen, die damals wenig verbreitet waren.[30]

---

[27] In Königsberg hatte Johann Friedrich Herbart, Philosoph und ein Begründer der wissenschaftlichen Pädagogik, bereits 1810 ein pädagogisch-didaktisches Seminar an der Albertina initiiert. Vgl. Brausch (1996), S. 70.

[28] Vgl. Folkerts (1996).

[29] Roquette (1995), S. 460.

[30] Ebd.

Als der 34jährige Professor für Medizin Hermann Helmholtz am 18. Juli 1855 seine sechsjährige Dienstzeit an der Albertina mit einem „Abschiedsdiner"[31] zusammen mit seinen Kollegen im Börsengarten feierte, pries er – in Gegenwart seines Freundes Richelot – die Königsberger Professoren als *„einen Kreis von Amtsgenossen [...,] der keiner anderen deutschen Universität an Reichtum des Wissens und geistiger Schöpfungskraft nachsteht, der vielleicht allen deutschen Universitäten voransteht und durch ungestörte Eintracht des kollegialischen Verhältnisses, durch die uneigennützige Anerkennung der Verdienste, durch die bereitwilligste Unterstützung der Arbeiten jedes Genossen"[32]* hervorragt.

Die Albertina zog viele Studenten von anderen Universitäten an, darunter auch den Heidelberger Heinrich Weber, der dann 1875 Nachfolger Richelots wurde und die Tradition der Königsberger Schule fortsetzte. Zusammen mit seinem Freund, dem bekannten Mathematiker Richard Dedekind, dem der Ruhm gebührt, einer der Begründer der modernen Algebra gewesen zu sein, gab er die mathematischen Werke Riemanns heraus.[33] 1880 entstand in Königsberg aus der Zusammenarbeit der beiden Mathematiker die richtungweisende Arbeit über die Begründung der Theorie der algebraischen Funktionen.[34]

Zu den Schülern Webers gehörten auch David Hilbert (1862–1943) und Hermann Minkowski (1864–1909), mit denen die Königsberger Mathematikschule einen neuen Höhepunkt erreichte.[35] In der Zeit von 1885 bis 1892 wirkte in Königsberg der große Mathematiker Adolf Hurwitz (1859–1919). Dieser Extraordinarius, einer der „hervorragendsten Universitätsdozenten" seiner Zeit, zog Hilbert und Minkowski in seinen Bann.[36] Durch ihre enge Zusammenarbeit machten sich Hurwitz und seine genialen Studenten innerhalb der acht Königsberger Jahre „alle damals relevanten Gebiete der Mathematik zu eigen und konzipierten deren zukünftige Struktur."[37]

Nachfolger Webers wurde der Mathematiker Carl Louis Ferdinand Lindemann (1852–1939), der durch seinen Beweis der Transzendenz der Zahl π bekannt wurde. Lindemann führte die Königsberger Tradition in der Geometrie

---

[31] Siehe Brief von Helmholtz vom 19. Juli 1855 an seine Frau in Helmholtz (1990), S. 148f. Helmholtz wurde 1883 für seine wissenschaftlichen Verdienste geadelt.

[32] Helmholtz Abschiedsrede 19. Juli 1855, zitiert nach Helmholtz (1990), S. 149.

[33] Berühmt sind die Grundlagenschriften von Dedekind: „Stetigkeit und irrationale Zahlen" (1872) und „Was sind und was sollen die Zahlen" (1888). Er befasste sich auch mit der Mengenlehre und Zahlentheorie und den Grundlagen der Analysis.

[34] Mehr darüber in Roquette (1995) und Frei (1995b).

[35] Vgl. Schwermer (1995) und Rowe (1995).

[36] In Frei (1995a), S. 532.

[37] Roquette (1995) S. 461.

weiter, die auch durch den gebürtigen Königsberger Alfred Clebsch (1833–1872) an den Universitäten Gießen und Göttingen weiter entwickelt wurde.[38]

Am Ende des 19. Jahrhunderts wirkten an der Albertina die zwei genialen Mathematiker David Hilbert und Hermann Minkowski, beide Absolventen von Königsberger Gymnasien, die zu weltbekannten Mathematikern werden sollten.[39] Der erste schuf durch seine Axiomatik neue Grundlagen der Mathematik. Er galt neben Poincaré als der größte Mathematiker der ersten Hälfte des 20. Jahrhunderts. Der zweite vollendete die Spezielle Relativitätstheorie, indem er den vierdimensionalen Raum in die Physik einführte.

Der Physiker Gustav Kirchhoff (1824–1887), gebürtiger Königsberger, verpflanzte die Tradition der Königsberger wissenschaftlichen Schule nach Heidelberg.[40] Ein anderer Wissenschaftler, der in dieser Zeit die besondere Ausbildung in Königsberg genoss und zum weltweiten Ruhm der Physik in Deutschland beitrug, war Arnold Sommerfeld. Er wurde 1868 in Königsberg geboren und begann 1886 seine mathematischen Studien an der Albertus-Universität. Dort wurde er mit einer mathematischen Arbeit zur Theorie der Fourierschen Reihen promoviert. 1895 habilitierte er sich in Göttingen und wurde 1906 nach München berufen, wo aus dem Mathematiker der weltberühmte Physiker wurde.[41]

An der Albertina

Die in der ersten Hälfte des 19. Jahrhunderts gegründete Königsberger Schule wurde bis zum Ende des Jahrhunderts durch namhafte Mathematiker fortgesetzt. Nach dem Weggang von Hilbert und Minkowski übernahmen Franz Meyer (1856–1934) und Arthur Moritz Schoenflies (1853–1928) die zwei Mathematikordinariate. Auch wenn unter ihrer Leitung die Mathematik in Königsberg nicht mehr den bisherigen Ruhm erlangte, gelang es den beiden Ordinarien dennoch, der Königsberger Tradition gerecht zu werden.

Franz Meyer, der 1897 an die Universität Königsberg berufen wurde, hatte in München bei Felix Klein Vorlesungen gehört und war mit einem von Klein angeregten Thema in der Mathematik promoviert worden. Anschließend hatte er in Berlin seine akademische Laufbahn fortgesetzt und bei Karl Weierstraß (1815–1897), Leopold Kronecker (1823–1891) und Ernst Eduard Kummer (1810–1893)

---

[38] Siehe Schlote (1995).
[39] David Hilbert blieb bis 1895 und Hermann Minkowski bis 1896 an der Albertina.
[40] Hermann (1983), S. 224.
[41] Vgl. Benz (1975).

studiert. Die drei Mathematiker wurden damals als „das Dreigestirn, das Berlin in das mathematische Zentrum Europas verwandelte", bezeichnet.[42]

Franz Meyer zeichnete sich durch ein besonderes pädagogisches Geschick aus. Seine Vorliebe galt der Gestaltung des mathematischen Unterrichts nach sinnvollen didaktischen Lehrmethoden, die im Zusammenhang mit seinem umfassenden mathematischen Wissen und mit seiner Leidenschaft zum Sammeln und Ordnen der mathematischen Erkenntnisse standen. Sein Hauptwerk stellte die in 20 Bänden im Lexikonformat erschienene „Enzyklopädie der mathematischen Wissenschaften (mit Einschluss ihrer Anwendungen)" dar, die er ab 1898 zusammen mit Felix Klein und Heinrich Weber herausgab. Unter den Anwendungen der Mathematik verstand man die „Mechanik, Physik, Geodäsie, Geophysik, Astronomie und verschiedene Zweige der Technik", die in der Enzyklopädie behandelt wurden.[43] Franz Meyers enzyklopädischer Geist prägte auch seinen Studenten Theodor Kaluza. In der Auffassung der Aufklärung und des Neuhumanismus war die Idee tief verwurzelt, dass man sich in einem Bereich erst dann kreativ betätigen könne, wenn man alles, was auf diesem Gebiet bereits geschaffen wurde, erfasst habe.[44] Franz Meyer handelte nach diesem Prinzip und überzeugte auch seinen Studenten Kaluza von diesem Grundsatz. Da die Physik als Anwendungsbereich der Mathematik galt, gehörte zum Mathematikstudium das gesamte Fach Physik. So besuchte Theodor Kaluza auch Vorlesungen über theoretische Physik und Übungen in Experimentalphysik.[45]

Franz Meyer arbeitete auch auf den Gebieten Differentialgeometrie der Kurven, mehrdimensionale projektive Geometrie und Invariantentheorie.[46] Bei ihm hörte Theodor Kaluza Vorlesungen in *Differentialgeometrie, Höherer Geometrie, Integralrechnung* und *Theorie der algebraischen Gleichungen*. Dadurch erhielt er Kenntnis von den wissenschaftlichen Ergebnissen Franz Meyers, die dieser in der Geometrie anhand der Invariantentheorie und höheren Algebra erzielt hatte.[47] So erwarb er sich die mathematische Ausrüstung, die ihm später bei der Entwicklung seiner neuen Auffassung über den Raumbegriff dienen sollte.[48] Aus der „angewandten Mathematik" unterrichtete Franz Meyer außerdem *Analytische Mechanik* – was

---

[42] Fritsch (1995), S. 562.

[43] Fritsch (1995), S. 562.

[44] Vgl. Humboldt (1797), S. 325.

[45] Studienbuch Theodor Kaluza, NTK.

[46] Siehe Gottwald, Ilgauds und Schlote (1990), S. 323.

[47] Fritsch (1995), S. 566.

[48] Franz Meyer hatte seine Erkenntnisse in seinem 1911 erschienenen Buch „Über die Theorie benachbarter Geraden und einen verallgemeinerten Krümmungsbegriff" niedergeschrieben. Vgl. Fritsch (1995), S. 565.

heute zur theoretischen Physik gehört. Auch diese Vorlesung besuchte Theodor Kaluza.[49]

Beim zweiten Ordinarius für Mathematik, Arthur Moritz Schoenflies, der für seine Arbeiten zur synthetischen Geometrie bekannt war[50], hörte Theodor Kaluza folgende Vorlesungen: *Über den Kurvenbegriff, Analytische Geometrie* und *Darstellende Geometrie,* ferner Vorlesungen über *Funktionentheorie* und *Differentialgleichungen.*[51] Gleichzeitig besuchte Kaluza Vorlesungen in *Algebra* bei Theodor Vahlen (1869–1945) und in *Zahlentheorie* bei Louis Saalschütz (1835–1913).

Die Physik war in Königsberg durch Paul Volkmann (1856–1938) vertreten. Er wird im autobiographischen Buch des Mathematikers Gerhard Kowalewski, der einige Jahre vorher in Königsberg studiert hatte, folgendermaßen beschrieben: „In Königsberg wirkte damals als theoretischer Physiker Paul Volkmann. Er hatte eine starke Neigung zur Philosophie und hielt ein sehr interessantes Kolleg, ‚Erkenntnistheoretische Grundzüge der Naturwissenschaften.'"[52] Paul Volkmann war stark kantianisch geprägt. In dem Philosophen-Lexikon von Werner Ziegenfuß wird er als philosophisch bedeutsamer theoretischer Physiker charakterisiert. Obwohl Kantianer, trennte ihn von Kant seine Auffassung, dass die Kausalität eine reale Notwendigkeit sei. In seinem 1896 veröffentlichten Werk „Erkenntnistheoretische Grundzüge der Naturwissenschaften und ihre Beziehungen zum Geistesleben der Gegenwart"[53] legte Volkmann seine kantianisch geprägte Erkenntnistheorie dar: Eine objektive Erkenntnis in der Wissenschaft erfolgt durch die Aufstellung von Axiomen, Hypothesen und Gesetzen. Sie ermöglichen, eine Theorie zu konstruieren, die die sinnliche Wahrnehmung transzendiert. Darin spielt die Mathematik die entscheidende Rolle: Sie allein ermöglicht das Lösen physikalischer Probleme.

Paul Volkmann war Schüler von Franz Neumann gewesen. In seinen Vorlesungen war der Einfluss von Neumann, dem „Vater der theoretischen Physik", deutlich zu spüren. Volkmann hielt es für seine wichtigste Aufgabe, die Tradition und Lehre Neumanns weiterzugeben.[54] Bei ihm hörte Kaluza theoretische Vorlesungen wie *Einführung in die theoretische Physik, Elastizitätstheorie, Theorie der*

---

[49] Studienbuch Theodor Kaluza, NTK.

[50] Vgl. Meschkowski (1980), S. 261.

[51] Studienbuch Theodor Kaluza, NTK.

[52] Kowalewski (1959), S. 37.

[53] Siehe Volkmann (1896).

[54] Vgl. dazu den Brief von Volkmann an das Ministerium am 30. Juli 1924 anlässlich der Besetzung des Ordinariats für Experimentalphysik, in dem sich Volkmann deutlich für eine Besetzung, die im Sinn der Tradition Neumanns steht, einsetzt, GSB.

Wärme, Elektrizität und Magnetismus, Theorie des Lichtes[55] und *Elektrodynamik*, in die Volkmann auch Gedanken zur Philosophie der Wissenschaft einfließen ließ. Kaluza beteiligte sich auch an den „Physikalischtheoretischen Übungen im mathematisch-physikalischen Seminar", das Volkmann hielt.[56] Kaluza besuchte außerdem Lehrveranstaltungen in Experimentalphysik (*Experimentalphysik, Spektralanalyse und Polarisation*) bei Gerhard C. Schmidt (1865–1949), einem der frühen Pioniere der Forschung auf dem Gebiet der Radioaktivität in Deutschland. Er hatte 1898 gleichzeitig mit Marie Curie die Radioaktivität des Thoriums entdeckt. Theodor Kaluza besuchte ebenfalls die physikalisch-praktischen Übungen im mathematisch-physikalischen Laboratorium bei Paul Volkmann, der damals auch Direktor des mathematisch-physikalischen Laboratoriums war.

Vorlesungen in Astronomie und Übungen an der Sternwarte gehörten seit langem unmittelbar zum Studium der Naturwissenschaften an der Albertina. Dem international berühmten Wilhelm Bessel, seit 1813 Direktor der Königsberger Sternwarte, war es trotz der Schwierigkeiten der damaligen Zeit gelungen, „eine Sternwarte von einer wissenschaftlichen Ausstattung allererstern Ranges zu begründen".[57] In einem Brief an Gauß nannte er sie seinen „Uranientempel".[58]

Kaluza hörte Astronomievorlesungen wie Dreikörperproblem, Bahnbestimmung der Planeten und Kometen, Potentialtheorie, Höhere Geodäsie, Übungen im astronomischen Rechnen und Theorie der Beobachtungsfehler bei Fritz Cohn, Einführung in die Mechanik des Himmels bei Professor Hans Battermann (1860–1922), und Sphärische Astronomie bei Karl Hermann Struve (1854–1920). Der letzte war seit 1894 Direktor der Sternwarte in Königsberg und wurde bekannt durch seine Theorie der Bewegung der Planetenmonde und der Satelliten des Saturn. Für seine Arbeiten über die Planetenmonde war Struve 1897 mit dem Damoiseau-Preis der Pariser Akademie ausgezeichnet worden und für seine Theorie über das Saturnsystem erhielt er 1903 die goldene Medaille der Royal Astronomical Society in London. Kaluza beteiligte sich an den Übungen an den Instrumenten der Sternwarte, die Struve leitete. Seine Liebe zur Astronomie blieb sein ganzes Leben lang bestehen.[59]

---

[55] Es ist anzunehmen, dass es in der „Theorie des Lichtes" um die Maxwellsche Theorie des Elektromagnetismus ging, die durch die Mitwirkung von Hermann von Helmholtz am Ende des 19. Jahrhunderts verbreitet worden war. Vgl. Hermann (1983), S. 216.

[56] Studienbuch Theodor Kaluza, NTK.

[57] Brausch (1996), S. 70.

[58] Brief von Bessel an Gauß vom 30. Dezember 1813, zitiert in ebd.

[59] Später in Göttingen wird Kaluza mit dem Direktor der Göttinger Sternwarte, dem Professor für Astronomie Paul ten Bruggencate, zusammenarbeiten. Vgl. die Danksagung von ten Bruggencate an Kaluza in ten Bruggencate (1943), S. 90.

Es ist vielleicht von Bedeutung, dass – obwohl Kaluzas Studienschwerpunkt in der Mathematik lag – er dennoch an vielen Lehrveranstaltungen in der Physik und Astronomie teilnahm: So besuchte Kaluza während der acht Studiensemester an der Albertina 23 Lehrveranstaltungen in der Mathematik, 19 in der Physik (12 in der theoretischen und 7 in der experimentellen) und 13 in der Astronomie. Leider wurden keine Aufzeichnungen Kaluzas aus seiner Studienzeit überliefert.

Aus seinem Studienplan ist ersichtlich, dass Kaluzas Studium wesentlich von der traditionsreichen mathematisch-physikalischen Königsberger Schule geprägt wurde.[60] In seiner Rede „Naturerkennen und Logik" bekannte sich David Hilbert zu dem Geist, der an der Universität Königsberg zu spüren war, mit einem Zitat von Kant:

„Ich behaupte, dass in jeder besonderen Naturwissenschaft nur soviel eigentliche Wissenschaft angetroffen werden kann, als darin Mathematik enthalten ist."[61]

In diesem erst 1930 auf der Versammlung Deutscher Naturforscher und Ärzte in Göttingen gehaltenen Vortrag drückte er den kognitiven Optimismus aus, der das wissenschaftliche Denken in Deutschland schon seit Beginn des 20. Jahrhunderts prägte. Das Universum war „in der Sprache der Mathematik geschrieben" und das Beherrschen dieser Sprache ermöglichte es, die Natur zu erkunden.[62]

„Der große Mathematiker Poincaré", betonte Hilbert weiter, *„wendete sich einmal in auffallender Schärfe gegen Tolstoi, der erklärt hatte, dass die Forderung nach Wissenschaft, der Wissenschaftswille, töricht sei. Die Errungenschaften der Industrie wären zum Beispiel nie realisiert worden, wenn die Praktiker allein existiert hätten und wenn sie nicht von uninteressierten Toren gefördert worden wären."*[63]

Die Worte Hilberts spiegeln deutlich den Geist wider, der in der Albertina während der Studienjahre Kaluzas herrschte und der ihn für das ganze Leben prägte. Obwohl an der Albertina Experimentalphysik intensiv betrieben wurde, war die physikalische Forschung nicht auf Anwendungen ausgerichtet. Auch in seinen Göttinger Jahren vertrat Hilbert die Auffassung – die auch sein Schüler Richard Courant von ihm übernahm –, dass der Kern der angewandten Mathe-

---

[60] In Kaluzas Nachlass sind einige Schulhefte von Max Kaluza und Amalie Kaluza von Theodor Kaluza selber aufbewahrt worden, jedoch weder eigene Schulhefte noch Vorlesungsmitschriften oder andere Aufzeichnungen aus seiner Studienzeit.

[61] Hilbert (1930), S. 960.

[62] Besonders in Deutschland war die Ansicht verbreitet, dass die Errungenschaften der Technik nicht allein durch Praktiker hätten zustande kommen können, sondern auch durch die theoretische Entwicklung der Wissenschaften, in deren Rahmen die Mathematik eine entscheidende Rolle spielte. Vgl. dazu Hermann (1983).

[63] Hilbert (1930), S. 961.

matik die reine Mathematik sei; ohne die letzte zu entwickeln, würde auch die erste früher oder später zum Stillstand kommen. Gerade aus dieser mathematischen Schule gingen hervorragende Wissenschaftler hervor, die Deutschland zum führenden Land in Naturwissenschaft und Technik machten.

Während Kaluzas Studienzeit gab es an der Universität Königsberg etwa 1.100 Studenten.[64] Die Vorlesungen fanden im neuen Universitätsgebäude am Paradeplatz statt. 1844, zu ihrem 300-jährigen Jubiläum, hatte König Friedrich Wilhelm IV. den Grundstein für ein neues Universitätsgebäude im Königsgarten gelegt. Dort hatte Theodor Kaluza schon als Kind Unterhaltungen seines Vaters Max Kaluza mit David Hilbert und Hermann Minkowski gehört.[65] Auch der alte Franz Neumann war bis 1895 auf seinen Spaziergängen durch die Stadt und manchmal noch zur Universität anzutreffen.[66] Das großzügige Gebäude war im Stil der Florentiner Renaissance von dem Architekten August Stüler gebaut worden. Rechts und links vom Mittelbau des Gebäudes erinnerten Medaillonporträts berühmter Gelehrter an den geistigen Glanz der Albertina: Sie stellten Kant, Hamann, Herder, Herbart, Bessel und Jacobi dar. Zu Ehren des großen Physikers Neumann wurde in der äußeren Wandelhalle ein weiteres Medaillon angebracht.

Abb. 14: Foto: Universität Königsberg (August Stüler, 1861) mit der Reiterstatue König
Friedrich Wilhelms III. (Postkarte vor 1920)

---

[64] Vorlesungsverzeichnisse der Universität Königsberg i. Pr., 1903–1905.
[65] Brief von Theodor Kaluza junior an seinen Vater vom 15. Mai 1940, NTK.
[66] Vgl. Matull (1978).

Der Arkadengang am Eingang der Universität verlieh dem Gebäude eine imposante Würde, die im Einklang mit der Harmonie seiner klassischen Formen stand. Durch die großen Fenster wirkte das Gebäude hell und einladend. Großzügige Seminarräume, versehen mit zahlreichen Büchern, regten an, sich in das Studium wissenschaftlicher Probleme zu vertiefen. Geräumige Hörsäle vermittelten die Atmosphäre von Gelehrsamkeit, in der die Vorlesungen stattfanden. Doch der schönste Raum der Universität war die Aula. Ihre kostbaren Wandgemälde stellten sinnbildlich die vier an der Albertina vertretenen Fakultäten dar: die Philosophie, die Theologie, die Rechte und die Medizin.[67] Zwei davon hatten den kleinen Theodor besonders beeindruckt: Es waren Bilder des Malers und Professors Maximilian Anton Piotrowski im Stil der Historienmalerei: das eine stellte Sokrates dar, der den Giftbecher trinkt, und das zweite Archimedes während der Einnahme von Syrakus.[68]

Abb. 15: Gemälde: Der Tod des Sokrates in der Aula der Universität Königsberg von Maximilian Anton Piotrowski (wohl wie die Universität 1861)

[67] Siehe „Königsberg i. Pr. und Umgebung, 1910", S. 81.
[68] Brief von Theodor Kaluzas Tochter an die Autorin vom 15. September 1997.

Für das Bild von Sokrates, das den Philosophen im Gefängnis, umgeben von seinen Schülern, darstellte, soll der junge Theodor eine besondere Liebe gehabt und sich vom Blick des Sokrates stets angezogen gefühlt haben.[69] Auf diesem Bild umgibt die Gestalt des Philosophen ein besonderes Licht, während in einer hinteren Bildebene im Schatten der Vollstrecker des Todesurteils mit dem Giftbecher in der Hand als eine Gestalt in dunklem Gewand zu sehen ist. Der Maler stellte dadurch symbolisch die Macht der Wahrheit dar, die über das Unwissen und die Ungerechtigkeit siegt und dadurch den Tod überwindet. Vermutlich hat sich dieses Bild von Sokrates, der in unserer Kultur als ein Symbol des Vertrauens in den menschlichen Geist angesehen wird, Kaluza tief eingeprägt. Er hat jedenfalls den Philosophen, von dem es keine Schriftzeugnisse gibt und der dennoch als einer der großen Lehrmeister der Menschheit gilt, immer hoch verehrt. Er blieb ein Vorbild auch für sein späteres Wirken.[70]

Während der acht Semester an der Albertina belegte Kaluza nicht nur Fächer in Physik, Astronomie und Mathematik, auch philologische und kulturhistorische Fächer und Philosophie und Psychologie zogen sein Interesse an. Erkenntnistheoretische Vorlesungen wie *Die philosophischen Anschauungen der großen Naturforscher*[71], *Immanuel Kants Leben und Lehre*[72], *Erkenntnislehre und Logik*[73], *Allgemeine Geschichte der Philosophie*[74] sowie *Babel und seine Kultur* begeisterten den jungen Studenten, dessen Wissensdurst unersättlich war.

Zwei Semester lang besuchte Kaluza auch Vorlesungen in der Psychologie. Die Psychologie beschäftigt sich mit dem Erkennen der Möglichkeiten und der Vorgehensweise des menschlichen Verstandes und der Seele. Daher hätte sie „die erste Wissenschaft sein müssen und nicht die jüngste" und „staatliche und kirchliche Gesetze hätten auf ihren Erkenntnissen und nicht auf den Idealen Begeisterter aufgebaut werden müssen", schrieb später der Sohn von Theodor Kaluza, die Gedanken seines Vaters über dieses Fach vertretend.[75] Kaluzas Interesse an der Psychologie blieb sein ganzes Leben hindurch bestehen. Die Vorlesungen in seiner Studienzeit haben auch dazu beigetragen, seine psychologischen Fähigkeiten auszubilden. Von vielen Zeitzeugen, insbesondere von seinen späteren Stu-

---

[69] Theodor Kaluza junior, Tagebuch 1937, NTK.

[70] Vgl. unten Kapitel „Philosophischer Abschnitt (III)", S. 621ff.

[71] Im ersten Semester bei Arnold Kowalewski, Bruder des Mathematikers Gerhard Kowalewski.

[72] Im zweiten Semester beim Ordinarius Ludwig Busse (1862–1907), einem Anhänger des Philosophen Hermann R. Lotze.

[73] Im zweiten Semester (Sommersemester 1904) bei Ludwig Busse.

[74] Im ersten Semester bei Ludwig Busse.

[75] Theodor Kaluza junior, Tagebuch 1937, NTK.

denten, aber auch von Familienmitgliedern wurde betont, dass Kaluza mit einer besonderen psychologischen Begabung ausgezeichnet war.[76] Diese setzte er stets in seinen Beziehungen zu seinen Mitmenschen ein. Darüber wird später noch mehr berichtet. Bekannt ist auch, dass Kaluza während seines ganzen Lebens freundschaftliche Beziehungen zu Professoren der Psychologie unterhielt, mit denen er sich über die neuesten Erkenntnisse austauschen konnte.[77]

Ebenso wie auf den anderen Gebieten zeigte sich Kaluzas ganz ungewöhnliche Begabung auch bei seiner Beschäftigung mit den Sprachen. Er lernte weitere Sprachen, was es ihm ermöglichte, einen direkten Zugang zur Literatur zu finden. Er befasste sich mit Arabisch, Italienisch und Russisch.[78] Es gelang ihm, die arabische Schrift so gut zu erlernen, dass er in dieser Sprache sogar Briefe schreiben konnte. So schrieb er Karl May, dessen Bücher er mit viel Leidenschaft las, Briefe in Arabisch, die aber nie beantwortet wurden.[79]

Ludwig Wittgenstein sagte in seinem 1922 erschienenen „Tractatus Logico-Philosophicus": „Die Grenzen meiner Sprache sind die Grenzen meiner Welt".[80] Er vertrat die Ansicht, dass „das begriffliche Denken an die Sprache gebunden sei."[81]

Bereits Wilhelm von Humboldt hatte in der Sprache „kein bloßes Verständigungsmittel" gesehen, sondern den „Abdruck des Geistes"[82], „das Mittel, durch welches der Mensch zugleich sich selbst und die Welt bildet."[83] Für Humboldt war die Sprache eine „Grundschicht der Seele" des Menschen, eine mit der Vernunft zugleich gegebene ursprüngliche Anlage.[84] Seine These besagte, dass jede

---

[76] Siehe Briefe von Theodor Kaluza junior an Detlef Laugwitz vom 26. Juni 1985 und an V. Raman vom 5. September 1970, NTK.

[77] In Königsberg und Kiel war Kaluza mit dem Professor für Psychologie Narziß Ach befreundet und in Göttingen unterhielt er freundschaftliche Beziehungen mit dem Professor der Psychologie J. von Allesch. Vgl. Theodor Kaluza junior (1991), wo das Interesse seines Vaters an der Psychologie erwähnt wird.

[78] Studienbuch Theodor Kaluza, NTK.

[79] Theodor Kaluza junior (1991), Ingemarie Kaluza (1997), „Erinnerungen an Theodor Kaluza". Im Nachlass von Theodor Kaluza befindet sich auch ein Brief von Klara May, Ehefrau des Schriftstellers, an Theodor Kaluza. Die Tochter von Theodor Kaluza erzählt in einem Brief an die Autorin, wie ihr Vater anhand eines Fragmentes aus Karl May ihr das arabische Alphabet beigebracht hat. Brief von Theodor Kaluzas Tochter an die Autorin vom 1. Mai 1999.

[80] Zitiert in Weyl (1971), S. 21.

[81] Ebd. S. 20.

[82] Humboldt (1827), S. 23.

[83] Wilhelm von Humboldt in seinem Brief an Schiller im September 1800, zitiert in Borsche (1990), S. 142 und S. 175, Anm. 16.

[84] Vgl. Borsche (1990).

Sprache eine besondere „Weltansicht" verkörpert, sie stellt einen Ausdruck der Kultur dar, der sie entwachsen ist.[85] Aus dem Blickwinkel dieser These erweiterte Kaluza sein ganzes Leben hindurch die Grenzen seiner Welt. Das Erlernen von Sprachen blieb eine Leidenschaft. Sein Sohn berichtete darüber:

„Schon als Kind konnte ich beobachten, wie er das begann: Er kaufte sich eine Grammatik, ein Lexikon, eine Zeitung und einen Roman, studierte 2 Tage lang die Grammatik, las dann mit Hilfe des Lexikons die Zeitung und den Roman – und konnte nach einer Woche die betreffende Sprache so sprechen, wie andere nach einem dreimonatigen Kursus."[86]

„Er war imstande", erinnerte sich sein Sohn, „in 17 lebenden Sprachen flüssig zu sprechen."[87] Dazu gehörten fast alle europäischen Sprachen, wie Französisch, Italienisch, Deutsch, Englisch, Russisch, Polnisch, Litauisch, Ungarisch, Griechisch, Türkisch, aber auch Hebräisch und Arabisch.[88] Und in einem Brief bemerkte sein Sohn:

„Als ihm gegenüber einmal Bemerkungen über sein erstaunliches Gedächtnis gemacht wurden, erwiderte er leicht abwehrend, es habe doch niemand Mühe, Dinge im Gedächtnis zu behalten, die ihn interessierten. Aber eben: ihn interessierte fast alles".[89]

Am 17. August 1907 wurde Theodor Kaluza von Franz Meyer im Fach Mathematik „mit dem besten Prädikat summa cum laude" promoviert.[90] Das Thema seiner Dissertation lautete „Die Tschirnhaustransformation algebraischer Gleichungen mit einer Unbekannten."[91] Seine Dissertation hat Kaluza auch später immer als „Fleißarbeit" bezeichnet.[92] Dennoch lohnt es sich, einen Blick darein zu werfen. In dieser Arbeit befasste sich Kaluza mit rationalen linearen Transformationen algebraischer Gleichungen mit einer Unbekannten, die zu ihrer Lösung

---

[85] Störig (1992), S. 660.

[86] Brief von Theodor Kaluza junior an Detlef Laugwitz vom 26. Juni 1985, S. 2.

[87] Ebd.

[88] Professor Nikolaus Stuloff erzählte der Autorin, dass Theodor Kaluza auch Türkisch sprach. Interview mit Professor Stuloff, Oktober 1997. Die anderen Sprachen werden von seinem Sohn in seinen Erinnerungen von 1991 und seiner Tochter im Brief an die Autorin vom 1. Februar 1997 und vom 12. Juni 1997 erwähnt. Wegen seiner außergewöhnlichen linguistischen Begabung wurde Kaluza manchmal in der wissenschaftlichen Literatur als der „Linguist" bezeichnet. Vgl. Zee (1990), S. 307.

[89] Brief von Theodor Kaluza junior an Detlef Laugwitz vom 26. Juni 1985, S. 2.

[90] Im Brief des Dekans der Albertus-Universität an das Ministerium vom 29. November 1909 betreffend die „Habilitation des Herren Dr. Theodor Kaluza", Rep. 76, Va, Sekt. 11, f. 131, GSB. Das Rigorosum bestand Kaluza am 22. Juli 1907, siehe Kaluza (1907), S. 104.

[91] Siehe Kaluza (1907).

[92] Theodor Kaluza junior (1991).

führen, beruhend auf einem Resultat von Franz Meyer über biquadratische Gleichungen. Meyer hatte gezeigt, dass „gerade die lineare Transformation

$$y = \frac{x - \alpha}{x - \beta}$$ außerordentlich geeignet erscheint, die invariantentheoretische und

gruppentheoretische Auflösungsmethode der Gleichung vierten Grades elementar zu begründen."[93] Kaluza überprüfte, ob im Allgemeinen die rationale Transformation auf algebraische Gleichungen anwendbar ist und sie dadurch die „ganze Transformation" der Form $y = \varphi(x)$, bekannt als Tschirnhaustransformation, ersetzen konnte. 1683 hatte der Mathematiker Graf Ehrenfried Walter von Tschirnhaus (1651–1708) die „ganze Transformation" für die Lösung der algebraischen Gleichungen beliebigen Grades n vorgeschlagen, ohne jedoch den Beweis erbringen zu können. Trotz der späteren Versuche, die Transformation $y = \varphi(x)$ allgemein auf algebraische Gleichungen anzuwenden, vor allem durch Charles Hermite (1822–1901) und Felix Klein (1849–1925), war dies in der Zeit Kaluzas noch ein ungelöstes Problem.

„*Demgemäß war es meine Hauptaufgabe*", schrieb Kaluza in seiner Dissertation, „*eine systematische Theorie der rationalen Transformation algebraischer Gleichungen aufzubauen und die auf diesem Wege eventuell erhaltenen Resultate der Theorie der Tschirnhaustransformation nutzbar zu machen.*"[94]

Es gelang Kaluza zu zeigen, dass die allgemeine rationale Transformation

$$y = \frac{X(x)}{\Phi(x)},$$

wo $$X(x) = \alpha_0 x^m + \alpha_1 x^{m-1} + \alpha_2 x^{m-2} + \ldots + \alpha_{m-1} x + \alpha_m$$

und $$\Phi(x) = \beta_0 x^m + \beta_1 x^{m-1} + \beta_2 x^{m-2} + \ldots + \beta_{m-1} x + \beta_m$$

sind, die algebraische Gleichung n-ten Grades

$$f(n) = a_0 x^n + a_1 x^{n-1} + a_2 x^{n-2} + \ldots + a_{n-2} x^2 + a_{n-1} x + a_n = 0$$

zu einer „transformierten Gleichung" n-tes Grades $f(y)$ mit Koeffizienten b_i und Wurzeln y_i führt. Kaluza gab die allgemeine Lösung der Koeffizienten b_i der transformierten Gleichung (in Abhängigkeit von a_i) in Determinantenform[95]

---

[93] Kaluza (1907), S. 5.
[94] Ebd.
[95] Ebd., S. 34.

und zeigte, wie man sie in zwei einfachen Beispielen berechnet: für die Gleichung zweiten Grades[96] und fünften Grades.[97]

Kaluzas Beweis zeigte, dass die Tschirnhaustransformation als Spezialfall der rationalen Transformation betrachtet werden kann. Damit erfuhr das Problem der Tschirnhaustransformation, das die Mathematiker seit mehr als zweihundert Jahren beschäftigte, eine elegante Lösung. Auch wenn Kaluza selber seine Doktorarbeit als „Fleißarbeit" bezeichnete – in der Tat war der Beweis mit umfangreichen Rechnungen[98] verbunden – handelt es sich um eine bedeutende „Fleißarbeit". Da Kaluza in seinem Studium den mathematischen Fächern die gleiche Bedeutung beimaß wie den physikalischen, hätte er sein Examen eigentlich auch in Physik machen können. Mathematik galt zu seiner Zeit aber als wichtigstes Fach. Schon Kant hatte betont, dass Mathematik die Wissenschaft sei, aus der sich alle anderen Naturwissenschaften herleiteten. Königsberg war ohnehin ein Zentrum der Mathematik, und deshalb wählte Kaluza dieses Fach, um 1907 sein Studium abzuschließen.

Zu Beginn des 20. Jahrhunderts gab es die uns geläufige strenge Trennung von Mathematik und Physik noch nicht. Die Königsberger Schule, die durch die Tradition von Neumann geprägt war, sah Mathematik als Grundwissenschaft an und als deren Anwendungsbereiche Physik und Astronomie. Aus dieser Sicht waren die Naturwissenschaften nicht von der Mathematik zu trennen. Sowohl Bessel als auch Neumann hatten neben Astronomie und Physik wichtige Beiträge in der Mathematik geleistet. Ein Mathematik-Absolvent war also nicht nur Mathematiker, er konnte sich auch als Physiker betätigen.[99] Hilbert, Minkowski, Sommerfeld und Kaluza waren durch diese enge Verbindung zwischen Mathematik und Physik geprägt, die für die Tradition der Königsberger Schule so bezeichnend war.

Seit dem Wintersemester 1907/08 arbeitete Kaluza für ein Jahr aushilfsweise als Rechner an der Königlichen Sternwarte zu Königsberg. Die Zeit an der Sternwarte auf dem Butterberg war für ihn auch später noch wichtig. In diesen Monaten eignete er sich die Auswertungsmethoden unter genauer Berücksichtigung der Messfehler an. Gleichzeitig beschäftigten ihn erkenntnistheoretische Gedanken

---

[96] Ebd., S. 36–42.

[97] Ebd., S. 43–47.

[98] Die ausführliche Rechnung Kaluzas erstreckt sich auf etwa 80 Seiten.

[99] Dies war der Fall bei Sommerfeld, der auch das Studium der Mathematik an der Albertina abschloss und der sich anschließend der Physik widmete. Bezeichnend für Sommerfeld war auch, dass er die Physik in einer engen Verbindung mit der Mathematik sah und praktizierte. Auch der Mathematiker Bernhard Riemann hatte sich in Göttingen mit der Physik beschäftigt. Vgl. Bell (1967), S. 459–479.

über spezielle Forschungsmethoden von Astronomen und Physikern, die sich von der Vorgehensweise der Mathematiker unterschieden.

Mit Fragen des Unterschieds solcher Forschungsmethoden setzte sich Kaluza auch später noch auseinander. Eine Abschrift aus der 1910 veröffentlichten Abhandlung des Astronomen Martin Brendel „Theorie der kleinen Planeten. Zweiter Teil" zeugt davon:[100] Der Mathematiker geht in seiner Forschungsarbeit beim Erkunden eines neuen Gebiets in kleinen Schritten, vorsichtig und ohne große Risiken vor. Im Gegensatz dazu setzt sich der Naturwissenschaftler – der Astronom oder der Physiker – weitreichende Ziele, daher ist seine Forschungsmethode „unvorsichtig" und „abenteuerlich":

„Der Weg des Mathematikers ist von dem des Astronomen durch eine breite Kluft getrennt. Der Mathematiker schreitet auf seinem Wege langsam vorwärts, jeden Schritt sorgfältig erwägend, jede Brücke, über die er hinübergeht, auf ihre Festigkeit prüfend; so weiß er, dass ihn mit seinem Ausgangspunkt ein fester Boden verbindet. Der Astronom kann diesen Weg nicht gehen; er käme zu langsam vorwärts; er hat ein fernes Ziel vor Augen. Will er die Bewegungserscheinungen der Himmelskörper darstellen, sie beschreiben, will er Formeln finden, die den Naturerscheinungen entsprechen, so kann er nicht den Weg des Mathematikers verfolgen, weil dieser weit vor seinen Zielen aufhört. Er muss sich über unsicheres Terrain wagen; er muss versuchen, bald hier, bald dort durch das unwegsame Gelände vorzudringen."[101]

Hat sich Theodor Kaluza bereits damals darüber Gedanken gemacht, ob er sich für den „abenteuerlichen" Weg des Naturwissenschaftlers oder für den eines Mathematikers entscheiden soll? Das lässt sich nicht einfach beantworten. Die Frage nach dem Unterschied der beiden Forschungsmethoden hat ihn damals offenbar intensiv beschäftigt.

„Man soll ihm hieraus keinen Vorwurf machen und vor allem nicht vergessen, dass durch das gewagte Vorgehen des Astronomen und des Naturforschers überhaupt dem Mathematiker die schönsten Probleme erst gegeben werden. Hätte der Mathematiker jenen

---

[100] Die genannte Abschrift, die sich im Nachlass Theodor Kaluzas befindet, ist undatiert. Doch darin wird eine andere Abhandlung aus dem Jahre 1902 „Theoretische Astronomie", die sich vermutlich mit demselben Thema auseinandersetzt, erwähnt. Der erste Teil der „Theorie der kleinen Planeten" entstand 1898, und es ist zu vermuten, dass diese Abhandlung Martin Brendels Kaluza bekannt war. Martin Brendel (1862–1939) war in der Zeit bereits ein bekannter Astronom und Professor in Göttingen, er legte seine Abhandlung der Pariser Akademie der Wissenschaften vor. Dadurch wurde er Henri Poincaré bekannt, der sich über seine Arbeit in *Acta Mathematica* Bd. 29, 1905, äußerte. 1913 gründet Martin Brendel das Planeteninstitut, das der Verbesserung der Methoden zur Berechnung der Planetenbewegung diente. Aus „Theorie der kleinen Planeten, Zweiter Teil".

[101] Abschrift von Kaluza aus dem Buch von Martin Brendel „Theorie der kleinen Planeten. Zweiter Teil.", NTK.

nicht als Pionier vor sich, so würde er oft nicht wissen, nach welcher Richtung hin er seine breite Straße weiterbauen soll."[102]

Diese von Martin Brendel geschilderten unterschiedlichen Vorgehensweisen des Mathematikers und des Naturwissenschaftlers scheinen sehr deutlich die von Theodor Kaluza vertretene Auffassung über die beiden sich ergänzenden Forschungsmethoden widerzuspiegeln: Der Naturforscher fungiert als „Pionier", der die Ziele zur Erkundung der Natur setzt, die anschließend mit der Hilfe des Mathematikers erreicht werden können. Beide Forschungsmethoden ergänzen sich, der Mathematiker kann ohne den Naturwissenschaftler nicht vorankommen. Theodor Kaluza entschloss sich, beide Methoden zu verbinden und die Zielsetzung des Physikers mit Hilfe der Mathematik zu verfolgen. Seine hervorragende Beherrschung dieser Disziplin erleichterte ihm dieses Vorhaben.[103]

Wie es damals allgemein üblich war, bereitete er sich nach der Promotion noch auf die Lehramtsprüfung vor, die eine finanzielle Absicherung für jeden Mathematik-Absolventen bedeutete.[104] Die Hochschulkarriere stand nur einer kleinen Elite offen. Wer ein Ordinariat anstrebte, musste darauf gefasst sein, lange Zeit als Privatdozent an einer Universität unter schwierigen finanziellen Verhältnissen durchzustehen. Auch sein Vater, Max Kaluza, hatte 15 Jahre an der Albertina unterrichtet, bis er das Ordinariat für Anglistik erhielt.[105]

Im Sommer 1908 absolvierte Theodor Kaluza auch das Examen für das höhere Lehramt in reiner und angewandter Mathematik und Physik vor der *Königlichen Wissenschaftlichen Prüfungskommission zu Königsberg*. Für die schriftliche Prüfung erhielt er ein erkenntnistheoretisches Thema: „Die Naturauffassung Descartes ist in ihrem Verhältnis zum Altertum und in ihrer Bedeutung für die Folgezeit den prinzipiellen Gesichtspunkten nach zu charakterisieren und zu beurteilen."[106]

---

[102] Brendel (1910), „Theorie der kleinen Planeten. Zweiter Teil", S. 2.

[103] Es gibt viele Beispiele namhafter Mathematiker, die sich auch mit der Physik beschäftigt haben. Hier sollen stellvertretend nur Bernhard Riemann, Hermann Minkowski und David Hilbert genannt werden, die entscheidende Beiträge zur Physik geleistet haben. Riemann hat auch zum konzeptionellen Aufbau der Physik, z.B. was das Konzept der Kraft betrifft, entscheidend beigetragen. Vgl. dazu auch Bell (1967) und unten das Kapitel „Bedeutung der Theorie von Kaluza für die moderne Physik.", S. 362ff.

[104] Benz (1975), S. 18.

[105] Die Entscheidung, sich der Lehramtsprüfung zu unterziehen, scheint jedoch auf anderen Überlegungen als der finanziellen Sicherheit beruht zu haben. In dieser Zeit hatte Theodor Kaluza noch nicht den Beweis seiner Originalität erbracht. Es scheint so zu sein, dass Theodor Kaluza in dieser Zeit – er war erst 23 Jahre alt – noch zögerte, sich als zukünftiger Forscher zu sehen, was auf seine hohen Ansprüche bezüglich der Bewertung der Qualitäten eines Wissenschaftlers hinweist. Diese Bescheidenheit sollte Kaluza lebenslang kennzeichnen.

[106] Aus „Blatt über Prüfungen an höheren Schulen 1908", NTK – nicht erhalten.

Philosophischer Abschnitt (I)

Die Philosophie hat Theodor Kaluza immer interessiert. Während des Studiums besuchte er, wie wir gesehen haben, viele Vorlesungen in Philosophie, besonders über Erkenntnistheorie. Er pflegte zu sagen, dass die Naturwissenschaft von der Philosophie nicht zu trennen sei.[1] Diese Meinung vertraten auch andere Physiker seiner Zeit, darunter Max Planck und Albert Einstein. Es herrscht heute unter den Wissenschaftshistorikern die Auffassung, dass sich ein Physiker oder Mathematiker nur „nebenbei" mit der Philosophie befasst und sie durch nichts zu seinen Theorien beiträgt. Einsteins philosophische Auffassung wurde beispielsweise öfter als „eklektisch" bewertet, um darauf hinzuweisen, dass er kein neues philosophisches System geschaffen habe. Wenn Einsteins philosophische Auffassung für Philosophen selber nur als „Kuriosität" von Bedeutung sein mag, glauben die meisten Historiker, dass sie von Einsteins physikalischem Werk zu trennen sei, da sie nichts miteinander zu tun hätten. Der bedeutende Wissenschaftshistoriker Alexandre Koyré hat aber in zwei Fällen – bei Galilei und Newton – systematisch und überzeugend gezeigt, dass die Voraussetzung für eine revolutionäre Theorie eine neue erkenntnistheoretische Auffassung ist, die ein Physiker nach intensiver Überlegung zugrunde legt. Auf jeden Fall – so Koyré – spielt die philosophisch-erkenntnistheoretische Auffassung eines Wissenschaftlers in seinen Theorien eine entscheidende Rolle, sie sind nicht voneinander zu trennen: Auch wenn ein Physiker kein neues begriffliches philosophisches System konstruiert, bildet er sich eine neue philosophisch-erkenntnistheoretische Auffassung als Grundlage für seine Theorie. Diese neue Auffassung kann Elemente aus mehreren philosophischen Systemen übernehmen und sie zu einer neuen Erkenntnistheorie zusammensetzen. Im Falle Galileis zum Beispiel handelte es sich um eine neue Auffassung, in der sich Elemente der aristotelischen und der platonischen Philosophie vermischten.[2]

Gerade die Wechselwirkung zwischen Physik und Philosophie ermöglichte die schwungvolle Entwicklung der Physik, nicht aber ihre Abwendung von der Philosophie. Um neue physikalische Kenntnisse über die Welt zu gewinnen, mussten die Physiker zunächst in ihrer Forschung nach einer neuen erkenntnistheoretischen Auffassung suchen. Der erste Schritt des Physikers, der eine wissenschaftliche Revolution herbeiführte, war meistens nicht die Verwerfung der

---

[1] Brief von Theodor Kaluzas Tochter an die Autorin vom 28. April 1997.
[2] Siehe Koyré (1943a) und (1943b).

Philosophie, wie manche Historiker zu glauben scheinen, sondern die Entwicklung einer passenden Erkenntnistheorie, auf die er seine neue physikalische Theorie stützen konnte.[3] In diesem Zusammenhang erscheint der Autorin eine Analyse der philosophischen Auffassung Kaluzas von Bedeutung für das Verständnis seines physikalischen Werkes.

Kaluzas philosophische Ansichten waren vor allem durch die großen griechischen Philosophen geprägt: durch Sokrates, Platon, Aristoteles und Pythagoras.[4] Aristoteles' Werke hatte Kaluza im Original gelesen.[5] Er bewunderte den großen Philosophen, der für ihn das Idealbild eines Wissenschaftlers darstellte, der die Welt in ihrer ganzen Komplexität erfasste. Die Vielfalt und Breite des Werkes von Aristoteles stand im Einklang mit der Forderung nach Universalität, die ein Gelehrter erfüllen muss, wenn er das Universum erfassen will. Darauf könnte die große Bewunderung, die Kaluza für Aristoteles empfand, beruhen. Auch Kaluza strebte zeitlebens nach Universalität.

Kaluza sah in Aristoteles nicht nur den Vertreter eines universellen Geistes. Er war auch von der Aristotelischen Erkenntnistheorie geprägt. Im Unterschied zu Platon, der die Welt der Ideen als Ausdruck des Allgemeinen ansah, ging der erkenntnistheoretische Weg von Aristoteles stufenweise vom Partikulären, das sinnlich wahrnehmbar ist, zum begrifflich Intelligiblen und zur Wissenschaft. Diesen Weg vom Einzelnen zum Allgemeinen bzw. vom Sinnlichen zum Intelligiblen, der sich durch die Vernunft vollzieht, bezeichnete Aristoteles als Induktion. Auf jeder höheren Stufe dieses Weges erreicht die Erkenntnis eine höhere Einheit. Die vielfältigen Gebiete, die die aristotelische Lehre umfasste – Logik und Erkenntnistheorie, Naturphilosophie, Metaphysik, Biologie, Ethik, Politik, Rhetorik und Kunsttheorie – bildeten die Grundlage und Bedingung für das Erfassen des Allgemeinen.

Während für Platon das sinnlich Wahrnehmbare nur den unvollkommenen Schatten der Welt der Ideen darstellte, ging Aristoteles bei der Erforschung der Natur empirisch vor. Er betrachtete die Einzelheiten des Bestehenden, um das Gemeinsame, das *Wesen* des Seienden darin zu erkennen.

Doch in einem wichtigen Punkt waren sich Platon und Aristoteles einig: in der Überzeugung, dass wir in unserem Erkennen die Struktur des Seienden erfassen können, dass zwischen Sein und Erkennen – zwischen *Ontologie* und *Logik* –

---

[3] Obwohl es an Versuchen, die Entstehung einer physikalischen Theorie im Zusammenhang mit ihrer erkenntnistheoretischen Grundlage zu analysieren, auch in der neueren Zeit nicht fehlt – vgl. z.B. Renn (1994) und Firode (2001) –, gehört dies leider nicht zu der gebräuchlichen Vorgehensweise in der Wissenschaftsgeschichte.

[4] Brief von Theodor Kaluzas Tochter an die Autorin vom 28. April 1997.

[5] Ebd.

eine Kongruenz besteht.[6] Der Weg zur Erkenntnis trägt in der aristotelischen Philosophie das Streben zur „höheren Einheit" in sich, ein Streben, für das Kaluza wohl schon in seiner Studienzeit empfänglich war.[7] Sein Streben nach Universalität hat jedenfalls erkennbare Beziehungen zur Lehre des Aristoteles. Kaluza bezog in seine Aktivitäten als Forscher die Physik und die anderen Naturwissenschaften sowie die Philosophie und die Ethik mit ein. Aus den weiteren Ausführungen wird erkennbar werden, auf welche Weise er in seinem Werk diese verschiedenen Gebiete vereinigte.

Eine philosophische Vorlesung, die Kaluza hörte, war *Immanuel Kants Leben und Lehre* von Ludwig Busse. Auch Kant gehörte zu den bedeutenden Philosophen, mit denen sich Kaluza in diesen Jahren intensiv auseinandersetzte. Kant begründete in seinem Werk „Kritik der reinen Vernunft" die Transzendentalphilosophie, mit der er eine „kopernikanische Wende" in der Philosophie herbeiführte.[8] Er kritisierte in diesem Werk den seiner Meinung nach naiven Glauben des Rationalismus und Empirismus an die Objektivität der Erkenntnis. Die Empiriker behaupteten, dass alle Erkenntnis mit der Erfahrung anfange. Kant geht jedoch weiter und behauptet, dass Erkenntnis nicht aus Erfahrung entspringt, sondern dass wir etwas besitzen, das es vor aller Erfahrung, das heißt *a priori,* gibt und das sich durch *Notwendigkeit* und strenge *Allgemeinheit* von der empirischen Erkenntnis unterscheidet. Die Hauptaufgabe der Erkenntnistheorie sieht Kant in der Ergründung der apriorischen Sätze. Die reine Vernunft ist eben diejenige, welche die Prinzipien, etwas *a priori* zu erkennen, enthält. Der Begriff „transzendental" bedeutet „jeglicher Erfahrung vorausliegend, sie erst ermöglichend"[9]; er erstreckte sich auch auf Raum und Zeit: „Der Raum ist nichts anderes, als nur die Form aller Erscheinungen äußerer Sinne, d.i. die subjektive Bedingung der Sinnlichkeit, unter der allein uns äußere Anschauung möglich ist."[10] Dadurch bestätigte Kant die Vorstellung des absoluten Raumes, die Newton durch seine Mechanik im 17. Jahrhundert in die Physik eingeführt hatte. Sie dominierte bis zum Anfang unseres Jahrhunderts das Bild des Universums. Doch 1905 fand durch Einsteins Veröffentlichung der Speziellen Relativitätstheorie ein Umbruch in der Physik statt, der durch Minkowski 1907 vervollständigt wurde.[11] Einstein und

---

[6] Vgl. z.B. Störig (1992), S. 174–186.

[7] In der Abhandlung „Zum Unitätsproblem der Physik" erwähnt er die Idee der Vereinheitlichung als „zu den großen Lieblingsideen des Menschengeistes" gehörend.

[8] Siehe etwa Störig (1992), S. 398.

[9] Ebd.

[10] Kant (1781), in Kant (1995), Bd. II, S. 77.

[11] Minkowskis erster Vortrag über seine vierdimensionale Raumzeitauffassung „Das Relativitätsprinzip" fand am 5. November 1907 in der Mathematischen Gesellschaft in Göttingen

Minkowski schufen einen neuen Raumbegriff, der der Auffassung Kants widersprach. Von den Philosophen wurde Einstein als derjenige betrachtet, der Kant entthront hatte. Der Raum verlor dadurch seinen absoluten Charakter und wurde an die empirische Erfahrung gebunden.

Kaluza nahm die kühne Auffassung der Relativitätstheorie mit Begeisterung wahr und blieb über lange Zeit ein großer Verehrer Einsteins.[12] Wie er an der Albertina in Kontakt mit der Relativitätstheorie kam, ließ sich nicht feststellen.[13] Vieles spricht dafür, dass Kaluza erst in Göttingen 1908 durch Minkowski die Relativitätstheorie kennenlernte.[14] Seine erste Abhandlung aus dem Jahre 1910 „Über die Relativitätstheorie" – geschrieben nach seiner Rückkehr nach Königsberg – zeugt von seinem Interesse an dem bahnbrechenden Ereignis in der Physik am Anfang des Jahrhunderts.

Trotzdem beeinflusste der große Philosoph aus Königsberg Kaluza in vieler Hinsicht. Durch den apriorischen Charakter der synthetischen Sätze der Geometrie und Arithmetik bekam die Mathematik in der Philosophie Kants eine entscheidende erkenntnistheoretische Bedeutung. Diese führende Rolle, die Kant der Mathematik in der Forschungsmethode der Naturwissenschaften verlieh, bildete die Grundlage der Königsberger mathematisch-physikalischen Schule. Sie prägte den jungen Kaluza entscheidend.

Einstein nahm im Laufe seines Lebens verschiedene Haltungen zur Mathematik ein. Er wunderte sich darüber, dass die Mathematik, die außerhalb unserer empirischen Erfahrung steht, soviel Bedeutung für die Naturwissenschaften hat: „Wie ist es möglich", fragte sich der geniale Physiker, „dass die Mathematik, die doch ein von aller Erfahrung unabhängiges Produkt des menschlichen Denkens ist, auf die Gegenstände der Wirklichkeit so vortrefflich passt?"[15] Diese Ansicht änderte sich in den letzten 30 Jahren seines Lebens, als er erkannte, dass die Allgemeine Relativitätstheorie, ebenso wie die Spezielle, aus einem allgemein gülti-

---

statt, siehe Klein (1927), S. 74. Er wurde erst 1915 in den *Annalen der Physik* veröffentlicht, siehe Minkowski (1915).

[12] Siehe Theodor Kaluza junior (1991) und Brief von Theodor Kaluzas Tochter an die Autorin vom 17. September 1997.

[13] Ob Paul Volkmann in seinen Vorlesungen über theoretische Physik auch die neuen Gedanken der Speziellen Relativitätstheorie einfließen ließ, lässt sich nicht mehr feststellen. 1922 hielt er einen Vortrag in der Physikalisch-ökonomischen Gesellschaft in Königsberg über „Der Streit um Einstein und der Kampf um das Verständnis der Relativitätstheorie", siehe *Schriften der Physikalisch-ökonomischen Gesellschaft zu Königsberg* (1922), 63, S. 106. Volkmanns Aufsatz „Kant und die theoretische Physik der Gegenwart", in dem er den Raumbegriff in der Speziellen Relativitätstheorie analysiert, wurde erst 1924 verfasst, siehe Volkmann (1924).

[14] Siehe weiter unten das Kapitel „Zwei Semester in Göttingen", S. 91 ff.

[15] Vgl. Einstein (1921), S. 124.

gen mathematischen Prinzip entstanden war, nämlich dem Prinzip der Symmetrie.[16]

Theodor Kaluza wies der Mathematik eine wichtige, konzeptionelle Rolle in den Naturwissenschaften zu, sie galt für ihn als Prüfstein jeder Theorie. Er sah die Mathematik im Sinne Kants nicht nur als Instrument, sondern gab ihr eine tiefe erkenntnistheoretische Bedeutung. Als Mathematiker wusste er auch, dass der Raumbegriff zunächst von mehreren Mathematikern erweitert worden war, bevor er von Einstein und Minkowski in der Physik eingeführt wurde. Der euklidische Raumbegriff war in der ersten Hälfte des 19. Jahrhunderts durch Nikolaj Lobatschewski (1792–1856), Janos Bólyai (1802–1860) und Carl Friedrich Gauß (1777–1855) widerlegt worden. Gauß war überzeugt, dass der dreidimensionale Raum der physikalischen Wirklichkeit nicht entspricht und durch einen höherdimensionalen Raum ersetzt werden sollte.[17] Er übertrug diese Aufgabe seinem Schüler Bernhard Riemann, der die Theorie der mehrdimensionalen Räume entwickelte. So wusste Kaluza, dass der Begriff des Raumes zunächst durch die Forschungsmethoden der Mathematik, die nicht an unsere empirischen Erfahrungen gebunden ist, erweitert worden war, bevor er in der Physik Aufnahme fand. Dies mag auch einer der Gründe sein, warum Theodor Kaluza, geprägt von der Königsberger mathematisch-physikalischen Schule, so viel Wert auf die Mathematik legte.

Aber nicht nur der erkenntnistheoretische Teil der Lehre Kants hat Kaluza geprägt. Denn Kant war nicht nur Erkenntnistheoretiker, sondern auch ein Philosoph, der die Welt in ihrer Ganzheit zu erfassen und zu gestalten bemüht war. In der *Kritik der praktischen Vernunft* setzte sich Kant mit dem praktischen Gebrauch der Vernunft auseinander. Der Mensch ist nicht nur ein erkennendes, sondern auch ein *handelndes* Wesen. Kant stellte die Ethik auf eine neue Grundlage, indem er erkannte, dass ein allgemein geltendes ethisches Prinzip nur der Vernunft entspringen kann.

„Es ist überall nichts in der Welt, ja überhaupt auch außerhalb derselben zu denken möglich, was ohne Einschränkung für gut könnte gehalten werden, als allein ein guter Wille."[18] Das verinnerlichte Sittengesetz kann uns nur zur moralischen Handlung führen. Seine Erhabenheit kommt dadurch zum Ausdruck, dass es uns nötigt, um des moralischen Zwanges willen sogar gegen unsere Neigung zu handeln. In diesem Punkt hat sich Kaluza sein ganzes Leben lang zu Kant bekannt. Der Mensch ist ein winziges Glied, „das die Materie, daraus er ward, dem Planeten (einem bloßen Punkt im Weltall) wieder zurückgeben muss, nach-

---

[16] Im Brief von Einstein an Louis de Broglie vom 8. Februar 1954, ALB.
[17] Siehe unten das Kapitel „Die Dimensionalität des Raumes", S. 161ff.
[18] Kant (1785), in Kant (1968), S. 393, Hervorhebung im Original.

dem er eine kurze Zeit mit Lebenskraft versehen gewesen."[19] Doch durch „das moralische Gesetz in mir" gehört der Mensch einem Reich der erhabenen Freiheit an, das ein „von der Tierheit und selbst von der ganzen Sinnenwelt unabhängiges Leben offenbart."[20]

Offensichtlich haben die Worte Kants „der bestirnte Himmel über mir und das moralische Gesetz in mir"[21] niemals ihre magische Ausstrahlung auf Kaluza verloren. In allen seinen Handlungen lässt sich das Echo dieser Auffassung Kants erkennen.

Abb. 16: Foto: Der Königsberger Dom auf dem Kneiphof, 1325 begonnen (Postkarte 1914)

---

[19] Kant (1788), S. 289, in Kant (1968), S. 162.
[20] Ebd.
[21] Kant (1788), S. 288, in Kant (1968), S. 161.

Dem Beispiel Hilberts folgend, der 1888 als frisch habilitierter Privatdozent in Königsberg eine Studienreise in mehrere Universitätsstädte unternommen hatte, um die führenden Mathematiker Deutschlands besser kennenzulernen, entschied sich Theodor Kaluza nach seiner Lehramtsprüfung im Sommer 1908, ein Jahr in Göttingen zu verbringen, das damals als Mekka der Mathematik galt. In diesem weltberühmten Mathematikzentrum konnte er am wissenschaftlichen Leben teilnehmen. Dort unterrichtete Hilbert bereits seit 1895, als er von Felix Klein berufen wurde.

Hilbert war schon immer ein Vorbild für den jungen Kaluza gewesen. Von ihm besaß er eine Kopie seines Reiseheftes „Berichte über meine Reise vom 9. März bis 7. April 1888", aus dem er Hilberts Klarheit des Denkens sowie seinen Mut zu originellen Ideen auf dem Feld der Mathematik erkannte.[1] Hilbert war der hervorragendste Mathematiker Deutschlands. Auf dem Internationalen Kongress der Mathematiker 1900 in Paris stellte er die berühmten 23 ungelösten Probleme auf, die für die Entwicklung der Mathematik eine entscheidende Rolle spielen sollten. Durch seinen Vortrag wurde Hilbert neben Henri Poincaré zum weltweit berühmtesten Mathematiker der Zeit.

Hilberts zwei Jahre jüngerer Studienkollege und guter Freund Hermann Minkowski hatte durch Hilberts Mitwirkung 1902 in Göttingen ein Ordinariat für Mathematik erhalten. Dort hatte er 1907 Einsteins Spezielle Relativitätstheorie vollendet.

Am 16. Oktober 1908 zu Semesterbeginn befand sich Theodor Kaluza in Göttingen.[2] Er besuchte Vorlesungen bei Hilbert in der *Theorie der analytischen Funktionen* und Minkowski in der *Algebra*.[3]

Die Universitätsstadt Göttingen ähnelte zu dieser Zeit einer idyllischen Kleinstadt. Sie lag in der sanften hügeligen Landschaft, die das Tal des kleinen Flusses Leine zwischen dem Harz und dem Reinhardswald bildete. Die mit schönen Laubwäldern bedeckten Hügel Göttingens erreichten eine Höhe um die 130 Meter und engten den Ausblick nicht ein. Von einem Hügel zum anderen konnte das Auge frei schweifen, sie gewährten einen Blick auf die sonnige und grüne Gegend. Die Landschaft Göttingens hatte etwas Fröhliches an sich, sie erweckte die Lust zum Wandern und Entdecken der weiteren Umgebung. Im Gegensatz zu

---

[1] Hilbert: „Berichte über meine Reise vom 9. März bis 7. April 1888", NTK.

[2] Kaluzas Immatrikulationsbestätigung vom 2. November 1809 an der Universität Göttingen, Nr. 224, NTK.

[3] Studienbuch Theodor Kaluza Göttingen, 1908–1909, NTK.

der fast ebenen Landschaft Königsbergs, in der die Meeresluft stets zu spüren war und die rege Geschäftigkeit von Industrie und Handel niemals aufhörte, erschien dem jungen Kaluza Göttingen als ruhige Oase, die nur dazu bestimmt war, sich beschützt vor der großen Welt dem geistigen Leben zu widmen.

Die 900 Jahre alte Stadt verdankte ihren wirtschaftlichen Aufschwung im 13. Jahrhundert dem Tuchmacher- und Schneidergewerbe, das in den alten Fachwerkhäusern ausgeübt wurde. Den geistigen Mittelpunkt der Stadt bildete die Universität. Erst im 18. Jahrhundert war in Göttingen die Georg-August-Universität gegründet worden, die das kleine Städtchen unter den Gelehrten Europas und der ganzen Welt berühmt machen sollte. Sie wurde 1737 von Kurfürst Georg August II. eingeweiht. Ursprünglich im ehemaligen Dominikanerkloster eingerichtet[4], entwickelte sich die Universität zu einer Hochburg liberalen Gedankenguts. Hier hatten Gauß und Riemann die Mathematik zur Blüte gebracht und hier hatten die Brüder Grimm die von ihnen gesammelten Märchen niedergeschrieben. Auch Goethe und Heine hatten in Göttingen einige Zeit verbracht. Zu Ehren der Brüder Grimm hatte die Stadt vor dem 450 Jahre alten Rathaus 1901 den Gänseliesel-Brunnen aufgestellt.

Anfang des 20. Jahrhunderts machte wiederum die Mathematik Göttingen als Universitätsstadt weltberühmt. Dort befanden sich zu dieser Zeit drei bedeutende Professoren, die den Ruhm der Mathematik über die Grenzen Deutschlands hinaus trugen. Der 59-jährige Felix Klein (1849–1925) hatte sich schon früh durch sein „Erlanger Programm" einen großen Namen gemacht. Er war seit 1886 in Göttingen tätig und hatte auch durch sein organisatorisches Genie dazu beigetragen, wichtige junge Mathematiker nach Göttingen zu ziehen.[5] Dominiert wurde die Mathematik jedoch von der markanten Persönlichkeit Hilberts. Der lebhafte Königsberger hatte sich in Göttingen gut eingelebt. Er unterrichtete mit Leidenschaft Mathematik an der Georg-August-Universität, und sein unabhängiger Geist und seine Offenheit faszinierten seine Zuhörer. Im Gegensatz zu den anderen Ordinarien war Hilbert ein sehr zugänglicher Professor, der die Studenten in Scharen an sich zog. Er setzte sich über die strengen Rangunterschiede zwanglos hinweg und beschrieb seine Lehrtätigkeit als „ein gemeinsames Forschen mit jüngeren Schülern".[6] Hilbert widmete sein Leben ganz der Mathematik. Seine Originalität war legendär. Er zog sich zum Arbeiten nicht zurück, sondern hielt sein Haus immer für Studenten offen. Seine Biographin Constance Reid schreibt dazu:

---

[4] Siehe Aufgebauer (1994), S. 12–13 und Eck (1994), S. 145–146.
[5] Vgl. Frei (1984).
[6] Rowe (1995), S. 547.

„In seinem Haus und Garten kam und ging ein steter Strom von Besuchern. Mathematische Diskussionen wechselten ab mit Gesprächen über alle möglichen anderen Themen, vor allem Politik. Für Hilbert existierten keine Alters- oder Standesunterschiede. Wer etwas zu sagen hatte, ganz gleich wer er war, konnte mit ihm wie mit seinesgleichen reden."[7] Unter den Studenten, die Hilbert in seinen Bann zog, befand sich in dieser Zeit auch Theodor Kaluza.

Auch der zurückhaltendere Minkowski nahm intensiv an diesem mathematischen Leben in Göttingen teil. Im Gegensatz zu Hilbert hatte er aber weniger Freude an geselligem Umgang, zumal er die Kunst Hilberts zu vielgestaltigen Dialogen weit weniger beherrschte. Minkowski zog es vor, sich in die Einsamkeit zurückzuziehen und sich an der Schönheit der Mathematik zu erfreuen.

Hilbert, Minkowski und Felix Klein waren neben der Mathematik besonders an der Physik interessiert. Die aufregenden Probleme, die seit dem Ende des 19. Jahrhunderts in der Physik entstanden waren, regten Minkowski und Hilbert an, sich mit ihnen auseinanderzusetzen. So entstand das gemeinsame Seminar über mathematische Physik, an dem außer den beiden Mathematikern auch Gustav Herglotz und der Physiker Emil Wiechert (der ebenfalls in Königsberg promoviert worden war) teilnahmen. Die erste Seminarreihe begann im Sommersemester 1905 mit dem Thema „Die Grundgleichungen der Elektronentheorie und ihre allgemeinen Integrale".[8] Später erinnerte sich Hilbert an diese Zeit:

„Aber am nachhaltigsten fesselten Minkowski die modernen elektrodynamischen Theorien, die er mehrere Semester hindurch mit mir gemeinsam betrieb, insbesondere in Vorträgen, zu denen das von ihm und mir geleitete Seminar Anlass bot. Die letzten Schöpfungen Minkowskis entsprangen diesen Studien, denen er mit großem Eifer oblag; hatte er doch für die nächsten Semester Vorlesungen und Seminar über Elektronentheorie geplant."[9]

Im Laufe des Seminars, das großen Erfolg hatte, kristallisierten sich immer mehr die neuen Ideen Minkowskis über die mathematischen Grundlagen der Speziellen Relativitätstheorie heraus. Am 5. November 1907 hielt Minkowski einen Vortrag in der Mathematischen Gesellschaft über „Das Relativitätsprinzip",

---

[7] Reid (1996), S. 30.

[8] NSUBG Cod. Ms. David Hilbert 570/9. Es wurde behauptet – vgl. z.B. Pyenson (1982) –, dass die Anregung zu diesem Seminar durch die Spezielle Relativitätstheorie Einsteins ausgelöst wurde. Das lässt sich nicht bestätigen: Das Seminar wurde angekündigt, bevor Einsteins Theorie (im September 1905) veröffentlicht wurde; darüber hinaus wurde im Seminar Einsteins Theorie nicht behandelt, sondern nur Arbeiten von Lorentz, Poincaré, Wiechert, Sommerfeld (1904), Larmor, Hurwitz, Beltrami und Drude, vgl. dazu die Liste der Seminarvorträge und der Literatur zum Seminar in NSUBG Cod. Ms. David Hilbert 570/9.

[9] Hilbert (1909), S. 59.

in dem er den vierdimensionalen Raum in die Physik einführte. 1908 verwendete er das erste Mal in seiner Arbeit „Die Grundgleichungen für die elektromagnetischen Vorgänge in bewegten Körpern" vierdimensionale Tensoren für die Formulierung der Maxwell-Lorentz-Gleichungen der Relativitätstheorie.[10]

Schließlich legte er in seinem Vortrag „Raum und Zeit" auf der 80. Naturforscherversammlung 1908 in Köln sein revolutionäres Konzept des physikalischen Raums dar als vierdimensionalen Vektorraum, den sogenannten „Minkowski-Raum": *„Von Stund an sollen Raum für sich und Zeit für sich völlig zu Schatten herabsinken, und nur noch eine Art Union der beiden soll Selbständigkeit bewahren."*[11] Durch diesen Schritt hatte Minkowski die Relativitätstheorie vervollständigt und ihr eine anschauliche mathematische Gestalt gegeben.

Durch seinen Beitrag bekam die Mathematik plötzlich eine neue, bislang unbekannte Bedeutung in ihrer Verbindung zur Physik. Wenn zuvor die Mathematik zumeist nur als ein Instrument im Dienst der Physik betrachtet wurde, war sie jetzt als Mitgestalterin physikalischer Konzepte in den Vordergrund getreten.

Diese epochalen Ereignisse hat Kaluza in Göttingen miterlebt. Sie sollten für seine ganze Laufbahn prägend werden. Die großen Mathematiker Minkowski und Hilbert hatten ihm gezeigt, dass die bisherige Trennung zwischen Mathematik und Physik aufgehoben werden konnte. Die Mathematik bekam nun eine entscheidende Bedeutung zur Mitgestaltung der Physik. Von dieser Idee überzeugten Hilbert und Minkowski die Teilnehmer an ihren mathematisch-physikalischen Seminaren. Auch nach seiner Rede in Köln im September 1908 hielt Minkowski in Göttingen weitere Vorträge.[12] Einer dieser bisher unbekannten Vorträge begann mit den Worten:

„Meine Herren, die Mathematik hat von jeher durch prästabilierte Harmonie ihre erfrischendsten Probleme von der Physik bezogen. Ein beliebter Sportplatz mathematischer Gewandtheit sind seit mehr als hundert Jahren die grünen Wiesen der Mechanik. Die Elektrizitätslehre aber erachten die mathematischen Völker noch als schlecht zugängliche,

---

[10] Minkowski (1908a).

[11] Minkowski (1908b), S. 56.

[12] Dafür sprechen Minkowskis Aufzeichnungen auf 80 Blättern, die in der NSUBG aufbewahrt werden unter der Bezeichnung „Manuskripte zu Vorträgen in Göttingen", Math. Archiv 60:4, Umschlag II. Hier befinden sich Aufzeichnungen zu fünf populären Vorträgen. Auf Blatt 38 kann man beispielsweise lesen, „und ich habe vor einiger Zeit in einem Vortrage in der physikalischen Gesellschaft hier [in Göttingen] ausgeführt, wie die Lorentzsche Hypothese…" Bekannt waren bis jetzt Minkowskis Vortrag vor der Kölner Versammlung, der in der Mathematischen Gesellschaft am 5. November 1907 und der vor der Königlichen Gesellschaft der Wissenschaften in Göttingen anlässlich der Einreichung seines ersten Aufsatzes „Die Grundgleichungen für die elektromagnetischen Vorgänge in bewegten Körpern" am 21. Dezember 1907, doch kein Vortrag in der Physikalischen Gesellschaft (ebd.).

von den Segnungen der Integralgleichungenkultur erst mangelhaft (erfasste) belecke Kolonie dafür, vom Fieber des retardierten Potentials, von den gefährlichen Krankheitskeimen der starren Elektronen, von der Schlafkrankheit ungezähmter Vektoren arg verseuchte [und] zur Sesshaftigkeit namenlos ungeeignete Strafkolonie.“[13]

Nach dieser plastischen Einführung in die Probleme, die die Elektrodynamik bislang der Mathematik bereitet hatte, fuhr Minkowski fort:

„Aber eine solche Annahme ist eine vollkommene Verkennung der wahren Sachlage. Die Elektrizitätstheorie scheint wie kein anderes Gebiet der Physik prädisponiert nicht für Orgien, sondern für Triumphe der reinen Mathematik. Während anderwärts, man denke z.B. an die Hydrodynamik, die mathematische Formulierung und Problemstellung als entfernte ideale Annäherung an die rohe Wirklichkeit sich erweisen, scheinen in der Welt des reinen Äthers die zartesten mathematischen Bildungen vollkommenes Leben zu erlangen. Einige Belege hierfür will ich in meinem heutigen Vortrag bringen.“[14]

Max Planck beschrieb Minkowski als eine „künstlerisch veranlagte Natur“, die das ästhetische Potential der Relativitätstheorie sofort erfasst hatte.[15] In der Tat empfand Minkowski die Mathematik als die wahre Kunst, die allein fähig war, die Physik ästhetisch zu gestalten. Seine vierdimensionale Raumzeitauffassung wurde damals in Göttingen intensiv besprochen. Diese Diskussionen hat Kaluza mit aufgenommen. Wenn er in Königsberg noch daran zweifelte, ob er sich ausschließlich der Mathematik widmen sollte, wirkte für ihn Göttingen als entscheidende Erfahrung. Ab jetzt gehörte sein Herz der Physik.

Kaluza wohnte im Schieferweg 16b, einer ruhigen Straße außerhalb der Stadt, die zum Fluss Leine führte, eine Viertelstunde zu Fuß vom Zentrum und vom Auditorienhaus – in dem sich damals das Mathematisch-physikalische Seminar mit dem Lesezimmer und der Sammlung der Instrumente und Modelle befand.[16] Die Mitglieder dieser Einrichtung, die später in das Mathematisches Institut verwandelt wurde, waren zur Zeit Kaluzas David Hilbert, Hermann Minkowski, Felix Klein, Woldemar Voigt, Carl Runge, Karl Schwarzschild, Ludwig Prandtl, Hermann Simon, Emil Wiechert und Eduard Riecke.[17]

Kaluza nahm höchstwahrscheinlich im Wintersemester 1908/09 zusammen mit anderen Doktoren der Mathematik und Physik, die aus ganz Europa nach

---

[13] Minkowski „Manuskripte zu Vorträgen in Göttingen“, NSUBG Math. Archiv 60:4, Umschlag II, f. 24r.

[14] Ebd.

[15] Siehe Planck (1910b), S. 45.

[16] Siehe „Amtliches Verzeichnis des Personals und der Studierenden der Königlichen Georg-August-Universität zu Göttingen: Auf das halbe Jahr von Michaelis 1908 bis Ostern 1909“, S. 58 und S. 20.

[17] Ebd., S. 20.

Göttingen kamen, an dem mathematisch-physikalischen Seminar von Hilbert und Minkowski teil.[18] An diesem Seminar nahmen nur zwei zahlende Studenten teil, aber 31 *publice* (freie) Zuhörer. Zu Kaluzas Kommilitonen gehörte auch der junge *Hermann Weyl*, ein Doktorand von Hilbert. Beide, Kaluza wie Weyl, waren am selben Tag geboren: am 9. November 1885. Als sich die beiden kennenlernten, ahnten sie gewiss nicht, dass sich ihr Schicksal durch ihr gemeinsames Streben auf dem Gebiet der theoretischen Physik verbinden würde.[19]

Kaluza lernte auch den drei Jahre jüngeren *Richard Courant* kennen, der seit dem Herbst Privat-Assistent von Hilbert war. Er stammte aus Breslau und studierte seit einem Jahr in Göttingen.[20] Gerade in Göttingen machte Kaluza Bekanntschaft mit Persönlichkeiten aus dem Bereich der Mathematik und Physik, die vielfältige Interessen hatten. Damals hielten sich hier viele bedeutende Wissenschaftler auf. Außer Felix Klein und Hermann Minkowski gehörten dazu: *Carl Runge,* der sich mit angewandter Mathematik beschäftigte, der Astronom *Karl Schwarzschild,* der sich auch für die Quantentheorie interessierte, der Physiker *Ludwig Prandtl,* der sich mit der mathematischen Formulierung der Tragflügel-Theorie im Aerodynamischen Institut befasste, der Königsberger *Emil Wiechert* (1861–1928), bekannt durch seine Experimente über das Elektron, *Max Abraham* (1875–1922), der eine eigene Elektrodynamik entwickelt hatte, *Walter Ritz* (1878–1909), *Paul Bernays* (1888–1977), *Ernst Zermelo* (1871–1953) und einige weitere bedeutende Mathematiker und Physiker. Durch sie entstand eine mathematische Kultur, die anderswo wohl kaum zu finden war. Die Gebiete der reinen und angewandten Mathematik sowie der Physik waren auf höchstem Niveau vertreten. Das waren die Vorteile der Universität Göttingen, die damals als beste Universität Europas auf dem Gebiet der exakten Wissenschaften galt. Die Atmosphäre in Göttingen wirkte sich anregend auf den jungen Kaluza aus. Die Studenten machten mit ihren Professoren Minkowski und Hilbert „mathematische"

---

[18] In den Seminarakten des mathematisch-physikalischen Seminars im Wintersemester 1908/09 von Hilbert und Minkowski befinden sich keine Listen mit den Namen der Teilnehmer. Unter den 31 *publice* Hörern könnte sich auch Kaluza eingetragen haben. Siehe UAG Kur. 4.I.104/II. Ebenfalls nahmen am mathematisch-physikalischen Seminar von Hilbert im Sommersemester 1909 42 *publice* Hörer teil, siehe ebd. Da diese Seminare als ein großes Ereignis im mathematischen Leben Göttingens galten, ist es höchst wahrscheinlich, dass auch Kaluza dabei war. Für den Hinweis auf diese Akte danke ich Klaus P. Sommer.

[19] Es ist bemerkenswert, dass die beiden Urheber und Pioniere der Idee der Vereinheitlichung, Weyl und Kaluza, sich in Göttingen in den Jahren 1908–1909 getroffen haben, wo sie am regen wissenschaftlichen Leben unter Hilbert und Minkowski, die gerade damals die mathematische Physik auf neue Grundlagen stellten, teilgenommen haben.

[20] Reid (1979), S. 30.

Spaziergänge durch die idyllische Umgebung von Göttingen und waren öfter bei der Familie Hilbert in der Wilhelm-Weber-Straße 29 eingeladen.

Nach seinem gründlichen, aber konventionell gestalteten Studium der Mathematik bei Franz Meyer in Königsberg muss Theodor Kaluza den Kontakt mit den neuesten Richtungen in der Mathematik und der theoretischen Physik gesucht und als sehr anregend empfunden haben. Er bekannte sich von nun an eher zum geistigen Erbe der beiden genialen Mathematiker Hilbert und Minkowski als zu dem Franz Meyers.[21]

Die axiomatische Methode, die Hilbert zur Grundlage der Mathematik gemacht hatte, sowie seine Überzeugung, dass man in der Mathematik auf diese Weise alles beweisen könne, fielen bei Kaluza auf fruchtbaren Boden. Hilbert war ein Verehrer Kants, dessen Philosophie auf der Erkenntnis der Natur durch die Vernunft beruhte. Unter dem Vorbehalt, dass die Grenze zwischen den *a priorischen* Erkenntnissen und denen, die auf Erfahrung beruhen, beachtet werden müsse, war Hilbert ein überzeugter Kantianer. 1900 hatte er in seiner berühmten Rede in Paris erklärt: „Diese Überzeugung von der Lösbarkeit eines jeden mathematischen Problems ist uns ein kräftiger Ansporn während der Arbeit; wir hören in uns den steten Zuruf: *Da ist das Problem, suche die Lösung. Du kannst sie durch reines Denken finden; denn in der Mathematik gibt es kein Ignorabimus!*"[22]

Für Hilbert war die Mathematik das Instrument, mit dem das Universum zu erkunden war. Er verteidigte sein optimistisches Vertrauen in die Macht der Vernunft sein Leben lang vor dem neu geschaffenen Intuitionismus des holländischen Mathematikers L. E. J. Brouwer.[23] Kaluza teilte Hilberts Weltanschauung und wurde dadurch auch hinsichtlich seiner Beziehung zur Physik beeinflusst.

Schon Galilei hatte behauptet, dass Mathematik die Sprache sei, in der das Universum geschrieben wurde. Der Zusammenhang zwischen Mathematik und Physik hat unter Physikern schon immer philosophische Kontroversen ausgelöst. Einstein hatte sich bis zu dieser Zeit der erkenntnistheoretischen Rolle der Mathematik gegenüber skeptisch gezeigt, denn er schrieb der „empirischen Erfahrung" die entscheidende Bedeutung in der Physik zu und betrachtete die Mathematik lediglich als „Instrument" zur Formulierung der physikalischen Gesetze. Die Mathematik beschränkte sich auf das Ausdrücken der Zusammenhänge zwischen den physikalischen Konzepten und wurde nicht als potentielles Erkenntnismittel der Physik angesehen. Doch nach der Erschaffung der Allgemeinen Re-

---

[21] Theodor Kaluza junior (1991).

[22] Hilbert (1900), S. 298, im Original hervorgehoben. Anspielung auf die berühmte Rede von Emil du Bois-Reymond „Über die Grenzen des Naturerkennens" von 1872.

[23] Brouwer hatte 1907 in seiner Doktorarbeit „Über die Grundlagen der Mathematik" seine intuitionistische Position in der Grundlagenfrage der Mathematik umfassend dargelegt.

lativitätstheorie änderte Einstein seine Auffassung über Mathematik und betrachtete sie als schöpferisches Element der Physik.[24]

1908 war Kaluza zunächst von der mathematischen Gestalt, die Minkowski für die Spezielle Relativitätstheorie geschaffen hatte, fasziniert.[25] Von nun an sollte ihn die Relativitätstheorie für immer fesseln.

Als Minkowski am 12. Januar 1909 starb, war das ein großer Verlust für die Wissenschaft in Göttingen. An seine Stelle trat Edmund Landau (1877–1938), dessen Leidenschaft der analytischen Zahlentheorie galt und nicht den „Anwendungen der Mathematik", die er als „Schmieröl" bezeichnete. Die Anwesenheit der Familie Landau war auch für die Göttinger Gesellschaft eine Bereicherung: Landau veranstaltete Abendgesellschaften, zu denen auch Studenten eingeladen waren. Sie boten gute Gelegenheiten zu inspirierenden Gesprächen. Wie Hilbert war Landau bei seinen Studenten sehr beliebt. 1913, als er einen Ruf nach Heidelberg ablehnte, widmeten ihm seine Studenten eine liebenswürdig fröhliche Dichtung: „Festschrift Edmund Landau zur Feier der Ablehnung seiner Berufung nach Heidelberg gewidmet von dankbaren Schülern, Göttingen am 18. Januar 1913."[26]

Wahrscheinlich besuchte der so vielfältig interessierte Kaluza Landaus Lehrveranstaltungen und fühlte sich in seiner Gesellschaft wohl. Dafür spricht auch, dass die Zahlentheorie ein Gebiet der späteren Forschung Kaluzas in Königsberg wurde.

Es war das wichtigste Verdienst von Felix Klein, dass er den Mathematikern den Zugang zu den Werken Riemanns ermöglicht hatte. Denn Riemann, der in Göttingen studiert und gelehrt hatte, war sehr früh gestorben, so dass sein geniales Werk über die Geometrie in mehreren Dimensionen unbekannt blieb. Riemann, dessen Intuition Werke hervorgebracht hatte, die die moderne Mathematik und Physik entscheidend beeinflussten, war außerdem ein sehr öffentlichkeitsscheuer Mensch gewesen. Er war nicht von dem Missionarsgeist gekennzeichnet, der sich als unentbehrlich für Wissenschaftler erwies, die durch ihr Werk noch zu Lebzeiten berühmt werden wollten. Felix Klein war somit „der [...] erfolgreichste Apostel des riemannschen Geistes".[27] Während seines Aufenthaltes in Göttingen hat Kaluza wahrscheinlich auch die Werke Riemanns näher kennengelernt.[28]

---

[24] Vgl. dazu Wuensch (2003b).

[25] Theodor Kaluza junior (1991).

[26] NSUBG Cod. Math. Archiv 80:11e.

[27] Reid (1979).

[28] Theodor Kaluzas Tochter erinnerte sich später auf Frage der Autorin daran, dass ihr Vater den Namen Riemanns sehr oft erwähnte. Vgl. Brief von Theodor Kaluzas Tochter an die Autorin vom 2. Oktober 1997.

Im Frühjahr 1909 kam auch Poincaré für eine Woche nach Göttingen, um Vorträge zu halten. Die Anwesenheit des größten Mathematikers der Zeit neben Hilbert war ein Ereignis, das kein Mathematiker oder Wissenschaftler verpassen durfte.

Die Studenten hatten in Göttingen nicht nur Gelegenheit, die größten Wissenschaftler ihrer Zeit kennenzulernen, sie wurden auch zu weiterer Beschäftigungen mit ihren Themen außerhalb der Vorlesungen angeregt. Die Mathematiker aus Hilberts Seminar bildeten eine Gruppe, die sich oft traf, um das Mittagessen gemeinsam einzunehmen und anregende wissenschaftliche Diskussionen zu führen. Ihre Professoren waren ihnen Vorbild für dieses geistige Leben. Am meisten trug die Persönlichkeit Hilberts dazu bei, das Interesse für Mathematik nicht nur an der Universität, sondern auch in seinem ständig offenen Haus wachzuhalten.

Man kann sich vorstellen, wie der junge Kaluza inmitten der jungen, laut debattierenden Göttinger Wissenschaftler wirkte. Die Quellen sind leider wenig aussagefähig. Die Anwesenheit eines zurückhaltenden jungen Mannes mit ausdrucksvoll leuchtenden grau-blauen Augen, der nachdenklich zuhörte und gelegentlich intelligente Bemerkungen machte, mag beeindruckt haben. Er zog sich zum Nachdenken und Forschen in seine Studentenwohnung zurück am Stadtrand nahe der Leine und speiste in der vornehmen Gaststätte „Die Krone", denn er schätzte gutes Essen.[29]

Außer den Vorlesungen bei Hilbert und Minkowski hat Kaluza vermutlich noch einige weitere Vorlesungen besucht und wohl auch Vorträge in den mathematisch-physikalischen Seminaren Hilberts und Minkowskis gehalten. Außerdem hat er höchstwahrscheinlich an den Treffen der von Hilbert organisierten und geleiteten Mathematischen Gesellschaft teilgenommen, zu der nur promovierte Studenten eingeladen wurden.

Nach dem Studium an der Königsberger Universität mit ihrer philosophischen Tradition und der mathematisch-physikalischen Schule hat der einjährige Aufenthalt in Göttingen die wissenschaftliche Laufbahn Kaluzas deutlich beeinflusst. So lässt sich feststellen, dass David Hilbert und Hermann Minkowski neben Franz Neumann die beiden wichtigsten Wissenschaftler waren, die Kaluza geistig geprägt haben.

Nach dem Abschluss des Studiums war Theodor Kaluza klar geworden, dass sein Hauptinteresse der neuen Physik galt. Die theoretische Physik betrachtete er jedoch nur in engster Verbindung mit der Mathematik und der Philosophie. Als er 1909 nach Königsberg zurückkehrte, habilitierte er sich an der Albertina für

[29] Brief von Theodor Kaluzas Tochter an die Autorin vom 7. November 1997.

reine und angewandte Mathematik mit der Schrift „Studien zur Relativitätstheorie".[30] Seine am 13. November 1909 gehaltene öffentliche Antrittsvorlesung behandelte „Neuere Untersuchungen über Serienspektra".[31] Zu diesem Thema war er vermutlich durch einen Göttinger Privatdozenten, den Mathematiker Walter Ritz angeregt worden. Er hatte 1908 das Kombinationsprinzip für die Spektralterme entwickelt, das auch seinen Namen trägt. Dieses Prinzip ermöglichte es, eine große Zahl neuer Linien der Infrarotspektren vorauszusagen. Walter Ritz, der bis zu seinem frühen Tod durch Tuberkulose im Juli 1909 in Göttingen unterrichtete, war leidenschaftlich seiner Arbeit verbunden. Er hatte sein Prinzip mittels mathematischer Schritte begründet. Diese Arbeit sollte 1913 zur Aufstellung des berühmten Atommodells durch Niels Bohr beitragen.

Außer seiner Habilitationsschrift in angewandter Mathematik hat Kaluza eine „Probevorlesung vor der Fakultät" gehalten. Sie behandelte das Thema „Logarithmeninterpolation bei weitläufigem Argument" und fand wie „das Kolloquium zum Zwecke der Habilitation" am 3. November 1909 statt.[32] Dadurch wurde er Privatdozent an der Albertina.

---

[30] Diese Schrift ist nicht erhalten.

[31] Leider sind keine Aufzeichnungen dieser Vorlesung Kaluzas mehr erhalten, so dass man nicht mehr feststellen kann, welchen Beitrag er zum Prinzip der Serienspektra geliefert hat.

[32] Brief des Dekans der Albertus-Universität Königsberg an das Ministerium vom 29. November 1909 betreffend die „Habilitation des Herren Dr. Theodor Kaluza", Rep. 76, Va, Sekt. 11, Tit. IV, Nr. 25, Bd. V „Die Privatdozenten in der Philosophischen Fakultät der Universität Königsberg u. deren Remuneration. Okt. 1903–Dez. 1919", f. 131, GSB.

Mit noch nicht 24 Jahren habilitiert, war Theodor Kaluza einer der jüngsten Privatdozenten an der Albertina.[1] Das durchschnittliche Habilitationsalter im Fach Mathematik an den deutschen Universitäten lag damals bei 28,7 Jahren. Trotz des Jahres als Hilfsrechner an der Sternwarte und der zwei in Göttingen verbrachten Semester hat sich Kaluza außergewöhnlich früh habilitiert.[2]

Im Jahr 1909 gab es noch ein weiteres wichtiges Ereignis in seinem Leben: Kurz nach seiner Habilitation heiratete er Anna Helene Beyer, die Tochter des Kaufmanns Joseph Beyer. Die beiden hatten sich um 1906 kennengelernt. Kaluzas Frau war die Schwester seines ehemaligen Klassenkameraden Leo Beyer, der während der Schulzeit im Fridericianum ein guter Freund Kaluzas war, mit dem er oft lange Gespräche führte. Beide waren abwechselnd Klassenbeste. Leo Beyer studierte auch an der Albertina, er hatte sich aber für Jura entschieden.

Anna, die ein Jahr jüngere Schwester Leos, hatte 1905 eine Ausbildung als Hauswirtschaftslehrerin in Königsberg abgeschlossen. Ein Jahr später fand sie eine Stelle als Hausarbeitslehrerin, die aber weit von Königsberg entfernt lag. Wie auch viele andere Königsberger litt sie sehr bald an Heimweh. Anna Beyer war eine schöne junge Frau mit romantischen Neigungen. Ihre oft träumerischen Zustände konnten sich in plötzliche Glücksmomente verwandeln, die sie dann mit ihren Mitmenschen teilen wollte. Ostpreußische Wehmut wechselte sehr schnell mit temperamentvollen Gemützuständen, die sich ansteckend auf ihre vielen Geschwister auswirkten. Sie hatte einen starken Willen und engagierte sich immer für einen guten Zweck. Als sie Theodor kennenlernte, war sie ein wunderhübsches Mädchen mit langen schwarzen Haaren und blauen Augen. Sie hatte viel Energie und gönnte sich selten Ruhe. In ihrem Zeugnis wurden „Begabung und guter Fleiß" gelobt.

Theodor war ein attraktiver junger Mann, der auf seine Umgebung eine spürbare Faszination ausübte. Manchmal schüchterten seine Intelligenz und seine gutmütigen, oft aber ironischen Bemerkungen junge Frauen ein wenig ein. Dabei war er selbst ziemlich schüchtern und zurückhaltend. Anna war eine intelligente junge Frau, die imstande war, mit Witz zu antworten. Die ersten Liebesbriefe

---

[1] Vgl. Scharlau (1990), S. 199. Nur Hilbert hatte sich an der Albertina mit 24 Jahren habilitiert.

[2] Nach der Arbeit von Martin Schmeiser (die auf den Studien von Helmuth Plessner und Christian von Ferber beruht) betrug das durchschnittliche Habilitationsalter in der Mathematik in der Zeit von 1890 bis 1909 28,7 Jahre, vgl. Schmeiser (1994), Tabelle 2, „Durchschnittliche Promotions- und Habilitationsalter für verschiedene Fächer 1850–1950", S. 377.

stammen von 1907, als Theodor als Rechner in der Sternwarte arbeitete: „Eben komme ich von der Sternwarte, zwei Stunden habe ich beobachtet, oder viel mehr versucht zu beobachten, denn Du kannst Dir wohl denken: Wenn man da so einsam auf dem stillen, geheimnisvollen Turme sitzt und die Sterne durch die Kuppel hereinfunkeln, da ist die Versuchung zu träumen, kaum zu überwinden.“[3] Theodors Briefe aus dieser Zeit sind von Anna gut aufbewahrt worden. Leider sind ihre Briefe an ihn verloren gegangen. „Vor Jahresfrist, als der Schnee so weiß und weich in den Straßen lag, da saß ich in meiner einsamen Bude und habe geträumt, gerade wie heut – geträumt von einem reinen, stillen Glück, das ich kaum zu hoffen wagte“.[4] Anna musste noch zwei Jahre warten, bis Theodor Kaluza sich an der Albertina habilitierte. Inzwischen korrespondierten die beiden miteinander. Besonders oft schrieb er ihr Briefe aus seiner Göttinger Studentenbude.[5]

Das junge Paar heiratete kurz nach dem Habilitationsvortrag am 25. November 1909 in Königsberg. Die Heirat wurde offensichtlich von beiden Familien gebilligt und durch die finanzielle Unterstützung Max Kaluzas überhaupt erst ermöglicht. Die junge Braut zeichnete sich zwar durch ihre besondere Persönlichkeit und Tüchtigkeit aus, brachte aber kein Vermögen in die Ehe.

Max Kaluza stellte der jungen Familie einen monatlichen Betrag von etwa 150 Mark zur Verfügung. Ein Privatdozent hatte in dieser Zeit ein sehr geringes Einkommen. Es bestand ausschließlich aus den Gebühren, den sogenannten „Hörergeldern“, die die Studenten für jede Vorlesung im Halbjahr zu zahlen hatten – pro Lehrveranstaltung etwa fünf Mark. So brachte eine „gut“ besuchte Vorlesung mit etwa acht Hörern bei vier Stunden in der Woche 160 Mark im Halbjahr. Das wäre aber viel zu wenig gewesen, um eine Familie zu unterhalten. Hinzu kam, dass die Vorlesungen des jungen Kaluza öfter nur von zwei oder drei Hörern besucht waren.[6]

Aus derartigen Gründen betrug das Heiratsalter der deutschen Universitätsprofessoren im Durchschnitt 32,7 Jahre.[7] Üblicherweise musste derjenige, der

---

[3] Brief von Theodor Kaluza an Anna Beyer vom 3. Dezember 1907, NTK.

[4] Brief von Theodor Kaluza an Anna Beyer vom 24. Dezember 1907, NTK.

[5] Die meisten sind jedoch verlorengegangen.

[6] Brief von Sambursky an Theodor Kaluza junior 1985, NTK: „Ich war der einzige Teilnehmer in der Vorlesung Ihres Vaters.“ Auch Hilbert hatte am Anfang seiner Privatdozentenzeit darüber geklagt, dass seine Vorlesungen zu wenige Zuhörer fanden, vgl. Rowe (1995).

[7] Schmeiser (1994), Tabelle 7, S. 396, „Das Heiratsverhalten der untersuchten Professoren im Vergleich zum nuptialen Verhalten ausgewählter Berufs- und Bevölkerungsgruppen.“ Daraus geht auch hervor, dass die Hochschulkarriere eine deutliche Auswirkung auf die Erhöhung des Heiratsalters im Vergleich zu den anderen Berufsgruppen hatte.

sich für eine Hochschulkarriere entschieden hatte, zunächst auf ein Ordinariat oder zumindest auf ein Extraordinariat warten, um den Lebensunterhalt seiner Familie absichern zu können.

Abb. 17: Foto von Anna und Theodor Kaluza (1909)

Durch die materielle Unterstützung von Kaluzas Vaters war es den beiden jungen Leuten jedoch möglich, eine Familie zu gründen. Am 14. Oktober 1910 wurde ein Sohn geboren, der den Vornamen seines Vaters erhielt. Die Kosten für den fünfköpfigen Haushalt (mit einem Kind, Zimmermädchen und Kindermädchen) beliefen sich, laut Haushaltsbuch von Anna Kaluza, auf etwa 120 Mark im Monat. Somit stellte Max Kaluza der jungen Familie wenig mehr als das Existenzminimum zur Verfügung. Seiner Meinung nach gehörte Sparsamkeit zu den Tugenden eines deutschen Gelehrten, der sich durch Askese auf das geistige Leben konzentrieren sollte.

Die Familie war trotzdem nicht unzufrieden. Theodor Kaluza konnte wissenschaftlich tätig sein und das Leben eines Gelehrten führen. Anna verzichtete auf ihren Beruf als Hauswirtschaftslehrerin und stellte sich bereitwillig in den Dienst der Familie. Sie respektierte ihren Mann, der ihr über seine Arbeiten berichtete.

Anna war für ihn immer ein wichtiger Gesprächspartner[8] – und der Mensch, der nie aufhörte, an sein Genie zu glauben.

Die Kaluzas genossen das reiche Kulturleben von Königsberg. Keiner der beiden jungen Leute war sonderlich sparsam. Anna gefiel das intellektuelle Leben ihres Mannes, und sie unterstützte ihn. Zunächst wohnte die junge Familie in der Bahnhofstraße 51, im schönen und begrünten „Mittelhufen" in der Nähe des Tiergartens. Mittelhufen war ein vornehmes Neubauwohnviertel, das von denjenigen begehrt war, die sich nach dem Trubel der Stadt in der Ruhe des idyllischen Vorortes erholen wollten. „Lange noch hatte sich der landschaftlich so reizvolle Charakter Mittelhufens erhalten. Wild rauschende Bäche, vom Freiwasser eingerissene malerische Schluchten, uralte Baumbestände und zwischendurch ein freier Blick, der bis zum Pregel und zu den Haffwiesen reichte, verliehen dieser Gegend eine Anmut, ja Schönheit, die sie zu einem Juwel unter den Vororten machte."[9]

Bernhard Riemann hatte sich in Göttingen habilitiert und war dort früh verstorben. Man erzählt über seine Frau, die ihn um Jahrzehnte überlebte, folgende Geschichte: Der Mathematiker Otto Hölder (1859–1937) wohnte während seiner Göttinger Studienzeit bei Riemanns Witwe. „Eines Tages erzählte er ihr stolz, er habe im Seminar einen Vortrag über eine Riemannsche Arbeit zu halten. Es war lange nach Riemanns Tod. [...] Frau Riemann war erstaunt, dass man noch nach so vielen Jahren Riemanns Arbeiten in einem Seminar vortrug. Sie wurde nachdenklich und soll anschließend gesagt haben: ‚Er war ja auch immer sehr fleißig'."[10]

Anna Kaluza dagegen war sich der Bedeutung ihres Mannes als Wissenschaftler sehr wohl bewusst. Sie war immer davon überzeugt, dass seine Arbeit für die Wissenschaft höchst wertvoll war. Er war in ihren Augen ein großer Physiker und Astronom. Auch wenn sie selbst nicht sachkundig war, besaß sie doch eine Intuition, die sie ihren Mann richtig einschätzen ließ. Sie gab ihm durch ihr organisatorisches Talent Geborgenheit, Ruhe und das Gleichgewicht, das ein Gelehrter braucht, um seine kreative Tätigkeit ausüben zu können. Sie regelte das gesamte Leben der Familie und kümmerte sich um alle praktischen Probleme. Außerdem lud sie öfter befreundete Universitätskollegen ihres Mannes in ihr Haus ein und bereitete ihnen angenehme Stunden in behaglicher Atmosphäre.[11] Anna stand ihrem Mann das ganze Leben hindurch bei und war ihm eine große Unterstützung und Hilfe. Das harmonische Familienleben in der Geborgenheit der

---

[8] Siehe auch die Fotos von Theodor und Anna Kaluza im Farbbildteil.
[9] Matull (1987), S. 126.
[10] Braun (1990), S. 60–61.
[11] Theodor Kaluza junior (1991).

Königsberger Atmosphäre ermöglichte es Theodor Kaluza, sich uneingeschränkt seinen wissenschaftlichen Arbeiten zu widmen.

An der Albertina hielt er eine oder zwei Vorlesungen mit Übungen, insgesamt sechs bis sieben Stunden in der Woche, in der reinen und angewandten Mathematik. Dazu gehörten: *Analytische Geometrie des Raumes, Darstellende Geometrie, Projektive Geometrie, Determinanten, Differentialrechnung, Allgemeine Mengenlehre, Wahrscheinlichkeitsrechnung, Angewandte Mathematik, Vektoranalysis, Graphische Statik mit Übungen.*[12]

Die Unterrichtstätigkeit an der Albertina ließ ihm aber noch Zeit, sich seiner wissenschaftlichen Forschung zu widmen. So bereitete er für die 82. Versammlung der Gesellschaft Deutscher Naturforscher und Ärzte, die im Herbst 1910 in Königsberg stattfinden sollte, die Abhandlung „Zur Relativitätstheorie" (I) vor.

---

[12] *Vorlesungsverzeichnisse der Albertus-Universität Königsberg,* 1908–1929. Für eine vollständige Liste der Vorlesungen Kaluzas in Königsberg siehe Kaluza (2007).

Versammlung der Gesellschaft Deutscher Naturforscher und Ärzte vom 18. bis 24. September 1910 in Königsberg

Die Versammlung der Gesellschaft Deutscher Naturforscher und Ärzte war ein bedeutendes Ereignis für die Albertina und die ostpreußische Hauptstadt. Berühmte deutsche Gelehrte sollten über die neuesten wissenschaftlichen Errungenschaften referieren.

„Der alte Ruhm der Königsberger Universität hatte trotz der weiten Entfernung eine außerordentlich große Anzahl von Naturforschern und Ärzten zu der diesjährigen Versammlung vereinigt", kann man einem Bericht über die Versammlung entnehmen.[1]

Die 1822 gegründete Gesellschaft hatte sich zum Ziel gesetzt, durch ihre jährlichen Versammlungen den wissenschaftlichen Austausch zwischen Gelehrten innerhalb des deutschen Sprachraums über alle Grenzen hinweg zu ermöglichen. Diese Versammlungen waren inzwischen zu bedeutenden Ereignissen des deutschen Geisteslebens geworden und genossen internationales Ansehen.[2]

Die 82. Versammlung fand unter dem Vorsitz des bekannten aus Ostpreußen stammenden Physikers Wilhelm Wien statt, der 1896 durch sein „Strahlungsgesetz" zur Berechnung der spektralen Energieverteilung der Strahlung eines schwarzen Körpers bekannt geworden war. Dafür sollte er 1911 den Nobelpreis für Physik erhalten. Da die Universität Königsberg im 19. Jahrhundert durch ihre mathematisch-physikalische Schule berühmt geworden war, widmete die Versammlung einen Nachmittag historischen Vorträgen über Friedrich Wilhelm Bessel und Franz Neumann. Ihr entscheidender Einfluss auf die Gründung der experimentellen und theoretischen Physik wurde noch einmal hervorgehoben und mit dem Aufschwung dieser Wissenschaft in Deutschland in Zusammenhang gebracht.[3]

Auf diesem Kongress sprach auch Max Planck, der 1900 das „Gesetz der schwarzen Wärmestrahlung" entwickelt und dadurch den Umbruch zum neuen Bereich der Quantentheorie herbeigeführt hatte. Der Entdecker der „Energiequanten" hielt einen Vortrag über „Die Stellung der neueren Physik zur mechanischen Naturanschauung", in dem er einen Überblick über die geistige Situation der aktuellen Physik gab. Den Höhepunkt seiner Rede bildete die Relativitäts-

---

[1] „82. Versammlung der Gesellschaft Deutscher Naturforscher und Ärzte in Königsberg vom 18. bis 24. September 1910", S. 921.

[2] Vgl. Scheifele (1996), S. 7–11.

[3] „82. Versammlung der Gesellschaft Deutscher Naturforscher und Ärzte in Königsberg vom 18. bis 24. September 1910", S. 921.

theorie, die die mechanistische Weltanschauung abzulösen versprach.[4] Max Planck erwähnte die Beiträge von Lorentz, Einstein und Minkowski und betonte die Bedeutung der neuen Theorie, die *„an Stelle des alten zu eng gewordenen Gebäudes [des mechanistischen Weltbildes] ein neues, umfassenderes und dauerhafteres [errichtet], welches alle Schätze des alten, [...] in veränderter, übersichtlicherer Gruppierung in sich aufnimmt und noch für neu zu erwartende den vorher bestimmten Platz gewährt."*[5]

Auch wenn Planck in seinem Vortrag die Bezeichnung „wissenschaftliche Revolution" nicht verwendete, enthielten seine lobpreisenden Worte für die Relativitätstheorie diese Bewertung:

„Es eröffnet dem vorwärtstastenden Forscher eine Perspektive von schier unermesslicher Weite und Erhabenheit, und leitet ihn auf Zusammenhänge, die man in früheren Perioden nicht einmal zu ahnen vermochte."[6]

Es waren beeindruckende Zusammenkünfte, die einerseits der Erinnerung an die großen Begründer der deutschen Physik, Bessel und Neumann gewidmet waren, andererseits die aktuellen Forschungen ihrer Nachfolger Wien, Planck, Einstein und Minkowski präsentierten, die zu Beginn des 20. Jahrhunderts einen international hochgeachteten Beitrag zur Physik ihrer Zeit leisteten. In der Versammlung herrschte eine Atmosphäre der Begeisterung und des Vertrauens in die Zukunft der Wissenschaft in Deutschland. Die Wissenschaftler waren von der Bedeutung ihrer Beteiligung an dieser Versammlung zutiefst überzeugt.

Die gut besuchte physikalische Sektion war von experimentellen Vorträgen dominiert. Die einzigen theoretischen Themen dieser Sektion waren der Vortrag von Woldemar von Ignatowsky „Einige allgemeine Bemerkungen zum Relativitätsprinzip" und die Abhandlung Theodor Kaluzas „Zur Relativitätstheorie", die aber wegen einer Erkrankung nicht von ihm persönlich vorgetragen werden konnte.[7] In dieser kurzen Abhandlung beschäftigte sich Kaluza mit der Untersuchung der geometrischen Grundlagen in der Speziellen Relativitätstheorie für die Rotation eines starren Körpers. Dadurch beabsichtigte er, das Relativitätsprinzip auf die Rotationsbewegung zu erweitern, ein Forschungsthema, das in der theoretischen Physik der Zeit große Bedeutung hatte.

1907 entwarf Einstein in einem Artikel eine Hypothese, die er anschließend als „Äquivalenzprinzip" bezeichnete: „Ist es denkbar, dass das Relativitätsprinzip auch für Systeme gilt, die relativ zueinander beschleunigt sind?"[8] Darin versuchte

---

[4] Siehe Planck (1910b).

[5] Planck (1910b), S. 44.

[6] Ebd., S. 45.

[7] Kaluza (1910), S. 977.

[8] Einstein, in Pais (1986), S. 177.

er, eine „Ausdehnung des Relativitätsprinzips" auf die gleichmäßig beschleunigte Translation durchzuführen.[9]

Nachdem in der Speziellen Relativitätstheorie die Gültigkeit des Relativitätsprinzips für die geradlinig gleichförmig bewegten Körper gezeigt worden war, stellte die Untersuchung der Rotation des starren Körpers den nächsten Schritt für die Ausdehnung des Relativitätsprinzips auf die beschleunigte Bewegung dar.

In seiner Abhandlung von 1910 kam Kaluza zu der Schlussfolgerung, dass in diesem Fall „die Eigengeometrie der rotierenden Scheibe eine nicht-euklidische, speziell Lobatschewskische Geometrie" sei.[10] Dieses Ergebnis, das für seine Zeit völlig neu war, stellte einen Vorentwurf der Struktur des Raumes dar, der später durch die Allgemeine Relativitätstheorie erweitert wurde: als man das Relativitätsprinzip auf die gleichförmige Rotationsbewegung ausdehnte, stellte sich heraus, dass die Geometrie des Raumes nicht euklidisch (flach), sondern Lobatschewskisch (gekrümmt) sein musste. Erst später kamen Marcel Grossmann und Albert Einstein in ihrem gemeinsamen Aufsatz von 1913 zu der Überzeugung, dass die geometrische Struktur des Raumes Riemannsch gekrümmt ist.[11]

Die Ausdehnung des Relativitätsprinzips auf den gleichförmig rotierenden Körper war damals eines der aktuellsten Forschungsthemen in der theoretischen Physik. Wie sich Einstein später daran erinnerte, beschäftigten ihn solche Gedanken in dieser Zeit:

„Galt dieser Satz für beliebige Vorgänge (,Äquivalenzprinzip'), so war dies ein Hinweis darauf, dass das Relativitätsprinzip auf ungleichförmig gegeneinander bewegte Koordinatensysteme erweitert werden musste, wenn man zu einer ungezwungenen Theorie des Gravitationsfeldes gelangen wollte. Solcherlei Überlegungen beschäftigten mich 1908 bis 1911, und ich versuchte, spezielle Folgerungen hieraus zu ziehen".[12]

In seinem Brief vom 29. September 1909 hatte Einstein an Sommerfeld darüber geschrieben:

„Die Behandlung des gleichförmig rotierenden starren Körpers scheint mir von großer Wichtigkeit wegen der Ausdehnung des Relativitätsprinzips auf gleichförmig rotierende Systeme nach analogen Gedankengängen, wie ich sie im letzten § meiner Abhandlung (von 1907) für die gleichförmig beschleunigte Translation durchzuführen versucht habe."[13]

---

[9] Pais (1986), S. 176.

[10] Kaluza (1910), S. 978.

[11] Einstein und Grossmann (1913).

[12] Einstein in seiner Vorlesung „Origins of the general Theory of Relativity" gehalten am 20. Juni 1933 an der Universität Glasgow, zitiert in Pais (1986), S. 189.

[13] Einstein an Sommerfeld am 29. September 1909, CPAE V, Doc. 179, S. 210, zitiert auch in Pais (1986), S. 188.

Diese Untersuchungen der Bewegung des beschleunigten Körpers, die Einstein in den nächsten Jahren unternahm, endeten mit dem, was er später als den „glücklichsten Gedanken meines Lebens" genannt hat: *„Für einen Beobachter, der sich im freien Fall vom Dach eines Hauses befindet, existiert – zumindest in seiner unmittelbaren Umgebung – kein Gravitationsfeld."*[14] Dieser Gedanke führte Einstein zur Entwicklung der Allgemeinen Relativitätstheorie, in der es sich herausstellte, dass die Geometrie des Raumes nicht mehr euklidisch, sondern Riemannsch ist.

Im Hinblick auf diese Entwicklung kann man die Bedeutung der Abhandlung Kaluzas darin sehen, dass seine Untersuchung der Bewegung des starren rotierenden Körpers den Weg zur Allgemeinen Relativitätstheorie bereitete. Kaluza erkannte bereits 1910, dass eine Verallgemeinerung des Relativitätsprinzips auf die beschleunigte Bewegung eine Veränderung der geometrischen Struktur des Raumes mit sich bringt. Dieses Argument verwendete Einstein ebenfalls 1916 in seinem Aufsatz „Die Grundlagen der Allgemeinen Relativitätstheorie" als Begründung der nicht-euklidischen Struktur des physikalischen Raumes.[15]

In der modernen wissenschaftshistorischen Forschung wurde erkannt, dass die Untersuchung der Bewegung des gleichförmig rotierenden Körpers eine wichtige Rolle in der Entwicklung der Allgemeinen Relativitätstheorie spielte. Dazu stellte John Stachel 1986 fest:

„An examination of this problem (of rotating disc) is of interest [...] because it seems to provide a ‚missing link' in the chain of reasoning that led him [Einstein] to the crucial idea that a nonflat metric was needed for a relativistic treatment of the gravitational field."[16]

Die Entdeckung, dass die Minkowskische Geometrie mit flacher Metrik bei der Erweiterung des Relativitätsprinzips auf die Bewegung des starren rotierenden Körpers nicht mehr anwendbar ist, hatte zuerst Kaluza in seiner Abhandlung von 1910 gemacht. Es lässt sich bereits erkennen, dass er schon in dieser ersten Arbeit an vorderster Front der theoretischen Forschung in der Physik stand. Schon damals zeigte ihm seine Intuition, welches die entscheidende Richtung in der physikalischen Forschung war.

Kaluza behandelte in seiner Abhandlung auch das Problem des Zeitvergleichs auf dem rotierenden Körper und leitete daraus ab, dass der Zeitunterschied zwischen zwei Punkten auf der rotierenden Scheibe vom Weg abhängig erscheint. So ergibt sich aus der Zeitdifferenz „längs einer geschlossenen Kurve" ein soge-

---

[14] Pais (1986), S. 176.

[15] Siehe Einstein (1916), S. 775 und Stachel (1986), S. 60.

[16] Stachel (1986), S. 48, siehe auch Renn (1994), S. 32: "In particular, he [Einstein] surmised that Euclidian geometry is no longer applicable in a theory generalised to include rotating frames."

nannter „Schlussfehler", der theoretisch die Möglichkeit des Nachweises der Erdrotation „durch rein optische, bzw. elektromagnetische Experimente" eröffnet – eine Feststellung, die im Einklang mit der Relativitätstheorie steht. Die praktische Realisierung ließ sich wegen der kleinen Dimension dieses Zeitintervalls nicht durchführen. Kaluza schloss seine Abhandlung folgendermaßen: „Praktisch realisieren lässt sich die Idee vorderhand wohl nicht; handelt es sich doch im besten Falle um $2 \cdot 10^{-7}$ sec."[17]

Verständlicherweise kam niemand auf die Idee, diese Messung zu machen. Doch in der Zeit, als seine Abhandlung erschien, war die experimentelle Bestätigung der Speziellen Relativitätstheorie ein wichtiges Thema. Lange Zeit blieb das mehrmals mit immer steigender Genauigkeit wiederholte Experiment von Michelson und Morley das einzige bestätigende Experiment für die Relativitätstheorie.

Auch wenn Kaluzas Abhandlung, in der er sein Interesse für die theoretische Grundlagenforschung in der Physik demonstrierte, wichtige Schlussfolgerungen enthielt, blieb sie ohne Folgen. Als Max Born 1913 gegen die Einwände zur Relativitätstheorie Stellung nahm, erwähnte er für die Behandlung des Problems der rotatorischen Bewegungserscheinungen in der Relativitätstheorie die ein Jahr später veröffentlichte Abhandlung von Gustav Herglotz[18] als ausschlaggebend: *„Ich habe nicht zugestanden, dass es bisher unmöglich ist, rotatorische Bewegungserscheinungen relativtheoretisch zu behandeln. Vielmehr sind alle diese Fragen prinzipiell vollkommen erledigt, vor allem durch die schönen Arbeiten von Herglotz."*[19]

Obwohl die Untersuchung der Bewegung des rotierenden Körpers für den langen Weg zur Allgemeinen Relativitätstheorie eine wichtige Rolle gespielt und Kaluza durch seine Abhandlung von 1910 einen wichtigen Beitrag dazu geleistet hatte, blieb sie den Wissenschaftlern völlig unbekannt. Einstein selbst, der sich erst 1912 mit dem Thema des rotierenden Körpers zu beschäftigen begann, scheint nichts von dieser Abhandlung Kaluzas gewusst zu haben. Der Wissenschaftshistoriker John Stachel, der dieses Thema untersucht hat, betont: *"Curiously enough, a paper using a definition of spatial distances on the disk had been published two years earlier by Theodor Kaluza (1910). [...] I have found no evidence that Einstein – or anyone else in the long history of the rotating-disk problem for that matter – was aware of the existence of Kaluza's work."*[20]

---

[17] Kaluza (1910), S. 978.
[18] Herglotz (1911).
[19] Born (1913), S. 191. Borns Anmerkung zu Herglotz war: „Die wichtigste dieser Arbeiten findet sich in den Annalen der Physik (4), 36, S. 493, 1911."
[20] Siehe dazu Stachel (1986), S. 59, Anm. 5.

Stachel erklärt das damit, dass Kaluzas Abhandlung nicht von ihm selbst vorgetragen wurde, weil er an diesem Tag krank war.[21]

Obwohl die Abhandlung im selben Jahr veröffentlicht wurde, erzielte sie kaum Aufmerksamkeit. Das persönliche Auftreten spielte in jener Zeit eine entscheidende Rolle in der wissenschaftlichen Welt. Es liegt in der Natur wissenschaftlicher Abhandlungen, logisch überprüfbare Zusammenhänge darzulegen. Im Gegensatz zu der verbreiteten Ansicht, nach der sich in der Wissenschaft eine Idee von allein durchsetzt, hat die Geschichte der Wissenschaft jedoch gezeigt, dass das nicht immer der Fall ist. Auch Einstein, dessen Relativitätstheorie vom größten Teil der Wissenschaftler anerkannt worden war, musste sie mehrmals durch sein persönliches Auftreten verteidigen.

Das tat Kaluza aber nie. Es scheint ihm sogar gleichgültig gewesen zu sein, ob eine Theorie von ihm selbst oder von einem anderen Wissenschaftler stammte. Viel wichtiger war ihm die Anziehungskraft einer Idee. Seine Frau erzählte, wie er einmal vor dem Einschlafen, als er im Bett las, plötzlich ganz munter aufsprang und mit fröhlicher Stimme laut sagte: „'Was hat der Mann das schön gemacht!‘"

„Es drehte sich um ein Thema, das auch ihn schon länger beschäftigt hatte, ohne dass er die Lösung gefunden hätte", erinnerte sich seine Frau.[22] Zur Wissenschaft hatte er eine „idealistische Einstellung", bemerkte seine Tochter später in den Erinnerungen an ihren Vater. „Es ging ihm nur um die Wissenschaft, *wer* sie weitergebracht hatte, er oder andere, spielte für ihn überhaupt keine Rolle."[23] Die Welt der Wissenschaftler sah Kaluza als eine Gemeinschaft, deren einziges Ziel die Enthüllung der Naturgeheimnisse war. Der Name desjenigen, der dies zustande gebracht hatte, war unbedeutend. Das Werk, nicht der Schöpfer, war wichtig. Dieser Auffassung sollte er sein ganzes Leben lang treu bleiben.

---

[21] Stachel (1986), S. 59, Anm. 5.
[22] Brief von Theodor Kaluzas Tochter an die Autorin vom 23. Dezember 1996.
[23] Ebd., im Original hervorgehoben.

Die Physikalisch-ökonomische Gesellschaft zu Königsberg

In jenen Jahren begann auch die Aktivität Theodor Kaluzas innerhalb der Physikalisch-ökonomischen Gesellschaft in Königsberg, deren Resultat mehrere veröffentlichte und unveröffentlichte Abhandlungen und Vorträge waren.

Die Physikalisch-ökonomische Gesellschaft wurde 1790 auf Initiative des Landrates Andreas Leonhard Köhn in dem kleinen Ort Mohrungen gegründet. Zweck dieser Gründung war die wissenschaftliche Förderung der Landwirtschaft in Ostpreußen, deren Zustand „einer bedeutenden Verbesserung bedürfte". Die Gesellschaft wurde im selben Jahr vom König bestätigt und trug damals den Namen *Ostpreußische Mohrungsche Physikalisch-ökonomische Gesellschaft.* Ihr Zweck war die „Vervollkommnung der verschiedenen Zweige des Nahrungsstandes" und „aller damit in Verbindung stehenden Wissenschaften, in erster Linie der Naturwissenschaften".[1] Die Gesellschaft war damals in fünf Klassen untergliedert: die chemische, die physikalische, die medizinische, die mathematische und die kameralistische – eine Einteilung, die sich im Laufe ihrer Geschichte änderte. Bemerkenswert ist jedoch, dass die Gesellschaft bestrebt war, die Entwicklung der Naturwissenschaften zu fördern.

Dass die Gesellschaft vom König anerkannt wurde, stand in keinem Widerspruch zu dem Einfluss der Ideen der französischen Revolution, die in das „Reglement" der Gesellschaft aufgenommen wurden:

„Bei der Generalversammlung nehmen sämtliche Mitglieder ihren Sitz ohne irgend einen Vorrang, denn es herrscht völlige Gleichheit. [...] Der Bauer, der Bürger, der Edelmann erkennen sich sämtlich in dieser Gesellschaft als Brüder wieder."[2]

Die Gesellschaft wurde 1797 nach Königsberg verlegt, wo sie im Schloss zwei Zimmer für die Bücher ihrer Bibliothek und die Sammlungen erhielt. Eine neue Blüte erfuhr sie ab 1831 unter ihrem Präsidenten, dem berühmten Zoologen Karl-Ernst von Baer.[3] Er führte die öffentlichen Vorträge ein und bemühte sich, bedeutende Referenten heranzuziehen. Die über 300 öffentlichen Vorträge, die innerhalb von 20 Jahren stattfanden, waren sehr gut besucht. Ein Teil davon war auf Veranlassung von Baer auch gedruckt worden. Mit der Präsidentschaft des Arztes Wilhelm Schifferdecker begann 1858 die „naturwissenschaftliche Peri-

---

[1] Professor Vogel (1914).

[2] Ebd.

[3] Karl-Ernst von Baer (1792–1876) ist der Begründer der modernen vergleichenden Entwicklungsgeschichte, Entdecker der *Chorda dorsalis* in der Entwicklung der Wirbeltiere und des nach ihm benannten *Baerschen Asymmetriegesetzes* in der Geographie. Er war Professor der Zoologie und Anatomie in Königsberg.

ode der Gesellschaft".[4] Durch sein organisatorisches Talent gelang es Schifferdecker, der Gesellschaft eine Orientierung zu geben, die sich bis ins 20. Jahrhundert als wesentlich für ihre Entwicklung und ihren wissenschaftlichen Erfolg erwies: „Zweck der Gesellschaft ist", stand in der neuen Satzung, „die Förderung naturwissenschaftlicher Arbeiten, namentlich solcher, die sich auf die Provinz beziehen."[5]

Obwohl die Gesellschaft immer ihren provinziell-naturwissenschaftlichen Charakter bewahrte, hatte sie das Verdienst, „die Mitteilung alles Neuen und Wissenswürdigen im Gebiet der Natur und Landeskunde"[6] zu fördern. Schifferdecker verstand es, geeignete Personen für Vorträge zu gewinnen. Er sorgte auch dafür, dass die Abhandlungen der Gesellschaft in Form einer Heft-Reihe veröffentlicht wurden. Seit 1860 erschienen *Die Schriften der Physikalisch-ökonomischen Gesellschaft zu Königsberg*. Dadurch wurde die Gesellschaft bekannt, und die naturwissenschaftliche Forschung wurde erstmals durch die finanzielle Unterstützung des Provinziallandtags gefördert.

Viele namhafte Wissenschaftler sprachen in der Gesellschaft über die neuesten Errungenschaften in Physik und Mathematik. 1854 erläuterte Hermann Helmholtz, „der Verkünder des Prinzips der Erhaltung der Energie", vor den Mitgliedern der Gesellschaft die damals ganz neuen Begriffe der potentiellen und kinetischen Energie am Beispiel „eines durch Wasserkraft gehobenen und dann herabsausenden Hammers". Er nannte sie damals „Spannkraft" und „Lebendige Kraft".[7]

1891 wurde der Mathematiker Ferdinand Lindemann für zwei Jahre Präsident der Gesellschaft. Sie zog nun vermehrt auch Gelehrte an, die an der Albertina tätig waren. Ende des 19. Jahrhunderts beteiligten sich auch David Hilbert und Hermann Minkowski an den Vorträgen der mathematischen Sektion. Zu Beginn des Jahrhunderts, als Kaluzas Aktivität in der Gesellschaft begann, war die Gesellschaft durch ihren Präsidenten, den Zoologen Geheimrat Maximilian Braun, von einem „rein naturwissenschaftlichen" Charakter geprägt. Durch die geschickte Verwaltung des Vermögens der Gesellschaft gelang es ihm, die Herausgabe der *Schriften der Physikalisch-ökonomischen Gesellschaft zu Königsberg* besonders zu fördern.

---

[4] Professor Vogel: „Rückblick auf die Geschichte der nunmehr 125 Jahre bestehenden Physikalisch-ökonomischen Gesellschaft" in *Schriften der Physikalisch-ökonomischen Gesellschaft zu Königsberg*, 1914, S. 226.

[5] Ebd.

[6] Ebd.

[7] Planck (1910b), S. 58.

Die Sitzungen der Gesellschaft fanden siebenmal im Jahr in drei Sektionen statt: in der mathematisch-physikalischen, in der „faunistischen" und in der biologischen Sektion. Obwohl sich die Vortragenden um eine allgemeinverständliche Darstellung ihrer Themen vor den Mitgliedern der Gesellschaft bemühen mussten, waren ihre Abhandlungen, die die Gesellschaft in den Schriften veröffentlichte, doch von hohem wissenschaftlichem Rang. Zu den Referenten gehörten überwiegend Professoren und Privatdozenten der Universität Albertina. Ihre Themen kamen aus verschiedensten Bereichen der Naturwissenschaften. So bezog sich zum Beispiel 1913 der Vortrag des Mathematikprofessors Karl Boehm (1873–1958) auf die Einführung in die Relativitätstheorie, die geometrische Interpretation des Prinzips der Relativität und auf den Versuch von Michelson. Im selben Jahr referierte der Professor der experimentellen Physik Walter Kaufmann über Wechselstrom, der Professor der Psychologie Narziß Ach über die Entwicklung und Methoden der modernen Psychologie[8], F. Jancke über Fouriersche Rechenmethoden[9] und der Professor für Mathematik Franz Meyer über die Realitätsverhältnisse der gemeinsamen Punkte und Tangenten zweier einteiliger Kegelschnitte.[10]

Kaluzas erster in den Schriften erwähnter Beitrag stammt von 1912. Am 9. Mai sprach er über „Stereoscopie und Stereofotogrammetrie". Sein Vortrag beschäftigte sich mit den Methoden der Aufnahme und Wiedergabe von Raumbildern, die für den mathematischen Unterricht nützlich sein konnten:

„Die Schwierigkeiten, die der Herstellung brauchbarer Stereogramme (räumlicher Aufnahmen) von mathematischen Konfigurationen entgegenstehen, unter denen auch optische Täuschungen eine wesentliche Rolle spielen, werden näher auseinandergesetzt und es werden brauchbare Methoden zu deren Überwindung bzw. Umgehung angegeben".[11]

Zur Erläuterung dieses Themas gehörte auch ein selbst hergestelltes Stereo-Komparatormodell aus Glas, das dazu diente, die von dem Vortragenden verfertigten Stereogramme aufzuzeigen und zu vergleichen.[12]

Von Kaluzas Tochter wissen wir, dass ihr Vater eine bemerkenswerte praktische Begabung besaß. Obwohl er an der Universität in einem theoretischen Bereich arbeitete, war er handwerklich sehr geschickt. Das hängt offenbar auch damit zusammen, dass Max Kaluza auch auf die praktische Ausbildung seines Sohnes Wert gelegt hatte. Für seine Tochter baute Theodor Kaluza „wunderbare

---

[8] Schriften der Physikalisch-ökonomischen Gesellschaft zu Königsberg, 1914.
[9] Ebd., 1913.
[10] Ebd.
[11] Ebd., S. 332.
[12] Ebd.

Puppenstuben mit Holzmöbeln".[13] Zur Veranschaulichung seiner Vorträge fertigte er sich öfter Instrumente und Modelle an.

1913 hielt Kaluza drei Vorträge. Der erste, der in der mathematisch-physikalischen Sektion im Februar stattfand, handelte von „*Farbenphotographie und Wahrscheinlichkeitsrechnung*". Dem Sitzungsprotokoll kann man entnehmen:

„*Es handelt sich um eine wahrscheinlichkeitstheoretische Behandlung des Kopierproblems, das als unlösbar nachgewiesen wird; dabei ergeben sich einige Nebenresultate, wie z.B. eine Abbildung der transfiniten Kardinalentheorie auf das Endliche und eine farbenphotographische Deutung der kinetischen Gastheorie.*"[14]

Leider sind keine Einzelheiten über den Inhalt dieses Vortrags erhalten. Deshalb weiß man nicht, welche „farbenphotographische Deutung der kinetischen Gastheorie", die in Zusammenhang mit der Wahrscheinlichkeitsrechnung gebracht wurde, Kaluza entwickelte. Man kann aber vermuten, dass er die unendliche Menge der Punkte, die in den fotografischen Abbildungen enthalten sind, in Zusammenhang mit der Wahrscheinlichkeitsrechnung und gleichzeitig mit der Theorie der unendlichen Kardinalzahlen brachte. Aus diesem Vortrag entwickelte sich eine bedeutende Abhandlung, die Kaluza 1916 in den *Schriften der Gesellschaft* veröffentlichte: „*Eine Abbildung der transfiniten Kardinaltheorie auf das Endliche*".

Die ersten wissenschaftlichen Beiträge Kaluzas für die Physikalisch-ökonomische Gesellschaft in Königsberg zeichneten sich durch die Verbindung von Mathematik und Physik aus. Im Geist der Neumannschen Tradition war er stets bestrebt, vielfältige Naturphänomene in der Sprache der Mathematik zu erfassen. Die tiefsinnige konzeptionelle Verbindung der Physik als der Wissenschaft, die die Naturphänomene untersucht, und der Mathematik, die er nicht nur als eine formale Sprache betrachtete, wurde für Kaluzas Forschung charakteristisch.[15]

In der Sitzung der mathematisch-physikalischen Sektion vom 13. März 1913 sprach Kaluza „*Über den Inhalt des Periodizitätssatzes*". Er suchte dabei den Inhalt des Poincaré-Zermeloschen Periodizitätssatzes „möglichst elementar" darzulegen.[16] Am 13. November desselben Jahres hielt er in der Gesellschaft einen Vortrag über „*Ein von [Hans] Witte erdachtes Modell zum zweiten Wärmehauptsatz*": „Es wird gezeigt, wie die von Witte eingeführten Spezialisierungen allmählich aufgehoben werden können, so dass man schließlich in der Lage ist, einen bereits

---

[13] Brief von Theodor Kaluzas Tochter an die Autorin vom 23. Dezember 1996.

[14] Schriften der Physikalisch-ökonomischen Gesellschaft zu Königsberg, 1914, S. 81.

[15] Kaluza äußerte sich zu diesem wichtigen Thema niemals schriftlich. Nur aus seinen wissenschaftlichen Abhandlungen lässt sich die Verbindung von Mathematik und Physik, der Kaluza offensichtlich eine entscheidende Bedeutung verlieh, erkennen.

[16] Schriften der Physikalisch-ökonomischen Gesellschaft zu Königsberg, 1914, S. 81.

ziemlich komplizierten Vorgang zu beherrschen".[17] Im selben Jahr erschien in den *Schriften* eine Abhandlung Kaluzas über „*Ein Problem der Mengenlehre*"[18], in der er sich der von Cantor 1885 begründeten *transfiniten Arithmetik* widmete.

Ende des 19. Jahrhunderts war durch die Beiträge von Cantor eine Revolution in der Mathematik ausgelöst worden, vergleichbar der Umwälzung, die in der Physik durch die Spezielle Relativitätstheorie statt fand. Cantor stellte in seinen Arbeiten die fertige Existenz der *aktual unendlichen Mengen* vor, die bis dahin von Mathematikern und Philosophen geleugnet worden war. Nur die *potentiell unendlichen Gesamtheiten*, die sich niemals zum „fertigen Ganzen vollenden", waren die großen Mathematiker bis dahin zu akzeptieren bereit gewesen.[19] „So protestiere ich zuvörderst gegen den Gebrauch einer unendlichen Größe als einer Vollendeten, welches in der Mathematik niemals erlaubt ist. Das Unendliche ist nur eine *façon de parler,* indem man eigentlich von Grenzen spricht, denen gewisse Verhältnisse so nahe kommen als man will, während anderen ohne Einschränkung zu wachsen gestattet ist."[20] So äußerte sich Gauß 1831 über das *potentiell Unendliche* in einem Brief an seinen Freund Heinrich Christian Schumacher.

Cantor wagte außerdem, zwei Unendlichkeiten miteinander zu vergleichen und zeigte, dass es verschiedene Arten von Unendlichkeiten gibt. Dafür führte er die *transfiniten (unendlichen) Kardinalzahlen* ein, die er mit dem Symbol $\aleph$ (Aleph), dem ersten Buchstaben im hebräischen Alphabet, bezeichnete. Die natürlichen Zahlen bildeten die „kleinste" unendliche Menge, und die sie bezeichnende Kardinalzahl nannte Cantor „$\aleph_0$". Um die Unendlichkeiten vergleichen zu können, führte er den Begriff *äquivalent* oder *von gleicher Mächtigkeit* ein: Zwei Mengen, deren Elemente sich paarweise einander zuordnen lassen, heißen äquivalent oder von gleicher Mächtigkeit. (Wie etwa die Menge der natürlichen Zahlen und die Menge der rationalen Zahlen.) Doch die Menge aller zwischen 0 und 1 liegenden Zahlen ist „von höherer Mächtigkeit" als die Menge aller ganzen Zahlen. So führte Cantor für die Menge der reellen Zahlen, die anders als die natürlichen Zahlen nicht abzählbar ist, eine „größere" transfinite Kardinalzahl, $\aleph_1$, ein.

Die Mengenlehre von Cantor hatte in der Mathematik revolutionäre Folgen. Daher gilt er als der Begründer der modernen Mathematik.[21] In seiner Mengenlehre erfasste Cantor die Unendlichkeiten in einer klaren mathematischen Art

---

[17] Schriften der Physikalisch-ökonomischen Gesellschaft zu Königsberg, 1914, S. 287.
[18] Kaluza (1913).
[19] Schmidt (1966), S. 22.
[20] Brief von Gauß an Schumacher vom 12. Juli 1831, zitiert in Schmidt (1966), S. 22.
[21] Schmidt (1966), S. 17.

und entzog dem Begriff der Unendlichkeit die mystische Vorstellung, die ihn seit der Begründung der Infinitesimalrechnung durch Leibniz verschleierte.[22]

David Hilbert äußerte sich zum Werk Cantors mehrfach lobend: *„Aus dem Paradies, das Cantor uns geschaffen, soll uns niemand vertreiben können"*. Er bezeichnete Cantors Gedanken als „die bewundernswerteste Blüte menschlichen Geistes und überhaupt eine der höchsten Leistungen rein verstandesmäßiger menschlicher Tätigkeit."[23] Durch die Paradoxien, zu denen sie führte, wohnte der Lehre Cantors jedoch Sprengkraft inne. Ihre Bedeutung lag daher auch darin, dass sie die Mathematik in eine Grundlagenkrise stürzte, zu deren Überwindung eine ganz neue Grundlagenforschung aufgeboten werden musste.[24]

Es entstand eine Grundlagendiskussion, in der Begriffe wie das Existenzpostulat der Mengen, Zahl und Unendlichkeit neu erforscht und in neue mathematische Systeme eingebettet wurden. Diese Umwälzung, die sich bis in unsere Zeit erstreckt, brachte wichtige Beiträge in der Mathematik hervor, die in verschiedene philosophische Richtungen führten. 1908 formulierte Brouwer den *Intuitionismus*, im Gegensatz dazu präsentierte Hilbert 1917 sein formales *Axiomensystem*, dem jedoch 1930 Gödel durch seinen Unvollständigkeitssatz widersprach.

Mit der Überwindung der *mengentheoretischen Antinomien* (Widersprüche) beschäftigten sich die größten Mathematiker am Anfang des 20. Jahrhunderts, darunter Bertrand Russell, Gottlob Frege, Ernst Zermelo und Abraham Fraenkel. Im Rahmen dieser Diskussionen sind die zwei oben erwähnten Beiträge von Kaluza entstanden. Diese beiden Abhandlungen, die im Abstand von drei Jahren veröffentlicht wurden, markieren eine Zeit, in der sich Kaluza mit dem Begriff der Unendlichkeit und seinem damit in Verbindung stehenden philosophischen Inhalt intensiv beschäftigte. Er unterschrieb von nun an alle seine Briefe an seine Frau mit dem Symbol für Unendlich: „Dein ∞".

„Ein Problem der Mengenlehre" (1913)

In seiner ersten Abhandlung versuchte Kaluza, die Antinomien der transfiniten Ordnungszahlen durch die Einführung des Begriffs der *uneigentlichen Menge* aufzuheben. Dieser Begriff zeichnet sich durch seinen verallgemeinernden Charakter aus. Im Unterschied zu den *eigentlichen Mengen* weisen die *uneigentlichen Mengen* zu-

---

[22] Konrad Knopp: „Das Unendliche in der Mathematik", zwei Vorträge vor der Physikalisch-ökonomisch Gesellschaft, in *Schriften der Physikalisch-ökonomischen Gesellschaft zu Königsberg* 1921, S. 105.

[23] In Stewart (1990), S. 85–86.

[24] Schmidt (1966), S. 14.

sätzliche Eigenschaften auf, wie diejenige, dass jede uneigentliche Zahlenmenge *kompakt* ist.[25]

Schon Cantor hatte 1899 in Briefen an Dedekind zwischen „konsistenten" und „inkonsistenten Vielheiten" unterschieden. Nur die ersten bezeichnete er als Mengen, eine „inkonsistente Vielheit" ließe sich dagegen nicht als „Einheit", als „fertiges Ding" auffassen.[26]

Kaluza schränkte aber den Mengenbegriff nicht ein, sondern versuchte durch die Einführung der uneigentlichen Mengen dessen Erweiterung. „Eine solche uneigentliche Menge ist z.B. die Gesamtheit *W* aller eigentlichen Ordnungszahlen".[27] Kaluza benutzte ebenso wie Cantor den Begriff der geordneten Menge (eine Menge, deren jeder Teil ein erstes Element besitzt) und knüpfte an die von Hausdorff in seinem Aufsatz von 1911 eingeführten Begriffe wie *Konfinalität* (die stärker als der Begriff der Mächtigkeit zweier Mengen ist) und *kompakte* Menge an. Somit ergaben sich als wichtigste Schlussfolgerungen, dass jede uneigentliche Zahlmenge *K(W)* kompakt ist und jede kompakte Zahlmenge unendlich ist.[28]

Weitere wichtige Folgerungen waren:

„Jede Ordnungszahl ist der Ordnungstypus ihres erzeugenden Abschnittes". [...] „Keine erzeugende Menge einer Ordnungszahl ist von einem Ordnungstypus, der höher ist als die Zahl selbst."[29]

Durch die Einführung des Begriffs der uneigentlichen Menge ging Kaluzas Aufsatz nicht in die restriktive Richtung von Russell und Zermelo-Fraenkel, die entweder die Aussage des Postulates der Mengenbildung einzuschränken versuchten oder den Bereich der Objekte, auf die man sich bei der Untersuchung der Mengen beschränken muss, auf eine *relative Allmenge A* eingrenzten.

Kaluzas Auffassung deutete eher in die Richtung der erst 1925 durch John Neumann und Paul Bernays eingeführten Mengenlehre der *Klassen*.[30] Kaluzas Abhandlung blieb jedoch für die Grundlagenforschung ohne Konsequenzen.

---

[25] Kaluza (1913), S. 13.

[26] Vgl. Schmidt (1966), S. 32.

[27] Kaluza (1913), S. 9.

[28] Ebd., S. 13.

[29] Ebd., S. 11.

[30] Vgl. Schmidt (1966), S. 32.

> *„Endliches und Unendliches sind eben ihrer schon*
> *betonten Wesensverschiedenheit wegen durch eine*
> *unüberbrückbare Kluft getrennt"*
>
> *Theodor Kaluza (1916)*

Drei Jahre später, 1916, erschien Kaluzas zweite Abhandlung über die Mengenlehre. In dieser Arbeit versuchte er, einen Zusammenhang zwischen dem *aktualen* und *potentiellen* „Unendlichgroßen" zu ermitteln.

Anhand einer Abbildung gelang es ihm, die Gültigkeit der Alephsätze von Cantor für das Endliche zu zeigen. Für seine Herleitung wählte Kaluza die Operation vierter Stufe,

$$2^{\left(2^{\left(2 \cdot ^{\cdot^{\cdot^{\cdot (2^2) \cdots }}}\right)}\right)} (n \text{ Zweien}) \equiv 2 \mid n.$$

die die Eigenschaft aufweist, in raschem Tempo sehr große Zahlen zu erzeugen.[31]

Durch die Umkehrung dieser Operation entsteht eine Abbildung der unendlich großen Zahlen auf das Endliche, durch die er die Gültigkeit der Alephsätze für das Endliche zeigen konnte. Aus diesem Beispiel wird ersichtlich, dass die „Propyläen der transfiniten Kardinaltheorie" in den finiten Zahlensystemen zu finden sind, und dass sich die transfinite Arithmetik von Cantor als Grenzfall der Arithmetik der großen Zahlen ergibt:

„Sollten sich die Eigenschaften unendlicher Mengen nicht schon approximativ an denen endlicher Mengen manifestieren [...]? Dass diese Fragen zu bejahen sind, dass wir, durchaus im Gebiete der endlichen Zahlen bleibend, Begriffe und Sätze hinstellen können, von denen jene der transfiniten Mengenlehre nur Grenzfälle sind, soll im Folgenden aufzuzeigen versucht werden"[32]

Die Abhandlung besticht durch ihre beeindruckende Klarheit, Widerspruchslosigkeit und Vollständigkeit. Es werden auch Anknüpfungen zu der sinnvollen

---

[31] Für *n = 6* ergibt sich bereits eine Zahl mit *6x10^{19727}* Stellen [Formel aus Kaluza (1916)].
[32] Kaluza (1916), S. 3.

approximativen Zahlengleichheit hergestellt, die man in der Physik benutzt, wie z.B. zum Näherungsverfahren für die Ermittlung der Planckkonstante.[33]

Die Schlussfolgerung der Abhandlung hat einen tiefen philosophischen Inhalt. Sie belegt, dass Kaluza der Lehre von Aristoteles nahestand. Kaluza behauptet aber nicht die Nicht-Existenz des „infinitum actu" (die von der Scholastik zum Rang eines philosophischen Dogmas erhoben worden war), sondern hebt vielmehr das aktual Unendliche als Grenzfall der bereits im Endlichen sich manifestierenden Gesetze hervor. Daraus ergibt sich am Ende des Aufsatzes die Forderung nach „einer axiomatischen Begründung der finiten Systeme selbst".[34]

In den heftigen Debatten der Mathematiker um ein Axiomensystem der Mengenlehre blieb auch dieser Aufsatz Kaluzas ohne Resonanz.

Für die künftige Entwicklung der Mathematik lassen sich noch keine Aussagen über seine Folgen machen. Große zeitgenössische Mathematiker, wie Saunders Mac Lane, Gründer der Kategorientheorie, halten die durch Zermelo eingeleitete axiomatische Theorie – der sich Kaluza nicht anschloss –, für einen „Irrweg."[35]

Die beiden zahlentheoretischen Abhandlungen Kaluzas geben Auskunft über seine Beschäftigung mit der Grundlagenforschung. Wie in der Physik, interessierte sich Kaluza auch in der Mathematik für die neuesten und wichtigsten Forschungsthemen, die an philosophische Inhalte anknüpfen.

Bereits in den ersten Jahren seiner wissenschaftlichen Aktivitäten stand Kaluza an der vordersten Front der theoretischen Forschung: in der Physik durch seien Beitrag zur Erweiterung der Relativitätstheorie, in der Mathematik durch die Suche nach Lösungen für die Antinomien der Mengenlehre.

---

[33] Kaluza (1916), S. 40.
[34] Ebd., S. 49.
[35] Brief von Detlef Laugwitz an die Autorin vom 14. Juni 1998, S. 2.

Der Erste Weltkrieg

Die Zeit des Ersten Weltkriegs war ein wichtiger Abschnitt im Leben Theodor Kaluzas. Unmittelbar nach seiner Entlassung aus dem Kriegsdienst, Ende 1918, stellte er in Königsberg die Theorie auf, die ihn fünfzig Jahre später unter den Physikern weltberühmt machen sollte.[1] Es existiert natürlich kein direkter Zusammenhang zwischen seiner schöpferischen Tätigkeit und seiner Teilnahme am Krieg. Es ist in der Biographie eines Wissenschaftlers aber die Frage zu stellen, welche Ereignisse seine Schöpferkraft förderten und welche sie hemmten. Es hat sich immer wieder gezeigt, dass die Fackel der Schöpfung nicht brennen kann, wenn ihr Feuer keine Nahrung findet. Möglicherweise findet ein Wissenschaftler instinktiv die Gelegenheiten, die das Auslösen des kreativen Aktes anregen.

Der Erste Weltkrieg ließ keinen Zeitgenossen gleichgültig. Jeder war gezwungen, seine politischen Ansichten und sein soziales Engagement neu zu definieren. Theodor Kaluza, der Ende 1916 eingezogen worden war, ist durch die Kriegserlebnisse offenbar in seinen philosophischen Ansichten dermaßen erschüttert worden, dass er am Ende des Krieges seine schöpferischen Kräfte sammeln und erfolgreich für seine Theorie einsetzen konnte. Man hat den Eindruck, als habe Kaluza erst durch den Krieg, dessen verheerende Folgen er an der Westfront hautnah erleben musste, die Überzeugung gewonnen, dass eine Theorie der Vereinheitlichung aller Kräfte im Universum eine tiefe Bedeutung hat. Somit liegt die Vermutung nahe, dass der Erste Weltkrieg die Entstehung dieser Theorie beschleunigte.

Die günstige Quellenlage macht es möglich, Details der Biographie Kaluzas während der Kriegsjahre näher zu betrachten.[2] Gerade im Krieg offenbaren sich entscheidende Charakterzüge eines Menschen. Während des Krieges scheinen sich Kaluzas pazifistische Einstellung und seine Überzeugung von der Notwendigkeit verantwortungsvollen Handelns verstärkt zu haben.

Die Familie Kaluza machte gerade Ferien an der samländischen Ostseeküste, als Deutschland am 1. August 1914 Russland und zwei Tage später Frankreich den Krieg erklärte. Nach dem Einmarsch des deutschen Heeres in Belgien brach eine Welle der Begeisterung aus, die das ganze Volk erfasste. Die allermeisten waren überzeugt, dass es sich um einen Verteidigungskrieg handele und dass

---

[1] Die Theorie entstand Ende 1918/Anfang 1919, etwa 2–3 Monate nach seiner Heimkehr von der Front. Der erste Brief von Kaluza an Einstein, in dem er ihm seine Theorie darlegt, ist verloren gegangen. Der Antwortbrief von Einstein an Kaluza trägt das Datum 21. April 1919.

[2] Etwa 500 Frontbriefe von Theodor Kaluza sind dank der sorgfältigen Aufbewahrung durch seine Frau und seinen Sohn erhalten. NTK.

Deutschland um seine Existenz kämpfe. Im August 1914 meldeten sich über eine Million Kriegsfreiwillige.[3] Diese patriotische Welle erfasste alle sozialen Schichten, vom einfachen Arbeiter und Bauern bis zum Bildungsbürgertum. Intellektuelle äußerten ihre Begeisterung öffentlich in Wort und Schrift. „Ich kenne keine Parteien mehr, ich kenne nur noch Deutsche" – mit diesen Worten wandte sich der Kaiser am 4. August 1914 effektvoll an die Reichstagsabgeordneten.

Einige Historiker meinen, der Krieg habe zur geistigen nationalen Einheit Deutschlands beigetragen.[4] Das beweise das Engagement vieler Intellektueller, die sich in den Dienst der Nation stellten. Dazu gehörten Schriftsteller wie Thomas Mann, Gerhart Hauptmann und Hermann Sudermann, aber auch Wissenschaftler, Nobelpreisträger und Künstler.

Wie sehr der Krieg die Gemüter beschäftigte, lässt sich auch einem Artikel Max Kaluzas entnehmen, der in der von ihm geleiteten *Zeitschrift für französischen und englischen Unterricht* von 1914 erschien. Max Kaluza bespricht in dieser Rezension zwei im selben Jahr erschienene Bücher, „*Britannien und der Krieg*" (unter dem Pseudonym *Germanus* veröffentlicht) und „*Deutschlands Feind. England und die Vorgeschichte des Weltkriegs*" von Heinrich Spies.[5]

„Die Witterungslage, die den Krieg zwischen England und Deutschland geschaffen hat, ist eben, wie in der Schrift von Germanus ausführlich dargelegt wird, der kraftvolle Aufschwung Deutschlands, der wirtschaftliche und moralische Niedergang Englands während der letzten Jahrzehnte", behauptet Max Kaluza in dieser Buchbesprechung.[6]

Während seiner Studienreisen hatte er die kulturelle, wirtschaftliche und politische Entwicklung Englands kennengelernt. Er liebte und verehrte besonders die englische Literatur der viktorianischen Zeit, die er erforscht und in Deutschland bekannt gemacht hatte. Er nahm auch die Veränderungen wahr, die auf mehreren Ebenen stattgefunden hatten: „das heutige England ist eben nicht mehr das England der viktorianischen Zeit; es hat sich von Grund auf verändert, wie dies wiederum in der Schrift von Germanus näher ausgeführt ist."[7]

Das Buch von Germanus beschreibt diese Veränderungen abwertend. Max Kaluza unterstützte diese Ansicht: „Der Puritanismus, der England groß gemacht hat, ist allmählich zerbröckelt. Der Brite hält sich für ein Werkzeug der Vorsehung, für einen Auserwählten und Schützling des Himmels, der auf die Güter

---

[3] Vgl. Nipperdey (1993).

[4] Vgl. Jeismann (1992).

[5] Erschienen 1914 in *Zeitschrift für französischen und englischen Unterricht,* vgl. Max Kaluza (1914a) und (1914b).

[6] Max Kaluza (1914b), S. 538.

[7] Ebd., S. 538.

dieser Erde den ersten Anspruch hat. Auf den *foreigner* sieht er, so lange er seine Kreise nicht stört, mit Gleichgültigkeit und Abneigung herab; sobald er seiner Herrschsucht und Begehrlichkeit entgegentritt, verfolgt er ihn mit glühendem Hass. So hat auch Deutschland sich den unversöhnlichen Hass Englands nur dadurch zugezogen, dass es den Anspruch stellte, neben ihm zu existieren, zu arbeiten, mit friedlichen Mitteln seinen Wohlstand zu mehren, neue Kulturwerte zu schaffen und sich kolonial auszudehnen."[8]

Max Kaluza ergänzt damit das Bild des selbstgerechten und „hochmütigen" Engländers, der „Aufrichtigkeit in politischen Dingen" für einen Fehler hält. Er ist überzeugt, dass „das deutsche Volk und der deutsche Kaiser ernstlich den Frieden wollten."[9] Die englische Presse habe „unablässig Deutschland als den Störenfried hingestellt, vor dessen Eroberungsgelüsten das übrige Europa nicht zur Ruhe kommen könne."[10]

Dass Max Kaluza, wie die meisten seiner Zeitgenossen, an einen Verteidigungskrieg Deutschlands glaubte, ist nicht schwer zu verstehen; die Kriegspropaganda sorgte in dieser Zeit reichlich dafür.[11] Seine Ansichten offenbaren seine Enttäuschung darüber, dass „das Land der Freiheit, das Land, das einen Milton, Locke, Burke und Shelley hervorgebracht hat, das Land der ältesten Verfassung, das Land, das ehedem der Hort der Volksfreiheiten und Menschenrechte war", sich dazu herablässt, „mit Waffengewalt einen wirtschaftlichen Konkurrenten niederzuwerfen, den mit legitimen Mitteln friedlichen Wettbewerbs zu bekämpfen es neuerdings nicht imstande ist."[12] In dem Artikel schwingt eine patriotische Ergriffenheit mit, die jegliche Objektivität vermissen lässt: „[Dem Engländer] fehlt der Fleiß, die Fähigkeit, die Energie und stellenweise auch die Intelligenz."[13] Daraus erklärt sich vielleicht, dass Max Kaluza einen großen Teil seines Vermögens in Kriegsanleihen angelegte – eine Entscheidung, die der Unterstützung seines – wie er meinte – in Not geratenen Landes dienen sollte.

Trotz der Inbrunst, mit der er sich zur Verteidigung Deutschlands äußerte, teilte Max Kaluza aber nicht die Meinung, dass der Krieg das „Ergebnis jahrhundertealter Gegensätze und Rassenunterschiede beider Völker"[14] sei: „Aber ein Krieg ist im Leben der Völker doch ein plötzlicher Ausbruch wie ein Gewitter in der Natur, das nur aus einer bestimmten Witterungslage heraus entsteht und,

---

[8] Max Kaluza (1914b), S. 536.
[9] Ebd.
[10] Ebd.
[11] Vgl. Ungern-Sternberg (1996).
[12] Max Kaluza (1914b), S. 537.
[13] Ebd., S. 537.
[14] Ebd.

nachdem es vorübergezogen ist, wiederum tiefer Ruhe Platz macht."[15] Er verurteilte auch die Äußerungen von Spies „gegen die ‚Pazifisten' und die Verständigungsbewegung".[16] Auch wenn er aus patriotischen Gefühlen heraus nicht objektiv in der Beurteilung der Schuldfrage Englands und Deutschlands sein konnte, war er doch von Natur aus gegen jegliche Art von Gewalt.

Es war bisher nicht genau festzustellen, welche Haltung Theodor Kaluza in dieser Zeit einnahm. Er war in den ersten beiden Kriegsjahren wegen seines „nervösen Herzens" vom Militärdienst zurückgestellt. Vermutlich hat ihn die Kriegsbegeisterung nicht mitgerissen. Er verabscheute grundsätzlich in seinem Leben jede Form von Gewalt und glaubte an die vollkommene Macht des Geistes. Konflikte sollten mit Vernunft und nicht mit Gewalt gelöst werden.[17] Es gibt auch keine Belege darüber, ob er sich ähnlich intensiv wie sein Vater mit der Schuldfrage beschäftigte. Auf jeden Fall veröffentlichte Kaluza nichts zu diesem Thema. Er war wohl pazifistisch eingestellt, was seine klare Position gegen den Krieg erklärt.

Einige Ereignisse lassen auf dasselbe schließen: Am 4. Oktober 1914 veröffentlichten 93 namhafte deutsche Wissenschaftler, Gelehrte und Künstler – unter ihnen neun Nobelpreisträger –, einen chauvinistischen „Aufruf an die Kulturwelt", der sich verhängnisvoll für die deutsche Kultur auswirken sollte. In ihm identifizierten sich die unterzeichnenden Gelehrten – darunter Max Planck, Felix Klein, Wilhelm Röntgen, Emil Fischer, Paul Ehrlich, Wilhelm Wien und viele andere Größen der deutschen Wissenschaft – mit der deutschen Armee und rechtfertigten den Krieg als Selbstverteidigung Deutschlands.[18] Der Aufruf löste sofort heftige Proteste im Ausland aus. Die deutschen Gelehrten wurden als Lügner bezeichnet. Spöttische Karikaturen überfluteten die Tageszeitungen in Frankreich und England. George Clemenceau, der Ministerpräsident Frankreichs, bezeichnete den Aufruf fünf Jahre später Anfang Oktober 1919 in einer Rede vor dem Senat als „schamlos" und betonte, dass er ein schlimmeres Verbrechen als alle anderen Taten sei.[19] Romain Rolland, der große Schriftsteller und Friedenskämpfer, der 1920 mit dem Friedensnobelpreis ausgezeichnet werden sollte, forderte die deutschen Gelehrten auf, trotz ihrer Liebe zum Vaterland Europa und der Internationalen der Gelehrten treu zu bleiben.[20]

---

[15] Max Kaluza (1914b), S. 538.

[16] Ebd..

[17] Theodor Kaluza junior (1991).

[18] Siehe dazu auch Ungern-Sternberg (1996).

[19] Ungern-Sternberg (1996), S. 187.

[20] Rolland (1954), S. 46.

Dem Aufruf folgte im selben Geist zwei Wochen später[21] die Veröffentlichung einer „Erklärung der Hochschullehrer des Deutschen Reiches". Diese auf Initiative des weltberühmten Altphilologen Ulrich von Wilamowitz-Moellendorff entstandene Proklamation wurde von etwa 3.000 Professoren aller deutschen Universitäten unterzeichnet.[22] Das waren fast alle Professoren der deutschen Hochschulen.

Von der Universität Göttingen unterschrieben unter anderen Max Born und David Hilbert, von Berlin James Franck, Fritz Haber, Otto Hahn, Max Planck, Emil Warburg und Wilhelm Westphal. Von der Universität Königsberg unterzeichneten insgesamt 41 Professoren und Privatdozenten der Philosophischen Fakultät, darunter Otto Gerlach, Paul Volkmann und Arnold Kowalewski.[23] Diese Erklärung unterschrieben aber weder Theodor noch Max Kaluza, was für ihre Einstellung gegen den Krieg spricht.

Viele Königsberger Gelehrte zeigten nach Ausbruch des Krieges offen ihre nationalistische Gesinnung. Diese Haltung wurde durch die Tatsache befördert, dass Königsberg als Grenzstadt im Nordosten Deutschlands eine wichtige Rolle beim Aufbau des deutschen Nationalstaates gespielt hatte. Auch in der Literatur galten Königsberg und Ostpreußen während des Krieges gegen Frankreich als ein Symbol des deutschen Nationalismus.[24] Auch wenn das nicht ganz zutrifft, ist es doch unbestreitbar, dass viele ostpreußische Vertreter der Kultur in dieser Zeit ihre nationalen Gefühle zum Ausdruck brachten. Dazu gehörten auch Hermann Sudermann, einer der Verfasser des Aufrufs, und der Nobelpreisträger für Physik, Wilhelm Wien. Er verfasste nach dem Ausbruch des Krieges eine Schrift gegen die „Anglomanie in der Physik". Darin wird behauptet, dass englische Autoren bevorzugt zitiert wurden, womit man nun aufhören solle. Auch Arnold Sommerfeld, gebürtiger Königsberger und zu dieser Zeit Professor in München, unterstützte diese Ansicht.[25] Eine solche Gesinnung war aber weder für Max Kaluza noch für seinen Sohn vorstellbar.

In der „Erklärung der Hochschullehrer des Deutschen Reiches" war zu lesen: „In dem deutschen Heere ist kein anderer Geist als in dem deutschen Volke, denn beide sind eins, und wir gehören auch dazu. [...] Der Dienst im Heere

---

[21] Die „Erklärung der Hochschullehrer des Deutschen Reiches" wurde am 16. Oktober 1914 veröffentlicht, vgl. Böhme (1975).

[22] Die Zahl der Unterzeichner betrug genau 3.119, vgl. „Erklärung der Hochschullehrer des Deutschen Reiches" (1914).

[23] „Erklärung der Hochschullehrer des Deutschen Reiches" (1914), S. 3, 4, 5 und S. 19, der letzte war Privatdozent für Philosophie.

[24] Vgl. Hermann (1997), S. 226.

[25] Ebd.

macht unsere Jugend tüchtig auch für alle Werke des Friedens, auch für die Wissenschaft."[26] Eine solche Verbindung zwischen Militarismus, Jugend und Wissenschaft wurde von Vater und Sohn Kaluza offenbar nicht gutgeheißen. Beide waren durch ihr geistiges Niveau und nicht zuletzt durch die intensive Beschäftigung mit Fremdsprachen, besonders mit Englisch, international orientiert – eine Tatsache, die nicht im Widerspruch zu ihrem Patriotismus stand. Ihnen widerstrebte aber jede Form von Gewalt. Auch wenn Max Kaluza von der Unschuld Deutschlands am Krieg überzeugt war, ging er doch nicht so weit, sich für den Krieg zu begeistern. Noch weniger war er bereit, einen Aufruf zu unterschreiben, wodurch er sich offen als Feind Englands bekannt hätte.

Die grauenvollen Nachrichten von der Front haben Theodor Kaluza zu Beginn des Kriegs nicht gleichgültig gelassen. In Königsberg – der Stadt, in der der von Kant beschworene „ewige Friede" bis dahin Wirklichkeit war –, zerstörte der Krieg die ruhige Atmosphäre. Gleich nach dem Ausbruch des Krieges brach Begeisterung für die Verteidigung des bedrohten Landes aus. Da Königsberg an der Ostgrenze lag, fürchtete die Bevölkerung einen russischen Angriff, zumal Russland schon am 29. Juli 1914 seine Absichten durch Teilmobilisierung an der deutschen Grenze deutlich machte. Der Gouverneur der Königsberger Festung, Generalleutnant von Pappritz, sprach von der Gefahr einer Belagerung und riet allen Einwohnern, die nicht beruflich in Königsberg zu tun hatten, die Stadt zu verlassen. „Tausende von noch nicht ausgebildeten Rekruten und Kriegsfreiwilligen wurden in Kähnen über das Frische Haff nach Danzig gebracht, wichtige Kassen und Kunstschätze nach dem Westen verlagert", ist im Buch von Fritz Gause über die Geschichte der Stadt Königsberg zu lesen.[27]

Nach der Schlacht von Tannenberg (26. bis 31. August 1914), in der ein Teil des russischen Heeres von General Paul von Hindenburg besiegt worden war, beruhigten sich die Gemüter wieder. Bis zum 15. September 1914 gelang dann auch der Sieg über die russische Nordarmee an den Masurischen Seen; die Russen mussten sich danach zunächst aus Ostpreußen zurückziehen.[28]

Fritz Gause schreibt darüber: „Auch als sich das Leben in Königsberg nach der Befreiung der Provinz in gewisser Weise normalisiert hatte, blieb die Stadt ein Hauptwaffenplatz der Armee. Die Kasernen waren voll von Rekruten und Genesenen, so dass zahlreiche neue militärische Dienststellen Schulen und Turnhallen belegten. [...] das Stadttheater, das Gewerkschaftshaus, die Stadthalle und die zivilen Krankenhäuser wurden Hilfslazarette. Der Garnisonsübungsplatz in De-

---

[26] „Erklärung der Hochschullehrer des Deutschen Reiches" (1914), S. 2.
[27] Gause (1968), S. 200.
[28] Nipperdey (1993), S. 765.

vau wurde als Militärflughafen ausgebaut."[29] Die Königsberger Wirtschaft litt unter der englischen Blockade, aber auch unter dem Ausfall des russischen Handelspartners. Der Seehandel sank bis 1917 auf ein Zwanzigstel der Einfuhr des Jahres 1913. Die einzigen Handelspartner für den Seetransport blieben die skandinavischen Länder.[30]

Trotz des Krieges wurde der Lehrbetrieb an der Universität in Königsberg fortgeführt. Die meisten der 1.300 Studenten standen aber im Heeresdienst, davon fielen mehr als 300. Dafür belegten nun Frauen in größerer Zahl die Hörsäle.[31] Auch das kulturelle Leben Königsbergs wurde, den Kriegsumständen entsprechend, fortgesetzt. Alle Zeitungen und Zeitschriften erschienen weiter, allerdings schrumpfte ihr Umfang wegen des Papiermangels.[32] Die einzige Königsberger Bühne war in der Kriegszeit das Schauspielhaus. Der Goethebund veranstaltete weiter Dichterlesungen, Vorträge und Konzerte. Ein bedeutendes Mitglied, der Schriftsteller Hermann Sudermann, las dort 1917 vor 1.800 Zuhörern seine „Reise nach Tilsit".

Auch die Physikalisch-ökonomische Gesellschaft bemühte sich, trotz der durch den Krieg geschaffenen Schwierigkeiten ihrer Aufgabe gerecht zu werden. 1915 und 1916 hielt sie ihre üblichen Plenar- und Generalsitzungen. Die Sitzungen der mathematisch-physikalischen Sektion fielen im Jahr 1915 kriegsbedingt aus, im folgenden Jahr fanden sie aber wieder statt. Theodor Kaluza nahm an diesen Sitzungen nicht mehr teil. Er legte der Gesellschaft aber 1916 seine Abhandlung „Eine Abbildung der transfiniten Kardinaltheorie auf das Endliche" vor. Diese Arbeit gibt einen Hinweis auf die Beschäftigung Kaluzas während der ersten Kriegsjahre. Er nahm weiter seine Verpflichtungen an der Universität wahr, hielt Vorlesungen und musste wahrscheinlich manchmal Kollegen vertreten, die in den Krieg gezogen waren.

Das Jahr 1916 war von schweren Verlusten an der Westfront gekennzeichnet. Im Februar begann die Schlacht von Verdun, in der die Deutschen alle verfügbaren Reserven einsetzten. General Erich von Falkenhayn, Generalstabschef der deutschen Armee, setzte auf eine „Ermattungsstrategie", die dazu dienen sollte, Frankreich auszubluten. Vor der Festung von Verdun wurden gewaltige Massen von Artillerie und Infanterie zusammengezogen. Im Juli wurde die deutsche Offensive erstickt, danach wurden die Gefechte fortgesetzt, bis Frankreich am Ende des Jahres erfolgreich das Gelände zurückerobern konnte. Die blutige

---

[29] Gause (1968), S. 201.

[30] Ebd., S. 202.

[31] Ebd.

[32] Ebd.

Schlacht von Verdun kostete enorme Verluste auf beiden Seiten: 337.000 Tote, Verwundete und Vermisste auf deutscher Seite, 377.000 auf der französischen.[33]

Seit Sommer 1916 gab es in der deutschen Armee eine Ersatzkrise: Die menschlichen Kräfte reichten nicht mehr aus, um die Verluste auszugleichen. Man traf Notmaßnahmen für die Mobilisierung: Das Einzugsalter wurde gesenkt, die älteren Jahrgänge mussten länger dienen und die Tauglichkeitskriterien wurden herabgesetzt. Nun wurde auch Theodor Kaluza, der für den Militärdienst ausgemustert worden war, zu Beginn des Herbstes 1916 eingezogen. Am 3. September 1916 verabschiedete er sich von seiner Familie und wartete mit anderen rekrutierten Männern auf dem Produktenbahnhof auf den Zug. Der Abschied war nicht leicht. Er musste seine junge Frau mit zwei Kindern, dem fünfjährigen Theodor und Dorothea, einem Säugling von acht Monaten, zurücklassen.

Unter den Rekruten traf er Bekannte aus Königsberg, darunter einen seiner Studenten, einen befreundeten Apotheker. Nach einer anstrengenden Reise kam er ins Rekrutenlager nach Goldap. Das kleine Städtchen lag an der russischen Grenze, am Nord-Fuß der Seesker Höhen, südwestlich der Rominter Heide. Das Gebiet hatte einst wegen seiner unberührten Natur zum Jagdgebiet des Königs gehört. Nach Kriegsausbruch wurden in Goldap die neuen Rekruten mehrere Wochen lang ausgebildet und anschließend an die Front geschickt.

Die Rekruten mussten ein hartes Programm absolvieren. Die Ausbildung dauerte 16 Stunden pro Tag und begann um 4 Uhr morgens. Für Kaluzas eher schwache Konstitution war das mit Sicherheit eine große Anstrengung. Er musste auch im Regen exerzieren und manchmal, nach stundenlangen Übungen mit dem Gewehr, versuchte er noch, mit der ermüdeten Hand seiner Familie zu schreiben: „Mit dem Schönschreiben ist das, wenn man zwei Stunden ohne Pause Griffe gekloppt hat, so'ne Sache; das Gewehr kann man dann gerade noch halten, aber einen Federhalter, das ist schwierig."[34]

Der Drill muss dem Gelehrten schwergefallen sein. Er beklagte sich in seinen Briefen aber nie, sondern versuchte immer, seine Frau zu beruhigen. Vergeblich wartete er auf den versprochenen Urlaub, den er als Rekrut bekommen sollte.[35] Die Ausbildung im Garnisonswachdienst überstand er gut. Obwohl er vorher noch nie ein Gewehr in der Hand gehabt hatte, wurde er nach zwei Wochen „von dem ganzen Depot der weit Beste" beim Schießen: „Geschossen habe ich auch glänzend. [...] Das macht immer guten Eindruck."[36]

---

33 Vgl. Nipperdey (1993).
34 Brief von Theodor Kaluza an seine Frau vom 15. September 1916, NTK.
35 Ebd.
36 Brief von Theodor Kaluza an seine Frau vom 21. September 1916, NTK.

Nach 14 Tagen „Haft"[37] durften die Rekruten zum ersten Mal „ausgehen": „Da bin ich natürlich zuerst nach dem Bahnhof gegangen und hab' mir den Königsberger Zug angesehen, na ja! Und so!"

Es war schon viel Zeit vergangen, seit er seine Familie zuletzt gesehen hatte. Es war ungewiss, wie lange diese Trennung noch dauern sollte. In Goldap ging er immer wieder zum Bahnhof und träumte davon, mit dem Zug nach Hause zu fahren, denn Goldap war nur 150 km von Königsberg entfernt: „Ich bin heut' wieder – in die Region – nach dem Bahnhof gegangen, [...] und habe mir vorgestellt, wie das wäre, wenn!"[38]

Gemeinsam mit einem Kameraden besichtigte er die Umgebung von Goldap. Sie kletterten auf den Goldapberg und schauten sich die schöne Rominter Heide an. Dann sahen sie sich die verlassenen russischen Stellungen an, wo schwere Kämpfe stattgefunden hatten. Auf dem russischen Friedhof zeigte sich Kaluza von den vielen geopferten Leben beeindruckt. Er schrieb seiner Frau: „Da liegt alles durcheinander, deutsche Oberleutnants neben russischen Muschicks [...] übrigens liegt da ein Ersatzreservist, Höhwe, der dem Alter nach der aus der Bahnstraße sein könnte."[39]

Der Tod unterscheidet nicht nach Rang oder Nationalität. Angesichts der vielen unschuldigen Opfer des Kriegs sinnierte Kaluza: „Dazu ging die Sonne wunderschön unter: Stimmung."[40] Mit solchen kurzen Bemerkungen teilte der stille, introvertierte Kaluza seiner Frau seine Eindrücke über den Krieg mit, über die Katastrophe, die über die Menschheit hereingebrochen war. Er wollte seine Frau aber nicht erschrecken. Beide glaubten an Gott und hofften, dass bald das ganze Entsetzen des Kriegs ein Ende nehmen würde.[41]

Konfrontiert mit Krieg und Lebensgefahr, sucht der Mensch einen Halt. Er kann ihn im Heimatgefühl oder im Drang nach Heldentaten finden. Für Theodor Kaluza war das seine Familie, seine Frau und die beiden Kinder, der Glaube an Gott, aber auch seine geistigen Beschäftigungen: die Wissenschaft und die Musik. In den ersten Wochen nach seiner Einberufung war es vor allem die Familie, die ihm die Kraft gab, alle Schwierigkeiten und Gefahren zu überstehen und mit dem Bewusstsein fertig zu werden, sich an einer unsinnigen Sache beteiligen zu müssen. Er schrieb seiner Frau jeden Tag einen Brief, in dem er sich die vertraute heimische Atmosphäre in Erinnerung rief. Er interessierte sich sehr für die Entwicklung seiner Kinder und für das Befinden seiner Frau. Er schickte ihr Bücher

---

[37] Brief von Theodor Kaluza an seine Frau vom 17. September 1916, NTK.
[38] Brief von Theodor Kaluza an seine Frau vom 21. September 1916, NTK.
[39] Brief von Theodor Kaluza an seine Frau vom 17. September 1916, NTK.
[40] Ebd.
[41] Ebd.

und fand immer die Kraft, sie zu stärken und zu beruhigen: „Nun steck' mal schön die grüne Lampe an und lies (aber höchstens dreieinhalb Seiten) im Ganghofer."[42]

Gleichzeitig wurden seine Vorgesetzten auf sein intelligentes und gebildetes Auftreten, aber auch auf seine Geschicklichkeit aufmerksam. Er gehörte zu den wenigen Ausnahmen, die vor dem Bataillonskommandanten, der die Garnison inspizierte, mit der Hand auf dem Degen vereidigt wurde: „eine etwas reichlich exponierte Stellung; ich habe meine Sache aber glänzend gemacht."[43] Anschließend wurde er durch den Depotführer dem Bataillonskommandanten vorgestellt: „Das Bataillon will einen Antrag machen, nach dem ich in einer meinen Kenntnissen und Fähigkeiten entsprechenden Stellung Verwendung finden sollte".[44]

Er versuchte, als Telefonist in den Vermessungsdienst zu kommen oder als Zeichner zur Eisenbahn, in der Hoffnung, seine Familie öfter sehen zu können. Deshalb stellte er verschiedene Anträge. Die Bataillonskommandanten waren von seiner Persönlichkeit beeindruckt und prophezeiten ihm eine glänzende Laufbahn.[45] Ihre Voraussage sollte sich aber nicht erfüllen, denn Kaluza war nicht daran interessiert, eine militärische Karriere zu machen.

Anfang Oktober verließ er zusammen mit anderen Kameraden das Rekrutendepot von Goldap. Das Ziel war unbekannt, er vermutete, dass er nach Flandern kommen würde. Aus der Proviantausrüstung war zu schließen, dass der Zug eine weite Strecke zurückzulegen hatte: etwa 1.500 km. Bekannte ostpreußische Städte reihten sich entlang des Weges aneinander und verschwanden sogleich wieder: Marienburg, Simmonsdorf, Dirschau.[46] Die schöne masurische Landschaft erfüllte den in den Krieg ziehenden jungen Mann mit Wehmut und Sehnsucht. Der junge Gefreite muss mit seinen träumerischen, graublauen Augen, seiner hohen Stirn und dem gutmütigen Blick beeindruckend gewirkt haben.[47] Schweigend zuhörend, manchmal seinen Zuhörerkreis durch eine geistvolle Bemerkung erheiternd, dachte er an das Schicksal, das die Menschheit auf einmal in

---

[42] Brief vom Theodor Kaluza an seine Frau vom 21. September 1916, NTK. Theodor Kaluza hatte seiner Frau ein Buch von Ludwig Ganghofer (1855–1920), dem erfolgreichen Autor populärer Heimatliteratur, der zu ihren Lieblingsautoren gehörte, geschickt, damit sie sich nicht mehr so einsam fühlte.

[43] Brief von Theodor Kaluza an seine Frau vom 14. September 1916, NTK.

[44] Ebd.

[45] Ebd.

[46] Undatierter Brief von Theodor Kaluza an seine Frau vom Oktober 1916, NTK.

[47] Brief von Theodor Kaluzas Tochter an die Autorin vom 28. April 1997.

den tiefsten Abgrund gestürzt hatte. Es war ungewiss, wie viele von denen, die jetzt besorgt und doch noch lachend in den Krieg zogen, zurückkehren würden.[48]

Wenige Tage später, am 8. Oktober, wurde das Ziel erkennbar – es war Frankreich. Kaluza war zur 3. Kompanie versetzt worden.

Die deutsche Armee hatte inzwischen den nordöstlichen Teil Frankreichs erobert. Viele Gefechte fanden in der Champagne statt. Am 20. September 1914 hatten die Deutschen die Kathedrale von Reims, ein altes gotisches Meisterwerk, beschossen und in Brand gesetzt. Über diese zerstörerische Tat der deutschen Armee, die ein Kulturdenkmal von großem historischem Wert betraf, war die Öffentlichkeit weltweit empört.

Das friedliche ostpreußische Land lag nun in weiter Ferne. Von nun an hörte man Gefechtslärm. In seinem Brief vom 15. Oktober 1916 beschrieb Kaluza seiner Frau den Besuch einer kleinen „schönen, stimmungsvollen" Wallfahrtskirche in Frankreich: „Ein gutes Soloquartett sang: ‚Leih' aus Deines Himmels Höhen...' [...] Du hättest sicher so an die 17 Snaupertücher verbraucht: Ich hab zum Glück jetzt außer dem kleinen blauen, [...] noch ein knallrotes etwa in der Größe unserer Kleintischdecke!"[49]

Es war typisch, dass er tragische Situationen mit Humor zu bewältigen suchte. Trotzdem fühlte er sich von der „Parsifalstimmung" des Gottesdienstes in der Kirche tief ergriffen: Nichts konnte den Widerspruch zwischen der entsetzlichen Zerstörung und der Sehnsucht nach Frieden so deutlich spürbar machen wie diese kleine Kirche, in der Menschen inmitten tödlicher Kämpfe zu Gott um Frieden beteten: „Es war auch direkt Parsifalstimmung: Beim Niederknien zur Wandlung, der Übergang von dem Gerassel der Seitengewehre und dem verhaltenen Klappern der Helme zu der lautlosesten Stille. Dann das zarte, feine Stimmchen des Altarglöckleins – und als Antwort aus der Ferne das ärgerlich grollende „Rrrrnnn...Bumm" der 28-Zentimeter vor uns! Dazu immer das erschrockene kurze Aufklirren der alten prächtigen Kirchenfenster nach jedem Schuss und das unsagbar sanfte Nachklingen der Kronleuchterbehänge: Wäre doch ein Mozart da gewesen, was gäbe das für einen Symphoniesatz!"[50] Die Dramatik dieses Augenblicks rührte ihn zu Tränen und er gestand: „Diese Zwiesprache zwischen dem zaghaft demütig um Frieden bittenden Messeglöckchen und dem unerbittlich befehlenden Donnerwort der Mörser gehört zu dem dramatisch Packendsten, was ich bisher gehört habe!"[51]

---

[48] Brief von Theodor Kaluzas Tochter an die Autorin vom 28. April 1997.
[49] Brief von Theodor Kaluza an seine Frau vom 15. Oktober 1916, NTK.
[50] Ebd.
[51] Ebd.

Kaluza gehörte zu den Menschen, die sich nach Frieden und Stille sehnten. Er war zutiefst überzeugt, dass allein die Vernunft die Gewalt beseitigen könne. Konflikte versuchte er stets im Gespräch zu lösen; Befehle hat er gemieden. Umso mehr wühlte ihn die erzwungene Beteiligung am Krieg innerlich auf. In dieser Zeit hoffte er allerdings noch, dass der Krieg nicht mehr lange dauern würde. Er suchte nach Möglichkeiten, sich an dem Grauen des Krieges nicht beteiligen zu müssen. Von seinen Vorgesetzten unterstützt, stellte er weitere Anträge für die Beschäftigung im Vermessungsdienst oder als Konstruktionszeichner.[52] Daher betrachtete er es schon als großes Glück, vorläufig als Telefonist bei einer kleinen Feld- und Förderbahnstation eingesetzt zu werden.[53] Seine Frau hätte ihn allerdings lieber im Garnisonsdienst in Königsberg gesehen. Über seine Tätigkeit als „Fahrdienstleiter" schrieb er ihr, er „habe also Munitions- und Materialzüge und so, ganz anzubieten und anzunehmen, Ein- und Aus- und Durchfahrt zu erteilen, Rangieren u.s.w., u.s.w."[54] Und humorvoll bemerkte er weiter: „Jetzt ist darin alles besetzt; falls aber zufällig eine Stelle frei werden sollte, würde ich die Frechheit besitzen, mich als Lokomotivführer auf so einer kleinen Feldbahnlokomotive zu melden".[55]

Im Telefondienst sollte er länger bleiben. Er war froh, dass er in der Freizeit lange Spaziergänge machen und dabei über seine Situation nachdenken konnte: „So bleibt einem das schöne Denken, und das kann man hier Gott sei Dank unbeschränkt. Das ist ja auch ein Trost!"[56]

Seine Frau, die die Trennung von ihrem Mann sehr schwer ertrug, suchte er in vielen Briefen aufzurichten: „Sei schön artig und stillchen", denn „lange wird's nicht mehr dauern, dann denken wir beide wieder zusammen".[57] Und in einem Brief vom 21. September 1916: „Denn uns geht es wirklich noch großartig. Wenn Du hier so die verschiedenen Schicksale hören könntest!"[58] Alle Briefe unterschrieb er mit „*Dein* ∞". Dieses mathematische Zeichen war für ihn ein Symbol für die transzendenten Werte, die dem Leben einen Sinn geben: Unendlichkeit der Liebe, der Wissenschaft und Gottes.

Im Telefondienst der kleinen Feldbahnstation fand er, nach dem „hastigen Großbetrieb eines Rekrutendepots", wieder zu sich selbst. Er wohnte fast allein „in einer Hütte, die inmitten des Waldes steht" und wurde mit „Proviant im

---

[52] Brief von Theodor Kaluza an seine Frau vom 18. Oktober 1916, NTK.

[53] Brief von Theodor Kaluza an seine Frau vom 20. Oktober 1916, NTK.

[54] Brief von Theodor Kaluza an seine Frau vom 11. Oktober 1916, NTK.

[55] Ebd.

[56] Brief von Theodor Kaluza an seine Frau vom 15. Oktober 1916, NTK.

[57] Ebd.

[58] Brief von Theodor Kaluza an seine Frau vom 21. September 1916, NTK.

rohen Zustande" und Holz ausreichend versorgt. Dieses „richtige Robinsonleben" gefiel ihm, denn jetzt gab es in der Einsamkeit des Waldes endlich „ein paar Stündlein absoluter Ruhe, zur Verarbeitung all' der zahllosen Eindrücke, die immer einer den anderen jagen."[59] Diese Ruhe empfand er sein Leben lang als die kostbarste Gabe, die wichtige Erkenntnisse förderte und ihn in schwierigen Situationen sein Gleichgewicht wiederfinden ließ.

An seine neuen Aufgaben gewöhnte er sich schnell, obwohl die Tätigkeit als Telefonist einer Feldbahnstation nicht leicht war. Seiner Frau schilderte er das folgendermaßen: Er musste natürlich die Strecke kennen, außerdem in der Lokomotivreparaturwerkstätte beim Schlossern und Schmieden helfen und als Stationsvorsteher der Betriebsamtsstation dafür sorgen, dass die 11. Infanteriedivision mit Proviant, Material und Post versorgt wurde. Er hatte die Abfahrts- und Ankunftszeiten der Züge zu regeln und sie auf das richtige Gleis zu leiten.

„Da die Strecke hier ziemliches Gefälle hat, muss man besonders dahinter her sein, dass die Wagen richtig abgebremst werden; [...] An der Strecke ist auch ewig etwas zu Reparieren, also Anweisungen an die sogenannten ‚Streckenläufer'."[60]

Fernab vom vertrauten Gelehrtenleben kam Kaluza nun seine praktische Begabung zugute, mit der viele Physiker, aber nur wenige Mathematiker ausgestattet sind. Gemeinsam mit anderen Kameraden musste er auch für das Essen sorgen. Mit dem Stolz des Ehemannes, der bisher von einer perfekten Hausfrau versorgt worden war, berichtete er darüber, wie glänzend er jetzt seine Aufgabe löste: „Ständiger Vorrat ist da an Kartoffeln, Bohnen, Erbsen, Graupen, Grütze, Reis, Mehl, Haferflocken, also zunächst wird eine Suppe hergestellt (Knochen dazu gibt's immer); dann die wichtige Frage, ob man das Fleisch (gewöhnlich Rind) kochen oder braten soll, Restverwendung und ähnliche Probleme, in deren Lösung ich ja durch Dich schon so weit vorgebildet bin. Ach, könntest Du mich doch mal hier in voller Tätigkeit bewundern!!"[61]

Mit derselben Genugtuung schilderte er am 2. November 1916, wie er für Soldaten 100 Liter Suppe gekocht hatte. Plötzlich gewannen nun alle „Kultursachen", alle Alltagsgegenstände wie Waschschüssel, Seifenpapier, Streichhölzer, Besteck und Winterkleidung eine große Bedeutung. Das Strohbett der „Hundingshütte", wie er sein Lager nannte, empfand er als großen Komfort, der ihm das Gefühl zurückeroberter Zivilisation vermittelte: „Auch, dass man nach 3 Wochen wieder einmal auf einem richtigen Strohsack schlafen kann, erhöht die

---

[59] Brief von Theodor Kaluza an seine Frau vom 12. Oktober 1916, NTK.
[60] Brief von Theodor Kaluza an seine Frau vom 1. November 1916, NTK.
[61] Ebd.

Stimmung bedeutend. Ein Bett kann man sich überhaupt kaum noch vorstellen, ohne sich für einen Phantasten halten zu müssen."[62]

Am 4. November bekam er per Telefonanruf die Aufforderung, sich am nächsten Tag „feldmarschmäßig mit allem Gepäck auf der Betriebsamtsschreibstube" zu melden. Nach fast einem Monat im Stationsgebäude konnte er sich nur schwer trennen. Die Abende mit den beiden „treuherzigen Kameraden", mit denen man über den Krieg und die Heimat redete, würde er nun vermissen: „und ich sitz' dann meistens irgendwo oben in einer Ecke auf einem Schrank oder so und qualme und werfe ab und zu eine weise Bemerkung ein und summe auch mal leise vor mich hin; da muss ich wohl unbewusst oft das Andante aus der einen Beethovenserenade vorgehabt haben."[63]

Menschliche Beziehungen waren sehr wichtig, sie hielten Erinnerungen an das frühere Leben und an die Heimat wach. So schilderte er einem Kameraden, der gehört hatte, wie er die Serenade von Beethoven summte, „den tauben Komponisten" als Dirigenten der Neunten Symphonie. Sein Zuhörer, ein einfacher Werkmeister, war davon sichtlich ergriffen: „Auf mich hat das kleine Erlebnis ziemlich Eindruck gemacht; wiedererzählt ist es natürlich nichts."[64]

Die Förderbahn wurde von einem kleinen dicken Pferd gezogen, dem er seinen Kaffeezucker opferte: „Jedenfalls zieht er, nachdem er mir noch der Ordnung halber sämtliche Taschen rechts und links beschnüffelt hat, ob ich auch wirklich nichts mehr habe, mit einer so bodenlosen Verachtung im Blick ab, dass ich mir jedesmal vornehme, meinen Kaffee bitter zu trinken."[65]

Diesem Ort fühlte er sich auch durch seine kontemplativen Spaziergänge durch den Kiefernwald verbunden. Die Briefe zeugen von der Sensibilität des von seiner eigentlichen Welt Getrennten, der in der neuen Umgebung nach Stützen sucht, die es ihm ermöglichen, sich in die entfernte verlassene Welt zurückzuversetzen. Denn nur so scheint ein Überleben möglich: indem man die Ideale und Werte, die wie Stützpfeiler das Leben im Gleichgewicht halten, im fremden Land neu errichtet. Theodor Kaluza erweist sich als einfühlsamer Mensch, dem es durch sein zurückhaltendes Verhalten gelingt, seine Empfindungen und Emotionen im Verborgenen zu schützen. Die wenigen, die sein Wesen näher kennenlernten, waren tief von seiner menschlichen Wärme berührt.

Am 5. November 1916 verließ er die Station voller Unruhe. Ungewissheit vor der Zukunft und ständige Existenzangst machten den Krieg noch unerträglicher, als er durch seine zerstörerische Barbarei ohnehin war. Am Vortag schrieb er

---

[62] Brief von Theodor Kaluza an seine Frau vom 12. Oktober 1916, NTK.
[63] Brief von Theodor Kaluza an seine Frau vom 25. Oktober 1916, NTK.
[64] Ebd.
[65] Brief von Theodor Kaluza an seine Frau vom 1. November 1916, NTK.

seiner Frau zum letzten Mal aus der Hütte einen poetischen Brief: „Jedenfalls. Leb' wohl mein Hundingshüttchen, mein Unterstand! Schütz die Kameraden ebenso treu vor Wind und Wetter und Franzmann, wie mich! Von dir werde ich noch erzählen, wenn längst der Weltkrieg ein schauriges Märchen aus fernen Tagen geworden ist. Jetzt geht's ein kleines Stückchen dem unbeholfenen Wegweiser nach, der so treuherzig an seiner Waldecke hängt und so wehmütig einfach sagt: ‚Nach der Heimat!'"[66]

Kaluza hat sich nur selten über seine Teilnahme am Krieg beklagt. Kein einziges Mal spiegeln seine Briefe Angstgefühle oder Verzweiflung. Aber diese Zeilen zeugen von der Unruhe, die ihn angesichts der Tragik des Krieges befiel. Den Krieg empfand er als größten Feind menschlicher Zivilisation, als ‚ein schauderhaftes Märchen', dessen Ende er so schnell wie möglich herbeisehnte.[67]

Anfang November wurde Theodor Kaluza auf eine andere Bahnstation versetzt. Sie war größer, und seine Aufgaben waren schwieriger. Vom Stationsbüro aus hatte er die Züge, die alle Viertelstunde ankamen, an- und abzumelden. Dieser Hochbetrieb erforderte die volle Aufmerksamkeit, denn er musste alle Züge und die Strecken kennen, auf denen sie fuhren und auch diejenigen, die frei waren. „Das ganze erinnert oft an ein großes Schachspiel", stellte er in einem Brief an seine Frau fest.[68]

Ermüdend war zudem, dass er oft zum Nachtdienst eingeteilt wurde und dabei unter großer Konzentration arbeiten musste. Er hatte besonders auf die Munitionszüge zu achten. Immer sehnlicher wünschte er sich nun Urlaub. Seiner Frau berichtete er: „Das komplizierte dabei ist, dass nur die Personenzüge nach einem festen Fahrplan gehen, alle anderen Züge je nach Bedarf, der täglich wechselt. [...] und wenn man denkt, es noch so schön eingerichtet zu haben, da kommt plötzlich irgendein hoher Herr, der eiligst irgendwohin gefahren werden muss und dann alle Züge wieder anhalten und das ganze schöne Fahrplangebäude wieder umschmeißen."[69] Trotz der anstrengenden Arbeit fand er noch Zeit „zum Schreiben und zum Philosophieren."[70]

Es bedarf der besonderen Anstrengung eines strebsamen Geistes, auch unter schwierigsten Umständen noch Zeit für die Tätigkeit zu finden, die für ihn von besonderer Bedeutung ist. Vermutlich ist es Theodor Kaluza während des ganzen Kriegs gelungen, diese Zeit zum Nachdenken zu finden. Jedenfalls war seine Fähigkeit bemerkenswert, sich so gut auf eine Tätigkeit zu konzentrieren, dass er

---

[66] Brief von Theodor Kaluza an seine Frau vom 4. November 1916, NTK.
[67] Brief von Theodor Kaluza an seine Frau vom 27. Dezember 1916, NTK.
[68] Brief von Theodor Kaluza an seine Frau vom 15. November 1916, NTK.
[69] Ebd.
[70] Brief von Theodor Kaluza an seine Frau vom 6. November 1916, NTK.

sich von der Außenwelt abschirmen konnte. Nachdem er sich in die „Dutzenden von verschiedenen Anrufzeichen und Zugnummern und Fahrzeiten eingearbeitet" hatte, gelang es ihm noch, sich seinen eigenen philosophischen und wissenschaftlichen Ideen zu widmen.

Manchmal traf sich Kaluza mit Kameraden aus Königsberg, die mit ihm nach Goldap geschickt worden waren: „Morgen treffe ich mich wieder mit dem Apotheker, da klagen wir uns natürlich gegenseitig unser Leid und entwerfen Urlaubspläne."[71] Nun waren bereits 100 Tage vergangen, seit er von seiner Familie Abschied genommen hatte. Die Familie war für ihn in der schwierigen Situation ein wichtiger Halt. Seine Frau antwortete ihm täglich, und er „malte sich das ganze stundenlang aus".[72] Damit verbrachte er einen großen Teil seiner freien Zeit. Seine beeindruckende Vorstellungskraft sollte ihn auch später nie verlassen. Diese Stunden waren ihm wichtig, sie halfen ihm, neue Energie zu gewinnen, um die schweren Umstände des Krieges zu ertragen: Er verfolgte ganz genau die Fortschritte, die sein Sohn beim Schreiben und Lesen machte. Er schrieb ihm Briefe in Großbuchstaben, so dass der kleine Theodor sie selbst entziffern konnte. Auch über seine Tochter, die am 12. Januar 1916 geborene Dorothea, berichtete ihm seine Frau ausführlich. Ende Oktober zog sie mit den Kindern in eine größere Wohnung. Alle Einzelheiten halfen ihm, die Vorstellungen über seine Heimat und sein Haus wachzuhalten. Außerdem war ihm bewusst, dass er Geduld brauchte. In der Bürostation des Betriebsamtes hatte er gelernt, wie er vorgehen musste, um eine Stelle zu bekommen, die seinen geistigen Eigenschaften besser entsprach als der Telefondienst. „Die erste Tugend des Soldaten ist das Warten; es gibt beim Militär genau zwei Arten von Dingen: solche bei denen man drangehen kann und muss, [...] und solche bei denen man dies um alles in der Welt nicht darf, wie Versetzungen."[73] Am 25. Dezember bekam er die Nachricht von seiner Versetzung zum Vermessungsdienst. Er war überglücklich: „Der Dienst bei der Feldbahn war sehr interessant und ich hab ja großartig dahingepasst, aber er war doch auf die Dauer etwas zu anstrengend. Es ging jetzt fast immer die ganze Nacht durch."[74]

Beim Schallmesstrupp war endlich wissenschaftliche Arbeit erforderlich, was ihn über alle Maßen freute. Er bekam „freie Hand in der Wahl seiner Ausrechnungsmethoden" und konnte neue Verfahren erproben. Er empfand sich durch

---

[71] Brief von Theodor Kaluza an seine Frau vom 9. Dezember 1916, NTK.
[72] Ebd.
[73] Brief von Theodor Kaluza an seine Frau vom 25. Oktober 1916, NTK.
[74] Ebd.

diese Versetzung als „gerettet für seine Familie".[75] Denn seine Vorgesetzten hatten ihm zuvor geholfen, „eine große drohende Komplikation" abzuwenden.[76]

Somit zeichnete sich bereits in den ersten Monaten an der Front das Charakterprofil Theodor Kaluzas ab. Ein einfühlsamer Mensch, der sich vor den Grausamkeiten des Krieges durch Gedanken an seine Familie sowie an seine wissenschaftliche Forschung und das kulturelle Leben in Königsberg abschirmte. Sein Sinn für Realität, der manchen Gelehrten fehlte, ermöglichte es ihm, sich in dem komplizierten militärischen Verwaltungsapparat zurechtzufinden. Seine Versetzung zum Vermessungsdienst sollte sich als lebensrettend erweisen. Da er jede Art von Gewalt ablehnte, lief er nicht Gefahr, patriotischen oder heldenhaften Illusionen zum Opfer zu fallen. Sein einziges Ziel war das Überleben.

Obwohl man Weihnachten nicht gemeinsam verbringen konnte, war die Familie glücklich, denn der Dienst beim Schallmesstrupp verlief nicht direkt an der Frontlinie. Auch die Aussicht auf Urlaub schien sich verbessert zu haben. So packte Kaluza am ersten Weihnachtstag seine Sachen zusammen und verließ die Feldbahnstation. Damit begann ein neues Kapitel in seiner Militärdienstzeit.

---

[75] Brief von Theodor Kaluza an seine Frau vom 25. Oktober 1916, NTK.

[76] Ebd. Ob es sich um eine Versetzung an die erste Frontlinie handelte, lässt sich nicht mehr feststellen. Aus der Ausdrucksweise dieses zurückhaltenden Menschen kann man vermuten, dass es sich um eine gefährliche Angelegenheit gehandelt haben muss.

Die Schallmessung diente in den Vermessungsdiensttrupps dazu, feindliche Geschütze zu orten. Sie bedienten sich dabei eines Schallmessverfahrens des Knalls, der beim Abfeuern entstand. Für die Artillerie waren diese Vermessungsstellen sehr wichtig, denn sie schafften es, mit großer Genauigkeit die Stellung der feindlichen Geschütze zu orten und damit das Einschießen einer Batterie auf einen bestimmten Zielpunkt zu steuern.

Die Schallmesstrupps waren mit Beobachtungsstellen ausgerüstet, die den Knall abhorchten und die Zeitunterschiede maßen. Mit drei Horchstellen konnte ein Gebiet von etwa sechs Kilometern Breite ausreichend genau beobachtet werden. Die Beobachtungsstellen befanden sich in der Nähe der Frontlinie, an der es gerade Gefechte gab. Sie befanden sich in telephonischer Verbindung mit den Auswertungsstellen, die die von den Beobachtern gemessenen Daten annahmen und analysierten.[1]

Auf eine solche Auswertungsstelle eines Schallmesstrupps an der Westfront, in der Champagne, wurde Kaluza am ersten Weihnachtstag des Jahres 1916 versetzt. Es war für ihn nicht nötig, die drei Wochen dauernde praktische Ausbildung zu absolvieren: „natürlich furchtbar einfache physikalische Sachen".[2] Gleich nach seiner Ankunft wurde er voll in Anspruch genommen:

„Eigentlichen Dienst habe ich täglich ca. vier Stunden, abwechselnd von 8.00–12.00, oder 12.00–4.00, oder 4.00–8.00 oder 8.00–12.00. Da wartet man, bis von der Messstelle aus die Messresultate telefonisch durchgegeben werden und stürzt sich dann auf die Auswertung derselben. [...] In der übrigen Zeit arbeite ich rein wissenschaftlich, mache Versuche, erfinde neue Vereinfachungen usw."[3]

Er freute sich über die Möglichkeit, wieder wissenschaftlich arbeiten zu können. Außerdem waren die beiden Arten wissenschaftlicher Arbeit, die theoretische und die experimentelle, seine größte Leidenschaft. Wenn er wissenschaftlich tätig sein konnte, berichteten Augenzeugen, war er immer wie innerlich erleuchtet. Er interessierte sich für alles, denn er sah in der Wissenschaft die Möglichkeit, das Geheimnis alles bisher Unbekannten zu enthüllen.[4] Mit dem gleichen Interesse stürzte er sich auf die Messverfahren der Schallmesstrupps. „Für eine Neu-

---

[1] Vgl. „Das Schallmessverfahren" (1917) und Eversheim (1919), S. 61–62.
[2] Brief von Theodor Kaluza an seine Frau vom 20. Dezember 1916, NTK.
[3] Brief von Theodor Kaluza an seine Frau vom 27. Dezember 1916, NTK.
[4] Vgl. Briefe seiner Tochter an die Autorin und Theodor Kaluza junior (1991) sowie Brief von Theodor Kaluza junior an V. Raman vom 5. September 1970, NTK.

anlage habe ich schon großartige Entwürfe fertig, über die der Leutnant entzückt ist", schrieb er seiner Frau schon am 27. Dezember 1916.

Bereits zwei Monate später waren erste Ergebnisse zu sehen: „Ein anderer S.M.T. [Schallmesstrupp] hier in der Nähe wird auch mit allen meinen Verbesserungen eingerichtet, und da wäre der betreffende Führer natürlich froh, wenn er mich persönlich herüberkriegen könnte, damit er die Sache eigenhändig bedeichseln könnte".[5]

Das von Kaluza entwickelte Auswertungsverfahren war der sogenannte Evoluten-Sekanten-Plan.[6] Es handelte sich höchstwahrscheinlich um eine Verbesserung des sogenannten „Zeitunterschiedverfahrens" in der Fachsprache der Militärtechnik. Es beruhte auf der Messung der Zeitunterschiede des Eintreffens des Knalls an mindestens drei Beobachtungsstellen. Die Beobachter übermittelten für jeden Knall telefonisch die gemessenen Ergebnisse an die Auswertungsstelle. Mit Berücksichtigung der Windgeschwindigkeit und der Lufttemperatur, die auf die Schallgeschwindigkeit Einfluss hatten, konnten die Auswerter diese Zeitunterschiede in Streckenunterschiede umrechnen. Die Position des Geschützes ließ sich damit als Schnitt zweier Hyperbeln ermitteln. Der Auswerter hatte dementsprechend für jeden Knall ein Hyperbelnetz zu zeichnen, da gleichzeitig eine größere Zahl von Geschützen geortet werden mussten. Dazu benötigte der Auswerter ein großes Zeichenbrett von 100x80cm, denn die Genauigkeit der Auswertungen war entscheidend für das Lokalisieren der Geschütze auf der Karte. Kaluzas Beitrag an diesem Verfahren ist schwer feststellbar, weil die Akten der III. Armee an der Westfront zerstört wurden.[7] Er beschäftigte sich aber während der ganzen Zeit seines Dienstes beim Schallmesstrupp mit dem Experimentieren und Erfinden neuer Messmethoden.

In der gleichen Zeit arbeitete auch Max Born in Berlin für die Artillerie-Prüfungskommission[8] an der „Ausarbeitung numerischer und graphischer Methoden zur Anwendung des Schallmessverfahrens an der Front."[9] Dort konnte er seine mathematischen Kenntnisse auf praktische Probleme anwenden wie „den Ein-

---

[5] Brief von Theodor Kaluza an seine Frau vom 21. Februar 1917, NTK.

[6] Siehe Wiederbesetzung der außerordentlichen Professur für Mathematik an der Landesuniversität Gießen, 1922", UAJLG PrA Phil 7. Leider ließ sich trotz aller unternommenen Recherchen der genaue Inhalt dieses Verfahrens nicht mehr ermitteln. Alle einschlägigen Unterlagen des ersten Weltkriegs sind nach Auskunft des Militärarchivs Freiburg im Zweiten Weltkrieg zerstört worden. Die Beschreibung des im Ersten Weltkrieg benutzten Schallmessverfahrens wurde dem Buch „Das Schallmessverfahren" (1917) entnommen.

[7] Es wurden folgende Archive befragt: BMF, AA und SHD. Die Recherche ergab jedes Mal ein negatives Ergebnis.

[8] Born (1975), S. 237.

[9] Ebd., S. 239.

fluss der Änderung der Windgeschwindigkeit mit der Höhe auf die Ausbreitung des Schalls."[10] Nur ab und zu fuhr Born an die Front, um Schallmesseinheiten in die Verwendung der entwickelten Methoden der Schallmessung einzuüben. Aus der Entfernung konnte er sogar die große Schlacht an der Somme beobachten.[11]

Anfang 1917 wurde Kaluza im 2. Schallmesstrupp, zu dem er gerade versetzt worden war, sehr gebraucht. Am 21. Februar 1917 schrieb er an seine Frau: „Also nach mir herrscht jetzt hier eine Nachfrage, wie in Königsberg nach Butter! Ich darf leider nicht viel sagen".[12] Man hätte ihn aber ebenso gern an einer neu eingerichteten Schallmessstelle eingesetzt: „Leutnant Pleiss wird wohl nicht daran denken, mich abzugeben; augenblicklich beraten sie augenscheinlich, ob sie mich irgendwie halbieren können; das Wahrscheinlichste ist, dass man mich für ca. 4 Wochen ausborgen wird; Rückgabe erfolgt gegen Aushändigung der Quittung! Es ist zum Schreien!"[13]

Auch wenn er die Situation mit viel Ironie schilderte, konnte er seinen Stolz darüber nicht verbergen, derartig gefragt zu sein. Die Genugtuung des Wissenschaftlers, der Erfolg hat, war unüberhörbar. Besonders freute ihn jedoch, diese Stellung allein und ohne „Interventionen" von Oben bekommen zu haben: „Es gibt also *doch* eine Stelle in der Armee, wo sogar ein Mathematiker gut zu brauchen ist!", schrieb er seiner Frau am 27. Dezember 1916 in dem Brief, in dem er die gute Nachricht von seiner Versetzung mitteilte. Zu diesem Zeitpunkt hatte er vor allem auf dem Gebiet der reinen Mathematik bereits viel geleistet. Die Militärtechnik gehörte aber in den Bereich der angewandten Wissenschaften. Ein Vertreter der reinen Mathematik schien hier unbrauchbar zu sein. Die Versetzung zum Schallmesstrupp bot Kaluza nun die Möglichkeit, sich mit experimenteller, wenn auch militärischer Forschung zu befassen.

Seine Tätigkeit beim Schallmesstrupp beschränkte sich aber nicht nur auf militär-wissenschaftliche Arbeit. Er musste seinen Truppführer, einen Neuphilologen, auch in Mathematik unterrichten, er sollte ihn als „einen richtiggehenden Mathematiker in den höheren Finessen ausbilden."[14] Die vielen Aufgaben waren anstrengend, er musste morgens schon um 5.45 Uhr aufstehen, daher blieb kaum Zeit zum Schlafen, „so dass ich manchmal nicht mehr weiß, ob eigentlich Tag oder Nacht, oder was eigentlich los ist."[15]

---

[10] Born (1975), S. 239.
[11] Ebd., S. 240.
[12] Brief von Theodor Kaluza an seine Frau vom 21. Februar 1917, NTK.
[13] Brief von Theodor Kaluza an seine Frau vom 12. Februar 1917, NTK.
[14] Brief von Theodor Kaluza an seine Frau vom 21. Februar 1917, NTK.
[15] Ebd.

Seine Forschungs- und Lehrtätigkeit nahm Kaluza so sehr in Anspruch, dass ihm für die Mahlzeiten, für Auswertungen und den Empfang der Post nur kurze Pausen blieben. Er musste Übungen mit den Messstellen abhalten, Projekte skizzieren und sie mit dem Truppführer besprechen. Nach dem Abendessen musste er weiter nachdenken, rechnen, überlegen, skizzieren. Der nötige Urlaub war unterdessen in weite Ferne gerückt. Er tröstete sich mit den Gedanken an Frau und Kinder, an sein Zuhause, an den lieben Hund Moritz. Oft wünschte er sich, „eine Zeitlang nichts mehr vom Doppelknall und Hyperbeln [zu] höre[n], sondern nur: ‚Du bist die Ruh!'"[16]

Aber er war noch jung, am 9. November 1916 war er gerade 31 Jahre geworden. So fiel es ihm nicht so schwer, die Müdigkeit zu überwinden. Ihm kam zugute, dass er von Natur aus ein Mensch mit ausgeglichenem Gemüt war, der sich trotz allem an den angenehmen Dingen des Lebens erfreuen konnte. Dazu gehörten sein Sinn für Kunst und geistige Beschäftigungen. Wenn es seine Zeit erlaubte – was allerdings selten der Fall war –, machte er lange Spaziergänge. Er spielte mit einem Kameraden – einem Ingenieur – Schach, und führte mit einem Oberlehrer, der ebenfalls als Auswerter arbeitete, Gespräche über Musik, über Beethoven und Schubert. Die meisten Mitarbeiter im Schallmessdienst waren Offiziere, die im Zivilleben akademische Berufe ausgeübt hatten: Sie waren Oberlehrer, Chemiker, Oberingenieure oder Elektrotechniker. Mit ihnen war es möglich, über kulturelle Themen zu sprechen.[17] „Wenn einen solche Gespräche auch nur noch wehmütiger stimmen, so hat man doch andererseits wenigstens das Gefühl, dass man doch noch Mensch ist, und das ist ja immerhin etwas, nicht?"[18]

Zu den erfreulichen Seiten des Daseins gehörte auch das Essen, das „unübertrefflich" war.[19] Obwohl Kaluza imstande war, größte Entbehrungen zu ertragen, war er ein begeisterter Gourmet. Er beschrieb seiner Frau minutiös, woraus die drei Mahlzeiten bestanden, und besonders lobte er die Fleischgerichte. Er mochte sein Leben lang kein Gemüse, aber Fleisch genoss er dafür in allen kulinarischen Varianten: „Essen!! – Nicht zu bewältigen. Zum Abend für 6 Mann eine Zweikilodose Leberwurst, also 333g pro Kopf. Butter Schmalz und Käse, [...] Speck."[20]

Er wollte auch seiner Familie etwas davon schicken, vor allem Butter, Zucker und Pastete, woran es in Königsberg mangelte. Es gab aber Schwierigkeiten, weil die Post nicht richtig funktionierte und die Pakete zurückkamen. Er schätzte auch seine Zigarre nach dem Essen und den Kaffee, den er aus einer von seiner

---

[16] Brief von Theodor Kaluza an seine Frau vom 21. Februar 1917, NTK.
[17] Brief von Theodor Kaluza an seine Frau vom 25. Dezember 1916, NTK.
[18] Brief von Theodor Kaluza an seine Frau vom 3. Januar 1917, NTK.
[19] Brief von Theodor Kaluza an seine Frau vom 25. Dezember 1916, NTK.
[20] Brief von Theodor Kaluza an seine Frau vom 3. Januar 1917, NTK.

Frau geschickten Tasse trank: „Dann ca. um viertel vor Acht, 'rauf zum Mokka aus der feudalen Tasse mit dem silbernen Löffel. Mütze selbstverständlich immer auf. Vertilgung ungeahnt umfangreicher Marmeladen-Schnitten."[21]

Führer des 2. Schallmesstrupps war Leutnant Pleiss, im Zivilleben Neuphilologe. Er war ein sehr „zuvorkommender Mensch", der Kaluza sofort gern hatte. Er zeigte sich beeindruckt von dessen bemerkenswerten Qualitäten, wie zum Beispiel den erstaunlichen wissenschaftlichen Fachkenntnissen in einem praktischen Bereich der Physik, den er schnell erfassen konnte, obwohl er ihm vorher unbekannt gewesen war. Leutnant Pleiss schützte Kaluza während des Kriegs vor Gefahren und unterstützte seine Forschungen mit allen Kräften. Die beiden Männer freundeten sich miteinander an. Pleiss kannte den Namen von Kaluzas Vater als eines bedeutenden Anglisten. Er schätzte und verbreitete Kaluzas Erfindungen und schlug ihn später zu Beförderungen vor. Er war von Kaluzas glänzender Zukunft überzeugt und dachte an die Möglichkeit, dass Kaluza später an einer Schallmessschule in Deutschland unterrichten könne. Er versprach auch, ihn auf einen Offizierskurs nach Köln zu schicken. Kaluza hoffte, nach dem Krieg an einer Technischen Hochschule angewandte Mathematik unterrichten zu können. Im Moment brauchte ihn Leutnant Pleiss aber an der Front. Nach Kaluzas Vorschriften wurden neue Messstellen eingerichtet. Manchmal arbeitete er ununterbrochen 24 Stunden lang: „Es ist noch immer stark zu tun, teils tags, teils nachts. Wir haben aber auch großartige Resultate, so dass die Artillerieoffiziere einfach staunen; an einem Tag bin ich von morgen 4 bis nachts halb 5 auf den Beinen gewesen".[22]

Er hielt die physische Belastung durch, obwohl er nicht an solch anstrengende Arbeit gewöhnt war. Er hatte eine schwache Konstitution und ein „nervöses Herz". Die Kraft zum Durchhalten wurde offenbar durch das Interesse an seiner wissenschaftlichen Arbeit gestärkt. Auch die Achtung, die seine Leistung erweckte, mag ihn beflügelt haben. In seinen Briefen wirkte er immer ausgeglichen; Gewissensbisse oder Zweifel an seiner für den Gegner der Deutschen oft auch todbringenden Arbeit ließ er nicht durchblicken. Seine Briefe lassen stets seine Bemühungen erkennen, seine Frau zu beruhigen und seine Friedenszuversicht auf seine Familie zu übertragen.

Im Februar 1917 legte Leutnant Pleiss in der Schallmessschule in Wahn (Köln) Kaluzas neues Verfahren dar, wofür er die wohlverdiente Anerkennung bekam.[23] Ein „Vize" wurde sogar in die Türkei geschickt, um dort das „verbes-

---

[21] Brief von Theodor Kaluza an seine Frau vom 21. Februar 1917, NTK.

[22] Brief von Theodor Kaluza an seine Frau vom 6. Februar 1917, NTK.

[23] Brief von Theodor Kaluza an seine Frau vom 4. Februar 1917, NTK.

serte Verfahren" einzuführen.[24] Von nun an vertraute man Kaluza, der immer noch Gefreiter war, neue wichtige Aufgaben an: „Ich tue jetzt vollständig Dienst als Planunteroffizier, verhandle mit dem Messplanoffizier über Batterien, berichte telefonisch an den Generalkommandeur und so."[25]

Am 26. Mai 1917 wurde er zum Unteroffizier befördert: „Leutnant Pleiss hat sich viel Mühe gegeben, um die Sache zu deichseln, was ihm aber endlich gelungen ist."[26] Der Urlaub blieb trotzdem aus. Seine wissenschaftliche Arbeit ließ ihm keine Ruhe: „Ich hab' wieder eine ‚Idee' und muss auf und ab wandern mit den Händen auf dem Buckel, ich schreib' Dir nachher weiter."[27] Seine Frau kannte diese Angewohnheit ihres Mannes. Auch zu Hause war er ständig durch das Zimmer auf- und abgegangen und hatte nachgedacht. „Dabei pflegte er auch die kleinen Holz- und Glasgegenstände im Regal ständig zu berühren und hin und her zu schieben."[28]

Im Juli wurde Kaluza für eine Woche nach Cernay (bei Reims) zur Einrichtung einer neuen Schallmessstelle geschickt. Er wurde dort außergewöhnlich freundlich von den Truppen empfangen. In einem Brief vom 6. Juli 1917 schrieb er an seine Frau: „Du müsstest bloß mal sehen, wie ich aufgenommen werde, wenn ich 'mal auf Messstelle 'raus komme; ungefähr so, als wenn der Kaiser auf Besuch kommt."[29] In dem kleinen Dorf Cernay blieb er eine Woche. Von dort schickte er seiner streng katholischen Frau Fotos von der ausgebrannten Kathedrale von Reims als trauriges Symbol menschlicher Zerstörungswut. Er übernachtete mit einem Bekannten aus Westpreußen, den er zufällig getroffen hatte, im Keller eines von Bomben zerschossenen Bauernhauses: „Natürlich haben wir alle erdenklichen Liederlein durchgesungen (er hat seine Gitarre noch glücklich durch alle drei Kriegsjahre durchgebracht); Franzmann muss es übrigens gehört haben, muss ihm wohl gefallen haben, jedenfalls hat er nicht besonders geschimpft."[30]

Im November 1917 wurde Theodor Kaluza für seine Verdienste im Vermessungsdienst, insbesondere für seine Einsätze, die zur Einrichtung neuer Messstel-

---

[24] Brief von Theodor Kaluza an seine Frau vom 4. Februar 1917, NTK.

[25] Ebd.

[26] Brief von Theodor Kaluza an seine Frau vom 26. Mai 1917, NTK.

[27] Brief von Theodor Kaluza an seine Frau vom 20. Mai 1917, NTK.

[28] Ingemarie Kaluza in einem Brief an die Autorin vom 3. März 1997.

[29] Brief von Theodor Kaluza an seine Frau vom 6. Juli 1917, NTK. Für den eher schüchternen und sehr zurückhaltenden Kaluza klingt die zitierte Stelle ungewöhnlich. Es wird sich bestätigen, dass er für seine Leistung beim Schallmesstrupp sehr geschätzt wurde, denn fünf Monate später erhielt er dafür das Eiserne Kreuz (s.u. S. 144, Anm. 31).

[30] Ebd.

len geführt hatten, mit dem Eisernen Kreuz ausgezeichnet. In einem Brief vom 21. November 1917 schrieb er an seine Frau: „Also: Der Ufr. [Unteroffizier] Kaluza hat das E. K. gekriegt, weil er sich angeblich in der Doppelschlacht Aisne-Champagne bei der Erkundung feindlicher Batterien besonders ausgezeichnet hat! [...] Ich schick Euch das Kreuz eingeschrieben, aber nicht verbummeln!"[31]

Mehr als das E. K. freute ihn aber ein neuer Mantel, dessen genaue Beschreibung er der Schilderung über die Verleihung des Eisernen Kreuzes hinzufügte: „Also ich hab' jetzt einen Mantel gekriegt: Außen wasserdichter Zeltbahnstoff, innen Kamelhaar (imitiert, aber herrlich warm) und einen riesigen Pelzkragen, Karnickel oder so; also da staunt man. Wenn ich 'mal bisschen mehr Zeit habe, kann ich mich 'mal fotografieren [lassen]."[32]

In der gleichen Zeit erzielte auch Richard Courant große Erfolge an der französischen Front durch das Einsetzen seines Funkgerätes, wofür er den Grad eines Leutnants und das Verdienstkreuz dritter Klasse erhielt.[33]

Obwohl Kaluza noch Unteroffizier war, musste er ständig Offiziersdienst leisten und die anderen Offiziere vertreten, die sich auf Reisen oder im Urlaub befanden. Darüber liest man oft in seinen Briefen: „Zu tun hab' ich *dauernd*. Unser zweiter Offizier, Ltn. Maus, ist zur Aufstellung eines S[chall]-Messtrupps abkommandiert, ebenso ein Auswerter. Ein zweiter Auswerter ist auch ein paar Tage zu einem Kursus in der Etappe, ein neuer kann noch nicht viel und Betrieb ist hier dauernd. Leutnant Pleiss ist auch unterwegs, so dass ich fast dauernd die Verantwortung habe."[34]

Und weiter: „Draußen quietscht wieder der Fernsprecher: iiiiihh. Merkwürdigerweise bin ich mal nicht verlangt. Hier lacht immer schon alles, wenn's tutet. Denn sobald ich 'mal auf meine Bude gehe und schreiben oder schnell was essen will, wird sicher der Planoffizier verlangt und ich muss wieder 'raus!"[35] Einen Vorteil hatte das trotzdem, denn jetzt konnte er seine Mahlzeiten mit den Offizieren einnehmen: „Es war auch die höchste Zeit; denn in der letzten Woche gab's andauernd Weiß- und Rotkohl und Mohrrüben und Wirsingkohl und so. Da hab' ich natürlich nur das Fleisch 'raus gesucht und hab' schon mindestens 125 g abgenommen."

---

[31] Brief von Theodor Kaluza an seine Frau vom 21. November 1917, NTK. Nach Auskunft von Otto Lange muss er demnach das Eiserne Kreuz II. Klasse erhalten haben, da das E.K. I. zur Uniform zu tragen war.

[32] Ebd.

[33] Vgl. Reid (1976), Kap. VII, S. 60–68 und Kap. VIII, S. 69–72.

[34] Brief von Theodor Kaluza an seine Frau vom 13. Dezember 1917, NTK, Hervorhebung im Original.

[35] Ebd., folgendes Zitat ebd.

Abb. 18: Foto: Theodor Kaluza als Soldat (1918)

Ein Urlaub war noch immer nicht in Sicht. Nun kam schon das zweite Weihnachten, das er fern von seiner Familie verbringen musste. Die Situation war nicht leicht. „Wenn doch hier auch bald Schluss wäre so wie in Russland!" schrieb er in demselben Brief an seine Frau. „Dann schlaf' ich erst 'mal vierzehn Tage, denn zum Schlafen komm' ich überhaupt kaum noch."[36] Die Hoffnung auf Frieden, die jetzt schon Millionen Menschen hatten, sollte sich aber nicht so schnell erfüllen.

Kaluza musste noch einen Winter an der Front durchhalten. Am schwersten fiel ihm, die Kälte zu ertragen: „denn −25° in Königsberg sind gar nichts gegen −10° hier unter den primitiven Verhältnissen. In der Hundingshütte wär' ich, denke ich, schon längst ein Eiszapfen. [...] ist das eigentlich Aberglauben, oder gibt's wirklich Zentral- und Etagenheizung und so?"[37]

Er freute sich daher über jede Art von warmer Bekleidung. Nicht selten beginnen seine Briefe mit Bemerkungen wie: „Es ist Winter, es ist kalt". In einem Brief an seinen 6-jährigen Sohn schrieb er: „Hier ist es kalt. Wenn ich auf Urlaub komm, borgst Du mir Deine Pelzmütze, damit ich mich mal ordentlich wärmen kann, nicht?"[38] Und in einem Brief vom 9. März 1917 erwähnte er die niedrigen Temperaturen der Märznächte, die bis zu −14° sanken, die Beschreibung der „Hundekälte" endete aber wieder mit einer heiteren Feststellung: „Es wäre wirklich Zeit, dass so 'ne Art von Frühling wird; die ganze Westfront hat Schnupfen!"[39]

Nach dieser Kriegserfahrung litt er später sein ganzes Leben lang unter Kälte. Mitglieder der Familie berichteten darüber, dass er ständig eine Pelzweste trug, von der er sich nicht einmal nachts trennte.[40]

Aber nicht nur die Kälte war schwer auszuhalten, auch das Ungeziefer störte ihn in der Nacht. Kaluza versuchte aber immer wieder, alle Schwierigkeiten mit Humor zu ertragen und vor allem auf diese Weise seine Familie zu beruhigen: „Eurem Pai geht's in Anbetracht der schwierigen Verhältnisse recht gut. [...] Hoffentlich treten bald wieder ruhigere Zeiten ein!"[41]

Außer seiner eigentlichen Arbeit im Vermessungsdienst musste er sich auch um Körper- und Kleiderpflege kümmern, was angesichts von Temperaturverhältnissen von −10° in der Champagne nicht leicht war: Man „wäscht sich stundenlang im Waschbecken, bei dem man oben erst das Eis einschlagen muss",

---

[36] Brief von Theodor Kaluza an seine Frau vom 13. Dezember 1917, NTK.

[37] Brief von Theodor Kaluza an seine Frau vom 25. Januar 1917, NTK.

[38] Brief von Theodor Kaluza an seine Frau vom 8. Februar 1917, NTK.

[39] Ebd.

[40] Interview der Autorin mit Ingemarie Kaluza im Juni 1997.

[41] Brief von Theodor Kaluza an seine Frau vom 17. April 1918, NTK.

teilte er seiner Frau mit.[42] „Alle viertel Stunde mindestens eine Seife verbraucht! Baden am liebsten 4–5mal täglich; nachts alle 2 Stunden ein reines Hemdchen; nur Fenster auf, alles raus hängen an die frische Luft".[43] Auch Knöpfe annähen und Stiefel putzen gehörte zu seinen Pflichten, darüber ist in einem Brief zu lesen: „putzt mit einer Geschwindigkeit Stiefel, dass die Luzie [das Dienstmädchen aus Königsberg] sicher nicht mitkommt, bloß um Gottes Willen keine Windel zusammenlegen!"[44]

Auch das Annähen eines Knopfes gehörte offensichtlich nicht zu seinen Lieblingsbeschäftigungen: „Barmherziger Himmel, ich schwitze jetzt noch, wenn ich an die Arbeit denke!"[45] Besteck und Geschirr musste er selber abwaschen. Er machte sich über alle diese kleinen Arbeiten lustig und suchte seine Frau damit zum Lachen zu bringen: „Also jetzt hab' ich eben hochvornehm diniert: erst die Wachsdecke vom Tisch mit warmem Seifenwasser abgewaschen, dann die Tasse ausgewischt, damit der Staub nicht von dem Kaffee schmutzig wird."[46] Die guten Manieren bei Tisch schilderte er wie folgt: „Dann fasse man die Gabel mit dem rechten Zeigefinger, nein, mit der rechten Faust wenn auch nicht, aber so ähnlich macht man's, ich besinne mich ganz genau. [...] Die Tasse hab' ich natürlich immer neben die Untertasse gestellt, da kannst Du ganz beruhigt sein. Und nach jedem Kaffeetrinken wird sie jetzt 20 Minuten lang ausgescheuert, damit sie nicht verrostet!"[47]

Seine Frau mag darüber gelacht und dabei für kurze Augenblicke das schwere Dasein im Krieg vergessen haben. In dieser Zeit herrschte in Deutschland Mangel an Lebensmitteln. Sie waren schon seit dem Winter 1914/15 rationiert; besonders die englische Blockade war im ganzen Land zu spüren. Die Zuteilung an Brot war im Vergleich zur Vorkriegszeit auf 60 % gesunken, bei Kartoffeln auf 50 % und bei Fleisch sogar auf 30 %.[48]

Mit Ironie bemerkte Kaluza über die Kämpfe an der Front, wo ständig geschossen wird: „Knallt's bei Euch wirklich nicht ein einziges Mal? Ich kann mir's überhaupt nicht vorstellen, wie das alles sein wird!"[49] Sehr oft beschäftigte er sich in den Briefen mit seinen Kindern: „Erzähl dem Kleckel, dass wir jetzt vier junge Hundchen haben, einer dicker und frecher als der andere. Mein Pferdchen habe

---

[42] Brief von Theodor Kaluza an seine Frau vom 25. Januar 1917, NTK.

[43] Brief von Theodor Kaluza an seine Frau vom 17. Februar 1917, NTK.

[44] Brief von Theodor Kaluza an seine Frau vom 25. Januar 1917, NTK.

[45] Brief von Theodor Kaluza an seine Frau vom 17. Februar 1917, NTK.

[46] Brief von Theodor Kaluza an seine Frau vom 16. Februar 1917, NTK.

[47] Ebd.

[48] Nipperdey (1993), S. 855.

[49] Brief von Theodor Kaluza an seine Frau vom 6. April 1917, NTK.

ich dagegen bis jetzt noch nicht gekriegt!"[50] Seinem Sohn, der schon in die Schule ging, sandte er liebevolle Briefe, in denen er die Schwierigkeiten, die er ertragen musste, verschwieg.

Zu den vielen Entbehrungen gehörten auch das ständige Frühaufstehen und der Mangel an Schlaf: „Weißt Du noch, wie müde ich immer war, wenn ich um 8 in den Dienst sollte. Jetzt ist's mir total gleichgültig, wann ich raus muss; d.h. mal so *richtig* ausschlafen [...] muss ja wunderbar sein!"[51] Er war von morgens um viertel vor 7 bis nachts um halb 2 oft ununterbrochen im Einsatz. Manchmal tröstete er sich auch mit dem Gedanken, dass „doch bald Schluss" sein würde. „Dann werd' ich aber zunächst 'mal 16 Tage krank in der schönen Schlafstube liegen", träumte er.[52] Darauf hatte er allerdings schon wenige Wochen nach seiner Ankunft an der Front gehofft. Jetzt war es schon Ende August 1917, und noch immer hatte der Krieg nicht aufgehört.

Wie der verwöhnte, aus besten Verhältnissen kommende Kaluza, der gutes Essen und elegante Kleider liebte und sich für englische Luxusseifen begeisterte[53], die harten Bedingungen an der Front, die Kälte, das Ungeziefer und die anstrengende Arbeit durchstehen konnte, ist erstaunlich. Sein starker Charakter brachte es zuwege, dass er auch die schwierigsten Umstände akzeptieren und bewältigen konnte. Die Stärke, die Theodor Kaluza trotz seiner schmächtigen körperlichen Konstitution in dieser Zeit zeigte, beruhte auf seinem besonderen geistigen Vermögen. Kaluza setzte der Welt des Grauens und der Gewalt seine innere Welt des Glaubens an die moralischen und kulturellen Werte des Humanismus entgegen. Vielleicht stellte für ihn der Krieg die harte Prüfung dar, die ihn in seiner Überzeugung stärkte, dass mehrere Jahrtausende der Zivilisation im Wahn des Krieges nicht verschwinden können.

Gelegentlich versuchte er, auf einsamen Spaziergängen die vielen neuen Eindrücke zu verarbeiten: „Nachher pack' ich mich ordentlich warm ein und geh' ein bisschen raus, denn draußen scheint prächtig die Sonne."[54] Und: „Gestern hat mich unser Offizier-Stellvertreter an die frische Luft gesetzt, d.h. ich bekam, da ich seiner Meinung nach in den letzten Tagen zu viel gearbeitet hätte, einfach den dienstlichen Befehl, einen kolossal hervorragenden Riesenspaziergang zu machen; da die Temperatur über Mittag und am afternoon ausnahmsweise etwas vernünftiger war, bin ich da so etwa 5 einhalb Stunden in der Geographie von

---

[50] Brief von Theodor Kaluza an seine Frau vom 12. Mai 1918, NTK.

[51] Ebd.

[52] Brief von Theodor Kaluza an seine Frau vom 25. August 1917, NTK.

[53] Brief von Theodor Kaluzas Tochter an die Autorin vom 20. Juli 1998.

[54] Brief von Theodor Kaluza an seine Frau vom 23. Januar 1917, NTK.

Frankreich rumgetost. […] Spazierengehen scheint überhaupt hin und wieder ganz praktisch zu sein, jedenfalls fühle ich mich sehr erfrischt."[55]

Hatte Kaluza noch die Möglichkeit, an die Arbeiten zu denken, die ihn vor dem Krieg beschäftigt hatten? Wahrscheinlich wenig. Wenn aber der Krieg zu Ende ist, wird der „lange Gedankenstrich", den er als Symbol der sinnlos leeren Kriegszeit in seine Briefe eingeführt hatte, mit einem „Ausrufezeichen"[56] beendet werden: „Aber es ist noch immer Krieg und Gedankenstrich und das Wunderbare ist ja, dass bis jetzt noch kein Gedankenstrich vergessen hat aufzuhören"[57], schrieb er am 27. Januar 1917 an seine leidende Frau.

Der Königsberger Schriftsteller Ernst Wiechert, der als junger Mann drei Jahre an der Westfront verbracht hatte, verurteilte in seinem autobiographischen Werk „Jahre und Zeiten" den Ersten Weltkrieg, der die Menschheit in die Barbarei zurückführte und aus jedem Menschen einen Mörder machte. Er hatte sich im Krieg nicht einen Augenblick vom patriotischen Wahn blenden lassen und empfand ihn als Verrat an der menschlichen Zivilisation und Kultur. Er zeichnete sich jedoch im Krieg aus und vollbrachte Heldentaten, für die er mit dem Offiziersgrad und dem Eisernen Kreuz ausgezeichnet wurde. Aber er fragte sich, wofür er das alles machte. Seine Schlussfolgerung ist bemerkenswert: „Es kommt mir vor, als sei dies der einzige Sinn des Krieges: den Hilflosen zu helfen, und keiner meiner Leute sträubt sich gegen den Befehl. […] Ich tue meine Pflicht und oft mehr als das, nicht aus verzweifelter Tapferkeit, sondern weil so viele verstörte Augen auf mich gerichtet sind. Ich vergesse nie, was ich meinen Achselstücken schuldig bin und dass ich einmal meinem Vater werde Rechenschaft ablegen müssen. Nicht meinem Regimentkommandeur, der im Hinterland Rebhühner schießt, und nicht dem Kaiser, der die Entfernung zur holländischen Grenze abmisst, sondern meinem Vater allein, von dem ich mein Sittengesetz empfangen habe."[58]

Unter den unmenschlichen Umständen des Krieges war Moral eine wichtige Hilfe für das Überleben und die Verteidigung der Menschlichkeit. Ganz sicher war auch für Theodor Kaluza der Krieg ein schwerer Prüfstein für seinen Glauben an die ideellen Werte, die die Menschheit Jahrtausende hindurch verteidigt hatte. Er verlor während des Krieges nie die Hoffnung, dass dieses grausame Ereignis aufhören und wieder Frieden einkehren würde. In diesen Tagen zeigte sich seine große geistige Stärke, die ihn daran glauben ließ, dass es trotz des Krieges Werte im Leben gab, für die es sich lohnte, die schweren Momente der Ge-

---

[55] Brief von Theodor Kaluza an seine Frau vom 12. Januar 1917, NTK.

[56] Ebd.

[57] Brief von Theodor Kaluza an seine Frau vom 27. Januar 1917, NTK.

[58] Wiechert (1989), S. 180.

genwart zu überwinden. Dabei half ihm besonders seine Familie. Seine Frau schickte ihm regelmäßig Zeitungen aus Königsberg, die er leidenschaftlich „studierte". Auch die vielen Fotos von den Kindern und vom Haus in der Steinmetzstraße 34 waren für ihn von großer Bedeutung. Er schickte seiner Frau Fotos von sich und von der Dienststelle, von den Pferden und der schönen französischen Landschaft.

Im Laufe der Zeit nahm seine Erschöpfung immer mehr zu: „Ich bin ja schon so müde! *Jeder* Tag und *jede* halbe Nacht seit August bloß aufpassen und denken; [...] ich hab' seit Mitte Dezember die ganze Arbeit, die sonst drei Offiziere machen, *allein* gemacht, und ausgerechnet noch die Extraschererein bei der Ablösung des Trupps!"[59]

Immer wieder verrieten seine Briefe die Schwierigkeiten, mit denen er täglich zu ringen hatte. Oft kamen Briefe erst mit langer Verspätung aus Königsberg an: „Wenn abends Post kommt, dann merk' ich schon immer, wie jeder der Kameraden auf unserer Bude es vermeidet mich anzusehen, weil sie schon ahnen, dass für mich *doch* wieder nichts dabei ist; [...] und wenn ich dann 'raus gehe in den Zeichenraum und arbeite, dann hör' ich leise: ‚Nein, dass Kaluza aber auch gar nichts kriegt!' und dann pfeif' ich schnell die Appassionata und denk': ‚Na morgen oder übermorgen!' Und trage eine Batteriestellung falsch ein und Morgen kommen wirklich zwei Briefchen, und die sind dann so arm und so traurig, dass alles Pfeifen nichts hilft!"[60]

Auch die Musik half ihm über schwere Stunden seines Lebens hinweg. In den Kriegsjahren war Beethoven, dessen leidenschaftlicher Ausdruck ihn besonders bewegte, sein Lieblingskomponist. Durch solche Musik konnte er die ersehnte seelische Ruhe wiederfinden. Das Andante aus Beethovens Appassionata bezeichnete er als „das wunderbarste, was überhaupt geschrieben worden ist."[61] Früher hatte er diesen Sonatensatz oft selber gespielt, jetzt kamen ihm manchmal melancholische Erinnerungen an dieses erhabene Meisterwerk in den Sinn. Für das bevorstehende Weihnachtsfest übte er im Doppelquartett Beethovens „Hymne an die Nacht", deren wunderbare Worte und prachtvolle Musik ihn seiner Familie innerlich näher brachten:

> *„Heilige Nacht, o gieße den*
> *Himmelsfrieden in dein Herz!*
> *Bring dem armen Pilger Ruh'!*
> *Holde Labung seinem Schmerz!*

---

[59] Brief von Theodor Kaluza an seine Frau vom 27. Januar 1918, NTK, Hervorhebung im Original.

[60] Ebd., Hervorhebung im Original.

[61] Brief von Theodor Kaluza an seine Frau vom 17. Dezember 1917, NTK.

Hell schon erglühn die Sterne,
Glühn aus blauer Ferne;
Möchte zu Euch so gerne
Fliehen himmelwärts!"[62]

Kaluza empfand die Beschäftigung mit Beethovens Musik in dieser traurigen Zeit, in der Zwietracht herrschte und der Kanonendonner jede Harmonie übertönte, als besonders wohltuend. Und wie so oft tröstete er auch seine Familie.

Seine Kommentare über die erkennbare Niederlage Deutschlands und über die Erfolge an der Westfront sind aufschlussreich in Bezug auf seine Einstellung zum Krieg. Während er die Liebe zu seiner Familie in seinen Briefen offen zum Ausdruck brachte, äußerte er sich zurückhaltend zu den Frontereignissen: „Hier ist das jetzt ein dauernder Kampfzustand; am schlausten wär' noch chloroformieren bis zum Urlaub! Na wenigstens hat man ja jetzt die ziemliche Gewissheit, dass es der letzte ist."[63] Aus Kaluzas Kriegskorrespondenz geht eindeutig hervor, dass er keinerlei Begeisterung für den Krieg zeigte. Er liebte seine Heimat, verabscheute aber zutiefst die Gewalt, die er als Zerstörung der Zivilisation ansah. Konflikte sollten verbal gelöst werden und nicht durch Gewalt. Seine Kinder haben immer wieder betont, dass sie nie gesehen haben, dass ihr Vater aus der Fassung geraten sei.[64] Zur Konfliktbewältigung gehörte seiner Meinung nach auch der Wille zur Verständigung. Im Alltagsleben wendete er diese Prinzipien konsequent an. Umso mehr muss ihn die Zeit an der Front gequält haben.

Das Jahr 1918 wurde von der großen deutschen Offensive an der Westfront bestimmt. Nachdem Deutschland im Jahr zuvor den U-Boot-Krieg gegen England verloren hatte, schien das Ende des Krieges gekommen zu sein. Doch die Ostfront gab nach der Revolution und Kapitulation Russlands wieder Hoffnung, dass es doch eine militärische Entscheidung zugunsten Deutschlands geben könne. Der Verzicht auf die Westoffensive wäre einer Kapitulation gleichgekommen, denn die Alliierten waren entschlossen, bis zum militärischen Sieg zu kämpfen.

Im Winter 1917/18 begannen massive Vorbereitungen an der Westfront. Die Frontlinie sollte auf einer Länge von 80 km durchbrochen werden, vom Abschnitt Cambray-Saint Quentin bis nördlich zum Lys-Abschnitt in der Nähe von Lille. General Erich Ludendorff, Chef der Obersten Heeresleitung, befahl im Laufe des Winters die Verlegung von 33 Divisionen aus dem Osten und Südosten an die Westfront. Dort wurden gewaltige Artillerieeinheiten konzentriert, die die Aufgabe hatten, der Infanterie den Weg zu bahnen und die Artillerie des

---

[62] Brief von Theodor Kaluza an seine Frau vom 17. Dezember 1917, NTK.

[63] Brief von Theodor Kaluza an seine Frau vom 27. Januar 1918, NTK.

[64] Brief von Theodor Kaluzas Tochter an die Autorin vom 23. Dezember 1996 und Theodor Kaluza junior (1991).

Gegners durch Gasbeschuss auszuschalten, was bei Verdun im Februar 1916 nicht gelungen war.

Die III. Armee, zu der auch der Messtrupp 2 mit Kaluza gehörte, war in der Champagne stationiert; sie sollte sich nicht unmittelbar an der großen Westfront-offensive beteiligen, sondern die bereits eroberten Stellungen verteidigen.[65] Der Messtrupp war aber über die große Mobilisierung der Truppen informiert, er musste ständig einsatzbereit sein und der Artillerie folgen.

Kaluza hatte als „stellvertretender Führer des S.M.T. [Schallmesstrupps] 2, Auswertungsstelle 2" Mitte Januar sehr viel zu tun. In einem Brief vom 13. Janu-ar 1918 berichtete er seiner Frau: „Erst ärgert mich der Franzmann, dann kommt ein Befehl von der Obersten Heeresleitung, dass hier ein Schallmesstrupp aus dem Osten eingesetzt wird, und wir wieder nach links zurückgezogen werden. Nun kannst Dir den Betrieb denken."[66] Während der Versetzungsmanöver der S.M.T.s durfte der „ganze Messbetrieb keinen Augenblick unterbrochen wer-den." Dabei musste der neue, aus Russland kommende Schallmesstrupp auch noch ausgebildet werden, denn dort hatte man „noch nie richtig schießen ge-hört." Das Telefon klingelte ständig, und jeden Tag „schwirren so'n paar Artille-rie- oder Divisionskommandeure oder Exzellenzen in der Auswertung 'rum und der Führer muss ihnen die nötigen Informationen geben und die Befehle durch-führen, also dauernd Hochdruck!", erklärte Kaluza. Er versuchte, sich in seine kleine Bude zu verkriechen, „damit [er] wenigstens fünf Minuten in Ruhe gelas-sen werde."[67] Von dort eilten seine Gedanken zu seiner Familie: „Wie dick und frech ist nun eigentlich der Geburtstagbummel?" fragte er seine Frau, weil seine kleine Tochter in ein paar Tagen zwei Jahre alt wurde und er sie seit mehr als einem Jahr nicht mehr gesehen hatte.

„Wenn bloß die Geschichte hier gedeichselt wäre. Ich werd' jedenfalls sehr ruhig sein, wenn ich wieder in meinem Walde bin."[68] Er dachte an den geliebten samländischen Wald, um in solch schweren Stunden wieder Trost und Kraft zu finden.[69] Je verworrener die Umstände, desto mehr versuchte er, Ruhe zu bewah-ren und sein inneres Gleichgewicht nicht zu verlieren. Auch später kam ihm diese Charaktereigenschaft oft zugute. Als seine fünfjährige Tochter eines Tages – lan-ge nach dem Ende des Krieges – vom Spielplatz verschwunden war, wurde seine Frau fast ohnmächtig vor Angst und rief die Polizei an. Theodor Kaluza blieb ruhig, ging zum zoologischen Garten, weil er wusste, dass es dort einen Lieb-

---

[65] Vgl. Kielmansegg (1980).

[66] Brief von Theodor Kaluza an seine Frau vom 13. Januar 1918, NTK.

[67] Ebd.

[68] Ebd.

[69] Ebd.

lingsplatz der kleinen Dorothea gab, und fand sie bei dem Bärenkäfig.[70] Er wusste, dass Angst kein guter Ratgeber ist, sondern nur die Vernunft. Er überwand auf solche Weise die schwierigsten Situationen.

Nach eineinhalb Jahren, vom 15. bis 28. Februar 1918, bekam Kaluza endlich seinen ersten Fronturlaub. Er verbrachte ihn bei seiner Familie in Königsberg. Bei dieser Gelegenheit ließ er sich auch fotografieren. Das Foto zeigt Kaluza mit besorgtem Blick, aus dem ersichtlich ist, wie schwer ihn der Krieg bedrückte (siehe oben Abbildung 17 Seite 145).

Am 21. März 1918 begann die Offensive nördlich der Somme. Der Durchbruch war bei Peronne-Bapaume und Albert-Arras geplant. Nach ersten Erfolgen gegen die englische Armee folgte ein Angriff zwischen Amiens und Roye. Die deutsche Armee war aber schon lange erschöpft und erlitt schwere Verluste. Es mangelte an Munition und Transportmitteln; die Artillerie musste durch Pferde bewegt werden, aber es gab auch nicht genügend Pferde.[71] So konnten die frisch eingesetzten französischen Reserven nicht besiegt werden. Am 5. April wurde die Offensive abgebrochen. „Am Punkt des größten Erfolges südlich von Amiens war der Angriff 60 km weit vorgedrungen. Aber mit Verlusten in Höhe von 230.000 Mann in 15 Tagen waren furchtbarere Opfer gebracht worden als je zuvor in diesem Kriege in einem vergleichbaren Zeitraum", schrieb Peter Graf Kielmansegg über die Märzoffensive an der Westfront.[72] Die III. Armee beteiligte sich während dieser Offensive nicht an den Gefechten. Der Schallmesstrupp befand sich aber im Einsatz, er unterstützte die Vorbereitungen und die Verstärkung der bereits eroberten Stellungen. Ein Brief Kaluzas vom 27. März gibt kurze Hinweise auf den Hochbetrieb: „Zum Schlafen kommt man hier höchstens noch am Tage! Leutnant Maus geht [...] in die Türkei; dann gibt's bald noch mehr Arbeit!"[73] Und im Brief vom 12. April 1918 war zu lesen: „Da ich offenbar noch zu wenig zu tun zu haben scheine, hat mich die Division noch zum Auswertungsoffizier für Sprengstücke, Ausbläser und Blindgänger gemacht, da kann ich dann auch noch wieder zirkeln!"[74]

Dass er mit neuen Aufgaben überschüttet wurde, war kein Wunder, denn das deutsche Heer bereitete sich wieder auf eine Offensive vor. Im April folgte der Angriff an der Aisne, um die französische Armee zu zwingen, ihre Reserven aus Flandern abzuziehen. Es war das Gebiet, in dem auch die III. Armee im Einsatz war. Eine weitere Offensive erfolgte zwischen Reims und Soisson am 27. Mai.

---

[70] Brief von Theodor Kaluzas Tochter an die Autorin vom 19. Februar 1997.

[71] Kielmansegg (1980), S. 635.

[72] Ebd.

[73] Brief von Theodor Kaluza an seine Frau vom 27. März 1918, NTK.

[74] Brief von Theodor Kaluza an seine Frau vom 12. April 1918, NTK.

Diesmal sollte sie einen großen Erfolg haben: am 30. Mai wurde ein Durchbruch in der Frontlinie bis zur Marne, zwischen Château-Thierry und Epernay, erreicht. Die Post funktionierte acht Tage lang nicht mehr.

„Na, der heutige Heeresbericht dürfte das ja erklären!" schrieb Kaluza am 27. Mai lakonisch an seine Frau.[75] Und im Brief vom 30. Mai berichtete er weiter: „Gestern Nachmittag hab' ich so etwa 6 Stunden lang das Telefon überhaupt kaum aus der Hand legen können! Bis jetzt hat der Erfolg hier alle Erwartungen derart übertroffen, dass man gezwungen ist, die anfänglichen Pläne auch zu erweitern! Am meisten freuen wir uns natürlich, dass die sechs 32cm-Geschütze, die uns immer an der Nase vorbeischossen, erbeutet worden sind."[76] Die Auswertungsstelle des Schallmesstrupps musste in diesen Tagen ununterbrochen arbeiten, Messdaten telefonisch empfangen und sie schnell auswerten, damit die Artillerie entsprechende Entscheidungen treffen konnte.

Am 3. Juni wurde Kaluza an der Westfront zum Leutnant der Fußartillerie befördert. Leutnant Pleiss hatte ihm geholfen, seine Ernennung ohne den erforderlichen Offizierkursus einzuleiten.[77] An seine Frau, die während des Krieges stark abgenommen hatte, sandte er die ironische Mitteilung: „Du bist die Frau Leutnant Plieglie! Musst dich aber auch bisschen dicke tun, che?"[78]

Inzwischen hatte er „eine kleine Arbeit über einen neuen Plan" an die Schallmessschule in Wahn (Köln) geschickt und eine positive Beurteilung bekommen: „Kaluza gebührt Dank für die Anregung und die sehr sorgliche Ausarbeitung des Gedankens. Der E.-S.-Plan ist zweifellos einer der besten – vielleicht der beste – Vorschlag, um den [...] Plan als Auswerteplan auszugestalten. Falls es sich später darum handeln sollte, einen derartigen Plan einzuführen, sollte der vorliegende besondere Berücksichtigung finden."[79]

Wie schon erwähnt, lässt sich nicht mehr feststellen, um welchen Auswertungsplan es sich handelte. Die Akten der Schallmessschule in Wahn sind im Zweiten Weltkrieg zerstört worden. Fest steht jedoch, dass sich Kaluza weiter mit der Erforschung der Auswertungsverfahren beschäftigt hat. Zwei von ihm entwickelte Apparate wurden von Leutnant Pleiss bei einer Militärtagung der Schallmessschule in Wahn vorgestellt. Es handelte sich um einen Oszillographen und ein Saitengalvanometer für die Schallmessung.[80]

---

[75] Brief von Theodor Kaluza an seine Frau vom 27. Mai 1918, NTK.

[76] Brief von Theodor Kaluza an seine Frau vom 30. Mai 1918, NTK.

[77] Brief von Theodor Kaluza an seine Frau vom 11. Juni 1918, NTK.

[78] Ebd.

[79] Ebd.

[80] Brief von Leutnant Pleiss an Theodor Kaluza vom 25. September 1918, NTK.

Kaluza hatte es also geschafft, sich trotz der zunehmend bedrohlichen Situation an der Westfront im Jahr 1918 noch konkreten Forschungsvorhaben zu widmen. Vermutlich half ihm die Konzentration auf wissenschaftliche Vorhaben sogar dabei, den ihn umgebenden Kriegsschauplatz besser zu ertragen. Während der Mai-Offensive war die Schallmessstelle im Waldlager in einer Baracke untergebracht. In der Nähe gab es einen Windmesserturm, einen Teich und die Pferde des Schallvereins. Das erinnerte ihn wieder an die ostpreußische Heimat: „Draußen regnet's ganz fein, und ich möchte so gern nach Georgenswalde fahren, es scheint aber kein Zug von Le Ch. hinzugehen."[81] Kaluza vermochte es, in seinen Gedanken der drückenden Gegenwart zu entfliehen und sich in die faszinierende Welt der Ideen zu vertiefen. Dazu verhalfen ihm die Erinnerungen und seine beeindruckende Phantasie, der er in den schwierigsten Momenten freien Lauf lassen konnte.

Wie intensiv er sich mit wissenschaftlichen Fragen beschäftigte, zeigen sogar die Rückseiten seiner Briefe aus dieser Zeit, die öfter mit mathematischen Formeln bedeckt waren.[82]

Nach dem letzten großen Erfolg der deutschen Armee Ende Mai nahm deren Schlagkraft rapide ab. Die Infanterieeinheiten waren ermüdet, es mangelte an schweren Waffen, und sie mussten gegen einen Gegner kämpfen, der seine Truppen durch ständig neue Reserven auffrischen konnte. Die Verluste der deutschen Armee betrugen seit dem Anfang der Offensive vom 21. März 1918 425.000 Mann. Die Armee der Alliierten war dagegen durch den Eintritt der Vereinigten Staaten in den Krieg erheblich gestärkt worden. Kaluza kommentierte diese Situation Ende Juni mit der lakonischen Bemerkung: „Über die Franzosen muss man sich auch bloß ärgern. Also, wieder mal Pleite!"[83]

Am 8. August erlitt die deutsche Armee durch einen Angriff der Alliierten in Amiens eine entscheidende Niederlage. Man hat diesen Tag „den schwarzen Tag des deutschen Heeres" genannt. Die Kraft der deutschen Truppen war verbraucht. Bereits Anfang 1918 hatte Deutschland die Luftherrschaft verloren. Die gegnerischen Flieger fügten der deutschen Infanterie in unaufhörlichen Angriffen schwere Verluste zu.[84] Seit dem Scheitern der West-Offensive hatten eine tiefe Depression und Müdigkeit die Truppen erfasst.

Auch Kaluza war erschöpft. Ende Juni erkrankte er schwer an der spanischen Grippe. Ihn quälten Fieber und ein „Darmkathar", so dass er nicht mehr stehen konnte und einen Paratyphus fürchtete. 1918/19 starben 22 Millionen Menschen

---

[81] Brief von Theodor Kaluza an seine Frau vom 12. Mai 1918, NTK.

[82] Z.B. im Brief von Theodor Kaluza an seine Frau vom 12. Februar 1917, NTK.

[83] Brief von Theodor Kaluza an seine Frau vom 27. Juni 1918, NTK.

[84] Kielmansegg (1980), S. 639.

an dieser Krankheit – mehr als infolge des Kriegs selbst –, gegen die es keine Impfung gab. Auch im Nachbartrupp litten mehrere Offiziere an Grippe. Wegen der schlechten Ernährung und der Strapazen des Krieges waren die Menschen anfälliger geworden und ihre Abwehrkräfte reichten nicht mehr aus.

Theodor Kaluza wurde nach einer Woche wieder gesund. Der körperlich eher schmächtige Mann hatte dem Virus trotz Überanstrengung und kriegsbedingter Strapazen und Entbehrungen widerstehen können. „Ich bin noch immer so müde, dass ich den ganzen Tag schnarchen könnte!"[85] berichtete er seiner Frau und beklagte sich nun zum ersten Mal: „Ich halt's nicht mehr aus!" Die Anstrengung der letzten Monate war zu groß gewesen. Er wartete auf den lange versprochenen Urlaub, um sich erholen zu können.

Niemand machte sich noch Hoffnungen, dass Deutschland den Krieg gewinnen könnte. Am 12. September erfolgte ein Angriff der amerikanischen Armee südlich von Verdun, der die deutschen Stellungen durchbrach. Die Deutschen erlitten schwere Verluste und mussten den Rückzug antreten. Am 26. September folgten neue Angriffe der Alliierten in der Champagne und zwischen Maas und Argonnen. Auch in Flandern drängten die Alliierten vor. Die Folge waren weitere schwere Niederlagen.[86]

Anfang Oktober 1918 erhielt Theodor Kaluza seinen lang ersehnten Heimaturlaub und erlebte das Ende des Krieges bei seiner Familie.

---

[85] Brief von Theodor Kaluza an seine Frau vom 7. Juli 1918, NTK.
[86] Kielmansegg (1980), S. 660.

Am Ende des Krieges kehrten enttäuschte Männer von der Front zurück. Durch den Krieg hatten sie alle Ideale verloren. Überall breiteten sich Unruhe und tiefe Depression aus, weil sich die Opfer der Bevölkerung, die sie in der euphorischen Anfangsstimmung bereitwillig auf sich genommen hatte, nun als sinnlos erwiesen. Viele Kriegsteilnehmer fühlten sich betrogen. Die Stimmung der desillusionierten Heimkehrer beschrieb der Schriftsteller Erich Maria Remarque treffend in seinem Buch, „Der Weg zurück" – er bezeichnete sie als „zerstörte Generation", die im Herbst 1918 ins Leben zurückkehrte.[1] Die Novemberrevolution hat dann die letzten Hoffnungen zerstört, dass die alte Welt, an deren Werte viele geglaubt hatten, noch zu retten wäre. Damit ging eine Epoche in der Geschichte Deutschlands, die wilhelminische Zeit, zu Ende.

Kaluza erkrankte nach seiner Rückkehr an Lungenentzündung. Der letzte Brief, den er von der Front an seine Frau geschrieben hatte, trug das Datum vom 29. September 1918. Er muss es als große Befreiung empfunden haben, wieder zu Hause bei seiner Familie sein zu können. Der Krieg war für ihn nach mehr als zwei Jahren der Trennung von seiner Familie und von seiner geliebten Arbeit vorbei. Er konnte sich nun endlich wieder seiner Lieblingsbeschäftigung, der wissenschaftlichen Forschung, widmen.

Jetzt kam seine bedeutendste Schaffensperiode: Bereits nach vier Monaten beendete er seine Theorie, die ihn der wissenschaftlichen Welt bekannt machen sollte. Es ist erstaunlich, dass sich ein Wissenschaftler ausgerechnet in den chaotischen Wirren der Nachkriegszeit in seinem ruhigen Arbeitszimmer in einer Stadt an der Ostsee nach zwei Jahren Kriegsdienst auf eine Theorie konzentrieren konnte, die die verlorene Harmonie der Welt wieder herzustellen scheint. Diese Theorie sollte den Bruch zwischen scheinbar unvereinbaren physikalischen Erscheinungen auflösen und sie vereinigen.

Es ist bemerkenswert, wie der schmächtige, von den Entbehrungen des Krieges erschöpfte Mann, dessen körperliche Kraft aus einer inneren geistigen Quelle zu entspringen schien, sein seelisches Gleichgewicht behalten konnte. Trotz der traumatischen Kriegserlebnisse und der Lösung aus seiner vertrauten Umgebung hat der Krieg offenbar keinen Bruch in seinem Leben verursacht. Vermutlich hatte ihm seine intellektuell anspruchsvolle Tätigkeit beim Schallmesstrupp geholfen, diese schwere Zeit nicht nur physisch, sondern auch psychisch durchzu-

---

[1] Remarque (1931).

halten. Kaluza hatte den Glauben nicht verloren, dass es Ziele gibt, für die sich das Warten lohnt. Die Kriegserlebnisse hatten ihn gelehrt, Wichtiges von Unwichtigem zu unterscheiden und zu erkennen, dass das kostbarste Geschenk die Chance war, diesen grauenvollen Krieg zu überleben.

Rückblickend auf die Erlebnisse an der Front zeichnet sich die Persönlichkeit Kaluzas in sicheren Umrissen ab. Das Wichtigste scheint seine besondere Fähigkeit zu sein, sich in den schwierigsten Umständen in seine eigene Welt vertiefen und von der Umgebung abschirmen zu können. Es ist eine Eigenschaft, die einem Wissenschaftler sehr nützlich ist. Außerdem half ihm während dieser langen Zeit des Krieges sein unglaubliches Vorstellungsvermögen, das es ihm ermöglichte, die Welt ständig als Wunder wahrzunehmen. Kaluza war ein Mensch, dessen zierliche Konstitution nicht ahnen ließ, wieviel Mut, Ausdauer und Kraft er für eine ihm wichtige Sache einzusetzen fähig war. Er besaß die Geduld und die Weisheit, in einer schwierigen Zeit unter unmenschlichen Umständen zu warten, dass die Welt wieder zur Ruhe komme und er die Möglichkeit erhalte, sich den schönen kulturellen Idealen, die ihn ständig beflügelten, zu widmen. Als Romantiker würde man ihn bezeichnen, wenn man von den praktischen Fähigkeiten, die er im Krieg einsetzen konnte, absehen würde. Kaluza war durch seine Beobachtungsgabe, seine Objektivität und sein Geschick, die praktischen Umstände zu bewältigen, auch ein nüchterner Realist. Diese beiden Eigenschaften verbanden sich in ihm zu einer ausgeglichenen, glücklichen Persönlichkeit. Wo ein anderer längst verzweifelt wäre, rettete ihn seine Phantasie.

Als es ihm an der Front unerträglich wurde, besann er sich trotzdem wieder, beruhigte auch seine Frau und wusste, dass er sich ruhig verhalten musste, bis das ganze vorbei war. Eine Arie in Mozarts Oper „Die Zauberflöte" ist auf die Worte aufgebaut: „Nur stille, stille, stille, stille! Bald dringen wir in den Tempel ein." Aus dieser Szene hatte Kaluza, der Mozart sehr bewunderte, wohl seinen Spruch übernommen, der wie ein Zauber auf die geliebten Wesen, die weit von ihm entfernt waren, wirken musste: „Seid schön stillchen; denn alles wird bald vorbei sein!"[2]

Und jetzt war tatsächlich alles vorbei, der Krieg war beendet. Auch wenn nun andere Entbehrungen bevorstanden, war trotzdem Frieden, und er konnte wieder zu seiner geliebten Physik zurückkehren. Die Freude über das Ende des Krieges beflügelte seine Arbeit gewaltig.

---

[2] In mehreren Frontbriefen von Theodor Kaluza an seine Frau, NTK.

Die Universität Königsberg nach dem Krieg

Da Königsberg vom Krieg kaum betroffen war, setzte die Albertina ihren Lehrbetrieb fort – wenn auch mit großen Einschränkungen. Im Wintersemester 1915/16 waren von den insgesamt 1.299 Studierenden 880 Studenten zum Militärdienst eingezogen worden. Die an der Universität verbliebenen Studierenden waren zur Hälfte Frauen. Am Ende des Krieges zählte die Universität rund 300 Gefallene.

Durch den Versailler Vertrag vom 28. Juni 1919 erlitt Ostpreußen große Verluste: die Gebiete von Memel und Soldau, Danzig, das Kulmerland und Teile von Posen gingen verloren. Dadurch wurde Ostpreußen zu einer Insel, die vom übrigen Deutschland abgetrennt war. Die Universität bekam als höchste Bildungsstätte im Rahmen dieser aufgezwungenen Isolierung eine nationale Bedeutung.[1] Sie konnte aber wegen der Folgen des Krieges, besonders wegen der Reparationszahlungen und der hohen Inflation nur wenig Unterstützung vom übrigen Preußen oder der Reichsregierung erwarten. Der neue, 1918 gewählte Rektor der Albertus-Universität, Adalbert Bezzenberger, trat dafür ein, Königsberg zu einem „Anziehungspunkt und Sammelplatz für Forscher und Lehrer in weit höherem Grade" als bisher zu machen, um die Gefahr der Abwanderung aus der Königsberger Universität zu vermeiden.[2] In diesem Sinne hatte er auch den Lehrkörper und die Studenten organisiert; er wollte Auswirkungen der Revolution auf die Universität vermeiden und genehmigte die Beteiligung der Studentenschaft an der Einwohnerwehr.

Die Novemberrevolution 1918 verlief in Königsberg ohne Straßenkämpfe und Barrikaden. Die Monarchie, die von vielen als Symbol der deutschen Nation angesehen wurde, brach zusammen. Aus diesem Grund war die Revolution für viele gleichbedeutend mit dem Sturz des Vaterlandes. Nachdem die neu gebildeten Arbeiter- und Soldatenräte die amtierenden Bürgermeister- und Polizeipräsidenten und den kommandierenden General abgelöst hatten, wurde ein Ostpreußischer Provinzial-Arbeiter- und Soldatenrat konstituiert, der als oberste politische Repräsentanz der Provinz auftrat. In Königsberg bestand die Gefahr einer kommunistischen Revolution, weil die Rote Armee nicht weit von der Grenze stand.[3] Es folgte nach den Wahlen der Stadtverordneten vom 2. März 1919 eine Periode politischer Unruhen und des Terrors, den die Roten Matrosen verursacht hatten. Die Wiederherstellung der Staatsautorität war nicht einfach, die Bemü-

---

[1] Gause (1968), S. 213.
[2] Brausch (1996), S. 123.
[3] Gause (1968), S. 204–210.

hungen erstreckten sich bis Ende 1919. Eine neue Sicherheitspolizei übernahm anschließend die Aufsicht über die Ordnung in der Stadt.

Außerdem herrschte Hungersnot, verursacht durch Inflation und Wirtschaftskrise. Der Handel stand schon immer im Mittelpunkt der Wirtschaft. Königsberg, das vor dem Krieg der größte deutsche Handelsplatz für den Güteraustausch mit Russland war, verlor nach dem Versailler Vertrag diesen wichtigen Handelspartner. Die Ausfuhr konnte nicht mehr die Höhe des Umsatzes vor 1914 erreichen. Die Union-Werft brach zusammen. Wegen der Geldentwertung sah sich die Stadt Königsberg gezwungen, eigene Geldscheine auszugeben.

Der Familie Kaluza hatte der Krieg den wirtschaftlichen Ruin gebracht. Max Kaluza war kein Geschäftsmann gewesen, er hatte sein ganzes Vermögen in jetzt wertlose Kriegsanleihen investiert. Der Staat war nun bankrott und eine Rückerstattung seines Kapitals nicht mehr möglich. Max Kaluza unterstützte zwar mit seinem Professorengehalt noch die Familie seines Sohnes, doch die steigende Inflation machte sich immer mehr bemerkbar.

In dieser Zeit der politischen Wirren fand Theodor Kaluza trotzdem die Ruhe, sich seiner wissenschaftlichen Arbeit zu widmen. Trotz der Hungersnot und der finanziellen Schwierigkeiten seiner Familie konnte er sein inneres Gleichgewicht finden, das es ihm ermöglichte, über seine Theorie nachzudenken. Zu welch enormer Geistesleistung er fähig war, zeigt diese Theorie.

DIE THEORIE

Kaluzas Theorie beruht auf zwei wesentlichen Gedanken:

1. Unser physikalischer Raum ist fünfdimensional und
2. In diesem fünfdimensionalen Raum bilden beide Wechselwirkungen, Gravitation und Elektromagnetismus, eine Einheit.

Der Gedanke, dass unser physikalischer Raum fünfdimensional sein könnte, scheint auf dem ersten Blick so erstaunlich, dass er einer historischen Erklärung bedarf. Gleichzeitig widmen wir uns in den nächsten Kapiteln der Entwicklung der Vereinheitlichungsidee, die unabhängig von dem Gedanken der Raumdimensionalität entstand.

Die Dimensionalität des Raumes[1]

Die Anfänge

In seinem Dialog „Timaios" definierte Platon (428/427–348 v. Chr.) den Raum als eine „dritte Gattung [...], die kein Vergehen kennt und allem einen Platz bietet, was ein Entstehen hat"[2], als eine dritte „Form", die sich von den anderen beiden Formen, dem Sein und dem Werden, unterscheidet:

„Dies also soll im Umriss der Satz sein, für den ich nach gründlicher Überlegung meine Stimme abgebe: Es gibt Sein, Raum *und* Werden, *drei voneinander getrennte Formen, und es gab sie schon, bevor der Himmel entstand."*[3]

Damit scheint Platon der erste griechische Philosoph gewesen zu sein, der den Raum als selbständigen Begriff erfasste. Platon beschränkte die Anzahl der Bewegungsrichtungen eines Körpers auf sechs, die den drei Raumdimensionen entsprechen:

„[...] da es [jedes Lebewesen] alle sechs Bewegungen besaß; denn es bewegte sich planlos vorwärts und rückwärts und wieder nach rechts und links, nach unten und nach oben, kurz: überall hin in die sechs Richtungen."[4]

---

[1] Über die Geschichte der Dimensionalität existieren bislang nur vereinzelte Untersuchungen, die im Laufe des Kapitels zitiert werden, es existiert jedoch keine systematische Analyse.

[2] Platon, „Timaios", Kap. 18, 52a–b, in Platon (2003), S. 97.

[3] Platon, „Timaios", Kap. 19, 42d, in ebd., S. 99, Hervorhebung die Autorin.

[4] Platon, „Timaios", Kap. 15, 43b, in ebd., S. 71.

In seinem Werk „De Caelo" begründete Aristoteles (384–323 v. Chr.) die Feststellung, dass es außer den drei „Ausmessungen" Linie, Fläche und Körper keine weitere gäbe, durch die Eigenschaft der „Vollständigkeit" eines Körpers und durch die pythagoreische Perfektion der Zahl drei.[5]

Als Euklid um 300 vor Christus sein bedeutendes Werk „Die Elemente der Geometrie" verfasste, definierte er einen Körper als ein geometrisches Gebilde, das Länge, Breite und Tiefe hat.

Bei ihrer Beschäftigung mit dem Raum und seiner Beschaffenheit konzentrierten sich die antiken und mittelalterlichen Denker auf die Feststellung seiner Dreidimensionalität. Manche versuchten zu begründen, warum die Anzahl der Dimensionen nicht höher als drei sein kann. Auch Ptolemaios (2. Jh. n. Chr.) zeigte in seinem verlorenen Buch „περὶ διαστάσεως" („Über die Entfernung"), dass die Anzahl der Dimensionen unseres Raumes nicht größer als drei sein kann.[6] Der Geistliche und hervorragende Mathematiker Nikolaus d'Oresme (etwa 1323–1382) versuchte in seiner Schrift „De uniformitate et difformitate intensionum" (entstanden vor 1371), sich ein vierdimensionales geometrisches Gebilde vorzustellen.[7] Die vierte Dimension lehnte er aber entschieden ab.[8]

In einer 1553 in Königsberg erschienen Schrift betonte Michael Stifel, dass es keine geometrischen Körper gebe, die „über den cubum hinausfahren", da „mehr denn drei Dimensionen […] wider die Natur" seien.[9] In Galileos erstem Teil des Werkes „Dialog über die beiden hauptsächlichsten Weltsysteme" (1632) kritisierte Salviati die Aristotelische Begründung der Dreidimensionalität des Raumes und gab seinen eigenen geometrischen Beweis: Durch einen Punkt können höchstens drei Geraden gehen, die sich gegenseitig in einem rechten Winkel schneiden.[10] Diese Begründung wurde ebenfalls von Leibniz benutzt.[11] In seiner analytischen Geometrie definierte René Descartes (1596–1650) zum ersten Mal den Dimensionsbegriff als die Anzahl der Koordinaten eines Punktes.[12]

Im 17. Jahrhundert beschäftigten sich die Philosophen Blaise Pascal und Henry More in unterschiedlicher Weise mit dem Gedanken, ob unser Raum mehr als drei Dimensionen haben könnte. In seinem « Traité des Triangles rect-

---

[5] Siehe Whitrow (1956), S. 15.

[6] Siehe ebd., S. 17.

[7] Siehe Juschkewitsch (1964), S. 405–406.

[8] Siehe Wieleitner (1925), S. 489: „quamvis qualitas superficialis imaginatur per corpus et non contigit esse vel imaginare 4am dimensionem".

[9] Zitiert in Wieleitner (1925), S. 486.

[10] Galilei (1632), S. 11–14.

[11] Siehe Mainzer (1980), S. 484.

[12] Siehe ebd..

angles » (1658) untersuchte der französische Gelehrte anhand einer algebraischen Formel vierdimensionale, „unendlich kleine" Gebilde, die er « planplans » nannte, betonte aber, dass sie rein geometrischer Natur seien.[13] Henry More zweifelte dagegen nicht an der Realität eines vierdimensionalen Raums. In seiner Schrift "The Immortality of the Soul" (1659) stellte er sich die vierte Dimension vor als die „vierte Zustandsform" einer „durchlässigen und untrennbaren Substanz", die er Geist nannte.[14]

Kants Vermächtnis über die Dimensionalität des Raumes: Immanuel Kant

Immanuel Kant war der erste, der sich eingehend mit der Frage auseinandersetzte, ob unser Raum aus mehr als drei Dimensionen bestehe. In seiner Arbeit von 1747 „Gedanken von der wahren Schätzung der lebendigen Kräfte" setzte sich Kant mit dieser Idee auseinander. Nachdem er den Zusammenhang zwischen der Dreidimensionalität unseres Raumes und dem Gravitationsgesetz betont hatte, zog Kant die Schlussfolgerung:

„[…] dass dieses Gesetz willkürlich sei, und dass Gott dafür ein anderes, zum Exempel des umgekehrten dreifachen Verhältnisses, hätte wählen können; dass endlich […] aus einem anderen Gesetze auch eine Ausdehnung von anderen Eigenschaften und Abmessungen geflossen wäre. Eine Wissenschaft von allen diesen möglichen Raumesarten wäre unfehlbar die höchste Geometrie, die ein endlicher Verstand unternehmen könnte."[15]

Die Tatsache, dass wir außerstande sind, mehr als drei Dimensionen wahrzunehmen, erklärte Kant durch die Beschaffenheit unseres Geistes:

„Die Unmöglichkeit, die wir bei uns bemerken, einen Raum von mehr als drei Abmessungen uns vorzustellen, scheint mir daher zu rühren, weil unsere Seele ebenfalls nach dem Gesetze des umgekehrten doppelten Verhältnisses der Weiten die Eindrücke von draußen empfängt, und weil ihre Natur selber dazu gemacht ist, nicht allein so zu leiden, sondern auch auf diese Weise außer sich zu wirken."[16]

In der „Kritik der reinen Vernunft" (1781) entwickelte Kant weiterhin die bereits im letzten Absatz ausgesprochene Auffassung, dass die Dreidimensionalität des Raumes eine notwendige Folge unserer Anschauung sei. Seine Philosophie war auf Newtons Mechanik begründet. In den *Principia Mathematica* (1687) hatte

---

[13] Siehe Wieleitner (1925), S. 488–489.

[14] Siehe Koyré (1980), S. 123 und Zimmermann (1881), S. 403. In More (1659).

[15] Kant (1747), S. 32. Mit dem „umgekehrten dreifachen Verhältnis" meint Kant die Proportionalität der Gravitationskraft zu dem umgekehrten Quadrat des Abstandes zwischen den sich anziehenden Körpern im Newtonschen Gravitationsgesetz.

[16] Ebd.

Newton den geometrischen (euklidischen) Raum, der „mathematisch", „wirklich" und „absolut" ist, zur Aufstellung der Gesetze der Mechanik benutzt. Im Unterschied dazu erwähnte Newton ausdrücklich den sinnlich wahrnehmbaren Raum, der „relativ", „scheinbar" und „landläufig" sei.[17] Newtons Analyse enthält bereits im Keim die philosophische Auffassung, die Kant entwickelte. Für ihn ist unser *a priori* gegebener Anschauungsraum, der euklidisch und absolut ist, gleichzeitig auch unser Erfahrungsraum.

Damit festigte Kant die Auffassung von einem absoluten dreidimensionalen Raum, die die Physik mehr als ein Jahrhundert beherrschte.[18] Es waren ab jetzt die Mathematiker, die die Aufgabe übernahmen, höherdimensionale Räume zu entwickeln. Das fand hauptsächlich in Deutschland und teilweise in England statt, während sich in Frankreich kaum jemand für die Idee der Höherdimensionalität des Raumes interessierte. Das kann durch die unterschiedlich philosophische Auffassung erklärt werden, die in der Zeit der Aufklärung in Frankreich herrschte: Im vierten Band der *Encyclopédie ou dictionnaire raisonné des sciences, des arts et des métiers* (1754) analysierte Jean le Rond D'Alembert (1717–1783), einer der Herausgeber der *Encyclopédie* und Begründer der mathematischen Mechanik im 18. Jahrhundert, den Begriff „Dimension", den er der Physik und der Geometrie zuordnete. Nachdem er die drei geometrischen Dimensionen eines Körpers, „Länge, Breite und Tiefe" aufgezählt hatte, erklärte er, dass man sie auch auf die „Materie" übertragen kann und betonte, dass „nur dreidimensionale Quantitäten existieren könnten, denn man kann sich außerhalb des festen Körpers nichts vorstellen."[19]

Anschließend hob jedoch D'Alembert hervor, dass die Zeit als eine „vierte Dimension" betrachtet werden könnte, und das Produkt des Volumens mit der Zeit „in gewissem Sinne ein vierdimensionales Produkt darstellen würde."[20]

---

[17] Newton (1687), in Newton (1988), 1. Buch, *Scholium* zu den Definitionen, S. 43–44.

[18] Man darf jedoch nicht außer Acht lassen, dass diese Interpretation der Philosophie Kants auf einer Einschränkung beruht, und dass es nicht eindeutig ist, ob eine nichteuklidische höherdimensionale Geometrie unseres Wahrnehmungsraums im Widerspruch zu Kants Philosophie steht. Trotz dieser einseitigen Interpretation, die man der Kantianischen Philosophie gegeben hat, hatte Kant – wie oben erwähnt – eine „Geometrie aller möglichen Raumesarten" (also Räume verschiedener Dimensionen) aus unserer Vorstellung nicht ausgeschlossen, sondern sie „als die höchste Geometrie, die ein endlicher Verstand unternehmen könnte", bezeichnet.

[19] « Au reste il ne peut y avoir proprement que des quantités de trois dimensions; car passé le solide, on n'en peut concevoir un autre. », D'Alembert (1754), S. 1009.

[20] D'Alembert (1754), S. 1010: « qu'on pourroit cependant regarder la durée comme une quatrieme dimension & que le produit du temps par la solidité sera en quelque maniere un produit de quatre dimensions. »

D'Alembert vertrat eine rationalistische Philosophie cartesianischer Prägung[21], deren zentraler Grundsatz war, keine Begriffe in einer physikalischen Beschreibung zuzulassen (wie z.B. die Kraft), deren Ursachen nicht bekannt sind. In seinem « Traité de Dynamique » (1743) hatte er die (Newtonsche) Mechanik der Kräfte durch eine Mechanik der Wirkungen kinematischer Natur ersetzt. Gleichzeitig betonte D'Alembert die grundlegende Rolle der Mathematik in der Physik; die Abstraktion der Mathematik (und dementsprechend ihre Einfachheit) machte für D'Alembert ihre erkenntnistheoretische Kraft aus. Seine philosophische Auffassung spiegelt sich auch in der Schlussfolgerung, die D'Alembert bezüglich der vierten Dimension des Raumes zog: Er betrachtete sie als interessante neue Idee, stellte sich jedoch, anders als die deutschen Wissenschaftler, keine Fragen bezüglich ihrer physikalischen Realität. D'Alemberts philosophische Auffassung beeinflusste die französische Physik, die bis Ende des 19. Jahrhunderts auf diesen erkenntnistheoretischen Grundsätzen beruhte. So erklärt sich vielleicht das anfangs geringe Interesse an dieser Idee in Frankreich.

Auch Joseph Louis Lagrange (1736–1813) benutzte in seiner « Mécanique Analytique » (1788) die Zeit als vierte Koordinate. Es handelte sich jedoch um einen formalen Schritt und nicht um eine geometrische Erweiterung des dreidimensionalen Raumes. Im selben Geist sind die Ausführungen von Jean Robert Argand aus dem Jahr 1813 in seiner Arbeit « Essais sur une manière de représenter les quantités imaginaires dans les constructions géométriques » geschrieben: « *Nous ne pousserons pas plus loin ces aperçus, et nous observerons, en terminant, que les expressions a, ab, abc, qui désignent les lignes considérées par rapport à une, à deux, à trois dimensions, ne sont que les premiers termes d'une suite qui peut être prolongée indéfiniment.* »[22]

Johann Friedrich Herbart

In Deutschland hatte die Interpretation der Kantianischen Auffassung des euklidischen Raums als reine Form unserer Anschauung eine Dynamik in Gang gesetzt, die zu einer intensiven Beschäftigung mit der Möglichkeit der Existenz eines nichteuklidischen, gekrümmten Raums einerseits und der Höherdimensio-

---

[21] Fälschlicherweise wurde lange Zeit D'Alemberts philosophische Auffassung von Historikern als „positivistisch" bezeichnet und D'Alembert als Begründer des Positivismus betrachtet. Erst in neuerer Zeit hob man Descartes' Einfluss auf D'Alemberts Erkenntnistheorie im « Traité de Dynamique » hervor, vgl. Firode (2001), S. 16.

[22] Zitiert in Segre (1921), S. 773.

nalität des Raumes andererseits führte.[23] In der Philosophie, Mathematik und in den Naturwissenschaften fanden sich Wissenschaftler, die sich kritisch mit Kants Auffassung auseinandersetzten. Bereits 1802 in der fünften These seiner Habilitation widersprach Johann Friedrich Herbart (1776–1841) der Kantianischen Auffassung über Raum und Zeit: *„In diesem Teil der Kantischen Philosophie"*, betonte er, *„verbirgt sich ein Fehler, der das ganze System aufhebt."*[24] Herbart hatte darauf hingewiesen, dass es keine Notwendigkeit einer angeborenen Vorstellung des Raumes und der Zeit geben könne: *„Dass wir die Vorstellung von Raum und Zeit nicht aus unserem Verstand verdrängen können, beweist nicht, dass diese Vorstellungen in uns von Natur aus angelegt sind."*[25]

Herbart war von 1802 bis 1805 Privatdozent und bis 1809 außerordentlicher Professor in Göttingen gewesen, als er nach Königsberg als Nachfolger von Kant berufen wurde. 1833 kehrte er zurück nach Göttingen, wo er bis zu seinem Tod als Professor für Philosophie und Pädagogik wirkte. Herbart war also mehrere Jahre Kollege von Gauß.

In seinem Werk „Höhepunkte der Metaphysik" stellte Herbart 1806 die Frage, ob der Raum mehr Dimensionen als drei haben könnte. Nachdem er erklärte, dass ein vierter Punkt nicht mehr notwendigerweise in einer Ebene liegt (wie drei Punkte) und damit eine dritte Dimension eingeführt werden kann, stellte er die Frage: „Aber wird nicht der nämliche Grund noch eine vierte – und eine fünfte Dimension herbeizuführen scheinen?"[26] Herbart vertrat eine psychologische Auffassung des Raumes. Für ihn ist der Raum nicht absolut, sondern er wird konstruiert, er existiert nicht *a priori*, sondern entsteht in Gedanken als „Möglichkeit" und zwar nicht bevor, sondern während des Denkens: „Möglichkeit ist nichts als Gedanke, und sie entsteht dann, wenn sie gedacht wird; der Raum aber ist nichts als Möglichkeit, denn er enthält nichts als Bilder vom Sein."[27] Der absolute Raum dagegen stellt eine Abstraktion dar, die hinterher, nachdem der Raum in Gedanken konstruiert wurde, entsteht. Daher betonte Herbart: „Spreche man

---

[23] Stäckel lokalisiert das „Wiedererwachen des Interesses" an den Grundlagen der Geometrie bereits ans Ende des 18. Jahrhunderts und setzt es in Zusammenhang mit dem Einfluss der Kantischen Philosophie, siehe Stäckel (1901), S. 51.

[24] Herbart (1802), 5. These: „Qui in hac Kantianae rationis parte latet error, totum tollit systema."

[25] Ebd., 5. These übersetzt von Heinrich Tuitje: „Spatii et temporis cogitationem quod e mente nostra eiicere non possumus, hoc non probat, eas cogitationes natura nobis insitas esse."

[26] Herbart (1806), S. 238.

[27] Ebd.

nicht von einem absoluten Raume als Voraussetzung aller gemachten Konstruktionen."[28]

Gestützt auf diese Auffassung beantwortete Herbart die Frage nach der Höherdimensionalität des Raumes wie folgt: „Der intelligible Raum ist nicht gegeben; es kommt uns also hier das vermeinte Gegebensein des empirischen Raumes (der viel mehr konstruiert wird, nur nicht auf einmal, nicht mit Bewusstsein einer festen Regel, und gewöhnlich zunächst für die Anschauung des Farbigten) keineswegs zu statten."[29] Daraus schloss Herbart, dass die Möglichkeit einer geometrischen Konstruktion einer weiteren Dimension in unserer Raumvorstellung nicht existiere und dementsprechend unsere Vorstellungskraft mit der dritten Dimension aufhöre: „Daher ist hier der Übergang aus schon vorhandenen zu neuen Richtungen gesperrt."[30]

Obwohl Herbart die Existenz des höherdimensionalen Raumes verneinte, legte er darauf Wert, dass der Raum nicht absolut sei, sondern in der Vorstellung konstruierbar. Diese Auffassung ermutigte besonders die Mathematiker, höherdimensionale Räume rein abstrakt mathematisch zu entwickeln. Die Schwierigkeit, die sie zu überwinden hatten, beruhte auf der Idee, die in Kants Philosophie tief verwurzelt war, der Raum sei unserer Anschauung von vornherein gegeben und werde daher nicht in der Vorstellung (also mathematisch) konstruiert.[31]

Hermann Grassmann

Hermann Grassmann (1809–1877) begründete 1844 in seinem Werk „Die lineale Ausdehnungslehre ein neuer Zweig der Mathematik" das Konzept der mehrdimensionalen Geometrie.[32] Er entwickelte *n*-fach ausgedehnte Mannigfaltigkeiten, aus deren erzeugenden Elementen, als Punkte angenommen, die gewöhnliche

---

[28] Herbart (1806), S. 238.

[29] Ebd.

[30] Ebd.

[31] In Riemann (1876a), S. 475–476, bekennt sich Riemann zu Herbart: „so konnte ich mich den frühesten Untersuchungen Herbart's, deren Resultate in seinen Promotions- und Habilitationsthesen (vom 22. und 23. Oktober 1802) ausgesprochen sind, fast völlig anschließen." Zu Herbarts Einfluss auf Riemann siehe Scholz (1982), S. 422–424. Die interessante Frage, ob Herbarts Auffassung auch andere Mathematiker, wie Gauß oder Grassmann beeinflusst hat, ist nach der Kenntnis der Autorin noch nicht beantwortet worden. Vieles spricht aber dafür, wie weiter unten gezeigt wird, dass Herbarts Einfluss auf Mathematiker in Deutschland von großer Bedeutung war.

[32] Siehe Rosenfeld (1988), S. 249–253, Segre (1921), S. 772 und Klein, F. (1926b), S. 173–178.

Geometrie entstand. Auch der Mathematiker Arthur Cayley (1821–1895) führte die Definition des mehrdimensionalen Raums im gleichen Jahr (1844) in seinem Werk, „Chapters on the Analytical Geometry of (*n*) Dimensions" in einer rein algebraischen Form ein.[33] 1846 betrachtete Cayley sogar die Rotation eines starren Körpers in einem euklidischen Raum von *n* Dimensionen und gab eine Methode zur Aufstellung der Differentialgleichungen der Bewegung an.[34]

Als Grassmann seine „Ausdehnungslehre" verfasste, bemerkte er, dass er „auf das Gebiet einer *neuen Wissenschaft* gelangt sei, von der die Geometrie selbst nur eine spezielle Anwendung" sei.[35] Es handelte sich um einen „rein abstrakten Zweig der Mathematik"[36] wie den der Arithmetik, der sich von der Geometrie deutlich unterscheidet, da die Geometrie, anders als die Arithmetik, „schon auf ein in der Natur Gegebenes (nämlich den Raum) sich beziehe"[37], und daher empirisch definiert ist. Grassmanns anspruchsvolles Ziel war, einen neuen abstrakten Zweig der Mathematik zu begründen, aus dem sich die Geometrie in gewisser Weise deduzieren lässt: „dass es daher einen Zweig der Mathematik geben müsse, der in rein abstrakter Weise ähnliche Gesetze aus sich erzeuge, wie sie in der Geometrie an den Raum gebunden erscheinen."[38] Dieser neue Zweig ist seine Ausdehnungslehre, eine – in der modernen Sprache ausgedrückt – lineare Vektoralgebra, deren Elemente mit Richtung versehene Strecken sind, mit denen Grassmann die Vektoroperationen[39] Addition, Subtraktion, das äußere Produkt und Division (der Strecken) definierte. Nachdem er die Addition und die Subtraktion der Strecken behandelt hatte, konstruierte Grassmann im Kapitel „Selbständigkeit der Systeme höherer Stufen" aus *m* unabhängigen „Vektoren" den *m*-dimensionalen Raum, den er ein „System *m*-ter Stufe" nannte:

> „[...] wir [können] zeigen [...], dass dasselbe System m-ter Stufe durch je m Änderungsweisen erzeugbar sei, welche demselben angehören, und welche voneinander unabhängig sind, das heißt von keinem System niederer Stufe (als der m-ten) umfasst werden."[40]

Damit konnte Grassmann die „Unhaltbarkeit der bisherigen Grundlage der Geometrie" hervorheben.[41] In seiner „neuen Wissenschaft" musste die „Beschränkung auf drei Dimensionen weg[fallen]":

---

[33] Eine Bibliographie über die Entwicklung der Idee der höherdimensionalen Räume von 1832 bis 1878 findet man bei Halsted (1878).

[34] Siehe Stäckel (1903), S. 480.

[35] Grassmann (1844), S. 10, Hervorhebung durch die Autorin.

[36] Ebd.

[37] Ebd.

[38] Ebd.

[39] Grassmann verwendet nicht den Begriff „Vektor", sondern „Strecke".

[40] Grassmann (1844), S. 61.

„Erst hierdurch traten die Gesetze in ihrer Unmittelbarkeit und Allgemeinheit ans Licht und stellten sich in ihrem wesentlichen Zusammenhange dar, und manche Gesetzmäßigkeit, die bei drei Dimensionen entweder noch gar nicht, oder nur verdeckt vorhanden war, entfaltete sich nun bei dieser Verallgemeinerung in ihrer ganzen Klarheit.“[42]

Auch andere unabhängige mathematische Arbeiten über höherdimensionale Räume erschienen in dieser Zeit. J. J. Sylvester legte 1850 die Betrachtung des höherdimensionalen Raums seiner Untersuchungen über die Invariantentheorie zugrunde. Zwischen 1848 und 1852 verfasste der Schweizer Mathematiker Ludwig Schläfli (1814–1895) mehrere Abhandlungen, in denen er höherdimensionale Begriffe bei seinen analytischen Untersuchungen verwendete. Sein Buch „Theorie der vielfachen Kontinuität", in dem er die höherdimensionale Geometrie ausgestattet mit Metrik entwickelte, blieb jedoch bis 1901 unveröffentlicht.[43] 1878 gab W. K. Clifford ein Kriterium zur Klassifikation und Theorie der hyperräumlichen Mannigfaltigkeiten.[44]

Carl Friedrich Gauß

Hermann Grassmann hatte also die Frage, ob es mehrdimensionale Räume geben kann, in dem abstrakten Rahmen der Mathematik beantwortet. Damit warf er gleichzeitig die Frage der physikalischen Realität der mehrdimensionalen Räume auf, die viele Mathematiker, Naturwissenschaftler und Philosophen beschäftigen sollte.

Carl Friedrich Gauß (1777–1855) war nicht nur ein großer Mathematiker, sondern befasste sich auch mit dem philosophischen Gedanken, ob der Raum unserer Erfahrung mit dem Raum der bekannten euklidischen Geometrie übereinstimmt. Die Ansicht, zu der Gauß kam, war so revolutionär, dass er Angst hatte, sie öffentlich bekannt zu machen: Die euklidische Geometrie galt seit mehr als 2000 Jahren als eine Art Bibel der Mathematik und Gauß wusste, dass neue Ideen auf großen Widerstand stoßen können. Nur einigen guten Freunden teilte er seine neuen Gedanken mit. In seinem bekannten Brief an Friedrich Wilhelm Bessel vom 27. Januar 1829 schrieb er:

„Auch über ein anderes Thema, das bei mir schon fast 40 Jahre alt ist, habe ich zuweilen in einzelnen freien Stunden wieder nachgedacht, ich meine die ersten Gründe der Geometrie [...]. Auch hier habe ich noch manches weiter konsolidiert, und meine Über-

---

[41] Grassmann (1844), S. 61.
[42] Ebd., S. 10.
[43] Siehe dazu Segre (1921), S. 775 und Vries (1926), S. 164–165.
[44] Für eine mathematische Analyse dieser Arbeiten siehe Segre (1921).

zeugung, dass wir die Geometrie nicht vollständig a priori begründen können, ist womöglich noch fester geworden. Inzwischen werde ich wohl noch lange nicht dazu kommen, meine sehr ausgedehnten Untersuchungen darüber zur öffentlichen Bekanntmachung auszuarbeiten, und vielleicht wird dies auch bei meinen Lebzeiten nie geschehen, da ich das Geschrei der Böotier scheue, wenn ich meine Ansicht aussprechen wollte. [45]

Anders als Kant war Gauß überzeugt, dass die Geometrie nicht *a priori* begründet werden kann:

„[...] wir müssen in Demuth zugeben, dass, wenn die Zahl bloß unseres Geistes Produkt ist, der Raum auch außer unserem Geiste eine Realität hat, der wir a priori *ihre Gesetze nicht vollständig schreiben können."* [46]

Diese Idee hatte Gauß bereits 1817 Wilhelm Olbers mitgeteilt und darauf hingewiesen, dass die Geometrie sich von der Arithmetik in einem entscheidenden Punkt unterscheidet: Sie kann nicht *a priori* begründet werden und steht daher, als eine Wissenschaft der Erfahrung, der Mechanik näher:

„Bis dahin müsste man die Geometrie nicht mit der Arithmetik, die rein a priori steht, sondern etwa mit der Mechanik in gleichen Rang setzen." [47]

Dass die Frage nach den Eigenschaften der Geometrie Gauß unablässig beschäftigte, zeigt auch ein späterer Brief von ihm an Wolfgang Bólyai (1775–1856), in dem Gauß ausdrücklich schrieb, „dass Kant Unrecht hatte zu behaupten, der Raum sei *nur Form* unserer Anschauung." [48]

1829 hatte der russische Mathematiker Nikolai Lobatschewski (1792–1856), Professor an der Universität Kasan, seine Arbeit „Über die Anfangsgründe der Geometrie" veröffentlicht, in der er die nichteuklidische Geometrie begründete. Das fünfte Postulat der Geometrie (das Parallelenaxiom) ersetzte er durch die Aussage, dass zu einer Geraden in einem nicht auf ihr liegenden Punkt wenigstens zwei die erstere nicht schneidende Geraden existieren. Lobatschewskis hyperbolische Geometrie gilt für pseudosphärische Flächen mit negativem Krümmungsmaß, wie z.B. die aufgewickelte Oberfläche eines Rings.

Gauß erfuhr erst später mit Begeisterung von Lobatschewskis Arbeit, die erst 1840 in Deutsch erschien. In der Begründung der nichteuklidischen Geometrie durch den großen russischen Mathematiker sah Gauß seine Ideen bestätigt. Der Raum konnte gekrümmt sein und nicht flach, wie ihn Euklid konstruiert hatte. Daher bezieht sich die Bezeichnung „euklidischer Raum" auf die Krümmung (und nicht auf die Dimensionalität) des Raumes und bezeichnet flache Räume.

---

[45] Brief von Gauß an Bessel vom 27. Januar 1829, zitiert in Reichardt (1985), S. 46.

[46] Brief von Gauß an Bessel vom 9. April 1830, in ebd.

[47] Brief von Gauß an Olbers vom 28. April 1817, in Olbers und Gauß (1900), S. 651–652.

[48] Brief von Gauß an Bólyai vom 6. März 1832, in Gauß und Bólyai (1899), S. 112, Hervorhebung im Original.

Auch höherdimensionale Räume mit flacher Metrik werden heute als „euklidische Räume" bezeichnet, obwohl Euklid selber durch seine Axiome die Dimensionalität des Raumes auf drei beschränkt hatte.

1832 hatte Gauß von seinem Freund Wolfgang Bólyai erfahren, dass seinem Sohn Johann Bólyai (1802–1860) bereits 1823 die Aufstellung der nichteuklidischen hyperbolischen Geometrie gelungen war. Sein Aufsatz war 1832 als Anhang im Lehrbuch seines Vaters „Versuch, die Studierende Jugend in die Elemente der reinen Mathematik einzuführen"[49] mit dem Titel „Anhang, die absolut wahre Raumlehre enthaltend"[50] veröffentlicht. In seinem Antwortbrief an Wolfgang Bólyai betonte Gauß, dass er selber zu solchen Ergebnissen bereits gekommen sei:

„[…] denn der ganze Inhalt der Schrift, der Weg, den Dein Sohn eingeschlagen hat, und die Resultate, zu denen er geführt ist, kommen fast durchgehends mit meinen eigenen, zum Theile schon seit 30–35 Jahren angestellten Meditationen überein."[51]

Bei Gauß' intensiver Beschäftigung mit den Grundlagen der Geometrie möchte man sich fragen, ob ihn in seinen Untersuchungen auch die Höherdimensionalität des Raumes beschäftigt hat. In der Tat hat Gauß diese Möglichkeit nicht außer Acht gelassen. Die Dreidimensionalität des Raumes war eine Einschränkung, von der sich der forschende Geist des Mathematikers nicht abhalten ließ. In mehreren Briefen, Abhandlungen und sogar in einer Vorlesung befasste sich Gauß mit diesem Begriff.[52] Sartorius von Waltershausen berichtete in seiner Würdigung „Gauß zum Gedächtnis"[53] von einem Gespräch mit Gauß, das zwischen 1847 und 1855 stattgefunden habe. Zur Veranschaulichung eines höherdimensionalen Raums benutzte Gauß zweidimensionale Wesen, die auf einer Fläche leben:

„Wir können uns, sagte er etwa, in Wesen hineindenken, die sich nur zweien Dimensionen bewusst sind; höher über uns Stehende würden vielleicht in ähnlicher Weise auf uns herabblicken, und er habe, fuhr er scherzend fort, gewisse Probleme hier zur Seite gelegt, die er in einem höhern Zustand später geometrisch zu behandeln gedächte."[54]

Diese Idee beschäftigte Gauß seit längerer Zeit. Die früheste historische Quelle ist ein Brief vom 12. Dezember 1816 an Gauß, in dem Friedrich Ludwig

---

[49] Wolfgang Bólyai (1832): „Tentamen juventutem studiosam in elementa Matheseos purae introducendi", zitiert in Klein (1928), S. 276.

[50] Johann Bólyai (1832): „Appendix scientiam spatii absolute veram exhibens", zitiert in Klein (1928), S. 276.

[51] Gauß an Wolfgang Bólyai, am 6. März 1832, zitiert in Biegel und Reich (2005), S. 159.

[52] Dieses Thema wurde zuerst von Stäckel (1917a) und (1917b) untersucht.

[53] Sartorius von Waltershausen (1856), erwähnt in Stäckel (1917a), S. 481.

[54] Ebd.

Wachter (1792–1817), Professor für Mathematik an dem Friedrichsgymnasium in Altenburg[55], Argumente dafür brachte, dass „die Euklideische Geometrie falsch" sei und betonte: „Also die anti-Euklideische oder Ihre Geometrie wäre wahr."[56] Wachter analysiert in seinem Brief mehrere geometrische Eigenschaften eines Raums von n Dimensionen. Er beschrieb die „Construktion des Fundamental-körpers, (das, was der Würfel für den Raum von 3 Dimensionen) allgemein für einen Raum von beliebig vielen Dimensionen [ist]."[57] Zu den Eigenschaften des Fundamentalkörpers in einem n-dimensionalen Raum zählte Wachter „die Summe der rechten Winkel um einen Punkt herum = 2^{n-1}". Außerdem betonte er, dass „die Zahl der Ecken des Fundamentalkörpers in diesem von n-Dimensionen durch 2^n [gegeben wäre], [...] sein körperlicher Inhalt, wenn die Seite L [wäre], durch L^n [gegeben wäre] und seine Diagonale $L\sqrt{n}$ [wäre]."[58] Wachter machte auch die interessante, jedoch nicht begründete Bemerkung, *„dass, wenn es möglich ist, dass eine gerade Linie Zweige habe, sie derselben unendlich viele, und auch der Raum unendlich viele Dimensionen haben würde."*[59]

Wachters Schlussfolgerung zeigt, dass Gauß bereits in dieser Zeit durchaus mit den Ideen des höherdimensionalen Raumes vertraut war:

„Auf gewisse Weise könnte man sagen, dass auch in Ihrer, der anti-euklidischen Geometrie, der Raum unendlich viele Dimensionen habe, die aber alle wieder im Unendlichen liegen."[60]

In seinem Brief bezog sich Wachter auf ein Gespräch mit Gauß, das im April 1816 stattgefunden hatte[61], während sie über die Gründe der nichteuklidischen Geometrie diskutiert hatten. Wir wissen nicht, ob Gauß Wachter geantwortet hat. Seine Meinung zu Wachters Ausführungen gab er aber in einem Brief an Wilhelm Olbers vom 28. April 1817 kund:

„Wachter hat eine kleine Piece drucken lassen über die ersten Gründe der Geometrie[62] *[...]. Obgleich W. in das Wesen der Sache mehr eingedrungen ist als seine Vorgänger, so ist sein Beweis doch nicht würdiger als alle andern."*[63]

---

[55] Zu Wachters Biographie siehe Stäckel (1901).

[56] Wachter an Gauß, am 12. Dezember 1816, in *Gauß, Werke* VIII, S. 175.

[57] Wachter an Gauß, am 12. Dezember 1816, zitiert in Stäckel (1917a), S. 481.

[58] Ebd.

[59] Ebd.

[60] Ebd.

[61] Siehe Stäckels Bemerkung zu dem Brief von Wachter an Gauß vom 12. Dezember 1816, in *Gauß, Werke* VIII, S. 176.

[62] Es handelte sich um Wachters kurze Schrift vom Februar 1817 „Demonstratio axiomatis in Euclideis undecimi", die in Stäckel (1901) in deutscher Übersetzung abgedruckt wurde, S. 76–85.

[63] Brief von Gauß an Olbers vom 28. April 1817, *Gauß, Werke* VIII, S. 177.

Wachters Ausführungen schienen einem tiefsinnigen Geist wie Gauß unbefriedigend. In Wachters Schrift handelte es sich nicht um Beweise, sondern um Spekulationen.[64] So schrieb Gauß weiter an Olbers:

„Ich komme immer mehr zu der Überzeugung, dass die Notwendigkeit unserer Geometrie nicht bewiesen werden kann, wenigstens nicht vom menschlichen Verstande, noch für den menschlichen Verstand. Vielleicht kommen wir in einem anderen Leben zu anderen Einsichten in das Wesen des Raumes, die uns jetzt unerreichbar sind. Bis dahin müsste man die Geometrie nicht mit der Arithmetik, die rein a priori steht, sondern etwa mit der Mechanik in gleichen Rang setzen."[65]

Die Geometrie beruht also wie die Mechanik auf der Erfahrung und sollte dementsprechend aus der Erfahrung erkannt werden. Diese Schlussfolgerung mag Gauß eine Zeitlang in seiner Beschäftigung mit der Höherdimensionalität des Raumes gebremst haben. Denn ein scharfsinniger Denker wie Gauß bemerkte sofort, dass uns unsere Erfahrung kein Zeichen für die Höherdimensionalität des Raumes zur Verfügung stellte.[66]

Es sollten einige Jahre vergehen, bevor Gauß über die höherdimensionalen Räume aus einem anderen Blickwinkel Andeutungen in seinen Aufsätzen machte: Wenn die Höherdimensionalität des Raumes nicht aus der Erfahrung erschließbar ist, könnte man dann vielleicht höherdimensionale Räume rein mathematisch konstruieren? Wie wir gesehen haben, sollte Grassmann dieses Problem 1844 lösen. Gauß scheint auch diesen Weg gegangen zu sein. In dem Brief an Bólyai vom 6. März 1832 erwähnte er, noch einen „starken Grund" gegen Kants Behauptung, der Raum sei „nur Form unserer Anschauung", gefunden zu haben, den er in seinem Aufsatz von 1831, „Theoria residuorum biquadraticorum, comentatio secunda" dargelegt habe.[67] Es handelte sich um die Unterscheidung zwischen rechts und links in der Ebene, ein Argument, das gegen Kants Auffassung sprach, denn, wie Gauß bemerkte,

„Dieser Unterschied zwischen rechts und links ist, sobald man vorwärts und rückwärts in der Ebene, und oben und unten in Beziehung auf die beiden Seiten der Ebene

---

[64] In seinem Brief an Gerling vom 15. Mai 1817 charakterisierte Gauß seinen ehemaligen Studenten folgendermaßen: „Wachter hatte einen braven Charakter, gewiss ausgezeichnete Talente, eine reine Leidenschaft für die Wissenschaft […], wenn auch seine metaphysischen Schwärmereien ihn auf Abwege führten", zitiert in Stäckel (1901), S. 51.

[65] Gauß an Olbers vom 28. April 1817, in Olbers und Gauß (1900), S. 651–652, Hervorhebung im Original.

[66] Seine Triangulationsversuche aus den Jahren 1821–23 für die Bestimmung der Abweichung der Winkelsumme eines Dreiecks von 180° sprechen auch dafür, dass Gauß ebenfalls nach empirischen Beweisen für die Struktur des Raumes suchte.

[67] Brief von Gauß an Bólyai vom 6. März 1832, in Gauß und Bólyai (1899), S. 112.

(nach Gefallen) festgesetzt hat, in sich *völlig bestimmt, wenn wir gleich unsere Anschauung dieses Unterschiedes anderen nur durch Nachweisung an wirklich vorhandenen materiellen Dingen mitteilen können.*[68]

So schloss Gauß, dass „der Raum, unabhängig von unserer Anschauungsart eine reelle Bedeutung haben muss."[69] Am Ende des Aufsatzes kündigte Gauß auch seine Absicht an, in einer künftigen Arbeit „eine Mannigfaltigkeit von mehr als zwei Dimensionen" zu behandeln.[70] Diese Arbeit schrieb er jedoch nicht. Als Hermann Grassmann 1844 ihm sein Buch über „Die lineale Ausdehnungslehre" zuschickte, entgegnete Gauß:

„[…] *die Tendenzen desselben theilweise denjenigen Wegen begegnen, auf denen ich selbst nun seit fast einem halben Jahrhundert gewandelt bin.*[71]

Gauß machte Grassmann auf seinen Aufsatz von 1831 aufmerksam sowie auf eine Vorlesung vom Wintersemester 1839/40 über die „Theorie der imaginären Größen."[72] Was waren die erwähnten Wege, die Gauß seit mehr als 50 Jahren verfolgte? Im selben Brief an Grassmann erwähnte Gauß ein Prinzip von „unendlicher Fruchtbarkeit" für „Untersuchungen räumliche Verhältnisse betreffend", das er in der „Theoria residuorum biquadraticorum" angewandt hatte, um „die Metaphysik der complexen Größen" zu behandeln. Die komplexen sowie die ganzen Zahlen hatte Gauß in seiner Schrift räumlich dargestellt anhand einer „unbegrenzten Ebene, durch zwei Systeme von Parallellinien, die einander rechtwinklig durchkreuzen, in Quadrate verteilt."[73] Dieses Prinzip der räumlichen Darstellung von Zahlen bot die Möglichkeit einer Erweiterung auf Mannigfaltigkeiten von „mehr als zwei Dimensionen"[74], deren Existenz ein anderes Argument gegen Kants Auffassung des Raums darstellen konnte.

Gauß' vorsichtige Art, diese Möglichkeit am Ende des Artikels zum Ausdruck zu bringen, sowie die Tatsache, dass er keinen Aufsatz zu diesem Thema je schrieb, zeigt seine Unsicherheit bezüglich dieses schwierigen Problems der Höherdimensionalität des Raumes. Gauß' Ansprüche gingen offenbar weit über die Mathematik hinaus: Die Behandlung der Höherdimensionalität als reine Vorstellung konnte Gauß nicht befriedigen, er wollte das Problem ebenfalls erkenntnistheoretisch und physikalisch lösen, was an die Grenze der Möglichkeiten der Wissenschaft stieß. So wie er in seinem Aufsatz von 1850 „Beiträge zur Theorie

---

[68] Gauß (1831), S. 177, Hervorhebung im Original.

[69] Ebd.

[70] Ebd., S. 178.

[71] Brief von Gauß an Grassmann vom 14. Dezember 1844 in *Gauß, Werke* X, 1, S. 436.

[72] Ebd.

[73] Gauß (1831), S. 177.

[74] Ebd., S. 178.

der algebraischen Gleichungen" betonte, glaubte Gauß, dass man das Gebiet „der allgemeinen abstracten Grössenlehre" als ein vom „Räumlichen unabhängiges Gebiet"[75] behandeln musste, also es von der „von räumlichen Bildern entlehnte[n] Sprache" trennen musste. Diese Äußerung zeigt wieder, dass sich Gauß dessen bewusst war, dass die Geometrie der höherdimensionalen Räume noch nicht zufriedenstellend aufgebaut war. Eine von der räumlichen Anschauung komplett unabhängige Lehre der Höherdimensionalität im Sinne Grassmanns konnte Gauß' ehrgeizigen Geist nicht befriedigen. Wahrscheinlich wollte er beide Probleme lösen, bevor ihm die Frage als endgültig beantwortet erschien: die Konstruktion der höherdimensionalen Räume rein mathematisch, außerhalb der geometrisch-anschaulichen Raumvorstellung, doch gleichzeitig auch die Frage nach der physikalischen (in seiner Ausdruckweise „geometrischen") Realität der Höherdimensionalität.

In der gleichen Zeit, als Gauß sich tiefsinnige Fragen über die Existenz der höherdimensionalen Räume stellte, entdeckte der junge englische Mathematiker William Rowan Hamilton (1805–1865) bei dem Versuch, Zahlentripplette in der Form *(a,b,c)* zu multiplizieren, die Quaternionen, und legte damit die Gesetze der Vektorrechnung dar. Um die Existenz der Quaternionen begründen zu können, sah er sich gezwungen – wie er selbst in seinem Brief vom 17. Oktober 1843 an seinen Freund, den Juristen und Mathematiker John Graves berichtete –, eine vierte Dimension des Raumes anzunehmen:

"And here there dawned on me the notion that we must admit, in some sense, a fourth dimension *of space for the purpose of calculating with triplets [...] and therefore I was led to introduce quaternions such as a +ib +jc +kd, or (a,b,c,d)."*[76]

Das Gesetz der Multiplikation der Quaternionen war bereits 1820 von Gauß entdeckt worden[77], was offenbar seine mühevolle Suche bei der Begründung des höherdimensionalen Raums nicht erleichterte.

Im Wintersemester 1850/51 hielt Gauß eine Vorlesung über die Methode der kleinsten Quadrate, in der er selber n-dimensionale Mannigfaltigkeiten für die Beweisführung des „Prinzips des kleinsten Zwanges" benutzte.[78] Gauß hatte bereits 1829 dieses Prinzip bewiesen, ohne n-dimensionale Mannigfaltigkeiten zu benutzen.[79]

---

[75] Gauß (1850), S. 79.

[76] Brief von Hamilton an Graves am 17. Oktober 1843, zitiert in van der Waerden (1985), S. 181, Hervorhebung im Original.

[77] Siehe van der Waerden (1985), S. 183.

[78] Erhalten in einer Abschrift von A. Ritter, in Gauß (1850/51), in *Gauß Werke*, X, 1, S. 473–481, siehe dazu auch Stäckel (1917a), S. 482.

[79] Gauß (1829).

1853 veranlasste Gauß seinen Studenten August Ritter (1826–1908), mit einer Arbeit „Über das Prinzip des kleinsten Zwanges" zu promovieren und seine Gedanken zu den n-dimensionalen Mannigfaltigkeiten weiterzuführen.[80] In seiner Arbeit untersuchte Ritter das Prinzip der kleinsten Wirkung, das Lagrange für eine stetige Funktion Z aufgestellt hatte, für äußere Beschränkungen, die durch Ungleichungen in der Form:

$f(\xi, \eta, \zeta ...) \geq 0$ ausgedrückt werden können.

In diesem Fall wird die Funktion Z unstetig und um „alle möglichen Werte-Combinationen [...], welche die Funktion Z zu einem Minimum macht", zu finden, führte Ritter einen „analytischen Raum von N Dimensionen" ein.[81]

Bernhard Riemann

August Ritter, der von 1850 bis 1853 in Göttingen studierte, stand in enger Beziehung zu Bernhard Riemann (1826–1866).[82] Durch Ritter nahm auch Riemann die Ausführungen über n-dimensionale Mannigfaltigkeiten zur Kenntnis, die Gauß' Vorlesung und Ritters Dissertation enthielten. Als Gauß im Dezember 1853 seinem begabten Studenten Riemann die Aufgabe übertrug, in seinem Habilitationsvortrag die Grundlagen der Geometrie zu behandeln, besaß Riemann wertvolle Vorkenntnisse, die ihm helfen sollten, seine bemerkenswerte Untersuchung der n-dimensionalen Geometrie anzustellen. Obwohl Riemann von Gauß' Auswahl für die Probevorlesung überrascht wurde und trotz der Krankheit, die ihn wegen der Anstrengung und des schlechten Wetters schwächte, gelang es ihm, bis Pfingsten 1854 seine Arbeit zu beenden.[83]

Riemanns forschender Geist zeichnete sich durch eine außerordentliche Tiefsinnigkeit und große synthetische Kraft aus. Selten begnügte er sich mit der unvollständigen Lösung eines Problems. Bernhard Riemann ist ein tiefes Verständnis der Struktur des höherdimensionalen Raumes zu verdanken. In seinem Habilitationsvortrag „Über die Hypothesen, die der Geometrie zu Grunde liegen"[84] verband Riemann die Idee der höherdimensionalen Räume mit dem von Euler und Gauß für Flächen entwickelten Konzept der Krümmung.[85] Riemanns Metrik ermöglichte die mathematische Beschreibung der mehrdimensionalen gekrümm-

---

[80] Siehe dazu Stäckel (1917a), S. 482 und Ritter (1853).
[81] Ritter (1853), S. 470.
[82] Siehe Stäckel (1917b), S. 55.
[83] Brief von Riemann an seinen Bruder vom 26. Juni 1854, in Riemann (1876), S. 515–516.
[84] Erst 1867 nach Riemanns Tod veröffentlicht.
[85] Siehe Reich (1978), S. 286–292.

ten Räume. Er hatte den Weg gefunden, den Abstand zwischen zwei nah liegenden Punkten im gekrümmten Raum auszudrücken:

$$(1) \qquad ds^2 = g_{\mu\nu}dx_\mu dx_\nu$$

$g_{\mu\nu}$ nennt man in der modernen mathematischen Sprache Metriktensor. Für einen vierdimensionalen gekrümmten Raum bildet er beispielsweise eine *4x4* Matrix, die aus 16 Funktionen besteht.[86] Der Metriktensor ermöglichte die komplette Beschreibung der verschiedenen Arten von Räumen mit positiver oder negativer Krümmung.

In diesem bemerkenswerten Werk besprach Riemann auch die Idee, dass die Kraft als eine Folge der Geometrie angesehen werden könnte: In einer stetigen Mannigfaltigkeit „muss der Grund der Maßverhältnisse außerhalb, in darauf wirkenden bindenden Kräften, gesucht werden.“[87] Die Kraft kann, anders gesagt, als eine Konsequenz der Metrik eines Riemannschen (gekrümmten) Raumes erfasst werden. Riemannsche Räume mit riemannscher Metrik sollten große Bedeutung in der Physik gewinnen.

Riemann erklärte an mehreren Stellen, dass seine Auffassung stark von Herbarts Philosophie beeinflusst wurde.[88] In seinem Habilitationsvortrag in der Einleitung zum Kapitel „Begriff einer *n*-fach ausgedehnten Größe“ bemerkte Riemann, dass er für „die Entwicklung des Begriffs mehrfach ausgedehnter Größen“ Gauß’ „Andeutungen“ aus der zweiten Abhandlung über biquadratische Reste und „einige philosophische Untersuchungen Herbarts“[89] benutzt habe. Wie Herbart lehnte Riemann auch ausdrücklich Kants Auffassung ab, unsere Erkenntnis könne „aus einer besonderen aller Erfahrung vorausgehenden Beschaffenheit der menschlichen Seele hergeleitet“ werden, und betonte, dass sie durch „Bildung neuer Begriffe“ konstruiert werde.[90] Im Einklang damit betrachtete Riemann die Kantische Auffassung der *a priori* existierenden Raumvorstellung als falsch: Der Raum wird aufgrund von mathematischen Überlegungen konstruiert. Die Philo-

---

[86] Riemann hat nicht diese Formel benutzt, sondern ausgehend von der Formel $ds^2 = \Sigma dx^2$ hat er den Metriktensor in Worten ausgedrückt. Siehe Riemann (1854), S. 261.

[87] Ebd., S. 268.

[88] Z.B. ausdrücklich in seiner postum veröffentlichten Aufzeichnung „Versuch einer Lehre von den Grundbegriffen der Mathematik und Physik als Grundlage für die Naturerklärung“, in Riemann (1876), S. 490.

[89] Riemann (1854), S. 255.

[90] Riemann: „Versuch einer Lehre von den Grundbegriffen der Mathematik und Physik als Grundlage für die Naturerklärung“, in Riemann (1876), S. 490.

sophie Herbarts erwies sich mithin für die Entstehung der mathematischen Grundlagen des höherdimensionalen Raumes in Deutschland als fruchtbar.

Gustav Theodor Fechner

Schon bevor Riemann seine bahnbrechende Arbeit verfasste, hatte der Professor für Physik, Naturphilosophie und Anthropologie an der Universität Leipzig Gustav Theodor Fechner (1801–1887)[91] die Idee entwickelt, der vierdimensionale Raum könnte anhand einer einfachen Analogie veranschaulicht werden: Er stellte sich zweidimensionale Gebilde vor, die er „Scheinmännchen" nannte, und ließ sie auf Flächen leben. Es lässt sich nicht mehr feststellen, wie Fechner auf diese Idee kam. Vielleicht spielte seine Freundschaft mit August Ferdinand Möbius (1790–1868)[92], der zu den ersten Mathematikern gehörte, die sich mit dem vierdimensionalen Raum befassten, eine wichtige Rolle. Seit 1816 lehrte Möbius Astronomie und seit 1844 auch Mathematik in Leipzig. Er wurde bekannt durch seine neuen Erkenntnisse auf dem Gebiet der Geometrie. In seinem Werk von 1827 „Der barycentrische Calcul" hatte Möbius die „geometrischen Verwandtschaften" – das heißt Transformationen einer geometrischen Figur in eine andere – wie Gleichheit, Ähnlichkeit, Affinitäten oder Verwandtschaften der Kollineation behandelt. Durch die Behandlung dieser Transformationen nahm Möbius manche Aussagen der Klassifizierung der Geometrie durch den Gruppenbegriff, die 1872 von Felix Klein im Rahmen des Erlanger Programms eingeführt wurde, vorweg.

In seinem Werk von 1827 hatte Möbius auch die Entdeckung gemacht, dass jeder dreidimensionale Körper durch eine Drehung im vierdimensionalen Raum in sein Spiegelbild verwandelt werden kann. Dieses Problem war bereits von Kant in seiner Dissertation „De mundi sensibilis atque intelligibilis forma et principiis" (1770)[93] aufgeworfen worden und beschäftigte, wie wir gesehen haben,

---

[91] Da Fechner öfter in der Literatur fälschlicherweise als „psychologist and physiologist" (Siehe Banchoff (1990), S. 2) dargestellt wurde, möchte ich an dieser Stelle der unbegründeten Ansicht widersprechen, dass die vierte Dimension von Menschen entwickelt wurde als Versuch, der Realität zu entfliehen. Fechner erwähnte in einer späteren Ausgabe seiner Erzählung über die vierte Dimension als seine Vorgänger Kant, Riemann und Felix Klein.

[92] Siehe Wußing (1975), S. 348.

[93] Kant (1770): „Von der Form der Sinnen- und Verstandeswelt und ihren Gründen". Hier taucht bei Kant unter der 15. These „Von dem Raume", Punkt C. „Der Begriff des Raumes ist demnach eine reine Anschauung" das erste Mal die Idee auf, dass dreidimensionale spiegelsymmetrische Figuren wie linke und rechte Hand nicht kongruieren, S. 59. Dieses Problem

auch Gauß. Im ersten Teil der „Prolegomena" (1783) wies Kant auf die Unmöglichkeit hin, geometrische Figuren mit ihren Spiegelbildern kongruieren zu lassen:

„Was kann wohl meiner Hand oder meinem Ohr ähnlicher, und in allen Stücken gleicher sein, als ihr Bild im Spiegel? Und dennoch kann ich eine solche Hand, als im Spiegel gesehen wird, nicht an die Stelle ihres Urbildes setzen; [...] und dennoch sind die Unterschiede innerlich, so weit die Sinne lehren, denn die linke Hand kann mit der rechten, ohnerachtet aller beiderseitigen Gleichheit und Ähnlichkeit, doch nicht zwischen denselben Grenzen eingeschlossen sein (sie können nicht kongruieren), der Handschuh der einen Hand kann nicht auf der andern gebraucht werden."[94]

Kant erklärte dann, dass dieser Unterschied zu den „sinnlichen Anschauungen" gehörte und dass der „pure Verstand" keinen Begriff für seine Erklärung besitze (wie für den Begriff Kongruenz zum Beispiel):

„Wir können daher auch den Unterschied ähnlicher und gleicher, aber doch inkongruenter Dinge [...] durch keinen einzigen Begriff verständlich machen, sondern nur durch das Verhältnis zur rechten und linken Hand."[95]

Die mathematische Lösung fand erst Möbius in seinen Untersuchungen über eine bestimmte Klasse von „Verwandtschaften von Figuren", Gleichheit und Ähnlichkeit. Genauso wie man zweidimensionale Figuren in ihre Spiegelbilder erst im dreidimensionalen Raum transformieren kann, zeigte sich, dass man auch dreidimensionale Körper in ihre Spiegelbilder verwandeln kann, wenn man dem Raum eine zusätzliche Dimension hinzufügt:

„Zur Koinzidenz zweier sich gleichen und ähnlichen Systeme im Raume von drei Dimensionen: A, B, C, D,..., und A', B', C', D',..., bei denen aber die Punkte D, E,... und D', E', auf ungleichnamigen Seiten der Ebenen ABC und A'B'C' liegen, würde also, der Analogie nach zu schließen, erforderlich sein, dass man das eine System in einem Raume von vier Dimensionen eine halbe Umdrehung machen lassen könnte. Da aber ein solcher Raum nicht gedacht werden kann, so ist auch die Koinzidenz in diesem Falle unmöglich."[96]

---

analysiert er dann wieder mit einer komplexeren Argumentation in den „Prolegomena" (1783), weshalb wir uns hier auf diese beziehen werden.

[94] Kant (1783), S. 149.

[95] Ebd. Gauß sah darin gerade den Beweis, dass der Raum der Erfahrung mit dem Raum der Anschauung nicht übereinstimmen könne, und betrachtete diese Stelle als eine Schwäche der Kantischen Philosophie; siehe Gauß (1831), S. 177. Gerade diesen Unterschied machte aber Kant, wenn er über das Verhältnis zwischen dem Teil (des Raumes) und dem Ganzen sprach: „der Teil ist nur durchs Ganze möglich, welches bei Dingen an sich selbst, als Gegenständen des bloßen Verstandes niemals, wohl aber bei bloßen Erscheinungen stattfindet." Kant (1783), S. 149.

[96] Möbius (1827), S. 172.

Als Schüler von Gauß fühlte sich Möbius von der nichteuklidischen Geometrie angezogen.[97] Es ist möglich, dass Möbius' geometrische Untersuchungen einen Einfluss auf Fechner ausgeübt haben und Möbius seinem Freund seine mathematischen Ergebnisse gelegentlich mitteilte. Es ist zum Beispiel bekannt, dass Möbius ein mathematisches Modell anhand der Wahrscheinlichkeitsrechnung für Fechners psychologisch-physikalische Experimente im Bereich der räumlich-zeitlichen Wahrnehmung entwickelt hatte.[98]

In der Philosophie ist Fechner bekannt als Vertreter der „induktiven Metaphysik", einer Richtung, die – im Gegensatz zum Positivismus – versuchte, naturwissenschaftliche Erkenntnisse in einem umfassenden philosophischen Gesamtbild zu verbinden. Fechner hatte einige physikalische Abhandlungen über Galvanismus und Elektrizitätslehre[99] sowie über die Fortpflanzung des Lichtes und die Atomlehre verfasst.[100] Später interessierte er sich für die Physik der Wahrnehmung[101], verfolgte jedoch weiter seine experimentalphysikalischen Untersuchungen auf dem Gebiet der Elektrizität.

Fechner besaß auch eine literarische Begabung und veröffentlichte Gedichte, naturphilosophische und humoristische Schriften unter dem Pseudonym Dr. Mises. 1846 publizierte er seine Ansichten über die vierte Dimension in dem kleinen Buch „Vier Paradoxa" in Form von vier Erzählungen. In der ersten Erzählung „Der Schatten ist lebendig" übernahm Fechner Elemente aus Platons Höhlengleichnis und führte seine zweidimensionalen Schattenwesen ein. In der zweiten Erzählung, „Der Raum hat vier Dimensionen" entwickelte Fechner seine Anschauung anhand einer Analogie zu Flächen, auf denen zweidimensionale Wesen leben: „Man denke sich ein kleines buntes Männchen, dass in der *camera obscura* auf dem Papiere herumläuft."[102] So wie seine Männchen den dreidimensionalen

---

[97] Möbius hatte während seines Aufenthaltes in Göttingen von 1813 bis 1814 Gauß kennengelernt und Gauß besaß in seiner Bibliothek ein Exemplar des „Barycentrischen Calculs".

[98] Siehe Fauvel (1993), S. 14–15. Wie sich die beiden Wissenschaftler gegenseitig in ihrer Betrachtung bezüglich der vierdimensionalen Räume beeinflusst haben, wurde bis jetzt in der Wissenschaftsgeschichte noch nicht untersucht.

[99] „Maassbestimmung über die Galvanische Kette" (1831), „Apparat zur Anstellung des Voltaischen Grundversuchs" (1837), „Versuche zur Theorie des Galvanismus" (1838), „Vom vorübergehenden Magnetismus durch galvanische Wirkung in Stahl erregt" (1842), „Verknüpfung von Faraday's Induktions-Erscheinungen mit Ampere's elektrodynamischen Erscheinungen" (1845), siehe Poggendorff I (1863), S. 728–729.

[100] „Fortpflanzungsgeschwindigkeit des Lichts" (1827), „Anwendung des Gravitationsgesetzes auf die Atomlehre" (1828).

[101] „Elemente der Psychophysik" (1860), „Weber's Gesetz und Periodicitätsgesetz im Gebiete des Zeitsinnes" (1880).

[102] Fechner (1846), S. 24.

Raum nicht wahrnehmen können, jedoch ihn ausdenken, müssten wir als dreidimensionale Wesen die vierte Dimension uns vorzustellen versuchen: *„Weiß ich erst in zwei Dimensionen die dritte zu packen, so muss es ja dann umso leichter sein, in dreien die vierte zu packen.“*[103] Und Fechner weist uns auf die Unmöglichkeit hin, die vierte Dimension physikalisch wahrzunehmen oder sie philosophisch zu erfassen:

„Das experimentierende Schatten- oder Farbenmännchen würde eben so auf seiner Fläche herumlaufen und vergebens nach der dritten Dimension suchen, eben so vergebens Mikroskope und Fernrohre danach aufspannen, als unser Naturforscher nach der vierten; […]. Und das philosophierende Schattenmännchen würde, da seine Begriffe sich unstreitig im Zusammenhange mit seinen Anschauungen bilden würden, eben so wenig über die zwei als unser Philosoph über die drei hinauskommen können.“[104]

Und trotzdem, versichert Fechner, „existiert die vierte Dimension. Wir sind nur Farben- oder Schattenmännchen in drei Dimensionen statt in zwei.“[105] Welche Beweise haben wir jedoch von der vierten Dimension? Fechners Antwort auf diese Frage ist überraschend, denn er bezieht sich nicht auf die spiegelsymmetrischen dreidimensionalen Körper, die nur im vierdimensionalen Raum kongruieren und die er von Möbius mit Sicherheit kannte. Er erklärt, dass der stärkste Beweis die Existenz der Zeit sei, die sich in unserer Wahrnehmung von Veränderungen ausdrückt. Er lässt ein zweidimensionales Wesen durch die dritte Dimension führen und stellt fest:

„Freilich hat das Männchen niemals ein Stück der dritten Dimension auf einmal und glaubt also in jedem Augeblicke immer noch bloß in seinen zwei Dimensionen zu sein; es fasst von der ganzen Bewegung bloß das zeitliche Element und die vor sich gehende Änderung auf. Aber faktisch durchmisst er doch die dritte Dimension und alles, was darin ist.“[106]

In der Übertragung auf unsere Welt würde dann die Zeit zu einem Beweis von der „Bewegung unseres Raums von drei Dimensionen durch die vierte, von welcher Bewegung wir aber auch nur das zeitliche Element und die Veränderung, welche erfolgt, wahrnehmen.“[107] Daraus zieht Fechner die Schlussfolgerung, die Zeit sei die vierte Dimension: *„Um die Gestalten des Raumes mit vier Dimensionen zu berechnen, hat er [der Mathematiker] bloß nötig, seine Variable t als vierte Raumkoordinate zu betrachten.“*[108]

---

[103] Fechner (1846), in Fechner (1875), S. 264.

[104] Ebd.

[105] Ebd.

[106] Fechner (1846), S. 28.

[107] Ebd., S. 28–29.

[108] Ebd., S. 34.

Fechners Idee von 1846, die vierte Dimension könnte die Zeit sein, ist bemerkenswert, wenn man bedenkt, dass sie genau 62 Jahre vor der Theorie von Minkowski ausgesprochen wurde.

1875 veröffentlichte Fechner seine vier Erzählungen gemeinsam mit anderen literarisch-humoristischen Kurzschriften in einem Band „Kleine Schriften"[109] ein zweites Mal. Da Fechner am Ende des Aufsatzes in der Ausgabe seines Buches von 1875 eine kurze historische Bemerkung einführte, in der er weitere Beiträge zu dem höherdimensionalen Raum erwähnte, die ihm bei der Erstauflage seines Buches unbekannt waren (Kant, Riemann und Felix Klein, die letzten beiden hatten nach ihm veröffentlicht), und gleichzeitig betonte, er sei von alleine auf diese Idee gekommen, müssen wir annehmen, dass Fechner durch seine psychophysikalischen Experimente über die Wahrnehmung der Zeit und des Raumes auf die Idee der vierten, zeitlichen Dimension gekommen war. Das lässt Fechners weitere „Betrachtung" vermuten, die sich als Folge seiner Annahme, die vierte Dimension sei die Zeit, ergibt:

„Eigentlich ist alles, was wir erleben werden, schon da, und was wir erlebt haben, ist noch da; unsere Fläche von drei Dimensionen – denn es hindert jetzt nichts, von einer solchen im Bezug zum Körperraum von vier Dimensionen zu sprechen – ist nur durch jenes [alles, was wir erlebt haben] schon *durch und durch dieses [alles, was wir noch erleben werden]* noch nicht *durch. Wenn also z.B. der Mensch zu Anfange Kind, zu Ende Greis, in der Mitte Mann ist, hat man sich vorzustellen, es erstrecke sich in die Richtung der vierten Dimension ein langer Balken hinein, der zu Anfange als Kind, zu Ende als Greis, in der Mitte als Mann gestaltet ist, von welchem Balken die drei Dimensionen im Fortschreiten immer so viel abschneiden, als in jedem Augenblicke in sie geht; das gibt dann den Menschen, der in diesem Augenblicke lebt."*[110]

Es ist durchaus möglich, dass Möbius seine Vorstellung des vierdimensionalen Raumes seinem Freund Fechner nähergebracht hat. Während jedoch Möbius sich in seinem „Barycentrischem Calcul" auf eine vierte Dimension *räumlicher* Natur bezieht, besteht Fechners besondere Idee darin, die Zeit als vierte Dimension anzunehmen. Durch welche Gedankengänge Fechner auf diese Idee gekommen ist, verrät er nicht, sondern weist uns auf die Einfachheit des aus der Mathematik stammenden Gedankens der Projektion hin:

„Auch ist dies nur eine besondere Anwendung der von jeher mit Frucht angewandten Methode, das, was man in drei Dimensionen nicht realiter finden kann, in zwei Dimensionen, d.h. auf dem Papier zu suchen und zu finden. Und siehe da, es gelingt."[111]

---

[109] Vgl. Fechner (1875).

[110] Fechner (1846), S. 29, Hervorhebungen durch die Autorin.

[111] Fechner (1846) in Fechner (1875), S. 264.

Fechners Analogie zur zweidimensionalen Welt sollte einen bemerkenswerten Einfluss ausüben. In Deutschland verwendeten Hermann Helmholtz und Eugen Dreher Fechners anschauliche Darstellung der flachen Lebewesen. Julius Hermann von Kirchmann (1802–1884), Herausgeber von Kants Werken, gab kurz nach Fechner und offenbar unabhängig von ihm eine philosophische Darstellung der Möglichkeit eines höherdimensionalen Raums.[112]

Auch der Mathematiker Eugenio Beltrami (1835–1900), dessen bemerkenswertes Werk über die nichteuklidische Geometrie der „Pseudosphären" (Flächen mit negativer konstanter Krümmung) entschieden zur Anerkennung der nichteuklidischen Geometrie beitrug, erwähnte in seiner Abhandlung von 1868 „Saggio di Interpretatione della geometria non-Euclidea"[113] flache Wesen, die auf Oberflächen leben. Auch Gauß scheint von Fechners flachen Wesen gewusst zu haben, wenn man dem Bericht von Sartorius von Waltershausen von 1856 Glauben schenkt.

1876 wurden Fechners Ideen in England durch die Zeitschrift *Mind* einer breiten Öffentlichkeit bekannt gemacht. Mathematiker mit schriftstellerischer Begabung wie Howard Hinton und Edwin Abbott übernahmen seine zweidimensionale Analogie und entwickelten sie, allerdings ohne Fechner zu erwähnen. In Frankreich befasste sich René de Saussure 1891 mit physikalischen und chemischen Phänomenen im vierdimensionalen Raum. Als Analogie für die vierdimensionale Geometrie verwendete Saussure eine zweidimensionale Welt mir flachen Wesen.[114]

Hermann Helmholtz

Besonders auf dem Gebiet der Geometrie geriet die euklidische Tradition Anfang des 19. Jahrhunderts ins Wanken.[115] Obwohl Gauß keine Abhandlung über die Höherdimensionalität des Raumes schrieb, wirkte er durch seine Kritik an der euklidischen Geometrie und seine mehr als 50 Jahre andauernde Suche nach einer neuen Geometrie wie ein Magnet, der die neuen Gedanken an sich zog und ihnen eine Richtung gab. Sein Einfluss wirkte sich auf seine Schüler fruchtbar aus: Wachter, Möbius, August Ritter und Riemann entwickelten in ihren Werken die Idee des höherdimensionalen Raums. Grassmann entwickelte selbständig und

---

[112] Siehe Fechner (1875), S. 276.

[113] Siehe Beltrami (1868).

[114] René de Saussure (1891): « Les phénomènes physiques et chimiques et l'hypothèse da la quatrième dimension. » zitiert in Jouffret (1903), S. 187.

[115] Siehe dazu auch Wußing (1975), S. 348.

ohne Schüler den neuen abstrakten Zweig der Mathematik der höherdimensionalen Räume, aus dem die dreidimensionale Geometrie sich als ein Spezialfall ergibt.

Da Riemann sehr früh starb, konnte er seine revolutionären Ideen nicht bekannt machen. Die Theorie der riemannschen Räume wurde von anderen Wissenschaftlern aufgenommen und verbreitet. Hermann von Helmholtz (1821–1894) war derjenige, der die riemannsche Geometrie durch Vorträge und Veröffentlichungen einem großen Publikum bekannt machte. 1868, ein Jahr nachdem Riemanns Arbeit „Über die Hypothesen, die der Geometrie zu Grunde liegen" erschienen war, veröffentlichte Helmholtz seinen Aufsatz „Über die Tatsachen, welche der Geometrie zu Grunde liegen", in dem er Riemanns Auffassung analysierte.

In seinem Heidelberger Vortrag von 1870 „Über den Ursprung und die Bedeutung der geometrischen Axiome" wählte Helmholtz Beispiele aus kugelähnlichen und eiförmigen Flächen, auf denen die Axiome der euklidischen Geometrie nicht mehr gelten.[116] Helmholtz machte seine Zuhörer darauf aufmerksam, dass die „Flächenwesen", die auf diesen gekrümmten Flächen lebten, von alleine entdecken könnten, dass ihre Welt nicht der „ideellen" euklidischen Geometrie gehorcht: Der kürzeste Weg zwischen zwei Punkten wäre nicht eine Gerade, sondern eine geodätische Linie der Fläche (ein Bogen) und die Summe der Winkel in einem Dreieck würde immer größer sein als 180°. Sogar die Gesetze der Mechanik würden sich in einem gekrümmten Raum ändern, zum Beispiel das Trägheitsgesetz.[117] Damit übernahm Helmholtz Riemanns Idee, dass die Kraft als eine Folge der Raumkrümmung betrachtet werden kann.

Mit seinen Beispielen versuchte Helmholtz zu zeigen, dass, anders als in der Kantianischen Philosophie, der mathematisch konstruierte Raum der Geometrie und der Raum der Erfahrung verschieden sein können. Indirekt wies er die Zuhörer darauf hin, dass unser Erfahrungsraum keineswegs euklidisch sein muss: Er könnte gekrümmt sein. Zu der gleichen Schlussfolgerung war Helmholtz auch durch seine physiologischen Untersuchungen gekommen:

„Während Riemann von den allgemeinen Grundfragen der analytischen Geometrie her dieses neue Gebiet betrat, war ich selbst theils durch Untersuchungen über die räumliche Darstellung der Farben, also durch Vergleichung einer dreifachen ausgedehnten Mannigfaltigkeit mit einer anderen, theils durch Untersuchungen über den Ursprung unseres Augenmaßes für Abmessungen des Gesichtsfeldes zu ähnlichen Betrachtungen gekommen."[118]

---

[116] Helmholtz (1870), S. 8–11.
[117] Ebd., S. 29–30.
[118] Ebd., S. 19.

Der durch das Sehen wahrgenommene Raum ist ein durch das Auge konstruierter, der sich vom Außenraum unterscheidet. Während wir uns jedoch von der Krümmung durch sinnliche Wahrnehmung überzeugen können, sieht es bezüglich der Raumdimensionalität anders aus. Helmholtz betonte mehrfach in diesem Vortrag, dass man sich die vierte Dimension auf gar keinen Fall vorstellen könne, wie ein Blinder auch keine Farben sehen kann:

„Ist nun gar kein sinnlicher Eindruck bekannt, der sich auf einen solchen nie beobachteten Vorgang bezöge, wie für uns eine Bewegung nach einer vierten, für jene Flächenwesen eine Bewegung nach der uns bekannten dritten Dimension des Raumes wäre, so ist ein solches ‚Vorstellen' nicht möglich, ebensowenig als ein von Jugend auf absolut Blinder sich wird die Farben ‚vorstellen' können, auch wenn man ihm eine begriffliche Beschreibung derselben geben könnte.“[119]

Helmholtz ging in seiner Argumentation mit der empirischen Begründung so weit, dass er Kants Argument von 1747 durch ein physiologisches ersetzte:

„Anders ist es mit den drei Dimensionen des Raumes. Da alle unsere Mittel sinnlicher Anschauung sich nur auf einen Raum von drei Dimensionen erstrecken, und die vierte Dimension nicht bloß eine Abänderung von Vorhandenem, sondern etwas vollkommen Neues wäre, so befinden wir uns schon wegen unserer körperlichen Organisation in der absoluten Unmöglichkeit, uns eine Anschauungsweise einer vierten Dimension vorzustellen.“[120]

Hatte Kant von „der Beschaffenheit unserer Seele" gesprochen, so ersetzte der Physiologe Helmholtz Kants Begründung durch das Argument der „körperlichen Organisation." Trotzdem war die Schlussfolgerung beider Denker die gleiche: Höhere räumliche Dimensionen könne man sich nicht „vorstellen".

Felix Klein

1871 erschien in den *Annalen der Physik* die bahnbrechende Arbeit des Mathematikers Felix Klein (1849–1925), „Über die sogenannte Nicht-Euklidische Geometrie."[121] In seiner Schrift, die den Autor weltberühmt machen sollte, bewies Felix Klein, dass sich die verschiedenen Geometriearten, die Euklidische, Lobatchewskische und Riemannsche auf Grund invarianttheoretischer Überlegungen einheitlich darstellen lassen. Mit Hilfe der von A. Cayley 1859 eingeführten projektiven Maßbestimmung zeigte Felix Klein, dass man in den projektiven Raum verschiedene Metriken einführen kann und dass damit „diese dreierlei Geome-

---

[119] Helmholtz (1870), S. 8.
[120] Ebd., S. 28–29.
[121] Klein, F. (1871).

trien sich nun als besondere Fälle der allgemeinen Cayleyschen Maßbestimmung erweisen."[122] Auch wenn Felix Klein dies nur für den dreidimensionalen Raum zeigte, versicherte er, dass dies auch für „beliebig viele Dimensionen" gelte.[123] Obwohl Kleins Beweis auf Widerstand in der wissenschaftlichen Gemeinschaft traf, bestand sein Verdienst darin, eine einheitliche mathematische Grundlage der bis dahin „in eine Reihe von beinahe getrennten Disziplinen zerfallene[n]"[124] Geometrie gegeben zu haben: Die euklidische Geometrie und die verschiedenen Formen der nichteuklidischen Geometrie, verbunden durch den Begriff der n-dimensionalen Räume, bildeten wieder eine Einheit.

Ein Jahr später gelang Felix Klein im Rahmen seines berühmt gewordenen Erlanger Programms eine gruppentheoretische Klassifikation der Geometrie. In seinem Aufsatz „Vergleichende Betrachtungen über neuere geometrische Forschungen"[125] zeigte er, dass der von Evariste Galois (1811–1832) eingeführte Gruppenbegriff wesentlich für das Ordnen der verschiedenen Arten von Geometrie ist: Jeder Geometrie ließ sich eine bestimmte Gruppe „adjungieren". In diesem Aufsatz entwickelte Felix Klein gleichzeitig erkenntnistheoretische Gedanken, die sich für die Entwicklung der Idee der höherdimensionalen Räume als wesentlich erwiesen. Er betrachtete sein Erlanger Programm als einen Schritt zu höherer Abstraktion der Geometrie. Dem Begriff Raum, der ein „sinnliches Bild" der Geometrie darstellt, stellte Felix Klein den abstrakten Begriff der „mehrfach ausgedehnten Mannigfaltigkeit" gegenüber, der eine „Verallgemeinerung der Geometrie" darstellt, und berücksichtigte in seinem Programm „Untersuchungen über beliebig ausgedehnte Mannigfaltigkeiten, die sich, unter Abstreifung des für die rein mathematische Betrachtung unwesentlichen räumlichen Bildes, aus der Geometrie entwickelt haben."[126] Wie Grassmann und Gauß betonte Felix Klein in seiner Arbeit erneut das Problem der Realität des geometrischen Raumes im Unterschied zu den rein „abstrakten Untersuchungen" des Erlanger Programms:

„Es gibt eine eigentliche Geometrie, die nicht, wie die im Texte besprochenen Untersuchungen, nur eine veranschaulichte Form abstrakter Untersuchungen sein will. In ihr gilt es, die räumlichen Figuren nach ihrer vollen gestaltlichen Wirklichkeit aufzufassen."[127]

Felix Klein unterstrich also die Idee, dass die n-dimensionalen Mannigfaltigkeiten in „völlig abstrakter Weise definiert" wurden. Seine Untersuchungen „schneiden nach Möglichkeit alle Anschauung aus ihren Überlegungen aus, um

---

[122] Klein, F. (1871), S. 577.

[123] Ebd.

[124] Klein, F. (1872), S. 30.

[125] Klein, F. (1872).

[126] Ebd., S. 31.

[127] Ebd., S. 75.

keine logischen Zusammenhänge zu übersehen."[128] Um also eine einheitliche Geometrie zu konstruieren, muss man einen völlig abstrakten Weg verfolgen, in dem die reale Geometrie des physikalischen Raums keinen Platz hat. In diesem Zusammenhang betonte Felix Klein, dass die Überzeugung, dass man in den rein abstrakt erfassten *n*-dimensionalen Mannigfaltigkeiten den physikalischen Raum erkenne, völlig falsch sei:

„[...] dass in ausgedehnten Kreisen [von Wissenschaftlern] die Untersuchungen über Mannigfaltigkeiten mit beliebig vielen Dimensionen als solidarisch erachtet werden mit der erwähnten Vorstellung von der Beschaffenheit des Raumes. Nichts ist grundloser als diese Auffassung."[129]

Die Idee des höherdimensionalen physikalischen Raumes hatte, wie wir verfolgen konnten, zunächst den abstrakten Weg der Mathematik angenommen, wo sie, entleert von Anschauung, erst in einer abstrakten Form vollständig entwickelt worden war. Wenn Felix Klein 1872 davor warnte, sich mathematische *n*-dimensionale Räume als den realen physikalischen Raum vorzustellen, forderte er 18 Jahre später in seiner Vorlesung über „Nicht-Euklidische Geometrie" vom Wintersemester 1889/90 in Göttingen, auch die Raumanschauung zu thematisieren, und erklärte:

„Die Entwicklung der letzten Dezennien hat es aber mit sich gebracht, dass in Deutschland vielfach die abstrakten logischen Untersuchungen der Geometrie in den Vordergrund des Interesses traten, während die Ausbildung der zugehörigen Anschauung vernachlässigt wurde."[130]

In dieser Vorlesung bezog sich Felix Klein des öfteren auf „Realitätsbetrachtungen"[131] über den „wirklichen Raum" im Zusammenhang mit den *n*-dimensionalen Mannigfaltigkeiten.[132] In der gleichen Vorlesung gab Felix Klein sogar eine Übersicht über die vier Gruppen von Gelehrten nach ihrer Einstellung gegenüber der Geometrie des realen (physikalischen) Raumes:

1. Die „Orthodoxen", diejenigen, die „streng auf dem Kantischen Standpunkt beharren" und die die nichteuklidische Geometrie für eine „verderbliche Auffassung" halten.[133] Dazu bemerkte Klein: „Die Zahl der Forscher, die diesen Ansichten huldigen, ist gar nicht gering."[134]

---

[128] Klein, F. (1892b), S. 32.
[129] Klein, F. (1872), S. 76.
[130] Klein, F. (1892b), S. 32.
[131] Siehe z.B. ebd., S. 80.
[132] Ebd., S. 291.
[133] Klein, F. (1892a), S. 276.
[134] Ebd., S. 277.

2. Die „Skeptiker", die „von Grund ihres Herzens aus nicht an die nicht-euklidische Geometrie" glauben und immer noch nach Beweisen gegen sie suchen. Dazu zählte Klein den größten Teil der Gymnasiallehrer und betonte „auch Cayley ist geneigt, streng an den Euklidischen Axiomen festzuhalten."[135]

3. Die „Rezeptiven", die die Helmholtzschen Schriften sorgfältig lesen und bereit sind, die Kantische Auffassung kritisch zu analysieren. Zu dieser Gruppe gehören laut Klein „eine ganze Reihe" unter den „jüngeren Philosophen".[136]

4. Die „Enthusiasten", deren Anzahl Klein als gering einschätzte. Die beiden Beispiele, die er gab, waren William Clifford (1845–1879) und Karl Friedrich Zöllner (1834–1882). Diese, betonte Klein, gehen nicht so vor, *„wie wir es getan haben, indem wir sagen, unserer Vorstellung wie unserer Erfahrung vom Raume wird mit der genügenden Genauigkeit ebensowohl durch die hyperbolische (d.h. Lobatschewskische und Bólyaische) oder elliptische (d.h. Riemannsche) wie durch die parabolische (d.h. euklidische) Maßbestimmung entsprochen, wir entscheiden uns aber für die parabolische Hypothese, weil sie die einfachste ist (wie man in der Physik auch unter gleichberechtigten Hypothesen immer die einfachste gelten lässt)."[137]* Clifford und Zöllner waren beide Vertreter der elliptischen Geometrie, sie stellten sich den physikalischen Raum als vierdimensional und mit positiver Krümmung, also als unendlich, aber nicht unbegrenzt vor.

Felix Kleins Klassifikation zeigt, wie gering die Zahl derjenigen war, die zu dieser Zeit die physikalische Realität der höherdimensionalen Räume vertraten. Manche unter ihnen, wie Friedrich Zöllner und der namhafte Physiker und Chemiker William Crookes (1832–1919) gingen so weit, dass sie nach experimentellen Beweisen für die Existenz des vierdimensionalen Raums suchten. Ihre Versuche spiritistischer Natur, die viel Aufsehen in der Öffentlichkeit erregten und die natürlich scheiterten, zeigen jedoch die Naivität der Beteiligten, den vierdimensionalen Raum durch wissenschaftlich nicht fundierte Experimente nachweisen zu wollen, sprechen aber auch für die große Bedeutung, die diese Idee in der damaligen Zeit gerade unter den Physikern besaß. Über Zöllners Beschäftigung mit dem vierdimensionalen gekrümmten Raum, dem er zweifellos physikalische Realität zuschrieb, und seine spiritistischen Versuche um 1878 wurde mehrfach geschrieben.[138] Felix Klein berichtete in seinen „Vorlesungen über die Entwicklung der Mathematik im 19. Jahrhundert" über den Leipziger Astronomen und Physiker Zöllner, dessen „wertvolle naturwissenschaftliche Forschungen" er kurz

---

[135] Klein, F. (1892a), S. 277.
[136] Ebd., S. 278. Leider nannte Klein keine Namen.
[137] Ebd.
[138] Siehe z.B. Steiner (1995), S. 232–233; zu Zöllner siehe auch Meinel (1991).

aufzählte.[139] 1876 hatte Felix Klein (wahrscheinlich als erster) auf eine interessante topologische Eigenschaft hingewiesen: In einem vierdimensionalen Raum kann jeder dreidimensionale Knoten in einer geschlossenen Schnur ohne Zerschneiden der Schnur schon durch bloßes Auseinanderziehen (Verzerrung) aufgelöst werden.[140] 1880 führte der Mathematiker Reinhold Ernst Eduard Hoppe (1816–1900) diese Aufgabe analytisch durch.[141]

1876, als Felix Klein während einer wissenschaftliche Tagung Zöllner von seiner Auflösung eines Knotens im vierdimensionalen Raum berichtete, überzeugte er ihn – so Klein – von der Existenz des vierdimensionalen Raumes. Dadurch sei Zöllner auf die Idee gekommen, die physikalische Realität des vierdimensionalen Raumes empirisch, durch spiritistische Versuche zu beweisen.[142]

* * *

Wie Klein in seiner Vorlesung von 1892 betonte, bestand die Bedeutung der Helmholtzschen Vorträge auch darin, dass „sie weit mehr von einem größeren Publikum gelesen wurden, als jede andere Schrift auf diesem Gebiet."[143] Helmholtz hatte auch die Kreise der Nichtmathematiker dazu angeregt, sich mit dem Gedanken der höherdimensionalen Räume zu befassen:

„So knüpft denn auch die populäre Diskussion im Kreise der Nicht-Mathematiker, der philosophischen Forscher, der Lehrer, die für Elementargeometrie Sinn und Interesse haben, ohne doch gelernte Mathematiker zu sein, fast ausschließlich an die Arbeiten von Helmholtz an."[144]

Jedoch auch bekannte Mathematiker wie Elwin Bruno Christoffel (1829–1900), Sophus Lie (1842–1899) und Camille Jordan (1838–1922) scheinen zu ihren Untersuchungen über höherdimensionale Räume durch Helmholtz' Vorträge von 1868 und 1870 angeregt worden zu sein.[145]

Mathematiker wie Wilhelm Killing (1885), Carl Cranz (1888) und Viktor Schlegel (1888) und Philosophen wie Eugen Dreher (1879), Hermann Rudolf Lotze und Leopold Pick (1898) setzten sich ebenfalls mit der vierten Dimension in populärwissenschaftlichen Abhandlungen kritisch auseinander. Die Philosophen übernahmen die neuen Raumtheorien der Mathematiker und benutzten sie,

---

[139] Klein, F. (1926a), S. 169–170.
[140] Klein, F. (1876), S. 478.
[141] Siehe Hoppe (1880).
[142] Klein, F. (1926a), S. 169.
[143] Klein, F. (1892a), S. 276.
[144] Ebd.
[145] Siehe Christoffel (1870a, b), Lie (1871a, b) und Jordan (1872).

um eine neue Vorstellung über die Natur des Anschauungs- und Erfahrungsraumes zu entwickeln. Der Philosoph Eugen Dreher (1841–1900) beschrieb in seiner Rede von 1878 „Über Wahrnehmen und Denken. Ein Beitrag zur Erkenntnislehre" die Debatte, die der Bergriff der vierten Dimension in dieser Zeit ausgelöst hatte: „Die vierte Dimension ist heute geflügeltes Wort"[146], betonte er und: *„Ein großer Teil der Mathematiker neigt sich der Annahme einer vierten Dimension zu; einige ziehen für die Existenz derselben lebhaft zu Felde."*[147] Drehers Darstellung ist deshalb von Interesse, weil sie offensichtlich die geläufigen mathematischen Argumente aus der Diskussion übernimmt, die in dieser Zeit geführt wurde. Nachdem er Fechners und Helmholtz' zweidimensionale Flächenwesen zur Veranschaulichung des vierdimensionalen Raumes erwähnt hatte, gab Dreher ein mathematisches Beispiel einer „Erscheinung im dreidimensionalen Raum, die zur Annahme des Vorhandenseins einer vierten Dimension desselben führt": Die Kongruenz zweier Hälften eines gleichschenkligen Dreiecks.[148] Um diese Hälften „zur Deckung bringen zu können", muss man die dritte Dimension des Raumes benutzen.

„Es wäre mir absolut unmöglich gewesen", betonte Dreher, *„die Dreiecke, ohne die Ebene des Tisches zu verlassen, in der sie lagen, zur Deckung zu bringen. Kein Hin- und Herschieben hätte genutzt. Ein zweidimensionales Wesen würde wohl begreifen können, dass, da in beiden Dreiecken zwei Seiten und der eingeschlossene Winkel gleich sind, die Dreiecke kongruent sein müssen, würde jedoch nicht im Stande sein, da ihm die dritte Dimension des Raumes verschlossen ist, die Dreiecke wirklich zu Kongruenz zu bringen. Dieses Wesen könnte so wohl die Überzeugung von ihrer Kongruenz haben, ohne dass es jedoch die Anschauung davon hätte."*[149]

Dreher erwähnte dann dreidimensionale geometrische Körper, die Spiegelbilder voneinander sind, „vollkommen gleiche Tetraeder, Sphenoide genannt", die nicht „in der Vorstellung zur Deckung zu bringen [sind], ebenso wenig wie unsere beiden Hände."[150] Wenn man die Kongruenz bei diesen Figuren nicht aufgeben möchte, müsste man zugestehen, schloss Dreher, dass es „noch eine vierte Dimension des Raumes [gibt], durch welche geführt, der eine Körper sich mit dem anderen decken würde."[151] Dieses mathematische Beispiel geht eindeutig auf Möbius' Feststellung von 1827 bezüglich des Übergangs der dreidimensi-

---

[146] Dreher (1878), S. 17.
[147] Ebd., S. 19.
[148] Ebd., S. 18.
[149] Ebd.
[150] Ebd.
[151] Ebd.

onalen Körper in ihre Spiegelbilder durch das Hinzunehmen einer vierten Dimension zurück.

Trotz dieses einleuchtenden Beispiels bezeichnete Dreher am Ende seines Aufsatzes die vierte Dimension als einen Begriff, der „zu den nutzlosesten Ausgeburten überspannter mathematischer Köpfe gehört."[152] Nur eine rein „praktische oder wissenschaftliche" Nützlichkeit des Begriffes räumte er ein, nämlich zur Veranschaulichung mathematischer Beispiele.

Der Göttinger Philosoph Hermann Rudolf Lotze (1817–1881), der in Leipzig Vorlesungen bei Fechner gehört hatte, ermahnte in seinem zweiten der „Drei Bücher der Metaphysik" (1879), den höherdimensionalen Raum als nichts anderes als eine mathematische Spekulation zu betrachten:

„So gewiss der Name des Raumes für uns ein Ordnungssystem bedeutet, in welchem wir diese ursprüngliche, aus arithmetischen Betrachtungen allein gar nicht ableitbare Anschauung haben, so gewiss ist es logische Spielerei, ein System von vier oder fünf Dimensionen noch Raum zu nennen. Gegen solche Versuche muss man sich wehren."[153]

James Clerk Maxwell

Unter dem Einfluss der Helmholtzschen Reden interessierte sich auch der große Physiker James Clerk Maxwell (1831–1879) für die vierte Dimension: In seinen Briefen und Notizen, die drei Jahre nach seinem Tod von Lewis Campbell und William Garnett herausgegeben wurden, finden sich viele Bemerkungen über die Existenz und Eigenschaften des vierdimensionalen Raums. Maxwells Verse enthalten Andeutungen über die vierte Dimension, die er für den Ort hielt, wo Knoten aufgewickelt werden könnten:

"My soul is an entangled knot,
Upon a liquid vortex wrought
The secret of its untying
In four-dimensional space is lying."[154]

---

[152] Dreher (1878), S. 35.
[153] Zitiert in Cranz (1885), S. 56.
[154] Siehe Campbell und Garnett (1882), zitiert in Banchoff (1990), S. 5.

Die vierte Dimension erobert die Medien

Howard Hinton

Helmholtz' Überzeugung, dass man sich die vierte Dimension unmöglich vorstellen könne, teilte der englische Mathematiker Charles Howard Hinton (1853–1907) nicht. Er war gerade der entgegengesetzten Meinung. Hinton hatte in Oxford Mathematik studiert und war gleichzeitig an der Physik interessiert. Er hatte Mathematik an dem *Cheltenham Ladies' College* und an der *Uppingham School* gelehrt, bevor er in Oxford 1886 sein Studium abschloss. Ab 1893 lehrte er in Princeton und Minnesota Mathematik und nahm 1900 eine Stelle an dem Naval Observatory in Washington an. 1880 schrieb Hinton seinen ersten Artikel über die vierte Dimension "What is the Fourth Dimension?"[1], in dem er den vierdimensionalen Raum als eine Erweiterung des mathematischen Modells von Clifford betrachtete.

1884 und 1886 erschienen die zwei Bände der "Scientific Romances", eine Sammlung von neun populärwissenschaftlichen Erzählungen, in denen Hinton seine Gedanken über den vierdimensionalen Raum darlegte. Sie enthalten bereits die wichtigsten Ideen, die Hinton 1904 in seinem umfangreichen Buch "The Fourth Dimension" ausführlicher entwickelte. Auch wenn er weder Fechner noch Helmholtz ausdrücklich erwähnt, ist der Einfluss der beiden deutschen Wissenschaftler auf Hinton deutlich spürbar. Helmholtz' Rede über den vierdimensionalen Raum war in England bereits 1876 erschienen und seine Ideen wurden dort intensiv diskutiert.[2]

Anders als seine Vorgänger entwickelte aber Hinton in seinen Schriften die Idee des vierdimensionalen Raumes mit allen ihren Folgen aus einem mathematischen, physikalischen und philosophischen Blickwinkel. In seinem Buch "The Fourth Dimension" übernahm Hinton sowohl das Höhlengleichnis aus dem siebten Buch von Platons „Staat", das auch Fechner verwendet hatte, als auch Schritt für Schritt Fechners Analogien zu einer Linien- bzw. zu einer flachen Welt. Während jedoch Fechner in seiner Darstellung stets einen leicht humorvollen Unterton einfließen ließ, um die Verständnislosigkeit sowohl der Philosophen

---

[1] Er wurde 1880 in dem *Dublin University Magazine* und 1883 in der *Cheltenham Ladies' Gazette* veröffentlicht, siehe Rucker (1980), S. VII.

[2] In England wurden sie 1876 und 1878 in der Zeitschrift *Mind* unter dem Titel "The Origin and Meaning of Geometrical Axioms" veröffentlicht: *Mind* (1876) I, S. 452–466 und *Mind* (1878) III, S. 212–225.

als auch der positivistisch eingestellten Naturwissenschaftler gegenüber der vierten Dimension zu entlarven, hat Hintons Betrachtung – wenn auch einfach geschrieben – den Anspruch einer ernsthaften wissenschaftlichen Untersuchung.

Platons Höhlengleichnis verwendete Hinton als philosophische Begründung seiner Überzeugung von der Realität der vierten Dimension. Wie Platons Menschen gefesselt in der Höhle leben und die Schatten an der Wand für die einzig wahren Erscheinungen halten, ohne die Möglichkeit zu haben, die Höhle zu verlassen und zur wahren Erkenntnis zu gelangen, so ergehe es auch uns, verfangen in unserem Unvermögen, den dreidimensionalen Raum zu verlassen, um Erscheinungen aus der vierten Dimension wahrzunehmen. Und ebenso, wie uns Platon in seinem Gleichnis beeindruckend zeigt, dass außerhalb der Höhle die dreidimensionalen Gegenstände tatsächlich existieren, deren Schatten die Menschen in der Höhle sehen, versucht auch Hinton, uns durch mathematische Beweise von der Realität der vierten Dimension zu überzeugen. Anders als Helmholtz glaubte Hinton fest daran, dass eine intuitive Anschauung des vierdimensionalen Raumes möglich sei. Er stellte sich die Aufgabe, vierdimensionale Körper zu konstruieren und ihre Projektion auf unsere dreidimensionale Welt zu veranschaulichen. So zeichnete Hinton den „einfachsten vierdimensionalen Körper"[3], den vierdimensionalen Würfel, den er „Tesserakt" nannte.[4] Um dreidimensionale Schnitte durch den Tesserakt zu erklären, benutzte Hinton 12 Würfel, deren Flächen, Kanten und Ecken er in unterschiedlichen Farben kolorierte.[5] Außerdem teilte er den Tesserakt in 81 kleine Würfel (jede Kante des vierdimensionalen Würfels teilte er in drei und erhielt dadurch 3^4 kleine Würfel) und konnte damit die Tatsache veranschaulichen, dass eine Drehung im vierdimensionalen Raum es ermöglicht, dreidimensionale spiegelsymmetrische Körper ineinander zu transformieren. In einer ausführlichen und anschaulichen Weise konnte Hinton das Problem lösen, das seine Vorgänger beschäftigt und dessen Lösung schon Möbius angedeutet hatte.

Hinton untersuchte richtig – und darin besteht sein Verdienst – die geometrischen Eigenschaften des vierdimensionalen Raumes. Bereits in "What Is the Fourth Dimension?" (1884) erklärte er das invariante vierdimensionale Raumelement und seine Projektionen auf die dreidimensionale Welt[6], einen Zusammenhang, der erst 1908 in Minkowskis Konstruktion des pseudoeuklidischen

---

[3] Siehe Hinton (1904), Kap. 12, S. 159.
[4] Siehe ebd., Fig. 97, S. 159.
[5] Ebd., Kap. 11 und 12.
[6] Siehe Hinton (1884), S. 13.

vierdimensionalen Raumzeit-Kontinuums der Speziellen Relativitätstheorie explizit dargestellt wurde.[7]

Hinton scheiterte jedoch, wenn er die physikalischen Folgen der vierten Dimension besprach, was auch nicht verwundert: Während der vierdimensionale Raum mathematisch bereits untersucht worden war und Hinton mit einer soliden Basis seine Analyse begann, sollte die Physik noch revolutionäre Erkenntnisse erringen müssen, bevor sie reif war für die Untersuchung des vierdimensionalen Raumes. Das einzige Argument für die Realität der vierten Dimension, über das Hinton verfügte, war die Spiegelsymmetrie, also fast alle Symmetrien der Lebewesen:

"[…] the turning of a real thing into its mirror image would be an occurrence which it would be hard to explain, except on the assumption of a fourth dimension."[8]

Hintons Idee, die Symmetrie mit der Höherdimensionalität zu verbinden, war ein scharfsinniger Gedanke, der sich in den modernen vereinheitlichten Theorien als fruchtbar erweisen sollte.[9] Zur damaligen Zeit jedoch, erschien sie als Spekulation, auf die die Begründung der physikalischen Realität des vierdimensionalen Raums nicht gestützt werden konnte. Hintons Symmetrie-Argument war nicht ausreichend, um die Vierdimensionalität des Erfahrungsraums zu begründen, auch wenn er es mit großer Klarheit aussprach:

"It can be argued that the occurrence of symmetry in two dimensions involves the existence of a three dimensional process, as when a stone falls into water and makes rings of ripples, or as when a mass soft material rotates about an axis. It can be argued that symmetry in any number of dimensions is the evidence of an action in a higher dimensionality."[10]

Seine übrigen physikalischen Untersuchungen bezüglich der Bewegung und der Natur des Äthers und der Elektrizität blieben auch im Bereich der Spekulationen. Über die Bewegung behauptete Hinton: "four-dimensional movements are simply two sets of plane movements put together", was eine ziemlich naive Vorstellung darstellt.[11] Seine Ausführungen über Elektrizität als *dreidimensionale* spie-

---

[7] Anders als bei Minkowski ist bei Hinton die vierte Dimension nicht die Zeit, sie ist vielmehr räumlicher Natur. Rucker scheint dies missverstanden zu haben, siehe Hinton (1884), Fußnote 2, S. 13 und Fußnote 3, S. 17.

[8] Siehe Hinton (1904), S. 76.

[9] Bei der Verbindung der Theorien der Eichsymmetrien (begründet durch Weyl) mit den geometrischen vereinheitlichten Theorien in höherdimensionalen Räumen (in der Art von Kaluza) spielte Hintons Idee indirekt eine bedeutende konzeptionelle Rolle, siehe Kapitel „Bedeutung der Theorie Kaluzas für die moderne Physik", S. 362ff.

[10] Siehe Hinton (1904), S. 78.

[11] Siehe ebd., S. 206.

gelsymmetrische Erscheinung von gewundenen Molekülsträngen[12] sowie sein späterer Versuch, Elektrizität als durch Drehungen von vierdimensionalen Kugeln im Äther entstehende Wirbel zu erklären, sind Ausdruck zu weitgehender Spekulation.

Sowohl durch seine vierdimensionalen geometrischen Konstruktionen als auch durch seinen Versuch, den vierdimensionalen Raum aus allen Blickwinkeln zu begründen, brachten Hintons Veröffentlichungen jedoch diese neuen Ideen einem breiten Publikums nahe.[13]

Vielleicht wäre Hinton niemals auf die Idee gekommen, populärwissenschaftliche Bücher über die vierte Dimension zu schreiben, wenn er von einem plötzlich aufgetauchten Rivalen nicht angestachelt worden wäre: vom schriftstellerisch begabteren Edwin A. Abbott. So fand Ende des 19. Jahrhunderts die Idee einer höherdimensionalen Welt Eingang in die Literatur.

---

[12] In "A picture of our universe" (1884), S. 42–44. Ruckers Ansicht bezüglich dieses Erklärungsversuchs von Hinton, dass die "Kaluza-Klein five-dimensional theory of relativity in some sense formalizes the idea Hinton presented here" (siehe Rucker (1980), S. IX), ist unbegründet.

[13] Hintons Tesserakt wurde sogar 1955 von dem Maler Salvador Dali in seinem Bild „Christus Hypercubus" dargestellt, siehe Kaku (1995), S. 96.

Edwin A. Abbott

> *Den Bewohnern des Raumes widmet dieses Buch*
> *ein schlichter Bürger Flächenlands in der Hoffnung,*
> *dass – genau wie er, der ehedem nur zwei Dimensi-*
> *onen kannte und doch vorstieß zu den Wundern der*
> *Drei – so auch sie, die Bewohner dieser himmli-*
> *schen Regionen immer strebend sich bemühen mö-*
> *gen, vorzudringen zu den Geheimnissen von Vier,*
> *Fünf oder gar Sechs Dimensionen und damit an ih-*
> *rem Teile mitzuarbeiten an einer Förderung des*
> *vorstellenden Geistes wie an der Pflege und Ent-*
> *wicklung jener erhabenen Blume ‚Bescheidenheit'*
> *unter den würdigen Mitbürgern Raumlands.*
> *Edwin A. Abott: „Flächenland"*[14]

Als Pfarrer und Direktor der *City of London School,* die dank seiner Neuerungen zu einer der besten englischen Schulen jener Zeit wurde, glaubte Edwin A. Abbott (1838–1926), der mit einer bemerkenswerten intellektuellen Energie ausgestattet war, an die Macht des Geistes wie an eine Religion. Zu den Neuerungen, die er in der *City of London School* einführte, gehörten der Unterricht in komparativer Philologie auf dem Niveau der besten Universitäten, die Wiederbelebung der klassischen lateinischen Aussprache und das Pflichtfach Chemie für alle Klassenstufen (obwohl es sich um eine Schule mit dem Schwerpunkt Sprachen handelte). In seinem Unterrichtskonzept verband er Sprachen mit Naturwissenschaften.

Abbott, zu dessen vielfältigen Interessensgebieten auch die Mathematik gehörte, folgte der Helmholtzschen Argumentation, dass die vierte Dimension nicht vorstellbar sei. Wie könnte ein Bewohner der zweidimensionalen Welt – des Flachlandes – überhaupt merken, dass er in einer dreidimensionalen Welt lebt, während seine „Außenwelt" nur zweidimensional ist? Könnte jemand, bekäme er Signale aus der dritten Dimension, diese bewusst als Beweise einer „Extradimension" verstehen?

In seinem – wie Hintons "What ist the Fourth Dimension?" – 1884 erschienenem Buch "Flatland. A Romance of Many Dimensions" spielt Abbott an-

---

[14] Abbott (1929).

schaulich mit allen mathematischen Folgen der zusätzlichen räumlichen Dimension. Deshalb ist sein Buch für denjenigen, der sich mit der vierten räumlichen Dimension beschäftigen will, eine zweckdienliche Lektüre.

Abbott wählte als Hauptperson im Flachland einen Herren Quadrat, der dem Mittelstand angehört. Der hohe Stand wird von symmetrischen Polygonen mit mehreren Seiten dargestellt, der König ist ein Kreis, Frauen sind einfache Linien. Eines Tages bekommt Mr. Quadrat Besuch aus der dritten Dimension: den einer Kugel. Selbstverständlich ist es ihm unmöglich, die Kugel zu sehen. Denn er kann nur den Schnitt wahrnehmen, den die Kugel mit der Ebene teilt, in der Mr. Quadrat lebt: und dieser Schnitt ist ein Kreis, der sich zuerst vergrößert und danach wieder zu einem Punkt zusammenzieht.

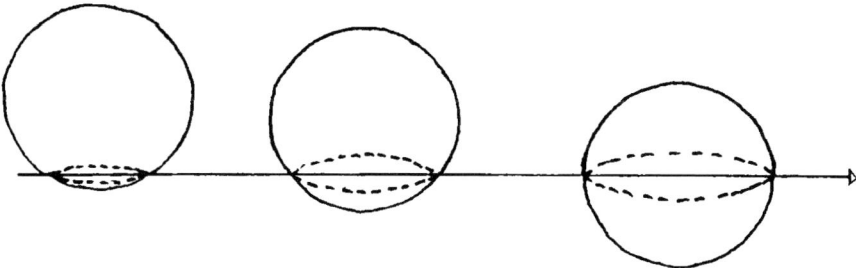

Abb. 19: Figur: Eine Kugel im Flachland

Da es sich aber um eine sprechende Kugel handelt, überredet sie Mr. Quadrat, sie auf eine Reise in die dritte Dimension zu begleiten. Auf dieser Reise macht Mr. Quadrat wundersame Entdeckungen. Wegen seiner flachlandtypischen Beschaffenheit kann er nur Schnitte von Ebenen mit der dreidimensionalen Welt wahrnehmen, die sich dauernd im Laufe seines Fluges in Begleitung der Kugel verändern. Dieses Erlebnis überzeugt ihn aber von der Existenz der dritten Dimension. So kommt er zurück in seine zweidimensionale Welt, wo die Häuser keine Dächer haben und das Licht ununterbrochen scheint, wofür die Flachländer keine Erklärung finden konnten. Er versucht, seinen Mitbewohnern von der dritten Dimension zu erzählen. Keiner glaubt ihm, er wird sogar als Narr ausgelacht und bekommt Hausarrest. Die Geschichte endet mit der Resignation von Mr. Quadrat, der zwar die Wahrheit über die Welt kennt, aber niemanden davon überzeugen kann. Die Analogie zu Platons Höhlengleichnis ist unübersehbar: Auch dort wird dem, der zur Welt der wahren Dinge und Ideen befreit worden war, nach seiner Rückkehr in die Schattenwelt der Höhle von den dort Lebenden nicht geglaubt.

Die Vorstellung von einer vierten und fünften Dimension beschäftigte seit geraumer Zeit einige Dichter, die naturwissenschaftlich gebildet waren.[15] Sogar Fjodor Dostojewski (1821–1881) hatte die mehrdimensionale Welt in den philosophischen Gesprächen seines 1880 veröffentlichten Romans „Die Brüder Karamasow" erwähnt. Wilhelm Busch schrieb 1882 in seinem Werk „Balduin Bählamm":

„Und zieht als freier Musensohn
In die Poetendimension,
Die fünfte, da die vierte jetzt
Von Geistern ohnehin besetzt."[16]

Auch der bekannte Sciencefiction Autor H. G. Wells ließ sich in seinem berühmten Roman "The Invisible Man" (1897) und in zwei Erzählungen von der fünften Dimension inspirieren.[17]

Mit der vierten räumlichen Dimension beschäftigten sich auch viele Künstler. Die kubistische und expressionistische Malerei wurde von dieser Vorstellung entscheidend beeinflusst. Picasso ignorierte die bis dahin praktizierte Technik der Perspektive und malte Gesichter so, als wären sie *gleichzeitig* aus mehreren Perspektiven gesehen, „als hätte diese Gesichter jemand gemalt, der in der vierten Dimension lebt und in der Lage ist, alle Perspektiven gleichzeitig zu sehen."[18] Picasso malte seine kubistischen Bilder aus ähnlichen Perspektiven, aus denen wir eine Ebene im Flachland und die sich darin vollziehenden Aktionen betrachten können – also aus mehreren Perspektiven gleichzeitig –, was aus der Flachlandperspektive nicht möglich ist.[19]

Der Gedanke einer vierten Dimension war Ende des 19. und Anfang des 20. Jahrhunderts in die Kunst, Literatur und Philosophie eingedrungen, noch ehe die Physiker ihre Realität beweisen konnten.

---

[15] Vermutlich wurden diese Schriftsteller mit der Idee der vierten Dimension durch Fechners Erzählungen oder durch Helmholtz' populäre Reden bekannt.

[16] Wilhelm Busch: „Balduin Bählamm", zitiert in Mielke (1985a), S. 121.

[17] In "The Wonderfull Visit" und in "The Remarkable Case of Davison's Eyes", ausführlich darüber in Kaku (1995), S. 84.

[18] Kaku (1995), S. 85, siehe dazu auch Miller (2001), S. 101, der den Einfluss von Jouffret (1903) auf Picasso analysiert.

[19] Für den Einfluss der vierdimensionalen Geometrie in der Kunst siehe Henderson (1983).

* * *

Nachdem "Flatland" bereits 1884 in zwei Auflagen erschienen war, gerieten Hinton und Abbott in einen literarisch ausgetragenen Disput. Es mag der Erfolg von Abbotts Buch gewesen sein, der Hinton anregte, zwei Jahre später dazu Stellung zu nehmen: 1886 erschien die erste Serie seines vierteiligen Buches "Scientific Romances". Im ersten Teil, "What is the Fourth Dimension?" erwähnte Hinton Abbots "ingenious work" und machte deutlich, dass es sich darin um seine eigene Idee handelte, die Abbott inspiriert hatte. Abbott sei auch nicht fähig gewesen, sie physikalisch darzulegen. "But we wish, in the first place, to know the physical facts", schloss Hinton und widmete sich in den nächsten drei Teilen seines Buches einer physikalischen Analyse des vierdimensionalen Raumes.

Trotz des Vorwurfs der „Unwissenschaftlichkeit", den Hinton Abbotts "Flatland" machte, hatte das Buch einen bemerkenswerten Erfolg. Bis 1915 erschienen neun Auflagen.[20] Es lag nicht nur an der sozialen Kritik, die Abbott in diesem Buch aussprach und die in England heftige Diskussionen auslöste; Abbott war hier eine sehr anschauliche Darstellung einer zweidimensionalen Welt gelungen, die einfach auf eine höherdimensionale Welt mit flacher Metrik übertragen werden konnte. Darüber hinaus – und darin lag höchstwahrscheinlich auch seine Bedeutung – vermittelte das Buch eine bemerkenswerte erkenntnistheoretische Botschaft: Die Entdeckung einer höherdimensionalen Welt könnte Antworten auf Fragen geben, die die Menschen seit langem in Unruhe und Angst versetzten. Die Wissenschaft besaß also die Kraft, vom alltäglichen Leid zu befreien.[21] Abbotts Botschaft war die Aufforderung, unser Wissen über die Grenzen des uns vertrauten dreidimensionalen Raums hinauszutreiben.

In der Zeit, als sich in England Hinton und Abbott einem Wettlauf um die vierte Dimension hingaben, wurde auch in Deutschland in mehreren wissenschaftlichen Abhandlungen darüber diskutiert, ob die vierte Dimension der menschlichen Vorstellungskraft zugänglich ist. 1888 veröffentlichte der Mathematiker Victor Schlegel (1843–1905), der als erster Grassmanns Ideen über die

---

[20] Es ist zu vermuten, dass Abbott Max Kaluza, dem Vater Theodor Kaluzas, durch seine Abhandlungen zur englischen Sprache der viktorianischen Zeit bekannt war, da diese Epoche zu seinem zentralen Forschungsbereich gehörte. Unter die mehr als 45 von Abbott veröffentlichten Büchern gehörten auch eine 1870 erschienene "Shakespearian Grammar" und ein 1872 veröffentlichtes Lehrbuch "How to write clearly", siehe d'Amico (1995), S. 11–12.

[21] Diese Absicht des Autors wird noch deutlicher in Abbotts späterem Buch "The Spirit of the Water" (1894). Siehe Banchoff (1990), S. 7.

Ausdehnungslehre dargestellt hatte[22], eine allgemein verständliche Arbeit „Über den sogenannten vierdimensionalen Raum.“[23] Hier versuchte er das große Interesse sowohl der Wissenschaftler als auch des breiten Publikums an der vierten Dimension zu erklären:

„Wenn nun trotzdem in verhältnismäßig kurzer Zeit Begriffe wie ,vierte Dimension des Raumes' und ,vierdimensionaler Raum' nicht nur in der Wissenschaft sich eingebürgert, sondern sogar die Aufmerksamkeit des großen Publikums, welches doch sonst von den Spekulationen der reinen Mathematik sich fernzuhalten pflegt, in dem Maße auf sich gezogen haben, dass sie ihm trotz ihrer Rätselhaftigkeit wenigstens geläufige Ausdrücke geworden sind, so drängen sich von selbst die Fragen auf: Woher stammen diese anscheinend so widerspruchsvollen Begriffe? Wie konnten sie so populär werden? Wie sind sie zu verstehen? Und welche wissenschaftliche Berechtigung haben sie?"[24]

In seiner Untersuchung betonte Schlegel, dass der vierdimensionale Raum „ein reines Produkt mathematischer Spekulation“ sei, der nur „mathematischen Zwecken“ diene und keine reale Existenz haben könne.[25] Eine vierte Dimension, „von gleichartiger Natur mit den anderen“ sei „ein Unding“ und sei daher „zu verwerfen.“[26] Für den Mathematiker dagegen, unterstrich Schlegel, sei der vierdimensionale wie der mehrdimensionale Raum ein „fruchtbringender“ Forschungsgegenstand, der großen Nutzen bringen könne.[27] Schlegel untersuchte reguläre vierdimensionale Polyeder, die er durch Projektion auf den dreidimensionalen Raum der menschlichen Anschauung näher zu bringen versuchte und schlussfolgerte:

„Und nachdem wir in der Projektion dieser Gebilde auf den dreidimensionalen Raum auch ein Hülfsmittel der Anschauung gewonnen haben, wie wir es in analoger Weise auch in der Stereometrie benützen, so sehen wir, dass die wissenschaftliche Entwickelung einer solchen vierdimensionalen Geometrie keineswegs außer dem Bereich der Möglichkeit liegt."[28]

In der Tat fanden Schlegels Projektionen von vierdimensionalen Körpern Eingang in den von Martin Schilling erstellten „Catalog mathematischer Modelle

---

[22] Seine zweiteilige Arbeit „System der Raumlehre nach den Prinzipien der Grassmann' schen Ausdehnungslehre und als Einleitung in dieselbe“ erschien 1872 und 1875, siehe Grassmann (1844), S. 18.

[23] Schlegel (1888).

[24] Ebd., S. 4, Hervorhebung im Original.

[25] Ebd., S. 5.

[26] Ebd.

[27] Ebd., S. 19.

[28] Ebd.

für den höheren mathematischen Unterricht."[29] Im Kapitel „Projektionen von vierdimensionalen Körpern" erwähnte Schilling, dessen Buch bis 1903 sechs Auflagen erfuhr, Schlegels Zeichnungen von Projektionen von sechs regelmäßigen vierdimensionalen Körpern, nach denen „Drahtmodelle mit Seidenfäden" konstruiert wurden: das „Fünfzell", das „Achtzell", das „Sechzehnzell", das „Vierundzwanzigzell", das „Sechshundertzell" und das „Hundertzwanzigzell".[30]

Die Frage, wie sich „die weite Verbreitung" dieser Idee unter einem größeren Publikum erklären lässt, beantwortete Schlegel in seinem Buch von 1888 dadurch, dass man der vierten Dimension eine reale Existenz nur im Zusammenhang mit dem spiritistischen Glauben zugeschrieben habe, nachdem die vierte Dimension von den „Geister[n] unserer Abgeschiedenen, welche dort in einer höheren Existenz weiter leben", bewohnt sei.[31] Die Idee der real existierenden vierten Dimension sei daher nur Aberglaube:

> „Wir können jetzt die Popularität des vierdimensionalen Raumes begreifen. Denn wir sehen ja diesen Begriff durch den Spiritismus in Zusammenhang gebracht mit derjenigen Frage, die von jeher den denkenden Geist wie keine andere beschäftigt hat und beschäftigen wird, so lange es Menschen gibt: mit der Frage nach unserer Fortexistenz nach dem Tode."[32]

Schlegel schloss seine Analyse mit den Worten:

> „Überlassen wir also den vierdimensionalen Raum den Mathematikern, die schon seit einer ganzen Reihe von Jahren sich in demselben häuslich eingerichtet und eine wahrhaft fruchtbringende nützliche Tätigkeit darin entfaltet haben. Unterscheiden wir aber vor allen Dingen zwischen diesem rein abstrakten Gebilde geometrischer Überlegung [...] und dem Raum der Spiritisten, welcher [...] in seinem Anspruch auf wirkliche Existenz mit den durch jahrtausendelange Erfahrung bestätigten Gesetzen unserer Weltordnung in Widerspruch gerät und daher zu verwerfen ist."[33]

In dem gleichen Geist kritisierte der Stuttgarter Mathematiker und Physiker Carl Cranz (1858–1945) in seiner zwei Jahre später erschienenen Abhandlung „Gemeinverständliches über die sogenannte vierte Dimension"[34] die Ansicht, die vierte Dimension könne eine reale Existenz besitzen. Hier erklärte er, dass die höherdimensionalen Räume ausschließlich mathematische Gebilde seien, die nichts mit unserem Erfahrungsraum zu tun hätten, der flach und dreidimensional (euklidisch) sei:

---

[29] Siehe Schilling (1911), für den Hinweis auf dieses Buch danke ich Klaus P. Sommer.
[30] Ebd., S. 154–155.
[31] Schlegel (1888), S. 26.
[32] Ebd., S. 27.
[33] Ebd., S. 28.
[34] Cranz (1890).

„Der menschliche Erfahrungsraum ist der einzige Maßstab, unter dessen Voraussetzung über ausgedachte Mannigfaltigkeiten Untersuchungen angestellt werden können; die Axiome der Geometrie charakterisieren diesen Raum als einen ebenen, gleichförmigen. Die sogenannten mehrdimensionalen Räume sind nichts weiter als Gedankendinge, analytische Fiktionen, welche dazu dienen, Sätze der Analysis oder Geometrie allgemeiner auszusprechen, mehrere Sätze in einem einzigen zusammenzufassen, Ausnahmen zu vermeiden."[35]

Der Autor schloss seine kritische Stellungnahme mit Worten, die sein Misstrauen gegenüber dem Realitätsgehalt der vierten Dimension zum Ausdruck bringen: „Alle übrigen Anwendungen der sogenannten vierten Dimension sind gegenstandslos, weil auf Trugschlüssen beruhend."[36]

In der Zeitschrift *Hamburgischer Correspondent* erschien am 30. Juni 1892 der Artikel des Mathematikers Hermann Schubert[37] „Die vierte Dimension in mathematischen und spiritistischen Köpfen."[38] Die vierte Dimension als real physikalisch existierend galt in der Zeit als abwegige Spekulation und nicht als ernstzunehmender Gedanke. Ein Unterschied zu England macht sich dabei bemerkbar: Dort scheint das Interesse an der physikalischen Realität des vierdimensionalen Raumes entschieden größer gewesen zu sein als in Deutschland. Besonders die Präsenz dieser Idee in der englischen Literatur war in der damaligen Zeit unübertroffen. In keinem anderen Land beschäftigten sich Schriftsteller so intensiv mit dieser Idee. In seinem berühmten Buch "The Time Machine" entwickelte H. G. Wells 1895 noch deutlicher als Fechner die Idee, dass die vierte Dimension die Zeit sei. So berichtet H. G. Wells fiktive Figur, der *Time Traveller*:

"Any real body must have extension in four directions: it must have Length, Breadth, Thickness, and – Duration. [...] There are really four dimensions, three which we call the three planes of space, and a fourth, Time. [...] There is no difference between Time and any of the three dimensions of space except that our consciousness moves along it."[39]

Und als Schlussfolgerung fügte der *Time Traveller* hinzu, um seinen Worten Gewicht zu geben und seine Zuhörer zu überzeugen: *"Scientific people know very well that Time is only a kind of Space."*[40]

Obwohl Abbotts "Flatland" und Hintons "The Fourth Dimension" zum populärwissenschaftlichen Genre gehörten, trugen sie viel zur Verbreitung der Idee

---

[35] Cranz (1890), S. 49.

[36] Ebd.

[37] Hermann Schubert (1848–1911) war von 1876 bis 1908 Professor für Mathematik am Johanneum in Hamburg.

[38] Erwähnt im Vortrag von Rüdiger Thiele am 31. Mai 2005 in Hamburg „Es war die schönste Stunde meines Lebens: B. L. van der Waerden in Hamburg."

[39] Wells (1895), S. 4.

[40] Ebd.

des höherdimensionalen Raums bei.[41] Ob Theodor Kaluza von einem oder mehreren dieser Bücher Kenntnis hatte, lässt sich nicht mehr feststellen. Fast sicher ist es, dass Kaluza Fechners Erzählungen und Helmholtz' Vorträge kannte. Möglicherweise hat er durch seinen Vater Abbotts Buch kennengelernt; Max Kaluza verschaffte sich regelmäßig die bedeutendsten Bücher im Bereich der Anglistik, die in England erschienen. Abbotts Buch wurde erst 1929 ins Deutsche übersetzt, es ist aber möglich, dass es sogar in der Universitätsbibliothek in Königsberg auf Englisch verfügbar war.[42] Kaluzas 1916 geborene Tochter Dorothea erinnerte sich später, dass ihr der Vater in ihrer Kindheit öfter von Wanzen erzählte, die in einem flachen Land lebten.[43] Mit großer Sicherheit hat Theodor Kaluza Hintons Buch zur Kenntnis genommen. Sowohl Hintons zweiteiliges Buch "Scientific Romance" (1886 und 1888) als auch sein "The Fourth Dimension" (1906) waren in Göttingen, wo Kaluza von 1908 bis 1909 zwei Semester studierte, sofort von der Universitätsbibliothek angeschafft worden. Genauso wahrscheinlich ist es, dass beide Bücher in Königsberg zugänglich waren.[44]

Diese populärwissenschaftlichen Darstellungen hatten das Verdienst, das geistige Umfeld für die Aufnahme der Idee einer zusätzlichen Dimension in der Wissenschaft vorbereitet zu haben.

Die Diskussion, die vor der Jahrhundertwende in Deutschland bezüglich der mathematischen und physikalischen Realität des höherdimensionalen Raumes stattgefunden hatte, wurde jetzt auch in den wissenschaftlichen Kreisen Englands, Frankreichs und Amerikas geführt.

---

[41] Über den großen Einfluss des Buches von Hinton in den Vereinigten Staaten am Anfang des 20. Jahrhunderts siehe Kaku (1995), S. 100.

[42] In der Universitätsbibliothek in Göttingen wurde Abbotts Buch erst in einer 1950er Neuauflage angeschafft.

[43] Brief von Theodor Kaluzas Tochter an die Autorin vom 2. März 1997.

[44] Durch mehrere Umzüge sowie durch den Verkauf nach seinem Tod ist die einst umfangreiche Bibliothek von Kaluza nicht mehr vollständig und daher lässt sich leider nicht mehr feststellen, ob er tatsächlich diese beiden Bücher besaß.

Ist die vierte Dimension ernst zu nehmen?

Bertrand Russell

1896 veröffentlichte der Philosoph Bertrand Russell seinen Artikel "The Logic of Geometry" in der bekannten Zeitschrift *Mind.*[1] Im zweiten Kapitel des Aufsatzes behandelte Russell "The Axiom of Dimensions." Nachdem er die *a-priori*-Notwendigkeit des Axioms der ganzen Anzahl der Raumdimensionen betont hatte[2], wandte er sich der Frage der Dreidimensionalität unseres Raumes zu:

"The restriction of the dimensions to three seems, on the contrary, to be wholly the work of experience. This restriction cannot be logically necessary, for as soon as we have formulated any analytical system, it appears wholly arbitrary. Why, we are driven to ask, cannot we add a fourth coordinate to our x, y, z or give a geometrical meaning to x⁴?"[3]

Russell blieb jedoch bei der Feststellung, dass das Dimensionsaxiom einen *a priori*schen und einen empirischen Anteil enthält[4] und begründete damit die Dreidimensionalität des physikalischen Raumes.

Henri Poincaré

1895 gab Herni Poincaré (1845–1912) in seinem Artikel « L'Espace et la Géométrie »[5] eine Erklärung der Dreidimensionalität des Raumes beruhend auf der visuellen Wahrnehmung, die anhand von zweidimensionalen Bildern, die auf unserer Netzhaut entstehen, gebildet wird. Unsere visuelle Wahrnehmung beruhe dabei auf Funktionen von drei unabhängigen Variablen und dies ergebe den Eindruck von drei Dimensionen. Im gleichen Artikel betonte er:

« Quelqu'un qui y consacrerait son existence, pourrait peut-être arriver à se représenter la quatrième dimension. »[6]

---

[1] Siehe Russell (1896).

[2] "Space must have a finite integral number of Dimensions", Russell (1896), S. 12.

[3] Ebd.

[4] "[…] my division of the axiom of dimensions into an *a priori* and empirical portion" ebd.

[5] Poincaré (1895a).

[6] Zitiert in Jouffret (1903), S. XVI, Hervorhebung im Original. „Jemandem, der sein ganzes Leben dieser Sache widmen würde, könnte es vielleicht gelingen, sich die vierte Dimension vorzustellen." (D.W.)

Noch deutlicher drückte er seine Meinung über höherdimensionale Räume in seinem Buch « Analysis situs » (1895) aus:

« La Géométrie à n dimensions a un objet réel, personne n'en doute aujourd'hui. Les êtres de l'hyperespace sont susceptibles de définitions précises comme ceux de l'espace ordinaire, et si nous ne pouvons nous les représenter, nous pouvons les concevoir et les étudier. Si donc, par exemple, la Mécanique à plus de trois dimensions doit être condamnée comme dépourvue de tout objet, il n'en est pas de même de l'Hypergéométrie. »[7]

In seiner späteren Veröffentlichung « La Science et l'Hypothèse » (1902) betonte Poincaré, dass man sich „eine vierdimensionale Welt […] ebenso gut vorstellen [könne] wie eine nicht-Euklidische Welt."[8] Man kann die Perspektiven eines vierdimensionalen geometrischen Körpers auf eine zweidimensionale Leinwand zeichnen und man kann sogar, betonte Poincaré, mehrere verschiedene (zwei- oder dreidimensionale) Perspektiven darstellen. Da sie nur drei Dimensionen haben, kann man sich diese Perspektiven vorstellen. Und genauso wie man verschiedene Perspektiven eines dreidimensionalen Körpers zusammensetzt, kann man auch im Falle eines vierdimensionalen Körpers vorgehen:

„Nichts hindert daran, sich zu denken, dass diese Operationen sich nach einem Gesetze, wie wir es haben wollen, zusammensetzen, z.B. derart, dass sie eine Gruppe bilden, welche dieselbe Struktur hat wie diejenige der Bewegungen eines vierdimensionalen Körpers. Da gibt es nichts, was man sich nicht vorstellen könnte, und dennoch sind diese Empfindungen genau dieselben, denen ein mit einer zweidimensionalen Netzhaut versehenes Wesen unterworfen wäre, welches sich im vierdimensionalen Raume bewegen könnte."[9]

Poincarés Analyse ging von der scharfsinnigen Beobachtung aus, dass die Wahrnehmung dreidimensionaler Dinge aus einer Zusammensetzung von zweidimensionalen Bildern (die auf die zweidimensionale Netzhaut übertragen werden) entsteht. Auch zweidimensionale Projektionen von vierdimensionalen geometrischen Körpern sollten nach entsprechender Übung ebenso zusammengesetzt werden können. Die Frage nach der physikalischen Realität des vierdimensionalen Raumes ließ Poincaré unentschieden, denn es gibt keine Erscheinungen, die uns zeigen können, ob unser Raum nicht euklidisch ist:

---

[7] Zitiert in Jouffret (1903), S. XIX: „Niemand zweifelt heute daran, dass die *n*-dimensionale Geometrie einen realen Gegenstand hat. Die Objekte des Hyperraums können durch präzise Definitionen erfasst werden wie die des gewöhnlichen Raums. Auch wenn wir sie uns nicht vorstellen können, können wir sie konstruieren und analysieren. Wenn daher z.B. die Mechanik in mehr als drei Dimensionen als gegenstandslos angesehen werden muss, so ist dies für die Hypergeometrie nicht der Fall." (D.W.)

[8] Poincaré (1902) in Poincaré (1914), S. 70.

[9] Ebd., S. 72.

„Kann man behaupten, dass gewisse Erscheinungen, welche im Euklidischen Raume möglich sind, im nicht-Euklidischen Raume unmöglich wären, und zwar so, dass die Erfahrung, indem sie die Erscheinungen bestätigt, der nicht-Euklidischen Hypothese direkt widersprechen würde? Meiner Meinung nach kann eine derartige Frage nicht gestellt werden. [10]

Genauso betont Poincaré zum Schluss, dass man nicht entscheiden könne, ob unser Raum mehr als drei Dimensionen hat:

„Man wird versucht sein zu schlussfolgern, dass es die Erfahrung ist, welche uns lehrt, wie viele Dimensionen der Raum hat. Aber in Wahrheit haben wiederum unsere Erfahrungen nichts mit dem Raume zu tun, sondern mit unserem Körper und seinen Beziehungen zu den benachbarten Gegenständen. [11]

Im Jahr 1900 war die Zahl der Veröffentlichungen über höherdimensionale Räume bereits auf 493 angestiegen.[12] Dies zeigt das große Interesse, das diese Idee ausgelöst hatte.

Melchior Palágyi

Eine interessante Veröffentlichung des ungarischen Mathematikers, Physikers und Philosophen Melchior Palágyi (1859–1924)[13] erschien 1901 in Deutschland: „Neue Theorie des Raumes und der Zeit. Die Grundbegriffe einer Metageometrie."[14] Palágyis Ausgangspunkt war die Beobachtung, dass erst unser Verstand die beiden Wahrnehmungen Raum und Zeit trennt, die eine „einheitliche Raumzeitform" darstellen.[15] Beruhend auf „erkenntnistheoretischen und geometrischen Betrachtungen" legte der Autor in seiner Abhandlung eine „Einheitslehre vom Raume und der Zeit"[16] dar, im Rahmen derer er zu der Schlussfolgerung kam, dass die Zeit als vierte Dimension angesehen werden könne. Damit erscheint der Raum als „fließend", als „ein sich in der Zeit stetig erneuernder"

---

[10] Poincaré (1902) in Poincaré (1914), S. 75.

[11] Ebd., S. 90.

[12] Vgl. Jouffret (1903), S. XXIII.

[13] Palágyi hatte Naturwissenschaften in Budapest studiert und als Professor für Mathematik und Physik in Klausenburg gewirkt, siehe Mainzer (2004), S. 23.

[14] Palágyi (1901), ich danke Professor Friedrich W. Hehl, mich auf diese Abhandlung hingewiesen zu haben.

[15] Ebd., S. VIII.

[16] Ebd., S. III.

Raum.[17] Der dreidimensionale Raum bewegt sich in die vierte Dimension und erfährt eine unendliche Reihe von Momenten, die unser Leben bestimmen.

Die Vorstellung der Verbindung zwischen Raum und Zeit war eine Idee, die bereits von mehreren Philosophen vertreten worden war. Schon Hegel hatte in seinem Enzyklopädie-Beitrag zur Logik – erschienen erst 1843 – die Auffassung entwickelt, dass der Ort im Raum als Zeitpunkt angesehen werden kann, und damit die Identität zwischen Raum und Zeit betont.[18] Ebenfalls hatte John Stuart Mill in seiner "Hamilton's Philosophy" (1869) darauf hingewiesen, dass die Idee des Raums der Idee der Zeit gleichzusetzen sei.[19]

Palágyi erklärte ebenfalls, dass unserem Verstand die Trennung der Begriffe Raum und Zeit sehr schwer gelinge. Es sei unmöglich, zur Raumvorstellung zu gelangen, ohne die Zeitvorstellung mit einzubeziehen und umgekehrt: Die Raumvorstellung entsteht als eine (zeitliche) Reihenfolge von Vorstellungen der Teile des Raumes, die man sich dann als gleichzeitig existierend vorstellt. Auch die Konstruktion der Linie als Bewegung eines Punktes und der Ebene als Bewegung einer Geraden zeigt die Miteinbeziehung der Zeit in die Geometrie. Ebenfalls entsteht die Zeitvorstellung als eine kontinuierliche Reihenfolge von Wahrnehmungen, die an einem Ort stattfinden; wir synthetisieren also mehrere Raumwahrnehmungen. Die Zeitvorstellung kann nicht ohne Raumvorstellung entstehen.

Palágyis neuer Gedanke bestand jedoch darin, die Zeit als die vierte Dimension anzusehen und ihr eine gleichberechtigte Rolle zusammen mit den übrigen drei Raumdimensionen zu geben. Palágyi erwähnte nicht den Ursprung seiner Idee, sie erinnert jedoch sehr stark an Fechners Gedanken: Was wir als Vergangenheit, Gegenwart und Zukunft wahrnehmen, sind nur Punkte auf der vierten, der Zeitdimension. So erklärte Palágyi:

„Das Fortschreiten zu einer vierten Raumdimension wäre nur möglich, wenn wir nunmehr die Zeitdimension selbst objektivieren würden, d.h. das tatsächlich in der Zeit aufeinander folgende Geschehen als ein zeitiges, kurz die Vergangenheit und Zukunft samt der Gegenwart als ein ‚nunc stans' auf einmal sinnlich unmittelbar wahrnehmen könnten. Es wäre dies eben ein zeitloses Auffassen der Welt, weil ja die Zeitdimension selbst objektiviert, d.h. zur Raumdimension wurde.'[20]

Die vierte Dimension drückte Palágyi als *t* aus, sie blieb also rein zeitlich. Auf der Achse der Zeit, die als vierte Achse den drei räumlichen Achsen hinzugefügt wird, finden sich in jedem Punkt parallele dreidimensionale Räume, die unser

---

[17] Palágyi (1901), S. VIII.
[18] Siehe Nys (1907), S. 102.
[19] Ebd.
[20] Palágyi (1901), S. 42.

Bewusstsein gleichzeitig als Änderungen in einem einzigen Raum (unserem einzigen vertrauten Raum) erfasst. Auch die Bewegung ließe sich dann als ein Weg durch die parallelen dreidimensionalen Räume erfassen.[21] Damit gab Palágyi einen geometrischen Vorentwurf des vierdimensionalen Raums. Seine Schlussfolgerung mutet – sieben Jahre bevor Minkowski auf der Grundlage der Speziellen Relativitätstheorie den vierdimensionalen Raum konstruieren sollte – visionär an: „Die vierdimensionale Raumvorstellung würde sonach eigentlich die völlige Aufhebung der Raumzeitlichkeit bedeuten"[22], also der bekannten Trennung von Raum und Zeit.

Palágyis Analyse zeigt, dass die Entwicklung des Gedankens eines vierdimensionalen Raums zu Anfang des 20. Jahrhunderts schon so weit fortgeschritten war, dass seine Einführung in die Physik als natürlich erscheint.[23] Viele Wissenschaftler waren bemüht abzuwägen, ob man dem vierdimensionalen Raum eine physikalische Realität zuschreiben kann. Ob Palágyis Abhandlung in der wissenschaftlichen Gemeinschaft weit bekannt wurde, lässt sich nicht feststellen. In seinem kritischen Buch zur Speziellen Relativitätstheorie betonte Leo Gilbert 1914:

„Außerdem hat es den Anschein, als ob Wells [„Die Zeitmaschine"] das Relativitäts-Prinzip veranlasst habe, denn die Relativisten [...] haben nicht Palágyi gelesen, sondern offenbar nur Wells, und sind erst durch dessen interessanten und geistvollen Scherz verleitet worden, Zeit mit Raum zu verwechseln."[24]

Gilbert bezeichnete gleichzeitig Palágyi als „bekannte[n] Philosoph[en]", daher ist es durchaus möglich, dass sein Buch schnell eine größere Verbreitung erfuhr.[25] Als Minkowski 1908 in seinem Vortrag „Raum und Zeit" seine vierdimensionale Raumzeit-Auffassung bekannt machte, meldeten sich doch einige Wissenschaftler, die Palágyis Theorie kannten, zu Wort:

---

[21] Palágyi (1901), S. 47.

[22] Ebd., S. 42.

[23] Es ist unbekannt, inwiefern sich Minkowski mit der Idee des vierdimensionalen Raums in der Zeit vor 1905 befasst hat. Sein Nachlass ist kaum untersucht worden, und es gibt bis heute noch keine umfassende Biographie. Aus Borns Erinnerungen ist aber bekannt, dass sich Minkowski in Göttingen noch vor der Veröffentlichung von Einsteins Relativitätstheorie (September 1905) mit den Untersuchungen von Poincaré und Lorentz befasst hatte. So erwähnte Born im Zusammenhang mit Minkowskis Seminar von 1905 über „elektromagnetische Theorie": „Einstein war ihm [Minkowski] in der Formulierung des Relativitätsprinzips vorausgegangen, aber Minkowski ist die Entdeckung der mathematischen Struktur hinter den physikalischen Erscheinungen, die das Rückgrad der modernen elektromagnetischen Theorie bildet, zuzuschreiben." Siehe Born (1975), S. 150.

[24] Gilbert (1914), S. 51.

[25] Ebd.

„Die enge Verwandtschaft der beiden Einheitstheorien ist dermaßen in die Augen fallend, dass einige Forscher, so der Naturphilosoph Leo Gilbert, der Physiker E. Gehrcke und der Mathematiker V. Varičak, Veranlassung fanden, hierauf meine Priorität zu betonen"[26], erinnerte sich Palágyi 1914 in seinem Buch „Die Relativitätstheorie in der modernen Physik." Der Autor selber beeilte sich aber zu erklären, dass beide Theorien tatsächlich als vierte Achse die Zeit hinzugefügt hatten, sie seien jedoch konzeptionell grundverschieden, da seine vierte Dimension rein zeitlich bleibe, während bei Minkowski die vierte Dimension als ct zu einer den anderen drei räumlichen gleichwertigen geworden sei:

„Trotzdem besteht ein tiefliegender, verborgener Gegensatz zwischen den beiden Einheitstheorien von Raum und Zeit, denn Minkowski lässt sich durch seinen überschwänglichen Einheitsdrang zu dem mystischen Streben hinreißen, Raum und Zeit in ihrem Sondercharakter ,wie Schatten versinken' zu lassen, und den Unterschied der beiden fundamentalen Ordnungsbegriffe womöglich aufzuheben.'[27]

Esprit Jouffret

Der Mathematiker Esprit Jouffret begann sein Buch « Traité élémentaire de géométrie à quatre dimensions » (1903) mit den Worten:

« Le monde à quatre dimensions n'existe sans doute qu'au sens géométrique. Mais rien n'empêche de lui supposer aussi l'existence concrète, et alors le nôtre en ferait partie. »[28]

In seinem Buch unternimmt Jouffret eine mathematische und eine physikalische Analyse des vierdimensionalen Raums. Die vierte Dimension wird von ihm dabei als räumlich vorausgesetzt. Anhand von zahlreichen Bildern untersucht er die Körper aus der vierdimensionalen Geometrie (die „Hyperkörper"), die Hyperkugel und die „Polyedroiden" und ihre Projektionen auf unseren dreidimensionalen Raum sowie auf zweidimensionale Ebenen.[29] Jouffret, der Hintons Aus-

---

[26] Palágyi (1914), S. 4.

[27] Ebd.

[28] Jouffret (1903), S. V: „Die vierdimensionale Welt existiert ohne Zweifel nur im geometrischen Sinne. Doch nichts hindert uns daran, ihre konkrete Existenz vorauszusetzen; in dem Fall wäre unsere Welt ein Teil davon." (D.W.)

[29] Ebd., Kap. VII: « Les êtres de la géométrie à quatre dimensions » und Kap. VIII: « Les polyédroides. »

führungen kannte[30], besprach auch die physikalischen Folgen eines real existierenden Raums:[31]

« Mais si l'on veut qu'au lieu d'être pures abstractions, l'espace et ce qu'il contient soient des choses réelles, il faut considérer le premier comme étant la figure limitante, la couche superficielle (c'est une hypersurface) d'un corp à quatre dimensions (un hypercorp), que nous appellerons le Support. »[32]

Der vierdimensionale Raum, den Jouffret « le Support » nennt (also einen Behälter, der vierdimensionale und dreidimensionale Körper enthält), würde die Rolle des Äthers erfüllen: Er wäre elastisch und starr und würde die Molekularschwingungen übertragen. Durch seine Interpretation versuchte Jouffret, das damals in der Physik intensiv diskutierte Problem des Äthers zu lösen. Die vierte Dimension stellte er sich extrem dünn vor, so winzig klein, dass sie unseren Messungen nicht zugänglich sei, und daher sind sich Jouffrets vierdimensionale Wesen dessen nicht bewusst; ihr Leben unterscheidet sich durch nichts von dem der dreidimensionalen Wesen:

« Comme leur quatrième dimension est très petite, ils n'en ont pas conscience, et leur vie est exclusivement tridimensionnelle. »[33]

Anhand der vierten Dimension, die nach Jouffret eine senkrechte Kraft auf den dreidimensionalen Raum ausübe, versuchte er die drei Aggregatzustände eines Körpers, fest, flüssig und gasartig zu erklären. Ebenso spekulierte Jouffret über die Braunsche Bewegung und den Verlauf der chemischen Reaktionen.[34] Seinen Erklärungen fehlt jedoch die wissenschaftliche Glaubwürdigkeit.

* * *

1904 machte John Eiesland in *American Journal of Mathematics* in seinem Artikel "On Nullsystems in Space of Five Dimensions and their Relations to Ordinary Space" eine mathematische Untersuchung über den Zusammenhang zwischen dem fünfdimensionalen und dreidimensionalen Raum, der sich bei einer algebrai-

---

[30] Jouffret zitiert mehrfach Hinton, jedoch nicht ein einziges Mal Fechner.

[31] Im Kap. IX: « applications ».

[32] Jouffret (1903), S. 185: „Wenn man aber möchte, dass anstelle von reinen Abstraktionen der [vierdimensionale] Raum und das, was er enthält, reale Existenz erhalten, muss man den [dreidimensionalen] Raum als die begrenzende Figur, die Oberflächenschicht (also die Hyperfläche) eines vierdimensionalen Körpers (eines Hyperkörpers) betrachten; diesen [vierdimensionalen] Raum bezeichnen wir als Behälter."

[33] Ebd., S. 186: „Da ihre vierte Dimension sehr klein ist, sind sie sich ihrer nicht bewusst und ihr Leben erfolgt ausschließlich dreidimensional."

[34] Ebd., S. 188–193.

schen Lie-Transformation ergibt. Dabei bezeichnete der Autor den fünfdimensionalen Raum als "hyperspace" und betonte:

"The reason for the special interest in the case n=5 is obvious from the fact that the geometry of point-manifoldnesses in such a space becomes by means of Lie's transformation

$$x_1 = \frac{P_1}{2}, \, x_2 = X_1, \, x_3 = \frac{P_2}{2}, \, x_4 = X_2, \, x_5 + x_1 x_2 + x_3 x_4 = X_3$$

a geometry of surface-elements in ordinary space."[35] Mit "ordinary space" bezeichnete der Autor den dreidimensionalen euklidischen Raum. Eiesland verwendete die Transformation von *n=3* auf *n=1* (vom dreidimensionalen Raum auf die Geometrie des Linienelementes in der Ebene) aus Sophus Lies „Geometrie der Berührungstransformationen"[36] für den Übergang von *n=5* auf *n=3*. Offensichtlich sah Eiesland die Bedeutung seiner Untersuchung in der Möglichkeit, einen mathematisch konsistenten Übergang vom fünfdimensionalen (euklidischen) Raum zu unserem dreidimensionalen Raum der Erfahrung herzustellen.

Auf der Grundlage der von Duncan Sommerville 1911 erstellten Bibliographie[37] unternahm der Wissenschaftshistoriker Scott Walter 1999 eine statistische Untersuchung der Veröffentlichungen über nichteuklidische und *n*-dimensionale Geometrie am Anfang des 20. Jahrhunderts:[38] Zwischen 1890 und 1905 waren bereits mehr als zweitausend Abhandlungen über nichteuklidische und *n*-dimensionale Geometrie erschienen. 49 Titel behandelten die „Kinematik und Dynamik" im nichteuklidischen Raum.[39] Mehrere Mathematiker, darunter Jacques Hadamard, Émile Picard, Federigo Enriques, Gino Fano, Francesco Severi, Heinrich Liebmann, Eduard Study, Aurel Voss und David Hilbert waren – anders als Poincaré – der Meinung, dass die Geometrie des physikalischen Raumes empirisch bestimmt werden könne.[40] An mehreren Universitäten in Deutschland wurden zwischen 1902 und 1904 Vorlesungen über nichteuklidische Geometrie angeboten: Leipzig, Greifswald, Göttingen, Münster, Marburg und Königsberg.[41]

---

[35] Eiesland (1904), S. 103.

[36] Ebd.

[37] Siehe Sommerville (1911).

[38] Siehe Walter (1999b), S. 92–93.

[39] Ebd., S. 92.

[40] Ebd.: "According to these mathematicians, the geometry of space was subject in principle to empirical determination."

[41] Siehe ebd., S. 93. In Göttingen, Cambridge und an der Johns Hopkins University (USA) wurden bereits Ende des 19. Jahrhunderts Vorlesungen in nichteuklidischer Geometrie angeboten.

1903 legte Paul Stäckel (1862–1919) auf der Versammlung Deutscher Naturforscher und Ärzte in Kassel seinen „Bericht über die Mechanik mehrfacher Mannigfaltigkeiten" vor.[42] Wie Stäckel aber betonte, hatte seine Untersuchung „mit Spekulationen über die Natur des Raumes gar nichts zu tun"[43], er wollte lediglich zeigen, dass sich die Mathematik mehrfacher Mannigfaltigkeiten[44] durchaus in Verbindung mit der Mechanik bringen lässt:

„Das Ziel, das ich mir gesteckt habe, wäre erreicht, wenn Sie die Überzeugung mitnähmen, dass die allgemeine Mechanik nicht nur mit allen Disziplinen der Mathematik in innigen Beziehungen steht, sondern dass in ihr auch Keime zu Theorien verborgen sind, deren Entfaltung für die Anwendung der Mechanik auf verschiedene Zweige der Physik von Bedeutung zu werden verspricht".[45]

Unsere Analyse hat ergeben, dass am Anfang des 20. Jahrhunderts in der Mathematik sowie in der Physik die Frage nach der Höherdimensionalität des Raumes einen wichtigen Platz eingenommen hatte. Vor der Speziellen Relativitätstheorie entbehrte jedoch die Physik der Grundlage für die Einführung des vierdimensionalen Raums.[46] Die zahlreichen Publikationen über den vierdimensionalen Raum in der Zeit bis zur Einführung des vierdimensionalen physikalischen Raums 1907 durch Minkowski zeigen aber, dass das Interesse für die Idee der Raumanschauung, die bereits seit 100 Jahren heftig diskutiert worden war, nicht nachgelassen hatte. Diese Veröffentlichungen bereiteten den Weg zum neuen physikalischen Weltbild, in dem die vierdimensionale Raumzeit eine zentrale Rolle spielt. Minkowskis entscheidender Beitrag 1907 kann nur im Kontext der historischen Entwicklung dieser Idee, die sich auf mehreren Ebenen (philosophischer, mathematischer, populärwissenschaftlicher und physikalischer Art) abspielte, verstanden werden.

---

[42] Stäckel (1903).

[43] Ebd., S. 471.

[44] Stäckel verwendet den Begriff Mathematik „mehrfacher Mannigfaltigkeiten", sowohl um die Untersuchung von Systemen mit beliebig vielen Veränderlichen anhand von *n*-dimensionalen Räumen in der Mechanik bei Lagrange, Jacobi, Beltrami u.a. darzustellen, als auch um die Frage aufzuwerfen, ob eine „nichteuklidische Mechanik" – eine Kinematik in nichteuklidischen Räumen mit konstanter Krümmung – möglich sei. Stäckel enthält sich jedoch einer physikalischen Interpretation.

[45] Ebd., S. 479.

[46] Siehe auch Kirschmann (1902), dessen Schlussfolgerung war, „dass die auf die unkritische Annahme des Dimensionsbegriffes aufgebauten ‚Überräume' der Mathematiker Produkte unberechtigter Spekulation sind", S. 107.

Die Spezielle Relativitätstheorie: Albert Einstein

Als Einstein 1905 die Spezielle Relativitätstheorie entwickelte, dachte er nicht an den vierdimensionalen Raum. Seiner Theorie legte er den dreidimensionalen (euklidischen) Raum zugrunde.[1] In seiner bekannten Arbeit „Zur Elektrodynamik bewegter Körper" baute Einstein seine Relativitätstheorie auf zwei Postulaten auf: dem Relativitätsprinzip und dem Prinzip der Konstanz der Lichtgeschwindigkeit. Das Relativitätsprinzip, das sich als eines der fundamentalsten Prinzipien der Physik erweisen sollte, besagt, dass alle physikalischen Gesetze in allen Inertialsystemen (Bezugsysteme, die sich mit konstanter Geschwindigkeit bewegen) gleich bleiben. Einstein formulierte es mit den Worten:

„Die Gesetze, nach denen sich die Zustände der physikalischen Systeme ändern, sind unabhängig davon, auf welches von zwei relativ zueinander in gleichförmiger Translationsbewegung befindlichen Koordinatensystemen diese Zustandsänderungen bezogen werden."[2]

Das Prinzip der Konstanz der Lichtgeschwindigkeit, das auf der empirischen Basis der Experimente von Michelson und Morley von 1887 beruhte, besagte, dass die Geschwindigkeit des Lichtes gleich ist, unabhängig davon, ob man sie in einem ruhendem oder in einem bewegten System misst.

Von diesen zwei Prinzipien ausgehend zeigte Einstein auch, dass der „Relativität der Längen und Zeiten"[3] eine physikalische Realität zuzuschreiben ist, es handelt sich also nicht um eine rein mathematische Erscheinung. So betonte er im Zusammenhang mit der Längenkontraktion eines Körpers in einem mit konstanter Geschwindigkeit v bewegten System:

„Während also die Y- und Z-Dimension der Kugel (also auch jedes starren Körpers von beliebiger Gestalt) durch die Bewegung nicht modifiziert erscheinen, erscheint die X-Dimension im Verhältnis

$$\frac{1}{\sqrt{1 - \frac{v^2}{V^2}}}$$ *verkürzt, also umso stärker, je größer v ist."[4]*

---

[1] Einstein schreibt ausdrücklich im kinematischen Teil seiner Abhandlung „unter Benutzung der Methoden der euklidischen Geometrie" und verwendet die „kartesischen Koordinaten", siehe Einstein (1905), S. 28.

[2] Ebd., S. 30.

[3] Ebd.

[4] Ebd., S. 37, V ist hier die Lichtgeschwindigkeit.

Damit gab Einstein auch eine neue Definition der Zeit und des Raumes, die nicht mehr absolut waren wie in Newtons *Principia Mathematica* (1687). Einstein hatte in seiner Speziellen Relativitätstheorie gezeigt, dass der physikalische Raum gerade der sinnlich wahrnehmbare Raum ist, der Raum, den wir durch unsere Messungen bestimmen. Gerade diesen Raum hatte Newton als „relativ", „scheinbar" und „landläufig" bezeichnet, um ihn von dem „absoluten", „mathematischen" und „wirklichen" Raum seiner Mechanik zu unterscheiden.[5] Einsteins Theorie zeigte also, dass Newtons „absoluter Raum" durch den sinnlich wahrnehmbaren „relativen Raum" ersetzt werden musste. Das Relativitätsprinzip erwies sich – wie Max Planck bereits 1906 betonte – als „ein physikalischer Gedanke" von einer so großen „Einfachheit" und „Allgemeinheit", dass er die Physik revolutionierte.[6] Der „relative Raum" und die „relative Zeit" wurden nun zu Grundbegriffen der Physik.

Der vierdimensionale Raum erhält Eingang in die Physik: Henri Poincaré und Hermann Minkowski

Es war jedoch Henri Poincaré (1854–1912), der in seiner Abhandlung vom Juli 1905 „La dynamique de l'électron" die Zeit als vierte Koordinate einführte und einen vierdimensionalen Raum konstruierte. Poincaré suchte nach den Invarianten der Lorentzgruppe, der Gruppe, nach der sich die physikalischen Größen zwischen verschiedenen Inertialsystemen transformieren lassen, und führte die invariante quadratische Form

$$x^2+y^2+z^2-t^2$$

ein, die das invariante vierdimensionale Raumelement s^2 darstellt.[7] Hermann Minkowski (1864–1909) gebührt aber das Verdienst, dem vierdimensionalen Raum eine physikalische Realität gegeben zu haben. In seinem Vortrag auf der Versammlung Deutscher Naturforscher und Ärzte in Köln kündigte er 1908 „die Union" von Raum und Zeit an. Bereits im Oktober 1907 gelang es Minkowski, der Einsteinschen Relativitätstheorie eine neue konzeptionelle und mathematische Basis zu geben. In ihrem gemeinsamen Seminar „Über partielle Differentialgleichungen der Physik", gehalten im Wintersemester 1907/1908, untersuchten Minkowski und Hilbert die Lorentzsche Elektrodynamik bewegter

---

[5] Newton (1687), in Newton (1988), S. 43.

[6] Siehe Planck (1906), S. 116 „ein physikalischer Gedanke von der Einfachheit und Allgemeinheit, wie der in dem Relativitätsprinzipe enthaltene, verdient es, auf mehr als eine Weise geprüft zu werden".

[7] Poincaré (1906), S. 541, Poincaré setzte die Lichtgeschwindigkeit *c=1*.

Körper.[8] Das war der Rahmen, der es Minkowski ermöglichte, seine neuen Ideen zu entwickeln. Am 5. November 1907 hielt Minkowski in der Mathematischen Gesellschaft in Göttingen seinen Vortrag[9] „Das Relativitätsprinzip"[10], in dem er das erste Mal die Einführung des vierdimensionalen Raums in die Physik darlegte:

„Es handelt sich, so kurz wie möglich ausgedrückt — Genaueres werde ich alsbald ausführen — darum, dass die Welt in Raum und Zeit in gewissem Sinne eine vierdimensionale nichteuklidische Mannigfaltigkeit ist. Es würde zum Ruhme der Mathematiker, zum grenzenlosen Erstaunen der übrigen Menschheit offenbar werden, dass die Mathematiker rein in ihrer Phantasie ein großes Gebiet geschaffen haben, dem, ohne dass dieses je in der Absicht dieser so idealen Gesellen gelegen hätte, eines Tages die vollendetste reale Existenz *zukommen sollte."[11]*

Minkowskis Vortrag blieb bis zu seinem Tod unveröffentlicht und erschien erst 1915 in den *Annalen der Physik*.[12] Nur vier der Beiträge Minkowskis über den vierdimensionalen Raum und die neue Gestaltung des Relativitätsprinzips auf einer invariantentheoretischen Grundlage wurden veröffentlicht. Felix Klein pries Minkowskis Vortrag vom 5. November 1907 am meisten:

„Wir haben bei Minkowski beides: die volle Beherrschung des mathematischen Apparates der Relativitätstheorie der Lorentzgruppe und deren in lapidaren Sätzen festgelegte naturphilosophische Tragweite."[13]

Am 21. Dezember 1907 legte Minkowski der Königlichen Gesellschaft der Wissenschaften in Göttingen seine neue Arbeit „Die Grundgleichungen für elektromagnetische Vorgänge in bewegten Körpern" vor, die im April 1908 erschien.[14] Hier führte Minkowski das vierdimensionale Raumzeitkontinuum ein:[15] „Ein einzelnes Wertsystem x, y, z, t bzw. x_1, x_2, x_3, x_4 soll ein Raum-Zeitpunkt heißen."[16] Damit bewies er „das allgemeine Theorem der Relativität"[17], das besagt, dass die elektromagnetischen Gleichungen (die Maxwell-Gleichungen) invariant unter der Gruppe der Lorentz-Transformationen sind. Das invariante

---

[8] NSUBG Cod. Ms. David Hilbert, 570/5, siehe auch Walter (1999), S. 47.

[9] Siehe Klein (1927), S. 74.

[10] Minkowski (1915).

[11] Minkowski (1907) in Minkowski (1915), S. 927–928, Hervorhebung durch die Autorin.

[12] Siehe Minkowski (1915).

[13] Klein (1927), S. 75.

[14] Minkowski (1908a).

[15] Die vierte Dimension stellte it dar, nämlich die Zeit multipliziert mit der imaginären Zahl i, da die Lichtgeschwindigkeit c im Vakuum 1 gesetzt wird. Damit erhält das Produkt cit die Längeneinheit der übrigen drei Dimensionen.

[16] Minkowski (1908a), S. 355.

[17] Ebd.

Raumelement ist nicht mehr dreidimensional, $x^2+y^2+z^2$, wie es in der klassischen Mechanik der Fall war, sondern vierdimensional:[18]

$$s^2 = x^2 + y^2 + z^2 - t^2$$

Den konzeptionellen Inhalt dieser neuen mathematischen Struktur, die Minkowski der Einsteinschen Relativitätstheorie in diesem Aufsatz gab, thematisierte er hier nicht weiter. Es wäre jedoch falsch, das Verdienst von Minkowski ausschließlich im Bereich des reinen mathematischen Formalismus zu sehen. Es handelt sich bereits, wie wir noch ausführlich zeigen werden, um eine Leistung in der *Physik*.[19] In seiner zurückhaltenden Art betont Minkowski in seinem Aufsatz selbst diesen Punkt:

„Dem Mathematiker, der an Betrachtungen über mehrdimensionale Mannigfaltigkeiten und andererseits an die Begriffsbildungen der sogenannten nicht-Euklidischen Geometrie gewöhnt ist, kann es keine wesentliche Schwierigkeit bereiten, den Begriff der Zeit an die Verwendung der Lorentz-Transformationen zu adaptieren. Dem Bedürfnisse, sich das Wesen dieser Transformationen physikalisch *näher zu bringen, kommt der in der Einleitung zitierte Aufsatz von A. Einstein entgegen."*[20]

Einsteins unmittelbare Reaktion auf den Aufsatz von Minkowski war negativ. In einem zusammen mit Jakob Laub verfassten Aufsatz als Antwort auf Minkowskis Erneucrung erklärte Einstein, dass „diese Arbeit in mathematischer Beziehung an den Leser ziemlich große Anforderungen stellt", und er zeigte, wie die Gleichungen „auf elementarem Wege" abzuleiten sind.[21] Offenbar war es Einstein und Laub noch nicht klar, welche physikalische Bedeutung der vierdimensionale Raum hat. In seinem Brief an Einstein am 18. Mai 1908 erklärte Jakob Laub: *„Ich bin nämlich jetzt noch skeptischer gegen die Minkowskische Abhandlung gestimmt."*[22] Im Zusammenhang mit seinem Gespräch mit dem theoretischen Physiker Matthias Cantor (1861–1916), der Minkowskis Arbeit „aus erkenntnistheoretischen Gründen" schätzte, erklärte Laub im selben Brief: *„Auf meine Frage, was das eigentlich physikalisch heißt, die Zeit als eine vierte Raumkoordinate (oder it) zu behandeln, ist er die Antwort schuldig geblieben. Ich glaube, er hat sich durch die nichteuklidische Geometrie imponieren lassen."*[23]

Haben Einsteins und Laubs Vorwürfe Minkowski veranlasst, in einem umfassenden Vortrag den konzeptionellen Inhalt seiner neuen Ideen ausdrücklich her-

---

[18] Minkowski (1908a), S. 360.

[19] Siehe dazu auch Galison (1979).

[20] Minkowski (1908a), S. 366, von der Verfasserin hervorgehoben. Einsteins Aufsatz ist „Zur Elektrodynamik bewegter Körper".

[21] Einstein und Laub (1908), CPAE, II, S. 509.

[22] Laub an Einstein am 18. Mai 1908, CPAE V, Doc. 101, S. 120.

[23] Ebd.

vorzuheben? Hat er den Mangel an physikalischer Anschaulichkeit in seinem ersten Beitrag durch eine neue Arbeit beheben wollen? Minkowskis erkenntnistheoretischer Weg von dem ersten Aufsatz, eingereicht am 21. Dezember 1907, bis zum 21. September 1908, als er seinen Vortrag auf der Versammlung Deutscher Naturforscher und Ärzte in Köln hielt, wurde bis jetzt nicht unter diesem Gesichtspunkt analysiert.[24] Festzustellen ist jedoch der Unterschied zwischen den beiden Arbeiten. Anders als in seinem Aufsatz von 1907, der im April 1908 erschien, entwickelte Minkowski in seinem Vortrag in Köln ausführlich das Konzept des vierdimensionalen Raums und verlieh ihm ausdrücklich physikalische Realität:

„Von Stund an sollen Raum für sich und Zeit für sich völlig zu Schatten herabsinken und nur noch eine Art Union der beiden soll Selbständigkeit bewahren.“[25]

Minkowskis Absicht erscheint hier klar: Wenn bis zu diesem Zeitpunkt jemand geglaubt haben mag, in seinem Aufsatz vom April 1908 habe er nur von einem *mathematischen* vierdimensionalen Raum gesprochen, so musste ihm anhand seiner Rede klar werden, dass Minkowski einen vierdimensionalen *physikalischen* Raum in die Physik eingeführt hatte. Der vierdimensionale Raum, mit der Zeit als der vierten Dimension, bekam damit eine physikalische Realität. In diesem Sinne vertrete ich die These, dass die Bezeichnung „Physiker" nicht sozial[26] definiert werden kann, ob jemand Professor für Physik oder für Mathematik ist, sondern abhängig ist von der Art, wie jemand sich in seinen wissenschaftlichen Werken mit der Realitätsfrage beschäftigt: Während ein Physiker in einer oder mehreren Arbeiten die *physikalische Realitätsfrage* beantwortet, kümmert sich ein Mathema-

---

[24] Walters These, "Minkowski's 1908 Cologne lecture ‚Raum und Zeit' may be understood as an effort to extend disciplinary frontier of mathematics to include the principle of relativity", (Walter (1999), S. 46), beruht auf der Auffassung, dass Minkowskis Leistung ein *rein mathematischer* Eingriff in die Spezielle Relativitätstheorie sei. Meine These ist dagegen, dass Minkowskis Theorie eine *physikalische* Weiterentwicklung der Relativitätstheorie darstellte, da sie einen neuen Begriff einführte, der in der Einsteinschen Theorie als physikalischer Begriff nicht existierte, nämlich den physikalischen vierdimensionalen Raum. Im Folgenden werde ich den Unterschied zwischen mathematisch und physikalisch ausdrücklich definieren.

[25] Minkowski (1908b), S. 56.

[26] Die sozial bedingte Definition, ein Physiker sei derjenige, der einen physikalischen Beruf ausübt, ist einschränkend, da sie diejenigen nicht berücksichtigt, die einen anderen Beruf ausüben, aber Beiträge zur Physik leisten (wie Einstein als Patentbeamter).

tiker nicht darum.[27] In diesem Hinblick ist Minkowskis Verdienst in seinen Abhandlungen von 1908 durchaus das einem Physiker gebührende.[28]

In seiner Rede in Köln entwickelte Minkowski das, was er als „Weltpostulat" bezeichnete und wodurch er das Relativitätspostulat ersetzte. Mit diesem Postulat betonte Minkowski erneut die physikalische Existenz der vierdimensionalen Welt:

„Nach diesem zum wahren Verständnis der Gruppe G_c jedoch unerlässlichen weiteren Schritt aber scheint mir das Wort Relativitätspostulat *für die Forderung einer Invarianz bei der Gruppe G_c sehr matt. Indem der Sinn des Postulats wird, dass durch die Erscheinungen nur die in Raum und Zeit vierdimensionale Welt gegeben ist, aber die Projektion in Raum und in Zeit noch mit einer gewissen Freiheit vorgenommen werden kann, möchte ich dieser Behauptung eher den Namen* Postulat der absoluten Welt *(oder kurz Weltpostulat) geben."*[29]

Minkowski sprach in seiner Arbeit über die „radikale Tendenz" der „Anschauungen über Raum und Zeit, die ich Ihnen entwickeln möchte."[30] Seine Bemühung, die vierdimensionale Raumzeit anschaulich darzustellen, ist unverkennbar: Eine Analogie zwischen dem dreidimensionalen Raum und einer Ebene ermöglichte es ihm, den dreidimensionalen Raum als eine Projektion der vierdimensionalen Raumzeit darzustellen:

„Hiernach würden wir dann in der Welt nicht mehr den Raum, sondern unendlich viele Räume haben, analog wie es im dreidimensionalen Raume unendlich viele Ebenen gibt. Die dreidimensionale Geometrie wird ein Kapitel der vierdimensionalen Physik. Sie erkennen, weshalb ich am Eingange sagte, Raum und Zeit sollen zu Schatten herabsinken und nur eine Welt an sich bestehen."[31]

In seinen Aufzeichnungen für seinen Vortrag drückte Minkowski noch eindeutiger die Unterschiede aus zwischen der Darstellung der physikalischen Größen im dreidimensionalen Raum, in dem sie nur als „Projektionen" erscheinen

---

[27] Der Unterschied zwischen mathematischer Realität und physikalischer Realität wurde z.B. von Einstein in mehreren Aufsätzen thematisiert, erwähnt sei hier nur „Geometrie und Erfahrung" von 1921.

[28] Viele Historiker sehen, wahrscheinlich beeinflusst von Thomas S. Kuhn, in Minkowskis Beitrag eine rein mathematische Leistung, da in Kuhns Auffassung Minkowskis Beitrag zu der „normalen Wissenschaft" gehören würde, die – unter anderem – aus der mathematischen Vervollkommnung einer revolutionären Theorie besteht, während Einstein die wissenschaftliche Revolution allein vollbracht habe. Die Meinung der Verfasserin– die im übrigen auch mit Einsteins Meinung übereinstimmt – ist, dass Minkowskis Leistung ebenfalls als Teil der physikalischen Revolution am Anfang des 20. Jahrhunderts zu werten ist.

[29] Minkowski (1908b), S. 62, im Original hervorgehoben.

[30] Ebd., S. 56.

[31] Ebd., S. 59.

und daher eher wie „komplizierte" zerfallene Gebilde aussehen, und ihrer „einfachen" Darstellung im vierdimensionalen Raum, in dem sie eine einheitliche Identität erhalten:

„[…] dass es sich hier um Bildungen handelt, die volle Einfachheit, ihr inneres Wesen erst in vier Dimensionen entfalten, aber auf einer von vorn herein fixierten niederen Mannigfaltigkeit nur eine komplizierte Projektion besitzen."[32]

Es mag eine reine Koinzidenz sein, dass Minkowski in dieser Rede sprachliche Bilder benutzt, die bereits Fechner in seinen Erzählungen „Vier Paradoxa" verwandte, wie seine Bezeichnung des dreidimensionalen Raumes und der Zeit als „Schatten".[33] Wir erinnern uns an die Schattenmetapher, die Fechner dem Höhlengleichnis von Platon entnommen hatte: Die Erscheinungen unserer Welt seien nur „Schatten", wie auf eine Wand projiziert. In seiner zweiten Erzählung „Die vierte Dimension" hatte Fechner auch die Idee entwickelt, dass die vierte Dimension die Zeit sein könne und dass sich unser dreidimensionaler Raum parallel zu sich selber entlang der Zeitachse bewege, so dass er sich zu jedem Zeitpunkt in einem anderen dreidimensionalen Raum befände und damit eine unendliche Reihe von dreidimensionalen Räumen bilde. Es könnte sein, dass Minkowski der physikalischen Anschaulichkeit halber, die er in seinem Vortrag erreichen wollte, absichtlich die von Fechner entwickelte Beschreibung verwandte, die in seiner Zeit – von vielen anderen übernommen – geläufig war.

Es wurde bis jetzt nicht untersucht – und wahrscheinlich lässt es sich auch nur noch schwer feststellen – ob Minkowski Fechners, Hintons, Abbotts oder H. G. Wells Aufsätze über den vierdimensionalen Raum kannte.[34] Es ist aber sehr wahrscheinlich, dass sie ihm vertraut waren wie vermutlich allen Mathematikern, die Kenntnisse über höherdimensionale Räume und nicht-euklidische Geometrie besaßen.[35] Minkowski hatte vor 1908 mehrere bedeutende Abhandlungen in der Geometrie veröffentlicht. Seine Theorie der konvexen Punktmengen[36] (Konvexgeometrie) stand in enger Verbindung mit der Geometrie des physikalischen vier-

---

[32] Minkowski: „Vorarbeiten zu Raum und Zeit", NSUBG Cod. Math. Archiv 60:2, Mappe 2, S. 34.

[33] Fechner entwickelte den Gedanken der Schattenwelt in Anlehnung an Platons Höhlengleichnis in seiner ersten Erzählung „Der Schatten lebt" und benutzte seine Schattenmännchen in seiner zweiten Erzählung, „Die vierte Dimension", siehe Fechner (1846).

[34] Im Falle Einsteins scheint es deutlich zu sein, dass er sie nicht kannte, oder dass sie ihn nicht beeinflusst haben. Bei Minkowski jedoch, der in der nichteuklidischen Geometrie bewandert war, könnte es anders gewesen sein.

[35] Vgl. Walter (1999b), S. 97–104.

[36] Siehe Minkowskis Abhandlungen von 1901 „Über die geschlossenen konvexen Flächen" und „Theorie der konvexen Körper", die aber beide erst nach seinem Tod erschienen [in: Minkowski (1911)].

dimensionalen Raums, die er 1908 veröffentlichte. Als Geometer kannte er mit Sicherheit Helmholtz Vorträge sowie Felix Kleins Abhandlungen. Es ist also anzunehmen, dass Minkowski mit den Theorien der höherdimensionalen Räume und der nichteuklidischen Geometrie aufs Beste vertraut war und dass er die seit dem Ende des 19. Jahrhunderts bereits in der breiten Öffentlichkeit geführte Diskussion über die physikalische Realität der vierten Dimension zur Kenntnis genommen hatte.

Abb. 20: Foto:
  Hermann Minkowski

Es ist vielleicht auch von Bedeutung zu fragen, welche Rolle die populärwissenschaftlichen Beiträge über den vierdimensionalen Raum gespielt haben. Natürlich konnten sie nicht die mathematisch-physikalische Reflexion über den vierdimensionalen *physikalischen Raum* ersetzen. Dies war ein langer komplexer Prozess, der zunächst über die Entwicklung der Speziellen Relativitätstheorie ging und anschließend den Minkowskischen Beitrag ermöglichte. In einem Punkt waren jedoch die populärwissenschaftlichen Beiträge wichtig: Denn in diesem Rahmen entwickelten die Autoren die *mögliche* Anschauung eines vierdimensionalen Raums, und gerade diese wurde zu einem Bestandteil der Physik. Wir haben gesehen, dass Einstein aus diesem Grund Minkowskis Beitrag lange Zeit ablehnte: Er hatte die neue Raumanschauung in der Minkowskischen Theorie noch nicht erfasst. Durch seine geometrischen Untersuchungen war dagegen Minkowski am besten vorbereitet, basierend auf der physikalischen Grundlage der Speziellen Relativitätstheorie dem vierdimensionalen Raum eine physikalische Realität zu verleihen.

1920 sollte die Aufmerksamkeit der Wissenschaftler erneut auf die neue Raumanschauung gelenkt werden, als am 12. Februar ein Artikel in der bekannten wissenschaftlichen Zeitschrift *Nature* unter dem Titel "Euclide, Newton and Einstein" veröffentlicht wurde.[37] Nun bekam das Buch von Edwin Abbott durch die bereits veröffentlichte Relativitätstheorie Einsteins eine besondere Bedeutung. Der Autor des Artikels rühmte die „prophetische" Intuition des englischen Geistlichen. Die vierte Dimension wurde gemäß der Relativitätstheorie als die Zeit interpretiert. Indirekt brachte dieser Artikel zum Ausdruck, dass die neue vierdimensionale *Raumanschauung* bereits vor der Speziellen Relativitätstheorie entstanden war.

Am Anfang seines Vortrags in Köln versuchte Minkowski zu zeigen, wie man den vierdimensionalen Raum *vor* der Speziellen Relativitätstheorie in die Physik hätte einführen können. Nachdem er die Lorentzgruppe G_c eingeführt hatte, die für eine konstante Lichtgeschwindigkeit c gilt, erwähnte Minkowski die Galilei-Gruppe G_∞, die für die Newtonsche Mechanik gilt – für Fernwirkung, wenn also c als unendlich groß vorausgesetzt wird. Minkowski bezog sich also – wenn auch nicht explizit – auf die Erkenntnis, dass die Experimente von Michelson und Morley von 1887 zeigten, dass die Lichtgeschwindigkeit unabhängig vom Bezugsystem, in dem sie gemessen wurde, konstant ist. Dann betont Minkowski:

„Bei dieser Sachlage, und da G_c mathematisch verständlicher ist als G_∞, hätte wohl ein Mathematiker in freier Phantasie auf den Gedanken verfallen können, dass am Ende die Naturerscheinungen tatsächlich eine Invarianz nicht bei der Gruppe G_∞, sondern viel mehr bei einer Gruppe G_c mit bestimmtem endlichen, nur in den gewöhnlichen Maßeinheiten äußerst großen c besitzen. Eine solche Ahnung wäre ein außerordentlicher Triumph der reinen Mathematik gewesen."[38]

Ein Mathematiker hätte also bereits nach dem Michelson-Morley Experiment 1887 auf die Erkenntnis kommen können, dass die physikalischen Gesetze invariant unter der „mathematisch verständlicher[en] Lorentzgruppe G_c sein müssen und nicht unter der Gruppe G_∞. Diese Erkenntnis wäre, wie Minkowski sagt, ein „außerordentlicher Triumph der reinen Mathematik" gewesen. Im nächsten Satz bringt Minkowski sein Bedauern zum Ausdruck, dass sich diese Erwartung nicht erfüllt hat:

„Nun, da die Mathematik hier nur mehr Treppenwitz bekundet, bleibt ihr doch die Genugtuung, dass sie dank ihren glücklichen Antecedentien mit ihren in freier Fernsicht

---

[37] Siehe D'Amico (1995), S. 14.
[38] Minkowski (1908b), S. 58–59.

geschärften Sinnen die tiefgreifenden Konsequenzen einer solchen Ummodelung unserer Naturauffassung auf der Stelle zu erfassen vermag."[39]

Die Mathematiker hatten diese Chance aber verpasst, und Minkowskis Theorie entstand erst nach der Speziellen Relativitätstheorie. Gibt Minkowski hier eine indirekte Schilderung seiner Gedanken vor der Entstehung der Speziellen Relativitätstheorie? Hatte er die physikalischen Gesetze im Zusammenhang mit dem vierdimensionalen Raum bereits vor 1905 untersucht? Die Lorentz-Transformationen waren – bis auf eine Skalentransformation – bereits durch Woldemar Voigt (1850–1919) in Göttingen 1887 entwickelt worden.[40] Die Hypothese der Längenkontraktion war 1889 von George Francis FitzGerald (1851–1901) aufgestellt worden.[41] Lorentz gab seinen Transformationen 1899 die endgültige Form.[42] Es mag sein, dass Minkowski schon vor 1900 begonnen hatte, seine Theorie zu entwickeln. Dies könnte die Bemerkung Borns in seiner Biographie erklären, Einstein sei Minkowski „in der Formulierung des Relativitätsprinzips vorausgegangen."[43] Eine eingehende Untersuchung im Nachlass von Minkowski könnte vielleicht diese Vermutung klären. Eine entscheidende Tatsache darf man jedoch dabei nicht übersehen: Einstein machte die Konstanz der Lichtgeschwindigkeit zum zweiten Axiom seiner Relativitätstheorie; aus dem negativen Ergebnis der Experimente von Michelson und Morley folgte nicht als zwingende Interpretation die Konstanz der Lichtgeschwindigkeit. Poincaré erwähnte sie als eine Hypothese, so wie er in seinem ersten Aufsatz von 1905 auch das Relativitätsprinzip als eine Möglichkeit erwähnt hatte.[44] Erst Einstein gab den beiden als Hypothesen ausgesprochenen Interpretationen der empirischen Ergebnisse eine physikalische Realität.

Der Weg bis zur Einführung des vierdimensionalen Raums in die Physik war also doch viel komplizierter und wurde erst ermöglich durch die Formulierung der Speziellen Relativitätstheorie. Minkowski beteiligte sich durch seinen Beitrag

---

[39] Minkowski (1908b), S. 59.

[40] Siehe Pais (1986), S. 117.

[41] Ebd., S. 118.

[42] Ebd., S. 122–123.

[43] Siehe Born (1975), S. 150.

[44] Siehe Poincaré (1905), S. 1504: « Il semble que cette impossibilité de démontrer le mouvement absolu soit une loi générale de la nature. » Auch in seinem zweiten Aufsatz vom Juli 1905 [Poincaré (1906)], als Poincaré das Relativitätspostulat formulierte (« nous sommes naturellement porté à admettre cette loi, que nous appellerons le Postulat de la Relativité et à l'admettre sans restriction », S. 495), machte er die Bemerkung: « Que ce postulat, jusqu'ici d'accord avec l'expérience, doive être confirmé ou infirmé plus tard par des expériences plus précises, il est en tout cas intéressant de voir quelles en peuvent être les conséquences. », Poincaré (1906), S. 495.

an der wissenschaftlichen Revolution, die Einsteins Spezielle Relativitätstheorie ausgelöst hatte.

Als Einstein 1910 in einem Brief an Sommerfeld mit den Worten „die Schönheit einer solchen Untersuchung" Minkowskis Erneuerung unterstrich, bezeichnete er sie immer noch als „formal":

„Die Betrachtung der formalen Beziehungen in vier Dimension[en] erscheint mir als ein Fortschritt wie etwa die Einführung komplexer Funktionen in Hydrodyna[mi]k & Elektrostatik zweier Dimensionen."[45]

Auch zu dieser Zeit war also Einstein der vierten Dimension gegenüber noch skeptisch. Erst einige Jahre später erkannte er den Wert der Theorie von Minkowski und die physikalische Bedeutung des vierdimensionalen Raumes.

Max Planck, Arnold Sommerfeld und Wilhelm Wien nahmen in den nächsten zwei Jahren Minkowskis Ideen mit großer Annerkennung auf.[46] Bereits 1912 bezeichneten Max Planck (1858–1947), Walther Nernst (1864–1941), Emil Warburg (1846–1931) und Heinrich Rubens (1865–1922) in ihrem Ernennungsvorschlag Einsteins zum Mitglied der *Preußischen Akademie der Wissenschaften* in Berlin seine „neue Auffassung des Zeitbegriffs" als eine erkenntnistheoretische Umwälzung:

„Die umwälzenden Folgerungen dieser neuen Auffassung des Zeitbegriffs, die sich auf die gesamte Physik, vor allem auch auf die Mechanik, und darüber hinaus bis tief in die Erkenntnistheorie erstrecken, haben später durch den Mathematiker Minkowski eine Formulierung gefunden, welche dem ganzen System der Physik ein neues einheitliches Gepräge gibt, indem darin die Zeitdimension als völlig gleichberechtigt mit den 3 Raumdimensionen auftritt."[47]

Durch das Erlanger Programm hatte Felix Klein die geometrische Grundlage geschaffen, die es jetzt Minkowski ermöglichte, die Spezielle Relativitätstheorie zu vervollständigen, indem er dem physikalischen Raum eine neue geometrische Struktur gab. Felix Klein hatte das Problem folgendermaßen zusammengefasst:

„Als Verallgemeinerung der Geometrie entsteht so das folgende umfassende Problem: Es ist eine Mannigfaltigkeit und in derselben eine Transformationsgruppe gegeben; man soll die der Mannigfaltigkeit angehörigen Gebilde hinsichtlich solcher Eigenschaften untersuchen, die durch die Transformationen der Gruppe nicht geändert werden."[48]

In Minkowskis Theorie sah Klein den Invarianzgedanken, der in der Mathematik entstanden war, auch in der Physik bestätigt. In seinem am 10. Mai 1910 in

---

[45] Einstein an Sommerfeld, im Juli 1910, CPAE V, Doc. 211, S. 246.
[46] Walter (1999a), S. 69 und Walter (1999b), S. 109.
[47] Zitiert in CPAE V, S. 527.
[48] Klein, F. (1872), S. 34.

der Göttinger Mathematischen Gesellschaft gehaltenen Vortrag „Über die Geometrischen Grundlagen der Lorentzgruppe" betonte Felix Klein:

„So will ich hier vorgreifend den Satz aussprechen:

‚Was die modernen Physiker Relativitätstheorie nennen, ist die Invariantentheorie des vierdimensionalen Raum-Zeit-Gebietes x, y, z, t (der Minkowskischen Welt) gegenüber einer bestimmten Gruppe von Kollineationen, eben der Lorentzgruppe;' – oder allgemeiner, und nach der anderen Seite gewandt:

Man könnte, wenn man Wert darauf legen will, den Namen ‚Invariantentheorie relativ zu einer Gruppe von Transformationen' sehr wohl durch das Wort ‚Relativitätstheorie bezüglich einer Gruppe' ersetzen."[49]

Deshalb bezeichnet die Autorin die neue Richtung, die sich in der Physik, angefangen mit Minkowskis Theorie von 1908, abzeichnet und die durch die Vereinheitlichung im physikalischen Raum weiter geführt wurde, als *Geometrisierung der Physik.*

Minkowskis Begründung des vierdimensionalen Raumes hatte zur Folge, dass die Diskussion über die vierte Dimension, die fast ein Jahrhundert gedauert hatte, eine neue Form annahm: Die literarischen Spekulationen von Fechner, Abbott und Hinton verloren, sobald Minkowskis neue Auffassung bekannt wurde (etwa ab 1910), abrupt an Bedeutung. Einerseits durch Hinton, der sich seit 1893 in den Vereinigten Staaten aufhielt[50] und seine Ideen verbreitete, andererseits durch Rudolf Steiner, der seine Vorträge über „Die vierte Dimension. Mathematik und Wirklichkeit" in Berlin hielt[51], hatte die Idee der vierten Dimension zwischen 1904 und 1908 einen Höhepunkt des Interesses erfahren. Rudolf Steiner hatte in seinen Vorträgen die wichtigsten Erkenntnisse über den vierdimensionalen Raum hervorgehoben. Dass das Problem der höherdimensionalen Räume die wissenschaftliche Gemeinschaft in dieser Zeit beschäftigte, zeigt die intensive Diskussion, die z.B. in den Vereinigten Staaten vor September 1908, als Minkowski seinen Vortrag über das vierdimensionale Raumzeitkontinuum in Köln hielt, stattfand. In der Zeitschrift *The Monist* erschienen häufig Artikel, die den "Hyperspace" und "Non-Euclidean Geometry" behandelten.[52] Diese Diskussion wurde nicht von Minkowskis vierdimensionaler Darstellung der Raumzeit ausgelöst.[53] Dabei

---

[49] Klein (1910), S. 539.

[50] Siehe Rudolf v. B. Rucker: „Introduction" in Hinton (1980), S. XII.

[51] Siehe Steiner (1995).

[52] Siehe Chase (1908) in "Pseudo-Geometry. Criticism and Discussions", S. 465.

[53] Diese Ausführungen von Chase und vom Herausgeber der Zeitschrift erschienen im Juli 1908 und Minkowski hielt seinen Vortrag vor der Versammlung der Gesellschaft Deutscher Naturforscher und Ärzte in Köln am 21. September 1908. Die Autoren erwähnen aber auch nicht Minkowskis ersten Aufsatz, der im April 1908 veröffentlicht worden war.

betonten manche Autoren, dass "the several conceptions of space of more than three dimensions are of purely abstract nature"[54], und dass man "in abstract thought the laws of four-, five-, six-, and *n*-dimensional space [with] perfect exactness" formulieren könne.[55] Die Schwierigkeiten, mit denen man dabei konfrontiert ist, seien "in our inability to make them [higher-dimensional spaces] representable to our sense" verwurzelt, da: "our space-conception is threedimensional."[56] Dieser Auffassung widersprach Arthur Bostwick aus Yale in der nächsten Nummer der Zeitschrift. Einen Artikel über einen mathematischen Beweis über unendlich dimensionale Räume[57], der im Juli 1908 in der Londoner Zeitschrift *Knowledge* von Stanley Redgrove veröffentlicht worden war, nahm Bostwick als Unterstützung seiner These, dass man sich der Existenz höherdimensionaler Räume nicht versperren sollte:

„That we are three-dimensional beings living in a three-dimensional world is beyond doubt; but it would appear logical to regard this dimensional limitation not as inherent in the nature of things, but as due to some kind of constraint."[58]

Bostwick warnte davor, den dreidimensionalen Raum als *a priori* gültig anzunehmen, was seine physikalische Untersuchung unmöglich machen würde, und stellte die berechtigte Frage, ob zwei- und ein-dimensionale Materie existiere. In derselben Nummer der Zeitschrift erschien gleichzeitig eine Antwort, die die Auffassung unterstützte, dass weder ein nichteuklidischer Raum noch ein höherdimensionaler Raum existiere. Der Autor, Francis Rust aus Pittsburgh, schloss seine kurze Darstellung mit dem Satz:

„May these explanations help to expel from exact science a plane that in fact is part of a sphere with an infinite radius, a triangle in which the sum of the angles is less than 2 right angles, and a space of more than three dimensions."[59]

Als Minkowskis Auffassung bekannt wurde, interpretierte man die vierte Dimension als die Zeit, und der vierdimensionale Raum von Abbott und Hinton, dessen vierte Dimension räumlicher Natur ist, geriet in Vergessenheit. Die Veröffentlichungen in der Zeit nach 1910 thematisieren die vierte Dimension als die Zeit.[60] Zwischen dem vierdimensionalen Raum mit einer zeitlichen Dimension

---

54 Siehe "Editorial Comment" zu Chase (1908), S. 471.
55 Ebd.
56 Ebd.
57 Zitiert in Bostwick (1908), S. 631.
58 Ebd.
59 Rust (1908), S. 632.
60 Siehe z.B. Richter, G. (1912) und das Kapitel „Minkowskis vier Dimensionen": „Prof. Minkowski nimmt die Zeit als vierte Dimension an und verbindet sie so mit den drei ersten,

und dem vierdimensionalen Raum, dessen vier Dimensionen räumlicher Natur sind, existiert jedoch ein großer konzeptioneller Unterschied, der sich aus dem physikalischen Unterschied zwischen Raum und Zeit ergibt. Im vierdimensionalen Raum mit vierter Dimension räumlicher Natur existieren z.B. vierdimensionale geometrische Körper, deren Projektionen auf den dreidimensionalen Raum sich konstruieren lassen. Im vierdimensionalen Minkowskischen Raum ist dies nicht der Fall, so spekulierte der philosophisch interessierte Gustav Richter, ob es nicht auch Zeit-Polyeder gäbe:

> *„Poincaré führte in seinem Buche ‚Wissenschaft und Hypothese' an, dass die Mathematiker schon die regulären Gebilde mit vier Ausdehnungen ausgerechnet haben und zwar sind die ersten davon das Fünfzell, das Achtzell und das Sechzehnzell. Es lag nun für mich der Gedanke nahe, nach solchen regulären Gebilden Umschau zu halten. Wo finde ich reguläre Gebilde der Zeit? Nur in der Musik, sonst nirgends. Die Musik könnte man die Geometrie der Zeit nennen und das Achtzell entspräche einer Oktave, welche jedenfalls ein vollkommen reguläres, in sich geschlossenes Gebilde vorstellt.*"[61]

Diese Ausführungen zeigen, wie stark die Idee einer vierten *räumlichen* Dimension die Anschauung eines breiten wissenschaftlich interessierten Publikums beeinflusst hatte. Man versuchte nun, diese Gedanken auf die vierdimensionale Raumzeit zu übertragen.

Nach Minkowskis Theorie festigte sich die Überzeugung, dass keine weitere räumliche Dimension existiert. Poincaré, der sich mit der Theorie der linearen Gleichungen und Matrizen in einem höherdimensionalen Kontext beschäftigt hatte, gab in seinen postum veröffentlichten „Dernières pensés" (1913) eine topologische Begründung dafür, dass der Raum nur drei (räumliche) Dimensionen habe:

> « *La proposition fondamentale de L'Analysis Situs [d.h. Topologie], c'est que l'espace est un continu à trois dimensions.* »[62]

Und :

> « *Notre seul objet ici est l'espace amorphe qu'étudie L'Analysis Situs, qui soit indépendant de nos instruments de mesure, et sa propriété, c'est d'être un continu à trois dimensions.* »[63]

---

d.h. für ihn existieren nicht mehr Körper, die sich in der Zeit verändern, sondern nur Weltpunkte, die Weltlinien bilden", S. 51.

[61] Richter, G. (1912), S. 52.

[62] Poincaré (1913), S. 61.

[63] Ebd., S. 63. Es ist nicht ganz klar, ob Poincaré hier den Unterschied zwischen dem topologischen Raum der Mathematik (der nur drei Dimensionen haben kann) und dem physikalisch „messbaren" Raum der Physik, der mehr als dreidimensional sein kann, berücksichtigt hat.

Die Entwicklung des Vereinheitlichungsgedankens

Während sich die Idee der Höherdimensionalität des Raumes erst im 19. Jahrhundert und zuerst in der Mathematik herauskristallisierte, wurzelt der Gedanke der Einheitlichkeit der physikalischen Kräfte in der Philosophie. Bereits in der griechischen Antike hatte Parmenides die Auffassung vertreten, dass „alle Vielheit die Einheit und alles Teilbare das Unteilbare voraussetze."[1] Die Vielheit ist nur erkennbar, soweit sie Anteil hat an der Einheit.

Der Gedanke der Einheit der Naturgesetze ist ein fundamentales Prinzip, auf das die abendländische Philosophie seit der griechischen Antike begründet ist. Kant zeigte in seiner Philosophie, dass die Idee der Einheit ein erkenntnistheoretisches Prinzip verkörpert, das in der Struktur unseres Denkens verwurzelt ist. Dem Gedanken der Einheit begegnete Kaluza bereits während seiner Studienzeit in den Philosophie-Vorlesungen, die er damals besuchte. Sogar in seiner vereinheitlichten Theorie von 1921 lässt sich ein Zeichen seiner philosophischen Überlegungen wiederfinden: Dort bezeichnete Kaluza die Idee der Vereinheitlichung als ein Problem, „das zu den großen Lieblingsideen des Menschengeistes gehört."[2]

Eine eingehende Untersuchung der Entwicklung der Idee der Vereinheitlichung in der 2000-jährigen Geschichte der Philosophie des Abendlandes würde den Rahmen dieses Buches sprengen.[3] Wir begnügen uns damit, die wichtigsten Schritte dieser Entwicklung zu betrachten.

Antike Philosophen

Die Philosophie der griechischen Antike, in der unsere abendländische Wissenschaft zutiefst wurzelt, ist stark geprägt von der Idee der Einheit aller Dinge. Die Frage nach einem „einheitlichen und bleibenden Sein", das hinter der wechselhaften Vielfalt der Erscheinungen existiert, war so bedeutend, dass man sie als „das Grundproblem der griechischen Philosophie" bezeichnet hat.[4]

---

[1] Flasch (2001), S. 33.

[2] Kaluza (1921), S. 966.

[3] Solch eine Untersuchung ist bis jetzt in der Wissenschaftsgeschichte noch nicht unternommen worden.

[4] Windelband (1912), S. 115.

Der Versuch, die Unbeständigkeit aller Dinge zu erfassen, stellte die griechischen Wissenschaftler vor ein großes philosophisches Problem. Herakleitos von Ephesos (etwa 550–470 v. Chr.) formulierte den Gedanken, dass alle Erscheinungen der Welt in ständiger Veränderung begriffen seien und nichts Beständigkeit habe. Durch seine bekannten Sprüche „Alles fließt"[5] und „Es ist unmöglich, zweimal in den gleichen Fluss zu steigen"[6] hob er die Idee hervor, dass nur das Werden selbst, die Verwandlung, die Bewegung also, überdauert. Dieser ewige Wechsel vollzieht sich jedoch – und dies ist vielleicht der bedeutendste Gedanke Heraklits – nach einer Gesetzmäßigkeit, nach einer Ordnung, die der Philosoph aus Ephesos als die Vernunft (λόγος) der Welt bezeichnete. Diese Ordnung beruhte in Heraklits Auffassung auf der Harmonie der Gegensätze. Der Fluss aller Dinge besteht aus einem „unaufhörlichen Streit der Gegensätze", die wieder ineinander fallen und durch ihre Einheit die unsichtbare Harmonie wiederherstellen:

„Herakleitos behauptet, dass das All eins ist: getrennt, ungetrennt, geworden, ungeworden, sterblich, unsterblich, Logos, Aion, Vater, Sohn, Gott und Gerechtigkeit. Wenn ihr nicht auf mich, sondern auf den Logos hört, ist es weise, anzuerkennen, dass alles eins ist."[7]

Erst die Existenz der Gegensätze ermöglicht, die Einheit zu erreichen, und durch die Vereinigung der Gegensätze entsteht die Harmonie. So berichtete Aristoteles über Heraklits Lehre:

„Herakleitos tadelt den Dichter [Homer] des Verses ‚Möchte doch der Streit aus Himmel und Erde verschwinden!' Denn es könnte keine Harmonie geben, wenn es nicht hohe und tiefe Töne gebe, und keine Lebewesen ohne das Dasein von männlichen und weiblichen (Prinzipien), die einander entgegengesetzt seien."[8]

Auch bei Hippolytos kann man über Heraklits Lehre lesen:

„Verbindungen: Ganzes und Nichtganzes, Zusammengehendes und Auseinanderstrebendes, Einklang und Missklang und aus Allem Eins und aus Einem Alles."[9]

Unter den Vorsokratikern brachte Heraklit die Idee der Einheit aller Dinge am eindrucksvollsten zur Sprache. So wie es der Philosoph Wilhelm Windelband formulierte: „Die Welt ist Werden, und Werden ist Einheit der Gegensätze."[10]

Parmenides (um 445 v. Chr. geboren), der führende Denker der eleatischen Schule, vertrat auch eine einheitliche Weltvorstellung. Indem er den Begriff des

---

[5] Aristoteles über Heraklit, in Capelle (1953), S. 132.
[6] Plutarch über Heraklit, in ebd.
[7] Hippolytos über Heraklit, in ebd., S. 131, Hervorhebung in der Übersetzung.
[8] Aristoteles über Heraklit, in ebd., S. 134.
[9] Hippolytos über Heraklit, in ebd., S. 131–132, Hervorhebung der Autorin.
[10] Windelband (1912), S. 41.

Seins, das bei allen Seienden gleich bleibt, einführte, erhielt die zentrale Rolle in seiner Auffassung „nur das Eine, einheitliche, unterschiedslose Sein.“[11] Damit existieren für Parmenides die Vielheit und die Bewegung der Einzeldinge nicht wirklich, sondern nur scheinbar. So kann man bei Simplicius über ihn lesen:

„Das ist nach Parmenides der gemeinsame Grundfehler aller, die die Vielheit und Bewegung der Dinge und ihr Werden und Vergehen für wirklich halten. Hat man diesen Grundfehler erkannt, so ist man gegen die ‚Meinungen der Sterblichen‘ gesichert.“[12]

Das einheitliche Sein des Parmenides, das Einzige, das Realität besitzt, ist ein abstrakter Begriff, der Ewigkeit, „völlige Einerleiheit“, „absolute Unveränderlichkeit“ und „unterschiedslose Sich-selbst-Gleichheit“ besitzt.[13] Es ist das Denken und der Gegenstand des Denkens zugleich:

„Denn du kannst das Denken nicht ohne das Seiende antreffen, in dem es [ja] ausgesprochen ist. Denn es gibt nichts außer dem Seienden und wird nichts außer ihm geben; hat doch das Schicksal es verhängt, dass es ganz und unbeweglich ist. Daher sind alles nur leere Namen, was die Sterblichen [durch die Sprache] festgesetzt haben, in dem Glauben, es liege ihnen eine Wirklichkeit zu Grunde: ‚Entstehen‘ und ‚Vergehen‘, ‚Sein‘ und ‚Nichtsein‘, ‚Veränderung des Ortes‘ und ‚Wechsel der leuchtenden Farbe‘.“[14]

In Parmenides Weltauffassung ist das Sein eine wohlgeformte, abgeschlossene Kugel, ein einheitlicher Weltkörper, der einen „Weltgedanken“ darstellt. In seinem Lehrgedicht (470 v. Chr.) beschrieb Parmenides sein geschlossenes, einheitliches Universum:

„Aber da das Seiende eine letzte Grenze hat, so ist es nach allen Seiten hin vollendet, gleich der Masse einer wohlgerundeten Kugel, von der Mitte nach allen Seiten hin gleich. Denn es darf weder hier noch dort irgendwie größer oder kleiner sein. Denn es gibt ja nichts, was es hindern könnte, sich zusammenzuschließen, noch gibt es ein Seiendes, das hier mehr, dort weniger wäre als Seiendes. Denn es ist völlig unverletzlich. Denn der Punkt, wohin es von allen Seiten gleich weit ist, ist [selber] von den Grenzen weit entfernt.“[15]

Xenophanes (etwa 570–480 v. Chr.), Begründer der Eleatischen Philosophie, nahm All-Eines an, das die „Gesamtheit aller Dinge“ darstellt und das er gleich Gott setzte. So kann man bei Platon darüber lesen:

---

[11] Siehe Windelband (1912), S. 32.

[12] Simplicius über Parmenides, in Capelle (1953), S. 168.

[13] Siehe Windelband (1912), S. 32.

[14] Parmenides (470 v. Chr.), „Lehrgedicht“, in Capelle (1953), S. 167–168. Hervorhebung in der Übersetzung.

[15] Parmenides (470 v. Chr.), „Lehrgedicht“, in ebd., S. 168.

„Die aber von uns ausgehende eleatische Sekte, die von Xenophanes und noch früher ihren Ursprung genommen hat, geht von der Voraussetzung aus, dass das, was man die Gesamtheit aller Dinge nennt, ein einziges Wesen ist.“[16]

Auch Aristoteles erwähnte im ersten Buch seiner „Metaphysik" Xenophanes und seine Lehre der Einheit:

„Xenophanes aber, der zuerst von diesen [den Eleaten] die Einheitslehre aufgebracht hat (denn Parmenides soll sein Schüler gewesen sein) [...] und auf das ganze All seinen Blick richtete, erklärt, das Eine sei die Gottheit.“[17]

Ein anderer Eleate, *Zenon* (etwa 495–445 v. Chr.), dessen Scharfsinn und Disputationskunst Platon sehr hoch schätzte, widersprach auch der Idee der Vielheit. So berichtet Simplicius über ihn:

„Zenon, der Jünger des Parmenides, suchte zu beweisen, dass es unmöglich ist, dass das Seiende eine Vielheit ist. Er tat dies auf Grund des Argumentes, dass keines von den Dingen eine Einheit sei, dass aber die Vielheit eine Summe von Einheiten ist.“[18]

Zenon gilt für viele als der erste Logiker und wurde von Aristoteles als der Erfinder der Dialektik betrachtet. In seinem Dialog „Parmenides" gibt Platon Zenons logischen Beweis, dass das Seiende keine Vielheit sein kann, wieder:

„Wie meinst du das, Zenon? Wenn das Seiende eine Vielheit ist, dass dann ein und dasselbe Ding gleich und ungleich sein muss? Das aber ist unmöglich. [...] Also, wenn es unmöglich ist, dass das Ungleiche Gleich und das Gleiche ungleich ist, dann ist es auch unmöglich, dass es eine Vielheit (der Dinge) gibt.“[19]

Wenn das Seiende eine Vielheit wäre, dann müsste das Seiende *gleich* (mit sich selbst) und *ungleich* (weil es gleichzeitig auch vieles ist) sein. Da das Widerspruch bedeutet, so ist das Seiende keine Vielheit – so lässt sich Zenons Gedanke zusammenfassen. Platon zeigte weiter – durch die Person von Sokrates –, dass durch die Einführung neuer Begriffe das Paradoxon von Zenon gelöst werden kann. Denn es existiert durchaus nicht nur die Einheit, sondern auch die Vielheit; die Diskussion müsse aber vom Bereich des „Sichtbaren" – auf dem Parmenides und Zenon ihr Paradoxon konstruiert hatten – auf das Gebiet der Ideen[20] über-

---

[16] Platon über Xenophanes in Capelle (1953), S. 122.

[17] Aristoteles über Xenophanes, in ebd., S. 123.

[18] Simplicius über Zenon, in ebd., S. 173–174. Leider ist Zenons Beweis, dass es solche Einheit unter den Dingen nicht gäbe, nicht überliefert. Siehe ebd., S. 174.

[19] Platon, „Parmenides", 127e, in ebd., S. 173.

[20] Dazu erklärt Sokrates: „Viel mehr jedoch würde es mich, wie gesagt, verwundern, wenn jemand dieselbe Schwierigkeit, die Ihr auf dem Gebiet des Sichtbaren durchgegangen seid, in ihrer vielfältigen Verflechtung bei den Ideen selbst auch auf dem Gebiet zeigen könnte, das sich nur mit dem Denken erfassen lässt." Platon, „Parmenides", in Platon (2001), 129e-130a, S. 15.

tragen, und „Einheit" und „Vielheit" als Ideen betrachtet werden. In diesem Fall kann das Seiende sowohl „eins durch Teilhabe am Einen" als auch „vieles durch Teilhabe an Vielheit" sein.[21] Sokrates gibt dann ein Beispiel, um seine These zu unterstützen, dass erst die Identifikation der beiden Ideen – der Einheit und der Vielheit – zu einer Unmöglichkeit führen würde; das Seiende kann dagegen durch Teilhabe an den Ideen gleichzeitig „eines und vieles" sein:

> *„Wenn aber jemand nachweisen könnte, dass ich eins und vieles bin, was ist daran er-*
> *staunlich? Wenn er mich als vieles zeigen will, braucht er ja nur zu sagen, dass meine*
> *rechte Seite eine Sache und meine linke Seite eine andere ist, dass meine Vorder- und*
> *meine Rückseite etwas anderes sind, ebenso unten und oben; denn nach meiner Meinung*
> *habe ich an einer Vielheit teil. Wenn er mich aber als eins zeigen will, wird er sagen, dass*
> *ich unter uns sieben hier ein Mensch bin, indem ich auch am Einen teilhabe. Somit hätte*
> *er tatsächlich beides gezeigt. Wenn es also jemand unternimmt, dergleichen zugleich als*
> *vieles und eins zu erweisen, Steine, Holz und derartiges, so wollen wir sagen, er zeige das*
> *als vieles und eins, nicht aber das Eine als vieles oder das Viele als eins".*[22]

Durch seine Ideenlehre eröffnete Platon einen neuen Horizont in der Diskussion über den Gedanken der Einheit, der seine Vorgänger so intensiv beschäftigt hatte. In der Welt der antiken griechischen Philosophie ist *Platon* derjenige, der die Idee der Einheit am klarsten formuliert und ihr die größte Bedeutung beigemessen hat. In seinem Dialog „Philebos" lässt er Sokrates bemerken:

> *„Diese Fragen, die sich auf* solche *[begriffliche] Einheit und Vielheit beziehen, [...]*
> *sind der Grund aller Schwierigkeiten, sofern sie nicht richtig behandelt werden, ebenso aber*
> *der Grund alles Gelingens, sofern sie richtig behandelt werden."*[23]

Platon betrachtete die Idee der Einheit aus zwei Richtungen: einerseits auf der kognitiven Ebene als in unserem Denken verankert, und andererseits auf der ontologischen Ebene als universales vereinheitlichendes Prinzip alles Seins, als Prinzip, das in der Idee des Guten verkörpert ist.

1. Die Idee der Einheit spielt in Platons Philosophie eine wichtige Rolle zum Erfassen der logischen Beziehungen zwischen den Begriffen in den Verhältnissen der Unterordnung und Nebenordnung der Begriffe, in dem Voranschreiten vom Partikulären zum Allgemeinen, das sich im Gattungsbegriff verkörpert. In Platons Dialog „Philebos" erklärt Sokrates:

> *„Wir behaupten, dass das beim Disputieren völlig ineinander fließende Eine und Vie-*
> *le sich allenthalben bei jeder Behauptung eindrängt, wie vordem auch jetzt. Und das wird*
> *ohne Ende so fortgehen, wie es auch nicht erst jetzt angefangen hat, vielmehr bekundet sich*

---

[21] Platon, „Parmenides", in Platon (2001), 129b, S. 15.
[22] Ebd., 129c-d, S. 15.
[23] Platon, „Philebos", in Platon (1955), 5, 15, S. 42, in der Übersetzung hervorgehoben.

in dieser Erscheinung, wie es mir vorkommt, eine unvergängliche und nie veraltende Eigenschaft unserer menschlichen Denk- und Redeweise. Jeder Jüngling aber, der zuerst davon zu kosten bekommt, freut sich, als hätte er einen wahren Schatz von Weisheit gefunden: [...] bald das Viele zusammenballend und zu Einem zusammenschmiedend, bald wieder es aufwickelnd und in seine Teile zerlegend [...].“[24]

Als Sokrates die Entstehung der Phonetik – so die heutige Terminologie – im alten Ägypten durch den „göttlichen Menschen", einen „gewissen Theuth", erklärte, betonte er, dass die Vollendung dieser Wissenschaft mit der Entstehung des Gattungsbegriffs „grammatische Kunst" in der Erkenntnis ihrer Einheit bestand:

„[...] und [Theuth] gab schließlich, nachdem er ihre Zahl festgesetzt hatte, jedem einzelnen [Laut] sowohl wie allen insgesamt den Namen Element (Buchstabe). Da er aber sah, dass niemand von uns auch nur einen von ihnen erkennen würde ohne Hilfe aller anderen, so ersann er als einheitliches, alles Genannte vereinigendes Band den Namen der ‚grammatischen Kunst', den er dann als einheitliche Bezeichnung dem Ganzen beilegte.“[25]

2. Andererseits bezeichnete Platon die Idee des Guten als das Eine (ἕν)[26], die der „Grund" (die Ursache) ist, aus der die Einheit – die Platon im Maß verwirklicht sah – des Einfachen (ταὐτόν) und des Mannigfaltigen (θάτερον) oder des Endlichen und des Unendlichen entspringt.[27] Platon erklärte in seinem Dialog „Philebos" diese Auffassung:

„Sokrates: Wir sagten doch, der Gott habe von dem Seienden einiges als unbegrenzt bestimmt, anderes als Begrenzung.

Protarchos: Gewiss.

Sokrates: Von diesen Formen wollen wir also die zwei setzen, die dritte aber als eine aus diesen beiden gemischte Einheit. [...]

Sokrates: Du musst den Blick auch auf diese Ursache der Mischung dieser Arten richten und mir so zu jenen dreien noch dieses vierte setzen.“[28]

Die Einheit zwischen dem Begrenzten und dem Unbegrenzten findet sich aber bei Platon im Begrenzten, was uns mindestens erstaunen müsste, da – wenn man sie als zwei Gegensätze auffasst – man erwartete, sie in einem Begriff außerhalb ihrer selbst vereinigt zu finden. Sokrates zeigt aber weiter, dass sich das Be-

---

[24] Platon, „Philebos", in Platon (1955), 6, 15, S. 42–43.

[25] Ebd., 8, 18, S. 47.

[26] Leider verfügt die verwandte Schrift nicht über einen Spiritus asper und einen Spiritus lenis, so dass der Spiritus asper auf dem ε und im folgenden Wort der Spiritus lenis auf dem υ fehlen müssen.

[27] Diese Analyse machte auch Windelband (1912), S. 101.

[28] Platon, „Philebos", in Platon (1955), 12, 23, S. 55–56.

grenzte mit dem Grenzenlosen in dem „Maßvollen", das sich in Zahlenverhältnissen verkörpert, vereinheitlichen lasse:

„Sokrates: [...] Aber vielleicht erreichst du auch jetzt das nämliche Ziel, sofern durch das Zusammentreten dieser beiden (der Grenze und des Unbegrenzten) auch das Wesen jener sich klar herausstellen wird.

Protarchos: Welcher? Und wie meinst du das?

Sokrates: Diejenige des Gleichen und Doppelten und alles dessen, was unter Herstellung eines festen Zahlenverhältnisses bewirkt, dass die Gegensätze nicht mehr feindlich gegeneinander stehen, sondern sich in Symmetrie und Einklang befinden."[29]

Sokrates gibt einige Beispiele dafür, wie sich das Begrenzte mit dem Unbegrenzten in dem Maß, das er mit der universellen Harmonie gleichsetzt, vereinigt: in der Musik und in der Temperatur der Naturphänomene. Hier lassen sich zwei gegensätzliche unbegrenzte Größen, wie das Hohe und das Tiefe, das Schnelle und Langsame (in der Musik) oder die Kälte und die Hitze (in den Wärmephänomenen) durch eine begrenzte Zahl, die ein Maß entstehen lässt, in Einheit bringen. Damit wird die Weltordnung hergestellt:

„Sokrates: In dem Gebiete des Hohen und Tiefen aber und des Schnellen und Langsamen, die dem Grenzenlosen angehören, bewirkt da nicht das Eintreten eben jenes Vorganges, dass zugleich mit der Herstellung der Grenze auch die ganze Tonkunst ihre vollkommenste Gestaltung erhält?

Protarchos: Ja, gewiss.

Sokrates: Und bei Frost und Hitze bewirkt doch wohl diese Mischung, dass das Übermaß und das Grenzenlose schwindet und dagegen das Maßvolle und zugleich Verhältnismäßige Platz greift."[30]

Das Begrenzte ermöglicht, dass aus den Gegensätzen des Unendlichen die „natürliche Einheit" entsteht: „Gesetz und Ordnung als maßhaltende Mächte".[31] Dass Platon das Unbegrenzte, das Begrenzte, und die Einheit der beiden als drei verschiedene Gattungen annimmt – auch wenn sich die Einheit innerhalb des Begrenzten vollzieht – zeigt, dass er den Begriff der Einheit als eine selbständige Entität der Erkenntnis absondern wollte.

Platon führt dann das „vierte Geschlecht" ein, das er als „die Ursache der Mischung und des Werdens" bezeichnet, also der ersten drei Gattungen – des Grenzenlosen, des Begrenzenden und der Einheit der beiden. Und diese Ursache, das über alles Waltende, ist das Prinzip des Guten:

„Können wir also das Gute nicht in einer Gedankenform ergründen, so müssen wir es in dreien zusammen erfassen, der Schönheit, dem Ebenmaß und der Wahrheit, und sagen,

---

[29] Platon, „Philebos", in Platon (1955), 13, 24, S. 59–60.
[30] Ebd., 13, 24, S. 60.
[31] Ebd., 13, 26, S. 60.

dass wir dies wie eines am richtigsten als Grund anerkennen für die Verhältnisse der Mischung und dass letztere durch dieses als durch das Gute diese seine Beschaffenheit erhalten habe."[32]

In Platons Philosophie hebt sich das erste Mal ausdrücklich die Bedeutung der Idee der Einheit im Denken der griechischen Antike ab: Sie wird mit dem Höchsten gleichgesetzt, aus dem alles entspringt: mit dem Prinzip des Guten.

Aristoteles

In seinem ersten Buch über die Metaphysik gab Aristoteles (384–322 v. Chr.) einen Überblick über die philosophischen Auffassungen seiner Vorgänger. Darin setzte sich Aristoteles mit der Idee der Einheit auseinander und zeigte, dass alle philosophischen Auffassungen, die sich das Prinzip des Einen zur Grundlage genommen haben, die Bewegung nicht erklären können, weder die Eleaten, noch Platon:

„Einige indes von denen, welche das Eine (als Prinzip) behaupten, erklären, dieser Untersuchung gleichsam unterliegend, das Eine und die ganze Natur sei unbeweglich, nicht nur in Beziehung auf Entstehen und Vergehen […]. Sondern auch in Beziehung auf jede Art der Veränderung, und dies ist ihnen eigentümlich."[33]

So schloss Aristoteles: *„Von denen also, welche behaupten, das All sei nur Eines, kam keiner dazu, diese Art des Prinzips (der Bewegung) ins Auge zu fassen […].*"[34]

An Platon kritisierte Aristoteles die Auffassung des Einen als vereinigendes Prinzip außerhalb der Welt des Sinnlichen:

„Also werden die Ideen Wesen sein. Dasselbe aber bedeutet Wesen hier bei den Sinnlichen und dort bei den ewigen. Oder was soll es sonst heißen, wenn man sagt, es sei (existiere) etwas getrennt von diesem Sinnlichen, welches die Einheit sei zur Vielheit des Einzelnen?"[35]

Er zeigte, dass sich das Prinzip des Einen in der platonischen Lehre nicht *beweisen* lasse, und – da in Aristoteles Lehre nur das als wahr gelten kann, was sich deduktiv beweisen lässt – also nicht wahr sein könne:

„Und was sich leicht zu erweisen scheint, nämlich dass Alles Eines ist, das ergibt sich aus ihren Beweisen [denen der Platoniker] nicht. Denn durch das Herausheben des Einen aus der Vielheit ergibt sich, selbst wenn man ihnen alles zugibt, nicht, dass Alles eins ist, sondern nur, dass es ein Eines selbst gibt; und nicht einmal dies, wofern man ihnen nicht

---

32 Platon, „Philebos", in Platon (1955), 40, 65, S. 127.

33 Aristoteles, „Metaphysik", Buch I, Kap. 3 (d), S. 11.

34 Ebd.

35 Ebd. Kap. 9 (a), S. 29.

zugibt, dass das Allgemeine Gattung sei, und das ist doch in manchen Fällen unmöglich."[36]

Aristoteles verwarf also Platons Auffassung der Einheit, die auf dem Prinzip des Einen beruht, das sich in der Idee des Guten verkörpert. Trotzdem vertrat Aristoteles das Prinzip der Einheit, das in den Gesetzen des Denkens verankert ist. Die Einheit wird durch Verallgemeinerung erreicht, durch das Erkennen des Einen „in allen Dingen":

„Aus der Wahrnehmung entsteht also das Gedächtnis, wie wir es nennen, aus dem Gedächtnis – wenn eine Erinnerung an dasselbe oft vorkommt – die Erfahrung. Aus der Erfahrung oder aus jedem Verbleiben des Allgemeinen in der Seele – aus dem Einen, unterschieden von dem Vielen, das eins und dasselbe ist in allen Dingen – entsteht ein Prinzip der Kunstfertigkeit oder der wissenschaftlichen Erkenntnis".[37]

Die Idee der Einheit, die durch das Prinzip der Verallgemeinerung entsteht, nahm Aristoteles auch in seiner Metaphysik wieder auf, wenn er den Begriff des „Ganzen" erklärte:

„Ganzes heißt […] (2.) dasjenige, was das Umfasste so umfasst, dass aus jenem eine Einheit wird. Dies geschieht aber auf zweifache Weise, entweder so, dass jedes Einzelne ein Eines ist, oder dass aus ihnen das Eine wird. Was nämlich allgemein und vom Ganzen ausgesagt wird, als sei es ein Ganzes, das ist ein Ganzes in dem Sinne, dass es vieles insofern umfasst, als es von jedem einzelnen ausgesagt wird, und alle je einzeln genommen eines sind, z.B. Mensch, Pferd, Gott, weil alle lebende Wesen sind."[38]

Was Platons zweite Auffassung über die Idee des Einen anging, dass „das Eine selbst ein Wesen ist", so analysierte Aristoteles im zehnten Buch seiner „Metaphysik" „was das Eine ist":

„Wenn nun nichts Allgemeines Wesen sein kann, wie in der Abhandlung über das Wesen und das Seiende gesagt ist, und auch dies selbst, das Wesen, nicht als ein Eines außer den vielen Einzelnen, da es etwas Allgemeines ist, sondern nur Prädikat derselben sein kann: so kann offenbar auch das Eine nicht ein selbständiges Wesen sein".[39]

Nach seiner umfassenden logischen Analyse, was das Eine sein kann, zieht Aristoteles die Schlussfolgerung: „Eines-sein heißt eben ein Einzelnes-sein."[40]

Aristoteles zeigt, dass sich – wenn man solch eine Idee der Einheit als allumfassendes „Wesen" wie Platon vertritt – diese Idee reduziert (von dem Standpunkt seines philosophischen Systems, das doch grundverschieden von dem pla-

---

36 Aristoteles, „Metaphysik", Buch I, Kap. 9 (d), S. 33.
37 Aristoteles, „Zweite Analytik", Buch II, Kap. 19, 100b5, zitiert in Ackrill (1985), S. 162.
38 Aristoteles, „Metaphysik", Buch V, Kap. 26, S. 119–120.
39 Ebd., Buch X, Kap. 2 (b), S. 203.
40 Ebd. S. 204.

tonischen ist) zu dem Einzelnen, zu dem Element, aus dem alle anderen entstehen:

„Ebenso, wären die Dinge Töne, so würden sie eine Zahl sein, aber von Vierteltönen […] und das Eine würde etwas sein, dessen Wesen nicht das Eine wäre, sondern der Viertelton. Ebenso würde auch bei den Lauten das Seiende eine Zahl von Buchstaben sein und das Eine ein Selbstlauter." [41]

Und trotzdem wich Aristoteles in seiner Philosophie diesen strengen Beweisen, dass das Eine nicht außerhalb des Denkens existiere, aus und machte eine Ausnahme, die ihn der platonischen Auffassung wieder annäherte: mit seiner Auffassung, dass es eine „einzige primäre Ursache der Veränderung" mit Notwendigkeit geben müsse, die er in dem ewigen, „unbewegten Beweger" sah, den er „Gott" nannte.[42] Wie aber schon Windelband bemerkte, bedeutet das „Erste Bewegende […] in der aristotelischen Metaphysik ganz dasselbe, wie die Idee des Guten in der Platonischen und für [es] allein nimmt Aristoteles alle Prädikate der platonischen Lehre in Anspruch: [es] ist ewig, unveränderlich, unbeweglich […] unkörperlich – und dabei doch die Ursache alles Geschehens."[43] Auch wenn Aristoteles den „letzten Beweger" nicht explizit „das Eine" so wie Platon sein Prinzip „das Gute" nennt, ist diese Idee auch in seiner Philosophie präsent und wird die zukünftigen Philosophengenerationen beeinflussen.

Die *Neuplatoniker Plotin, Jamblichos* und *Proklos* vertraten eine philosophische Auffassung, in der das Prinzip des Einen, aus dem die Vielheit hervorgeht, als Gott, „unendlich und unbegreiflich", namenlos und als „über alles Sein erhabener Grund des Seins und der Vernunft" betrachtet wird.

Der in Ägypten geborene und in Rom wirkende *Plotin* (204–269) war der bedeutendste Vertreter der *neuplatonischen Philosophie*. Seine Lehre gilt als „das abgeschlossenste und durchgebildetste System der Wissenschaft, welches das Altertum hervorgebracht hat."[44] Ausgesetzt den verschiedensten Strömungen religiöser Vorstellungen, die die Völker des Orients und des Okzidents ins römische Reich mitgebracht hatten, versuchte die hellenistische Philosophie, auf wissenschaftlicher Grundlage „eine Religion aufzubauen." Anhand der Begriffe der griechischen Wissenschaft machte sich die Philosophie zur zentralen Aufgabe, „die religiösen Vorstellungen zu klären und zu ordnen" und schuf damit „Systeme der religiösen Metaphysik".[45] Der Neuplatonismus Plotins versuchte „alle Hauptlehren der griechischen und hellenistischen Philosophie unter dem religiö-

---

[41] Aristoteles, „Metaphysik", Buch X, Kap. 2 (c), S. 203–204.
[42] Aristoteles in der „Physik", zitiert in Ackrill (1985), S. 40.
[43] Windelband (1912), S. 120.
[44] Ebd., S. 177.
[45] Ebd., S. 131.

sen Grundprinzip zu systematisieren."[46] Seine Auffassung gründet auf dem Prinzip des „Einen", aus dem alles hervorgeht, das Plotin als die Gottheit bezeichnet, „das absolut transzendente Urwesen, als vollkommene Einheit noch erhaben über dem Geist"[47] und dem Sein. Aus diesem Prinzip des „Ur-Einen" geht das Viele durch Ausstrahlung (*emanatio*) hervor. Damit ist die Vielheit in der Einheit enthalten, ein Prinzip, das aus „Gott erst hervorgegangen sein kann."[48]

Jamblichos (gestorben um 330), Führer des syrischen Neuplatonismus, und Proklos (411–485), Vertreter des Neuplatonismus in Athen, setzten über das plotinische „Eine" ein noch höheres, „völlig unaussprechliches Eins".[49]

Die Scholastik

Aristoteles hatte in seinem Prinzip des unbewegten Bewegers „den Monotheismus begrifflich formuliert und wissenschaftlich begründet", wie Windelband bemerkte.[50] Außerdem formulierte er damit die theistische Auffassung, „in der Gott als ein von der Welt verschiedenes selbstbewusstes Wesen aufgefasst wird."[51] Dies ließ sich mit dem christlichen Denken in Verbindung bringen. Die scholastische Philosophie (9. bis 14. Jahrhundert), die sich als Methode die Kategorienlehre des Aristoteles angeeignet hatte, war auch mit der Aufgabe konfrontiert, die Idee der Einheit zu verfolgen, diesmal nicht in Bezug auf die Beschaffenheit des Universums, sondern im Zusammenhang mit der Menschennatur und der Vereinigung seines Geistes mit Gott durch das Wort.

In der Zeit des großen Mystikers und Philosophen Bernhard de Clairvaux (1090–1153) zweifelte man nicht an der Existenz Gottes, sondern befasste sich mit der Frage: „Quid est Deus?" – also: Was und wie ist Gott?[52] Bernhard de Clairvaux begriff Gott als Totalität des Seins. Er machte sich zur Aufgabe zu erklären, wie gleichzeitig die Trinität Gottes sowie seine Einheitlichkeit möglich seien: „Gott ist dreifaltig, Gott ist jede einzelne der drei Personen."[53] Dass diese Aufgabe nicht leicht zu lösen war, zeigt seine umfangreiche Schrift „De Conside-

---

[46] Windelband (1912), S. 177.

[47] Ebd.

[48] Ebd., S. 197.

[49] Ebd., S. 198.

[50] Ebd., S. 120.

[51] Ebd..

[52] Vgl. Stickelbroeck (1994), S. 51.

[53] Bernhard de Clairvaux in „De Consideratione ad Eugenium Papam" (Libri V, 15, III, 479, 7–14), zitiert in Stickelbroeck (1994), S. 52.

ratione ad Eugenium Papam": denn diese Erklärung muss auch die Einheit der Menschen untereinander sowie die Einheit des Menschen mit Gott nach der aristotelischen Methode des logischen Schließens beweisen. Um die Einheit der Trinität zu zeigen, verwendete der Begründer des Zisterzienserordens mehrere „Stufen der Einheit"[54], die in einer komplizierten Subordination zueinander stehen: die kollektive Anhäufung (*unitas collectiva*) und die konstitutive Einheit (*unitas constitutiva*) bilden eine erste Ebene der Einheit, während die *unitas nativa*, *unitas potestativa* und *unitas carita* eine höhere Stufe der Einheit darstellen. Die nächste Stufe der Einheit vollzieht sich in *unitas votiva* und *unitas dignativa,* durch die sich die geistige Vereinigung der menschlichen Seele mit Gott vollzieht. Die höchste Form der Einheit (*unitas consubstantialis*) führt die drei Personen in Gott als einer Substanz zusammen.[55]

Nikolaus Cusanus und die Lehre der Einheit

In seiner Schrift von 1440 „De docta ignorantia" („Die belehrte Unwissenheit")[56] entwickelte Nikolaus Cusanus (1401–1464) seine Lehre vom „Zusammenfall der Gegensätze" (*coincidentia oppositorum*), die einer Lehre der Einheit gleicht. Cusanus' Rolle in der Entwicklung der Idee der Einheit im Hinblick auf ihre Bedeutung in der Geschichte der Wissenschaft wurde bislang ignoriert.[57] Die Grundsätze seiner Philosophie der Einheit sind jedoch so bemerkenswert, dass es sich als nützlich erweist, einen Blick auf diesen Teil seiner Lehre zu werfen.

Cusanus' Philosophie gleicht einer Phänomenologie der Vereinheitlichung: Sie ist zutiefst geprägt von der Suche nach der Einheit, die sich hinter allen Dingen verbirgt. Die Gegensätze existieren, damit sich der Geist in der Wahrnehmung orientieren kann: „Jede Art unseres Wahrnemens verlangt nach gegensätzlichen Gegenständen, damit wir sie mit den Sinnen besser unterscheiden können."[58] Cusanus' Philosophie enthält die Einheit als letztes Ziel der Erkenntnis: Die Vernunft verbindet zu einer höheren Einheit, was der Verstand trennt.

Bereits Heraklit hatte die Idee vertreten, dass alle Erscheinungen im Universum aus einem einheitlichen Prinzip heraus fließen, das die Gegensätze verbindet. Bei Cusanus findet man das „Bestreben, Gegensätze auf höherer Ebene zu ver-

---

54 Siehe Stickelbroeck (1994), S. 58.
55 Bernhard de Clairvaux in „De Consideratione ad Eugenium Papam" (Libri V, 19, III, 483), siehe dazu Stickelbroeck (1994), S. 58.
56 Vgl. Flasch (2001), S. 169.
57 Vgl. z.B. Morrison (2000).
58 Zitiert in Flasch (2001), S. 71.

binden."[59] In seinem um 1442 verfassten Werk „De Coniecturis" („Mutmaßungen")[60] schrieb Cusanus „Non est autem differentia sine concordantia".[61] Diese Aussage hebt seine Überzeugung hervor, dass in allen Gegensätzen eine Einheit vorhanden ist. Während der Verstand trennt und Gegensätze erkennt, um die Welt zu begreifen, ist er außerstande, „Widersprüchliches" zu vereinigen:

„Doch dieser Sachverhalt übersteigt all unser Denken, das auf dem Wege des Verstandes das Widersprechende nicht in seinem Ursprung zu verbinden vermag. [...] Weit unter jener unendlichen Kraft stehend, vermag unser Verstand die Gegensätze mit ihrem unendlichen Abstand nicht in einer Einheit zu verbinden."[62]

Um die Einheit der Gegensätze zu erreichen, bedarf man der Vernunft, die das Vermögen besitzt, den „Zusammenfall der Gegensätze" zu bewirken. Die Einheit steht bei Cusanus außerhalb des diskursiven Vermögens des Verstandes. Sie kann erst außerhalb der Logik erreicht werden, auf einer höheren Ebene der Erkenntnis, in dem „belehrten Nichtwissen":

„In diesen tiefen Geheimnissen muss alles Bemühen unseres menschlichen Geistes verweilen, damit es sich zu jener Einfachheit erhebet, in der die Gegensätze zusammenfallen (contradictoriae coincidunt)."[63]

Aristoteles hatte in der „Metaphysik" das Prinzip vom auszuschließenden Widerspruch als das „sicherste unter allen Prinzipien", als das fundamentale Erkenntnisprinzip seiner Philosophie bezeichnet: „Es ist nämlich unmöglich, dass jemand annehme, dasselbe sei und sei nicht."[64] Dieses Nichtkoinzidenz-Prinzip stellt das fundamentale Prinzip all unseres rationalen Wissens dar. Cusanus entwickelte gerade ein neues Prinzip in seiner Philosophie, das Koinzidenz-Prinzip, als fundamentale Basis des belehrten Nichtwissens (des „tieferstehenden, weise gewordenen Nichtwissens"[65]), des Bereiches, in dem die Vernunft zur Einheit gelangt. Deshalb wurde Cusanus' Lehre heftig kritisiert, sie würde „die Wurzel aller Wissenschaft" ausreißen.[66] Wie Cusanus aber in mehreren polemischen Schriften betonte, richtete sich seine Philosophie der Einheit nicht gegen die Wissenschaft, denn der Verstand muss zuerst die Gegensätze erkennen, damit die Vernunft an-

---

[59] Flasch (1973), S. 298.

[60] Vgl. Flasch (2001), S. 169.

[61] Cusanus (1442), II, Kap. 10, 122, in Nikolaus von Kues (2002), Bd. II, S. 145.

[62] Cusanus (1440), „De docta ignorantia", I, Kap. 4, 12, in Nikolaus von Kues (2002), Bd. I, S. 19.

[63] Cusanus (1440), III, „Brief des Autors an den Herrn Kardinal Julian", 264, in Nikolaus von Kues (2002), Bd. I, S. 101.

[64] Aristoteles, Metaphysik, Buch IV, Kap. 3, 1005b, in Aristoteles (1995), Bd. V, S. 68.

[65] Stallmach (1979), S. 58.

[66] Siehe ebd., S. 57.

schließend die Einheit erreicht. Sein Koinzidenz-Prinzip steht damit über dem begrifflichen Erkennen, das der Logik unterliegt, und ist in einem „überbegrifflichen Einsehen"[67] verkörpert:

> *„Es folgt aus dem Zusammenfall der Gegensätze im Maximum nicht [...] die Zerstörung des Keimes aller Wissenschaften, des ersten Prinzips, wie der Angreifer es herausbringt. Denn jenes Prinzip ist das erste für den diskursiven Verstand, keinesfalls aber für den schauenden Intellekt."[68]*

Gleichzeitig unternimmt Cusanus eine Analyse der Idee der Einheitlichkeit, die an eine Phänomenologie der Einheit erinnert. In „De coniecturis" versuchte er den Ursprung der Einheit in unserem Geist zu erklären:

> *„Der erste Ursprung aller Dinge und auch unseres Geistes hat sich als dreieiniger gezeigt: Er ist der eine Ursprung der Vielheit, Ungleichheit und Geteiltheit der Dinge; seiner absoluten Einheit entströmt die Vielheit, seiner Gleichheit die Ungleichheit und seiner Verknüpfung die Geteiltheit. [...] Deshalb faltet die Einheit des Geistes alle Vielheit in sich ein, seine Gleichheit alle Größe und seine Verknüpfung die Zusammensetzung. Der Geist als dreieiniger Ursprung faltet also aus der Kraft seiner einfaltenden Einheit die Vielheit aus, die Vielheit bringt dann weiter die Ungleichheit und Größe hervor."[69]*

In „De docta ignorantia" analysiert Cusanus die Beschaffenheit der Einheit: „die Einheit selbst nimmt kein Mehr oder Weniger in sich auf, noch ist sie der Vervielfältigung zugänglich."[70] Daher kann die Einheit keine Zahl sein, „denn die Zahl lässt ein Mehr oder Weniger zu und kann deshalb unmöglich ein schlechthin Kleinstes oder Größtes sein."[71] Die Zahl, die ein Verstandesbegriff ist, stellt dagegen „die Entfaltung der Einheit"[72] dar, so wie „die Ruhe, die die Bewegung einfaltende Einheit"[73] ist. Die Einheit, betont Cusanus, ist „ewig" und absolut, da sie „der Veränderlichkeit vorangeht": „Die Einheit ist folglich von Natur aus früher als die Andersheit, und da sie der Natur nach der Andersheit vorangeht, ist die Einheit ewig."[74]

---

[67] Siehe dazu Stallmach (1979), S. 58.

[68] In Cusanus (1449): „Apologia doctae ignorantiae", h II, S. 8, 13–17, zitiert in Stallmach (1979), S. 58.

[69] Cusanus (1442), I, 1, 6, in Nikolaus von Kues (2002), Bd. II, S. 9.

[70] Cusanus (1440), I, Kap 5, 14, in ebd., Bd. I, S. 23.

[71] Ebd.

[72] Cusanus (1440), II, Kap 3, 108, in ebd., Bd. I, S. 25.

[73] Cusanus (1440), II, Kap 3, 106, in ebd., Bd. I, S. 25.

[74] Cusanus (1440), I, Kap. 7, 18, in ebd., Bd. I, S. 27.

Cusanus setzt letzten Endes die Einheit gleich Gott: „Die Gottheit ist demnach die unendliche Einheit"[75], betonte er in „De docta ignorantia" und damit
näherte er sich dem Aristotelianismus wieder an.

Beruhend auf seiner Erkenntnistheorie der Einheit entwickelte Cusanus im
zweiten Buch seiner „De docta ignorantia" eine bemerkenswerte Kosmologie,
durch die er „als erster die mittelalterliche Kosmos-Vorstellung verwarf."[76] Zum
ersten Mal in der Geschichte des Abendlandes entstand die Vorstellung eines unendlichen Universums ohne ein festes Zentrum. Alexandre Koyré betonte in seinem bedeutenden Buch „Von der geschlossenen Welt zum unendlichen Universum", dass Cusanus' Philosophie den Weg von der endlichen Weltvorstellung der
Antike in die moderne Zeit durch die Einführung der Idee der Unendlichkeit des
Universums eröffnete. Für unsere Untersuchung ist es von Bedeutung zu bemerken, dass Cusanus die Vorstellung von der Unendlichkeit des Universums aus
seiner Philosophie der Einheit herleitete. Aus seiner Lehre der Einheit schloss er
ebenfalls auf die Relativität der Bewegung und darauf, dass die Erde nicht ruht,
sondern sich in Bewegung befindet.

Cusanus' Erkenntnistheorie der Einheit sowie seine neue kosmologische Auffassung waren Kopernikus aus Cusanus Werk „De docta ignorantia" bekannt.[77]
Die Überzeugung einiger Historiker, Cusanus habe auf Kopernikus keinen Einfluss ausgeübt[78], scheint der Autorin wenig begründet zu sein. Cusanus' Einfluss
auf Kopernikus spiegelt sich in manchen wichtigen Elementen seiner Lehre – die
Relativität der Bewegung, die Unmöglichkeit eines festen Punktes als Zentrum
des Universums, die Auffassung, dass sich die Erde bewegt –, die mit Sicherheit
zu der Entwicklung des neuen Weltbilds von Kopernikus entscheidend beigetragen haben. Noch stärker mag die neue Erkenntnistheorie von Cusanus Kopernikus beeinflusst haben.[79] Es ist daher davon auszugehen, dass gerade Cusanus'
Philosophie der Einheit, die zu der Entwicklung seiner neuen Kosmologie geführt hat, die Entstehung des Kopernikanischen Weltbildes angeregt hat.

Giordano Bruno

Einen direkten Einfluss aber übte Cusanus' Philosophie auf Giordano Bruno aus,
der Kopernikus' neue Theorie durch Begriffe der neuplatonischen Philosophie

---

[75] Cusanus (1440), I, Kap 5, 14, in Nikolaus von Kues (2002), Bd. I, S. 23.

[76] Koyré (1980), S. 16.

[77] Siehe dazu Meier–Oeser (1989), S. 191.

[78] Birkenmajer (1900), S. 248 und Koyré (1980), S. 27.

[79] Siehe dazu Burtt (1925), Kap. II: „Copernicus and Kepler".

und der Cusanischen Metaphysik neu erklärte. Für Giordano Bruno war Cusanus ein ausgezeichneter, „göttlicher" Geist, der „größer als Pythagoras gewesen wäre", hätte ihn „sein Priestergewand nicht gehindert".[80] Es wundert daher nicht, dass Bruno von Cusanus die Idee der Einheit übernahm, die in der neuplatonischen Philosophie eine zentrale Rolle spielt.

Bruno gebührt das Verdienst, Cusanus' Gedanken der „absoluten Unendlichkeit des Raumes" in Verbindung mit Kopernikus' Universumsbild gebracht und zu ihrer Durchsetzung beigetragen zu haben.[81] Während sich Kopernikus in „De Revolutionibus" geweigert hatte, die himmlische Sphäre als unendlich ausgedehnt anzunehmen[82], lehnte Giordano Bruno diese Idee nicht mehr ab. In seinem Werk „Von der Ursache, dem Prinzip und dem Einen" (1584) legte Bruno seine philosophische Auffassung der Einheit, die er von Cusanus übernommen hatte, dar. Im fünften Dialog seines Buches erklärt Bruno, dass sich das Universum in einer vollkommenen Einheit befindet, die der Weisheit und der Wahrheit gleich ist:

„Da seht ihr also, wie alle Dinge im Universum sind und das Universum in allen Dingen ist, wir in ihm, es in uns, und so alles in eine vollkommene Einheit einmündet. [...] Denn diese Einheit ist einzig und stetig und dauert immer; diese Einheit ist ewig; [...] Weisheit, Wahrheit, Einheit sind durchaus eins und dasselbe."[83]

Bruno kritisiert Aristoteles, der zu dem Wesen der Seienden nicht durchgedrungen sei, weil er die Idee der Einheit nicht erkannt habe:

„Aristoteles unter den anderen, der das Eine nicht fand, fand auch das Wesen nicht und nicht das Wahre. Denn er erkannte das Wesen nicht als Eines [...] weil er nicht bis zur Erkenntnis dieser Einheit und Unterschiedenheit der bleibenden Natur und des bleibenden Wesens hindurch gedrungen ist."[84]

Da Brunos Philosophie sich aber nicht durch große Konsistenz auszeichnet[85], verfolgte er nicht konsequent Cusanus' Auffassung. Anders als bei Cusanus ist für Bruno die Einheit auch innerhalb der Logik erreichbar. Das Denken strebt nach Einheit, betont Bruno: „Die Vernunft beweist darin offenbar, wie die Substanz der Dinge in der Einheit besteht."[86] Doch dann gibt er Beispiele des Vermögens zur Einheit, die dem Verstand und der Logik eigen sind:

---

[80] Flasch (2001), S. 154.

[81] Koyré (1980), S. 46.

[82] Ebd., S. 42.

[83] Bruno (1584), Dialog V, 121–124, in Bruno (1977), S. 101–102.

[84] Ebd., S. 102.

[85] Koyrés Meinung war, dass Bruno kein „sehr guter Philosoph" gewesen sei; siehe Koyré (1980), S. 58.

[86] Bruno (1584), Dialog V, 130–131, in Bruno (1977), S. 108.

„Glaube mir, derjenige würde der idealste und vollkommenste Mathematiker sein, der alle in den Elementen des Euklides zerstreuten Sätze in einen einzigen Satz zusammenzuziehen vermöchte; der vollkommenste Logiker derjenige, welcher alle Gedanken auf einen einzigen zurückführte."[87]

Für Bruno gibt es Intelligenzstufen, die sich durch das immer höhere Streben nach der Einheit unterscheiden. Die höchste Einheit bildet der „göttliche Verstand":

„Daher gibt es eine Stufenleiter der Intelligenzen. Die niederen vermögen eine Vielheit von Dingen nur vermittelst vieler Vorstellungen, Gleichnisse und Formen aufzufassen; die höheren verstehen sie besser vermittelst der allergeringsten Anzahl; die Ur-Intelligenz versteht das Ganze aufs Vollkommenste in einer Anschauung; der göttliche Verstand und die absolute Einheit ist ohne irgend eine Vorstellung das, was versteht, und das, was verstanden wird, in einem zugleich."[88]

Daher erreicht man die „vollkommene Erkenntnis", indem man auf der Stufenleiter der Einheit emporsteigt:

„So lasst uns denn, zu der vollkommenen Erkenntnis emporsteigend, die Vielheit vereinfachen, wie die Einheit, wenn sie zur Hervorbringung der Dinge herabsteigt, sich vermannichfacht. Das Herabsteigen geschieht von einem Wesen zu unendlich vielen Individuen und unzähligen Arten, das Emporsteigen umgekehrt von diesen zu jenem."[89]

Schließlich erklärt Bruno, das Ziel des Wissens liege im Erkennen der Einheit der Gegensätze:

„wer die tiefsten Geheimnisse der Natur ergründen will, der sehe auf die Minima und Maxima am Entgegengesetzten und Widerstreitenden und fasse diese ins Auge."[90]

Das Werk schließt mit den Worten, „die höchste Glückseligkeit besteht in der Einheit, welche alles in sich schließt."[91]

Auf der Grundlage der Cusanischen Erkenntnistheorie des Zusammenfalls der Gegensätze verkündete Bruno in mehreren seiner Schriften die Einheit und Unendlichkeit der Welt. In seinem Werk „La Cena de le Ceneri" (1584) betont er, dass *„die Welt unendlich ist, und dass es deshalb in ihr keinen Körper gibt, dem es simpliciter zukäme, sich im Mittelpunkt, am Mittelpunkt, an der Peripherie oder zwischen diesen beiden Extremen"*[92] des Universums zu befinden, sondern dass er nur unter anderen Himmelskörpern sein kann. Man kann daraus ersehen, wie bedeutend

---

[87] Bruno (1584), Dialog V, 130–131, in Bruno (1977), S. 108.

[88] Ebd.

[89] Ebd.

[90] Bruno (1584), Dialog V, 139–140, in ebd., S. 113.

[91] Bruno (1584), Dialog V, 141–142, in ebd., S. 115.

[92] Giordano Bruno (1584): „La Cena de le Ceneri", zitiert in Koyré (1980), S. 46–47.

die neue Philosophie der Einheit für die Entwicklung einer neuen kosmologischen Auffassung bei Cusanus, Kopernikus und Bruno war.

Die theologisch geprägte Idee der Einheit bei den Vertretern einer singulären Welt und eines begrenzten Alls, die die kosmologische Diskussion im 16. und 17. Jahrhundert führten, darunter Johannes Kepler, Marsilio Ficino, Agrippa von Nettesheim und Yves de Paris[93], wird hier nicht behandelt. Ihre Auffassung beruhte auf der Idee der göttlichen Einheit als des „Prinzip[s] der kosmischen Ordnung nach Maß, Zahl und Gewicht".[94] Damit richteten sie sich gegen die Auffassung des Kosmos als unendliche Sphäre und die von Nikolaus Cusanus, Giordano Bruno, Thomas Digges[95] und William Gilbert[96] vertretene Idee der Weltenvielzahl.

Immanuel Kant

Es ist unklar, ob Cusanus' Idee der Einheit Kant beeinflusst hat. In der „Kritik der reinen Vernunft" bezieht sich Kant auf die Idee der Einheit bei „manchen Philosophen der Scholastik", jedoch nicht direkt auf Cusanus. Fest steht, dass Kant in seiner „Kritik der reinen Vernunft" (1781) erneut diese Idee aufgreift und analysiert.

Kant ist der erste Philosoph, der die Idee der Einheit als Prozess der Vereinheitlichung, der konstitutiv für das Denken ist, erfasste. So ging er in seiner Analyse der Idee der Einheit viel weiter als Cusanus und erklärte, dass das „Vermögen der Einheit" ein Teil unseres Denkens darstelle, dem eine zwingende Rolle in der Erkenntnis zukommt. Das „Vermögen der Einheit" übt sich auf zwei Stufen der Erkenntnis aus: einerseits durch den Verstand und andererseits durch die Vernunft. Der Verstand enthält in sich *a priori* „reine Begriffe der Synthesis", die es ihm ermöglichen, ein Objekt zu denken. Diese Kategorien der Quantität sind *Einheit*, *Vielheit* und *Allheit*.[97] Ohne diese Kategorien können wir gar nicht denken und also auch keine wissenschaftlichen Erkenntnisse gewinnen. Es ist sehr wichtig zu betonen, meint Kant, dass diese Begriffe *a priori* und nicht logisch und auch nicht „Eigenschaften der Dinge an sich selbst" sind, wie die Scholastiker

---

[93] Siehe dazu Meier-Oeser (1989), Kap. 5.4, S. 281–321.

[94] Meier-Oeser (1989), S. 291, für Kepler siehe Morisson (2000), S. 8–9.

[95] Siehe Koyré (1980), S. 43–46.

[96] Ebd., S. 59–61.

[97] Kant (1781) in Kant (1995), 93, S. 124.

glaubten.[98] Der Begriff der Einheit ist neben dem der Vielheit und Allheit in dem Verstand als „reiner Begriff der Synthesis" enthalten:

„Dies ist nun die Verzeichnung aller ursprünglich reinen Begriffe der Synthesis, die der Verstand a priori in sich enthält und um deren willen er auch nur ein reiner Verstand ist."[99]

Nur durch diese Begriffe (es gibt noch drei weitere Klassen von Begriffen) kann der Verstand ein Objekt aus der Anschauung überhaupt denken, *„indem er [der Verstand] durch sie [die Begriffe der Synthesis] allein etwas bei dem Mannigfaltigen der Anschauung verstehen, d.i. ein Objekt derselben denken kann."[100]*

Anders als bei Cusanus ist die Idee der Einheit bei Kant als Denkfähigkeit aufgefasst, sie ist nicht erst auf der Ebene der Vernunft, sondern bereits als Vermögen des Verstandes anzutreffen. Die Einheit, die der Verstand vollzieht, nennt Kant die „Verstandeseinheit".[101] Während der Verstand das „Vermögen der Einheit der Erscheinungen vermittelst der Regeln [Kategorien]" ist, stellt Kant die Vernunft auf eine höhere Ebene der Erkenntnis:

„Alle unsere Erkenntnis hebt von den Sinnen an, geht von da zum Verstande und endigt bei der Vernunft, über welche nichts Höheres in uns angetroffen wird, den Stoff der Anschauung zu bearbeiten und die höchste Einheit des Denkens *zu bringen."[102]*

Die Einheit, die von der Vernunft vollzogen wird, und in der Kant „die höchste Einheit" unseres Denkens sieht, ist von einer anderen Art, sie stellt eine „Vernunfteinheit" dar: *„[…] so ist die Vernunft das Vermögen der Einheit der Verstandesregeln unter Prinzipien. Sie geht also niemals zunächst auf Erfahrung oder auf irgend einen Gegenstand, sondern auf den Verstand, um den mannigfaltigen Erkenntnissen desselben Einheit a priori durch Begriffe zu geben, welche Vernunfteinheit heißen mag und von ganz anderer Art ist, als sie dem Verstande geleistet werden kann."[103]*

Während der Verstand die Einheit anhand von Regeln (Kategorien) vollzieht, bedient sich die Vernunft der Begriffe und Urteile. Anhand der Verstandesbegriffe sucht die Vernunft die „synthetische Einheit" durchzuführen, um „alle Verstandeshandlungen" zu einem „absoluten Ganzen zusammenzufassen".[104]

Wo kommt aber das Vermögen der Einheit her? Wie bemächtigt sich ihrer sowohl der Verstand als auch die Vernunft? Das Vermögen der Einheit existiert bereits in der „reinen Apperception", also in unserer Anschauung, die *a priori*

---

[98] Kant (1781) in Kant (1995), 98, S. 130.

[99] Ebd., 93, S. 124, Hervorhebung im Original.

[100] Ebd.

[101] Ebd., 253, S. 324.

[102] Ebd., 237, S. 304, Hervorhebung durch die Autorin.

[103] Ebd., 239, S. 307, Hervorhebung im Original.

[104] Ebd., 253, S. 324.

gegeben ist, „diejenige Vorstellung, die vor allem Denken gegeben sein kann".[105] Kant unterscheidet hier zwischen der „synthetischen" und der „analytischen Einheit der Apperception". Die synthetische Einheit stellt eine „Synthesis der Vorstellungen" dar und ermöglicht die analytische Einheit: „die *analytische* Einheit der Apperception ist nur unter der Voraussetzung irgend einer *synthetischen* möglich."[106] Als Beispiel führt Kant die Vorstellung der Farbe rot an:

> *„Die analytische Einheit des Bewusstseins hängt allen gemeinsamen Begriffen als solchen an; z.B. wenn ich mir* rot *überhaupt denke, so stelle ich mir dadurch eine Beschaffenheit vor, die (als Merkmal) irgend woran angetroffen, oder mit anderen Vorstellungen verbunden sein kann; also nur vermöge einer voraus gedachten möglichen synthetischen Einheit kann ich mir die analytische vorstellen."[107]*

Die Farbe rot, die man sich vorstellt, ist also eine Abstraktion, eine Synthese (Verallgemeinerung) der verschiedenen Rotfarben (und nicht eine bestimmte Nuance Rot, die man einmal wahrgenommen hat). Diese Synthese ist dank des Vermögens zur synthetischen Einheit der Apperception entstanden und nur dadurch, dass sie existiert, kann man sich die Farbe rot vorstellen und sie auch wieder erkennen:

> *„Synthetische Einheit des Mannigfaltigen der Anschauungen, also a priori gegeben, ist also der Grund der Identität der Apperception selbst, die* a priori *allem* meinem *bestimmten Denken vorangeht."[108]*

Das Vermögen der Einheit ist, betont Kant weiter, *a priori* gegeben, ein Element der reinen Anschauung, die den Verstand selbst ermöglicht:

> *„Und so ist die synthetische Einheit der Apperception der höchste Punkt, an dem man allen Verstandesgebrauch, selbst die ganze Logik und nach ihr die Transcendental-Philosophie heften muss, ja dieses Vermögen ist der Verstand selbst."[109]*

Für Kant stellt also die Einheit ein Vermögen unseres Denkens dar, das in unserer reinen Anschauung verankert ist und das sich sowohl auf der Ebene des Verstandes (als Verstandeseinheit) als auch auf der höheren Ebene der Vernunft (als vollkommenste Einheit, als Vernunfteinheit) manifestiert. Da sie nicht in der Natur der Dinge anzutreffen, sondern tief in unserem Denken verankert ist, gewinnt die Idee der Einheit durch Kants Philosophie eine zwingende Rolle: Jede Erkenntnis strebt nach der Einheit, und das Denken vollzieht sich in mehreren Stufen der Vereinheitlichung.

---

[105] Kant (1781) in Kant (1995), 108, S. 143.
[106] Ebd., im Original hervorgehoben.
[107] Ebd., 109, S. 144, im Original hervorgehoben.
[108] Ebd., 110, S. 145, im Original hervorgehoben.
[109] Ebd., 109, S. 144.

Mehr als 100 Jahre später trug Kants Philosophie der Einheit Früchte in der Physik. Es ist daher kein Zufall, dass die Vertreter der vereinheitlichten Theorien, David Hilbert[110], Gunnar Nordström[111], Hermann Weyl[112] und Theodor Kaluza von Kants Philosophie beeinflusst waren.

In der Vorrede seines Werks „Metaphysische Anfangsgründe der Naturphilosophie" (1786)[113] betont Kant die erkenntnistheoretische Rolle der Mathematik in der Wissenschaft:

„Ich behaupte aber, dass in jeder besonderen Naturlehre nur so viel eigentliche Wissenschaft angetroffen werden könne, als darin Mathematik *anzutreffen ist."*[114]

Als Beispiel gab Kant die Chemie seiner Zeit, die er nicht als Wissenschaft, sondern als „Experimentallehre" betrachtete:

„[...] so kann Chemie nichts mehr als systematische Kunst, oder Experimentallehre, niemals aber eigentliche Wissenschaft werden, weil die Prinzipien derselben bloß empirisch sind und keine Darstellung a priori *in der Anschauung erlauben, folglich die Grundsätze chemischer Erscheinungen ihrer Möglichkeit nach nicht im mindesten begreiflich machen, weil sie der Anwendung der Mathematik unfähig sind."*[115]

Gleichzeitig betont Kant in seinem Werk die Rolle der „metaphysischen Prinzipien" für die Wissenschaft:

„Alle Naturphilosophen, welche in ihrem Geschäfte mathematisch verfahren wollten, haben sich daher jederzeit (obschon sich selbst unbewusst) metaphysischer Prinzipien bedient und bedienen müssen, wenn sie sich gleich sonst wider allen Anspruch der Metaphysik auf ihre Wissenschaft feierlich verwahrten."[116]

Gegen die geläufige Meinung derjenigen, die unter Metaphysik „den Wahn, sich Möglichkeiten nach Belieben auszudenken und mit Begriffen zu spielen"[117], verstehen, verteidigt Kant die Metaphysik folgendermaßen:

„Alle wahre Metaphysik ist aus dem Wesen des Denkungsvermögens selbst genommen, und keineswegs darum erdichtet, weil sie nicht von der Erfahrung entlehnt ist, son-

---

[110] Siehe Majer (1993) und Wuensch (2006).

[111] Nordströms philosophische Auffassung ist bislang nicht systematisch untersucht worden. Als Schüler von Hilbert und Minkowski war er von ihrer Erkenntnistheorie stark beeinflusst; siehe Isaksson (1985)

[112] Hermann Weyl hat seine philosophische Auffassung mehrfach geändert. In der Zeit, als er seine vereinheitlichte Theorie schrieb, scheint er von der Kantianischen Philosophie beeinflusst worden zu sein. Siehe z.B. Sigurdsson (1991), S. 6–7, S. 174–175. Als Schüler Hilberts übernahm er Hilberts Erkenntnistheorie und wissenschaftlicher Methode.

[113] Kant (1786), in Kant (1997).

[114] Ebd., VIII, S. 6, im Original hervorgehoben.

[115] Ebd., X, S. 7, im Original hervorgehoben.

[116] Ebd., XII, S. 9.

[117] Ebd.

dern enthält die reinen Handlungen des Denkens, mithin Begriffe und Grundsätze a priori, *welche das Mannigfaltige* empirischer Vorstellungen *allererst in die gesetzmäßige Verbindung bringt, dadurch es* empirische Erkenntnis, *d.i. Erfahrung, werden kann."*[118]

Wie die Mathematik ist die „wahre Metaphysik" *a priori* und ermöglicht, die empirischen Wahrnehmungen zu organisieren und sie in empirische Erkenntnis zu verwandeln. Im zweiten Teil seines Werkes behandelt Kant „metaphysische Anfangsgründe der Dynamik", die er als „zur Qualität der Materie gehörig, unter dem Namen einer ursprünglichen bewegenden Kraft" betrachtet.[119] In diesem Kapitel zeichnet sich bei Kant die Idee der Einheit der physikalischen Kräfte so wie ihre Verwandelbarkeit ineinander ab.

Als erstes metaphysisches Prinzip der Dynamik bezeichnet Kant die Natur der Kraft als unmittelbar verbunden mit der Materie: „Die Materie erfüllt einen Raum, nicht durch ihre bloße Existenz, sondern durch eine besondere bewegende Kraft." Dann erklärt er aufgrund der Natur der Bewegung, dass sich nur zwei Arten von Kräften denken lassen, die anziehende und die abstoßende Kraft, und betont im sechsten Satz: „Durch bloße Anziehungskraft, ohne Zurückstoßung, ist keine Materie möglich."[120]

Anziehung und Zurückstoßung sind für Kant zwei Grundkräfte der Materie. Die Naturphilosophie aber strebt zu einer Vereinheitlichung verschiedener Arten von Kräften und ihrer Zurückführung auf die Grundkräfte:

„[…] vielmehr besteht alle Naturphilosophie in der Zurückführung gegebener, dem Anscheine nach verschiedener, Kräfte auf eine geringere Zahl Kräfte und Vermögen, die zur Erklärung der Wirkungen der ersten zulangen, welche Reduktion aber nur bis zu Grundkräften folgert, über die unsere Vernunft nicht hinaus kann."[121]

Kant betont mehrfach, dass zur Beschaffenheit der Materie sowohl Anziehungs- als auch Zurückstoßungskraft gehört und die eine Kraft ohne die Existenz der anderen undenkbar sei:

„Also gehört die Zurückstoßungskraft zum Wesen der Materie eben so wohl wie die Anziehungskraft, und keine kann von der anderen im Begriff der Materie getrennt werden."[122]

Anziehung und Zurückstoßung sind die zwei Grundkräfte der Materie, auf die die „dynamische Naturphilosophie" (im Gegensatz zur „mechanischen Naturphilosophie") begründet ist:

---

[118] Kant (1786), in Kant (1997), XIII, S. 9, im Original hervorgehoben.

[119] Ebd., XXI, S. 14.

[120] Ebd., 57, S. 57.

[121] Ebd., 104, S. 89.

[122] Ebd., 58, S. 58.

„[…] *diejenige [Naturphilosophie] aber, welche aus Materien, nicht als Maschinen, d.i. bloßen Werkzeugen äußerer bewegenden Kräfte, sondern ihnen ursprünglich eigenen bewegenden Kräften der Anziehung und Zurückstoßung die spezifische Verschiedenheit der Materie ableitet, kann die* dynamische Naturphilosophie *genannt werden.“[123]*

Der Unterschied zwischen der mechanischen und dynamischen Naturphilosophie wird klarer, wenn Kant das Gesetz der Gleichheit der Wirkung und Gegenwirkung behandelt. Nachdem er das „mechanische Gesetz" im Sinne Newtons erklärt hat, hebt er hervor:

„*Es gibt aber noch ein anderes, nämlich ein* dynamisches *Gesetz der Gleichheit der Wirkung und Gegenwirkung der Materien, nicht so fern eine der anderen ihre Bewegung* mitteilt, *sondern dieser ursprünglich* erteilt *und durch deren Widerstreben zugleich in sich hervorbringt. Diese lässt sich in ähnlicher Art dartun. Denn, wenn die Materie A die Materie B zieht, so nötigt sie diese, sich ihr zu* nähern*, oder, welches einerlei ist, jene widersteht der Kraft, womit diese sich zu entfernen trachten möchte. […] Eben so, wenn A die Materie B zurückstößt, so widersteht A der* Annäherung *von B.“[124]*

Beide Kräfte, Anziehung und Abstoßung, stehen im Zusammenhang, denn Wirkung erzeugt Gegenwirkung. Kant zeigt, dass beide Naturkräfte in Verbindung stehen und in der Natur gleichzeitig auftreten können: Die eine verursacht die andere. Auch wenn Kant *zwei* Grundkräfte annahm, zeigte er, dass sie ihrer Natur nach in Verbindung stehen.

Friedrich Wilhelm Joseph Schelling

Die Idee der Einheit der physikalischen Kräfte wurde von Friedrich Wilhelm Joseph Schelling (1775–1854) übernommen und in einem neuen philosophischen System, der sogenannten *Naturphilosophie* verankert: Alle Naturkräfte stehen in tiefster Verbindung, sie können sich daher ineinander verwandeln und entspringen einer „Urkraft". Schelling teilte in seiner Philosophie viele Ansichten der romantischen Philosophie, die als Reaktion gegen den Rationalismus der Aufklärung, vor allem gegen die mechanische Weltanschauung entstand. Schelling übernahm von Cusanus die Idee der Einheit der Gegensätze[125] auf einer höheren Ebene. In „Bruno, oder über das göttliche und natürliche Prinzip der Dinge" (1802) findet sich Cusanus' Idee wieder, dass sich Denken als Suche nach der Einheit definieren lässt. In die tiefsten Geheimnisse der Natur einzudringen, bedeutet nach Schelling das „Ende der entgegengesetzten Dinge" zu finden. Das

---

[123] Kant (1786), in Kant (1997), 100–101, S. 87, im Original hervorgehoben.
[124] Ebd., 129, S. 106. Im Original hervorgehoben.
[125] Siehe Flasch (2001), S. 159.

gelingt jedoch nur, wenn man „den Punkt der Vereinigung" der Gegensätze erkennt.[126]

Sowohl Kants „Kritik der reinen Vernunft" als auch sein Werk „Metaphysische Anfangsgründe der Naturphilosophie" bildeten wichtige Grundlagen für Schellings Philosophie. In seinem Werk „Von der Weltseele, eine Hypothese der höheren Physik zur Erklärung des allgemeinen Organismus" (1798) entwickelte Schelling die Grundsätze der „dynamischen Philosophie", die bereits in Kants „Metaphysischen Anfangsgründen der Naturphilosophie" definiert worden waren.[127] Schelling sah die Natur als lebenden Organismus, belebt von einer wirkenden „Urkraft", jedoch nicht von einer vitalistischen Lebenskraft. In seiner Naturphilosophie zeigte er, dass die physikalischen Kräfte aller Phänomene auf anziehenden und abstoßenden Kräften beruhen. Die dynamischen Prozesse lassen sich dann durch die Vereinheitlichung der gegensätzlichen Kräfte auf einer höheren Ebene in die Urkraft erklären. Dabei spiegelt die „Weltseele" als universales Organisationsprinzip die Einheit der streitenden Kräfte wider.

Trotz der heftigen Proteste von Seiten der Vertreter der mechanischen Physik[128] wirkte Schellings Naturphilosophie der Einheit der Naturkräfte fruchtbar auf mehrere Physiker[129], besonders auf diejenigen, die damit beschäftigt waren, elektrische und magnetische Phänomene zu erklären. Zwei unter ihnen sind bemerkenswert: Der Dynamismus übte einen großen Einfluss aus auf Oersted und auf Faraday, die Schellings Philosophie zu ihrer erkenntnistheoretischen Forschungsgrundlage machten, im Rahmen derer ihnen ihre wichtigsten Entdeckungen gelangen.

Bei der Entdeckung der Ablenkung einer magnetischen Nadel durch die Wirkung eines elektrischen Stroms im Jahre 1820 war Hans Christian Oersted (1777–1851), der in Berlin Vorlesungen über die Naturphilosophie gehört hatte und Schellings Werke kannte, von der Auffassung überzeugt, dass Elektrizität eine magnetische Wirkung produzieren kann.[130]

---

[126] Siehe dazu Flasch (2001), S. 159.

[127] In der Wissenschaftsgeschichte wird die dynamische Naturphilosophie als „Dynamismus" bezeichnet, siehe Hermann (1987).

[128] Siehe dazu Hermann (1987), S. 56 und Selow (1981): darunter Wilhelm Gilbert, Georg Simon Ohm, Justus von Liebig, Hermann von Helmholtz.

[129] Die romantische Naturphilosophie übte insgesamt einen bedeutenden Einfluss auf viele Naturwissenschaftler wie auf Johann Wilhelm Ritter, Thomas Johann Seebeck, Humphry Davy, Hans Christian Oersted, Michael Faraday und Lorenz Oken aus; siehe Herrmann (2000), S. 220.

[130] Siehe Williams (1981b), S. 185.

Durch den Dichter und Metaphysiker Samuel Taylor Coleridge, der in Deutschland Schellings Naturphilosophie kennengelernt hatte, erhielt *Michael Faraday* (1791–1867) Kenntnis von der Idee der Einheit der Naturkräfte und ihrer Verwandelbarkeit ineinander.[131] Durch Entdeckung der elektromagnetischen Induktion am 17. Oktober 1831 konnte Faraday zeigen, dass ein variables Magnetfeld einen elektrischen Strom produziert. Damit hatte er den Gegeneffekt von Oersteds Entdeckung, nämlich die Verwandlung der magnetischen in die elektrische Kraft, entdeckt. Ein Zitat aus Faradays „Experimental-Untersuchungen über Elektrizität" kann den großen Einfluss zeigen, den die Ideen der Naturphilosophie auf seine Erkenntnistheorie hatten:

> *„Längst hegte ich, wie ich glaube in Gemeinschaft mit vielen anderen Freunden der Naturwissenschaft, die fast an Überzeugung grenzende Meinung, dass die verschiedenen Formen, unter denen die Naturkräfte sich offenbaren, einen gemeinsamen Ursprung haben oder, mit anderen Worten, in so unmittelbarer Verwandtschaft und gegenseitiger Abhängigkeit stehen, dass sie sich gleichsam ineinander verwandeln können und ihre Wirkungen sich in äquivalenten Größen äußern. In neuerer Zeit haben sich die Beweise für ihre Umwandelbarkeit in beträchtlichem Maße gehäuft, und es ist bereits ein Anfang gemacht, die Kraftäquivalente zu bestimmen."[132]*

Bernhard Riemann und die Einheit von Elektrizität, Gravitation und Licht

Der Begründer der höherdimensionalen Geometrie mit gekrümmter Metrik war auch an der Physik interessiert: In mehreren Abhandlungen versuchte Bernhard Riemann, eine Theorie der Vereinheitlichung physikalischer Kräfte zu finden.

Am 30. April 1860 kündigte Riemann eine Vorlesung über „die mathematische Theorie der Schwere, der Elektrizität und des Magnetismus" an.[133] Beeinflusst von Fechner und Herbart[134], vertrat Riemann eine einheitliche Naturauf-

---

[131] Siehe Williams (1981a), S. 530–531. Williams wies darauf hin, dass der Einfluss der Auffassung von Boskovic und Knight auf Faraday sich auf die Idee der Einheit der Materie beschränkt. Den Gedanken der Einheit der physikalischen Kräfte – ein Gedanke, der Faraday bei seinen Induktionsexperimenten leitete – verdankte er der Naturphilosophie des Dynamismus von Schelling, siehe Williams (1981a), S. 530.

[132] Faraday (1855): "Experimental Researches in Electricity" 3, auf deutsch 1890 erschienen mit dem Titel „Experimental-Untersuchungen über Elektrizität", Bd. 3, Zitat Abschnitt 2146, zitiert in Herrmann (2000), S. 220, Hervorhebung durch die Autorin.

[133] NSUBG Cod. Ms. B. Riemann 2, Blatt 49.

[134] Vgl. Riemann (1876a), S. 476: „Der Verfasser ist Herbartianer in Psychologie und Erkenntnistheorie (Methodologie und Eidologie), Herbart's Naturphilosophie und den darauf be-

fassung. Bereits in seinem Aufsatz von 1850, „Über Umfang, Anordnung und Methode des naturwissenschaftlichen Unterrichts an Gymnasien" vertrat er die Idee, dass alle Naturphänomene sich in einer mathematischen Theorie vereinheitlichen lassen. In seiner Kurzbiographie über Riemann gab Richard Dedekind 1876 ein Zitat aus Riemanns Werk wieder:

„So z.B. lässt sich eine vollkommen in sich abgeschlossene Theorie zusammenstellen, welche von den für die einzelnen Punkte geltenden Elementargesetzen bis zu den Vorgängen in dem uns wirklich gegebenen continuierlich erfüllten Raume fortschreitet, ohne zu scheiden, ob es sich um die Schwerkraft, oder die Elektrizität, oder den Magnetismus, oder das Gleichgewicht der Wärme handelt."[135]

Wie intensiv Riemann die Idee der Einheit der physikalischen Kräfte beschäftigte, zeigt uns ein Brief an seinen Bruder vom 26. Juni 1854, in dem er ihm über seine Habilitation berichtet. Riemann hatte seine Habilitationsschrift über ein mathematisches Thema geschrieben, „Über die Darstellbarkeit einer Funktion durch eine trigonometrische Reihe". Nachdem sie Anfang Dezember fertig geworden war, widmete sich Riemann erneut seiner „Untersuchung über den Zusammenhang der physikalischen Grundgesetze". Diese beschäftigte ihn so sehr, dass er sich „so darin vertiefte, dass ich, als mir das Thema zur Probevorlesung beim Colloquium gestellt war, nicht gleich wieder davon loskommen konnte. Ich ward nun bald darauf krank, teils wohl in Folge zu vielen Grübelns, teils in Folge des vielen Stubensitzens bei dem schlechten Wetter."[136] Wie wir wissen, wurde aus seiner im Rahmen seiner Habilitation gehaltenen Probevorlesung, deren Thema Gauß vorgeschlagen hatte, sein Aufsatz „Über die Hypothesen, welche der Geometrie zu Grunde liegen", der die Geometrie und die Physik revolutionierte. Was passierte jedoch mit seiner Untersuchung über die Einheit der physikalischen Gesetze? In einem früheren Brief an seinem Bruder hatte Riemann bereits erwähnt:

„Meine andere Untersuchung über den Zusammenhang zwischen Elektrizität, Galvanismus, Licht und Schwere hatte ich gleich nach Beendigung meiner Habilitationsschrift wieder aufgenommen und bin mit ihr so weit gekommen, dass ich sie in dieser Form unbedenklich veröffentlichen kann."[137]

Solch eine Abhandlung veröffentlichte Riemann aber niemals. Am 10. Februar 1858 reichte er der Königlichen Gesellschaft der Wissenschaften in Göttingen einen Aufsatz ein, den er aber, wahrscheinlich aus Unsicherheit, wieder zurück-

---

züglichen metaphysischen Disciplinen (Ontologie und Synechologie) kann er meistens nicht sich anschließen." Zu Fechners und Herbarts Einfluss auf Riemann siehe Wise (1981), S. 288.

[135] Siehe Dedekind (1876), S. 513.

[136] Ebd., S. 515–516.

[137] Ebd., S. 515.

zog.[138] Erst nach seinem Tod erschien der Aufsatz unter dem Titel „Ein Beitrag zur Elektrodynamik".[139] Hier kündigte Riemann an, eine einheitliche Formulierung der elektrischen, magnetischen und Lichtphänomene erreicht zu haben, indem er auf die Newtonsche Fernwirkung verzichtete:

„Der Königlichen Societät erlaube ich mir eine Bemerkung mitzuteilen, welche die Theorie der Elektricität, des Magnetismus mit der des Lichtes und der strahlender Wärme in einen nahen Zusammenhang bringt. Ich habe gefunden, dass die elektrodynamischen Wirkungen galvanischer Ströme sich erklären lassen, wenn man annimmt, dass die Wirkung einer elektrischen Masse auf die übrigen nicht momentan geschieht, sondern sich mit einer konstanten (der Lichtgeschwindigkeit innerhalb der Grenzen der Beobachtungsfehler gleichen) Geschwindigkeit zu ihnen fortpflanzt."[140]

Riemanns Aufsatz nahm Maxwells Theorie fünfzehn Jahre früher vorweg. Darin war sein Ziel der Vereinheitlichung aller Naturphänomene teilweise erreicht. Riemann gab sich jedoch nicht so schnell zufrieden und grübelte weiter über eine Vereinheitlichung mit der Gravitation. Seine 1860 angekündigte Vorlesung über Schwere, Elektrizität und Magnetismus fand, wahrscheinlich aus Mangel an Zuhörern, erst im Sommersemester 1861 statt.[141] Riemanns Vorlesungsmanuskript ist nicht erhalten, sondern nur eine Abschrift von Karl Hattendorff, der 1876 eine von ihm bearbeitete Version der Riemannschen Vorlesung unter dem Titel „Schwere, Elektrizität und Magnetismus" veröffentlichte.[142] Wie stark der Eingriff von Hattendorff in Riemanns Vorlesung ist, lässt sich nicht feststellen. Es scheint jedoch, dass durch seine Bearbeitung manche Teile aus dem Original weggelassen wurden: Die Gravitation wird getrennt von der Elektrizität und dem Magnetismus behandelt und der Vereinheitlichungsgedanke fehlt. Der Bearbeiter hat deutlich auf die mathematische Darstellung großen Wert gelegt auf Kosten von Riemanns erkenntnistheoretischem Ziel, die Naturkräfte zu vereinheitlichen.

In Riemanns Nachlass befinden sich jedoch Aufzeichnungen, die seine Gedanken über die Einheit von Gravitation, Elektrizität und Elektromagnetismus verraten. Diese Aufzeichnungen wurden 1876 von Dedekind und Heinrich We-

---

[138] Siehe Riemann (1858), S. 275.

[139] Riemann (1858), erschienen 1867 in *Poggendorffs Annalen der Physik und Chemie* 131, siehe Laugwitz (1996), S. 257.

[140] Riemann (1858), S. 270.

[141] In seiner Ankündigung vom April 1860 schrieb Riemann: „Meine Vorlesung über die mathematische Theorie der Schwere, der Elektrizität und des Magnetismus werde ich beginnen, sobald sich eine genügende Anzahl von Zuhörern gemeldet haben wird." NSUBG Cod. Ms. B. Riemann 2, Blatt 49.

[142] Riemann (1876b).

ber in Riemanns „Gesammelten Werken" in einem dreißigseitigen Kapitel, „Fragmente philosophischen Inhalts", veröffentlicht. Unter dem Titel „Die Arbeiten, welche mich jetzt vorzüglich beschäftigen" bezeichnet Riemann seine Vereinheitlichungsidee als „Hauptarbeit":

„Meine Hauptarbeit betrifft eine neue Auffassung der bekannten Naturgesetze – Ausdruck derselben mittelst anderer Grundbegriffe –, wodurch die Benutzung der experimentellen Data über die Wechselwirkung zwischen Wärme, Licht, Magnetismus und Elektrizität zur Erforschung ihres Zusammenhangs möglich wurde."[143]

Es ist nicht leicht, Riemanns Vereinheitlichungsgedanken zu verstehen. In seiner Aufzeichnung „Gravitation und Licht"[144] stellt er in Anlehnung an Newton die Annahme auf, dass der „ganze unendliche Raum" mit einem „stetig verbreitetem Stoff" gefüllt sei. Die Schwerkraft manifestiert sich in der „Bewegungsform" dieses Stoffes.[145] Beide Phänomene – Gravitation und Licht, als Bewegung erfasst – lassen sich in eine Einheit bringen in der „wirklichen" Bewegung des Stoffes:

„Ich nehme nun an, dass die wirkliche Bewegung des Stoffes im leeren Raum zusammengesetzt ist aus der Bewegung, welche zur Erklärung der Gravitation, und aus der, welche zur Erklärung des Lichtes angenommen werden muss."[146]

Riemann verwendet für die Komposition der Bewegungen die Addition der Geschwindigkeiten beider Phänomene: „[...] bezeichne ich die dort parallel denselben zur Zeit *t* stattfindenden Geschwindigkeitskomponenten der Bewegung, welche die Gravitationserscheinungen verursacht, durch u_1, u_2, u_3, der Bewegung, welche die Lichterscheinungen verursacht, durch w_1, w_2, w_3, der wirklichen Bewegung durch v_1, v_2, v_3, so dass $v = u + w$."[147] Die Schwerkraft stellt er durch die

partiellen Ableitungen der Potentialfunktion V dar ($\frac{\partial V}{\partial x_1}, \frac{\partial V}{\partial x_2}, \frac{\partial V}{\partial x_3}$) und die erwähnte Geschwindigkeit u erhält die Form $\frac{\partial V}{\partial x}$.[148] Die Bewegungsgleichungen

der Gravitation schrieb Riemann dann in der Form[149]

---

143 Riemann (1876a), S. 475. Im Text durch die Verfasserin hervorgehoben.

144 Ebd., S. 496–502.

145 Ebd., S. 497.

146 Ebd.

147 Ebd., S. 498. Die letzte Gleichung hat Vektorcharakter, weshalb sie des Weiteren in $v = u + w$ umgeschrieben wird.

148 Ebd., S. 498–499.

149 Ebd., S. 499.

(1) $\quad \dfrac{\partial u_2}{\partial x_3} - \dfrac{\partial u_3}{\partial x_2} = 0 , \;\; \dfrac{\partial u_3}{\partial x_1} - \dfrac{\partial u_1}{\partial x_3} = 0 , \;\; \dfrac{\partial u_1}{\partial x_2} - \dfrac{\partial u_2}{\partial x_1} = 0 ,$

(2) $\quad \left(\dfrac{\partial u_1}{\partial x_1} + \dfrac{\partial u_2}{\partial x_2} + \dfrac{\partial u_3}{\partial x_3} \right) \cdot dx_1 dx_2 dx_3 = -4\pi dm ,$

(3) $\quad ru_1 = 0 , \;\; ru_2 = 0 , \;\; ru_3 = 0 ,$ für $r = \infty$.

In moderner mathematischer Sprache lassen sich die Gleichungen (1) und (2) wie folgt formulieren:

(1') $\qquad rot \;\; u = 0$

(2') $\qquad div \;\; u = -4\pi dm$

Das Licht betrachtete Riemann als ebene Welle, deren Geschwindigkeits-komponenten w_1, w_2, w_3 sind, anhand deren er die Wellengleichungen[150] schrieb:

(4) $\quad \left(\dfrac{\partial w_1}{\partial x_1} + \dfrac{\partial w_2}{\partial x_2} + \dfrac{\partial w_3}{\partial x_3} \right) = 0 ,$

(5) $\quad \dfrac{\partial^2 w}{\partial t^2} = cc \left(\dfrac{\partial^2 w}{\partial x_1^2} + \dfrac{\partial^2 w}{\partial x_2^2} + \dfrac{\partial^2 w}{\partial x_3^2} \right).$

In moderner mathematischer Sprache lassen sich die Gleichungen (4) und (5) schreiben als:

(4') $\qquad div \;\; w = 0$

(5') $\qquad \square \, w = 0$

Anhand der Gleichungen (1), (2), (3), (4), (5) und unter der Berücksichtigung seines Ansatzes $v = u + w$ schrieb Riemann *die vereinheitlichten Gleichungen der Gravitation und des Lichtes* – die letzte würde der elektromagnetischen Wellenglei-chung entsprechen – im leeren Raum (wo $div \;\; u = 0$) in der Form:[151]

(6) $\quad \left(\dfrac{\partial v_1}{\partial x_1} + \dfrac{\partial v_2}{\partial x_2} + \dfrac{\partial v_3}{\partial x_3} \right) = 0 ,$

---

[150] Riemann (1876a), S. 501.
[151] Ebd..

$$\left(\partial_t^2 - cc\left(\partial_{x_1}^2 + \partial_{x_2}^2 + \partial_{x_3}^2\right)\right)\left(\frac{\partial v_2}{\partial x_3} - \frac{\partial v_3}{\partial x_2}\right) = 0,$$

(7) $$\left(\partial_t^2 - cc\left(\partial_{x_1}^2 + \partial_{x_2}^2 + \partial_{x_3}^2\right)\right)\left(\frac{\partial v_3}{\partial x_1} - \frac{\partial v_1}{\partial x_3}\right) = 0,$$

$$\left(\partial_t^2 - cc\left(\partial_{x_1}^2 + \partial_{x_2}^2 + \partial_{x_3}^2\right)\right)\left(\frac{\partial v_1}{\partial x_2} - \frac{\partial v_2}{\partial x_1}\right) = 0.$$

In moderner mathematischer Sprache entsprechen die Gleichungen (6) und (7) den Gleichungen:

(6') $$div \ v = 0$$

(7') $$\Box \ rot \ v = 0.$$

Riemanns Schlussfolgerung war:

„Diese Gleichungen zeigen, dass die Bewegungen in den angrenzenden Raum- und Zeitteilen, und ihre (vollständigen) Ursachen in den Einwirkungen der Umgebung gesucht werden können."[152]

Es ist klar, dass Riemann zu dieser Art von Vereinheitlichung durch die ähnliche Form der Newtonschen Gravitationskraft, ausgedrückt anhand der Potentialfunktion, und der Form der Gleichung für ebene Wellen, die er bereits damals als elektromagnetisches Phänomen betrachtete, geführt wurde.[153] Die Idee jedoch, eine Vereinheitlichung anhand der in ähnlicher mathematischer Form geschriebenen Gleichungen zu erreichen, war für diese Zeit neu und sollte sich später als fruchtbar erweisen.[154]

In seinen undatierten Aufzeichnungen „Neue mathematische Principien der Naturphilosophie"[155] fasste Riemann seine Ideen zur Vereinheitlichung der Elektrizität, des Magnetismus, der Gravitation, des Lichtes und der strahlenden Wärme zusammen.[156] Seine Gedanken sind so klar ausgedrückt, dass man sie in der ursprünglichen Form wiedergeben kann:

„Die Wirkungen ponderabler Materie auf ponderable Materie sind:

---

[152] Riemann (1876a), S. 501.
[153] Siehe dazu ebd., S. 506.
[154] In der Vereinheitlichungsmethode von David Hilbert siehe Wuensch (2006a).
[155] Riemann (1876a), S. 502–506.
[156] Wärme wurde damals als Wellenerscheinung angesehen.

1) Anziehung- und Abstossungskräfte umgekehrt proportional dem Quadrat der Entfernung.

2) Licht und strahlende Wärme. "[157]

Unter 1) vereinheitlichte Riemann Gravitation und Elektrizität[158] unter dem Gesichtspunkt, dass die mathematische Form der Gravitationskraft und die der elektrostatischen Kraft gleich sind, nämlich umgekehrt proportional zu dem Quadrat der Entfernung:

$$G = k \cdot \frac{m_1 \cdot m_2}{r^2} \qquad \text{(Newtonsche Gravitationskraft)}$$

$$F = \frac{q_1 \cdot q_2}{4\pi\varepsilon \cdot r^2} \qquad \text{(Coulombsche elektrostatische Kraft)}.$$

Diese Ähnlichkeit hatte Simeon Denis Poisson bereits 1813 veranlasst, die Potentialtheorie der elektrischen Phänomene in Anlehnung an die Gravitation anhand der Potentialfunktion zu begründen.[159] Riemann schrieb weiter:

„Beide Classen von Erscheinungen lassen sich erklären, wenn man annimmt, dass den ganzen unendlichen Raum ein gleichartiger Stoff erfüllt, und jedes Stofftheilchen unmittelbar nur auf seine Umgebung einwirkt. Das mathematische Gesetz, nach welchem dies geschieht, kann zerfällt gedacht werden

1) in den Widerstand, mit welchem ein Stofftheilchen einer Volumänderung, und

2) in den Widerstand, mit welchem ein physisches Linienelement einer Längenänderung widerstrebt.

Auf dem ersten Teil beruht die Gravitation und die elektrostatische Anziehung und Abstoßung, auf dem zweiten die Fortpflanzung des Lichts und der Wärme und die elektrodynamische oder magnetische Anziehung und Abstoßung. "[160]

Hier brachte Riemann nochmals deutlich seine Überzeugung zum Ausdruck, dass das Licht ein elektromagnetisches Phänomen ist, das mit Elektrizität und Magnetismus vereinheitlicht werden kann. Riemanns Überzeugung, alle Naturkräfte ließen sich vereinheitlichen, sollte erst später Früchte tragen.

---

[157] Riemann (1876a), S. 506.

[158] Genau genommen: Gravitation und Elektrostatik.

[159] Siehe dazu auch Taton (1961), S. 202.

[160] Riemann (1876a), S. 506.

James Clerk Maxwell (1831–1879) kam 1862 in "On Physical Lines of Force" zu der Erkenntnis, dass das Licht eine elektromagnetische Welle sei: "[…] we can scarcely avoid the inference that *light consists in the transverse undulations of the same medium which is the cause of electric and magnetic phenomena.*"[161] 1873 zeigte Maxwell in seinem „Treatise on Electricity and Magnetism" die Verbindung zwischen Elektrizität, Magnetismus und Licht im Rahmen einer konsistenten Theorie. Seine Gleichungen drücken einheitlich aus, was die Physiker experimentell gezeigt hatten: Elektrizität und Magnetismus sind zwei Aspekte eines einzigen Phänomens, des Elektromagnetismus. Maxwells Gleichungen lauten in der Fassung, die ihnen Sommerfeld später gab:[162]

$$
(1) \qquad divD = \rho
$$

$$
(2) \qquad divB = 0
$$

$$
(3) \qquad rotE = -\frac{\partial B}{\partial t}
$$

$$
(4) \qquad rotH = \frac{\partial D}{\partial t} + j \, .
$$

(E ist die elektrische Feldstärke und B die magnetische Flussdichte; j stellt die elektrische Stromdichte und ϱ die Ladungsdichte dar. D ist die dielektrische Verschiebung und H die magnetische Feldstärke.)

Im Vakuum lässt sich der Zusammenhang zwischen den Größen D und E einerseits und B und H andererseits durch die Materialgleichungen

$$
(5) \qquad D = \varepsilon_0 E
$$

$$
(6) \qquad B = \mu_0 H
$$

ausdrücken. (Die Materialkonstanten ε_0 und μ_0 stellen die Dielektrizitätskonstante und die Permeabilität im Vakuum dar.)

---

[161] Zitiert in Everitt (1981), S. 209, Hervorhebung im Original.
[162] Siehe Sommerfeld (1949), S. 20–21.

Aus diesen Gleichungen im Vakuum ergeben sich die Wellengleichungen, die das Licht beschreiben:

$$(7) \qquad \Delta E - \frac{1}{c_0^2}\frac{\partial^2 E}{\partial^2 t^2} = 0$$

$$(8) \qquad \Delta B - \frac{1}{c_0^2}\frac{\partial^2 B}{\partial^2 t^2} = 0 \, .$$

In seinen „Vorlesungen über Maxwells Theorie der Elektrizität und des Lichtes" drückte Ludwig Boltzmann 1893 die Bedeutung dieser Gleichungen in den Worten aus: *„War es ein Gott, der diese Zeilen schrieb […]?"*[163]

Für die Entwicklung seiner Elektrodynamik hatte Maxwell *Analogien* benutzt: Die Elektrizität untersuchte er zum Beispiel in Analogie zur Hydrodynamik. Mehrfach erklärte er die Bedeutung der Analogien in der Physik[164] und bezog sich dabei auf die Kantianische Auffassung, Erkenntnis sei Herstellung von Relationen.[165] Maxwell vergaß jedoch nicht zu betonen, dass er Analogien im mathematischen Sinne meinte, "a similarity between relations, not a similarity between things related."[166] Daher warnte er, man dürfe Elektrizität nicht für einen Stoff wie Wasser, noch für eine Bewegung wie Wärme, halten: "electricity is either a substance like water, or a state of agitation like heat."[167]

Der physikalische Dualismus

Ende des 19. Jahrhunderts existierten in der Physik zwei getrennte Theorien: die Mechanik, die auf Newtons Dynamik und seinem Gravitationsgesetz beruhte, und die Elektrodynamik, die in den Maxwellschen Gesetzen erfasst war. Man sprach über einen „Dualismus", den es durch ein möglichst „einheitliches Begriffssystem" zu überwinden galt:

„So hat es heutzutage die Physik von einem Pluralismus bis zu einem Dualismus *gebracht, der durch die Worte: Mechanik-Elektrodynamik gekennzeichnet wird."*[168]

---

[163] Siehe Sommerfeld (1949), S. 20–21.

[164] In "Analogies in Nature" (1856), in "Treatise on Electricity and Magnetism" (1873) und in "Elementary Treatise on Electricity" (1881).

[165] S. Everitt (1981), S. 206.

[166] Maxwell in "Elementary Treatise on Electricity" (1881), zitiert in Everitt (1981), S. 206.

[167] Maxwell in "Treatise on Electricity and Magnetism" (1873), zitert ebd.

[168] Witte (1908), S. 236, Hervorhebung im Original.

Bei dem Versuch, der Physik eine einheitliche Beschreibung zu geben, entstanden Ende des 19. Jahrhunderts zwei reduktionistische Programme, die durch die erkenntnistheoretische Auffassung begründet waren, alle Naturphänomene auf eine einzige Grundlage zurückzuführen: entweder auf eine mechanistische oder auf eine elektromagnetische. *Das mechanistische Programm*, dessen „Blütezeit" im 19. Jahrhundert lag, und das vor allem von Hermann von Helmholtz und Heinrich Hertz vertreten wurde, versuchte, „alle physikalischen Vorgänge [...] vollständig auf Bewegungen von unveränderlichen, gleichartigen Massenpunkten oder Massenelementen zurück[zu]führen."[169] Auch die elektromagnetischen Phänomene versuchte man mechanisch zu erklären:[170] Die elektromagnetischen Wellen wurden als mechanische Wellen beschrieben, die als Verbreitungsmedium des materiellen Äthers bedurften.

Das elektromagnetische Programm[171] – begründet von Joseph Larmor (1893) und Emil Wiechert (1894) – versuchte dagegen die mechanischen Phänomene auf eine elektrodynamische Basis zu reduzieren. Als einzige physikalische Realität akzeptierten die Vertreter des elektromagnetischen Programms den „elektromagnetischen Äther" und die elektrischen Teilchen: Der Masse, einem mechanischen Begriff, versuchten sie zum Beispiel eine elektromagnetische Natur zuzuschreiben.[172] Diese reduktionistischen Programme wurden in der damaligen Zeit als „physikalischer Monismus" betrachtet:

„Dieses Fortschreiten von dem physikalischen Dualismus zum physikalischen Monismus ist es also, was auch jene Physiker versuchen wollten, wenn sie die elektrischen Erscheinungen mechanisch zu erklären unternahmen."[173]

In der Speziellen Relativitätstheorie gelang es Einstein zu zeigen, dass die Mechanik und der Elektromagnetismus eine gemeinsame Kinematik besaßen. Es wurde bereits hervorgehoben[174], dass, während Lorentz und Poincaré das elektromagnetische Programm vertraten und dynamische Größen wie Masse und Kraft durch elektromagnetische Größen auszudrücken versuchten, Einstein in eine andere Richtung ging: Er analysierte die Kinematik der Bewegung und entwarf damit die Spezielle Relativitätstheorie.

---

[169] Planck (1910), S. 31.

[170] Siehe Witte (1906).

[171] Für eine Analyse des elektromagnetischen Programms siehe McCormmach (1970) und Vizgin (1994).

[172] Siehe Vizgin (1994), Kap. I, „The Electromagnetic Program for the Synthesis of Physics", S. 1–45.

[173] Witte (1908), S. 236.

[174] Siehe zum Beispiel Bernays (1913), S. 9 und Miller (1998).

Auf der Versammlung der Gesellschaft Deutscher Naturforscher und Ärzte 1906 in Stuttgart unterstrich aber Sommerfeld, dass die Spezielle Relativitätstheorie ein Rückfall in das mechanistische Programm sei.[175] Die meisten jüngeren Physiker unter 40 Jahren vertraten das elektromagnetische Programm. Daher glaubte Sommerfeld, dass Einstein eine veraltete Weltanschauung angenommen hatte.

Einsteins Spezielle Relativitätstheorie gehörte jedoch weder zum mechanistischen noch zum elektromagnetischen Programm. Durch das Relativitätspostulat hatte Einstein gezeigt, dass sich sowohl mechanische als auch elektromagnetische Phänomene durch die Lorentz-Transformationen – die als neue kinematische Transformationen die Galilei-Transformationen ersetzt hatten – von einem Inertialsystem zum anderen transformieren lassen. Dadurch hatte Einstein einen ersten Schritt zur Vereinheitlichung der Mechanik und des Elektromagnetismus im Bereich der Kinematik unternommen und so den Weg für die Entwicklung der Vereinheitlichung in der Physik eröffnet.

Die Vereinheitlichung der Physik

Der im Rahmen des philosophischen Denkens entwickelte Gedanke der Einheit trug in der Physik erst später Früchte. Ende des 19. Jahrhunderts wurde in der Physik das Prinzip der Einheit der beiden Naturkräfte – der Gravitation und des Elektromagnetismus – eingeführt und von einigen Wissenschaftlern verfolgt. Im Sinne Kants handelte es sich um ein „metaphysisches Prinzip", das nicht aus der Erfahrung hergeleitet wurde.

Der bedeutendste Vertreter dieser Idee in der Mathematik und Physik war David Hilbert. Ein Ziel seiner axiomatischen Methode war, die ganze Physik zu vereinheitlichen. Hilbert fasste diesen Gedanken unter den Begriff „der Tieferlegung der Fundamente".[176] Bereits in seiner Vorlesung vom Sommersemester 1902/03 „Kontinuumsmechanik" suchte er nach einer Methode, Gravitation und Elektromagnetismus zu vereinheitlichen. Durch eine immer „tiefer liegende Schicht von Axiomen" kann ein Wissensgebiet einheitlicher dargestellt werden. Hilberts Suche nach der Vereinheitlichung der Physik setzte sich 13 Jahre lang fort und wurde 1915 mit seiner Theorie „Die Grundlagen der Physik" von Erfolg gekrönt. Sowohl in seinen mathematischen und physikalischen Vorlesungen als auch in seinen wissenschaftlichen Tagebüchern veranschaulichte Hilbert des öf-

---

[175] Siehe McCormmach (1970), S. 489.
[176] Hilbert (1918), S. 148.

teren seine Idee, dass alle Wissensgebiete, insbesondere die Mathematik und die Physik, vereinheitlicht werden können.[177] Im dritten Teil seines wissenschaftlichen Tagebuchs notierte Hilbert in dieser Zeit:

„Man kann eigentlich nur ein *Naturgesetz denken! Die verschiedenen einzelnen Teile lassen sich gar nicht voneinander trennen z.B. Elektrostatikgesetz, magnetisches, Gravitationsgesetz!"*[178]

In seiner Abhandlung „Axiomatisches Denken" fasste Hilbert seine Überzeugung zusammen, dass die axiomatische Methode die Idee der Einheit verwirklichen kann:

„Ich glaube: Alles, was Gegenstand des wissenschaftlichen Denkens überhaupt sein kann, verfällt, sobald es zur Bildung einer Theorie reif ist, der axiomatischen Methode und damit unmittelbar der Mathematik. Durch Vordringen zu immer tiefer liegenden Schichten von Axiomen im vorhin dargelegten Sinne gewinnen wir auch in das Wesen des wissenschaftlichen Denkens selbst tiefere Einblicke und werden uns der Einheit unseres Wissens *immer mehr bewusst. In dem Zeichen der axiomatischen Methode erscheint die Mathematik berufen zu einer führenden Rolle in der Wissenschaft überhaupt. "*[179]

In der Physik entwickelte Hilbert eine neue Methode, die die Autorin als *neuere Mathematisierung der Physik* bezeichnet. Diese Methode ermöglichte es ihm 1915, die erste vereinheitlichte Theorie der Gravitation und des Elektromagnetismus aufzustellen, in der Hilbert als erster die neuen Gravitationsgleichungen herleiten konnte, die anschließend Einstein in die Allgemeine Relativitätstheorie einführte.[180] Hilberts Methode wurde im Rahmen der späteren Entwicklung der vereinheitlichten Theorien übernommen und bildete den zentralen Kern dieses Programms.[181]

In seiner Rede auf der Versammlung der Gesellschaft Deutscher Naturforscher und Ärzte in Königsberg 1930 betonte Hilbert erneut die Idee der Einheit als erkenntnistheoretische Grundlage der Wissenschaft:

„[…] unser Denken geht auf Einheit aus und sucht Einheit zu bilden"[182]

und „[…] wir konstatieren überall die Einheit der Naturgesetze".[183]

---

[177] Für die Untersuchung der Vereinheitlichung der Physik durch Hilbert siehe Wuensch (2006a).

[178] Hilbert, „Wissenschaftliches Tagebuch" III, NSUBG Cod. Ms. David Hilbert 600/3, S. 92, Hervorhebung im Original.

[179] Hilbert (1918), S. 156, Hervorhebung durch die Autorin.

[180] Siehe dazu Wuensch (2005).

[181] Im Falle der vereinheitlichten Theorien kann man im Sinne Lakatos von einem neuen „Forschungsprogramm" sprechen, das am Anfang des 20. Jahrhunderts begann und sich bis in die heutige theoretische Physik der Superstring- und M-Theorien erstreckt.

[182] Hilbert (1930), S. 381.

[183] Ebd.

Hilberts Methode der neueren Mathematisierung der Physik übernahmen viele seiner Schüler: Theodor Kaluza war, wie Gunnar Nordström und Hermann Weyl Schüler von Hilbert.[184] Seine Methode unterschied sich von den reduktionistischen Programmen seiner Zeit:[185] Die Einheit der beiden physikalischen Kräfte versuchte Hilbert nicht durch Reduktion eines physikalischen Konzepts auf ein anderes – mechanische Konzepte auf elektrodynamische oder umgekehrt – zu erreichen, sondern indem er ähnlich wie Riemann die mathematischen Verhältnisse der beiden Wechselwirkungen analysierte. Sowohl Hilberts Erkenntnistheorie der Vereinheitlichung, die sich auf die Kantianische Philosophie stützte, als auch seine Vereinheitlichungsmethode sollten seine Schüler in ihren vereinheitlichten Theorien der Gravitation und des Elektromagnetismus weiter anwenden.

Nordström und Kaluza in Göttingen

In der Zeit, als Minkowski in Göttingen an der neuen Konstruktion des physikalischen Raumes arbeitete, befanden sich hier auch zwei junge Wissenschaftler, die von den neuen Ideen zutiefst beeinflusst wurden: Gunnar Nordström und Theodor Kaluza.

Ende April 1908 veranstaltete Minkowski in Göttingen eine zehntägige Vortragsreihe „Neuere Ideen über die Grundgesetze der Mechanik"[186], in der er seine revolutionären Ideen darlegte. Auch im Herbst 1908 erklärte Minkowski in öffentlichen Reden in Göttingen seine neue Auffassung über den von ihm in die Spezielle Relativitätstheorie eingeführten vierdimensionalen Raum.[187] In seinem Vortrag vom 24. April 1908 hob Minkowski seine neue vierdimensionale Raumanschauung hervor:

„*Es soll nicht mehr, das wird unser Ergebnis sein, einen absoluten Raum und eine absolute Zeit geben, wie unsere Schulweisheit lehrte, sondern nur noch eine absolute [vierdimensionale] Welt, von der Raum und Zeit gewissermaßen bis zu einem Grade willkürlichste Projektionen sind.*"[188]

---

[184] Wie sich die Tradierung dieses Vereinheitlichungsprogramms seit David Hilbert vollzog, wird der Inhalt eines weiteren Buches sein.

[185] Siehe Wuensch (2006a).

[186] Siehe Walter (1999), S. 47.

[187] Siehe ebd., S. 49.

[188] Minkowski (1908): „Manuskripte zu Vorträgen in Göttingen", NSUBG Cod. Ms. Math. Archiv 60:4, S. 66.

Mehrfach betonte Minkowskis in seinen Vorträgen[189], dass der Raum und die Zeit in unserem dreidimensionalen Raum Projektionen eines invarianten vierdimensionalen Intervalls sind, und daher – wie Einstein gezeigt hatte – ihre Größe ändern. Die geometrische Vorstellung des vierdimensionalen Raums war, wie wir gesehen haben, bereits von Mathematikern entwickelt worden und ihnen daher sehr geläufig. Die Physiker aber, betonte Minkowski in seinem Brief an Adolf Hurwitz vom 1. Februar 1908, seien mangels mathematischer Kenntnisse von der neuen vierdimensionalen Raumvorstellung überfordert:

„Seit dem Herbst bin ich fortgesetzt eifrig an [sic!] einer Arbeit beschäftigt, die ins Gebiet der Physik fällt, aber auch mathematisch interessante Fragen streift, so dass ich hoffe, die Separataabzüge, die ich Ihnen bald sende, werden vielleicht auch Sie auf dieses von Ihnen bisher gemiedene Feld locken. Es handelt sich um eine höchst sonderbare Sache, die allmählich aus den Arbeiten von H. A. Lorentz und anderen Physikern herauskommt, aber von den Physikern selbst aus Mangel an gehöriger mathematischer Bildung sehr langsam und schwer verdaut wird. Man kann es ebenso kurz, wie scheinbar verrückt aussprechen: Wenn man

$$\frac{1}{3 \cdot 10^{10}} \; Sekunde \; als \; \sqrt{-1} \; Zentimeter \; bezeichnet,$$

(d.h. die Zeiteinheit so wählt, dass die Lichtgeschwindigkeit 1 wird, und sie dann als $\sqrt{-1} \times$ Längeneinheit ausspricht), so wird die ganze Physik eine mathematisch höchst befriedigende Wissenschaft.“[190]

Durch seine vierdimensionale Theorie und Verwendung von Matrizen stellte Minkowski tatsächlich „die ganze Physik" auf neue Grundlagen. Für die Theorie, die er in vier Aufsätzen darstellte, benötigte Minkowski umfangreiche Rechnungen, die sich auf mehr als 200 Seiten Notizen erstrecken.[191] Das Ergebnis war eine Vereinheitlichung von verschiedenen physikalischen Gesetzen:

„Man kann unglaublich viel voraussagen, und die scheinbar verschiedensten Gesetze unter einen Hut bringen.“[192]

---

[189] Minkowskis Aufzeichnungen enthalten Gedanken zu der Entwicklung der neuen Raumanschauung, die in seine vier Aufsätze nicht aufgenommen wurden zugunsten einer stark mathematischen Formulierung seiner Theorie. Allein seine Aufzeichnungen zu seinen Vorträgen im April 1808 umfassen über 80 Blätter.

[190] Minkowski an Hurwitz, 1. Februar 1908, NSUBG Cod. Ms. Math. Archiv 78. Nr. 211.

[191] Die Mappen 60:5 und 60:6 enthalten 28 Blätter bzw. 192 Seiten, die nur aus Rechnungen im vierdimensionalen Raum und so gut wie keinen Kommentaren bestehen. Seine in Worten ausgedrückten Gedanken zu seiner Theorie erstrecken sich auf mehr als 250 Blätter, siehe NSUBG Cod Ms. Math. Archiv 60:1, 60:2, 60:3.

[192] Minkowski an Hurwitz, 1. Februar 1908, NSUBG Cod. Ms. Math. Archiv 78. Nr. 211.

Gunnar Nordström (1881–1923) studierte in Göttingen ab 1906 zwei Semester bei Walther Nernst, David Hilbert und Hermann Minkowski und wurde von
Minkowskis Entwicklung des vierdimensionalen Raumzeitkontinuums stark beeinflusst.[193] Kaluza blieb in Göttingen für das Wintersemester 1908/09 und das
folgende Sommersemester, wo er Vorlesungen bei Hilbert und Minkowski besuchte. Mehrfach betonte Kaluza den Einfluss Minkowskis auf seine wissenschaftliche Entwicklung.[194]

Minkowskis Einfluss auf Kaluza und Nordström bezog sich auf zwei konzeptionelle Schritte: einerseits auf den vierdimensionalen physikalischen Raum, in
dem Raum und Zeit zu einer Einheit gebracht wurden; andererseits ermöglichte
der vierdimensionale Raum die Vereinheitlichung der Elektrizität und des Magnetismus, die bereits durch Maxwell begonnen war, zum Elektromagnetismus.
Maxwell hatte beide Wechselwirkungen durch die Vektoren E und B im dreidimensionalen euklidischen Raum ausgedrückt. In seinen Gleichungen sieht man
den Zusammenhang zwischen den beiden Wechselwirkungen, sie werden jedoch
weiterhin durch die beiden Vektoren getrennt dargestellt:[195]

$$(1) \qquad divE = \rho$$

$$(2) \qquad rotB - \frac{\partial E}{\partial t} = j$$

$$(3) \qquad divB = 0$$

$$(4) \qquad rotE + \frac{\partial B}{\partial t} = 0 \, .$$

Im vierdimensionalen Raum entstand eine neue Größe, der elektromagnetische Feldstärketensor oder der Maxwell-Tensor, der sich als eine 4x4 Matrix
schreiben lässt, deren 16 Komponenten die verschiedenen Teile der beiden
Wechselwirkungen, Elektrizität und Magnetismus, darstellen. Dieser antisymmetrische Tensor F^{ab} vereinheitlicht beide Wechselwirkungen Elektrizität und Magnetismus zu der elektromagnetischen Wechselwirkung:[196]

---

[193] Siehe Isaksson (1985), S. 1–2.

[194] Siehe Brief von Theodor Kaluza junior an V. Raman vom 7. Oktober 1970 und im
Brief von Theodor Kaluza junior an Detlef Laugwitz vom 26. Juni 1985, TKN.

[195] Der Übersichtlichkeit wegen wurden hier die Maxwellschen Gleichungen in Heaviside-
Lorentz-Einheiten geschrieben mit $c=1$. Siehe dazu D'Iverno (1995), S. 210.

[196] Siehe d'Iverno (1995), S. 211.

$$
(5) \qquad F^{ab} = \begin{bmatrix} 0 & E_x & E_y & E_z \\ -E_x & 0 & B_z & -B_y \\ -E_y & -B_z & 0 & B_x \\ -E_z & B_y & -B_x & 0 \end{bmatrix}
$$

Gleichzeitig lässt sich die Stromdichte j und die Ladungsdichte ρ zu einem Vierervektor vereinheitlichen, nämlich zu dem Stromdichte-Vierervektor j^a:

$$
(6) \qquad j^a = \begin{pmatrix} \rho & j^x & j^y & j^z \end{pmatrix}.
$$

Damit erhalten die Maxwell-Gleichungen (1) bis (4) die einheitliche Form:[197]

$$
(7) \qquad \partial_b F^{ab} = j^a
$$

$$
(8) \qquad \partial_a F_{bc} + \partial_c F_{ab} + \partial_b F_{ca} = 0 .
$$

Diese Gleichungen enthalten nur die zwei physikalischen (vierdimensionalen) Größen F^{ab}, in der E und B vereinheitlicht sind, und j^a, die ρ und j vereinigen.

Minkowskis Theorie enthielt also zwei konzeptionelle Schritte: die Erweiterung des physikalischen Raumes um eine Dimension und die damit in Verbindung stehende Möglichkeit der Vereinheitlichung zweier Wechselwirkungen, die bis dahin *im dreidimensionalen Raum* als getrennt erschienen: der Elektrizität und des Magnetismus zu der elektromagnetischen Wechselwirkung.

Die Theorie von Minkowski ermöglichte auch eine Vereinheitlichung der Energie und des Impulses in dem Energie-Impuls-Tensor[198] T^{ab}:

$$
T^{ab} = \rho \cdot \begin{pmatrix} 1 & u_x & u_y & u_z \\ u_x & u_x^2 & u_x u_y & u_x u_z \\ u_y & u_x u_y & u_y^2 & u_y u_z \\ u_z & u_x u_z & u_y u_z & u_z^2 \end{pmatrix}
$$

wo $\qquad u^a = \gamma(1, u^x, u^y, u^z)$ die Vierergeschwindigkeit,

$$
\gamma = \frac{1}{\sqrt{1 - \dfrac{v^2}{c^2}}} = \frac{1}{\sqrt{1 - u^2}} ,
$$

---

[197] Siehe Minkowski (1908a), S. 368 und d'Iverno (1995), S. 211.
[198] Siehe d'Iverno (1995), S. 207.

$$\rho = \gamma^2 \rho_0 \quad \text{und}$$

ρ_0 die Ruhedichte der Materie ist.

Damit lassen sich die drei Impulserhaltungssätze und der Energieerhaltungssatz einheitlich als Energie-Impuls-Erhaltungssatz schreiben: Die Divergenz des Energie-Impuls-Tensors ist gleich Null:

$$\partial_b T^{ab} = 0 \,.$$

Im Zusammenhang mit dieser Errungenschaft Minkowskis betonte Max Planck in seiner Rede vor der Naturforscherversammlung in Königsberg 1910 „Die Stellung der neueren Physik zur mechanischen Naturanschauung":

„*Von diesem Zentralprinzip [dem Prinzip der kleinsten Wirkung] strahlen symmetrisch nach vier Richtungen vier ganz gleichwertige Prinzipien aus, entsprechend den vier Weltdimensionen; den räumlichen Dimensionen entspricht das dreifache Prinzip der Bewegungsgröße [des Impulses], der zeitlichen Dimension entspricht das Prinzip der Energie. Niemals war es früher möglich, die tiefere Bedeutung und den gemeinsamen Ursprung dieser Prinzipien soweit zurück bis zur Wurzel zu verfolgen.*"[199]

Emmy Noether konnte 1916 zeigen, dass der Energieerhaltungssatz auf eine Symmetrie der Zeit und der Impulserhaltungssatz auf eine Raumsymmetrie zurückzuführen sind.

Durch die Darstellung der bis dahin im dreidimensionalen Raum als getrennt dargestellten physikalischen Größen im vierdimensionalen Raum durch Tensoren erhielten sie eine neue, einheitliche Identität. Minkowski bezeichnete sie als „Bildungen", die „volle Einfachheit, ihr innerstes Wesen erst in vier Dimensionen entfalten."[200] Minkowskis Leistung gehört der *Physik* an: Sie liegt in der Vereinheitlichung der bis zu ihm *im dreidimensionalen Raum* als getrennt betrachteten Wechselwirkungen Elektrizität und Magnetismus zu *einer* einzigen *im vierdimensionalen Raum* erscheinenden Wechselwirkung – des Elektromagnetismus.

Es ist eine These dieses Buches, dass Minkowski damit ein neues Programm in der Physik initiierte, nämlich das der *Geometrisierung der Physik*. Ihm gebührt das Verdienst, 1907 die vierdimensionale Struktur des physikalischen Raums in die Spezielle Relativitätstheorie eingeführt und damit eine Vereinheitlichung der Elektrizität und des Magnetismus erzielt zu haben. Einen Teil dieses Programms verfolgten die geometrisierten vereinheitlichten Theorien, die durch Hilbert,

---

[199] Planck (1910b), S. 43.

[200] Minkowski: „Vorarbeiten zu Raum und Zeit", NSUBG Cod. Ms. Math. Archiv 60:2, Mappe 2, S. 34.

Nordström und Kaluza[201] vertreten wurden. Mit der geometrisierten Vereinheitlichung sollte sich auch Einstein ab 1921 befassen; er wird sie als eine konzeptionelle Folge der Relativitätstheorie betrachten.[202] Unter dem Einfluss der Theorie von Kaluza sollte Einstein erkennen, dass sowohl in der Speziellen Relativitätstheorie und ihrer Erweiterung durch Minkowski als auch in seiner Allgemeinen Relativitätstheorie der Vereinheitlichungsgedanke vertreten war.[203]

Die konzeptionelle Grundlage der Minkowskischen Theorie, zwei Wechselwirkungen (Elektrizität und Magnetismus) durch die Hinzufügung einer Raumdimension zu vereinheitlichen, erwies sich als folgenreich für die weitere Entwicklung der Physik. Diese beiden konzeptionellen Schritte wurden von Nordström und von Kaluza in ihre Theorien übernommen. Sowohl Nordström[204] als auch Kaluza[205] bekräftigten mehrfach Minkowskis Einfluss auf sie, ohne sich aber gegenseitig zu erwähnen.

Gunnar Nordströms fünfdimensionale Theorie

1914 veröffentlichte Nordström seine Arbeit, „Über die Möglichkeit, das elektromagnetische Feld und das Gravitationsfeld zu vereinigen".[206] Es handelte sich um eine vereinheitlichte Theorie der Gravitation und des Elektromagnetismus in einem fünfdimensionalen Raum mit konform flacher Metrik. Die Theorie beruhte auf Nordströms skalarer Gravitationstheorie von 1913, die – nach Minkowskis Forderung von 1908 – Lorentz-kovariant war[207], und in der er die Minkowskische Metrik verwendete.[208] Dies hatte aber zur Folge, dass beide Theorien Nordströms die Lichtablenkung nicht erklären konnten und daher aus empirischen Gründen scheitern mussten. Es ist jedoch von Bedeutung, Nordströms konzeptionelle Grundlage zu verfolgen.

---

[201] Kaluzas Theorie folgte der gleichen Richtung; Weyls Theorie von 1929 dagegen strebte eine Vereinheitlichung im Hilbert-Raum an.

[202] Siehe dazu Wuensch (2003b).

[203] Ebd.

[204] Siehe Isaksson (1985), S. 2.

[205] Im Brief von Theodor Kaluza junior an V. Raman vom 7. Oktober 1970 und im Brief von Theodor Kaluza junior an Detlef Laugwitz vom 26. Juni 1985, TKN.

[206] Nordström (1914).

[207] Minkowski hatte bereits in seinem ersten veröffentlichten Aufsatz von 1908 darauf hingewiesen, dass die Newtonsche Gravitationskraft nicht Lorentz-invariant ist und dass man ein neues Gravitationsgesetz suchen muss. Siehe Minkowski (1908a).

[208] Zu Nordströms Gravitationstheorie und vereinheitlichten Theorie siehe auch Vizgin (1994), S. 41–44.

Bereits am Anfang seines Artikels deutet Nordström das Programm seiner Vereinheitlichungstheorie an. Das wichtigste Konzept der Vereinheitlichung im Minkowskischen Sinne hebt er selbst durch Kursivschreibung hervor:

„Es ist ja eins der großen Verdienste der [Speziellen] Relativitätstheorie, dass sie den elektromagnetischen Zustand des Äthers durch einen Vektor, den Minkowski*schen Sechservektor* **f** *zu charakterisieren vermag, während nach der alten Auffassung hierfür zwei Feldvektoren erforderlich waren.“[209]*

Nordström setzte sich das Ziel, „den Ätherzustand durch *einen* Vektor zu charakterisieren", wenn man „außer dem elektromagnetischen Felde noch ein Gravitationsfeld im Äther annimmt"[210], das heißt, die beiden Wechselwirkungen in der Minkowskischen Art zu vereinheitlichen, indem *die Feldgrößen* der Gravitation und des Elektromagnetismus anhand eines einzigen Vektors dargestellt werden.

Wie in seiner skalaren Gravitationstheorie nahm Nordström an, dass sich das Gravitationsfeld durch einen Vierervektor darstellen lässt. Anhand der beiden Vektoren **f** – des elektromagnetischen Sechservektors und des Vierervektors der Gravitation – schrieb Nordström die Maxwellschen Gleichungen in der Minkowskischen Form. Die Erneuerung bestand darin, dass zu den vier Dimensionen x, y, z, u (mit $u = cit$ wie im Falle des Minkowskischen Raums) eine neue Dimension w hinzugenommen wird. Die Maxwell-Gleichungen wurden also in fünf Dimensionen geschrieben, was dazu führte, dass in den Gleichungen partielle Ableitungen der Vektorkomponenten nach w auftreten.

Nordström fügte die Bedingung hinzu, dass „die Ableitungen sämtlicher Komponenten von **f** nach w gleich null" sein müssen. Zu der physikalischen Bedeutung dieser Bedingung, dass die Ableitungen der Feldgrößen nach der fünften Dimension verschwinden müssen, äußerte sich Nordström nicht, er bemerkte jedoch, dass sie die Vereinheitlichung ermöglicht: Die resultierenden Gleichungen stellen die Feldgleichungen des elektromagnetischen Feldes und des Gravitationsfeldes dar. Beide Felder werden damit zu einem einzigen Zehnervektor f_{mn} (mit m, n = 1,…,5) vereinigt, der „vollständig den physikalischen Zustand des Äthers" charakterisiert.[211]

$f_{xy}, f_{yz}, f_{zx}, f_{xu}, f_{yu}, f_{zu}$ sind die Komponenten des elektromagnetischen Feldes
und

$f_{ux}, f_{uy}, f_{uz}, f_{uu}$ die Komponenten des Gravitationsfeldes.

---

[209] Nordström (1914), S. 504. Hervorhebung im Original.

[210] Ebd.

[211] Ebd., S. 505.

Gleichzeitig ist ein Fünfervektor k_m entstanden, dessen erste vier Komponenten, k_x, k_y, k_z und k_u die Komponenten des Viererstroms sind und die fünfte

Komponente $-\dfrac{1}{c}k_w$ die „Ruhedichte der gravitierenden Masse" ist.

Nordströms resultierende Gleichungen, sowohl für das elektromagnetische Feld als auch für das Gravitationsfeld erhielten die Form der Maxwellschen Gleichungen (in der Minkowskischen Formulierung): *„Die letzte Gleichung (I) ist die Fundamentalgleichung der Gravitation und die sechs übrigen Gleichungen (II) drücken die Wirbellosigkeit des Gravitationsvektors aus."*[212] Die Gleichungen (III) sind die Maxwellschen Gleichungen in der von Minkowski gegebenen Form. Die Gravitationsgleichungen (links) und elektromagnetischen Gleichungen (rechts) geschrieben anhand eines einzigen Zehnervektors f_{mn} haben dementsprechend folgende Form:

(I)
$$\frac{\partial f_{wx}}{\partial x} + \frac{\partial f_{wy}}{\partial y} + \frac{\partial f_{wz}}{\partial z} = \frac{1}{c}k_w$$

(III)

$$\frac{\partial f_{xy}}{\partial y} + \frac{\partial f_{xz}}{\partial z} + \frac{\partial f_{xu}}{\partial u} = \frac{1}{c}k_x$$

(II)
$$\frac{\partial f_{zw}}{\partial y} + \frac{\partial f_{wy}}{\partial z} = 0$$

$$\frac{\partial f_{yx}}{\partial x} + \frac{\partial f_{yz}}{\partial z} + \frac{\partial f_{yu}}{\partial u} = \frac{1}{c}k_y$$

$$\frac{\partial f_{xw}}{\partial z} + \frac{\partial f_{wz}}{\partial x} = 0$$

$$\frac{\partial f_{zx}}{\partial x} + \frac{\partial f_{zy}}{\partial y} + \frac{\partial f_{zu}}{\partial u} = \frac{1}{c}k_z$$

$$\frac{\partial f_{ux}}{\partial x} + \frac{\partial f_{uy}}{\partial y} + \frac{\partial f_{uz}}{\partial z} = \frac{1}{c}k_u$$

$$\frac{\partial f_{yw}}{\partial x} + \frac{\partial f_{wx}}{\partial y} = 0$$

$$\frac{\partial f_{uw}}{\partial x} + \frac{\partial f_{wx}}{\partial u} = 0$$

$$\frac{\partial f_{yz}}{\partial x} + \frac{\partial f_{zx}}{\partial y} + \frac{\partial f_{xy}}{\partial z} = 0$$

$$\frac{\partial f_{zu}}{\partial y} + \frac{\partial f_{uy}}{\partial z} + \frac{\partial f_{yz}}{\partial u} = 0$$

$$\frac{\partial f_{uw}}{\partial y} + \frac{\partial f_{wy}}{\partial u} = 0$$

$$\frac{\partial f_{xu}}{\partial z} + \frac{\partial f_{uz}}{\partial x} + \frac{\partial f_{zx}}{\partial u} = 0$$

$$\frac{\partial f_{uw}}{\partial z} + \frac{\partial f_{wz}}{\partial u} = 0$$

$$\frac{\partial f_{yu}}{\partial x} + \frac{\partial f_{ux}}{\partial y} + \frac{\partial f_{xy}}{\partial u} = 0$$

Dies bedeutet nichts anderes, als dass Gravitation und Elektromagnetismus durch ein einziges elektromagnetikartiges fünfdimensionales Feld vereinheitlicht

---

[212] Nordström (1914), S. 504.

werden. Von Bedeutung ist ebenfalls, dass bei Nordström Gravitation aus Elektromagnetismus entspringt, was ein Ziel des elektromagnetischen Programms bildete. Dieser Inhalt lässt sich deutlicher veranschaulichen, wenn man Minkowskis Zehnervektor f_{mn}, der das vereinheitlichte Feld darstellt, durch einen antisymmetrischen Tensor anhand einer Matrix schreibt.

$$\begin{pmatrix} 0 & f_{xy} & f_{xz} & f_{xu} & f_{xw} \\ -f_{xy} & 0 & f_{yz} & f_{yu} & f_{yw} \\ -f_{xz} & -f_{yz} & 0 & f_{zu} & f_{zw} \\ -f_{xu} & -f_{yu} & -f_{zu} & 0 & f_{uw} \\ -f_{xw} & -f_{yw} & -f_{zw} & -f_{uw} & 0 \end{pmatrix}$$

Die fünfte Spalte und fünfte Reihe der Matrix stellen das Gravitationsfeld dar:

$$\begin{pmatrix} & & & & & G \\ & & & & & r \\ & E & l & e & c & t & r & o & & a \\ & & & & & v \\ & & & & & i \\ & m & a & g & n & e & & & t \\ & & & & & a \\ & & & & & t \\ & t & i & s & m & u & s & & i \\ & & & & & o \\ & & & & & n \\ G & r & a & v & i & t & a & t & i & o & n \end{pmatrix}$$

Der fünfdimensionale Raum bot in Nordströms Theorie die Möglichkeit, „das elektromagnetische Feld und das Gravitationsfeld als ein einziges Feld" darzustellen. Die vierdimensionale Raumzeit ist „als eine durch eine fünfdimensionale Welt gelegte Fläche aufzufassen"[213], auf der die fünfte Dimension senkrecht steht. Am Ende des Aufsatzes bemerkt Nordström:

„Ein neuer physikalischer Inhalt ist natürlich den Gleichungen nicht gegeben. Ich halte es indessen nicht für ausgeschlossen, dass die gefundene formale Symmetrie einen tieferen Grund haben könnte."[214]

---

[213] Nordström (1914), S. 504.
[214] Ebd., S. 506.

Mehr über den „tiefen Grund" seiner Theorie verriet Nordström leider nicht. Seine originelle Idee, eine fünfte Dimension dem physikalischen Raum hinzuzufügen, um die Gravitation mit dem Elektromagnetismus zu vereinheitlichen, tauchte aber das erste Mal in der Physik auf. Nordströms Theorie folgte dem Modell von Minkowski, dem es durch die Hinzufügung der vierten Dimension gelungen war, die Elektrizität und den Magnetismus zu vereinheitlichen. Durch die Hinzunahme einer fünften Raumdimension erzielte Nordström die Vereinheitlichung der beiden Wechselwirkungen Gravitation und Elektromagnetismus. Sein fünfdimensionaler Raum übernahm die Struktur des Minkowskischen Raums mit *flacher* Metrik. Die Gravitationskraft, die Nordström berücksichtigte, beschränkte sich aber auf ein skalares Feld. Einsteins Allgemeine Relativitätstheorie war in der Zeit, als Nordström seine Theorie schrieb, noch nicht vervollständigt. Trotzdem hatte Einstein bereits 1913 die neue Struktur des physikalischen Raums entworfen: Sie beruhte auf der gekrümmten Riemannschen Geometrie. Erst ein Jahr nach Nordströms Theorie (1915) führte Einstein die neuen Hilbertschen Gravitationsgleichungen ein und gab seiner Allgemeinen Relativitätstheorie die endgültige Form.

Nordströms Ergebnisse lassen sich zusammenfassend darstellen:

1. Nordström übernahm Minkowskis konzeptionelles Modell: Durch Hinzufügen einer neuen Dimension versuchte er eine Vereinheitlichung der *Feldgrößen* der beiden Wechselwirkungen zu erzielen. Dadurch war aber das vereinheitlichte Feld nicht in die Geometrie des Raumes eingebaut.

2. Auf dem Weg zur Vereinheitlichung stellte Nordströms Theorie einen notwendigen Schritt dar. Es handelte sich aber um ein Vereinheitlichungsmodell, das die konzeptionelle Basis der Allgemeinen Relativitätstheorie noch nicht enthielt.

Jun Ishiwara

Ein Ziel des elektromagnetischen Programms, das Wilhelm Wien 1900 explizit formulierte[215], war, die Gravitation auf den Elektromagnetismus zu reduzieren, dadurch, dass die Masse als Folgeerscheinung der elektrischen Ladung aufzufassen sei. Die Vertreter dieses Programms, darunter Max Abraham und Gustav Mie[216] sahen den Elektromagnetismus als primäre Wechselwirkung, auf die sie die Gravitation zurückzuführen versuchten. Eine These der Autorin ist, dass sich die Theorien, die im Rahmen des elektromagnetischen Programms entstanden,

---

[215] Sehe Darrigol (2000), S. 360.
[216] Siehe Vizgin (1994), S. 26–39.

konzeptionell von den vereinheitlichten Theorien unterscheiden, da es sich bei den ersten um eine Reduktion und nicht um eine Vereinheitlichung handelt.[217] Ein konzeptioneller Vergleich der beiden Programme wäre von großer Bedeutung für die Geschichte der vereinheitlichten Theorien, er kann jedoch in dem vorliegenden Buch nicht vorgenommen werden.[218] Ein Beispiel soll aber hier genannt werden, anhand dessen sich einige Unterschiede zwischen dem Reduktionismus des elektromagnetischen Programms und der Methode der Vereinheitlichung, die durch Hilbert eingeleitet wurde, erkennbar werden.

Bis 1915, als Einstein seine Allgemeine Relativitätstheorie vollendete, wurde das elektromagnetische Programm weiter verfolgt. Einer der Vertreter dieses Programms war der japanische Physiker Jun Ishiwara (1881–1947), der 1912 mit Sommerfeld in München arbeitete und als einer der ersten Einstein besuchte.[219] Ishiwaras Theorie „Grundlagen einer relativistischen elektromagnetischen Gravitationstheorie" erschien 1914 im gleichen Band der *Physikalischen Zeitschrift* wie Nordströms Artikel.[220] Ishiwaras Idee war, die „gravitierende Masse des Elektrons" mit seiner „sogenannten elektromagnetischen Masse" als identisch zu betrachten, um damit die „Wirkungen" beider Felder addieren zu können: „einander superponieren, ohne voneinander beeinflusst zu werden."[221] Da es sich bei dem elektromagnetischen Feld und dem Gravitationsfeld um verschiedene Felder handelt, glaubte Ishiwara durch die Identifikation der „wägbaren" mit der „elektromagnetischen Masse", die physikalische Natur beider Felder als von der gleichen Art betrachten zu können und sie durch Addition der Wirkungen, $\frac{1}{\alpha}F^2$ für das Gravitationsfeld (F ist die Feldstärke des Gravitationsfeldes und α eine Konstante) und $\alpha''H^2$ für das elektromagnetische Feld (H ist der Minkowskische Sechserverktor und α'' eine Konstante), vereinigen zu können. Die „gesamte Wirkungsgröße" lässt sich damit als

---

[217] Vizgin macht, wenn auch nicht explizit, die konzeptionelle Unterscheidung zwischen Theorien, die im Rahmen des elektromagnetischen Programms entstanden, und vereinheitlichten Theorien. Siehe Vizgin (1994), S. 38.

[218] Diese historische Analyse wurde bis jetzt noch nicht durchgeführt, auch wenn unvollständige Versuche vorliegen, die beiden Konzepte, Reduktion und Vereinheitlichung, zu analysieren.

[219] Siehe Fölsing (1995), S. 602.

[220] Ishiwara (1914). Ishiwara hatte bereits 1912 eine Theorie im Rahmen des elektromagnetischen Programms vorgeschlagen, in der das elektromagnetische Feld das Gravitationsfeld erzeugte. Für ihre Analyse siehe Vizgin (1994), S. 40–41.

[221] Ishiwara (1914), S. 508.

$$W = \int (\alpha'' H^2 + \frac{1}{\alpha} F^2) d\Sigma$$

schreiben und die Bewegungsgleichungen des Elektrons leitete Ishiwara durch das Variationsprinzip $\delta W = 0$ her.[222]

Da Ishiwara im vierdimensionalen Minkowski-Raum arbeitete, enthalten seine Bewegungsgleichungen nicht die neue Form der Gravitation, die erst 1915 durch Einstein entstand. Jedoch die Idee, beide Felder durch die Addition der Wirkungen zu vereinheitlichen, indem man das resultierende Feld durch die „gesamte Wirkungsgröße" darstellt, und die Bewegungsgleichungen durch das Variationsprinzip herzuleiten – eine Vorgehensweise, die in den vereinheitlichten Theorien weiter angewandt werden sollte[223] – war hier klar ausgedrückt. Wie wir bemerkt haben, musste sich Ishiwara dafür absichern, dass die beiden Felder *physikalisch* die gleiche Natur haben, was keine selbstverständliche Annahme war. Daher betonte er am Ende des Aufsatzes erneut die physikalische Grundlage seiner Theorie:

> *„Dabei ist aber der elektrischen Ladung und der wägbaren Masse wegen ihrer Identität ein und dieselbe Wirkungsgröße zuzuschreiben, während das Superpositionsprinzip ihrer Feldwirkungen andererseits gefordert ist."[224]*

Hilberts vereinheitlichte Theorie

Als größter Erfolg der axiomatischen Methode in der Physik betrachtete Hilbert seine vereinheitlichte Theorie vom November 1915 „Die Grundlagen der Physik". Dieser Erfolg bestand sowohl in der Herleitung der endgültigen Gravitationsgleichungen, die Einstein anschließend in seine Allgemeine Relativitätstheorie einbaute, als auch in der Vereinheitlichung der Gravitation und des Elektromagnetismus, ein Ziel, das Hilbert seit mehr als 15 Jahren verfolgte. Hilbert zeigte, dass die vier Maxwellschen Gleichungen „eine Folge der [zehn] Gravitationsgleichungen" sind und betonte: *„Dies ist der genaue mathematische Ausdruck der oben*

---

[222] Ishiwara (1914), S. 508.

[223] Mie hatte in seiner Theorie von 1913 bereits das Hamiltonsche Variationsprinzip für die Herleitung der Feldgleichungen benutzt. Er hatte jedoch eine einzige Lagrange-Funktion verwendet, in der neben elektromagnetischen Termen auch Gravitationsterme auftraten; die letzten wurden jedoch in Analogie zu den elektromagnetischen Termen konstruiert und als ein „nicht-Maxwellscher Korrektionsterm" betrachtet, siehe Vizgin (1994), S. 31. Der Gravitationsanteil seiner Lagrange-Funktion war also auch elektromagnetischer Natur. Für die Analyse der Mieschen Theorien siehe Vizgin (1994), S. 30–32.

[224] Ishiwara (1914), S. 510.

allgemein ausgesprochenen Behauptung über den Charakter der Elektrodynamik als einer Folgeerscheinung der Gravitation."[225]

Abb. 21: Foto: David Hilbert (Postkarte 1912)

---

[225] Hilbert (1915), S. 406, Der gesamte Satz ist im Original hervorgehoben, siehe auch ebd. S. 397: „Infolge des oben aufgestellten Theorems können die vier Gleichungen (5) als eine Folge der Gleichungen (4) angesehen werden, d.h. wir können unmittelbar wegen jenes mathematischen Satzes die Behauptung aussprechen, *dass in dem bezeichneten Sinne die elektrodynamischen Erscheinungen Wirkungen der Gravitation sind.*" Hervorhebung im Original.

Am Ende seiner Arbeit unterstrich Hilbert die Bedeutung der axiomatischen Methode für seine vereinheitlichte Theorie und betonte den neuen Charakter der Entwicklung, die in die Physik eingetreten war: die geometrisierte Vereinheitlichung:

„[...] wie denn überhaupt damit die Möglichkeit naherückt, dass aus der Physik im Prinzip eine Wissenschaft von der Art der Geometrie werde: gewiss der herrlichste Ruhm der axiomatischen Methode, die hier wie wir sehen die mächtigen Instrumente der Analysis, nämlich Variationsrechnung und Invariantentheorie, in ihre Dienste nimmt.“[226]

Hilberts Theorie war die erste vereinheitlichte Theorie, in der die Gravitation auch ein neues Gesetz erhielt: In seiner vereinheitlichten Theorie gab Hilbert auch die neuen Gravitationsgleichungen an. In Hilberts Formulierung lauten sie:

$$-\sqrt{g}\,(K_{\mu\nu} - \frac{1}{2} K g_{\mu\nu}) = \frac{\partial \sqrt{g}\,L}{\partial g^{\mu\nu}}\, , \text{ wo } K = \sum_{\mu,\nu} g^{\mu\nu} K_{\mu\nu}\ \text{ die „Krümmung der vier-}$$

dimensionalen Mannigfaltigkeit" (der Ricci-Skalar) und $K_{\mu\nu}$ der Ricci-Tensor ist.[227]

Daher war seine vereinheitlichte Theorie die erste Vereinheitlichung, die physikalisch ernst zu nehmen war.[228] Hilberts Einfluss auf Nordström, Weyl und Kaluza, der insbesondere in der Methode der Vereinheitlichung zum Ausdruck kommt, wird in einer späteren Publikation analysiert.

Einsteins Allgemeine Relativitätstheorie

Dank Hilberts Aufstellung der Gravitationsgleichungen gelang es Einstein nach acht Jahren mühevoller Arbeit Ende November 1915, seine Allgemeine Relativitätstheorie zu vollenden.[229] Er reichte sie bei der Akademie der Wissenschaften in Berlin am 25. November ein, fünf Tage nachdem Hilbert seine eigene Abhandlung bei der Göttinger Akademie der Wissenschaften eingereicht hatte. Die Hilbert-Einstein-Gleichungen der Allgemeinen Relativitätstheorie lauten:

$$R_{im} = -\kappa(T_{im} - \frac{1}{2} g_{im} T)$$

---

[226] Hilbert (1915), S. 407.
[227] Ebd., S. 402.
[228] Siehe dazu auch Vizgin (1994), S. 64.
[229] Siehe dazu Wuensch (2005).

(R_{im} ist der Ricci-Tensor, T_{im} ist der „Energietensor der Materie", T ist der „Skalar des Energietensors der Materie" und κ ist die Gravitationskonstante).[230]

Einsteins bemerkenswerte neue Erkenntnis in der Allgemeinen Relativitätstheorie war, dass die Geometrie des Raumes nicht flach Minkowskisch ist, sondern Riemannsch gekrümmt: Sie hängt von der Verteilung der Massen ab und ändert sich daher permanent, da sich die Massen im Universum in ständiger Bewegung befinden. Durch Einsteins Allgemeine Relativitätstheorie verlor die Newtonsche Raumvorstellung ihre Allgemeingültigkeit. Newton hatte den Raum als unendlichen leeren Behälter dargestellt, unbeweglich und gleich bleibend, in dem sich alle Bewegungen abspielen. Durch Einsteins neue Auffassung ist der physikalische Raum stets veränderbar durch die Massen, die sich in ihm befinden. Das Universum ist unendlich, aber begrenzt. Die Erkenntnis, dass unser Universum geschlossen ist, verdankt man allerdings Karl Schwarzschild, der in seiner Theorie aus dem Jahre 1916 die Lösung der Allgemeinen Relativitätstheorie für ein zentral-symmetrisches Feld wie unser Sonnensystem berechnete.

Bei der Sonnenfinsternis im Herbst 1919 konnte man beobachten, dass das Licht von der Sonne abgelenkt wird – ein Beweis der Tatsache, dass der Raum in der Nähe der Sonne nicht mehr flach, sondern gekrümmt ist.

Wie Hilbert mehrfach betonte, stellt die Allgemeine Relativitätstheorie eine der größten Errungenschaften des menschlichen Geistes dar.[231] Der physikalische Raum bekam durch Einsteins Theorie eine neue Gestalt. Er war vierdimensional geblieben – entsprechend der Speziellen Relativitätstheorie. Doch so starr und unveränderlich, wie ihn sich Newton vorgestellt hatte, war er nicht. Seine durch die Massen gekrümmte Struktur ließ sich mathematisch anhand des Riemannschen Metriktensors ausdrücken. Dadurch änderte sich die Vorstellung vom Universum. Der Raum, den Kant als absolut und *a priori* gegeben angesehen hatte, erwies sich als ein unvollkommenes Bild, das sich der Mensch vom Universum gemacht hatte, in dem er lebte. Um die Gestalt des Raumes zu erfassen, mussten mathematische und physikalische Gesetze berücksichtigt werden. Mathematiker und Physiker eroberten nun den Raum, den bis dahin die Philosophen allein zu klären beansprucht hatten. Auf Philosophenkongressen betonte man nun, dass Einstein Kant enthront habe.

---

[230] Einstein (1915), S. 845.

[231] Siehe z.B. Hilbert (1919/20) in Hilbert (1992), S. 51: „In dieser Hinsicht möchte ich das allgemeine Relativitätsprinzip als den höchsten Triumph des Geistes über die Erscheinungswelt ansehen."

Paul Ehrenfests Ehefrau Tatiana Afanassjewa Ehrenfest (1876–1964) hatte in Göttingen von 1902 bis 1906 Mathematik und Naturwissenschaften studiert.[232] Insbesondere hörte sie dort Vorlesungen bei David Hilbert und Felix Klein. Sie verfasste naturwissenschaftliche Arbeiten über kinetische Gastheorie[233], Thermodynamik[234] und Radioaktivität[235], blieb aber ihr Leben lang ebenfalls an erkenntnistheoretischen Fragen über die Grundlagen der Geometrie und der Physik interessiert. Darin zeigt sich deutlich, wie ihr Studium von den Theorien David Hilberts geprägt worden war. 1915 hatte sie einen Artikel über die Grundlagen der Geometrie geschrieben „De rol der axioma's en der bewijzen in de Meetkunde" („Die Rolle der Axiome in den Beweisen der Geometrie"), in dem sie die Beiträge von Bólyai, Lobatschewski und Gauß so wie Hilberts „Grundlagen der Geometrie" von 1899 analysierte.

Es war wahrscheinlich Tatianas Interesse an den philosophischen Grundlagen der Naturwissenschaft, die Paul Ehrenfest zu seinem ein Jahr später erschienenen Artikel „Welche Rolle spielt die Dreidimensionalität des Raumes in den Grundgesetzen der Physik?"[236] inspirierte. Es kann aber auch sein, dass Tatiana und Paul Ehrenfest dazu durch Gunnar Nordström angeregt wurden, der sich von 1916 bis 1918 in Leiden, wo sie lebten, aufhielt und mit ihnen gut befreundet war. Nordström, der 1914 den ersten Versuch unternommen hatte, den physikalischen Raum als fünfdimensional darzustellen und damit Gravitation und Elektromagnetismus zu vereinheitlichen, besuchte in dieser Zeit die Familie Ehrenfest mehrmals in der Woche und führte mit den Ehrenfests und mit ihrem Freundeskreis anregende wissenschaftliche Gespräche.[237]

---

[232] Siehe M. Klein (1970), S. 39–42 und 75–84.

[233] „Zur kinetischen Deutung irreversibler Prozesse" (1908), „Abrechnung bezüglich der Probleme der kinetischen Theorie" (1931).

[234] „Axiomatisierung des zweiten Hauptsatzes der Thermodynamik" (1925), „Irreversibilität und zweiter Hauptsatz" (1928).

[235] Ihr Artikel „Konzentrationsschwankungen in radioaktiven Lösungen" erschien 1913 in der *Physikalischen Zeitschrift*.

[236] Der Artikel erschien zuerst 1917 in niederländischer Sprache und erst 1920 in Deutsch in den *Annalen der Physik*. Siehe P. Ehrenfest (1920).

[237] Siehe Brief von Nordström an Einstein vom 30. November 1916, CPAE 8A, Doc. 281, S. 368, und Einstein an Paul Ehrenfest vom 4. Dezember 1916, CPAE 8A, Doc. 282, S. 371; siehe dazu auch Halpern (2004b) und „Tatiana und Paul Ehrenfest" in Ulla Fölsing (1999), S. 94–102.

In seinem Artikel stellte Ehrenfest die Frage, ob man durch die Überprüfung des Gravitationsgesetzes nicht feststellen könne, dass man in einer Welt mit vier räumlichen Dimensionen und nicht mit dreien lebe. Dadurch würde sich dann das umgekehrt quadratische Gesetz der Gravitationskraft, das im dreidimensionalen Raum gilt, in ein umgekehrt kubisches in einer vierdimensionalen Welt verändern. Diese Schlussfolgerung hatte auch Kant gezogen. Ehrenfest analysierte es jedoch physikalisch und stellte fest, dass man es in diesem Fall bemerken müsste, da dann die Planetenbahnen nicht mehr stabil wären, was aber nicht zu beobachten war. Ehrenfests Arbeit von 1916 war aus einem Grund bemerkenswert: Es waren die ersten Untersuchungen des Zusammenhangs zwischen der Höherdimensionalität des Raumes und den physikalischen Gesetzen.

$$* \quad * \quad *$$

Mit dem Versuch, Gravitation und Elektromagnetismus zu vereinheitlichen, befasste sich in dieser Zeit auch Einstein. Ende 1917 wurde er von Rudolf Förster angeschrieben, der 1908 von Hilbert promoviert worden war und zu der Zeit bei der Firma Krupp arbeitete. Förster stellte Einstein seine Vereinheitlichungsidee vor:[238] Beide Felder waren nach Försters Auffassung in dem Metriktensor $g_{\mu\nu}$ vereinheitlicht, da sie mit einem Anteil zu der Metrik des Raumes beitrugen. Förster schlug eine Zerlegung des Metriktensors in einen symmetrischen und einen antisymmetrischen Teil vor, aus denen jeweils die Gravitation und der Elektromagnetismus entspringen sollten:

$$g_{\mu\nu} = s_{\mu\nu} + a_{\mu\nu} \, .$$

Doch Försters Beweisführung erschien Einstein unvollständig, der dazu bemerkte: *„Die mathematischen Versuche zeigen mir immer wieder, dass der symmetrische und antisymmetrische Bestandteil von $g_{\mu\nu} (= s_{\mu\nu} + a_{\mu\nu})$ immer wieder auseinander fallen, wie Wasser und Öl."*[239]

Die Vereinheitlichung ließ sich nicht so einfach erzielen. Im gleichen Brief erwähnte Einstein seine „schwere[n] Bedenken", die ihn veranlasst hatten „die Hoffnung nahezu aufzugeben, auf diese Weise hinter das Geheimnis der Einheit (Gravitation Elektromagnetismus) zu kommen. […] Die Elektrizität hat die bei den Konstanten[:] Ladung ε und Masse μ des Elektrons, die nicht aus den Fingern bezw. aus einer rein mathematischen Überlegung gesogen werden können."[240]

---

[238] Förster an Einstein am 28. Dezember 1917, CPAE 8A, Doc. 420, S. 581.

[239] Einstein an Rudolf Förster am 17. Januar 1918, CPAE 8B, S. 611.

[240] Ebd., S. 610.

Kaluzas Theorie

„[...] eine neue, fünfte Weltdimension
zu Hilfe zu rufen. "   *Theodor Kaluza[1]*

Am Anfang seiner Abhandlung *Zum Unitätsproblem der Physik* betont Kaluza die Idee, auf der seine Theorie beruht: den Gedanken der Vereinheitlichung von Gravitation und Elektromagnetismus. Wie wir gesehen haben, beschäftigte diese Idee die Philosophen und Physiker schon lange. Die Vorstellung, dass alles Sichtbare einer einzigen Kraft entspringt, war mit Kaluzas Worten „die Lieblingsidee des menschlichen Geistes".[2] Die Allgemeine Relativitätstheorie zeichnete sich aus durch einen „verbleibende[n] Dualismus von Gravitation und Elektrizität."[3] Die neue Aufgabe der Physik sei nun gerade seine „Überwindung durch ein restlos *unitarisches Weltbild.*"[4] Die Betonung durch die Kursivschreibung zeigt unmissverständlich die konzeptionelle Basis der Theorie Kaluzas.

In der Wissenschaftsgeschichte wird die Auffassung vertreten, dass die Entwicklung einer neuen bahnbrechenden Theorie durch eine Krise ausgelöst werde[5]: Im Falle der Speziellen Relativitätstheorie war es das Michelson-Morley-Experiment, das sich mit dem Äther-Konzept nicht vereinbaren ließ. Im Allgemeinen wird eine alte Theorie durch eine ihr widersprechende neue Erkenntnis falsifiziert, was dazu führe, dass die alte Theorie durch eine neue ersetzt wird.[6] Beide Auffassungen treffen im Falle der Entstehung der vereinheitlichten Theorien nicht zu: Sie wurden weder durch eine Krise der Unvereinbarkeit einer alten Theorie mit einem Experiment ausgelöst, noch durch eine falsifizierende Erkenntnis. Die Geschichte der Vereinheitlichung beruht auf einem rationalistischen, erkenntnistheoretischen Gedanken, der einerseits in der Philosophie entstand und andererseits als rationalistische Basis zur Entwicklung neuer Theorien, wie im Falle derer von Oersted, Faraday, Riemann, Maxwell und Minkowski, diente: der Idee der Einheit der Naturkräfte.

Schon vor der Entstehung der Allgemeinen Relativitätstheorie beschäftigte sich Einstein mit dem Gedanken der Vereinheitlichung der Gravitation und des

---

[1] Kaluza (1921), S. 967.

[2] Ebd., S. 966.

[3] Ebd.

[4] Ebd.

[5] Durch Thomas S. Kuhn in „Struktur wissenschaftlicher Revolutionen".

[6] Die Falsifizierungsthese vertritt Karl Popper in „Logik der Forschung". Lakatos nennt diese These „naiver Falsifikationismus", siehe Lakatos (1982), S. 31.

Elektromagnetismus. In seinem Brief vom 15. November 1915 an Hilbert gestand Einstein: *„Ihre Untersuchung interessiert mich gewaltig, zumal ich mir oft schon
das Gehirn zermartert habe, um eine Brücke zwischen Gravitation und Elektromagnetik
zu schlagen."*[7]

Die Allgemeine Relativitätstheorie, die Ende November 1915 entstand, hatte
der Gravitationskraft eine endgültige Form gegeben. Sie zeigte, dass die Newtonsche Gravitationstheorie nur ein Grenzfall der Allgemeinen Relativitätstheorie für
nichtrelativistische Geschwindigkeiten und schwache Gravitationsfelder darstellt.
Die Gleichungen der Gravitation und des Elektromagnetismus waren jetzt formuliert: die Hilbert-Einstein-Gleichungen für die Gravitation und die Maxwell-
Gleichungen für den Elektromagnetismus. Doch die Vereinheitlichung der beiden unterschiedlichen Wechselwirkungen konnte eine Herausforderung nur für
Physiker darstellen, die eine erkenntnistheoretische Auffassung vertraten, im
Rahmen derer die Einheit der physikalischen Kräfte einen zentralen Inhalt bildete.[8] Eingehende Untersuchungen der erkenntnistheoretischen Auffassungen der
Vertreter der Vereinheitlichung, Hilbert, Nordström, Kaluza, Weyl und später
auch Einstein, liegen nur teilweise vor. Sie könnten Licht werfen auf die Bedeutung und die Rolle, die ihre philosophisch-erkenntnistheoretischen Überzeugungen auf die Entwicklung der vereinheitlichten Theorien hatte.

Hilbert war Kantianisch geprägt, wie sich aus vielen seiner Schriften entnehmen lässt.[9] Bezüglich Nordström und Weyl existiert noch keine Analyse, die ihre
erkenntnistheoretische Auffassung, bezogen auf ihre Vereinheitlichungstheorien,
untersucht.[10] Es ist bekannt, dass Weyl in seinen Jugendjahren von Kants Philosophie beeinflusst wurde.[11] Auch wenn er durch Hilberts „Grundlagen der Geo-

---

[7] Einstein an Hilbert, am 15. November 1915, CPAE, 8A, Doc. 144, S. 199. Siehe dazu
auch Einsteins Brief an Rudolf Förster vom 17. Januar 1918, in dem Einstein sein Interesse,
„hinter das Geheimnis der Einheit (Gravitation-Elektromagnetismus) zu kommen" betonte,
CPAE, 8B, Doc. 439, S. 610.

[8] Wie oben angedeutet wurden die vereinheitlichten Theorien weder durch eine Krise
noch durch eine Falsifizierung ausgelöst.

[9] Siehe Hilbert (1923): „Weltgleichungen." Teil III. „Theorie und Erfahrung." Vortrag
gehalten 1923 in Hamburg und Zürich, NSUBG Cod. Ms. David Hilbert 596, S. 23ff, siehe
Majer (1993), Majer (1995) und Wuensch und Sommer (2006).

[10] Im Falle Nordströms existiert nur eine kurze Biographie, die darauf nicht eingeht, siehe
Isakson (1985). Sigurdssons Behauptung über Weyls Auffassung von 1916 kann höchstens
eine psychologische Erklärung dieses Themas, jedoch keinen Einblick in die philosophischen
Überzeugungen geben, die Weyl veranlassten, seine vereinheitlichte Theorie zu verfassen:
„These theoretical speculations with their transcendental aspects offered an emotional refuge
from the numbing and endless tedium of the war", Sigurdsson (1991), S. 268–269.

[11] Siehe Sigurdsson (1991), S. 5–6.

metrie" (1899) zu der Einsicht kam, dass Kants Auffassung über Raum und Zeit falsch war, blieb Kants Einfluss auf ihn, wie auf die meisten, die in dieser Zeit in Göttingen bei Hilbert und Minkowski studierten, spürbar: Er drückte sich in der organischen Verbindung zwischen Mathematik und Physik, in dem Ausdruck der „prästabilierten Harmonie" zwischen ihnen aus, die zur Übereinstimmung zwischen Theorie und Experiment führt. Dieser Ausdruck ist, wie viele Autoren bemerkt haben, in Hilberts und Minkowskis Schriften als erkenntnistheoretisches Credo stets anzutreffen.[12] Das Argument der „prästabilierten Harmonie" entspringt aus der erkenntnistheoretischen Auffassung, die Hilbert und Minkowski als Grundlage für ihre physikalische Forschung diente, und kann nicht aus einem sozialen Kontext erklärt werden, wie manche Autoren es versucht haben.[13]

Kaluzas philosophische Auffassung war, wie sich zeigen wird, ebenfalls kantianisch. Was Einstein angeht, hat die Autorin gezeigt[14], dass seine ursprüngliche erkenntnistheoretische Auffassung, die logisch empiristisch geprägt war, sich – nicht zuletzt unter dem Einfluss der Theorie von Kaluza – in eine rationalistische verwandelte, die ihn veranlasste, sich selber ab 1921 mit den vereinheitlichten Theorien intensiv zu befassen. Einstein hatte nämlich ab 1919 verstanden, dass die Spezielle und Allgemeine Relativitätstheorie die ersten Schritte zur Vereinheitlichung darstellen.[15]

Es ist auch aufschlussreich, dass Nordström (von 1906 bis 1907), Kaluza (von 1908 bis 1909) und Weyl (von 1904 bis 1908) bei Hilbert studiert haben. Wie oben erwähnt, bekannten sich die ersten beiden jedoch als geistige Nachfolger Minkowskis und nicht Hilberts. Weyl war 1908 von Hilbert in Mathematik

---

[12] Bei Minkowski (1908b) und Hilbert (1918). Siehe dazu Sigurdsson (1991), S. 8–11.

[13] Vgl. Pyenson (1982) und Sigurdsson (1991). Pyensons Versuch, diese philosophische Ansicht als Folge der sozialen und organisatorischen Entwicklung im Wilhelminischen Deutschland darzustellen, überzeugt nicht, da der Autor übersieht, dass es sich hier nicht nur um eine „Leibnizianische Idee" handelt, sondern darüber hinaus um einen wichtigen Inhalt der Philosophie von Kant. Ebenfalls scheint der Autorin Pyensons Ansicht (Pyenson (1982), S. 139), man habe in Göttingen deshalb die Spezielle Relativitätstheorie nicht entdeckt, da Göttingen zu stark von der Idee der „prästabilierten Harmonie" geprägt gewesen sei, falsch. Pyensons Meinung beruht hauptsächlich auf der Ansicht, dass Minkowskis Erschaffung des vierdimensionalen Raums 1908 ein rein mathematischer Kunstgriff gewesen sei, im Kontrast zur Speziellen Relativitätstheorie, die eine physikalische Theorie sei. Diese Meinung entspringt einer künstlichen Einteilung in mathematische bzw. physikalische Theorien, siehe oben im Kapitel „Die Entwicklung des Vereinheitlichungsgedankens" bezüglich Minkowski, S. 263–272.

[14] Siehe Wuensch (2003b).

[15] Ebd.

promoviert worden. In mehreren Schriften hat Weyl – wenn auch nicht immer positiv – Hilberts Einfluss auf sein Denken betont.[16]

Als Hermann Weyl 1918 seinen Artikel „Gravitation und Elektrizität"[17] veröffentlichte, war er Mathematikprofessor in Zürich. In seiner Arbeit schlug er die Vereinheitlichung des Elektromagnetismus und der Gravitation durch eine Eichung des elektromagnetischen Vektorpotentials vor. Das schien nur ein rein formaler mathematischer Schritt zu sein, denn die Verbesserung bestand darin, dass seine Theorie nicht nur den Gravitationstensor g_{ik}, sondern auch einen Fundamentalvektor Φ_i enthält, der als elektromagnetisches Potential interpretiert wird.[18] Dadurch vervollkommnete Weyl zwar die Weltmetrik, doch die zwei Wechselwirkungen entsprangen daraus weiterhin getrennt.[19] Weyls Theorie beruhte auf Eichtransformationen des Raumelementes. Ende der zwanziger Jahre entwickelte er seine Theorie weiter und verallgemeinerte die Eichtransformationen für die Wellenfunktion eines Elektrons.[20] Dieses neue Konzept bildete später den Ausgangspunkt der modernen Eichtransformationen, auf denen die Physik der Elementarteilchen beruht.

Kaluza studierte die Abhandlung Weyls vermutlich kurz nach seiner Rückkehr aus dem Krieg, nachdem er sich von seiner Krankheit erholt hatte. Er bemerkte die Schwächen von Weyls Beitrag, der noch nicht zur Vereinheitlichung der beiden Wechselwirkungen führte.[21] Auch Einstein interessierte sich für Weyls Theorie. Er war von der Vereinheitlichungsidee begeistert und legte der Preußischen Akademie Weyls Abhandlung[22] zur Veröffentlichung vor. Doch seine Begeisterung legte sich, als er bemerkte, dass in dieser Theorie das Raumzeitelement ds^2 nicht invariant ist. Das hätte die verhängnisvolle physikalische Folge, dass sich

---

[16] Siehe z.B. Weyl in seiner Dissertation 1908, zitiert in Sigurdsson (1991), S. 5 und Weyl (1944), S. 653–654.

[17] Weyl (1918), „Gravitation und Elektrizität", zitiert in Kaluza (1921), S. 966.

[18] Weyl (1918), S. 469.

[19] Vgl. Bergmann (1947), S. 245–253. Die Neuerung von Weyl beruhte darauf, dass seine neue Metrik invariant bei einer Eichtransformation war, d.h. symmetrisch gegenüber dieser Eichtransformation blieb. Durch die sogenannte „lokale Eichtransformation" führte er das erste Mal eine neue Art von Transformation ein, die verschieden war von einer Transformation der Koordinaten, die in der Relativitätstheorie von fundamentaler Bedeutung ist. Diese lokale Eichtransformation ließ die Feldgleichungen invariant, aber das Linienelement $ds^2=g_{ik}dx^i dx^k$ blieb nicht mehr invariant, sondern transformierte sich in λds^2 (λ ist eine Konstante). Daher handelt es sich hier nicht mehr um eine Riemannsche Metrik wie in der Relativitätstheorie; siehe auch Pais (1986), S. 345.

[20] Weyl (1929).

[21] Kaluza (1921), S. 966.

[22] Weyl (1918).

zum Beispiel die Spektrallinien der Wasserstoffatome in Abhängigkeit von dem zurückgelegten Weg verändern müssten – eine nie beobachtete Erscheinung.[23] Das brachte Einstein zu der ironischen Bemerkung, über die Weyl sich sehr ärgerte: *„Ihr Gedankengang ist von wunderbarer Geschlossenheit. Abgesehen von der Übereinstimmung mit der Wirklichkeit ist es jedenfalls eine grandiose Leistung des Gedankens."*[24]

Bevor Kaluzas Theorie erschien, existierten noch zwei Vereinheitlichungsversuche in fünf Dimensionen: Nordströms Theorie von 1914, die wir oben erwähnt haben, und Joseph Larmors Theorie „On Generalized Relativity in Connection with Mr. W. J. Johnston's Symbolic Calculus."[25] Larmor reichte seine Arbeit den *Proceedings of the Royal Society of London* am 28. August 1919 ein, fünf Monate nachdem Kaluza seine Theorie Einstein zugeschickt hatte. Larmors Artikel wurde jedoch vor Kaluzas Theorie veröffentlicht. Wie Nordström in seiner Theorie verwendete auch Larmor einen flachen fünfdimensionalen Minkowskischen Raum, weshalb seine Theorie ebenfalls wenig Aufmerksamkeit erregte.[26]

Erwähnt sei auch ein Aufsatz von Edward Kasner von der Columbia University in New York, „The impossibility of Einstein fields immersed in flat space of five dimensions", der vor Kaluzas Theorie veröffentlicht wurde (1921), aber später verfasst worden war. Hier bewies der Autor, dass Einsteins Allgemeine Relativitätstheorie nicht in einen fünfdimensionalen Raum mit flacher Metrik eingebettet werden kann.[27]

Kaluza war überzeugt, dass seine eigene Theorie „eine noch vollkommenere Verwirklichung des Unitätsgedankens" darstellte als Weyls Theorie: Sie umfasste eine „enge Union beider Weltmächte".[28] Seine Wortwahl erinnert unverkennbar an Minkowskis Bezeichnung der Vereinigung von Raum und Zeit in seinem Kölner Vortrag von 1908: „[…] nur noch eine Art Union der beiden soll Selbständigkeit bewahren."[29] Auch hier zeigt sich Minkowskis konzeptioneller Einfluss auf Kaluza. Diese Union vollzog sich in Kaluzas Theorie in einem fünfdi-

---

[23] Siehe dazu auch Pais (1986), S. 346.

[24] Einstein an Weyl am 8. April 1918, CPAE Vol. 8B, Doc. 499, S. 711.

[25] Larmor (1919).

[26] Sie wurde von Einstein in keinem seiner Briefe erwähnt.

[27] Siehe Kasner (1921). Kasner bewies nur den Fall des Gravitationsfeldes $G_{ik}=0$ (in dem Materie fehlt). Kasner scheint weder Nordströms noch Larmors Aufsätze gekannt zu haben. Er zitiert dagegen Hilbert (1915) und Weyls Buch „Raum, Zeit, Materie", 3. Auflage (1919). Es scheint also, dass Kasner nicht an einer vereinheitlichten Theorie interessiert war.

[28] Kaluza (1921), S. 966.

[29] Minkowski (1908b), S. 56.

mensionalen Raum. Wie er weiter betonte: „*Gravitations- und elektromagnetisches Feld entspringen einem einzigen universellen Tensor*".[30]

Kaluza knüpfte an die Riemannsche Metrik an, wie das auch in der Allgemeinen Relativitätstheorie der Fall war. Das Linienelement ds^2 blieb eine Invariante der Koordinatentransformation. Nun führte er eine zusätzliche räumliche Dimension als „fünfte Weltdimension" ein und kommentierte diesen Schritt wie folgt: „*Nun bringt zwar unser bisheriger physikalischer Erfahrungsschatz sonst kaum einen Hinweis auf einen solchen überzähligen Weltparameter, doch steht ja frei, unsere Raumzeitwelt als vierdimensionalen Anteil an einem R_5 anzusehen.*"[31]

Der fünfdimensionale Metriktensor $g_{\mu\nu}$, (μ, ν = 1,...,5) – den Kaluza „den metrischen Fundamentaltensor dieses R_5"[32] nennt – muss nach seiner Theorie einige Bedingungen erfüllen. Da wir die fünfte Koordinate unter gewöhnlichen Bedingungen nicht wahrnehmen können, weil sie in den uns bekannten „Zustandsgrößen" nicht auftritt, drückte Kaluza diese Feststellung mathematisch durch die „Zylinderbedingung" aus. Sie verlangt, die „*Ableitungen [von Zustandsgrößen] nach dem neuen Parameter gleich Null* [zu] setz[en], bzw. als von höherer Ordnung klein [zu] behandel[n]"[33]:

$$(1) \qquad \frac{\partial f(x)}{\partial x^5} = 0\,.$$

Anders gesagt, verlangt Kaluza, dass jede Zustandsgröße nur von den vier wahrnehmbaren Raum-Zeit-Koordinaten abhängt, denn wäre das nicht so, hätte man eine Abhängigkeit von der fünften räumlichen Dimension messen können, was nicht der Fall war. Die Bedingung, dass die Ableitungen nach x^5 verschwinden, legt aber schon die Struktur des fünfdimensionalen Raums fest: Es handelt sich um eine Zylinderwelt, deren fünfte Dimension als Zylinder-Achse ausgezeichnet ist. Kaluza konnte zeigen, dass die fünfte Dimension raumartig ist.[34]

In dieser fünfdimensionalen Welt gilt Einsteins Allgemeine Relativitätstheorie, es existiert also eine fünfdimensionale Gravitationskraft. Daher schreibt Kaluza: „Wir begeben uns mithin in einen R_5 und übertragen auf ihn die Einstein-

---

[30] Kaluza (1921), S. 966.

[31] Ebd., S. 967.

[32] Ebd.

[33] Ebd., im Originaltext hervorgehoben. Kaluza hat diese Bedingung nicht als Formel angegeben und mit einer anderen Nummerierung der Indices (lateinische Indices von *0* bis *4* und griechische von *1* bis *4*) gearbeitet. Einfachheitshalber werden hier sowohl griechische als auch lateinische Indices mit der Nummerierung von *1* bis *5* verwendet.

[34] Vgl. Einstein (1927b), S. 30.

schen Ansätze."[35] Weiter übernimmt er Einsteins Metriktensor, den er nun im fünfdimensionalen Raum schreibt, und zeigt, dass die Komponenten der Metrik, die durch die fünfte Dimension entstehen, die $g_{5v}=g_{v5}$ ($v = 1,...,4$), proportional zu dem elektromagnetischen Vierer-Vektorpotential $\Phi_\mu = (\Phi, A)$ sind

$$g_{5\mu} = 2\alpha\Phi_\mu \qquad (\mu = 1,...,4 \text{ und } \alpha \text{ ist eine Konstante}).[36]$$

Die restlichen Komponenten des fünfdimensionalen Metriktensors $g_{\mu v}$ ($\mu, v = 1,...,4$) bestehen aus den alten Gravitationspotentialen wie in Einsteins Allgemeiner Relativitätstheorie. Die Tatsache, dass Kaluza die fünften Komponenten der Metrik, die die Beschaffenheit des fünfdimensionalen Raums zeigen, durch das elektromagnetische Potential ersetzt, ist ein kühner Schritt zur Geometrisierung der Physik.

Diese Ergebnisse lassen sich in moderner mathematischer Sprache anhand einer *5x5* Matrix des Metriktensors darstellen. Die zwei Wechselwirkungen erscheinen darin getrennt: der *4x4* Kern der Matrix stellt die Gravitation und die fünfte Zeile und fünfte Spalte den Elektromagnetismus dar:

$$(2) \qquad g_{rs} = \begin{pmatrix} g_{11} & g_{12} & g_{13} & g_{14} & \Phi_1 \\ g_{21} & g_{22} & g_{23} & g_{24} & \Phi_2 \\ g_{31} & g_{32} & g_{33} & g_{34} & \Phi_3 \\ g_{41} & g_{42} & g_{43} & g_{44} & \Phi_4 \\ \Phi_1 & \Phi_2 & \Phi_3 & \Phi_4 & g_{55} \end{pmatrix} = \begin{pmatrix} g_{\mu v} & \Phi_\mu \\ \Phi_v & g_{55} \end{pmatrix}$$

Die Metrikkomponente g_{55}, die durch g dargestellt wird,

$$g_{55} = 2g$$

ist ein neues Feld, das Kaluza als Newtonsches „negatives Gravitationspotential"[37] interpretiert.

So lässt sich die 5x5 Matrix des Metriktensors in zwei Teile zerlegen, die jeweils aus den zwei verschiedenen Wechselwirkungen, Gravitation und Elektromagnetismus, entspringen:

---

[35] Kaluza (1921), S. 967.

[36] Ebd., S. 968.

[37] Ebd., S. 970. Die meisten der bisherigen Analysen der Theorie Kaluzas machen die falsche Annahme, Kaluza habe g_{55} konstant gesetzt, was als Folge eine andere Struktur seiner Theorie gehabt hätte. Für eine ausführliche Analyse siehe dazu Goenner und Wuensch (2003).

$$
\begin{pmatrix}
 & & & & & & E \\
 & & & & & & l \\
G & r & a & v & i & & e \\
 & & & & & & k \\
 & & & & & & t \\
 & t & a & & & & r \\
 & & & & & & o \\
 & & & & & & m \\
 & t & i & o & n & & a \\
 & & & & & & g \\
 & & & & & & n. \\
E & l & e & k & t & r & o\;\;m\;\;a\;\;g\;\;n.
\end{pmatrix}
$$

Die fünfdimensionalen Feldgleichungen leitete Kaluza direkt aus den Einsteinschen Gravitationsgleichungen im Vakuum her, geschrieben im fünfdimensionalen Raum:

(3) $R_{rs} = 0$ (R_{rs} ist der Ricci-Tensor; $r, s = 1, ..., 5$).

Weiter bewies Kaluza, dass diese fünfdimensionalen Gravitationsgleichungen im vierdimensionalen Raum in die Einstein- und Maxwell-Gleichungen zerfallen. Dies konnte er nur für eine Näherung für schwache Felder – unter der Annahme von kleinen Abweichungen von der Minkowski-Metrik[38] zeigen:

(4) $g_{rs} = -\delta_{rs} + h_{rs}$ ($r, s = 1, ..., 5$).

Was war die physikalische Bedeutung dieser Beweisführung? Was uns – im vierdimensionalen Raum – als zwei verschiedene Wechselwirkungen erscheint, Gravitation und Elektromagnetismus, stellt im fünfdimensionalen Raum eine einzige gravitationsartige Wechselwirkung dar, nämlich ein „universelles Feld", er zeugt von einem Potentialtensor: „So wäre", schreibt Kaluza zusammenfassend, „in Vorstehendem die erstrebte *unitarische Theorie* in ihren Hauptzügen befriedigend durchgeführt: *Ein einziger Potentialtensor* erzeugt ein *universelles Feld*, das sich unter gewöhnlichen Bedingungen in einen *gravitatorischen* und einen *elektrischen*

---

[38] Kaluza (1921), S. 968. Kaluza nennt dies die „Näherung I".

Anteil spaltet."[39] Die Hervorhebungen im Text zeigen deutlich Kaluzas wichtigsten erreichten Ziele: Die Vereinheitlichung der Gravitation und des Elektromagnetismus anhand eines einzigen „universellen Feldes". Wie vorher erwähnt, sind diese Inhalte der Theorie Kaluzas ausschließlich erkenntnistheoretisch zu begründen, und daher ist nach ihren Wurzeln in der philosophischen Auffassung des Autors zu suchen.

Als physikalische Folge der Theorie ergibt sich, dass unsere Welt fünfdimensional ist, auch wenn wir nur vier ihrer Dimensionen wahrnehmen (drei räumliche und eine zeitliche). Da wir nur in vier raumzeitlichen Dimensionen leben, nehmen wir die fünfdimensionale Gravitation als zwei verschiedene Wechselwirkungen wahr. Was uns als elektromagnetische Wechselwirkung erscheint, ist eine Projektion der fünfdimensionalen Gravitation in unsere Welt.

Aus den Maxwell-Gleichungen für die Komponenten des Viererstroms

(5)
$$I^\mu = \rho_0 v^\mu = \frac{\kappa}{\alpha} T_{5\mu} = \frac{\kappa}{\alpha} \mu_0 u^5 u^\mu$$
(ρ_0 ist die Ladungsdichte und μ_0 die

Massenruhedichte, $\alpha, \kappa =$ Konstanten

$$v^\mu = \frac{dx^\mu}{d\sigma}, d\sigma^2 = g_{\lambda\mu} dx^\lambda dx^\mu)$$

und unter Benutzung der zweiten Näherung[40] für kleine Geschwindigkeiten:

(6) $u^1, u^2, u^3, u^5 \ll 1$ und $u^4 \approx 1$

folgt (da $v^\mu \approx u^\mu$):

(7)
$$\rho_0 = \frac{\kappa}{\alpha} \mu_0 u^5 = 2\alpha\mu_0 u_5 = 2\alpha p_5$$
(p_5 ist die fünfte Impulskomponente

und u^5 die fünfte Geschwindigkeitskomponente).[41]

---

[39] Kaluza (1921), S. 971, im Originaltext hervorgehoben.

[40] Aus der „Näherung II" für kleine Geschwindigkeiten folgt ebenfalls unter Verwendung von (7) auch

$$\rho_0 \langle\langle \mu_0, \frac{\rho_0}{\mu_0} \langle\langle 1 ,$$

d.h. eine „sehr geringe spezifische Ladung der bewegten Materie", ebd., S. 969.

[41] Ebd.

Das heißt, dass die Ladungsdichte proportional zu der fünften Komponente des Impulses eines Teilchens ist:

(8) $\rho_0 \approx p_5$.

Kaluza bewies damit, dass wir „die elektrische *Ladung* im wesentlichen als *fünfte Impulskomponente* der ‚schräg' zu den Räumen x^5 = const. ‚bewegten' *Masse* verstehen dürfen."[42] Durch die im Text hervorgehobenen Begriffe wies Kaluza auf die bemerkenswerte Tatsache hin, dass sich durch seine Theorie die Ladung als die fünfte Impulskomponente einer bewegten Masse auffassen lässt und sich damit die beiden unterschiedlichen Größen Ladung und Masse in Verbindung bringen lassen: „*Eine weitere Verschmelzung zweier sonst heterogener Grundbegriffe erscheint damit vollzogen.*"[43] Die Ladung ist also eine Erscheinung der fünften Dimension: Sie entsteht durch die Bewegung eines Teilchens mit Masse m in der fünften Dimension. Anders als im Rahmen des elektromagnetischen Programms, dessen Ziel es war, die Masse auf die Ladung zu reduzieren, entspringt in Kaluzas Theorie die Ladung aus der in der fünften Dimension bewegten Masse.

Der Geodäten in dieser Zylinderwelt entspricht die Bahn eines geladenen Teilchens, das sich in einem aus Gravitation und Elektromagnetismus kombinierten Feld bewegt. Aus der „geodätischen Bewegungsgleichung" im fünfdimensionalen Raum,

(9) $$\frac{du^l}{ds} = \Gamma_{rs}^l u^r u^s$$

(*ds* stellt das fünfdimensionale Raumelement

$$ds^2 = g_{lm}\,dx^l\,dx^m \text{ dar und } u^r = \frac{dx^r}{ds} \quad r,s = 1,\ldots,5)[44],$$

leitete Kaluza unter Verwendung der „Näherung II" für kleine Geschwindigkeiten und geringe spezifische Ladungsdichte die richtigen Gleichungen für die Bewegung eines geladenen Teilchens in der vierdimensionalen Raum-Zeit ab. Damit bewies er, dass sich – ausgehend von den Bewegungsgleichungen im fünfdimensionalen Raum – „die Bewegung geladener Materie im Gravitations- und elektromagnetischen Feld erfahrungstreu darstellen [lässt]."[45]

(10) $\pi^\lambda = \mu_0 \dfrac{dv^\lambda}{d\sigma} = \Gamma_{l\sigma}^\lambda T^{l\sigma} + F_\kappa^\lambda I^\kappa$ (π^λ = die Kraftdichte,
$\qquad\qquad\qquad\qquad\qquad\qquad\quad T^{l\sigma}$ = Energietensor der Materie,
$\qquad\qquad\qquad\qquad\qquad\qquad\quad F_k^l$ = Elektromagnetische Feldstärke).

---

[42] Kaluza (1921), S. 969, im Originaltext hervorgehoben.

[43] Ebd.

[44] Ebd., S. 970.

[45] Ebd.

Wie Kaluza bemerkt: „[…] die Gesamtkraft spaltet sich also von selbst in einen gravitatorischen und einen elektromagnetischen Anteil der gewohnten [Lorentzschen] Form."[46]

Besonders bemerkenswert an Kaluzas Theorie war die Feststellung, dass die fünften Komponenten des metrischen Tensors $g_{\mu\nu}$ ($\mu, \nu = 1,\ldots,5$) nur in den „elektrischen Potentialen" enthalten sind. Kaluza konnte also beweisen, dass die fünfte Dimension nur zur elektromagnetischen Wechselwirkung beiträgt, nicht aber zur Gravitation. Dadurch konnte er Elektromagnetismus als eine geometrische Erscheinung der fünften Dimension definieren. Diese Idee sollte Einstein stark beeindrucken. So schrieb er: „Kaluzas Idee liefert also das tiefere Verständnis für die Tatsache, dass neben dem symmetrischen Tensor (g_{mn}) der Metrik lediglich der (von einem Potential ableitbare) antisymmetrische Tensor (ϕ_{mn}) des elektromagnetischen Feldes eine Rolle spielt."[47] Dadurch kam Kaluza mit seiner Theorie Riemanns und Einsteins Traum von der Geometrisierung der Physik näher.

Die Zylinderbedingung in Kaluzas Theorie beruht auf einem konzeptionell wichtigen Inhalt: Sie ermöglicht die sinnvolle Reduzierung des fünfdimensionalen Raumes auf den für uns wahrnehmbaren vierdimensionalen Raum, ein neues physikalisches Konzept, das seit Kaluza in die Physik eingedrungen ist. Auf diesen Inhalt machte erst Einstein 1927 aufmerksam: „Er [Kaluza] bleibt bei der Riemannschen Metrik, bedient sich aber eines Kontinuums von fünf Dimensionen, das er durch die ,Zylinderbedingung' gewissermaßen zu einem Kontinuum von vier Dimensionen *reduziert*."[48] Der Begriff ist seitdem in die Physik eingedrungen, man muss jedoch bemerken, dass seine Bedeutung nichts mit der – von Wissenschaftstheoretikern diskutierten – „Reduktion physikalischer Theorien" zu tun hat, sondern eine Projektion oder Übertragung des fünfdimensionalen Raums auf unser vierdimensionales Raumzeitkontinuum bezeichnet.

Das Konzept des *Reduzierens der fünfdimensionalen Welt* auf unseren vierdimensionalen Raum war bereits in Nordströms Theorie enthalten: Auch wenn ihr Nordström keine physikalische Interpretation gab, bedeutete seine Bedingung, dass die Ableitung aller Feldgrößen nach der fünften Dimension null sein muss, nichts anderes als Kaluzas Zylinderbedingung. Trotzdem gibt es einen großen Unterschied zwischen beiden Vereinheitlichungsmodellen: Während Nordström die Vereinheitlichung der Gravitation und des Elektromagnetismus anhand der Zusammenhänge zwischen den Feldgrößen zu erzielen versuchte (indem er aus den Feldgrößen einen neuen Tensor konstruierte), bestand Kaluzas Idee darin,

---

[46] Ebd.

[47] Einstein (1927a), S. 25.

[48] Ebd., S. 23. Von der Autorin hervorgehoben.

die Vereinheitlichung der beiden Wechselwirkungen anhand der Metrik des Raumes zu erreichen – ein Schritt, der viel fundamentaler erscheint. Bei Kaluza war der Elektromagnetismus in die Metrik des fünfdimensionalen Raumes eingebettet, was bei Nordström nicht möglich war, da er mit der Minkowskischen Metrik arbeitete, deren Komponenten (konstante) Zahlen sind. Wie in Einsteins Allgemeiner Relativitätstheorie entstand bei Kaluza die neue Wechselwirkung als Folge der Geometrie des Raumes. Die vereinheitlichte Wechselwirkung war bei Kaluza die fünfdimensionale Gravitation, während bei Nordström die vereinheitlichte Kraft ein fünfdimensionaler Elektromagnetismus minkowskischer Art war.

Kaluzas Theorie bot ein *geometrisches Vereinheitlichungsmodell*, das sich später in der Physik als fruchtbar erweisen sollte – und darin ist sein Hauptverdienst enthalten: Zwei verschiedene Naturkräfte lassen sich zu einer Einheit bringen, wenn man dem physikalischen Raum eine (räumliche) Dimension hinzufügt; die resultierende vereinheitlichte Wechselwirkung und damit die fundamentale Naturkraft ist die Gravitation, die in der Metrik des höherdimensionalen Raumes eingebettet ist. Aus ihr entspringen alle anderen Naturkräfte, die ebenfalls in der Geometrie des Raumes eingebunden sind. Anhand dieses Modells ist man inzwischen bei elf Dimensionen angekommen, um alle vier heute bekannten Kräfte zu vereinen: Gravitation, Elektromagnetismus, schwache und starke Wechselwirkung.

Die vielfältige Komplexität von Kaluzas Theorie nötigte vielen modernen Physikern Bewunderung über ihre Perfektion ab.[49] Einstein bemerkte 1928 in einem Brief an Abraham Fraenkel: *„Ob sich diese Idee bewähren wird, kann man noch nicht sagen, Genialität wird man ihr zuerkennen müssen."*[50]

Die Einheit der physikalischen Kräfte:
Wie eine Erkenntnistheorie sich auf physikalische Theorien auswirkt

Am Anfang seiner Abhandlung über die fünfdimensionale vereinheitlichte Theorie erwähnt Kaluza einen formalen Vergleich zwischen elektromagnetischen und Gravitationsgrößen, der seinen Vereinheitlichungsgedanken in Gang gesetzt habe: „Die Rotorform der elektromagnetischen Feldkomponenten $\Gamma_{\mu\lambda}$, noch mehr aber das unverkennbare formale Entsprechen im Bau der Gravitations- und der elektromagnetischen Gleichungen (vgl. dazu auch H. Thirring, Phys. Zeitschr. 19, p. 204) fordern förmlich die Vermutung heraus, die

---

[49] Vgl. Mielke (1985). Er bezeichnet die Theorie von Kaluza als „zu gut", um von der zeitgenössischen Physikwelt akzeptiert zu werden. Vgl. dazu auch Abdus Salams ähnliche Aussage in dem Drehbuch von Burge und Millington (1985) und Greene (1999), S. 185.

[50] Brief von Einstein an Fraenkel vom 26. Oktober 1928, EA 14-250.

$$\frac{1}{2} F_{\mu\lambda} = \frac{1}{2}\left(\frac{\partial \Phi_\mu}{\partial x_\lambda} - \frac{\partial \Phi_\lambda}{\partial x_\mu}\right)$$ könnten irgendwie *verstümmelte Dreizeigergrößen*

$$\Gamma_{i\lambda}^{\mu} = \frac{1}{2}\left(\frac{\partial g_{i\mu}}{\partial x_\lambda} + \frac{\partial g_{\mu\lambda}}{\partial x_i} - \frac{\partial g_{i\lambda}}{\partial x_\mu}\right)$$ sein."[51]

Wie kam Kaluza zu der „Vermutung", dass die elektromagnetischen Feldgrößen „verstümmelte Dreizeigergrößen [Christoffelsymbole]" seien und welche Bedeutung hatte diese Vermutung für die weitere Entwicklung seiner Theorie? Kaluza zitiert hier einen Aufsatz von Hans Thirring, „Über die formale Analogie zwischen den elektromagnetischen Grundgleichungen und den Einsteinschen Gravitationsgleichungen erster Näherung", erschienen 1918 in der *Physikalischen Zeitschrift*.[52] In dieser Arbeit zeigte Thirring die formale Ähnlichkeit zwischen den Einsteinschen Gravitationsgleichungen und den Maxwell-Gleichungen in schwachen Gravitationsfeldern, das heißt, wenn die Metrik des Raumes wenig von der Minkowskischen Metrik abweicht:

$$g_{\mu\nu} = -\delta_{\mu\nu} + \gamma_{\mu\nu}$$ ($\gamma_{\mu\nu}$ sind kleine Größen erster Ordnung, $\mu, \nu = 1, ..., 4$).

In diesem Fall nehmen die Christoffelsymbole Rotorform an:

$$\Gamma_{i\lambda}^{\mu} = \frac{1}{2}\left(\frac{\partial g_{\mu\lambda}}{\partial x_i} - \frac{\partial g_{i\lambda}}{\partial x_\mu}\right),$$ wenn $i \neq \mu$ ($\Gamma_{i\lambda}^{i} = 0$) und die Einsteinschen Gravitationsgleichungen gehen – abgesehen von einer Konstanten – in die elektrodynamischen Gleichungen über.[53] Die Analogie der Gravitationsgleichungen und der elektromagnetischen Gleichungen für den Fall der schwachen Felder konnte vielfach interpretiert werden: Bei Kaluza löste sie die Frage aus, ob diese Analogie nicht auf einen tieferen Zusammenhang zwischen der Gravitation und dem Elektromagnetismus hindeuten könnte.

Da die Rotorform der Christoffelsymbole im Fall der kleinen Abweichungen von der Minkowski-Metrik an die mathematische Form der elektromagnetischen Feldgrößen $\frac{1}{2} F_{\mu\lambda} = \frac{1}{2}\left(\frac{\partial \Phi_\mu}{\partial x_\lambda} - \frac{\partial \Phi_\lambda}{\partial x_\mu}\right)$ erinnert, führte Kaluza den Gedanken weiter und fragte sich, welcher Zusammenhang zwischen diesen Größen im Fall der

---

[51] Kaluza (1921), S. 966–967. Im Originaltext vom Autor hervorgehoben. Anstelle von Φ_i verwendete Kaluza q_i und anstelle von $\Gamma_{i\lambda}^{\mu}$ verwendete er $\left[\begin{smallmatrix} i\lambda \\ \mu \end{smallmatrix}\right]$.
[52] Thirring (1918).
[53] Siehe ebd., S. 205.

normalen Gravitationsfelder (ohne Näherung) existiere. In diesem Fall lag die Analogie nicht mehr auf der Hand, da die elektromagnetischen Feldgrößen und die Christoffelsymbole verschiedene mathematische Form hatten:

$$\frac{1}{2}F_{\mu\lambda} = \frac{1}{2}\left(\frac{\partial\Phi_{\mu}}{\partial x_{\lambda}} - \frac{\partial\Phi_{\lambda}}{\partial x_{\mu}}\right)$$

$$\Gamma_{i\lambda}^{\mu} = \frac{1}{2}\left(\frac{\partial g_{i\mu}}{\partial x_{\lambda}} + \frac{\partial g_{\mu\lambda}}{\partial x_{i}} - \frac{\partial g_{i\lambda}}{\partial x_{\mu}}\right).$$

Die Interpretation, die Kaluza gab, war, dass im Fall der Allgemeinen Relativitätstheorie, wenn der Raum also mit der Riemannschen Metrik ausgestattet ist, die elektromagnetischen Feldgrößen „verstümmelte Dreizeigergrößen" seien und man dementsprechend versuchen kann, sie in Zusammenhang zu bringen. Wie wir gesehen haben, entstand der Zusammenhang durch die Konstruktion einer fünfdimensionalen Zylinderwelt mit Riemannscher Metrik, so dass die Metrikkomponenten der fünften Dimension $g_{\mu 5}$ *(μ = 1,...,4)* proportional zu den Komponenten des elektromagnetischen Viererpotentials Φ_{μ} sind:

$$g_{5\mu} = 2\alpha\Phi_{\mu} \quad (\mu = 1,...,4; \ \alpha \text{ ist eine Konstante}).$$

Dadurch bettete Kaluza den Elektromagnetismus in die Geometrie des fünfdimensionalen Raumes ein. Über Kaluzas Gedanken, eine fünfdimensionale Welt zu entwickeln, die es ermöglichte, seine Beobachtung, elektromagnetische Feldgrößen seien „verstümmelte Dreizeigergrößen", zu begründen, äußerte sich Einstein 1919 folgendermaßen: *„Der Gedanke, dass die elektrischen Feldgrößen verstüm-*

melte $\begin{Bmatrix} \mu\nu \\ \rho \end{Bmatrix}$ *seien, ist mir auch schon oft hartnäckig aufgesessen. Aber der Gedanke, dies*

durch eine fünfdimensionale Zylinderwelt[54] zu erzielen, ist mir nie gekommen und dürfte überhaupt neu sein. Ihr Gedanke gefällt mir zunächst außerordentlich."[55]

Während Kaluza die formale Analogie zwischen der Rotorform der elektromagnetischen Feldgrößen und der im Fall der schwachen Felder auch auf eine Rotorform reduzierten Christoffelsymbole als Ausgangspunkt für seine Theorie der Vereinheitlichung nahm, interpretierte Hans Thirring diese Analogie *nicht* als Hinweis auf einen Zusammenhang zwischen den beiden Naturkräften. Im Ge-

---

[54] Die Bezeichnung „Zylinderwelt" stammt von Felix Klein, der in seiner Abhandlung von 1918 „Einsteins räumlich-geschlossene Welt (Zylinderwelt)" mit konstanter positiver Krümmung dargestellt hatte, siehe Klein (1918), S. 405. Offenbar kannte Kaluza diese Abhandlung.

[55] Brief von Einstein an Kaluza vom 21. April 1919, EA 14-249.2.

genteil: Thirring schloss daraus, dass die Form der Maxwell-Gleichungen nicht genau stimmen könne, sondern nur eine Näherung bedeute, und für starke elektromagnetische Felder geändert werden müsse. Thirring resümierte: „Es drängt sich deshalb (abgesehen von dem physikalischen Bedürfnis auch aus formalen Gründen) die Vermutung auf, dass die Maxwell-Lorentzschen Gleichungen ebenfalls nur Näherungsformeln seien, die zwar für die elektrotechnisch herstellbaren Felder genügend genau sind, für viel stärkere Felder aber, wie sie in den Atom- und Elektronendimensionen auftreten, einer entsprechenden Verallgemeinerung bedürfen."[56]

Thirrings Schlussfolgerung ist – wie er selber sagt – eine „Bemerkung prinzipieller Natur", sie beruht auf seiner Erkenntnistheorie, die – anders als bei Kaluza – *nicht* zur Vereinheitlichung führte: „An der Herleitung dieser formalen Analogie sei eine Bemerkung prinzipieller Natur angeschlossen. Es erscheint von vornherein sehr unwahrscheinlich, dass mathematische Gesetze, die auf einem Erscheinungsgebiete Näherungsformeln für gewisse Spezialfälle darstellen, ein anderes Erscheinungsgebiet *exakt* beschreiben sollen."[57]

Wie bedeutend die erkenntnistheoretische Basis einer Theorie ist, zeigt sich in den unterschiedlichen Schlussfolgerungen, die Kaluza und Thirring in ihren Artikeln ziehen. Dieser Vergleich zeigt erneut, wie entscheidend für die Entstehung einer Theorie die erkenntnistheoretische und philosophische Auffassung eines Wissenschaftlers ist. Sie kann zu *konzeptionell* von Grund auf unterschiedlichen physikalischen Auffassungen führen. In einem metaphorischen Sinne kann sie daher mit dem Leuchtturm verglichen werden, der dem Physiker die Richtung weist.[58]

---

[56] Thirring (1918), S. 205.

[57] Ebd., im Originaltext hervorgehoben.

[58] Verbins und Nielsens Thesen "Moreover, the 2-pages 1918 paper by Thirring […] may be regarded a preparation and motivation for all the rest" und "It is obvious that the Thirring paper had a strong influence on Kaluza" [Verbin und Nielsen (2004)] scheint der Autorin völlig übertrieben, zumal dieser Vergleich gezeigt hat, dass Thirrings Analogie jeden der beiden Physiker in eine andere Richtung und Thirring eben nicht zur Vereinheitlichung geführt hat. Von Thirrings Analogie für schwache Felder bis zur Interpretation Kaluzas, dass in dem Fall der *normalen* Felder die elektromagnetischen Feldgrößen „verstümmelte Dreizeigergrößen" seien, eine Interpretation, die bei Thirring nicht mehr auftritt, war es ein langer Weg. Ein noch längerer Weg war es, eine fünfdimensionale Welt zu konstruieren, die es ermöglichte, diese Beobachtung zu erklären. Siehe dazu auch Einsteins Kommentar über Kaluzas Idee in seinem Brief vom 21. April 1918 an Kaluza: Nicht den Gedanken, die elektromagnetischen Feldgrößen seien „verstümmelte Dreizeigergrößen", der auf eine mathematische Beobachtung zurückzuführen ist, schätzte Einstein, sondern „dies durch eine fünfdimensionale Zylinderwelt zu erzielen", also Kaluzas physikalische Entwicklung beeindruckte Einstein zutiefst.

Eine laienhafte Erklärung von Kaluzas Theorie

> *„Es wird häufig behauptet, unser Wissen vermehre
> sich so rasch, dass man ihm nicht mehr folgen kön-
> ne. Ich halte diese Behauptung für falsch – wenig-
> stens was die Naturwissenschaften anbelangt.
> Denn diese streben vor allem nach Einfachheit,
> und je mehr wir verstehen, umso einfacher wird
> alles. Das widerspricht selbstverständlich der all-
> gemeinen Überzeugung."* Edward Teller[59]

Einstein hat in seinem Leben wiederholt behauptet, dass die physikalischen Gesetze so aufgestellt werden müssten, dass sie das Kriterium der logischen Einfachheit erfüllen.[60] Sie sollten möglichst so formuliert werden, dass man sie auch
einem Kind verständlich machen könne.[61] Für Einstein musste jede neue Theorie
dieses Kriterium der Einfachheit erfüllen, um sich als „richtig" zu erweisen. Erst
dann konnte sie sich experimentell bewähren. Das betraf auch die Spezielle und
die Allgemeine Relativitätstheorie. Als er 1919 die Theorie von Kaluza kennenlernte, war er überzeugt, dass sie dieser Forderung nach Einfachheit entsprach.
Er nannte das „formale Einheitlichkeit".

Im Zusammenhang mit dem Buch von Abbott soll nun der Versuch unternommen werden, Kaluzas Theorie in einer sehr einfachen Art darzustellen, freilich ohne den Anspruch, den tiefgreifenden Sinn dieser Theorie voll erfassen zu
können.

Man stelle sich wieder das „Flachland" vor, weil so am besten zu analysieren
ist, wie Kaluzas Theorie dort wahrzunehmen wäre. Die Theorie wird durch einen
Elefanten ersetzt, der ohne sein Wissen ins Flachland von Mr. Quadrat gerät. Zunächst landet er dort auf seinen vier Beinen. Wie wird er von Mr. Quadrat gesehen? Mr. Quadrat würde vier runde Spuren – die der Füße des Elefanten –
wahrnehmen. Er wird vielleicht noch merken, dass sich alle vier Spuren so bewe-

---

[59] Teller (1993), S. 12–13.
[60] Siehe dazu Wuensch (2003b).
[61] Auch in Louis de Broglie (1955): « Vue générale sur l'œuvre d'Albert Einstein », 42 J 47
369, ALB.

gen, als seien sie mehr oder weniger gleichzeitig von derselben Kraft angetrieben. Mr. Quadrat wird ein bisschen misstrauisch.

Abb. 22: Figur: Ein Elefant steht im Flachland

Nun ist der Elefant müde und legt sich auf den Boden. Dadurch verwandelt er sich und erscheint Mr. Quadrat jetzt als ein merkwürdig geformtes Wesen, das an das bekannte Profil eines Elefanten erinnert. Mr. Quadrat kann das aber nicht einordnen.

Abb. 23: Figur: Ein Elefant liegt im Flachland

Mr. Quadrat ist erstaunt. Auf alle Fälle wird er nie auf die Idee kommen, dass es zwischen den beiden Erscheinungen irgendeine Verbindung besteht. Er kann nicht glauben – wie könnte er auch, wenn er kein Physiker oder Mathematiker ist? –, dass es sich bei den beiden Erscheinungen um ein und dasselbe Wesen handelt.

Wenn es aber einen Mathematiker wie Kaluza im Flachland gäbe, der in einem dreidimensionalen Raum die zwei Spuren zu einem dreidimensionalen konsistenten Bild durch bloßes Rechnen vereinigen könnte, dann würde er erkennen, dass es sich um ein Lebewesen in drei Dimensionen handelt, das zwei verschiedene Spuren auf dem zweidimensionalen Boden des Flachlands hinterlassen hat.

Kaluza ist auf diese Weise vorgegangen. Er bemerkte, dass es zwischen den beiden unterschiedlich erscheinenden Spuren einen Zusammenhang gab: Die vier runden Formen waren der Elektromagnetismus und das Elefantenprofil die uns bekannte Gravitation. Kaluzas Genie bestand darin, dass er das ganze Wesen des Elefanten – als Einheit – konstruieren konnte: die Gravitation in fünf Dimensionen – er nannte es das „universelle [fünfdimensionale] Feld".[62]

Diese Gedanken waren eine Leistung, für die er Anerkennung verdient, denn:

Erstens merkte er, dass die beiden Spuren von ein und demselben Wesen stammen (ein Flachländer könnte die Fußspuren einer Maus und die Profilform eines Elefanten kombinieren, es würde aber zu nichts Sinnvollem führen);

zweitens kombinierte er die beiden Spuren und konstruierte das Wesen des Elefanten, so wie der Elefant „tatsächlich" in drei – bzw. in Kaluzas Theorie in fünf – Dimensionen „aussieht".

Man kann diese zwei Qualitäten anhand eines Ausdrucks beschreiben, der bei Physikern sehr beliebt ist: Seine Theorie weist eine perfekte formale Einheit auf. Gerade diese perfekte Einheitlichkeit beeindruckte Einstein. In seinem Brief vom 5. Mai 1919 an Kaluza äußerte er sich voller Anerkennung: „Die formale Einheit Ihrer Theorie ist erstaunlich."[63] Das war auch einer der Gründe, die Einstein schließlich veranlassten, der fünften Dimension „ein gewisses Maß an Realität"[64] zuzuschreiben.

Was besagte nun, kurz zusammengefasst, Kaluzas Theorie? Es gibt nur eine einzige umfassende Wechselwirkung: die „große" Gravitation (in fünf Dimensionen). Da wir Lebewesen sind, die in vier Dimensionen leben, trennt sie der Raum

---

[62] Kaluza (1921), S. 969.

[63] Brief von Einstein an Theodor Kaluza vom 5. Mai 1919, EA 14-249.4.

[64] Pais (1986), S. 336.

in zwei Wechselwirkungen, die wir als verschieden wahrnehmen: die uns von Einstein bekannte (vierdimensionale) Gravitation und den Elektromagnetismus.

Abbotts zweidimensionales Modell der Erklärung höherdimensionaler Welten verwendete sogar Einstein selber. In seinem Buch „Einstein. Einblicke in seine Gedankenwelt" gab Alexander Moszkowski[65] seine Gespräche mit Einstein wieder, die er mit ihm zwischen dem Sommer 1919 und dem Herbst 1920 geführt hatte.[66] In einem Gespräch „aus den Apriltagen 1920" unterhielt sich Einstein mit Moszkowski über mehrdimensionale Welten, „Flächenwesen und Schattenwanderungen."[67] Wir wissen, dass Einstein Anfang 1919 das Manuskript der Theorie Kaluzas erhielt und dass er bis 1921 Bedenkzeit benötigte, bevor er sich entschloss, Kaluzas Theorie der Akademie der Wissenschaften in Berlin vorzulegen. Moszkowskis Gespräch vom April 1920 mit Einstein ist daher interessant, weil wir damit erfahren, inwiefern Gedanken über Kaluzas höherdimensionalen Raum Einstein in dieser Zeit beschäftigten.[68] Verfolgen wir Einsteins Erklärung über die mögliche Existenz von parallelen Welten in der Wiedergabe von Moszkowski:

„Und an diesem Punkt vernahm ich von Einstein ein Wort, das dem geängstigten Bewusstsein einen letzten Ausweg zu öffnen schien: Es ist möglich, so sagte er, dass andere Universen außer Zusammenhang mit diesem existieren.

Das will sagen: außer einem jemals erforschbaren Zusammenhang. Selbst wenn Beobachtung, Rechnung, theoretische Ergründung eine Ewigkeit vor sich hätten, wird und kann niemals irgendetwas aus solcher Ultra-Welt in unser Bewusstsein fallen. Stellen Sie sich vor, fügte er hinzu, die Menschen wären zweidimensionale Flächenwesen, die auf einer Ebene von beliebiger Ausdehnung lebten; mit Organen, Instrumenten und Denkvorrichtungen, die streng auf diese Zweidimensionalität eingestellt sind. Dann könnten sie äußersten Falles alle Erscheinungen und Zusammenhänge erforschen, die sich auf dieser Ebene objektivieren. Sie besäßen dann eine absolut vollendete zweidimensionale Wissenschaft, die vollkommenste Kenntnis ihres Kosmos. Unabhängig davon könnte eine andere kosmische Ebene mit anderen Erscheinungen und Zusammenhängen existieren, ein anderes parallel verlaufendes Universum; dann existiert kein Mittel, zwischen diesen beiden Welten irgendwelchen Zusammenhang zu konstruieren, oder auch nur zu ahnen. In der nämlichen Lage wie jene Ebenenbewohner befinden wir uns, um eine Dimension erhöht. Es ist möglich, bis zu einem gewissen Grade wahrscheinlich, dass wir astronomisch neue Sternwelten entdecken, weit über die Grenze des bisher Erforschten hinaus. Aber keine Entdeckung

---

[65] Moszkowski (1921).
[66] Siehe ebd., S. 240.
[67] Siehe ebd., Kap. „Aus verschiedenen Welten", S. 119–145.
[68] Siehe dazu auch Wuensch (2003b).

könnte uns jemals über das zuvor etablierte Kontinuum hinausführen, ebenso wenig wie ein Erforscher jener Ebenenwelt seine Ebene entdeckerisch zu durchbrechen vermöchte."[69]

In der gleichen Art, wie in einem dreidimensionalen Raum unendlich viele parallele Ebenen konstruiert werden können, führt Kaluzas fünfdimensionales Universum zu der Erkenntnis der Existenz von parallelen vierdimensionalen Welten wie unsere. Einstein betonte die Tatsache, dass es keine Kommunikationsmöglichkeit zwischen den parallelen Universen gibt – genauso wie sich die parallelen Ebenen niemals treffen können und beendete seine Erklärung mit den Worten:

„Somit muss es bei der Endlichkeit unseres Universums verbleiben, und die Frage nach dessen Jenseits ist nicht weiter erörterungsfähig; denn sie führt nur zu einer gedanklichen Möglichkeit, mit der wissenschaftlich nicht das geringste anzufangen ist."[70]

Auch wenn die Möglichkeit der parallelen Universen existiere, gebe es kein Experiment, das uns von einem Universum ins andere führen könnte, unterstrich Einstein. Einsteins Überzeugung in dieser Zeit zeigt, dass er Kaluzas Theorie doch nur als Modell betrachtete, das außerhalb der experimentellen Möglichkeiten unserer Wissenschaft stand. Einsteins Erklärung zeigt ebenfalls, dass er durchaus mit Kaluzas Theorie beschäftigt war und gleichzeitig, dass er zu ihrer Veranschaulichung Abbotts (und Fechners) Flächenwesen verwendete, die offensichtlich in dieser Zeit durchaus geläufig waren.[71]

Daraus kann man ersehen, welches die Schwierigkeiten waren, die die kühne Idee Kaluzas zu überwinden hatte, um als lebensfähige physikalische Theorie betrachtet werden zu können. Obwohl Kaluza es durch seine Theorie geschafft hatte, die zwei getrennten Wechselwirkungen Gravitation und Elektromagnetismus in einem konsistenten mathematischen System zu vereinigen, sollten noch fünfzig Jahre vergehen, bis die Physiker seine Theorie anerkannten. Bis zu diesem Zeitpunkt wollten nur wenige Physiker den Gedanken der Vereinheitlichung ernst nehmen. Wolfgang Pauli, den Einstein als seinen geistigen Nachfolger bezeichnete, verspottete sogar diejenigen, die sich mit der Vereinheitlichung beschäftigten, statt sich, dem Trend der Zeit folgend, der Quantenmechanik zu widmen: *„Versuche nicht zu vereinigen, was Gott getrennt hat."[72]*

---

[69] Moszkowski (1921), S. 132–133, Hervorhebung im Original.

[70] Moszkowski (1921), S. 133.

[71] Es ließ sich nicht feststellen, ob Einstein Abbotts Buch kannte oder ob ihm die „Flächenwesen" aus Fechners Buch bekannt waren. In seinem weiteren Gespräch mit Einstein erwähnte Moszkowki auch Fechners Namen, siehe Moszkowski (1921), S. 143.

[72] Zitiert in Hermann (1994), S. 471.

> *„Unsere größten Erlebnisse sind nicht unsere lautesten, sondern unsere stillsten Stunden."*
>
> Jean Paul

Über Einzelheiten der Entstehung der Theorie weiß man leider nur wenig. Da sie bereits wenige Monate nach seiner Rückkehr von der Front fertig war, liegt die Vermutung nahe, dass Kaluza sich schon lange zuvor mit der Idee der Vereinheitlichung befasst hatte. Es ist anzunehmen, dass er Hilberts vereinheitlichte Theorie, die im Februar 1916 veröffentlicht wurde, schon kannte, bevor er in den Krieg zog, so wie wahrscheinlich auch die fünfdimensionale Theorie von Nordström[1] von 1914. Bei seiner Rückkehr von der Front nahm er Hermann Weyls Theorie zur Kenntnis. Wahrscheinlich war dies das Ereignis, das bei ihm seine eigene Idee auslöste, die wohl schon länger in ihm schlummerte.

Kaluza widmete gleichzeitig auch seinen Kindern viel Zeit und Aufmerksamkeit. Er bastelte schönes und aufwendiges Spielzeug für sie. Für seine Tochter baute er ein mehrstöckiges Puppenhaus mit Zimmern, die richtige Fenster und Möbel hatten, die er auf einer Drehbank gedrechselt hatte. Für seinen damals etwa achtjährigen Sohn konstruierte er wunderbare Drachen. Außerdem baute er für die Kinder in dieser Zeit ein prachtvolles Tierhaus mit verschiedenen Abteilungen: die Tiger und Löwen, die er im Spielzeugladen gekauft hatte, bekamen einen mit Stäben aus Stricknadeln versehenen Käfig im untersten Stock, die Tukane und Adler eine wunderbare Voliere im obersten Stock.[2] Die Kinder durften sogar in seinem Arbeitszimmer spielen. Kaluza besaß ein hohes Konzentrationsvermögen, das es ihm ermöglichte, sich in eine Sache völlig zu vertiefen. Er lief öfter im Zimmer auf und ab und murmelte mathematische und physikalische Formeln, die den Kindern rätselhaft erschienen.

Abb. 24 folgende Seite: Foto der Kinder Theodor und Dorothea Kaluza (etwa 1919)

---

[1] Siehe Anhang 2.
[2] Brief von Theodor Kaluzas Tochter an die Autorin vom 23. Dezember 1996.

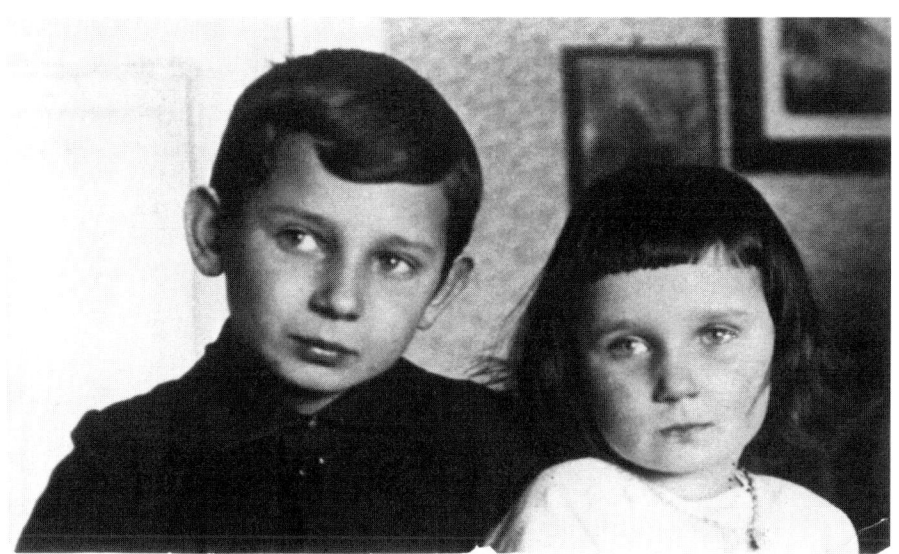

Kaluza junior berichtete, dass sein Vater in jener Zeit häufig um drei Uhr morgens aufstand, unruhig in seinem Arbeitszimmer umherging, „leise sprach oder summte" und schrieb.[3] Eines Abends, erinnerte sich sein Sohn später, saß sein Vater wie so oft in seine Arbeit vertieft am Schreibtisch. Der kleine Theodor spielte auf dem Fußboden. Es war Winter, im Zimmer war es ruhig und warm. Plötzlich sprang sein Vater vom Schreibtisch auf und fing fröhlich an, den Instrumentalmarsch aus der Oper „Die Hochzeit des Figaro" zu singen.[4] Die triumphalen Klänge der Musik von Mozart verliehen dem Moment Feierlichkeit. Kaluza strahlte vor Glück, umarmte seinen Sohn und begann zu tanzen. Bald war die ganze Familie von seiner Freude angesteckt. Seine Frau, die sich in den letzten Tagen immer wieder Sorgen um die wachsenden Schwierigkeiten hinsichtlich der Ernährung der Familie gemacht hatte, vergaß ihren Kummer und stimmte fröhlich ein. Grund für den Freudenausbruch war, dass es Kaluza gelungen war, die Lösung der – wie er selber sagte – wunderbarsten Aufgabe, die sich der menschliche Geist gestellt hatte[5], zu finden: die Vereinigung aller Kräfte des Universums. Dahinter steckte mehr als nur eine mathematische Abstraktion. Die Harmonie des Universums offenbarte sich nun erkennbar in dieser Vereinigung.

---

[3] Brief von Theodor Kaluza junior an V. Raman vom 5. September 1970, NTK.

[4] Theodor Kaluza junior über seinen Vater in Burge und Millington (1985), 2980.

[5] In Kaluza (1921), S. 966: „[…] zur Lösung dieses Problems, das zu den großen Lieblingsideen des Menschengeistes gehört".

Abb. 25: Foto des Königsberger Arbeitszimmers [mit Abiturmütze, Abiturfoto, Foto des Geburtshauses (vgl. Abb. 11 im Textteil S. 57 und Abb. 2 im Farbbildteil) usw.]

Es hatte einen Sinn gehabt, die schweren Jahre des Krieges zu ertragen. Alle Angst und Not waren in diesem Augenblick der großen Freude vergessen.

Kaluza brauchte noch einige Tage, um die Theorie in wissenschaftlicher Form darzustellen. Danach entschloss er sich, sie nicht Hermann Weyl zu präsentieren, der selber an dem Thema der Vereinheitlichung arbeitete, und auch keinem anderen Physiker seiner Universität, sondern Albert Einstein, den er am meisten schätzte. Kaluza bewunderte nicht nur dessen Genie und kritischen Scharfsinn, sondern auch sein Engagement für neue Ideen. Seine Wahl war sinnvoll, da Einstein dank seines Interesses an der Feldtheorie am besten imstande war, über den Wert von Kaluzas Theorie zu urteilen. Einsteins Reaktion Anfang April 1919 in seinem Schreiben an Kaluza war sehr ermutigend: „Der Gedanke, dass die elektrischen Feldgrößen verstümmelte $\left\{ \begin{smallmatrix} \mu\nu \\ \rho \end{smallmatrix} \right\}$ seien, ist mir auch schon oft hartnäckig aufgesessen. Aber der Gedanke, dies durch eine fünfdimensionale Zylinderwelt zu erzielen, ist mir nie gekommen und dürfte überhaupt neu sein. Ihr Gedanke gefällt mir zunächst außerordentlich."[6]

Einstein war von Kaluzas Idee sehr beeindruckt und erklärte sich bereit, nach eingehender Überprüfung des physikalischen Inhaltes und der Folgerungen der Theorie die Arbeit Kaluzas zur Veröffentlichung in den *Sitzungsberichten der Preußischen Akademie der Wissenschaften zu Berlin* vorzuschlagen.[7] Im Unterschied zum Widerstand, den Einstein 1908 Minkowskis Idee, der physikalische Raum sei vierdimensional, entgegengebracht hatte[8], zeigte er sich der Idee des fünfdimensionalen Raums gegenüber vom Anfang an erstaunlich aufgeschlossen. Nicht nur kritisierte er in seinen Briefen an Kaluza diese Idee *nicht* als spekulativ, sondern betonte am Ende des Briefes sogar nochmals: „dass ich Ihrer Idee großes Interesse entgegenbringe".[9] Einsteins Begeisterung erklärt sich einerseits dadurch, dass er in der formalen Perfektion der Theorie Kaluzas ein Argument für ihre Richtigkeit sah. Andererseits lässt sich Einsteins Bewunderung damit begründen, dass Kaluzas Idee Einsteins physikalische Intuition ansprach: Im gleichen Brief beton-

---

[6] Brief von Einstein an Theodor Kaluza vom 21. April 1919, EA 14-249.2.

[7] Ebd.

[8] Einstein akzeptierte erst 1910 nach großem Widerstand die Idee der Vierdimensionalität des Raumes, in der er keine physikalische Realität, sondern nur einen schwerfälligen Formalismus sah; siehe Einstein und Laub (1908) und Brief von Einstein an Sommerfeld vom Juli 1910, CPAE 5, Doc. 211, S. 246, in dem Einstein von „formalen Beziehungen in vier Dimensionen" spricht.

[9] Brief von Einstein an Theodor Kaluza vom 21. April 1919, EA 14-249.2.

te er auch die physikalischen Vorzüge der Theorie Kaluzas gegenüber der Weylschen Theorie[10]:

> *„Er [Ihr Gedanke] scheint mir vom physikalischen Standpunkt entschieden aus-
> sichtsvoller als der* mathematisch *so tief schürfende Weylsche [...]. Ferner lässt Ihre
> Theorie die vierdimensionale geodätische Linie (Bahn des ungeladenen Massenpunktes)
> intakt, was sehr erfreulich ist.“[11]*

Einsteins letzte Bemerkung bezog sich darauf, dass Kaluzas Theorie die Allgemeine Relativitätstheorie unverändert einbetten konnte.[12] Weiter brachte Einstein seine „physikalische Kritik“ zum Ausdruck:

> *„Alles kommt nun darauf an, ob Ihr Gedanke der physikalischen Kritik standhält.
> Ich möchte zwei Punkte erwähnen:*
>
> *er muss mit der Existenz verschiedener positiver und negativer Elementarquanta ver-
> einbar sein. [...].*
>
> *Es muss sich das kosmologische Problem vernünftig lösen lassen.“[13]*

Einstein stellte an Kaluzas Theorie den Anspruch, die wichtigsten konzeptionellen Probleme der Physik zu lösen, und dementsprechend auch mit dem Quan-
tenproblem vereinbar zu sein.[14]

Aus der wöchentlichen Reihenfolge der Briefe Einsteins an Kaluza wird das
rege Interesse ersichtlich, das Kaluzas Arbeit bei Einstein erweckte. Das war eine
Ehre für die ganze Familie: „Dann hieß es ‚Einstein hat geschrieben‘ und noch
oft ‚Einstein hat schon wieder geschrieben‘“, erinnerte sich der Sohn.[15] Innerhalb
von fünf Wochen schrieb Einstein an Kaluza vier Briefe und eine Postkarte.[16]
Leider sind Kaluzas Antworten an Einstein nicht erhalten.[17] In dieser Zeit über-

---

[10] Für eine eingehende Analyse der Argumente Einsteins gegen Weyls Theorie siehe
Wuensch (2003b).

[11] Brief von Einstein an Theodor Kaluza vom 21. April 1919, EA 14-249.2. Hervorhebung
im Original.

[12] Den vierdimensionalen Geodäten der ungeladenen Massenpunkte der Allgemeinen Relativitätstheorie entsprachen in der Theorie Kaluzas die fünfdimensionalen Geodäten der geladenen Massenpunkte.

[13] Brief von Einstein an Theodor Kaluza vom 21. April 1919, EA 14-249.2.

[14] Diese fundamentale Forderung erfüllte Kaluzas Theorie sowie alle vereinheitlichten
Theorien, die Einstein bis Ende seines Lebens aufstellte, nicht. Sie stellte die große Herausforderung dar, die zu der Entwicklung der heutigen Superstringtheorien führte. Siehe unten Kapitel „Letzte Vereinheitlichungsversuche: Superstrings und M-Theorien“, S. 374ff.

[15] Brief von Theodor Kaluza junior an V. Raman vom 5. September 1970, S. 4, NTK.

[16] Briefe: vom 21. April 1919, vom 28. April 1919, vom 5. Mai 1919, vom 14. Mai 1919
und eine Postkarte vom 29. Mai 1919, NTK.

[17] Im Brief von Einstein an Kaluza vom 5. Mai 1919 (EA 14-249.4) erfährt man, dass es
einen Brief von Kaluza an Einstein vom 1. Mai 1919 gegeben hat. Auch im Brief vom 14. Mai

prüfte Einstein zunächst die physikalischen Folgerungen der Theorie. Am 28. April 1919 schrieb er:

> *„Sehr geehrter Herr Kollege,*
> *Ich habe Ihre Arbeit durchgelesen und finde sie wirklich interessant. Nirgends sehe ich eine Unmöglichkeit."*[18]

Einstein schlug jedoch Kaluza vor, einen Punkt der Theorie bezüglich der fünfdimensionalen Geodäten des geladenen Massenpunktes zu überprüfen:

> *„Es ist doch nach Ihrem Grundgedanken anzunehmen, dass die geodätischen Linien, welche gegen die Schnitte (x_0 = konst.)*[19] *geneigt sind, die Bahnen elektrisch geladener Teilchen unter der gleichzeitigen Wirkung eines Gravitations- und elektromagnetischen Feldes ergeben müssten. Wenn Sie zeigen könnten, dass dies mit der aus unserer empirischen Kenntnis verbürgten Genauigkeit zutrifft,* wäre ich von der Richtigkeit Ihrer Theorie so gut wie überzeugt.*"*[20]

Da Kaluzas Manuskript nicht erhalten ist, wissen wir nicht, welches die ursprüngliche Form seiner Theorie war.[21] Im nächsten Brief jedoch gesteht Einstein, selber diesen „dunkel gebliebenen Punkt" geklärt zu haben:

> *„Den für mich dunkel gebliebenen Punkt habe ich unterdessen selbst aufklären können. Was Sie mir in dem Briefe vom 1.V. schrieben, hatte ich wohl verstanden. Aber es gehört dazu noch der Beweis, der (genügend genäherten) Konstanz von $\dfrac{dx_0}{ds}$ auf einer geodät[ischen] Linie. Dieser ist mir nun auch gelungen. Ich glaube nun auch, dass vom Standpunkt der nächstliegenden Erfahrung Ihre Theorie nichts zu befürchten hat."*[22]

Einstein brachte erneut im selben Brief sein Angebot zum Ausdruck, Kaluzas Arbeit der Akademie der Wissenschaften in Berlin zum Druck in ihren *Sitzungsberichten* vorzulegen. Er riet ihm noch, sie „*außerdem* [...] in der Mathematischen Zeitschrift oder in d[en] Annalen der Physik" zu veröffentlichen. „Ich werde es gerne in Ihrem Namen einreichen", schrieb er weiter, „wo Sie wünschen und einige empfehlende Worte dazu schreiben."[23] Dieses Angebot offenbart gleichzei-

---

1919 (EA 14-249.5) erwähnt Einstein einen Brief Kaluzas. Ebenfalls ist der Postkarte von Einstein an Kaluza vom 29. Mai 1919 (EA 65-728) zu entnehmen, dass Kaluza einige Tage früher einen Brief an Einstein geschrieben hatte. Sie sind allesamt leider nicht erhalten.

[18] Einstein an Kaluza vom 28. April 1919, EA 14-249.3.

[19] x_0 stellt in Kaluzas Theorie die fünfte Koordinate dar.

[20] Einstein an Kaluza vom 28. April 1919, EA 14-249.3. Hervorhebung im Original.

[21] Im Brief von Einstein an Kaluza vom 21. April 1919 erfährt man, dass Kaluzas Arbeit länger als acht Druckseiten war. Der veröffentlichte Artikel betrug aber sechseinhalb Seiten. Daher lässt sich schließen, dass Kaluza seine Arbeit um mindestens einen Drittel gekürzt hat.

[22] Brief von Einstein an Kaluza vom 5. Mai 1919, EA 14-249.4.

[23] Ebd., Hervorhebung im Original.

tig Einsteins wissenschaftliche Bewertung der Theorie Kaluzas. Zu diesem Zeitpunkt war er von ihrer Bedeutung überzeugt. Weiter erwähnte Einstein aber einen wichtigen Einwand:

> *„Vom allgemeinen Standpunkt stört mich nur* eines. *Man verlangt*
> *allgemeine Kovarianz im R_5*
> *In Kombination damit das im R_5 nicht kovariante Verhalten* $\dfrac{\partial}{\partial w_5} = 0.$
> *Dies ist natürlich sehr unbefriedigend.“*[24]

Durch die Zylinderbedingung $\left(\dfrac{\partial}{\partial w_5} = 0 \right)$, die verlangt, dass die physikali-

schen Größen von der fünften Dimension unabhängig sind, erhält die fünfte Dimension – wie die Achse eines Zylinders – eine bevorzugte Rolle. Wir erinnern uns, dass Kaluza diese Bedingung gestellt hatte, um zu erklären, warum wir keine Folgen der fünften Dimension in unserem vierdimensionalen Raum wahrnehmen. Diese spezielle Rolle der fünften Dimension führte zu einer Asymmetrie, die die Kovarianz der Gleichungen einschränkte.[25] Dieser Einwand stellte offensichtlich einen der Gründe dar, die Einstein veranlassten, die Veröffentlichung der Theorie letzten Endes um zwei Jahre zu verzögern. Gleich im Anschluss an seinen Einwand äußerte er jedoch erneut seine Bewunderung:

> *„Aber andererseits ist die formale Einheitlichkeit Ihrer Theorie verblüffend. Letztere*
> *ist unter allen Umständen wertvoll, schon darum, weil man sieht, wie weit wir noch von*
> *einer exakten Kenntnis des elektromagnetischen Feldes entfernt sind.“*[26]

In seinem nächsten Brief vom 14. Mai 1919 machte Einstein Kaluza auf eine neue Schwierigkeit der Theorie aufmerksam: Kaluza hatte die Bewegungsgleichungen für den Massenpunkt für schwache Felder („Näherung I") und kleine Geschwindigkeiten („Näherung II") abgeleitet, was gleichzeitig kleine spezifische

Ladungsdichten $\dfrac{\rho_0}{\mu_o}$ (ρ_0 = Ladungsdichte und μ_0 = Massendichte) bedeutete. In

diesem Fall fällt der letzte Term seiner Bewegungsgleichung

$$(11a) \qquad \overline{v^\lambda} = \frac{dv^\lambda}{d\sigma} = \Gamma^\lambda_{l\tau} v^l v^\tau + 2\alpha F^\lambda_\kappa u^0 v^\kappa - g_{0\lambda}\left(u^0\right)^2$$

($\alpha = \sqrt{\dfrac{\kappa}{2}}$, v = Geschwindigkeit, $F_{\kappa\lambda}$ = die elektromagnetische Feldgröße,

---

[24] Brief von Einstein an Kaluza v. 5. Mai 1919, EA 14-249.4. Hervorhebung im Original.

[25] Siehe dazu auch Tonnelat (1959), S. 329. Diesem Einwand begegnete Oskar Klein in seiner Theorie, indem er die volle Kovarianzgruppe einschränkte, siehe Goenner und Wuensch (2003), S. 7.

[26] Brief von Einstein an Theodor Kaluza vom 5. Mai 1919, EA 14-249.4.

u^0 = fünfte Geschwindigkeitskomponente, σ = Raumelement)

weg und die Gesamtkraft „spaltet sich von selbst in einen gravitatorischen und einen elektromagnetischen Anteil:

(12) $\pi^\lambda = \mu_0 \overline{v^\lambda} = \Gamma_{l\tau}^\lambda T^{l\tau} + F_\kappa^\lambda I^\kappa$
         $(\pi^\lambda$ = Kraftdichte, $T^{l\tau}$ = Energietensor).“[27]

Im Falle der Bewegung des Elektrons auf einer Geodäte im fünfdimensionalen Raum R_5 änderte sich der Wert von $\dfrac{\rho_0}{\mu_o}$ in $\dfrac{e}{m} = 1,77 \cdot 10^7$, ein Wert, der dazu beitrug, dass der letzte Term seiner Gleichung (11a) nicht mehr vernachlässigt werden konnte und daher der Erfahrung widersprach. Damit schien „der Bau“ seiner Theorie „einzustürzen“.[28] Dies ließ sich physikalisch so interpretieren, dass sich das Elektron aus der Struktur des fünfdimensionalen Raumes bei Kaluza nicht ergab. Für Einstein bedeutete das nichts anderes, als dass Kaluzas Theorie das Teilchen-Problem nicht lösen konnte. Später schien ihm aber dieser Punkt nicht mehr von solch entscheidender Bedeutung zu sein:

„*Eigentlich ist es nicht nötig, das Elektron mit Hilfe eines Energie-Tensors der Materie zu erklären. Man möchte denken, dass dieses durch die Feldgleichungen allein bestimmt sein müsste [...]* “[29], sollte Einstein zwei Jahre später in seinem Brief an Kaluza schreiben. Doch 1919 war Einstein von dem Gedanken überzeugt, dass eine Feldtheorie den Dualismus Feld-Materie beseitigen müsse. Dass Kaluzas Theorie dies nicht vermochte, empfand Einstein als einen entscheidenden Mangel.[30]

Wir wissen nicht, was genau Kaluza darauf entgegnete. Es ist nur bekannt, dass er Einstein einen Brief schrieb, auf den Einstein am 29. Mai 1919 Bezug nahm:

„*Es ist wahr*“, schrieb Einstein in seiner Postkarte, „*dass ich den Schnitzer mit dem dσ bzw. ds bei meiner orientierenden Überlegung gemacht habe. Ich sehe, dass Sie*

---

[27] Brief von Einstein an Theodor Kaluza vom 5. Mai 1919, EA 14-249.4.

[28] Kaluza (1921), S. 971.

[29] Brief von Einstein an Kaluza vom 9. Dezember 1921, EA 65-730.

[30] In seiner Postkarte an Kaluza vom 29. Mai 1919, EA 65-728, in der er die Veröffentlichung der Theorie Kaluzas ablehnte, äußerte er auch seine Unzufriedenheit gegenüber seiner eigenen Theorie, in der er „bei der dualistischen Auffassung stehen“ blieb. Es handelte sich um Einsteins Theorie von 1919 „Spielen Gravitationsfelder im Aufbau der materiellen Elementarteilchen eine wesentliche Rolle?“ siehe Einstein (1919).

auch diese Angelegenheit schon ziemlich gründlich überdacht haben. Ich habe großen Respekt vor der Schönheit und Kühnheit Ihres Gedankens."[31]

Es ist also unbekannt, ob Kaluza in seiner ursprünglichen Version (in dem ‚längeren Manuskript'), diese Angelegenheit bereits bedacht hatte. Dieses ‚längere Manuskript' hatte Einstein am 14. Mai 1919 zurückgeschickt[32], und Kaluza bewahrte es nicht auf. Er hatte bereits vor dem 14. Mai 1919 Einstein eine gekürzte Version seiner Theorie geschickt.[33] In seinem veröffentlichten Aufsatz wies Kaluza darauf hin, dass Einstein ihn auf diese „Unstimmigkeit" aufmerksam gemacht hatte.[34]

Kaluza änderte jedoch an seiner Theorie nichts mehr, fügte trotzdem 1921 in der zweiten gekürzten Version[35] einen Absatz ein, in dem er einen Ausweg aus dieser „Schwierigkeit" schilderte:

„Zwar habe ich aus lokalen Gründen", schrieb Kaluza an Einstein am 24. Oktober 1921, *„die wenige freie Zeit, die mir der nebenherlaufende Schuldienst lässt, mehr auf rein mathematische Überlegungen verwenden müssen, und kann vorerst mit einer entschiedenen Klärung jener g_{00}-Schwierigkeit nicht aufwarten, doch will sie mir jetzt nicht mehr so ganz unüberwindlich imponieren wie damals."*[36]

Kaluzas Lösung war auch letzten Endes keine radikale, sondern eine neue Interpretation, die er dem Gravitationsterm und der Gravitationskonstanten gab. Trotzdem ist diese Antwort Kaluzas auf Einsteins Brief erstaunlich, denn 1921, als ihm Einstein nach zwei Jahren wieder schrieb, hat er mit keinem Wort diese „Schwierigkeit" erwähnt. Einstein beanstandete diesen Punkt nicht mehr, sondern war nun bereit, den Aufsatz in seiner ursprünglichen Form anzunehmen[37], was darauf hinweist, dass die Gründe, die ihn letzten Endes bewogen, die Kaluzasche Arbeit zu akzeptieren, anderer Natur waren als die Lösung des Elektronen-Problems.

---

[31] Brief von Einstein an Kaluza vom 29. Mai 1919, EA 65-728.

[32] Siehe Brief von Einstein an Kaluza vom 14. Mai 1919, EA 14-249.5: „Ihr längeres Manuskript werde ich Ihnen nach Ihrem Wunsche zurückschicken."

[33] Siehe ebd.: „Ich habe Ihr Manuskript bekommen für die Akademie." Diese erste gekürzte Version schickte Einstein zwei Wochen später auch zurück; sie ist ebenfalls nicht mehr vorhanden.

[34] Kaluza (1921), S. 971, Fußnote.

[35] Die zweite gekürzte Version stimmt mit der veröffentlichten Fassung überein. Vgl. Brief von Einstein an Kaluza vom 9. Dezember 1921, EA 65-730.

[36] Brief von Kaluza an Einstein vom 24. Oktober 1921, EA 14-247. g_{00} stellt g_{55} dar.

[37] Siehe Brief von Einstein an Kaluza vom 14. Oktober 1921. Einstein schrieb schlicht: „Wenn Sie wollen, lege ich Ihre Arbeit doch der Akademie vor, wenn sie mir dieselbe schicken."

Schildern wir jetzt kurz Kaluzas Lösung, da sie bereits in der ursprünglichen Fassung seiner Theorie enthalten war. Warum erschien Kaluza nach zwei Jahren das Teilchenproblem nicht mehr unüberwindlich? Er hatte inzwischen bemerkt, dass erst „größere spezifische Ladung" seinen Bewegungsgleichungen Probleme bereitet, während dessen „Partikelchen von ~ 10⁻⁶g mit einigen Elementarquanten geladen"[38] noch mit der Theorie verträglich sind. Während also „die Millikanschen [Teilchen] noch gerade so passieren können", bereiten die Elektronen, bei denen die Ladung in einem viel kleineren Raum konzentriert ist – und damit durch ihre kleine Masse eine hohe spezifische Ladung haben – seinen Gleichungen Probleme. „Sie werden besser übersehen können, ob es reine Torheit ist, da an einen Zusammenhang zu denken", schrieb er Einstein.[39] Offenbar war Kaluza auf die Idee gekommen, dass erst im Quantenbereich seine Theorie Schwierigkeiten bekommt, wo – wie bereits seit 1900 bekannt war – andere Gesetze gelten. Dies mag Kaluza dazu ermutigt haben zu glauben, dass kein Fehler in seiner Theorie unterlaufen war, sondern seine Gleichungen in dem Bereich der Quanten, dem das Elektron angehörte, eine andere Interpretation benötigen. Er wies darauf hin, dass die beiden gravitationsartigen Terme in Gleichung (11a) entgegengesetzte Vorzeichen haben und das Resultat mit dem elektromagnetischen Anteil (im zweiten Term) zu einer gleichwertigen Größenordnung kommen muss, damit sie sich „versöhnen" (keine zu großen Werte annehmen). Um dies zu gewährleisten, schlug Kaluza eine „*Preisgabe der ohne dies etwas fragwürdigen Gravitationskonstante κ*" vor, sie nämlich so zu wählen, dass sich das Endergebnis noch im annehmbaren Bereich befindet:

„*Man kann also*", schrieb Kaluza im Brief an Einstein vom 28. November 1921, „*anstatt κ einen so großen Faktor vor den Energietensor setzen, dass trotz des kleinen* $\frac{dx_0}{ds}$ *(in der Größenordnung) doch die elektrischen Wirkungen in der Größenordnung herauskommen (α wird dann ~ $\frac{e}{m}$ ~ 10⁷), ohne überwältigende Gravitationswirkungen mit sich zu bringen. Die Gravitation bliebe dann eben lediglich als Differenzeffekt (g₀₀ gegen g₄₄) übrig.*"[40]

Noch mehr: Kaluza schlug vor, der Gravitationskonstanten ‚eine statistische Rolle' zuzuschreiben:

---

[38] Brief von Kaluza an Einstein vom 28. November 1921, EA 14-248.1.
[39] Ebd.
[40] Ebd.

„Dieser Weg besticht durch die Aussicht, jener Konstanten die Rolle einer statistischen Größe zuweisen zu können."[41]

In seinem Brief erwähnte Kaluza auch Hermann Weyls Ansicht, dass das „entsetzlich kleine κ [...], gar nicht in den Rahmen der übrigen Naturkonstanten hereinpasst"", was Kaluza als Unterstützung für seine These verstand, diese Konstante als „statistische Größe" zu betrachten:

„Bestünde die Welt letzten Endes nur aus Elektronen, so wäre der Gedanke vielleicht

durchzuführen; nun kommen aber die H-Kerne mit ihrem kleineren $\dfrac{e}{m} \sim 10^4$ störend dazwischen."[42]

Offenbar war Kaluzas Idee, die Gravitationskonstante – da sie eine makroskopische Größe darstellt – als statistische Größe, die sich aus den einzelnen Beiträgen der Elementarteilchen ergibt, zu betrachten. Einstein lehnte diese Lösung nicht ab, auch wenn sie selbst Kaluza als „sehr abenteuerlich"[43] erschien.

Wir kommen jetzt zurück zu Einsteins letztem Brief von 1919. Einstein unterstützte in diesem Jahr dann aber doch nicht die Veröffentlichung der Arbeit in den *Sitzungsberichten* der Berliner Akademie: „Aber Sie begreifen ja, dass ich bei den obwaltenden sachlichen Bedenken nicht in der ursprünglich geplanten Weise dafür Partei nehmen kann."[44] Trotzdem hielt er Kaluzas Arbeit für veröffenlichungswürdig: „Immerhin lässt sich eine Publikation des bis jetzt Gefundenen rechtfertigen, zumal wenn Sie auf die noch obwaltenden Schwierigkeiten hinweisen."[45] Einstein riet Kaluza, seine Arbeit in der *Mathematischen Zeitschrift* zu veröffentlichen und bot ihm dafür seine Unterstützung: „Sollten Sie diesen Weg einschlagen und etwa bei der Redaktion der math[ematischen] Zeitschr[ift] Schwierigkeiten haben (was ich nicht glaube), so will ich gern ein Wort für Ihre Sache einlegen."[46]

Es ist unbekannt, was Kaluza darauf antwortete. Er schickte trotzdem sein Manuskript nicht an die *Mathematischen Zeitschrift*, was als Argument angesehen werden kann, dass Kaluza viel Wert darauf legte, dass seine Arbeit als physikalische Theorie und nicht als rein mathematisches Modell betrachtet wurde. Sie verfolgte immerhin das ehrgeizige Ziel, die Naturkräfte zu vereinheitlichen und dem physikalischen Raum eine neue, fünfdimensionale Struktur zu geben. So ruhte die Arbeit mehr als zwei Jahre.

---

[41] Kaluza (1921), S. 972.

[42] Brief von Kaluza an Einstein vom 28. November 1921, EA 14-248.1.

[43] Ebd.

[44] Brief von Einstein an Kaluza vom 29. Mai 1919, EA 65-728.

[45] Ebd.

[46] Ebd.

Einsteins Weg in dieser Zeit zeichnet sich durch eine Erneuerung seiner erkenntnistheoretischen Auffassung aus, die ich bereits anderenorts eingehend beschrieben habe.[47] Bevor er Kaluzas Arbeit kennenlernte, stand er der Idee der Vereinheitlichung sehr skeptisch gegenüber. In den zwei Jahren, in denen er neben anderen Vereinheitlichungsansätzen weiterhin Kaluzas Theorie erwog, kam Einstein zu der Ansicht, dass die vereinheitlichten Theorien als konzeptionelle Folge der Relativitätstheorie zu betrachten seien und dass die Idee der Einheit einen ernstzunehmenden Weg darstelle, den die Physik bestreiten müsse. Diese Überzeugung ging mit seiner neuen erkenntnistheoretischen Auffassung einher, die Einstein später als „gläubigen Rationalismus" bezeichnete. Im Rahmen seiner neuen Auffassung spielten die Begriffe der „mathematischen Einfachheit" und „formalen Perfektion" einer Theorie eine entscheidende Rolle[48], Forderungen, die er in Kaluzas Theorie verwirklicht sah. Die Gründe, die die Veröffentlichung um zwei Jahre verzögerten, beruhten in erster Linie, wie ich zeigen konnte[49], auf erkenntnistheoretischen Überlegungen, die Einstein in dieser Zeit unternahm, und viel weniger auf konkreten Punkten wie dem Elektronen-Problem oder der Asymmetrie der Zylinderbedingung. Dafür spricht auch, dass Einstein nach zwei Jahren Kaluzas unverändertes Manuskript zur Veröffentlichung empfahl.

Kaluzas kühne Idee hatte – wie wir gesehen haben – am Anfang einige Unsicherheit bei Einstein ausgelöst. In der Zeit um 1919 war für Einstein die perfekte formale Einheit der Theorie zwar ein wichtiges Argument für ihre Richtigkeit, trotzdem brauchte er eine lange Zeit, bevor dieses Argument für ihn einen starken erkenntnistheoretischen Wert erhielt. Einstein erkannte allmählich, dass bei den vereinheitlichten Theorien, bei denen die empirische Überprüfung unmöglich war, als entscheidendes Argument für ihre Richtigkeit ihre mathematische Konsistenz zu gelten habe, die er in dem Begriff „mathematische Einfachheit" erfasste. Damit erhob er den Begriff „mathematische Einfachheit" zum physikalisch-erkenntnistheoretischen Prinzip für die Überprüfung einer Theorie. Auch Einstein wurde dadurch zu einem der Vertreter der Entwicklung, die durch David Hilbert in der Physik angebahnt wurde: der – wie ich sie nenne – *neueren Mathematisierung der Physik*.

Nach zwei Jahren des Schweigens, die sicher nicht ohne Enttäuschung für Kaluza waren, erhielt er am 14. Oktober 1921 eine Karte aus Berlin:

„Hoch geehrter Herr Dr. Kaluza! Ich mache mir Gedanken darüber, dass ich Sie vor zwei Jahren von der Publikation Ihrer Idee über die Vereinigung von Gravitation und Elektrizität abgehalten habe. Ihr Weg scheint mir jedenfalls mehr für sich zu haben als

---

[47] Siehe Wuensch (2003b).
[48] Ebd.
[49] Ebd.

der von H. Weyl beschrittene. Wenn Sie wollen, lege ich Ihre Arbeit doch der Akademie vor."[50]

Einstein legte Kaluzas Arbeit der Berliner Akademie in der Sitzung vom 8. Dezember 1921 vor; sie erschien am 21. Dezember in den *Sitzungsberichten der Preußischen Akademie der Wissenschaften zu Berlin* mit dem Titel „*Zum Unitätsproblem der Physik*". Am 9. Dezember schrieb Einstein erneut an Kaluza: *„Ihr Gedanke ist wirklich bestrickend. Irgendetwas Wahres muss darin sein.*"[51]

Trotz Einsteins Anerkennung löste Kaluzas Abhandlung in den ersten fünf Jahren nach ihrer Veröffentlichung nur Diskussionen unter Wissenschaftlern besonders im Kreis um Einstein aus. Sie wurde also nur durch Diskussionen in Wissenschaftlerkreisen, jedoch nicht durch Veröffentlichungen bekannt gemacht. Außer von Einstein, der einen Monat später, am 10. Januar 1922 zusammen mit Jakob Grommer[52] einen Artikel über Kaluzas Arbeit bei den *Scripta Universitatis atque Bibliothecae Hierosolymitarum* einreichte[53], erschien in dieser Zeit keine Abhandlung über Kaluzas Theorie: Niemand konnte ahnen, dass diese Theorie, die bei ihrer Veröffentlichung als eine exotische Konstruktion betrachtet wurde und allein Einsteins Aufmerksamkeit anzog, etwa 50 Jahre später in den Mittelpunkt des Interesses der theoretischen Physiker rücken würde.

---

[50] Postkarte von Einstein an Kaluza vom 14. Oktober 1921, EA 65-729.

[51] Postkarte von Einstein an Kaluza vom 9. Dezember 1921, EA 65-730.

[52] Einstein und Grommer (1923).

[53] Für eine Analyse dieser Arbeit siehe Wuensch (2003b).

Kaluza kämpfte zu dieser Zeit mit beträchtlichen materiellen Schwierigkeiten, die der Krieg mit sich gebracht hatte. Angeregt von Einsteins Anerkennung widmete er sich weiterhin der Physik. Er nahm an Kongressen teil, auf denen er Vorträge hielt, und publizierte zwei weitere physikalische Arbeiten: „Über den Bau und Energieinhalt der Atomkerne" und „Zur Relativitätstheorie (II)".

Im Sommersemester 1919 nahm Kaluza seine Lehrtätigkeit an der Albertina wieder auf. Wie schon vor dem Krieg hielt er wöchentlich zwei Vorlesungen in angewandter Mathematik, darunter über Wahrscheinlichkeitsrechnung, Topologie, Versicherungsmathematik, Geodäsie und darstellende Geometrie, und in reiner Mathematik, wie über Mengenlehre und Zahlentheorie.[1] Im Wintersemester 1919/1920 gab er in einer Vorlesungsreihe auch eine „Einführung in die Relativitätstheorie".[2] Außerdem betreute er zusammen mit dem Professor für theoretische Physik, Paul Volkmann, die Dissertation seines Studenten Samuel Sambursky über ein erkenntnistheoretisches Thema: „Über den indirekten Beweis in der Mathematik und Physik".[3] Kaluza verstand sich mit Volkmann, bei dem er studiert hatte, sehr gut. Da Theodor Kaluza der eigentliche Betreuer der Dissertation von Sambursky war[4], erscheint es uns wichtig, einen Blick in die Arbeit zu werfen.

In dieser Arbeit beschäftigte sich Sambursky unter der Obhut von Kaluza mit den Forschungsmethoden der Mathematik und der Physik. Er untersuchte die „indirekte Beweisführung", d.h. ein Gedankenexperiment, eine „Spekulation", die man in der Wissenschaft benutzt, um zur Erkenntnis zu kommen, eine Theorie oder wissenschaftliche Aussage als „richtig" zu akzeptieren. Als Beispiele in der Physik wurden der „Beweis, dass die Fallgeschwindigkeit der Körper nicht mit ihrem Gewicht zunimmt" von Galilei und der „Beweis des Satzes von der Trägheit der Energie" von Einstein untersucht.

Samburskys Dissertation ist von dem rationalistischen Standpunkt geprägt, den man als Vorläufer von Karl Poppers kritischem Rationalismus ansehen kann. Er unterscheidet sich von der typischen, durch Mach positivistisch geprägten

---

[1] Vorlesungsverzeichnis der Albertus-Universität Königsberg 1919–1928.

[2] Ebd.

[3] Sambursky (1923).

[4] Siehe Brief von Sambursky an Theodor Kaluza junior, 1985, anlässlich des 100. Geburtstages von Theodor Kaluza, NTK. Für die Liste der Doktorarbeiten, die bei Kaluza entstanden, siehe Kaluza (2007).

Richtung in der Wissenschaftstheorie vom Anfang des 20. Jahrhunderts. Der indirekte Beweis wird anhand des Gegenteils des Beweises charakterisiert und untersucht. Diese „gegenteilige Annahme" trägt den Charakter einer „Fiktion", denn sie ist nicht real, sondern dient nur dazu, über die Behauptung zu entscheiden. Der als „gegenteilige Annahme" bezeichnete Vorgang führt zur Entscheidung über die zu untersuchende wissenschaftliche Behauptung: Entweder führt der Beweis auf einen Widerspruch (Typus I) und dann wird die „gegenteilige Annahme" eliminiert, oder die „Fiktion fällt von selbst heraus und der Beweis nimmt eine direkte Schlußwendung" (Typus II). Über die „Analyse des Typus I" entnimmt man der Arbeit: „In dieser Hinsicht ist jedoch für physikalische Beweise der am Schluße des Beweises auftretende Widerspruch von Bedeutung."[5] Die Beweise vom zweiten Typus werden dagegen bevorzugt in der Mathematik angewandt: „Alle Eindeutigkeitsbeweise sind indirekte Beweise vom Typus II."[6]

Die Physik benutzt als Forschungsmethode den indirekten Beweis, den sie anhand seines Gegenteils (der „gegenteiligen Annahme") zur Erzeugung von Widersprüchen innerhalb einer Theorie anwendet. Die Diskussion über Beweisführung in der Wissenschaft führte später zu dem, was Karl Popper als „Falsifizierbarkeit einer wissenschaftlichen Theorie" bezeichnete. Die Schlussfolgerung der Dissertation lautete: „Überhaupt entspricht der indirekte Beweis dem Wesen der physikalischen Forschung mehr als der direkte. Die indirekte Beweisführung spielt in der Physik im Zusammenhang mit den Gedankenexperimenten eine besondere Rolle. – Die Verwandlung indirekter Beweise in direkte ist prinzipiell stets möglich, doch praktisch oft schwer durchführbar. [...] Bei genauerer Zergliederung findet man, dass meist bei direkt gemachten Beweisen das indirekte Moment latent erhalten bleibt."[7]

Man erkennt in Samburskys Arbeit Prinzipien, die Kaluza in seinen wissenschaftlichen Forschungen angewandt hat: Auch in dem direkten Beweis, dem Experiment, erkennt man den indirekten Beweis, den gedanklichen Vorgang, der zu Hilfe gerufen wird, um über die Behauptung zu entscheiden. Hier sind bereits Ansätze der Prinzipien des kritischen Rationalismus zu erkennen, die Popper 1935 in seinem Werk „Die Logik der Forschung" entwickelt hat.[8] „Durch die

---

[5] Sambursky (1923), S. 57.

[6] Ebd.

[7] Sambursky (1923). Shmuel Sambursky (1900–1990) wurde ein angesehener Professor an der Hebrew University in Jerusalem und verfasste zahlreiche bekannte physikhistorische und philosophische Bücher wie „Das physikalische Weltbild der Antike" (1965), „The concept of time in late Neoplatonism", „Religion und Naturwissenschaft im spätantiken Denken" u.a.m.

[8] Popper kam allerdings zu dem Schluss, dass eine physikalische Theorie nicht endgültig bewiesen, sondern nur falsifiziert werden kann.

Definition: ‚Der indirekte Beweis benutzt Prämissen, in denen mindestens eine Teilannahme enthalten ist, die sich im Laufe des Beweises als falsch erweist' fallen gewisse näher charakterisierte Beweisgruppen ebenfalls unter den Begriff des indirekten Beweises."[9]

Das waren die gleichen Grundsätze, die Kaluza zur Überprüfung seiner Theorie benutzte: seine Theorie war richtig, denn es gab keinen indirekten Beweis, der sie widerlegen konnte. Man kann Kaluzas Auffassung über die Beweisführung in der Physik folgendermaßen zusammenfassen: Jede direkte Beweisführung, das heißt jedes Experiment, beruht auf einem Gedankenexperiment, beziehungsweise auf einem indirekten Beweis. Kaluza vertraute dem Gedankenexperiment auf die gleiche Weise, wie die meisten Physiker heute dem Experiment vertrauen. Damit stand er Galilei nahe, der sein Gesetz über den freien Fall der Körper auch anhand eines Gedankenexperiments, der „Spekulation", aufstellte, und nicht, wie manchmal behauptet wird, anhand von Fallexperimenten.[10] Auch Einstein, dessen Allgemeine Relativitätstheorie durch die Beobachtung der Sonnenfinsternis 1919 „bestätigt" wurde, war überzeugt, dass sich seine Theorie auch ohne dieses Experiment als richtig erwiesen hätte. Darüber befragt, was er gesagt hätte, wenn sich seine Allgemeine Relativitätstheorie als falsch erwiesen hätte, antwortete er „Gott hätte sich geirrt!" Damit brachte er auf humorvolle Weise seine Überzeugung zum Ausdruck, dass sich eine „gute Theorie" nicht als falsch erweisen könne. Eine Leistung bedeutender Physiker besteht darin, dass sie vor der experimentellen Bestätigung ihrer Theorie mit großer Sicherheit erkennen können, dass sie richtig ist. Eines der Kriterien – wenn auch nicht das einzige – ist die formale Einheit einer Theorie. Kaluzas Theorie hat dieses Kriterium perfekt erfüllt. Obwohl die fünfte Dimension durch kein Experiment je wahrgenommen worden war, glaubte er daran, dass seine Theorie „richtig" sein musste.

---

[9] Sambursky (1923), S. 57f.
[10] Vgl. z.B. Hermann (1983).

Kongresse in der Königsberger Zeit

Versammlung der Gesellschaft Deutscher Naturforscher und Ärzte in Leipzig und ihre Hundertjahrfeier vom 17. bis 24. September 1922

Am 18. September 1922 eröffnete der Professor für Medizin und Rektor der Universität, Adolf von Strümpell, in der Alberthalle des Kristallpalastes in Leipzig die Hundertjahrfeier der Gesellschaft Deutscher Naturforscher und Ärzte. Somit begann die 87. Versammlung der Gesellschaft, in deren Geschichte die namhaftesten Gelehrten und Naturwissenschaftler Deutschlands über die neuesten Arbeiten in der Wissenschaft berichtet hatten. Die Gesellschaft war eine der bedeutendsten Vereinigungen zur Förderung der Naturwissenschaften und Medizin in Deutschland. Eine ihrer wichtigsten Aufgaben war die Pflege des Kontaktes zwischen Naturforschern aus dem ganzen Land. An den Versammlungen der Gesellschaft hatten berühmte Wissenschaftler teilgenommen: Alexander von Humboldt – der erste Geschäftsführer der Gesellschaft im Jahre 1828 –, Carl Friedrich Gauß[1], Hermann Helmholtz, Wilhelm Conrad Röntgen, Wilhelm Wien, Max Planck, Albert Einstein, David Hilbert, Hermann Minkowski, Johannes Stark, Arnold Sommerfeld, James Franck und viele andere. Ihre Namen zeugten von dem Vertrauen in die Möglichkeiten des menschlichen Geistes, zur Erkenntnis über das Universum zu gelangen.

Der Festredner Adolf von Strümpell, selbst ein bedeutender Wissenschaftler, erinnerte auch an die Fünfzigjahrfeier von 1872, in der die Richtung der wissenschaftlichen Forschung in Deutschland, die bereits feste Umrisse angenommen hatte, aufgezeigt worden war. Das Vertrauen in „die Überlegenheit des Geistes über die Materie"[2], die die Wissenschaftler bei der 50. Jahresfeier der Gesellschaft beflügelte, hatte dazu beigetragen, die deutsche Wissenschaft weltberühmt zu machen, betonte der Redner.

Die besonderen Aufgaben der Wissenschaft nach dem verlorenen Krieg, als das ganze Land unter großen Entbehrungen zu leiden hatte, waren verstärkte Anstrengungen zur Förderung des geistigen Reichtums des Landes. „Noch steht nicht nur der Dollar, sondern auch die deutsche Wissenschaft hoch im Kurse"[3],

---

[1] Gauß erhielt eine Einladung auf die siebte Versammlung der Gesellschaft Deutscher Naturforscher und Ärzte in Berlin vom 18. bis 26. September 1828 von Alexander von Humboldt selber, siehe Biegel und Reich (2005), S. 130–131.

[2] In *87. Versammlung* (1922), S. 10.

[3] Ebd.

hatte der Geschäftsführer in seiner Eröffnungsrede gesagt. Tatsächlich waren auf der Versammlung große deutsche Wissenschaftler anwesend, darunter Max Planck, Max von Laue, Otto Hahn, Arnold Sommerfeld, James Franck, die Mathematiker David Hilbert, Emmy Noether, Abraham Fraenkel, Gerhard Kowalewski, Emil Artin und George Pólya aus Zürich. David Hilbert sprach über „Das Auswahlaxiom in der mathematischen Logik", Emmy Noether berichtete über „Algebraische und Differentialinvarianten" und Max von Laue referierte über „Die Relativitätstheorie in der Physik".

Vorsitzender der physikalischen Sektion war Max Planck. Die Versammlung der zweiten Abteilung für Physik fand in Gemeinschaft mit der Deutschen Physikalischen Gesellschaft statt. Unter den Referenten befand sich auch der spätere Nobelpreisträger Otto Stern aus Rostock, der „Über den experimentellen Nachweis der räumlichen Quantelung im elektrischen Feld" sprach. An der Sitzung nahm auch Max Born aus Göttingen teil.

Theodor Kaluza stellte seine Arbeit „Über den Bau und Energieinhalt der Atomkerne" vor. Sein Beitrag wurde von den anwesenden Physikern mit großem Interesse aufgenommen. Er behandelte ein Thema, das in der physikalischen Forschung hochaktuell war:

1904 hatte J. J. Thomson in seinem „Plum-Pudding-Modell" angenommen, dass das Atom wie eine homogene positiv geladene Kugel beschaffen sei, in der Elektronen wie Rosinen in einem Kuchen verstreut seien. Doch 1911 entwarf Ernest Rutherford ein neues Atommodell, das dem allgemein akzeptierten Modell von Thomson widersprach: Demnach besteht der Kern eines Atoms aus positiven Ladungen, die sich auf ein kleines Volumen konzentrieren, umgeben von negativen Ladungen, die ein größeres Volumen in Anspruch nehmen. Aufgrund des Rutherfordschen Modells entwickelte Niels Bohr 1913 sein quantentheoretisches Atommodell. Die fundamentale neue Annahme war, dass sich die Elektronen auf diskreten Bahnen bewegen, deren Energiewerte von der Plackkonstante bestimmt sind. 1920 entdeckte der geniale Experimentator Rutherford – wegen seiner Beiträge zur Kernphysik auch „Vater der Kernphysik" genannt – die „Protonen" (so seine Bezeichnung), die positiven Teilchen im Kern. Er hatte bereits nachgewiesen, dass der Kern des Wasserstoffatoms aus einem Proton bestand.

In der Zeit, als Kaluza an diesem Thema arbeitete, schien es unmöglich, ein Kernmodell zu entwerfen. Der Erfolg des Atommodells von Bohr, das die Atomphysik revolutioniert hatte, stellte eine Herausforderung für die Kernphysiker dar. Der Kern ließ sich jedoch nicht einfach enträtseln. In seinem Aufsatz betonte Kaluza: „Unser empirisches Wissen von den Atomkernen reicht gegenwärtig noch kaum zur Schaffung eines Kernmodells aus, das an Sicherheit der Begründung und an Leistungsfähigkeit mit dem Bohrschen Atommodell wetteifern könnte."[4] Die Bemühungen waren groß und die Spekulationen darüber, wie der Atomkern aussieht, zahlreich. Sie waren sogar so verwirrend geworden, dass Max Born sie als „wild"[5] bezeichnete. Zu dieser Zeit dachte man, der Kern bestehe aus positiven *und negativen Teilchen*, die sich insgesamt zu einer positiven Ladung summierten.[6]

Kaluza nahm sich vor, den Kern energetisch zu untersuchen und Abschätzungen über „den Verlauf der gesamten Reihe der Kerne"[7] zu gewinnen. Anhand der als sicher geltenden Kenntnisse (wie Atommasse A und Atomzahl Z)[8] ließen sich wichtige Schlussfolgerungen ziehen. In seiner Untersuchung versuchte Kaluza, eine Methode zu entwickeln, die unabhängig von der – allgemein angenommenen – Coulombschen Natur der Kernkräfte war. Es erwies sich nach seiner Überprüfung als sinnvoll, das Verhältnis der „spezifischen Masse" $A/(2Z)$ zu untersuchen, das in Abhängigkeit von Z einen logarithmischen Verlauf annimmt:

$$(1) \qquad \frac{A}{2Z} = a \cdot \log Z + b$$

(a und b sind Konstanten, A = Atommasse und Z = Atomzahl).[9]

Die Untersuchung der ganzen Reihe der bekannten Kerne, verglichen mit der erhaltenen Formel (1), ergibt einen „eigenartigen Verlauf" (folgende Abb. 26). Kaluza fiel bei dieser Analyse auf, dass die geradzahligen Kerne eine systematische Abweichung von dem logarithmischen Verlauf, der die „normale [spezifische] Masse"[10] darstellt, aufweisen:

---

[4] Kaluza (1922), S. 474.

[5] Siehe die Diskussion im Anschluss des Vortrags Kaluzas in Kaluza (1922), S. 475.

[6] Noch 1932 galt diese Annahme als allgemein akzeptierte physikalische Erkenntnis. Siehe z.B. Gamow (1932), S. 1.

[7] Kaluza (1922), S. 474.

[8] In Kaluzas Artikel werden A als Atomgewicht und Z als Kernladungszahl bezeichnet.

[9] Kaluza (1922), S. 474. Kaluza berechnete diese Formel aus energetischen Überlegungen über die Stabilität des Kerns, indem er feststellte, dass ein rein Coulombsches Potential keine positiv geladenen stabilen Kerne ergeben würde. Für eine ausführliche Darstellung seiner Herleitung siehe Kaluza (2007).

[10] Kaluza (1922), S. 475.

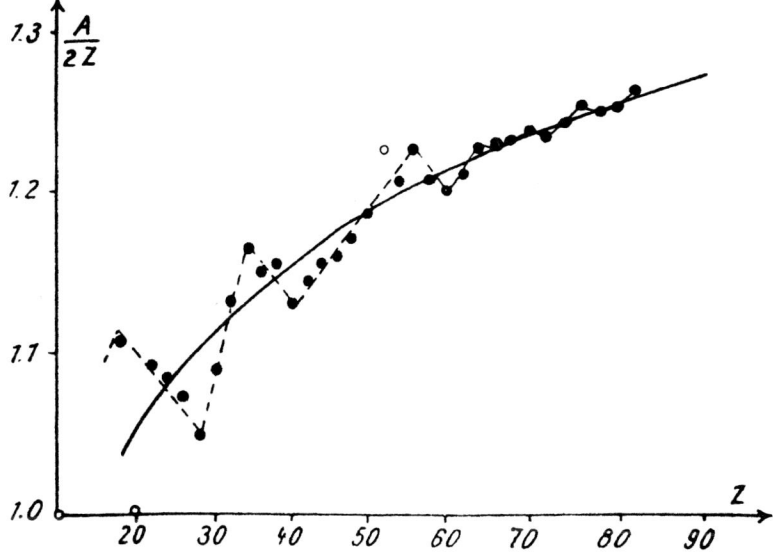

Abb. 26: Diagramm: $A/(2Z) = a \cdot \log Z + b$ *(Kaluza (1922), S. 475)*

Kaluzas Schlussfolgerung lautete: „Von kleineren […] Ungleichmäßigkeiten […] abgesehen, umschreiten die A/(2Z)-Werte die logarithmische Normalkurve in einer auf das deutlichste ausgeprägten Zickzacklinie. Es sind beim Aufbau dieses Abschnitts der Kernreihe offenbar zwei antagonistische Prinzipe wirksam, von denen das eine die spezifische Masse herabzudrücken, das andere sie zu steigern sucht".[11]

Kaluza stellte auch fest, dass die Annahme, die Kernkräfte seien rein Coulombscher Natur, sich als falsch erwies: „es ergeben sich aber starke Hinweise auf Abweichungen vom Coulombschen Gesetz bzw. auf das Hinzutreten von Kohäsionskräften."[12] Es ließ sich erst später beweisen (1935 durch Hiddeki Yukawa), dass die Kernkräfte keine Coulombsche Natur haben, sondern dass es sich um eine neue physikalische Kraft von anziehender Art handelt: nämlich um die starke Wechselwirkung.

Als Schlussfolgerung seiner Ergebnisse wies Kaluza am Ende seiner Abhandlung auf die mögliche Existenz von „Rutherfords X_2-Teilchen" hin. Dies ist offenbar eine Anspielung auf Rutherfords *Bakerian lecture* vom 1920, in der er die

---

[11] Kaluza (1922), S. 475, Hervorhebung im Original.
[12] Ebd.

mögliche Existenz des Neutrons postulierte: Ein „*Teilchen mit Masse 1, das Kernladung Null besitzt*", und das „*an der Struktur der Atome beteiligt sein sollte.*"[13]

Max Born lobte Kaluzas Arbeit und betrachtete sie als eine gelungene Theorie des Atomkerns: „Die hier vorgetragenen Überlegungen scheinen mir unter der großen Zahl wilder Spekulationen über die Atomgewichte durch einen klaren theoretischen Grundgedanken hervorzustechen."[14]

In Anbetracht der weiteren Entwicklung der Kerntheorie ist Kaluzas Untersuchung von wissenschaftlichem Scharfsinn gekennzeichnet. Erst 1932, als der englische Experimentalphysiker James Chadwick das Neutron entdeckte[15], eröffnete sich die Möglichkeit, konsistente Kernmodelle zu entwerfen, wie es Walter Elsasser (1933), Hans Albrecht Bethe und Carl Friedrich von Weizsäcker (1935) gelang. Das Tröpfchenmodell des Atomkerns wurde in der Bethe-Weizsäcker-Formel benutzt, in der die spezifische Funktion der Masse von gerade-geraden und ungerade-ungeraden Kernen[16] auftritt. Solche besonders stabilen Kerne werden heute durch die „magischen Zahlen" beschrieben.

Das Diagramm aller Kerne, heute jedem Kernphysiker bekannt, wurde erst später entdeckt (folgende Abb. 27). Es stellt die Bindungsenergie des Kerns pro Nukleon (B/A) in Abhängigkeit von der Atommasse A dar.

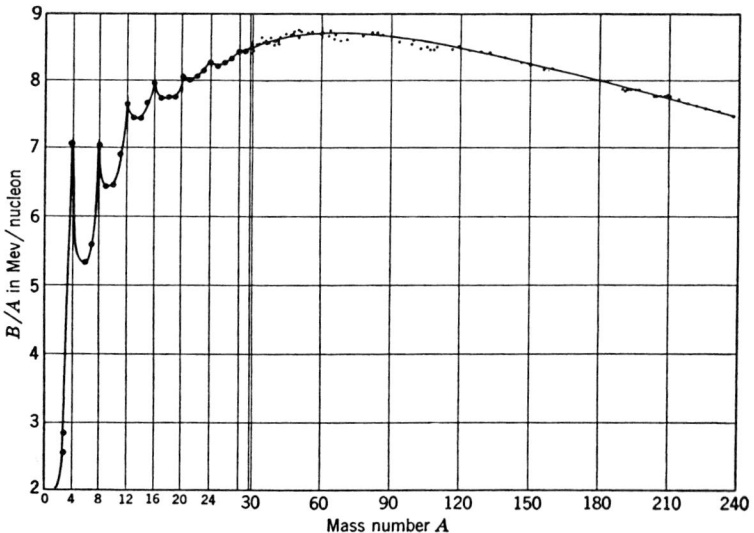

---

[13] Rutherford (1920), zitiert in Mladjenovic (1998), S. 163.

[14] Kaluza (1922), Diskussionen, S. 476.

[15] Chadwick (1932).

[16] Diese Kerne sind stabiler als die anderen „normalen Kerne", weil sie die Möglichkeit haben, sich durch Paarungskräfte zu verbinden; vgl. z.B. Mayer-Kuckuck (1974), S. 30.

Abb. 27 Vorseite: Diagramm: Die Bindungsenergie B/A pro Nukleon (in MeV) für die natürlich auftretenden Kerne in Abhängigkeit von der Atommasse A. Die Werteskala wurde bei A = 30 geändert (Evans (1955), S. 299)

Ein Vergleich zwischen Kaluzas Diagramm (Abb. 26) und dem heutigen (Abb. 27) zeigt, dass Kaluza ebenfalls das, was heute als magische Zahlen stabiler Kerne bezeichnet wird, antizipiert hat.[17] Sie sind zuerst von Walter Elsasser 1933 in seinem Artikel „Sur le principe de Pauli dans les noyaux"[18] beschrieben worden. Kaluzas Untersuchung kann man als Vorläufer dieses Diagramm-Verlaufes der Kernbindungsenergie pro Nukleon in Abhängigkeit von der Massenzahl *A* (Abb. 27) für die Reihe in seiner Zeit bekannter Kerne betrachten. Es ist bemerkenswert, dass Kaluza dieses Diagramm entwickelte, bevor der Begriff „Kernbindungsenergie" überhaupt existierte.[19] Anstelle der Bindungsenergie pro Nukleon verwendete Kaluza die „spezifische Masse *A/(2Z)*". Eine einfache Rechnung zeigt, dass der Zusammenhang zwischen der Bindungsenergie pro Nukleon und dem von Kaluza gewählten Verhältnis *A/(2Z)* durch die Formel

$$(2) \qquad Bindungsenergie/Nukleon \cong Konst. - \frac{A}{2Z}$$

dargestellt werden kann.[20] Durch die Genauigkeit der Untersuchung hinsichtlich der experimentellen Daten, die Kaluza mit den mathematischen Ergebnissen vergleicht, erweist er sich als würdiger Nachfolger der Königsberger Tradition der Neumannschen Schule für theoretische Physik.

Es war das erste Mal, dass Kaluza auf einer Versammlung dieses Ranges einen Vortrag hielt, und vermutlich ist ihm das nicht leicht gefallen. Es wurde von Zeitzeugen wiederholt bestätigt, dass Kaluza öffentliche Auftritte nicht mochte, dass er sie sogar „hasste". Nur im engsten Familien- und Freundeskreis sprach er ohne Scheu und Hemmungen.

---

[17] Kaluzas magische Kerne tragen die Kernladungszahlen *Z = 28* und *Z = 40*. Kaluzas Diagramm beginnt mit *Z = 18*. Für Kerne mit *Z* kleiner als 17 bemerkte Kaluza eine „*Diskontinuität*, die vermutlich mit dem Eintreten von He-Kernen als *selbständigen* Bauteilen zusammenhängt." Kaluza (1922), S. 475.

[18] „Über Paulis Prinzip bei den Atomkernen.", Elsasser (1933). Siehe dazu auch Mladjenovic (1998), S. 288–289, und Goeppert Mayer (1963), S. 28. Kaluza entdeckte eine weitere stabile Zahl, *Z = 58*, die auch bei Elsasser auftritt, die jedoch heute nicht mehr als „magische Zahl" gilt.

[19] Erst durch Bethe und Weizsäcker entwickelt.

[20] Für eine detaillierte Darstellung siehe Kaluza (2007).

Abb. 28: Foto von Anna und Theodor Kaluza (um 1920)

Erst drei Monate zuvor, am 22. April 1922 war er an der Albertina zum außerplanmäßigen außerordentlichen Professor ernannt worden.[21] Damit ging seine
16-jährige Privatdozentenzeit an der Albertina zu Ende. Die aus fünf Mitgliedern
bestehende Hochschulkommission hatte bei Kaluzas Ernennung vor allem seine
Verdienste als Wissenschaftler gewürdigt. Seine von Einstein der Berliner Akademie der Wissenschaften vorgelegte Theorie war im Jahr zuvor veröffentlicht
worden und hatte einen starken Eindruck an der Universität gemacht. Auch seine
Aufnahme auf die Berufungsliste der Universität Gießen im selben Jahr hatte bei
der Verleihung des Extraordinariats eine Rolle gespielt. Durch den Tod von Hermann Ernst Grassmann[22] (1857–1922) war dort der Lehrstuhl für Geometrie und
angewandte Mathematik frei geworden. Kaluza stand auf Platz zwei der Berufungsliste. Doch es wurde zugunsten eines Kollegen Kaluzas, Hans Falckenberg,

---

[21] „Ernennungsschreiben zum außerordentlichen Professor an der Universität Königsberg", GSB, Rep. 76, Abt. V, Sekt. 11.

[22] Hermann Ernst Grassmann war Sohn des bedeutenden Mathematikers Hermann Grassmann (1809–1877), bekannt für seine Ausdehnungslehre.

entschieden, ebenfalls Privatdozent an der Universität Königsberg. Der Grund dafür war, dass Kaluza zu diesem Zeitpunkt weniger Veröffentlichungen aufzuweisen hatte als Falckenberg: „Für Kaluza spricht unstreitig die längere und vielseitigere Lehrtätigkeit, wogegen Falckenbergs literarische Produktion an Umfang und Verschiedenartigkeit die Kaluzas übertrifft"[23], wie die Berufungskommission in Gießen betonte.

Zu dieser Zeit hatte Kaluza in der Tat nicht viel veröffentlicht. Außer seiner Dissertation über die Tschirnhaustransformationen lagen nur noch drei Arbeiten in der Mathematik vor, die letzte bereits sechs Jahre alt: seine beiden Abhandlungen aus dem Bereich der Mengenlehre, „Ein Problem der Mengenlehre" (1913) und „Eine Abbildung der transfiniten Kardinaltheorie auf das Endliche" (1916) und außerdem eine Abhandlung aus dem Bereich der darstellenden Geometrie „Bewegliches Modell zur Zentralperspektive" aus dem Jahr 1913. Alle anderen Arbeiten kamen aus dem Bereich der Physik darunter „Zur Relativitätstheorie" aus dem Jahr 1910 und seine inzwischen als die *Relativitätstheorie in fünf Dimensionen* bekannt gewordene Theorie der Vereinheitlichung, die 1921 erschienen war. Schon seine Theorie in fünf Dimensionen hätte eine Berufung auf einen Lehrstuhl für theoretische Physik berechtigt. Doch in Gießen handelte es sich um einen Lehrstuhl für reine und angewandte Mathematik. Die Entscheidung der Fakultät für Hans Falckenberg wurde vermutlich noch durch eine weitere Bemerkung der Berufungskommission beeinflusst: „Es darf aber nicht unberücksichtigt bleiben, dass Kaluzas Gesundheit nach uns gewordenen Mitteilungen durch den Krieg etwas gelitten hat."[24] Kaluza hatte am Ende des Krieges eine Lungenentzündung gehabt, außerdem ließen ihn die vielfältigen Entbehrungen nach dem Krieg, vor allem die Hungersnot, noch lange krank aussehen. Sein Sohn erzählte später, dass er in dieser Zeit so blass aussah, als litte er immer noch an einer Lungenkrankheit.[25]

Auf jeden Fall machte Kaluzas Name auf der Berufungsliste in Gießen einen guten Eindruck in der Mathematischen Fakultät in Königsberg.[26] Trotz seiner Ernennung zum nicht-beamteten außerordentlichen Professor an der Universität

---

[23] Vgl. Berufungsverfahren nach Gießen auf die durch den Tod des Professors Hermann Grassmann frei gewordene Professur für Mathematik, in „Wiederbesetzung der außerordentlichen Professur für Mathematik an der Landesuniversität Gießen", UAJLG PrA Phil 7 Falckenberg.

[24] Ebd.

[25] Theodor Kaluza junior (1991).

[26] Seine Aufnahme auf die Berufungsliste nach Gießen wird im „Ernennungsschreiben zum außerordentlichen Professor an der Universität Königsberg" lobend erwähnt, GSB, Rep. 76, Abt. V, Sekt. 11.

Königsberg änderte sich an seiner materiellen Lage wenig, denn diese Extraordinarien waren, was ihr Wirken an der Universität und ihre Vergütung anging, den Privatdozenten gleichgestellt. Die Kolleggelder waren damals einziges „schmales Einkommen" eines außerplanmäßigen Extraordinariats.[27]

Ein Jahr zuvor, am 1. Dezember 1921, war Kaluzas Vater an Diabetes gestorben. Das hatte auch eine materielle Katastrophe zur Folge, denn zu Lebzeiten konnte er die Familie seines Sohnes noch unterstützen. Mit seinem Tod reichte aber auch die Witwenrente der Mutter kaum noch für ihren eigenen Lebensunterhalt. Sie musste deshalb den Rest ihres Lebens in einem Königsberger Kloster verbringen. Die finanzielle Not der jungen Familie wurde durch die galoppierende Inflation noch weiter gesteigert. Aus diesem Grund blieb Kaluza nichts anderes übrig, als in den Schuldienst zu gehen.[28] Er unterrichtete Mathematik und Physik an der Reichswehrschule, am Fridericianum – seinem ehemaligen Gymnasium – sowie am Wilhelmsgymnasium.[29] Doch auch solche Aufträge waren immer schwieriger zu finden.[30] Die Tätigkeit im Schuldienst war sehr ermüdend für Kaluza, der sich von seiner Krankheit nicht richtig erholen konnte. Die schlechte Ernährung, die Entbehrungen an der Front und die anstrengende Arbeit hatten seine Kräfte nachhaltig geschwächt.

Im Juni 1922 hatte er ein Privatdozentenstipendium beantragt, das es ihm ermöglichen sollte, seine wissenschaftliche Forschung weiterzuführen.[31] Es ist bemerkenswert, dass Kaluza trotz größter materieller Schwierigkeiten noch Energie für seine wissenschaftliche Arbeit aufbringen konnte. Es sollte sogar seine produktivste Zeit werden.

Kaluza war angesichts der Unmöglichkeit, seine Familie weiter zu ernähren, verzweifelt. In einem Brief an den Kurator der Universität schrieb er am 15. Juni 1922: „Unter diesen Umständen ist es mir bei der herrschenden Geldentwertung in der letzten Zeit kaum noch möglich, den Unterhalt meiner Familie zu bestreiten. Ich bitte daher ganz ergebenst, mir durch Erhöhung meiner Bezüge mein

---

[27] Fraenkel (1967), S. 143. Auch im „Ernennungsschreiben zum außerordentlichen Professor an der Universität Königsberg" wird betont, dass sich am „Status des Privatdozenten" nichts verändert habe, GSB, Rep76, Abt.V, Sekt 11.

[28] Siehe Brief von Kaluza an Einstein vom 24. Oktober 1921, EA 14-247, in dem er über: „die wenige freie Zeit, die mir der nebenherlaufende Schuldienst lässt", schreibt.

[29] „Amtliches Blatt" vom 3. Mai 1924, Tagebuch Nr. 164, NTK. Am 1. Juni 1924 wurde er vom Wilhelmsgymnasium wegen Abbau der Stellen in den „Ruhestand" versetzt.

[30] Ebd.

[31] Brief von Theodor Kaluza an den Kurator der Universität Königsberg vom 15. Juni 1922, GSB, Rep. 76, Abt. V, Sekt. 11, f. 85.

Auskommen gütigst erleichtern zu wollen."[32] Kaluzas damals 12jähriger Sohn erinnerte sich später an diese Situation: „Zu meinen Kindheitserinnerungen [...] gehört das Bild meiner Mutter, die weinend vor der offenen Speisekammertür steht und uns Kindern zeigt, dass nichts (exakt nichts) zu essen da ist."[33]

Für Kaluzas Stipendium setzte sich auch der Mathematikprofessor Konrad Knopp ein, der seit 1920 zweiter Ordinarius für Mathematik an der Albertina war. Er kannte die herausragenden Fähigkeiten Kaluzas und seine originellen Arbeiten. Das Forschungsstipendium der Notgemeinschaft wurde Kaluza gewährt. Trotzdem brachte das Stipendium von 8.000 Mark im Jahr 1922 neben seinem Einkommen von 20.000 Mark bei steigender Inflation kaum eine finanzielle Entlastung: Der Dollarkurs betrug 1921 noch 75 Mark, Anfang 1923 aber bereits 18.000 Mark.[34]

Mit solchen materiellen Schwierigkeiten hatte Kaluza im Jahr der Tagung in Leipzig zu kämpfen. Dass sein Vortrag so gut angekommen war, mag ihn gefreut haben. Es war ein Beweis dafür, dass er trotz widriger Umstände in der geliebten Wissenschaft große Leistungen vollbringen konnte. Außerdem hoffte er, dass sich dadurch seine Situation verbessern würde. Doch nach seiner Rückkehr nach Königsberg Ende September 1922 musste er erst einmal den Kampf ums Überleben fortsetzen. Die Inflation stieg weiter, und die gewährte Hilfe durch die Fakultät erwies sich wieder als unzureichend: „Nachdem es mir bisher schon, trotz der laufenden Erhöhungen meiner Lehrauftragsremuneration [Vergütung], nur unter den größten Schwierigkeiten möglich war, den Unterhalt meiner Familie zu sichern, drohen diese Schwierigkeiten sich im kommenden Winter zur Unmöglichkeit zu steigern", schrieb Kaluza am 16. Oktober an den Kurator.[35] Seine Bitte wurde erneut erhört, doch auch dieses Mal war die Wirkung gering. Die Inflation erreichte in Deutschland 1923 ihren Höhepunkt. Am 1. August 1923 stieg der Dollarkurs auf eine Million Mark.[36] Kaluza sah sich gezwungen, einen Kredit bei der Königsberger Bank aufzunehmen, um seine Familie ernähren zu können. Diese Verschuldung setzte sich bis zum Zweiten Weltkrieg fort.

Kaluza konnte diese Schwierigkeiten trotzdem einigermaßen bewältigen, weil sein Dasein als Gelehrter von einem Idealbild geprägt war, das Geldangelegenheiten nebensächlich erscheinen ließ. Kaluza knüpfte damit an die Tradition der

---

[32] Theodor Kaluza an den Minister für Wissenschaft, Kunst und Volksbildung, am 15. Juni 1922, GSB, Rep. 76, Abt. V, Sekt. 11, f. 85.

[33] Theodor Kaluza junior (1991) und Brief an Detlef Laugwitz vom 26. Juni 1985, S. 4.

[34] Fraenkel (1967), S. 154.

[35] Brief von Theodor Kaluza an den Kurator der Universität Königsberg vom 16. Oktober 1922, GSB, Rep. 76, Abt. V, Sekt. 11, f. 96.

[36] Fraenkel (1967), S. 154.

Königsberger Professoren an, deren Existenz im 19. Jahrhundert einen Wert nur durch ihre wissenschaftliche Arbeit bekam. Für die meisten „war nichts so widerwärtig, als sich irgendwie mit Geldangelegenheiten befassen zu müssen."[37] Ihr einziger Lebenszweck war der Dienst als Lehrer und Forscher in der Wissenschaft. „Essen und Trinken nannte Neumann notwendige Übel", schrieb Ludwig Friedländer treffend über den berühmten „Vater der theoretischen Physik", Franz Neumann.[38] Die Professoren in Königsberg begnügten sich mit der einfachsten Lebensweise und waren ohne Zögern bereit, für ihre Wissenschaft Entbehrungen auf sich zu nehmen. Denn die Idee, der Wissenschaft zu dienen, war ihnen „heilig". Auch Franz Neumann hatte in seiner „selbstlosen Opferwilligkeit" aus eigenen spärlichen Mitteln Instrumente angeschafft, um ein physikalisches Labor, das ihm an der Universität noch nicht zur Verfügung stand, auszustatten. Aus der Erbschaft seiner Frau kaufte er ein Haus, das er zur Anfertigung und Aufstellung von Instrumenten für seine physikalischen Arbeiten ausbaute. „[Die] Bequemlichkeit der Familie konnte wenig berücksichtigt werden; für sich selbst begnügte sich Neumann Jahre lang mit einer Dachstube."[39]

„Der Forscher verzichtet auf manchen Anspruch der Lebenshaltung; auf den Reichtum der Kultur, in deren Mitte er steht, kann er nicht verzichten, ohne sich aufzugeben"[40], hatte Fritz Haber in seiner Rede vor dem Reichstag 1920 gesagt, als er die Notgemeinschaft der Deutschen Wissenschaft ins Leben rief. Viele Gelehrte dieser Zeit entsprachen diesem Bild. Sie waren das Gegenteil von jenem Spezialistentum „eng in seinen Zielen, arm an Idealismus"[41], das Haber in der gleichen Rede schilderte.

„Wissenschaft ist ein zutiefst aristokratisches Geschäft"[42], hatte Adolf von Harnack gesagt. Wenige waren vielleicht von der Idee, dass Wissenschaft Opfer fordere, so überzeugt wie Kaluza. Obwohl er der Sohn eines reichen Mannes war und in seiner Kindheit keine Entbehrungen gekannt hatte und die materiellen Freuden des Lebens zu genießen wusste, konnte er auch, wenn es nötig war, darauf verzichten. Er beklagte sich niemals über Verzicht und Entbehrungen; er war mit seiner Forschung so intensiv beschäftigt und fühlte sich dadurch so erfüllt, dass materielle Dinge für ihn eine Nebenrolle spielten. Außerdem half ihm sein Humor bei der Überwindung der größten Schwierigkeiten. Seine Tochter erinnerte sich daran, dass man im Haus der Eltern immer gut lachen konnte und dass ihr

---

[37] Friedländer (1905), S. 71.

[38] Ebd.

[39] Ebd., S. 73.

[40] Zitiert in Hermann (1982), S. 120.

[41] Ebd.

[42] Ebd., S. 121.

Vater imstande war, jemanden bis zu Tränen zum Lachen zu bringen. Das passierte vor allem in schwierigen Zeiten häufig. Kaluza ermutigte dadurch nicht nur seine Familienmitglieder, sondern auch Menschen, denen er nahe stand.[43] Seine Frau kam mit all den Entbehrungen allerdings schwerer zurecht. Sie beklagte sich oft über die beträchtlichen Probleme und trieb ihren Mann an, mehr für eine Berufung zu unternehmen.

Versammlung der Gesellschaft Deutscher Naturforscher und Ärzte in Innsbruck vom 21. bis 27. September 1924

Im September 1924 fand in Innsbruck die *88. Versammlung der Gesellschaft Deutscher Naturforscher und Ärzte* statt, auf der auch eine Zusammenkunft der *Deutschen Mathematiker-Vereinigung* auf dem Programm stand. Aus Königsberg kamen die Mathematiker Konrad Knopp und Werner Rogosinski, mit denen die Familie Kaluza freundschaftliche Beziehungen unterhielt. In Innsbruck versammelten sich namhafte Mathematiker aus dem In- und Ausland wie Helmut Hasse aus Kiel, Kurt Reidemeister aus Wien, Arthur Moritz Schoenflies aus Frankfurt und Richard Courant aus Göttingen.[44] Emmy Noether hielt einen Vortrag zum Thema „Abstrakter Aufbau der Idealtheorie im algebraischen Zahlkörper", Harald Bohr, Bruder des Physikers Niels Bohr aus Kopenhagen, sprach über „Fastperiodische Funktionen" – ein Gebiet, für das sich Kaluza später ebenfalls interessierte. Arnold Sommerfeld referierte über „Grundlagen der Quantentheorie und des Bohrschen Atommodells" und James Franck aus Göttingen, der für seine experimentellen Beiträge in der Atomphysik bekannt war und ein Jahr später den Nobelpreis bekommen sollte, über „Atom- und Molekülstöße und ihre chemische Bedeutung".

Für die Familie Kaluza war die Teilnahme an diesem Kongress ein finanzielles Opfer. Abgesehen von den Reisekosten betrug die Teilnahmegebühr 200.000 Kronen und eine „Damenkarte" nochmals 100.000 Kronen. Dieser Kongress bot jedoch die einmalige Gelegenheit, sich über den neuesten Stand der wissenschaftlichen Forschung zu informieren und bedeutende Mathematiker und Physiker zu treffen.

---

[43] Kaluzas Tochter erinnerte sich, dass es ihrem Vater häufig gelang, andere Menschen zu ermutigen; so eine Nachbarin in Königsberg, eine alte Frau, die immer wieder durch Gespräche mit dem „hoch verehrten Herrn Professor" neuen Mut gewann, sich gegen die schweren Lebensbedingungen der damaligen Zeit zu behaupten. Brief von Theodor Kaluzas Tochter an die Autorin vom 25. Februar 1997.

[44] Tagesordnung der Innsbrucker Versammlung, 21.–27. September 1924, S. 57–60.

Am 26. September hielt Kaluza seinen Vortrag auf der Sitzung der Physiker und der Gesellschaft für angewandte Mathematik und Mechanik, die von Max Planck geleitet wurde. Seine Abhandlung „Zur Relativitätstheorie" (II) war sein zweiter Beitrag zu diesem Thema, jedoch mit anderem Inhalt als seine erste Abhandlung von 1910. In dieser Arbeit bewies Kaluza anhand eines Gedankenexperimentes, dass sich die Definition der Gleichzeitigkeit zweier physikalischer Ereignisse „ohne jede Bezugnahme auf das Prinzip der Konstanz der Vakuumlichtgeschwindigkeit" herleiten lässt.[45] Damit beabsichtigte Kaluza, den von der philosophischen Seite gegen die Spezielle Relativitätstheorie erhobenen Einwand, dass man zur Definition der Gleichzeitigkeit einen „speziellen Naturvorgang" (die Lichtausbreitung) benötige, aufzuheben.

Am Anfang der Abhandlung betonte Kaluza seine erkenntnistheoretischen Bedenken gegen das in der Konstruktion der Speziellen Relativitätstheorie verwendete zweite Axiom: *„[...] so wird andererseits, glaube ich, auch mancher Physiker zugeben, dass man sich beim Durchdenken der Theorie hie und da nur schwer einer – ich möchte sagen: – unbehaglichen Regung des erkenntnistheoretischen Gefühls erwehren kann, etwa an der Stelle, an der das sogenannte ‚Lichtprinzip' (das Prinzip von der Konstanz der Vakuumlichtgeschwindigkeit) in den Aufbau der Relativitätslehre eingreift."*[46]

Die Einwände der Physiker und der Philosophen gegen diesen „hochgradig apriorisch anmutenden Begriff"[47] hatten bereits ab 1910 eine Diskussion über die Möglichkeit der Herleitung der Lorentz-Transformationen ohne die Benutzung des Prinzips der Lichtgeschwindigkeit ausgelöst. In diese Diskussion, eingeleitet 1910 von Woldemar A. von Ignatowsky und weiterverfolgt bis Anfang der 20er-Jahre von Philipp Frank und Hermann Rothe (1911 und 1912), A. N. Whitehead (1919) und L. A. Pars (1921)[48], ordnet sich auch Kaluzas Abhandlung ein.[49]

„Es müsste nun", präzisiert Kaluza sein Ziel, *„durchaus erwünscht und befriedigend sein, wenn es gelänge, die Theorie, ohne an ihrem Ganzen etwas zu ändern, so aufzubauen, dass dem hervorgehobenen Einwand von vornherein der Boden entzogen wäre."*[50]

Kaluzas Idee war, das zweite Axiom auf eine philosophisch tiefere Ebene zurückzuführen: Anstelle des Prinzips der Konstanz der Lichtgeschwindigkeit in

---

[45] „Bericht über die Jahresversammlung zu Innsbruck" (1924), S. 107.

[46] Kaluza (1924), S. 605.

[47] Ebd.

[48] Vgl. dazu Liberati, Sonego und Wisser (2002).

[49] Kaluza zitierte in seiner Abhandlung keinen dieser Autoren und bemerkte: „[...] auf der anderen Seite sind ja auch die nicht ganz unbeträchtlichen Meinungsverschiedenheiten wohlbekannt, die sich gerade bezüglich der Rolle, die dem Lichtprinzip zukommt, selbst bei berufenen Interpreten der [Sepziellen Relativitäts]Theorie vorfinden." Kaluza (1924), S. 605.

[50] Ebd.

der Konstruktion der Speziellen Relativitätstheorie verwendete er das Symmetrie-axiom der Homogenität des Raumes, das ein allgemein geltendes Prinzip der Physik darstellt. Einstein selber hatte in der Speziellen Relativitätstheorie diese Raumsymmetrie vorausgesetzt. Kaluza bewies, dass diese Symmetrie allein genügt und damit das Lichtpostulat überflüssig ist.

Kaluza formulierte hier das Additionsgesetz der Geschwindigkeiten für die Spezielle Relativitätstheorie „ohne Benutzung des Lichtprinzips". Ausgehend von dem Ziel, die Gleichzeitigkeit zweier physikalischer Ereignisse zu definieren, ohne die Lichtausbreitung mit einzubeziehen, betrachtete Kaluza die zurückge-legte Strecke in einem bestimmten Zeitintervall a_{12}, a_{21}, a_{23}, a_{32}, a_{13}, a_{31} – die er „den Aufwand der Bewegung" bezeichnete – in drei inertialen Bezugssystemen S_1, S_2 und S_3. Durch die Benutzung des „Symmetriepostulates" der Homogenität (und Isotropie) des Raumes ergibt sich die Gleichheit[51]

$$a_{ik} + a_{ki} = 0,$$

eine Beziehung, die zum Ausdruck bringt, dass die relativen Geschwindigkeiten in jeweils zwei Bezugsystemen die gleiche Größe haben und entgegengesetzt zu-einander stehen.

Durch den Vergleich der zurückgelegten Strecken, deren Differenz sich als Abstand schreiben lässt, und durch Benutzung des „Symmetriepostulates" gelingt es Kaluza, das Additionsgesetz der Geschwindigkeiten[52] ohne Benutzung der Lichtgeschwindigkeit aufzustellen:

$$a_{12}a_{23} + a_{23}a_{31} + a_{31}a_{12} + const. = 0$$

Dabei bestimmt die Konstante die Art von Kinematik, die man verwendet:

Wenn die Konstante gleich Null ist, erhält man die Galileische Mechanik und das klassische Additionsgesetz der Geschwindigkeiten.

Wenn die Konstante positiv ist und $= a^2$, erhält man das Einsteinsche Addi-tionsgesetz der Speziellen Relativitätstheorie und a erweist sich als „*invariante* Ge-schwindigkeit". Damit lassen sich auch die Lorentz-Transformationen herleiten.

Wenn die Konstante negativ ist, erhält man „eine Art ‚nichtgalileischer Phy-sik', in der eine Spaltung nach Raum und Zeit nicht mehr angängig wäre."[53]

Kaluza schloss seine Arbeit mit den Worten: „Für die Entscheidung *dieser* Disjunktion muss natürlich das Lichtprinzip oder ein äquivalenter Ersatz heran-

---

[51] Kaluza (1924), S. 606.
[52] Ebd.
[53] Ebd.

gezogen werden. Das in Aussicht gestellte Ziel aber, eine *Zeitvergleichung ohne Bezugnahme auf die Lichtausbreitung* durchzuführen, ist bereits vorher erreicht."[54]

Die Bedeutung dieser Herleitung lag darin, dass die Lichtgeschwindigkeit keine obere Grenze mehr, sondern eine „*invariante* Geschwindigkeit" darstellt, wie Kaluza in seinen Schlussfolgerungen betonte. In der heutigen Diskussion über Phänomene mit Überlichtgeschwindigkeit, wie den in den 90er-Jahren vorausgesagten Scharnhorsteffekt, bei dem Überlichtgeschwindigkeiten in Quantenpolarisationsphänomenen auftreten können, die noch außerhalb unserer experimentellen Technik stehen, bekam Kaluzas Theorie eine neue Bedeutung: Durch die Formulierung des Additionsgesetzes der Geschwindigkeiten ohne Verwendung der Lichtgeschwindigkeit machte sie den ersten Schritt zu zeigen, dass Überlichtgeschwindigkeitsphänomene der Speziellen Relativitätstheorie nicht widersprechen. Der nächste Schritt wäre natürlich der Beweis einer Nichtverletzung der Kausalität in diesem Fall.[55]

Kaluzas Sohn berichtete später, dass der Vortrag auf der Tagung der Naturforscher in Innsbruck mit großem Interesse aufgenommen wurde und rege Diskussionen ausgelöst habe.[56] Trotz seiner Schüchternheit beteiligte sich sein Vater intensiv daran.[57] Nach der Tagung schickte Kaluza ein Exemplar seiner Abhandlung an Einstein.[58] Die Arbeit wurde anschließend in der *Physikalischen Zeitschrift* veröffentlicht.[59] Es sollte der letzte Kongress sein, auf dem Theodor Kaluza über ein physikalisches Thema referiert hat. Diese vierte physikalische Abhandlung, in der sich Kaluza erneut einem Problem an der vordersten Front der physikalischen Forschung gewidmet hatte, sollte auch seine letzte physikalische Veröffentlichung bleiben.

---

[54] Kaluza (1924), S. 606, Hervorhebung im Original.

[55] Für eine detaillierte Diskussion siehe dazu Liberati, Sonego und Wisser (2002).

[56] Der Sohn von Kaluza erinnerte sich daran, dass seine Mutter, die ihren Ehemann auf die Tagung begleitete, ihm erzählte, dass der Vortrag seines Vaters von den anwesenden Wissenschaftern mit großem Interesse aufgenommen worden sei. Brief von Theodor Kaluza junior an V. Raman vom 5. September 1970, Brief von Theodor Kaluzas Tochter an die Autorin vom 12. März 1998.

[57] Kaluzas Schüchternheit wird von seiner Tochter in mehreren Briefen an die Autorin, seinem Sohn in den Erinnerungen (1991) und seinem Schüler Professor Nikolaus Stuloff im Interview mit der Autorin im Oktober 1997 hervorgehoben.

[58] Brief von Theodor Kaluza an Einstein vom 6. Februar 1925, EA 65-731.

[59] Kaluza (1924).

Feier des 200. Geburtstages von Kant und geistiger Aufschwung Deutschlands

1924 fand die Zweihundertjahrfeier von Immanuel Kant statt. Noch einmal wurde der große Philosoph den Königsbergern in Erinnerung gerufen. Diesmal wurde aber die Feier zu einem internationalen Ereignis.

Adolf von Harnack, Direktor der Königlichen Bibliothek und erster Präsident der Kaiser-Wilhelm-Gesellschaft, der zusammen mit Fritz Haber und Friedrich Schmidt-Ott dazu beigetragen hatte, die Notgemeinschaft ins Leben zu rufen, hielt die Festrede im Königsberger Dom. Er stellte Kant neben Aristoteles und Newton sowie Platon und Leibniz. Seine Rede beendete er mit der bekannten Mahnung Kants: „Der Menschheit Würde ist in Eure Hand gegeben; bewahret sie!"[1] Aus der ganzen Welt strömten Gelehrte herbei, die das Werk des großen Philosophen würdigten. Die neu geschaffene Kant-Halle an der Nordostecke des Domes wurde eingeweiht.

Wieder klangen die Worte Kants lebendiger denn je: „Habe Mut, dich deines eigenen Verstandes zu bedienen! [...] Selbstdenken heißt: den obersten Probierstein der Wahrheit in sich selbst suchen".[2]

Die Feier dauerte vom 19. bis zum 24. April, Kants 200. Geburstag, und wurde über die Universitätsveranstaltungen hinaus zur Feier des Landes. Der Ministerpräsident Otto Braun, ein geborener Königsberger, sprach im Namen der Staatsregierung und erinnerte an den von Kant beschworenen „ewigen Frieden", der „dem Geiste Kants als Ideal vorschwebte."[3] Die Kant-Tage wurden von den Gelehrten benutzt, um den Namen Kant zum Symbol der geistigen Freiheit zu machen. „Kant und die deutsche Freiheit" hieß der Vortrag der bekannten Frauenrechtlerin Gertrud Bäumer, gehalten am 6. April auf dem fünften Reichsparteitag der Deutschen Demokratischen Partei in Weimar.[4]

Kants Ideal des „ewigen Friedens" war nicht erfüllt worden. Einen Krieg hatte es gegeben, der das Land in eine verzweifelte materielle Lage gestürzt hatte. Doch Deutschlands größtes Kapital stellten der geistige Reichtum und die große kulturelle Tradition dar. Die Feier des 200. Geburtstages von Kant wurde zum Symbol der geistigen Wiederauferstehung eines fortschrittlich und demokratisch gesinnten Deutschlands. Nun galt es, alles einzusetzen, um das große geistige Po-

---

[1] Vgl. Brausch (1996), S. 125. Siehe auch das Foto Abb. 32 im Farbbildteil.
[2] Kant (1783b), in Kant (1966), S. 53.
[3] Vgl. Brausch (1996), S. 125.
[4] Ebd.

tential Deutschlands wiederaufleben zu lassen. Die Kultur und die Wissenschaft sollten Motor des Wiederaufbaus Deutschlands sein.

Dass Theodor Kaluza in diesen Jahren trotz materieller Entbehrungen so viel in der Wissenschaft geleistet hat, ist auch der Atmosphäre, die in dieser Zeit in Deutschland herrschte, zu danken. Vielen Gelehrten Deutschlands gebührt das Verdienst, erkannt zu haben, dass in dieser Zeit der Zerstörung dem geistigen Schatz der deutschen Kultur noch größere Bedeutung einzuräumen war.

Am Ende des verlorenen Krieges schrieb Wilhelm Wien in seiner üblichen klaren und entschiedenen Art:

„Jetzt ist es unsere Aufgabe, an den Wiederaufbau Deutschlands zu gehen. Die geistigen Kräfte mobil zu machen, damit der wahre deutsche Idealismus, der unbesiegbare, wieder emporsteigt. Es war nicht richtig, immer zu behaupten, wenn dieses und jenes Kriegsziel nicht erreicht würde, sei Deutschlands Zukunft begraben. Deutschlands Zukunft hängt nicht davon ab, ob wir Einfluss auf die Türken haben oder die Eisengruben von Longwy und Briey besitzen. Sie hängt überhaupt nicht so ausschließlich von materiellen Fragen ab. Deutschlands Zukunft hängt ab von der Kraft und der Entwicklungsfähigkeit des deutschen Geistes."[5]

In diesem Rahmen fiel der Wissenschaft eine entscheidende Rolle zu. 1920 wurde auf Initiative von Friedrich Schmidt-Ott und Fritz Haber die *Notgemeinschaft der Deutschen Wissenschaft* zur Unterstützung der Wissenschaft und Forschung in Deutschland gegründet. Die Wissenschaft sollte „dem deutschen Volke die Lebensgrundlage sichern."[6] Die „wichtigste Aufgabe der Nation" sei „die Rettung der Wissenschaft", denn wenn die Kultur untergehe, werde auch das Wesen des ganzen Volkes zu Grunde gehen.[7] „Man mag von der heutigen Wissenschaft in Bezug auf ihre Dauer und Art halten was man will, aber wir haben nur eine Wissenschaft und wenn diese zerstört wird, kommt keine andere für uns an die Reihe." Das waren Adolf von Harnacks Worte, als sich die Notgemeinschaft im Oktober dem Reichstag vorstellte.[8] Diese Einstellung wurde von den meisten deutschen Gelehrten in den Nachkriegsjahren geteilt. In der Wissenschaft wurde durch das Streben der Gelehrten jetzt mehr denn je ein großer Aufschwung spürbar, der die Wissenschaft in Deutschland zu neuer Blüte führte. Nach dem „Wirtschaftswunder" der 50er-Jahre wurde er „das deutsche Wissenschaftswunder" der 20er-Jahre genannt.[9] Auch die Gründung der Notgemein-

---

[5] Wilhelm Wien in seinem Brief vom 14. Oktober 1918 an T. R. in Berlin, veröffentlicht in Wien (1930), S. 64.

[6] Hermann (1982), S. 118.

[7] Ebd.

[8] Zitiert ebd., S. 119.

[9] Siehe dazu z.B. ebd., S. 116–124.

schaft trug dazu bei. Vor allem in Königsberg, das jetzt von Deutschland isoliert war, machten sich die Gelehrten zur Aufgabe, „alle geistige Arbeit zu einem festen Bollwerk germanischer Kultur zusammenzufassen, um zu erhalten, was wir besitzen".[10] Etliche Königsberger Gelehrte, die an diese Worte glaubten, wähnten, damit ihre Kultur zu retten, die sie mit ihrer Identität gleichsetzten. Dennoch soll dieser Nationalismus nicht das „Streben, wissenschaftliche Beziehungen zu den östlichen Ländern zu pflegen", ausgeschlossen haben.[11]

Mit der Unterstützung der Notgemeinschaft wurde am 10. Januar 1924 die *Königsberger Gelehrte Gesellschaft* ins Leben gerufen[12], die mit der Geisteswissenschaftlichen Klasse und der Naturwissenschaftlichen Klasse eine Art „wissenschaftliche Akademie" sein sollte, die die wissenschaftliche Arbeit und einen dauernden Gedankenaustausch der Gelehrten in der Provinz unterstützte. Sie gab einen Jahresbericht heraus, die *Schriften der Königsberger Gelehrten Gesellschaft*. Auch Theodor Kaluza veröffentlichte 1927 in den *Schriften* seine Arbeit „Zur Theorie der vollmonotonen Funktionen" über die „notwendige und hinreichende Bedingung für die Entwickelbarkeit einer Funktion in eine absolut konvergente Dirichletsche Reihe."[13]

Diese Abhandlung, die an die 1928 in der Mathematischen Zeitschrift veröffentlichte Arbeit „Über die Entwickelbarkeit von Funktionen in Dirichletsche Reihen" anknüpft, hat eine besondere Bedeutung. Es gelang Theodor Kaluza in diesen Abhandlungen als Erstem, die „notwendigen und hinreichenden Bedingungen für die Darstellbarkeit einer Funktion reellen Arguments durch eine Dirichletsche Reihe zu geben".[14]

Bereits seit 1920 beteiligte sich Kaluza wieder an den Sitzungen der *Physikalisch-Ökonomischen Gesellschaft* in Königsberg. 1921 trug er seine Abhandlung über den „Bau und Energieinhalt der Atomkerne"[15] vor, zusätzlich sprach er über „Gestaltliche Erfassung des anschaulichen Kurvenbildes".[16] Konrad Knopp referierte in derselben Sitzung über „Das Unendliche in der Mathematik" und Franz Meyer über „Das Identitätprinzip in der Geometrie". Ein Vortrag Kaluzas im Jahr 1923 handelte „Über die Sichtweite im Walde", weitere Abhandlungen

---

[10] Vgl. Brausch (1996), S. 126.

[11] Ebd.

[12] Siehe Mitscherlich (1925), S. 257.

[13] Kaluza (1927b).

[14] Vgl. Laugwitz (1986), S. 180.

[15] Es handelte sich wahrscheinlich um einen Vorläufer des gleichnamigen Vortrags, den Kaluza 1922 auf der Naturforscherversammlung in Leipzig hielt. In *Schriften der Physikalisch-ökonomischen Gesellschaft zu Königsberg* (1924) 64, S. 55.

[16] Jahresbericht der Deutschen Mathematiker-Vereinigung, 1923, S. 120.

behandelten die Tonsysteme der Musik – „Das mathematische Gefüge musikalischer Tonsysteme" und „Die Grenzen der Raumanschauung".[17] Aus diesen wissenschaftlichen Abhandlungen lässt sich die Verbindung zwischen Mathematik und Physik, der Kaluza offensichtlich eine entscheidende Bedeutung beimaß, erkennen. Es handelt sich um Phänomene, deren mathematische Untersuchung das Vertrauen auf den erkenntnistheoretischen Inhalt der Mathematik in einem hohen Maß voraussetzt. Es zeigt sich hier die aristotelische Ansicht, dass ein Forscher *jedes* Phänomen im Universum erkunden kann, eine Auffassung, die Kaluza dadurch erweiterte, dass er sie auf das Vertrauen in die Mathematik stützte.

Kaluza beteiligte sich ebenfalls an den Sitzungen der *Mathematischen Gesellschaft* in Königsberg. In der Sitzung vom 27. April 1923 hielt er einen Vortrag „Über den Kurvenbegriff" und am 26. Oktober desselben Jahres über den „Begriff der Gleichzeitigkeit".[18] Außer ihm hielten auch Werner Rogosinski, Konrad Knopp und Franz Meyer Vorträge.

Ebendort, in der *Mathematischen Gesellschaft in Königsberg*, hielt Kaluza auch am 29. Mai 1929 erneut einen Vortrag „Über die Sichtweite im Walde"[19]. Leider sind diese Arbeiten nicht veröffentlicht worden und nur dem Titel nach bekannt.

Auch am *Mathematischen Kolloquium in Königsberg* beteiligte sich Kaluza intensiv: Am 30 November 1924 hielt er ein Referat über die Abhandlung von A. Khintchine „Über dyadische Brüche", am 10. Januar 1925 sprach er über „Mehrfach monotone Folgen" und am 27. Juni 1925 legte er seine „Untersuchungen über vollmonotone Funktionen" dar[20], am 19. Dezember 1925 sprach er „Über große Primzahlen", am 20. November 1926 hielt er einen „Bericht über angenäherte Lösung von $\Delta u=0$" und am 18. Juli 1927 sprach er „Über Darstellung von Funktionen durch absolut konvergente Dirichletsche Reihen".[21] Am 3. und 10. Juni 1926 hielt er zusammen mit Werner Rogosinski einen „Bericht über die Arbeit von F. Hausdorff [von 1921], ‚Summationsmethoden und Momentfolgen'".[22]

Manche seiner mathematischen Abhandlungen sind veröffentlicht[23], doch haben sich weder Kaluzas Manuskripte noch seine Aufzeichnungen erhalten.

---

[17] Ebd.

[18] Jahresbericht der Deutschen Mathematiker-Vereinigung 1925, 33, S. 120. Dieser Vortrag steht wahrscheinlich im Zusammenhang mit Kaluzas Vortrag „Zur Relativitätstheorie" II, den er ein Jahr später auf der Naturforscher-Versammlung in Innsbruck hielt.

[19] Jahresbericht der Deutschen Mathematiker-Vereinigung, 1926, 35, S. 54.

[20] Ebd.

[21] Jahresbericht der Deutschen Mathematiker-Vereinigung, 1928, 37, S. 45.

[22] Ebd. Eine vollständige Liste der Vorträge Kaluzas in Königsberg siehe Kaluza (2007).

[23] Siehe unten Kapitel „Letzte Königsberger Jahre", S. 344ff.

Eine Entscheidung, die sein Schicksal änderte

In diesen Jahren erhielt Theodor Kaluza mehrmals Hilfe von der Notgemein-schaft.[1] Auch das Bankdarlehen half der Familie, einigermaßen ins finanzielle Gleichgewicht zu kommen. Gegen Ende 1924 konnte Kaluza den Schuldienst aufgeben und hatte nun Zeit, sich auf seine Universitätstätigkeit zu konzentrie-ren. Doch der Gedanke an die erlittenen Entbehrungen und die Sorge um die Zukunft seiner Familie verstärkten den Druck auf ihn, sich um ein Ordinariat zu kümmern, um finanziell gesichert zu sein. Kaluza stellte fest, dass die einzige Pro-fessur, die zu seiner Zeit für ihn in Frage kam, eine Professur für Mathematik sein konnte. Daher beschloss er, sich verstärkt auf die Mathematik zu konzentrie-ren. Für die physikalische Forschung blieb nur noch wenig Zeit.

Einstein, der sich in dieser Zeit weiter mit der Theorie von Kaluza beschäf-tigte, hatte ein reges Interesse an der von Kaluza eröffneten Möglichkeit der Ver-einheitlichung in fünf Dimensionen gewonnen. Darüber schrieb er auch seinem Freund Michele Besso. In einem seiner Briefe von Ende 1922 schrieb Besso scherzhaft an Einstein: „Was macht die sechsdimensionale Zylinderwelt des Polen?" (Eine Anspielung auf den fremd klingenden Namen von Kaluza.)[2]

1925 schrieb Einstein erneut an Kaluza:

„Ich bin nach wie vor der Ansicht, dass Ihr Gedanke zur Konstruktion eines Zu-sammenhangs zwischen Gravitation und Elektrizität von großer Originalität ist und das ernsthafte Interesse der Fachgenossen verdient. [...] Es wäre zu wünschen, dass Sie bald Zeit und Muße finden, sich wieder diesen Problemen zu widmen. Ich selbst habe mich bisher gänzlich vergeblich mit diesem Problem herumgeschlagen. Oft scheint mir, dass das erdmagnetische Feld auf einem noch unbekannten Zusammenhang zwischen Gravitation und Elektromagnetismus beruhe, aber ich komme nicht aus den Widersprüchen heraus. Vielleicht schaffen Sie es mit Ihrer Methode. "[3]

Leider war die materielle Situation von Kaluza in der Zeit, als der Brief ein-traf, verzweifelt. Man schrieb das Jahr 1925. Kaluza war 40 Jahre alt. Obwohl er drei Jahre zuvor zum außerordentlichen Professor ernannt worden war, war seine Position der eines Privatdozenten gleichzusetzen. Seit 18 Jahren wartete er ver-geblich darauf, eine Professur und damit ein sicheres Einkommen zu erhalten. Die Wartezeit der Privatdozenten auf ein Ordinariat betrug damals durchschnitt-lich 12 Jahre, Kaluza hatte aber diese Wartezeit schon längst überschritten. Zwar

---

[1] Vgl. Theodor Kaluza junior (1991).
[2] Brief von Besso an Einstein vom 24. September 1922, in Einstein und Besso (1973).
[3] Brief von Einstein an Theodor Kaluza vom 27. Februar 1925, EA 65-731.

hatte er sich viel schneller habilitiert als es damals üblich war: Mit 24 Jahren hatte er 1909 seine *Venia Legendi* erhalten, während das Durchschnittsalter der Habilitierten 28,5 Jahre[4] betrug. Doch seit 16 Jahren wartete er nun schon auf ein Ordinariat. Er fürchtete, wenn er seine Forschungsrichtung nicht änderte, das ganze Leben lang Privatdozent zu bleiben. Ihm persönlich hätte es nicht viel bedeutet[5], doch der Unterhalt seiner Familie war sehr prekär und ihre Situation sehr unsicher. Gezwungenermaßen entschied er sich, auf seine physikalischen Beschäftigungen, die ihm zwar Anerkennung, aber keine Förderung in seiner Karriere gebracht hatten, zu verzichten und sich den Veröffentlichungen in der Mathematik zu widmen, wodurch er sich bessere Chancen erhoffte, eine Stelle zu finden. So schrieb er an Einstein als Antwort auf seinen Brief: *„Ich selbst kann mich jetzt nur wenig der Physik widmen, denn meine mathematischen Arbeiten nehmen mich zu stark in Anspruch, zumal ich suchen muss, durch intensiveres Publizieren endlich bekannter zu werden, und so vielleicht meinem hiesigen unbefriedigenden Aschenbrödeldasein ein Ende zu bereiten."*[6] Er schrieb ihm weiter, dass er „notgedrungen" versuchen werde, sich im Ministerium vorzustellen, „um wenn möglich für meine Familie eine größere wirtschaftliche Sicherheit zu erlangen, als sie mein jetziger Lehrauftrag bietet" und bat Einstein um eine „Empfehlung".

Einstein, der nach der Aufstellung der Speziellen Relativitätstheorie weiter einige Jahre im Patentamt arbeiten musste, hatte viel Verständnis für die schwierige materielle Lage von Kaluza. Er hatte sich wahrscheinlich viele Gedanken über das „Aschenbrödeldasein" des theoretischen Wissenschaftlers gemacht, dessen Arbeit ihm zunächst kein Einkommen sichert, aber in großem Maße zum Fortschritt der Wissenschaft und nicht zuletzt der Gesellschaft beiträgt. Er mag es bedauert haben, dass ein begabter Wissenschaftler, der schon seine Originalität in hohem Maß bewiesen hatte, nur mit Mühe sein Leben fristen konnte.

In seiner Empfehlung hob Einstein die „schöpferische Begabung und Gestaltungskraft" von Kaluza hervor: „Die Leistung ist um so bemerkenswerter, als Kaluza unter sehr schwierigen äußeren Bedingungen arbeitet."[7] Doch trotz der Empfehlung von Einstein sollte es noch längere Zeit dauern, bis Kaluza eine Stelle erhielt. Einstein sollte sich, wie wir sehen werden, mehrmals für Kaluza einsetzen.

---

[4] Vgl. Schmeiser (1994), S. 97.

[5] Theodor Kaluzas Tochter betonte dies in einem Brief an die Autorin vom 16. Juni 1997. Vgl. dazu auch Theodor Kaluza junior (1991).

[6] Brief von Kaluza an Einstein vom 6. Februar 1925, EA 65-731.

[7] Einsteins Empfehlungsbrief: Brief von Einstein an Kowalewski vom 7. November 1926, EA 14-343.

Die theoretische Physik war in der Zeit noch nicht überall vertreten. Franz Neumann hatte einen ganz neuen Berufszweig geschaffen, der sich anschließend weiter entwickeln sollte. Dabei hatte Neumann selbst in seiner Zeit Schwierigkeiten gehabt, in die Berliner *Akademie der Wissenschaften* als Physiker aufgenommen zu werden.[8] Gleichzeitig hätte er dank seiner Beiträge in der Mathematik auch als Mathematiker in die Berliner Akademie aufgenommen werden können. Doch auch dies wurde lange Zeit abgelehnt mit der Begründung, seine Arbeiten seien „nicht zum Thema [Mathematik] gehörig".[9]

Ende des 19. Jahrhunderts gab es in Deutschland vier Ordinariate für theoretische Physik:[10] In Königsberg, Berlin, Göttingen und München. Der Lehrstuhl für theoretische Physik in Königsberg, wo dieses Fach mit Franz Neumann die längste Tradition hatte, war seit 1894 von Paul Volkmann (1856–1938) besetzt.[11] In Göttingen lehrte seit 1883 Woldemar Voigt (1850–1919) und in Berlin war 1892 das Ordinariat für theoretische Physik für Max Planck eingerichtet worden. In München hatte Ludwig Boltzmann (1844–1906) von 1889 bis 1894 die Professur für theoretische Physik vertreten, als er das Ordinariat für Mathematik in Wien übernahm.[12] In seinem Brief an Arnold Sommerfeld klagte 1898 Willhelm Wien über die entmutigende Lage der theoretischen Physik im Deutschland dieser Zeit, die den jungen Physiker kaum Möglichkeiten bot, eine Berufung zu erhalten:

„Die theoretische Physik liegt in Deutschland so gut wie vollständig brach. Die Gründe hierfür liegen erstens darin, dass die Physiker so gut wie ausschließlich das reine Experiment pflegen und für die Theorie kein Interesse hegen, zweitens darin, dass die meisten Mathematiker sich den ganz abstrakten Gebieten zugewandt haben, sich um die Anwendungen aber nicht kümmern. Äußerlich zeigt sich das darin, dass reine theoretische Physik nur von zwei Lehrstühlen (Berlin und Göttingen) vorgetragen wird und dass ein so bedeutender Lehrstuhl wie München ganz eingegangen ist. Die theoretische Physik findet gegenwärtig keine Abnehmer. Später wird das alles wieder anders werden, weil ja sonst die Physik überhaupt zu Grunde gehen wird."[13]

---

[8] Vgl. Trunschke (1990), S. 1.

[9] Ebd.

[10] Die theoretische Physik wurde damals als „mathematische Physik" bezeichnet. Eine systematische Untersuchung über die Institutionalisierung der theoretischen Physik in Deutschland existiert zur Zeit trotz vereinzelter Studien – siehe Hermann (1978) und Stichweh (1984) – nicht.

[11] Paul Volkmann besetzte dieses Ordinariat bis 1938.

[12] In Wien wurde ein Lehrstuhl für theoretische Physik erst 1902 eingerichtet, den Boltzmann (als Leiter des Institutes für theoretische Physik) übernahm.

[13] Wilhelm Wien an Arnold Sommerfeld, am 11. Juni 1898, Nachlass Sommerfeld, DM, zitiert in Hermann (1978). Wilhelm Wien hatte Königsberg außer Acht gelassen, wahrscheinlich

Die theoretische Physik befand sich in Deutschland erst im Entstehen. Die wichtigsten Entdeckungen, die gleich zwei neue bahnbrechende Bereiche begründeten, die Quantentheorie und die Relativitätstheorie, erfolgten 1900 durch Max Planck und 1905 durch Einstein. Die theoretische Physik gewann die Selbständigkeit eines Faches, das weder Forschern aus dem Bereich der angewandten Mathematik noch von Experimentalphysikern vertreten werden konnte, sondern nur von theoretischen Physikern. In ihrem Schreiben an das Ministerium für die Beantragung einer außerordentlichen Professur für theoretische Physik an der Universität Göttingen betonte die Fakultät 1914, dass sich „während der letzten zehn Jahre ungemein starke Umwälzungen" auf dem „Gebiet der theoretischen Physik" vollzogen hätten. *„Völlig neue Anschauungen und Methoden sind aufgetaucht, sie haben Arbeitsgebiete erschlossen, die bis jetzt unzugänglich erschienen und deren Entwicklung nun mit außerordentlicher Energie fortschreitet."[14]*

Dieser neue Aufschwung der theoretischen Physik hatte den Beginn ihrer Institutionalisierung in Deutschland und – im kleineren Maß – im ganzen deutschsprachigen Raum zur Folge.[15] So betonte die Göttinger Philosophische Fakultät in ihrem Schreiben von 1914 an das Ministerium weiter:

„Eine Hochschule, die in theoretischer Physik vollwertig vertreten sein will, muss diese wichtige neue Richtung in Lehre und Forschung ausgiebig berücksichtigen, eventuell durch Heranziehung neuer Mitarbeiter."[16]

Allmählich wurden Lehrstühle für theoretische Physik an mehreren Universitäten eingerichtet, zuerst als planmäßige außerordentliche Professuren, die anschließend in Ordinariate umgewandelt wurden.[17]

Wie waren die Berufungsaussichten auf ein Ordinariat für theoretische Physik etwa 1925, als Kaluza beschloss, auf eine Karriere als Physiker zu verzichten? In Königsberg lehrte weiterhin Paul Volkmann, in Berlin Max Planck, und in München vertrat seit 1906 Arnold Sommerfeld die theoretische Physik, der sich durch seine herausragenden Beiträge zur Quantentheorie bekannt gemacht hatte. In Göttingen wurde durch die vorzeitige Pensionierung von Woldemar Voigt der

---

aus geographischen Gründen oder weil Paul Volkmann nicht an der vordersten Front der theoretischen Physik der Zeit forschte.

[14] In „Dozenten Generalia IIb, 1913–1917", UAG Phil. Fak. II, PH 36c, zitiert auch in Dahms (2002), S. 143.

[15] Vgl. Titze (1995).

[16] In „Dozenten Generalia IIb, 1913–1917", UAG Phil. Fak. II, PH 36c, zitiert auch in Dahms (2002), S. 143.

[17] So wurde die seit 1895 von Karl Schmidt vertretene planmäßige außerordentliche Professur für theoretische Physik in Halle 1912 in ein persönliches Ordinariat für theoretische Physik verwandelt und 1914 in Göttingen eine außerordentliche Professur für theoretische Physik eingerichtet, siehe weiter unten.

Lehrstuhl für theoretische Physik 1914 von Peter Joseph William Debye (1884–1966) besetzt.[18] Nachdem dieser 1920 als Nachfolger Einsteins nach Zürich gegangen war, wurde mit Unterstützung David Hilberts Max Born nach Göttingen berufen[19], der sich der quantentheoretischen Forschung gewidmet hatte. In Halle wurde die theoretische Physik durch Karl Schmidt (1862–1946) und in Leipzig durch Theodor Des Coudres (1862–1926) vertreten.

Im übrigen deutschsprachigen Raum waren auch Professuren für theoretische Physik entstanden, so in Prag, wo Einstein von 1911 bis 1912 gelehrt hatte, in Zürich, wo Einstein das Ordinariat für theoretische Physik von 1912 bis 1914 innegehabt hatte, und in Wien, wo Ludwig Boltzmann von 1902 bis 1906 Professor gewesen war.

Wenn Theodor Kaluza die Hoffnung gehegt hatte, auf einer Berufungsliste für einen Lehrstuhl für theoretische Physik genannt zu werden, muss er sie ziemlich schnell aufgegeben haben. Während die Quantentheorie sich als bedeutendstes Gebiet entwickelte, hatte Kaluzas vereinheitlichte Theorie in fünf Dimensionen bis 1925 in der Physikergemeinschaft – außer bei Einstein – keinen Anklang gefunden. Es erscheint als Ironie des Schicksals, dass Kaluza sich entschloss, seine physikalische Forschung zu den vereinheitlichten Theorien ausgerechnet 1925, im Geburtsjahr der Quantenmechanik, aufzugeben. In diesem Jahr entstanden die bahnbrechenden Arbeiten von Werner Heisenberg, Max Born und Pascual Jordan, die die Quantenmechanik begründeten. Die nächsten Berufungen auf Stellen in der theoretischen Physik wurden von Quantentheoretikern dominiert. So standen 1927 auf den Berufungslisten der drei freigewordenen Ordinariate für theoretische Physik in Halle, Leipzig und Berlin ausschließlich Vertreter der neuen vielversprechenden Richtung, die ab jetzt der wichtigste Bereich in der Physik werden sollte, der Quantenmechanik.[20]

---

[18] Siehe Born (1975), S. 219–220. Dahms (2002) korrigiert Borns Schilderung und gibt eine genaue historische Untersuchung der Besetzung der Professur für theoretische Physik in Göttingen durch Peter Debye, für den zuerst 1914 auf Antrag von Woldemar Voigt eine außerordentlichen Professur für theoretische Physik eingerichtet wurde und dem anschließend die ordentliche Professur für Experimentalphysik von Eduard Riecke (1845–1915), der sich 1915 emeritieren ließ, zugewiesen wurde; siehe Dahms (2002), S. 143–147.

[19] Siehe Dahms (2002), S. 150–151.

[20] Siehe Cassidy (1995), S. 304–305: Als Nachfolger von Karl Schmidt in Halle standen im Juni 1927 auf der Berufungsliste der Begründer der Quantenmechanik Werner Heisenberg, Gregor Wentzel (1898–1978) und Friedrich Hund (1896–1997); die letzten beiden waren durch ihre Arbeiten zur Quantentheorie und zum Atombau bekannt geworden. In Berlin standen auf der Berufungsliste Arnold Sommerfeld und Erwin Schrödinger und in Leipzig sollte auf die freigewordene Stelle von Theodor Des Coudres Werner Heisenberg berufen werden.

Kaluza verzichtete 1925 auf eine Karriere in der theoretischen Physik, jedoch auch eine Karriere als Mathematiker war für ihn mit Schwierigkeiten verbunden. Auch wenn Kaluza durch seine Veröffentlichungen, die sich durch große Originalität auszeichneten, auf dem Gebiet der theoretischen Physik durchaus Anerkennung gewonnen hatte, galten seine Arbeiten auf dem Gebiet der angewandten Mathematik nicht viel, denn auch für diesen Bereich fiel Kaluza aus dem Rahmen. Wer sich mit angewandter Mathematik beschäftigt, entwickelt keine Konzepte in der Physik, sondern vielmehr die mathematischen Instrumente für den Gebrauch der Physik. Die Prüfungsordnung für die Lehrbefähigung in angewandter Mathematik setzte voraus die Kenntnis der „darstellenden Geometrie bis zur Lehre von der Zentralprojektion einschließlich, und entsprechende Fertigkeit im Zeichnen, Bekanntschaft mit den mathematischen Methoden der technischen Mechanik, insbesondere der graphischen Statik, mit der niederen Geodäsie und den Elementen der höheren Geodäsie nebst Theorie der Ausgleichung der Beobachtungsfehler."[21] Außer seinem kurzen Aufsatz von 1913 „Bewegliches Modell zur Zentralperspektive" waren Kaluzas Veröffentlichungen nicht zur angewandten Mathematik zu zählen, wenn man sie im engen Sinne dieser Definition betrachtet.

Wie wir gesehen haben, bestand die Stärke von Kaluzas Abhandlungen in ihren neuen Paradigmen und Konzepten, die er in die Physik einbrachte. Seine Theorie war wiederum durch ihre starke Anknüpfung an die Mathematik und die Unmöglichkeit, zu der damaligen Zeit durch irgendein Experiment einen Hinweis auf ihre „Bestätigung" zu bekommen – was sich übrigens bis heute kaum geändert hat –, den Physikern höchst wahrscheinlich „zu mathematisch" und spekulativ. Einstein hatte lange mit denselben Vorbehalten zu kämpfen gehabt.

Dadurch lassen sich auch die Schwierigkeiten erklären, die seine Berufung mit sich brachte. Kaluza sah sich so zwischen zwei Fronten gestellt. Wenn er seine Karriere weiter entwickeln wollte, musste er sich für eine der beiden Seiten entscheiden.[22]

---

[21] Siehe Runge (1914), S. 269.

[22] Man kann dazu auch die vielen Beispiele verschiedener Wissenschaftler in dieser Zeit heranziehen, die ursprünglich ein Mathematikstudium abgeschlossen hatten und anschließend als Physiker fungierten. Es sei dazu nur Sommerfeld erwähnt, der das Studium der Mathematik in Königsberg abschloss. Ein Gegenbeispiel ist Reidemeister, der als bedeutender Mathematiker durch seinen Beitrag zur Topologie, insbesondere zur Knotentheorie, bekannt wurde. Er schloss ein Studium mit Examen in vier Fächern ab: Physik, Chemie, Mathematik und Philosophie, und anschließend entschied er sich für die Mathematik. Durch seine Neigung zur Philosophie war er aber auch als Schriftsteller und Essayist produktiv. Die Besonderheit von Kaluza als theoretischer Physiker lag darin, dass er die Mathematik nicht als reines Instrument im

Kaluzas Beschluss mag auch durch die Besetzung der Stelle von Franz Meyer an der Universität Königsberg 1924 beeinflusst worden sein. Bezüglich seines Nachfolgers schrieb Franz Meyer am 14. Mai 1924 an Felix Klein, mit dem zusammen er die *Enzyklopädie der mathematischen Wissenschaften* herausgab, und bat ihn um Hilfe. Er wünschte sich, dass seine Stelle weiterhin von einem „Geometer" besetzt werde und lehnte den Vorschlag seines Kollegen Konrad Knopp, einen Analytiker zu berufen, entschieden ab:

„Heute handelt es sich um meine Nachfolge. Ich habe von vornherein erklärt, dass es dringend wünschenswert sei, in erster Linie einen wirklichen Geometer *zu wählen, und bitte Sie, mich darin zu unterstützen. Es geht geradezu um die mathematische Zukunft der ostpreußischen Oberlehrerschaft.*

Scheinbar schließt sich Herr Koll[ege] Knopp *meinem Wunsche durchaus an, in Wirklichkeit unterminiert er alle meine dahingehenden konkreten Vorschläge, um möglichst einen zweiten Analytiker seiner Richtung zu erzwingen."*[23]

Weiter zählte Franz Meyer die Kandidaten auf, die auf der Liste standen:

„Auf der weiteren Liste stehen vorläufig: Reidemeister (Wien)[24], Beck (Bonn)[25], K. Kommerell (Tübingen)[26], Lagally (München)[27], Vermeil (Aachen)[28], Rademacher (Hamburg)[29], Rosenthal (Heidelberg)[30], Neder (Leipzig)[31], Dötsch (Halle)[32].

Dienste der Physik ansah, sondern als untrennbare Mitgestalterin der Physik. Damit passte er nur bedingt in den Geist der Zeit.

[23] Meyer an Klein am 14. Mai 1924, NSUBG Cod. Ms. F. Klein 10, 1257 E. Hervorhebung im Text von Meyer selber unterstrichen.

[24] Kurt Reidemeister (1893–1971) hatte sein Studium der Mathematik, Philosophie, Physik, Chemie und Geologie in Göttingen abgelegt, damals außerordentlicher Professor in Wien.

[25] Hans Beck (1876–1942), Schüler von Edward Study, damals bekannt für zahlreiche geometrische Abhandlungen, seit 1920 außerordentlicher Professor in Bonn.

[26] Karl Kommerell (1871–1950), damals bekannt für seine zahlreichen Beiträge zur Geometrie und Trigonometrie, erhielt 1925 eine ordentliche Professur in Tübingen, wo er bis zu seiner Emeritierung 1936 blieb.

[27] Max Otto Lagally (1881–1945) studierte und lehrte in München an der Technischen Hochschule und wurde bereits 1920 ordentlicher Professor an der Technischen Hochschule Dresden, bekannt durch seine Beiträge in angewandter Mathematik (Mechanik) und einige Beiträge zur Geometrie.

[28] Hermann Vermeil (1889–1959) wurde 1914 in Leipzig von Otto Hölder promoviert, war Assistent von Felix Klein (1917–1919) und gab dessen zweiten Band der „Gesammelten mathematischen Abhandlungen" (1922) heraus. Seit 1923 war er Privatdozent in Aachen. Zum Zeitpunkt des Briefes hatte er sich noch nicht habilitiert und nur zwei bedeutende Abhandlungen bezüglich der Riemannschen Geometrie veröffentlicht. 1925 wurde er Studienrat an der Technischen Staatslehranstalt in Köln.

Um Herrn Knopp entgegenzukommen, habe ich zugestimmt, dass Reidemeister auf die endgültige Liste kommt. Dagegen will er von meinen vier Vorschlägen, Beck, Kommerell, Lagally, Vermeil *durchaus nichts wissen, unter der – durch die Urteile anderer Analytiker gestützten – Begründung, das seien alles nur ,mittelmäßige' Geometer, die gar nicht in Betracht kommen könnten.* "[33]

Bis zu diesem Zeitpunkt hatte Kaluza nur drei mathematische Abhandlungen veröffentlicht, darunter eine einzige geometrische: „Bewegliches Modell zur Zentralperspektive" (1913). Die anderen zwei von 1913 und 1916 betrafen die Mengenlehre. Daher konnte er von Konrad Knopp, der ihn durchaus als Wissenschaftler schätzte, nicht als Analytiker betrachtet werden. Was Franz Meyer anging, bei dem Kaluza promoviert worden war, so ist es klar, dass er Kaluzas mathematisches Werk nicht für bedeutend genug hielt, um ihn als Nachfolger zu berücksichtigen. In seiner vereinheitlichten Theorie hatte sich Kaluza mit dem fünfdimensionalen Raum befasst und seine geometrischen Kenntnisse bezüglich des Riemannschen Raums bewiesen. Trotzdem zählte Franz Meyer, der „die Ostpreußische Geometrie" vor „dem Ruin"[34] retten wollte, dies nicht als Beitrag zur Geometrie.

Auch wenn man berücksichtigen muss, dass Kaluza deshalb nicht in Frage kam, da er schon eine außerordentliche Professur in Königsberg innehatte und deswegen nicht an die gleiche Universität berufen werden konnte, ist es bezeichnend, dass ihn Franz Meyer in seinem Brief nicht einmal erwähnte. Wenn man Kaluzas Veröffentlichungen in der Mathematik mit denjenigen der Kandidaten, die auf der Liste standen, vergleicht, bemerkt man, dass – mit Ausnahme von Lagally, der besonders viel in der angewandten Mathematik veröffentlicht hatte –

---

[29] Hans Rademacher (1892–1969) wurde von Carathéodory in Göttingen promoviert, war seit 1922 außerordentlicher Professor in Hamburg und hatte bereits bedeutende Abhandlungen in der Zahlentheorie veröffentlicht.

[30] Artur Rosenthal (1887–1959), Schüler von Ferdinand Lindemann, seit 1922 außerordentlicher Professor in Heidelberg, hatte zahlreiche Abhandlungen in Analysis und axiomatischer Geometrie veröffentlicht.

[31] Ludwig Neder (1890–1960) wurde 1919 in Göttingen von Edmund Landau promoviert, war seit 1924 außerordentlicher Professor in Leipzig und hatte zahlreiche Veröffentlichungen in der Analysis, besonders in der Reihenlehre, vorzuweisen.

[32] Gustav Doetsch (1892–1977), Schüler von Edmund Landau, von dem er 1920 promoviert wurde, war seit 1922 Privatdozent an der Universität Halle und wurde 1924 ordentlicher Professor für darstellende Geometrie an der Technischen Hochschule Stuttgart, hatte zahlreiche Abhandlungen zur Analysis und Geometrie verfasst.

[33] Meyer an Klein am 14. Mai 1924, NSUBG Cod. Ms. F. Klein 10, 1257 E. Hervorhebung im Text von Meyer selber unterstrichen.

[34] Meyer an Klein am 14. Mai 1924, NSUBG Cod. Ms. F. Klein 10, 1257 E.

alle anderen Kandidaten zu diesem Zeitpunkt größere Verdienste als Kaluza sowohl in der Analysis als auch in der Geometrie hatten. Sogar Hermann Vermeil, der sich noch nicht habilitiert hatte, ragte durch seine zwei Veröffentlichungen zu der Invariantentheorie im Riemannschen Raum mehr als Kaluza heraus.

Letzten Endes setzte Konrad Knopp seinen Kandidaten Kurt Reidemeister durch, einen herausragenden Mathematiker, der 1921 von Erich Hecke in Hamburg promoviert worden war. Kurt Reidemeister wurde 1925 nach Königsberg berufen und sollte bedeutende Beiträge zur Geometrie[35] und kombinatorischen Topologie[36] leisten. Diese Berufung muss Kaluza gezeigt haben, dass er mit seinen bisherigen Abhandlungen nur geringe Chancen hatte, ein Ordinariat als Mathematiker zu erhalten.

All dies muss Theodor Kaluza in diesem Jahr in Erwägung gezogen haben. Er wurde sich bewusst, dass für ihn die Chancen, eine Professur für theoretische Physik zu bekommen, sehr gering waren, vor allem wegen seiner spezifischen Art, die Physik aufs engste mit der Mathematik zu verknüpfen. Die Entscheidung, sich nicht mehr um einen Lehrstuhl für theoretische Physik zu bemühen, dürfte ihm schwer gefallen sein, denn die Pflichten eines Professors für Mathematik waren so umfangreich, dass sie ihm nur wenig Zeit für die Physik ließen. Trotzdem befasste sich Kaluza weiterhin mit der Physik, informierte sich über die neuen Entdeckungen und forschte auch nach seiner Berufung weiter über die vereinheitlichten Feldtheorien, veröffentlichte davon aber nichts mehr. Eine Spur von seinen Beschäftigungen mit der Physik wird sich später dennoch finden.[37]

In der Zeit von 1925 bis 1929 veröffentlichte Kaluza mehr und mehr auf dem Gebiet der Mathematik, seine einschlägigen Veröffentlichungen nahmen zu. Während er sich bis 1925 auf Kongressen, in Veröffentlichungen, Vorträgen und Mitteilungen vorrangig mit der Physik befasst hatte, war das seit 1925 nicht mehr der Fall.

---

[35] 1930 erschien sein Buch „Vorlesungen über Grundlagen der Geometrie".

[36] 1930 erschien sein bedeutendes Buch „Knotentheorie" und 1932 „Einführung in die kombinatorische Topologie".

[37] Siehe unten Kapitel „Das Jahr 1952", S. 578ff.

Letzte Königsberger Jahre (1925–1929)

> *„Du frische Seeluft, du salzige Flut*
> *Zu neuer Arbeit schaff Freud' uns und Mut*
> *Die Nerven stärk' und das Herz erquick'*
> *Zum Nutze und Heil der Mathematik.*
> *Wie die Sonne aufsteigt am Himmelszelt*
> *Und erwärmend strahlet der ganzen Welt,*
> *So mög' auch der Mathematik heilige Kraft*
> *Beleben, beherrschen all' menschliche Wissenschaft."*
> *David Hilbert[1]*

An der Albertina unterrichteten in diesen Jahren außer Kaluza mehrere bedeutende Mathematiker: Konrad Knopp (1882–1957), Gábor Szegö (1895–1985), Werner Rogosinski (1894–1964), Kurt Reidemeister (1893–1971) und Richard Brauer (1901–1977). Sie stellten für die Universität Königsberg, aus späterer Sicht betrachtet, „eine Blütezeit der unendlichen Reihen" dar, weil sie sich dem damals mathematisch aktuellen Gebiet der Entwickelbarkeit der Funktionen in unendliche Reihen widmeten.[2]

Der Mathematiker Konrad Knopp wurde 1920 Ordinarius in Königsberg. Durch eine zweijährige Lehrtätigkeit an der Handelshochschule in Nagasaki hatte er nebenbei die Möglichkeit gehabt, auf Reisen durch Japan, China und Indien alte Hochkulturen kennen und schätzen zu lernen.[3] Er zeichnete sich durch eine weltoffene Lebenshaltung aus. Seine Beziehungen zu dem um drei Jahre jüngeren Theodor Kaluza waren sehr freundschaftlich. Er schätzte Kaluza und half ihm mehrmals, seine schwierige finanzielle Lage zu verbessern. 1921 veröffentlichte Konrad Knopp sein bedeutendes Buch „Theorie und Anwendung der unendlichen Reihen".[4] Er regte auch Kaluza an, sich mit der Reihenlehre zu befassen.[5]

---

[1] David Hilbert an Felix Klein von der samländischen Ostseeküste, am 30. August 1898, in Hilbert und Klein (1985), S. 127.

[2] Reidemeister gehörte nicht direkt dazu, da er sich vorrangig mit der geometrischen Grundlagenforschung und Fragen der kombinatorischen Topologie befasste.

[3] Vgl. Kamke und Zeller (1957), S. 44–49.

[4] 1996 erreichte das Buch die sechste Auflage, siehe Knopp (1996).

[5] Siehe Brief von Theodor Kaluza junior an Detlef Laugwitz vom 26. Juni 1985, S. 2, NTK. Auch die Tatsache, dass Konrad Knopp bei der Besetzung der Stelle von Fanz Meyer (1924) einen Analytiker bevorzugte, mag zu der Entscheidung Kaluzas beigetragen haben, sich

Auch der Mathematiker Gábor Szegö, seit 1925 in Königsberg, hatte Kaluzas Interesse für unendliche Reihen und Differenzen-Rechnung gefördert. Szegö hatte 1924 zusammen mit dem bekannten George Pólya (1887–1985), der damals Professor in Zürich war, das Werk „Aufgaben und Lehrsätze der Analysis" publiziert, das all diese Themen umfasste. Diese Gebiete fesselten nun auch Kaluza. Zwischen den beiden Männern entwickelte sich eine echte Freundschaft, die lebenslang anhielt.

Theodor Kaluza veröffentlichte 1927 und 1928 sechs Abhandlungen auf diesem Gebiet.[6] In seinem Aufsatz „Über die Koeffizienten reziproker Potenzreihen",[7] der 1928 in der *Mathematischen Zeitschrift* veröffentlicht wurde, behandelte er Folgen, die heute als „Kaluza-Folgen" bezeichnet werden. Sie sind inzwischen im Rahmen der *Erneuerungstheorie* sehr wichtig geworden.[8] 1928 erschien in der *Mathematischen Zeitschrift* sein Aufsatz „Entwickelbarkeit von Funktionen in Dirichletschen Reihen." Es gelang ihm hier als Erstem, notwendige und hinreichende Bedingungen für die Entwickelbarkeit einer Funktion reellen Arguments in eine absolut konvergente Dirichletsche Reihe mit positiven Koeffizienten[9] zu finden. In einer zweiten Mitteilung beabsichtigte er „die Ausdehnung [dieses Beweises] auf absolut konvergente Dirichletsche Reihen mit beliebigen Koeffizienten".[10] Diese zweite Mitteilung erschien jedoch bereits 1927 vor der ersten in den *Schriften der Königsberger Gelehrten Gesellschaft* unter dem Titel „Zur Theorie der vollmonotonen Funktionen".[11] Es war Kaluza als erstem gelungen, den allgemeinen Fall zu beweisen.[12]

An der Universität beteiligte er sich am *Mathematischen Kolloquium*. Am 10. Januar 1925 hatte er über „Mehrfach monotone Folgen" und am 27. Juni über

---

der Forschungsrichtung von Knopp anzuschließen. Vgl. Brief von Meyer an Felix Klein vom 14. Mai 1924, SUB, Cod. Ms. Felix Klein 10, 1257.

[6] Kaluza (1927a), (1927b), Kaluza und Szegö (1927), Kaluza (1928a), (1928b) und (1928c).

[7] Kaluza (1928a).

[8] Vgl. Laugwitz (1986), S. 180. Es handelt sich um die Folgen:
$$0 < u_n \leq u_0 = 1, u_n^2 \leq u_{n-1}u_{n+1}$$

[9] Kaluza (1928c), S. 204.

[10] Ebd.

[11] Kaluza (1927b).

[12] Vgl. Laugwitz (1986), S. 180. Laugwitz erinnert sich daran, dass Kaluza die gleiche Frage bezüglich der Fourierschen Reihen beantworten wollte: „Er ermutigte uns Studenten wegen der Schwierigkeiten nicht dazu" (Laugwitz (1986), S. 180). Laugwitz' Erinnerungen beziehen sich auf die spätere Göttinger Zeit, als er um 1950 bei Kaluza studierte.

„Untersuchungen über vollmonotone Folgen"[13] gesprochen. Die beiden Vorträge vollendete er und veröffentlichte sie 1927 und 1928 als Aufsätze.[14] Produktivität war gefragt. Bei jeder Berufung hieß es, Kaluza habe zu wenig veröffentlicht. Es ist aber bedenklich, in der Produktivität das wichtigste Kriterium für eine Berufung zu sehen. Offenbar lag Kaluzas Interesse nicht in erster Linie im Schreiben und Publizieren. Zudem stellte er hohe Anforderungen an seine Veröffentlichungen. Sie zeichneten sich durch hohe Originalität aus. Wie anspruchsvoll Kaluza in der Beurteilung seiner eigenen Abhandlungen war, zeigt die abwertende Bezeichnung seiner Dissertation von 1908 als „Fleißarbeit".

Vom 19. bis zum 26. September 1926 fand in Düsseldorf die Versammlung der Deutschen Mathematiker-Vereinigung statt, an der Kaluza zusammen mit seinen Freunden Kurt Reidemeister und Richard Brauer teilnahm. Richard Courant hielt dort einen Vortrag über „Partielle Differentialgleichungen der mathematischen Physik".[15] Reidemeister sprach über „Knoten und Gruppen", Kaluza trug am 21. September seine Arbeit „Über vollmonotone Funktionen"[16] vor. Diese Tagung war eine der letzten, an denen sich Kaluza beteiligte.

Es gibt wenig Hinweise darauf, inwieweit sich Kaluza in dieser Zeit noch mit Physik befasste. Aus dem Jahre 1926 ist seine Rezension des Buches von Jan Arnoldus Schouten (1883–1971) „Über die Entwicklung der Begriffe des Raumes und der Zeit und ihre Beziehungen zum Relativitätsprinzip" erhalten.[17] Die Abhandlung des Holländers Schouten[18] war ein gelungener Versuch, ohne jede mathematische Formel Erkenntnisse „von der Wurzel und dem Wesen des Raumproblems" und „von der Notwendigkeit der relativistischen Fragestellungen und ihrer Beantwortung durch Einstein" zu vermitteln. Kaluza schloss sich Schoutens Meinung an, die Forderung, dass „eine Naturerklärung ganz mit der Vorstellung zu verfolgen sein müsse", sei „energisch" zurückzuweisen. Er zog daraus das Fazit: *„Hoffentlich aber trägt Schoutens Schrift ihren Teil dazu bei, solch grundlegende Erkenntnisse wenigstens bei den Naturwissenschaftlern zu befestigen; scheint doch selbst*

---

[13] Siehe in Schriften der Königsberger Gelehrten Gesellschaft (1926) „Bericht über das Mathematische Kolloquium" (1925) und Jahresbericht der Deutschen Mathematiker-Vereinigung, 34, 1926, S. 54.

[14] 1927 erschien „Struktur und Eigenschaften mehrfach monotoner Folgen" [Kaluza (1927a)], und 1928 „Über vollmonotone Folgen mit stetiger Belegungsfunktion" [Kaluza (1928b)].

[15] Vgl. Jahresbericht der Deutschen Mathematiker-Vereinigung, 34, 1926.

[16] Den Vortrag verarbeitete Kaluza zu der ein Jahr später erschienenen Arbeit „Zur Theorie der vollmonotonen Funktionen" [Kaluza (1927b)].

[17] In Jahresbericht der Deutschen Mathematiker-Vereinigung, 34, 1926, S. 160.

[18] Jan Arnoldus Schouten war bekannt für seinen Beitrag zur Entwicklung der Tensorrechnung und war von 1914 bis 1943 Professor an der Universität in Delft.

manch moderner Physiker, wie gewisse Auswüchse eines quantentheoretischen Modellfana-tismus zeigen, noch prinzipiell anders eingestellt zu sein. "[19] Daraus wird Kaluzas er-kenntnistheoretische Position deutlich. Eine Theorie der Physik vermittelt eine Anschauung über das Universum. Doch die Forderung, sie bildlich bzw. gegen-ständlich darzustellen, birgt die Gefahr in sich, das nur mit der mathematischen Sprache zu beschreibende Objekt zu verfälschen. Einsteins Relativitätstheorie wurde häufig der Vorwurf gemacht, dass sie dem gesunden Menschenverstand widerspreche, dass sie also zu „abstrakt" und daher nicht wahr sei. Kaluza vertrat die Meinung, dass die entwickelten Modelle zur anschaulichen Erklärung einer Theorie nur Annäherungen an die Theorie seien. Galilei hatte behauptet, die Ma-thematik sei die Sprache, in der das Universum geschrieben sei. Sie sei diejenige, die als Mitgestalterin der Physik dienen solle. Kaluza lehnte einen „Modellfana-tismus" ab, der die neue Physik auf Anschauungen der klassischen Physik zu-rückführen wollte.

Außerdem gab er Schouten recht, der bedauerte, dass „Differentialgeometrie mehrdimensionaler Mannigfaltigkeiten, Gruppen- und Invariantentheorie [...] nicht zum allgemeinen Lehrstoff" gehörten.[20] Tatsächlich fehlten diese Themen-bereiche im Vorlesungsplan an den Universitäten. In Schoutens Buch, das auch Hermann Weyls Versuch zur Vereinheitlichung enthielt, wurde allerdings Kaluzas fünfdimensionale Theorie mit keinem Wort erwähnt.[21] Wenn sie auch bei Ein-stein hohe Anerkennung gefunden hatte, wurde sie um 1926 von den meisten Physikern nur als ein exotischer Versuch angesehen.

Trotz Kaluzas intensiver Beschäftigung mit der Mathematik ließ die Berufung zum Ordinarius noch auf sich warten. Sein Sohn erinnerte sich daran, wie seine Mutter reagierte, als ein anderer Mathematiker auf ein Ordinariat berufen wurde: „Meine Mutter war oft recht verzweifelt, wenn sie wieder einmal hörte, dass man irgendwo einen anderen als meinen Vater berufen hatte; mein Vater setzte ihr dann stets die Qualitäten des Berufenen auseinander und zeigte völlige Gelassen-heit."[22] Auf Äußerlichkeiten, zu denen das Erlangen eines Ordinariats gehörte, legte Kaluza weniger Wert als auf die Verfolgung seiner anspruchsvollen wissen-schaftlichen und philosophischen Interessen. „Wäre unsere Mutter nicht gewe-sen, so wäre er vielleicht sein ganzes Leben lang Privatdozent geblieben", erin-nerte sich Kaluzas Tochter.[23]

---

[19] In Jahresbericht der Deutschen Mathematiker-Vereinigung, 34, 1926, S. 160.
[20] Ebd.
[21] Siehe Schouten (1924).
[22] Brief von Theodor Kaluza junior an Detlef Laugwitz vom 26. August 1985, S. 6.
[23] Brief von Theodor Kaluzas Tochter an die Autorin vom 2. März 1997.

Kaluza liebte wissenschaftliche Gespräche mit Freunden, er musizierte gern und freute sich an langen Spaziergängen in der weiten samländischen Landschaft um Königsberg. Sein Sohn war davon überzeugt, dass diese Zeit die schönste im Leben der Familie Kaluza war. Seine Eltern pflegten damals ihre freundschaftlichen Beziehungen zu den Familien Szegö, Reidemeister, Rogosinski und Brauer:

„Es herrschte eine sehr große Harmonie und die fünf Familien waren viel zusammen. Mehrmals im Sommer wurden ganztägige Wanderungen oder Ausflüge an die See gemacht und der Abend dann in einer der Wohnungen gemeinsam verbracht, meistens bei uns, weil wir ein Klavier und ein Harmonium hatten, oder bei Reidemeisters, weil dort ein Flügel war.“[24]

Das geistige Leben eines Gelehrten nährt sich von der Kultur seiner Zeit. Trotz materieller Sorgen nahme die Familie Kaluza intensiv am reichen kulturellen Leben Königsbergs teil. Der geistige und künstlerische Aufbruch in den „goldenen 20er-Jahren" war in der Stadt am Pregel nach der „Sterilität des Kaiserreichs" deutlich spürbar.[25] Im Stadttheater und im neuen Schauspielhaus traten namhafte Künstler auf. Dem Sohn waren noch Konzerte in Erinnerung, die das Publikum in Begeisterung versetzten:

„Königsberg war eine sehr musikfreudige Stadt. Als z.B. Elli Ney dort ihren ersten Klavierabend gab – ca. 1925 – begann sie, wie üblich, um 8 (so sagte man damals noch) Uhr abends. Eine halbe Stunde nach Mitternacht schalteten die Saaldiener dann die normale Beleuchtung aus und die Notbeleuchtung ein, – Elli Ney spielte ‚Guten Abend, gute Nacht...' und wir gingen nach Hause: So groß war der Beifall in dem fast 1.200 Plätze fassenden Saal der Stadthalle gewesen, dass sie zweieinhalb Stunden Zugaben machte! Edwin Fischer kam nicht nur einmal im Winter nach Königsberg, sondern jeden Monat einmal und spielte ganze Zyklen von Mozartschen Klavierkonzerten.“[26]

In der „Komischen Oper", die gleichermaßen ein Gastspiel- und Experimentierhaus wie ein Lustspiel- und Operettentheater war, wurde 1928, wenige Wochen nach der Berliner Uraufführung, die „Dreigroschenoper" von Bertolt Brecht aufgeführt. Das Stadttheater lag neben der Universität. Dort besuchten die Kaluzas viele Veranstaltungen. Kaluza junior, damals Schüler im Hufengymnasium, berichtete darüber:

„Das Stadttheater hatte der Universität zwei Dauerfreikarten – 1. Rang, Loge! – zur Verfügung gestellt, um die jeder Universitätsangehörige bitten konnte. Oft kam mein Vater mit diesen Karten nach Hause, – der Pedell, der ihn sehr mochte, war ihm nachge-

---

[24] Theodor Kaluza junior an Detlef Laugwitz, am 26. August 1985, S. 6, NTK.

[25] Ebd.

[26] Theodor Kaluza junior (1991), S. 21.

laufen: ‚Herr Dokter, Herr Dokter, die Karten sind wieder nich abjeholt, woll'n Se se nich haben?' So habe ich als Schüler fast alle klassischen Opern gesehen.'[27]

Die Wohnung der Kaluzas in der Steinmetzstraße 34 hatte eine freie Aussicht ins Grüne. Das Haus lag am Ziethenplatz, nicht weit entfernt vom schönen Douglas-Park mit seiner Blumenzierde und dem Gesang der Vögel.[28] Diese Gegend liebte auch der Dichter Ernst Wiechert, der ein Freund der Familie war und sein Haus in der Nähe hatte.

Im Haus Nummer 24 in der Steinmetzstraße hatten bis zum Tode Max Kaluzas 1921 die Eltern gewohnt. Max Kaluza, der noch auf seinem Krankenbett Studenten examiniert hatte, war als Lehrer sehr beliebt gewesen. Er war immer hilfsbereit und unterstützte seine Studenten bei ihren Dissertationen sogar noch als kranker Mann, als er schon längst nicht mehr im Dienst war. Durch seine Liebenswürdigkeit und nicht weniger seine Bescheidenheit hatte er sehr viele Freunde gewonnen. Sein besonderes Wesen wurde von seinen Freunden folgendermaßen beschrieben: „Sein ganzes reiches und gütiges Menschentum, der volle Wert seiner gediegenen Persönlichkeit ist aber nur denen völlig offenbar geworden, die ihm als wirkliche Freunde nahe treten durften. Groß war der Kreis derer nicht, denen er sich ganz erschloss, aber die wenigen, die dieses Glück hatten, haben ihn wahrhaftig geliebt."[29] Anlässlich seines 60. Geburtstages war der Geheime Regierungsrat Max Kaluza 1916, mitten im Krieg, von seinen Studenten und Kollegen gefeiert worden. Als Anerkennung für seine Erforschung der historischen Grammatik der englischen Sprache und der Literaturgeschichte schenkte man ihm eine Ausgabe der Werke William Shakespeares „in einem unveränderten Abdruck der ersten Folioausgabe vom Jahre 1623 mit einer Büste des Dichters nach seinem Standbilde in der Westminster-Abtei".[30] Das Begleitblatt zu diesem Geschenk trug nicht weniger als 195 Unterschriften von Studenten, Kollegen und Professoren an der Albertina, darunter viele ehemalige Studenten, die nun selber als Lehrer und Professoren tätig waren. Obwohl Max Kaluza eine bedeutende Persönlichkeit der Königsberger Universität war, zeichnete ihn eine große Bescheidenheit aus. Vielleicht wird sein Wesen am besten durch den Ausdruck „Aristokrat der Wissenschaft" beschrieben. Er mochte keine großen Feierlichkeiten, deshalb hinterließ er folgendes Schreiben an seine Kollegen: „Für den Fall meines Todes bitte ich die verehrten Kollegen und die Universitätsbehörden, von jeder Ansprache an meinem Sarge oder Grabe abzusehen und die Todesanzeige

---

[27] Theodor Kaluza junior (1991), S. 21.

[28] Brief von Theodor Kaluzas Tochter an die Autorin vom 16. März 1997.

[29] Nekrolog zum Tod des Geheimen Regierungsrates Max Kaluza vom 9. Dezember 1921, NTK.

[30] „Zum 60. Geburtstag des Geheimen Regierungsrates Max Kaluza" (1916), NTK.

nicht in der üblichen Breite, sondern ganz kurz abzufassen.“[31] Seine Bitte wurde aber nicht erfüllt. Allein der Nekrolog war eine Seite lang.

Für Theodor Kaluza muss der Tod seines Vaters ein großer Verlust gewesen sein. Er hatte seinen Vater immer sehr verehrt und geliebt. Ihm hatte er auch seine hervorragende Ausbildung zu verdanken und das Interesse zur Erkundung der Wahrheit, das sein Vater als erster in ihm erweckt hatte. Er war ihm bis zu seinem Tode ein guter Freund, auf dessen Rat er gern hörte. Max und seine selbstlose Haltung seinen Mitmenschen gegenüber, sein unermüdlicher Einsatz im Dienst der Wissenschaft blieben seinem Sohn lebenslänglich ein Vorbild.

Bis zu ihrem Weggang aus Königsberg blieben die Kaluzas in der Steinmetzstraße 34 wohnen. In demselben Haus, das in dem landschaftlich schönen Amalienviertel lag, lebte auch die Familie des Psychologen Ach, dessen Kinder Spielkameraden der Kaluza-Kinder waren (auch später in Göttingen waren die Achs wieder Nachbarn der Kaluzas). In der Nähe des Hauses lagen die prächtigen Zwillingsteiche mit Ruderboten, wo die Kinder gern und häufig spielten.

Die Familie Kaluza war sehr gastfreundlich. „Königsberg ist eine Stadt, in der sich schon behaglich leben lässt, nicht zum wenigsten auch als Fremder, der freundlichen Entgegenkommens sicher sein kann. Ungastlichkeit ist nicht Eigenschaft des Ostpreußen“, entnimmt man einem Königsberger Reiseführer aus dem Jahr 1927.[32] Das Haus der Kaluzas stand Freunden stets offen. Mehrmals in der Woche trafen sich hier befreundete Familien. Ihre Gespräche umfassten Themen aus Literatur, Politik, Wissenschaft und Kunst. Dabei gab es auch Diskussionen der Wissenschaftler über Mathematik, Physik und Philosophie. Ein besonders temperamentvoller Gesprächspartner war Reidemeister, der sich auch als Schriftsteller und Essayist betätigte. Anna Kaluza war nicht nur eine gute Hausfrau, sie hatte auch viel Humor und trug oft zur Erheiterung ihrer Gäste bei. Dieser typisch ostpreußische Witz der Kaluzas wurde von den Szegös, die aus Ungarn vertrieben worden waren, und den Reidemeisters, die aus Hamburg stammten, sehr geschätzt. Anna Kaluza, die die Vorliebe ihres Mannes für solche Geselligkeiten kannte, bemühte sich trotz der materiellen Schwierigkeiten immer wieder, diese Einladungen möglich zu machen, bei denen sie dann Köstlichkeiten der ostpreußischen Küche präsentierte.

Im Haus der Kaluzas wurde viel musiziert. Theodor Kaluza war ein guter Klavierspieler, und auch seine Kinder bekamen Klavierunterricht. Besonders gern musizierte Kaluza mit dem Schriftsteller Ernst Wiechert.

---

[31] Max Kaluza, „Für den Fall meines Todes“, NTK.
[32] „Königsberg Pr.“ (1927), S. 28.

Das Haus der Reidemeisters, die neben dem Schlossteich wohnten, war ebenfalls ein beliebter Treffpunkt der Freunde. Dort übte der junge Theodor gelegentlich auf dem prächtigen Flügel. Doch am meisten mochten Kaluzas Kinder Gábor Szegö wegen seiner menschlichen Wärme und seines großen Einfühlungsvermögens. Dagegen schüchterte sie der temperamentvolle Reidemeister eher ein.[33] Manchmal machten die fünf Familien auch gemeinsame Spaziergänge in die schöne Umgebung. Es gab dort idyllische Waldlokale, die wegen ihres Johannisbeerweins verlockend waren. Man konnte auch einen Ausflug zum Forsthaus Moditten unternehmen, in dessen Garten sich das Kant-Häuschen befand. Hier hatte Kant seine „Beobachtungen über das Gefühl des Schönen und Erhabenen" verfasst.[34] „Zu meinen Kindheitserinnerungen gehört, dass wir nach dem Kompass durch riesige Wälder gewandert sind: Ostpreußen, worin Königsberg liegt, war sehr dünn besiedelt und hatte drei urförmige Landschaften: Wälder, Gletscherseen und ‚Nehrungen'. Mein Vater liebte die Natur ebenso wie die Kultur", erinnerte sich später der junge Kaluza an diese Zeit.[35]

In seinem 1915 erschienen Buch „Professor Knatschke. Œuvres choisies du grand Savant et de sa fille Elsa" verspottete der unter dem Namen Hansi bekannte elsässische Satiriker die Landschaft um Königsberg: sie sei flach und eintönig.[36] Das war eine voreingenommene Übertreibung, die auf die damalige Feindschaft zwischen Deutschland und Frankreich zurückzuführen ist. Denn die Umgebung Königsbergs bot eine paradiesische Landschaft, die, obwohl flach, sehr abwechslungsreich war. Die Stadt liegt in der schönen, sanft hügeligen Gegend des Samlandes. Wiesen mit fruchtbaren Feldern wechselten sich mit ausgedehnten dunklen Wäldern aus Laubbäumen und Tannen ab, in denen eine damals noch unberührte Natur den Spaziergänger verzauberte.

Die ostpreußischen Wälder sollen wie Urwälder ausgesehen haben. Einmal machte die Familie Kaluza im Mai, als der Frühling die Wälder begrünt hatte, einen langen Spaziergang durch den Wald. Der Waldboden war mit Maiglöckchen übersät. Sie liefen stundenlang durch den duftenden Wald. Zu Hause angekommen, fühlten sie sich am Abend wie betäubt und es war ihnen schwindlig. Sie hatten eine Vergiftung von dem Duft der Maiglöckchen bekommen![37]

Diese poetische und inspirierende Natur hatte Kaluza von Kindheit an fasziniert. Ebenso wie die Wälder bestimmten auch das Meer und die Küste die sam-

---

[33] Brief von Theodor Kaluzas Tochter an die Autorin vom 29. März 1998.

[34] Matull (1987), S. 201.

[35] Brief von Theodor Kaluza junior an V. Raman vom 5. September 1970, NTK.

[36] Vgl. Hansi (1915).

[37] Brief von Theodor Kaluzas Tochter an die Autorin vom 2. März 1997, auch in Kaluza, Ingemarie (1997).

ländische Landschaft. Von dieser eindrucksvollen Umgebung war Kaluzas See-lenleben geprägt. Die Nähe der Küste wirkte sich auch auf den Charakter der Jahreszeiten aus. In Königsberg war der Winter kalt und schneereich, und wenn der Pregel zugefroren war, konnten die Kinder auf dem Schlossteich Schlittschuh laufen. Der Frühling begann erst Ende April, und dann „kribbelte die Luft ... wie Champagner".[38] Der Sommer war meistens heiß, und die nahe Ostseeküste lud mit ihren kühlen Wellen zum Baden ein.

Die nördliche samländische Steilküste galt als einer der schönsten Landstriche Deutschlands. Die Morgenschlucht, die Wolfsschlucht und die Kardolling-schlucht, die die Küste durchschnitten, bildeten eine malerische Landschaft, die von Künstlern und Schriftstellern wie E. T. A. Hoffmann und Thomas Mann gern besucht wurde.[39] Auf dem schmalen Landstreifen der sich auf 90 km erstre-ckenden Kurischen Nehrung gab es gewaltige, bis zu 60 Meter hohe Sanddünen. Zwischen den Dünen und Wäldern lagen die Badeorte Cranz, Rositten und Nid-den. Die Nehrung trennte die Ostsee vom Kurischen Haff. Auch Wälder aus Kiefern, Birken, Weiden, Espen und Eichen, in denen sogar Elche lebten, lock-ten die Spaziergänger im Sommer auf der Nehrung. In der Morgendämmerung konnte man Elche im Meer beim Baden beobachten. Auch schöne Bernsteine lie-ßen sich im Meer sammeln.[40] Eine Bernsteinstraße führte im Altertum an der Küste entlang, die den Handel mit den gelben, Millionen Jahre alten Steinen för-derte. Die wertvollen Steine hatte sich sogar Kaiser Nero nach Rom holen lassen.

Im Badeort Rauschen, einer Oase inmitten der Dünen, ließen sich Künstler und Wissenschaftler von der wunderschönen Küstenlandschaft inspirieren. Ernst Wiechert und Hermann Sudermann kamen oft in diese romantische Gegend, aber auch Wissenschaftler wie David Hilbert und Hermann Minkowski. Hilbert schrieb oft aus Cranz an Felix Klein, einmal sandte er ihm sogar ein Gedicht „Von dem grünen Strand der Ostsee".[41] In Rauschen liebte er die „ländliche Ein-samkeit des Ostseestrandes", die die Konzentration auf seine mathematische Ar-beit förderte. In einem Brief an Klein im Juli 1894 schreib er: „Nach Wien zur Mathematiker Vereinigung werde ich diesmal nicht kommen, da ich ungestört in der Zurückgezogenheit des Ostseestrandes meine Vorbereitungen für den zah-lentheoretischen Bericht fortsetzen möchte, den ich mit Minkowski für künftiges Jahr übernommen habe", und gab als seine Adresse dort an: „Kleinteich bei Ost-

---

[38] Vgl. Fürst (1992), S. 101.

[39] Hermanowski (1996), S. 259.

[40] Vgl. auch Brief von Theodor Kaluzas Tochter an die Autorin vom 19. Februar 1997.

[41] Gedicht David Hilberts in seinem Brief an Felix Klein vom 30. August 1898, in Hilbert und Klein (1985), S. 127 – zu Beginn dieses Kapitels S. 344 als Motto zitiert, siehe oben.

seebad Rauschen".[42] Hilberts „Zahlbericht" sollte zu einem der bedeutendsten Werke der neueren Mathematik werden.[43] Die abwechslungsreiche Nordküste, die beruhigende und stärkende Meereslandschaft, das ruhige Klima und die Einsamkeit, die man hier finden konnte, übten eine stete Anziehungskraft auf diejenigen aus, die sich geistig betätigten. Theodor Kaluza schätzte auch sehr die an der Küste gelegenen Orte Rauschen, Cranz und Nidden, die er immer wieder im Sommer besuchte.[44] Seit 1885 konnte man die Küste mit dem Zug der Königsberg-Cranzer-Eisenbahn innerhalb einer halben Stunde erreichen. Von da aus konnte man mit dem Schiff über das Haff nach Rositten und Nidden bis nach Memel fahren oder den Weg auf die Nehrung nehmen.[45] Die Spaziergänge durch die weite samländische Landschaft gehörten zu Kaluzas festen Gewohnheiten. Sie halfen ihm, sich vom Alltag zu erholen und durch Meditation wieder in sein inneres Gleichgewicht zu kommen. Wie er in einem Brief an Anna schilderte, fühlte er in der Natur die Nähe zum Schöpfer, der den Menschen fern ist, ihnen aber in solcher Landschaft dennoch ein lebendiges Zeichen seiner Existenz gibt.[46] Dort konnte man erkennen, dass „die Menschenhand eines der kleinsten Werkzeuge in Gottes Haushalt ist."[47]

Die Stille der ostpreußischen Landschaft scheint Theodor Kaluza tief geprägt zu haben. Während seines ganzen Lebens suchte er immer wieder nach dieser Stille und konnte in den schwierigsten Lebensumständen, mitten im Krieg, diese verzauberte Ruhe finden. Das half ihm, ins Gleichgewicht zu kommen, um wieder die Geheimnisse des Universums zu erkunden.

---

[42] Brief von David Hilbert an Felix Klein vom 29. Juli 1894, in Hilbert und Klein (1985) S. 109. Ein Zweig der Familie Hilbert hatte ein Ferienhaus am Mühlteich in Rauschen, siehe Cudell (2001), S. 240.

[43] Hilbert beendete seinen Zahlbericht zwei Jahre später. Er erschien 1897 mit dem Titel „Bericht über die Theorie der algebraischen Zahlkörper" und hatte einen „ungeheueren Einfluss" auf die Weiterentwicklung der algebraischen Zahlentheorie. Siehe Roquette (2002), S. 19.

[44] Brief von Theodor Kaluzas Tochter an die Autorin vom 2. März 1997.

[45] „Königsberg Pr." (1927), S. 146.

[46] Brief von Theodor Kaluza an Anna Beyer vom 24. Dezember 1907.

[47] Wiechert (1951), S. 15.

Wie groß ist die fünfte Dimension? Oskar Klein und das Schicksal
einer Theorie über die Einheit des Universums

> *„Doch hilft es nicht, mich so zu nennen;*
> *Wo sind die Leute, die mich anerkennen?"*
> *Goethe*

Theodor Kaluza hatte seine Theorie über die Vereinheitlichung der beiden damals bekannten Wechselwirkungen im April 1919 an Einstein geschickt. Im Laufe der Zeit schienen der Schöpfer und sein Werk verschiedene Schicksale zu erleben, die sich immer weiter voneinander entfernten. Seine Theorie hatte unabhängig von der Anerkennung ihres Autors ihre eigene Wirkungsgeschichte begonnen. Wir wollen nun den langen Weg zurückverfolgen, den Kaluzas Theorie bis zu ihrer späten Anerkennung nach 50 Jahren genommen hat, ohne den Anspruch einer eingehenden Untersuchung zu erheben, die den Rahmen dieser Arbeit überschreiten würde.

Nachdem Einstein Kaluzas Theorie der Preußischen Akademie der Wissenschaften vorgelegt hatte, beschäftigten sich viele Gelehrte mit dieser reizvollen Idee. Riemanns Vorstellung, dass die physikalischen Kräfte durch die Verzerrung des mehrdimensionalen Raumes entstehen, hatte jetzt eine konkrete physikalische Gestalt erhalten. Albert Einstein, Paul Ehrenfest, Oskar Klein, Wolfgang Pauli, Louis de Broglie und viele andere untersuchten die Idee der fünften Dimension mehrere Jahre lang.[1] Einstein, der Kaluzas Theorie als direkte konzeptionelle Erweiterung seiner Allgemeinen Relativitätstheorie betrachtete, stellte die Theorie der Vereinheitlichung in den Mittelpunkt seiner weiteren Forschung.

1927 schrieb Michele Besso in einem Brief an Einstein: „Ich habe mir ein wenig Deine Kaluza-Arbeiten angesehen, leider etwas sehr in Eile."[2] Es handelte sich um die beiden in den *Sitzungsberichten der Preußischen Akademie der Wissenschaften* im selben Jahr erschienenen Mitteilungen: „Zu Kaluzas Theorie des Zu-

---

[1] Seit 1946 beschäftigte sich auch Erwin Schrödinger mit den vereinheitlichten Theorien und 1954 erfand Werner Heisenberg eine vierdimensionale vereinheitlichte Theorie. Siehe dazu das Kapitel „Das Jahr 1952", S. 578ff. Diese Namen sind vielleicht die bekanntesten, jedoch nicht die einzigen derer, die an dem Aufbau der vereinheitlichten Theorien beteiligt waren. Für eine detaillierte physikalische Analyse siehe Tonnelat (1965), Vizgin (1994) und Goenner (2004). Eine vollständige historische Analyse der Entwicklung dieses Programms ist bis jetzt noch nicht unternommen worden.

[2] Brief von Besso an Einstein vom 25. Juni 1927, in Einstein und Besso (1973).

sammenhanges von Gravitation und Elektrizität", deren Schlussfolgerung war: *„Zusammenfassend kann man sagen, dass Kaluzas Gedanke im Rahmen der Allgemeinen Relativitätstheorie eine rationale Begründung der Maxwellschen elektromagnetischen Gleichungen liefert und diese mit den Gravitationsgleichungen zu einem formalen Ganzen vereinigt.*"[3] Tatsächlich verband Kaluzas Theorie Einsteins Allgemeine Relativitätstheorie mit der elektromagnetischen Theorie von Maxwell in einem einheitlichen konzeptionellen System, eine Tatsache, die Einstein nach fünf Jahren Zweifeln wieder begeisterte. Sein Interesse an Kaluzas Theorie wurde von dem 1926 erschienenen Aufsatz des jungen schwedischen Physikers Oskar Klein (1894–1977), „Quantentheorie und fünfdimensionale Relativitätstheorie" wiedererweckt.[4] Als Mitarbeiter von Niels Bohr in Kopenhagen war Oskar Klein durch seine Forschung in der Quantenmechanik bekannt. Viele Physiker kannten seine Beiträge zur Jordan-Klein-Formel, zur Klein-Nishina-Formel und zur Klein-Gordon-Fock-Gleichung.[5]

Oskar Kein gebührt das große Verdienst, Kaluzas Theorie mit der Quantenmechanik verknüpft zu haben.[6] Wahrscheinlich stammte Oskar Kleins Idee, die fünfte Dimension mit der Quantentheorie zu verknüpfen, von Tatiana Ehrenfest, die ein stetes wissenschaftliches Interesse für die Struktur des Erfahrungsraums hatte, ein Thema, über das sie mehrere Aufsätze veröffentlicht hatte.[7] Einem Brief von Einstein an Paul Ehrenfest vom 12. Februar 1922 kann man entnehmen, dass Tatiana zu dieser Zeit der Überzeugung war, dass „die Quantenschwierigkeit mit Hilfe einer fünften Dimension zu heilen sei".[8] Wir erinnern uns, dass Paul Ehrenfest selber 1917 einen Aufsatz über die Unmöglichkeit der Höherdimensionalität des physikalischen Raumes geschrieben hatte. Es ist anzunehmen, dass Einstein, der ein guter Freund der Familie Ehrenfest war, bei einem seiner zahlreichen Besuchen in Leiden der Wissenschaftlerfamilie über Kaluzas Theorie berichtet und damit das Interesse von Tatiana erweckt hatte.

---

[3] Einstein (1927), S. 30.

[4] O. Klein (1926a). Klein schickte seinen Aufsatz an Einstein im September 1926. Siehe Brief von O. Klein an Albert Einstein vom 29. August 1926, EA 14-279.1. Einsteins Aufsätze wurden in der Sitzung vom 17. Februar 1927 der Berliner Akademie vorgelegt. Eine Analyse des Zusammenhangs zwischen Einsteins und Oskar Kleins Aufsätzen in Wuensch (2005).

[5] Vgl. Pais (1994), S. 13.

[6] Für eine detaillierte Analyse, siehe Goenner und Wuensch (2003) und Wuensch und Goenner (2004).

[7] Siehe T. Ehrenfest (1915), (1925).

[8] Einstein an Paul Ehrenfest vom 12. Februar 1922, EA 10 020. Das vollständige Zitat lautet: „Ihre [Tatiana Ehrenfests] Meinung, dass die Quantenschwierigkeit mit Hilfe einer fünften Dimension zu heilen sei, kann ich nicht begreifen."

Im Sommer 1922 fand in Göttingen die „Bohr-Woche" statt, eine Veranstaltung organisiert von David Hilbert, bei der Niels Bohr mehrere Vorträge hielt. Dort lernte Oskar Klein Tatiana und Paul Ehrenfest sowie Wolfgang Pauli kennen.[9] In seinem bekannten Enzyklopädie-Artikel über die Relativitätstheorie hatte Wolfgang Pauli auch die Vereinheitlichungstheorien behandelt[10] und kannte auch Kaluzas Theorie. In einem Interview mit John Heilbron erinnerte sich Oskar Klein später, dass er bereits dort von der fünften Dimension erfahren hatte:

"But I remember I was thinking of the fifth dimension already in the summer in Göttingen."[11] Mit Sicherheit beteiligte sich Oskar Klein an Diskussionen über die vereinheitlichten Theorien von Weyl und Kaluza, an denen das Ehepaar Ehrenfest und Wolfgang Pauli in dieser Zeit sehr interessiert waren. Oskar Klein erinnerte sich selber daran, dass 1925, als er wieder begann, über die fünfte Dimension nachzudenken, ihm die vereinheitlichten Theorien sehr geläufig waren:

"I knew, of course, that there had been much discussion about the relation between gravitation and electro-magnetism. Although I had followed it very vaguely, I knew a little about Weyl's work."[12]

Vom 10. bis zum 13. Mai 1921 hielt Einstein in Princeton eine Vortragsreihe, *The Meaning of Relativity*, die 1922 in Deutsch unter dem Titel „Vier Vorlesungen über die Relativitätstheorie" und im selben Jahr in Englisch unter dem Titel "The Meaning of Relativity" erschienen ist. Diese Veröffentlichung war Oskar Klein bekannt.[13] In einem dieser Vorträge, "The General Theory of Relativity", erwähnte Einstein sowohl die Abhandlung Hermann Weyls als auch die Abhandlung Kaluzas: "A Theory in which the gravitational field and the electromagnetic field do not enter as logically distinct structures."[14]

Als er 1925 begann, sich mit der vereinheitlichten Theorie von Kaluza zu beschäftigen, wirkte Oskar Klein gerade an der amerikanischen Universität Ann

---

[9] Halpern (2004), S. 122.

[10] Pauli (1921) in Pauli (1963). In seinem Enzyklopädie-Artikel behandelte Pauli nur Weyls Theorie (Kap. 8.65), da Kaluzas Theorie erst einige Monate später veröffentlicht wurde. Pauli interessierte sich jedoch auch für Kaluzas Theorie, wie man von Oskar Klein erfährt, siehe O. Klein (1969), S. 64: *"When Pauli came to Copenhagen some weeks later, I showed him my manuscript on five-dimensional theory and after reading it he told me that Kaluza some years before published a similar idea in a paper I had missed."*

[11] Interview mit Oscar Klein, geführt von John L. Heilbron am 25. Februar 1963, S. 16, NBA.

[12] Ebd., S. 17.

[13] Ebd., S. 20.

[14] Einstein (1922) S. 93–94.

Arbor.[15] In seinem ersten Aufsatz, der 1926 in der *Zeitschrift für Physik* erschien, bewies er zunächst[16], dass Kaluzas Beschränkung auf schwache Felder und kleine Geschwindigkeiten nicht nötig war. Die Theorie blieb auch für starke Felder und große Geschwindigkeiten gültig. Das zeigte, dass Kaluzas Theorie auf tiefliegende Zusammenhänge gestoßen war. Doch Klein musste dafür die Theorie von Kaluza vereinfachen: Die Metrikkomponente g_{55} wurde konstant gesetzt und damit das skalare Feld Φ aus Kaluzas Theorie eliminiert.

Im September 1926, nach einem dreiwöchigen Besuch bei den Ehrenfests in Leiden, wurde Oskar Kleins zweiter Aufsatz, "The Atomicity of Electricity as a Quantum Theory Law"[17] veröffentlicht. O. Klein bleib in Leiden bis Ende Juni und nahm an anregenden Diskussionen über den fünfdimensionalen Raum und seine Verbindung mit der Quantenmechanik teil. Auch George Uhlenbeck, Samuel Goudsmit und Hendrik Antoon Lorentz nahmen daran teil. Uhlenbeck, ein Student von Pauli, war bereits bekannt durch seine Entdeckung des Elektronenspins. Auf Anregung von Paul Ehrenfest hatte er 1925 eine Arbeit veröffentlicht, deren Schlussfolgerung war, dass in höherdimensionalen Räumen mit einer geraden Dimensionszahl das Huygenssche Prinzip nicht mehr gilt.[18]

---

[15] Vgl. Interview mit Oskar Klein, geführt von John L. Heilbron am 25. Februar 1963, S. 20–21, NBA. Oskar Klein behauptet zwar, die Theorie von Kaluza nie gekannt zu haben, bevor er seinen Beitrag 1925 veröffentlichte (siehe O. Klein (1969), S. 64), er behauptete sogar, er hätte in der Bibliothek der Universität Ann Arbor die *Berichte der Sitzungen der Preußischen Akademie der Wissenschaften zu Berlin* von 1921, in denen die Theorie von Kaluza erschienen war, zu dieser Zeit (1925) nicht finden können. Seine Aussage ließ sich nicht bestätigen. Der Band der *Sitzungsberichte* von 1921 war in der Bibliothek in Ann Arbor bereits seit dem 2. Januar 1923 verfügbar (Recherche von Dr. Peggy Daub, Special Collections Library, University of Michigan im Brief an die Autorin vom 16. November 2004. Ich danke Peggy Daub für ihre Hilfe). Es scheint eher so zu sein, dass sich Oskar Klein so intensiv mit dieser Idee beschäftigte, dass er das Gefühl hatte, die Idee der Fünfdimensionalität stamme von ihm. Für die Geschichte der Physik ist wichtig festzustellen, dass der Beitrag von Oskar Klein sehr bedeutungsvoll für die Wissenschaft ist. Zu dem Zeitpunkt, als Oskar Klein seine Theorie entwarf, erfüllte Kaluzas Theorie sowohl den ASW- als auch den ASG Faktor (siehe dazu unten im Anhang 2, S. 646ff.), sie war also der Physikergemeinschaft bereits bekannt und damit Bestandteil des aktuellen Standes der physikalischen Erkenntnisse von 1925. Allerdings ist Oskar Klein mehrmals in Konflikt mit Wissenschaftlern geraten, die er nicht zitiert hatte, z.B. mit H. A. Kramers. (Siehe Interview mit Oskar Klein, geführt von Thomas S. Kuhn am 25. Februar 1963, NBA.) Siehe dazu auch Wuensch (2006b).

[16] O. Klein (1926a).

[17] O. Klein (1926b).

[18] Uhlenbeck (1925).

Die Diskussionen über den fünfdimensionalen Raum und seine Verbindung mit der Quantentheorie waren so anregend, dass Ehrenfest auch Einstein einlud, sich daran zu beteiligen:

„Lieber Einstein! Ich hatte lange gezögert, Dich mit dieser Bitte zu belästigen. Aber für Klein selber und für uns alle hier wäre es so ungeheuer wichtig, dass Du diese schönen Dinge in statu nascendi befördern wolltest. Ich weiß mit voller Sicherheit, dass Du Klein, einen Lieblingsschüler von Bohr, sofort sehr lieb gewinnen wirst und dass die Gruppe von Jungen, die momentan beisammen sitzt, Dir besonders gut gefallen wird."[19]

Klein hatte bereits am 28. April 1926 seine erste Arbeit bei der *Zeitschrift für Physik* eingereicht, sie war jedoch noch nicht erschienen. So versuchte Ehrenfest, Einsteins Interesse weiter an Oskar Kleins Theorie zu erwecken: „um möglichst viel von den sehr schönen Dingen zu hören, die er in derselben Richtung wie Schrödinger gemacht hat (noch nicht publiziert)."[20] Einstein konnte nicht kommen, kündigte trotzdem sein Interesse an Oskar Kleins Theorie an. Es ist nicht bekannt, ob Oskar Klein seinen ersten Aufsatz infolge seiner neuen Eindrücke aus Leiden abänderte. Der Aufsatz erschien Ende Juli 1926.

Aus einem Brief an Einstein am 27. August 1926 erfährt man aber, dass Oskar Klein nun an einer neuen Idee arbeitete:

„[…] ich schicke Ihnen hier einen Sonderdruck und die Abschrift einiger Seiten, die ich vielleicht an Nature *schicke. […] Ich hoffe, einmal Gelegenheit zu haben, Ihre Meinung über diese Fragen zu hören. Was die Weiterführung derselben betrifft, so scheint es mir, dass die Annahme einer Periodizität in* x^0 *wesentlich ist."*[21]

Am 3. September reichte Oskar Klein seine zweite Arbeit über Quantenmechanik und die fünfte Dimension ein. Der Aufsatz erschien in der Zeitschrift *Nature* und bestand aus einer Mitteilung auf einer knappen Seite, in der Oskar Klein seine neue Idee darstellte: Die fünfte Dimension wurde zu einem kleinen Kreis zusammengerollt anhand der Quantifizierungsregel:

$$(1) \qquad p_s = \frac{Nh}{l} \qquad (p_5 = \text{fünfte Impulskomponente des Teilchens, } N = \text{Quantenzahl, } h = \text{Planckkonstante, } l = \text{die Periode der fünften Dimension, d.h. Umfang des winzigen Kreises}).$$

Kleins Bedingung basierte auf der 1915 aufgestellten Bohr-Sommerfeldschen Quantisierungsregel:

---

[19] Paul Ehrenfest an Einstein, am 8. Juni 1926, EA 10-137.

[20] Ebd.

[21] O. Klein an Einstein, am 29. August 1926 EA 14-279.1, von der Autorin hervorgehoben. x^0 stellt die fünfte Dimension dar.

$$(2) \qquad \int p dr = Nh$$

Da in Kaluzas Theorie die fünfte Impulskomponente p_5 proportional mit der elementaren Ladung e ist, quantisierte Klein durch seine Bedingung (1) die elektrische Ladung. Man kann sich den winzigkleinen Kreis der fünften Dimension als ein Vielfaches der Wellenlänge eines Elementarteilchens vorstellen[22], dies ist Oskar Kleins Aussage in seinem zweiten Aufsatz von 1926. Oskar Kleins neue Idee, die fünfte Dimension als periodisch anzunehmen, sie nämlich zu einem kleinen Kreis zusammenzurollen, fehlte in seinem ersten Aufsatz. Es scheint, dass er dazu während seines Besuchs in Leiden angeregt wurde. Welchen Anteil Tatiana Ehrenfest daran hatte, ließ sich mangels aufschlussreicher Quellen noch nicht feststellen.

In der modernen physikalischen Sprache bezeichnet man den wichtigen konzeptionellen Schritt, den Oskar Klein unternahm, die fünfte Dimension zu einem winzigen Kreis zusammenzurollen, als „Kompaktifizierung" der fünften Dimension. Dies ermöglichte ihm auch, die Größenordnung der fünften Dimension zu „schätzen". Nach seiner Rechnung sollte gelten:

$$(3) \qquad l = \frac{hc\sqrt{2k}}{e} = 0{,}8 \cdot 10^{-30}\, cm \qquad \text{(k ist Einsteins Gravitationskonstante).[23]}$$

Diese Größenordnung entspricht der Planckschen Länge: Die fünfte Dimension ist 10^{20}-mal kleiner als der Atomkern. Dadurch ließ sich erklären, warum die fünfte Dimension bei keiner Messung auftrat: sie ist viel zu klein, um mit unseren Messgeräten wahrgenommen werden zu können. Nach der Kompaktifizierungsidee wäre jeder Punkt aus unserem Universum, beziehungsweise das, was wir uns als Punkt vorstellen, ein winzig kleiner Kreis. Unser Universum kann man sich infolgedessen als bestehend aus dünnen Zylindern[24] vorstellen.

Nach dieser Verallgemeinerung der Theorie durch Oskar Klein im Jahre 1926 gab man der Theorie den Namen *Kaluza-Klein-Theorie*, unter dem sie in der Physik bekannt wurde. Die Idee der Kompaktifizierung von verborgenen Dimensionen wurde viel später erfolgreich in der modernen theoretischen Physik angewandt.

---

[22] Eine klare anschauliche Darstellung des Zusammenhangs zwischen Kaluzas Theorie und der Quantenmechanik findet man bei Freedman und Nieuwenhuizen (1985), S. 85 und Goenner und Wuensch (2003), S. 7–11.

[23] Klein (1926b), S. 516, vgl. auch Pais (1983), S. 336.

[24] Eine Visualisierung des kompaktifizierten fünfdimensionalen Raums der Kaluza-Klein-Theorie findet man bei Freedman und Nieuwenhuizen (1985), S. 83.

Doch in der Zeit, als Oskar Kein seine Artikel veröffentlichte, waren die Physiker nicht überzeugt von seiner Idee der quantendimensionalen Formulierung der fünfdimensionalen vereinheitlichten Theorie von Kaluza. Hauptsächlich lag es daran, dass trotz ihrer bemerkenswerten mathematischen Einheitlichkeit zu einer experimentellen Bestätigung wenig Aussicht bestand. Die fünfte Dimension war durch kein Experiment nachweisbar, und die Folgen dieser Theorie waren den normalen menschlichen Erfahrungen viel zu fern, um akzeptiert zu werden. Sie mochte theoretisch zwar „richtig" erscheinen, trotzdem wurde sie von der Mehrheit der Physiker als spekulativ, ja als phantastisch betrachtet.

Kaluza schloss die Darlegung seiner Theorie mit einem Satz, der ebenso verhängnisvoll wie visionär anmutet: „Überhaupt droht ja jedem universelle Geltung heischenden Ansatz die Sphinx der modernen Physik, die Quantentheorie."[25]

Es scheint, als habe Kaluza schon geahnt, welches Schicksal seiner Theorie beschieden war. Die Quantenmechanik war in der Tat die Forschungsrichtung in der Physik, die die vereinheitlichten Feldtheorien für die nächsten 50 Jahre in den Schatten stellte. Wolfgang Pauli, der als „Gewissen der Physik" galt, sollte derjenige sein, der die Forschungsgemeinschaft der Physiker davon überzeugte, dass die fünfte Dimension eine Fehlentwicklung der Physik sei. Oskar Klein erinnerte sich später, wie er 1928 mit Pauli ein Glas Wein auf den „Tod" der fünften Dimension getrunken hat.[26] Sogar viel später, 1954, gestand Pauli dem jüngeren Physiker Freeman Dyson seine Zweifel an der Kaluza-Klein-Theorie: „Hätte ich nicht so viel Zeit vergeudet, um die fünfdimensionale Relativitätstheorie zu klären (Kaluza-Klein-Theorien und ähnliche Versuche), hätte ich selber die Quantenmechanik entdeckt."[27] Doch tatsächlich sollte es gerade die Quantenmechanik sein, die die Fortschritte in der Kern- und Elementarteilchenphysik ermöglichte und die die Physiker so weit brachte, die Bedeutung der Theorie von Kaluza 50 Jahre nach ihrer Entstehung zu erkennen.

Man entdeckte bald neue physikalische Felder. Experimentalphysiker wiesen die starke Wechselwirkung nach, die die Nukleonen im Kern zusammenhält, und die schwache Wechselwirkung, die für den β-Zerfall der Kerne verantwortlich ist. Gestützt auf Heisenbergs 1932 durchgeführte Untersuchung über den Isospin des Protons und Neutrons erklärte der japanische Physiker Hideki Yukawa (1907–1981) 1935 das Anziehungsgesetz der starken Wechselwirkung. Die Ent-

---

[25] Kaluza (1921), S. 972.

[26] Vgl. Interview mit Oskar Klein, geführt von Thomas S. Kuhn am 25. Februar 1968, S. 20, NBA.

[27] Dyson (2001): "If I had not wasted so much time trying to make sense of five-dimensional relativity (Kaluza-Klein theory and similar attempts), I might have discovered quantum mechanics myself."

stehung der Kernkräfte führte Yukawa auf den Austausch von spinlosen Feldteilchen mit einer Masse von etwa 100 MeV (= mc^2) zurück. Dafür erhielt Yukawa 1949 den Nobelpreis.

Gestützt auf C. D. Ellis Experimente von 1921 und 1925 über den β-Zerfall[28] stellte Wolfgang Pauli 1929 die Hypothese über die Existenz eines neuen neutralen Teilchens von verschwindend kleiner Masse auf.[29] Die Theorie der schwachen Wechselwirkung wurde 1934 von Enrico Fermi entwickelt[30], der Paulis Teilchen „Neutrino" nannte.

Die Physiker waren nun überzeugt von der Existenz zweier weiterer Wechselwirkungen: der starken und der schwachen Wechselwirkung. Aus diesem Grund wurden die vereinheitlichten Theorien der Gravitation und des Elektromagnetismus als unvollständig betrachtet. Die physikalische Forschung hatte sich immer mehr von Kaluzas Theorie entfernt. Ab der Mitte der dreißiger Jahre wurde die Kaluza-Klein-Theorie von der überwiegenden Mehrheit der Physiker nicht mehr ernst genommen und geriet in Vergessenheit.

Obwohl Kaluza ab 1924 nichts mehr veröffentlichte, das die Physik betraf, gibt es Hinweise, die zeigen, dass er die weitere Entwicklung in der Physik verfolgte und sich Gedanken machte, seine Theorie mit den neueren Entdeckungen zu verknüpfen.[31]

---

[28] Ausführlicher in Sutton (1994), S. 29.

[29] In seinem Brief an Lise Meitner und andere Physiker auf der Tagung in Tübingen im Juli 1929, zitiert in Sutton (1994), S. 36. Pauli machte seine Idee erst auf der Tagung in Pasadena am 16. Juli 1931 selbst bekannt, siehe Sutton (1994), S. 37.

[30] Fermi (1934).

[31] Siehe Kapitel „Das Jahr 1952", S. 578ff.

Bedeutung der Theorie Kaluzas für die moderne Physik

> *„Trotz voller Würdigung der geschilderten physika-*
> *lischen wie auch der erkenntnistheoretischen Schwie-*
> *rigkeiten, die sich vor der hier entwickelten Auffas-*
> *sung auftürmen, will es einem schwer werden, zu*
> *glauben, dass in all jenen an formaler Einheitlich-*
> *keit kaum zu überbieten den Beziehungen immer*
> *nur ein launischer Zufall sein lockendes Spiel*
> *treibt.“* Theodor Kaluza[1]

Die Quantenmechanik war ohne Zweifel der wichtigste Bereich der Physik, der das 20. Jahrhundert dominiert und geprägt hat. Parallel zur Quantentheorie entwickelte man seit seinem Anfang die vereinheitlichten Theorien.[2] Viele Physiker und Mathematiker bemühten sich darum, für die unterschiedlichen Wechselwirkungen, die in der Physik auftreten, Gemeinsamkeiten zu finden. Sie suchten nach einem fundamentalen, allumfassenden Prinzip, das allen Naturphänomenen zu Grunde liegt. Wie wir gesehen haben, versuchten die ersten vereinheitlichten Theorien von Hilbert, Nordström, Weyl und Kaluza, die beiden bekannten Wechselwirkungen, Gravitation und Elektromagnetismus, zu vereinheitlichen.[3]

Nachdem man Mitte der dreißiger Jahre erkannt hatte, dass in der Natur die vier verschiedenen Wechselwirkungen Gravitation, Elektromagnetismus, schwache und starke Wechselwirkung auftreten, widmeten sich die Physiker noch intensiver der Forschung auf dem Gebiet der vereinheitlichten Theorien.

Es lassen sich zwei konzeptionelle Richtungen unterscheiden, die sich bei der Entwicklung der Vereinheitlichungstheorien herausbildeten. Die erste Richtung,

---

[1] Kaluza (1921), S. 972.

[2] Der von Ernst Schmutzer in seinem Aufsatz „Einheit der Physik in ihrer Fünfdimensionalität?“ dargelegte inhaltliche Unterschied zwischen „einheitlich“ und „vereinheitlicht“ stellt immer noch ein Problem in der Analyse der Geschichte der Vereinheitlichungstheorien dar. Immer noch wirft man der *Theory of Everything* vor, nur eine formale mathematische Konstruktion zu sein, die nichts mit der *Einheit* der Naturphänomene zu tun habe. Wir halten jedoch an dem Begriff „vereinheitlicht“ fest und verstehen ihn im Sinne der *Einheit* der Naturgesetze. Vgl. Schmutzer (1989a), S. 82.

[3] Die ersten Versuche der Reduktion der Gravitation auf Elektromagnetismus fanden um 1880 statt, vgl. Vizgin (1994). Wir betonen den Unterschied zwischen Reduktion und Vereinheitlichung; die ersten Vereinheitlichungsversuche erfolgten um 1900 mit Hilberts Beiträgen.

die man unter der Bezeichnung *Geometrisierung der Physik*[4] kennt, ist durch Hilberts, Nordströms und Kaluzas Theorie geprägt worden. Es handelt sich um eine Vereinheitlichung im vier- oder fünfdimensionalen Raum. Dieser Richtung folgte auch Albert Einstein dreißig Jahre lang.

Der zweite Weg zur Vereinheitlichung führte zu den Theorien der Symmetrien, auch *Eichtheorien* genannt. Diese Richtung hatte sich aus Weyls Ansätzen von 1918 und 1929 entwickelt. Sie erreichte eine Vereinheitlichung der Wechselwirkungen im bekannten vierdimensionalen Raum.[5] Der tiefe konzeptionelle Unterschied zwischen den beiden Vereinheitlichungsrichtungen liegt darin, dass sich die geometrisierte Vereinheitlichung auf die Struktur des physikalischen Raumes bezog, während die Eichtheorien auf inneren Symmetrietransformationen im abstrakten Hilbert-Raum der Quantenmechanik beruhten. Diese zwei unterschiedlichen Räume in Verbindung zu bringen, war letzten Endes die große Aufgabe der modernen theoretischen Forschung.

1. Vereinheitlichung durch Eichtheorien

Wir schildern zuerst die Entwicklung der Eichtheorien.[6] Weyls Ansatz in seiner Arbeit von 1929, „Elektron und Gravitation I"[7], erwies sich als fruchtbar. Er hatte darin auf eine entscheidende Eigenschaft der Natur, die Symmetrie, aufmerksam gemacht. Daraus entwickelten sich die sogenannten „Eichtransformationen" – auf Englisch *gauge transformations*. Es handelt sich dabei um innere Symmetrien, wie die Symmetrie der Wellenfunktion, die die physikalischen Gesetze invariant lassen. Weyl hatte die Symmetrien der elektromagnetischen Wechselwirkung entdeckt, die er anhand der Symmetriegruppe *U(1)* erfasste. Damit legte er den Grundstein für die heutige moderne Physik: Auf den darauf basierenden Eichtheorien, die sich aus Weyls Idee entwickelten, beruht die Elementarteilchenphysik.[8] Durch die Einführung von Symmetriegruppen zeigte diese Theorie zu-

---

[4] Vgl. Trautman (1982); vgl. Mielke (1985).

[5] Die meisten Autoren ordnen alle vereinheitlichten Theorien in die geometrisierten Feldtheorien ein [vgl. Cartan (1937), Weyl (1950), Tonnelat (1965) und Vizgin (1994)]. Die neue Klassifikation, die die Autorin vorschlägt, hat den Vorteil, dass sie den unterschiedlichen konzeptionellen Inhalt der beiden Richtungen hervorhebt. Sie berücksichtigt dabei die weitere Entwicklung der modernen Vereinheitlichtentheorien, innerhalb derer eine Vereinigung der beiden Richtungen durch Bryce DeWitt 1964 stattfand.

[6] Siehe dazu O'Raifeartaigh (1997), Mielke (1985), Mills (1989) und Kibble (1993).

[7] Weyl (1929).

[8] Weyls Theorie von 1918, deren Entwicklung im Zusammenhang mit der 1916 veröffentlichten Arbeit von Gerhard Hessenberg steht (vgl. Pais (1986), S. 344), war Theodor Kaluza

nächst, dass verschiedene Wechselwirkungen etwas Gemeinsames haben, obwohl sie uns als verschieden erscheinen: Sie weisen die gleiche Art von Symmetrie auf. Die Physiker hatten damit das Symmetrieprinzip als tiefliegende Verbindung zwischen den uns als verschieden erscheinenden Phänomenen gefunden.

1932 entdeckte Werner Heisenberg eine gemeinsame Symmetrieeigenschaft der beiden im Kern verschiedenartig auftretenden Nukleonen, Protonen und Neutronen: den *Isospin*. So vereinigte er das Proton und das Neutron unter der Symmetriegruppe *SU(2)*. Er hatte dadurch gezeigt, wie zwei Teilchen als verschiedene Zustände einer einzigen fundamentalen Entität, des Nukleons, betrachtet werden können.

1954 veröffentlichten Chen Ning Yang und Robert Mills einen Aufsehen erregenden Artikel, "Isotopic Spin Conservation and a Generalised Gauge Invariance".[9] Darin legten sie ihre nichtabelsche Eichtheorie dar, die unter dem Namen „Yang-Mills-Theorie" bekannt geworden ist. Mit ihrer Theorie verallgemeinerten sie den Gedanken der Eichsymmetrie und erhoben ihn zu einem fundamentalen Prinzip: Die Natur gehorcht den strengen Gesetzen der exakten Symmetrien.[10] Das Prinzip der Eichinvarianz behauptet, dass physikalische Gesetze invariant gegen lokale, innere Symmetrietransformationen sind.[11] Gemäß der Yang-Mills Theorie ist jede Wechselwirkung durch den Austausch eines massenlosen Teilchens verursacht, auch Yang-Mills-Feld genannt. Wie beim Maxwellschen Feld, dessen Austauschboson das Photon ist, existieren in den Yang-Mills-Theorie mehrere Austauschbosonen, die nicht beobachtet werden konnten.[12] So zeitigte die Yang-Mills-Theorie das Problem, dass sie nicht renormierbar war: Ihre Anwendung auf die schwache und starke Wechselwirkung ergab keine endlichen Werte und vermochte daher nicht, sie zu erklären.

Die Physiker Sheldon Lee Glashow (1961)[13] und Abdus Salam zusammen mit J. C. Ward (1964)[14] entwickelten eine vereinheitlichte Eichtheorie des Elektro-

---

bereits bekannt. Er wählte aber den Weg der geometrisierten Feldtheorien. Es ist jedoch interessant, auf den Zusammenhang zwischen den Ansätzen der beiden großen Physiker hinzuweisen. Kaluzas Theorie erwies sich 1964 – durch den Beitrag von Bryce DeWitt – als einzige unter den Theorien in höheren Dimensionen, die mit den Eichtheorien verknüpft werden konnte (vgl. Mielke (1985), S. 2). Diese Verknüpfung führte zu der Theorie der Supersymmetrien und später zu den Superstringtheorien.

[9] Siehe O'Raifeartaigh (1997), S. 185.

[10] Vgl. Kibble (1993), S. 23.

[11] Vgl. Mills (1989).

[12] Siehe dazu Robert Mills Bericht über seinen eigenen Vortrag in Princeton in 't Hooft (1996), S. 40.

[13] Siehe Ezhela u.a. (1996), S. 184.

[14] Siehe ebd., S. 201.

magnetismus und der schwachen Wechselwirkung. Diesen beiden Wechselwir-
kungen ordneten sie die Symmetriegruppe *SU(2)xU(1)* zu. 1964 entdeckten P. W.
Higgs, F. Englert und R. Brout den Higgs-Mechanismus[15] der „Massen-Erzeu-
gung" für Eich-Vektorfelder bei der spontanen Symmetriebrechung. Steven
Weinberg (1967), T. W. B. Kibble (1967) und Abdus Salam (1968) gelang es als
ersten, das Prinzip der Symmetriebrechung erfolgreich auf die elektro-schwache
Eichtheorie anzuwenden. 1971 konnten die Physiker Gerardus 't Hooft und sein
Doktorvater Martinius Veltman anhand mathematischer Techniken, die von
Veltman entwickelt worden waren, beweisen, dass die Yang-Mills-Theorie doch
renormierbar ist.[16] Damit war die Renormierung des Salam-Weinberg-Modells
bewiesen: Bei jeder Symmetriebrechung entsteht ein Teilchen (ein Eichboson
oder ein Eichfermion) mit finiter Masse. Glashow, Salam und Weinberg hatten
eine konsistente Theorie der Vereinheitlichung des Elektromagnetismus und der
schwachen Wechselwirkung aufgestellt. Dafür wurden die drei Physiker 1979 mit
dem Nobelpreis ausgezeichnet.

In einer späteren Erklärung wurde die Einheit des Elektromagnetismus und
der schwachen Wechselwirkung im Rahmen des Glashow-Salam-Weinberg-Mo-
dells aus dem Blickwinkel der kosmologischen Evolution beschrieben: Ursprünglich, am „Anfang der Zeit", waren Elektromagnetismus und schwache Wechselwirkung dieselbe Wechselwirkung, denn sie weisen dieselbe Symmetrieeigenschaft auf – sie bleiben invariant unter derselben Symmetriegruppe *SU(2)xU(1)*.
Sie wurden aber im Laufe der Geschichte des Universums, je mehr die Energie
des Universums im Prozess seiner Expansion abnahm, durch eine Symmetriebrechung getrennt.[17] Deswegen erscheinen sie uns heute als verschieden. So besteht
auch die Möglichkeit, sie wieder bei höheren Energien, die in ihrer Intensität den
ursprünglichen Energien entsprechen, vereinigt zu beobachten.

Als 1983 einer Physikergruppe unter der Leitung von Carlo Rubbia der experimentelle Nachweis der W^+, W^- und Z^0 Bosonen gelang[18], die die Theorie von
Glashow, Salam und Weinberg vorausgesagt hatte, erschien ihre Theorie in einem neuen Licht. Die Physiker begannen die vereinheitlichten Theorien ernst zu
nehmen, die Idee der Eichsymmetrien schien der richtige Weg zur Vereinheitli-

---

[15] Siehe Ezhela u.a. (1996), S. 198. Zu dem Higgs-Mechanismus siehe Bernstein (1989),
S. 101–103.

[16] Siehe 't Hooft (1996) und Kaku (1995), S. 150. Martinus J.G. Veltman und Gerardus 't
Hooft wurden 1999 mit dem Nobelpreis für Physik ausgezeichnet: Es war ihnen gelungen, die
Theorie der Elementarteilchenphysik auf eine feste mathematische Basis zu stellen.

[17] Das hat bei Temperaturen von 10^{15} Kelvin stattfinden können, vgl. Greene (1999),
S. 350–352.

[18] Siehe Ezhela u.a. (1996), S. 246–248, und Perkins (1990), S. 252.

chung. Man versuchte nun, die starke Wechselwirkung mit der schwachen-elektromagnetischen Wechselwirkung auf gleiche Weise zu vereinigen und suchte nach ihren gemeinsamen Symmetrien. Daraus entstand das Standardmodell der Elementarteilchen, eine Theorie, die die drei Wechselwirkungen Elektromagnetismus, schwache und starke Wechselwirkung durch die gemeinsame Symmetriegruppe *SU(3)xSU(2)xU(1)* beschrieb und die eine gewisse Konsistenz nachwies.[19]

Das Entdecken der gemeinsamen Symmetrien, die mehreren Wechselwirkungen eigen sind, ist aber durchaus nicht so einfach, wie es auf den ersten Blick scheint. Zunächst entdeckte man eine Menge verschiedenartiger Teilchen, die sich an den vier Arten von Wechselwirkungen beteiligten. Die Physiker hatten es in den 60er-Jahren mit einer Fülle von Teilchen, mit einer Art „Teilchenzoo" zu tun, in den man Ordnung bringen musste. Das veranlasste den Physiker Enrico Fermi in den 50er-Jahren, zu erklären: „Um mich an die Namen aller dieser Teilchen zu erinnern, müsste ich Botaniker sein."[20]

In den 70er-Jahren wurde das Standardmodell durch die *GUT* (*Great Unified Theory*) ersetzt, die den drei Wechselwirkungen eine einzige Symmetriegruppe, *SU(5)*, zuordnete. Sie hatte den Vorteil, dass sie jetzt eine tiefere Verbindung zwischen den Fundamentalteilchen Quarks und Leptonen herstellte. Im Rahmen der *GUT* sollten sich Quarks und Leptonen, Teilchen mit von Grund auf verschiedenen Eigenschaften, in einander transformieren können.[21] Die physikalischen Folgen dieses Modells waren aber unannehmbar. Die bislang als stabil geltenden Protonen sollten dieser Theorie zufolge zerfallen. Das hätte bedeutet, dass irgendwann alle Atome im Universum zerfallen würden und die Materie schrumpfen müsste. Dies war eine beunruhigende Idee, die experimentell nicht bestätigt wurde: Alle Versuche, Protonen zu entdecken, die spontan zerfallen, blieben erfolglos.

Die Physiker konnten das Problem damals nicht lösen. Einerseits scheiterten die Versuche, die drei Wechselwirkungen durch andere Symmetriegruppen mit einer höheren Symmetrie zu beschreiben; andererseits war es einleuchtend, dass kein Grund bestand, die vierte Wechselwirkung, die Gravitation, von der Vereinheitlichung auszunehmen. Ryoyu Utiyama (1956) und Dennis Sciama und Kibble (1961) hatten gezeigt, dass die Poincaré-Gruppe (die inhomogene Lorentz-Gruppe) die Eichtransformationsgruppe darstellt, der die Gravitationskraft entspricht.[22] Das Konzept der Vereinheitlichung sollte sich durch Konsistenz aus-

---

[19] Kaku (1995), S. 157 und Zee (1990), S. 265.

[20] Zitiert in Zee (1990), S. 199.

[21] Zee (1990), S. 272.

[22] Für eine ausführliche Darstellung siehe Gronwald und Hehl (1995).

zeichnen, doch der Versuch, die drei bereits vereinigten Wechselwirkungen mit der Gravitation anhand von Eichtransformationen zu verbinden, scheiterte. Niemand war imstande, eine Symmetriegruppe zu finden, in die die inneren Symmetriegruppen *SU(3)xSU(2)xU(1)* zusammen mit der externen Poincaré-Gruppe hineinpassten, auch wenn man die Existenz von Austauschbosonen für die Gravitation, die sogenannten „Gravitonen", vorausgesagt hatte.

2. Geometrisierte Vereinheitlichungstheorien

Parallel zu den Eichtheorien entwickelten sich die vereinheitlichten geometrisierten Feldtheorien. Sie wurden im vierdimensionalen Raum oder in höherdimensionalen physikalischen Räumen konstruiert.

Den ersten Versuch, Elektromagnetismus und Gravitation zu vereinheitlichen, verdankt man, wie bereits erwähnt, David Hilbert. In seiner ersten Mitteilung vom 20. November 1915 „Die Grundlagen der Physik" stellte er die Gleichungen seiner vereinheitlichten Theorie, die Gravitationsgleichungen auf, und bewies, dass die vier Gleichungen für die elektromagnetischen Potentiale q_i (die Maxwell-Gleichungen) sich aus den zehn Gleichungen für die Gravitationspotentiale g_{ij} ergeben. Hilberts vereinheitlichte Wechselwirkung war also die Gravitation (in der Form der Gravitationsgleichungen, die in der Allgemeinen Relativitätstheorie auftreten), aus der der Elektromagnetismus „als Folgeerscheinung"[23] entspringt: „[...] *wir können unmittelbar wegen jenes mathematischen Satzes die Behauptung aussprechen, dass in dem bezeichneten Sinne die elektrodynamischen Erscheinungen Wirkungen der Gravitation sind.*"[24]

Kaluzas fünfdimensionale Vereinheitlichungstheorie und ihre Vorläufer wurden bereits beschrieben. Einstein, der in Kaluzas Theorie eine direkte Erweiterung seiner Allgemeinen Relativitätstheorie sah[25], rückte für lange Zeit die fünfdimensionalen vereinheitlichten Theorien in den Mittelpunkt seiner Forschung.[26] Er veröffentlichte insgesamt acht Abhandlungen über die fünfdimensionale Vereinheitlichung, die auf Kaluzas Theorie beruhten.

In seinem gemeinsam mit Jakob Grommer, einem Schüler von Hilbert, 1923 verfassten Aufsatz „Beweis der Nichtexistenz eines überall regulären zentrisch

---

[23] Hilbert (1916), S. 406.

[24] Ebd., S. 397.

[25] Zu Einsteins Ansicht über den konzeptionellen Zusammenhang zwischen der Relativitätstheorie und den vereinheitlichten Theorien, einen Zusammenhang, der Einstein erst durch Kaluzas Theorie klar wurde, siehe Wuensch (2003b).

[26] Siehe dazu Bergmann (1947) und Pais (1986).

symmetrischen Feldes nach der Feld-Theorie von Th. Kaluza"[27] betonte Einstein erneut die „verblüffende formale Einfachheit"[28] der Theorie von Kaluza und ihre logisch-konzeptionelle Einheitlichkeit:

> *„Kaluzas wesentliche Hypothese besteht nun in der Annahme, dass die Naturgesetze in dieser fünfdimensionalen Welt allgemein kovariant sein sollen. [...] Dadurch steigt die Möglichkeit vor uns auf, das physikalische Weltbild auf eine einheitliche Hamiltonsche Funktion aufzubauen, welche nicht heterogene Terme enthält, die durch das Plus-Zeichen äußerlich zusammengeschweißt sind."*[29]

Einstein zählte aber auch die „schwachen Punkte" der Theorie auf: Die fünfte Dimension stelle ein reines „Abstraktum" dar, was zur Folge habe, dass die Theorie keine messbaren Größen liefere. Der zweite Einwand bezog sich auf die bevorzugte Lage der fünften Dimension, die in der Struktur des Raumes durch die „Zylinderbedingung" entstehe: *„Es bedeutet ferner eine bedenkliche Asymmetrie, dass die Forderung der Zylindereigenschaft eine Dimension gegenüber den anderen auszeichnet, und dass doch in Bezug auf den Bau der Gleichungen alle fünf Dimensionen gleichwertig sein sollen."*[30] Ferner zeigte Einstein, dass Kaluzas Theorie keine zentralsymmetrische Lösung besitzt, „welche als (singularitätsfreies) Elektron gedeutet werden könnte."[31]

Erst 1927 veröffentlichte Einstein erneut zwei Mitteilungen über Kaluzas Theorie, die bereits erwähnt wurden.[32] Am 16. Februar 1927 schrieb Einstein an Lorentz, dass Kaluza *„die perfekte Union der Gravitation und der Theorie von Maxwell"*[33] in seiner fünfdimensionalen Theorie erreicht habe.

Obwohl sich Einstein in der Zwischenzeit stets mit der Idee der fünften Dimension befasste[34], war er gleichzeitig mit mehreren Vereinheitlichungsansätzen beschäftigt. Zwischen 1928 und 1931 untersuchte er vereinheitlichte Theorien mit Fernparallelismus.[35] Von 1931 bis 1932 widmete er sich zusammen mit Wal-

---

[27] Einstein und Grommer (1923).

[28] Ebd., S. 1.

[29] Ebd., S. 2. Die Form der Hamiltonschen Funktion, die Einstein dabei verwendete, war $H = g_{\upsilon\mu}\Gamma^{\alpha}{}_{\mu\beta}\Gamma^{\beta}{}_{\upsilon\alpha}$.

[30] Ebd., S. 3.

[31] Ebd., S. 5.

[32] Siehe oben das Kapitel „Wie groß ist die fünfte Dimension?", S. 354ff.

[33] Brief von Einstein an Lorentz vom 16. Februar 1927 (EA 16-612).

[34] Vgl. Briefe von Einstein an Paul Ehrenfest, Lorentz und Weyl, z.B. Brief von Einstein an Weyl vom 6. Juni 1922 (EA 24-710), Einstein an Paul Ehrenfest vom 12. Februar 1922 (EA 10-020) und Brief von Einstein an Lorentz vom 16. Februar 1927 (EA 16-612).

[35] Tonnelat (1965), S. 274. Für eine physikalische Analyse der Einsteinschen Ansätze in den vereinheitlichten Feldtheorien siehe auch Goenner (2004).

ther Mayer[36] erneut den fünfdimensionalen Feldtheorien im Zusammenhang mit dem projektiven Formalismus, den Oswald Veblen und Banesh Hoffmann um 1930 entwickelt hatten.[37]

1938 schrieb Einstein an Pauli, der ihn wegen seiner Hartnäckigkeit, nach der fünfdimensionalen Vereinheitlichung zu suchen, verspottete, über seine Versuche: „Es ist einfach eine logische Verbesserung der Kaluzaschen Idee, die ernst genommen und genau geprüft zu werden verdient."[38] Doch im selben Jahr schrieb er als Begründung für seine Absicht, die fünfdimensionale Theorie aufzugeben: „[...] weil mir der Inbegriff der der fünfdimensionalen Theorie zugrundeliegenden Hypothesen nicht weniger Willkür zu enthalten scheint als die ursprüngliche Theorie".[39] Er griff sie dann aber doch im gleichen Jahr wieder auf und engagierte sich weitere drei Jahre zusammen mit Peter Bergmann und Valentine Bargmann für das Projekt, eine Vereinheitlichung in fünf Dimensionen zu erreichen.[40]

1936 hatte Einstein in „Physik und Realität" die Hypothese der fünften Dimension als „willkürlich"[41] bezeichnet. 1938 erklärte er auch in seinem gemeinsam mit Bergmann verfassten Artikel, dass die fünfte Dimension gegen die physikalische Intuition verstoße: *"There have been many attempts to retain the essential formal results obtained by Kaluza without sacrificing the four dimensional character of the physical space. This shows distinctly how vividly our physical intuition resists the introduction of the fifth dimension."*[42] In diesem Artikel überwand er seine erkenntnistheoretischen Zweifel und forderte ausdrücklich, der fünften Dimension eine physikalische Realität zuzuschreiben: *"We have therefore to take the fifth dimension seriously although we are not encouraged to do so by plain experience. [...] Furthermore it is much more satisfactory to introduce the fifth dimension not only formally, but to assign to it some physical meaning."*[43] Er forderte gleichzeitig eine Periodizität der fünften Dimen-

---

[36] Einstein und Mayer (1931) und (1932).

[37] Der projektive Formalismus schrieb der fünften Dimension keine physikalische Realität zu und betrachtete den fünfdimensionalen Raum als ein bequemes mathematisches Instrument zur Darstellung der vierdimensionalen Relativitätstheorie: "Our point of view is that this five-dimensional space is without physical significance. It is merely a mathematical device to represent the points of [four dimensional] space-time by the curves of an auxiliary 5-space." Veblen und Hoffmann (1930), S. 811.

[38] Einstein an Pauli, am 12. September 1938, in Pauli (1985), S. 601.

[39] Einstein (1979), S. 91.

[40] Einstein und Bergmann (1938) und Einstein, Bargmann und Bergmann (1941); vgl. auch Pais (1986), S. 338.

[41] Einstein (1936), S. 91.

[42] Einstein und Bergmann (1938), S. 688.

[43] Ebd., S. 696.

sion und machte die Annahme, dass die fünfte Dimension geschlossen ist in der Art, in der Oskar Klein sie 1926 eingeführt hatte, allerdings ohne quantenmechanische Grundlage: *"The most essential point of our theory is the replacing of the hypothesis 2, of the rigorous cilindricity by the assumption that space is closed (or periodic) in the x^5-direction."*[44]

Doch Einsteins und Bergmanns Versuch, die fünfdimensionale vereinheitlichte Theorie mit der Heisenbergschen Unbestimmtheitsrelation zu vereinbaren, eine Idee, auf der beide Aufsätze von 1938 und 1941 beruhten, scheiterte.[45] Einstein wandte sich 1941 von der fünfdimensionalen Vereinheitlichung erneut ab. 1943 gab er nach seinem in Zusammenarbeit mit Pauli entstandenen Artikel die Idee der fünften Dimension endgültig auf und widmete sich der Vereinheitlichung durch eine verallgemeinerte Metrik des vierdimensionalen physikalischen Raums.[46]

Einsteins Einwände gegenüber der Theorie Kaluzas waren konzeptioneller Natur. Es gab zwei Inhalte, die Einstein problematisch fand: 1. Die physikalische Bedeutung der fünften Dimension und 2. die Konfrontation mit der atomistischen Struktur der Materie, an der alle Feldtheorien scheiterten.

1. Einsteins schwankende Haltung gegenüber der fünfdimensionalen vereinheitlichten Theorie beruhte auf seiner mehrfach ausgesprochenen Ansicht, die Hypothese einer fünften Dimension sei „willkürlich", da sie empirisch unbegründet sei. Mehrfach dachte er sich Experimente aus, die einen Zusammenhang zwischen den beiden Wechselwirkungen, Gravitation und Elektromagnetismus, beweisen könnten. Bei dieser Suche stützte sich Einstein auf die Analogie zu der Vereinheitlichung der Elektrizität und des Magnetismus, die 1905 durch die Spezielle Relativitätstheorie gelungen war und die durch Minkowskis vierdimensionalen Raum erst konsistent mathematisch erfasst werden konnte: Durch das Hinzufügen einer Dimension ließ sich ein mathematisches Gebilde finden, der elektromagnetische Feldstärketensor $F^{\mu\nu}$, der beide Wechselwirkungen, Elektrizität und Magnetismus, vereinheitlichte. In ähnlicher Vorgehensweise hatte man den vierdimensionalen Raum um eine Dimension ausgeweitet, um die Vereinheitlichung der Gravitation und des Elektromagnetismus zu erreichen. Zwischen beiden Wechselwirkungen, Elektrizität und Magnetismus, existierte ein empirisch nachgewiesener Zusammenhang: Die elektromagnetische Induktion zeigte, wie sich das magnetische Feld in ein elektrisches Feld verwandeln konnte. Ein ähnliches Phänomen, das es ermöglichen könnte, das elektromagnetische Feld und das

---

[44] Einstein und Bergmann (1938), S. 689. Einstein verwendete wie Kaluza x^0 für die fünfte Dimension (ersetzt durch die Autorin).

[45] Vgl. Pais (1986), S. 338–339, und Bergmann (1947), S. 272–279.

[46] Siehe dazu Tonnelat (1965), S. 156, und Goenner (2004).

Gravitationsfeld ineinander zu verwandeln, konnte nicht entdeckt werden, was bei Einstein erkenntnistheoretische Zweifel an der fünfdimensionalen Theorie auslöste. Auf der Erfahrungsebene blieben beide Wechselwirkungen getrennt. Hier konnte man sich nur auf die perfekte formale Einheit der Theorie, die Einstein immer wieder fasziniert hatte, als Argument für ihre Richtigkeit stützen. Die Tatsache, dass der Elektromagnetismus durch die Theorie von Kaluza „*perfekt in die geometrischen Eigenschaften [des Raumes] integriert worden war*"[47], konnte jedoch nicht als endgültiges Argument für ihre Richtigkeit hinzugezogen werden.

2. Der zweite Punkt betraf die Inkompatibilität zwischen den Feldtheorien und dem Teilchenkonzept. In seiner *Herbert Spencer lecture* erwähnte Einstein 1933 die entscheidende Schwierigkeit für die vereinheitlichten Feldtheorien: „*Der schwierigste Punkt für eine derartige Feldtheorie liegt einstweilen im Begreifen der atomistischen Struktur der Materie und der Energie. Die Theorie ist nämlich in ihrer Grundlage insofern nicht atomistisch, als sie ausschließlich mit kontinuierlichen Funktionen des Raumes operiert.*"[48] Seine wiederholten Versuche, in Kaluzas Theorie singularitätsfreie elektrisch geladene Teilchen zu finden[49], scheiterten. Das veranlasste Einstein, die fünfdimensionale Vereinheitlichung 1943 endgültig aufzugeben und sich den vierdimensionalen vereinheitlichten Theorien mit affinen Zusammenhängen zuzuwenden.

In dieser Zeit überprüften andere Physiker die Verknüpfung der Theorie von Kaluza mit der Quantenmechanik. Oskar Kleins wichtigen Beitrag von 1926 haben wir bereits analysiert. Zu denjenigen, die sich für kurze Zeit mit der Einbeziehung von Kaluzas Theorie in die Quantenmechanik beschäftigten, gehörte auch Louis de Broglie (1892–1987). 1927 leitete er in seiner Arbeit « L'univers à cinq dimensions et la Mécanique ondulatoire »[50] die Wellengleichung in einer allgemeineren Art her, als Oskar Klein es in seinem ersten Aufsatz ein Jahr früher gemacht hatte.[51]

Wolfgang Pauli (1900–1958) war ein Gegner der Vereinheitlichung. Doch auch er war in den dreißiger Jahren von Kaluzas Idee angeregt worden. Nachdem er Oskar Klein geraten hatte, die fünfte Dimension zu „begraben", hatte er selber 1933 einen Beitrag darüber geschrieben: „Über die Formulierung der Naturgesetze mit fünf homogenen Koordinaten". Darin suchte er eine Verbindung der

---

[47] Lichnerowicz (1994), S. 434, eigene Übersetzung.
[48] Einstein (1933), in Einstein (1953), S. 155.
[49] Siehe für eine detaillierte physikalische Analyse über Einsteins Versuche, singularitätsfreie Teilchen in Kaluzas Theorie zu finden, van Dongen (2002).
[50] Louis de Broglie (1927).
[51] Siehe dazu Goenner und Wuensch (2003), S. 18–19.

Theorie Kaluzas in der projektiven Formulierung mit der Quantenmechanik.[52] 1935 schrieb Pauli in einem Brief an Oskar Klein: *„Andererseits kann ich mich nicht dazu entschließen, zu glauben, dass der ganze fünfdimensionale Formalismus zufällig und physikalisch bedeutungslos sein solle. Es kommt nun darauf an, wie sich dieser fünfdimensionale Formalismus mit der Quantisierung der Wellen [...] in Zusammenhang bringen lässt."*[53] Auch Erwin Schrödinger (1887–1961) beschäftigte sich von 1943 bis 1949 mit der Vereinheitlichung[54] in vier Dimensionen mit Hilfe der Einführung einer verallgemeinerten Metrik.[55] 1950 folgte die Theorie von Julius Podolanski (1905–1955) "Unified field theory in six dimensions", der einen Raum mit sechs Dimensionen mit riemannscher Metrik einbezog.[56] Seine Theorie erwies sich aber als rein formal und brachte keine neuen Erkenntnisse.

Doch die beiden vereinheitlichten Felder, Elektromagnetismus und Gravitation, ließen sich nicht quantisieren. Das Problem lag in ihrem geometrischen Ursprung, der nicht mit der Quantentheorie in Zusammenhang zu bringen war. 1935 schrieb Pauli wieder an Oskar Klein: *„Andererseits scheint mir aber vorläufig die quantentheoretische Formulierung der klassischen fünfdimensionalen Feldtheorie misslungen zu sein."*[57] Die Vereinheitlichung in fünf Dimensionen hatte die Konfrontation mit der Quantenmechanik nicht bestanden. Pauli wurde zum größten Gegner der Vereinheitlichung. Er spottete über Einstein mit den Worten *„Was Gott getrennt hat, soll der Mensch nicht zusammenfügen."*[58] Einstein wurde wie ein senil gewordener Mann behandelt, der den Kontakt zur Realität verloren hat. Doch die Idee der Vereinheitlichung beschäftigte den großen Physiker weiter. In verschiedensten Ansätzen versuchte Einstein, die Vereinheitlichung zu erreichen. Er

---

[52] Pauli (1933).

[53] Wolfgang Pauli an Oskar Klein am 18. Juli 1935, in Pauli (1985), S. 423.

[54] Siehe Schrödinger (1950).

[55] Siehe Tonnelat (1965), S. 365 und S. 299–344.

[56] Erschienen in den Proceedings of the Royal Society of London, 201; siehe dazu Tonnelat (1965), S. 234, S. 242, S. 252. Der deutsch-jüdische Physiker Julius Podolanski war 1931 in Jena bei Georg Joos mit einem Thema aus der Quantenmechanik promoviert worden [Podolanski (1933)] und musste 1937 nach Holland emigrieren. Ich möchte an dieser Stelle Professor C. D. Andriesse aus Utrecht danken, der mich auf das schwere Schicksal dieses begabten Physikers aufmerksam gemacht hat.

[57] Wolfgang Pauli an Oskar Klein, am 7. September 1935, in Pauli (1985), S. 430.

[58] Zitiert in Jordan (1955), S. 156. Diese Aussage von Pauli beruht jedoch *auch* auf einem mathematischen Vereinheitlichungsprinzip, das Jordan folgendermaßen ausdrückt: „Als Grund begriffe einer überzeugenden Theorie dürfen nur irreduzible *n* Tensoren [also Tensoren, die nicht additiv aus anderen zusammengesetzt werden dürfen, die die Symmetrieeigenschaften des resultierenden Tensors vermindern, D.W.] benutzt werden." (ebd.) Dieser strengen Forderung genügten die Versionen der vereinheitlichten Theorien, die Einstein entwickelte, nicht.

blieb bei der vierdimensionalen Mannigfaltigkeit, die er mit einer allgemeineren als der riemannschen Geometrie auszustatten versuchte.

In einem Brief an Louis de Broglie begründete er 1954 seine unablässige Suche nach Vereinheitlichung folgendermaßen:

„Die Gravitationsgleichungen waren nur auffindbar auf Grund eines rein formalen Prinzips (allgemeine Kovarianz), d.h. auf Grund des Vertrauens auf die denkbar größte logische Einfachheit der Naturgesetze. Da es klar war, dass die Gravitationstheorie nur einen ersten Schritt zur Auffindung möglichst einfacher allgemeiner Feldgesetze darstellt, schien es mir, dass dieser logische Weg erst zu Ende gedacht werden muss, bevor man hoffen kann, zu einer Lösung des Quantenproblems zu gelangen. So wurde ich zu einem fanatischen Gläubigen der Methode der ‚logischen Einfachheit'. "[59]

Der Begriff der logischen Einfachheit spielte eine zentrale Rolle in der Erkenntnistheorie, die Einstein im Zusammenhang mit seiner 30-jährigen Forschung über vereinheitlichte Theorien entwickelte.[60]

Die Konzepte der Physik lassen sich nicht so schnell erarbeiten. Es sollten noch 40 Jahre vergehen, bis man das Kontinuum der geometrischen Grundlagen der Feldtheorien mit den diskontinuierlichen Quanten vereinbaren konnte. Doch inzwischen wissen wir, dass Einsteins hartnäckige Suche nach der Vereinheitlichung nicht vergeblich war. Sie konnte allerdings nicht in vier Dimensionen erfolgen.

In seinem unveröffentlichten Essay von 1946 "Some observations about the relationship between theory of relativity and Kantian philosophy"[61] erwähnte Kurt Gödel (1906–1978) Kaluzas Theorie nicht als eine spekulative Gedankenkonstruktion, der man keinen Realitätsgehalt zuschreiben kann, sondern als eine mögliche wegweisende Idee. Gödel wies darauf hin, dass die vierdimensionale Struktur der Relativitätstheorie nicht als letzter Entwurf des physikalischen Raums betrachtet werden kann:

"In the present imperfect state of physics, however, it cannot be maintained with any reasonable degree of certainty that space-time scheme of relativity theory really describes the objective structure of the material world. Perhaps it is to be considered as only one step beyond the appearances and toward the things (i.e., as one 'level of objectivation', to be followed by others)."[62]

Gerade die Quantenmechanik hat gezeigt, dass die physikalische Realität ganz anders aussieht, als der Makrokosmos uns glauben lässt. So betont Gödel, Ein-

---

[59] Brief von Einstein an Louis de Broglie vom 15. Februar, 1954, ALB.
[60] Siehe dazu Wuensch (2003).
[61] Siehe Gödel (1995).
[62] Gödel (1946a) in Gödel (1995), S. 240; i.e. = id est. Für den Hinweis auf Gödels Essay danke ich Michael Stöltzner.

steins vierdimensionaler Raum könne nur eine Stufe der physikalischen Erkenntnis darstellen. Kaluzas fünfdimensionaler Raum stelle dann die nächste Stufe dar:

"Quantum Physics in particular seems to indicate that physical reality is something still more different from the appearances than even the four-dimensional Einstein-Minkowski world. T. Kaluza's fifth dimension points in the same direction."[63]

In der nächsten Version seines Essays stützt Gödel sein Argument für die Verteidigung der Theorie von Kaluza auf Kants Philosophie:

"So it may be said in general that, as far as the nature of time (and also of space, see below) is concerned, Kant and relativity theory go in exactly the same direction, but relativity theory goes only one step in the direction indicated by Kant. The present state of physics, however, seems to indicate that the future development will continue along these lines. The fifth dimension introduced by Th. Kaluza (cf. his 1921), e.g., points in this direction."[64]

Diese erkenntnistheoretische Analyse der Idee Kaluzas durch Kurt Gödel, einen der bedeutendsten Logiker und Mathematiker des 20. Jahrhunderts, ist bemerkenswert[65], da es sich um die erste Bewertung eines Denkers handelt, der außerhalb der Physikergemeinschaft stand. Es sollten trotzdem noch Jahrzehnte vergehen, bis die Physiker die fünfdimensionale Theorie von Kaluza wieder entdeckten und ihren Wahrheitsgehalt erkannten.[66]

3. Letzte Vereinheitlichungsversuche: Superstrings und M-Theorien

In den 70er-Jahren wurde plötzlich klar, dass eine Vereinheitlichung ausschließlich im konzeptionellen Rahmen der Eichtheorien unmöglich war. Die Natur weigerte sich, ganz symmetrisiert zu werden. Die Great Unified Theory hatte sich als unzureichend erwiesen.

So wurde die seit fast 50 Jahren bekannte, aber in Vergessenheit geratene Theorie von Kaluza plötzlich zu Hilfe geholt. Sie ermöglichte es, den Zusammenhang zwischen Eichtheorien und geometrisierten vereinheitlichten Feldtheo-

---

[63] Gödel (1946a) in Gödel (1995), S. 240.

[64] Gödel (1946b) in ebd., S. 252; cf. = confer, e.g. = exemplia gratia.

[65] Da dieser Essay nicht veröffentlicht wurde und Kaluza nach dem zweiten Weltkrieg nicht mit Gödel zusammentraf, erfuhr er höchstwahrscheinlich nicht von Gödels Würdigung. Es ist jedoch möglich, dass sich die beiden Gelehrten 1930 auf der *Versammlung Deutscher Naturforscher und Ärzte in Königsberg*, wo Gödel seine berühmte Rede hielt, begegneten. Mit Sicherheit hat aber Gödel mit Einstein über Kaluzas Theorie diskutiert.

[66] Die projektive Form der Theorie von Kaluza wurde weiterhin von Thirry (1948), Lichnerowicz (1955) und Surin (1965) untersucht. In diesen Untersuchungen schrieb man jedoch dem fünfdimensionalen Raum keine physikalische Realität zu, man betrachtete ihn als ein mathematisches Instrument.

rien herzustellen. Anders ausgedrückt: Durch diese Theorie wurde die Verknüpfung zwischen den räumlichen Transformationen, die die Allgemeine Relativitätstheorie benutzt hatte, und den lokalen inneren Transformationen – den Symmetrietransformationen der Eichtheorien – deutlich.

Das Besondere an Kaluzas Theorie bestand darin, dass sie die Verknüpfung zwischen den Eichtransformationen und der Einführung einer neuen räumlichen Dimension herstellen konnte.[67] Mit der Einführung der 5. Dimension ermöglichte es Kaluzas Theorie, die Natur der inneren Symmetrien der Eichtheorien zu enträtseln. Sie lassen sich als eine Übertragung der mehrdimensionalen räumlichen Symmetrie des schwingenden Hyperraums auf die subatomaren Teilchen erklären. Man verstand, dass „die Eichtransformationen die größeren Freiheitsgrade in der höherdimensionalen Welt widerspiegeln."[68] Mit anderen Worten: Durch Kaluzas Theorie wurde die Brücke zwischen den beiden in den letzten 50 Jahren in der theoretischen Physik entwickelten Theorien geschlagen, die in verschiedener Weise auf eine Vereinheitlichung der Wechselwirkungen zielten – den geometrisierten vereinheitlichten Theorien und den Eichtheorien.

Endlich war die Physik weit genug fortgeschritten, um Kaluzas geniale Idee verstehen zu können. Der amerikanische Physiker Brian Greene, Autor des Buches "The Elegant Universe", würdigt die Leistung Kaluzas folgendermaßen:

"Although it took quite some time to percolate, Kaluza's suggestion has revolutionized our formulation of physical law. We are still feeling the aftershocks of his astonishingly prescient insight."[69]

Kaluzas Theorie hatte nur eine neue räumliche Dimension für die Vereinheitlichung der beiden Wechselwirkungen Gravitation und Elektromagnetismus gebraucht. Wenn man aber alle vier Wechselwirkungen vereinheitlichen wollte, brauchte man mehr Dimensionen. Deshalb schrieben jetzt die Physiker die Theorie von Kaluza und Klein in *4+n* Dimensionen.[70] Wenn man dann die *n* Dimensionen „aufwickelt", stellt man fest, dass sich die Gleichungen in zwei Teile aufgliedern: Der erste Teil besteht aus den Gravitationsgleichungen von Einstein. Der zweite Teil stellt aber nicht mehr die Maxwellsche Theorie – wie in Kaluzas ursprünglicher Theorie in fünf Dimensionen – dar, sondern „exakt die Yang-Mills-Theorie, die die Grundlage der gesamten subatomaren Physik bildet" und

---

[67] Keine der anderen Theorien in „mehreren Dimensionen" konnte das leisten.

[68] Mielke (1985), S. 5 siehe dazu auch Kaku (1995).

[69] „Obwohl es eine Zeit gedauert hat, bis Kaluzas Idee durchdrang, hat sie unsere Formulierung der physikalischen Gesetze revolutioniert. Wir spüren immer noch die Nachbeben seiner erstaunlich vorausschauenden Einsicht." In Greene (1999), S. 185, eigene Übersetzung.

[70] 4 bezieht sich auf die uns wahrnehmbaren Raumzeit-Dimensionen, und n stellt die zusätzlichen raumartigen Dimensionen dar.

die die übrigen drei vereinigten Wechselwirkungen beinhaltet.[71] Der erste, der diese Umformung 1963 durchführte, war der Physiker Bryce DeWitt von der University of Texas.[72]

1981 untersuchte Edward Witten in seiner Arbeit "Search for a realistic Kaluza-Klein Theory"[73] die Eigenschaften und die Dimension des inneren Raumes der Eichfeldtheorien.[74] In diesem Aufsatz erinnerte er an das Schicksal der Kaluza-Klein Theorie, die er als *"one of the most remarkable ideas ever advanced for unification of electromagnetism and gravitation"*[75] bezeichnete:

"While the Kaluza-Klein approach has always been one of the most intriguing ideas concerning unification of gauge fields with general relativity, it has languished because of the absence of a realistic model with distinctive and testable predictions."[76]

J. Scherk und J. H. Schwarz (1975) und E. Cremmer und J. Scherk (1976) gebührt das große Verdienst, erkannt zu haben, dass *"the extra dimensions should be regarded as true, physical dimensions, on a par with the four observed dimensions"*[77], wie Witten es in seinem Aufsatz betonte. Die drei Physiker entwickelten die Idee, dass der offensichtliche Unterschied zwischen den vier beobachteten Dimensionen und den übrigen versteckten auf einer Symmetriebrechung der Vakuumsymmetrie beruhen könnte, nämlich auf einer „spontanen Kompaktifizierung (Zusammenrollen)" der versteckten Dimensionen.

Die vier Wechselwirkungen sind auf eine einzige ursprüngliche Wechselwirkung zurückzuführen. Die Physiker hatten alle nur erdenklichen Wege zur Vereinheitlichung der Schwerkraft mit den anderen Kräften erforscht. Jetzt stellte sich heraus, dass die Einführung anderer Dimensionen, in der Art, wie Kaluza in seiner Theorie vorgegangen war, den Weg zur Vereinheitlichung eröffnete. 1980 sprach der Nobelpreisträger Abdus Salam in seiner Nobelpreis-Rede von dem *"Kaluza-Klein miracle".*[78]

Seitdem wurde eine neue Symmetrie ins Spiel gebracht: die Supersymmetrie. Sie bezieht sich auf gemeinsame Symmetrieeigenschaften von Bosonen und Fer-

---

[71] Kaku (1995), S. 175.

[72] Vgl. Mielke (1986), S. 139, Goenner u. Wuensch (2003), S. 2 und DeWitt (1963), S. 725.

[73] Witten (1981).

[74] Vgl. Mielke (1985), S. 8.

[75] Witten (1981), S. 415.

[76] Ebd., S. 412.

[77] Ebd.

[78] Salam (1980), S. 534. Auch Steven Weinberg ließ sich von der Begeisterung anstecken, die die Wiederentdeckung der Kaluza-Klein-Theorie auslöste, vgl. Kaku (1995), S. 173.

mionen[79], die einen quantenmechanischen Ursprung haben. Die Theorien der Supersymmetrie entstanden Anfang der 70er-Jahre durch die Arbeiten von Yuri Gol'fand, Eugeny Likhtman, Julius Wess und Bruno Zumino.[80] Die Supersymmetrie versucht, der Raumzeitstruktur sowohl bosonische als auch fermionische Symmetrien zu verleihen. Ihre Leistung besteht darin, erklären zu können, warum Fermionen in der Natur existieren.[81]

Im Jahre 1976 haben Sergio Ferrara, Daniel Freedman und Peter van Nieuwenhuizen, drei Physiker von der *State University of New York* in Stony Brook, die Supergravitationstheorie aufgestellt. Sie beinhaltet eine Erweiterung der Supersymmetrie auf die Gravitation. Die Supergravitation stellt den Versuch dar, den Raumzeitkoordinaten der Allgemeinen Relativitätstheorie sowohl bosonische als auch fermionische Symmetrien zu verleihen. Der Metriktensor in der Supersymmetrie ist ein sogenannter Super-Riemann-Tensor, der alle fundamentalen Wechselwirkungen einschließlich der Gravitation enthält (Abb. 29). Der „Superraum" besteht dabei aus elf Dimensionen, zehn räumlichen und einer zeitlichen.

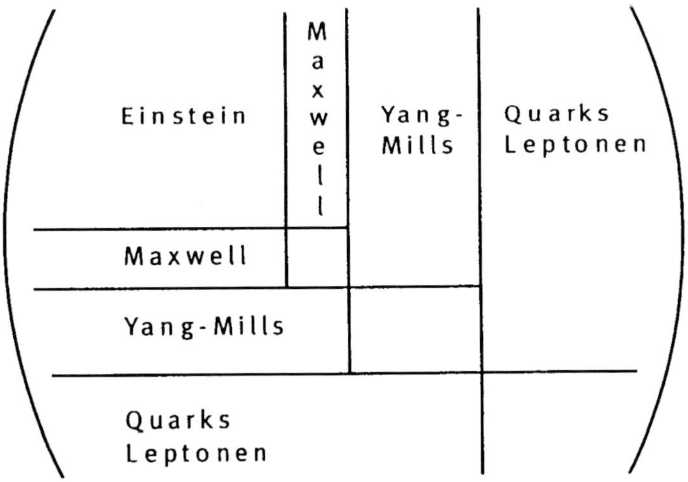

Abb. 29: Figur: Der Super-Riemann-Tensor in der Supergravitation (Kaku (1995), S. 180)

---

[79] Bosonen und Fermionen sind Teilchen mit grundsätzlich verschiedenen physikalischen Eigenschaften: Bosonen haben ganzzahligen (z.B. das Photon) und Fermionen (z.B. das Elektron) halbzahligen Spin.

[80] Vgl. Witten (1997), S. 29.

[81] Ebd., S. 28.

Doch auch die Supergravitation bedurfte bald der Verbesserung: Trotz ihrer konzeptionellen Leistung vermochte sie noch nicht, die Quantenmechanik mit der Allgemeinen Relativitätstheorie in Übereinstimmung zu bringen. Kein „Superteilchen", das diese Theorie voraussagte, konnte entdeckt werden.

Anfang der 80er-Jahre wurde sie durch die Superstringtheorie in den Schatten gestellt. Die Superstringtheorie entstand Ende der 60er-Jahre, als zwei Physiker am CERN, Gabriele Veneziano und Mahiko Suzuki, unabhängig voneinander entdeckten, dass die Eulersche Beta-Funktion mathematische Eigenschaften vereinigt, die nötig sind, um die starken Wechselwirkungen der Elementarteilchen zu beschreiben. Auf der Grundlage von Eulers Beta-Funktion entstand das Venetiano-Susuki-Modell, das heute für sich in Anspruch nimmt, „alle physikalischen Gesetze" vereinigen zu können.[82] Später entdeckten Yoichiro Nambu und Tetsuo Goto, dass die Eigenschaften des Modells auf denen eines schwingenden Strings beruhen. Die so entstandene Superstringtheorie wurde jedoch erst 1984 anerkannt, als durch die Arbeiten von John Schwarz und Joël Scherk nachgewiesen werden konnte, dass das Stringmodell eine einheitliche Theorie aller Kräfte und nicht nur der starken Wechselwirkung ist. Sie erwies sich als „die einzige schlüssige Theorie für Quantengravitation."[83] 1985 wurde durch die mathematische Leistung von Edward Witten gezeigt, dass die Stringtheorie als Stringfeldtheorie konsistent formuliert werden kann.[84] Das löste in der Physik die „erste Superstringrevolution" aus: Man erkannte das „Potential der Stringtheorie, eine einheitliche Beschreibung der Naturgesetze" zu gewährleisten.[85]

Edward Witten, einer der prominenten Vertreter dieser Theorie, behauptet, die Stringtheorie sei „ein Teil der Physik des 21. Jahrhunderts, der durch einen Zufall in das 20. Jahrhundert geraten ist."[86] Die vier Wechselwirkungen sind im zehndimensionalen Raum in einer einzigen Wechselwirkung, der Gravitation, vereinigt.[87] In der Stringtheorie sind die Elementarteilchen nicht mehr die fundamentalen Bausteine der Materie, wie man bis dahin geglaubt hatte. Diese Rolle übernehmen im Rahmen dieser Theorie die rein geometrischen Gestalten der Strings. Sie stellen winzig kleine Saiten dar, deren Größe ungefähr 10^{-20}-mal die Dimension eines Protons hat und die in verschiedenen Modi schwingen. Jeder Schwingungsmodus, dem man eine bestimmte Resonanz zuordnen kann, erzeugt ein Teilchen. Das könnte die Existenz von weit mehr als hundert Elementarteil-

---

[82] Kaku (1995), S. 189.
[83] Ebd., S. 208.
[84] Ebd.
[85] Witten (1997), S. 28.
[86] Interview mit Edward Witten in Davis und Brown (1996), S. 129.
[87] Kaku (1995), S. 186.

chen mit verschiedenen Eigenschaften erklären, die man zur Zeit in der Physik kennt.

Die Struktur der Raumzeit ist in den Gesetzen, nach denen sich die Strings bewegen, wiedererkennbar. Die eindimensionale Bahn eines Teilchens wird in der Superstringtheorie durch eine zweidimensionale rohrförmige Bahn eines Strings ersetzt (siehe Abb. 30).

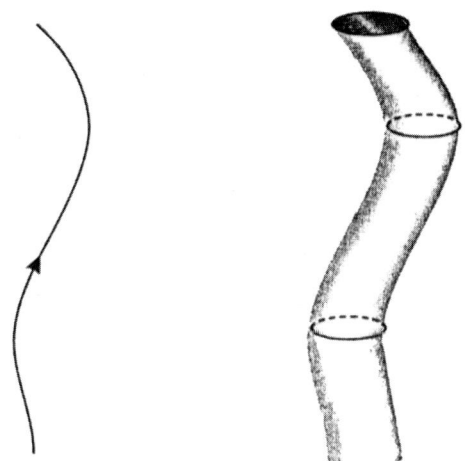

Abb. 30: Figur: Links die Bahn eines punktförmigen Teilchens, rechts die eines geschlossenen Strings (Witten (1997), S. 27)

Eine Folge davon ist, dass die Singularitäten in Feynman-Diagrammen beseitigt werden.[88] Sie ermöglicht, den konzeptionellen Widerspruch zwischen Quantenmechanik und Gravitation zu überwinden, da ein Teilchen nicht mehr als punktförmig aufgefasst wird, sondern eine kleine vibrierende „Saite" darstellt.[89] Die kleinen Strings können sich in der Raumzeit bewegen, sich teilen oder sich mit anderen Strings zusammenbinden. Der Vorteil dieser Theorie ist, dass sie nicht nur die Beschaffenheit von Teilchen und deren Eigenschaften erklären kann, sondern auch die der Raumzeit, die nach ihr zehndimensional ist.

Die Stringtheorie ist die erste Theorie, die den Anspruch erhebt, die Quantentheorie und die Gravitation einheitlich und widerspruchslos zu vereinigen. Die Bewegung der Strings durch die Raumzeit wird beschrieben durch Einsteins Gravitationsgleichungen. So spielt die Gravitation in zehn Dimensionen die Rolle

---

[88] Witten (1996), S. 25.
[89] Interview mit Edward Witten in Davis und Brown (1996), S. 117–118.

der fundamentalsten Wechselwirkung, die alle anderen in sich vereinigt. Aus der rein geometrischen Gestalt eines Strings lassen sich alle fundamentalen Naturgesetze erklären: Einsteins Allgemeine Relativitätstheorie, die Kaluza-Klein-Theorie, die Supergravitation, das Standardmodell und die *GUT* wären dadurch erklärt. Die lang ersehnte Vereinheitlichung findet nun in 10 Dimensionen statt.[90]

Es ist bemerkenswert, dass alle Versionen der Stringtheorien etwas Gemeinsames haben: sie sind alle vom „Kaluza-Klein Typus":[91] Sie vereinigen die Wechselwirkungen nach dem Vereinheitlichungsmodell der Theorie Kaluzas. Die wichtigste Rolle spielen dabei das Konzept der Projektion des zehndimensionalen Raums auf unseren vierdimensionalen Erfahrungsraum – eine Idee, die von Kaluza in seiner ursprünglichen Theorie 1921 eingeführt wurde – und das Konzept der Kompaktifizierung, das Oskar Klein 1926 entwickelte.

Dies bedeutet nichts anderes als die zusätzlichen Dimensionen zusammenzurollen und zu beobachten, wie sich diese einheitliche Wechselwirkung in unserem vertrauten dreidimensionalen Raum verhält. Dieser konzeptionelle Ansatz lässt sich durch die Frage ausdrücken: Warum erscheint uns diese einheitliche Wechselwirkung in vier verschiedenen Gestalten? Obwohl im zehndimensionalen Raum eine einzige Wechselwirkung existiert, wird sie in unserem dreidimensionalen Unterraum in vier Erscheinungen zerlegt, die uns durch ihre Verschiedenheit täuschen. Es ist uns als Wesen, die in einem dreidimensionalen Erfahrungsraum leben, unmöglich, diese Wechselwirkung als Einheit wahrzunehmen. Es sei an das Beispiel der Flachländer erinnert, denen es unmöglich war, die verschiedenen Spuren eines dreidimensionalen Elefanten in ihrer Welt als die eines Tieres zu erfassen. Mit anderen Worten, die große einheitliche zehndimensionale Wechselwirkung können wir nur als vier verschiedene Projektionen in unserem dreidimensionalen Erfahrungsraum wahrnehmen. Erst wenn wir sie mit mathematischen Instrumenten in zehn Dimensionen untersuchen, wird uns bewusst, dass es sich um eine einzige Wechselwirkung handelt.

Diese Antwort fand Kaluza Ende 1918 bei der Analyse der damals bekannten zwei Wechselwirkungen für den fünfdimensionalen Raum. Ihre fundamentale Bedeutung besteht darin, dass sie sich für mehrere Wechselwirkungen in einem mehrdimensionalen Raum verallgemeinern lässt. Kaluza ist es also in seiner Theorie gelungen, nicht nur die zwei ihm bekannten Wechselwirkungen zu vereinheitlichen, sondern ein Vereinheitlichungsmodell zu entwerfen, das sich für alle Wechselwirkungen und höherdimensionale Räume anwenden lässt.

---

[90] Vgl. auch Kaku (1995), S. 190.
[91] Ebd., S. 193.

Die übrigen sieben Dimensionen des Raumes bleiben uns verschlossen, auch wenn science-fiction-Autoren immer wieder neue Varianten von Reisen in diese Dimensionen erfinden. Um die verborgenen Dimensionen experimentell zugänglich zu machen, bräuchten wir Energien, die mit unseren heutigen Mitteln nicht aufgebracht werden können.

Was gibt uns dann die Sicherheit, dass sie überhaupt existieren? Warum ist man bereit, enorme Energie und finanzielle Mittel zu investieren, um diese zehn Dimensionen, deren Existenz fraglich ist, zu untersuchen? Bislang sind konzeptionelle und erkenntnistheoretische Argumente ausschlaggebend, die miteinbezogen werden, was allerdings die Gegner der vereinheitlichten Theorien unbefriedigt lässt. Trotzdem darf man nicht vergessen, dass schon mehrfach in der Geschichte der Physik allein solche Argumente bei der Entstehung von Theorien eine entscheidende Rolle gespielt haben und dass in vielen Fällen zwischen der Aufstellung einer Theorie und ihrer experimentellen Bestätigung eine lange Zeit vergangen ist.[92] Ein wichtiges Argument, das einer der bedeutendsten Vertreter der Superstringtheorie, Edward Witten, mehrmals ausgesprochen hat, ist, dass eine glaubwürdige vereinheitlichte Theorie die konzeptionellen Widersprüche zwischen der Quantenmechanik und der Allgemeinen Relativitätstheorie lösen muss. Diese allumfassende Theorie zeichnet sich durch mathematische Konsistenz aus.

Der als „Einstein der modernen Physik" bezeichnete Edward Witten arbeitet heute in demselben Forschungsinstitut, in dem auch Einstein und Kurt Gödel gearbeitet haben: dem *Institute for Advanced Study* in Princeton. Erst nach dem Studium der Geschichte und der Soziologie hatte er sich der theoretischen Physik zugewandt. Manche Physiker behaupten, dass es seit Newtons Zeit keinen Physiker mit vergleichbaren mathematischen Fähigkeiten gegeben habe.[93] 1990 bekam Edward Witten den „mathematischen Nobelpreis", die sogenannte *Fields-Medaille*, für die Entwicklung der topologischen Quantenfeldtheorie. Witten war durch seine Forschung zur Superstringtheorie gezwungen, das mathematische Instrumentarium selbst zu entwickeln. Das war in der Physik allerdings kein Einzelfall, auch Newton entwickelte die Differentialrechnung, um die Gesetze der Mecha-

---

[92] Gestattet seien zwei Beispiele: Bis zum direkten Nachweis des Neutrinos, dessen Existenz Pauli 1929 aufstellte, vergingen 27 Jahre und die vereinheitlichte Theorie der elektroschwachen Wechselwirkungen wurde erst 20 Jahre später experimentell bestätigt. Doch das berühmteste Beispiel, das allerdings oft vergessen wird, ist Kopernikus' Theorie, die 1510 aufgestellt (1543 veröffentlicht) und bis 1650 – also etwa 110 Jahre lang – nur als mathematische Möglichkeit betrachtet wurde; erst von da an galt sie als physikalische Realität. Bis zu ihrer direkten experimentellen Bestätigung durch Bessel sollten jedoch noch mehr als 150 Jahre vergehen.

[93] Vgl. Kaku (1995), S. 186–187.

nik aufzustellen. Witten beschäftigte sich dementsprechend mit der Knotentheorie.

1985 war er an der ersten Superstringrevolution direkt beteiligt. Seitdem widmet sich Witten dem faszinierendsten Ziel, das die Physiker je verfolgt haben: der Vereinheitlichung der Naturgesetze.

Bis Anfang der 90er-Jahre hatten die Physiker fünf konsistente relativistische Stringtheorien aufgestellt. Ihnen ist gemeinsam, dass sie in einer zehndimensionalen Raumzeit konstruiert sind und dass sie sich alle in verschiedenen Arten kompaktifizieren lassen: *Typ I, Typ IIA, Typ IIB,* und die *E$_8$xE$_8$* und *SO(32)* heterotischen Superstrings.[94] Jede der fünf Theorien ergibt verschiedene Lösungen der klassischen Physik und beschreibt unterschiedliche quantenmechanische Zustände. Sie sind durch verschiedene Größe der Kopplungskonstanten und der geometrischen Form und Größe der zusammengerollten (kompaktifizierten) Dimensionen gekennzeichnet. Die fünf Varianten der Stringtheorien erscheinen als unterschiedliche unzusammenhängende Theorien. Sie können jedoch durch die Dualität – eine Symmetrie, die z.B. in der Invarianz der Maxwellschen Gleichungen beim Vertauschen des elektrischen und magnetischen Feldes *E* und *B* in Erscheinung tritt – zu einer einzigen Theorie vereinigt werden: zu der elfdimensionalen M-Theorie (Membran-Theorie).[95] Um diese Vereinigung zu erzielen, wurde abermals Kaluza bemüht. Zur Erklärung der M-Theorie erwähnt Brian Greene erneut den Königsberger Physiker:

"Somewhat as Kaluza found that one additional spatial dimension allowed for an unexpected merger of general relativity and electromagnetism, string theorists have realised that one additional spatial dimension in string theory – beyond the nine space and one time dimensions [...] – allows for a deeply satisfying synthesis of all five versions of the theory."[96]

Die M-Theorie erlaubt auch die Einbeziehung in die große Vereinigung der elfdimensionalen Supergravitation (folgende Abb. 31):[97]

---

[94] Vgl. Witten (1997), S. 31.
[95] Vgl. Greene (1999), S. 287, 314.
[96] Ebd., S. 287.
[97] Vgl. Witten (1997), S. 32, und Duff (1999).

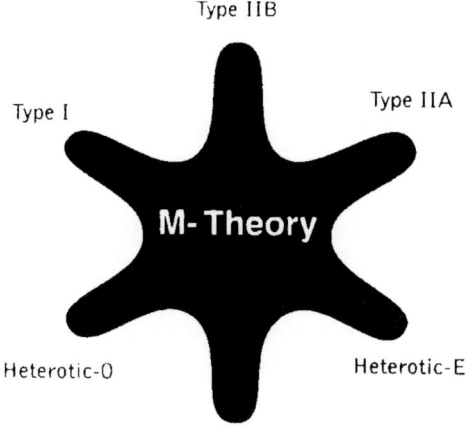

Abb. 31: Figur: Vereinheitlichung in der M-Theorie (Greene (1999), S. 315)

Die Raumstruktur der M-Theory beruht nicht nur auf vibrierenden Strings, sie beinhaltet auch andere „Objekte": vibrierende zweidimensionale Membranen und wellenförmige dreidimensionale „Tropfen" ("blobs" oder "three-branes").[98]

Edward Witten ist überzeugt, dass „diese Theorie der Kandidat der Supervereinigung der Naturkräfte" ist.[99] Ihre Bedeutung drückt sich darin aus, dass es zum ersten Mal im 20. Jahrhundert zu gelingen scheint, die Gravitation mit der Quantenmechanik erfolgreich zu vereinbaren. Die Stringtheorie macht bereits nachprüfbare Voraussagen, unter denen die bemerkenswerteste diejenige ist, mit deren Hilfe sich die Anzahl der Quantenzustände von Schwarzen Löchern abzählen ließe. Dies war bislang nicht möglich, da sich die Schwarzen Löcher als Gravitationsphänomen nicht quantenmechanisch bestimmen ließen.[100]

Edward Witten ist offenbar der Meinung, dass ein begabter Theoretiker mit Sicherheit voraussagen kann, ob eine Theorie in der Physik „richtig" ist oder nicht, bevor man sie experimentell geprüft hat. Obwohl sich die Superstringtheorie, die sich aus mathematischen Gründen noch in einer Entwicklungsphase befindet, aus technischen Gründen zur Zeit experimentell nicht überprüfen lässt, ist

---

[98] Vgl. Greene (1999), S. 287–288. Siehe dazu auch Duff (1999).
[99] Witten (1997), S. 32.
[100] Ebd., S. 32.

Edward Witten aus theoretischen Überlegungen heraus von dieser Theorie völlig überzeugt. Denn im Moment sind Experimente aufgrund unzulänglicher technischer Entwicklungen so gut wie ausgeschlossen.

„Vermutlich glauben die meisten Leute, die nicht direkt mit Physik zu tun haben, dass Physiker unglaublich komplizierte Berechnungen anstellen. Das ist aber gar nicht das Wesentliche. Viel wichtiger für die Physik sind ‚Konzepte': Die Physik strebt danach, die Konzepte, die Prinzipien zu verstehen, nach denen die Welt funktioniert"[101], beschreibt Edward Witten die Tätigkeit des Physikers. Die letzten 50 Jahre haben ein neues Licht auf die physikalische Forschungsmethode geworfen. Tieferes Verständnis der logischen Struktur und der konzeptionellen Einheit einer Theorie haben darin eine wesentliche Rolle eingenommen, besonders weil Physiker mit dem Problem konfrontiert wurden, dass eine experimentelle Überprüfung der neueren Theorien unerreichbar ist. Wittens stärkstes Kriterium ist das, was er und viele Physiker vor ihm als „die Schönheit" einer Theorie bezeichneten:

„Normalerweise warten die Leute jahrelang, bevor sich irgendwo eine sinnvolle Idee zeigt. Wenn eine Theorie phantastisch schön und physikalisch ist, dann finde ich es nicht plausibel, dass sie falsch ist. [...] Man kann guten Gewissens sagen: Die übliche Quantenmechanik macht Gravitation unmöglich, während die String-Theorie sie geradezu fördert".[102]

Auch Einstein war das Prinzip der logischen Einfachheit wichtig. Ein anderes seiner Kriterien war die Möglichkeit, die eine neue Theorie eröffnet, die vorherigen Theorien konsistent zu integrieren, damit sich unser Bild vom Universum vertieft. Die Entwicklung der Vereinheitlichungstheorien hat deutlich gezeigt, welche große Bedeutung der konzeptionelle Entwurf in der physikalischen Forschung hat. In diesem Rahmen spielt die Mathematik eine wichtigere Rolle denn je. In den Superstringtheorien scheint der alte Traum von Riemann in Erfüllung zu gehen: Alle physikalischen Wechselwirkungen entspringen der Geometrie des Universums.

In dieser Entwicklung spielte Theodor Kaluza, dessen Geist die Intuition des Physikers mit der Begabung des Mathematikers in eindrucksvoller Weise vereinigte, eine wichtige Rolle. In seiner visionären Aussage von 1928 brachte Einstein die Bedeutung und das Schicksal der Idee Kaluzas auf den Punkt: *„Ob sich diese Idee bewähren wird, kann man noch nicht sagen, Genialität wird man ihr zuerkennen müssen."*[103]

---

[101] Interview mit Edward Witten in Davis und Brown (1996), S. 116.
[102] Interview mit Edward Witten in Schnabel (1996), S. 46.
[103] Brief von Einstein an Fraenkel vom 26. Oktober 1928, EA 14-250.

1. Theodor Kaluza als Abiturient (1904)

2. Theodor Kaluzas Abiturientenmütze
3. Anna und Theodor Kaluza (1909)

4. und 5. Theodor Kaluza als Privatdozent (etwa 1910/11)

6. Anna und Theodor Kaluza mit Sohn und Kindermädchen (etwa 1911)
7. rechts Anna und Theodor Kaluza (etwa 1911)

8. Anna und Theodor Kaluza mit Sohn Theodor in Juditten (etwa 1913)
9. rechts dieselben vermutlich an der Kurischen Nehrung mit einem von
Annas Brüdern (etwa 1912)

10. Anna und Theodor Kaluza auf einem Steg in Rauschen (1911)
11. rechts dieselben mit Verwandten Weihnachten (wohl 1913)

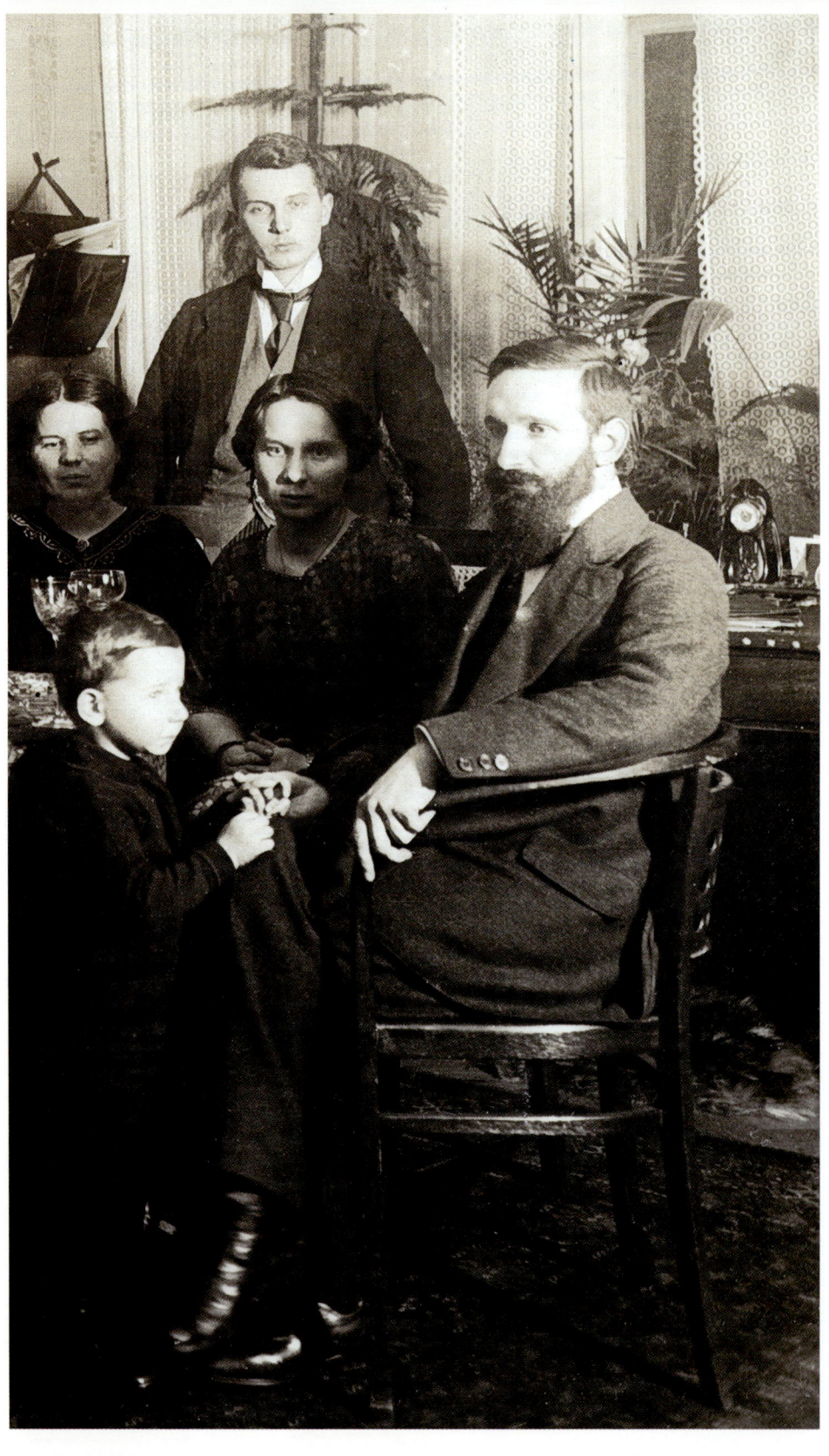

12. und 13. Anna und Theodor Kaluza mit Sohn Weihnachten (1914)

14. Theodor Kaluza mit den Kindern 1917 und 15. mit Anna 1918

16. Kaluzas Wohnhaus in der Steinmetzstraße 34 in Königsberg heute
17. Familie Kaluza am Strand in Rauschen (vor 1929)
18. Die 1875 erbaute (und erhalten gebliebene) Börse in Königsberg und die Grüne Brücke zur Pregelinsel Kneiphof (Postkarte vor 1914)
19. Die alte Universität und der Dom auf dem Kneiphof (Postkarte 20er-Jahre)
20. Der vereiste Schlossteich (Blick auf die Westseite) (Postkarte 30er-Jahre)
21. Blick über die Holzbrücke und den vereisten neuen Pregel auf die alte Universität und den Dom auf dem Kneiphof (Postkarte 30er-Jahre)

Königsberg i. Pr., Börse und Grüne Brücke.

KÖNIGSBERG i. Pr. Grüne Brücke

Königsberg i. Pr.
Schloßteichpromenade

22. Die Grüne Brücke von der Börse aus mit Blick in die Kneiphofsche Langgasse, auf den Hundegatt (Hafen) und die Lastadie (Lagerhallen) (Postkarte vor 1914)
23. Schlossteichpromenade an der Westseite des Schlossteiches (Postkarte vor 1913)

24. Schlossteichbrücke, links Stadthalle an der Ostseite des Schlossteiches (Postkarte)
25. Der Neue Markt mit Blick auf den Turm des Schlosses (Königsberg in 144 Bildern, 1954, S. 43)
Folgende Seiten Szenen aus dem Königsberg der zwanziger Jahre (ebd. S. 38 und 35)

26. Koggenstr. mit Pferdefuhrwerken 27. Kantstr. mit Schloss 28. Ecke Kantstr./Altstädtische Langgasse 29. Kaiser-Wilhelm-Pl

30. Altrüscher und fliegende Händler am Fischmarkt 31. Verkaufsstände am Fischmarkt mit Schülern/Studenten

32. Festzug am 22. April 1924 mit Ansprachen des Ministerpräsidenten Preußens Otto Braun und des Präsidenten der Kaiser-Wilhelm-Gesellschaft Adolf von Harnack zum 200. Geburtstag Kants am 24. April zu der aus diesem Anlass von Friedrich Lahrs erneuerten Stoa Kantiana an der Nordostecke des Domes (aus: Daugsch, 1994, S. 93)
33. Theodor Kaluza (etwa 1929)

34. Haus am Strandweg an der Kieler Förde mit Wohnung der Kaluzas rechts oben im 2. Geschoss
35. und 36. Blick auf die Kieler Förde aus dieser Wohnung, im Schnee die Kinder der Kaluzas (etwa 1932)

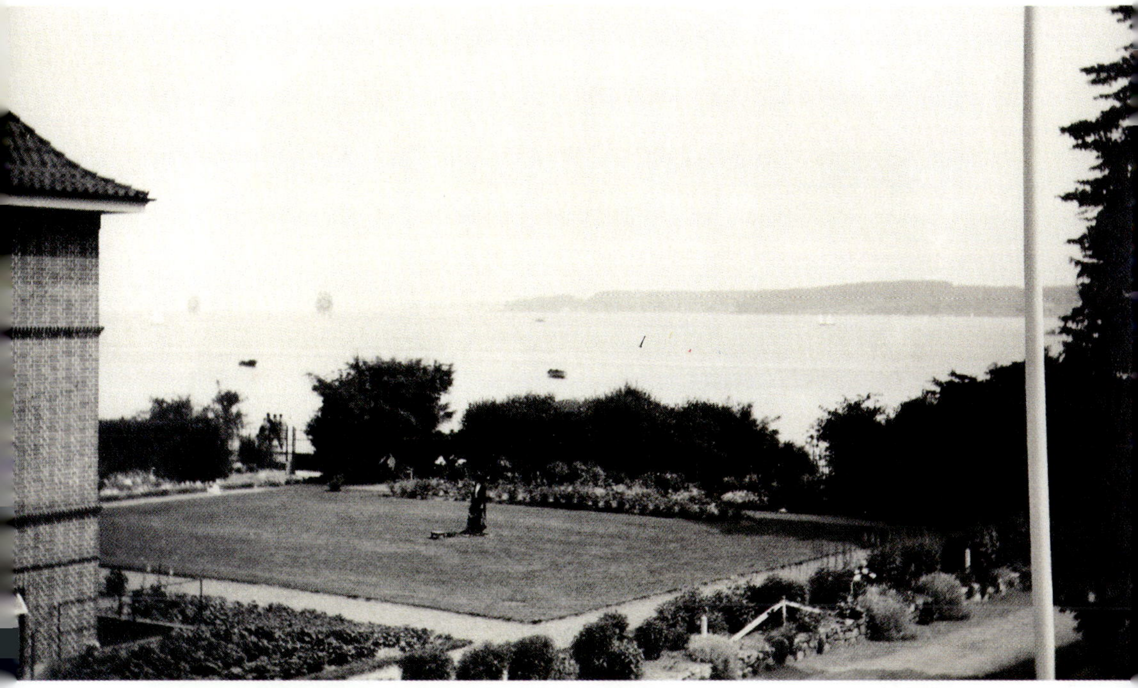

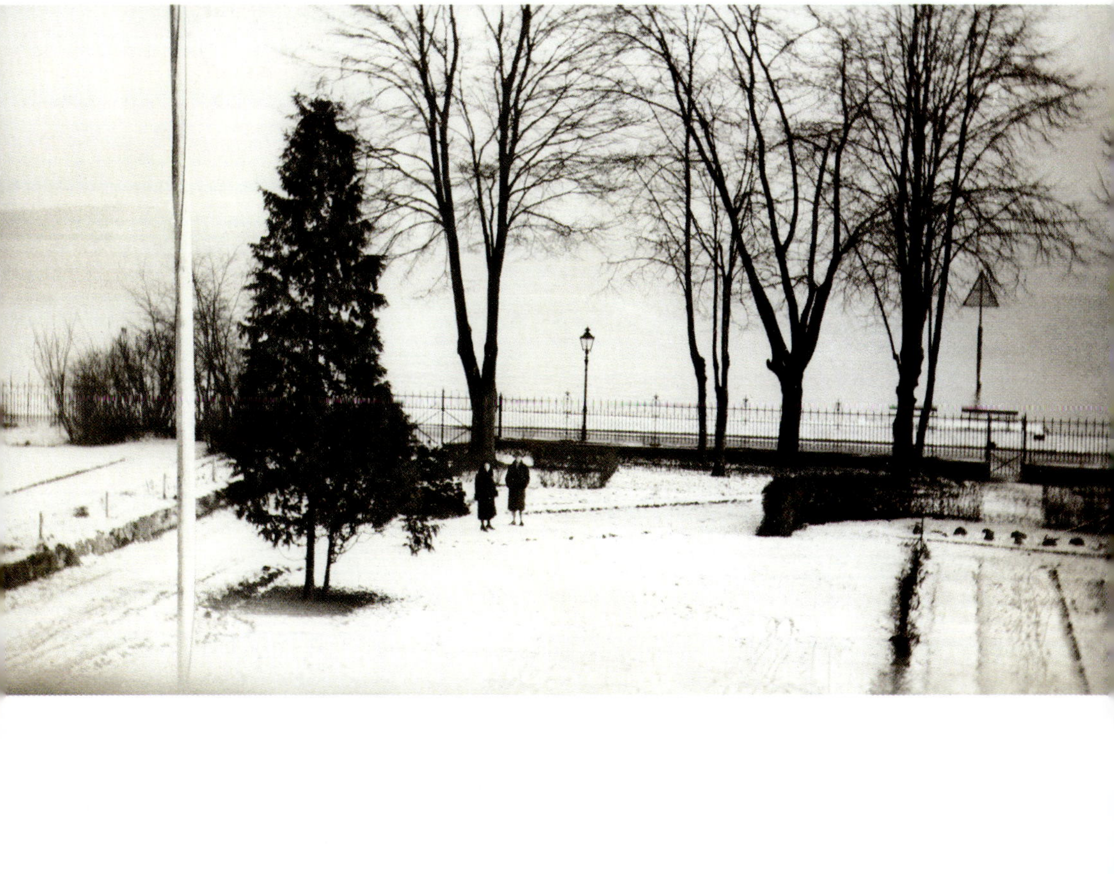

Kaluza

37. Kaluza nach seiner Krankheit (um 1950)
(ausgeschnitten, beschriftet und zur Verfügung gestellt von Professor Dr. Hans-Heinrich Voigt,
Göttingen, vergleiche im Textteil Abb. 43 die zeitgenössisch retuschierte Version des in derselben
Fotografen-Sitzung aufgenommenen Fotos)
38. Kaluza in einer Vorlesung
(fotografiert, ausgeschnitten und zur Verfügung gestellt von Professor Dr. Hans-Heinrich Voigt)

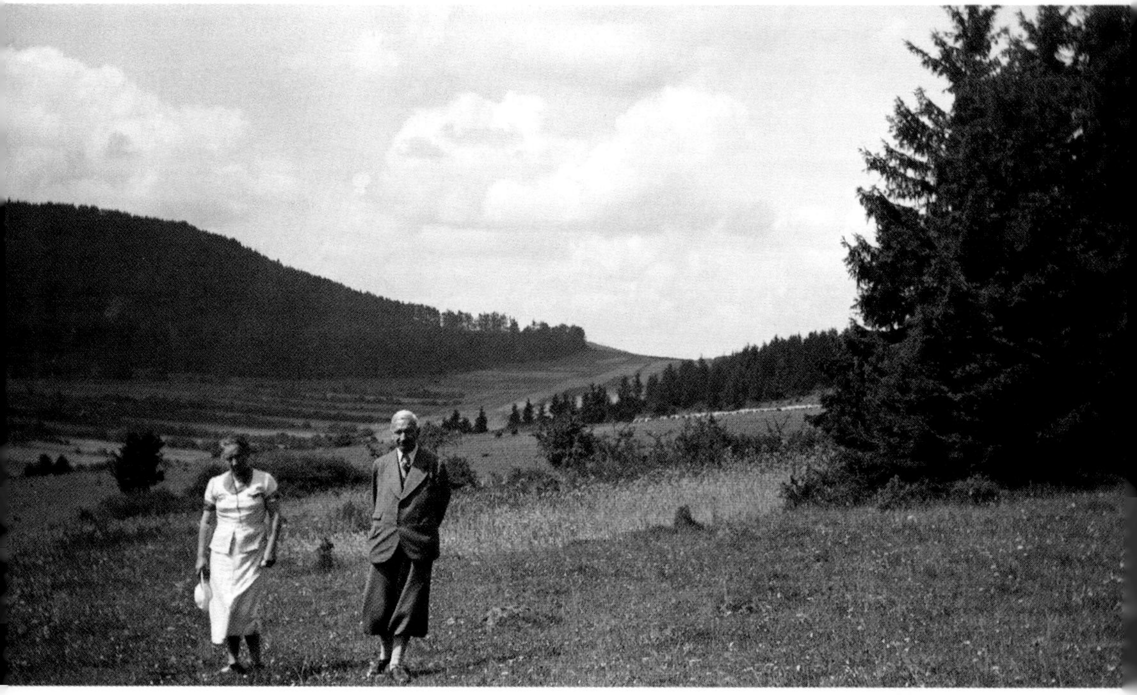

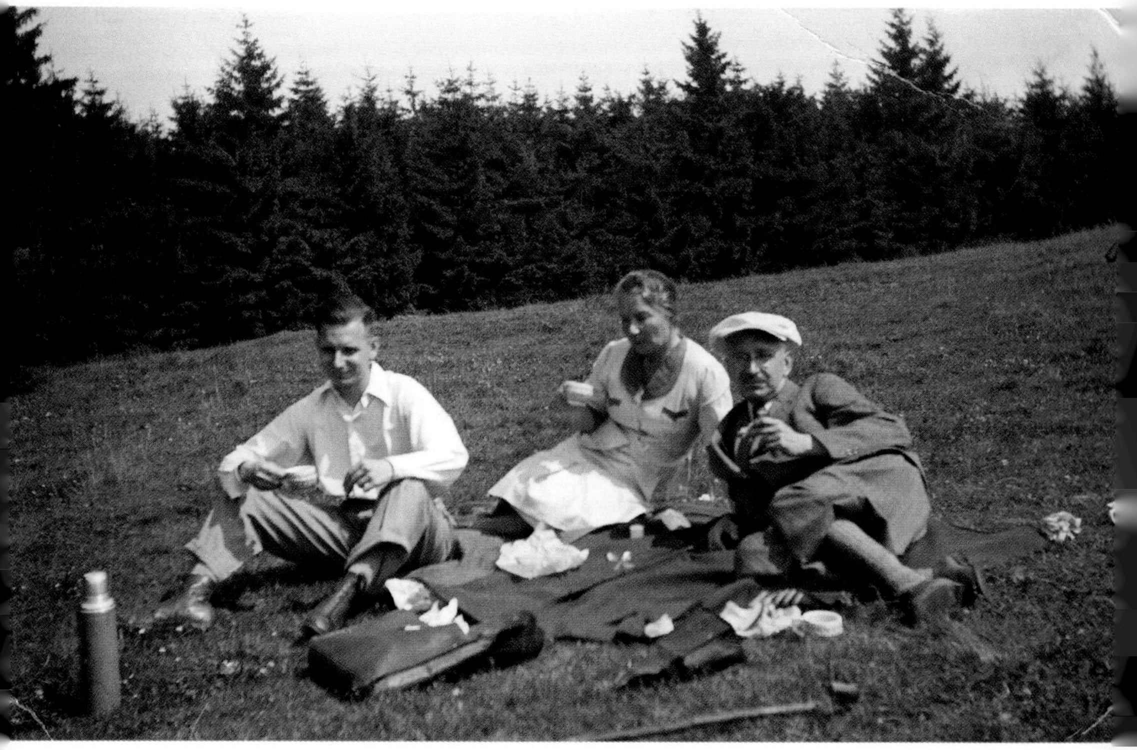

39. Anna und Theodor Kaluza (Ende der 30er-Jahre)
40. dieselben mit Sohn Theodor
41. Anna und Theodor Kaluza im Allgäu (Oktober 1950)

42. Anna und Theodor Kaluza in den „Schillerwiesen", einem Park direkt gegenüber ihrem Haus in Göttingen (um 1950)

43. Haushälfte der Kaluzas in Göttingen im Hainholzweg 64

(Foto Elisabeth Scheler etwa 1995)

44. Grab Anna und Theodor Kaluzas auf dem Städtischen Friedhof in Göttingen, Kasseler Landstraße (Foto K. Sommer 2006)

Philosophischer Abschnitt (II)

„Nicht das Sein bestimmt das Bewusstsein,
sondern das Bewusstsein bestimmt das Sein."
Alexander Solschenizyn[1]

Wie bereits im Kapitel „Philosophischer Abschnitt (I)" dargelegt wurde, liegen die Wurzeln von Kaluzas philosophischen Anschauungen bei Aristoteles und Kant. Doch in ein konkretes philosophisches System lässt er sich kaum einordnen, auch wenn es nahe zu liegen scheint, ihn als „Rationalisten" im Sinne Kants zu betrachten. Kaluza war von der Macht der Vernunft im Sinne der Aufklärung überzeugt, wie sie von Kant definiert wurde: „Aufklärung ist der Ausgang des Menschen aus seiner selbstverschuldeten Unmündigkeit. Unmündigkeit ist das Unvermögen, sich seines Verstandes ohne Leitung eines anderen zu bedienen."[2] Die wichtigste Aufgabe der Philosophie, die Suche nach der Wahrheit, bereitete Kaluza tiefe Befriedigung.

Der Erste Weltkrieg, den Kaluza im Feld und an der Front hatte erleben müssen, beeinflusste deutlich seine philosophische Weltanschauung. Viele Gelehrte waren nach dem Ersten Weltkrieg in ihrem Glauben zutiefst erschüttert und suchten nach einer neuen Weltanschauung, die ihnen helfen sollte, aus der geistigen Krise herauszufinden. Für viele hatte der Krieg mit seinen verheerenden Folgen Zweifel an der Richtigkeit des Rationalismus, des Humanismus der Aufklärung und des deutschen Idealismus mit sich gebracht. Die moralischen Gesetze haben sich – so dachte man – als unbrauchbar erwiesen, die Menschheit vor der Katastrophe zu bewahren. Die Existenz Gottes wurde in Frage gestellt. Viele Gelehrte standen in dieser Zeit dem Machschen Positivismus nahe, wie etwa Wolfgang Pauli, der in seinem Brief von 1922 an Moritz Schlick schrieb: „Ich habe mir Ihre Einwände gegen den [Machschen] Positivismus dabei nochmals sehr sorgfältig überlegt und kann sie *nicht mehr* als stichhaltig anerkennen. Ich halte jetzt den Positivismus für eine vollkommen einwandfreie und widerspruchsfreie Weltansicht. Natürlich ist sie aber nicht die einzig mögliche."[3]

---

[1] Alexander Solschenizyn im Fernsehinterview in der ARD vom 4. Oktober 1998.

[2] Kant (1793b): „Beantwortung der Frage: Was ist Aufklärung?"

[3] Brief von Pauli an Schlick vom 21. August 1922, in Meyenn (1994), S. 41, Hervorhebung im Original. Pauli sollte später über seine Annäherung zum Positivismus schreiben: „Mach war wohl eine stärkere Persönlichkeit als der katholische Geistliche, und das Resultat schien zu sein, dass ich auf diese Weise antimetaphysisch statt katholisch getauft bin." Brief von Pauli an

Eine andere philosophische Richtung, die die Zeit nach dem Ersten Weltkrieg dominierte, war die sogenannte „Lebensphilosophie", in deren Rahmen das
Leben zum Ausgangs- und Orientierungspunkt des Denkens erhoben wurde. Als
bekannteste Wegbereiter dieser Auffassung galten Arthur Schopenhauer, Friedrich Nietzsche und Henri Bergson; während der Weimarer Republik wurde sie
unter anderem auch durch Oswald Spengler vertreten. Als Grundsatz der Lebensphilosophie galten nicht Interessen, sondern Ideale. Sie richtete sich gegen
eine trockene Gelehrsamkeit und reine verstandesmäßige Weltauffassung, die den
Materialisten eigen war. Sympathie für diese Weltanschauung, die sich unter anderem auch durch die Liebe zur Natur und Lebenslust auszeichnete, hatte auch
der damals noch junge Werner Heisenberg.[4]

Viele Gelehrte der älteren Generation – Kaluza erlebte den Anfang der Weimarer Republik als 33-jähriger Mann – blieben aber ihren konservativen Auffassungen treu trotz der moralischen Krise, die der Krieg ausgelöst hatte. Natürlich
blieb auch Kaluza vom Krieg nicht unberührt. Folgende Erinnerungen seines
Sohnes sind dazu höchst aufschlussreich:

„Wie sehr ihn der Ausbruch des ersten Weltkrieges bestürzte, und manches andere
aus seinem Denken lernte ich durch eine Antwort verstehen, die er mir als 15- oder 16-
jährigem einmal gab: – wir sprachen [...] darüber, dass ich und meine Freunde von dem,
was ich hier wieder ‚klassisches Bildungsgut' nennen möchte, zwar beeindruckt wären und
seinen Wert auch bejahten, dass wir aber dennoch darin nicht ‚das Eigentliche' sehen
konnten und unruhig blieben. Mein Vater sagte dazu: ‚Wir glaubten, bis wir 30 Jahre alt
wurden, dass das Moralische sich auch bei Staatsmännern von selbst verstünde. Wir wis-
sen jetzt, wie furchtbar wir uns geirrt haben, – aber solange wir es glaubten und meinten,
die Welt befinde sich dank der europäischen Kultur wie von selbst im Fortschritt zu men-
schenwürdigen Zuständen für alle, konnten wir uns – innerlich ungestört – von alldem
erfüllen lassen, und wir taten das. Heute kann das nur noch, wer völlig zynisch, völlig
egozentrisch oder völlig resigniert ist, ihr seid es – Gott sei Dank! – nicht. Nur, wenn ihr
mit dem, was die Schule euch gibt, zufrieden wärt, dann müsste man verzweifeln.'"[5]

Der Irrtum lag also daran, die Verantwortung einem einzigen Machthaber
überlassen zu haben. Wahrscheinlich erklärt sich dadurch Kaluzas Misstrauen

---

C. G. Jung vom 31. März 1953, in Meyenn (1994), S. 41. Meyenn wie auch Forman meinen, die
Orientierung von Pauli zum Positivismus stehe in engem Zusammenhang mit den geistigen
Folgen des Ersten Weltkriegs.

[4] Vgl. Meyenn (1994), S. 37.

[5] Brief von Theodor Kaluza junior an Detlef Laugwitz vom 26. Juni 1985, NTK.

den Politikern gegenüber, das er sein Leben lang hegte.[6] Die Verantwortung sollten die einzelnen Bürger tragen, an diesem Grundsatz hielt Kaluza von nun an fest. Unter dem Druck des Krieges revidierte Kaluza seine Weltanschauung vor allem hinsichtlich der Frage nach dem Sinn des Lebens. Auch wenn man über seine erkenntnistheoretischen Überlegungen in dieser Zeit wenig weiß, lässt sich doch feststellen, dass er der positivistischen Philosophie nicht anhing. Auch die Lebensphilosophie mag ihn wenig beeindruckt haben. Kaluza hat von den verschiedenen philosophischen Richtungen seiner Zeit nur das übernommen, was mit seinem eigenen Denken übereinstimmte. Dazu gehörte der Idealismus der Lebensphilosophie, die Liebe zur Natur und die Betrachtung des Lebens als Wunder.

Kaluza glaubte offenbar an ein Lebensprinzip, das er gleich Gott setzte. Er war der Meinung, dass der menschliche Geist geschaffen wurde, um die Gesetze der Natur zu erfassen und das Prinzip des Guten als Ausdruck des göttlichen Willens durch seine Mitwirkung durchzusetzen. Der Krieg hat ihn der Auffassung Kants über das menschliche Handeln im Sinne des moralischen Gesetzes noch näher gebracht. Der Krieg, der für einige die Nichtexistenz der moralischen Gesetze bedeutete – daher der Zynismus der Positivisten in der Art von Pauli –, war für Kaluza ganz im Gegenteil der deutlichste Hinweis, dass der Mensch im Sinne der Ethik und der Moral handeln und leben müsse. Wenn die Menschen ihr Schicksal vor dem Krieg dem Kaiser – als oberster Autorität – und den Politikern überlassen hatten, sollten sie daraus lernen, dass sie selbstverantwortlich handeln mussten. Ihr Handeln sollte jede Gewalttätigkeit, als im Widerspruch zu den ethischen Gesetzen, vermeiden.

Kaluza wurde durch den Ersten Weltkrieg zu einem sich auch sozial engagierenden Menschen. Sein Sohn beschreibt ihn in seinen Erinnerungen als „einsatzfreudig", er betätigte sich in dieser Zeit in vielen Wohltätigkeitsvereinen. Er gehörte in Königsberg der „Technischen Nothilfe" an, einer „Vereinigung von Bürgern, die bei den zahlreichen Streiks und Unruhen die städtischen Werke in Betrieb hielten. Einmal hat er ein größeres Unglück verhütet, indem er verhinderte, dass in einen überhitzten Kessel Wasser zum Abkühlen zugeführt wurde."[7] Er war auch Mitglied der sogenannten „Bürgerwehr", die Überfälle und Bandenkriminalität zu verhindern bestrebt war.

Auch wenn es seiner Familie materiell nicht gut ging, empfand es Theodor Kaluza als moralische Verpflichtung, sozial benachteiligten Menschen zu helfen:

---

[6] Seinen Entnazifizierungsakten (UAG und HH) kann man entnehmen, dass Kaluza am 6. November 1932 und am 5. März 1933 die Zentrumspartei gewählt hatte; damit hatte er sich zu einer politischen Haltung bekannt, der er auch in der Weimarer Republik treu gewesen war.

[7] Theodor Kaluza junior (1991).

„Als ich Tertianer war, stand eines Tages in meinem Zeugnis: ,Er ist der beste Schüler der Klasse'", erinnerte sich später Theodor Kaluza junior: *„Zugleich erhielten meine Eltern die Mitteilung, dass ich aus diesem Grunde ,Freischule' bekäme, d.h., dass meine Eltern fortan kein Schulgeld zu zahlen bräuchten. Mein Vater war trotz aller eigenen Not großzügig geblieben und verzichtete zugunsten von Erich Stein, dessen Mutter eine sehr arme Witwe war, auf die Freischule. Dem war vorausgegangen, dass meine Eltern mich eines Tages – ohne dass ich den Sinn erriet – zu meiner Verwunderung eingehend über die häuslichen Verhältnisse einiger meiner Schulfreunde ausfragten. Was mein Vater da tat, war wohl ganz ungewöhnlich, denn meine Eltern bekamen von dem Lehrerkollegium einen langen Dankesbrief."*[8]

Gegen Ende der 20er-Jahre wurde Theodor Kaluza auch Mitglied des Deutschen Roten Kreuzes.[9] Aus all diesen Fakten lässt sich schließen, dass er dem persönlichen Engagement im sozialen Bereich große Bedeutung beimaß. Die Erfahrung des Ersten Weltkriegs hatte ihn offenbar in seiner Überzeugung noch weiter gestärkt, dass das menschliche Leben nicht der Willkür verantwortungslos Handelnder ausgesetzt werden darf, sondern dass es von moralischen Gesetzen gelenkt wird, deren Ignorierung und Missachtung verheerende Wirkungen zeitigt. Deshalb maß er nach dem Krieg dem verantwortungsvollen Handeln jedes einzelnen so viel Wert bei.

Es ist zu vermuten, dass Theodor Kaluza – so wie Max Planck[10] – sich Gedanken gemacht hat, wie der Indeterminismus der quantenmechanischen Welt mit dem Determinismus der makroskopischen Welt zu vereinbaren sei. Den Determinismus aufzugeben, hätte auf philosophischer Ebene bedeutet, dass die Welt der Willkür ausgesetzt wird. Kaluza glaubte aber wie Max Planck an ein Prinzip, das die Harmonie der Welt ermöglicht. Es bleibt trotzdem unbekannt, auf welche philosophische Grundlage Kaluza – der ein tiefsinniger Denker war und den naiven Glauben ablehnte – seine Überzeugung stützte.

---

[8] Theodor Kaluza junior (1991), S. 21.
[9] Entnazifizierungsakten Theodor Kaluza, UAG und HH.
[10] Siehe Planck (1935).

Das Sehnen nach Vereinheitlichung

> « *Si la pensée découvrait dans les miroirs chan-*
> *geants des phénomènes, des relations éternelles qui*
> *les puissent résumer et se résumer elles-mêmes dans*
> un principe unique, *on pourrait parler d'un bon-*
> *heur de l'esprit [...]. Cette nostalgie d'unité, cet ap-*
> *pétit d'absolu illustre le mouvement essentiel du*
> *drame humain.* »
> *Albert Camus (1942): « Le Mythe de Sisyphe. »*

Wir haben bis jetzt die Theorie von Kaluza überwiegend in ihrem internalistischen Zusammenhang betrachtet. So erscheint die Vereinheitlichungstheorie von
Kaluza als eine Synthese der höherdimensionalen Räume, die in der Geometrie
entwickelt worden waren, und der Idee der Vereinheitlichung, die ursprünglich in
der Philosophie durch Kant untersucht und anschließend von Schelling auf die
Vereinheitlichung der Naturkräfte übertragen wurde. Die Einführung des vierdimensionalen Raums in die Physik durch Minkowski, die die Vereinheitlichung
der Elektrizität und des Elektromagnetismus ermöglichte, die Entstehung einer
Vereinheitlichungsmethode durch Hilberts vereinheitlichte Theorie im Jahre
1915 und die Vollendung der Allgemeinen Relativitätstheorie durch Einstein im
selben Jahr bildeten die physikalischen Grundlagen für Kaluzas fünfdimensionale
vereinheitlichte Theorie Ende 1918.

Zu den internalistischen Faktoren zählen auch die mathematischen Zusammenhänge. Diese brachten eine starke Dynamik in die Entwicklung der Physik zu
Anfang des 20. Jahrhunderts. Einstein hat immer betont, dass bei der Begründung der Allgemeinen Relativitätstheorie „ein ganz formales Prinzip", das Äquivalenzprinzip, eine entscheidende Rolle gespielt hat.

Hermann Minkowski hat Ende 1907 als erster die vierdimensionale Struktur
des physikalischen Raumes der Speziellen Relativitätstheorie bewiesen. Damit begann eine ganz neue Entwicklung in der Physik, die die Mathematik viel stärker
als bisher mit einbezog. Entscheidend war die Erkenntnis, dass die Struktur des
Raumes – eine Frage, mit der sich bis dahin nur die Mathematik und die Philosophie beschäftigt hatten – eine zentrale Bedeutung in der Physik hat. Dadurch
gewann die Mathematik eine wichtige Rolle in der Mitgestaltung der Physik. Die
Richtung, die durch Hilbert herbeigeführt wurde, haben wir als *neuere Mathemati-*
sierung der Physik bezeichnet. Die Rolle der Mathematik hat sich in den folgenden

Jahrzehnten noch verstärkt – bis zu den heutigen Superstringtheorien. Die Physiker, die sich an der Entwicklung der Vereinheitlichungstheorien beteiligten, waren hervorragende Mathematiker; doch nur diejenigen, die auch mit einer „physikalischen Intuition" begabt waren, hatten Erfolg. Dazu gehörte Kaluza.[1]

In den letzten Jahrzehnten hat die externalistische Betrachtungsweise große Aufmerksamkeit gefunden. Auch im Folgenden soll die Theorie von Kaluza aus dieser Perspektive analysiert werden.

Bahnbrechend war Paul Formans Studie „Weimarer Kultur, Kausalität und Quantentheorie 1918–1927". Hier schildert der Autor die Wirkung, die das kulturelle Milieu nach dem Ersten Weltkrieg auf die konzeptionelle Entwicklung der Quantenmechanik gehabt hat. Nach der Auffassung Formans besitzt die „intellektuelle Umgebung" einen direkten und wesentlichen Einfluss auf die Haltung und die Meinungsbildung in der *scientific community*.[2] Die beinahe monokausale Beziehung zwischen den philosophischen Überzeugungen der Quantenphysiker und ihren physikalischen Ideen scheint uns aber zu schlicht konstruiert. Eher scheint es, dass der kulturelle und der physikalische Bereich in einer Wechselwirkung miteinander stehen. Auch wir möchten an dieser Stelle eine Verbindung herstellen zwischen den Weltanschauungen der Epoche nach dem Ersten Weltkrieg und den damals entstehenden vereinheitlichten Feldtheorien. Übrigens hat Paul Forman diesen Zusammenhang nicht untersucht und uns ist auch kein anderer Autor bekannt, der dies getan hätte.

Außer durch den Versuch, die Kausalität aus der Physik zu verbannen, einen Prozess, der nach Formans Auffassung zu der Entstehung der Quantenmechanik geführt hat, zeichnete sich die Periode des ersten Drittels des 20. Jahrhunderts bereits durch den Gedanken aus, dass Wissenschaft im Allgemeinen und insbesondere die Physik eine Einheit bilden sollten und sie daher vereinheitlicht werden müssten. Diese Ideen vertraten wider eine politische Realität sich radikalisierender Nationalismen unabhängig voneinander sowohl Felix Klein gegen Ende des 19. Jahrhunderts als auch David Hilbert und Max Planck seit dem Anfang des 20. Jahrhunderts. Felix Klein prägte für seine Idee, dass Natur- und Geisteswissenschaften im Allgemeinen, Mathematik und Physik im Speziellen eine Einheit bilden und man daher anstreben müsse, sie wieder einheitlich zu entwickeln, den Begriff „*Universalismus.*"[3]

---

[1] In der weiteren Entwicklung der Physik zählten zum Beispiel Gerardus 't Hooft, Steven Weinberg, Abdus Salam und Edward Witten dazu – um nur einige der bekanntesten hervorzuheben.

[2] Siehe Meyenn (1994), S. 7.

[3] Siehe dazu Wuensch und Sommer (2006). Siehe Schubring (1989). Auch Rowe spricht von Kleins und Hilberts „Universalismus", siehe Rowe (1989), S. 187.

Ihre Auffassung beruhte nicht auf der konkreten Aufgabe, zwei physikalische Kräfte, Elektromagnetismus und Gravitation zu vereinheitlichen, sondern gehörte in einen weit umfassenderen Rahmen, in dem sich sowohl philosophische Gedanken erkennen lassen wie der Kantianismus im Falle Hilberts oder eine Form von neuerem Platonismus im Falle Max Plancks als auch der Widerstand gegen den in dieser Zeit einflussreich gewordenen Positivismus. Darüber hinaus — und das möchte die Autorin hier besonders betonen — scheint es sich bei der Entwicklung dieser Ideen um eine unabhängige, philosophisch-erkenntnistheoretische Richtung zu handeln, die sich innerhalb der Naturwissenschaften selber konstituiert und die dann verallgemeinernd die Grenzen der Wissenschaft selber überschreitet. Alle drei erwähnten Vertreter der Einheitsidee betonten die Gültigkeit dieses Gedankens auf allen Gebieten der Erkenntnis. Insbesondere Max Planck thematisierte in seinen zahlreichen Reden, wie diese Idee in der Weltanschauung aufgeht. Hier scheint es sich also gerade um den umgekehrten Prozess zu handeln als den von Forman beschriebenen: Neue philosophische Auffassungen entstehen im Rahmen der Naturwissenschaften und finden Eingang in die Kultur oder sollen ihn zumindest nach der Absicht ihrer Urheber finden. In diesem Zusammenhang lässt sich vielleicht die 1911 ausgesprochene Bemerkung von Adolf von Harnack verstehen, die Philosophen stünden jetzt in den Reihen der Naturwissenschaftler:

„Man klagt darüber, dass unsere Generation keine Philosophen mehr habe. Mit Unrecht: sie sitzen jetzt nur in einer anderen Fakultät. Sie heißen Max Planck und Albert Einstein.“[4]

Es ist aufschlussreich, dass die Idee der Einheit insbesondere von Naturwissenschaftlern vertreten wurde[5], denn sie könnte auf spezifische Inhalte und Strukturen innerhalb der Wissenschaft hinweisen, die sich in dieser Idee widerspiegeln.[6] Wir nennen wie Felix Klein diese geistige Richtung *Universalismus*.[7]

---

[4] Zitiert in Heilbron (1988), S. 67.

[5] Siehe Sommer und Wuensch (2009), wo gezeigt wird, dass Klein mit seiner Idee auf erheblichen Widerstand von Seiten der Geisteswissenschaftler in Göttingen traf, der zum Scheitern ihrer Verwirklichung auf organisatorischer Ebene führte: 1922 kam es dann sogar zur Spaltung der Philosophischen Fakultät in eine sprach- und geisteswissenschaftliche „Philosophische" und eine „Mathematisch-naturwissenschaftliche Fakultät."

[6] Eine eingehende Analyse dieses Themas würde den Rahmen des vorliegenden Buches sprengen. Wir begnügen uns daher mit einer kurzen Untersuchung.

[7] Der „ethische Universalismus" war eine Gesellschaftstheorie, die 1920 von Otmar Spann vertreten wurde und die sich gegen den (ethischen) Individualismus richtete. Sie beruhte auf Kants überindividuellem, transkulturellem und universalgültigem Prinzip der Ethik, das er in der „Grundlegung der Metaphysik der Sitten" und der „Kritik der praktischen Vernunft" entwickelt hatte. Siehe Metzlers Philosophie-Lexikon (1999), „Universalismus", S. 618, und

„*Einigen und Zusammenfassen [waren] ein Grundbestreben seines ganzen Lebens.*"[8] So charakterisierte Hellmuth Kneser Felix Kleins wissenschaftliche Leistung zu seinem 100-jährigen Jubiläum am 25. April 1949. „Nicht eine Fülle von Einzelerkenntnissen ist sein Ziel, [...] sondern Ordnung und Synthese", betonte Kneser zutreffend im Zusammenhang mit Felix Kleins Beitrag zur Mathematik.

Bereits in seinem Erlanger Programm von 1872 trat Kleins Vereinheitlichungsgedanke hervor: Hier entdeckte Klein die Gruppentheorie als Ordnungsprinzip der Geometrie. Anhand des Begriffs der Gruppentransformation war es Felix Klein gelungen, die getrennten Disziplinen der „zerfallenen" Geometrie einheitlich darzustellen. In seinen „Vorlesungen über die Entwicklung der Mathematik im 19. Jahrhundert"[9] hob er die erkenntnistheoretische Stärke dieses Begriffes, der die Synthese der Mathematik ermöglichte, hervor:

„*Die Gruppentheorie zieht sich als besondere Disziplin durch die ganze neue Mathematik. Sie greift als ordnendes und klärendes Prinzip in die verschiedensten Gebiete ein.*"[10]

Die Erkenntnis, dass der Begriff der Invarianz unter einer Gruppentransformation auch die Darstellung der Relativitätstheorie ordnend vereinfacht, brachte Felix Klein zu der Überzeugung, dass dieser Begriff die Möglichkeit bietet, auch die Physik einheitlich darzustellen:

„*Die Klassifikation der geometrischen Theorien nach der Art der zugrunde gelegten Transformationsgruppe hat nämlich auf den Bereich der Mechanik und mathematischen Physik übergegriffen und sich auch hier als sicherer Leitfaden zur Erfassung heute im Vordergrund stehender Ideen erwiesen. Ich meine diejenigen Spekulationen, welche man unter dem Namen Relativitätstheorie zusammenfasst.*"[11]

Den Erfolg des Begriffes der Gruppentransformation in der Physik interpretierte Klein als eine Bestätigung der „Einheitlichkeit" des mathematischen Denkens, die sich nun auch auf das Gebiet der Physik übertragen hatte:

Historisches Wörterbuch der Philosophie Bd. 11 (2001), „Universalismus", S. 206. Der von Klein verwendete Begriff unterscheidet sich davon, da er früher und in einem anderen Kontext entstanden ist.

[8] Kneser (1949), S. 3.

[9] Gehalten in den Kriegsjahren bis 1919, siehe Klein (1926) und Klein (1927).

[10] Klein (1926), S. 334.

[11] Klein (1927), S. 1.

„*Dass sie unbewusst zu ganz ähnlichen Formulierungen hingeführt haben wie unsere rein mathematischen Ansätze, ist eines der merkwürdigsten Beispiele für die von Zeit zu Zeit immer wieder hervortretende, trotz aller Spezialisierung der neueren Arbeitsrichtungen bestehende Einheitlichkeit der wesentlichen Fortschritte des mathematischen Denkens.*"[12]

In der Einheit zwischen Mathematik und Physik, die durch den Begriff der Gruppentransformation erreicht werden konnte, spiegelte sich für Klein das tiefe Prinzip der „wunderbaren Harmonie", auf der die Gesetze der Wissenschaft beruhen:

„*Die wunderbare Harmonie aber, welche zwischen den alten Entwicklungen der reinen Mathematiker und den Gedankenkonstruktionen der neueren Physiker besteht, bewährt sich aufs neue auf einem erweiterten Gebiete.*"[13]

Das Prinzip der Einheit, das Klein in der Mathematik und Physik durch den Begriff der Gruppentransformation verwirklicht sah, übertrug er während seiner lebenslangen Aktivität verallgemeinernd auf die ganze Kultur und versuchte auch, es im Bereich der wissenschaftlichen Organisation zur Geltung zu bringen. In der Kultur versuche man, „das weit verzweigte geistige Leben unserer Tage zusammenzufassen"[14], betonte Klein in seinen Vorlesungen über die Geschichte der Mathematik. In der „Kultur der Gegenwart"[15] durfte die Wissenschaft nicht fehlen. Klein betrachtete sie als Teil, der das einheitliche Bild der Kultur vervollständigte.

Ausgehend von der gleichen Idee der Einheit aus der Kulturperspektive versuchte er organisatorisch an der Universität zu wirken. Der zunehmenden Zersplitterung der verschiedenen Gebiete der Mathematik sowie der Fächer an den Universitäten und dem entstandenen Bruch zwischen Mathematik und Naturwissenschaften einerseits und den Geisteswissenschaften andererseits setzte Klein sein Ideal der Einheit der Wissenschaften und der ganzen Kultur entgegen.

In seiner Rede auf dem *Congress on Mathematics and Astronomy* am 21. August 1893 in Chicago betonte Felix Klein die Spaltung der mathematischen Wissenschaften in der zweiten Hälfte des 19. Jahrhunderts, die durch die Spezialisierung entstanden war und die sie von dem zentralen Ziel ihrer Einheit entfernt hatte. Das Erreichen dieses Ziels galt jetzt als wichtigste Aufgabe der Wissenschaft. Während Wissenschaftler wie Lagrange, Gauß und Laplace die Wissenschaft als

---

[12] Klein (1927), S. 1.

[13] Ebd., S. 79.

[14] Siehe Klein (1926), S. 1–2.

[15] Felix Klein beabsichtigte, eine große Darstellung seiner Vorlesungen über die Geschichte der Mathematik im Rahmen der „Kultur der Gegenwart" einzubauen. Siehe Klein (1926), Vorwort von Richard Courant und Otto Neugebauer.

Ganzes vertreten hatten, war diese Einheit durch ihre Nachfolger zu Gunsten der Spezialisierung verloren gegangen:

"When we contemplate the development of mathematics in this nineteenth century, we find something similar to what has taken place in other sciences. The famous investigators of the preceding period, Lagrange, Laplace, Gauß, were each great enough to embrace all branches of mathematics and its applications. In particular, astronomy and mathematics were in their time regarded as inseparable. [...] But the developing science departs at the same time more and more from its original scope and purpose and threatens to sacrifice its earlier unity and to split into diverse branches."[16]

Zur Wiederherstellung der verlorengegangenen Einheit der Wissenschaft schlug Felix Klein *"a return to the general Gaussian programme"* vor, ein Ziel, das nur durch die vereinigte Anstrengung aller Mathematiker erreicht werden könne:

"Speaking, as I do, under the influence of our Göttingen traditions, and dominated somewhat, perhaps, by the great name of Gauß, I may be pardoned if I characterise the tendency that has been outlined in these remarks as a return to the general Gaussian programme. A distinction between the present and the earlier period lies evidently in this: that what was formerly begun by a single master-mind, we now must seek to accomplish by united efforts and cooperation. A movement in this direction was started in France some time since by the powerful influence of Poincaré."[17]

Als erste Schritte zum Erreichen dieses Ziels sah Felix Klein die Gründung der Mathematischen Gesellschaft in Deutschland und in New York an. Das aber, betonte Klein, sei noch nicht genug; es müssten darüber hinaus noch *internationale* mathematische Vereinigungen entstehen, die sich noch stärker darum bemühten, das Ziel der Vereinheitlichung der Wissenschaft zu erreichen:

"But our mathematicians must go further still. They must form international unions, and I trust that this present World's Congress at Chicago will be a step in that direction."[18]

In seiner festlichen Universitätsrede am 27. Januar 1904 in Göttingen sprach Felix Klein über „die Frage der Trennung der philosophischen Fakultät"[19] und betonte, dass solch eine Trennung „unklug" wäre. Von „Bedeutung für die fortschreitende Kulturentwicklung" sei, alle Wissenschaften, sowohl die Geistes- als auch die Naturwissenschaften, als ein „umfassenden Ganzes" zu entwickeln:

„Die verschiedenen Teile der Wissenschaft sollen, indem sie gleichmäßig neben einander aber auf einander bezogen zur Entwicklung kommen, sich zu einem umfassenden

---

[16] Klein (1893), S. 613–614.

[17] Ebd., S. 615, Hervorhebung im Original.

[18] Ebd.

[19] Klein (1904), S. 5.

Ganzen zusammenschließen; ich könnte, wenn Sie einen bestimmten Namen haben wollen, hierfür das Wort Universalismus *vorschlagen."* [20]

Wenn Klein über die Aufgaben der „philologisch-historischen Sparte" spricht, betont er den *kulturellen Universalismus,* der sich nun auch in der Behandlung der geisteswissenschaftlichen Fächer widerspiegeln müsse:

„Denn die Fragestellungen, mit denen sie sich beschäftigen, liegen schließlich doch den allgemein-menschlichen Interessen näher als die unseren und sind, was die praktische Wichtigkeit angeht, weil sie das Verständnis fremder Kulturen und Nationen vermitteln, den unseren mindestens gleichwertig." [21]

Beide Abteilungen der philosophischen Fakultät sind, betont Klein weiter, durch das gleiche Ziel des kulturellen Universalismus, in dem Klein den bedeutendsten Ausdruck der modernen Zeit erblickt, verbunden. Es habe eine „universalistische Tendenz" eingesetzt, die „keineswegs Halt vor den Grenzen der Sparte" machen kann.[22] Klein unterstreicht:

„Ich stehe nicht an, den Wunsch nach Spaltung der Fakultät vom Standpunkte der theoretischen Wissenschaft als nicht mehr zeitgemäß *zu bezeichnen. Die moderne Wissenschaft hat sich in den letzten Jahren fortschreitend vom einseitigen Spezialismus abgewandt: man richtet alle Kraft darauf, gestützt auf die erworbene Kenntnis der Einzelheiten das eigene Fach so allseitig zu erfassen wie möglich, und also auch die Verbindungen mit den Nachbarfächern klarzulegen und gangbar zu machen."* [23]

Zur Unterstützung seiner Aufforderung zur Einheit der Wissenschaften an der Universität Göttingen erwähnt Klein die Tagung, die im gleichen Jahr (1904) im Herbst in Saint-Louis stattfinden sollte, und die als zentrales Thema „Die Vereinheitlichung der Wissenschaften" angekündigt hatte:

„Charakteristisch ist doch auch, dass die Leiter des großen wissenschaftlichen Kongresses, der im Herbste des Jahres in Saint-Louis stattfinden soll, die ,Vereinheitlichung der Wissenschaften und die Wechselbeziehungen ihrer verschiedenen Disziplinen' (the unification and mutual relations of the sciences) geradezu in den Mittelpunkt ihres Programms gerückt haben." [24]

Als „normative Wissenschaften" empfiehlt Klein im Einklang mit dem Programm der Tagung in Saint-Louis die Philosophie und Mathematik und macht darauf aufmerksam, dass die Einteilung in mathematisch-naturwissenschaftlich und philosophisch-historisch eine künstliche Trennung sei, die mit der „Zufällig-

---

[20] Klein (1904), S. 7, Hervorhebung im Original.

[21] Ebd., S. 9.

[22] Ebd., S. 11.

[23] Ebd., Hervorhebung im Original.

[24] Ebd.

keit der historischen Entwicklung" zu tun habe.[25] Das einzige zeitgemäße Ziel im Einklang mit dem kulturellen Universalismus könne sich nur auf „den *Fortschritt des Ganzen* beziehen" – in diesem Zusammenhang ruft Klein die philosophische Fakultät auf, eine Spaltung abzulehnen:

„Fürwahr, nicht die Spaltung der philosophischen Fakultät als des Inbegriffs der verschiedenen Gebiete des theoretischen Wissens, sondern ihre Abrundung unter Angliederung aller seither noch abgetrennt existierender, zu diesem Inbegriff gehöriger Teile wäre ein zeitgemäßes Unternehmen. Jedenfalls kann nur in der einheitlichen Fakultät desjenige Fach allseitig gedeihen, dem sie ihren Namen verdankt und dem wir Alle eine zentrale Stellung bewahren möchten, die Philosophie."[26]

David Hilbert

Die Einheit der Wissenschaften war nach Hilberts Auffassung ein Grundsatz seiner axiomatischen Methode. Dieses Ziel sah er zuerst in der Mathematik in seinem Werk die „Grundlagen der Geometrie" von 1899 und dann 1915 in den „Grundlagen der Physik" auf dem Gebiet der Physik verwirklicht. Gleichzeitig betonte Hilbert die Einheit der Mathematik, Physik und Philosophie, die seit dem Ende des 19. Jahrhunderts immer dringlicher geworden sei, und hielt daher wie Felix Klein die Trennung der Fächer für künstlich und dem Wesen der Wissenschaft widersprechend:

„Der Mathematiker wurde also gezwungen, Philosoph zu werden, weil er sonst aufhörte, Mathematiker zu sein. [...] So ist es auch jetzt wieder: Der Physiker muss Geometer werden, weil er sonst Gefahr läuft, aufzuhören, Physiker zu sein und umgekehrt. Die Trennung der Wissenschaften in Fächer und Fakultäten ist eben etwas Anthropologisches und der Wirklichkeit Fremdes; denn eine Naturerscheinung fragt nicht danach, ob sie es mit einem Physiker oder einem Mathematiker zu tun hat."[27]

In seinem Notizbuch beschrieb Hilbert das Ziel seiner Forschung:

„Meine Lebensaufgabe [ist], die getrennt überlieferten Wissenszweige zu vereinigen (innerlich durch die Axiomatische Methode, nicht bloß äußerlich wie Klein)."[28]

Dabei schien es ihm, dass Kleins Programm der Einheit der Wissenschaften ein „bloß äußerliches" sei. Hilbert dagegen verfolgte die strukturelle Einheit, die nur im Rahmen seiner axiomatischen Methode zu erreichen war. Dadurch würde

---

[25] Klein (1904), S. 12.

[26] Ebd., S. 11–12, Hervorhebung (der ganze letzte Satz) im Original.

[27] Hilbert, „Grundlagen der Physik II", Wintersemester 1916/17, Ausgearbeitet von R. Bär, S. 2, MIG.

[28] Hilbert, „Notizbuch III", NSUBG Cod. Ms. David Hilbert 600/3, S. 115.

sich *„vor unserem geistigen Auge das stolze Gebäude der Wissenschaft harmonisch und einheitlich erheb[en], wie aus einem Guss.“*[29]

Der axiomatischen Methode verlieh Hilbert Allgemeingültigkeit in allen Bereichen der Erkenntnis, sie war für ihn Wahrheitskriterium und der „Zauberstab" der Vereinheitlichung:

„Kriterium für Wissenschaftlichkeit (Wahrheit) ist die Axiomatisierbarkeit. Axiomatik ist der Rhythmus, der die Melodie zur Musik macht – ist der Zauberstab, der alle die Einzelbestrebungen auf ein gemeinsames Ziel richtet.“[30]

Hilbert sah in der Mathematik die „Vermittlerin und die Verbindungsbrücke zwischen scheinbar ganz verschiedenen Wissensgebieten", wie zum Beispiel zwischen der Vererbungslehre und der kinetischen Gastheorie.[31] In einer Eintragung in seinem dritten Notizheft drückt Hilbert seine Überzeugung, dass die axiomatische Methode das Instrument der Vereinheitlichung aller Wissensgebiete sei, konkreter aus:

„Axiomatische Methode ist überhaupt die Form des Denkens auch bei Philosophen, Parlamentariern, etc. Nur das Material ist anders: bei uns die Welt der Zahlen, dort die der Tatsachen, Empfindungen, etc.“[32]

Hilberts Bestreben nach Einheit wirkte sich auch auf organisatorischer Ebene aus. Hier investierte er viel Geschick und Energie, um nicht nur die Mathematik, sondern alle naturwissenschaftlichen Fächer und darüber hinaus auch die Philosophie an der Universität Göttingen mit herausragenden Wissenschaftlern zu besetzen, die nicht bloße Spezialisten waren, sondern weitgespannt forschten:

„Und nun das Gesamtergebnis: Während früher Göttingen doch nur eine gehobene Privatuniversität mit einigen Spitzen war, ist es jetzt für unsere große und wichtige Wissenschaftsgruppe: Physik, Mathematik, Astronomie, Chemie, Mechanik, Biologie die allseitig anerkannte und offensichtlich bevorzugte, durch mangelnde Geldmittel nirgends beschränkte Reichsuniversität, deren Lehrstellen in der Mehrzahl von Männern besetzt sind, die Berlin, München etc. etc. ausgeschlagen haben, um in Göttingen zu bleiben.“[33]

Seinen Vorschlag zur Berufung des Philosophen Leonard Nelson auf die Stelle von Edmund Husserl begründete Hilbert im Jahre 1919 mit Nelsons universellem Forschungsgeist: Nelson „ist meiner Meinung nach augenblicklich der einzige wirkliche Philosoph im alten *universellen* Sinne, der für uns hier passt".[34]

---

[29] Hilbert, „Notizbuch III", NSUBG Cod. Ms. David Hilbert 600/3, S. 51.

[30] Ebd., S. 93.

[31] Hilbert, „Gedanken allgemeiner Art", NSUBG Cod. Ms. David Hilbert 601, S. 30.

[32] Hilbert, „Notizbuch III", NSUBG Cod. Ms. David Hilbert 600/3, S. 96.

[33] Hilbert an H. Wagner am 7. März 1926, NSUBG Cod. Ms. H. Wagner 27.

[34] Hilbert an das Preußische Kultusministerium am 26. Februar 1919, zitiert in Peckhaus (1990), S. 219, Hervorhebung durch die Autorin.

Hilberts philosophische Prägung, besonders bezüglich seines Einheitsideals der Wissenschaften, war hauptsächlich Kantianisch. Seine Auffassung, dass Mathematik unerlässlich für alle Wissenschaften sei und dass mit ihr jede Analyse beginnen müsse, entspringt sowohl der Kantianischen als auch der platonischen Philosophie. So betonte Hilbert in seiner Vorlesung „Natur und mathematisches Erkennen" im Wintersemester 1919/20: *„Unsere Erörterung der Denkmethoden der exakten Wissenschaften werden wir naturgemäß mit der Betrachtung der Mathematik beginnen. Wir werden eine Orientierung über unser Thema anhand der Mathematik versuchen. Dieser Vorsatz bedeutet auch keine Neuerung; die Philosophen sind bereits in dieser Weise verfahren. Ich erinnere an Plato und Kant."*[35]

Max Planck

Plancks philosophische Auffassung könnte man am treffendsten als platonisch – im Sinne eines modernen Platonismus – bezeichnen: Seine „Suche nach dem Absoluten", die das Ziel seiner wissenschaftliche Forschung bedeutete, die Gleichsetzung des Absoluten mit dem „Guten" und „Schönen" und insbesondere seine Überzeugung, dass das Wesentliche an der Wissenschaft ihre Universalität jenseits jeglicher anthropologischer Einflüsse sei, die überwunden werden sollten, sind Grundzüge seiner Übertragung der Platonischen Philosophie in die moderne Zeit, die durch den hohen Entwicklungsstand der Wissenschaften bestimmt war.

Unausgesprochen, jedoch implizit und erkennbar an seinen wiederholten Formulierungen in seinen Reden stand hinter allem die Idee, dass das Absolute, das sich hinter dem Relativen verbirgt – und das es zu entdecken gilt –, ein vereinigendes Prinzip der Wissenschaften darstelle, da sich in ihm das Allgemeine verbirgt, eine Idee, die auch Platon hervorgehoben hatte:

„Gleich am Anfang meiner Lebensdarstellung habe ich betont, dass das Suchen nach dem Absoluten mir als die schönste wissenschaftliche Aufgabe erscheint. Man könnte darin einen Widerspruch gegen [!] mein Interesse für die Relativitätstheorie erblicken. Diese Mutmaßung beruht auf einem grundsätzlichen Irrtum. Denn alles Relative setzt etwas Absolutes voraus, es hat nur dann einen Sinn, wenn ihm ein Absolutes gegenüber steht."[36]

An einer anderen Stelle seiner „Wissenschaftlichen Selbstbiographie" bringt Planck das Absolute in engen Zusammenhang mit der Objektivität der Naturgesetze, deren Unabhängigkeit von unseren Sinneswahrnehmungen Bedeutung und Vertrauen in die Wissenschaft verleiht:

---

[35] Hilbert (1919/20) in Hilbert (1992), S. 4.
[36] Planck (1948), S. 398.

„Dabei ist von wesentlicher Bedeutung, dass die Außenwelt etwas von uns Unabhängiges, Absolutes darstellt, dem wir gegenüber stehen, und das Suchen nach den Gesetzen, die für dieses Absolute gelten, erschien mir als die schönste wissenschaftliche Lebensaufgabe."[37]

Das Prinzip des Absoluten identifiziert Planck mit dem „Unabhängigen", „Unvergänglichen" und betont seine Universalität, die sich in jedem Erkenntnisbereich wieder findet:

„Indem wir bei jeglichem Naturgeschehen von dem Einzelnen, Konventionellen und Zufälligen dem Allgemeinen, Sachlichen und Notwendigen zustreben, suchen wir hinter dem Abhängigen das Unabhängige, hinter dem Relativen das Absolute, hinter dem Vergänglichen das Unvergängliche. Und so weit ich sehe, zeigt sich diese Tendenz nicht nur in der Physik, sondern in jeglicher Wissenschaft, ja nicht nur auf dem Gebiet des Wissens, sondern auch auf dem des Guten und dem des Schönen."[38]

Durch seine Allgemeinheit wirkt das Absolute als vereinheitlichendes Prinzip: Im Zusammenhang mit dem Begriff des Absoluten, zu dessen Eigenschaften die Unabhängigkeit und das Unvergängliche der Naturgesetze gehört, steht das metaphysische Prinzip der Einheit der Physik und der Wissenschaften. Das Merkmal „metaphysisch" ist für Planck wichtig, da er es ausdrücklich verwendet, um dieses Prinzip dem Positivismus entgegenzusetzen. Mehrfach vertrat Planck die Idee der Einheit der Physik, die er zum zentralen metaphysischen Prinzip erklärte, um gegen den Positivismus Stellung zu nehmen, der in seiner Zeit eine der am weitesten verbreiteten philosophischen Richtungen in der Naturwissenschaft war. Im Frühjahr 1909 hielt Max Planck „Acht Vorlesungen über Theoretische Physik" an der Columbia University in New York.[39] In seinem ersten Vortrag übte er eindeutig Kritik an dem von Mach vertretenen Positivismus:

„Sie [die positivistische Philosophie] bedarf, soweit sie sich konsequent auf den hier geschilderten Standpunkt beschränkt (was sie bei den Vertretern des Positivismus durchaus nicht immer tut), keiner Hypothese, keiner Metaphysik, alles ist klar und eindeutig. Ich will noch weiter gehen: Diese Auffassung führt nirgends zu einem wirklichen Widerspruch, ja ich möchte sagen, sie kann *zu keinem Widerspruch führen. Aber — meine Herren — diese Auffassung hat auch noch niemals zu irgendeinem Fortschritt in der Physik geführt. Soll die Physik vorwärts kommen, so muss vielmehr ihre Aufgabe in gewissem Sinne gerade umgekehrt werden, und zwar deshalb, weil jene Auffassung unzureichend ist und im Grunde nur formalistische Bedeutung besitzt."*[40]

---

[37] Planck (1948), S. 374.
[38] Planck (1925), S. 22–23.
[39] Planck (1910a).
[40] Ebd., S. 4, Hervorhebung im Original.

Im gleichen Vortrag, in dem er die Ziele der Physik erklärte, betonte Planck, dass ein zentrales Ziel der Physik das Erreichen ihrer Einheit sei:

„Das Ziel ist nichts anderes als die Einheitlichkeit, *die Geschlossenheit des Systems der theoretischen Physik, und zwar die Einheit des Systems nicht nur in Bezug auf alle Einzelheiten des Systems, sondern auch die Einheit des Systems in Bezug auf die Physiker aller Orte, aller Zeiten, aller Völker, aller Kulturen.“[41]*

Die universelle Geltung der Physik verleiht ihr den Wert einer einheitlichen Sprache aller intelligenten Lebewesen: „Ja, das System der theoretischen Physik beansprucht Gültigkeit nicht bloß für die Bewohner dieser Erde, sondern auch für die Bewohner anderer Himmelskörper.“[42]

Doch das Prinzip der Einheit, das am eindeutigsten in dem physikalischen Weltbild zum Vorschein kommt, da es den Motor des physikalischen Fortschrittes darstellt, überschreitet die individuellen und kulturellen Grenzen und erstreckt sich „auf alle Forscher, alle Nationen, alle Kulturen“:

„Welches ist denn nun das eigentümliche Moment, welches trotz dieser offenbaren Nachteile dem zukünftigen Weltbild [der Physik] dennoch einen so entscheidenden Vorrang verschafft, dass es sich gegen alle früheren durchsetzen kann? Es ist nichts anderes als die Einheit des Bildes. Die Einheit in Bezug auf alle Einzelzüge des Bildes, die Einheit in Bezug auf alle Orte und Zeiten, die Einheit in Bezug auf alle Forscher, alle Nationen, alle Kulturen.“[43]

Und Max Planck betont die aufschlussreichste Idee seiner Untersuchung: Die Geschichte der ganzen Entwicklung der Physik zeigt, dass die Physik als Hauptprinzip, das ihre Dynamik bestimmt, das Prinzip der Einheit enthält. Es führt zu einer immer stärkeren Objektivierung, indem sie sich von den „anthropomorphen Elementen“ allmählich befreit:

„Schauen wir auf das Bisherige zurück, so können wir kurz zusammenfassend sagen: Die Signatur der ganzen bisherigen Entwicklung der theoretischen Physik ist eine Vereinheitlichung ihres Systems, welche erzielt ist durch eine gewisse Emanzipation von den anthropomorphen Elementen, speziell den spezifischen Sinnesempfindungen.“[44]

Die Einheit stellt das „feste Ziel“ nicht nur der Physik, sondern jeder Wissenschaft dar: „Das konstante einheitliche Weltbild ist aber gerade, wie ich zu zeigen versucht habe, das feste Ziel, dem sich die wirkliche Naturwissenschaft in allen ihren Wandlungen fortwährend annähert, und in der Physik dürfen wir mit Recht behaupten, dass schon unser gegenwärtiges Weltbild, obwohl es je nach der Individualität des Forschers noch in den verschiedensten Farben schillert,

---

[41] Planck (1910a), S. 6, Hervorhebung im Original.
[42] Ebd.
[43] Planck (1909), S. 29–30.
[44] Ebd., S. 8.

dennoch gewisse Züge enthält, welche durch keine Revolution, weder in der Natur noch im menschlichen Geiste, je mehr verwischt werden können."[45]

Das Prinzip der Einheit, das in Plancks Darstellung zu einem der wichtigsten Prinzipien der Physik wird, wirkt sich auf alle Bereiche der Erkenntnis bis in die Weltanschauung und Ethik hinein aus:

„Sie [die Physik] hat uns gelehrt, dass man dem Wesen eines Gebildes nicht auf die Spur kommt, wenn man es immer weiter in seine Bestandteile zerlegt und dann jeden Bestandteil einzeln studiert, da bei einem solchen Verfahren oft wesentliche Eigenschaften des Gebildes verloren gehen. Man muss stets auch das Ganze betrachten und auf den Zusammenhang der einzelnen Teile achten."[46]

So bilden alle Wissenschaften, die Natur- und Geisteswissenschaften, eine Einheit, die man beachten muss, wenn man das „Ganze" verstehen möchte:

„Denn die Wissenschaften, Natur- und Geisteswissenschaften, sind nun einmal an keiner einzigen Stelle scharf voneinander zu trennen. Sie bilden vielmehr ein einheitliches fest verflochtenes Gewebe."[47]

Sogar im Bereich der Ethik existiert ein universelles einheitliches Prinzip, das über die kulturellen Bestimmungen hinaus wirkt:

„Und wie die Wissenschaft so hebt sich auch die Ethik über das einzelne Volk hinaus. Wie wäre auch sonst ein gesitteter Verkehr zwischen Angehörigen verschiedener Völker möglich?"[48]

Max Plancks auf die Idee der Einheit zentriertes Denken zeigt eine eindeutige, sich erkenntnistheoretisch auswirkende Richtung: Ausgehend von der platonischen Idee des Absoluten erkennt Planck in der Physik das Prinzip der Einheit als entscheidenden Grundsatz, auf dem der Fortschritt der Physik beruht. Die Allgemeinheit dieses Prinzips ist so groß, dass es die Grenzen der Physik überschreitet und sich in allen kulturellen Bereichen auswirkt. Dadurch wird es zum zentralen Inhalt der Planckschen philosophischen Auffassung, die wir als modernen Platonismus bezeichnet haben. Sie unterscheidet sich in ihrer Tiefe und Struktur von dem Universalismus Kleins, jedoch nicht in ihren Zielen.

Planck verfolgte wie Felix Klein und Hilbert die Einheit der Wissenschaften auch auf institutioneller Ebene, besonders durch seine Wirkung an der Preußischen Akademie der Wissenschaften in Berlin.[49]

Fassen wir zusammen: Es konnte anhand von drei Beispielen gezeigt werden, dass die Idee der Einheit nicht nur von den Physikern vertreten wurde, die daran

---

[45] Planck (1909), S. 35.
[46] Planck (1935), S. 28.
[47] Planck (1925), S. 25–26.
[48] Planck (1935), S. 29.
[49] Siehe Heilbron (1988), S. 67–76.

beteiligt waren, vereinheitlichte Theorien der Gravitation und des Elektromagnetismus, aufzustellen, wie Nordström, Weyl und Kaluza, sondern auch eine philosophisch-erkenntnistheoretische Richtung im ersten Drittel des 20. Jahrhunderts darstellte. Ihre Grundsätze entsprangen der Wissenschaft selbst – Hilbert entnahm sie der Mathematik, Klein den Naturwissenschaften ganz allgemein und Planck der Physik – und wurden in der Darstellung, die sie gaben, auf alle Kulturbereiche erweitert bis in die institutionelle Organisation hinein. Man kann daher von einer neuen philosophischen Auffassung sprechen, die wir als Universalismus bezeichnen. Auch wenn die verschiedenen Protagonisten ihrem Universalismus individuelle Züge gaben, besaß ihre Auffassung gemeinsame Merkmale, unter denen die Idee der Einheit der Wissenschaften und aller Erkenntnisbereiche am wichtigsten ist.

Dass die Vertreter des Universalismus ursprünglich unterschiedlich philosophisch geprägt waren, ist ein zusätzliches Argument, das für die Unabhängigkeit dieser neuen Richtung spricht, die sich von den philosophischen Strömungen der Zeit unterschied. In der gleichen Zeit (etwa zwischen 1870 und 1920) war der Neukantianismus eine der einflussreichsten philosophischen Richtungen in Deutschland. Zu ihren Inhalten gehörte auch die Idee der Einheit. Besonders die Marburger Schule, zu deren Vertretern Ernst Cassirer, Hemann Cohen, Arthur Liebert, Paul Natorp und Karl Vorländer zählten, stellte die naturwissenschaftliche Erkenntnis, beruhend auf „reinem Denken" durch mathematische Begriffe in den Mittelpunkt. Sie betonte die „gesetzmäßige Einheit" des Erkenntnisgegenstandes „über die terminologische und methodische Einheit seiner wissenschaftlichen Konstitution."[50]

Kaluza[51] und Hilbert, die in Königsberg studiert und dort lange gelebt hatten, waren jedoch eindeutig kantianisch geprägt. Hilbert hat auch seinen Schülern Nordström und Weyl die Erkenntnistheorie Kants vermittelt, während Planck bereits durch seine Schulausbildung in München zu seiner platonischen Auffassung gefunden zu haben scheint. Sie sind alle offenbar nicht durch den Kontakt zum eigentlichen Neukantianismus beeinflusst worden.

Sowohl die unterschiedlichen Inhalte des Neukantianismus und des oben beschriebenen Universalismus als auch die Prägung der Vertreter des Universalismus berechtigen dazu, den Universalismus als eine unabhängige philosophisch-erkenntnistheoretische Auffassung anzusehen, die, innerhalb der exakten Naturwissenschaften sich selbst konstituierend, ihre Grenzen überschritt.[52]

---

[50] Siehe Nastansky und Welter (1995), S. 989.

[51] Kaluzas universalistische Auffassung wurde bereits geschildert.

[52] Erwähnt seien noch zwei Denkrichtungen vom Anfang des 19. Jahrhunderts, die sich deutlich vom Universalismus unterscheiden: Der Monismus, begründet von Ernst Haeckel und

Auch außerhalb der Naturwissenschaften manifestierte sich nach dem ersten Weltkrieg eine geistige Richtung, die dem Universalismus nahe zu stehen schien.

Der Erste Weltkrieg war als tiefer Einschnitt in die abendländische Kultur empfunden worden. Viele Zeitgenossen versuchten, die Ursachen des Risses, den der Krieg hinterlassen hatte, zu verstehen und zu erklären, aber nicht indem sie sich wie viele andere von den klassischen Werten, von dem Rationalismus und der deterministischen Weltanschauung abwandten. Sie setzten der Zerstörung, die der Krieg verursacht hatte, das geistige Streben entgegen, die Welt neu entstehen zu lassen. Es sollte eine Welt der Versöhnung und Harmonie und nicht des Protestes und der Ablehnung der klassischen Werte sein. Das repräsentativste Beispiel dieses „geistigen Wiederaufbaus" war in der deutschen Literatur zweifellos Hermann Hesse, der in seinen ersten Werken der Nachkriegszeit – besonders im Roman „Der Steppenwolf" – ein Gemälde der durch den Ersten Weltkrieg ausgelösten Krise schuf.

Den für die damalige Kulturwelt charakteristischen Zwiespalt überwand Hermann Hesse in seinen weiteren Romanen, unter denen „Das Glasperlenspiel" als bedeutendster in der Perfektion seiner Symbole gilt.[53] Drei Verse des Buches zeigen die Auffassung des Autors:

> *„Einst war, so scheint es uns, das Leben wahrer,*
> *Die Welt geordneter, die Geister klarer,*
> *Weisheit und Wissenschaft noch nicht gespalten."*[54]

In diesem Roman setzte Hermann Hesse der aus den Fugen geratenen Welt das Bild einer friedlichen geistigen Gemeinschaft von westlicher und östlicher Weisheit entgegen. In metaphorischer Weise zeichnete Hesse durch einige Verse die geistige Aufgabe, die in einer vom Krieg zerstörter Welt bevorsteht:

> *„Sein Spielzeug, bunte Perlen, in der Hand,*

---

philosophisch vertieft durch die Arbeiten von Wilhelm Ostwald seit 1909, und der Holismus, der 1926 durch das Buch von Jan Christian Smuts „Die holistische Welt" in einem biologischen Kontext entwickelt wurde. Obwohl sie den Anspruch einer Vereinigung mehrerer philosophischen Strömungen erhoben und damit fälschlicherweise in Zusammenhang mit der Idee der Einheit, auf der der Universalismus beruht, gebracht werden könnten, besteht zwischen dem Universalismus einerseits und dem Monismus und Holismus andererseits nur eine oberflächliche Ähnlichkeit: Der Monismus beabsichtigte, die positivistische Wissenschaft und die materialistische Philosophie unter einen Hut zu bringen [vgl. Hübinger (1997) und Volkmann (1909)], während der Holismus eine „Synthese der auseinanderklaffenden Antithesen des Monismus und des Pluralismus" unter dem Begriff der „Ganzheit" nach dem Modell eines biologischen Organismus erreichen wollte. Siehe Smuts (1926) in Smuts (1938), S. XXIX.

[53] „Das Glasperlenspiel" erschien erst 1943, doch Hesse hatte die Arbeit an diesem Roman bereits in den 30er-Jahren begonnen.

[54] Hesse, „Das Glasperlenspiel", S. 482.

Sitzt er gebückt, es liegt um ihn das Land
Verheert von Krieg und Pest".[55]

Die Vereinigung der beiden philosophischen Systeme sollte die Lösung zur Überwindung der Kulturkrise unter dem Zeichen des wieder gefundenen Humanismus sein.

Erwähnt sei auch der mitten im Krieg (1942) verfasste Essay des französischen Schriftstellers Albert Camus « Le Mythe de Sisyphe », in dem er die Frage nach dem Sinn der menschlichen Existenz zu beantworten versucht.[56] Hier betont Camus „das Sehnen nach der Einheit" (« nostalgie d'unité »), die er als einen im menschlichen Geist zutiefst verankerten „Durst nach dem Absoluten" bezeichnet. Das „Glück des Geistes" (« bonheur de l'esprit »), das zum Überwinden der „Tragik des menschlichen Daseins" führen kann, bedeutet die Suche und das Auffinden dieses « principe unique », das sich in den „ewigen Gesetzen" der wechselhaften Phänomene widerspiegelt.

Diese literarischen Beispiele sprechen für die neuen Versuche, die sich in der Kultur abzeichneten und die auch in der Wissenschaft zu erkennen sind. Die Krise könne überwunden werden, indem man nicht die Unterschiede zwischen den Menschen und den Kulturen hervorhob, sondern indem man das Gemeinsame, das Vereinigende, wiederzufinden suchte.

Begriffe wie Nationalität und Rasse hatten die Unterschiede zwischen den Völkern betont und zu Chauvinismus und zum Ausbruch des Krieges geführt. Philosophen wie José Ortega y Gasset (1883–1955) und Benedetto Croce (1866–1952) bemühten sich damals um die Überwindung des Nationalismus in Europa. 1931 schrieb Benedetto Croce in seinem Werk „Geschichte Europas im 19. Jahrhundert": *„[...] denn Nationen sind – wie wir sagten – keine natürlichen Gegebenheiten, sondern Bewusstseinszustände und historische Gebilde."[57]*

Beide Denker traten nach dem Ersten Weltkrieg für die Einigung Europas ein, eine Idee, die die Hoffnung auf eine friedliche, harmonische Welt weckte: „genauso werden eines Tages Franzosen, Deutsche, Italiener und alle europäischen Völker sich zu Europäern erheben und ihre Gedanken auf Europa richten, für das ihre Herzen ebenso schlagen werden wie zuvor für die kleineren Vaterländer, die sie jedoch nicht vergessen, sondern nur noch inniger lieben werden"[58], schrieb Benedetto Croce im selben Werk.

Neue Werte des Humanismus sollten gefunden werden. Das universelle Weltbild, das in jedem Menschen steckt und in dem man die Einheit jenseits der

---

[55] Hesse (1943), in Hesse (1996), S. 476.
[56] Camus (1942).
[57] Croce (1993), S. 321.
[58] Ebd.

Vielheit erblicken kann, zeigte den Weg zur Verständigung und zum Wiederaufbau einer Welt, die in Harmonie existiert.

Auch der Professor für Philosophie in Jena Rudolf Eucken (1846–1926) wandte sich immer wieder gegen den „Verlust substantieller Einheit" in der modernen Kultur[59], der durch das Eindringen des „geistlose[n] und oberflächliche[n] Positivismus"[60] in die Geistes- und Kulturwissenschaften entstanden sei. Eucken setzte der „positivistischen Zersplitterung des Wissens" und der „Fragmentierung des Lebens" sein *neoidealistisches Programm* entgegen, das dem Individuum wieder eine ganzheitliche Lebensführung ermöglichen und eine weltanschauliche Synthese schaffen sollte.[61] So schrieb Eucken 1874 in „Über den Wert der Geschichte der Philosophie":

„Denn wenn sie [die Spezialistenarbeit] uns eine Einzelkenntnis gesichert hat, so kommt es nun darauf an, alles einzelne zu einer Einheit zu verknüpfen und es daraus zu verstehen, den treibenden Punkt zu finden, der alles in Fluss bringt, die letzten Ziele klar zu machen, nach denen sich alles hinbewegt."[62]

Wie wichtig Euckens Einsatz für die Wiederherstellung der Einheit in der „zerstreuten Mannigfaltigkeit" den Zeitgenossen erschien, zeigt die Tatsache, dass der Jenaer Philosoph in der bildungsbürgerlichen Öffentlichkeit als ein „epochaler Erneuerer des deutschen Idealismus gefeiert"[63] und 1908 für den „hochstrebende[n] und wissenschaftlich durchgeführte[n] Idealismus" seiner „Welt- und Lebensanschauung"[64] mit dem Nobelpreis ausgezeichnet wurde.

Wie Friedrich Wilhelm Graf bemerkt, zeigt Euckens große Popularität – im Ausland wurde er als Prophet wahrgenommen –, dass seine Botschaft ein wichtiges Bedürfnis der Zeit erfüllte: der in eine immer stärkere Spezialisierung zerfallenen Wissenschaft und der als „Untergang" der Kultur empfundenen Entwicklung am Anfang des 20. Jahrhunderts durch eine „geistige Reformation, eine geistige Umwälzung, die in die tiefste Tiefe geht und zu einer Weltbewegung wird"[65], entgegenzuwirken. Ihr zentraler Inhalt bezog sich auf die Wiederherstellung der verlorenen Einheit.

Auch die *Internationale Zeitschrift für Philosophie der Kultur „Logos"* erstrebte eine neue „kulturelle Einheit". Die Zeitschrift erschien in Deutschland von 1910

---

[59] Graf (1997), S. 54.

[60] Eucken (1921), S. 77, zitiert in Graf (1997), S. 54.

[61] Siehe Graf (1997), S. 54.

[62] Eucken (1874), zitiert in Graf (1997), S. 65.

[63] Graf (1997), S. 54.

[64] Ebd., S. 53.

[65] Zitat aus „Der Euckenbund. Nachrichtenblatt für die Mitglieder des Euckenbundes Nr. 1, Jena, den 1. November 1920, S. 1, zitiert in Graf (1997), S. 84.

bis 1933 und verfolgte das Programm, durch eine neue Weltanschauung die philosophische, kulturelle und religiöse Orientierungslosigkeit der Gegenwart zu überwinden.[66] Die berühmten Persönlichkeiten, die im *Logos* mitwirkten, sollten alle wichtigen Kulturwissenschaften vertreten und dadurch eine neue „Kultur mit philosophischen Mitteln [...] schaffen und [...] gestalten" und durch Internationalität die Einheit der „nationalen Sonderkulturen" erreichen. Beteiligt waren dabei die Philosophen Rudolf Eucken, Edmund Husserl, Wilhelm Windelband und Heinrich Rickert, der Jurist Otto von Gierke, der Historiker Friedrich Meinecke, der Philosoph und Soziologe Georg Simmel, der Nationalökonom und Soziologe Max Weber, der Religionswissenschaftler und Kulturphilosoph Ernst Troeltsch und der Kunsthistoriker Heinrich Wölfflin. So charakterisiert sich der *Logos* in seinem Programm aus dem Juli 1909:

„Unsere Zeit erstrebt eine höchste Entfaltung nationaler Sonderkulturen, sie darf dabei aber nicht vergessen, dass nur in einem übernationalen Zusammenschluss der Ergebnisse nationaler Kulturarbeit das letzte Ziel aller philosophischen Bestrebungen liegen kann. Sie braucht daher gegenseitiges Verständnis der Nationen und Einsicht in den Eigenwert jeder besonderen nationalen Kultur."[67]

Der Kulturinternationalismus wurde im Programm des *Logos* verstanden als Überwindung sowohl des Kosmopolitismus, der die Vielfalt der Kulturen zerstört, als auch des ausgeprägten Nationalismus der Gegenwart, der die sich in Kultur widerspiegelnde Einheitlichkeit der Menschheit ablehnt:

„Ein so verstandener Supernationalismus unterscheidet sich sowohl von einem Kosmopolitismus, der die individuellen Besonderheiten der historischen Entwicklung vernichtet, als auch von einem engen Nationalismus, der den Wert der einen, einheitlichen Kulturmenschheit nicht anerkennt."[68]

Dieses Ziel sollte erreicht werden durch eine „einheitliche, wissenschaftlich-philosophische Durchdringung aller Kulturgebiete, insbesondere der Spezialwissenschaften, der Kunst, des sozial-ethischen Lebens, der Religion"[69], um zu einem neuen philosophischen System zu gelangen, in dem Kultur und Internationalität neu definiert werden können. Das neue Programm fasste Georg Simmel auf als den *„Weg von der geschlossenen Einheit durch die entfaltete Vielfalt zur entfalteten Einheit".[70]*

Diese Bestrebungen, eine neue geistige Einheit auf dem Gebiet der Kultur zu erschaffen, dürften nicht die einzigen gewesen sein. Eine systematische Studie

---

[66] Siehe Kramme (1997), S. 123.
[67] Programm des *Logos* vom Juli 1909, zitiert in Kramme (1997), S. 126.
[68] Ebd.
[69] Ebd., S. 125.
[70] Zitiert in ebd., S. 126.

hierüber existiert bislang nicht; sie könnte neue und unerwartete Zusammenhänge aufdecken. Die vorgeführten Beispiele zeigen jedoch ausreichend, welche Ausdehnung und Bedeutung diese geistige Richtung am Anfang des 20. Jahrhunderts erreicht hatte.

Die Entwicklung der vereinheitlichten Theorien, die sich in der Zeit nach dem Krieg abzeichnete und in der die Theorie von Kaluza eine wichtige Rolle spielte, kann im Zusammenhang mit der Entstehung des Universalismus und der Suche nach dem Prinzip der Einheit in der Kultur gesehen werden. Die Entstehung der vereinheitlichten Theorien von Weyl und Kaluza in der unmittelbaren Nachkriegszeit lässt sich in diesem Rahmen des geistigen Wiederaufbaus verstehen. Selbstverständlich ist auch richtig, dass erst jetzt die physikalischen Voraussetzungen für diese Theorien durch die Aufstellung der vereinheitlichten Theorie von Hilbert und die Vollendung der Allgemeinen Relativitätstheorie im November 1915 geschaffen waren.

Die philosophische Auffassung Kaluzas stand im Einklang mit den skizzierten, auf die Einheit der Weltkulturen gerichteten Versuchen. Kaluza zeichnete sich nicht nur durch seine universalistische Ausbildung, sondern auch durch sein Eintreten für die Werte des Humanismus und der Ethik aus. In seinem Weltbild strebte er stets nach Harmonie und Verständigung zwischen den Menschen und Völkern.

Auch die beiden anderen Schöpfer von vereinheitlichten Theorien, Hermann Weyl und Albert Einstein[71], waren tief von der Idee der universellen Einheit der Welt durchdrungen. Alle drei Wissenschaftler lehnten lebenslang Gewalt, Nationalismus und Rassismus ab und strebten nach Völkerverständigung und Weltharmonie.[72]

---

[71] Einsteins Suche nach den vereinheitlichten Theorien begann erst unter dem Einfluss von Kaluzas Theorie, siehe dazu Wuensch (2003b).

[72] Bei seinem Beitritt zur jüdischen Gemeinschaft in den Vereinigten Staaten 1936 machte Einstein darauf aufmerksam, dass er weiterhin „dem gemeinsamen Ziel der ganzen Menschheit" zustrebe und sich nicht durch seine Mitgliedschaft auf die beschränkten Ziele einer Gemeinschaft eingrenzen lasse: *„In dieser Zeit ist eine Vereinigung derer, die sich um das geistige Erbe unseres Volkes scharen, von hoher Berechtigung. Wir Juden sollen Träger und Förderer geistiger Werte sein und bleiben. Wir sollen aber auch stets uns der Tatsache bewusst sein, dass dies Geistige gemeinsamer Besitz und gemeinsames Ziel der ganzen Menschheit ist und stets gewesen ist."* Siehe Einstein (1936), S. 239.

KIEL

Berufung

1926 erhielt der Mathematikprofessor an der Technischen Hochschule in Dresden, Gerhard Kowalewski, ein ehemaliger Student der Albertina in Königsberg, einen Ruf an die Technische Hochschule in Wien. Als seinen Nachfolger wünschte er sich Theodor Kaluza, der immer noch als außerordentlicher Professor an der Universität Königsberg tätig war. Gerhard Kowalewski wandte sich an Albert Einstein und bat um Rat: „Ich mache mir, wenn auch mein Abgang noch nicht sicher ist, Gedanken über meinen Nachfolger und möchte gern bei dieser Gelegenheit auch Herrn Theodor Kaluza aus Königsberg, den Sie gewiss kennen, mit auf die Liste bringen."[1] Gerhard Kowalewski kannte Einstein seit seinem Aufenthalt in Prag, wo Kowalewski zwei Jahre an der Technischen Hochschule gelehrt hatte. Kowalewski hatte bei dem großen norwegischen Mathematiker Sophus Lie, dem Schöpfer der Lie-Algebra, studiert und sich mit dessen Arbeiten über die Theorie der Transformationsgruppen und Differentialgeometrie beschäftigt. Seit seiner Prager Zeit war er ein anerkannter Mathematiker geworden. Seine Ergebnisse über die Lieschen Gruppen im Funktionenraum wurden von der Pariser Akademie veröffentlicht und viele seiner gruppentheoretischen Forschungsergebnisse waren durch die Wiener Akademie publiziert worden.[2] Er war Dekan der allgemeinen Abteilung der mathematischen Wissenschaften an der Technischen Hochschule Dresden und pflegte intensive Beziehungen zur wissenschaftlichen Elite Deutschlands. Kowalewski bewunderte Einsteins Genie; er hatte Gelegenheit gehabt, ihn 1911 bei seiner Antrittsvorlesung in Prag zusammen mit der „ganzen Prager Intelligenz" kennenzulernen. Der steigende Ruhm des „Newton des 20. Jahrhunderts" – wie er Einstein in seinen Erinnerungen nannte – hatte großen Eindruck auf ihn gemacht.[3] In Prag hatten die beiden Gelehrten die Gelegenheit, sich auf den Soirees von Madame Bertha Fanta, die regelmäßig einen Intellektuellenkreis um sich versammelte, näherzukommen.[4] Kowalewski kannte Einstein als gutmütigen Menschen, der immer bereit war, jungen Wissenschaftlern zu helfen. Deshalb zögerte er auch nicht, ihm klar zu machen, wie dringend Kaluza diese Hilfe brauchte:

---

[1] Brief von Kowalewski an Einstein vom 30. Oktober 1926, EA 14-342.

[2] Kowalewski (1950), S. 285.

[3] Ebd. S. 237.

[4] Ebd. S. 249.

„Er [Kaluza] hat durch seine Arbeiten, wie ich weiß, auch Ihr Interesse erregt, und es wäre mir viel geholfen, wenn Sie mir ein Urteil über die Ihnen bekannten Arbeiten Kaluzas zukommen ließen. Sie können Kaluza damit außerordentlich nützen, und er hat so wenige, die ihm helfen können. Also − bitte, bitte − schicken Sie mir bald ein Gutachten über Kaluza!"[5]

1912 hatte Einstein auch bei der Berufung von Kowalewski nach Prag mitgewirkt; er bewunderte Kowalewskis Arbeit über die Determinantentheorie.[6] Außerdem kannten sich die beiden Gelehrten durch die von Kowalewski geleiteten mathematischen Kolloquien in Prag, an denen Einstein regelmäßig teilnahm. Kowalewski bat Einstein mehrmals um Empfehlungen für junge Wissenschaftler bei Berufungsangelegenheiten, weil er Einsteins scharfes Urteilsvermögen, seine Ehrlichkeit und Gewissenhaftigkeit kannte.[7] Der Nachdruck aber, mit dem Kowalewski diesmal Einstein um die Empfehlung zu Gunsten Kaluzas bat, zeigt die besondere Hochachtung, die er für Kaluza empfand. Es berührte ihn sehr, dass dieser originelle Wissenschaftler, der sich schon mit 24 Jahren habilitiert hatte, seit 17 Jahren als außerordentlicher Professor an der Universität Königsberg geduldig darauf wartete, ein Ordinariat zu erhalten.[8]

Kowalewski kannte Kaluza schon als Student durch seinen Bruder Arnold, der während Kaluzas Studienzeit Philosophieprofessor an der Albertina war. Es ist zu vermuten, dass sich die beiden Wissenschaftler auf einer Tagung der Naturforscher und Ärzte − 1922 in Leipzig oder 1924 in Innsbruck − näher kennengelernt haben.

Auf Kowalewskis dringende Bitte schrieb Einstein einen Empfehlungsbrief, in dem er Kaluzas Verdienste als Wissenschaftler hervorhob. Er lobte in seiner Empfehlung die Idee der Vereinheitlichung als einen bemerkenswerten erkenntnistheoretischen Versuch in der theoretischen Physik, der eine wichtige Frage zu beantworten versprach: *„Herr Kaluza hat eine Idee entwickelt, die sicherlich Interesse verdient, und hat dieser Idee, die in der letzten Zeit von Klein (Cambridge) wieder aufgenommen worden ist, klaren Ausdruck gegeben."*[9] Und resümierend betonte er: *„Wie es*

---

[5] Brief von Kowalewski an Einstein vom 30. Oktober 1926, EA 14-342.

[6] Kowalewski (1950), S. 238.

[7] Brief von Kowalewski an Einstein vom 14. Juli 1922, EA 14-339.

[8] Meine Recherchen haben ergeben, dass Einstein Kaluza nie persönlich getroffen hat. Obwohl Einstein in den 20er-Jahren öfter nach Kiel kam, scheint er nach 1926 Kiel nie wieder besucht zu haben. Vgl. Lohmeier und Schell (1992), S. 69. Dies ergab auch meine Anfrage an Kaluzas Tochter. Auch sein Sohn berichtete in seinen Erinnerungen nichts von einem Treffen zwischen seinem Vater und Einstein. Um so mehr ist der Einsatz, den Einstein stets für Kaluza zeigte, hervorzuheben. Er zeugt von der großen Wertschätzung für Kaluzas Theorie.

[9] Brief von Einstein an Kowalewski vom 7. November 1926, EA 14-343.

nun auch die endgültige Wahrheit sehen mag, jedenfalls ist Kaluzas Gedanke ein solcher, der schöpferische Begabung und Gestaltungskraft zeigt. "[10]

Es ist kein Wunder, dass Einstein Verständnis für die Situation Kaluzas zeigte und sich mehrmals für seine Förderung einsetzte. Er kannte die schwierige Lage junger begabter Wissenschaftler aus eigener Erfahrung. Als er an der Speziellen Relativitätstheorie arbeitete, war er am Patentamt in Bern tätig und musste dort 40 Stunden die Woche arbeiten, um seine dreiköpfige Familie zu versorgen.

Die Empfehlung Einsteins blieb aber leider erfolglos, weil Kowalewski ein Jahr später die Berufung nach Wien ablehnte. Es sollten noch zwei Jahre vergehen, bis der Mathematikprofessor Adolf Abraham Fraenkel – der später seinen zweiten Vornamen zu seinem ersten machte – an Kaluza als Nachfolger des 1928 verstorbenen Professors Ernst Steinitz in Kiel dachte. Fraenkel war ein bedeutender Mengentheoretiker. Noch heute ist die Zermelo-Fraenkelsche Axiomatisierung der Mengenlehre die bekannteste. Fraenkel erwähnt es in den betreffenden Schriftstücken zwar nirgends, doch er wird Kaluza auch wegen seiner mengentheoretischen Arbeiten geschätzt haben. Andererseits interessierte sich Fraenkel stark für die Physik.[11] Es ist daher anzunehmen, dass er ebenfalls Kaluzas fünfdimensionale Theorie hoch bewertete. Fraenkel bat nun sogar Einstein, so schnell als möglich ein Gutachten über Theodor Kaluza zu schreiben, obwohl er wenig Hoffnung auf Erfolg hatte, denn „es sind von der vorigen Liste [...] sehr tüchtige Leute ‚dran'."[12] Es gelang Fraenkel jedoch, Kaluza an die dritte Stelle auf der Berufungsliste zu bringen. An erster Stelle stand Helmut Hasse, ein hervorragender junger Mathematiker, der zu dieser Zeit schon als Ordinarius in Halle lehrte. Ein Jahr zuvor, im Winter 1927, hatte Fraenkel selbst in dieser Konstellation an zweiter Stelle auf der Berufungsliste gestanden. Er wurde tatsächlich nach Kiel berufen. Viel später erfuhr er, dass der große Hilbert ihn bei seiner Berufung im Ministerium unterstützt hatte.[13] Nun musste er sich als einziger Ordinarius in Kiel um die Besetzung des vakanten Lehrstuhls kümmern.

An zweiter Stelle wurden auf der Berufungsliste zwei verdienstvolle Mathematiker genannt: Hans Rademacher (1892–1969), ordentlicher Professor an der Universität Breslau, und Arthur Rosenthal (1887–1959), außerordentlicher Professor an der Universität Heidelberg. Rosenthal war von Constantin Carathéodory (1873–1950) in München und von Harald Bohr (1887–1951), dem Bruder des berühmten Niels Bohr, empfohlen worden. Der Kampf um die Berufung versprach wieder sehr hart zu werden. Deshalb hatte sich Fraenkel an Einstein ge-

---

[10] Brief von Einstein an Kowalewski vom 7. November 1926, EA 14-343.
[11] Siehe Fraenkel (1967).
[12] Brief von Fraenkel an Einstein vom 23. Oktober 1928, EA 37-010.
[13] Vgl. Fraenkel (1967).

wandt, den er persönlich kannte: „Obwohl ich nicht viel Hoffnung habe, ihn gegebenenfalls auf die Liste zu bringen, [...] wäre mir und ev[entuell] später der Kommission doch gerade *Ihr* Urteil über K[aluza] von größtem Wert."[14] Dass Fraenkel viel von Kaluza hielt, ist seinem Brief zu entnehmen: Hier setzt er Kaluza mit Professor Steinitz, dem „prächtigen Menschen und hervorragenden Wissenschaftler", gleich.[15]

Wo er Kaluza kennengelernt hatte, ist unklar. Es ist zu vermuten, dass sich die beiden Gelehrten im Hause des Mathematikers Kurt Hensel in Marburg begegnet waren, wo Fraenkel als außerordentlicher Professor mit seiner Familie von 1919 bis zu seiner Berufung nach Kiel 1928 gewohnt hatte. Kurt Hensel, ein Enkel Fanny Mendelssohns, der Schwester des Komponisten Felix Mendelssohn Bartholdy, war ein bekannter Mathematikprofessor, der in Marburg eine eigene mathematische Schule begründet hatte. Seine besonderen Verdienste lagen auf dem Gebiet der Zahlentheorie. Bekannt war Hensel aber auch durch die hervorragenden Abendgesellschaften, die in seinem palastartigen Haus auf der Höhe des Schlossberges bei Marburg in einer besonders gastlichen und intellektuell anregenden Atmosphäre stattfanden. Dieses Haus bildete jederzeit einen „Treffpunkt von Gelehrten, Künstlern, Schriftstellern und interessanten Menschen aller Art, aus dem jeder, dem der Eintritt vergönnt war, immer wieder angeregt und innerlich bereichert schied."[16] Dazu trug auch seine Frau Gertrud bei, die bemüht war, die Familientradition der Mendelssohns weiter zu pflegen. Es ist sehr wahrscheinlich, dass Kaluza dort Zugang gefunden hatte, denn Kurt Hensel stammte auch aus der Königsberger Gegend, aus Großarten. Sein Vater besaß dort ein Gut. Im Hause Hensel hatte Kaluza vermutlich auch die beiden Mathematiker Abraham Fraenkel und Helmut Hasse kennengelernt.

Fraenkel war als sehr strenger Kritiker des wissenschaftlichen Wertes von Gelehrten bekannt; der Scharfsinn des ernsthaften, fast humorlosen Fraenkel kannte keine Gnade.[17] Dass Fraenkel an Kaluza als Nachfolger seines verehrten

---

[14] Brief von Fraenkel an Einstein, 23. Oktober 1928, EA 37-010, i. Original unterstrichen.

[15] Ebd.

[16] Hasse (1950), S. 2.

[17] Siehe z.B. die Beurteilungen in seinem autobiographischen Buch „Lebenskreise", sowie seine Beurteilungen bezüglich der Besetzungen der Lehrstühle der Hebräischen Universität Jerusalem in seinen Briefen an Einstein. Er war selten mit der Leistung eines Gelehrten zufrieden. Es kann auch sein, dass Fraenkel Kaluza von den Versammlungen der Deutschen Naturforscher und Ärzte in Leipzig (1922) und Innsbruck (1924) kannte. Fraenkel bildete sich sein „endgültiges" Urteil über wissenschaftliche Leistungen aber nicht vorschnell, wie aus den oben zitierten Quellen hervorgeht. Daher liegt die Vermutung nahe, dass Kaluza entweder den Kreis um Hensel frequentierte, oder dass seine Leistungen öfter anerkennend in wissenschaftlichen Kreisen besprochen wurden.

Lehrers Ernst Steinitz dachte, beweist, wie hoch er ihn schätzte. In der Liste der Berufungsvorschläge für Kiel wurde Kaluza ausführlich charakterisiert. Als Mangel wurde seine knappe Veröffentlichungsliste angesehen, die weniger umfassend als bei den anderen Kandidaten war:

„Wenn im Ganzen der vielseitigen mathematischen Allgemeinbildung und dem kraftvollen Forschertalent Kaluzas nicht ein entsprechendes Maß fertiger Arbeiten gegenübersteht, so liegt das wesentlich daran, dass er im Krieg mehrere Jahre durch Heeresdienst eingebüßt hat, so wie an der zurückhaltenden, etwas schüchternen Natur dieses Gelehrten, dessen lauteren Charakter alle die aufs entschiedenste hervorheben, die Kaluza kennen." [18]

Hervorgehoben wurde auch seine „hochentwickelte Urteilsfähigkeit in mathematischen Dingen", und nicht zuletzt spräche „die Würdigkeit Kaluzas, eine Professur zu bekleiden" zu seinen Gunsten.[19] Doch die anderen Kandidaten – an dritter Stelle neben Kaluza wurde noch Heinz Prüfer (1896–1934) genannt – hatten alle eine sehr „verdienstvolle" Publikationsliste, deren Umfang erheblich größer war als die von Kaluza. Es scheint jedoch, dass der Einsatz Fraenkels und die Empfehlung Einsteins eine entscheidende Rolle gespielt haben, dass sich die Waage zugunsten Kaluzas neigte. Einstein betonte daraufhin in einem weiteren Brief an Fraenkel nochmals die Verdienste, die sich Kaluza durch seine Theorie erworben hatte:

„Herr Kaluza hat um 1920 den Gedanken gehabt, Gravitation und Elektrizität dadurch als einheitliche Wesenheit zu erfassen, dass er die Welt als fünfdimensional betrachtete, jedoch derart, dass alle Feldgrößen in der fünften Dimension nicht variieren. Ob sich diese Idee bewähren wird, kann man noch nicht sagen, Genialität wird man ihr zuerkennen müssen." [20]

Ebenso schrieb er 1932 an Fraenkel: *„Auch ich schätze Kaluza sehr. Seine Idee über die Interpretation des elektromagnetischen Feldes in der Allgemeinen Relativitätstheorie liegt allen späteren Versuchen einer einheitlichen Interpretation des Feldes zugrunde."* [21]

Der Grundgedanke von Kaluzas Theorie, die Idee der Vereinheitlichung des elektromagnetischen Feldes und der Allgemeinen Relativitätstheorie in fünf Dimensionen, hatte Einstein lange Zeit fasziniert. Sie prägte seine Forschung nach dem Abschluss der Allgemeinen Relativitätstheorie. Einstein beschäftigte sich in dieser Zeit mit der Theorie der Vereinheitlichung in fünf Dimensionen, über die

---

[18] Brief des Dekans der Philosophischen Fakultät der Christian-Albrechts-Universität Kiel an den Minister für Wissenschaft, Kunst und Volksbildung vom 15. November 1928, in *Akten der Wiederbesetzung der Mathematik-Professur des verstorbenen Professors Ernst Steinitz (1871–1928-1929)*, S. 383, Rep. 76, Va, Sekt. 9, Tit. IV, Nr. 1, Bd. 21, GSB.

[19] Ebd., S. 387, Charakterisierung von Robert Schmidt.

[20] Brief von Einstein an Fraenkel vom 26. Oktober 1928, EA 14-250.

[21] Brief von Einstein an Fraenkel vom 22. September 1932, EA 37-049.

Abb. 32: Foto: Theodor Kaluza (um 1930)

er gerade ein Jahr zuvor, 1927, zwei Mitteilungen bei der Preußischen Akademie der Wissenschaften zu Berlin eingereicht hatte. Vermutlich war Einstein Kaluza dankbar für diese Idee, die er als eine direkte Folge seiner eigenen Allgemeinen Relativitätstheorie ansah. Tatsache ist, dass er von Kaluzas Idee der Vereinheitlichung sein ganzes Leben lang nicht mehr abließ und ihr mehr als 30 Jahre Forschung widmete, was zeigt, dass er sie als eminent wichtig ansah.[22] Bereitwillig schrieb er Empfehlungen für Kaluza, die ihm helfen sollten, eine angemessene Stelle an einer deutschen Universität zu erhalten.

Dass Theodor Kaluza 1928 im Alter von 43 Jahren noch immer keine ordentliche Professur an einer Universität innehatte, lag wohl auch daran, dass ihm seine Karriere weniger wichtig war als seine Forschung. Kaluza wusste, dass sich bedeutende Forschungsergebnisse nur ungestört, in der Stille, erreichen lassen. Für ihn war Ruhe bei der Arbeit das wichtigste Element im Leben eines Wissenschaftlers. Für die lange Wartezeit gab es aber auch äußere Gründe, zum Beispiel das Gerücht, dass der bekannte Königsberger Mathematikprofessor Franz Meyer, ein konservativer Mann, „den jungen Kaluza verhinderte, nach oben zu kommen".[23] Ein Hindernis war auch Kaluzas Religionszugehörigkeit – er war Katho-

---

[22] Siehe dazu auch Wuensch (2003b).

[23] Vgl. Brief von Samuel Sambursky an Theodor Kaluza junior, 1985, NTK. Dasselbe in Theodor Kaluza junior (1991), S. 6. Z.B. befand sich Kaluza nicht auf der Berufungsliste zur Besetzung des 2. Ordinariates für Mathematik an der Albertus-Universität Königsberg, 1920. Auch für die Wiederbesetzung der außerordentlichen Mathematik-Professur des verstorbenen Professors Hermann Graßmann an der Universität Gießen empfahl Franz Meyer nicht Kaluza, sondern einen anderen Privatdozenten aus Königsberg, Hans Falkenberg (1885–1945); vgl. Akten des Berufungsverfahrens nach Gießen, UAJLG Pra. Phil. 7 Falckenberg. 1925 veranlasste Franz Meyer die Berufung von Kurt Reidemeister zu seinem Nachfolger. Kaluza stand wieder nicht auf der Liste. Dieses Gerücht scheint auf wahren Tatsachen zu beruhen. In seinen Briefen an David Hilbert, mit dem er befreundet war, schrieb Paul Volkmann, Ordinarius für Physik an der Universität Königsberg und Bewahrer der Neumannschen Tradition, über Franz Meyer:
„An eine Universität scheint mir dieser bramarbasierende Unteroffizier [Franz Meyer], der dazu dem Trinken ergeben ist, nicht hinzugehören. [...] Das Vorbild, das sich Meyer an F. Klein zu nehmen scheint, lässt ihm für sich keine andere Rolle an der Universität als denkbar erscheinen als sich an der Spitze einer Schar ergebener Trabanten zu bewegen." (Brief von Paul Volkmann an David Hilbert vom 25. Mai 1899, NSUBG Cod. Ms. David Hilbert 416.) Dabei wurde einer der mildesten Ausschnitte der Charakterisierung, die Volkmann über Franz Meyer in mehreren Briefen an Hilbert machte, ausgewählt. Meyer scheint ein schwieriger Mensch gewesen zu sein, dem die Ausübung seiner Macht als Ordinarius für Mathematik an einer der traditionsreichsten Universitäten Deutschlands Genugtuung bereitete – durchaus kein Einzelfall an den deutschen Universitäten der Zeit. Dazu äußerte sich auch Kowalewski in seinem autobiographischen Buch wie folgt: „Wie so etwas gemacht wird?" fragt er in seinen Erin-

lik, was an den Universitäten und besonders an der Albertina nicht förderlich war. Der Historiker Thomas Nipperdey erwähnt einen Prozentsatz von nur 16,8 % von Ordinarien katholischer Konfession an Preußischen Universitäten am Ende des vorigen Jahrhunderts (1896/97). Für die Privatdozenten war der Prozentsatz noch geringer: 6,97 % (1896/97). Er fügt hinzu: „Die Diskriminierung gegen die Katholiken und deren geringere Wissenschaftsmotivation wirkten zusammen."[24] An den preußischen Universitäten überwogen Protestanten, die als fleißiger und zuverlässiger galten.

Ein weiteres Hindernis gegen seine Berufung könnte auch die unzutreffende Vermutung gewesen sein, er sei „lungenkrank". Daran erinnerte sich später sein Sohn. Auch Kaluzas Königsberger Freunde machten sich Ende der 20er-Jahre darüber Sorgen, dass er keine Berufung erhielt. Einer von ihnen, der Mathematiker Gábor Szegö, versuchte zusammen mit Kurt Reidemeister den Grund dafür zu erfahren. Darüber berichtete sein Sohn in seinen Erinnerungen:

„Szegö und Reidemeister sagten, sie hätten sich in Deutschland umgehört, warum mein Vater auf keiner Berufungsliste erscheine, und man habe ihnen in Königsberg und auch außerhalb (!) gesagt: Weil er bekanntlich unheilbar lungenkrank sei!! ... kurz: Die beiden schlugen vor, mein Vater solle sich die Gesundheit seiner Lunge amtsärztlich attestieren lassen, – sie würden das Papier dann in geeigneter Weise verbreiten."[25]

Die Erklärung für dieses Gerücht lieferte der Physiker Walter Kaufmann (1871–1947), ein Familienfreund der Kaluzas:

„Er sagte, kurz nach dem 9.11.1918 hätte der Dekan die ganze Fakultät zu einer Art Bestandsaufnahme zusammengerufen, und da habe jemand gesagt: ,Der junge Kaluza ist auch da, – aber er hat etwas mit der Lunge.' Das Aussehen meines Vaters strafte das damit Suggerierte leider nicht Lügen: Er war immer sehr blass, hungerte ja auch einige Jahre lang wirklich und trug einen langen pechschwarzen Bart, – worum er übrigens kurz nach seiner Habilitation von der Fakultät gebeten worden war, damit er sich im Aussehen deutlich von den Studenten unterscheide."[26] Kaluzas Sohn brachte das Gesundheitsattest sogar in direkten Zusammenhang mit der Berufung nach Kiel: *„Wenige Monate später erhielt er einen Ruf nach Kiel als Nachfolger von Steinitz."[27]*

---

nerungen in Bezug auf den „ausgezeichneten Bakteriologen" Dr. Conradi, den Professor Rank in Dresden nicht nach oben kommen ließ: „Rank sorgte dafür, dass er in Dresden nicht hoch kam." Wie das ging? „Das weiß ein erfahrener Professor schon", antwortet Kowalewski selber weiter, in Kowalewski (1950), S. 290.

[24] Nipperdey (1991), S. 576.

[25] Brief von Theodor Kaluza junior an Detlef Laugwitz vom 26. Juni 1985, NTK.

[26] Ebd., S. 6.

[27] Ebd.

Alle hier aufgezählten Gründe mögen eine Rolle bei der lange verzögerten Berufung gespielt haben. Entscheidend war aber wohl doch Kaluzas Einstellung zu seiner Karriere. Den Höhepunkt seiner Kreativität in der Physik erreichte er zwischen 1919 und 1925, zwischen seinem 34. und 40. Lebensjahr. Danach konzentrierte er sich in den nächsten vier Jahren gezwungenermaßen auf Veröffentlichungen in der Mathematik, die höchst bemerkenswert ausfielen. Das Hauptinteresse Kaluzas galt ausschließlich der Wissenschaft, besonders der Physik. Er hatte eine Theorie über die Vereinheitlichung der Kräfte aufgestellt, deren Genie selbst von Einstein anerkannt worden war. Nach seinem Kriegsdienst an der Front muss Kaluza wohl abgewogen haben, was ihm die wichtigsten wissenschaftlichen Ziele waren. Anscheinend bedeutete die Suche nach der Wahrheit für ihn in erster Linie die uneingeschränkte Forschung an der vordersten Front der Physik. Die Ungestörtheit seines Königsberger Studierzimmers, die inspirierende Landschaft um Königsberg und die anregende kulturelle Atmosphäre seiner geliebten Stadt waren die Bedingungen, die er für seine Forschung als entscheidend ansah. Nur die katastrophale finanzielle Lage seiner Familie, die sich nach dem Verlust des ganzen Vermögens in der Inflation von 1923 zugespitzt hatte und seine Frau zur Verzweiflung brachte, mag den Anstoß gegeben haben, ab 1925 entschiedener zu versuchen, ein Ordinariat zu erhalten. Doch hinderte ihn bei diesen Versuchen seine große Bescheidenheit.[28]

Ein wesentlicher Grund für seine lange Wartezeit war auch die besondere Art seiner Forschung: Wie bereits erwähnt, konnten die Mathematiker Kaluzas fünfdimensionale vereinheitlichte Theorie nicht als außerordentliche Leistung für ihr Fach würdigen, da die Bedeutung dieser Theorie hauptsächlich in ihren physikalisch konzeptionellen Leistungen und nicht in mathematisch wichtigen Inhalten lag.[29] Hinzu kam, dass – ungeachtet des Lobes von Einstein – Kaluzas Theorie für seine Zeit viel zu kühn war, um in ihrer Genialität erkannt zu werden. Die theoretische Physik hatte bereits einen anderen Weg eingeschlagen: Die Quantenmechanik war der wichtigste Bereich der Physik geworden, und wer sich, wie Einstein, noch mit der vereinheitlichten Feldtheorie beschäftigte, wurde als überholt betrachtet und nicht mehr ernst genommen. Kaluzas Theorie blieb so über 50 Jahre unverstanden. Gerade wegen seiner visionären schöpferischen Kraft

---

[28] In den Berufungsverhandlungen von 1925 für die Wiederbesetzung des 2. Ordinariats für Mathematik an der Universität Königsberg, in denen Kaluza von Robert Schmidt empfohlen worden war, hatte er schriftlich zu Gunsten Werner Rogosinskis, eines jüngeren Freundes, verzichtet. Siehe das Schreiben von Theodor Kaluza vom 3. Juli 1925 an den Dekan, GSB.

[29] Für die Mathematik brachte die Theorie Kaluzas, ebenso wie der vierdimensionale Raum in Minkowskis Theorie (1908), keine Neuerung. Die fünfdimensionalen Räume und die Riemannsche Metrik waren schon längst bekannt.

konnte Kaluza nicht sofort Anerkennung erfahren und hatte daher lange Zeit mit materiellen Schwierigkeiten zu kämpfen.

Der Einsatz Fraenkels hatte diesmal jedoch Erfolg: 1929 wurde Theodor Kaluza zum ersten Ordinarius für Mathematik an der Universität Kiel berufen. Am 1. April desselben Jahres trat er sein Lehramt an. Die ganze Familie empfand es als große Erleichterung.

Abb. 33 und 34: Fotos von Dorothea und Theodor Kaluza junior (etwa 1934/35)

„Kiel ist eine ziemlich hässliche Stadt", lauteten die meisten Reiseberichte, nur wenig voneinander abweichend, zu Beginn des 20. Jahrhunderts.[1] Und so mag die Stadt an der Ostsee auch der Familie Kaluza 1929 erschienen sein. Denn Kiel konnte einem Vergleich mit dem reizvollen Königsberg nicht standhalten: „Man scheint hier nicht wie in anderen deutschen Städten auf jene Sauberkeit und kokette Eleganz Gewicht zu legen, die für den Fremden so bestrickend sind."[2]

Auf den ersten Blick machte die Stadt einen uninteressanten und langweiligen Eindruck. Nachdem Kiel 1867 Kriegshafen geworden war, prägte die Stadt ein Wachstumstempo, das keine Rücksicht auf das architektonische Stadtbild nehmen konnte. Die Bevölkerungszahl stieg von 24.000 im Jahr 1867 auf rund 100.000 um 1900. Ende der 20er-Jahre zählte die Stadt bereits 250.000 Einwohner.[3] Kiel verwandelte sich dadurch aus dem kleinen, idyllischen Städtchen um 1850 in eine Großstadt, deren pulsierendes Herz der Reichskriegshafen war. Am Ostufer der Förde entstanden in den Werften gewaltige Kriegs- und Handelsschiffe für die Marine und die emporstrebende Industrie. 1895 ließ Kaiser Wilhelm den Nord-Ostsee-Kanal bauen. An der Kanalmündung befand sich die Prinz-Heinrich-Brücke, die einen Blick über die Förde, das Industriegebiet und die 330 m langen Schleusen – die größten der Welt – bot. Der Kanal ermöglichte die freie Durchfahrt großer Schiffe von einem Meer zum anderen.

Trotzdem wäre es ungerecht, dieses Urteil kritiklos hinzunehmen, denn Kiel war eine alte holsteinische Stadt, deren Reiz sich doch allmählich entdecken ließ. Von der alten, zwischen 1233 und 1242 von dem Schauenburger Grafen Adolf IV. gegründeten Stadt war noch einiges übriggeblieben. Dazu gehörte das „kleine Kiel" mit der 1241 erbauten Nikolaikirche, deren eckiger Turm sich stolz emporreckte.

An jenem Märztag des Jahres 1929, als Kaluza mit seiner Familie nach Kiel kam, um seine Professur anzutreten, spazierten die Kaluzas neugierig durch die malerischen engen Gassen, die zum Hafen herunterführten, und machten Halt am Marktplatz, um das alte Rathaus zu bewundern. Dann verweilten sie im Schlossgarten mit seinem im 16. Jahrhundert erbauten Schloss. Die Straßen waren von Offizieren und Matrosen in ihren blau-weißen Uniformen belebt. Und

---

[1] Jost Nolte und Jules Huret, in Kutzer (1986).

[2] Ebd., S. 21.

[3] Vgl. Urbahns und Schmidt (1938).

trotz des Eindrucks von „alt, rumplig, unbedeutend"[4], den die Patrizierhäuser und Bauten in Kiel auf Theodor Fontane gemacht hatten, verlieh der Stadt ihre wunderbare natürliche Lage Schönheit. Das Meer war mit seinen weißen Möwen überall gegenwärtig, die Luft war frisch, und das Auge konnte ungestört vom Kai auf die Kieler Förde wandern. Schöne Strände und dichten Wald mit großen Seen konnte Kiels Umgebung dem Naturliebhaber reichlich bieten.

Die Familie Kaluza mietete eine Wohnung in einem ansehnlichen Haus in der ältesten Villenstraße Kiels. Sie befand sich am Niemannsweg in Düsternbrook inmitten einer idyllischen Parklandschaft in einem vornehmen Wohn- und Erholungsgebiet nahe der Kieler Förde.[5] Die großzügig gebaute Villa lag im Grünen, mit Blick auf das bewaldete Seeufer. Im Sommer bot der Garten eine wunderbare Zuflucht im kühlen Schatten.

Abb. 35: Foto: Theodor, Amalie, Anna und Theodor Kaluza jun. in Kiel (etwa 1931)

---

[4] Theodor Fontane in Kutzer (1986), S. 15.
[5] Lang, Peters und Sönnichsen (1989), S. 59.

Abb. 36: Foto: Das Haus im Niemannsweg in Kiel (1931)

Die großen alten Eichen, Linden, Lärchen und Kiefern der 1788 entstandenen Forstbaumschule beschatteten im Sommer die Wege, auf denen Badegäste und Bürger geruhsam ihren Spaziergang machten. Vom Niemannsweg bis zur

Universität führte der Weg an der Kieler Förde entlang. Man ging am alten Botanischen Garten vorbei durch die ruhigen Straßen des Wohnviertels und kam nach einer halben Stunde zum Schlossgarten, wo sich seit 1876 das Universitätsgebäude befand. Im Schlossgarten stand das Kieler Schloss, ein sechshundert Jahre alter Bau, der am Anfang des Jahrhunderts von Prinz Heinrich, dem Bruder des Kaisers, bewohnt war. Die Universität war in der Mitte des Schlossgartens ruhig gelegen, weit ab vom Lärm der Stadt. Das klassische Gebäude war schlicht, es besaß nicht den Glanz und die Größe der Albertus-Universität in Königsberg. Es strahlte jedoch eine Ruhe aus, die nur noch in der Landschaft Norddeutschlands zu finden war.

Es lässt sich nicht mehr feststellen, welche Gedanken dem 44-jährigen Kaluza auf dem gemächlichen Weg von seinem Haus zur Universität durch den Kopf gingen. Konnte er sich nach dem Verlassen seiner Heimatstadt Königsberg bald trösten? War er mit dem Wechsel seiner Lage zufrieden? Denn endlich hatte seine Karriere den Höhepunkt erreicht, den sich jeder Gelehrte wünschte. Dadurch war seine Familie auch von den finanziellen Schwierigkeiten der letzten zehn Jahre befreit. Sein jährliches Grundgehalt als ordentlicher Professor betrug jetzt 8.000 Mark, wozu die gesetzlichen Zuschläge kamen.[6] Dass er seiner Familie endlich materielle Sicherheit bieten konnte, hat dem liebevollen Familienvater sicherlich ein Gefühl der Zufriedenheit gegeben.

Die Universität

Die Kieler Universität wurde 1665 durch Herzog Christian Albrecht von Schleswig-Holstein-Gottorp gegründet. Sie erlangte ab 1773 die Bedeutung einer Landesuniversität von Schleswig-Holstein. Das Schicksal der Universität war mit der Geschichte des Landes eng verbunden. 1773 fiel Kiel zusammen mit den beiden Herzogtümern Schleswig und Holstein unter dänische Herrschaft. Erst 1866 gingen sie wieder an Preußen über. So wurde die Geschichte der Universität im 18. und 19. Jahrhundert von den Versuchen geprägt, sich vom dänischen Einfluss zu befreien. In der ersten Hälfte des 19. Jahrhunderts spielte die Universität eine wichtige Rolle als Zentrum der schleswig-holsteinischen Bewegung. Durch den Wiener Kongress gehörte zwar Holstein ab 1815 zum Deutschen Bund, Schleswig und mithin Kiel blieben aber dänisch. Die Universität Kiel leistete einen wichtigen Beitrag für die Aufrechterhaltung der deutschen Identität des Landes

---

[6] Brief des Ministers für Wissenschaft, Kunst und Volksbildung an Theodor Kaluza vom 27. Dezember 1928, bezüglich seiner Ernennung zum ordentlichen Professor für Mathematik an der Universität Kiel, NTK.

Schleswig, das nun besonders eng an Dänemark angeschlossen werden sollte, um es von Holstein zu trennen.

Die Kieler Universität gehörte zu den letzten im 17. Jahrhundert gegründeten Hochschulen Deutschlands. Ihr Aufbau ließ noch Relikte der mittelalterlichen hierarchischen Struktur erkennen, in der die Medizinische, Juristische und Theologische Fakultät angesehener waren als die Philosophische, die eine vergleichsweise untergeordnete Rolle spielte. Auch die Mathematik galt in den ersten 200 Jahren nur als ein unterstützendes Fach für andere Disziplinen. Die mathematischen Vorlesungen dienten praktischen Zwecken, wie zum Beispiel der Ausbildung der künftigen Beamten, praktischen Fragen des Finanz- und Versicherungswesens, dem Deichbau oder der Erklärung einfacher, alltäglicher Naturvorgängen. Den Status einer „reinen Wissenschaft" gewann die Mathematik an der Kieler Universität erst Mitte des 19. Jahrhunderts. Von entscheidender Bedeutung war dafür die – wenn auch ziemlich späte – Gründung des Mathematischen Seminars im Jahre 1877, nachdem Kiel preußisch geworden war.[7]

Aus diesem Grunde hatte die Mathematik in Kiel nicht den hohen Rang wie in Königsberg, doch auch hier sind bedeutende Mathematiker tätig gewesen. Dazu gehörte Heinrich Ferdinand Scherk (1789–1885), der renommierteste Mathematiker der Christian-Albrechts-Universität, der bei seiner Berufung dem berühmten Lejeune Dirichlet vorgezogen worden war. Scherk hatte bei Wilhelm Bessel in Königsberg und anschließend ein Jahr bei Gauß in Göttingen studiert. Zu den anerkannten Mathematikern in Kiel gehörten auch Leo Pochhammer (1841–1920), dessen Name mit der Entwicklung des mathematischen Seminars verbunden ist, Ernst Steinitz (1871–1928), der als „bedeutendster Mathematiker seiner Generation" galt, und Adolf Abraham Fraenkel (1891–1965), der wichtige Beiträge für die mathematische Grundlagenforschung geliefert hatte.

Seit 1874 gab es an der Kieler Universität zwei Ordinariate für reine Mathematik. Es fehlte aber ein Lehrstuhl für angewandte Mathematik, der beispielsweise in Göttingen durch Carl Runge (1856–1927) besetzt war. Brillante Vertreter der angewandten Mathematik wie Richard Courant, seit 1920 Ordinarius in Göttingen als Nachfolger von Felix Klein, gab es in Kiel nicht.

Die angewandte Mathematik – darstellende Geometrie, graphische Statik und technische Mechanik, später auch Wahrscheinlichkeitsrechnung – wurde zum Teil durch Lehrer der Kaiserlichen Marineakademie und von den anderen Ordinarien vertreten. Das 1877 gegründete Mathematische Seminar hatte sich noch nicht zu einem regelrechten Institut für Mathematik entwickelt. Nun war Theodor Kaluza auf das erste Ordinariat und zum Direktor des Seminars berufen wor-

---

[7] „Geschichte der Mathematik an der Kieler Universität", in Jordan, Karl (1968), S. 10.

den; das zweite Ordinariat hatte Adolf Abraham Fraenkel inne. Zu Kaluzas Lehrverpflichtungen gehörten Vorlesungen in der reinen und in der angewandten Mathematik.

Mit dem Physikalischen Institut in Kiel waren Namen berühmter deutscher
Physiker verbunden. Heinrich Hertz hatte dort von 1883 bis 1885 als Extraordinarius unterrichtet. In dem kleinen Institut hatte er sich intensiv mit der „Elektrodynamik nach Maxwell" befasst und 1884 entdeckt, dass Maxwells Theorie
„eine neue Auffassung" zum Ausdruck brachte: „die Ausbreitung der Energie
durch den Raum."[8] Ein Jahr später verließ er Kiel und trat eine ordentliche Professur in Karlsruhe an. Seine Arbeiten in Kiel waren eine wichtige Voraussetzung
für die Entdeckung der elektromagnetischen Wellen.[9] Dieser experimentelle Erfolg gelang ihm 1886 am Polytechnikum in Karlsruhe, der späteren Technischen
Hochschule. Sein Nachfolger in Kiel wurde Max Planck, der große Theoretiker
und wohl berühmteste Sohn Kiels, der dort bis 1889 blieb. Auch der umstrittene
Physiker Philipp Lenard verbrachte neun Jahre als Ordinarius in Kiel: von 1898
bis 1907.[10]

Als Kaluza nach Kiel berufen wurde, hatte Hans Geiger das Ordinariat für
experimentelle Physik inne. Die Arbeiten Geigers trugen wesentlich zur Entwicklung der Kernphysik bei. Er hatte zuvor gemeinsam mit Rutherford in Manches-
ter gearbeitet und wichtige Beiträge zur experimentellen Atom- und Kernphysik
geliefert, wie das Geigersche Reichweitengesetz und die experimentelle Bestätigung der Rutherfordschen Streuformel. 1928, also ein Jahr vor Kaluzas Ankunft
in Kiel, war ihm in Zusammenarbeit mit Walther Müller der Bau des Geiger-
Müller-Zählrohres gelungen.

Hans Geiger und Theodor Kaluza freundeten sich rasch miteinander an. Geiger wurde öfter ins Haus der Kaluzas eingeladen; man unterhielt sich dann häufig
über wissenschaftliche Themen.[11] Geiger erzählte gelegentlich von seiner Zusammenarbeit mit Rutherford. An solche Abende erinnerte sich später Kaluzas Sohn,
der 1930 sein Mathematik-Studium in Kiel begonnen hatte:

*„Experimentalphysik hörte ich bei Geiger, der nach seinem Englandaufenthalt kurze
Zeit in Kiel lehrte. Als Gast meiner Eltern erzählte er einmal von seiner harmonischen
Zusammenarbeit mit Rutherford; – sie hatten nur ein Mal Schwierigkeiten miteinander:
Beim Phantasieren und Spekulieren entdeckten sie eines Abends am Kamin, dass Ruther-
ford sich die Elektronen immer als kleine grüne Kügelchen vorstellte, während sie für ihn –*

---

[8] Hermann (1983), S. 226.

[9] Ebd., S. 225–228.

[10] „Geschichte der Mathematik und Physik an der Kieler Universität", in Jordan, Karl
(1968), S. 79.

[11] Theodor Kaluza junior (1991).

Geiger – kleine gelbe Kügelchen waren, – da hatten sie eine Woche lang das Gefühl, sich nicht gut zu verstehen. "[12]

Hans Geiger und Theodor Kaluza verband auch ihr gemeinsamer Sinn für Humor. Der Unterricht des großen Experimentators Geiger ist Kaluzas Sohn gut in Erinnerung geblieben: *„Geiger machte ein paar energische Schritte in westlicher Richtung und sagte: ‚So, jetzt habe ich die Erdumdrehung beschleunigt', dann ging er ebenso energisch zurück, – ‚und jetzt habe ich es wieder ausgeglichen'.* "[13]

Nach Geigers Weggang 1932 wurde das Ordinariat für Experimentalphysik durch Heinrich Freiherr Rausch von Traubenberg (1880–1944) besetzt. Er war ein Physiker, der sich durch seine Arbeiten in der experimentellen Quantenmechanik ausgezeichnet hatte. In Kiel widmete sich Rausch von Traubenberg der Durchführung genauer Messungen des Starkeffektes in der Balmerserie des Wasserstoffs bei hohen Feldstärken und bestätigte dabei die von Schrödinger aufgrund der Wellenmechanik berechnete Formel. Er pflegte Kontakte mit Max Born[14], den auch Kaluza kannte.[15] Kaluza wurde für ihn ein gleichrangiger, beständiger Gesprächspartner. Die beiden diskutierten gern an langen Abenden über wissenschaftliche Themen.[16] Wenn sich Kaluzas Tochter an solche Unterhaltungen ihres Vaters mit seinen Kollegen erinnerte, so sah sie „folgendes Bild" vor sich: „Ich ging in sein Zimmer, es war draußen schon dunkel, aber im Zimmer brannte keine Lampe. Ich sah nur zwei Schatten, die leidenschaftlich miteinander redeten, völlig versunken in einer anderen Welt und glücklich, sie merkten nichts von ihrer Umgebung."[17]

Theodor Kaluza interessierte sich weiterhin für die Entwicklung der Physik, speziell natürlich für das Schicksal seiner Theorie, aber auch für die Entwicklung der Quantenmechanik. Seinen Kindern erklärte er quantenmechanische Phänomene anhand einfacher Beispiele. Seine Tochter Dorothea erinnerte sich noch mit erstaunlicher Klarheit daran, wie anschaulich ihnen ihr Vater die Unschärferelation erklärte.[18]

---

[12] Theodor Kaluza junior (1991), S. 1.

[13] Ebd., S. 2.

[14] Siehe Born (1975), S. 216.

[15] Auf der Versammlung Deutscher Naturforscher und Ärzte in Leipzig 1922 hatte Max Born Kaluza Fragen über seinen interessanten Beitrag „Über den Bau und Energieinhalt der Atomkerne" gestellt.

[16] Siehe Brief von Kaluza an seine Frau vom Pfingstsonnabend 1932, in dem er seine häufigen Besuche bei Rausch von Traubenberg erwähnt. Auch im Brief von Theodor Kaluzas Tochter an die Autorin vom 23. Dezember 1996.

[17] Brief von Theodor Kaluzas Tochter an die Autorin vom 23. Dezember 1996.

[18] Brief von Theodor Kaluzas Tochter an die Autorin vom 25. Januar 1997 und vom 27. Juli 1997.

Immer stärker von seiner Lehrtätigkeit als ordentlicher Professor in Anspruch genommen, veröffentlichte Kaluza während der sechs Kieler Jahre wenig. Nur eine einzige Arbeit ist bekannt: „Elementarer Beweis einer Vermutung von K. Friedrichs und H. Lewy", die 1933 in der *Mathematischen Zeitschrift* erschien.[19]

Theodor Kaluza war schon immer bezüglich der Originalität seiner Arbeiten sehr anspruchsvoll gewesen. Er gehörte nicht zu den Wissenschaftlern, die um jeden Preis veröffentlichen wollten. Da er nicht mehr gezwungen war, zum Zwecke seiner Existenzsicherung beziehungsweise zur Beförderung seiner wissenschaftlichen Laufbahn zu publizieren, behielt er sich vor, nur ganz außergewöhnliche Arbeiten zu veröffentlichen. Sie konnten aber nicht denselben hohen Rang wie seine Theorie in fünf Dimensionen und die früheren Beiträge in theoretischer Physik erreichen. Damit erklärt sich, warum Kaluza seit seiner Berufung nach Kiel fast nichts mehr veröffentlichte.

„Für uns galt mein Vater immer als der große Physiker und Astronom", sagte seine Tochter über die Kieler und Göttinger Zeit. Kaluza beschäftigte sich auch weiterhin mit physikalischen Fragen und mit Themen aus der Astronomie. Einer seiner Astronomie-Vorträge aus der Kieler Zeit lautete: „Zur Theorie der Bedeckungsveränderlichkeiten". Er begann mit folgender Einleitung, die auch einen Laien nicht befürchten lässt, er würde nichts davon verstehen:

„In der Theorie der Bedeckungsveränderlichkeiten steht das folgende Problem im Vordergrunde: ‚Eine kreisförmig angenommene Sternscheibe mit gegebener radialer Helligkeitsverteilung wird von einer zweiten, ebenfalls kreisförmig gedachten, teilweise bedeckt. – Wie hängt die Gesamthelligkeit des Systems von der Bedeckungsphase ab?'"[20]

Kaluzas physikalische Forschung lässt sich nicht rekonstruieren, da die Manuskripte aus dieser Zeit verloren gegangen sind. Kaluza hatte ohnehin eine beträchtliche Abneigung gegen das Schreiben. Er griff nur zur Feder, wenn er jemandem etwas mitteilen wollte, der sich an einem anderen Ort aufhielt.[21] Auf sein beständiges Interesse an der Physik lässt sich aber auch aus seinen Begeg-

---

[19] Siehe Kaluza (1933). Kurt Otto Friedrichs (1901–1982) war 1925 und Hans Lewy (1904–1988) 1926 von Courant in Göttingen promoviert worden. Friedrichs Arbeitsgebiet war die Verbindung zwischen Analysis und mathematischer Physik und Lewys Hauptinteresse galt dem Gebiet der Differentialgleichungen.

[20] Theodor Kaluza (1930): Einleitung zum Vortrag „Zur Theorie der Bedeckungsveränderlichkeiten", NTK; außer dem angegebenen Zitat ist nichts erhalten.

[21] Dies galt bis in seine späten Jahre. Z.B. „unterhielt" er sich mit seinem Sohn, zu der Zeit tätig an der Universität Braunschweig, schriftlich auf zahlreichen Seiten über verschiedene Probleme der Mathematik. Die Ideen, die er in diesen Briefen darlegte, waren für eine Veröffentlichung geeignet, doch Theodor Kaluza veröffentlichte nichts mehr. Siehe dazu die wissenschaftliche Korrespondenz zwischen Theodor Kaluza und seinem Sohn aus den Jahren 1950–1953, NTK.

nungen mit Physikern schließen, die als Gäste an die Universität Kiel kamen. Jedes Jahr organisierte die Christian-Albrechts-Universität im September die Kieler Herbstwoche für Kunst und Wissenschaft. Aus diesem Anlass wurden Gelehrte eingeladen, Vorträge über Themen aus diesen Bereichen zu halten. Auch Einstein war 1920 während der Kieler Herbstwoche auf Einladung von Ernst Steinitz nach Kiel gekommen.[22]

Im Sommer 1929 fand in Kiel die Nordisch-Deutsche Woche für Kunst und Wissenschaft statt, die den Zweck hatte, die Beziehungen zum Norden zu pflegen. Zu den Eingeladenen gehörte auch Niels Bohr aus Kopenhagen, der in der Ostseehalle seine Ehrenpromotion von der Kieler Universität entgegennahm.[23] Nach seinem öffentlichen Vortrag besuchte er am Abend die Fraenkels. Er sprach dort so anregend über die Gegenwart und Zukunft der Physik und der Naturwissenschaften, dass er alle Anwesenden tief beeindruckte. Unter den vielen Freunden, die Fraenkel an diesem Abend zu sich eingeladen hatte, befand sich wahrscheinlich auch Kaluza, der dem Freundeskreis der Familie angehörte.

Fraenkel äußerte über die Persönlichkeit Bohrs: „Niemals in meinem Leben fühlte ich mich von einem wissenschaftlichen Vortrag so tief beeindruckt, und ähnlich ging es vielen der Anwesenden. Es war, als ob ein Prophet sprach, nicht ein Physiker. Ich bin nicht mehr sicher, ob der Ausgangspunkt die ‚Unbestimmtheitsrelation' war, der Indeterminismus oder das ‚Komplementaritätsprinzip'; jedenfalls beschränkten sich seine Ausführungen keineswegs auf die anorganische Naturwissenschaft, sondern griffen auf Biologie und Psychologie über. [...] Jedenfalls hat mir, abgesehen vielleicht von Sommerfeld, kein Physiker – Einstein nicht ausgenommen – ein so eindringliches Bild der Physik und deren Auswirkung auf das menschliche Denken überhaupt vermittelt wie Niels Bohr."[24]

Niels Bohr hatte 1922 den Nobelpreis für seine Forschung in der Quantentheorie erhalten; er galt zusammen mit Heisenberg als Vater der Quantenmechanik. Bohr bemerkte über diese neue Richtung in der Physik: „Wer über die Ideen der Quantenmechanik nicht gestaunt hat, hat nichts von ihr verstanden." Auch Kaluza informierte sich über die neuen Entdeckungen in der Quantenmechanik und nahm gelegentlich sogar seine Kinder zu Vorträgen auf diesem Gebiet mit. Es muss beeindruckend gewesen sein, Niels Bohr über die Beziehungen der Quantenmechanik zu anderen Wissenschaften und zur Philosophie zu hören.

Dass Kaluza jetzt viel weniger Zeit hatte, sich mit der Forschung zu beschäftigen, lag vor allem an seinen Lehrverpflichtungen. Im Vergleich zu Königsberg hatte sich seine Stundenzahl mehr als verdoppelt; er hielt im Durchschnitt drei

---

[22] Fraenkel (1967), S. 170.
[23] Siehe Jordan, Karl (1968), S. 52f.
[24] Fraenkel (1967), S. 175.

Vorlesungen und zwei Seminare in der Woche.[25] Zu der langen Liste von Vorlesungen, die er im Bereich der reinen und angewandten Mathematik hielt, gehörten: *Zahlentheorie*[26], *Infinitesimalrechnung*[27], *Unendliche Reihen*[28], *Topologie*[29], *Theorie der reellen Funktionen*[30], *Funktionentheorie*[31], *Differentialgeometrie*[32], *Seminar über Fragen der Elementarmathematik*[33], *Analytische Zahlentheorie*[34], *Divergente Reihen*[35], *Das Punktgitter*[36], *Praktische Analysis mit Übungen*[37], *Differential- und Integralrechnung*. Zur angewandten Mathematik gehörten darüber hinaus auch Vorlesungen wie *Mathematische Grundlagen der Relativitätstheorie*[38], *Kolloquium über Wellenmechanik* (im Wintersemester 1931/32 zusammen mit Willy Feller und Walter Kossel[39] und im Sommersemester 1932 zusammen mit Willy Feller), *Seminar über Relativitätstheorie*[40], *Analytische Mechanik und Übungen zur Mechanik*[41] und *Der Raumbegriff in der neueren Mathematik und Physik*[42], die man heute der theoretischen Physik zuordnet.[43] Bei seinen Studenten machte er sich durch sein „besonders breites Wissen", das er in „vorbildlichen Vorlesungen" darlegte, sehr beliebt.[44]

Die Kaluzas behielten ihre gesellige Lebensweise bei. Wenn sie Gäste einluden, ging es manchmal heiter zu, es wurden aber auch ernsthafte wissenschaftliche Diskussionen geführt und oft wurde musiziert. Der Umgang zwischen den Professoren war aber manchmal, wenn sich die Betroffenen noch nicht gut kannten, etwas steif:

„Ein familiärer Verkehr begann damals mit einer förmlichen ‚Visite' in Frack und Zylinder. An einem glühend heißen Sonntag machte mein Vater einmal so eine Visite

---

[25] Vorlesungsverzeichnisse der Christian-Albrechts-Universität Kiel, 1929–1935.

[26] Ebd., Wintersemester 1929/30.

[27] Ebd.

[28] Ebd., Sommersemester 1930.

[29] Ebd.

[30] Ebd., Wintersemester 1930/31.

[31] Ebd., Sommersemester 1931.

[32] Ebd.

[33] Ebd., zusammen mit Willy Feller.

[34] Ebd., Wintersemester 1931/32.

[35] Ebd., Sommersemester 1932.

[36] Ebd., Sommersemester 1933.

[37] Ebd., Wintersemester 1934/35.

[38] Ebd., Wintersemester 1930/31.

[39] Walter Kossel (1888–1956), 1921–1932 Professor für theoretische Physik in Kiel.

[40] Ebd., Sommersemester 1932.

[41] Ebd., Sommersemester 1934.

[42] Ebd., Sommersemester 1935.

[43] Vollständige Liste von Kaluzas in Kiel gehaltenen Vorlesungen in: Kaluza (2007).

[44] Siehe „Urteile noch lebender Schüler" in Jordan, Karl (1968), S. 54.

ohne Zylinder. Ein altehrwürdiger Ordinarius, den meine Eltern besucht hatten, war bei der Verabschiedung im Flur ganz verstört: ‚Herr Kollege, ich kann ihren Zylinder nicht finden!' Als mein Vater sagte, er habe wegen der Hitze auch gar keinen mitgebracht, kam die Antwort: ‚So, so! Ich wußte gar nicht, dass wir jetzt Mitglieder im Lehrkörper haben, die der Nacktkultur-Bewegung angehören.' Es war scherzhaft formuliert, aber wohl nicht nur scherzhaft gemeint.[45] Solche Förmlichkeiten passten nicht zu Kaluzas origineller Art. Er benahm sich zwar durchaus würdevoll, legte dabei aber trotzdem Wert auf Einfachheit.[46] Er maß Konventionen nicht viel Bedeutung bei.

Zu Kaluzas Gästen gehörte häufig die Familie Fraenkel. Der ernste und gläubige Adolf Abraham Fraenkel war Zionist. Auf dem Gebiet der Mengenlehre war er ein „hoch angesehener Gelehrter in der gesamten mathematischen Welt", der sich dadurch auszeichnete, dass er die Probleme der Mathematik im Zusammenhang mit den „allgemeinen Fragen der Philosophie der Mathematik"[47] betrachtete. Er lehrte an der Universität Kiel seit 1928, doch wenig später nahm er das Angebot an, als Gastprofessor an die neu gegründete Hebräische Universität nach Jerusalem zu gehen. Sein Engagement für die jüdische Universität teilte er mit Einstein, der zu jener Zeit Mitglied des Kuratoriums der Universität war.[48] Die Bemühungen um den Aufbau und die Entwicklung dieser Universität führten zu einer engen Verbindung zwischen den beiden Gelehrten.[49] Im Wintersemester 1931/32 kehrte Fraenkel nach Kiel zurück. In seinen Vorlesungen behandelte er jedes Thema in allen Details. Seine Strenge brachte ihm viel Respekt ein, auch wenn seine Humorlosigkeit bemängelt wurde. Der damals 20-jährige Sohn von Theodor Kaluza erlebte ihn in den Vorlesungen und beschrieb ihn folgendermaßen:

„Fraenkel war ein kleiner Herr, den ich nie lächeln gesehen habe, und der auch nie einen Scherz machte oder zu machen versuchte. Seine Vorlesung über Mengenlehre glich sehr seinem berühmten Buch: Jedes — auch jedes nicht ernst zu nehmende ‚Wenn' und ‚Aber' wurde mit gleicher Ausführlichkeit erörtert, so dass seine Vorlesung bei den Studenten den Beinamen ‚die Märchenstunde' bekam. Einmal, als er sagte: ‚wenn wir aber diesen Gesichtspunkt einschlagen ...' und zur Betonung tatsächlich eine schlagartige Bewegung mit der Faust machte, brach ein leises Lachen aus. Er fragte mich nach der Vorle-

---

[45] Theodor Kaluza junior (1991), S. 4.

[46] Siehe dazu die Beschreibung von Robert Schmidt anlässlich des Berufungsverfahrens von Kaluza nach Kiel, in *Akten der Wiederbesetzung der Mathematik-Professur des verstorbenen Professors Ernst Steinitz (1871–1928), 1928–1929*, S. 387, Rep. 76, Va, Sekt. 9, Tit. IV, Nr. 1, Bd. 21, GSB.

[47] „Geschichte der Mathematik an der Universität Kiel", in Jordan, Karl (1968), S. 54.

[48] Fraenkel (1967), S. 164.

[49] Ebd., S. 173.

sung, worüber denn da gelacht worden sei? Als ich es ihm erklärte, verzog er keine Miene, schüttelte nur leise den Kopf und ging wortlos davon.[50]

Trotz dieser Besonderheiten waren die beiden Familien in kurzer Zeit gut befreundet. Zu den Freunden der Familie gehörte auch der Wahrscheinlichkeitstheoretiker Willy Feller (1906–1970). Der junge Theodor Kaluza ging öfter mit ihm ins Kino und verbrachte auch sonst viel Zeit mit ihm. Feller hatte 1926 bei Richard Courant in Göttingen promoviert und sich dann im November 1929 bei Theodor Kaluza in Kiel habilitiert. *„In seiner Vorlesung über partielle Differentialgleichungen"*, erzählte Kaluza junior, *„die damals eigentlich nur in einer Aneinanderreihung der wichtigsten Typen bestand, seufzte einmal ein Student in der ersten Reihe, als uns ein weiterer Typ vorgestellt wurde: ‚Wann muss man denn das können!?' Feller stutzte kurz, trat dann ein paar Schritte vor und sagte: ‚Im Moment fällt mir nur eine Situation ein: Wenn Sie in der Sahara spazieren gehen, und es kommt ein Löwe und sagt: ‚Löse mir diese Differentialgleichung, – oder ich freß' Dich! Dann müssen Sie's können!"*[51] Feller gehörte bald wie ein Sohn zur Familie Kaluza.

Gelegentlich kamen auch ältere Freunde aus Königsberg, wie Szegö, Rogosinski und Reidemeister zu Besuch nach Kiel. Mit Szegö hatte Kaluza weiter die Verbindung auf wissenschaftlichem Gebiet gehalten; sie tauschten sich brieflich aus. Trotz des großen Freundeskreises, den die Kaluzas in Kiel aufgebaut hatten, empfand Anna Kaluza die Trennung von ihrer Heimatstadt Königsberg schmerzlich, sie konnte sich nur schwer mit ihrer neuen Situation abfinden.[52]

Die Stadt Kiel hatte nicht den Glanz und die Heiterkeit von Königsberg. Die Menschen waren vielleicht infolge ihrer langen, düsteren Geschichte ernsthafter und zeigten weniger Neigung zur Geselligkeit als die Ostpreußen. Die großzügig gebauten Häuser standen inmitten einer schönen Landschaft, sie hatten aber nicht den reizvollen Stil, der von dem besonderen Charakter der weltoffenen Königsberger zeugte. Deshalb fühlte sich Anna Kaluza lange Zeit in Kiel fremd. Ihr fehlte vor allem die Wärme und Herzlichkeit der Ostpreußen, daher wäre sie am liebsten nach Königsberg zurückgekehrt. Das hatte eine innere Unruhe zur Folge, die beispielsweise dazu führte, dass sie öfter die Wohnung wechselten. So wohnten die Kaluzas ab 1932 am Strandweg in einem Patrizierhaus aus rotem Backstein, das einen schönen freien Blick über die Kieler Förde bot. Doch schon ein Jahr später zogen sie in die Esmarchstraße, eine begrünte Straße in Kiel, die 1910 den Reichsarchitektenpreis erhalten hatte.[53]

---

[50] Theodor Kaluza junior (1991), S. 3.

[51] Ebd., Hervorhebungen im Original.

[52] Brief von Theodor Kaluzas Tochter an die Autorin vom 3. April 1997.

[53] Lang, Peters und Sönnichsen (1989), S. 62, siehe unten Abb. 37, S. 454.

Auch Theodor Kaluza konnte sich nicht schnell an seine neue Umgebung gewöhnen. Er vermisste die reizvolle Landschaft von Königsberg und das dortige reiche Kulturleben. Manchmal half ihm sein Humor, die Anfangsschwierigkeiten zu überwinden. An der Universität schätzten die Studenten nicht nur seine klaren, anschaulichen Vorlesungen, sondern auch seinen Humor. Einmal ereignete sich ein Vorfall, den sein Sohn amüsant erzählte:

„Mein Vater las Mo, Di, Do um 17 Uhr Zahlentheorie. An einem Dienstag tauchte er nicht auf; einige Studenten sagten: ,Im Kino gibt es einen neuen Chaplin-Film, gehen wir doch dahin!' Als sie sich – die Vorstellung hatte schon begonnen – Sitze in den vordersten Reihen suchten, stolperten Sie über einen etwas älteren Herrn: meinen Vater, der beim Lesen der Annonce seine Vorlesung völlig vergessen hatte!"[54]

Die Beziehungen zwischen Studenten und Professoren waren in Kiel sehr herzlich. Die Dozenten machten nach den Seminaren oft stundenlange Spaziergänge in der schönen Umgebung von Kiel, am Strand entlang oder durch die nahe gelegenen Buchenwälder. Bei solchen „Seminarausflügen" kam es zu echten persönlichen Annäherungen. Auch wenn man sich im Theater oder Café traf, blieb es nicht „beim bloßen Gruß".[55] Die vier Kieler Mathematikdozenten – zwei Ordinarien und zwei Lehrbeauftragte –, hielten die Seminare gemeinsam ab und lernten dadurch alle Studenten kennen. Das war damals noch möglich, weil die Zahl der Studenten niedrig war. Man sprach über wissenschaftliche Probleme, über Philosophie und Politik, aber auch über das Universitätsleben mit seinen Professoren, worüber natürlich auch Witze gemacht wurden. An den Spaziergängen nahmen Theodor Kaluza und sein Sohn, Abraham Fraenkel, Willy Feller und diverse Studenten teil. Die schönsten Wege führten an der Westseite der Kieler Förde zu den Badeorten Falkenstein, Schilksee und Strande. Falkenstein hatte einen breiten weißen Sandstrand, der den Kaluzas aber dunkler und weniger fein vorkam als die Strände an der Kurischen Nehrung.[56] Auch das Meer war rauher als an der samländischen Küste. In der Nähe von Strande kam man zum Bülker Leuchtturm, der einen weiten Blick über das offene Meer bot.[57] Die Strände waren von Mischwäldern aus Kiefern, Buchen, Eichen und Kastanien gesäumt, deren Geruch sich im Sommer mit dem des Meeres mischte. An der Ostseite der Kieler Förde wanderte man durch die malerischen Badeorte Mönkeberg, Kitzeberg und Heikendorf bis nach Laboe, dem größten und bekanntesten. Die Gegend wechselte zwischen flachen Sandstränden und steilen bewaldeten Ufern.

---

[54] Theodor Kaluza junior (1991), S. 6.
[55] Ebd., S. 5.
[56] Brief von Theodor Kaluzas Tochter an die Autorin vom 3. April 1997.
[57] „Kieler Universitätstaschenbuch 1927/28" (1927), S. 138.

Die Landschaft um Kiel war für Theodor Kaluza immer wieder eine willkommene Quelle der Entspannung. Manchmal verließ man auch die Küste und wanderte durch die holsteinische Landschaft zu den zahlreichen Seen: dem Plöner See, dem Selenter See oder dem Westensee mit ihren bewaldeten Ufern. Die Wege führten an Windmühlen vorbei durch einfache Dörfer mit kleinen, reetgedeckten Bauernhäusern aus rotem Backstein.

Zu den beliebtesten Veranstaltungen gehörte ohne Zweifel die Kieler Woche. Sie fand seit 1882 jedes Jahr im Juli statt und bestand hauptsächlich aus einem internationalen Sporttreffen der Segler. An der Regatta beteiligte sich auch der 1910 gegründete Segelverein der Christian-Albrechts-Universität, der im Gebäude des Studentenheims Seeburg am Strand Bellevue untergebracht war. Seine sieben Vereinsjachten und 29 privaten Jachten lagen vor der Seeburg. Während der Kieler Woche flatterten die Farben des Universitätsvereins, ein „roter Stander mit blauem, weiß gerändertem Winkel" an den Segelbooten im Wind, und die Studenten trugen spezielle Krawatten und blau-weiß gestreifte Hemden. Natürlich war die Kieler Woche nicht nur ein sportliches, sondern auch ein gesellschaftliches Ereignis. Dazu gehörten die feierliche Preisverleihung und ein Festessen in Bellevue, einem der schönsten Badeorte an der Kieler Förde. Vor dem Krieg hatte Kaiser Wilhelm II. dieser Veranstaltung durch seine Anwesenheit viel Glanz verliehen. Er präsentierte seine luxuriöse Renn-Yacht Meteor neben den Segelschiffen der Regatta. Wenig später benutzte er die Kieler Woche dann zur Vorführung seiner Kriegsflotte. Erst nach dem Ersten Weltkrieg wurde die Kieler Woche wieder eine Veranstaltung der Sportsegler.

Während der Kieler Woche verwandelte sich die Stadt in einen Festplatz und die Förde war von Jollen und Jachten mit weißen Segeln übersät. Der Regattahafen am Uferweg (1933 in Hindenburgufer umbenannt) war mit Hunderten kleiner Flaggen von Segelvereinen aus aller Welt festlich geschmückt. Der Mathematik-Student Theodor Kaluza war ein begeisterter Teilnehmer an diesen Regatten, zu denen er auch seine Großmutter aus Königsberg einlud. Sie war stolz auf ihr Enkelkind und nahm deshalb die Anstrengungen der langen Reise von Königsberg über Berlin nach Kiel auf sich. Kaluza schmunzelte über die sportliche Leistung seines Sohnes:

„Theo ärgert sich über den Wind, der nicht über das Meer weht und freut sich auf die Kieler Woche, bei der er als eine der Hauptstützen des KSV [Kieler Segelverein] mit Herrn Rubach und noch einem die große ‚Rund um Fehmarn'-Regatta segeln soll. Das ist seine Regatta!"[58]

---

[58] Brief von Theodor Kaluza an seine Frau vom Pfingstsonnabend 1932, NTK.

Kaluza war ein vorbildlicher Vater, dessen Beziehung zu seinen Kindern immer sehr unbeschwert war. Seiner Frau, die sich auf einem Kuraufenthalt befand, schrieb er über Dorothea, ihre damals sechzehnjährige Tochter: „Doa kocht und hauswirtschaftet fast so gut wie ich; das heutige Stachelbeerkompott war sogar ohne Waft [Saft] und Suckerchen [Zuckerchen] fabelhaft."[59] Er verstand es, den Kindern Erziehungsprinzipien in einer ungezwungenen Art beizubringen, so dass sie sich dadurch nicht eingeschränkt fühlten:

„Als Kindern hat er meiner Schwester und mir nicht nur nie auch nur einen ‚Klaps'
gegeben, sondern eigentlich auch nie etwas ‚befohlen' – seine Anordnungen waren für uns
einleuchtende Vorschläge, die zu befolgen die natürlichste Sache der Welt war. Und ich
bin sicher, dass er es auch selbst so sah."[60]

Bekannte haben berichtet, wie vertrauenerweckend Kaluza in seinem Umgang besonders auch mit Kindern sein konnte. Er nahm jeden Gesprächspartner ernst und zeigte nie Langeweile. Grund dafür war wohl, dass er keine Herrschernatur war. Der Erziehung seiner Kinder widmete er sich sorgfältig und auf eine Weise, die ihnen das Gefühl gab, nicht eingeschränkt zu werden:

„Für uns Kinder war er immer das Vorbild. Er war immer liebevoll und ging ganz
auf uns ein, hatte immer Zeit für uns, auch wenn wir ihn in seinem rauchigen Zimmer
aufsuchten, während er vielleicht mitten in komplizierten Gedanken war. […] Ich habe ihn
nicht ein einziges Mal uns gegenüber böse oder auch nur ungeduldig erlebt. Ich könnte mir
gar nicht vorstellen, wie sein Gesicht ausgesehen haben könnte, wenn er böse geworden
wäre."[61]

Kaluza versuchte nie, seinen Sohn zum Mathematik-Studium zu drängen, trotz seiner offensichtlichen Begabung. Er war Klassenprimus und hatte ein besonderes Talent für Literatur. Seine Aufsätze wurden der Klasse als beispielhaft vorgelesen. Er war außerdem musikalisch begabt und trat sogar in Klavierkonzerten vor großem Publikum auf. Als er sich dann selber entschloss, das Fach zu studieren, das ihn in der Schule immer nur „gelangweilt hatte", wurde er von seinem Vater ermutigt:

„Zur Mathematik kam ich, als meine Eltern einmal verreist waren und ich in Kiel
geblieben war, um zu segeln: Ich stöberte ziel- und absichtslos in dem Bücherschrank
meines Vaters und schlug dabei das Buch ‚Schönflies, Analytische Geometrie' aus der
gelben Sammlung auf. Ohne mir etwas dabei zu denken, begann ich zu lesen und war
erstaunt, dass ich meinte, es auch zu verstehen: Ich las das ganze Buch durch und bekam
das Gefühl: mit solchen Dingen könnte ich mich lebenslänglich beschäftigen. Als meine
Eltern bald danach zurückkamen, erzählte ich das meinem Vater und bat ihn, mich zu

---

[59] Ebd.
[60] Brief von Theodor Kaluza junior an Detlef Laugwitz vom 26. Juni 1985, NTK.
[61] Brief von Theodor Kaluzas Tochter an die Autorin vom 23. Dezember 1996.

prüfen, ob ich es denn wirklich erfasst hätte, – nach einem nicht einmal langen Gespräch sagte er: ‚Wenn Du Mathematik zu studieren versuchst, wird Dir das sicher gelingen‘, und ich entschloss mich, es zu versuchen.‘[62]

Der Sohn erinnerte sich später voller Dankbarkeit daran, dass sein Vater ihn nie in seinen Entscheidungen einschränkte:

„Es gehörte zu seinem Wesen, seine erstaunlichen Gaben stets so zu benutzen, dass er niemanden bedrückte – auch uns Kinder nicht, wie es leicht hätte sein können.‘[63]

Der Einfluss, den Kaluza auf die Erziehung seiner Kinder ausübte, erfolgte auf pädagogisch geschickte Weise. Die Tochter Dorothea, die die künstlerische Begabung ihrer Großmutter geerbt hatte, ging in der Kieler Zeit auf das Kunstgymnasium. Sie war beeindruckt, wie ihr Vater die schwierigsten Quantenphänomene erklärte und sie dann in einen Zusammenhang mit anderen Bereichen der Wissenschaft und des alltäglichen Lebens brachte. Dabei erwähnte Kaluza nicht ein einziges Mal seine Theorie der Vereinheitlichung und ihre große Bedeutung, sondern sprach über zweidimensionale Welten, in denen wanzenartige Wesen lebten. Als Dorothea später begann, wissenschaftliche Bücher zu lesen und das Gefühl hatte, sie würde sie nicht verstehen, erklärte ihr der Vater, dass solche Lektüre trotzdem helfen könne, das Unverständliche in der Natur zunächst intuitiv zu erfassen, was der wichtigste Schritt zum Verstehen sei: „Über Einsteins Theorien und Jordans Aufsätze hat mein Vater mir immer allerlei Lektüre gebracht. Und als ich meinte, dass ich ja nichts davon verstehen könne, hat er mir zugeredet, dass man, auch ohne es zu durchschauen, die Hauptsache erfassen könne. (Am Schluss setzte er noch hinzu: ‚ich verstehe es ja auch nicht!‘) Aber er hatte recht: Ich habe es mir bis heute zur Gewohnheit gemacht, mir durchaus unverständliche, aber an sich hoch interessante Bücher zu lesen und habe dabei immer einen hohen Genuss. So ist mir heute z.B. das Lesen von Stephen Hawking eine große Freude. Ich weiß auch, wie mein Vater das Ganze gemeint hat: Man bekommt eine Ahnung von den geheimnisvollen Rätseln der Welt. Und etwas so Großartiges *nicht* zu verstehen, ist ein herrliches Gefühl.“[64]

Ähnlich verfuhr er auch, um bei seiner Tochter, die ein bezauberndes Mädchen und eine ausgeprägte Persönlichkeit war, die Kenntnisse in Fremdsprachen zu fördern: „Einen ähnlichen Rat gab er, als er mir englische und französische Romane brachte. Ich glaubte, mit meinen Schulkenntnissen diesen zwei Sprachen nicht gewachsen zu sein. Aber er schlug vor, die Bücher zu lesen, ohne dabei zu übersetzen. Plötzlich sei man mitten drin. Ein Minimum von Kenntnissen war

---

[62] Theodor Kaluza junior (1991), S. 3.

[63] Brief von Theodor Kaluza junior an Detlef Laugwitz vom 26. Juni 1985, NTK, S. 2.

[64] Brief von Theodor Kaluzas Tochter an die Autorin vom 23. Dezember 1996, im Original hervorgehoben.

natürlich Voraussetzung. Und es funktionierte wirklich. Auch darin habe ich also von ihm gelernt."[65]

Theodor Kaluza hatte offenbar die pädagogische Gabe seines Vaters Max geerbt. An vielen Universitäten wurde jedoch damals auf Pädagogik nicht viel Wert gelegt. Erst in der Kieler Zeit, als er in einem engeren Kontakt mit seinen Studenten stand, kam Kaluza diese Begabung zugute. Viele Wissenschaftler widmen sich lieber der eigenen Forschung als der Vermittlung ihrer Kenntnisse. Sie empfinden die Lehrtätigkeit eher als Hindernis bei ihrer wissenschaftlichen Arbeit und betrachten pädagogische Ambitionen mit Geringschätzung. Die Universitäten Königsberg und Göttingen waren für das Niveau ihrer mathematisch-physikalischen Schule und ihre ausgezeichneten Professoren mit bemerkenswerter pädagogischer Begabung berühmt. Kaluza hatte in seiner Königsberger Zeit, in der er sich mit höchster Intensität der wissenschaftlichen Forschung widmete, wenig Neigung zu pädagogischer Tätigkeit gezeigt.[66] Erst in Kiel, wo er von seinen Lehrverpflichtungen mehr in Anspruch genommen wurde, erkannte Kaluza deutlicher die Bedeutung der Pädagogik. Er wurde von seinen Studenten als begabter Lehrer beschrieben, dessen „kristallklare" Vorlesungen exemplarisch waren. Er nahm sich für die Studenten auch viel Zeit und hatte im Umgang mit ihnen Geduld. Sein Sohn erinnerte sich, wie Studenten das pädagogische Geschick seines Vaters lobten: „Kaluza blamiert dich nie, – wie manche anderen Dozenten es tun. Wenn Du z.B. bei einem Seminarvortrag etwas falsch machst, greift er ein, als ob ihm eben ein neuer passender Gedanke gekommen sei, kommt an die Tafel, bringt alles wieder ins Lot und lässt Dich dann weiter reden. Du selbst merkst erst am nächsten Tage – und die anderen überhaupt nicht –, was für einen Unsinn Du da eben begonnen hattest."[67] Das zeugt von taktvoller Hilfsbereitschaft. Kaluzas pädagogische Fähigkeiten wurden durch seine psychologischen Kenntnisse befördert, die er sich bereits während seines Studiums angeeignet hatte. Er unterhielt freundschaftliche Beziehungen zu den Psychologie-Professoren Narziß Ach (1871–1946) in Königsberg und Joseph von Allesch (1882–1967) in Göttingen.

---

[65] Brief von Theodor Kaluzas Tochter an die Autorin vom 23. Dezember 1996.

[66] Siehe dazu die Empfehlung von Robert Schmidt im Berufsverfahren nach Kiel, in dem er schreibt, dass die pädagogische Leistung Kaluzas sich „in der letzten Zeit" verbessert habe, in *Akten der Wiederbesetzung der Mathematik-Professur des verstorbenen Professors Ernst Steinitz (1871–1928)*, 1928–1929, S. 387, Rep. 76, Va, Sekt. 9, Tit. IV, Nr. 1, Bd. 21, GSB. In den Akten des Berufsverfahrens nach Gießen 1922 werden die pädagogischen Leistungen Kaluzas im Vergleich mit denen anderer Kandidaten nicht sehr hervorgehoben.

[67] Brief von Theodor Kaluza junior an Detlef Laugwitz vom 26. Juni 1985, NTK.

Als Kaluza eines Tages bemerkte, dass ein Student bei einer Prüfung sehr aufgeregt war, suchte er so lange einen Schreibstift, bis ihm der Student hilfsbereit seinen anbot. Dann bedankte er sich herzlich bei ihm. Der Student freute sich, dem Professor geholfen zu haben. Damit war sein bedrückendes Gefühl, sich der Hierarchie unterwerfen zu müssen, geschwunden. Kaluza wusste, dass die Studenten von den Machtverhältnissen, denen sie in den Beziehungen mit ihren Professoren ausgesetzt waren, verunsichert wurden. Er verzichtete als Professor freiwillig auf jegliche Machtausübung, um ein menschliches Verhältnis entstehen zu lassen, das dem Lernen und der Übermittlung des Wissens förderlich war. Viele seiner Universitätskollegen hatten dafür kein Verständnis. Adolf Hammerstein (1888–1941), ein Kollege Kaluzas, erzählte einmal erstaunt, wie schonend Kaluza sich Studenten gegenüber verhielt, die die Prüfung nicht bestanden:

„Herr Hammerstein sagte in Kiel einmal zu meiner Mutter: ‚Wenn Ihr Mann einmal jemanden durch's Examen fallen lassen muss und es ihm schonend beibringen will, nimmt ihm der Kandidat das Wort aus dem Munde, entschuldigt sich bei ihm *und tröstet* ihn!' *[…] [so] dass Antipathie ihm gegenüber oft auch dort nicht auftrat, wo sie eigentlich zu erwarten gewesen wäre."*[68]

Kaluza verabscheute jegliche Machtausübung und betrachtete sie vor allem im Umgang mit Schwächeren als unmoralisch. Sein Sohn bemerkte treffend über die gängigen pädagogischen Grundsätze jener Zeit: *„Die pädagogische Literatur ist gewiss sehr umfangreich, aber die praktische Pädagogik besteht doch nur in der Ausübung des Prinzips ‚Und folgst du nicht willig, so brauch' ich Gewalt'. Denn 99 % aller Eltern, Lehrer und Feldwebel vermögen ja gar kein anderes Problem in der Erziehung zu erblicken, als: wie zwinge ich meinem Zögling meinen Willen – oder den des Lehrplans – auf?"*[69] Gegen diese Pseudopädagogik richteten sich die Prinzipien seines Vaters. Offenbar bot Kaluza seine Lehrtätigkeit in dieser Zeit die Möglichkeit, sich im Zusammenhang mit der Frage der Machtverhältnisse Gedanken über das Individuum und die Gesellschaft zu machen. Er betrachtete die pädagogische Tätigkeit als eine ehrenvolle Beschäftigung, die keineswegs unter Ausübung der Macht durchgeführt werden darf. Von seinen Doktoranden erwartete er selbständiges Arbeiten, er machte ihnen keine Vorschriften und half in seiner diskreten Art, die damit verbundenen Schwierigkeiten zu überwinden. Er verlangte für seine Unterstützung aber nie Dankbarkeit oder gar Unterwerfung. Sein Sohn sagte dazu: *„Er war innerlich so reich, dass er viel geben und opfern konnte, ohne ärmer zu werden, und er*

---

[68] Brief von Theodor Kaluza junior an Detlef Laugwitz vom 26. Juni 1985, NTK, im Original hervorgehoben.

[69] Theodor Kaluza junior, Tagebuch 1937, NTK.

hat von seiner Zeit und Kraft allen mehr gegeben als sie alle zusammen ihm gegeben haben.[70]

Seit dieser Zeit in Kiel lässt sich also eine neue Phase in Kaluzas wissenschaftlichem Denken erkennen. Er betrachtete die pädagogische Arbeit an der Universität nicht mehr als eine die Forschung einengende Beschäftigung, sondern maß ihr nun große Bedeutung bei. Im Göttinger Berufungsverfahren von 1935 wurde er als „vorbildlicher Lehrer" charakterisiert.

* * *

Im September 1930 sollte in Königsberg die 91. Versammlung der Gesellschaft Deutscher Naturforscher und Ärzte stattfinden. Kaluza bereitete sich auf die Teilnahme vor. Er hatte im Juli die Universität um Gewährung einer Reisebeihilfe gebeten, die allerdings abgelehnt wurde.[71] Das war jedoch kein Hinderungsgrund, denn die Versammlung versprach ein wichtiges Ereignis zu werden. Auf dem Programm standen Vorträge des Mathematikers David Hilbert und des Chemikers Otto Hahn. Gleichzeitig fand die zweite Tagung für Erkenntnislehre der exakten Wissenschaften statt, auf der so namhafte Philosophen wie Rudolf Carnap, Moritz Schlick und der dann hier berühmt gewordene Kurt Gödel referieren sollten. Kaluza konnte dort auch seine Freunde, die Königsberger Mathematiker Kurt Reidemeister und Gábor Szegö, treffen, um mit ihnen zu diskutieren.

Rudolf Carnap sprach über die *Logizistische Grundlegung der Mathematik*, Hilbert hielt seinen legendär gewordenen Vortrag *Naturerkenntnis und Logik,* in dem er sich erneut gegen das *Ignorabimus* aussprach. Dadurch bekräftigte er das Vertrauen, das am Anfang des Jahrhunderts hinsichtlich der kognitiven Kraft der Mathematik zur Erforschung der Naturwissenschaften bestand. Kurt Gödel, der bedeutendste Logiker des 20. Jahrhunderts, bewies auf dieser Tagung seinen berühmten *Unvollständigkeitssatz*. Er besagt, dass die meisten formalisierten Theorien der Mathematik nicht in der Lage sind, ihre eigene Widerspruchsfreiheit zu beweisen. Damit schien das Hilbert-Programm gescheitert.

Der Kongress in Königsberg verlief in einer geistig freien Atmosphäre, in der die neuesten Erkenntnisse auf allen Gebieten der Wissenschaft und Philosophie ausgetauscht werden konnten. Diese Versammlung war für lange Zeit die letzte in Deutschland, auf der uneingeschränkte Geistesfreiheit herrschte. Man konnte nicht ahnen, dass sie bereits drei Jahre später brutal unterdrückt werden und die schlimmste Periode der deutschen Geschichte beginnen würde.

---

[70] Brief von Theodor Kaluza junior an V. Raman vom 5. September 1970, S. 5, NTK.

[71] Brief des Kurators der Christian-Albrechts-Universität Kiel ans Ministerium vom 21. Juli 1930 betreffend die Gewährung einer Reisebeihilfe, BB, R 4901/1872/4, f. 111.

Einbruch des Nationalsozialismus

> *„Denn jeder, der sein innres Selbst*
> *nicht zu regieren weiß, regierte gar zu gern*
> *des Nachbars Willen, eignem stolzem Sinn*
> *gemäß ..."*   Goethe, *„Faust"*

Nach der Ernennung Hitlers zum Reichskanzler ließen die Stimmen deutscher Professoren nicht auf sich warten, die ihre Zustimmung zum neuen Regime öffentlich bekannten: Sie brachten damit ihre Zuversicht zum Ausdruck, dass der Nationalsozialismus eine „Erneuerungsbewegung" in Deutschland bewirken werde. So beteiligten sich 312 Professoren an einem „Aufruf der 300", der am 3. März 1933 im *Völkischen Beobachter* erschien.[1] Gelehrte aus fast allen Universitäten Deutschlands versicherten darin ihre Bereitschaft zur Mitwirkung am „großen Werk", das die nationalsozialistische Bewegung zustande bringen werde.[2] Die Unterschriften hatte der Nationalsozialistische Studentenbund gesammelt, eine Organisation, die seit 1926 existierte. Allein aus Kiel kamen 26 Unterschriften nationalsozialistisch gesinnter Professoren und Dozenten. Damit stand die norddeutsche Universität auf dem zweiten Platz nach Berlin, wo 90 Professoren unterschrieben hatten. Dagegen waren andere Universitäten, wie Jena, Leipzig, Greifswald und Bonn weniger beteiligt. Aus Göttingen kamen nur drei Unterschriften. Der Aufruf ließ die Haltung der Gelehrten gegenüber dem Hitlerregime erkennen.

Die neuen nationalsozialistischen Machtverhältnisse wirkten sich in Kiel besonders gravierend aus, weil die Grenzuniversität eine besondere Rolle in dem neuen System spielen sollte. Theodor Kaluza hat den Aufruf nicht unterschrieben; er war nicht und wurde auch nicht Mitglied der NSDAP. Die neue Situation belastete Kaluza schwer. Seit dem Ersten Weltkrieg wusste er, wohin eine solche politische Aufbruchstimmung führen kann. Nach der Überwindung der Anpassungsschwierigkeiten und der finanziellen Probleme in Kiel hatte er gehofft, sich nun endlich wieder seinen wissenschaftlichen Interessen widmen zu können.[3] Seine 1932 vorbereitete und 1933 veröffentlichte Arbeit zeugte von der endlich eingekehrten Ruhe. Darauf folgte ein Schweigen von fünf Jahren.

---

[1] Heiber (1992), S. 582.

[2] Ebd., S. 18.

[3] Seine finanzielle Situation wurde auch durch die zahlreichen Umzüge in Kiel erschwert. Seine Tochter erwähnt in einem Brief, dass ihre Familie in den ersten Kieler Jahren vier Mal umgezogen ist. Brief von Theodor Kaluzas Tochter an die Autorin vom 3. April 1997.

Es gab in dieser Zeit viele weitere Zustimmungserklärungen zum neuen Regime, beispielsweise am 4. März einen „Aufruf zahlreicher Hochschullehrer" aus Berlin, die sich zum „Zusammenschluss der nationalen Kräfte unter Führung Adolf Hitlers"[4] bekannten. In Kiel initiierten zwei Professoren, der Hygieniker Hermann Dold und der Physikochemiker Karl Lothar Wolf einen Aufruf zur „ernsthaften Bekämpfung aller volkszerstörenden marxistischen Einflüsse und zur Unterstützung des Aufbaus des Reiches".[5] Der Aufruf wurde dem Rektor am 3. März vorgelegt. Er war aber nicht von allen Mitgliedern des Lehrkörpers unterzeichnet, auch von Kaluza nicht. Karl Lothar Wolf wurde später Rektor der Universität; er war einer der Begründer der berüchtigten „Deutschen Chemie".[6]

Mit ihren Aufrufen wandten sich die deutschen Professoren auch an das Ausland. 1934 verfassten sechs bekannte deutsche Professoren, unter ihnen der weltberühmte Philosoph Martin Heidegger aus Freiburg, einen „Aufruf an die Gebildeten der ganzen Welt". In diesem am 19. August 1934 erschienenen Appell wandte sich „die deutsche Wissenschaft" mit einem „Bekenntnis der Professoren an den deutschen Universitäten und Hochschulen zu Adolf Hitler und dem nationalsozialistischen Staat"[7] an die Gelehrten des In- und Auslandes. Der mit 957 Unterschriften versehene Aufruf wurde in fünf Sprachen übersetzt. Die deutschen Gelehrten forderten dazu auf, „dem Ringen des durch Adolf Hitler geeinten deutschen Volkes um Freiheit, Ehre, Recht und Frieden" Verständnis entgegenzubringen.[8] Dieser Aufruf wurde später als „Akt der Prostitution" in der „ehrenvollen Geschichte der deutschen Bildung"[9] empfunden. Viele deutsche Gelehrte ließen sich wieder, ähnlich wie im Ersten Weltkrieg, von nationaler Rhetorik verleiten, Verletzungen des Rechts zu übersehen oder sogar gut zu heißen.

Derartige Aktionen trugen zur schnellen „Erneuerung der deutschen Hochschule" im nationalsozialistischen Geist bei. Wie Helmut Heiber 1992 bemerkte, wurde „der Aufstieg des neuen Reichs als Erfüllung der Sehnsucht der Hochschulen begrüßt und der neuen Mannschaft Vertrauen und Begeisterung" versprochen.[10] Offenbar ließ sich die geistige Elite Deutschlands wieder von einer politischen Richtung blenden, die einen nationalen Aufschwung und Revanche versprach.

---

[4] Heiber (1992), S. 23.
[5] Ebd.
[6] Vgl. Bechstedt (1980), S. 147.
[7] Heiber (1992), S. 30.
[8] Ebd., S. 28.
[9] Worte Wilhelm Röpkes, ebd.
[10] Ebd., S. 25.

Diese Aufbruchstimmung teilten aber nicht alle Gelehrten. Kaluza hat sich an diesen Aktionen nicht beteiligt, sein Name ist unter keinem Aufruf zu finden. Seine damals siebzehnjährige Tochter erinnerte sich später daran, wie sehr diese Zeit ihren Vater belastete. Er beobachtete die politische Entwicklung mit großer Sorge. Vielleicht machte er sich – wie viele anderen auch – noch Hoffnungen, dass dies nur ein vorübergehender Zustand sei. Am 1. April 1933 erfolgte aber der erste Judenboykott – ein sichtbares Signal der aufziehenden Barbarei. Der Ernst der Lage wurde immer deutlicher. Die idyllischen Spaziergänge mit den langen Gesprächen zwischen Professoren und Studenten schienen bereits der Vergangenheit anzugehören.

Am 30. Januar, dem Tag der „Machtübernahme", zogen Kolonnen der SA-Trupps jubelnd durch die Straßen und grölten „Juda verrecke!"[11] Die SA diente Hitler als Terrorinstrument. Sie besaß 1933 um die 700.000 jugendliche Mitglieder, darunter auch viele Studenten.[12]

In Kiel, wie in vielen anderen Orten Deutschlands, hatten Studenten schon vor der Machtübernahme Hitlers damit begonnen, Aktionen an der Universität zu organisieren, an denen vor allem der NS-Studentenbund beteiligt war. In den letzten Jahren der Weimarer Republik steigerten sich die politischen Unruhen und Agitationen der Studenten immer mehr. Die Hauptursache lag in der allgemeinen Unzufriedenheit und Verzweiflung über die materielle Not. Die demokratischen Regierungen der Weimarer Republik zeigten sich unfähig, diese Situation zu ändern. Es gab Millionen von Arbeitslosen, darunter viele Jugendliche, ohne jede Hoffnung auf eine bessere Zukunft. Organisationen politisch Linker und Rechter lieferten sich Straßenschlachten, Attentate gehörten zum Alltag. Diese Situation war auch eine Folge des Versailler Vertrages, zu dem Deutschland nach dem Ersten Weltkrieg gezwungen worden war. Ein großer Teil der Bevölkerung empfand das als Schande. Die soziale Lage war unerträglich geworden. Auch die Universitäten waren hart betroffen. Die Regierung hatte wegen der Wirtschaftskrise die Beamtengehälter und die finanzielle Unterstützung für Universitätsinstitute gekürzt.[13] Viele Studenten und Gelehrte sahen in dem aufkommenden Nationalsozialismus die einzige Möglichkeit zur Verbesserung dieser Lage. Er sollte über pazifistische, sozialistische und kommunistische Ideen siegen und „die Ehre Deutschlands wiederherstellen". Andersdenkende sollten ausgeschaltet werden.

Nationalsozialistische Studentenaktionen gab es schon seit 1929. Beispielsweise endete eine Feier zur Einweihung des Ehrenmals für die Gefallenen des

---

[11] Hofmann, Döhring, Schipperges, Jaeger, Rohs und Jordan (1965), S. 81.

[12] Vgl. Mosse (1993), S. 157.

[13] Hofmann, Döhring, Schipperges, Jaeger, Rohs und Jordan (1965), S. 84.

Weltkrieges an der Universität Kiel am 27. Juni 1931 mit einem lauten „Heil"-Ruf. Er wurde von den Versammelten aufgegriffen und ging dann in den Sprechchor „Deutschland erwache" über. Solche Aktionen fanden statt, obwohl dem NS-Studentenbund durch Senatsbeschluss am 24. Oktober „die Anerkennung und die Rechte eines akademischen Vereins entzogen" worden waren.[14] Davon ließen sich die nationalsozialistischen Studenten aber nicht abschrecken. Sie störten Veranstaltungen durch Tränengasbomben (30. Juni 1931) und verunglimpften Professoren, die pazifistische und demokratische Ideen vertraten. Man betrachtete solche Aktionen jedoch als zeitbedingte Übergangserscheinungen. Auf dem Grazer Studententag 1932 setzten sich die Nationalsozialisten in der Deutschen Studentenschaft durch. Es wurde ein nationalsozialistischer Vorsitzender gewählt, und an den Universitäten breitete sich rücksichtsloser Terror aus.[15] Dadurch wurde das „Gefühl innerer Verbundenheit der Studentenschaft mit dem Lehrkörper"[16] zerstört, das im Kieler Universitätsleben zuvor intakt gewesen war.

Unmittelbar nach der Machtergreifung wurden in Kiel die Freie Kieler Studentenschaft und der Nationalsozialistische Deutsche Studentenbund – die Hochschulgruppe der NSDAP – äußerst aggressiv. Die Studenten hatten einen zweitägigen Hörerstreik ausgerufen. Zwischen den Studenten und dem Rektor August Skalweit, einem Nationalökonomen, war es zu schweren Auseinandersetzungen gekommen. Die Freie Kieler Studentenschaft verlangte eine offizielle Vertretung und das sofortige Verbot der „Freisozialistischen [kommunistischen] Studentengruppe". Die Aula der Universität und der Festraum in der Seeburg sollten ihr vom Senat für akademische Veranstaltungen zur Verfügung gestellt werden. Am Anfang des Sommersemesters sollte eine Vorlesung für Hörer aller Fakultäten über „Kriegsgeschichte und Wehrpolitik" veranstaltet werden. Sie hatte den Zweck, die Wehrbereitschaft als sittlichen, gesundheitlichen und politischen Faktor für „Volk und Einzelnen" zu propagieren.[17] Der Rektor war aber nicht bereit, auf diese Forderungen einzugehen. Nach Gewaltandrohungen ordnete er im Auftrage des Senats die Schließung der Universität für drei Tage an.[18] Am 13. Februar gab er jedoch nach und erfüllte die Forderungen der Studenten – er war durch den steigenden Einfluss der Studenten im Ministerium gezwungen, gegen seine Prinzipien zu handeln.[19] August Skalweit hatte in seinem Bericht an den Senat sein Vertrauen zum Ausdruck gebracht, dass die inneren Beziehungen

---

[14] Hofmann, Döhring, Schipperges, Jaeger, Rohs und Jordan (1965), S. 80, Anm. 44.

[15] Ebd., S. 76.

[16] Ebd., S. 75.

[17] Ebd.

[18] Ebd., S. 82.

[19] Janssen (1965), S. 12.

zwischen Studenten und Professoren trotz der politischen Unruhen weiterhin auf gegenseitigem Respekt und Achtung der geistigen Freiheit beruhen würden: „Das Lebensprinzip der Universität ist geistige Freiheit. Zur Freiheit des Denkens und Urteilens, zur Freiheit der Persönlichkeit sollen die Studenten erzogen werden. In Freiheit und Unabhängigkeit soll der Dozent seinen Beruf als Lehrer und Forscher erfüllen."[20]

Die politischen Ereignisse zerstoben die Hoffnungen des Kieler Rektors. Die Zukunft sollte Skalweits Ansicht über die geistige Freiheit an der Universität noch drastischer widerlegen. Sein Name erschien bald auf der Liste der beurlaubten Professoren, deren Bücher in der Kieler Bibliothek beschlagnahmt wurden.[21]

Die Aktionen der Studentenschaft waren von Professoren mit nationalsozialistischer Gesinnung unterstützt worden. Wie der „Aufruf der 300" gezeigt hatte, gab es in Kiel besonders viele Professoren, die bereits Mitglieder der NSDAP oder der SA waren. Einer von ihnen war der Professor für Philosophie Ferdinand Weinhandl.[22] Kaluzas Sohn, selbst Student in dieser Zeit, erinnerte sich daran, wie Weinhandl nach der Machtergreifung an der Universität auftrat:

„Das Grotesketse brachte der Philosoph Weinhandl, Österreicher und Lehrbeauftragter für Logik und Logistik zustande: Er stapfte in SA-Uniform — niemand hatte vorher von seiner Zugehörigkeit zur SA gewusst — auf das Podium und begann: ‚Jetzt ist endlich die Zeit gekommen, wo nicht mehr debattiert wird, sondern wo man dem Diskussionsgegner den Schädel einschlägt!' Er hielt später Vorlesungen, in denen er das ‚Lebensgefühl der germanischen Stämme' zu einem philosophischen Inhalt zu erheben versuchte."[23]

Theodor Kaluza war entsetzt und machte sich nun über eine baldige Verbesserung der Situation keine Hoffnungen mehr. Seine idealistischen Vorstellungen von Moral und Verantwortung der Politiker waren gründlich verletzt worden. Obwohl er sich in Königsberg in bürgerlichen Organisationen für die Bekämpfung der Kriminalität und für bürgerliche Ordnung engagiert hatte, wich er nun der Mitgliedschaft in einer politischen Partei aus. Ihm waren die politischen Ereignisse nicht gleichgültig, und er hatte sogar fundierte Kenntnisse in Rechts- und Staatswissenschaft. Seine philosophische Einstellung stand nicht im Einklang mit

---

[20] Hofmann, Döhring, Schipperges, Jaeger, Rohs und Jordan (1965), S. 75.

[21] Ebd., S. 88.

[22] Ferdinand Weinhandl (1896–1973) hatte in den 20er-Jahren eine eigene philosophische Methode, die Gestaltanalyse, entwickelt, die er sowohl in verschiedenen Spezialdisziplinen (Erkenntnistheorie, Ethik, Methaphysik) als auch in seiner Goetheinterpretation anwandte.

[23] Theodor Kaluza junior (1991), S. 6.

der Vorgehensweise der Regierungsvertreter und ihrer Parteien.[24] Kaluza war der Ansicht, dass die Welt nach ethischen Grundsätzen regiert werden solle. Seine moralische Einstellung stand im Einklang mit seinem Glauben. Er vermisste solche Anschauungen bei Politikern, besonders bei den Nationalsozialisten, die er als „Verbrecher" bezeichnete.[25] Der Krieg war für ihn „ein böser Traum" gewesen, den man vergessen sollte. Auch drapiert in die Ideologie der neuen Machthaber, hatte die Gewalt für Theodor Kaluza nichts Anziehendes. Sie erinnerte ihn an die Barbarei des Krieges, von der er geglaubt hatte, sie sei für immer verschwunden. Er gab jedoch nie die Überzeugung auf, dass der Geist stärker als die Gewalt sei. Sein Sohn erinnerte sich an Gespräche seines Vaters mit nationalsozialistisch gesinnten Kollegen, in denen er sie in seiner ruhigen, überzeugenden Art auf Fehler in ihrer „neuen Philosophie" hinwies: „Über metaphysische Fragen habe ich ihn kaum je sprechen gehört, – aber eine Bemerkung, die mir typisch für ihn und sein Denken erscheint, ist mir haften geblieben: als (im sogenannten Dritten Reich) ein Kollege die Begriffe ‚Gut' und ‚Böse' usw. als wissenschaftlich unbewiesen ablehnte, sagte er kurz: ‚Sie verwechseln die Begriffe *unbewiesen* und *widerlegt.'* "[26] Sie seien zwar unbewiesen, aber nicht widerlegt.

Kaluza hatte das neue Regime und die Primitivität seiner Pseudophilosophie rasch durchschaut. Er verachtete die Nazis und machte Bemerkungen über ihre „verbrecherische Dummheit". Trotzdem wollte er sich nicht einschüchtern lassen; er glaubte sogar, in Gesprächen ihre gewalttätige Art durch besonnenes, aber entschiedenes Verhalten entschärfen zu können. Er kannte das Muster aus der Verhaltenspsychologie, dass direkte Konfrontation zu Gewalttätigkeit führt, die er auf jeden Fall vermeiden wollte. Sein Widerstand war anderer Art. Er vertraute seiner geistigen Überlegenheit. Es lässt sich belegen, dass sein Verhalten – unter Berücksichtigung der gefährlichen Lage – kühn war; er tat auf zurückhaltende, fast unauffällige Art erstaunliche Dinge. In Auseinandersetzungen mit Nationalsozialisten verlor er nie die Kontrolle und setzte fast immer durch, was er sich vorgenommen hatte.

Am 7. April 1933 wurde das „Gesetz zur Wiederherstellung des Berufsbeamtentums" erlassen. Professoren jüdischer Herkunft und demokratisch gesinnte Dozenten wurden entlassen. Berühmte Wissenschaftler wie Max Born, James

---

24 Zu seinen Rechtskenntnissen siehe die Erinnerungen seines Sohnes, der die Kompetenz seines Vaters bei der Vorbereitung seines Neffen, eines Jurastudenten, auf eine Prüfung erwähnt, bei der sein Vater intensiv mitgewirkt hatte. Vgl. Theodor Kaluza junior (1991).

25 Vgl. Brief seiner Tochter an die Autorin vom 27. Juli 1997. Ihr Vater hatte die Nazis öfters als „Verbrecher" bezeichnet. Auch im Brief von Theodor Kaluzas Tochter an die Autorin vom 23. Dezember 1996: „Er [Theodor Kaluza] war entsetzt über die Entwicklung von 1933."

26 Brief von Theodor Kaluza junior an V. Raman vom 5. September 1970, NTK.

Franck, Emmy Noether, Fritz Haber und Albert Einstein wurden in die Emigration getrieben. Spätere Untersuchungen haben ergeben, dass bis 1934 1.145 Professoren und Dozenten davon betroffen waren – etwa 15 % der Lehrenden an allen deutschen Universitäten und Hochschulen. Mit den anderen Emigranten ging Deutschland in dieser Zeit rund 20 % seines geistigen Potenzials verloren.[27]

Bereits am 11. April forderte die Freie Kieler Studentenschaft den Rektor auf, eine Reihe von namentlich genannten Hochschullehrern „im Interesse der Ruhe und Ordnung an der Universität" zu entlassen:[28] „Wir dürfen Ew. Magnifizenz versichern, dass die Studentenschaft nötigenfalls zu den schärfsten Maßnahmen greifen wird."[29] Die Freie Kieler Studentenschaft sprach diese Drohung stellvertretend für alle Studenten aus, obwohl die beiden Organisationen höchstens 500 von insgesamt 2500 Studenten der Kieler Universität vertraten.[30] So wurde allein in Kiel etwa 35 Professoren gekündigt. Darunter befanden sich auch gute Freunde Kaluzas, wie Abraham Fraenkel, Willi Feller und der Astronom Hans Rosenberg (1879–1940).[31] Sein bester Freund, Gábor Szegö, war gezwungen, die Universität Königsberg zu verlassen. Dem Privatdozenten Willi Feller wurde im Sommer gekündigt. Sein Kollege Erhard Tornier, mit dem er eng zusammengearbeitet und sogar gemeinsame Arbeiten veröffentlicht hatte, fand diesen Vorgang „normal", er war entsetzt über Fellers „unwürdiges" Verhalten beim Erhalt dieser Nachricht.[32] Als Kaluza die Nachricht von der Entlassung Willy Fellers erhalten hatte, schrieb er einen Brief an das Reichsministerium für Erziehung, Wissenschaft und Volksbildung: „Im Interesse des mathematischen Unterrichtes hätte ich es für außerordentlich wertvoll und wünschenswert gehalten, wenn Herr Feller dauernd in seinem Amt hätte verbleiben können, da er m.E. zu den seltenen Mathematikern gehört, die das technische Geschick eines angewandten mit der theoretischen Klarheit eines reinen Mathematikers in wirklich ausgeglichener Weise verbinden, und da infolgedessen seine Vorlesungen und Übungen didaktisch besonders wirksam sind und von den Studierenden überaus geschätzt werden."[33]

Sein Brief an Minister Bernhard Rust blieb ohne Erfolg. Feller verließ kurz darauf Deutschland und ging nach Kopenhagen, wo er mit Hilfe von Harald Bohr, dem Bruder von Niels Bohr und wohl größten dänischen Mathematiker,

---

[27] Hermann (1984), S. 159.
[28] Janssen (1965), S. 13.
[29] In der *Kieler Zeitung* vom 24. April 1933, zitiert in Janssen (1965), S. 13.
[30] Janssen (1965), S. 14.
[31] Brief von Theodor Kaluzas Tochter an die Autorin vom 19. Februar 1997.
[32] Brief von Tornier an Hasse 1933, NSUBG.
[33] Brief von Theodor Kaluza an den Reichserziehungsminister vom 9. Mai 1933, GSB.

schnell eine neue Arbeitsmöglichkeit fand. Der junge Theodor Kaluza besuchte ihn „im Sommer bei einer Segeltour".[34] Feller bekam wenig später einen Posten am neuen Rockefeller-Institut in Stockholm, wo zum ersten Mal biologische Forschung mit statistischen Methoden betrieben werden sollte. Anschließend emigrierte er 1939 in die Vereinigten Staaten. Er wurde ein bekannter Mathematiker auf dem Gebiet der Wahrscheinlichkeitsrechnung an der Universität Princeton, die das höchste Ansehen im Fach Mathematik in den USA besaß. Seine enge Freundschaft mit dem Sohn Kaluzas bestand lebenslang.

„Religion war für ihn Ethik, etwa im Sinne von Albert Schweitzer" – so beschrieb Theodor Kaluza junior seinen Vater.[35] Als zutiefst religiöser Mensch begriff er die Religion als Pflicht des Einzelnen, dazu beizutragen, dass in der Welt die moralischen Gesetze beachtet werden. Auch im Falle Willy Feller fühlte sich Kaluza verpflichtet, im Einklang mit seinen ethischen und moralischen Überzeugungen zu handeln. Sein Eintreten für Feller blieb aber erfolglos. Dessen Stelle wurde an Erhard Tornier vergeben, einem jungen Mathematiker mit nationalsozialistischer Gesinnung.

Auch der Mathematikprofessor Adolf Abraham Fraenkel, der Kaluza immer unterstützt und geschätzt hatte, wurde entlassen. Er befand sich gerade auf der Rückreise von Israel nach Deutschland. Als er in Amsterdam die Nachricht von seiner Entlassung erhielt, kehrte er nicht mehr nach Kiel zurück, sondern ging wieder nach Jerusalem, wo er Professor an der Hebräischen Universität wurde. Er sandte nach seiner Ankunft in Jerusalem eine Ansichtskarte vom Damaskustor mit einem Neujahrsgruß an die Familie Kaluza.[36]

Die ebenfalls im Sommer frei gewordene Stelle Fraenkels musste die Universität schnell besetzen, da es in Kiel zu dieser Zeit nur zwei Ordinariate gab. Kaluza hatte als Direktor des Mathematischen Seminars das erste Ordinariat. Deshalb versuchte er als damals einziger Ordinarius für Mathematik, wie man aus den Umständen schließen muss, Einfluss auf die Berufung zu nehmen. Auf die beiden ersten Stellen der Besetzungsliste setzte Kaluza die bedeutenden Mathematiker Kurt Reidemeister und Werner Rogosinski. Beide hatten in Königsberg gelehrt und waren zur Zeit beurlaubt – der erste aus politischen, der zweite aus rassischen Gründen. Der Ministerialreferent Achelis traute seinen Augen nicht: Ein politisch unzuverlässiger und ein nichtarischer Mathematiker sollten an die „Grenzuniversität" Kiel berufen werden! „Gleichzeitig erinnere ich an die lebhaften Aktionen innerhalb Ihrer Fakultät gegen die vom Herrn Minister verfügten

---

[34] Theodor Kaluza junior (1991).

[35] Brief von Theodor Kaluza junior an V. Raman vom 5. September 1970, NTK.

[36] Dieser Neujahrsgruß bezog sich offenbar auf das jüdische Neujahrsfest im September, Postkarte von Fraenkel an Kaluza im September 1933, NTK.

Beurlaubungen. Dies vermittelt den Eindruck, dass die Philosophische Fakultät in Kiel den gegebenen Möglichkeiten innerer Umgestaltung ausweicht und diese auszunutzen nicht gewillt ist"[37], ermahnte Ministerialreferent Achelis den Dekan der Philosophischen Fakulät Carl Wesle.

Die Berufungsliste war von dem neu eingesetzten Rektor Karl Lothar Wolf und dem Dekan, dem Germanisten Wesle, unterschrieben. Die beiden bekamen dadurch großen Ärger.[38] Sie warfen sich gegenseitig grobe Fehler vor und waren wütend, dass sie die „schwarzen Flecken" in den Biographien der beiden Mathematiker übersehen hatten. Es war zu dieser Zeit bereits undenkbar, dass derartige Berufungen unbeanstandet durchgekommen wären. Politische Zuverlässigkeit und arische Herkunft waren für die Berufung wesentlich. Für Kaluza blieb die Angelegenheit ohne direkte Folgen. Fraenkels Stelle blieb bis 1937 unbesetzt.

Seit Anfang April versuchten Stoßtrupps nationalsozialistischer Studenten durch einzelne Aktionen gegen jüdische und politisch unerwünschte Gelehrte zu erreichen, dass sie aus der Universität entfernt werden. Diese Angriffe betrafen hauptsächlich Gelehrte jüdischer Herkunft. Am 1. April 1933 erschienen drei uniformierte SA-Leute in der Kieler Sternwarte und teilten dem Professor für Astronomie Hans Rosenberg mit, dass er sich bis auf weiteres als suspendiert zu betrachten und die Amtsgeschäfte seinem Stellvertreter zu übergeben habe. In der Universitätsbibliothek verlangten zwei SA-Leute, dass die jüdische Bibliothekarin Clara Stier-Salmo die Bibliothek sofort verlassen solle. Der außerordentliche Professor für neuere deutsche Literaturgeschichte Fritz Brüggemann verbreitete das Gerücht, dass die Studenten aus nationalen und rassischen Gründen lieber zu ihm als zu dem jüdischen Ordinarius Wolfgang Liepe gingen. Alle diese Fälle endeten mit der Kündigung der betroffenen Professoren und Angestellten der Universität Kiel.

Das Universitätsleben in Kiel wurde das ganze Jahr 1933 hindurch von Unruhen erschüttert. Die Professoren jüdischer Herkunft, die noch Schutz als „Frontkämpfer des Ersten Weltkrieges" genossen, wurden ebenfalls zur Zielscheibe von Aktionen der SA. So wurde das „Gesetz zur Wiederherstellung des Berufsbeamtentums" bei dem Philosophieprofessor Richard Kroner[39] zunächst nicht angewandt. Seine Vorlesung wurde aber am 15. Januar 1934 durch Studenten der Landwirtschaft und der Zahnheilkunde, die sonst niemals philosophische

---

[37] Brief vom Referenten im Ministerium Achelis an Professor Wesle – zu der Zeit Dekan der Philosophischen Fakultät der Christian-Albrechts-Universität Kiel – vom 24. Juni 1933, in Hofmann, Döhring, Schipperges, Jaeger, Rohs und Jordan (1965), S. 90.

[38] Heiber (1992), S. 444.

[39] Richard Kroner (1884–1971) war durch sein Werk, „Von Kant bis Hegel" (1921–1924) als Vertreter des Neuhegelianismus bekannt.

Vorlesungen besuchten, in grober Weise gestört. Die Studenten sangen laut und pfiffen auf Trillerpfeifen. Der Professor wurde von seinen Philosophiestudenten durch Beifall unterstützt, und so kam es zu Handgreiflichkeiten zwischen den beiden Gruppen. Als Kroner sich an die Randalierer mit dem Vorwurf wandte: „Haben Sie auch vier Jahre an der Westfront gestanden? Wenn nicht, dann bitte ich Sie, sich hinauszubegeben"[40], bekam er die Antwort: „Nicht wir werden uns hinausbegeben, sondern jemand anders!"[41] Das Ganze endete mit Prügeleien, und die Vorlesung wurde beendet. Schließlich musste Richard Kroner die Universität verlassen und emigrieren.

Der am 27. April 1933 neu gewählte Rektor Karl Lothar Wolf, NSDAP-Mitglied, griff bei diesen Ereignissen nicht ein, sondern ließ die Studenten gewähren. Die Übergriffe wurden vom Ministerium gebilligt. Der Ministerialrat Achelis hatte den Professoren der Kieler Universität, die mit den Entlassungsmaßnahmen an der Universität nicht einverstanden waren – dazu gehörten auch Kaluza, der bisherige Rektor Skalweit, der Dekan Wesle und andere – seine Missbilligung in einem Brief vom 24. Juni 1933 angedeutet: „Es wird erwartet, dass der Wille des Ministers nicht verkannt wird und zwar im Interesse der wünschenswerten Zusammenarbeit beim Aufbau der Grenzuniversität Kiel."[42]

Die Universität Kiel sollte als Vorbild für die erfolgreiche Durchsetzung des NS-Geistes gelten. Durch die Wahl eines Rektors, der dafür sorgte, dass „aufgrund der Berufungen ein einigermaßen einheitlicher Lehrkörper sich konstituieren kann"[43], und durch die Entfernung unerwünschter Professoren mit Hilfe von Studenten, die dem NS-Geist huldigten, sollte der Prozess der Erneuerung durchgeführt werden. Diese Absicht wurde erreicht, denn durch die Entlassung der jüdischen Professoren und die Erfüllung der gewünschten Berufungskriterien waren von den insgesamt 189 Professoren 101 Mitglieder der NSDAP oder der SA, das heißt 53 Prozent.[44]

Theodor Kaluza war weder Mitglied der NSDAP noch der SA, und daran änderte sich auch nichts bis zum Ende des Krieges.[45] Denn aus den Terror-Aktion-

---

[40] Hofmann, Döhring, Schipperges, Jaeger, Rohs und Jordan (1965), S. 93.

[41] Ebd.

[42] Brief vom Referenten im Ministerium Achelis an Professor Wesle vom 24. Juni 1933, in Hofmann, Döhring, Schipperges, Jaeger, Rohs und Jordan (1965), S. 90.

[43] Brief von Rektor Wolf ans Ministerium vom 20. April 1934, in Hofmann, Döhring, Schipperges, Jaeger, Rohs und Jordan (1965), S. 93.

[44] Dieser Prozentsatz variierte je nach Fakultät. So waren in der Medizinischen Fakultät 65 % in der SA oder NSDAP, im Unterschied zu der Philosophischen Fakultät mit 53 %, der Juristischen Fakultät mit 48 %, und der Theologischen Fakultät mit 36 %. Nach dem Verzeichnis der Hochschullehrer an den Deutschen Universitäten, BB, R4901, f. 38–41.

[45] Ebd.

en, die das neue Regime organisiert hatte, konnte in dieser Zeit jeder vernünftige Mensch erkennen, was die Regierung beabsichtigte. Auch viele derjenigen, die sich am Anfang getäuscht hatten, distanzierten sich später.[46]

Kurz nach dem Erlass des „Gesetzes zur Wiederherstellung des Berufsbeamtentums" begann der *Kampfausschuss wider den undeutschen Geist* mit der „Reinigung" der Kieler Bibliotheken von „Schmutz- und Schundliteratur". Dazu gehörten Werke von Kafka, Remarque und Heine. Anschließend begann der Kampfausschuss mit der „Revision" der Universitätsbibliothek. Zunächst wurden „undeutsche" Werke der schöngeistigen Literatur „ausgemerzt", anschließend sämtliche Veröffentlichungen der unerwünschten Lehrkräfte beschlagnahmt. Die Universität versuchte zwar, sich dagegen zu wehren, das Ergebnis war aber unbefriedigend. Wissenschaftliche Schriften von 30 Gelehrten wurden entfernt.[47]

Am 10. Mai fand in Kiel, wie in fast allen Hochschulstädten, die Verbrennung beschlagnahmter Bücher statt. „Terror und Propaganda lähmten Mut und Verstand", war ein Kommentar von Erich Hofmann 1965.[48] „In ganz Deutschland werden heute in dieser Nacht Tausende von Schriften und Büchern verbrannt werden, die als zersetzendes Gift an unserem Volkskörper fraßen."[49] „Deutscher Geist – Undeutscher Geist" war das Thema der Rede des Philosophen Ferdinand Weinhandl in der Aula der Kieler Universität.

„Dann formierte sich die Studentenschaft zu einem Fackelzug, dem die Universitätsfahne vorangetragen wurde, über die Brunswik, den Martensdamm entlang zum Wilhelmsplatz, wo die Verbrennung vorgenommen wurde", berichteten Augenzeugen.[50] Die Bücherverbrennung wurde von der Kieler Zeitung vorher bekannt gegeben, so dass die Beteiligung eines großen Teils der Bevölkerung an dieser Schandtat zu erwarten war. Auf dem Wilhelmsplatz fielen um 22.30 Uhr wertvolle Schöpfungen des menschlichen Geistes den Flammen zum Opfer.[51] Das hätte eigentlich ein Ereignis sein müssen, das Geistesvertreter wie Hochschulprofessoren und Studenten zum Schaudern bringen sollte. Die Akademiker, eingeschüchtert durch die Ereignisse der letzten Monate, viele sogar durchdrungen von der neuen Ideologie, unternahmen nichts gegen diese Untat, was vom NS-Regime als Zustimmung angesehen wurde. Manche Gelehrte, wie der Göttinger Rektor Friedrich Neumann, warfen sogar Bücher mit eigener Hand ins

---

[46] Heiber (1992), S. 481.
[47] Hofmann, Döhring, Schipperges, Jaeger, Rohs und Jordan (1965), S. 87.
[48] Ebd., S. 91.
[49] Ebd.
[50] Ebd., S. 90.
[51] Janssen (1965), S. 13.

Feuer.[52] Es war die erste offene Kapitulation des Geistes vor den NS-Macht-habern.

Theodor Kaluza nahm an diesem schrecklichen Ereignis nicht teil. Auch wenn er diese Tat nicht verhindern konnte, wollte er die Erniedrigung nicht ohn-mächtig mit ansehen müssen. Diese Demütigung des menschlichen Geistes be-reitete ihm große Qualen. Er empfand die „verbrecherische Dummheit" – wie er sie nannte –, die sich in diesen Tagen der Intelligenz als überlegen zeigte, als ver-hängnisvoll. Als vernunftgläubiger Mensch konnte er das nicht akzeptieren.

In kurzer Zeit war die Universität mit Hakenkreuzflaggen und Porträts und Büsten des Führers „geschmückt". Bereits am 8. März 1933 hatten SS-Leute unter der Führung von SS-Sturmführer Göttsch gegen die Anordnung des Rek-tors die Hakenkreuzflaggen aufs Dach und vor die Freitreppe der Universität ge-hängt. Die Fahne der Republik – die schwarz-rot-goldene Fahne – wurde herun-tergeholt und in den Kieler Hafen geworfen.[53] Bis Ende 1934 wurden alle Fah-nen der Republik aus der Universität eingesammelt und vernichtet. Bald sah man nur noch die Hakenkreuzflaggen.

Die Familie Kaluza bekam schon 1933 einen Beweis der Grausamkeit des Nationalsozialismus zu spüren. Anna Kaluza Bruder, Leo Beyer, Rechtsanwalt in Königsberg, erschien eines Tages bleich, ausgemergelt und in schäbiger Kleidung bei den Kaluzas in Kiel. Die Familie hatte sich seit einigen Monaten um ihn gro-ße Sorgen gemacht. Er war spurlos verschwunden und trotz ständiger Bemühun-gen vor allem seiner Schwester wusste niemand, wo er geblieben war. Er hatte in einem politischen Prozess den Freispruch eines Klienten erwirkt, aber „auf der Treppe vor dem Gericht wurde sein Klient in ein Auto gezerrt und entführt." Als Leo Beyer sich an die Staatsanwaltschaft wandte, wurde er selber festgenommen und ohne Prozess für ein paar Monate in ein KZ gebracht. Nach seiner Entlas-sung konnte er seinen Beruf nicht mehr ausüben. Er bekam den Befehl, sich täglich bei den zuständigen Behörden zu melden. Die Familie Kaluza versteckte ihn in Kiel, bis er seine Flucht nach Belgien, wo er sich zu Freunden aus dem Ersten Weltkrieg retten wollte, genügend vorbereitet hatte.

Kaluzas Sohn berichtete über diese traurige Begebenheit: „Als wir an dem Tage, an dem er bei uns ankam, abends schlafen gingen, bat er mich, einige Schallplatten aufzulegen. Als ich zwei oder drei Platten gespielt hatte, ging ich leise – um ihn nicht zu wecken, wenn er schon schliefe – durch den Flur zu sei-nem Zimmer, um ihn nach besonderen Wünschen zu fragen, – ich tat es nicht, denn ich hörte, dass er einen Weinkrampf hatte. Das war einer der Gründe, –

---

[52] Heiber (1992), S. 90.
[53] Ebd., S. 42.

beileibe nicht der einzige! – die es mir unmöglich machten, wie fast alle meiner Alters- und Studiengenossen es taten, in die Partei oder wenigstens in die SA einzutreten, obwohl ich von vielen wohlmeinenden Freunden kopfschüttelnd dazu gedrängt wurde."[54]

Leo Beyer gelang es, zuerst nach Belgien und dann nach Frankreich zu flüchten. Dort veröffentlichte er unter anderem die Schrift « Le troisième Reich, le plus grand faux-monnayeur » („Das Dritte Reich, der größte Falschmünzer"). Bei Kriegsbeginn wurde er, wie viele andere Emigranten, in Frankreich interniert, damit festgestellt werden konnte, ob er ein deutscher Spion sei. Kurz nach der Kapitulation Frankreichs bekamen die Eltern die Nachricht aus einem Gefängnis in Metz, dass er „aus unbekannten Gründen Selbstmord begangen" habe.[55] Seit seiner Flucht nach Belgien waren die Kaluzas in großer Sorge um ihn gewesen.[56] Dieser Terrorakt erschütterte die ganze Familie. Insbesondere Anna Kaluza konnte die Angst um ihren Bruder schwer ertragen.

Der junge Kaluza nahm mit Abscheu den von der Polizei offensichtlich geduldeten Terror zur Kenntnis. Bei dem Juden-Boykott am 1. April 1933 war er vor allem über die Todesopfer entsetzt, um die sich niemand zu kümmern schien. Diese Ereignisse veranlassten ihn – er war damals gerade 23 Jahre alt –, jeden Kontakt mit Institutionen des neuen Regimes zu meiden. Ende 1934 wurde ihm von der für Staatsexamina zuständigen Stelle bei einer Unterredung angedroht, dass er nicht die geringste Aussicht auf eine Anstellung als Lehrer haben würde, wenn er nicht in die Partei oder in die SA einträte. Das verweigerte er aber, denn die neue Ordnung war „völlig unvereinbar mit der ‚Ehrfurcht vor dem Leben'", die er durch Albert Schweitzers Botschaft verinnerlicht hatte.[57] Zu der Lektüre des großen Humanisten und Arztes, der sein Leben in den schweren Dienst der medizinischen Betreuung afrikanischer Stämme gestellt und große Entbehrungen auf sich genommen hatte, war der junge Kaluza durch seinen Vater gekommen, der ihm 1933 Schweitzers „Kultur und Ethik" geschenkt hatte.[58] Dieses Buch beeindruckte den jungen Theodor; Schweitzers Überzeugung gab ihm Halt in dieser schweren Zeit. Ein Abschnitt dieses Buches hat seine Standhaftigkeit in besonderer Weise bestärkt. Er spiegelte auch die ethische Auffassung seines Vaters wider, daher soll er hier zitiert werden: *„Wie in meinem Willen zum Leben Sehnsucht ist nach dem Weiterleben und nach der geheimnisvollen*

---

[54] Theodor Kaluza junior (1991), S. 7.

[55] Mitteilung des Deutschen Roten Kreuzes an Anna Kaluza bezüglich Nachrichtenvermittlung an Internierte im unbesetzten Frankreich vom Januar 1941, NTK.

[56] Theodor Kaluza junior (1991).

[57] Ebd.

[58] Brief von Theodor Kaluza junior an Detlef Laugwitz vom 26. Juni 1985, NTK.

Gehobenheit des Willens zum Leben, die man Lust nennt, und Angst vor der Vernich-
tung und der geheimnisvollen Beeinträchtigung des Willens zum Leben, die man Schmerz
nennt: also auch in dem Willen zum Leben um mich herum, ob er sich mir gegenüber
äußern kann oder ob er stumm bleibt. Ethik besteht also darin, dass ich die Nötigung
erlebe, allem Willen zum Leben die gleiche Ehrfurcht vor dem Leben entgegenzubringen
wie dem eigenen. Damit ist das denknotwendige Grundprinzip des Sittlichen gegeben. Gut
ist, Leben erhalten und Leben fördern; böse ist, Leben vernichten und Leben hemmen."[59]

Theodor Kaluza ließ sich von dem Druck, der auf die Gelehrten der Universität Kiel ausgeübt wurde, nicht einschüchtern. Im Frühjahr 1933 lud er seinen
jüdischen Freund Gábor Szegö zu einer Gastvorlesung nach Kiel ein. Diese Entscheidung zeugte von seinem Widerstand gegen die unwürdigen Aktionen der
Nazis, denn am 29. März hatte der Nationalsozialistische Studentenbund dem
Rektor offiziell angekündigt, dass die Studentenschaft mit Beginn des Sommersemesters nicht mehr dulden würde, „dass jüdische Dozenten und Studenten die
Christian-Albrechts-Universität weiter betreten würden."[60]

Das war aber nicht die einzige Unbotmäßigkeit, die er sich erlaubte. In seiner
Rechenschaftsvorlesung, die von der Deutschen Studentenschaft von jedem Ordinarius in Kiel verlangt wurde, um zu zeigen, dass man „die neue Sicht" vertrete,
hob er Verdienste von Mathematikern hervor, die nicht in die nationalsozialistische Weltanschauung passten: Er erwähnte die Mengenlehre Georg Cantors
und die neueste Entwicklung in der Mathematik in einer „vorweggenommenen
Bourbaki-Kurzfassung."[61] Im Hinblick auf das nationalsozialistische Bestreben,
eine „Deutsche Mathematik" zu etablieren, kann Kaluzas Haltung als geistiger
Widerstand angesehen werden. In einer 1923 gehaltenen Rektoratsrede über
„Wert und Wesen der Mathematik" wollte Theodor Vahlen in der Mathematik
einen „Spiegel der Rassen" sehen.[62] Diese Betrachtung der Mathematik wurde
1934 von dem Berliner Mathematiker Ludwig Bieberbach detailliert ausgearbeitet.
1933 war sie eine von nationalsozialistischen Wissenschaftlern akzeptierte Richtung in der bis dahin als ideologiefrei geltenden Mathematik. Bieberbach hat
diese pseudophilosophische Interpretation der Mathematik am deutlichsten zum

---

[59] Schweitzer (1923), Kap. XXI, zitiert im Brief von Theodor Kaluza junior an Detlef
Laugwitz vom 26. Juni 1985, NTK, S. 10.
[60] Janssen (1965), S. 13.
[61] Theodor Kaluza junior (1991).
[62] Vgl. Lindner (1980), S. 100.

Ausdruck gebracht. Deswegen soll hier seine berüchtigte „Theorie" vorgestellt werden und nicht die nur in unklaren Umrissen formulierten Vorläufer.[63]

Bieberbach behauptete 1934 in seiner Publikation „Persönlichkeitsstruktur und mathematisches Schaffen"[64], dass „zwischen den psychologischen und rassenkundlichen Typen feste Beziehungen bestehen müssen."[65] Diese in der *Deutschen Mathematik* akzeptierte Theorie stellte eine Verbindung zwischen Rassenlehre und Mathematik her. Danach sei deutsche Mathematik tiefsinnig und von Intuition geprägt, während jüdische Mathematik formell, oberflächlich und daher „minderwertig" sei.[66] In diesem Kontext lobte er den kreativen Geist großer deutscher Mathematiker wie Felix Klein und David Hilbert und wies auf die Sterilität der „gegentypischen Mathematik" hin, als deren Vertreter er Descartes, Laplace bis Cauchy, Georg Cantor, Carl Gustav Jacobi und Edmund Landau anführte.[67] Die Inkonsequenz der Theorie Bieberbachs, die nicht mehr Wissenschaft sondern bloße Ideologie ist, tritt deutlich hervor: In die „gegentypische Mathematik" reiht er alle Mathematiker ein, die für ihn als „nicht deutsche" gelten. Natürlich konnte kein ernsthafter Mathematiker diese These Bieberbachs unterstützen und eine derartige Einteilung gutheißen, durch die die Verdienste jüdischer Mathematiker wie Landau und Noether ignoriert wurden.

Kaluzas Antwort auf diese geistige Verstümmelung war deutlich: Die Wissenschaft darf sich nicht politischen Beschlüssen unterwerfen, die nur dazu dienen sollen, die Freiheit des Denkens einzuschränken. Als einziger Ordinarius für Mathematik fühlte er sich dafür verantwortlich, die Ehre seines Faches im Sinne der großen Errungenschaften des menschlichen Geistes zu verteidigen. Seine Aktion blieb ohne böse Folgen für ihn.[68] Sein Sohn führte das darauf zurück, dass die Nazis, ganz von der „Erneuerung der Universität" in Anspruch genommen, „viel zu borniert" waren, um zu verstehen, worum es in der Mathematik überhaupt ging. Erst wenn bekannte Namen – wie der von Einstein – auftauchten, wurden entsprechende Maßnamen ergriffen. So wurde der Rostocker Physiker Pascual Jordan am 6. Oktober 1934 im Ministerium von Rektor Wolf aus Kiel denunziert, weil „der theoretische Physiker" im Heft 22 des 22. Jahrgangs der *Naturwissenschaften* „einen ziemlich unglaublichen" Aufsatz „zur Rettung des Positivis-

---

[63] Bieberbach fing schon früher an, seine Theorie zu formulieren. Auch andere Vertreter dieser rassistischen Erfassung der Mathematik beschäftigten sich schon vor 1933 damit. Eine eingehende Geschichte ihrer Entwicklung findet man in Lindner (1980), S. 96–100.

[64] Lindner (1980), S. 113, Anm. 60.

[65] Ebd., S. 100.

[66] Ebd., S. 96.

[67] Ebd., S. 97 und S. 101.

[68] Leider sind keine Aufzeichnungen dieser Vorlesung erhalten.

mus" veröffentlicht hatte, in dem er nur zwei Physiker positiv beurteilte, nämlich Heinrich Hertz und Albert Einstein, „beide Juden".[69] Da der Referent im Ministerium Theodor Vahlen nach gründlicher Untersuchung die Entdeckung machte „Jordan ist Pg.!", kam der Vorfall in die Ablage.

Am Ende des Jahres war die Universität Kiel im nationalsozialistischen Sinn „gleichgeschaltet". Trotz der schlimmen Ereignisse konnte damals kaum jemand die grauenvolle Zukunft voraussehen. Theodor Kaluza war aber ein klar denkender Mensch. Dass so viele seiner Freunde den Weg in die Emigration gehen mussten, und andere wie Reidemeister und sein Schwager und Freund Leo Beyer, politisch verfolgt wurden, sowie die immer mehr hervortretende Gewalt auf den Straßen waren für ihn deutliche Hinweise auf eine systematische Einschränkung der Freiheit. Er ließ sich nicht blenden und machte sich – anders als viele andere – keine Hoffnungen auf eine vielversprechende Zukunft Deutschlands. Der neue „Führer", der sich als Vertreter des Volkes ausgab, eine Ideologie der Gewalt zur „Rettung der Nation" zurechtgelegt hatte und sich anmaßte, über Freiheit zu reden, und gleichzeitig Verbrechen anordnete, täuschte Kaluza nicht. Seine Zukunft und die seiner Familie beschäftigten ihn stark. Sein Alter – er war 48 Jahre – und die psychische Empfindlichkeit seiner Frau, die den Umzug nach Kiel sehr schlecht verkraftet hatte, machten aber eine Emigration unmöglich. Dabei hatte Kaluza selber die Fähigkeit, sich überall einleben zu können. Sein außergewöhnliches Sprachtalent – er beherrschte 17 Sprachen – ließ nie das Gefühl von Fremdheit aufkommen.[70] Er liebte seine Familie und hätte nie einen Entschluss gefasst, der ihr geschadet hätte. Er ahnte wahrscheinlich, dass Hitler, der den Krieg verherrlichte, auch einen Krieg führen würde. Trotzdem war für ihn die Emigration mit seiner psychisch labilen Frau keine Lösung. Er hätte nach 20-jährigem Warten auf eine Professorenstelle die materielle Lage seiner Familie erneut gefährdet.[71] Schließlich gab es in allen Industrieländern eine große Arbeitslosigkeit. Ent-

---

[69] Heiber (1994), S. 446.

[70] Dazu erwähnte seine Frau, wie froh ihr Mann immer war, wenn er in den Ferien in Ungarn wegen seiner perfekten Aussprache für einen Einheimischen gehalten wurde. Brief von Anna Kaluza an die Familie Szegö vom 16. September 1949, NTK.

[71] Über die Gedanken, die sich Theodor Kaluza damals gemacht hat, gibt es nur wenige Hinweise. Doch weiß man mit Sicherheit, dass Anna Kaluza zu so einem Schritt, trotz des Ernstes der Lage, nicht bereit war. Es ist auch naheliegend, Kaluzas damalige Lage mit seiner Reaktion nach 1945 zu vergleichen. Damals erwog sein Student Nikolaus Stuloff, dessen Promotion er wie ein Vater betreut hatte, nach Amerika auszuwandern, weil es in Deutschland nach dem 2. Weltkrieg kaum Karriere-Möglichkeiten gab. Kaluza ließ die Bedingungen im Ausland, besonders in den Vereinigten Staaten, durch seine Freunde Szegö und Feller sorgfältig untersuchen, und riet dann seinem Studenten von diesem Schritt entschieden ab. In diesem Zusammenhang ist zu vermuten, dass auch er zu Beginn des Nationalsozialismus die Möglich-

scheidend für seine Haltung war wohl letztendlich seine feste Überzeugung, dass der Geist die Gewalt besiegen und der Mensch durch seine Vernunft und den Glauben an Gott das Böse überwinden würde.

Abb. 37: Foto: Blick aus Kaluzas Wohnung in der Esmarchstraße 64 in Kiel im Zeichen des Nationalsozialismus (1934)

keit einer Emigration in Betracht zog und dann zu der Überzeugung kam, dass sein Renommee nicht groß genug war, um im Ausland eine Professur zu bekommen. (Interview der Autorin mit Nikolaus Stuloff im Oktober 1997.)

Erste Jahre unterm Hakenkreuz

> *„Unsere Zeit stellt die Groteske dar: dass alle Welt*
> *an einen Schwindel glaubt, von dem alle Welt weiß,*
> *dass er ein Schwindel ist." Theodor Kaluza junior*[1]

Seit der Machtübernahme hatte sich die Atmosphäre in Kiel stark verändert. In der Esmarchstraße, wo die Kaluzas zu dieser Zeit wohnten, wehten die Flaggen des neuen Regimes vor den Fenstern, allerdings nicht bei der Familie Kaluza.[2] Die unterschiedliche Gesinnung der Menschen machte sich auch in der Art ihres Umgangs bemerkbar. In Kaluzas Nachbarschaft wohnte der Rektor Karl Lothar Wolf, der sich schon immer über das Klavierspiel von Kaluzas Sohn geärgert hatte. Jetzt maßte er sich an, ihm das Klavierspiel mit Nachdruck zu verbieten.[3]

Die Atmosphäre an der Universität war immer unangenehmer geworden, weil die Zahl der Professoren, die mit dem neuen Regime sympathisierten, ständig stieg. Als Universität des „nordischen Raumes" war sie nach Ansicht der Nazis „aus ihrer landschaftlichen Bestimmung heraus berufen, den nordischen Gedanken in Rassenkunde, Vorgeschichte, nordischer Geisteskultur [...] wissenschaftlich zu vertreten, zu fördern und zu untermauern."[4] Besonders die Philosophische Fakultät, mit der „der Rektor nicht zufrieden war", brauchte „dringend eine Auffrischung durch aktive und junge Wissenschaftler."[5] Es herrschte eine gespannte Atmosphäre, in der man nicht wagen durfte, offen seine Unzufriedenheit mit dem Regime zum Ausdruck zu bringen. Sowohl die Freiheit der wissenschaftlichen Forschung als auch die persönliche Freiheit wurden mehr und mehr eingeengt. Für die Teilnahme an einem Kongress im Ausland musste man um die Zustimmung des zuständigen Oberpräsidenten und Gauleiters Lohse bitten, der die nationalsozialistische Gesinnung des Antragstellers überprüfte.[6] So beantragte der Physikprofessor Heinrich Freiherr Rausch von Traubenberg, ein Freund und

---

[1] Theodor Kaluza junior, Tagebuch 1937, NTK.

[2] Theodor Kaluza junior (1991). Es ist bemerkenswert, dass die Kaluzas konsequent abgelehnt haben, die nationalsozialistische Flagge zu hissen.

[3] Ebd.

[4] Dozentenbundsführer Ritterbusch an den Minister am 24. Oktober 1936, in Hofmann, Döhring, Schipperges, Jaeger, Rohs, und Jordan (1965), S. 106.

[5] Brief des Rektors der Christian-Albrechts-Universität Kiel an den Minister vom 7. März 1936, ebd., S. 105.

[6] Siehe dazu den Antrag von Professor Rosenberg für eine Gastprofessur nach Chicago (f. 251) und die Zustimmung des Gauleiters Lohse durch den Rektor für die Reise von Professor Rörig nach Brüssel und Riga, (f. 308) BB, 4901/1872/4.

wichtiger Gesprächspartner Kaluzas, eine Reise nach Edinburgh, um an der Universität Vorträge zu halten. Rausch von Traubenberg galt wegen seiner Frau als „jüdisch versippt" und befand sich in einer gefährlichen Lage. Die Einladung nach Edinburgh kam von seinem Freund Max Born, der von der zunehmenden Verfolgung der Hochschullehrer in Deutschland wusste und die Familie von Traubenberg retten wollte. Die Reise wurde aber verweigert, weil man befürchtete, dass der Experimentalphysiker, der in der Atomforschung tätig war, dem Ausland nützlich sein und wichtige wissenschaftliche Forschungsergebnisse verraten würde. Anfang 1937 wurde er zwangsweise in den Ruhestand versetzt. Es gelang ihm aber, nach Berlin zu ziehen und mit Hilfe von Otto Hahn in Charlottenburg eine bescheidene wissenschaftliche Arbeit zu finden. Das Ende war tragisch. Frau Rausch von Traubenberg wurde 1944 nach Theresienstadt deportiert; er selbst starb am selben Tag an einem Herzschlag.[7] Theodor Kaluza setzte während seiner Kieler Zeit seine Beziehungen zu Rausch von Traubenberg fort.[8]

An der Universität versuchte Kaluza, seine Lehrtätigkeit sinnvoll zu gestalten. Er betreute eine Dissertation in Astronomie, damit der Doktorand des emigrierten Professors Hans Rosenberg seine Arbeit zu Ende bringen konnte.[9] Aus ähnlichen Gründen hielt er auch Vorlesungen über theoretische Physik, „damit die Studenten ihr Studium fortsetzen konnten."[10]

Das geistige Klima an der Universität wurde von Theodor Kaluza junior später beschrieben:

„Geistiger Mut und geistige Selbständigkeit werden immer seltener: jeder fürchtet sich, Gedanken zu denken, von denen er nicht sicher ist, dass viele sie denken. Ängstlich sorgt er dafür, dass die ‚großen Strömungen' auch ihn ergreifen und mitführen. Es ist ihm gar nicht so sehr behaglich, aber noch mehr entsetzt er sich vor dem Alleinsein, in das ihn das eigene Denken und Sehnen vielleicht führen würde, wenn er es zu Wort kommen ließe."[11]

Es waren aber noch nicht alle Stimmen gegen das neue Regime verstummt. Einer der besten Freunde aus Kaluzas Königsberger Zeit, Kurt Reidemeister, war gleich nach der Machtübernahme entlassen worden. Er hatte sich im Jahr zuvor

---

[7] Siehe Uhlig (1991), S. 117–119.

[8] 1935 erwähnte Kaluza in einem Brief an seine Frau, die sich gerade in Traunstein aufhielt, einen erneuten Besuch bei den Traubenbergs. Aus diesem Brief geht deutlich hervor, dass diese Besuche zu seinen Gewohnheiten gehörten. Brief von Theodor Kaluza an Anna Kaluza zu Ostern 1935, NTK.

[9] Der durch den Weggang von Hans Rosenberg frei gewordene Lehrstuhl wurde auf Anordnung des Ministeriums nicht mehr besetzt, in: Hofmann, Döhring, Schipperges, Jaeger, Rohs, und Jordan (1965), S. 105.

[10] Brief von Theodor Kaluza junior an Detlef Laugwitz vom 26. Juni 1985, NTK, S. 8.

[11] Theodor Kaluza junior, Tagebuch 1937, NTK.

gegen einen Aufruf nationalsozialistischer Studenten ausgesprochen, der die Entlassung des Rektors Karl Erich Andrée forderte. Der Rektor hatte verhindern wollen, dass diese Studenten anlässlich einer Gedenkfeier der Toten von Langemarck 1930 die nationalistische Bezeichnung „Deutsche Studentenschaft" anstatt der offiziellen „Freie Studentenschaft" benutzten.[12] Reidemeister hatte 1933 eine ganze Vorlesung dazu verwendet, um den Studenten detailliert klarzumachen, warum ihr Verhalten, das Unruhe auslöste, unvereinbar mit dem gesunden Menschenverstand war.[13] Erst 1934, nach einem Jahr erzwungener Ruhepause, wurde Reidemeister nach Marburg versetzt, wobei der Mathematiker Wilhelm Blaschke (1885–1947) seine guten Beziehungen zum Ministerium helfend eingesetzt hatte. Diese Berufung kam für den großen Mathematiker, der durch seine Beiträge in der Topologie einen internationalen Ruf erworben hatte, einer Strafe gleich. Er hatte ständig Schwierigkeiten mit dem Naziregime. Besonders litt der stolze und eigenwillige Reidemeister darunter, Einschränkungen seiner Freiheit ertragen zu müssen. Von diesem psychischen Druck konnte er sich auch nach dem Krieg nicht ganz befreien.

„Schalkhaft, blond, leicht schüchtern wirkend" war der norddeutsche Reidemeister in jungen Jahren nicht nur ein glänzender Mathematiker, der die Prüfung bei Edmund Landau nach 30 Minuten mit *Auszeichnung* bestanden hatte, er hatte auch Philosophie studiert und besaß ein beeindruckendes literarisches Talent. Er schrieb Gedichte und veröffentlichte Novellen in einer angesehenen Hamburger Zeitung.[14] Ehe er 1925 nach Königsberg berufen wurde, war er Ordinarius an der Universität Wien gewesen, wo er dem bekannten philosophischen *Wiener Kreis* der Neopositivisten angehörte. Auf dem Gebiet der kombinatorischen Topologie hatte Reidemeister außergewöhnliche Ergebnisse erzielt. Sein 1932 erschienenes Buch „Knotentheorie" wurde zum Standardwerk; es blieb dreißig Jahre hindurch die einzige umfassende Darstellung dieser Theorie.[15]

Reidemeister war eine originelle Erscheinung. Seine blauen Augen verrieten Intelligenz und Ironie. Er war sich seines Wertes durchaus bewusst und zeigte das auch. Trotzdem war er in Königsberg ein beliebter Professor gewesen. Auf dem Neujahrsfest hatten ihm die Studenten 1926 folgende Verse gewidmet:

---

[12] Vgl. Epple (1995), S. 573.

[13] Vgl. Artzy (1972).

[14] Behnke (1978), S. 53–54.

[15] Vgl. Arzty (1972). Heute hat der Name von Reidemeister in der Quantentopologie, dem neuesten Teil der modernen theoretischen Physik, der mit der Theorie der Superstrings in Verbindung steht, dank seiner Knotentheorie einen wichtigen Platz gewonnen. So treffen die Namen beider Freunde in der modernen Physik wieder aufeinander, siehe dazu Kauffman (1991).

„Professor Reidemeister lehrt Geometrie
Und hält Seminar über Topologie.
Da studiert man unter anderem auch Knoten,
Daher erscheint es geboten,
Dass man dem Künder solcher Dinge
Seinen Dank dadurch zum Ausdruck bringe,
Dass man ihm einen Orden überreicht,
Welcher die Kleeblattschlinge zeigt. "[16]

In ihrem scherzhaften Gedicht hatten die Studenten damals Szegö den „Orden vom Integral", Kaluza den Kreuzorden und Rogosinski, der damals Differentialgleichungen und Funktionentheorie lehrte, den „Mittag-Lefflerischen Stern" verliehen. Diesen herzlichen Beziehungen zwischen Studenten und Professoren setzten die Ereignisse von 1933 ein Ende.

Von dem zurückhaltenden Kaluza unterschied sich Reidemeister durch sein Bestreben, seine Meinung sofort zum Ausdruck zu bringen und Bestätigung zu verlangen. Wenn ihm etwas nicht gefiel, musste er das sofort äußern. Damit war er das genaue Gegenteil des nach Harmonie strebenden Kaluza, dessen glückliche Natur ihn immer dazu veranlasste, nach Ausgleich und Verständigung zu suchen. Trotz dieser Unterschiede waren die beiden Wissenschaftler enge Freunde. Sie verband nicht nur die Liebe zur Mathematik und Philosophie, sondern auch die Überzeugung, dass sie dieselbe Geisteshaltung hatten und sich dem „moralischen Gesetz" im Sinne Kants verpflichtet fühlten.

Die Entlassung Reidemeisters und seine Versetzung nach Marburg waren ein Zeichen der Veränderungen, die das neue Regime innerhalb des geistigen Lebens bewirkte. Für einen freien wissenschaftlichen und intellektuellen Austausch gab es keinen Platz mehr. Reidemeister litt sehr unter dem Schweigen, zu dem er dadurch verurteilt war, und empfand seine Marburger Zeit als eine Gefängnisstrafe. Als Anhänger des Wiener Kreises wurde er des Bolschewismus verdächtigt.[17] Dass sich Reidemeister und Kaluza weiterhin regelmäßig trafen, weist darauf hin, dass ihre Überzeugungen auch im politischen Bereich übereinstimmten. In der Nazizeit suchte Reidemeister nach Möglichkeiten, die Arbeiten jüdischer Mathematiker zu veröffentlichen.[18] Er blieb sein ganzes Leben lang ein Verfechter der geistigen Freiheit in der Wissenschaft. Gleich nach dem Krieg veröffentlichte er mehrere Aufsätze, darunter „Über die Freiheit der Wissenschaft", in dem er sich dafür aussprach, dass die Gedankenfreiheit durch den Staat nicht angetastet wer-

---

[16] „Das Ordensfest", Neujahrsgedicht der Studenten in Königsberg gewidmet ihren Mathematik- und Physikprofessoren 1926, NTK.

[17] Arzty (1972).

[18] Vgl. ebd.

den darf.[19] Die alte Freundschaft der Familien blieb bestehen, die Reidemeisters besuchten die Kaluzas und verbrachten mit ihnen die Weihnachtsfeiertage. Die Briefe Reidemeisters an Kaluza beschränkten sich aber nur auf kurze Mitteilungen. Die wichtigen Probleme, die beide Wissenschaftler beschäftigten, wurden ausschließlich bei ihren Zusammenkünften diskutiert. Dazu gehörten offenbar Fragen über die „Entartung der Wissenschaft unter dem Regime des Nationalsozialismus", die im Zusammenhang mit „dem Sinn der Wissenschaften" betrachtet wurden. Im Vordergrund stand das Problem, ob Wissenschaftler „vorerst Gelehrte oder ihrer Aufgabe nach Beamte des Staates" sind und ob der Staat, der die Wissenschaft fördern will, sie in „den Rahmen seiner Zwecke pressen darf".[20] Reidemeister beantwortete diese Fragen öffentlich erst in Arbeiten aus den Nachkriegsjahren.[21] Während der NS-Zeit publizierte er außer einer erkenntnistheoretischen Abhandlung „Anschauung als Erkenntnisquelle" (1935) keine Aufsätze mit philosophischem Inhalt. Nur einige mathematische Arbeiten von ihm erschienen in diesen Jahren. Aus dem klaren Ton und dem systematischen Aufbau dieser unmittelbar nach dem Ende des Krieges erschienenen Abhandlungen Reidemeisters lässt sich schließen, dass es sich um Themen handelte, die ihn schon lange Zeit beschäftigt haben müssen.[22] Das wichtigste Resümee lautete:

---

[19] Reidemeister (1946b).

[20] Reidemeister (1946a).

[21] „Das Grundrecht der Wissenschaft" (1946a), „Über die Freiheit der Wissenschaft" (1946b) und „Der totale Staat im Spiegel der Selbsterfahrung" (1947a) stellen Veröffentlichungen von Reidemeister dar, in denen er sich mit der Situation der Wissenschaft in der Zeit des Nationalsozialismus auseinandersetzte. Die Freiheit der Wissenschaft beschäftigte ihn aber auch weiter in den 50er- und 60er-Jahren. Es ist mehr als wahrscheinlich, dass die Fragen, die Reidemeister in seinen Abhandlungen aufwarf, bei den Treffen im Hause Kaluzas diskutiert wurden.

[22] Über den Inhalt der Gespräche zwischen Kaluza und Reidemeister aus der NS-Zeit ließ sich kein direkter Hinweis finden. Kaluza äußerte sich nie schriftlich zu diesem Thema. Der Nachlass von Reidemeister ist allem Anschein nach nicht mehr vorhanden, und Theodor Kaluza hat niemals Tagebuch geführt. Dennoch wird man annehmen dürfen, dass die Ansichten, die Reidemeister in seinen Aufsätzen nach 1945 publizierte, schon in der NS-Zeit vertreten haben wird, zumal er sich nach Ansicht seiner Biographen nie dem NS-Regime gebeugt hatte und sogar des Bolschewismus verdächtigt worden war. Reidemeister wird nach dem Krieg in nur wenigen Monaten nicht ein ganzes System für ihn neuartiger Ideen produziert und veröffentlicht haben. Er wird es m.E. als Befreiung empfunden haben, sich nach dem erzwungenen Schweigen während des Krieges nun wieder darüber äußern zu können, was ihn in den Jahren der Unterdrückung beschäftigt hatte. Dass Reidemeister in dieser Zeit seine freundschaftlichen Beziehungen mit Kaluza aufrecht erhielt, kann als Beweis dafür angesehen werden, dass Reidemeister ihn als Geistesverwandten betrachtete, dem er seine Anschauungen mitteilen konnte. Seine Biographen betonen, dass Reidemeister sehr wählerisch war, was seine freundschaftli-

„Die Freiheit ist das Grundrecht, welches die Wissenschaft im Staat verankert – es ist der Raum, den sie nötig hat, um lebendig zu bleiben, der Raum, den sie rastlos reinigen muss, um ihrem Maß zu genügen."[23] Der NS–Staat hatte der Wissenschaft die Freiheit geraubt, da „die Bedrohung der Wissenschaft im totalen Staat im Wesen dieses Staates begründet" war.[24] Doch der Staat konnte nur die äußere Freiheit der Wissenschaft, die sich in der „allgemeinen Öffentlichkeit des deutschen Staates" zeigte, unterdrücken. Um die „innere Freiheit", die sich ihrer Beschaffenheit wegen keinen Zwängen unterordnet, sollte jetzt gekämpft werden, denn über sie sollte kein Staat gebieten. Die Wissenschaftler waren in erster Linie *Gelehrte,* deren Aufgabe im Dienst für die Wahrheit bestand, und erst in zweiter Linie *Beamte,* die dem Staat verpflichtet waren: „Die Geltung der Wissenschaft in der allgemeinen Öffentlichkeit des deutschen Staates ist im Mai 1933 vernichtet worden, die Verwaltung der Institutionen wurde in Mitleidenschaft gezogen, aber die innere Öffentlichkeit der Wissenschaft blieb aufs Ganze gesehen intakt, und um sie ist ein Kampf entstanden, der mit großer Zähigkeit und bis in die letzten Stunden des Hitlerstaates hinein durchgehalten wurde."[25] Diesen Kampf um die innere Freiheit der Wissenschaft führten die beiden Wissenschaftler während der Zeit des Nationalsozialismus mit der gleichen Zähigkeit, wenn auch auf verschiedene Weise. Zu diesem Kampf gehörte für Kaluza die Vermittlung der Wissenschaft in ihren historischen und erkenntnistheoretischen Zusammenhängen an die Studenten als eine Möglichkeit zur Aufrechterhaltung des kritischen Charakters der Wissenschaften. Nur dadurch konnten Entartungen der Wissenschaft – wie es die „Deutsche Mathematik" und „Deutsche Physik" waren – keinen Platz in der Wissenschaft finden.[26]

Kaluza verfolgte auch in dieser Zeit unbeirrt seine Ziele. Anfang August 1934 erhielt er von Erhard Tornier die Kopie eines Briefes, den dieser vom Freiburger Mathematiker Gustav Doetsch (1892–1977) am 31. Juli 1934 empfangen hatte. In seinem Schreiben unterstrich Doetsch seine schlechte Meinung über den jungen Mathematiker Arnold Scholz (1904–1942), der sich 1930 in Freiburg habilitiert hatte und seit drei Jahren bei Doetsch Assistent war. Doetsch, der 1920 bei Edmund Landau in Göttingen promoviert hatte, war bekannt für seine Arbeiten über die Weiterentwicklung der Theorie der Laplace-Transformation und ihre Anwendung in der Physik. Kaluza war offenbar dafür eingetreten, dass Arnold

---

chen Beziehungen betraf, und dass er in der NS-Zeit nur die Beziehungen aufrechterhielt, die ihm als „sicher" erschienen. Siehe dazu Arzty (1972).

[23] Reidemeister (1946b), S. 11.
[24] Reidemeister (1946a), S. 1085.
[25] Reidemeister (1946b), S. 12.
[26] Siehe dazu Reidemeister (1946a), S. 1083.

Scholz mit einem Lehrauftrag nach Kiel geholt werden sollte, und hatte bei Doetsch nach einem Gutachten angefragt. Tornier, der früher in Kiel Leiter des NS-Dozentenbundes gewesen war, sich jetzt in Göttingen befand und wahrscheinlich Doetsch kannte, wandte sich – offenbar von Kaluza veranlasst – in zwei Briefen an Doetsch in der Hoffnung, eine Unterstützung für Scholz zu erzielen. In seinem zweiten Brief an Tornier[27] bezeichnete Doetsch Scholz vehement als fachlich unfähig und als Faulenzer, der es geschickt verstehe, „sich von allem [zu] drück[en]". Doetsch wunderte sich sogar, dass man solch einen Mann fördern wolle:

„Ich kann nur das eine sagen, dass mir ein derartiger Mangel an Pflichtgefühl an deutschen Hochschulen noch nicht vorgekommen ist. Dabei hat der Mann immer verstanden, ganz gut wegzukommen. Er hat das einzige Prinzip: Mit möglichst wenig Anstrengung oder besser gesagt, überhaupt ohne Anstrengung möglichst viel für sich herauszuholen. "[28]

Bezüglich der politischen Bedenken gegen Scholz ist zu bemerken, dass sich Doetsch für nicht nationalsozialistisch im Sinne eines Parteimitgliedes hielt, obwohl er die NS–Regierung unterstützte.

„Ich verlange von niemandem, dass er Nat[ional]-Soz[ialist] ist, ich bin selbst nicht Parteimitglied. Ich würde aber im Einklang mit den Intentionen der Regierung nur jemanden fördern, der zum mindesten eine positive Einstellung zum heutigen Staat hat. Davon kann bei Sch[olz] keine Rede sein. "[29]

Wahrscheinlich gehörte Doetsch zu der Kategorie von Menschen, die glaubten, die nationalsozialistische Regierung würde „Ordnung" schaffen. Scholz' Ablehnung des „neuen Geistes" empfand er als Mangel an Pflicht- und Verantwortungsgefühl. Die weitere Charakterisierung, die Doetsch von Scholz gibt, spricht für sich:

„Er ist im Gegenteil hier zusammen mit seinem einzigen Freund, den er hat, nämlich Zermelo, als der typische Meckerer bekannt, der nichts lieber sähe, als wenn das nat[ional]-sozialistische Regiment, das im Gegensatz zu dem früheren solchen Charakteren wie er ist, zu Leibe zu gehen droht, so bald wie möglich wieder verschwände. Dass ein solcher Waschlappen wie Sch[olz] einen politischen Einfluss ausüben könnte, ist allerdings ausgeschlossen. "[30]

Er behauptet ferner, dass der junge Assistent seine Vorlesungen nur mangelhaft und ohne pädagogisches Talent vorbereite, kaum Studenten in seinen Veranstaltungen habe und letzten Endes sogar seine Lehrveranstaltungen vernachlässi-

---

[27] Der erste Brief ist nicht erhalten.
[28] Brief von Doetsch an Tornier vom 31. Juli 1934, NTK.
[29] Ebd.
[30] Ebd.

ge. Die Proteste der Studenten gegen Scholz beträfen jedoch nicht seine fachliche Inkompetenz, sondern seine politischen Ansichten:

„Die Studenten stehen ihm völlig ablehnend gegenüber, sie wollten sogar im vorigen Semester eine Aktion gegen ihn unternehmen, allerdings wohl hauptsächlich, weil er ausschließlich mit Juden und Kommunisten herumlief. Der Führer der Fachschaft hat mir aber erklärt, dass sie, falls sie von irgendeiner Berufung von Sch[olz] an eine andere Universität hören sollten, bei der dortigen Studentenschaft den schärfsten Protest dagegen erheben würden."[31]

Doetschs Charakterisierung von Scholz' mathematischen Fähigkeiten ist zweideutig: Er räumt ihm eine gewisse Begabung ein, bemängelt jedoch seine Einseitigkeit. Seine Kritik scheint jedoch durch Scholzens „unzuverlässige" politische Haltung beeinflusst zu sein:

„Scholz mag mathematisch befähigt sein; gearbeitet hat er allerdings nur in der Zahlentheorie auf einem sehr engen Gebiet und ist auch dort, wie Hasse mir einmal sagte, sehr einseitig. Von allen anderen Dingen versteht er auch rein gar nichts."[32]

Er wolle Scholz gar nicht behalten, möchte aber andere vor ihm und seiner schmarotzerhaften Art warnen:

„Ich persönlich wäre heil froh, diesen unerfreulichen Menschen hier los zu sein. In dieser Beziehung tun Sie mir also den größten Gefallen, wenn Sie ihn hier wegholen. Aber um der Gerechtigkeit und Objektivität anderen gegenüber willen hielt ich mich dafür verpflichtet, nachzuforschen, auf welchem Wege dieser Etappenkrieger wieder zu einer so schönen Heimatstellung gekommen sein sollte."[33]

Doetsch schloss seinen Brief mit den aufschlussreichen Worten:

„[…] und da wundert man sich immer noch, warum es mit der Durchdringung der Hochschulen mit dem neuen Geist gar nicht vorwärts gehen will. Heil Hitler!"

Tornier übergab Kaluza „vertraulich" den Brief von Doetsch und bekannte, dass er „bei dieser Sachlage" „die Verantwortung für Scholz […] doch nicht […] tragen" könne. „Wenn Sie es wollen, geht es mich nichts an"[34], bekundete Tornier weiter. Ob Kaluza Scholz von früher kannte, ist unbekannt. Vermutlich hatte er durch Hasse von Scholz erfahren, der 1934 den Kaluzas einen Besuch abstattete.[35] Wie man aus dem Brief erfährt, kannte Hasse Arnold Scholz. Als erster

---

[31] Brief von Doetsch an Tornier vom 31. Juli 1934, NTK.

[32] Ebd.

[33] Ebd.

[34] Aufzeichnungen von Erhard Tornier auf dem Brief von Gustav Doetsch an Tornier vom 31. Juli 1934, NTK.

[35] Siehe Brief von Theodor Kaluza junior an Helmut Hasse vom 22. Februar 1966, NSUBG Cod. Ms. Helmut Hasse 1:803A.

Ordinarius für Mathematik in Kiel setzte sich Kaluza aber offenbar für Scholz ein, da sich dieser tatsächlich 1935 dort habilitierte und Privatdozent wurde.[36]

Theodor Kaluza pflegte in der NS-Zeit auch Kontakte zu dem Königsberger Schriftsteller Ernst Wiechert, der wie er das Fridericianum besucht hatte und einst sein Gesprächspartner und Nachbar im Amalienviertel gewesen war. 1935 hielt Wiechert vor jugendlichem Publikum seine beflügelnde Rede „Der Dichter und seine Zeit", in der er die Jugend zum inneren Widerstand ermutigte. Ähnliche Gedanken brachte er in seiner an der Universität München gehaltenen Rede „Dichtung und Gegenwart" (1936) zum Ausdruck. Darin forderte er die Studenten auf, nicht schweigend dem Unrecht zuzusehen: *„Und wenn ich Sie damals bat und im innersten Herzen beschwor, demütig zu bleiben, so bitte und beschwöre ich Sie heute, sich nicht verführen zu lassen, nur Glück und Glanz zu sehen, wo soviel Leiden sich um uns wendet, und sich niemals dahin bringen zu lassen, zu schweigen, wenn das Gewissen Ihnen zu reden befiehlt. Und niemals meine Freunde, dahin, zu dem Heer der Tausenden und Abertausenden zu gehören, von denen gesagt wird, dass sie Angst in der Welt haben, weil nichts und nichts das Mark eines Volkes so zerfrisst wie die Feigheit."*[37] Ein Exemplar dieser Rede schickte er, mit einer Widmung versehen, an seinen Freund Kaluza nach Kiel. Seine Worte beeindrucken durch ihre visionäre Kraft: *„Ja es kann wohl sein, dass ein Volk aufhört, Recht und Unrecht zu unterscheiden, und dass jeder Kampf ihm recht ist. Aber solch ein Volk steht schon auf einer jäh sich neigenden Ebene und das Gesetz seines Untergangs ist ihm schon geschrieben."*[38] Dieser zweiten Rede war 1933 eine erste vorausgegangen, die ebenfalls Wiecherts Ablehnung der der NS-Diktatur erkennen ließ: „Der Dichter und die Jugend". Der Widerstand gegen die Hitlerdiktatur beflügelte offensichtlich die Kräfte des Königsberger Schriftstellers. Seine Standhaftigkeit brachte ihn 1938 ins Konzentrationslager Buchenwald.

Kaluza hatte mit Wiechert in Königsberg bei Hausmusikabenden Sonaten von Mozart und Beethoven gespielt und lange Gespräche geführt. Wiechert war damals im *Hufengymnasium* Deutschlehrer gewesen, und Kaluzas Sohn hatte das Glück gehabt, seinen fesselnden Unterricht zu erleben. Er bemühte sich, den jungen Gymnasiasten die unveräußerlichen Werte von Menschlichkeit und Standhaftigkeit im Dienste der Gerechtigkeit zu vermitteln. Am 16. März 1929, als der junge Theodor sein Abitur mit „Ausgezeichnet" bestanden hatte, hielt Ernst Wiechert vor den Abiturienten eine Rede, die für ihn gerade in der NS-Zeit weg-

---

[36] Scholz blieb in Kiel bis 1940, als er Lehrer an der Marineschule Mürwick wurde, siehe Scharlau (1990), S. 187.

[37] Wiechert (1936), zitiert aus dem maschinenschriftlichen hektografierten Exemplar der Rede von Wiechert, Theodor Kaluza gewidmet, NTK.

[38] Ebd.

weisend wurde. Ein Exemplar dieser Rede befindet sich, versehen mit der Unterschrift des Dichters, im Nachlass von Kaluza: *„Töricht, zu sagen, dass ich euch etwas gegeben habe, aber nicht töricht zu sagen, dass ich euch etwas genommen habe, versucht habe, euch etwas zu nehmen: versucht, das Schrecklichste zu nehmen, was man in dies dunkle Einsamkeitsland hinaustragen kann: die Angst. Die Angst vor Menschen, vor Begriffen, Konventionen, Autoritäten. Die Angst vor Göttern und Teufeln, vor dem Gelächter und den Tränen, vor dem Ruhm und der Schande, vor den Wunden und der Verzweiflung, vor dem Scheitern und dem Tode. Diese Angst liegt als eine tausendjährige Erbmasse tief in unserer aller Blute. Es ist eine geheiligte Angst, und es ist eine verruchte Angst, weil sie die Angst der Sklaven ist. Ihr aber sollt hinausgehen ohne Ketten, mit erhobener Stirne und deshalb lernten wir das Lächeln, meine Freunde."*[39]

Die Familie Kaluza verehrte Ernst Wiechert weiterhin, auch wenn sie ihm nach ihrem Weggang aus Königsberg nicht mehr persönlich begegnen konnten. Die Worte des Schriftstellers gaben ihnen in einer Zeit, in der Gerechtigkeit und Freiheit vernichtet wurden, die Kraft, an die jahrhundertealten Ideale der Menschlichkeit zu glauben. Kaluzas Tochter Dorothea bemerkte in ihren Erinnerungen an diese Zeit: „Es wurde kurz und scharf geschimpft. Mein Vater sprach sehr oft über die verbrecherische Dummheit dieser Leute."[40] Kaluza war durch seine rationale, introvertierte Haltung weniger gefährdet, unbedachte Äußerungen zu tun, als seine temperamentvolle Frau, die ihrer Unzufriedenheit öfter freien Lauf ließ. Anna Kaluza hatte ein sehr extrovertiertes Wesen, das sie dazu drängte, ihre Gefühle und Wünsche rasch zu äußern. Der Kampf für Gerechtigkeit war für sie eine beflügelnde Aufgabe, bei der ihr ihre Sprachgewandtheit zugute kam. Das veranlasste Theodor Kaluza zu der bewundernden Bemerkung: „Du hättest eine große Strafverteidigerin abgegeben!"[41] Ihren besonderen Zorn erregte die Gottlosigkeit der neuen Machthaber. Außerdem konnte sie den Nazis nicht verzeihen, wie sie ihren Bruder behandelt hatten. Ihr Sohn lebte ständig in der Angst, seine Mutter könne aus Unvorsichtigkeit Äußerungen tun, die ihr Leben in Gefahr brächten. Denn ausgerechnet jetzt zeigte sie sich in der Öffentlichkeit stolz auf ihre polnische Herkunft und ihren katholischen Glauben.[42] Anna Kaluza hatte immer in Übereinstimmung mit ihren religiösen Überzeugungen gelebt und nach den Gesetzen der Menschlichkeit und Gerechtigkeit gehandelt. Sie konnte es nicht ertragen, Menschen hungern zu sehen; menschliches Leid löste

---

[39] Wiechert (1929), S. 8, NTK.

[40] Brief von Theodor Kaluzas Tochter an die Autorin vom 27. Juli 1997.

[41] Brief von Theodor Kaluzas Tochter an die Autorin vom 14. Juni 1997.

[42] Brief von Theodor Kaluzas Tochter an die Autorin vom 27. Juli 1997 und vom 10. September 1997. Die Mutter von Anna Kaluza, Valeska Beyer, war polnischer Herkunft, ihr Vater war Deutscher. Geburtsurkunde von Anna Beyer, NTK.

bei ihr sofort den Wunsch aus, zu helfen. Berichte über Ungerechtigkeiten und Leiden konnten sie bis zu Tränen erschüttern.[43] Hätte ihre Handlungsweise die Ebene der Spontaneität überschritten und wäre sie in bewusste Opposition gegangen, hätte man sie als eine „militante Katholikin" bezeichnen können.

Als die Familie Szegö Ende September 1934 vor ihrer Emigration von ihren Freunden in Kiel Abschied nahm, gestaltete sie dieses letzte Treffen als Trauerfeier. Im Mai hatten die beiden Familien in Kiel noch unvergessliche Tage miteinander verbracht und gehofft, dass sich die Situation in Deutschland für jüdische Professoren verbessern würde. Gábor Szegö war bei den Studenten sehr beliebt. 1933, als Reidemeister auf Druck der Studentenschaft entlassen wurde, versicherten SA-Studenten, Szegö brauche keine Angst zu haben, ihm würde nichts passieren, die Studentenschaft würde ihn schützen.[44] Diese ungewöhnliche Angelegenheit wurde im Kreis der beiden Familien besprochen und man war sich darüber einig, dass die Lage in Deutschland Anlass zur Sorge gab. Am letzten Tag des Zusammenseins waren alle Beteiligten vom Trennungsschmerz ergriffen, den Anna Kaluza durch ein aufwendiges Abschiedsmahl und heftige Gefühlsausbrüche noch verschlimmerte. In einem Brief an die Szegös nach dem Krieg klagte sie, dass der nationalsozialistische Staat ihr die besten Freunde geraubt habe.[45] Die Übersiedlung nach Kiel hatte bei ihr eine nervöse Störung zur Folge, die öfter im Jahr durch mehrwöchige kostspielige Kuren in Oberbayern behandelt werden musste. Das mag auch ein Grund dafür sein, dass Anna Kaluza für ihr unvorsichtiges Verhalten in der NS-Zeit nicht zur Verantwortung gezogen wurde.[46] Im August 1935 – ein Jahr nach der Emigration der Familie Szegö in die USA – wurde Theodor Kaluza mitgeteilt, dass das Ministerium beabsichtige, ihn nach Göttingen zu berufen.

---

[43] Brief von Theodor Kaluzas Tochter an die Autorin vom 19. Juli 1997.

[44] Siehe dazu Theodor Kaluza junior (1991).

[45] Brief von Anna Kaluza vom 28. August 1949 an Veronika Szegö, NTK. Anna Kaluza wurde von vielen Zeitzeugen, sowohl von Familienmitgliedern als auch von ehemaligen Studenten Kaluzas als eine beherzte Person beschrieben, die hilfsbereit war, die sich aber ständig von ihren Emotionen leiten ließ. Ihr Verhalten bereitete ihr öfter Schwierigkeiten. Manchmal soll sie auf der Straße laut gegen die Nazis geschimpft haben, was allen Angst machte, da es gefährliche Folgen haben konnte. Trotz ihrer Gastfreundschaft hatte sie nur wenige richtige Freunde, die mit ihrer schwierigen Art zurechtkommen konnten. Dazu gehörten die Familien Reidemeister und Szegö sowie die unverheirateten Kollegen Rogosinski und Brauer. Siehe dazu Brief von Theodor Kaluzas Tochter an die Autorin vom 12. Oktober 1998 sowie Interviews der Autorin mit Ingemarie Kaluza und Nikolaus Stuloff.

[46] Später in der Göttinger Zeit wurde sie einmal von der Gestapo verhört, was aber ohne weitere Folgen blieb, siehe Brief von Theodor Kaluza junior an Detlef Laugwitz vom 26. Juni 1985, NTK.

Angesichts der angespannten Situation an der Kieler Universität, aber auch angesichts der Krankheit seiner Frau, die sich durch die Trennung von ihrer besten Freundin, Veronika Szegö, noch verschlimmert hatte, mag sich Kaluza erleichtert gefühlt haben, als er die Einladung des Ministers zu Berufungsverhandlungen erhielt. In Göttingen, das seit einem Jahrhundert als das Mekka der Mathematiker galt, lehrte der bekannte Mathematiker Helmut Hasse. Er bemühte sich, das Mathematische Institut, das durch den Weggang so vieler jüdischer Mathematiker erheblich an Bedeutung verloren hatte, wiederaufzubauen. Es wird erzählt, dass 1934 der NS-Reichsminister für Wissenschaft, Erziehung und Volksbildung Bernhard Rust den weltberühmten Göttinger Emeritus David Hilbert gefragt habe, ob man denn bei dem erfolgreichen Wirken Hasses noch davon sprechen könne, dass das Mathematische Institut durch den Weggang der „Juden und Judengenossen" seit 1933 gelitten habe. Hilbert soll geantwortet haben: *„Jelitten? Dat hat nicht jelitten, Herr Minister, dat jibt es doch janich mehr."*[47] Hilbert war bereits mit der NS-Ideologie konfrontiert worden: Der antisemitische „Semi-Kürschner" hatte 1929 Hilbert wegen seines Vornamens „David", seiner vielen jüdischen Schüler und der von ihm geförderten jüdischen Kollegen als Juden aufgeführt. Dasselbe erlaubten sie sich auch mit Felix Klein. Rasch musste das „Lexikon", das 1933 Konjunktur hatte, diese „Enttarnung" der berühmtesten deutschen Mathematiker als irrtümlich richtigstellen.[48]

---

[47] Fraenkel (1967), S. 159, siehe auch Reid (1979).
[48] Dahms (1987), S. 17f.

Auch der finanzielle Faktor mag eine wichtige Rolle in Kaluzas Entscheidung für Göttingen gespielt haben, denn sein Gehalt stieg dadurch um etwa 40 Prozent. Das kam der Familie zugute, die immer in finanziellen Schwierigkeiten war.[49] Seit der Inflationszeit der 20er-Jahre hatte die Familie Kaluza stets von Darlehen von Behörden und Sparkassen gelebt.[50] Seine Personalakte enthält zahlreiche Anträge auf finanzielle Unterstützung. So beantragte Kaluza 1929, kurz nach seiner Berufung an die Universität Kiel, einen „Vorschuss von etwa 1.200 RM", um die fälligen Schulden bei der Universitätskasse und bei der Stadtsparkasse Königsberg decken zu können.[51] Die Höhe des Betrages entsprach seinem Einkommen von zwei Monaten. Die Universität gewährte ihm diesen Kredit. Doch 1930 gab es schon wieder neue Schwierigkeiten. Deshalb beantragte er am 15. Januar 1930 ein langfristiges Darlehen in Höhe von 3.000 RM.[52] Am 25. März 1930 bat er um einen Vorschuss in Höhe von 500 RM, am 10. Mai um eine Beihilfe für einen Kuraufenthalt seiner Ehefrau, am 4. September um eine Beihilfe von 780 RM, um „die absolut notwendig gewordene Reise [anscheinend nach Königsberg] ermöglichen zu können", und am 11. Dezember nochmals um einen Gehaltsvorschuss von 780 RM.[53] Kaluza war also permanent in finanziellen Schwierigkeiten, die auch in den folgenden Jahren nicht aufhörten. 1931 beantragte er die „Gewährung einer außerordentlichen Beihilfe zur Bestreitung besonderer Bücherbeschaffungskosten" und am 6. Juli 1931 einen „Gehaltsvorschuss in Höhe eines Monatsgehaltes" wegen der „schwierigen finanziellen Lage".[54] Am 23. Dezember 1932 beantragte der Kurator der Universität Kiel beim Ministerium für Kaluza wiederum einen Vorschuss von 500 RM wegen der „sehr schwierigen wirtschaftlichen Lage". Bereits am 8. Oktober 1932 hatte er eine „einmalige Unterstützung von 150 RM mit Rücksicht auf seine Notlage" erhalten. Außerdem war im selben Jahr bereits „ein Vorschuss in der zulässigen Höhe eines Monatsgehaltes bewil-

---

[49] Siehe dazu *Ernennungsakten* nach Kiel und nach Göttingen. Sein Gehalt betrug in Kiel 9.000 RM (8.000 Reichs-Mark Grundgehalt und 1.000 RM Unterrichtsgeld) und in Göttingen 14.600 RM, bestehend aus 11.600 RM Grundgehalt und 3.000 RM Unterrichtsgeld.), NTK.

[50] Brief Kaluzas an den Kurator Königsberg, undatiert, vermutlich 1929, I.K.Nr. 48, Personalakte Kiel, UAG.

[51] Ebd.

[52] Brief von Kaluza an den Kurator, Kiel 15. Januar 1930, ebd.

[53] Ebd.

[54] Ebd.

ligt" worden.[55] Wie aus Kaluzas Antrag vom 23. Dezember 1932 hervorgeht, war er „infolge der starken Gehaltskürzungen und der großen Ausfälle an Vorlesungshonorar" nicht mehr in der Lage, die Rückzahlungsraten für die Bankdarlehen, die durch den Umzug nach Kiel erforderlich geworden waren, „zur Ablösung von Verbindlichkeiten aus meiner Privatdozentenzeit, Beschaffung von Mobiliar, Bücherei usw.", leisten zu können, „ohne in neue Verschuldung zu geraten".[56] Der Umzug nach Kiel war mit hohen Ausgaben verbunden gewesen, für die die gewährte Unterstützung des Ministeriums nicht ausgereicht hatte. 1932 hatte bereits die „Zeit der großen Not" begonnen.[57] „Das Gehalt wurde um 21 % gekürzt, die Steuern aber erhöht."[58] Die Weltwirtschaftskrise hatte große Schäden angerichtet, von deren Auswirkungen auch viele Professoren betroffen waren.[59] Die Studenten waren in dieser Zeit „vielfach unterernährt" und wurden öfter von Professoren zum Essen eingeladen.[60] Das galt auch für das Haus der Kaluzas. Anna Kaluza, deren Gastfreundlichkeit kaum Grenzen kannte, lud fast jeden Abend Studenten zum Essen ein. „Unser Haus war stets voll von Scharen von Freunden meines Bruders", erinnerte sich später Dorothea Kaluza.[61] Außerdem waren die Gesprächsabende den Kaluzas wichtiger als die finanzielle Not. Diese Gesinnung hatte auch in Königsberg geherrscht, und die Kaluzas sollten sie bei den Hilberts in Göttingen wieder finden.

Die Wirtschaftskrise war aber nicht der einzige Grund für die finanzielle Notlage der Kaluzas. Sie wurde durch die Großzügigkeit verstärkt, die sowohl Theodor Kaluza als auch seine Frau kennzeichneten. Im Gegensatz zu seinem Vater war er nicht sparsam, sondern machte seiner Familie gern mit Geschenken eine Freude.[62] Außerdem war den Kaluzas das kulturelle Leben unentbehrlich.[63] Die Berufung nach Göttingen versprach daher unter anderem auch eine Besserung der schwierigen finanziellen Situation.

---

[55] Brief vom Kurator der Universität Kiel an den Minister vom 8. Oktober 1932, im GSB, Rep. 76, Va, Sekt 9, Tit. IV, Nr. 1, Bd. 22 (Oktober 1929–Juni 1933) „Die Anstellung und Besoldung der ordentlichen und außerordentlichen Professoren in der Philosophischen Fakultät der Univ. zu Kiel", f. 378.

[56] Ebd., S. 379.

[57] Behnke (1978), S. 113.

[58] Ebd..

[59] Siehe dazu Behnke (1978) und Fraenkel (1967).

[60] Siehe Behnke (1978), S. 113.

[61] Brief von Theodor Kaluzas Tochter an die Autorin vom 12. Oktober 1998.

[62] Brief von Theodor Kaluzas Tochter an die Autorin vom 21. Juni 1998.

[63] Ebd., vgl. Brief von Theodor Kaluza junior an V. Raman vom 5. September 1970 NTK.

GÖTTINGEN

Berufung

Kaluzas Berufung 1929 auf ein Ordinariat nach Kiel, die erst nach 20 Jahren des Wartens erfolgte, war, wie wir gesehen haben, ein komplizierter Vorgang, der keineswegs vorrangig durch die Anerkennung seiner wissenschaftlichen Verdienste veranlasst war. Die Originalität und Bedeutung seiner Theorie der Vereinheitlichung von Gravitation und Elektromagnetismus war nur einigen eingeweihten Physikern und Mathematikern bekannt, unter denen Einstein der wichtigste war. Zu diesem Zeitpunkt hatte sie jedoch keine breite Anerkennung erlangt.[1] Kaluza hatte auf der Berufungsliste für Kiel an der dritten Stelle gestanden. Die anderen Kandidaten waren verdienstvolle Mathematiker.[2] Die Gründe dafür, dass Kaluza trotzdem das erste Ordinariat für Mathematik in Kiel erhielt, konnten wegen des Mangels an Dokumenten nur hypothetisch dargelegt werden. Offenbar hat der wiederholte Einsatz von Einstein zugunsten Kaluzas gesprochen, ebenso die Unterstützung durch Adolf Abraham Fraenkel, der ebenfalls eine entscheidende Rolle bei dieser Berufung gespielt hat. Hier ist allerdings klar, dass Theodor Kaluza selbst seine Berufung durch nichts, außer durch seine Veröffentlichungen, beeinflusst hat.

Nicht weniger lückenhaft ist die Quellenlage hinsichtlich seiner Berufung nach Göttingen 1935 auf die durch die erzwungene Emigration des Mathematikers Richard Courant frei gewordene Stelle. Auf der Berufungsliste stand Kaluza wieder an dritter Stelle; auf der zweiten Vorschlagsliste wurde sein Name sogar

---

[1] Mielke (1986) erwähnt das „erhebliche Interesse", das die fünfdimensionale Theorie von Kaluza „auch in Hinblick auf die Verträglichkeit mit der aufkommenden Quantenmechanik" bis 1938 erweckte (S. 127). Außer den bereits erwähnten bekannten Physikern, die von der Kaluzaschen Theorie angezogen wurden, zählten auch Wissenschaftler wie V. Fock (1926), H. Mandel (1926), F. Gonseth und G. Juvet (1927) zu denjenigen, die der Idee von Kaluza Abhandlungen widmeten (ebd., S. 136). Die Theorie hatte jedoch 1929 noch keine bestätigende Anerkennung der *scientific community* bekommen und wurde innerhalb der Berufungsgutachten über Kaluza als eine gewöhnliche mathematische Abhandlung betrachtet. Siehe dazu Berufungsakten nach Gießen (1922) und nach Kiel (1929).

[2] Fraenkel an Einstein am 23. Oktober 1928, EA 37-010: „Obgleich ich nicht viel Hoffnung habe, ihn [Kaluza] gegebenenfalls auf die Liste zu bringen (es sind noch von der vorigen Liste (vom letzten Winter) sehr tüchtige Leute ‚dran') wäre mir und ev[entuell] später der Kommission doch gerade Ihr Urteil über K[aluza] von größtem Wert." Die Ironie von Fraenkel bezüglich des Urteils „tüchtige Leute" ist unverkennbar.

gestrichen. Offensichtlich haben Konstellationen hinter den Kulissen wieder entscheidend dazu beigetragen, dass die Berufung zu seinen Gunsten entschieden wurde. Der ganze Vorgang bekommt ein noch größeres Gewicht, wenn man bedenkt, dass die Berufung in einer Zeit stattfand, in der die politische Überzeugung in den meisten Fällen mehr als die wissenschaftliche Leistung berücksichtigt wurde. Kaluza gehörte aber weder damals noch später der NSDAP oder einer ihrer Organisationen an. Daher ist es wichtig, einen genaueren Blick auf den Ablauf der zweiten Berufung Kaluzas zu werfen.

* * *

„Die Mathematik als ein unpolitisches Gebiet und zugleich eine Wissenschaft, für deren Geltung und Nützlichkeit es keine politische Grenze auf der Welt gibt, war für eine Abschirmung gegen den braunen Sturm besonders geeignet.“[3] So schilderte Heinrich Behnke, Mathematikprofessor und Zeitzeuge der nationalsozialistischen Ära, die damals „unpolitische" Lage der Mathematik.

Dass sich Kaluza mit der Mathematik beschäftigte, war von Vorteil in dieser Zeit, in der deutlich zu spüren war, dass die Politik gegen die Moral verstieß. Nach seinen Erlebnissen im Ersten Weltkrieg klangen dem Königsberger Kaluza Kants Worte aus „Zum ewigen Frieden" deutlich im Bewusstsein:

„Die wahre Politik kann keinen Schritt tun, ohne vorher der Moral gehuldigt zu haben, und obzwar Politik für sich selbst eine schwere Kunst ist, so ist doch Vereinigung derselben mit der Moral gar keine Kunst; denn diese haut den Knoten entzwei, den jene nicht aufzulösen vermag, sobald beide einander widerstreiten. Das Recht der Menschen muss heilig gehalten werden, der herrschenden Gewalt mag es auch noch so große Aufopferung kosten. Man kann hier nicht halbieren und das Mittelding eines pragmatisch bedingten Rechts (zwischen Recht und Nutzen) aussinnen, sondern alle Politik muss ihre Knie vor dem ersten beugen, kann aber dafür hoffen, obzwar langsam, zu der Stufe zu gelangen, wo sie beharrlich glänzen wird."[4]

An diese Worte Kants glaubte Kaluza. Sie verliehen die Kraft, der Gewalt eines Herrschers zu widerstehen. Doch das Zeitalter der Aufklärung, das die Entstehung dieser Gedanken ermöglicht hatte, war längst vorbei und die neue Politik verstieß immer offenkundiger gegen die Menschenrechte.

Die Mathematik mag in dieser Zeit eine Oase geboten haben, in der man sich gegen die Einflüsse der Politik beschützt fühlen konnte. Doch wie in alles und jedes, so mischten sich die neuen Machthaber auch in die Mathematik ein – und

---

[3] Behnke (1978), S. 135.
[4] Kant (1795), S. 380.

umgekehrt fanden sich genug Mathematiker, die allen Eifer darein setzten, ihre Nützlichkeit für den „neuen Staat" darzutun. Der Mathematikprofessor Ludwig Bieberbach hatte zusammen mit seinen Anhängern durch seinen Beitrag über „Deutsche Mathematik" die ideologische Basis geschaffen, die es ermöglichen sollte, die Freiheit der Mathematik zu beschränken und die Universitäten im Einklang mit dem neuen Geist zu strukturieren. Diese Erneuerung war in das von Goebbels durchgeführte „Kulturkonzept" eingebettet, das dem deutschen Volk ein „neues Denken" ermöglichen sollte.

An den Universitäten sollten die rassisch und politisch unerwünschten Mathematiker durch solche ersetzt werden, die zu der neuen Politik standen oder jedenfalls nicht dagegen waren. Diejenigen, die ihre Haltung gegenüber der neuen Politik nicht zu erkennen gaben, sei es aus Gleichgültigkeit, sei es aus Resignation oder Angst, sollten überzeugt oder andernfalls entlassen werden. Durch das „Gesetz zur Wiederherstellung des Berufsbeamtentums" vom 7. April 1933 und seine Durchführungsverordnungen[5] war es dem neuen Regime gelungen, jüdische Wissenschaftler auch von der Göttinger Universität zu verbannen, die durch ihre berühmten Mathematiker und Physiker der Wissenschaft in Deutschland größtes Ansehen verschafft hatten.

Am 16. April 1933 erklärte der Nobelpreisträger für Physik, James Franck, seinen Rücktritt von seinem Amt an der Göttinger Universität aus Protest gegen das antisemitische Gesetz. Am 25. April wurde Max Born zusammen mit fünf anderen Hochschullehrern per Telegramm beurlaubt. Drei davon waren namhafte Mathematiker, die weltweit bekannt waren: der Leiter des *Instituts für Mathematische Statistik und Versicherungsmathematik*, Felix Bernstein, der Direktor des *Mathematischen Institutes*, Richard Courant, und die größte Mathematikerin des 20. Jahrhunderts, Emmy Noether. Gegen die Beurlaubung Courants wurde eine Petition mit 28 Unterschriften ans Ministerium geschickt. Darunter standen die Namen von David Hilbert, Helmut Hasse, Werner Heisenberg, Hermann Weyl, Emil Artin und Gustav Herglotz. Auch für Emmy Noether organisierte Helmut Hasse 14 Gutachten von Kollegen, um ihre Beurlaubung abzuwenden. Beide Versuche blieben ohne Erfolg. Stattdessen erfolgten weitere Entlassungen; insgesamt verlor die Universität Göttingen acht international bekannte Mathematik-

---

[5] „Altbeamte" wie Bernstein und Landau sowie „Altbeamte" und „Frontkämpfer" wie Franck, Courant und Born hätten nach dem Gesetz vom 7. April 1933 und allen seinen Durchführungsverordnungen gar nicht entlassen werden können, die gar nicht verbeamtete Emmy Noether erst nach der 3. Durchführungsverordnung vom 6. Mai 1933; siehe Dahms (1987), S. 26–28. Eigentlich hätten die Genannten von den Nazis – hätten sie sich an ihr eigenes „Recht" gehalten – erst mit der „Ersten Verordnung zum Reichsbürgergesetz" vom 14. November 1935 entlassen werden können.

professoren. Von den 66 Mathematikern, die während des Dritten Reiches in Deutschland ihre Stelle verloren, waren rund ein Sechstel namhafte Mathematiker aus Göttingen.[6] Einer davon war Hermann Weyl, der damals „vielseitigste und international berühmteste Göttinger Mathematiker".[7] Als die antisemitischen Aktionen der Studenten in Göttingen immer bedrohlichere Formen annahmen, entschied sich Weyl, dessen Frau Jüdin war, sein Amt niederzulegen und ein Angebot des Institute for Advanced Study in Princeton anzunehmen.[8]

Die Mathematik hatte in Göttingen eine große und lange Tradition. Die Namen von Carl Friedrich Gauß, Peter Lejeune Dirichlet und Bernhard Riemann hatten bereits im 19. Jahrhundert Göttingen den Ruf eines weltweit bekannten Mathematikzentrums verliehen. Doch das große Verdienst, aus Göttingen das international angesehenste Zentrum der Mathematik gemacht zu haben, gebührt Felix Klein und David Hilbert. Ein wichtiges Merkmal der Mathematik in Göttingen war die Vielfalt der Gebiete, die durch geniale Mathematiker vertreten waren. Die harmonische Wechselwirkung, in der die verschiedenen Gebiete der Mathematik in Göttingen standen, ermöglichte es, sie als ein Ganzes zu behandeln. Das war besonders dem Wirken von Hilbert zu verdanken. Er war nicht nur ein genialer Mathematiker, sondern hatte auch eine so große Ausstrahlung, dass junge, hochbegabte Mathematiker nach Göttingen kamen und sich von seiner Begeisterung für die Mathematik anstecken ließen. Hilbert beförderte in seiner unbefangenen und natürlichen Art die Zusammenarbeit der begabtesten Mathematiker auf den verschiedenen Gebieten der Mathematik. Dadurch hatten David Hilbert und Felix Klein die Tradition von Gauß und Riemann würdig und glänzend fortsetzen können. Seit der Jahrhundertwende war Göttingen mit Klein, Hilbert, Minkowski und Runge das renommierteste Mathematikzentrum der Welt. Mathematiker wie Hermann Weyl, der 1930 als Nachfolger Hilberts aus Zürich nach Göttingen kam, Emmy Noether, der man den Ausbau der Algebra zu einer Strukturtheorie verdankt, Edmund Landau, dessen Verdienste in der analytischen Zahlentheorie lagen, und Felix Bernstein, der sich mit den medizinischen Anwendungen der Statistik beschäftigte, trugen durch ihre maßgebenden Arbeiten zum internationalen Ruhm der Göttinger Mathematik in den 20er- und frühen 30er-Jahren bei, bis die Vertreibungen von 1933 dieser Blüte der Mathematik in Göttingen ein Ende setzte.

Einen wichtigen Platz nahm auch die angewandte Mathematik ein. 1904 wurde auf Veranlassung Felix Kleins in Göttingen der erste Lehrstuhl für diese Dis-

---

[6] Schappacher (1987) (I), S. 346.

[7] Ebd.

[8] Am 9. Oktober 1933, noch vor Semesterbeginn, entschied sich Weyl zur Aufgabe seiner Professur und bat den Minister um seine Entlassung zum 1. Januar 1934. Ebd., S. 352.

ziplin eingerichtet. Rasch entwickelte es sich zum Zentrum der angewandten Mathematik Deutschlands.[9] Felix Klein hatte durch sein hervorragendes organisatorisches Talent in Göttingen eine enge Beziehung zwischen Theorie und Praxis verwirklicht: zwischen der Mathematik an der Universität und ihren Anwendungen im Ingenieurwesen und der Industrie. Dafür hatte er Kontakte mit Industriellen geknüpft, die erhebliche finanzielle Mittel für die mathematische und physikalische Forschung bereitstellten, um deren Entwicklung voranzutreiben. Sein größtes Verdienst lag jedoch in der Gründung des Kaiser-Wilhelm-Instituts für Strömungsforschung am Ende des Ersten Weltkriegs, dessen erfolgreicher Direktor seit 1925 Ludwig Prandtl war. Der Erfolg des Instituts für Strömungsforschung war aber nicht nur der großen wissenschaftlichen Begabung seines Direktors zu verdanken. Er beruhte vielmehr auf der Zusammenarbeit mit bedeutenden Göttinger Wissenschaftlern auf dem Gebiet der angewandten Mathematik, deren Beiträge die wesentlichen Forschungsgrundlagen für das Institut bildeten. Einen wichtigen Anteil daran hatte bis 1925 Carl Runge.

Seit 1920 betätigte sich Richard Courant, der ehemalige Schüler und Assistent Hilberts, erfolgreich auf dem Gebiet der Theorie der Differentialgleichungen. Sein Hauptinteresse galt vor allem der mathematischen Physik. Er galt daher als der „herausragende Bewahrer der Kleinschen Tradition" in der weiteren Entwicklung der angewandten Mathematik in Göttingen.[10] Courant besaß ein außerordentliches Organisationstalent, das er zielstrebig dazu einsetzte, private Geldmittel für das Mathematische Institut, dessen Führung er in den zwanziger Jahren übernommen hatte, zu beschaffen. Auf seine Veranlassung hatte die amerikanische Rockefeller-Stiftung die Mittel für den Bau des Gebäudes des Mathematischen Instituts in der Bunsenstraße 3–5 zur Verfügung gestellt, wo sich das Institut auch heute noch befindet. Das großzügige Gebäude wurde am 2. Dezember 1929 eingeweiht und dürfte das größte seiner Art in Deutschland gewesen sein.

Nach der „Säuberung" stand am Mathematischen Institut eine „Erneuerung" im Geiste des Nationalsozialismus bevor. Im Berufungsverfahren zur Besetzung der vakant gewordenen Stellen waren zwei Tendenzen festzustellen: Zum einen war das Ministerium bemüht, Mathematiker zu berufen, die politisch den neuen Forderungen entsprachen. Ihre fachliche Qualifikation trat dabei in den Hintergrund. Doch gleichzeitig dominierte auch die Tendenz, fachlich hervorragend qualifizierte Mathematiker zu berufen, um den einstigen Ruf des Mathematikzentrums Göttingen wiederherzustellen. Das sollten aber Persönlichkeiten sein, die dem neuen Regime gegenüber zumindest loyal eingestellt waren. Um ihre Loyali-

---

[9] Scharlau (1990), S. 119.
[10] Schappacher (1987) (I), S. 346; siehe auch Sommer (2005).

tät zu sichern, sorgte das Ministerium dafür, ihnen politisch bewährte Kräfte zur Seite zu stellen, die auch zur Stärkung der bereits an der Universität vorhandenen nationalsozialistisch gesinnten Mathematiker dienten.[11]

Einer davon war Werner Weber, ein früherer Assistent von Edmund Landau, fachlich unbedeutend, aber schon lange von nationalsozialistischen Ansichten geprägt. Nach der Vertreibung von acht Mathematikern der Universität Göttingen konnte Werner Weber, SA-Mitglied, die Geschäftsführung des Mathematischen Institutes übernehmen. Von den namhaften Mathematikern, die bis 1933 an der Göttinger Universität tätig gewesen waren, war nur der 52-jährige Gustav Herglotz verblieben, der seit 1925 die Stelle von Carl Runge innehatte. Herglotz war geschätzt wegen seiner perfekten Vorlesungen und beliebt wegen seines österreichischen Charmes. Einer seiner Schüler war der später berühmt gewordene Mathematiker Emil Artin gewesen. Herglotz' Arbeiten waren äußerst vielseitig, sie umfassten die Gebiete der reinen und angewandten Mathematik, von der Zahlentheorie und Funktionentheorie bis zu Strömungsproblemen, Erdbebenwellen, Elastizitätstheorie, Einsteinscher Gravitationstheorie und Elektronentheorie.[12] Politisch hielt er sich außerordentlich zurück und beteiligte sich auch wenig am geselligen Leben des Instituts.[13] Die nationalsozialistisch gesinnten Studenten lehnten jedoch Herglotz als Leiter des Institutes ab und bevorzugten Weber, wie man einem Brief Courants an Erich Hecke vom 5. Januar 1934 entnehmen kann:

„Gegenwärtig ist Weber zum Direktor des Instituts ernannt worden, offenbar auf Drängen der Studenten, die Herglotz als Direktor nicht haben wollen."[14]

Werner Weber war ein Vertreter der „Deutschen Mathematik" und engagierte sich seit 1933 für die Durchsetzung der NS-Ideologie in Göttingen. Im selben Geist wirkte auch der geniale Mathematiker Oswald Teichmüller, der in dieser Zeit noch Student war. Er war ein fanatischer Nationalsozialist und arbeitete zusammen mit Weber an der politischen Neuorientierung des Instituts für Mathematik.[15] Courant hob in seinem Brief vom 12. Januar 1934 an Weyl hervor, dass „Teichmüller der Anführer der boykottierenden Studenten war."[16] Seine Aktionen wurden von dem Mathematiker Ernst Witt als „Obernazi" – wie ihn Courant

---

[11] Siehe dazu Schappacher (1996).

[12] In Gottwald, Ilgauds und Schlote (1990), S. 199.

[13] Schappacher (1987) (I), S. 346.

[14] Richard Courant an Erich Hecke am 5. Januar 1934, HIGNA, Nachlass Erich Hecke, NHec: Ba: Courant: 11, f. 12.

[15] Schappacher (1987) (I), S. 354.

[16] Brief von Richard Courant an Hermann Weyl vom 12. Januar 1934, AZW, Hs. 91:53. Ich danke Michael Weyl für die Unterstützung meiner Forschung.

im gleichen Brief bezeichnete – gebilligt. „Nie wieder dürfe ein Jude im Institut lesen!" hatte Witt erklärt.[17]

Auf die Stelle von Hermann Weyl, der den angesehensten Lehrstuhl für Mathematik Deutschlands inne gehabt hatte – er hatte 1930 das erste Ordinariat für Mathematik von David Hilbert übernommen – wünschten sich die beiden Nationalsozialisten einen Vertreter der Deutschen Mathematik. Den sahen sie in der Person von Udo Wegner, einem ehemaligen Assistenten von Courant, dessen wissenschaftliche Qualitäten den hohen Ansprüchen der Göttinger Mathematik jedoch nicht entsprachen.[18] Die schwierige Situation am Mathematischen Institut in Göttingen Ende 1933 beschrieb Courant in einem Brief an Erich Hecke vor seiner Abreise nach Cambridge, wo er eine Gastprofessur bis Mai 1934 angenommen hatte:

„Gegenwärtig scheint hier an der Besetzung der Weylschen Stelle gearbeitet zu werden. Die Studenten, welche hier überhaupt stark die Initiative zu haben scheinen, haben zum Teil [Udo] Wegner sehr stark propagiert, z.T. Hasse. Es scheint, dass Hasse doch sehr große Aussichten hat, von den maßgebenden Instanzen gerufen zu werden. Doch ist noch alles unklar und unsicher, zumal Hasse ja auch nach Königsberg soll. Im math. Institut herrscht natürlich jetzt ziemlich große Desorganisation, da niemand mit Autorität da ist. Die Schwierigkeiten, die Landau hatte und die erst recht ich haben würde, wenn ich jetzt oder auch wohl im Sommer lesen wollte, sind zum Teil wohl darauf zurückzuführen, dass die naturgemäß revolutionären und radikalen Studenten so sehr sich selbst überlassen bleiben."[19]

Das Ministerium schlug Helmut Hasse vor, „einen der bedeutendsten Mathematiker des 20. Jahrhunderts".[20] Hermann Weyl selbst hatte in Hasse seinen Nachfolger gesehen: Ende 1933 reiste er vor seiner Emigration nach Marburg, um Hasse zu bitten, die Leitung des berühmten Mathematischen Instituts in Göttingen zu übernehmen. Hasse wurde im April 1934 nach Göttingen berufen und

---

[17] Brief von Richard Courant an Hermann Weyl vom 12. Januar 1934, AZW, Hs. 91:53. Ernst Witt war trotz seiner politischen Gesinnung ein begabter Algebraiker und Zahlentheoretiker, der 1934 bei Emmy Noether promoviert hatte und der Arbeitsgruppe der Algebraiker um Helmut Hasse angehörte. 1938 erhielt er nach seiner Habilitierung in Göttingen eine außerordentliche Professur in Hamburg, die er bis zu seiner Emeritierung 1979 innehatte, siehe Scharlau (1990), S. 127 und S. 147.

[18] In Schappacher (1987) (I), S. 354, kann man über Wegner lesen: „Wegners mathematische Arbeiten waren zwar breit gestreut, aber in ihrer Qualität zweifelhaft."

[19] Brief von Richard Courant an Erich Hecke vom 17. Dezember 1933, HIGNA, Nachlass Erich Hecke, NHec: Ba: Courant: 11, f. 11.

[20] Edwards (1990), S. 385, eigene Übersetzung.

mit der Leitung des Instituts beauftragt. Doch Hasse war bei den Göttinger Nationalsozialisten wegen „wesentlicher politischer Bedenken" unerwünscht.[21]

Eine Gruppe nationalsozialistischer Studenten und Assistenten leistete Widerstand gegen den Amtsantritt Hasses als Leiter des Instituts. Gegen sie hatte Hasse zu kämpfen, wenn er seinen Plan, das Institut nach wissenschaftlichen Wertmaßstäben und nicht nach politischen Kriterien zu organisieren, erfolgreich erfüllen wollte. Unter den Gegnern Hasses befand sich auch der Student Kleinsorge, der die Parteifunktion eines Reichsfachschaftsleiters für Mathematik innehatte. Seine rigorose Ablehnung drückte sich in einem Brief an den Minister aus, in dem er Hasses Berufung nach Göttingen als unerträglich bezeichnete. Der Brief trug 30 Unterschriften, hauptsächlich von Studenten. Auch Werner Weber beteiligte sich an der „Briefaktion der Fachschaft". Bei seiner Ankunft in Göttingen verweigerte man Hasse den Schlüssel des Instituts, so dass er Göttingen verlassen musste. Die Fachschaft verlangte als Institutsvorsteher einen überzeugten Nationalsozialisten, den sie in der Person von Udo Wegner sah. Die Auseinandersetzung zwischen den nationalsozialistischen Studenten und Hasse wurde damals als *„Hasse-Krach"* bezeichnet. In seinem ausführlichen Bericht vom 27. August 1936 gab der Fachschaftsleiter Gockel[22] einen aufschlussreichen Einblick in die politischen Verstrickungen dieses „Kampf[es] um die Macht im Mathematischen Institut in Göttingen", der mit Hasses Ernennung am 25. Mai 1934 zum Institutsdirektor und einem Verweis gegen Weber am 10. Juli 1934 durch Theodor Vahlen endete.[23] Dabei betonte der Fachschaftsleiter, dass ihre Bedenken gegen Hasse politischer Natur gewesen seien: In Hasse sahen sie noch nicht ihren „Wunsch nach einer nationalsozialistischen Führung […] verwirklicht":

---

[21] Schappacher (1987) (I), S. 355. Hasse hatte eine jüdische Urgroßmutter, daher wurde er trotz seines Antrags nicht in die NSDAP aufgenommen. Doch die „Bedenken" der Göttinger Nationalsozialisten bezogen sich nicht auf diese biographische „Unvollkommenheit" von Hasse, sondern auf seine positive Einstellung gegenüber den jüdischen Mathematikern in Göttingen wie sie während der Durchsetzung des Gesetzes zur Wiederherstellung des Berufsbeamtentums öffentlich wurde. Sein Briefwechsel mit Emmy Noether ist kürzlich erschienen, siehe Lemmermeyer und Roquette (2006).

[22] Es handelte sich offenbar um Heinrich Gockel, der zwischen 1932 und 1935 Physik in Göttingen und Wien studierte, 1936 bei Max Reich in Göttingen promovierte und von 1936 bis 1943 in Göttingen Assistent war.

[23] Bericht des Fachschaftsleiters Gockel am 27. August 1936 über „Dr. Webers Verhalten im sogenannten Hasse-Krach", NHH, Entnazifizierungsakte Helmut Hasse, Nds 171 Hildesheim 63727. Der Bericht wurde verfasst, um das Verhalten Webers zu unterstützen. So schließt Gockel den Bericht mit den Worten: „Es geschah nicht nur mit unserer [der Fachschaft] Kenntnis, sondern sogar mit unserer ausdrücklichen Billigung und Unterstützung."

„Im Winter 1933/34 machten die dem Nationalsozialismus fern stehenden Dozenten und Assistenten des Instituts starke Propaganda für eine Berufung Hasses nach Göttingen. Wir verhielten uns hierzu neutral, da Hasse als früherer Deutschnationaler galt, politisch unverdächtig war und wir seine wissenschaftlichen Leistungen ebenfalls schätzten. Dass die Führung des Institutes an Wegner übergehen sollte, widersprach ja auch nicht einer gleichzeitigen Berufung Hasses auf einen anderen freiwerdenden Lehrstuhl. Unglücklicherweise war nun der erste Lehrstuhl, der wiederbesetzt werden sollte, der von Weyl, ein Lehrstuhl mit auserlesener wissenschaftlicher Tradition. Um diese Tradition zu retten, sprach auch Weber sich [am] 16.2.1934 auf eine Anfrage des Dekans für die Berufung Hasses auf diesen Lehrstuhl aus, betonte aber hierbei, dass hierdurch der Wunsch nach einer nationalsozialistischen Führung noch nicht verwirklicht werde. Unsere Absicht war, Wegner einen anderen der freiwerdenden der Lehrstühle und zugleich die Leitung des Institutes zu verschaffen; für diese Zwischenzeit möchte Hasse die Leitung erhalten."[24]

Als Hasse kurz darauf die Berufung nach Göttingen erhielt und am 13. und 23. April das Institut in Göttingen besuchte, stellten die nationalsozialistischen Studenten jedoch fest, dass *„1.) Hasse die Leitung des Instituts nicht mehr aus den Händen geben würde, [und] 2.) dass er bei dieser Leitung allen unseren bisherigen politischen Plänen entgegen arbeiten würde."*[25]

So „fühlte sich Weber verpflichtet, das Ministerium vor der endgültigen Ernennung Hasses zu warnen" durch „zwei andere im Ministerium besser [besser als er selber] bekannte Parteigenossen", nämlich durch Professor [Heinrich] Vogt[26] aus Heidelberg und den Polizeihauptmann Johannes Weniger, die Einfluss bei Theodor Vahlen besaßen und die er gut kannte.[27]

Der Dekan empfahl Hasse, die Angelegenheit mit dem Minister zu regeln, denn er könne nichts gegen die Studenten unternehmen.[28] Das Ministerium hielt jedoch an seiner Berufung fest[29] und erteilte Weber am 10. Juli 1934 einen Verweis. Es stellte aber Hasse einen bewährten Nationalsozialisten in der Person des Mathematikers Erhard Tornier an die Seite. Tornier, der zusammen mit Hasse in

---

[24] Ebd.

[25] Bericht des Fachschaftsleiters Gockel am 27. August 1936 über „Dr. Webers Verhalten im sogenannten Hasse-Krach", NHH, Entnazifizierungsakte Helmut Hasse, Nds 171 Hildesheim 63727.

[26] Es handelte sich um den Astronomen Heinrich Vogt (1890–1968), der zwischen 1933 und 1945 Professor und Direktor der badischen Landessternwarte in Heidelberg war.

[27] Ebd. (wie Anm. 23).

[28] Schappacher (1987) (I), S. 355.

[29] Nach dem Bericht des Fachschaftsleiter Gockel scheint es der Ministerialrat Johann Daniel Achelis gewesen zu sein, der Hasse unterstützt hatte; siehe Bericht des Fachschaftsleiters Gockel vom 27. August 1936 über „Dr. Webers Verhalten im sogenannten Hasse-Krach", NHH, Entnazifizierungsakte Helmut Hasse, Nds 171 Hildesheim 63727.

Marburg studiert hatte, wirkte seit 1933 als „Hochschulobmann" des NS-Lehrerbundes an der Universität Kiel.[30] Er wurde Anfang Juni 1934 nach Göttingen
berufen, um Hasses politisches Verhalten in den Entscheidungen des Instituts,
zum Beispiel bei den Berufungen, zu überwachen und sie im neuen Geist zu beeinflussen. So teilten sie sich gemeinsam die Institutsleitung. Doch den Kampf
um die Macht im Institut gaben die Vertreter der Deutschen Mathematik in Göttingen damit noch nicht auf. Als persönlicher Assistent wurde Hasse das Parteimitglied Paul Ziegenbein aus Kiel zugeteilt. Auch der Sekretär des Mathematischen Instituts, das Parteimitglied Otto Schmidt, wirkte zur Reformierung des
Instituts im neuen Geist in Göttingen mit.

Paul Ziegenbein war 1934 von Kaluza in Kiel promoviert worden[31] und hatte
dort bereits eine Stelle mit „rein politischem Charakter" bekleidet; in Göttingen
war er gleichzeitig auch Kassenwart der Deutschen Dozentenschaft.[32] Es ist
schwer, sich ein objektives Urteil über Ziegenbein zu bilden. Als eine ruhige und
ehrliche Natur scheint er zu denjenigen Mitläufern des Regimes gehört zu haben,
die sich aus nationaler Überzeugung und Liebe zur Heimat zum Nationalsozialismus bekannten. Tatsache ist, dass sich Ziegenbein nicht mit den Deutschen
Mathematikern verbündete, sondern Hasse dabei half, sie aus Göttingen zu entfernen. Außerdem unterstützte er ihn in Institutsangelegenheiten, für deren Aus-
führung eine politische Genehmigung nötig war.[33] Auch Hasse selber sollte nach
dem Ende des Krieges in seinem Schreiben an den Oberpräsidenten der Provinz
Hannover betonen, dass Ziegenbeins Einstellung nicht von ihm veranlasst worden war, dass dieser aber Hasse „bei der Überwindung solcher politischen Bedenken" – zum Beispiel bei Berufungen – „wesentliche Hilfe gab".[34]

Hasse verstand es, sich sowohl Otto Schmidts als auch des Rektors Friedrich
Neumann, der ebenfalls Mitglied der NSDAP war, zur Durchsetzung seiner
Interessen zu bedienen.[35] So war das Mathematische Institut ein Jahr vor Kaluzas
Berufung nach Göttingen der Schauplatz der Machtkämpfe zwischen Helmut
Hasse und den Vertretern der Deutschen Mathematik in Göttingen geworden.

Hasse war ein Mann, der die politische Gesinnung nicht über das fachliche
Können stellte. Als Schüler von Hilbert und Emmy Noether in Göttingen hatte

---

[30] In: „Einschätzung", E 1170/66, BB.

[31] Über „Einige Formeln und Sätze aus dem Gebiet der konvexen Bereiche." Korreferent
war Erhard Tornier, siehe Ziegenbein (1934).

[32] Schappacher (1987) (I), S. 355.

[33] Siehe die ausführliche Darstellung bei Frei (1977).

[34] Schreiben von Helmut Hasse an den Oberpräsidenten der Provinz Hannover vom 30.
Mai 1946, NHH, Entnazifizierungsakte Helmut Hasse, Nds 171 Hildesheim 63727, f. 2.

[35] Ebd.

er sich zu einem glänzenden Mathematiker entwickelt, dessen Name bereits seit den zwanziger Jahren auf den Berufungslisten an erster Stelle stand. Er wurde von seinen bedeutenden Kollegen, darunter den größten Mathematikern Deutschlands, sehr geschätzt. Hasse verkehrte im Hause von Hensel und war mit Abraham Fraenkel gut befreundet. 1933 hatte er gegen die Beurlaubung von Emmy Noether erfolglos protestiert, indem er eine Liste mit Unterschriften sammelte, um die große Mathematikerin in Göttingen zu halten. Hasse machte es sich zur Aufgabe, den durch die Vertreibung renommierter Mathematiker aus Göttingen verlorenen Ruf der Göttingen Mathematik wiederherzustellen. In seinem Brief an Hermann Weyl vom 12. Januar 1934 beschrieb ihn Richard Courant folgendermaßen:

„Er ist anständig und loyal, steht aber innerlich den Nazis und jedenfalls dem Antisemitismus recht nahe. Er hat bei einem Besuch vorige Woche ziemlich klar gesagt, dass er gerne völlig ohne die alten Göttinger die Sache wieder aufbauen wolle [...]. Hasse wird aber nichts gegen mich oder Landau aktiv unternehmen; nur betonte er immer wieder – auch auf Grund seiner Naziinformationen – die Unhaltbarkeit der Lage trotz der formalen Nichtentlassungen.“[36]

Hasses politische Einstellung war nach seiner eigenen Charakterisierung „national" im „Sinne der Deutschnationalen Volkspartei", einer konservativen nationalen Partei, die die Konservative Partei des zweiten Kaiserreichs von Wilhelm II. ersetzt hatte.[37] Er fühlte sich „der deutschen Nation, wie sie 1871 von Bismarck geschaffen worden war", sehr verbunden.[38] Wie viele Deutsche hatte er auf den Versailler Vertrag „mit tiefer Empörung" reagiert. Hasse glaubte, dass Hitler der geeignete Mann sei, „das Unrecht, das Deutschland mit diesem Vertrag zugefügt worden war, wieder auszumerzen".[39] Seine „echt nationale Überzeugung" war jedoch mit der nationalsozialistischen nicht identisch. Er akzeptierte den Massengeist des Nationalsozialismus nicht kritiklos.[40] Außerdem galten für ihn fachliche Wertkriterien als ausschlaggebend und übernational.[41] Seinem Temperament entsprechend begrüßte Hasse eine disziplinierte und entschiedene Vorgehensweise in jeder Angelegenheit. In seiner Liebe zu Disziplin, zur Höchstleistung in der Wissenschaft und zu einem straffen Arbeitsprogramm sah Hasse eine Nähe zum neuen Regime. Trotz seiner patriotischen Haltung und der Ge-

---

[36] Brief von Richard Courant an Hermann Weyl vom 12. Januar 1934, AZW, Hs. 91:53.

[37] Reid (1979), S. 296.

[38] Beide Zitate ebd.

[39] Ebd., wobei er – wenn auch bezogen auf ein Abstractum, nicht auf Menschen – das für die „Lingua tertii imperii" (Viktor Klemperer) charakteristische Wort „ausmerzen" benutzte.

[40] Vgl. Ortega y Gasset (1933), Kapitel „Es beginnt die Analyse des Massenmenschen".

[41] Frei (1977) gibt eine überzeugende Charakterisierung von Hasse.

meinsamkeiten mit dem neuen Geist ließ er sich von den Nationalsozialisten an der Universität nichts vorschreiben. Sein Hauptinteresse lag nicht in der Durchsetzung der nationalsozialistischen Gesinnung, sondern in der Förderung der mathematischen Forschung. Dafür war er bereit, den Preis der Zusammenarbeit mit den Nationalsozialisten bis zu einem bestimmten Punkt zu zahlen.

Da Hasse die Mitgliedschaft in der NSDAP verweigert worden war, empfand er seine Situation als unsicher. Um die Aufgabe, die er sich vorgenommen hatte, durchführen zu können, versuchte er, seine politische Position zu stärken.

Wie weit seine Bereitschaft zu Kompromissen mit dem NS-Regime ging, zeigt seine Vorgehensweise im Fall Tornier. Der bis 1935 als Privatdozent an der Universität Kiel tätige Erhard Tornier war ein altes Parteimitglied. Als Nachfolger Felix Bernsteins wurde er Direktor des Instituts für Statistik. In seinem Brief an Herglotz vom 11. Juni 1934 charakterisierte Hasse Tornier folgendermaßen:

„Wenn ich auch sagen muss, dass Tornier unter normalen Umständen ein Göttinger Ordinariat noch nicht verdient hat, so meine ich doch, dass man diese Frage ernstlich in Erwägung ziehen muss. Er ist auf jeden Fall ein origineller Kopf, und seine Wahrscheinlichkeitstheorie hat allseitige Anerkennung gefunden."[42]

Tornier machte sich nun eifrig an die Arbeit, das Mathematische Institut in Göttingen im neuen Geist zu reformieren. Seine Aufgabe war, die politische Orientierung am Mathematischen Institut zu überwachen. Gleichzeitig wurde er Führer des Nationalsozialistischen Dozentenbundes und beeinflusste aus dieser Position die neuen Berufungen. Im Rausch des neuen Machtgefühls wollte er die Entscheidungen treffen und sie nicht Hasse überlassen. Dabei stützte er sich auf seinen politischen Einfluss.

Angesichts der Bedeutung der angewandten Mathematik in Göttingen war die Besetzung des Lehrstuhls von Richard Courant eine vorrangige Aufgabe. Ludwig Prandtl, Direktor des Instituts für Strömungsforschung, hatte sich mehrmals beim Reichserziehungsminister beklagt, dass der dringend benötigte Nachfolger für Courant noch nicht berufen worden war.[43] Sein Institut war „gleichgeschaltet" und galt für das neue Reich und für die Luftfahrtforschung als besonders wichtig. Ein politisch klarsichtiger Geist hätte vielleicht zu diesem Zeitpunkt die Absichten des neuen Regimes bereits durchschaut. Prandtl dachte zunächst nicht so weit. Er hatte, solange Courant in Göttingen war, mit den Vertretern der angewandten Mathematik erfolgreich zusammengearbeitet und ihre Hilfe war ihm unentbehrlich geworden. Obwohl die Verhandlungen für die Besetzung der Stelle Courants bereits im September 1934 begonnen hatten, war es nicht einfach,

---

[42] Brief von Hasse an Herglotz vom 11. Juni 1934, NSUBG Cod. Ms. G. Herglotz F 43.

[43] Vgl. Brief von Prandtl an den Reichserziehungsminister vom 16. Oktober 1933, ASFG.

einen Nachfolger zu finden. Die Berufungsverhandlungen dauerten bis zum Herbst 1935.

Die Berufung Kaluzas kam dann für viele Fachleute überraschend. Er war kein Parteimitglied und gehörte keiner nationalsozialistischen Organisation an. Außerdem hatte man einen Wissenschaftler aus dem Gebiet der angewandten Mathematik gesucht, der die gleiche Forschungsrichtung wie Courant vertrat.

Auf der ersten Berufungsliste vom September 1934 hatte an erster Stelle Erich Treffz aus Dresden gestanden, ein Mathematiker, dessen Schwerpunkt auf dem Gebiet der Mechanik lag. Seine Arbeiten besaßen „einen hohen wissenschaftlichen Ruf".[44] Außerdem waren Eberhard Hopf aus Berlin und der durch seine Lehrbücher bekannte Konrad Knopp aus Tübingen vorgeschlagen. Beide kamen aber kaum in Frage: Hopf arbeitete zwar auf dem Gebiet der angewandten Mathematik, aber seine pädagogischen Fähigkeiten waren wenig entwickelt. Konrad Knopp dagegen war ein vorzüglicher Wissenschaftler, der auch hervorragende Vorlesungen hielt, aber seine Arbeiten beschäftigten sich kaum mit angewandter Mathematik.[45] Auf dieser Vorschlagsliste wird erwähnt, dass Kaluza durch Konrad Knopp ersetzt wurde. Kaluza hatte auf der vorigen „unverbindlichen" Vorschlagsliste der Fakultät an dritter Stelle gestanden.[46]

Erhard Tornier, als Führer des NS-Dozentenbundes, schlug aber Hellmuth Kneser vor, der ihm wegen seiner nationalsozialistischen Ansichten am geeignetsten erschien. Auch der Rektor Friedrich Neumann war der Überzeugung, dass man „um so mehr eine politisch und wissenschaftlich entschiedene Kraft von der Art Knesers einsetzen" müsse.[47] Der Dekan Max Gustav H. Reich war anderer Meinung: „Für die jetzt zu besetzende Stelle kommt aber ihres [der Fakultät] Erachtens Kneser nicht in Frage, da er der angewandten Richtung der Mathematik fernsteht und daher nicht in der Lage sein würde, die oben erwähnten Wünsche der Fakultät zu erfüllen."[48]

---

[44] Brief von Dekan Max Gustav H. Reich ans Ministerium vom 10. September 1934, aus Professorenakten 3206 b, Bd. I, UAG.

[45] Ebd.

[46] Brief von Rektor Neumann ans Ministerium vom 25. September 1934, Professorenakten, 3206 b, UAG: „Nachgetragen sei, dass früher unverbindlich aus der Fakultät heraus [...] Treffz, E. Hopf und Kaluza-Kiel genannt waren. Kaluza-Kiel ist also jetzt durch K. Knopp-Tübingen ersetzt worden."

[47] Bericht des Fachschaftsleiters Gockel am 27. August 1936 über „Dr. Webers Verhalten im sogenannten Hasse-Krach", NHH, Entnazifizierungsakte Helmut Hasse, Nds 171 Hildesheim 63727.

[48] Brief von Dekan Max Gustav H. Reich ans Ministerium vom 10. September 1934, Professorenakten, 3206 b, Bd. 1, UAG.

Die Anforderungen für die Nachfolge von Courant als Vertreter der angewandten Mathematik waren hoch. 20 Jahre lang hatte sich Carl Runge bis 1924 intensiv mit angewandter Mathematik befasst und ebenfalls Richard Courant seit 1920. Beide hatten die Tradition von Felix Klein weitergeführt. Die Fakultät suchte einen „Mathematiker von hohem wissenschaftlichen Ruf [...], der in der Lage und bereit ist, die auf die naturwissenschaftlichen Anwendungen gerichtete Seite der Mathematik in Forschung und Lehre zu vertreten." Außerdem sollte er fähig sein, eine Anfängervorlesung zu halten, „die nicht nur für den Fachmathematiker, sondern auch für die Naturwissenschaftler, soweit sie Mathematik brauchen, wirklich geeignet ist."[49]

Der Dekan hatte nachdrücklich das Interesse der Fakultät an der „Einheit und Geschlossenheit" des mathematischen „Forschungs- und Lehrbetriebes" betont.[50] Doch Tornier kümmerte das nicht. Er wollte unbedingt Hellmuth Kneser aus Greifswald nach Göttingen holen. Wie er in einem Brief an Kneser zum Ausdruck brachte, hatte er erkannt, „dass Sie [Hellmuth Kneser] von Ihrer anerkannten wissenschaftlichen Bedeutung zu schweigen, zu den ganz wenigen politisch brauchbaren Mathematikern gehören."[51]

Tornier setzte sich bei Theodor Vahlen, dem Referenten im Ministerium, für Kneser ein: „Diesen meinen Wunsch habe ich auch Herrn Vahlen ausgesprochen", denn er sei „überzeugt", dass Kneser „mehr angewandte Mathematik als Knopp" könne.[52] Er wollte gegen den Willen der Fakultät seinen Wunsch durchsetzen. „Es ist trivial", schrieb er im gleichen Brief an Kneser, „dass die Fakultät – lies Hasse – Sie ablehnt." Torniers Absichten waren klar: Durch die Berufung des „politisch brauchbaren" Hellmuth Kneser nach Göttingen wollte er seine Position im Institut gegenüber Hasse festigen.

Die Besetzung der Stelle Courants muss im Zusammenhang mit dem Machtkampf zwischen Erhard Tornier, der durch entsprechende Berufungen die Fakultät politisch gleichschalten wollte, und Helmut Hasse, der bemüht war, den Rang Göttingens in der Mathematik wiederherzustellen, betrachtet werden. In seinem Brief an Kurt Reidemeister vom 1. Juni 1935, in dem Hasse klar die Berufungssituation am Mathematischen Institut schilderte, hob er auch sein Ziel der Gestaltung der Mathematik in Göttingen auf hohem Niveau hervor. Dies sah er – offenbar nach Hilberts Ideal – in einer Vielfalt der mathematischen Disziplinen verwirklicht, die unbedingt von hervorragenden Persönlichkeiten vertreten werden müssten:

---

[49] Beide Zitate ebd.
[50] Ebd.
[51] Brief von Tornier an Kneser vom 22. September 1934, Berlin Document Center, BB.
[52] Brief von Tornier an Kneser vom 22. September 1934, Berlin Document Center, BB.

„Durch diese Sachlage lasse ich mich nun natürlich keineswegs beirren, für Göttingen alles das anzustreben, was nach dem mir vorschwebenden Bilde erscheint. Das ist durchaus nicht eine einseitige Hervorkehrung eines algebraischen oder zahlentheoretischen Zuges hier. Vielmehr habe ich den Wunsch, hier ein möglichst vielseitiges Bild zu erzeugen, in dem jede der heute aktuellen und lebensfähigen Disziplinen irgendwie vertreten ist. Das Heranwachsen von Schulen und das Aufkommen von neuen Traditionen oder die Fortführung alter muss man der natürlichen Entwicklung überlassen, die von selbst einsetzen wird, wenn nur überhaupt mathematische Persönlichkeiten hierher kommen."[53]

Hasse betonte weiterhin, nach welchen Kriterien er dachte, diese Persönlichkeiten auszuwählen:

„So glaube ich recht zu handeln, wenn ich in jedem Falle zu allererst frage, ob in einem Hierherzuziehenden echtes mathematisches Leben pulsiert, ob er in der eigenen Arbeit von Rang ist, und ob er geneigt ist, einen lebendigen Beitrag zum mathematischen Betriebe hier zu geben."[54]

Hasse war sich jedoch bewusst, dass er, um seine Vorstellungen zu verwirklichen, großen Widerstand vonseiten der neuen politischen Organisationen, die am Institut die Berufungen mitbestimmten, zu überwinden haben würde:

„Sie wissen, dass heute die personelle Gestaltung nicht mehr allein in der Hand des Instituts- bzw. Seminardirektors und Kurators liegt, sondern, dass dabei andere Stellen, vor allem Rektor und Dozentenschaft, und dadurch hier indirekt auch Fachschaft wesentlich mitreden. Die Lage hier ist zudem so, dass jeder Vorschlag, der von mir allein ausgeht, von vornherein Herrn Tornier gegen sich hat, und dass dadurch dann der Rektor, Dozentenschaft, Fachschaft, mit denen Herr Tornier gemeinsame ‚Politik' macht, gegen meine Vorschläge eingenommen werden."[55]

Auf der Jahrestagung der Deutschen Mathematiker-Vereinigung in Bad Pyrmont im September 1934 versuchte eine Gruppe um Bieberbach und Tornier, Ludwig Bieberbach, den Führer der Deutschen Mathematik, als Vorsitzenden der DMV durchzusetzen, was ihnen eine dominierende Position in der Fachpolitik gesichert hätte. Hasse, der Schatzmeister der DMV und seit 1932 Mitherausgeber der *Jahresberichte der DMV*, war auf der Gegenseite engagiert. Der Versuch, Ludwig Bieberbach als Vorsitzenden der DMV durchzubringen, scheiterte.[56] Die Auseinandersetzung zwischen Helmut Hasse und den Vertretern der Deutschen Mathematik hörten damit jedoch nicht auf. Tornier, Weber und Teichmüller ver-

---

[53] Hasse an Reidemeister am 1. Juni 1935, NSUBG Cod. Ms. Helmut Hasse 1:1361, Beil. f. 3/1 im Original hervorgehoben.

[54] Ebd.

[55] Hasse an Reidemeister am 1. Juni 1935, NSUBG Cod. Ms. Helmut Hasse 1:1361, Beil. f. 3/1.

[56] Für eine ausführlichere Schilderung siehe Schappacher (1987) (I), S. 357.

suchten Anfang 1936, die Göttinger Studenten gegen Hasse, den „Vorreiter der DMV", der in den DMV-Listen immer noch Namen jüdischer Mathematiker zuließ, aufzuwiegeln.[57]

In dieser Auseinandersetzung stellte Hasse Vahlen vor die Wahl, zwischen ihm und Tornier zu entscheiden und drohte mit Rücktritt. Das Ministerium unterstützte Hasse, der dadurch allein geschäftsführender Direktor in Göttingen wurde. Dadurch verloren die „Deutschen Mathematiker" in Göttingen ihren Einfluss. Tornier wurde im April 1936 „aus Krankheitsgründen" nach Berlin versetzt, wo er zusammen mit Werner Weber im Kreis Deutscher Mathematiker um Bieberbach weiterwirkte, Teichmüller folgte den beiden später nach.

Kaluzas Berufung vollzog sich vor dem Hintergrund dieses Machtkampfes zwischen Hasse und den Vertretern der Deutschen Mathematik. Torniers Versuch, Kneser nach Göttingen zu berufen, scheiterte. Die Berufung von Treffz war vermutlich an der schlechten Beurteilung gescheitert, die die NS-Dozentenschaft am 22. September 1934 ans Ministerium geschickt hatte: „Gegen die Persönlichkeit des Herrn Treffz bestehen sehr erhebliche politische Bedenken, dagegen ist in dieser Beziehung gegen die Herren Knopp und Hopf nichts einzuwenden."[58] Hinzu kam der Druck, den Ludwig Prandtl auf das Mathematische Institut und aufs Ministerium ausübte, um eine schnellere Berufung zu veranlassen. Durch den „Weggang" Courants und mehrerer Physiker aus Göttingen drohe den „angewandten Wissenschaften an der Universität Göttingen" eine „schwere Notlage"[59], ließ er wissen. Prandtl bat den Staatssekretär im Reichsluftfahrtministerium Erhard Milch, seinen Einfluss geltend zu machen, damit die Stelle der angewandten Mathematik möglichst schnell besetzt werde. Göttingen solle seine „führende Stellung" nicht verlieren. Die angewandte Mathematik sei „einer der Pfeiler, auf denen mein Institut aufgebaut ist".[60]

Schließlich setzte sich Hasse durch. Berufen wurde Kaluza, dessen Vielseitigkeit und wissenschaftliche Größe er sehr schätzte.[61] Im Brief vom 11. Mai 1935

---

[57] Siehe dazu ebd. und Günther Frei (1977), S. 37.

[58] Brief von NS-Dozentenschaftsführer Vogel der NS-Dozentenschaft der Georg-August Universität Göttingen an den Rektor der Universität vom 22. September 1934, 3206 b I, UAG.

[59] Zitiert aus dem Brief von Prandtl an Minister Milch vom 16. Oktober 1933, ASFG.

[60] Ebd.

[61] Siehe dazu auch Frei (1977). Hasse kannte Kaluza persönlich und schätzte seine wissenschaftlichen Verdienste. Dies geht sowohl aus dem Brief von Theodor Kaluza junior an Hasse vom 22. Februar 1966 (NSUBG Cod. Ms. Helmut Hasse 1:803) deutlich hervor, als auch daraus, dass Hasse mit Fraenkel gut befreundet war, der die Berufung von Kaluza nach Kiel betrieben hatte. In ihrer Korrespondenz ist öfter die Rede von Kaluza. Aus dem oben genannten Brief von Theodor Kaluza junior an Hasse geht hervor, dass Hasse die Familie Kaluza 1932, 1933 und 1934 in Kiel besuchte und dass dort wissenschaftliche Gespräche stattfanden. Aus

ans Ministerium schlug der Dekan für die Stelle Kaluza vor, der „umfangreiche Kenntnisse" auf dem Gebiet der angewandten Mathematik besitzt und „über hervorragende pädagogische Fähigkeiten verfügt".[62] Auch der Rektor Friedrich Neumann befürwortete jetzt die Berufung Kaluzas: „Gerade sein Kieler Unterricht hat immer gezeigt, dass er sich auf den verschiedensten Gebieten der angewandten Mathematik produktiv betätigt. Seine Fähigkeit der Darstellung und sein Lehrtalent werden mir gerühmt."[63] So erhielt Kaluza im August 1935 die Aufforderung, zu Berufungsverhandlungen nach Berlin zu kommen. Der Weg von der zweiten bis zur letzten Berufungsliste bleibt im Dunkeln. Es ist stark anzunehmen, dass Hasse derjenige war, der dazu entscheidend beitrug, dass Kaluza den Ruf nach Göttingen erhielt. Hasse kannte Kaluza sehr gut und hatte ihn mehrmals 1933 und 1934 in Kiel besucht. Er bewunderte Kaluzas wissenschaftliche Verdienste[64], die damals wegen ihrer Originalität aber vielen verschlossen blieben. Nach dem Krieg betonte Hasse in seinem Schreiben an den Oberpräsidenten der Provinz Hannover anlässlich seines Entnazifizierungsverfahrens, dass er selber die Berufungen von Kaluza, Frithiof Edvard Nevanlinna (1894–1976) und Carl Ludwig Siegel (1896–1981) veranlasst hatte, und dass dafür „rein wissenschaftliche" Gründe maßgebend gewesen seien. In „den meisten Fällen" seien „politische Bedenken" gegen die berufenen Kandidaten zu überwinden gewesen und hier habe ihm Paul Ziegenbein geholfen:

„So wurden in den Jahren 1934–39 meiner Geschäftsführung die Professoren Kaluza, Nevanlinna und Siegel auf ordentliche Lehrstühle berufen und eine Reihe von tüchtigen Fachkräften als Dozenten habilitiert oder als Assistenten eingestellt, wobei in den meisten Fällen politische Bedenken der genannten [nationalsozialistischen] Instanzen zu überwin-

---

diesem Brief kann man schließen, dass die Beziehungen zwischen den beiden Wissenschaftlern auf gegenseitiger Schätzung der wissenschaftlichen Verdienste beruhten.

[62] Brief von Dekan Reich ans Ministerium vom 11. Mai 1935, Professorenakten, 3206 b UAG. Im Protokoll des Sitzungsausschusses vom 9. Mai 1935, in der die Besetzung der Stelle Courants auf der Tagesordnung stand, kann man lesen: „Tornier schlägt Prof. Kaluza-Kiel vor, Hasse und Herglotz haben sich für den genannten ebenfalls eingesetzt." (APG). Offensichtlich stand Kaluza auf der Wunschliste von Hasse. Auch Herglotz schätzte die wissenschaftlichen Verdienste von Kaluza und sah ihn als geeignet für die Stelle Courants an. Eine Interpretation der Tatsache, dass auch Tornier in der gleichen Sitzung Kaluza vorschlug, fiele, bezogen auf den Zeitpunkt der Sitzung, zu dem Tornier bereits den Machtkampf gegen Hasse in Göttingen verloren hatte, viel zu sehr in den Bereich der Spekulationen; es wird daher darauf verzichtet. Nach unseren Untersuchungen erscheint uns diese Tatsache von geringer Bedeutung im Zusammenhang mit der Berufung von Kaluza nach Göttingen.

[63] Brief von Rektor Neumann ans Ministerium vom 15. Mai 1935, 3206 b, Bd. I, UAG.

[64] Siehe dazu weiter unten S. 507ff. den Antrag zur Ernennung Kaluzas zum Mitglied der Akademie der Wissenschaften in Göttingen 1938.

den waren. Von dem Falle des Assistenten Dr. Ziegenbein abgesehen, dessen Einstellung nicht von mir veranlasst wurde – der mir aber dann bei der Überwindung solcher politischen Bedenken wesentliche Hilfe gab – waren für alle diese Neuberufungen lediglich rein wissenschaftliche Gesichtspunkte maßgebend, und die geschahen in vollem Einvernehmen mit meinen mathematischen Fachkollegen.[65]

Bis Anfang 1935 hatte Hasse beabsichtigt, den dem Nationalsozialismus fern stehenden, wissenschaftlich aber hoch qualifizierten[66] Eberhard Hopf (1902–1983), der sich zu der Zeit am Massachusetts Institute of Technology (USA) aufhielt, auf die Stelle Courants zu berufen. In seinem Schreiben an Hopf vom 2. Oktober 1934 betonte er:

„Von verschiedenen Stellen wurden bei diesen Beratungen [für die Besetzung der Stelle Courants] Ihr Name genannt, und ich habe mich dem gern angeschlossen. Wir haben inzwischen die Vorschlagsliste nach Berlin abgeschickt. Sie nennt Trefftz primo loco und dann Sie mit Knopp pari loco. Ich möchte Sie bitten, dies streng vertraulich zu behandeln. Ich verstehe durchaus, dass Sie im Falle einer Berufung nach Göttingen vor einer schwierigen Entscheidung gestellt werden würden.“[67]

Hopf, der damals auf drei Berufungslisten stand, war jedoch nicht entschlossen, nach Göttingen zu kommen[68], und Hasse schlug dann Kaluza vor. Kaluza kannte Courant und wusste, dass ihre Forschungsgebiete zwar der „angewandten Mathematik" zugeordnet werden konnten, aber doch sehr unterschiedlich waren.[69] Seine „Relativitätstheorie in fünf Dimensionen" – wie seine Theorie der Vereinheitlichung oft genannt wurde – war weit von praktischer Anwendung entfernt, im Gegensatz zu Courants Arbeiten auf dem Gebiet der Differentialgleichungen. Die Richtung der angewandten Mathematik, die Kaluza vertrat, unterschied sich deutlich von der von Courant, obwohl beide unter dem unscharfen

---

[65] Schreiben von Helmut Hasse an den Oberpräsidenten der Provinz Hannover vom 30. Mai 1946, NHH, Entnazifizierungsakte Helmut Hasse, Nds 171 Hildesheim 63727, f. 2.

[66] Hopf wurde durch sein Buch „Ergodentheorie" [Hopf (1937)] bekannt, in dem er das statistische und qualitative Verhalten eines Systems untersuchte.

[67] Hasse an Hopf am 2. Oktober 1934, NSUBG Cod. Ms. Helmut Hasse 1:718, Beil.

[68] Im Brief von Hasse an Hopf vom 11. September 1935, aus dem es hervorgeht, dass Hopf einen Ruf nach Heidelberg annehmen wollte, und vom 30. April 1936, in dem Hasse die Absicht des Ministerialrates Mentzel bekannt macht, Hopf nach Leipzig zu berufen, NSUBG Cod. Ms. Helmut Hasse 1:718, Beil. 1936 wurde Hopf nach Leipzig berufen, 1942 arbeitete er für das Deutsche Institut für Aeronautik und 1944 wurde er nach München auf die Stelle von Carathéodory berufen.

[69] Siehe dazu auch Mehrtens (1986), S. 318: „Die Identität der neuen Teildisziplin (angewandte Mathematik) allerdings blieb diffus, ihr Status umstritten." Für eine eingehendere Untersuchung dieses Punktes siehe unten das Kapitel „War Theodor Kaluza ein Mathematiker oder ein Physiker?", S. 614ff.

Begriff angewandte Mathematik eingeordnet waren. Da Courants Forschungsgebiet die mathematische Grundlage für die Aerodynamische Versuchsanstalt darstellte, musste dieser Unterschied besonders berücksichtigt werden. Kaluza wusste sehr wohl, dass nun von ihm dasselbe erwartet werden würde. Bevor er sich bereit zeigte, die Stelle anzunehmen, vergewisserte er sich, dass man ihn nicht „als zweiten Courant" in Göttingen einsetzen wollte.[70]

Herbert Mehrtens hat in seiner Arbeit „Angewandte Mathematik und Anwendungen der Mathematik im nationalsozialistischen Deutschland" behauptet, dass sich Kaluza „nicht als Repräsentant der angewandten Mathematik" gefühlt habe. Diese Aussage beruht auf einer falsch interpretierten Auskunft von Theodor Kaluzas Sohn.[71] Theodor Kaluza beabsichtigte durch seine Aussage, er sei kein „zweiter Courant" keineswegs, seine Verdienste zu Gunsten derer Courants abzuwerten, wie eine Anspielung im oben genannten Werk andeutet. Kaluzas Bescheidenheit entsprang seinem Edelmut und hatte nichts mit „Unscheinbarkeit" zu tun.[72] Er kannte seinen Wert durchaus und war sich seiner wissenschaftlichen Verdienste, vor allem der Bedeutung seiner „Theorie in fünf Dimensionen", sehr bewusst.[73]

Kaluza wusste aber, dass zwischen seinen Arbeiten in der theoretischen Physik – die damals auch zur angewandten Mathematik zählten – und Courants Arbeiten, die unmittelbar Anwendung in der Ingenieurwissenschaft fanden, ein großer Unterschied bestand. Er wusste auch, dass das Forschungsgebiet von Courant für das Institut für Strömungsforschung unentbehrlich war.

Es wäre ein Fehler, Kaluzas scharfen Realitätssinn zu unterschätzen. Er hatte im Ersten Weltkrieg gesehen, wie man die angewandte Mathematik für Kriegszwecke einsetzen konnte. Wahrscheinlich wollte er sich deswegen Unabhängigkeit gegenüber dem Institut für Strömungsforschung bewahren.[74] Man brauchte in dieser Zeit nicht viel Phantasie, um zu erkennen, was man von dem neuen „Führer Deutschlands" zu erwarten hatte. Hitler hatte bislang seine verhängnisvollen Versprechungen eingehalten. Kaluza ahnte wohl, dass ein neuer Krieg bevorstand. Auch wenn er im Ersten Weltkrieg nur auf einem Gebiet im wesentli-

---

[70] Theodor Kaluza junior (1991).

[71] In Mehrtens (1986), S. 324. Dieses Urteil von Mehrtens wurde auch von Schappacher übernommen, siehe Schappacher 1987 (I).

[72] Vgl. Interview von Professor Schappacher mit Martin Eichler: „Kaluza stand nie im Brennpunkt der Diskussionen".

[73] Brief von Detlef Laugwitz an die Autorin vom 27. Dezember 1996, Interview der Autorin mit Ingemarie Kaluza im Juni 1997.

[74] Vgl. unten das Kapitel „Im Krieg", S. 514ff., in dem die Bedeutung des Instituts für Strömungsforschung für die Kriegsrüstung erläutert wird.

chen defensiver militärischer Forschung gearbeitet hatte, wollte er diesmal mit solcher Forschung überhaupt nichts zu tun haben. Er erkannte offenbar, welche Gefahr seine Berufung mit sich brachte. Er wusste, wie erfolgreich Courants Differentialgleichungen in der Aerodynamikforschung eingesetzt worden waren. Es scheint – besonders in Anbetracht seines ablehnenden Verhaltens während der Kriegsjahre Prandtl gegenüber[75] – sehr plausibel, dass Kaluza sich an dieser Forschung nicht beteiligen wollte.[76] Daher vergewisserte er sich, dass Hasse von ihm nicht erwartete, als „neuer Courant" zu fungieren. Doch Hasse schätzte Kaluzas wissenschaftliche Arbeiten und hoffte, durch die Berufung der besten Mathematiker aus Göttingen wieder eine Hochburg der Mathematik zu machen.[77] Am 9. September 1935 wurde Kaluza berufen. Im Oktober begann seine Tätigkeit in Göttingen.

Zusammenfassend kann man die wichtigsten Faktoren, die bei der Berufung von Kaluza nach Göttingen eine Rolle gespielt haben, aufzählen. Ohne die Berücksichtigung dieser Faktoren wäre ein Verständnis der komplizierten Vorgänge nicht möglich:

Dass die Vertreter der Deutschen Mathematik an der Universität Göttingen nicht Fuß fassen konnten, ist in erster Linie Helmut Hasse zu verdanken. Die Besetzung der Courantschen Stelle, die auch für das Institut für Strömungsforschung eine entscheidende Rolle spielte, wurde durch den Kampf zwischen den Vertretern der Deutschen Mathematik unter der Führung von Erhard Tornier auf der einen und Helmut Hasse auf der anderen Seite entschieden. Während Tornier einen politisch gesinnten Mathematiker auf diese Stelle berufen wollte, den er in der Person von Hellmuth Kneser sah, setzte Hasse mit der Unterstützung des Ministers einen qualifizierten Mathematiker durch, dessen wissenschaftliche Qualitäten dem Niveau von Göttingen entsprachen. Den sah er in der Per-

---

[75] Siehe unten Kapitel „Im Krieg", S. 514ff.

[76] Die Ironie des Schicksals bewirkte, dass Courant durch die Verpflanzung seiner „Göttinger Schule und Ideen vom Lehren und Anwenden mathematischer Vorstellungen an die New York University" einen nicht zu vernachlässigenden Beitrag zur Forschung für die Atombombe in den USA geliefert hat (Zitat aus Lehrach (1997), S. 159). Siehe dazu auch Owens (1989), S. 289.

[77] Es ist in diesem Zusammenhang einleuchtend, dass die Fakultät unter dem Einfluss von Hasse zunächst beabsichtigte, den berühmten holländischen Mathematiker Brouwer nach Göttingen zu berufen, was nicht mehr zustande kam. Die Berufung von Brouwer stand in einem engen Zusammenhang mit der Besetzung der Stelle von Courant, wie man dem Brief des Rektors Neumann ans Ministerium vom September 1934 entnehmen kann (Brief von Rektor Neumann ans Ministerium vom 25. September 1934, Professorenakten, 3206 b, Bd. 1, UAG). Dies zeigt wieder deutlich, dass das wichtigste Kriterium für Hasse bei den Berufungen der wissenschaftliche Rang des Kandidaten war.

son von Kaluza. Er wusste genau, dass die angewandte Mathematik, die von Kaluza betrieben wurde, etwas ganz anderes war, als das, was Prandtl sich darunter vorstellte. Trotzdem zögerte er nicht, sich für Kaluzas Berufung einzusetzen. Es ist anzunehmen, dass Hasse sich lieber auf die wissenschaftliche Vielseitigkeit von Kaluza verließ, als einen anderen Mathematiker nach Göttingen zu holen, der der Richtung von Courant näher stand. Die Berufung von Kaluza ist im Rahmen der Bemühungen von Hasse zu sehen, der Mathematik in Göttingen ihren alten Rang und Glanz zurückzugeben.[78]

Man hat missbilligt, dass Kaluza den Ruf nach Göttingen auf Richard Courants Stelle angenommen hat.[79] In diesem Zusammenhang muss man zwei Aspekte berücksichtigen: den Vergleich zwischen der politischen Lage an den Universitäten Kiel und Göttingen und die Frage, was die Konsequenzen der Ablehnung einer Ernennung damals waren. Als Grenzuniversität war Kiel wie Freiburg besonders geprägt vom nationalsozialistischen Geist. In der politischen „Gleichstellung" der Universitäten hatten die sogenanten „Grenzuniversitäten" höchste Priorität. Wie bereits erwähnt, gehörten bereits 1933 in Kiel 53 % der Professoren einer nationalsozialistischen Organisation an (der NSDAP oder der SA). Die Politisierung der Universität Kiel hatte sich, wie oben gezeigt wurde, in raschem Tempo vollzogen. Dies war 1935 in Göttingen viel weniger der Fall. Eine noch wichtigere Rolle spielte aber die politische Situation am Mathematischen Institut in Göttingen, wo es Hasse gelungen war, die Vertreter der Deutschen Mathematik zu entfernen und damit den politischen Druck zu vermindern. Kaluza wusste, dass er auf Hasse einen gewissen Einfluss ausüben konnte.[80] Wenn Kaluza in Deutschland bleiben wollte, war er im Mathematischen Institut in Göttingen eindeutig weniger dem politischen Druck ausgesetzt als in Kiel.

In seiner Analyse der Universität Göttingen in der Zeit des Nationalsozialismus hat Hans-Joachim Dahms gezeigt, dass die Ablehnung einer Ernennung in dieser Zeit nicht möglich war[81] und im Rahmen des §4 des Berufsbeamtengeset-

---

[78] Wenn man Kaluza mit den anderen Mathematikern vergleicht, die unter der Mitwirkung Hasses nach Göttingen berufen wurden und berufen werden sollten (Brouwer, Siegel, Nevanlinna), merkt man, dass ihre Gemeinsamkeit in ihrem wissenschaftlichen Profil von hoher Qualität bestand. Siehe dazu auch hier das nächste Kapitel, S. 491ff.

[79] Siehe z.B. Reid (1979) und Halpern (2004). Courant selber scheint ein Ressentiment gegen Kaluza aus diesem Grund gehegt zu haben, im Interview der Autorin mit Nikolaus Stuloff und Brief von Detlef Laugwitz an die Autorin vom 25. April 1998. Die in Reid (1979) zitierten Tagebücher Courants konnten im RCA nicht ausfindig gemacht werden.

[80] Was Kaluza während der Zeit des Zweiten Weltkriegs auch tat. Siehe Korrespondenz zwischen Kaluza und Hasse, NTK.

[81] Siehe Dahms (1987).

zes als „politische Unzuverlässigkeit"[82] betrachtet wurde. Demjenigen, der dies wagte, wurde gedroht, an keiner Universität mehr lehren zu dürfen. So war es im Fall des Berliner Professors für Pharmakologie Otto Krayer, der es 1933 ablehnte, den Lehrstuhl eines ‚nichtarischen' Kollegen an der Akademie für praktische Medizin in Düsseldorf anzunehmen, weil er sie ‚als ein Unrecht' empfand, und der in einem Brief an das Ministerium die „Säuberungspolitik" der Regierung kritisierte. Der Minister antwortete ihm, dass er „in der nächsten Zeit auch keinen Lehrstuhl an einer deutschen Universität" mehr übernehmen könne:

> *„[...] Sie bringen zum Ausdruck, dass Sie die Ausschaltung jüdischer Wissenschaftler als ein Unrecht empfinden, und dass die Empfindung dieses Unrechts Sie daran hindert, eine Ihnen angetragene Vertretung zu übernehmen. Es steht Ihnen durchaus frei, Maßnahmen der Staatsregierung politisch in beliebiger Weise zu empfinden. Es geht aber nicht an, dass Sie die Ausübung Ihres Lehrberufs von diesen Empfindungen abhängig machen. Sie würden bei dieser Ihrer Haltung in der nächsten Zeit auch keinen Lehrstuhl an einer deutschen Universität übernehmen können."[83]*

Es blieb nicht nur bei diesem Brief: Weil er es gewagt hatte, sich seiner Ernennung zu widersetzen, wurde Otto Krayer ein Verfahren zur „Überprüfung seiner politischen Zuverlässigkeit" (nach §4 BBG) angekündigt und bis zur Entscheidung einige Monate „verboten, staatliche Institute weiterhin zu betreten und Bibliotheken zu benutzen."[84] 1934 sah sich Krayer gezwungen zu emigrieren.

Göttingen. Mathematisches Institut.

Abb. 38: Foto: Das Mathematische Institut (erbaut 1929) in der Bunsenstraße in Göttingen (Blick nach Süden), rechts daneben ein Nebenbau des Physikalischen Instituts, im Hintergrund Teile der Aerodynamischen Versuchsanstalt (vor 1942, mit Dank an Ulrich Schmitt)

[82] Siehe ebd., S. 38.

[83] Zitiert in Beushausen, Dahms, Koch, Massing und Obermann (1998), S. 196, dort nachgewiesen als Brief des Wissenschaftsministers an Krayer vom 20. Juni 1933, UAG K X 37.

[84] Beushausen, Dahms, Koch, Massing und Obermann (1998), S. 196.

Im September 1935, eine Woche nach seiner Berufung, reiste Kaluza mit seiner Frau nach Göttingen, um eine Wohnung zu suchen.[1] Die beiden Kaluzas hatten immer die Natur geliebt. Nun ließen sie, beeindruckt vom Anblick der schönen Tannenwälder, die in der Herbstsonne dunkel glänzten, ihre Gedanken frei schweifen. Die Sorge um die Zukunft warf aber bereits ihre Schatten voraus. Nachdem man die Leine überquert hatte, wurde Göttingen in der Hügellandschaft des Flusstals sichtbar.

Vom kleinen Bahnhof mit den schönen Palmenanlagen spazierten die Kaluzas in die Stadt.[2] Sie kamen an dem alten, von großen Bäumen begrünten Stadtwall vorbei. Die 700 Jahre alte Steinmauer war noch zu sehen[3], aber die Stadt dehnte sich nun auch weit jenseits des Walls aus. Sie gingen über die Goethe-Allee unter den schattigen Akazienbäumen entlang und begannen, den Charme der kleinen Stadt zu entdecken. Göttingen war eine hübsche Universitätsstadt mit ausgedehnten Grünanlagen. Die vielen Studenten trugen zu ihrer fröhlichen, lebendigen Atmosphäre bei. Auf den gemütlichen Straßen Göttingens fühlte man sich immer noch in die vorigen Jahrhunderte versetzt. Schöne Straßen mit neuen Gebäuden im Jugendstil wechselten mit den engeren Gassen ab, wo sich öfter dem Blick ein mittelalterliches Ensemble bot. Der Turm der im 14. Jahrhundert gebauten Jakobikirche mit seinem runden kupfergrünen Hauben und Spitzen prägte das Bild der Stadt. Auch die Zwillingstürme der fast gleich alten Johanniskirche ragten stolz empor. Malerische alte Fachwerkhäuser mit kleinen Läden zeugten vom blühenden Handel. Die Straßen waren von Straßenlampen gesäumt, die in der Nacht anheimelndes Licht verbreiteten.[4] Die Menschen gingen gemütlich auf den Straßen, niemand schien sich zu beeilen, Autos gab es kaum. Nichts verriet etwas von den politischen Umwälzungen, die auch Göttingen nicht verschont hatten. Die Kaluzas gingen über die Weender Straße, die bedeutendste Geschäftsstraße der Stadt. Göttingen strahlte die Ruhe und Gediegenheit eines Ortes aus, dessen Geschichte von einer bedeutenden Bildungsinstitution geprägt wurde: der Universität.

---

[1] Im Brief von Theodor Kaluza an Hasse vom 8. September 1935, NSUBG Cod. Ms. Helmut Hasse 1:803.

[2] Höltken und Meinhardt (1976), S. 104.

[3] Riemann, G. (1973), S. 7.

[4] Nach einer Beschreibung von Dorothea im Brief an ihre Mutter vom 12. Oktober 1937, NTK.

Noch am Anfang des 19. Jahrhunderts lebten die Einwohner im Wesentlichen von Handwerk und Ackerbau. Damals hatte der Dichter Heinrich Heine in „Die Harzreise" mit der für ihn charakteristischen beißenden Ironie geschrieben: *„Im allgemeinen werden die Bewohner Göttingens eingeteilt in Studenten, Professoren, Philister und Vieh, welche vier Stände doch nichts weniger als streng geschieden sind."*[5] Die Stadt hatte erst mit der Eröffnung der Eisenbahnlinie Göttingen-Hannover (1854) einen wirtschaftlichen Aufschwung erlebt. Die jahrhundertealten Fachwerkhäuser, die mit Holzschnitzereien verziert waren, zeugten noch von der ursprünglichen Kunstfertigkeit der Bauleute.

Die Universitätsgebäude und -einrichtungen waren über die ganze Stadt verteilt: Am Wilhelmsplatz erhob sich das schöne Gebäude der Aula und an der Weender Landstraße, im nördlichen Teil der Stadt, war 1866 neben dem Botanischen Garten das imposante Auditorium Maximum errichtet worden. Auf dem alten Rathausplatz stand der zierliche Gänselieselbrunnen. Das graziöse Gänseliesel wurde traditionsgemäß von jedem frisch gebackenen Doktor mit einem fröhlichen und glücklichen Kuss verwöhnt. Auch hier war der Geist der Universität präsent.

Die Kaluzas hatten sich für ein Haus im Hainholzweg entschieden, einer gemütlichen Straße im Professorenviertel. Es war eine ruhige, langsam ansteigende Straße mit Häusern und Villen. Sie endete an der Schillerwiese, wo der Göttinger Wald anfing. Bis zur Nummer 64 mussten die Kaluzas vom Stadtzentrum aus etwa zwanzig Minuten zu Fuß gehen. Die von alten Bäumen beschatteten Straßen, wie der Goldgraben, die Merkelstraße, der Nikolausbergerweg, die Herzberger Landstraße und die Wilhelm-Weber-Straße waren mit schönen, ansehnlichen Villen und Häusern im Stil der Jahrhundertwende bebaut. In der Wilhelm-Weber-Straße, einer Paralellstraße zum Hainholzweg, wohnte David Hilbert. Die Gegend verband eine ländliche Atmosphäre mit dem Charme einer wohlhabenden Wohngegend vom Anfang des Jahrhunderts. Zweistöckige Häuser aus rotem Backstein oder weiß verputzt versteckten hinter sich behagliche Obstgärten. Vom Hainberg aus führten viele Wanderwege durch den märchenhaften Göttinger Wald bis in den Harz.[6] Die schattigen Wälder mit versteckten Brunnen und Hütten erweckten ein romantisches Gefühl und dienten nicht selten der Theaterinszenierung von Wilhelm Tell. Diese sanfte, malerische Landschaft hatte Wissenschaftler und Künstler inspiriert. Die freien, leicht ansteigenden Felder wechselten ab mit den auf langen Hängen der Hügel sich hinstreckenden duftenden Obstgärten.

---

[5] Heine (1995), S. 56.
[6] Braun (1990), S. 58.

Das schlichte, zweigeschossige Haus Nummer 64 war im Stil der zwanziger Jahre gebaut worden. Von der Straße aus konnte man den in Terrassen angelegten, sonnigen Obstgarten und die Wiese, die von Tannen und Obstbäumen eingefasst war, nicht sehen. Von der höher gelegenen, mit Rosen bewachsenen Terrasse aus hatte man eine schöne Aussicht auf die bewaldeten Hügel. Im Sommer wurde der Garten zu einem Fluchtort vor der glühenden Sonne, und viele Nachmittage sollten hier am Kaffeetisch im Schatten der Bäume mit anregenden Diskussionen verbracht werden.

Abb. 39: Foto: Das Haus Hainholzweg 64 zu der Zeit, als die Kaluzas es bewohnten

Nachdem die Kaluzas das Haus besichtigt hatten, gingen sie zum Mathematischen Institut in der Bunsenstraße. Nach einer halben Stunde Fußweg sahen sie das schlichte, zweistöckige Gebäude. Innen war das Institut jedoch sehr großzügig gestaltet: Es war so eingerichtet, dass auch der anspruchsvollste Mathematiker hier alles für den Unterricht und die Forschung fand.

Im Hauptgeschoss befanden sich die zwei großen Hörsäle, das „Maximum" und das „Minimum", sowie vier weitere Vorlesungsräume unterschiedlicher Größe. Außerdem dienten ein Sitzungssaal, ein Diskussionszimmer, ein Korrekturzimmer, ein Zeichensaal und zwei Verwaltungsräume den unterschiedlichen Bedürfnissen eines mathematischen Betriebs. Ein Übungssaal und ein Übungszimmer, „fünf mittelgroße und zehn große und kleine Arbeitsräume" boten die besten Arbeitsbedingungen, wie sie sich der Organisator eines mathematischen Institutes nur wünschen konnte.[7] Das Haupt- und Obergeschoss öffnete sich in jeweils eine große Halle, im Obergeschoss mit vielen Glasvitrinen. Dort waren mathematische Modelle aus Glas, Gips, Papier oder Draht zu sehen, die im Laufe der Jahre von Mathematikern zur Unterstützung des Unterrichts angefertigt und insbesondere von Felix Klein gekauft worden waren.

Das Zentrum des Instituts bildete die Bibliothek im Obergeschoss. In ihren beiden großzügigen Lesesälen, die sich am Ende eines breiten Flurs befanden, gedieh im Stillen das mathematische Leben Göttingens. Kaluza bezog ein Büro im ersten Stock. Es war ein großzügiger, heller Raum mit großen Fenstern und einem riesigen Schreibtisch. Von diesem Büro aus konnte man die Eingangstür des Instituts elektrisch öffnen. Die für die damalige Zeit für ein Mathematisches Institut ungewöhnlich reiche Ausstattung wurde noch durch zwei Gästezimmer und eine Buchbinderei mit den dazugehörigen Räumen ergänzt.[8]

Bei der Besichtigung des Gebäudes konnte man sich die Umwälzungen der letzten beiden Jahre nur schwer vorstellen. Nach dem Weggang der „Deutschen Mathematiker" trat am Institut etwas mehr Ruhe ein. Hasses Berufung erwies sich als Gewinn. Seine Bemühungen, den wissenschaftlichen Rang des Mathematischen Instituts wiederherzustellen, waren schon bald von Erfolg gekrönt. Zu den ausgezeichneten Mathematikern, die er nach Göttingen holen wollte, gehörte auch Luitzen Egbertus Jan Brouwer (1881–1966), der Begründer des Intuitionismus, den schon Hilbert zu berufen versucht hatte. Die Berufung kam aber wieder nicht zustande.[9] 1936 holte er den bedeutenden finnischen Funktionentheo-

---

[7] Nach der Beschreibung von Kaluza „Genaue Einzelheiten über alle Unterkünfte, Anlagen, Apparate und Einrichtungen", undatiert, vermutlich aus dem Jahr 1947, NTK.

[8] Ebd. Siehe dazu die Beschreibung von Reid (1979) und die Beschreibung von Kaluzas Tochter im Brief an die Autorin vom 16. Oktober 1997.

[9] Siehe Schappacher (1987) (I), S. 535.

retiker Frithiof Nevanlinna für ein Jahr als Gastprofessor. So konnte Hasse das Mathematische Institut im traditionsreichen wissenschaftlichen Geist fortführen. Hasse wusste, wie er mit dem Regime umgehen musste, um sein Ziel zu erreichen. Er entschied sich für eine pragmatische „Mittellinie", in der er keine großen Kompromisse machen musste, gleichzeitig aber größere Gefahren vermied. Mit der Unterstützung von Paul Ziegenbein, Otto Schmidt und dem Rektor Friedrich Neumann holte er wenig später – gegen den Widerstand der Göttinger Dozentenschaft – Martin Eichler aus Halle und Hans Rohrbach aus Berlin als Assistenten. Hans Rohrbach war 1936 in Berlin auf Veranlassung von Bieberbach und der Fachschaft aus politischen Gründen entlassen worden.[10] Er wurde in Göttingen Oberassistent. Hasse versuchte auch einen Doktoranden von Emmy Noether, Max Deuring, in Göttingen zu halten. Er bot ihm die Möglichkeit, sich 1935 zu habilitieren. Tornier hatte Deuring angegriffen, weil er mit Juden verkehrte, und wollte ihm deshalb die *Venia Legendi* verweigern. Dem letzten Doktoranden von Emmy Noether, Otto Schilling, half Hasse 1935, zu Weyl nach Princeton auszuwandern.[11]

1937 gelang es Hasse, den namhaften Mathematiker Carl Siegel nach Göttingen zu berufen. Er war ebenso wie Hasse ein bekannter Zahlentheoretiker, der vorher in Frankfurt ein Ordinariat innegehabt hatte. Dort hatte er durch kritische Äußerungen über die neue Regierung und die Partei seine Lage gefährdet.[12] Mit Hilfe von Ziegenbein erreichte Hasse die Berufung Siegels, der neben Hasse der bedeutendste in Deutschland gebliebene Mathematiker war. Hasse wollte mit ihm das Institut wieder auf das früher so hohe Niveau bringen. Beide hielten ein Oberseminar ab, „dessen Themen und Teilnehmer den Schluss zulassen", dass Göttingen damals zur Weltspitze auf dem Gebiet der Arithmetik und algebraischen Geometrie gehörte.[13] 1938 bekam Helene Braun, die von Siegel in Frankfurt promoviert worden war, in Göttingen eine Assistentenstelle.[14]

Dass das Mathematische Institut im Endergebnis weitgehend unversehrt den Kampf um seine Gleichschaltung überstand, war zum größten Teil Hasse zu verdanken. Das Institut konnte seinen früheren Glanz zwar nicht mehr vollständig erreichen, doch die in dieser Zeit nach Göttingen berufenen herausragenden Mathematiker betrieben die Mathematik auf einem hohen wissenschaftlichen Niveau, was für die Weiterführung der Göttinger Tradition entscheidend war.

---

[10] Frei (1977), S. 36.
[11] Ebd., S. 37.
[12] Braun (1990).
[13] Schappacher (1987) (I), S. 358.
[14] 1940 habilitierte sie sich in Göttingen, vgl. Braun (1990).

Siegel und Hasse waren von höchst unterschiedlicher Natur. Siegel betrachtete Hasses Bemühungen um den Wiederaufbau Göttingens zum bedeutendsten mathematischen Zentrum sehr skeptisch. Er witterte überall den Verfall und war nicht bereit, sich für ein Ideal, das er für gescheitert hielt, einzusetzen. Seine Einstellung hatte vielleicht etwas mit seiner Künstlernatur zu tun. Siegel beschäftigte sich auch mit Malerei, liebte teures Essen und Reisen, für die er fast sein ganzes Geld ausgab. Er speiste gern in teuren Restaurants in gepflegter Atmosphäre und lud auch öfter seine Freunde zu sich nach Hause ein und kochte Delikatessen. Rehsteak, Krabben, exquisiter Wein und gute Zigarren gehörten zu solchen Diners. Außerdem hielt er es nicht lange an einem Ort aus. In den Ferien reiste er öfter nach Venedig oder in die Schweiz. Seine engsten Freunde in Göttingen waren Gustav Herglotz und Helene Braun. Ihrer Beschreibung nach muss Siegel ein schwieriger Mensch gewesen sein, der geniale Einfälle hatte, dessen persönliche Kontakte sich aber extrem zwischen Freunden und Feinden polarisierten.[15] Kaluza gewann schnell Siegels Sympathie und Bewunderung.[16] Doch Kaluza liebte zu sehr die Stille und Einsamkeit, um regelmäßig zu den Gästen und Gesprächspartnern von Siegel gehören zu können. Sein Bedürfnis nach Ruhe war damals bereits allen Kollegen in Göttingen bekannt. Siegel äußerte offen seine Meinung über den politischen Umbruch in Deutschland. Er betrachtete ihn als einen Prozess der Zerstörung, an dem er nicht teilnehmen wollte.[17] Dadurch geriet er mehrmals in Konflikt mit Hasse, der offensichtlich die entgegengesetzte Richtung verfolgte und die Mathematik in Göttingen zu retten versuchte.

Von mehreren Augenzeugen wird erzählt, wie Siegel während des Oberseminars für Mathematik die Lehrveranstaltung zu boykottieren versuchte, indem er während des Vortrags eine Flasche Champagner öffnete und zu frühstücken begann.[18] Dazu erklärte er Helene Braun, deren Vortrag er durch sein Verhalten gestört hatte: „Ich kann es mit diesem Hasse nicht aushalten, ohne mich zu betrinken, und das soll er auch wissen."[19] Siegel war an jenem Morgen mit seinem großen Künstlerschlapphut und seinem kleinen Köfferchen erst spät zum Seminar erschienen. Als der Sektkorken knallte, sagte Hasse nichts, es gab ein kleines Ge-

---

[15] Vgl. dazu Braun (1990).

[16] Im Nachlass von Kaluza befindet sich ein Brief von Siegel von 1948, als Siegel noch in den USA war, dessen Wortlaut und Inhalt schließen lässt, dass Siegel, der bis zu seiner Emigration nur drei Jahre in Göttingen verbrachte, mit der Familie Kaluza freundschaftlich verbunden war. Brief von Siegel an die Familie Kaluza vom 14. Februar 1948, NTK.

[17] Vgl. Braun (1990).

[18] Ebd. Auch Martin Eichler im Interview mit Schappacher (durch die freundliche Unterstützung von Professor Schappacher zur Verfügung gestellt).

[19] Braun (1990), S. 47.

lächter, und dann ging der Vortrag ohne weitere Zwischenfälle zu Ende. Offensichtlich war die Atmosphäre am Mathematischen Institut sehr gespannt. Hasses disziplinierte und konsequente Art, am Institut in einer Zeit Ordnung zu schaffen, in der die politische Situation vielen Mathematikern Sorgen bereitete, stieß manchmal auf Ablehnung. Siegel brachte zum Ausdruck, was viele spürten, aber nicht zu äußern wagten. Auch Hasses Privatleben war genau eingeteilt: Zeit für die Arbeit, fürs Klavierspielen und für die Familie. Die Provokation von Siegel muss ihn getroffen haben. Doch sein Respekt und seine Bewunderung für Siegel waren sehr groß; er war froh, Siegel am Institut zu haben. Hasse sagte nichts über den Vorfall im Seminar und ging einfach weg. Doch Siegel machte hier nicht halt. Er griff offen den Eifer Hasses an und machte ihm bewusst, dass sein Bestreben letztendlich eher dem Regime dienen werde als der Heimat, wie Hasse offenbar glaubte.

Ein anderer Ordinarius am Mathematischen Institut war Gustav Herglotz. Er war ein Gelehrter der älteren Generation, der seine Vorlesungen kristallklar vortrug und sich nie in die Verwaltungsangelegenheiten einmischte. Er kam direkt von der Straße in den Vorlesungsraum, legte dort seinen Mantel ab, hielt seine Vorlesung mit der für ihn typischen Eleganz, zog sich wieder an und ging nach Hause.[20] Seine ehemaligen Studenten erinnerten sich an seine große, athletische Gestalt, seine elegante Kleidung und seine wunderbaren Vorlesungen. Auch während des Krieges zeigte er kein Interesse für Politik. Er war eine integre Persönlichkeit. Seiner aristokratischen Haltung waren die Nationalsozialisten unwürdig. Als einzig verbliebenen Ordinarius aus der alten Glanzzeit des Mathematischen Institutes kennzeichnete ihn eine gewisse Überheblichkeit. Sein Können und seine fachliche Vielseitigkeit waren beeindruckend. Herglotz missbilligte die Kompromissbereitschaft Hasses gegenüber den Nationalsozialisten, hielt sich selbst aber so weit wie möglich zurück.

Kaluza schätzte Hasses Art und politische Haltung ebensowenig. Sein unabhängiger Geist, seine Freiheit im Denken, seine Empfindsamkeit und Abneigung gegen Gewalt ließen solche Anpassungen nicht zu. Aber auch Siegels temperamentvolles Auftreten lag dem feinfühlig veranlagten Kaluza wenig.[21] Helene Braun hat die komplizierte Situation am Mathematischen Institut in ihrem Buch „Eine Frau und die Mathematik 1933–1940" anschaulich beschrieben. In dieser in sich widerspruchsvollen Welt musste Kaluza versuchen, sich zurechtzufinden.

---

[20] Braun (1990), S. 47 und im Interview mit Nikolaus Stuloff.

[21] Seine Schwiegertochter erzählt, dass Kaluza, der immer sehr ruhig und ausgeglichen wirkte, die Tränen kamen, wenn er an Szenen teilnahm, in denen sich eine Ungerechtigkeit abspielte, die er nicht verhindern konnte. Er konnte zum Beispiel nicht ertragen, dass schwächere Wesen gequält wurden. Interview der Autorin mit Kaluzas Schwiegertochter, Juni 1997.

Das glanzvolle geistige Leben am Mathematischen Institut, das Kaluza als
junger Mathematiker 1908 kennengelernt hatte, war nicht mehr vorhanden. Bei
Hilbert, der längst emeritiert war[22], hatten die großen Einladungen, die in den
20er-Jahren dem Göttinger Leben eine besondere Ausstrahlung verliehen hatten,
fast aufgehört. Nur engere Bekannte, zu denen auch die Familie Kaluza gehörte,
besuchten ihn noch. Theodor Kaluza kannte Hilbert aus Königsberg; seine Göttinger Studienzeit hatte ihn dem großen Mathematiker noch näher gebracht. Er
verehrte Hilbert wegen seiner Vielseitigkeit und der Begabung, an die wichtigsten
Probleme der Grundlagen der Mathematik kühn heranzugehen. Kaluza zählte
Hilbert neben Gauß zu den größten deutschen Mathematikern.[23] Er schätzte aber
auch seinen ostpreußischen Witz und seine Art, die unangenehmsten Situationen
unbefangen mit seinem bekannten Humor zu meistern. Hilbert ließ sich nicht
von den gesellschaftlichen Zwängen einengen; in seinem Umgang mit den anderen Professoren und den Studenten gönnte er sich gewisse Freiheiten. Wenn er
sich mit Besuchern langweilte, verließ er mit seiner Frau sein eigenes Haus und
seine Gäste und entschuldigte sich damit, dass er die Gäste genug gelangweilt
habe.[24] Die Wilhelm-Weber-Straße, in der Hilbert wohnte, war nur etwa einen
Kilometer entfernt vom Hainholzweg, wo sich Kaluzas Haus befand. Die Kaluzas besuchten Hilbert manchmal in seinem großen Garten, wo er unter hohen
Bäumen Spaziergänge machte, um nachzudenken. Eine überdachte Seite des
Gartens war mit einer etwa 40 Meter langen Tafel versehen, so dass Hilbert auch
bei Regenwetter hier arbeiten konnte.

Man weiß nicht, ob die beiden Wissenschaftler jemals über Kaluzas Theorie
gesprochen haben. Hilbert war stark an der theoretischen Physik interessiert gewesen. 1915 hatte er sogar selber in seiner vereinheitlichten Theorie der Gravitation und des Elektromagnetismus die endgültigen Gravitationsgleichungen entwickelt. Es ist daher anzunehmen, dass Hilbert Kaluzas Vereinheitlichungstheorie von 1921 kannte. Zu der Zeit war er jedoch krank und sein wissenschaftliches
Interesse verlagerte sich auf die Grundlagenprobleme der Mathematik. Außerdem war Kaluza ein sehr zurückhaltender Mensch. Über seine Theorie sprach er
so gut wie nie, nicht einmal mit denen, die das mathematische Instrumentarium
beherrschten, um die Theorie zu verstehen.[25]

---

[22] Hilbert hielt seine letzte Vorlesung im Wintersemester 1933/34 über die Grundlagen
der Geometrie.

[23] Brief von Theodor Kaluzas Tochter an die Autorin vom 28. April 1997.

[24] Siehe Braun (1990).

[25] Dazu sein Sohn im Interview mit der BBC. Nach Einstein sollte Pascual Jordan einer
der wenigen sein, mit denen sich Kaluza über seine Theorie austauschte. Siehe Kapitel „Göttingen nach dem Krieg", besonders S. 549ff.

Hilbert litt wegen seiner Krankheit an Gedächtnisstörungen. Er unterhielt sich immer sehr gern über Königsberg und sehnte sich zurück nach seiner Geburtsstadt. In einem Gespräch meinte er zur Verblüffung der Anwesenden, er habe doch sein ganzes Leben nur in Königsberg verbracht. Die Liebe zu der Stadt am Pregel verband Hilbert mit den Kaluzas. Hilbert hatte das gesellschaftliche Leben Göttingens mitgeprägt und dank seiner Ausstrahlung sehr bereichert. Als Königsberger war ihm aber Göttingen zu eng; außerdem verabscheute er nach 1933 die erstickende geistige Atmosphäre.

Kaluza machte in Göttingen keine Seminarspaziergänge mehr, wie einst in der Kieler Zeit. Die anderen Ordinarien, Siegel und Herglotz, unternahmen ihre Spaziergänge in die schöne Umgebung Göttingens nur in Begleitung enger Freunde. Nur Hasse schien sich in dieser Zeit in Göttingen wohl zu fühlen. Er organisierte Spaziergänge und kleine Feste und konnte sehr lebhaft sein. Er spielte gut Klavier, nahm sich Zeit für seine Familie und versuchte, einen Freundeskreis aufzubauen. Einmal organisierte er mit seinen Studenten einen Besuch bei Hilbert. Die Studenten betrachteten Hilbert mit großer Ehrfurcht. Ganz eingeschüchtert wagte keiner zu sprechen. Da bemerkte Hilbert: „Na ja, nu sitzen Se natürlich alle da, und denken, ich wer' wunder was Kluges sagen, – aber mir fällt nischt ein."[26] Danach brachte Hasse das Gespräch geschickt in Gang. Hilbert lud jedes Jahr zu seinem Geburtstag viele Gäste ein, zu denen auch die Familie Kaluza gehörte. Der alte geniale Mathematiker unterhielt sich jetzt weniger über Mathematik. Er sprach aber gern mit seinen Gästen, besonders mit den jüngeren. Manchmal widersprach er ganz heftig. Helene Braun erinnerte sich an ein Gespräch, in dem er sie fragte, wie die Studenten heute in der Universität seien. Dabei antwortete sie: „Na, nicht besonders intelligent.' Und da seufzte er ein ganz klein bisschen, sah mich aufmunternd an und meinte ,Ist doch auch langweilig, immer mit intelligenten Leuten zu tun zu haben'."[27]

Kaluza pflegte gerne Umgang mit Menschen. Seine besonders taktvolle und humorvolle Art war bei seinen Freunden sehr geschätzt. Er ergriff nie von sich aus das Wort und brachte sein überlegenes Wissen so zum Ausdruck, dass man einen Tatbestand aus den verschiedensten Winkeln betrachten konnte. Dazu halfen ihm seine umfassenden Kenntnisse in den unterschiedlichsten Bereichen. Seine Studenten in Königsberg hatten ihn in ein paar Versen so charakterisiert:

„Wer hat wohl den größten Überblick
In der angewandten Mathematik?
Professor Kaluza. Er lehrt uns sehen,

---

[26] Theodor Kaluza junior (1991), S. 6.
[27] Braun (1990), S. 54.

Wie die Dinge neben – und ineinander stehen,
Und wie man das zeichnerisch anschaulich macht."[28]

Kaluza regte seine Gesprächspartner durch seine vielfältigen Kenntnisse an, ohne bei ihnen ein Minderwertigkeitsgefühl auszulösen. Dieses Einfühlungsvermögen war eine Gabe, die viele seiner Kollegen, aber auch die Studenten besonders an ihm schätzten.

Um 1936 traten die Angriffe auf das Christentum immer deutlicher zutage und die philosophischen Fragen nach Gott und Unsterblichkeit wurden in primitiver Weise behandelt. In einem größeren Kreis prominenter Mathematiker äußerte Hasse, dass er selbstverständlich nicht an Gott glaube, da doch alle Gottesbeweise falsch seien. Kaluza entgegnete: *„Aber Herr Hasse, wir wissen doch seit fünf Jahren (eine Anspielung auf Gödel), dass es sogar in der Mathematik unentscheidbare Fragen gibt, – und es wird doch keine Behauptung dadurch widerlegt, dass es falsche Beweise für sie gibt! [...] Niemand sagte mehr etwas zu dem Thema, – es schien aber auch niemand verletzt und die vorher ansteigende Erregung legte sich"*, berichtete sein Sohn in seinen Erinnerungen.[29]

Zu dieser Zeit genoss die Familie Kaluza noch das relativ ruhige Leben in Göttingen. Abends ging man öfter in Konzerte, ins Theater oder ins Kino. Der junge Theodor führte in seinem Tagebuch ausführlich die Kulturveranstaltungen auf, an denen die Familie in dieser Zeit mindestens zweimal in der Woche teilnahm.[30] Die Tochter Dorothea besuchte seit 1936 Kurse in Physik, Mathematik und Chemie an der Universität. Obwohl sie von ihrem Vater und ihrer Großmutter das Talent zum Zeichnen geerbt hatte, wurde sie physikalisch-technische Assistentin.[31] Sie arbeitete später im Physikalischen Institut und machte öfter zusammen mit ihrem Vater den Weg zum benachbarten Mathematischen Institut.

Kaluza hielt in Göttingen mehr Vorlesungen auf dem Gebiet der angewandten Mathematik als in Kiel, speziell für die Studierenden der Chemie, der Physik, der physikalischen Chemie und der Biologie. Die Vorlesungen *Einführung in die höhere Mathematik für Naturwissenschaftler* (Sommersemester 1938 und Sommersemester 1939) und *Überblick über die Hauptbegriffe und Methoden der Mathematik* (Sommersemester 1939) sollten dem Zweck dienen, Studenten der naturwissenschaftlichen Fächer die Grundlagen der Mathematik zu vermitteln.[32] Zu den Vor-

---

[28] „Das Ordenfest" Neujahrsgedicht der Studenten in Königsberg gewidmet ihren Mathematik- und Physikprofessoren 1926, NTK.

[29] Brief von Theodor Kaluza junior an die NDB vom 22. Oktober 1976, S. 4, NTK.

[30] Theodor Kaluza junior, Tagebuch 1936–1938, NTK.

[31] Brief von Theodor Kaluzas Tochter an die Autorin vom 16. Juni 1997.

[32] Die Vorlesung *Einführung in die höhere Mathematik für Naturwissenschaftler* hielt Kaluza fast jedes Semester: Sommersemester 1940, Wintersemester 1941/42, Sommersemester 1942,

lesungen in der reinen Mathematik, die Kaluza immer gern gehalten hatte, wie *Mengenlehre, Unendliche Reihen* und *Konvexe Bereiche* kamen die etwas spezielleren Vorlesungen der angewandten Mathematik, wie *Finanzmathematik, Wirtschaftsmathematik, Risikotheorie und Rückversicherung* und *Übungen zu Finanz- und Wirtschaftsmathematik* (Sommersemester 1938), sowie *Versicherungsmathematik mit Übungen* (Wintersemester 1936) hinzu.[33] Seine damaligen Studenten – die zukünftigen Professoren Arnold Kirsch und Martin Glatfeld – erinnerten sich, dass Kaluzas Vorlesungen „besonders klar und auch immer wieder angereichert durch konkrete Beispiele" vorgetragen wurden. Kaluza konnte „gut erklären" und war „betont sachlich".[34] Er hatte ein sicheres Gespür für die Grenzen des Verständnisses seiner Zuhörer. Dank seiner raschen Auffassungsgabe konnte er sich auf sie einstellen und so erklären, dass seine Zuhörer ihn verstanden. „Wir bewunderten besonders seine Fähigkeit, auch komplizierte Rechnungen bzw. Umformungen souverän und ohne Konzept (*völlig frei*) an der Tafel durchzuführen."[35]

Zur Veranschaulichung abstrakter Sachverhalte dachte sich Kaluza verschiedene Mittel der optischen Demonstration aus. Manchmal mussten sogar seine Frau und seine Tochter dabei helfen, mathematische Modelle herzustellen. Sie fertigten zum Beispiel ein Modell für seine Vorlesung *Geometrische Methoden der angewandten Mathematik* an, das dazu diente, die Schnitte in einem Doppelkegel zu veranschaulichen: „So mussten meine Mutter und ich eines Tages für die Vorlesungen mit Nadel und Faden basteln. Es drehte sich um Kegel, Kegelschnitte, Doppelkegel. Die gekrümmte Oberfläche eines Doppelkegels mussten wir mit Fäden, die zwischen zwei Grundflächen verliefen, darstellen. Die Fäden wurden schräg von einer Kreisfläche zur anderen gezogen. Auch die Schnitte durch den Kegel konnte man so darstellen. Schräge Schnitte waren immer Ellipsen. Es gab auch noch andere Figuren, die dargestellt werden konnten."[36]

Am 18. Dezember 1937 hielt Kaluza in Hamburg einen Vortrag über das Thema „Über einige Extremalprobleme der Geometrie". Eingeladen hatte ihn der bedeutende Geometer Wilhelm Blaschke (1885–1962), der seit 1919 das erste

---

Sommersemester 1944. In *Vorlesungsverzeichnis der Universität Göttingen 1935–1954.* Sie gehörte offensichtlich zu den Vorlesungen, die am meisten in Göttingen gefragt wurden. Obwohl diese Vorlesung, nach den Aussagen seiner ehemaligen Studenten, ein Riesenerfolg war, beklagte sich Kaluza öfter über die Stellung der Studenten der Naturwissenschaften gegenüber der Mathematik und über ihre mageren Kenntnisse in diesem Fach.

[33] Eine vollständige Liste der Vorlesungen, die Kaluza in Göttingen hielt, in Kaluza (2007).

[34] Brief von Professor Arnold Kirsch an die Autorin vom 4. Dezember 1996.

[35] Ebd., Hervorhebung im Original.

[36] Brief von Theodor Kaluzas Tochter an die Autorin vom 26. April 1998.

Ordinariat für Mathematik innehatte.[37] Das mathematische Institut in Hamburg erlebte in den zwanziger und dreißiger Jahren eine Blütezeit. Unter den namhaften Mathematikern, die hier vortrugen, befanden sich David Hilbert, Carl Ludwig Siegel, Hermann Weyl, Constantin Carathéodory, Tullio Levi-Civita, Harald Bohr, Oswald Veblen und andere.[38] Auch von diesem Vortrag Kaluzas ist kein Manuskript überliefert.

Im Juli 1938 hielt Kaluza einen weiteren Vortrag in Hamburg, wie man von dem Mathematiker Gerrit Bol (1906–1989) erfährt.[39] In seinem Aufsatz „Zur Theorie der Eikörper" erwähnte Bol einen noch nicht veröffentlichten Ansatz Kaluzas im Zusammenhang mit der zuerst von ihm eingeführte „Schar der Parallelkörper nach innen eines konvexen Körpers".[40] Anhand des Kaluzaschen Ansatzes war es Bol gelungen zu zeigen, dass die Schar der Parallelkörper nach innen eines konvexen Körpers „ähnliche Eigenschaften besitzt wie die gewöhnlich betrachtete Schar der Parallelflächen nach außen", und damit eine Vermutung Hermann Minkowskis von 1903 zu beweisen. Auch seinen zweiten Vortrag in Hamburg veröffentlichte Kaluza leider nicht.

Als Resultat des Unterrichts in Göttingen verfasste Kaluza zusammen mit dem Physiker Georg Joos das Buch „Höhere Mathematik für den Praktiker", eine Einführung in die mathematischen Methoden der Naturwissenschaften. Das Buch war als Hilfe für die Studenten der Physik, des Ingenieurwesens, der Chemie und der physikalischen Chemie konzipiert. Seit seiner Veröffentlichung 1938 in Leipzig erreichte es bis 1964 zehn Auflagen.

Der Physiker Georg Joos, mit dem Theodor Kaluza an diesem Buch zusammengearbeitet hat, war 1935 nach Göttingen auf die Stelle von James Franck berufen worden. Seine Leistung in der experimentellen Physik war die Wiederholung des Michelson-Morley-Versuches mit den modernsten apparativen Mitteln der Zeiss-Werke, mit denen er die Äthervorstellung endgültig widerlegte. Darüber hatte er ausführlich in seinem im Dritten Reich noch zugelassenen Buch

---

[37] Blaschke beantragte am 16. Dezember bei der Haushaltskasse für Kaluzas Vortrag RM 50.-, HHStA 361-6 Hochschulwesen, Personalakte, I 128, Bd. 4 „Gastvorträge". Ich danke Frau Professor Karin Reich für diesen Hinweis.

[38] Siehe Scharlau (1990), S. 146.

[39] Siehe Bol (1942), S. 254. Der Mathematiker Gerrit Bol, bekannt für seine Beiträge zur Differentialgeometrie, hatte sich 1931 in Hamburg habilitiert, lehrte von 1938 bis 1942 als Privatdozent in Freiburg und vertrat als außerordentlicher Professor den zweiten Lehrstuhl für Mathematik in Greifswald bis 1945. Ab 1948 war er ordentlicher Professor in Freiburg. Da Bol sich im Juli 1938 offenbar noch in Hamburg aufhielt, kann man seine Angabe als zuverlässig betrachten.

[40] Bol (1942), S. 250. Das gesamte Zitat lautet: „dass die Schar der Parallelkörper nach innen eines konvexen Körpers, wie sie zuerst Kaluza eingeführt hat […]".

„Theoretische Physik" berichtet. Damit stand Joos im Widerspruch zu der „Deutschen Physik". Auch seine innere Einstellung richtete sich gegen den Nationalsozialismus.[41]

Das Buch von Kaluza und Joos war von großer Klarheit und bedeutete für die Studierenden der Naturwissenschaften ein wunderbares Mittel zur Aneignung des mathematischen Instrumentariums. Eine Rezension des Buches verfasste Willy Feller aus Stockholm. Auch in der Zeitschrift *Nature* erschien im Juni 1938 eine lobende Rezension von H.T.H. Piaggio: *"'Why does one write big books?' asked Bernard Shaw. ‚Because they haven't time to write small ones!' The Authors of this small book must have expended a great deal of time and energy in selecting essentials and presenting the mathematical methods and results which are most needed by engineers and physicists. The range covered is amazingly wide.'*[42]

Die Beschäftigung nur mit der angewandten Mathematik empfand Kaluza als Beschränkung. *„Mathematik immer anwenden, ist genau so wie: bei Musik immer tanzen"*, erörterte Kaluzas Sohn einen Gedanken seines Vaters in einem seiner Tagebücher aus dem Jahr 1938.[43] Kaluza strebte immer noch danach, sich mit der Grundlagenforschung zu befassen. Seine Neugier und sein Wissensdurst waren unersättlich.

Im Sommersemester 1938 hielt Kaluza die Vorlesung *Über den Raumbegriff*. Er hatte dabei die Möglichkeit, seine Ideen zur Relativitätstheorie und zum riemannschen Raum erneut vorzustellen – Gedanken, die ihn stets beschäftigt hatten. Zu dieser Zeit behauptete die „Deutsche Physik" noch immer ihren Platz.[44] In diesem Kontext kann man seine Vorlesung als Verteidigung der reinen Wissenschaft gegenüber der Politik in einer Zeit ansehen, als ihre Ideologisierung vom neuen Regime intensiv betrieben wurde.[45]

---

[41] In Rosenow (1987), S. 387.

[42] In H.T.H. Piaggio, Buchrezension Kaluza-Joos: „Höhere Mathematik für den Praktiker", in *Nature*, 141, Nr. 3580, Juni 1938.

[43] Theodor Kaluza junior, Tagebuch 1938, NTK.

[44] Die „Deutsche Physik" mit ihrem Hauptvertreter Johannes Stark hatte bereits seit 1936 den Einfluss in der Welt der Physik in Deutschland verloren, als er zum Rücktritt als Präsident der Deutschen Forschungsgemeinschaft gezwungen wurde. Doch erst im November 1940 fand in München eine Aussprache zwischen Vertretern der modernen Physik einerseits und der „Deutschen Physik" andererseits statt, die mit der Niederlage der Deutschen Physik endete. Aus Göttingen nahmen als Vertreter der modernen Physik Georg Joos und Otto Heckmann als Spezialisten für die Relativitätstheorie teil. Die Abschlusserklärung bedeutete einen Sieg der modernen Physik und damit wurde auch die Relativitätstheorie zum Bestandteil der Physik erklärt, siehe Rosenow (1987).

[45] Johannes Stark hatte bereits ab 1934 keinen Einfluss mehr auf die Wiederbesetzung der Lehrstühle an den Physikalischen Instituten in Göttingen. Bereits durch die Ablehnung Max

Kaluza suchte in Göttingen die Ruhe, die ein Wissenschaftler braucht, um sich seiner Forschung zu widmen. Obwohl er bereits 50 Jahre alt war, investierte er immer noch viel Kraft in seine wissenschaftliche Arbeit. „Mein Vater war die ganze Zeit in der Bibliothek des Institutes zu finden", erinnerte sich seine Tochter später.[46] Er informierte sich stets über die neuesten Erkenntnisse und wissenschaftlichen Entdeckungen und Theorien in *jedem* Bereich. Es ist für Kaluza bezeichnend, und so erstaunlich es sich auch anhört, entspricht es doch der Wahrheit, dass er den Inhalt des zwanzigbändigen Brockhaus bis in Einzelheiten beherrschte. Er kannte das Nachschlagewerk fast auswendig.[47] Seine Kinder erinnerten sich später daran, dass ihr Vater sich in jedem Bereich auskannte und dass er jede Frage, auf jedem Gebiet, beantworten konnte. Sein erstaunliches Wissen ermöglichte es ihm, Souveränität im Unterricht zu zeigen, die große Bewunderung bei den Studenten erweckte. *„Seine Vorlesungen hat er stets ohne irgendein Manuskript gehalten. [...] Nur ein einziges Mal zog er einen Zettel aus der Tasche, um etwas zu kontrollieren, was er aber schon an die Tafel geschrieben hatte: es waren ca. 50 Dezimalzahlen irgendeiner zahlentheoretischen Konstanten. [...] natürlich gab es großen Beifall bei den Studenten, denn natürlich hatte er keinen Fehler gemacht."[48]* Zu Kaluzas universellen Interessen gehörten auch die neuesten Entdeckungen und Erkenntnisse in der Biologie, Psychologie und sogar in der Parapsychologie.[49] Dies stand

---

von Laues, Johannes Stark in die Preußische Akademie der Wissenschaften aufzunehmen, fing der Niedergang der „Deutschen Physik" an. 1939 trat er auch als Präsident der Physikalisch-Technischen Reichsanstalt zurück. In Göttingen hatte die „Deutsche Physik" überhaupt nicht Fuß gefasst. Für eine ausführliche Analyse siehe Rosenow (1987), S. 385.

[46] Brief von Theodor Kaluzas Tochter an die Autorin vom 20. Juli 1998.

[47] Ebd. Auch der Vergleich mit den Berichten derjenigen, die Kaluza persönlich gekannt haben, zeigt, dass Kaluza besondere geistige Fähigkeiten besaß, unter anderem ein beeindruckendes Gedächtnis, wie es Euler besessen hatte. Vgl. dazu Laugwitz (1986).

[48] Aus dem Brief von Theodor Kaluza junior an V. Raman vom 5. September 1970, NTK. In der ersten Klammer stand „ich habe auch in seinem Nachlass nicht den kleinsten Zettel gefunden."

[49] Brief des Sohnes an V. Raman vom 5. September 1970, S. 5, NTK. Der Bereich der Parapsychologie hatte die Aufmerksamkeit mehrerer Gelehrter seit dem Anfang des Jahrhunderts auf sich gezogen, unter denen sich z.B. auch die zutiefst positivistisch eingestellte Marie Curie befand. Siehe dazu das biographische Buch ihrer Tochter Eve Curie: „Madame Curie". Für Kaluza stellte dieser Bereich eine Verknüpfung zu seiner fünfdimensionalen Theorie dar. Für eine ausführlichere Erklärung siehe das Kapitel „Mathematiker und Mystiker" S. 49–76 in Kaku (1995). Gleichzeitig begann in dieser Zeit die Wahrscheinlichkeitsrechnung eine wichtige Rolle in der Parapsychologie zu spielen, eine Tatsache, die nach dem Krieg zur Entstehung des Institutes für Parapsychologie in Freiburg führen sollte. Es konnte festgestellt werden, dass auch ein Assistent von Kaluza, Gerhard Lyra, sich mit diesem Bereich beschäftigte. Auch

im Einklang mit der neuhumanistischen Ausbildung, die er einst in Königsberg erhalten hatte und die die Auffassung der Aufklärung widerspiegelte. Nach dieser Auffassung sollte derjenige, der die Natur erkunden wollte, sich zunächst alles, was der menschliche Geist geleistet hatte, aneignen, um imstande zu sein, die universellen Gesetze, die das Universum steuern, in den einzelnen Phänomenen erkennen zu können. Für Theodor Kaluza bildete sein umfassendes Wissen die Grundlage für den Gewinn philosophischer Erkenntnisse. Für ihn, wie für andere berühmte Physiker, stellte die Wissenschaft das Fundament dar, auf dem die Weltanschauung, der Ursprung des Lebens und der Sinn des menschlichen Daseins fußten.

Kaluza hatte sich schon immer mit philosophischen Themen und Fragen der Abstammungslehre beschäftigt. Seine Tochter erinnerte sich daran, wie ihr Vater ihr auf ihre Frage hin die Evolution des Sehorgans erklärte. Er begann mit den einfachsten Lebewesen, nämlich mit der „Lichtempfindlichkeit der Amöben", erklärte dann das Sehorgan der Insekten, Vögel, Reptilien und Säugetiere und schlussfolgerte schließlich daraus, dass es in diesem Evolutionsprozess „noch etwas" gegeben haben müsse, das die Entwicklung ermöglicht hat: In solch „kurzer Zeit von einigen Millionen Jahren", wenn man „davon ausgeht, dass Mutationen und Anpassung, also Auslese, alles geregelt hat", hätte die Entwicklung des Sehorgans, ohne dass „etwas dazu kommt", nicht stattfinden können.[50] Auch mit diesen Gedanken beschäftigte sich Kaluza.

In der Stille und Einsamkeit seiner Göttinger Wohnung dachte er über die neuesten Forschungsergebnisse nach. Er unterhielt Beziehungen zu dem Physiker Robert Wichard Pohl, dem Institutsleiter des Göttinger I. Physikalischen Instituts, mit dem er lange wissenschaftliche Gespräche führte. Seine Tochter berichtete, wie ihr Vater ihr immer wieder die Quantenmechanik erklärt habe. Seine Theorie in fünf Dimensionen machte er ihr anhand der Bilder in Abbotts Buch „Flatland" anschaulich, mit denen er eine mehrdimensionale Welt beschrieb. Er verdeutlichte seiner Tochter die zweidimensionale Welt anhand von zwei Wanzen, die sich mit ihren flachen Körpern nur in einer Ebene bewegen.[51] Kaluza erläuterte seiner Tochter auch die Vorstellung, dass es möglicherweise mehr als nur ein Universum gibt. Eine Folge seiner fünfdimensionalen Theorie sind die parallelen vierdimensionalen Welten.[52] Er hatte sich auch einen „Apparat" gebaut, mit

---

andere namhafte Physiker, wie Wolfgang Pauli und Pascual Jordan, hatten ein reges Interesse für die Parapsychologie. Siehe Brief von Pauli an Jordan vom 5. März 1952, SBB.

[50] Brief von Theodor Kaluzas Tochter an die Autorin vom 1. Juni 1998.

[51] Brief von Theodor Kaluzas Tochter an die Autorin vom 2. März 1997.

[52] Die parallelen vierdimensionalen Welten entstehen als Schnitte durch das fünfdimensionale Universum (*n-1*-dimensionale Untermannigfaltigkeiten).

dem er Projektionen der in vier räumlichen Dimensionen auftretenden geometrischen Körper optisch wahrnehmbar machte.[53]

Viele Physiker, Mathematiker und sogar Maler und Architekten haben sich seitdem damit beschäftigt, Projektionen aus dem vierdimensionalen Universum in unserem dreidimensionalen zu finden.[54] Merkwürdige polyederförmige Gegenstände, die in unserer Welt existieren, würden durch ihre Form erkennen lassen, dass sie Projektionen von fünfdimensionalen Gegenständen seien. Unsere Welt sollte infolge dieser Theorie ein Unterraum der (raumzeitlichen) fünfdimensionalen Welt sein.[55]

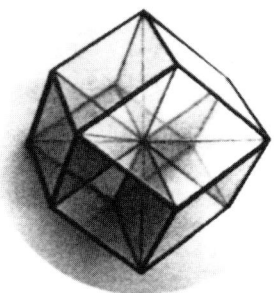

Abb. 40: Figur: Ein Hyperwürfel, ein fünfdimensionaler Würfel (Miyazaki (1987), Bild 36)

Aus dieser Zeit hinterließ uns Kaluza bedauerlicherweise nichts Schriftliches. Bis 1938 veröffentlichte er nichts mehr. Nur wirklich wesentliche Gedanken brachte Kaluza zu Papier. Unvollständige Arbeiten befriedigten ihn nicht. Nachdem er 1921 seine umfassende Theorie des Universums entwickelt hatte, waren seine Ansprüche an seine eigenen Veröffentlichungen noch höher. Er beurteilte die Bedeutung einer neuen Theorie nach ihrem konzeptionellen Inhalt. Die Kluft zwischen der Relativitätstheorie und der Quantenmechanik, die die vereinheitlichten Feldtheorien immer mehr in den Hintergrund rückte, hat er aufmerksam

---

[53] Brief von Theodor Kaluzas Tochter an die Autorin vom 2. März 1997. Kaluzas Tochter erwähnt einen Apparat, den sich ihr Vater in Göttingen konstruiert hatte und mit dem er (räumlich) vierdimensionale Figuren untersuchen konnte.

[54] Gemeint sind die vier *räumlichen* Dimensionen, die in der Theorie von Kaluza auftreten.

[55] Siehe zur ausführlicheren Beschreibung der fünf- und mehrdimensionalen Polyeder Miyazaki (1987).

wahrgenommen. Auch die Dominanz der Quantenmechanik mit ihren einschlägigen Anwendungen in der Atom- und Kernphysik war ihm voll bewusst.[56]

Durch seinen logischen Beweis zeigte Gödel 1930, dass die Welt der Mathematik nicht auf rein rationalen Grundlagen konstruiert werden kann. Gleichzeitig setzte sich eine ähnliche Erkenntnis in der Physik als eine Folge der Kopenhagener Deutung der Quantenmechanik durch. Die Welt erscheint nicht deterministisch, weil sie sich ständig innerhalb mehrerer Möglichkeiten in verschiedene Richtungen entwickeln kann. Diese Möglichkeiten stehen ihr jederzeit, wie bei einem Würfelspiel, offen. Einstein war jedoch mit diesem Bild des Universums sehr unzufrieden. „Gott würfelt nicht", hielt er den Quantenmechanikern entgegen. Er verfolgte weiter hartnäckig seinen Weg und suchte nach einer vereinheitlichten Feldtheorie. Kaluza schrieb später in einem Brief an seinen Sohn über die in diesen Jahren gewonnenen Erkenntnisse: *„Es ist übrigens, ganz allgemein gesehen, doch bemerkenswert, dass im selben Jahrzehnt, in dem die Unmöglichkeit einer ‚mechanizistischen', d.h. voll rationalisierten Physik (Einstein, Heisenberg usw.), wohl endgültig erkannt wurde, sich auch die Vollrationalisierung der Mathematik (ja sogar der Logik-Paradoxien!) als undurchführbar herausgestellt hat! Vergleiche dazu auch den Schlusssatz des Weylschen Anhangs I."*[57] Diese Fragen beschäftigten ihn, auch wenn er sie nicht aufs Papier brachte. Seine Kinder gehörten zu dieser Zeit zu seinen Gesprächspartnern über derartige Themen. Beide waren schon damals wissenschaftlich interessiert: Seine Tochter Dorothea besuchte seit 1936 an der Göttinger Universität Vorlesungen in der Physik und Mathematik und sein Sohn war Doktorand in Kiel.

Die politische Situation warf immer tiefere Schatten auf das Leben der Familie. Anna Kaluzas Bruder Leo Bayer, der dem Terror des neuen Regimes ausgesetzt worden war, hielt sich nach seiner Flucht aus Kiel in Frankreich auf. Kaluzas Sohn hatte sein Mathematikstudium 1934 in Kiel mit dem Staatsexamen abschließen wollen. Von „der für die Staatsexamina zuständigen Stelle" wurde ihm bei einer „Unterredung klar gesagt", dass er „nicht die geringste Aussicht auf eine

---

[56] Davon zeugen die vielen Fachbücher aus diesen neuen Entwicklungsgebieten der Physik jener Zeit, die in seinem Nachlass zu finden sind.

[57] Brief Kaluzas an seinen Sohn vom 6. Dezember 1949, NTK. Diese Aussage von Kaluza bezog sich auf das 1949 erschienene Buch von Hermann Weyl, "Philosophy of Mathematics and Natural Science", in dem der Autor im Appendix A "The Structure of Mathematics" (S. 219–236) die philosophischen Folgen der 1931 erschienenen Abhandlung von Kurt Gödel „Über formal unentscheidbare Sätze der *Pincipia mathematica* und verwandter Systeme I" in der Mathematik und Physik bespricht. Weyls Schlusssatz lautet: "A truly realistic mathematics should be conceived, in line with physics, as a branch of the theoretical construction of the one real world, and should adopt the same sober and cautious attitude toward hypothetic extensions of its foundations as is exhibited by physics" (S. 235).

tatsächliche Einstellung als Lehrer hätte", wenn er „nicht jetzt in die Partei oder SA einträte."[58] Da er sich aber beharrlich weigerte, blieb als sinnvoller Studienabschluss nur die Promotion. So begann er bei Professor Adolf Hammerstein, Kaluzas Nachfolger in Kiel, in den Fächern Physik, Mathematik und Astronomie seine Dissertation zu schreiben.

* * *

1938 wurde Theodor Kaluza zum Mitglied der 1751 gegründeten *Akademie der Wissenschaften in Göttingen* gewählt. Viele namhafte Wissenschaftler, die den Ruhm der Wissenschaft in die ganze Welt getragen hatten, waren ihre Mitglieder gewesen: Carl Friedrich Gauß, Wilhelm Weber, Felix Klein und David Hilbert. In dem Gutachten, das von Gustav Herglotz und Helmut Hasse unterzeichnet worden war, wurde die wissenschaftliche Leistung von Kaluza gewürdigt. Das wichtigste Argument waren seine *„tiefliegenden Untersuchungen über die Relativitätstheorie in 5 Dimensionen, die dann in neuerer Zeit im Zusammenhang mit der Heisenbergschen Quantenmechanik von anderer Seite wieder aufgenommen wurden".*[59] In dieser Zeit, in der der Streit zwischen der Deutschen Physik mit ihren Vertretern Philipp Lenard und Johannes Stark und der modernen Physik noch nicht abgeschlossen war, zeugt die Würdigung der Relativitätstheorie in fünf Dimensionen von der wissenschaftlichen Unabhängigkeit von Hasse und Herglotz.

Seit 1931 beschäftigte sich Einstein mit der Vereinheitlichung von Relativität und Quantenmechanik. Ein Bericht Einsteins im selben Jahr über die fünfdimensionale Theorie, die Elektromagnetismus und Gravitation vereinigen sollte, schloss mit den Worten: „Die Theorie enthält noch nicht die Schlussfolgerungen der Quantentheorie."[60] 1938 erschien eine Arbeit von Albert Einstein und Peter Bergmann „Generalisation of Kaluza's Theory of Electricity".[61] Hasses Hinweis in dem Empfehlungsschreiben an die Akademie berücksichtigte vor allem das große Interesse an der Theorie von Kaluza und ihre Tragweite. Auch die anderen

---

[58] Theodor Kaluza junior (1991), S. 7.

[59] Gutachten für die Aufnahme in die Göttinger Akademie der Wissenschaften, unterzeichnet von Helmut Hasse und Gustav Herglotz, vom 28. Januar 1938, NTK. Anscheinend ist dies eine Anspielung auf die Arbeiten von Oskar Klein von 1926, der die fünfdimensionale Theorie mit der Quantenmechanik in Verbindung brachte. Auch die Arbeiten von Pauli von 1933 stellten eine Verbindung zwischen der fünfdimensionalen Relativitätstheorie in ihrer projektiven Form und den Diracschen Gleichung her (siehe Pauli (1933) und Tonnelat (1965), S. 385). Hasse vermied offensichtlich die Erwähnung der beiden Physiker Pauli und Dirac, jedoch nicht der Relativitätstheorie.

[60] Pais (1986), S. 474, zitiert aus Einsteins Bericht in *Science* 74, 438, (1931).

[61] Siehe Einstein und Bergmann (1938).

Beiträge Kaluzas in der theoretischen Physik, wie seine Untersuchungen über den Bau und den Energieinhalt der Atomkerne und über die „Anwendung der Wahrscheinlichkeitsrechnung in der Lumièreschen Farbenphotographie, über den Entropiesatz" wurden erwähnt. Es fällt besonders auf, dass Kaluzas Theorie in fünf Dimensionen ebenso wie seine anderen Arbeiten auf dem Gebiet der theoretischen Physik für Hasse und Herglotz als angewandte Mathematik galten, obwohl sie den Arbeiten Courants in angewandter Mathematik fern standen. Dieser Unterschied, den Kaluza deutlich gesehen hatte, sollte bald zu Unstimmigkeiten mit dem Direktor des Instituts für Strömungsforschung führen. Kaluzas Beiträge über das neue „wesentlich verbesserte Auswertungsverfahren in der Schallmesstechnik" und über „die Tonsysteme der Musik, über Sichtweite im Walde, über Schallmessung, über die Grenzen der Raumanschauung, über die Festlegung sehr großer Zahlen als Primzahlen" wurden ebenfalls in dem Ernennungsvorschlag zur Mitgliedschaft in die Göttinger Akademie besonders hervorgehoben.[62] Auch seine Arbeiten auf dem Gebiet der reinen Mathematik, wie die Abhandlungen in der Theorie der unendlichen Reihen, „von denen besonders die größere Arbeit über vollmonotone Folgen hervorzuheben ist", wurden in dieser Schrift gewürdigt.[63] Das Resumee lautete: „Gerade in dieser glücklichen Kombination eines hohen mathematischen Könnens mit dem Sinn und der Liebe für die praktischen Anwendungen liegt die besondere Note von Kaluzas vielseitiger und anregender wissenschaftlicher Persönlichkeit."[64] Zum Zeitpunkt seiner Aufnahme in die Akademie der Wissenschaften entstand auch Kaluzas letzte mathematische Abhandlung „Über die Differenzsummation unendlicher Reihen" (1938) aus dem Bereich der angewandten Mathematik.[65]

* * *

Kaluza zog sich „wegen des Alters" und des Bedürfnisses nach Ruhe immer mehr zurück[66] und beteiligte sich auch am Leben im Institut wenig. Er mied nach

---

[62] Gutachten für die Aufnahme in die Göttinger Akademie der Wissenschaften, unterzeichnet von Helmut Hasse und Gustav Herglotz, vom 28. Januar 1938, NTK.

[63] Gutachten für die Aufnahme in die Göttinger Akademie der Wissenschaften, unterzeichnet von Helmut Hasse und Gustav Herglotz, vom 28. Januar 1938, NTK.

[64] Ebd.

[65] Erschienen 1938 in *Nachrichten der Gesellschaft der Wissenschaften zu Göttingen*. Diese Arbeit Kaluzas stellte offenbar die übliche Veröffentlichung dar, die ein Gelehrter zur Aufnahme in die Akademie vorlegen muss.

[66] In Helene Brauns Erinnerungen – siehe Braun (1990) – ist zu lesen, dass Kaluza „sehr zurückgezogen" lebte. Seine Tochter erwähnte das altersbedingte Bedürfnis nach Ruhe, das ihr Vater stets empfand. Doch Theodor Kaluza war damals noch kein alter Mann. 1937 war er 52

Möglichkeit die Fakultätssitzungen, die er offenbar als lästig empfand und blieb auch Feiern in der Fakultät, die politischen Charakter hatten, fern. So entschuldigte er sich 1939 bei der Feier der Machtübernahme Hitlers am 30. Januar wegen Krankheit: „Da mein Stirnhöhlenkatarrh leider noch immer nicht behoben ist, bitte ich ergebenst, meine Abwesenheit bei der morgigen Feier entschuldigen zu wollen."[67] Auch bei den Sitzungen des Ausschusses für die Vorbereitung der 200-Jahr-Feier der Göttinger Universität war er nicht anwesend.[68] Die in Kiel so beliebten Seminarausflüge gab er in Göttingen auf; Wanderungen in die schöne Umgebung unternahm er ausschließlich mit der Familie und Freunden. Immer noch lud er Studenten zu sich ein. Das Weihnachtsfest, das in der Familie Kaluza stets ein willkommener Anlass zum Feiern gewesen war, verbrachte er jetzt meist mit der Familie Reidemeister.[69]

Kaluzas Sohn hatte in dieser Zeit große politische Probleme. 1938 beendete er seine mathematische Doktorarbeit und bekam anschließend eine Assistentenstelle in Braunschweig bei Professor Rudolf Ludwig Martin Iglisch (1903–1987), bei dem er sich 1939 habilitieren wollte. Die Reaktion auf seinen Habilitationsantrag beschrieb er später aufschlussreich in seinen Erinnerungen:

„Auf meinen Antrag auf Eröffnung des Habilitationsverfahrens bekam ich gar keine Antwort von der Fakultät, sondern lediglich einen rüden Anruf des NS-Dozentenbund-Führers: Inhalt: Wer nicht für uns ist, ist gegen uns, – das wüsste ich doch wohl! Da ich weder Mitglied der NSDAP noch einer ihrer Kampforganisationen (gemeint: SA, SS usw.) wäre, sei ich offensichtlich nicht ‚für uns'. Wenn ich nicht innerhalb weniger Wochen meinen Eintritt in eine dieser Kampforganisationen (– die Partei war damals ‚geschlossen' –) meldete, würde er mich nicht einmal in ein ‚Dozentenlager' schicken, es würde kein Habilitationsverfahren eröffnet und meine Assistentenstelle zum nächsten Termin gekündigt. Ich trat nicht ein, erhielt mein Gesuch ungeöffnet zurück (– auf dem Umschlag hatte ‚Habilitationsgesuch' gestanden –), das wohl der Fakultät überhaupt nicht vorgelegen

---

Jahre alt, vier Jahre jünger als der noch sehr schwungvolle Gustav Herglotz. Kaluza leistete in dieser Zeit noch sehr viel, denn seine Arbeitswoche umfasste etwa 40 Stunden; während des Krieges sollte er etwa 60 Stunden in der Woche arbeiten. Offenbar wollte sich Kaluza von der politischen Situation und der beunruhigenden und anstrengenden Atmosphäre an der Universität immer mehr abschirmen. Die Ruhe benötigte er sowohl zum eigenen wissenschaftlichen Arbeiten als auch zur Verarbeitung der belastenden Ereignisse im politischen Leben Deutschlands und an der Universität.

[67] Kaluza an den Dekan, am 29. Januar 1939, Protokollbücher der Mathematisch-Naturwissenschaftlichen Fakultät Göttingen 1927–1946, APG.

[68] Aus den Protokollbüchern der Mathematisch-Naturwissenschaftlichen Fakultät Göttingen, 1927–1946 APG.

[69] Siehe dazu Postkarte von Reidemeister, am 23. Dezember 1937, NTK: „Dies Jahr kommen wir nicht zu Weihnachten nach Göttingen".

hatte und bekam eine Kündigung zum Ende meines ersten Assistentenjahres, – zum 1.11.1939. Kurze Zeit danach – nach der Ablehnung des Gesuchs im Frühjahr – wurde mir von einem Göttinger Dozenten ziemlich verlegen gesagt, er habe von maßgebenden NS-Dozenten den Auftrag erhalten, mich wissen zu lassen, dass man dafür sorgen werde, dass ich auch nicht an anderen deutschen Hochschulen je eine Stellung bekommen würde.[70]

Trotz des großen Drucks änderte der damals Achtundzwanzigjährige seine Haltung nicht und lehnte die Teilnahme an einem Dozentenlager ab.

„Die Dozentenlager waren ‚weltanschauliche Schulungslager', in denen man am Schluss der Schulung einer ‚weltanschaulichen Prüfung' unterzogen wurde, – und nur wenn man diese Prüfung bestand, konnte die Fakultät das wissenschaftliche Habilitationsverfahren eröffnen! Unser Freund, Herr Heesch hat m.W. diese Prüfung nicht bestanden – und ist emigriert. Nun ich wäre ja auch durchgefallen."[71]

In seinem Tagebuch machte Kaluzas Sohn Bemerkungen über seine Weltanschauung. Er hatte schon früher eine „gewalttätige Erziehung" verabscheut. Denn „die praktische Pädagogik", schrieb er, „besteht doch nur in der Ausübung des Prinzips ‚und folgst du nicht willig, so brauch' ich Gewalt.' [...] Nur äußerer Zwang oder ein innerer Zwang, der in der Überzeugung besteht, dass solch Greuel zu einem edlen Zweck oder zur Selbsterhaltung notwendig sind, können einen Menschen veranlassen, seine natürlichen Wünsche so zu vergewaltigen."[72] Doch in dem Eintritt in die SA oder SS sah er keinen edlen Zweck, noch war sein Selbsterhaltungsdrang so groß, dass er ihn in ein Dozentenlager treiben konnte. Auch Professor Iglisch „hielt es für aussichtslos, gegen eine so massive Ablehnung seinerseits vorzugehen, und machte auch keinen Versuch, bei der Fakultät zu intervenieren."[73] Der junge Theodor Kaluza schloss seinen Bericht mit der Bemerkung: „Es ist nicht einfach, verfemt zu sein, auch wenn man noch nicht das Ziel körperlichen Terrors ist."[74] Die Konfrontation mit den NS-Behörden ist ihm mit Sicherheit nicht leicht gefallen. Sie zwang ihn erneut zur Wahl zwischen Karriereerfolg und dem Wunsch, der eigenen philosophischen Weltanschauung treu zu bleiben. Er entschied sich für die aufrechte Haltung, die ihren Preis hatte. Nur die Unterstützung seiner Eltern ermutigte ihn. Aus einer Eintra-

---

[70] Theodor Kaluza junior (1991), S. 8.

[71] Ebd. Es handelt sich um den Mathematiker Heinrich Heesch (1906–1995), ehemaliger Assistent von Hermann Weyl in Göttingen, der von 1935 bis 1948 stellenlos bei seinen Eltern in Kiel verbrachte; später war er Professor an der Technischen Hochschule Hannover. Offenbar verlor Theodor Kaluza junior den Kontakt zu Heesch.

[72] Theodor Kaluza junior (1937), NTK, Eintragung im Tagebuch am 1. August 1937.

[73] Theodor Kaluza junior (1991), S. 8.

[74] Ebd.

gung im Tagebuch ist zu schließen, wie eingeengt und vereinsamt er sich damals gefühlt haben muss: *„Die Erde ist eine Kugel: Auf ihr gibt es nur krumme Wege."[75]*

Die Vorkriegsjahre, die Kaluza in Göttingen verbrachte, waren vor allem durch sein Wirken am Mathematischen Institut gekennzeichnet. Es kostete ihn große Anstrengungen, sich der erwünschten Anpassung zu widersetzen. Im Gegensatz zu seinen Kollegen Helmut Hasse, der sogar unter den veränderten politischen Bedingungen eine Möglichkeit sah, Mathematik auf höchstem Niveau zu betreiben, und Carl Siegel, der seine ideelle Freiheit zugunsten der Wissenschaft nicht opfern wollte, zog sich Kaluza vom gesellschaftlichen Leben zurück. Er fand in der Stille seines Hauses die Möglichkeit, seinen wissenschaftlichen Interessen nachzugehen. Auch wenn die Quellen aus dieser Zeit spärlich sind, ist doch erkennbar, dass Theodor Kaluza seine wissenschaftliche Forschung trotz der Inanspruchnahme durch die Lehrtätigkeit fortsetzte. Im Zentrum seines Interesses stand noch immer – neben den neuesten konzeptionellen Fortschritten in der theoretischen Physik und in der Mathematik – seine vereinheitlichte Theorie in fünf Dimensionen. Wichtig ist dabei der Hinweis, dass Kaluza seine wissenschaftliche Forschung parallel und in gewissem Maße unabhängig von seinen Verpflichtungen an der Universität betrieb, die ihm nur wenige Möglichkeiten boten, sich der physikalischen Forschung zu widmen. Das war auch in Kiel nicht anders gewesen. Obwohl er seine Verpflichtungen an der Universität nicht vernachlässigte, war ihm die Forschung stets am wichtigsten. Auch das mag für ihn ein Grund gewesen sein, sich vom öffentlichen Leben an der Universität zurückzuziehen. Das bewahrte ihn aber gleichzeitig vor den Gefahren, die seine exponierte Stelle am Mathematischen Institut in der nationalsozialistischen Zeit mit sich brachte.

---

[75] Theodor Kaluza junior, Tagebuch 1938, NTK.

Abb. 41: Foto: Theodor Kaluza (etwa 1940)

Im Krieg

Als am 1. September 1939 die deutsche Wehrmacht Polen überfiel und am 3. September Frankreich und England Deutschland den Krieg erklärten, hatte sich für viele Menschen die Befürchtung bestätigt, dass Hitler seine grausamen Ankündigungen wahr machen würde. Theodor Kaluza befand sich zu dieser Zeit mit der Familie in Meiningen-Land in der Rhön im Urlaub, wo er bis zum 23. September bleiben wollte. Er beabsichtigte, anschließend an einer Mathematiker-Tagung in Marienbad bis zum 29. September teilzunehmen. Doch dazu kam es nicht mehr. Als Reserveoffizier musste er sich Anfang September beim Wehrbezirkskommando in Göttingen melden. Er wurde als Auswerter zur Luftschutzwarnzentrale an das Luftgaukommando VI Münster abkommandiert.[1] Er war fast 54 Jahre alt.

Sein Sohn wurde in Göttingen eingezogen. Er sollte nach der Grundausbildung und dem Erntedienst mit seinem Regiment in Norwegen zum Einsatz kommen. Doch dann wurde er durch Empfehlung von Max Schuler, einem Göttinger Physiker, der die Dissertation des jungen Kaluza in Astronomie kannte, zur Sternwarte Babelsberg bei Berlin versetzt, um im Auftrag des Luftfahrtministeriums in der Navigationsforschung zu arbeiten.[2] Dass er in Berlin zwei Jahre weit von der Front verbringen konnte, empfand er als ein Wunder. Erst 1941 kam er an die Ostfront.[3] Es gelang ihm jedoch – diesmal mit Hilfe seines Freundes, des jungen Astronomen Fricke[4] –, 1943 wieder an die Sternwarte zurückzukehren, um im Auftrag des Nachrichtendienstes Chiffriermethoden auf ihre Sicherheit zu untersuchen.[5]

An der Mathematisch-Naturwissenschaftlichen Fakultät der Universität Göttingen wurden Listen über die für die Kriegsforschung wichtigen Institute der Universität erstellt. Dazu gehörten das Institut für Angewandte Mechanik, das II. Physikalische Institut[6], das Institut für Statistik und Wirtschaftsmathematik sowie

---

[1] Brief von Kaluza an den Dekan vom 29. Sept. 1939, Ordner Theodor Kaluza, APG.

[2] Theodor Kaluza junior (1991), S. 9.

[3] Ebd.

[4] Es handelt sich vermutlich um den Astronomen Walter Ernst Fricke (geboren 1915), der 1940 in Berlin promoviert worden war.

[5] Ebd.

[6] Das II. Physikalische Institut sollte unter der Leitung von Georg Joos die Ausnutzung der Kernenergie und marinetechnische Themen bearbeiten; vgl. Hasse an das Ministerium vom 19. September 1939, Akte Nr. 10610, „Kriegsforschung", UAG.

das Sedimentpetrographische Institut.[7] Das Mathematische Institut befand sich nicht auf dieser Liste, deshalb drohte ihm die Gefahr der Schließung. Hasse richtete am 19. September 1939 voller Sorge ein Schreiben ans Ministerium für Wissenschaft, Erziehung und Volksbildung. Es enthielt einen Bericht über die Forschungsarbeiten, die bereits im Auftrag vieler kriegswichtiger Firmen[8] am Mathematischen Institut durchgeführt wurden. Er betonte damit die unentbehrliche Funktion des Mathematischen Instituts: *„Es bedarf nach allen diesen Ausführungen wohl kaum noch besonderer Hervorhebung, dass eine Schließung des Mathematischen Institutes für alle diese Arbeiten, die in ihren Auswirkungen von erheblicher wehrtechnischer Bedeutung sind, katastrophal wirken würde. Eine Überlassung von Apparaten an andere Stellen würde natürlich nichts nützen, da hinter diesen technischen Hilfsmitteln ja die in der Institutsbibliothek steckende Literatur steht, die allein eine wirkliche Ausnutzung des mathematischen Instrumentariums ermöglicht".[9]*

Einige Tage später ordnete das Reichserziehungsministerium „die Wiedereröffnung des Lehr- und Forschungsbetriebes an der Universität Göttingen ab 1. Oktober 1939" an.[10] Der Dekan beantragte eine Beurlaubung Kaluzas vom Luftschutzwarndienst, da er für die Lehre und Forschung in angewandter Mathematik unentbehrlich sei. Das wurde auch ab Mitte Oktober bewilligt.[11]

Mit dem Ausbruch des Krieges wurde für Carl L. Siegel die Lage in Deutschland unerträglich. Den Krieg sah er als Beweis, dass das „1000-jährige Reich" doch nicht so bald zu Ende gehen würde, wie er zunächst geglaubt hatte. Darüber hinaus konnte man nicht mehr ungestört durch Europa reisen und auch sonst fühlte er sich immer mehr eingeengt. Er litt immer häufiger an Depressionen. Auf seinen Spaziergängen mit Helene Braun versuchte er, eine Lösung für beide zu finden. Er schmiedete Pläne, Deutschland zu verlassen, und versuchte ihr klarzumachen, dass man, ganz gleich, wie man sich verhielt, mit der Politik zu tun bekommen würde. Es sei daher vernünftig, sich von Deutschland abzuwenden. Viele deutsche Intellektuelle, die gegen den Nationalsozialismus waren, müssen damals bereits ähnlich gedacht haben. Sie fanden ideelle Unterstützung bei den emigrierten Intellektuellen.

---

[7] Es wurde von Carl Wilhelm Correns geleitet, Akte Nr. 10610, „Kriegsforschung", UAG.

[8] Es handelte sich um Institutionen wie Krupp und das Institut für Strömungsforschung.

[9] Hasse an das Ministerium am 19. September 1939, Akte Nr. 10610, „Kriegsforschung", UAG.

[10] Brief des Dekans an den Luftgau VI Münster vom 2. Oktober 1939, Ordner Theodor Kaluza, APG.

[11] Brief vom Dekan an den Luftgau Münster vom 2. Oktober 1939 und Brief des Luftgaukommandos an den Dekan vom 6. Oktober 1939, Ordner Theodor Kaluza, APG. Diese sogenannte Uk.-Stellung musste jedes Jahr neu bewilligt werden.

Deutschland zu verlassen war jedoch nicht für jeden die richtige Lösung. In seinem Werk „Die Schuldfrage" analysierte der Philosoph Karl Jaspers später eingehend die politische und moralische Verantwortung der Deutschen an den Untaten der nationalsozialistischen Zeit. Dabei zog er die bittere Schlussfolgerung: „Dass wir Deutschen, dass jeder Deutsche in irgendeiner Art und Weise schuldig ist, daran kann, wenn unsere Ausführungen nicht völlig grundlos waren, kein Zweifel sein: 1. Jeder Deutsche, ausnahmslos, hat Teil an der politischen Haftung."[12] Aus dieser Schuldhaftung schloss Jaspers diejenigen aus, die Deutschland in dieser Zeit verlassen hatten. Diese Stellungnahme Jaspers, so feierlich und ergreifend sie auch ausgesprochen wurde, beruht trotzdem auf einer vereinfachenden Vorstellung. Die Schuldfrage ist viel zu kompliziert, als dass man sie mit einer großmütigen Geste lösen könnte. Sie bedarf tiefgreifender philosophischer, historischer und politischer Analysen. Bis heute beschäftigt das Thema die historische Forschung. Karl Popper gelang es in seinen sozialphilosophischen Hauptwerken „Die offene Gesellschaft und ihre Feinde" (1945) und „Das Elend des Historizismus" (1957), dieses Problem aus einer anderen Perspektive zu behandeln. Obwohl hier nicht der Platz ist, darauf näher einzugehen, lässt sich doch eine Bemerkung machen: Dass diejenigen, die in dieser Zeit Deutschland verließen, keinen einfachen Weg gewählt haben, steht außer Frage. Umso schwieriger war es aber für verantwortungsbewusste Menschen, im Land zu bleiben und zu versuchen, etwas zu retten, und dabei Gewalttaten und Unrecht ausgesetzt zu sein. Diejenigen, die nicht emigrierten, aber gegen das nationalsozialistische Regime eingestellt waren, befanden sich in einer prekären Lage. Kaluza, dessen Moral ihn zu einer verantwortungsvollen Haltung verpflichtete, war dafür ein Beispiel. Er gehörte nicht zu jenen, die Thomas Mann in seiner Rede 1931 in Königsberg verurteilte, indem er „diese politische Gleichgültigkeit, diese vornehme Teilnahmslosigkeit" anprangerte, die das Verhalten vieler kennzeichnete.[13] Über Kaluzas damalige politische Haltung äußerte sich später sein Sohn: „Ich glaube nicht, dass man ihn einer weltanschaulichen Gruppe – und noch weniger einer Partei – zurechnen kann: dazu war er zu unabhängig im Denken, nämlich jemand, der klare Begriffe und zwingende Gründe für notwendig hält, und der auch anerkannte Ziele und Mittel immer wieder kritisch untersuchte."[14] Dass Kaluza schon immer keiner politischen Richtung zuzuordnen war und sich auch keinem philosophischen System unterordnete, lässt erkennen, dass er in keiner politischen Partei seine ethischen und moralischen Ideale verkörpert sah.

---

[12] Jaspers (1996), S. 48.

[13] Aus der Rede von Thomas Mann, „Goethe und Tolstoi", gehalten 1931 in Königsberg, zitiert in Matull (1987), S. 141.

[14] Brief von Theodor Kaluza junior an V. Raman vom 5. September 1976, NTK.

Nach dem Ersten Weltkrieg hatte er das Zentrum gewählt und gehofft, dass Deutschland mit dieser Partei künftig solches Unheil wie das des Weltkrieges erspart bliebe.[15] Im Unterschied zu Herglotz, dessen Überheblichkeit typisch für die meisten Vertreter der Göttinger Mathematik war, und dem es nicht selten an Realitätssinn mangelte, konnte Kaluza das praktisch Durchführbare und dessen Grenzen klar erkennen. Er verlor auch im Krieg sein sicheres Urteil nicht, das ihm die Durchsetzung seiner Pläne ermöglichte.[16]

Anfang 1940 bat Siegel Hasse um die Genehmigung einer Reise nach Oslo, wo er zu einem Vortrag eingeladen war. Sie kam mit Hilfe von Ziegenbein zustande. Siegel verließ Deutschland mit wenig Gepäck, das kaum wissenschaftliche Aufzeichnungen enthielt. Bei den scharfen Grenzkontrollen wäre es unvorsichtig gewesen, wissenschaftliche Arbeiten mitzunehmen, die den Verdacht erwecken konnten, man wollte geheime Informationen an den Feind verraten. Er kehrte nicht zurück; im Dezember 1940 entkam er mit Hilfe amerikanischer Freunde nach Princeton. Aus dem Institute for Advanced Study schrieb er einen Abschiedsbrief nach Göttingen.

Hasse, der seine ganze Energie für den Wiederaufbau des Mathematischen Instituts einsetzte, empfand Siegels Auswanderung als einen schweren Schlag. In einem späteren Brief an Weyl erklärte Hasse, dass seine Stellung in Deutschland nicht leicht war, auf alle Fälle schwieriger als die der emigrierten Wissenschaftler, die mindestens nicht mehr um ihr Leben fürchten mussten. In dieser schweren Zeit habe er seine Heimat nicht verlassen wollen.[17] Weyl warf ihm dagegen politischen Opportunismus vor und wies ihn auf seine zwielichtige Haltung hin:

„Und wenn Sie Ihre Stellungnahme mit seiner [Siegels] vergleichen, glauben Sie nicht, dass er das schwere Teil erwählt hat? [...] Ich will Ihre politische Überzeugung nicht antasten, aber Sie werden wohl doch bereit sein, mir zuzugestehen, dass man darüber verschiedener Meinung sein kann, wo die wahren Hüter der deutschen Zukunft stehen.“[18]

Im Gegensatz zu Hasse, bei dem schwer zu erkennen war, wie weit seine Bereitschaft zu Kompromissen mit dem Regime zur Rettung der Mathematik in Göttingen und zum Aufbau seiner Mathematikerkarriere gehen würde, bezog Kaluza eine klar definierte Stellung. Das bestätigten auch Kollegen, die von nati-

---

[15] Im „Entnazifizierungsverfahren" unter dem Punkt „Wie haben Sie im November 1932 gewählt? Und im März 1933" trug Kaluza „Zentrum" ein, UAG und NHH.

[16] Über die Haltung von Herglotz berichten die Erinnerungen von Helene Braun sowie die Korrespondenz während des Krieges zwischen Herglotz und Hasse, NSUBG.

[17] Brief von Hasse an Weyl vom 30. Juli 1941, NTK.

[18] Brief von Weyl an Hasse vom 2. Mai 1941, NTK.

onalsozialistisch gesinnten Mathematikern wie Tornier ungerecht behandelt worden waren, und die in Kaluza einen Gegner des Nationalsozialismus sahen.[19]

* * *

Mit dem Beginn des Krieges änderte sich die Situation am Mathematischen Institut vor allem durch die Einberufungen gravierend. Bereits vor dem Krieg war die Studentenzahl durch das „Gesetz gegen die Überfüllung der Hochschulen" auch an der Georg-August-Universität drastisch eingeschränkt worden. Die Studentenzahlen fielen von 3.849 im Wintersemester 1932/33 auf 1.499 im Sommersemester 1937. „Ihren tiefsten Stand seit 1899 erreichten sie im Sommersemester 1938 mit 1.282 immatrikulierten Studenten."[20] Durch den Ausbruch des Krieges sanken die Studentenzahlen an der Universität weiter. Aus Studenten wurden Soldaten, einige kehrten im Laufe des Krieges als „Kriegsversehrte" zurück.

Hasse wurde nach Berlin abkommandiert, wo er mit der Leitung einer Forschungsgruppe beim Oberkommando der Kriegsmarine beauftragt wurde. Trotzdem reiste er regelmäßig nach Göttingen, um Institutsangelegenheiten zu regeln. Seine *Algebra-Vorlesung* übernahm Helene Braun. Kaluza und Herglotz waren nun die einzigen Mathematik-Professoren in Göttingen. Kaluza übernahm als geschäftsführender Direktor die Leitung des Institutes. Hans Rohrbach, der als Oberassistent auch die Bibliothek verwaltet hatte, übergab diese Aufgabe an Helene Braun. Es gab immer weniger Assistenten, und es wurde zunehmend schwieriger, wissenschaftlich geeignete Dozenten für den Lehrbetrieb zu finden, weil immer mehr Mathematiker zum Kriegsdienst einberufen wurden. Mit Hilfe von Herglotz, der für die Einberufung zu alt war, gelang es Kaluza bewunderungswürdig den Lehrbetrieb aufrechtzuerhalten. Helene Braun, die während des ganzen Krieges in Göttingen war, bezeugte das voller Anerkennung: „Und ich weiß auch, dass die ‚Leitung' eigentlich die Mathematische Leitung betrifft. Und sie wurde bestens von Kaluza und Herglotz erledigt. Es muss unwahrscheinlich gewesen sein, wie viele Prüfungen Kaluza abhielt."[21]

Kaluza setzte Prioritäten. Wichtig war ihm zu retten, was noch zu retten war. Dies war jedoch nicht einfach. Seine Aufgabe war von symbolischer Kraft erfüllt: In dieser Zeit, da in der Welt Gewalt und Chaos herrschten, fiel der Universität

---

[19] Dazu äußerte sich z.B. Max Deuring in einem Interview mit Professor Norbert Schappacher: „Kaluza war kein Nazi". Auch Wilhelm Magnus, der Kaluza in dieser Zeit in Göttingen kannte, sowie auch Siegel, dessen Stellung zum nationalsozialistischen Regime sehr gespannt war, unterhielten nach dem Krieg freundschaftliche Beziehungen zu Kaluza.

[20] Kamp (1988), S. 111.

[21] Braun (1990), S. 68.

als geistiger Stätte die entscheidende Rolle zu, die Hoffnung wach zu halten, dass eines Tages wieder Ordnung einkehren würde. Das Mathematische Institut sollte trotz des Chaos als Burg der Vernunft, als Zeichen der menschlichen Zivilisation bestehen bleiben. Nachdem die Gefahr, das Institut für Mathematik zu schließen, abgewendet war, wusste Kaluza, dass nur der Glaube an die Vernunft helfen konnte, die Unsicherheit und aufkommende Grausamkeit dieser Zeit zu bezwingen. Es war seine große Stärke, mitten im Sturm sein Gleichgewicht zu behalten und Ruhe zu bewahren. Das hatte er bereits im Ersten Weltkrieg so gemacht, als er an der Front, mitten im Dröhnen der Kanonen und im Lärm der Bombenexplosionen, seine imaginären Spaziergänge durch die tiefen Wälder Ostpreußens unternahm und die Ruhe der Natur beschwor. Das hatte ihm damals geholfen, die schwersten Augenblicke zu überwinden. In kritischen Zeiten bewährte sich Kaluzas Idealismus. So versuchte er jetzt durch praktische Maßnahmen, die geistige Aktivität am Mathematischen Institut zu unterstützen.

Es kam Kaluza darauf an, die Interessen des Instituts gegen die Einmischung der Nationalsozialisten zu verteidigen. Auch wenn seine Verdienste aus der Retrospektive wenig spektakulär erscheinen, bedurfte es doch außerordentlicher Anstrengungen, den Lehrbetrieb trotz der ständig neuen Einberufungen in Gang zu halten. Es war keine einfache Aufgabe, die Lehrtätigkeit von fünf Ordinarien – wenn man auch den Lehrstuhl für Statistische Mathematik hinzurechnet – von nur noch zwei anwesenden Professoren, Kaluza und Herglotz, erfüllen zu lassen.

Von den besonderen Schwierigkeiten dieser Tätigkeit zeugt unter anderem seine schriftliche Auseinandersetzung mit dem Dekan Carl Wilhelm Correns im Juli 1943. Die abwesenden Ordinarien mussten durch Assistenten vertreten werden. Doch auch sie waren schwer zu finden. Bereits habilitierte Assistenten, die noch nicht eingezogen waren, gab es wenig. Kaluza beschloss, Vorlesungen auch durch nicht habilitierte Dozenten abhalten zu lassen. Correns zog Kaluza in schroffem Ton wegen des Lehrauftrags an „noch nicht habilitierte Dozenten" zur Rechenschaft. Kaluza hatte diese Entscheidung ohne ministerielle Genehmigung getroffen. Correns Rechthaberei steigerte sich vor allem dort ins Groteske, wo er keine sachlichen Argumente mehr fand. Er ersetzte sie durch seine Machtposition, die ihm das Regime als „Führer der Fakultät" verliehen hatte. Kaluza blieb sachlich und erklärte, dass in einer solchen Notzeit, in der der gesamte Lehrbetrieb an der Fakultät von zwei Ordinarien in Gang gehalten werden musste, seine Vorgehensweise als dringende Maßnahme erforderlich sei. *„In Friedenszeiten wäre es natürlich sehr leicht möglich, in solchen Fällen jedesmal die Genehmigung des Herrn Ministers einzuholen [...]. In der gegenwärtigen Zeit ist es aber praktisch so, dass erst in der sogenannten Vorbesprechung, in den allerersten Tagen des beginnenden Semesters wirklich endgültig festgestellt werden kann, was an Vorlesungen und Übungen* *unbedingt notwendig ist. [...] Es erscheint mir daher völlig unmöglich, diesen stark und plötzlich wechselnden Bedürfnissen, die eine sofortige Entscheidung verlangen, auch nur einigermaßen gerecht werden zu können, wenn nicht sofort die dazu geeigneten Herren (deren Anwesenheit in Göttingen oft auch nur eine rein zufällige, kriegsbedingte ist) herangezogen werden können.* [22] Darüber hinaus erwähnte er das Recht eines Professors, darüber frei zu entscheiden: *„Zu den allerersten Dingen, die ich bei meiner Berufung nach Göttingen erfuhr, gehörte, dass die Mitdirektoren des hiesigen Mathematischen Institutes die Berechtigung hätten, auch geeignete Nichthabilitierte (z.B. Assistenten) in ihrem Namen auch Vorlesungen und Übungen abhalten zu lassen. (Es bestand sogar ein besonderer Fonds zur Besoldung der so Beauftragten). [...] Über eine Aufhebung dieses Rechtes ist mir nichts bekannt und auch nicht in den Akten des Institutes zu finden, ich bitte gegebenenfalls um Mitteilung.* [23]

Dieser Passus war durch keine gesetzliche Änderung abgeschafft worden, auch wenn das NS-Regime die Gleichschaltung der Universitäten vollzogen und ihre Freiheit stark eingegrenzt hatte. Mit dem Ausbruch des Zweiten Weltkriegs war die Umstrukturierung der Hochschulen beendet. Das Ziel der totalen Unterwerfung unter das NS-Regime war aber nicht wirklich erreicht worden. Die Universitäten besaßen jetzt zwar eine Struktur, die auf dem Führerprinzip beruhte. Durch Berufungen nationalsozialistisch gesinnter Professoren und Assistenten waren sie gleichgeschaltet worden, ihre Verfassung blieb jedoch unverändert; die Elemente ihrer Selbstverwaltung bestanden zumindest formal weiter:

„Die Fakultäten waren dem Einfluss der Partei ausgeliefert, aber sie blieben zugleich ein Reservat der Professoren, in dem sich verhaltener Widerstand gegen die Manipulation der Wissenschaft behaupten konnte und auch behauptete"[24], so schilderte der Historiker Norbert Kamp die Lage der Universitäten während des Krieges. Kaluza kannte genau die verbliebenen Möglichkeiten zu freier Entscheidung trotz der gravierenden Einschränkungen, die das NS-Regime aufgerichtet hatte. Er brachte es fertig, auch auf diesem Gebiet seine Unabhängigkeit zu bewahren. Wenn er eine Entscheidung durchsetzen wollte, berief er sich auf die Fakultätssatzung. Seine Briefe unterschrieb Kaluza nur mit seinem Namen, während Correns stets „Heil Hitler!" verwendete. Es ist dabei auffallend, wie Correns die Unterschrift „Heil Hitler!" nachdrücklich zur Verstärkung seiner Aussagen benutzte. Auf Kaluzas sachliche Argumente antwortete Correns, auf seiner Machtposition beharrend: „Ich muss darauf bestehen, auch nach Rücksprache mit dem Herrn Rektor, dass für alle diejenigen, die selbstständig Vorlesungen

---

[22] Brief von Kaluza an Correns vom 21. Mai 1943, UAG.
[23] Ebd. Jeder Ordinarius der Mathematik war ein Mitdirektor im Mathematischen Institut.
[24] In Kamp (1988), S. 112.

und Übungen halten und nicht habilitiert sind, rechtzeitig vorher die Erlaubnis eingeholt wird. Das gilt bei allen Wissenschaften. Heil Hitler! Gez. Correns.“[25]

Dass Correns darauf bestand, die nicht Habilitierten nur mit Genehmigung des Ministers zu Lehrveranstaltungen zuzulassen, beruhte nicht lediglich auf einer Formalität. Denn in dieser Zeit durften sich nur Doktoren habilitieren, die einen Aufenthalt in einem NS-Lager absolviert und sich als „geeignet“ erwiesen hatten. Damit das unter Kontrolle blieb, bestand Dekan Correns darauf, dass das Ministerium die Namen der Assistenten erfuhr, die ohne Venia Legendi unterrichteten. Vermutlich galt Kaluza als politisch zu wenig vertrauenswürdig, um ihm die Freiheit zu gewähren, nicht habilitierte Dozenten mit einer Lehrtätigkeit am Mathematischen Institut zu beauftragen. Damit war diese Auseinandersetzung jedoch noch nicht beendet. Kaluza wurde vom Rektor am 22. November in einem Brief davor gewarnt, „in Zukunft in dieser Weise verfahren zu wollen.“[26]

Der neue Rektor war Hans Drexler, ein Altphilologe und überzeugter Nationalsozialist. In derartigen Angelegenheiten wurde Kaluza aber von Hasse unterstützt, der Kaluza bereits aus der Kieler Zeit kannte und schätzte.[27] Hasse hatte die Familie Kaluza in den Jahren der Weimarer Republik öfter in Kiel besucht. Mehrmals war er auch zu Gastvorträgen in Kiel und anschließend zum Kaffee im Hause Kaluzas eingeladen worden. Er bewunderte und respektierte den Wissenschaftler Theodor Kaluza, dessen Vielfalt, Originalität und Scharfsinn ihn stets beeindruckt hatten.

Hasse hatte aber eine nationalistische Gesinnung und trat sehr entschieden auf. Der Umgang mit ihm war nicht leicht. Doch Kaluzas Verhalten ihm gegenüber unterschied sich sehr von seinen üblichen Kontakten, was Hasse durchaus gefiel. Auch wenn er wusste, dass Kaluza nicht bereit war, stramm zu stehen, auch wenn er spürte, dass die Lebensphilosophie Kaluzas weit entfernt von der damals üblichen machtverherrlichenden Art war, fand er nie einen Grund, Kaluzas Verhalten zu missbilligen. Meistens blieb Kaluza sogar die endgültige Entscheidung vorbehalten.

Während des Krieges konnte Kaluza auch als Institutsleiter trotz oder vielleicht sogar gerade wegen seiner „unauffälligen“ Erscheinung seinen Willen durchsetzen. Sein Verhalten unterschied sich von den üblichen Vorgehensweisen. Er sprach nicht laut, unterbrach seine Gesprächspartner nicht und verhielt sich immer ruhig. Seine Entscheidungen beruhten auf der Fähigkeit, sofort das Wesentliche einer Aufgabe zu erkennen. Hinzu kam, dass Kaluza beträchtliche psy-

---

[25] Brief von Correns an Kaluza vom 26. Juli 1943, Personalakte Kaluza UAG.

[26] Brief des Rektors Hans Drexler an Kaluza vom 22. November 1943, Personalakte Kaluza UAG.

[27] Dazu Briefwechsel zwischen Hasse und Kaluza in der Kriegszeit, NTK.

chologische Kenntnisse besaß, die er in Gesprächen unauffällig nutzen konnte, um eine Vertrauensbasis zu seinen Gesprächspartnern zu schaffen. Ein außergewöhnlich intelligenter Mensch wie Kaluza konnte Machtkämpfe nicht ausstehen. Er war davon überzeugt, dass das Geistige sich als überlegen durchsetzen werde. Es kostete Kaluza viel Kraft, den Lehrbetrieb in Gang zu halten und gleichzeitig Auseinandersetzungen mit den nationalsozialistisch gesinnten Kollegen durchzustehen.

Schon mit dem Ausbruch des Krieges begann in Göttingen die materielle Not. Alles wurde damals rationiert. Es gab 500 Gramm Fleisch und 125 Gramm Butter pro Woche.[28] Davon konnte ein erwachsener Mann kaum satt werden. Der alte Hilbert hatte trotz seiner Krankheit seinen Humor nicht verloren. Bei einer Geburtstagsfeier forderte er seine Gäste auf, für die mit großer Anstrengung Lebensmittel aufgetrieben worden waren: *„Essen Sie, so viel sie können, umso eher geht der Krieg zu Ende.“*[29] Kaluza schenkte der Lebensmittelnot wenig Beachtung. Obwohl er über die materiellen Entbehrungen niemals klagte, müssen sie ihm doch sehr zugesetzt haben. Die schwierige Lage in Deutschland und die anstrengende Arbeit am Institut belasteten ihn erheblich. Er hielt in der Woche etwa 20 Vorlesungs- und Übungsstunden, dazu kamen Prüfungen und Rechnungen in Ballistik, die das Mathematische Institut im Auftrag der Wehrmacht durchführen musste.

Von September 1939 bis April 1940 arbeitete Kaluza in der Luftschutzwarnzentrale in Göttingen als Auswerter der Flugmeldungen. In Gemeinschaft mit der Universitäts-Sternwarte Berlin-Babelsberg führte er für das Reichsluftfahrtministerium zusammen mit dem Assistenten Uwe-Timm Bödewadt Rechnungen durch. Es war ein zusätzlicher Dienst, den er oft auch in der Nacht leisten musste.[30] Zu seinen Pflichten gehörten darüber hinaus auch Reisen nach Berlin, um mit Hasse die Lage des Instituts zu besprechen.[31] Seine Arbeitszeit betrug etwa 50 Stunden pro Woche.[32] Er lebte sehr zurückgezogen und sehnte sich mehr denn je nach Ruhe, um seine Kräfte zu sammeln.

---

[28] Braun (1990), S. 66.

[29] Ebd., S. 54.

[30] Brief vom Rektor an den Reichsminister für Wissenschaft, Erziehung und Volksbildung vom 19. Juli 1940, Akte des Rektorates vom März 1940 bis Februar 1954, UAG.

[31] Brief von Kaluza an den Kurator vom 11. August 1943, Akte des M.I., Ordner Nr. 9, Schriftwechsel Kuratorium, UAG.

[32] Kaluzas Liste über den Stundenplan für das Sommersemester 1944 vom 1. Juli 1944, APG. Kaluzas Lehrtätigkeit erstreckte sich auf 23 Stunden in der Woche. Hinzu kamen die abgehaltenen Prüfungen (vgl. Braun (1990), S. 68), der Verwaltungsaufwand und seine Aktivität für die Aerodynamische Versuchsanstalt. Seine anstrengende Tätigkeit am Mathematischen Institut während des Krieges wird auch von seiner Tochter in mehreren Briefen an die Autorin

* * *

Seit Beginn des Krieges wuchsen die Spannungen zwischen Kaluza und dem Institut für Strömungsforschung. Ludwig Prandtl, einer der Begründer der modernen Hydro- und Aerodynamik, war seit 1904 in Göttingen tätig. Sein Name war durch seine Beiträge zur Untersuchung turbulenter Strömungen und der Tragflügeltheorie mit dem des Kaiser-Wilhelm-Instituts für Strömungsforschung in Göttingen verbunden, dessen Direktor er seit seiner Gründung 1925 war. Der Erfolg dieses Instituts beruhte nicht zuletzt auf der engen Beziehung mit der hoch entwickelten angewandten Mathematik in Göttingen.

Bis 1933 hatte Richard Courant die angewandte Mathematik in Göttingen vertreten. Seine Arbeiten betrafen die mathematischen Methoden der Physik. Themen aus der klassischen Physik, wie Akustik, Hydrodynamik und Elastizität behandelte er mathematisch anhand der Theorie der partiellen Differentialgleichungen, Reihenentwicklung und Variationsrechnung. Sein 1923 zusammen mit Hilbert veröffentlichtes Buch „Methoden der mathematischen Physik" erwies sich als ein wichtiges Instrument für die Forschung auf dem Gebiet der Aerodynamik, die Prandtl in seinem Institut betrieb.

Auch wenn sich Courant auf dem Gebiet der angewandten Mathematik in Göttingen besonders ausgezeichnet hatte, war er in dieser Zeit nicht bestrebt gewesen, die angewandte Mathematik von der reinen Mathematik zu trennen.[33] Viele Mathematiker – Hilbert in erster Linie – vertraten damals die Auffassung, dass die angewandte Mathematik aus der reinen Mathematik entstehe. Es ist bemerkenswert, dass in Göttingen, einem der führenden Zentren der angewandten Mathematik in Deutschland, eine Hervorhebung der angewandten Mathematik zu ungunsten der anderen Gebiete der Mathematik unvorstellbar war. Das hohe Niveau, das die angewandte Mathematik dort erreicht hatte, war nicht zuletzt ihrer Verknüpfung mit der reinen Mathematik zu verdanken.

Die Situation der angewandten Mathematik in Göttingen änderte sich aber beträchtlich nach der Machtübernahme durch die Nationalsozialisten, die darin eine Basis der technischen Kriegsrüstung sahen und sie infolgedessen förderten. Die Luftfahrt gehörte zu den Bereichen der kriegswichtigen Forschung und sollte

---

bezeugt (z.B. in Briefen vom 28. April 1997, 12. März 1998, 26. April 1998, 1. Juni 1998). In mehreren Briefen an seine Frau erwähnte Kaluza selbst die umfangreiche Arbeit, die er seit Anfang des Krieges im Mathematischen Institut leisten musste (z.B. Briefe von Kaluza an seine Frau am Ostersonnabend 1940, vom 14. Mai 1940, vom Pfingstsonnabend 1940, vom 4. Oktober 1941, vom 30. April 1942, NTK).

[33] Siehe dazu Reid (1979).

besonders entwickelt werden. Als Chef des Luftfahrtministeriums setzte sich Hermann Göring bereits seit 1933 nachdrücklich für die Förderung der Luftfahrtforschung ein.[34] 1938 betonte er in einer Rede, dass er das Personal der gesamten Luftfahrtforschung gegenüber dem Zeitpunkt der Machtergreifung mehr als verzehnfacht habe.[35]

In diesem Rahmen kam der Aerodynamischen Versuchsanstalt und dem Institut für Strömungsforschung in Göttingen eine besondere Rolle zu.[36] Die Aerodynamische Versuchsanstalt der Kaiser-Wilhelm-Gesellschaft wurde 1914 aus Mitteln der Militärverwaltung erbaut. Der neue Windkanal, mit dem damals nur der von Eiffel in Paris konkurrieren konnte, wurde im Januar 1918 in Betrieb genommen. Seine Modellversuche, mit denen die Wirkung von Propellern und Gebläsen untersucht wurde, sowie die dazugehörige Messtechnik stellten damals einen wichtigen Teil der Kriegsforschung dar.[37] Die technische Forschung und Entwicklung in diesem Bereich musste ab 1933 mehr denn je auf die angewandte Mathematik zurückgreifen.[38]

Dass Kaluza bei seiner Berufung nach Göttingen darauf bestanden hatte, nicht als zweiter Courant behandelt zu werden, war offenbar durch seine Kriegserfahrungen motiviert. Er hatte sich im Ersten Weltkrieg an der Kriegsforschung beteiligt und wollte vermutlich später nichts mehr damit zu tun haben. Er wusste um die technischen Anwendungsmöglichkeiten des Gebietes, auf dem sich Courant betätigt hatte. Während Kaluza in seinen Arbeiten zu den Grundlagen der Physik vorstieß, war es Courant gelungen, die Mathematik als Instrument, das der Physik und dadurch gleichzeitig der Strömungsforschung diente, zu entwickeln. Dazu war Kaluza, der offenbar nichts mehr zur Kriegsforschung beitragen wollte, nicht bereit.

Die Entwicklung der Luftwaffe war ein wichtiges strategisches Ziel des NS-Regimes, für das sich Prandtl seit 1934 engagierte.[39] Die Forschung, die hier im Auftrag des Luftfahrtministeriums betrieben wurde, unterlag strengster Geheimhaltung, denn Deutschland durfte zu diesem Zeitpunkt offiziell keine Luftwaffe besitzen.[40] Auch nach der Berufung Kaluzas empfand Ludwig Prandtl die Lage

---

[34] Im April 1933 wurde die Vereinigung für die Luftfahrtforschung gegründet; siehe dazu Mehrtens (1986), S. 328.

[35] Tollmien (1987), S. 468.

[36] Siehe dazu die ausführliche Untersuchung in Tollmien (1987).

[37] „Max-Planck-Institut für Strömungsforschung 1925–1975", S. 20–21.

[38] Mehrtens (1986), S. 329.

[39] Vgl. Tollmien (1987).

[40] Vgl. ebd., S. 470.

der angewandten Mathematik in Göttingen als unbefriedigend.[41] Er beklagte sich darüber 1937 in einem Briefentwurf an Hasse.[42] Prandtls Äußerung erscheint angesichts des großen Angebots an Vorlesungen in angewandter Mathematik, die vor allem von Kaluza gehalten wurden, unverständlich:[43] Außer Kaluzas Vorlesung *Einführung in die höhere Mathematik für Naturwissenschaftler* kam 1940 noch seine zweistündige Vorlesung *Grundzüge der Luftnavigation* (freitags von 17 bis 19 Uhr) hinzu.[44] Dass Prandtl unzufrieden war, obwohl die Vorlesungen für angewandte Mathematik durch Kaluza gut vertreten wurden, ist darauf zurückzuführen, dass sich Kaluza wissenschaftlich und organisatorisch weniger für die Zusammenarbeit mit dem Strömungsforschungsinstitut engagierte, als es Prandtl erwartete. Das hatte zur Folge, dass seit Beginn des Krieges die Spannungen zwischen Kaluza und der Aerodynamischen Versuchsanstalt (AVA) wuchsen. Das Mathematische Institut führte im Auftrag der AVA Rechnungen durch. In einigen Räumen des Mathematischen Instituts befanden sich jetzt die vielen Rechenmaschinen, auf denen die Rechenarbeiten für die AVA durchgeführt wurden. Auch Rechnerinnen wurden damit beschäftigt. Ein Assistent von Kaluza, um den er hatte kämpfen müssen, war dafür „uk." (unabkömmlich) gestellt worden. Diese Tätigkeit ermöglichte es auch, die männlichen Mitarbeiter vor der Einberufung zu schützen und die Frauen vor anderer Dienstverpflichtung zu bewahren.

Ab September 1941 kamen die Interpolationsrechnungen hinzu, die für die Sternwarte Babelsberg durchgeführt wurden und dazu dienten, den Flugzeugen über dem Ozean eine genauere Orientierung nach den Sternen zu ermöglichen.[45] Im Herbst 1944 wurden von der AVA neue verschärfte Forderungen an das Mathematische Institut herangetragen. Unter den verzweifelten Umständen der letzten Kriegsmonate sollten die Rechenarbeiten stark beschleunigt werden, um mit der Flugzeugentwicklung Schritt zu halten.[46]

Doch die Arbeit der vom Mathematischen Institut zur Verfügung gestellten Rechner ging der AVA zu langsam. In einem Brief an Prandtl vom 11. August 1944 entgegnete Kaluza auf die Vorwürfe der AVA, dass er seine Mitarbeiter die Rechnungen immer noch mit der Genauigkeit durchführen lasse, die er sich als

---

[41] Schappacher (1987) (I), S. 357 und Anm. 129.

[42] Ebd..

[43] Siehe dazu auch Schappacher (1987) (I) und Aufzählung der Vorlesungen im vorigen Kapitel, S. 500–503.

[44] Vorlesungsverzeichnis der Georg-August-Universität Göttingen, 1935–1954.

[45] Schappacher (1987) (I).

[46] Es sollten Jagdflugzeuge entwickelt werden, um die Angriffe der Alliierten zu stoppen. Vgl. Heinkel (1977).

Rechner an der Königsberger Sternwarte angeeignet habe.[47] In seinem Brief beanstandete Kaluza auch, dass die Rechnerinnen gegen seinen Willen als „Heimarbeiterinnen" bezeichnet wurden, eine Tatsache, die für sie finanzielle und Sicherheitsnachteile haben konnte. Es drohte ihnen die Gefahr, für andere kriegswichtige Pflichtdienste, zum Beispiel in den Munitionsfabriken, eingesetzt zu werden. „Ich werde mich natürlich nach dieser Erfahrung nicht mehr in die Form der Rechenarbeiten einmischen", schloss Kaluza seinen Brief an Prandtl. Aus Kaluzas Brief lässt sich schlussfolgern, dass sich hinter der methodischen Akribie dieser Arbeiten, die einem Pragmatiker wie Prandtl übertrieben erschien, Kaluzas Ablehnung eines Engagements für den Krieg verbarg. Sein Verhalten zeigte nichts von der Hingabe und dem Eifer, die man in dieser Zeit von jedem erwartete. Die überzeugten Nationalsozialisten hatten schon zur Kenntnis genommen, dass Kaluzas Engagement sehr zu wünschen übrig ließ. Er war jedoch vorsichtig genug, um sich unangreifbar machen zu können.

* * *

Am 14. Februar 1943 starb David Hilbert im Alter von 81 Jahren. Er wurde in einem stillen, einfachen Begräbnis ohne Blumen bestattet. „Blumen gab's in der Zeit des Krieges nicht mehr", erinnerte sich später Helene Braun.[48] Viele Wissenschaftler wurden benachrichtigt, doch nur wenige konnten kommen.[49] Constantin Carathéodory hielt eine eindrucksvolle Rede, in der er das Werk und die Persönlichkeit Hilberts würdigte. In dieser schweren Zeit des Krieges war das Gedenken an Hilbert, die große Persönlichkeit der Mathematik, zugleich eine Ermutigung zur Hoffnung angesichts der trostlosen Ohnmacht gegenüber dem Untergang und dem Chaos. In einer Zeit, als die Größe der deutschen humanistischen Kultur versunken zu sein schien, gewannen herausragende Persönlichkeiten der Wissenschaft, die ihre Integrität bewahrt hatten, eine symbolische Kraft. Hilberts Sarg, ungeschmückt und schlicht, wurde von den wenigen anwesenden Wissenschaftlern zu Grabe getragen. Die meisten Schüler Hilberts waren aus Deutschland vertrieben. Nicht einmal Käthe, Hilberts treue Frau, hatte zur Beerdigung kommen können. Sie lag krank im Bett. Der kalte Winternachmittag auf dem stillen Friedhof stimmte Kaluza sehr traurig.

„Meine Heimat ist Königsberg, wo ich als Sohn einer alten ostpreußischen Juristenfamilie im Jahre 1862 geboren wurde", hatte Hilbert in seiner Biographie

---

[47] Brief von Kaluza an Prandtl vom 18. November 1944, NTK.

[48] Vgl. Braun (1990).

[49] Kaluza schickte am 15. Februar 1943 ein Telegramm an Wilhelm Süß, Vorsitzenden der DMV, nach Freiburg, in dem er ihm den Tod Hilberts mitteilte, UAF.

geschrieben.[50] „Die langen Jahre in der Königsberger Geborgenheit waren eine Zeit der stetigen Reife", erinnerte er sich mit großer Sehnsucht an die Stadt am Pregel.[51] Hilbert hatte sich immer als Königsberger gefühlt. Auch dies verband die beiden Wissenschaftler, denn auch Kaluza hatte sich geistig von seiner Heimat nie getrennt. Die letzte Verbindung mit dem berühmten Königsberger war damit abgerissen. Der Tod Hilberts hinterließ in Kaluzas Leben eine tiefe Lücke. Der ostpreußische Humor, den sich Hilbert bis zum Lebensende bewahrt hatte, seine Sehnsucht nach der samländischen Landschaft und seine Standhaftigkeit waren für Kaluza, vor allem in der Zeit des Krieges, immer eine Stütze gewesen.

Nun herrschte überall Krieg und Chaos. Wenige Tage zuvor hatte sich die Katastrophe von Stalingrad mit der Kapitulation der 6. deutschen Armee vollendet. Das Hitlerregime hatte das Maß der Zerstörung auf den Höhepunkt getrieben. Zwei Jahrzehnte zuvor, anlässlich der Zweihundertjahrfeier von Kant, hatte der große Denker José Ortega y Gasset den universellen Geist der deutschen Kultur gerühmt und zum Ausdruck gebracht, dass jeder Europäer auch ein Deutscher sei.[52] Ortega y Gasset hatte damals an die bedeutende Zeit des Humanismus gedacht, als die deutsche Kultur im 18. Jahrhundert mit Kant, Goethe, Schiller, Hölderlin, Beethoven, Wilhelm und Alexander von Humboldt einen Höhepunkt erreicht hatte. Konnte noch etwas von dem, was der deutschen humanistischen Kultur Größe gegeben hatte, gerettet werden? Der Nationalsozialismus hatte die universellen Werte des Humanismus verworfen und eine rassistische Ideologie der Gewalt an ihre Stelle gesetzt, die er angeblich zum „Wohl des Volkes" angenommen hatte. Solche Fragen mag sich Kaluza, wie viele derjenigen, die damals in Deutschland mit Verzweiflung die Zerstörungen sahen, gestellt haben.

Das Leben war in jenen Tagen, als die verheerenden Folgen des Krieges spürbar wurden, auch in Göttingen schwer zu ertragen. Anfang 1943 sollte der Lesesaal der Bibliothek für eine kriegswichtige Farbenfabrik akquiriert werden. Im letzten Moment war es Kaluza gelungen, diese Maßnahme abzuwenden.[53] Um das Mathematische Institut vor derartigen Aktionen zu schützen, ließ Hasse ab Herbst desselben Jahres mehrere Räume für Forschungsarbeiten des Oberkommandos der Kriegsmarine „auf dem Gebiet der Hochdruckphysik" belegen — ein taktisches Manöver, um das Institut erhalten zu können.[54] Acht Soldaten waren

---

[50] Hilbert (1971), S. 78.

[51] Ebd.

[52] Ortega y Gasset (1924), S. 422: „Der moderne Mensch ist Bürger; [...] Daneben ist er abendländischer Europäer, dass heißt mehr oder minder Germane."

[53] Vgl. Schappacher (1987) (I), S. 360.

[54] Ebd.

im Institut als Luftschutzwachen stationiert. Im Falle eines Luftangriffs hätte das Institut zum Hilfskrankenhaus umfunktioniert werden sollen. So stand es damals um das einst ruhmreiche Mathematische Institut in Göttingen. Doch besonders in dieser Zeit, als das Chaos übermächtig zu werden drohte, durfte man die Hoffnung nicht aufgeben. Der ehemalige Göttinger Student und Doktorand von Max Born, der später renommierte Physiker Victor Weisskopf, betonte, *„dass es gerade in schwierigen Zeiten wichtig sei, sich die größten, bleibenden Leistungen auf wissenschaftlichen und anderen Gebieten vor Augen zu halten, um sich geistige Stabilität und Glauben an die Zukunft zu bewahren. Außer diesen bedeutenden kulturellen Beiträgen bietet die Menschheit ziemlich wenig, was diesen Glauben bestärken könnte.“*[55] Kaluza bewahrte in diesen Jahren, als alle Ereignisse dagegen sprachen und der Nationalsozialismus die Welt in eine Katastrophe gestürzt hatte, seinen Glauben an die Menschheit. Nur die Freude an der Erkenntnis, die Kaluza in der Wissenschaft so oft erlebt hatte, und seine tiefe Überzeugung, dass das menschliche Dasein und das Universum einen bedeutenden Sinn haben, verliehen ihm offenbar die Kraft, die Hoffnung zu bewahren. In jungen Jahren hatte er seiner Frau einmal geschrieben, dass „das Bewusstsein, auf dieser weiten Welt, die einem so wenig Ideales übrig lässt“, an eine wirklich große Idee zu glauben, einem helfen kann, dass „all der andere äußerliche Zwang, all die kleinen Leiden und Freuden des Alltagslebens kleinlich, fast lächerlich“ erscheinen.[56] Seine geistige Kraft entsprang aus der Überzeugung, dass trotz des in der menschlichen Geschichte immer wieder auftretenden Wahnsinns das Leben einen tiefen Sinn hat. Diese Idee von unermesslicher Schönheit verleiht die Stärke, allen Leiden widerstehen zu können. Kaluzas Idealismus wurde im Laufe seines Lebens vielen Prüfungen ausgesetzt. Besonders während des Zweiten Weltkriegs zeigte Kaluza aber, wie stark die geistige Kraft war, die dieser Überzeugung entsprang.

Es galt nun, die Hoffnung nicht aufzugeben und das Mathematische Institut als Symbol geistiger Werte zu retten. Kaluza bemühte sich, wie so viele andere Professoren, die an die Front geschickten Studenten und Assistenten zurückzuholen. Die Anzahl der Studierenden in der Mathematisch-Naturwissenschaftlichen Fakultät war 1930 auf dem Höchststand von 1.200. 1941 erreichte sie einen Tiefstand von unter 150. Nach der Rückkehr verwundeter Soldaten von der Front und infolge der Bemühungen vieler Professoren, ihre ehemaligen Studenten und Assistenten für „kriegswichtige Forschung“ vom aktiven Kriegsdienst befreien zu lassen, studierten 1943 an der Mathematisch-Naturwissenschaftlichen Fakultät 220 Frauen und 185 Männer.[57] Diese Rückstellungen von Personal zu

---

[55] Weisskopf (1991), S. 50.
[56] Brief von Theodor Kaluza an Anna Bayer vom 25. Dezember 1907, NTK.
[57] Wegeler (1996), S. 255.

erreichen, war eine mühsame Aufgabe, die einige Göttinger Professoren vollauf beschäftigte.[58] Die Kriegsforschung im Mathematischen und Physikalischen Institut bot die Möglichkeit, durch die sogenannte Uk.-Stellung Naturwissenschaftler und Techniker aus den kämpfenden Truppen zurückzubeordern. So wurde zum Beispiel Theodor Schneider, Siegels Assistent, im Januar 1945 aus wissenschaftlichen Gründen nach Göttingen geholt. Kaluza hatte, wie auch der Rektor der Universität Freiburg, Wilhelm Süß, bereits lange zuvor Schneiders Uk.-Stellung beantragt. Wessen Antrag Erfolg hatte, ist nicht mehr festzustellen.[59] Zu berücksichtigen ist jedoch, dass Wilhelm Süß als Mitglied der NSDAP und Vorsitzender der DMV[60] weit mehr Einfluss als Kaluza hatte.

Die Aufrechterhaltung des Lehrbetriebs an der Universität war mit großer Anstrengung verbunden. Kaluza beklagte sich trotzdem niemals und tröstete sogar noch andere. Als geschäftsführender Direktor des Mathematischen Instituts sah er offenbar seine Aufgabe darin, die geistigen Werte während dieser schweren Zeiten zu verteidigen und sich nicht aufzugeben. Er verhinderte, dass die Bibliothek des Mathematischen Instituts 1942 zum Schutz gegen Luftangriffe in den Keller transportiert wurde. Er wies darauf hin, dass diese Maßnahme das Ende der Aktivitäten des Mathematischen Instituts bedeutet hätte. In seinem Schreiben erkennt man den Einsatz eines Menschen, der sich zur Aufgabe macht, all diese praktischen Vorgänge, die einem Theoretiker gewöhnlich lästig sind, zu bewältigen: „Bei buchstäblicher Anwendung der naturgemäß für den Normalfall zugeschnittenen Luftschutzrichtlinien auf den Sonderfall des MI müsste dessen Bücherei eigentlich als Ganzes in das Untergeschoß verbracht werden, wo sie aus Raummangel nur in einer Form gestapelt werden könnte, die eine weitere Benutzung praktisch ausschließen würde. Es wäre nun an sich durchführbar, unter Benutzung des Zeichensaales und des Auditoriums, das dann natürlich als Hörsaal fortfallen würde, die Bücherei wieder in benutzbarer Form, in den für diesen Zweck umzusetzenden Regalen, aufzustellen. Es erscheint mir aber sehr fraglich, ob die durch die Zwischenhaltung einer einfachen Zimmerdecke gewonnene Sicherheitserhöhung so beträchtlich wäre, dass sie den dazu erforderlichen Aufwand von Material und Arbeitskräften, die beide in der Jetztzeit kaum zu beschaffen wären, rechtfertigen würde. Ich bitte daher, nach Anhören der für den

---

[58] Vgl. Rosenow (1987), S. 393.

[59] Schappacher (1987) (II), S. 52. Durch solche Rückrufaktionen wurde unter dem Leiter des Planungsamtes im Reichsforschungsrat, Professor Werner Osenberg, die Rückstellung von ungefähr 5.000 Wissenschaftlern und Technikern von der Front erreicht. Vgl. Rosenow (1987), S. 393.

[60] Zu Wilhelms Süß politischen Einfluss in der Zeit des Nationalsozialismus siehe Remmert (2004), S. 168–170.

Luftschutz maßgebenden Stellen, darüber entscheiden zu wollen, ob eine solche Verlegung der Bücherei sinnvoll und ratsam erscheint."[61] Kaluza erreichte zunächst, dass die Bibliothek nicht verlegt wurde. Seine Argumentation ist nicht nur diplomatisch, sondern auch durch ihre ausführlichen praktischen Hinweise überzeugend. Sie ist ein typisches Beispiel seiner Standhaftigkeit. Gegen Ende des Krieges wurde die Bibliothek des Mathematischen Instituts dann doch in das Bergwerk nach Volpriehausen verlegt. Dadurch gingen um die 11.600 Bände verloren (der Qualitätsverlust wurde auf ca. 75 % geschätzt).[62]

Obwohl die Angst vor Luftangriffen zunahm und seit 1943 der Unterricht immer häufiger durch Fliegeralarm unterbrochen wurde, blieb das Mathematische Institut vor schweren Beschädigungen verschont. Nur die Luftangriffe vom 23. und 24. November 1944 verursachten Schäden in einigen Räumen der Universität. Der Mittelbau der Universitätsbibliothek in der Prinzenstraße 1 stürzte ein, doch niemand wurde verletzt. Das Auditorium in der Weender Landstraße 2 erlitt schwere Glasschäden, die Universitätskirche in der Nikolaistraße und das klassizistische Gebäude der Anatomie am Bahnhof wurden stark beschädigt. Im Mathematischen und im Physikalischen Institut, wo Kaluza und seine Tochter arbeiteten, gab es nur Glasschäden, 40 bis 50 Fensterscheiben gingen zu Bruch.[63] Wenige zweifelten noch daran, dass das Ende des Krieges nahte.

Ein weiteres Vorkommnis sollte die letzten Kriegsjahre überschatten. 1940 war der Altphilologe Hans Drexler nach Göttingen berufen worden. Er bekleidete außer dem Professorenamt auch die Funktion eines Offiziers. Seit Sommer 1941 hatte er bereits die Stelle des Dozentenbundführers an der Universität inne. Außerdem war er auch Berichterstatter für den Sicherheitsdienst der SS. Hans Drexler gehörte zu den nationalsozialistisch engagierten Wissenschaftlern. Er behielt auch nach dem Krieg bis zu seinem Lebensende die Überzeugung bei, ein „guter" Nationalsozialist gewesen zu sein.[64] Bereits mit der Machtübernahme durch Hitler war Drexler gewillt, dem Nationalsozialismus zu dienen. 1935 erhielt er die Berufung an das Breslauer Institut für Klassische Philologie, wo er sich in einer Reihe von Vorträgen zum Thema „Wissenschaft und Weltanschauung" damit beschäftigte, nationalsozialistische Ideologie wissenschaftlich zu begründen.[65] Er arbeitete in Breslau 1933 nicht nur als Mitglied des NS-Lehrerbundes mit der Studentenschaft zusammen, sondern wurde auch zum Gutachter des NS-

---

[61] Brief von Kaluza an den Kurator vom 7. November 1942, Kuratorialakte, UAG.
[62] Schappacher (1987) (I), S. 53.
[63] „Göttingen: Schaden an der Universität", Rep 76/650, GSB.
[64] Vgl. Wegeler (1996), S. 244.
[65] Vgl. ebd., S. 246.

Dozentenbundes über politische und fachliche Eignung von Kollegen bei Berufungen. 1937 wurde er in die NSDAP aufgenommen.

1943 wurde Hans Drexler zum Rektor und damit zum „Führer" der Göttinger Universität ernannt.[66] Seine Antrittsrede, die er im Herbst vor Universitätsmitgliedern und geladenen Gästen der Parteihierarchie hielt, benutzte Drexler dazu, seine Amtsautorität als „Führer" der Universität zu festigen und ihr „eine historische Dimension zu verleihen".[67] Seine Autorität sollte dazu dienen, die „deutsche Wissenschaft" zu ihrem festgelegten Ziel zu führen; dieses war „die Orientierung des Volkes, dessen Aufklärung, [...] im militärischen Sinn. Denn das Volk soll von der Wissenschaft für den Kampf gerüstet werden, indem die Wissenschaftler es über den Feind aufklären."[68] Seine Rede fand bei der Gauleitung ein sehr positives Echo, wie sich Drexler noch 30 Jahre später erinnerte.[69]

Im Februar 1944, einige Monate nach seinem Amtsantritt, verfasste er einen elfseitigen Bericht über „Notstände, die den Lehr- und Forschungsbetrieb an der Universität Göttingen beeinträchtigen".[70] Der vertrauliche Anhang zu diesem Bericht bestand aus einer Liste der Namen von Professoren, die nach Drexlers Meinung für die Universität nicht geeignet waren. Dazu machte er die Bemerkung: „Wenn auch an sich an dem Grundsatz der Unabsetzbarkeit und Unersetzbarkeit der Hochschullehrer unbedingt festgehalten werden muss, so ist auch nicht zu bestreiten, dass gelegentlich auch hier *summum ius* zu *summa injuria* wird."[71] Auf dieser Liste befanden sich die Namen von 14 Personen, darunter auch Kaluzas. Offensichtlich war Drexler der Ansicht, dass Kaluza nicht vertrauenswürdig im Sinne des Dritten Reiches war. In seinem Bericht wurde er von Drexler folgendermaßen charakterisiert: „Professor Kaluza – wissenschaftlich, gemessen an der Göttinger Tradition, ausgesprochen schwach. Menschlich wunderlich und gänzlich unausgiebig."[72]

---

[66] Eine Reform der Hochschulverfassung bestand darin, dass der Rektor als „Führer" der Universität fungierte. Dadurch sollte die akademische Selbstverwaltung beseitigt werden, vgl. Kamp (1988), S. 104.

[67] Wegeler (1996), S. 249.

[68] Ebd., S. 250.

[69] Ebd.

[70] „Notstände, die den Lehr- und Forschungsbetrieb an der Universität Göttingen beeinträchtigen", Februar 1944, Rek. 1408, UAG, ich danke Klaus P. Sommer für den Hinweis auf diese bis dahin der Forschung unbekannte Akte und ihren sehr interessanten, neue Einsichten gewährenden „vertraulichen Anhang" (siehe die folgenden drei Anmerkungen).

[71] „Notstände, die den Lehr- und Forschungsbetrieb an der Universität Göttingen beeinträchtigen", Februar 1944, „Vertraulicher Anhang", Rek. 1408, UAG.

[72] Ebd.

Diese stichwortartige Charakterisierung ist in der damaligen Sprache kodiert. Sie ist auf die Tatsache zurückzuführen, dass Kaluza nicht ‚engagiert bei der Sache' war. Trotz seiner diplomatischen Vorgehensweise merkte man allmählich, dass er sich häufig aus Aufgaben heraushielt, deren Erfüllung Treue zum Regime voraussetzte. Außer seinen Vorlesungen und Arbeiten am Institut nahm er kaum an anderen Aktivitäten teil. Von den Fakultätssitzungen ließ er sich oft entschuldigen, außerdem war er nicht zu einer Zusammenarbeit in dem von Drexler geforderten nationalsozialistischen Geist bereit, daher „gänzlich unausgiebig". Wenn man die „Beschreibung" von Kaluza mit anderen Charakterisierungen Drexlers auf derselben Liste vergleicht, erscheinen die Formulierungen grotesk: *„Professor [Walter] Birnbaum – vollständiger Lehrmisserfolg, wissenschaftlich bedeutungslos. Professor [Wilhelm] Ebel – wissenschaftlich und als Lehrer gut, aber bis ins Pathologische schwierig. Übrigens ist auch gegen ihn ein Disziplinarverfahren anhängig, das durchgeführt worden wäre, wenn er sich nicht bei der Wehrmacht befände. Professor Krantz – verkauzt und verbittert. Professor [Walter] Weigmann – auf seinem Gebiet kenntnisreich, theoretisch und gedanklich durchaus unzulänglich."73*

Drexlers fachliche Kritik an Kaluza bezog sich offenbar auf die Unzufriedenheit des Instituts für Strömungsforschung, das von Kaluza mehr Einsatzfreudigkeit verlangte. Kaluzas Stundenplan betrug wöchentlich etwa 50 Stunden, eine sehr hohe Zahl.74 Das nahm ihn sehr in Anspruch. Nach Beendigung dieses Auftrages vermied er jeglichen Kontakt mit treuen Vertretern des Regimes. Drexlers Bericht hatte wegen der weiteren politischen Entwicklung keine spürbaren Auswirkungen mehr. Kaluza erfuhr auch nie von der Existenz dieser Liste. Man kann sich jedoch unschwer vorzustellen, welche Folgen dieses Schreiben gehabt hätte, wenn der Krieg nicht so schnell zu Ende gegangen wäre.

Wenige Monate später erstellte Drexler eine zweite Liste, die gefährlichere Folgen hätte haben können. Nach dem Attentat auf Hitler am 20. Juli 1944 führte Drexler unter dem Druck des Göttinger Gauleiters Namen von Personen auf, die verdächtigt wurden, dem Nationalsozialismus fernzustehen. Auf dieser Liste befand sich auch der Physiker Robert Pohl, Direktor des I. Physikalischen Instituts und Freund Kaluzas. Pohl war neben James Franck, dem Physik-Nobelpreisträger von 1925, einer der führenden Vertreter der Experimentalphysik in

---

73 „Notstände, die den Lehr- und Forschungsbetrieb an der Universität Göttingen beeinträchtigen", Februar 1944, „Vertraulicher Anhang", Rek. 1408, UAG. Da Birnbaum und Ebel Nazis waren, weist ihre Aufnahme auf die Liste darauf hin, dass Drexler ganz neue Maßstäbe entwickelt hatte, was ein guter Nazi ist.

74 Vgl. Kaluzas Liste über den Stundenplan für das Sommersemester 1944 vom 1. Juli 1944, Ordner Theodor Kaluza, APG.

Deutschland.[75] Pohl hatte sich klar gegen die Deutsche Physik ausgesprochen und machte in seinen Vorlesungen abwertende Anspielungen. Einmal sagte er in einer Vorlesung zur Freude einiger seiner Hörer, dass Braun keine Farbe sei, eine Äußerung, die politisch als Abwertung des Nationalsozialismus interpretiert werden konnte.

Pohl war tatsächlich vom Hitlerattentat durch den Studienrat Hermann Kaiser informiert gewesen, der Kriegstagebuchführer beim Oberkommandierenden des Ersatzheeres und ein wichtiger Koordinator zwischen zivilen und militärischen Verschwörern des 20. Juli war. Hermann Kaiser versuchte bei einem Besuch im Hause Pohl, diesen für ein Amt in der Unterrichtsverwaltung im Fall von Hitlers Beseitigung zu interessieren. Pohl berichtete später in einem Brief über dieses Geschehen: „Etwa eine Stunde nach diesem Gespräch kamen etliche Gäste aus dem Kollegenkreis, um deren Einladung mich Herr Kaiser gebeten hatte. Herr Kaiser setzte, wenn auch nicht so deutlich wie unter vier Augen, seine Ansichten über einen bald fälligen Wechsel der Dinge auseinander."[76]

Es ist höchst wahrscheinlich, dass sich unter den Kollegen, die an dem Tag eingeladen waren, auch Kaluza als guter Freund Pohls befand. In einer derartig gefährlichen Angelegenheit hatte Pohl selbstverständlich nur vertrauenswürdige Kollegen, die kritisch dem Nationalsozialismus gegenüberstanden, um sich versammelt. Über die weiteren Ereignisse berichtete er: „Wenige Monate später erschien Herr Kaiser abermals und erklärte mir in großer Erregung, einer meiner Gäste habe offenbar nicht dicht gehalten. General Beck habe die Gespräche in meinem Hause erfahren und mache es mir zur Pflicht, alles abzuleugnen, falls mich die SS vernehmen sollte. [...] Nach diesen Vorfällen betrachtete ich mich nach dem missglückten Attentat als ernstlich gefährdet und ich möchte die Monate der Angst nicht noch einmal durchleben. Herr Kaiser ist sehr bald verhaftet und hingerichtet worden."[77] Pohl wurde nach dem Hitlerattentat wegen seiner Äußerungen in den Vorlesungen gegen das nationalsozialistische Regime, vor allem vom Ortsgruppenleiter, dem er schon längst ein Dorn im Auge war, als Sympathisant verdächtigt. Dadurch kam er – zusammen mit etwa 15 weiteren Personen – auf die Liste von Drexler. Es ist zu vermuten, dass auch Kaluza auf der Liste stand. Er hatte sich ja bereits auf der vorigen Liste Drexlers befunden, und seine Charakterisierung als „unausgiebig" bezog sich auf seine Einstellung gegenüber den Machthabern: Er stand dem Nationalsozialismus nämlich fern. Es lässt sich aber nicht mehr mit Sicherheit feststellen, welche Namen auf der Liste stan-

---

[75] Weisskopf (1991), S. 43.
[76] Rosenow (1987), S. 394.
[77] Ebd.

den, weil Drexler sie am Ende des Krieges vernichtete. Glücklicherweise blieb die berüchtigte Liste für alle Verdächtigen ohne Folgen.

Kaluzas Standhaftigkeit während der Zeit des Nationalsozialismus beruhte auch auf Albert Schweitzers ethischen Ansichten, die er hoch schätzte:[78] Der bekannte Humanist hatte bereits 1923 in seinem Buch „Kultur und Ethik" betont, dass „die von der Gesellschaft auferstellte" Ethik „unvermögend" sei, „die Humanität [zu] wahren", und dass gerade die Nationalstaaten ihren Bürgern eine „biologisch-sozialwissenschaftliche und nationalistisch verfärbte Ethik" aufzwingen. Schweitzer forderte die Menschen auf, sich gegen diese „Ethik der Gesellschaft" aufzulehnen, um im Rahmen ihrer Individualethik die Werte des Humanismus zu bewahren.[79]

In dieser Zeit der Angst und Unsicherheit, in der alles aus den Fugen geraten zu sein schien, zog Kaluza sich immer mehr zurück. „Wenn aber alles außer uns wankt, so ist allein noch in unserm Innern eine sichere Zuflucht offen"[80], hatte Wilhelm von Humboldt in seiner beeindruckenden Abhandlung von 1797 „Über den Geist der Menschheit" hervorgehoben. Die Einsamkeit gab Kaluza die Möglichkeit, wieder zur inneren Harmonie zu finden. Er sehnte sich nach Ruhe, die er manchmal in seinem schönen Garten fand, wo er durch die Beobachtung der Pflanzen und kleinen Tiere wieder ins innere Gleichgewicht kam. Einmal stellten die Kaluzas einen alten Strohbären in den Kirschbaum, damit die Vögel nicht die Kirschen holten. Die Vögel reagierten zunächst abwartend, doch es dauerte nicht lange, bis sie merkten, dass ihnen dadurch keine Gefahr drohte, und schon bald holten sie sich wieder die guten Kirschen. Kaluza lachte erheitert darüber und meinte: „Sie sind viel intelligenter, als wir sie halten."[81] Auch die kleinen Arbeiten im Garten, wie Hecke und Bäume schneiden, entspannten ihn. Danach konnte er zu seinen Büchern zurückkehren. „Krieg und Frieden" lag auf seinem Schreibtisch, er las in dieser Zeit immer wieder darin. Die humanistische Botschaft dieses Romans gab ihm neue Kraft.

---

[78] Siehe Theodor Kaluza junior (1991).

[79] Schweitzer (1923) in Schweitzer (1996), S. 312.

[80] Humboldt (1797), S. 324.

[81] Brief von Theodor Kaluzas Tochter an die Autorin vom 19. Februar 1997.

Abb. 42: Foto: Das Göttinger Lese- und Arbeitszimmer Kaluzas im Hainholzweg 64

Die Literatur war eine der Quellen, die Kaluza auch während des Krieges moralische Stärke verliehen. Schiller und Shakespeare waren seine Lieblingsdichter. Von Schiller kannte er ganze Gedichte auswendig. Auch Dramen von Shakespeare konnte Kaluza zum Erstaunen seiner Zuhörer aus dem Gedächtnis rezitieren. Das Nibelungenlied kannte er auswendig in Mittelhochdeutsch, und aus der altnordischen Edda-Sage rezitierte er ganze Ausschnitte. Sehr oft las er damals die Bücher von Gilbert Keith Chesterton. Die Weisheit und der feine Humor des englischen Autors erheiterten ihn immer wieder. Die Hauptfigur seiner Bücher, Pater Brown, ein katholischer Priester, der mit seinem gesunden Menschenverstand und mit seiner Naivität die verwickeltsten Rätsel besser als die erfahrensten Kriminalbeamten lösen konnte, hat Kaluza immer wieder begeistert. In dieser Zeit, als das Leben unsicher geworden war, entdeckte jeder die Werte, die ihm am wichtigsten waren. Die Existenz der geistigen Werte hatte in Kaluza immer das Vertrauen erweckt, dass das menschliche Dasein trotz seiner Widersprüche und Unzulänglichkeiten einen tiefen, unvergänglichen Sinn haben musste. Kaluza, der in Kants Geist des „ewigen Friedens" erzogen worden war, und der jede Form von Gewalt verabscheute, empfand den Krieg als eine schwere Prüfung. Er machte sich ständig Sorgen um die beiden geliebten Wesen, die in den Krieg ziehen mussten: um seinen Sohn und den Ehemann seiner Tochter. Sein Sohn kämpfte seit 1941 an der Ostfront. Sein Schwiegersohn war bereits am Anfang des Krieges eingezogen worden. Er hatte in Frankreich und anschließend an der russischen Front gekämpft. Seit langem hatte Dorothea keine Nachricht von ihm erhalten. Doch ihr Vater versuchte immer wieder, ihr Mut zu machen. Sie durfte nicht traurig werden. „Nie habe ich so oft mit meinem Vater wie in dieser Zeit gelacht", erinnerte sie sich. Ihr Vater hatte einen Humor, der es ihm ermöglichte, in beinahe jeder Situation das Komische zu entdecken. Er wusste, dass man in dieser Zeit keinesfalls die Hoffnung verlieren durfte. Andernfalls würden die Schatten übermächtig, und es fiele schwer, noch an eine gute Welt zu glauben.

Einst hatten die Worte des großen Königsberger Philosophen in seinem Werk „Die Metaphysik der Sitten" so überzeugend und hoffnungsvoll geklungen: „*Es soll kein Krieg sein;* weder der, welcher zwischen Mir und Dir im Naturzustande, noch zwischen uns als Staaten, die obzwar innerlich im gesetzlichen, doch äußerlich (im Verhältnis gegeneinander) im gesetzlosen Zustande sind –; denn das ist nicht die Art, wie jedermann sein Recht suchen soll".[82] Kant hatte sogar von den Völkern die totale Entwaffnung gefordert: „*'Stehende Heere (miles perpetuus) sollen mit der Zeit ganz aufhören.' Denn sie bedrohen andere Staaten unaufhörlich mit Krieg, durch die Bereitschaft, immer dazu gerüstet zu erscheinen [...] wozu kommt, dass, zum Tödten oder getödtet zu werden in Sold genommen zu sein, einen Gebrauch von Menschen als bloßen Maschinen und Werkzeugen in der Hand eines Andern (des Staats) zu enthalten scheint, der sich nicht wohl mit dem Rechte der Menschheit in unserer eigenen Person vereinigen lässt.*"[83] Hatten die Worte von Kant bewirkt, dass die Völker nicht mehr Krieg gegeneinander führten? Jetzt zeigte sich, dass die Welt weniger denn je bereit war, sich an diese Worte, an die Kaluza immer geglaubt hatte, zu halten.

---

[82] Kant (1797), in Beschluss zu „Metaphysische Anfangsgründe der Rechtslehre", S. 354, Hervorhebung im Original.
[83] Kant (1795), S. 345.

Kaluza beklagte sich nie über die materiellen Entbehrungen, die in dieser Zeit zu spüren waren. Die Lebensmittel waren knapp, selten konnte man satt vom Tisch aufstehen. Als es schwer wurde, Tabak zu finden, gewöhnte sich Kaluza das Rauchen der Pfeife ab, die ihn immer, auch an der Front im Ersten Weltkrieg, begleitet hatte.[84] Doch seine wissenschaftliche Beschäftigung bereitete ihm immer die größte Freude. Seine Zusammenarbeit mit Wissenschaftlern in dieser Zeit zeugt auch von seinem unermüdlichen Interesse an der neuesten Forschung. So regte er die Arbeit des Astronomen Paul ten Bruggencate „Zur Lind'badschen Rotations-Theorie der Milchstraße" an, die 1943 der Akademie der Wissenschaften in Göttingen vorgelegt wurde. In dieser Veröffentlichung trug Kaluza zur Herstellung des Zusammenhangs zwischen den physikalischen und mathematischen Größen bei und entwickelte das mathematische Gerüst. Über Kaluzas Mitwirkung ist zu lesen: *„Prof. Kaluza habe ich für die anregenden Diskussionen über die bei Potenzpotentialen vorliegenden Verhältnisse, sowie über die mathematischen Entwicklungen in II § 2 sehr zu danken. Er hat auch die Freundlichkeit gehabt, die Formeln dieses Paragraphen zu überprüfen."[85]* Es handelte sich nämlich um die Untersuchung der Gravitationspotentiale eines Sterns, der sich im Innern eines rotationssymmetrischen Sternsystems wie der Milchstraße befindet.

Unter den wenigen Freunden, die er in dieser Zeit sah, waren Herglotz und Pohl. Mit Herglotz ging er öfter auf der Straße auf und ab und diskutierte dabei über die Probleme am Institut. Herglotz, der sich gern in der Tracht seiner österreichischen Herkunft kleidete, nahm selten am Leben des Instituts teil. Er konnte sich mit der politischen Situation in Deutschland schwer abfinden. Die Kompromisse, die Hasse mit den verschiedenen Funktionären eingehen musste, missbilligte Herglotz. Er verhinderte die Habilitation von Ziegenbein, der Hasse einen gewissen Schutz vor den nationalsozialistischen Ämtern gab. Herglotz wandte ein, dass dessen Arbeiten nicht dem Niveau Göttingens entsprachen. 1942 schlug Hasse Ziegenbein als Oberassistent vor. Herglotz sprach sich strikt dagegen aus. Zwischen beiden vermittelte Kaluza. Er wollte sie zur Vernunft bringen, denn man durfte nicht vergessen, dass Krieg war und allen dieselbe Gefahr drohte. Hasse hatte sich in einem Brief vom 21. Februar 1942 an Kaluza gewandt und ihn um Unterstützung für Ziegenbeins Ernennung zum Oberassistenten gebeten.[86] Ziegenbeins Beförderung kam nicht zustande, was ein Hinweis darauf sein könnte, dass sich auch Kaluza nicht für ihn einsetzte. Kaluza musste öfter seine Unterschrift unter diplomatische Absagen an Hasse setzen: *„Nach Ihrem Anruf habe ich noch drei Besprechungen mit Herrn Paul vom Phys[ikalischen] Institut und zwei*

---

[84] Brief von Theodor Kaluzas Tochter an die Autorin vom 12. Oktober 1998.
[85] Bruggencate (1943), S. 90.
[86] Brief von Hasse an Kaluza vom 21. Februar 1942, NTK.

mit dem Kurator gehabt und dabei meinen ersten Eindruck bestätigt gefunden, dass es diesmal durchaus nicht so eindeutig im Interesse unseres Institutes liegen würde, es so schroff abzulehnen, wie es, nach unserem Ferngespräch zu schließen, Ihre Absicht ist.[87] Es ging um die Benutzung der Gästezimmer für eine Assistentenfamilie im Mathematischen Institut, als Wohnraum bereits knapp geworden war.

Kaluzas Tochter Dorothea arbeitete in dem nicht weit vom Mathematischen Institut entfernten Physikalischen Institut. Sie hatte seit 1940, als ihr Mann, Jurist in Göttingen, an die Front geschickt wurde, eine Halbtagsarbeit am Institut für angewandte Elektrizität angenommen. Der Direktor, Professor Max Gustav Hermann Reich (1874–1940), war „ein sehr sympathischer offener Mensch" und wurde ein guter Freund von Kaluza.[88] Reich starb jedoch früh, noch während des Krieges. Vater und Tochter gingen öfter zusammen den Weg nach Hause, über den Albanifriedhof und dann den Hainholzweg bergauf. Kaluza hatte in dieser Zeit in einem Maß zu arbeiten, das seine Kräfte weit überstieg: Neben seinen Vorlesungen, Seminaren und Prüfungen in der Mathematik, die ihn sehr in Anspruch nahmen, war er sehr häufig auch noch Beisitzer bei Physikprüfungen.[89]

Obwohl er „alles wie aus dem Ärmel schüttelte", hat ihn doch die viele Arbeit stark belastet.[90] Im Juni 1943 erkrankte er an einer Grippe mit bakterieller Infektion des Herzens. Deshalb musste er mehrere Wochen dem Lehrbetrieb fernbleiben. In diesem Jahr wurde er immer wieder krank. Herzbeschwerden und Schwäche machten sich bemerkbar. Im Sommer musste er seine Dienstreise nach Berlin unterbrechen: „Auf meiner Reise nach Berlin bekam ich infolge körperlicher Überanstrengung Herzbeschwerden, die mich nötigten, hierher zurückzukehren."[91] Er ging nach Rositten auf der Kurischen Nehrung, wo er sich bis September in der geliebten samländischen Landschaft erholte. Es sollte sein letzter Besuch in seiner Heimat Ostpreußen sein.

Kaluzas finanzielle Schwierigkeiten hatten auch in den Göttinger Jahren nicht aufgehört. Seit dem Verlust des Vermögens seines Vaters durch die Inflation nach dem Ersten Weltkrieg kam er aus den Schulden nicht mehr heraus. Sein Jahreseinkommen hatte sich durch die Berufung nach Göttingen zwar um 40 % verbessert, doch Kaluza hatte auch weiterhin viele Ausgaben. Die Bücher kosteten ihn etwa ein Fünftel seines Einkommens. Es kam so weit, dass 1940 eine gerichtliche Zahlungsaufforderung gegen Kaluza verhängt wurde. Er schuldete der

---

[87] Brief von Kaluza an Hasse vom 5. Januar 1942, NTK.
[88] Brief von Theodor Kaluzas Tochter an die Autorin vom 28. April 1998.
[89] Ebd.
[90] Ebd.
[91] Brief von Theodor Kaluza an den Kurator vom 24. August 1943, Kuratorialakte, UAG.

Buchhandlung noch etwa 1.500 Reichs-Mark.[92] Der Kauf von Büchern gehörte zum Leben dieses Gelehrten. In Kaluzas Aufzeichnungen während des Krieges ist zum Beispiel auch das 1942 gekaufte Buch „Atomtheorie I" verzeichnet.[93]

Erhebliche Kosten entstanden auch durch die Nervenkrankheit seiner Frau, die seit 1930 jedes Jahr mehrere Monate bettlägerig war und öfter Kuraufenthalte benötigte. Seit Beginn des Dritten Reiches hatte sich ihr nervlicher Zustand verschlechtert; durch den Tod ihres Vaters war eine zusätzliche heftige Beeinträchtigung eingetreten. Seit 1938 vermehrten sich deshalb Kaluzas Anträge auf Gehaltsvorschüsse und Beihilfen, wie zum Beispiel am 11. Januar 1938: „Ich sehe mich daher genötigt, um eine nochmalige Gewährung eines Gehaltsvorschusses in Höhe von RM 720,– zu bitten, den ich in zwölf Monatsraten zu je 60,– RM abtragen möchte".[94] Am 8. Juli desselben Jahres wurde auch ein Gehaltsvorschuss von RM 840,– wegen der „starken finanziellen Belastung durch ein chronisches Nervenleiden" der Ehefrau und „die besonderen Ausgaben für die Doktorprüfung des Sohnes in Kiel", sowie für die „Sonderaufwendungen für die Verlobung der Tochter" erbeten.[95] Am 13. Oktober 1938 ersuchte er um die Auszahlung von RM 1.500,– für die ärztliche Behandlung seiner Frau. Seine Anträge bilden eine Reihe, die kein Ende zu nehmen schien: Am 20. Mai 1939 erbat er einen Vorschuss von 840,– RM und am 30. Juli 1939 ersuchte er um eine Beihilfe „zur Beisteuerung der für die chronische Erkrankung" der Ehefrau benötigten Mittel, am 20. August 1940 bat er um „Gewährung eines Gehaltsvorschusses in Höhe von RM 840,– für das „viermonatliche Krankenlager mit anschließendem Kuraufenthalt in Traunstein" und am 29. August 1940 um einen Gehaltsvorschuss von 1.250,– RM für „eine Bereinigung meiner wirtschaftlichen Schwierigkeiten".[96]

1941 verfiel Kaluzas Frau nach Erhalt der Nachricht über den Tod ihres Bruders in einem Gefängnis in Metz in tiefe Depression. Ihr gesundheitlicher Zustand verschlechterte sich weiter. Mehrmalige Aufenthalte in Traunstein wurden nötig. Anna war streng katholisch. In der Zeit des Nationalsozialismus brachte

---

[92] Dies stellte etwa ein Monatseinkommen dar, in XVI.V.A.a.60, UAG.

[93] Im Ausgabenheft des Jahres 1942, am 26. August 1942, NTK. Auch an seinen Ferienorten kaufte er Bücher, z.B. in Pfronten aus der russischen und englischen Buchhandlung. Nach einem Ausgabenheft von Kaluza von 1936, NTK. Es lässt sich nicht mehr feststellen, welchen Autor das Buch hatte, es handelte wahrscheinlich um das Buch „Atomtheorie" von Arthur Erich Haas, das 1936 in der dritten Auflage erschienen war. Es ist aber auch möglich, dass Kaluza das 1922 erschienene Buch von Paul Kirchberger „Atom und Quantentheorie: 1. Atomtheorie" gekauft hat.

[94] Brief von Theodor Kaluza an den Kurator vom 11. Jan. 1938, in XVI.V.A.a.60, UAG.

[95] Brief von Theodor Kaluza an den Kurator vom 8. Juli 1938, in ebd.

[96] Ebd.

sie durch unverblümte Äußerungen über die Unmenschlichkeit und Gottlosigkeit der neuen Machthaber sich und ihre Familie in Gefahr. Sie konnte sich offenbar mit der Situation nicht abfinden. Einmal wurde sie in Göttingen von der Gestapo verhört, weil sie Zwangsarbeiterinnen mit Kindern helfen wollte.[97] Anna Kaluza hatte nicht die Überlegenheit, die es ihrem Mann erlaubte, auch in den schwierigsten Situationen die Vernunft und das Gleichgewicht zu bewahren. Nur die Position und die Beziehungen ihres Mannes halfen, über diese Zeit glimpflich hinwegzukommen.

* * *

Im Frühjahr 1945 war die bevorstehende Niederlage Deutschlands nur noch eine Frage von Wochen. Die amerikanischen Truppen rückten immer weiter vor. Am 8. April um die Mittagszeit begann das amerikanische Artilleriefeuer auf Göttingen. Kaluza, seine Frau und ihre Schwiegertochter Ingemarie liefen zu Herglotz, der in derselben Straße zwei Häuser weiter wohnte. Sein Keller galt als sicherer. Deshalb verbrachten die beiden Familien dort öfter die Zeit während der Luftangriffe.

Herglotz lebte nach dem Tod seiner Mutter allein in seinem Haus. Luise, seine kräftige bayerische Haushälterin, sorgte für alles. An diesem Tag saßen alle fünf schweigend im Keller und warteten auf das Kriegsende. Kaluza stand nach einigen Minuten auf und ging zum Entsetzen seiner Frau und seiner Schwiegertochter hinaus, um die Fenster seines Hauses zu öffnen, damit die Scheiben nicht zerbrachen. Er selbst hatte keine Angst. Zum Glück passierte nichts. Der Angriff dauerte zwei bis drei Stunden, in denen jeder versuchte, mit seiner Angst fertig zu werden. Stärker als diese Angst war aber die Erleichterung: Der Krieg ging zu Ende.

Woran mag Theodor Kaluza gedacht haben? Bestimmt auch an seinen Sohn, der sich im Auftrag der Sternwarte Babelsberg noch im stark bombardierten Berlin befand. Und an seine Tochter, die ein paar Straßen weiter im Keller ihrer Wohnung Zuflucht gesucht hatte, an die vielen schwierigen Jahre der Isolation, die er – getrennt von den meisten seiner Freunde – durchstehen musste; an die vielen Opfer dieses verheerenden Krieges. Es war gewiss nicht leicht, diesen Augenblick zu ertragen. Die vielen schmerzlichen Erlebnisse und Erinnerungen taten weh. Er war sich auch bewusst, dass Deutschland jetzt für alles, was im Dritten Reich geschehen war, zur Rechenschaft gezogen werden musste und dass dies eine schwierige Prüfung sein würde. Aber all das bedeutete sehr wenig im

---

[97] Theodor Kaluza junior (1991).

Vergleich zu der großen Erleichterung und dem Glücksgefühl, das alle verspürten, als amerikanische Soldaten sie drei Stunden später unversehrt aus dem Keller holten. Sie wurden freundlich behandelt.

„Der General der Infanterie Otto Maximilian Hitzfeld, derzeitiger Befehlshaber der 11. Armee, hatte die Verantwortung auf sich genommen, Göttingen kampflos zu räumen."[98] Hätte die deutsche Armee auf Anweisung der Nationalsozialisten „Göttingen als Stadt der Wissenschaft und der Lazarette" gegen die herannahenden alliierten Truppen verteidigt, so hätte das weitere menschliche Opfer zur Folge gehabt.[99] Am 8. April 1945 um 13.30 Uhr ergab sich die Stadt Göttingen kampflos dem 23. US-Infanterieregiment.[100] Am 25. April trafen bei Torgau amerikanische und sowjetische Truppen zusammen. Fünf Tage später beging Hitler Selbstmord.

Am 8. Mai kapitulierte Deutschland. Viele Menschen atmeten auf, denn mit dem Krieg gingen auch zwölf Jahre Diktatur zu Ende, die Millionen von Opfern gekostet hatten. Wenige Tage später begannen die materiellen Schwierigkeiten. Die Versorgung mit Lebensmitteln war unterbrochen. Das Telefon funktionierte nicht mehr. Aus den von Deutschland verlorenen Gebieten kamen viele Flüchtlinge nach Göttingen. Außerdem wurde die Wohnungsnot durch die Einquartierung der amerikanischen Truppen noch größer. In Kaluzas Haus wohnten in diesen Tagen mehrere Familien, insgesamt etwa 16 Menschen. Dazu gehörten auch Nachbarn, deren Häuser für die Armee geräumt werden mussten, und Verwandte aus Ostpreußen. Nach ein paar Monaten kam der Sohn nach Hause. Er hatte das Ende des Krieges in englischer Gefangenschaft erlebt. Das Sommersemester in Göttingen war bis auf weiteres unterbrochen.

---

[98] Kamp (1988), S. 112.
[99] Ebd.
[100] Ebd.

1949 gedachte man in Göttingen des hundertsten Geburtstages von Felix Klein. Außer Arnold Sommerfeld, der sich an der Akademiefeier als Redner beteiligte, wurde Hermann Weyl eingeladen, auch um ihn als Gastprofessor zu gewinnen.[1] Er sagte ab und unterschrieb seinen Brief mit „Jryl" – eine Anspielung auf sein Schicksal in der nationalsozialistischen Zeit. Er hatte Deutschland verlassen müssen und war mit seiner jüdischen Frau nach Amerika emigriert.[2] In einem seiner Briefe bemerkte Kaluza ironisch und traurig zugleich im Zusammenhang mit der Absage: „Natürlich hat er abgesagt. Das Telegramm war zwar mit Jryl unterschrieben, aber aus dem y darin schloss man scharfsinnig, dass es von ihm stamme, besonders da die Sprache deutlich als Englisch zu erkennen war."[3] Weyl lehnte alle Auftritte an deutschen Universitäten ab. Einmal allerdings reiste er nach München, wo er sich mit Professoren und Dozenten in einem Café traf. Damit brachte Weyl seinen Protest gegenüber der Haltung deutscher Universitäten während des Nationalsozialismus zum Ausdruck.[4]

Ähnliche Gefühle müssen viele emigrierte Intellektuelle in dieser Zeit gehegt haben. Einstein lehnte es für den Rest seines Lebens ab, Deutschland zu besuchen. Thomas Mann weigerte sich, den Deutschen ihre Untaten im Dritten Reich zu verzeihen. Der weltweit berühmte Repräsentant des deutschen Geistes hatte vor den Nationalsozialisten gewarnt. Er verließ Deutschland 1934, weil seine „Frau und Kinder der Schande der Rassengesetzgebung hätten anheimfallen müssen".[5] Nun vertrat er die Meinung, dass „ein ganzes Volk, von wenigen Ausnahmen abgesehen, in allen seinen Schichten die verhängnisvoll skrupellose Praxis seiner Machthaber gebilligt und bis zum letzten Augenblick verteidigt hat."[6]

---

[1] Brief von Theodor Kaluza an Nikolaus Stuloff vom 21. Januar 1949, NTK.

[2] „Jryl" ist eine hebräische Übersetzung seines Namens: „Jr" bedeutet Dorf, Städtchen, was dem deutschen „Weiler" entspricht.

[3] Brief von Theodor Kaluza an Nikolaus Stuloff vom 21. Januar 1949, NTK.

[4] Interview der Autorin mit Professor Nikolaus Stuloff. Nach seiner Aussage traf Weyl dort Perron, Stuloff und andere Dozenten. Weyl hatte akzeptiert, nach München zu kommen, weil „die Universität München, im Gegensatz zu Göttingen, keine Hochburg der Nazis gewesen war." Die Ablehnung Weyls, nach Göttingen zu kommen, bezog sich gleichzeitig auf seine Auseinandersetzung mit Hasse im Jahre 1941, die er wegen der Emigration von Siegel und des Versuchs von Helene Braun, Siegel nach Amerika zu folgen, geführt hatte. Weyl warf Hasse dabei vor, das verhindert zu haben.

[5] Stresau (1947), S. 18.

[6] Ebd..

Deutschland hatte die moralische Verantwortung dafür zu tragen. Zwischen ihm und der Heimat war eine „unüberbrückbare" Distanz entstanden.

Diese Situation war belastend. Denn außer Hunger und Elend war in jenen Jahren die geistige Isolation Deutschlands am schwierigsten zu ertragen. Was wird Theodor Kaluza in dieser Zeit gedacht und gefühlt haben? Traurigkeit darüber, dass das deutsche Volk solcher Verbrechen fähig gewesen war. Seine Integrität und sein Verhalten während dieser Zeit hat er nie hervorgehoben. Er erwartete keine Anerkennung und auch keine Belohnung für seine Standhaftigkeit. Er war sich darüber im klaren, dass der Begriff „Volk" viel zu abstrakt war, um den komplizierten sozialen Prozess in der nationalsozialistischen Zeit entwirren und beschreiben zu können. Sein Name und sein Verhalten als Direktor des Institutes rechtfertigten das Vertrauen der Mathematiker, die ihn kannten und die emigriert waren. Wilhelm Magnus, Carl Siegel, Willy Feller und Gábor Szegö pflegten nach dem Krieg zu Theodor Kaluza die gleichen freundschaftlichen Beziehungen wie zuvor, sie besuchten ihn und halfen, materielle Entbehrungen zu lindern.

In dieser schwierigen geistigen Situation nach dem Krieg trugen alle Versuche, neue Kontakte zur internationalen Kulturwelt zu knüpfen, dazu bei, Deutschlands Isolation in der Völkergemeinschaft zu überwinden. Der Rowohlt-Verlag gab seine ersten „Rotationsromane" heraus. Dank der Initiative des Verlages erschien nach und nach die deutsche und internationale Literatur, die durch die Nationalsozialisten verboten worden war. Einen Roman im Zeitungsformat, mit Rotationsmaschinen auf Zeitungspapier gedruckt, konnte man jetzt für 50 Pfennig kaufen. Die Auflage von jeweils 100.000 Exemplaren sollte den großen geistigen Durst, der nun überall spürbar war, stillen. Werke von Autoren wie Kurt Tucholsky, Franz Kafka, Joseph Conrad, James Joyce, André Gide, Hermann Hesse, T. S. Eliot oder Ernest Hemingways „In einem anderen Land" mit seiner autobiographischen Schilderung seiner Erlebnisse als Kriegsfreiwilliger an der italienischen Front wurden nun von Menschen, die 12 Jahre in geistiger Isolation gelebt hatten, begierig verschlungen. Dieses Kulturereignis wirkte befreiend.

Theodor Kaluza las die Weltliteratur, die ihm jahrelang vorenthalten worden war, mit großer Leidenschaft. Seine Schwiegertochter, eine Philologin, die während des Krieges als Buchhändlerin in Berlin gearbeitet hatte, war in diesen Nachkriegsjahren erstaunt über Kaluzas umfassende Kenntnisse der modernen Literatur.[7] Es wurden nun auch zeitgenössische Theaterstücke aufgeführt, und man konnte endlich wieder, wenn auch oft unter schwierigsten materiellen Bedingungen, Konzerte besuchen. „Im Sommer 1946 gab Elly Ney im Auditorium Maximum der TH Braunschweig einen ersten Klavierabend: es gab keinen

---

[7] Interview der Autorin mit Ingemarie Kaluza, Juni 1997.

Strom, sie spielte in der Dämmerung, die Fenster waren entzwei, so hörten auch Hunderte von Passanten regungslos auf der Straße zu", berichtete Theodor Kaluza junior später über diese aufregende Zeit.[8] Die alte Leidenschaft der Familie Kaluza, ins Kino zu gehen, konnte wieder gepflegt werden. Vater und Sohn teilten sich in Briefen begeistert ihre Eindrücke über die neuen französischen, englischen und amerikanischen Filme mit, die man nun in Deutschland sehen konnte.[9]

Am 17. September 1945 öffnete die Georgia Augusta in Göttingen als erste deutsche Universität wieder ihre Pforten. Die Räume des Mathematischen Institutes waren durch Juristen der Alliierten belegt, die begonnen hatten, die Bevölkerung einer Befragung zu unterziehen.[10] Hans Drexler war kurz nach der Einnahme der Stadt vom Secret Service verhört und in ein Internierungslager nach Cherbourg gebracht worden. Er konnte noch immer nicht verstehen, warum er seines Amtes enthoben worden war. Damals begannen die Entnazifizierungsverfahren. Hasse war kurz zuvor von der Fakultät ausgeschlossen worden. Herglotz sowie eine Reihe anderer bekannter Mathematiker, darunter Wilhelm Süß aus Freiburg, Konrad Knopp aus Tübingen, Erich Hecke aus Hamburg, Wilhelm Magnus aus Göttingen und Godefrey Harold Hardy aus Cambridge wiesen in einem Schreiben an die Militärregierung vom 8. Juli 1946 auf die großen mathematischen Leistungen Hasses hin, um seine Wiederaufnahme an die Universität zu bewirken; ihre Bemühungen blieben jedoch erfolglos:[11] Hasse wurde in die dritte Gruppe als „eifriger Nazi" eingestuft mit dem Vermerk „Unterstützer: für die Entlassung empfohlen".[12] Kaluza war weiterhin geschäftsführender Direktor des Institutes.

Hunderte von Studenten nahmen im ersten Semester nach dem Krieg ihr Studium am Mathematischen Institut auf. Die meisten mussten wieder von vorn beginnen, und es war für sie nicht leicht, die große Kluft zwischen dem Grauen des Krieges und den geistigen Anforderungen des akademischen Unterrichts zu überbrücken. Hinzu kamen die materiellen Sorgen, mit denen sie zu kämpfen hatten. Kaluza stand ihnen bei und half, wo immer er konnte. Er beteiligte sich

---

[8] Theodor Kaluza junior (1991), S. 15.

[9] Briefwechsel zwischen Theodor Kaluza junior und seinem Vater, 1947–1952. Vgl. auch Theodor Kaluza junior (1991).

[10] Reid (1979), S. 296.

[11] Siehe NHH, Entnazifizierungsakte Helmut Hasse, Nds 171 Hildesheim 63727. Herglotz setzte sich für Hasse am 4. Juli 1946 ein. Anders als in Reid (1979) und Schappacher (1987) zu lesen ist, setzte sich Kaluza für Hasse nicht ein, siehe NHH, Entnazifizierungsakte Helmut Hasse, Nds 171 Hildesheim 63727.

[12] Siehe ebd.

jetzt wieder öfter an den Sitzungen des Universitätsausschusses. Die neuen praktischen Aufgaben erfüllte er trotz seines Alters mit der für ihn so charakteristischen Tatkraft.

Die Universität Göttingen war weniger beschädigt worden als andere Universitäten. In Kiel musste der Lehrbetrieb auf ein Schiff verlegt werden, weil die Christian-Albrechts-Universität völlig zerstört war. Die Albertina lag in Königsberg am Paradeplatz in Schutt und Asche. Königsberg war 1944 bombardiert und zerstört worden. Bei den Kaluzas im Hainholzweg 64 quartierten sich Verwandte aus Ostpreußen ein, denen gerade noch die Flucht gelungen war. Auch aus dem zerstörten Berlin trafen in diesem Frühling viele geflüchtete Wissenschaftler und Studenten in Göttingen ein. Die Stadt, die fast unversehrt geblieben war, bot nun Flüchtlingen Zuflucht und öffnete vielen Wissenschaftlern an der Georg-August-Universität die Tore zu neuem Wirken an einer akademischen Stätte.

In dieser Zeit kam auch der junge Student Nikolaus Stuloff nach Göttingen. Er hatte in Berlin seine Dissertation begonnen und bekam nun Schwierigkeiten, die Arbeit an einer anderen Universität weiterzuführen. Der gebürtige Russe lebte bereits seit den zwanziger Jahren mit seiner Familie in Deutschland. Da er noch nicht die deutsche Staatsangehörigkeit besaß, war die Aufnahme an einer Universität für ihn besonders problematisch. Nach einem gescheiterten Versuch in München versuchte er es in Göttingen. Hier gab ihm Kaluza die Möglichkeit, ab Herbst 1945 seine Promotion abzuschließen. Stuloff sagte über Kaluza: *„Er war ein offener Mensch mit einem weiten Horizont, dem nationalistische Gedanken fremd waren. Dies ist auf seinen universellen Geist und auf sein edles Verhalten zurückzuführen. Er war ein stiller, vornehmer Mensch, der seine Urteile mit Sachlichkeit und einer feinen Ironie fallen ließ".*[13] Stuloff verband mit Kaluza eine lebenslange freundschaftliche Beziehung. Er blieb seinem Professor für die Unterstützung dankbar, die er ihm in dieser Zeit zukommen ließ. Wegen des kriegsbedingten Mangels an Büchern hatte damals der Rektor der Georg-August-Universität die Dozenten gebeten, mit Literatur aus ihrer Privatbibliothek die Studierenden zu unterstützen. Kaluza half Stuloff, eine Wohnung zu finden, und lieh ihm seine Schreibmaschine und Bücher. Nikolaus Stuloff promovierte 1947 über „Differentiation beliebiger reeller Ordnung". Danach erhielt er mit Kaluzas Unterstützung eine außerplanmäßige Assistentenstelle, die er bis 1948 vertrat. Kaluza gab ihm auch weiterhin Ratschläge und empfahl ihn an Kollegen anderer Universitäten. Diese Ratschläge erwiesen sich für den wenig erfahrenen Stuloff als sehr hilfreich. Sie begleiteten ihn auf seiner akademischen Laufbahn. Kaluza hatte stets Verständnis für seine Probleme. „Dies war auf die beeindruckende Auffassungsgabe Kaluzas

---

[13] Interview der Autorin mit Professor Nikolaus Stuloff, Oktober 1997.

zurückzuführen. Er war ein außerordentlicher Mensch, der über jede Sache sehr tiefsinnig, präzise und eingehend reden konnte. Mich beeindruckte seine Universalität, die ihm ermöglichte, sofort einen Anschluss zu jedem Bereich zu finden, eine klare Übersicht zu erlangen und ein sachliches Urteil zu geben. Seine Ratschläge erwiesen sich immer als visionär".[14] Anschließend habilitierte sich Stuloff in München und wurde 1956 Professor für Geschichte der Mathematik an der Universität Mainz.

An den Universitäten musste man nun mit Problemen der Versorgung kämpfen: Papier, Kreide, Briefmarken, Schwamm waren kostbare und seltene Ware geworden. „Um 1.000 Blatt Papier zu besorgen, habe ich einmal 6 Nachmittage gebraucht: bei Behörden den Bezugschein zu besorgen, und dann einen Laden zu finden, der auch Papier hatte und auch so viel abgab!"[15] erinnerte sich Theodor Kaluza junior, der in jener Zeit als Mathematiker eine Assistentenstelle in Braunschweig innehatte. Ähnlich sah es auch in Göttingen aus. Der Direktor des Mathematischen Instituts war täglich auch damit beschäftigt, Lieferscheine von den Engländern zu besorgen.

Das waren aber nicht die einzigen Schwierigkeiten, mit denen die Gelehrten in Göttingen zu kämpfen hatten. Der 88-jährige Max Planck war am 16. Mai 1945 durch die Fürsorge Robert Pohls nach Göttingen gebracht worden.[16] Seine Nichte nahm ihn in der Merkelstraße 12 auf. In der Göttinger Zeitung erschien unter dem Titel „Existenzkampf der Wissenschaft" ein Artikel über „Das Los der deutschen Professoren und Nobelpreisträger", in dem die großen materiellen Probleme dieser Zeit geschildert wurden: *„In einer unzerstörten Stadt wie Göttingen wohnt der weltberühmte Max Planck mit seiner Gattin seit einem Jahr als Untermieter in zwei kleinen Zimmern. Er besitzt weder Einrichtungsgegenstände noch Bücher. [...] Professor Pohl, der ein eigenes Haus besitzt, hat sich in ein fünf Quadratmeter großes Dachkämmerchen zurückgezogen, um dort eine neue Ausgabe seines weltberühmten (!) ,Handbuches der Physik' vorzubereiten."[17]* Den Kaluzas erging es ähnlich. Die mangelhafte Ernährung führte oft zu schweren Erkrankungen. „Bereits im Juli 1946 lag Professor Dr. Wüst, der Direktor des Instituts für Meereskunde in Kiel, mit Hungerödemen im Krankenhaus, in Göttingen erlitt Herman Nohl, der Dekan der Philosophischen Fakultät, bei einem Vortrag im Herbst einen Schwächeanfall. Für Professor Erich Peuckert, den ausgezeichneten Breslauer Volkskundler, der jetzt in Göttingen lebt, haben seine Hörer im Kolleg eine Brotmarkensammlung

---

[14] Interview der Autorin mit Professor Nikolaus Stuloff, Oktober 1997.

[15] Theodor Kaluza junior (1991), S. 15.

[16] Planck wurde von einem Amerikanischen Offizier, Gerard P. Kuiper, nach Göttingen gebracht. Siehe Hermann (1973), S. 116.

[17] *Göttinger Zeitung* vom 31. Mai 1947.

durchgeführt, weil der Professor offensichtlich seit Monaten unter den Folgen des Hungers litt."[18] Im Winter fehlte es an Kohle und Strom. Viele Professoren, die ihre Arbeiten fortsetzen wollten, mussten nachts um 1 Uhr aufstehen, weil dann endlich Strom kam und „arbeiteten, in Decken gewickelt, bis zum Morgen."[19]

Viele Flüchtlinge, die aus den verlorenen Ostgebieten gekommen waren, drängten sich in Göttingen. Die Professoren mussten ihre privaten Arbeitszimmer zur Verfügung stellen. In Kaluzas Haus wohnten nun 16 Menschen. Er hatte sich mit seiner Frau in ein einziges kleines Zimmer zurückgezogen. Diese Situation dauerte bis in die fünfziger Jahre. Für Kaluza bedeutete sie den Verlust seines Arbeitszimmers. Manchmal brachte ihn das zur Verzweiflung, obwohl er sonst alle Entbehrungen klaglos ertrug: „Da unter diesen Umständen an irgend eine geregelte geistige Tätigkeit nicht mehr zu denken ist, möchte ich schon jetzt vorsorglich mitteilen, dass es mir – bei Durchführung des Ratsbeschlusses – absolut unmöglich sein wird, die angekündigte große Vorlesung zu halten."[20] Das Wohnungsamt hatte kürzlich „die Beschlagnahme [s]eines Wohnzimmers sowie [s]einer Mansarde angeordnet".[21] Von den neuen Bewohnern „umringt", war es Kaluza unmöglich, die „unumgängliche Arbeitsruhe wieder einziehen zu sehen."[22]

Am 1. Januar 1946 hatte Kaluza den Fragebogen des Military Gouvernment of Germany ausgefüllt. Anders als vielen seiner Kollegen, war es Kaluza gelungen, keiner nationalsozialistischen Organisationen anzugehören. Sogar Gustav Herglotz war von 1933 bis 1939 „förderndes Mitglied" der „allgemeinen SS" gewesen[23] und Franz Rellich war 1940 in den NS-Dozentenbund eingetreten. Dazu hatte Rellich erklärt: *„Zu meinem Eintritt in den NS-Dozenetenbund bemerke ich, dass dieser in Dresden 1940 ohne mein Zutun durch den Dozentenführer eingeleitet worden ist. Ich habe niemals an irgendeiner Tätigkeit des NS-Dozentenbundes teilgenommen."*[24]

Kaluza war kein Parteimitglied gewesen und hatte sich auch nicht in anderen Organisationen der Partei mit politischem Charakter betätigt. Seit 1938 war er

---

[18] *Göttinger Zeitung* vom 31. Mai 1947.

[19] Ebd.

[20] Brief von Theodor Kaluza an den Dekan der Mathematisch-Naturwissenschaftlichen Fakultät Göttingen vom 6. April 1948, NTK.

[21] Ebd.

[22] Brief von Theodor Kaluza an den Dekan der Mathematisch-Naturwissenschaftlichen Fakultät Göttingen am 14. Februar 1948, NTK.

[23] Siehe NHH, Entnazifizierungsakte Gustav Herglotz, Nds 171 Hildesheim 8424.

[24] Siehe Erklärung von Franz Rellich vom 26. August 1947, in NHH, Entnazifizierungsakte Franz Rellich, Nds 171 Hildesheim 13314, Anhang I. Franz Rellich erhielt auch ein unterstützendes Gutachten von Richard Courant vom 25. Juli 1947 (ebd., Anhang II) und von dem (damals noch) Leipziger Philosophen Hans-Georg Gadamer (ebd., Anhang I).

Mitglied des Deutschen Roten Kreuzes und zwischen 1936 und 1945 – vollkommen harmlos und wie wohl alle seine Kollegen – Mitglied der Nationalsozialistischen Volkswohlfahrt (NSV).[25] Er wurde wie Herglotz der Gruppe I mit dem Vermerk „keine Bedenken" eingeordnet.

Eine Angabe in seiner Entnazifizierungsakte ist besonders bemerkenswert: Kaluza, der 1,70 Meter groß war, wog in dieser Zeit 50 Kilo. Für einen Mann im Alter von 61 Jahren ist das ein extremes Untergewicht, das auf die damalige Unterernährung und die materiellen Entbehrungen der letzten Jahre zurückzuführen war.

Viele Menschen litten damals Hunger. Die Zuteilung an Nahrungsmitteln in der britischen Zone, zu der auch Göttingen gehörte, betrug – nach einer medizinischen Studie des Jahres 1947 – um die 800 Kalorien am Tag. Sie stellten etwa ein Viertel des normalen Tagesverbrauchs dar. Mit 10,7 Gramm Fleisch, 7,1 Gramm Fett, 230 Gramm Brot, 4,4 Gramm Käse und 107 Gramm Milch musste man auskommen.[26] Mit Geld konnte man so gut wie nichts kaufen. „Viel wichtiger war es, die vielleicht noch in einer Schublade liegenden Zigaretten einzeln zu zählen, um abschätzen zu können, ob der Eintausch der Brotmarken für den nächsten Tag noch möglich sein würde. Und wenn es hoch kam, war vielleicht auch noch ein Zipfel Wurst drin?" erinnerte sich später Pascual Jordans Sohn.[27] Wer die übertriebenen Preise des Schwarzmarktes nicht zahlen konnte, dem waren die Auslandspakete eine große Hilfe. Die Familie Kaluza war ihren Freunden Szegö aus den USA sehr dankbar für die regelmäßigen Pakete mit Lebensmitteln und Kleidern, die sie nach dem Krieg schickten. Auch von Siegel kamen regelmäßig Care-Pakete aus Princeton, vorwiegend mit Lebensmitteln. Der kleine Gemüsegarten im Hainholzweg 64 und die Kirschbäume leisteten auch einen kleinen Beitrag zur Ernährung.

---

[25] Siehe Entnazifizierungsakte, in Personalakte Kaluza, 3202 UAG, ebenfalls in NHH, Entnazifizierungsakte Theodor Kaluza, Nds 171 Hildesheim 9425. Auch Herglotz und Rellich waren Mitglieder der NSV, siehe NHH, Entnazifizierungsakte Franz Rellich, Nds 171 Hildesheim 13314 und NHH Entnazifizierungsakte Gustav Herglotz, Nds 171 Hildesheim 8424.

[26] Vgl. Aschoff (1947), S. 7.

[27] Brief von Pascual Jordan junior an die Autorin vom 19. Dezember 1996, S. 6.

Nach der Kapitulation Deutschlands 1945 kam auch der Physiker Pascual Jordan aus Berlin nach Göttingen. Wegen der bitteren Wohnungsnot, die überall herrschte, organisierte Kaluza für Jordan und seine wenig später eintreffende Ehefrau mit den beiden Kindern eine Unterkunft im Mathematischen Institut in einem Raum unter dem Dach. An diese Situation erinnerte sich der Sohn von Pascual Jordan, damals ein 14-jähriger Junge: „Wir hatten nichts, kein Möbelstück, keinen Hausrat. Später haben wir die vier umständlich besorgten Betten durch Vorhänge vom Restraum abgetrennt. Gekocht wurde auf einer Abstellfläche in einem kleinen früheren Sanitär- oder Laborraum."[1] Kaluza richtete ihm noch ein Arbeitszimmer im Erdgeschoß des Instituts ein.

Trotz aller Entbehrungen herrschte ein Gefühl der Freiheit, das viele Menschen, auch die Kaluzas, spürten. Pascual Jordan junior beschreibt das eindrucksvoll:

„Wir alle waren – ohne Ausnahme – durch die schwierige Situation nach dem Kriege ‚bedrückt'. Doch dieses Gefühl, verbunden mit stetigem Hunger, trat weit, weit, weit und noch weiter hinter die anderen Gefühle zurück, die mit dem Verstummen der Sirenen, mit dem ungestörten Nachtschlaf, mit der abgelegten Angst vor Bombeneinschlägen, Vergewaltigung und vor dem plötzlichen Verlust von Familienangehörigen und Freunden oder sogar des eigenen Lebens verbunden waren. Die unmittelbare Nachkriegszeit von 1945 bis etwa 1952 war eine herrliche Zeit – trotz aller Not."[2]

Auch wenn Kaluza in Göttingen den Krieg nicht aus der Nähe erlebt hatte, muss er doch Angst um seinen Sohn empfunden haben, der zunächst an der Ost-Front und anschließend in Berlin gewesen war, und um seinen Schwiegersohn, der seit 1939 eingezogen war. Der Tod von Leo Bayer, seinem Schwager und guten Freund, und die alltägliche Angst und Unsicherheit hatten ihn sehr bedrückt. Seine Frau und seine Tochter stets zu ermutigen und eine Stütze für Familie und Freunde zu sein, hatte ihn viel Kraft gekostet. Die erste Zeit nach dem Krieg hat er trotz der Trauer über die Zerstörung als Erleichterung empfunden.

Inmitten materieller Entbehrungen, mangelnder Ernährung, Unsicherheit und Chaos half nur „die Flucht in eine höhere geistige Welt, die von derjenigen, in der wir zu leben gezwungen sind, nicht berührt wird", hatte Max Planck gesagt.[3] In dieser Zeit fanden die Wissenschaftler Kaluza und Jordan die Kraft, sich

---

[1] Brief von Pascual Jordan junior an die Autorin vom 19. Dezember 1996.

[2] Ebd.

[3] Worte Max Plancks zitiert in Hermann (1973), S. 117.

ihrer gemeinsamen Arbeit zu widmen. Aus ihrer Zusammenarbeit entstand der noch Ende 1945 von Jordan veröffentlichte Aufsatz „Zur projektiven Relativitätstheorie"[4], in dem dieser die fünfdimensionale Theorie Kaluzas auf die Grundlage des projektiven Formalismus setzte.[5] Jordan blieb in Göttingen bis zum Frühling 1948, als er nach Hamburg berufen wurde. In Zusammenarbeit mit Kaluza entstand damals auch die Arbeit „Fünfdimensionale Kosmologie", die Jordan 1948 publizierte.[6] Leider hinterließ Kaluza keine Notizen von seinem Anteil an dieser Arbeit. Ein Thema, dem sich Jordan in seiner Forschung widmete, war die „erweiterte Gravitationstheorie", in der die Gravitationskonstante eine entscheidende Rolle spielte. In Jordans Theorie wird der „Gravitations-Skalar

$\kappa = \dfrac{8\pi f}{c^2}$ nicht als Konstante [wie in der Einsteinschen Gravitationstheorie], sondern als variable Feldgröße behandelt."[7] Jordan betonte, dass er an dieser Theorie seit 1944 gearbeitet habe: „Diese Theorie ist vom Verfasser seit 1944 in einer Reihe von Arbeiten entwickelt worden."[8] Sein Interesse sei durch die kosmologische Theorie von Dirac erweckt worden, in der dieser 1937 die Idee einer „kosmologischen Veränderlichkeit von κ" entwickelt hatte.[9] In Jordans Theorie der „variablen Gravitationskonstante" spielt die fünfdimensionale Theorie von Kaluza eine zentrale Rolle. Wir erinnern uns daran, dass Kaluza 1921 der Gravitationskonstanten einen möglichen variablen Charakter zugeschrieben hatte[10], um die Bewegungsgleichung des Elektrons mit der Erfahrung in Einklang bringen zu können. Erst durch die Verknüpfung der Idee der variablen Gravitationskonstanten mit der fünfdimensionalen projektiven Form der Theorie Kaluzas bekam Jordans Theorie einen Umriss.

Auch wenn Jordan bereits 1944 an seiner Theorie arbeitete, veröffentlichte er seinen ersten Aufsatz darüber erst 1945 in Göttingen, was für unsere Analyse von Bedeutung zu sein scheint, da gerade diese Tatsache Licht auf die Beziehung zwischen Jordan und Kaluza am Ende des Krieges werfen könnte. Erst am 7.

---

[4] Siehe Jordan (1945).

[5] Vgl. Tonnelat (1965), S. 216.

[6] Vgl. Jordan (1948).

[7] Jordan (1950), S. 319.

[8] Ebd.

[9] Ebd.

[10] Kaluza (1921), S. 971: „[…] es scheint dann unter Preisgabe der ohnedies etwas fragwürdigen Gravitationskonstante κ eine Versöhnung der widerstreitenden Größenordnungen zustande zu kommen." Kaluzas Hypothese war, der Gravitationskonstante „die Rolle einer statistischen Größe" zu geben, ebd., S. 972.

September 1945 reichte Jordan seine Abhandlung „Zur projektiven Relativitätstheorie" für die *Nachrichten der Akademie der Wissenschaften in Göttingen* ein. Wann genau Jordan nach Göttingen kam, lässt sich nicht mehr feststellen.[11] Es ist jedoch anzunehmen, dass er durch die Kapitulation Deutschlands im Mai 1945 gezwungen wurde, schnell Berlin – wo er seit 1944 eine Professur vertrat[12] – zu verlassen. Wahrscheinlich traf er in Göttingen bereits im Juli oder August 1945 ein.[13] In Göttingen entwickelte Jordan dann auch seine Arbeit „Fünfdimensionale Kosmologie", die 1948 in den *Astronomischen Nachrichten*, einer Göttinger Zeitschrift, erschien.[14]

Die Vermutung liegt nahe, dass Jordan erst von Kaluza die entscheidende Idee erhielt, die es ihm ermöglichte, seine „erweiterte Gravitationstheorie" zu entwickeln. Kaluza brachte ihn vielleicht auf die einleuchtende Idee, dass erst die mathematische Struktur der fünfdimensionalen projektiven Form der Kaluzaschen Theorie den geeigneten Rahmen bot, in dem die variable Gravitationskonstante entwickelt werden konnte. Dass dieser konzeptionelle Sachverhalt für die Entwicklung seiner Theorie entscheidend war, schildert Jordan deutlich in seiner Arbeit „Schwerkraft und Weltall", erschienen 1955 – ein Jahr nach Kaluzas Tod. Nachdem Jordan in zwei Kapiteln den fünfdimensionalen projektiven Formalismus dargestellt hat, hebt er seine mathematischen und konzeptionellen Vorteile hervor: Er betont, „dass wir erst mit der projektiven Relativitätstheorie von Kaluza-Klein-Veblen die Einstein-Maxwellsche Theorie in ihrer inneren mathematischen Struktur richtig verstanden und einen vertieften Einblick in die Harmonien der physikalischen Gesetze gewonnen haben".[15] Anschließend schlägt er die „Verallgemeinerung der Theorie" vor, die es ermöglicht, die Gravitationskonstante nicht mehr als konstant, sondern als variabel zu betrachten:

„Wir werden uns jetzt klarmachen, dass der Verzicht auf [1][16] *gleichbedeutend ist mit der Annahme, dass die Gravitations-‚Konstante' in Wirklichkeit eine Veränderliche,*

---

[11] Eine Korrespondenz zwischen Kaluza und Jordan aus dieser oder gar aus früherer Zeit war in ihren Nachlässen nicht auffindbar.

[12] Siehe Wise (1994), S. 250.

[13] In seinem Brief an die Autorin vom 19. Dezember 1996 berichtete Pascual Jordan junior, dass er, sein Bruder und seine Mutter im September 1945 in Göttingen eintrafen und sie zu „ihrer Überraschung" den Vater hier vorfanden.

[14] Jordan (1948).

[15] Jordan (1955), S. 151.

[16] Die Formel [1] ist eine Bedingung, die die „vollständige Übereinstimmung der projektiven Theorie mit der Einstein-Maxwellschen" ermöglichte, und die Jordan als „ein unschönes Element der Theorie" betrachtete, da sie eine gewaltsame Nebenbedingung darstelle, siehe ebd.

eine skalare Feldgröße, sei. Für den Verfasser war gerade dies der Anlass, sich mit der fünfdimensionalen Theorie zu beschäftigen. "[17]

Jordan verrät jedoch nicht, ob Kaluza den Anstoß zu diesem Gedanken gab. Auf jeden Fall sind Jordans Arbeiten dazu erst in Göttingen und erst in der Nähe von Kaluza entstanden.[18] Auch wenn Jordan in keiner seiner Publikationen Kaluzas Namen mit Dank erwähnt, auch wenn er uns glauben lässt, dass die konzeptionelle Grundlage seiner erweiterten Gravitationstheorie allein sein Verdienst sei[19], gesteht er in seinem Beileidsbrief an Kaluzas Frau kurz nach Kaluzas Tod 1954, dass er, Jordan, Kaluza „zu tiefem Dank verpflichtet" sei für „gewisse Untersuchungen", die zu einem „Hauptstück" seiner „eigenen wissenschaftlichen Lebensarbeit geworden sind". Wenn auch spät, ertönt hier deutlich seine Dankbarkeit Kaluza gegenüber: *„So war es mir eine besondere Freude, andererseits Ihrem Gatten auch durch gemeinsame wissenschaftliche Probleme verbunden zu sein. Für gewisse Untersuchungen, die mich seit zehn Jahren ständig beschäftigen, und inzwischen zu einem Hauptstück meiner eigenen wissenschaftlichen Lebensarbeit geworden sind, bin ich ihm zu tiefem Dank verpflichtet, da diese Untersuchungen aufbauen auf Grundlagen, die er geschaffen hat – sie sind eine Fortführung von Ergebnissen, zu denen er schon vor längerer Zeit in großen, kühnen Gedankengängen gekommen war."[20]*

Die in jenen Jahren begonnene Zusammenarbeit setzte sich bis zum Tod Kaluzas fort, wie Jordan in seinem Brief betont: *„Mit freundlicher Anteilnahme hat er noch in den letzten Jahren den Fortgang meiner an ihn anknüpfenden Untersuchungen verfolgt und auch den Wunsch ausgesprochen, dass ich ihn bald mal in Göttingen [...] besuchen möchte, damit wir uns auch mündlich über die uns gemeinsam bewegenden Fragen wieder unterhalten können."[21]*

Wie kam es jedoch zu der Zusammenarbeit von Jordan und Kaluza, die gleichzeitig für Jordan eine physische Rettung aus der unmittelbaren Not nach dem Krieg bedeutete? Für viele, die sich am Ende des Krieges im östlichen Teil Deutschlands befanden, war Göttingen ein ruhiger Hafen im Sturm. Es wird berichtet, dass Göttingen geradezu überflutet wurde von Flüchtlingen aus Berlin und aus den anderen von Russen besetzten Gebieten.

---

[17] Jordan (1955), S. 151–152.

[18] In seinem Buch von 1955 erwähnt Jordan, dass auch Bergmann (1948), Thiry (1951) und Jonsson (1951) diese Erweiterung erwogen haben. Da dies jedoch nach seiner eigenen Publikation stattfand, können sie nicht die Quelle seiner Inspiration gewesen sein, auch wenn er diese Erweiterung der Theorie als „naheliegend" bezeichnet, siehe Jordan (1955), S. 151.

[19] Auch in seinen Briefen an Pauli und Hasse erwähnt Jordan Kaluza niemals.

[20] Brief von Jordan an Anna Kaluza vom 29. Januar 1954, NTK.

[21] Ebd.

Jordan musste aber auch in Erfahrung bringen, ob er in Göttingen wieder als Wissenschaftler würde arbeiten können, deshalb liegt die Vermutung nahe, dass er sich vor seiner Flucht zunächst vergewisserte, ob man ihn in Göttingen nicht feindlich empfangen würde, was nach seiner regen publizistischen Aktivität in der Nazizeit, die durchaus nicht unbekannt war, keineswegs selbstverständlich war. Es mag also sein, dass sich Jordan im Sommer 1945 an Kaluza zuerst mit einer wissenschaftlichen Frage wandte und die Absicht ankündigte, mit ihm über seine fünfdimensionale vereinheitlichte Theorie diskutieren zu wollen. Aus dieser Zeit existieren jedoch keine Briefe zwischen Kaluza und Jordan; die beiden haben sich wohl erst in Göttingen kennengelernt. Es scheint daher viel plausibler, dass Jordan durch Hasses Vermittlung nach Göttingen kam. Jordan kannte Hasse bereits aus der Zeit vor dem Ende des Krieges. Da sich Jordan schon seit 1944 in Berlin befand, wo sich Hasse auch aufhielt, und beide in der Wehrmacht arbeiteten, könnten sie bereits dort in Verbindung gestanden haben. Ihr Briefwechsel beginnt 1943 und erstreckt sich bis in die 60er-Jahre hinein[22], als sich Jordan in Hamburg wieder auf einer sicheren Stelle als Professor befand. Am Ende des Krieges setzte sich offenbar Hasse – der eine große Bewunderung für Jordans wissenschaftliche Leistung empfand – mit Kaluza in Verbindung und bat ihn, Jordan im Mathematischen Institut unterzubringen.

Dass Kaluza Jordan „in schwierigen Zeiten" half, steht außer Frage.[23] Deshalb möchte man die Frage beantworten, wie es zu erklären sei, dass Kaluza, der gerade die der Jordanschen entgegengesetzte Weltanschauung vertrat und der von Jordans Verhalten im Dritten Reich wohl gewusst haben wird, Jordan seine Hilfe anbot. Die britische Militärregierung entließ Hasse erst im September 1945 aus dem Staatsdienst.[24] Als Jordan in Göttingen eintraf, war Hasse noch Geschäftsführender Direktor und konnte Kaluza verpflichten, Jordan im Mathematischen Institut unterzubringen. Wie wir jedoch gesehen haben, befolgte Kaluza nicht immer Hasses Anordnungen. Diesmal scheint Kaluza Jordan aber freiwillig geholfen zu haben, für dessen Leistung auf dem Gebiet der Physik er, wie wir wissen, große Bewunderung empfand.[25]

Jordans Verhalten im Dritten Reich sowie seine vielfältigen Schriften aus dieser Zeit waren auch damals in der wissenschaftlichen Gemeinschaft bekannt

---

[22] Im Nachlassverzeichnis von Hasse sind zwei Briefe von Jordan an Hasse 1943 eingetragen und mehrere Briefe aus der Nachkriegszeit (NSUBG Cod. Ms. Helmut Hasse 1:784). Diese zwei verzeichneten Briefe sind inzwischen aber aus dem Archiv verschwunden.

[23] In seinem Beileidsbrief an Anna Kaluza erwähnt Jordan Kaluzas „Hilfsbereitschaft in schwierigen Zeiten", Jordan an Anna Kaluza vom 29. Januar 1954, NTK.

[24] Siehe Schappacher (1987) (I), S. 539.

[25] Brief der Tochter Kaluzas an die Autorin vom 28. April 1998.

Jordan war 1933 nicht nur in die NSDAP eingetreten, sondern auch in die SA, um sich – nach seiner Aussage – „zu verjüngen".[26] 1939 meldete sich Jordan freiwillig zum Wehrdienst. Nach der Aussage seines Sohnes hatte Jordan den Militärgrad eines Majors und genoss es, von einfachen Soldaten auf der Straße gegrüßt zu werden.[27] In Fulsbüttel (Hamburg) wurde er als Meteorologe im Dienst der Luftwaffe eingestellt.[28] Es ist mehr als wahrscheinlich, dass Jordan auch an der Kriegsforschung in Penemünde beteiligt war.[29]

In mehreren Schriften aus der nationalsozialistischen Zeit legte Jordan seine macht- und kriegsverherrlichende Philosophie dar. So bezeichnete er in seinem Buch „Physikalisches Denken in der neuen Zeit" (1935) den Krieg als objektive Probe für den Kräfte- und Waffenvergleich und legitimierte die – seiner Meinung nach überall herrschende – hierarchische Struktur in der Natur- und Sozialordnung. 1941 veröffentlichte Jordan sein Buch „Die Physik und das Geheimnis des organischen Lebens", in dem er das Führerprinzip – von dem er sein Leben lang überzeugt war – aus einer „neuen Weltanschauung" zu begründen versuchte: Er verglich die biologische Zelle mit dem Staat und ihren Kern mit dem Führer.[30] In allen seinen Schriften zeigte Jordan seine Begeisterung für Militärmacht und Waffen und erhob die „objektive Wirksamkeit" der Waffen zu einem philosophischen Prinzip.[31] Es sollte zu neuen „objektiven historischen Fakten" führen im Waffenvergleich zwischen feindlichen Nationen.[32]

Man hat Jordans Haltung im Dritten Reich als „politischen Opportunismus" bezeichnet.[33] Norton Wise zeigte 1994 in seinem Artikel „Pascual Jordan: Quantum Mechanics, Psychology, National Socialism", dass sich Jordan seine philosophische Auffassung nicht speziell für die Zeit des Nationalsozialismus zurechtge-

---

[26] Im Brief von Jordan an Heisenberg vom 6. Juni 1934, zitiert in Wise (1994), S. 250–251.

[27] Brief von Pascual Jordan junior an die Autorin vom 19. Dezember 1996.

[28] Siehe Meyenn (1990), S. 452.

[29] Leider konnten bis jetzt Jordans Entnazifizierungsakten, aus denen vielleicht mehr über Jordans Aktivität bei der Wehrmacht zu erfahren wäre, nicht ausfindig gemacht werden. (Im Hauptstaatsarchiv Hannover, in dem alle Entnazifizierungsakten Niedersachsens gesammelt sind, befinden sie sich wider Erwarten nicht; ob Jordan an einem anderen Ort als einem später niedersächsischen entnazifiziert wurde, ist unbekannt.) In seinem Nachlass, den Jordan noch zu Lebzeiten dem Archiv der Staatsbibliothek Preußischer Kulturbesitz in Berlin verkaufte, befindet sich keine Korrespondenz aus der Zeit des Dritten Reichs, siehe Wise (1994), S. 391.

[30] Meyenn (1990), S. 452. Jordans „Philosophie" wurde von Wise (1994) ausführlich beschrieben.

[31] Wise (1994) nennt es „the machine gun principle of objectivity", S. 226.

[32] Siehe ebd.

[33] Meyenn (1990), S. 452.

legt, sondern sie sich schon in der Weimarer Republik angeeignet hatte.[34] Der Nationalsozialismus hat Jordan dann nur die Möglichkeit geboten, seine Philosophie zu legitimieren. Aus dieser Perspektive erscheint Jordan nicht als politischer Opportunist, sondern als überzeugter Vertreter einer Philosophie, die sich zwar von der nationalsozialistischen Ideologie unterscheidet, sich aber sehr gut an die Weltanschauung des Dritten Reichs anpassen konnte: an die Pseudophilosophie der Gewaltverherrlichung. Jordans Philosophie unterscheidet sich aber in einem wichtigen Punkt von der Nazi-Ideologie: Es fehlt bei Jordan das entscheidende Element, nämlich der Antisemitismus, auch wenn er von der „Überlegenheit der weißen Rasse" und von „germanischer Theoretischer Physik" in seinen Schriften schwärmt.[35] Jordan war offenbar kein Antisemit und lehnte die durch Lenard und Stark vertretene Auffassung der „Deutschen Physik" entschieden ab, was ihn mehrfach in Konflikt mit Nazis wie Hugo Dingler brachte. Dieser beschuldigte Jordan 1937, die „jüdische Physik" zu verteidigen.[36] Das heißt aber nicht, dass Jordan bereit war, Juden zu helfen oder ihre Behandlung im Dritten Reich als ungerecht zu betrachten. Dafür verfügte er nicht über die Weltanschauung, die ihn hätte veranlassen können, sich darüber zu empören: In der Gewalt- und Machtideologie, die Jordan vertrat, gab es keinen Platz für Schwächere; sie gehörten geradezu eliminiert. Als er sich in Gefahr fühlte, ging er so weit, dass er auf Namen jüdischer Physiker verzichtete – wie auf Einsteins Namen während seiner Kontroverse mit Dingler.

In seinem Buch „Die Physik und das Geheimnis des organischen Lebens" behauptete Jordan auch, dass Einstein kein entscheidendes Verdienst an der Relativitätstheorie gebühre, denn dank des universellen Charakters der Physik hätte diese bedeutende Theorie auch ein anderer entdecken können. Solch eine Idee kann man – vielleicht im Rahmen einer neuen Wissenschaftstheorie – vertreten, im Falle Jordans und im politischen Kontext der damaligen Zeit erscheint sie jedoch als ein Versuch zur „Arisierung" der Physik. Diese Perspektive scheint Jordan nicht berücksichtigt zu haben.

Wahrscheinlich spielte die Tatsache, dass Jordan kein Antisemit war, eine Rolle dabei, dass viele jüdische Physiker nach 1945 Jordan sein Verhalten im Dritten Reich verziehen und ihm dabei halfen, entnazifiziert zu werden – wie der sonst sehr kritische Pauli. Offensichtlich nahm Pauli Jordans Ausführungen im Dritten Reich nicht ernst, sondern betrachtete sie als reine Spinnerei.[37] Auch

---

[34] Wise (1994) sprach von einer „Kontinuität" der Philosophie Jordans, S. 227.

[35] Siehe ebd., S. 248.

[36] Siehe dazu ebd., S. 248–249.

[37] Es wird erzählt, dass Pauli nach dem Krieg Jordan fragte, wie er „so etwas" habe schreiben können, worauf Jordan sinngemäß entgegnete: „Und wie konnten Sie so etwas lesen?"

wenn Jordan kein Antisemit war, sah er doch keinen Widerspruch darin – und darauf kommt es an –, ein Regime zu unterstützen und von ihm zu profitieren, in dessen Ideologie die Judenvernichtung eines der wichtigsten Elemente war. Das kann für Jordan kein Geheimnis gewesen zu sein, auch wenn er nach dem Krieg behauptete, nichts von der Ermordung der Juden in Deutschland gewusst zu haben.[38]

Norton Wise bezeichnete Jordans Verhalten im Dritten Reich als ein „Mysterium":[39] Einerseits der große Physiker, der wegen seiner Beiträge zur Quantenmechanik durchaus den Nobelpreis verdient hätte[40] und der gegen die „Deutsche Physik" entschieden eintrat, andererseits das im Dritten Reich politisch engagierte NSDAP-Mitglied. Viel weniger widersprüchlich erscheint jedoch Jordan in der Beschreibung von Max Born, der als überzeugter Demokrat Jordans Haltung stets kritisch gegenüberstand. In seinem Brief vom 30. Oktober 1957 charakterisierte er Jordan zutreffend:

„Sie glauben, dass Gewalt und Macht die einzig gültigen Argumente im Leben der Menschen sind. Selbst die Wissenschaft, selbst unsere Physik ist Ihnen hauptsächlich ein Mittel zur Macht."[41]

Von dieser Philosophie wich Jordan auch nach dem Krieg nicht ab. 1951 trat er in die CDU ein und 1957 äußerte er sich gegen die „Erklärung der 18 Atomwissenschaftler", die in Göttingen gegen die Atomrüstung in der Ära Adenauer protestiert hatten.[42] Unter Ihnen befanden sich auch von Weizsäcker und Born, der in seinem oben genannten Brief vom Oktober 1957 Jordan vorwarf:

„Demgemäß unterstützen Sie nun die Adenauersche ‚Politik der Stärke'. [...] Aber zu irgendeinem anderen Ende als Ruin beider Seiten wird diese Politik nicht führen. Niemand kann Ihnen einen Vorwurf daraus machen, dass Sie bei Ihrer Ansicht und ähnlichen Meinungen (wie ‚dass der demokratische Gedanke endgültig tot ist') geblieben sind [...]. Was die Politik betrifft, so scheint mir, dass Sie nach allen Ihren Äußerungen immer noch besser in ein totalitäres System nach Sowjet-Muster passen".[43]

Offenbar war Jordan weiterhin gegen die Demokratie eingestellt, eine Haltung, die er schon in seinen Publikationen aus der NS-Zeit geäußert hatte. Das „Jordan-Mysterium" ist nicht schwer zu enträtseln: Er war zutiefst davon über-

---

[38] Im Brief von Jordan an Max Born vom 30. Oktober 1957, zitiert in Schirrmacher (2003), S. 25.

[39] Siehe Wise (1994), S. 224.

[40] 1979 schlug ihn Eugen Wigner für den Nobelpreis vor, siehe Meyenn (1990), S. 453.

[41] Born an Jordan vom 30. Oktober 1957, zitiert in Schirrmacher (2003), S. 25.

[42] Für eine ausführliche Untersuchung des politischen Engagements von Jordan nach dem Krieg siehe Schirrmacher (2003) passim.

[43] Born an Jordan vom 30. Oktober 1957, zitiert in ebd., S. 25.

zeugt, dass die Diktatur die einzige politische Form sei, die im Einklang mit seiner macht- und gewaltverherrlichenden Ideologie stand[44], eine Ideologie, die sich auch ohne Widerspruch in sein wissenschaftliches Weltbild einfügte.

Es steht außer Frage, dass Jordans bemerkenswerte Leistungen auf dem Gebiet der Physik große Bewunderung bei Wissenschaftlern wie Hasse und Pauli erweckt haben. Auch Kaluza war 1945 fasziniert von Jordans wissenschaftlicher Bedeutung: Er sah in ihm einen der Begründer der Quantenmechanik. Vielleicht fühlte sich Kaluza dadurch geehrt, dass sich ein großer Physiker wie Jordan für seine Theorie einsetzte, die seit fast zwanzig Jahren in Vergessenheit geraten war. Hat sich Kaluza vielleicht erhofft, dass nun seine Theorie durch Jordan wiederauferstehen würde? Das mag ein plausibler Grund dafür sein, dass Kaluza Jordan in Göttingen half.

Es steht zudem außer Frage, dass sich Jordan bei vielen beliebt machen konnte: Denn für ihn bedeutete es offenbar keinen Widerspruch, einerseits Schriften zu verfassen, in denen er die Nazidiktatur rechtfertigte, und andererseits nach dem Krieg von Max Born ein Gutachten zu erbitten, um entlastet zu werden.[45] Offenbar um Born für sich einzunehmen, lobte Jordan in diesem Brief Borns Verdienste auf dem Gebiet der Quantenmechanik und ließ ihn wissen, dass er es als ungerecht empfinde, dass nur Heisenberg den Nobelpreis erhalten hatte.[46] Max Born schickte ihm anstatt eines „Persilscheins" eine Liste mit seinen Verwandten, die in Konzentrationslagern gestorben waren.[47]

Auch mit Oskar Klein – einem schwedisch-jüdischen Physiker – versuchte Jordan nach dem Krieg wieder in Verbindung zu treten und ihre freundschaftliche Beziehung zu erneuern, ungeachtet dessen, dass in Deutschland Millionen von Juden entrechtet, vertrieben und umgebracht worden waren und dass er, Jordan, ausgerechnet die Diktatur, die dieses Unrecht und diese Morde veranlasst hatte, in seinen Schriften gerechtfertigt hatte. In seiner Karte vom 14. Dezember 1947 an Klein lobte er dessen fünfdimensionale Theorie von 1926, so wie er im Brief an Born 1948 dessen Verdienste in der Quantenmechanik hervorhob:

---

[44] Für Jordans Verhalten gab man immer wieder psychologische Erklärungen, die auf seine Unsicherheit – bedingt durch seinen Sprachfehler – abheben. Seine zahlreichen Schüler sind ihm heute noch verbunden für seine Hilfsbereitschaft und die „väterliche Art", in der er sich für ihre Interessen eingesetzt hatte (so in den Diskussionen auf der Jordan-Tagung in Mainz am 11. November 2003). Doch mit solcher Trivialpsychologie kann man weder Jordans Verhalten im Dritten Reich erklären, noch gar es legitimieren.

[45] Siehe Born an Jordan am 30. Oktober 1957, zitiert in Schirrmacher (2003), S. 25–26.

[46] Brief von Jordan an Born vom 3. Juli 1948, zitiert in ebd., S. 2.

[47] Siehe ebd.

„Aber ich bin jetzt doch sehr geneigt, zu glauben, dass die wirklich fünfdimensionale Auffassung, mit einer periodischen fünften Koordinate [von O. Klein 1926 entwickelt], die interessantere ist, und vielleicht noch sehr fruchtbar werden könnte – die projektive Auffassung ist dann so zu sagen die ‚vorsichtigere‘.“⁴⁸

In seiner Postkarte erwähnte Jordan auch Pauli:

„Inzwischen schrieb mir Pauli, dass die fünfdimensionale Fassung der Theorie ganz äquivalent mit der projektiven Fassung sei, da man die erstere aus der zweiten, durch Benutzung spezieller Koordinaten, ableiten könne.“⁴⁹

Jenseits des fachlichen Interesses, das Paulis Erwähnung begründet, kann man sich des Eindrucks nicht erwehren, dass Jordan seine Korrespondenz mit Pauli hervorhob, um die Sympathie Kleins wiederzugewinnen. Er wollte zeigen, dass sein Verhalten im Dritten Reich doch nicht so schlimm gewesen sein konnte, wenn Pauli selber ihm verziehen hatte und wieder mit ihm in Kontakt stand. Jordan schloss sein Schreiben mit den Worten: „Herzliche Grüße und die besten Weihnachtswünsche! Stets Ihr P. Jordan.“⁵⁰

Jordans unbefangenes Verhalten sollte uns mindestens verwundern, Oskar Klein hat es sicherlich empört. Mit dem gleichen ungetrübten Unschuldsbewusstsein muss er auch Kaluza 1945 entgegengetreten sein. Wahrscheinlich hat er in der gleichen Art wie im Falle Oskar Kleins und Max Borns Kaluzas physikalische Leistung hervorgehoben. Es stellt sich trotzdem die Frage, wie man die Hilfe, die Kaluza Jordan in Göttingen bot, interpretieren kann. Gehörte vielleicht Kaluza, der es geschafft hatte, sich vom Nationalsozialismus fernzuhalten – was, wie wir sehen konnten, durchaus mit Gefahren verbunden war –, zu denjenigen Wissenschaftlern, die zwischen wissenschaftlichen Verdiensten und der ethischen Haltung eines Menschen einen Unterschied machten? Solch eine Haltung möchte die Autorin als „platonische Haltung“ bezeichnen. Sie beruhte auf der Meinung, dass man zwei Ebenen unterscheiden – und getrennt behandeln – muss: Die ideale Ebene der Wissenschaft, die jenseits der Moral steht und über allem erhaben ist, und die Welt der „Schatten“, die immer unvollkommen bleibt, in der die Sterblichen leben und auf der sich die politische Wirkung eines Wissenschaftlers abspielt. Solch eine Haltung war damals unter Physikern durchaus geläufig, sie wurde zum Beispiel auch von Max Planck vertreten.⁵¹

Kaluzas Haltung zeichnete sich durch einen anderen Charakter aus, ihn könnte man zutreffend als „den diskreten Missionar“ bezeichnen. Kaluzas ethische Vorstellungen waren sehr entschieden, er war durchaus der Meinung, dass

---

⁴⁸ Postkarte von Jordan an O. Klein, am 14. Dezember 1947.
⁴⁹ Ebd.
⁵⁰ Ebd.
⁵¹ Vgl. Hermann (1973).

sich der Wissenschaftler nicht von der unvollkommenen Welt des normalen Lebens abgrenzen dürfe und dass er – gleich, was in der Politik passierte – etwas ändern könne. Es gab keine unterschiedlicheren Menschen als Kaluza und Jordan. Während Kaluza an seinen Prinzipien der Ethik im Geist von Immanuel Kant und Albert Schweitzer festhielt und niemals nach Macht strebte, schien Jordans Wunsch gerade das Gegenteil zu sein: Die Wissenschaft schien ihm nur in Verbindung mit der Macht zu existieren. Daher stellt sich die berechtigte Frage, wie es kam, dass Kaluza Jordan in der Notsituation half? Es war Kaluza mit Sicherheit bekannt, welche Haltung Jordan in der Zeit der Nazidiktatur gehabt hatte.

Kaluzas Haltung ist so spezifisch, dass sie einer ausführlichen Erklärung bedarf. Obwohl er sich der Gefahren in Deutschland bewusst war und obwohl er jegliche Form der Gewalt, auch die gegen sich selber, entschieden ablehnte, war Kaluza offensichtlich der Überzeugung, dass die Menschen erziehbar seien, sie zwar Fehler machen und Böses anrichten können, dies jedoch ihrem fehlerhaften Denken zuzuschreiben sei und nicht einem Prinzip des Bösen. Diese Auffassung entspringt der Philosophie des kritischen Rationalismus. Die vielfältigen Berichte über sein Verhalten im alltäglichen Leben, besonders gegenüber Menschen, die ihn ungerecht behandelten, zeigen seine – ungewöhnliche – Ansicht, dass man mit solchen Menschen Mitleid haben und durch ein geeignetes Verhalten versuchen müsse, sie sanft davon zu überzeugen, dass ihre eigenen Taten zu missbilligen seien. Dann würden sie sich durch Einsicht selber ändern. Man darf nicht vergessen, dass Kaluza sehr viel Wert auf seine psychologischen Kenntnisse legte und ständig davon Gebrauch machte. Er war immer bereit, jeglichen Streit zu schlichten und jeden, der außer sich geraten war, zu beschwichtigen. Es wird von mehreren Augenzeugen berichtet, dass Kaluza zum Beispiel keine Angst vor bissigen Hunden hatte und mit beschwichtigenden Worten furchtlos auf sie zuging, was dazu führte, dass sie sich beruhigten.[52] Es wird auch erwähnt, dass Kaluza bei einem Bombenangriff ohne jegliche Furcht den Schutz verließ, um die Fenster in seinem Haus aufzumachen, damit sie nicht zerbrachen. In seinen Gesprächen mit Nazis soll Kaluza sie stets in seiner zurückhaltenden Art zu überzeugen versucht haben, dass sie im Irrtum seien. Dies war vielleicht nicht ungewöhnlich, was uns jedoch durchaus außergewöhnlich erscheint, ist die spezifische Art, in der er dies tat, die eine beeindruckende Wirkung auf seine Gesprächspartner hatte. Kaluza verhielt sich stets ruhig und verlor niemals die Kontrolle über

---

[52] Interview der Autorin mit Ingemarie Kaluza im Juni 1997, Brief von Theodor Kaluza junior an Detlef Laugwitz vom 6. Juni 1985, NTK und Brief von Theodor Kaluzas Tochter an die Autorin vom 21. Juni 1998.

sich selbst[53]; alles was er versuchte, war, an den gesunden Menschenverstand seiner Gesprächspartner – auf den zu hoffen, er nicht aufgegeben hatte – zu appellieren.

All diese Schilderungen zwingen uns bei aller Kritik anzunehmen, dass es sich hier um einen Menschen handelte, der über besondere psychologische Fähigkeiten verfügte und eine außergewöhnliche philosophische Auffassung vertrat, die er auch praktizierte. Er war offenbar immer wieder bestrebt, andere zum Guten zu bekehren. Natürlich heißt dies nicht, dass sein Einfluss auf die Menschen stets Erfolg hatte. Im Falle Jordans scheint sein Einfluss nicht sehr groß gewesen zu sein. Kaluzas ethischer Unterricht war – im Anbetracht des späteren Verhaltens Jordans – folgenlos geblieben. Jedoch erhob Kaluza auch in diesen Fällen keine Ansprüche. Er war offensichtlich vor allem nicht der Meinung, dass „die Bösen bestraft werden müssen", sondern vielmehr, dass sie mit psychologischer Einfühlung *zum Guten bekehrt werden sollten*. In dieser Haltung spielte offenbar sein christlicher Glaube eine entscheidende Rolle: Kaluza scheint ein überzeugter praktizierender Christ gewesen zu sein.

In diesem Licht lässt sich Kaluzas Beziehung zu Jordan vielleicht erklären. In Kaluzas Verhalten wirkte sich wahrscheinlich auch – was man nicht außer Acht lassen darf – sein Wunsch aus, dass seine eigene Theorie nun durch Jordan zu neuer Annerkennung gelange. Die Beziehungen zwischen Kaluza und Jordan blieben jedoch rein wissenschaftlich, Jordan zählte niemals zu Kaluzas Freunden:[54] Trotz Kaluzas Bewunderung für Jordan als Wissenschaftler war der Unterschied zwischen Ihren Weltanschauungen doch zu groß, als dass er in irgendeiner Weise überbrückt werden konnte.

---

[53] Seine Schwiegertochter berichtet, dass Kaluza niemals rechthaberisch war, sondern stets bereit, dem anderen seinen Vorteil zuzusprechen, dass er jedoch in manchen angespannten familiären Situationen zu weinen begann.

[54] Entschieden näher als Jordan standen Kaluza in dieser Zeit seine Studenten Stuloff und Lyra.

Am 9. November 1945 wurde Theodor Kaluza 60 Jahre alt. Seine treuen Assistenten feierten seinen Geburtstag im Mathematischen Institut. Auch Herglotz und Helene Braun sollen dabei gewesen sein. Seine Assistenten und Kollegen widmeten ihm ein Gedicht, in dem sie nicht vergaßen, Kaluzas fünfdimensionale Vereinheitlichungstheorie zu erwähnen:

„60 Gitterpunkte stehen bereit
(ausgerichtet zu wählen
auf der Achse der Zeit)
sich selber abzuzählen.
Da lachte auf der Zeitenstrecke
der Gitterpunkt zum ersten Mal,
und auch in seiner stillen Ecke
Kaluzas „Eckenpotential“;
auch Gravitationspotentiale
beachteten den Massenpunkt kaum,
es bog sich der 5-dimensionale
Kaluza-Riemansche Raum; [...]
Mehr Teiler freilich gibt es nicht
auch in dem längsten Leben;
drum 60 ausgezeichnet ist
auf allen weit'ren Wegen.“[1]

Trotz seiner 60 Jahre war Kaluza noch kein Greis. Viel Hoffnung war mit diesen Tagen verbunden. Der Krieg hatte ihm sehr zugesetzt und ihn von seinen Freunden getrennt. Ernst Wiechert hatte sich, zutiefst enttäuscht von Deutschland, wo er einst die Schönheit seiner ostpreußischen Heimat besungen hatte und während der NS-Zeit wegen seiner Kritik Jahre im Konzentrationslager verbringen musste, in die Schweiz zurückgezogen. Kaluzas jüdische Freunde Rogosinski, Szegö und Feller hatten den Weg in die Emigration gehen müssen. Reidemeister, der in Deutschland geblieben war und in Marburg während des Krieges die geistige Freiheit schmerzlich vermisste, hatte die Zeit mit tiefen Wunden überstanden. Er versuchte durch seine Veröffentlichungen nach dem Krieg die Menschen wachzurütteln, damit sie aus den schrecklichen Jahren eine Lehre zögen. Er hatte jedoch den Eindruck, missverstanden zu werden. Es schien ihm, dass alle Opfer

---

[1] Unsigniert, vermutlich von Gerhard Lyra, am 9. November 1945, Anspielung auf die von Kaluza gehaltene Vorlesung „Über das Punktgitter“, NTK.

des Dritten Reichs umsonst gewesen seien. Noch immer gab es keine Garantie dafür, dass Wissenschaft und Wissenschaftler Unabhängigkeit und geistige Freiheit erlangt hatten. Reidemeister zog sich immer mehr in sich zurück und wurde als ein sonderbarer Egozentriker betrachtet. Auch für Siegel war die NS-Zeit, die ihn zwang, in die Emigration zu gehen, keine glückliche Zeit gewesen.

Was mag Kaluza in diesen Tagen gespürt haben? Der Krieg hatte viel zerstört: nicht nur Materielles, sondern vor allem Geistiges. Doch das Leben musste weiter gehen. Jetzt war die ganze Familie von einem Gefühl der Hoffnung und der Lebensfreude durchdrungen, das durch das Ende der Grausamkeiten hervorgerufen wurde. Sein Sohn befand sich mit seiner jungen Frau, die er noch in den letzten Monaten des Krieges geheiratet hatte, in Braunschweig.

Im Januar 1946 kamen Otto Hahn, Werner Heisenberg, Carl Friedrich von Weizsäcker und Max von Laue aus ihrer englischen Internierung nach Göttingen. Hier wirkte jetzt die Elite der Wissenschaftler, die in Deutschland geblieben waren. Die aus Göttingen emigrierten Professoren kamen zurück und hielten Vorträge über ihre neuesten wissenschaftlichen Arbeiten. Im Wintersemester 1946/ 47 hielt Carl Ludwig Siegel Vorlesungen und Vorträge über die bedeutendsten Resultate auf dem Gebiet der analytischen Zahlentheorie, der Modulfunktionen und der quadratischen Formen. Die Krönung seines Aufenthaltes in Göttingen bildete sein Vortrag „Über eine Vermutung von Gauß" – die endgültige Lösung eines von Gauß vor über 100 Jahren aufgeworfenen Problems. Am Anfang des Sommersemesters 1947 kehrte er aber an das *Institute for Advanced Study* in Princeton zurück.[2] Am Ende des Sommersemesters besuchte Courant, inzwischen Professor an der New York University, die Georg-August-Universität und hielt einen Vortrag vor der Mathematischen Gesellschaft. Er gab einen Überblick über die Resultate, die er und seine Mitarbeiter auf dem Gebiet der partiellen Differentialgleichungen in den letzten Jahren erzielt hatten.[3]

Selbstverständlich ermöglichten diese Ereignisse an der Universität Göttingen nach den Jahren der Isolation die Öffnung zur internationalen geistigen Welt. Kaluza war in dieser Zeit stets bemüht, Wissenschaftler nach Göttingen einzuladen, die die neuesten Erkenntnisse auf dem Gebiet der Mathematik vorstellen konnten. Nach zwölf Jahren der Trennung von der internationalen Entwicklung der Wissenschaft waren diese Besuche sehr anregend für den geistigen Wiederaufbau Deutschlands. Sie fanden unter aktiver Mitwirkung Kaluzas statt, der damals noch geschäftsführender Direktor des Mathematischen Instituts war. Der bedeutende Mathematiker Saunders MacLane berichtete in einem Brief vom 29.

---

[2] *Göttinger Zeitung*, 24. Januar 1945.
[3] Reid (1979), siehe zu Courants Liebe zu Göttingen auch Sommer (2005).

März 1946 an Clarence Raymond Adams über seinen Besuch in Göttingen: *"The mathematicians at Göttingen (Kaluza, Herglotz, Magnus, Rellich, Arnold Schmidt) are practically starving for lack of scientific contacts with the outside world."*[4] Auch der britische Mathematiker Daniel E. Rutherford[5] aus St. Andrews in Schottland berichtete während des Sommersemesters über seine Untersuchungen auf dem schwer zugänglichen Gebiet der höheren Algebra.[6] Angesichts der beschränkten materiellen Mittel des Instituts bedeuteten diese Besuche eine große Leistung. Für den Wiederaufbau des Mathematischen Instituts waren das wichtige Schritte, um Anschluss an die internationale Welt der Mathematik zu gewinnen.

Vor den Göttinger Mathematikern stand jetzt als große Herausforderung der Wiederaufbau ihres Faches. Die meisten aus Deutschland emigrierten Wissenschaftler, darunter Weyl, Siegel und Courant, wollten jedoch nicht zurückkommen. Courants ehemaliger Assistent Franz Rellich wurde nun nach Göttingen berufen. Zusammen mit Kaluza versuchte er, das Institut in seiner Vielfalt und mit seinem internationalen Niveau wiederaufzubauen. Auch seine Prägung als Zentrum der angewandten Mathematik, die das Institut durch die Mitwirkung von Courant vor 1933 erhalten hatte, wurde als wichtig erachtet. Das war jedoch nicht leicht zu bewerkstelligen. Man hatte nicht nur die Schwierigkeit zu bewältigen, renommierte Mathematiker nach Göttingen zu berufen. Erschwerend wirkte sich auch die immer deutlichere Spezialisierung aus. Rellich, der seit 1947 (nach dem Verzicht von Siegel) das dritte Ordinariat innehatte, war nicht von der Notwendigkeit überzeugt, die Vielfalt, die die Besonderheit der Göttinger Mathematik in den dreißiger Jahren ausgemacht hatte, wieder zu erreichen. Für Rellich, der das Spezialgebiet der Differentialgleichungen vertrat, war Kaluza zu universell. Das Aufkommen des Spezialistentums machte sich auch in Göttingen bemerkbar. Die Abdeckung des Gesamtgebietes der Mathematik sowie die Verbindung zur Physik – Forderungen, die Felix Klein und David Hilbert stets gestellt hatten – schienen jetzt unmöglich. Der universelle und vielfältige Charakter der Wissenschaften war nach Meinung einiger jüngerer Göttinger Mathematiker überholt. Kaluza hielt jedoch daran fest. Schon in seiner Theorie „Zum Unitätsproblem der Physik" hatte er nach einem fundamentalen Prinzip gesucht, das alles vereinigen konnte. Es war immer sein Grundgedanke, die Einheit des ganzen Gebiets der Mathematik und der Physik, die er als untrennbar ansah, zu bewahren. Für Kaluza waren Hilberts Worte aus seinem Vortrag in Paris im Jahre 1900, mit dem

---

[4] Zitiert in Siegmund-Schultze (1998), S. 282.

[5] Daniel Edwin Rutherford (1906–1966) hatte sich durch seine Doktorarbeit "Modular Invariants" (1932) bekannt gemacht. Sein bedeutendstes Werk war "Substitutional Analysis" (1948), in dem er die symmetrischen Gruppen behandelt.

[6] Göttinger Zeitung, 3. April 1947.

er die erste Hälfte des Jahrhunderts geprägt hatte, lebendig. Hilbert hatte damals die Zusammenfassung der ganzen Mathematik in einem einzigen axiomatischen System gefordert: *„Aber – so fragen wir – wird es bei der Ausdehnung des mathematischen Wissens für den einzelnen Forscher nicht schließlich unmöglich, alle Teile dieses Wissens zu umfassen? Ich möchte als Antwort darauf hinweisen, wie sehr es im Wesen der mathematischen Wissenschaft liegt, dass jeder wirkliche Fortschritt stets Hand in Hand geht mit der Auffindung schärferer Hilfsmittel und einfacher Methoden, die zugleich das Verständnis früherer Theorien erleichtern und umständliche Entwicklungen beseitigen."*[7]

Hilbert brachte damit seine Ansicht zum Ausdruck, dass trotz ständiger Erweiterung der mathematischen Kenntnisse keine Gefahr bestehe, den Überblick zu verlieren; er werde sogar noch einfacher zu erreichen sein. Doch diese Auffassung, die Kaluza immer geteilt hatte, vertraten die Mathematiker, unter ihnen auch Rellich, nach dem Krieg immer seltener. Auch das erklärt, woher die Meinungsverschiedenheiten zwischen Kaluza und Rellich kamen. Vordergründig ging es um unterschiedliche Ansichten über die Besetzung von Assistentenstellen und über Berufungen, die aber in verschiedenen wissenschaftlichen Auffassungen und Entwicklungen der beiden Wissenschaftler wurzelten: Kaluza war ein *Genius universalis* geblieben, der die Verbindungen zwischen allen mathematischen Richtungen förderte; er war Rellich zu vielseitig, der hauptsächlich ein Spezialist auf dem Gebiet der Differentialgleichungen war. Als Mitdirektor des Mathematischen Instituts hatte er – nicht ohne es zu genießen – beträchtlichen Einfluss, aber über die Vielseitigkeit und die klassische Bildung Kaluzas verfügte er nicht.[8] Die vielen Meinungsverschiedenheiten zwischen Kaluza und Rellich wurden beendet, als Kaluza Ende 1947 die Leitung des Instituts an Rellich übergab. Er fühlte sich körperlich zu schwach, um diesen Kampf fortzuführen. Göttingen erreichte nie wieder das internationale Ansehen in der Mathematik, das die Stadt einst berühmt gemacht hatte.[9] Eine andere deutsche Universität sollte unter der Leitung von Friedrich Hirzebruch zum bedeutendsten deutschen Zentrum der Mathematik werden: die Universität Bonn.

---

[7] Hilbert (1900), S. 328.

[8] Interview der Autorin mit Professor Nikolaus Stuloff, Oktober 1997. Es wurde auch von anderen ehemaligen Studenten Kaluzas berichtet, z.B. von Laugwitz in mehreren Briefen an die Autorin, dass Rellich und Kaluza sich nicht verstanden. Aufschlussreich dafür ist auch, dass Rellich am Begräbnis von Kaluza nicht teilgenommen hat. Als Direktor des Mathematischen Institutes wäre er verpflichtet gewesen, eine Abschiedsrede zu halten. Er übertrug diese Aufgabe jedoch an Lyra, einen Assistenten von Kaluza. Darüber äußerte sich Lyra in seinem Brief an Stuloff vom 7. Februar 1954 (NTK) sehr kritisch, aber nicht überrascht. Zwischen Kaluza und Rellich gab es oft Streit.

[9] Schappacher (1987) (I), S. 361.

> *„Der größte Mensch ist daher der, welcher den Be-*
> *griff der Menschheit in der höchsten Stärke und in*
> *der größten Ausdehnung darstellt; und einen Men-*
> *schen beurteilen, heißt nichts anderes, als fragen:*
> *welchen Inhalt er der Form der Menschheit zu ge-*
> *ben gewusst hat. "*   Wilhelm von Humboldt[1]

Nach Kriegsende besuchten viele Studenten die Vorlesungen Kaluzas. Seine Ga-
be, die Mathematik leicht und anschaulich auch einem Publikum mit geringeren
Kenntnissen darzustellen, zog besonders viele Lehramtsstudenten an. Doch die
Zeiten hatten sich auch in Göttingen geändert. Die Zahl der Studenten an der
Mathematisch-Naturwissenschaftlichen Fakultät war 1947 auf 966 gestiegen.[2]

Der Geist des Spezialistentums und des pragmatischen Denkens breitete sich
an der Göttinger Universität immer weiter aus. Ein Universalist wie Kaluza hatte
es zunehmend schwerer, von den Vertretern dieser neuen Auffassung akzeptiert
zu werden. Die Bewunderung, die er durch sein universelles Wissen weckte,
kommt deutlich in den Worten seines Assistenten Lyra zum Ausdruck: *„Ihr Vater*
ist ein Anachronismus unter den genialen Spezialisten, die wir hier haben. Er ist der
einzige in der mathematischen Gesellschaft, der in der Diskussion nach jedem Vortrag
Bemerkungen macht oder Fragen stellt, die den vortragenden Gast offenbar interessieren.
Und wann lernt er das eigentlich alles kennen?"[3] Aus Lyras Aussage geht aber auch
hervor, dass es für einen universalen Geist wie Kaluza in dieser Zeit an der Universität keinen rechten Platz mehr gab.[4] Kaluza wollte seinen Studenten auch
weiterhin die Grundideen der Königsberger Schule vermitteln. Seine Vorlesungen waren keine reinen Fachvorträge oder bloße Weitergabe der mathematischen
Kenntnisse. Er brachte vielmehr seinen Studenten die neuesten Richtungen in
der Mathematik bei, die in seine philosophische Weltanschauung eingebettet

---

[1] Humboldt, Wilhelm von (1797).

[2] Göttinger Universitätszeitung, 19. September 1947, S. 17.

[3] Zitat im Brief von Theodor Kaluza junior an Detlef Laugwitz vom 26. Juni 1985, S. 9.

[4] Diese Erfahrung machte auch Gustav Herglotz, der ebenfalls im klassischen universellen
Geist erzogen worden war. Nach Berichten von Professor Stuloff konnte Herglotz, dessen
Vorlesungen vor dem Krieg sehr erfolgreich waren, nicht mehr „mit den Studenten zurecht
kommen", vor allem nicht mit denjenigen in seinen Anfängervorlesungen, die er deshalb Kaluza übergab. Aus dem Interview der Autorin mit Professor Stuloff, Oktober 1997.

waren. In seinen Vorlesungen stellte er den mathematischen Stoff in Verbindung mit den historischen und den neuesten erkenntnistheoretischen Gegebenheiten dar, so dass den Zuhörern ein breiter Überblick geboten wurde.

Wie bereits erwähnt, war für Kaluza der direkte Kontakt zwischen Studierenden und ihrem Professor wesentlich für die Ausbildung und die Vermittlung von Werten in Wissenschaft, Erkenntnistheorie und Kultur. Er erachtete vor allem in seinen letzten Jahren diesen persönlichen Kontakt für wichtiger als publizierte Abhandlungen. Den Studenten lediglich seine schriftlich niedergelegten Gedanken zu lesen zu geben, hätte nicht Kaluzas Vorstellung von der Aufgabe des Lehrers entsprochen. Der große Einfluss, den er auf seine Studenten ausübte, ist vielmehr auf die Wirkung seiner Persönlichkeit zurückzuführen. Denn obwohl sein Auftreten durch vornehme Zurückhaltung gekennzeichnet war, machte seine Erscheinung einen außerordentlichen Eindruck auf seine Zuhörer. Durch sein universelles, sicheres und umfassendes Fachwissen, durch die leichte Verständlichkeit seiner Darstellungen in den Vorlesungen und durch sein erstaunliches Gedächtnis faszinierte er seine Studenten und vermittelte ihnen den Eindruck, dass die Mathematik und die Naturwissenschaften die Möglichkeit boten, auf die einfachste, wichtigste und schönste Art das Universum zu verstehen. Viele seiner Studenten wurden bekannte Mathematiker und Mathematikprofessoren, die die Forschungsrichtungen Kaluzas in der Mathematik – mitunter unbewusst – weiterentwickelt haben. Einige seiner Ideen sind in die Arbeiten seiner Schüler eingegangen. Daran erinnerte sich Kaluzas Student Detlef Laugwitz, der in den sechziger Jahren als Mathematikprofessor in Darmstadt ein neues Gebiet in der Mathematik, die sogenannte Non-Standard-Analysis, begründete:[5]

„Er [Kaluza] publizierte ungern und so manche Idee ist in Arbeiten seiner Schüler eingegangen, ohne dass wir uns dessen im Einzelfall bewusst gewesen sein mögen. Kürzlich stieß ich durch Zufall auf eine versteckte, merkwürdige Abhandlung Kaluzas ‚Eine Abbildung der transfiniten Kardinaltheorie auf das Endliche'. Es mag sein, dass verwandte Gedanken auch in seinen Vorlesungen vorkamen und dass sie mich beeinflussten bei der Benutzung von Zahlfolgen zur Begründung der später so genannten Nichtstandard-Analysis".[6]

Kaluza hatte keine „Mathematikschule" im Sinne der Entwicklung eines einzigen mathematischen Gebiets begründet. Dafür war sein Geist viel zu universell.

---

[5] Professor Detlef Laugwitz ist nach meiner Kenntnis einer der berühmtesten Schüler Kaluzas. Einige Jahre nach ihm beschäftigten sich auch andere Mathematiker, wie z.B. A. Robinson, mit der Entwicklung der Non-Standard-Analysis. Samuel Sambursky ist ein bedeutender Wissenschaftshistoriker geworden.

[6] Zusammen mit C. Schmieden, *Mathematische Zeitschrift*, 69, 1–39, 1958, in Laugwitz (1986), S. 181.

Viel wichtiger war es ihm, seinen Schülern eine allgemeine philosophische und erkenntnistheoretische Perspektive zu vermitteln, die es ihnen ermöglichte, in der Wissenschaft erfolgreich zu arbeiten. In diesem Zusammenhang ist sein Einfluss auf viele seiner ehemaligen Studenten deutlich sichtbar. Unabhängig von dem mathematischen Gebiet, auf dem sie sich betätigten, haben sie alle daran geglaubt, dass sich durch Mathematik die Welt erkennen lässt, und konnten dadurch ihre Liebe zur Mathematik bewahren. Sie übernahmen von Kaluza auch das Streben nach Universalität.[7]

Kaluza behandelte in seinen Vorlesungen nach dem Krieg weiterhin die mathematischen Methoden der Naturwissenschaften. So hielt er im Wintersemester 1950 die Vorlesung *Höhere Analysis für Naturwissenschaftler* mit *Übungen*. Hinzu kamen Vorlesungen wie *Partielle Differentialgleichungen* (Sommersemester 1949), *Approximation von Funktionen* (Sommersemester 1947 und 1950) und *Funktionentheorie* (Sommersemester 1951, Wintersemester 1951/52 und 52/53), *Seminar über konvexe Körper* (Sommersemester 1952), *Graphische und Numerische Methoden* (Wintersemester 1946/47), *Konvexe Bereiche* (Sommersemester 1946), *Fourierintegrale und fastperiodische Funktionen* (Sommersemester 1952), *Fastperiodische Funktionen* (Sommersemester 1948) und *Theorie der Punktmengen und -räume* (Wintersemester 1947/48). Er hielt aber auch Vorlesungen über reine Mathematik wie *Primzahlentheorie* (Wintersemester 1948/49) und *Mengenlehre* (Wintersemester 1950/51). Die Vorlesung für Anfänger *Differential- und Integralrechnungen* zog wegen ihrer Anschaulichkeit und der verständlichen Art der Darstellung viele Studenten an. Deshalb beauftragte man Kaluza jedes Jahr mit diesen Vorlesungen.[8] Die Vielfalt der Vorlesungen Kaluzas in den Göttinger Jahren ist eindrucksvoll. Im Wintersemester 1946/47 hielt er auch eine Vorlesung über *Anschauliche Mathematik,* in der er über die Grundlagen und historische Entwicklung der Mathematik vortrug. Seine logische und widerspruchsfreie Darstellung der historischen und erkenntnistheoretischen Zusammenhänge machte diese Vorlesung zum Ereignis.[9]

An Tagungen beteiligte sich Kaluza schon lange nicht mehr. Im September 1939 war er, auf nachdrückliche Bitte des Professors Wilhelm Süß (1895–1958), das letzte Mal auf einem Kongress in Erscheinung getreten: „Indem ich sehr

---

[7] Dafür sprechen die Briefe seiner ehemaligen Studenten, Professor Detlef Laugwitz, Professor Arnold Kirsch, Professor Martin Glatfeld und Professor Nikolaus Stuloff.

[8] Im Wintersemester 1949/50, Sommersemester 1950, Sommersemester 1953, Wintersemester 1953/54, *Vorlesungsverzeichnis der Georg-August-Universität, 1945–1954*.

[9] Brief von Professor Arnold Kirsch an die Autorin vom 4. Dezember 1996.

hoffe, von Ihnen *auf jeden Fall* eine Zusage zu erhalten"[10], hatte ihm der Vorsitzende der Deutschen Mathematiker-Vereinigung geschrieben. Auf die „herzliche Bitte" von Wilhelm Süß hatte er akzeptiert, einen Vortrag aus dem Bereich der angewandten Mathematik in Marienbad auf der Tagung der Deutschen Mathematiker-Vereinigung zu übernehmen, dem wichtigsten Kongress der Mathematiker in Deutschland. Seitdem lehnte er jedoch alle Einladungen ab. Seine Konstitution war zarter geworden. Er ermüdete schnell. Die jahrelangen materiellen Entbehrungen, die er durchgestanden hatte, ohne sich ein einziges Mal zu beklagen, hatten ihn sehr geschwächt. Er brauchte Stille und Ruhe für die eigene Forschung, über die er fast mit niemandem sprach. Sie war ihm am wichtigsten geworden. Trotzdem war er immer über den neuesten Stand der Forschung informiert. Seine Studenten erinnerten sich, dass Kaluza sie in seinen Vorlesungen nach dem Krieg stets mit den neuesten Entdeckungen in der Mathematik bekannt machte.

Einige Jahre zuvor war in Frankreich in der Mathematik eine neue Schule unter dem Namen „Bourbaki" entstanden. Das war eine abstrakte Theorie, die in den dreißiger Jahren eine Neuordnung in der Mathematik zu schaffen versuchte, in die sich klassische Bereiche der Mathematik leicht als Anwendungen, als Spezialfälle, einordnen ließen. Die Begründer der Schule Bourbaki waren namhafte französische Mathematiker wie Henri Cartan, Jean Dieudonné und André Weil. „Natürlich ist eine solche Darstellung nichts für Ungeübte und niemals hat ‚Bourbaki' daran gedacht, Lehrbücher für junge Studenten schreiben zu wollen"[11], bemerkte der Mathematiker Heinrich Behnke dazu. Aufgabe dieser Schule „war es immer nur, dem ausgebildeten Mathematiker seine so angewachsene Wissenschaft übersichtlich darzustellen."[12]

1947, als Cartan das erste Mal nach dem Krieg nach Deutschland kam, besuchte er nur die Universität Münster. Damals war diese Theorie erst im Entstehen: „Etwa zehn schmale Hefte waren herausgekommen. Sie waren nur lesbar für geübte Mathematiker", bemerkt Behnke. Doch Theodor Kaluza verstand es sehr gut, diese neuen und abstrakten Vorstellungen seinen Zuhörern auf einem allgemeinverständlichen Niveau darzustellen. Er spürte auch, dass diese neue Richtung später die ganze Mathematik durchdringen würde. In der Tat erwies sie sich dann als „außerordentlich fruchtbar" und prägte als „große Reform" in den siebziger Jahren auch die Elementarmathematik.[13] Auf solche Weise lernten Ka-

---

[10] Brief von Wilhelm Süß an Kaluza vom 17. Juni 1939, im Original hervorgehoben, NSUBG Cod. Ms. Helmut Hasse 1:803.

[11] Behnke (1978), S. 196.

[12] Ebd.

[13] Ebd.

luzas Studenten in seinen Vorlesungen die neuesten Entdeckungen in der Mathematik und Physik kennen. Professor Detlef Laugwitz erinnerte sich: *„In den Vorlesungen erfuhr man von Kaluza Dinge, die sonst schwer zugänglich waren. Seine Vorlesungen über Mengenlehre waren ganz außerordentlich originell. Er berührte mathematische Logik, Intuitionismus, Grundlagenprobleme überhaupt, aber auch Bourbaki und Funkionalanalysis, alles Dinge, die damals noch neu und kaum zugänglich waren".* [14] Kaluza informierte seine Studenten auch über die mathematischen Gedanken, auf denen die Quantenmechanik beruhte: *„Auch über die Mathematik der Quantentheorie, besonders über den Fourier-analytischen Hintergrund der Unschärferelation, habe ich viel bei ihm gelernt."* [15] Das große Verdienst Kaluzas bestand darin, dass er diese auf den ersten Blick unzugänglichen und unzusammenhängenden Gebiete der Mathematik und Physik in einer einheitlichen Theorie darstellte. Er verstand es sehr gut, alle Zusammenhänge philosophisch zu untermauern. Das faszinierte seine Studenten.

Abb. 43 folgende Seite: Foto: Theodor Kaluza (um 1950, zeitgenössisch retuschiert)

---

[14] Brief von Detlef Laugwitz an die Autorin vom 4. Oktober 1996, S. 4.
[15] Ebd.

Wir wissen, dass berühmte Wissenschaftler nicht selten für die Lehre wenig begabt und an ihr auch nicht besonders interessiert waren. Sie betrachteten diese Tätigkeit im Vergleich zur Forschung als minderwertig. Daher ist es sinnvoll zu fragen, worauf Kaluzas Befähigung für die Lehre, die seit den Kieler Jahren immer erfolgreicher zu Tage trat, zurückzuführen war. Kaluza war in der Tradition der Königsberger mathematischen Schule aufgewachsen, die sehr viel Wert auf die Übermittlung der wissenschaftlichen Kenntnisse und Forschungsmethoden legte. Auch in Göttingen hatte er noch die Gewissenhaftigkeit und Begeisterung von Felix Klein und Hilbert erlebt, die durch ihre Bemühungen um die Erziehung der Studenten Göttingen zu einer Ausbildungsstätte auf höchstem Niveau für Mathematiker gemacht hatten. Hinzu kam das Vorbild seines Vaters, der sein Leben nicht nur seiner Forschung, sondern selbstlos auch der Lehre gewidmet hatte. Max Kaluza hatte die Vermittlung der Kenntnisse an die nächste Generation hoch geschätzt. Alle diese Aspekte – die Tradition der Königsberger und der Göttinger Schule, wie auch das Vorbild seines Vaters – haben Kaluza geprägt. Trotzdem hat Kaluza sich erst seit den Kieler Jahren, nach seiner Berufung auf ein Ordinariat, ernsthaft dem Unterricht gewidmet. Noch stärker sind seine Göttinger Jahre von seiner Unterrichtstätigkeit gekennzeichnet. Hinzu kommt, dass er in diesen Jahren viel weniger als früher geneigt war, seine Gedanken und Forschungsergebnisse niederzuschreiben. Er legte viel Wert darauf, sie seinen Schülern und Assistenten persönlich weiterzugeben. Wenn seine Studenten in seinen Vorlesungen nach Literatur fragten, sagte er oft: „Das finden Sie nirgends."[16] Der Bitte seines Assistenten, seine Vorlesungen zu veröffentlichen, entgegnete er stets, dass sie dadurch das Wesentliche verlieren würden. Es scheint daher von Bedeutung, die Frage zu stellen, worauf die Veränderung beruhte, die sich in Kaluzas wissenschaftlichem Profil in den Göttinger Jahren vollzog. Da man weiß, dass Kaluza ein sehr nachdenklicher und tiefsinniger Mensch war, ist nicht anzunehmen, dass er sich mit solchen Problemen nicht auseinandergesetzt hat.

Kaluza war ein großer Bewunderer von Sokrates, dessen Bild in der Aula der Königsberger Universität ihn schon in seiner Kindheit beeindruckt hatte. Der griechische Philosoph, der sein Leben lang nichts schrieb, die Philosophie aber dennoch entscheidend beeinflusste, stellte für ihn das Ideal der Wirkung eines Gelehrten auf die Mitmenschen dar. Wie Sokrates glaubte Kaluza, dass das Lehren zur Entwicklung und zum Fortschritt der Welt beitragen könne.[17] Sein pädagogisches Engagement beruhte auf seiner tiefen philosophischen Überzeugung,

---

[16] Laugwitz (1986), S. 181.

[17] Vgl. dazu auch die Aussage seiner Tochter über die Bewunderung, die ihr Vater dem großen griechischen Philosophen gegenüber zeigte; Brief von Theodor Kaluzas Tochter an die Autorin vom 12. März 1998.

dass Lehren die Form ist, in der man positiv in der Welt wirken kann. Er war nicht an Vorlesungen als Beweis seiner wissenschaftlichen Fähigkeit und Perfektion interessiert, sondern an ihrer unmittelbaren Wirkung auf seine Studenten. Diese waren sehr beeindruckt und schätzten ihn sehr. Daran erinnerte sich Professor Dr. Martin Glatfeld: *„Prof. Kaluza habe ich als einen Menschen von innerer Vornehmheit in Erinnerung, bescheiden, gütig, freundlich, hilfsbereit. In seinen Lehrveranstaltungen ging es ihm um die Eleganz der Darstellung, genau so aber um das Bemühen, seinen Studierenden Mathematik verständlich zu machen und sie für ein tieferes Eindringen in diese Disziplin zu motivieren.“*[18] Er verstand es „meisterlich, Mathematik für Anwendungen aufzuarbeiten und verfügte über ein feines ‚Fingerspitzengefühl' für das Richtige.“[19]

Kaluza setzte sich für seine Studenten und Doktoranden ein, auch wenn er sie dies nicht direkt spüren ließ. Er verband seine wissenschaftliche Forschung hervorragend mit der Lehre, in der er etwas außerordentlich Wichtiges sah. Von seinen Doktoranden erwartete er selbständiges Arbeiten, er machte ihnen keine Vorschriften und half ihnen in seiner diskreten Art stets, Schwierigkeiten zu überwinden. Kaluza verlangte nie Dankbarkeit oder gar Unterwürfigkeit. Derjenige, der seine Hilfe in Anspruch genommen hatte, verstand wahrscheinlich erst später, welches Verdienst Kaluza gebührte.[20] Als Gelehrter war er sich seiner Verantwortung völlig bewusst. Er lehnte sie nicht ab, sondern handelte entsprechend. Sein Handeln war sehr realistisch, er hatte ein ausgeprägtes praktisches Gespür und lehnte jede Form von Gewalt ab. Die Überlegenheit der Intelligenz sollte dafür sorgen, das Gute in der Welt zu fördern. In diesem Zusammenhang kam der Ausbildung eine große Bedeutung zu.

Wir haben auch gesehen, dass Kaluza eine Philosophie der Verantwortung vertrat.[21] Bereits in den zwanziger Jahren hatte er in der Person von Albert Schweitzer einen Vertreter der Idee entdeckt, dass jeder einzelne einen Beitrag dazu liefern muss, damit sich das Gute in der Welt durchsetzt. Jeder sollte die Verantwortung ernst nehmen, die ihm auferlegt ist. Diese Überzeugung von Kaluza beruhte auf seiner philosophischen Auffassung, die mit der „Kritik der prak-

---

[18] Brief von Martin Glatfeld an die Autorin vom 21. Oktober 1996.

[19] Ebd.

[20] Brief von Detlef Laugwitz an die Autorin vom 4. Oktober 1996.

[21] Trotz Max Webers berühmter Unterscheidung von „Gesinnungsethik" und „Verantwortungsethik" kam eine Verantwortungphilosophie erst durch Hans Jonas' 1979 erschienenem Buch „Das Prinzip Verantwortung" auf. Die Philosophen dieser Richtung wandten sich besonders jenen Problemen der praktischen Ethik zu, die sich aus der modernen Wissenschaft, Technik und Medizin ergaben. Kaluza ging es dagegen mehr um die ethischen Probleme, die sich aus den Verhältnissen des Einzelnen zu seinen Mitmenschen ergeben.

tischen Vernunft" und dem „kategorischen Imperativ" von Kant in Verbindung stand.[22] Ausgehend von Kants „kategorischem Imperativ" bis zu den Auseinandersetzungen mit der Individualethik und dem politischen Handeln in Staat und Gesellschaft spielte in der Philosophie nach dem Zweiten Weltkrieg die Ethik eine große Rolle.

Bereits 1944 und 1945 hatte Karl Popper seine Werke "The Open Society and Its Enemies" und "The Poverty of Historicism" veröffentlicht.[23] Darin sprach sich Popper für ein ethisches Verhalten im Versuch der Verminderung des Leidens aus. Jeder sollte sich um das „positive Glück" des anderen sorgen. Das Glück aller durch soziale und politische Maßnahmen zu verwirklichen, ist nach Popper ein utopischer Anspruch. Jeder sollte in seiner unmittelbaren Umgebung, im Kreis der Familie, der Freunde und der Menschen, mit denen er in direktem Kontakt steht, dieses Bestreben verwirklichen. Kaluza hat diese Haltung, die Popper 1944 forderte, bereits seit den zwanziger Jahren vertreten.[24] In diesem Zusammenhang ist auch sein Engagement in der Lehrtätigkeit zu sehen. Seine große pädagogische Leistung, die er in den vielen Göttinger Jahren selbstlos vollbrachte, zeugt davon, dass er in der pädagogischen Tätigkeit in Übereinstimmung mit seiner philosophischen Anschauung einen ethischen Wert sah. Nur durch den unmittelbaren persönlichen Kontakt könne man dem Einzelnen das Wesentliche übermitteln und dadurch zur Veränderung der Welt beitragen. Er schrieb in dieser Zeit höchstwahrscheinlich nach dem Vorbild der Antike dem gesprochenen Wort gegenüber dem geschriebenen eine höhere Bedeutung zu. Seit Gutenberg spielt das schriftlich fixierte Wort in unserer modernen Welt die wichtigste Rolle, wir haben es mit einer „Buchkultur" zu tun. Doch die größten Lehrer der Menschheit in der Antike waren Meister der lebendigen Sprache, was heute schwer vorstellbar erscheint. In der Antike wurde das Buch nur als Ersatz für das gesprochene Wort angesehen:[25] „Nicht also für das Gedächtnis, sondern

---

[22] Siehe dazu oben das Kapitel „Philosophischer Abschnitt (I)", S. 85ff.

[23] Es konnte nicht festgestellt werden, ob Kaluza diese Bücher, die allerdings auf Deutsch erst nach seinem Tod erschienen, gelesen hat, sein ethisches Verhalten stimmt jedoch mit den Auffassungen Poppers überein. Kaluza muss aus seiner Göttinger Studentenzeit oder aus späteren Erzählungen auch den Göttinger Philosophen Leonard Nelson (1882–1927) gekannt haben, der eine „sokratische Methode" in der Lehre einsetzte, ihre Verwendung auch für die Kindererziehung erprobte, und dessen originale Ideen sich – übrigens ohne dass er ihn erwähnt – auch in diesen Büchern Poppers wiederfinden [siehe Hans-Joachim Dahms (2001)].

[24] Kaluzas soziales Verhalten in der Königsberger Zeit wurde im Kapitel „Philosophischer Abschnitt (II)", S. 385ff., geschildert.

[25] Vgl. dazu Platon, „Phaidros", Kap. 60, in Platon (2002), S. 87, wo Sokrates sagt: „Wer also glaubt, seine Kunst in Buchstaben zu hinterlassen, und wer sie wieder aufnimmt, als ob etwas Klares und Festes aus Buchstaben zu gewinnen sei, der strotzte von Einfalt […], da er

für das Erinnern erfandest du ein Mittel [die Schrift]", betonte Sokrates in seiner Erzählung über die Erfindung der Schrift durch den Gott Theuth im alten Ägypten in Platons Dialog „Phaidros".[26] Die Schrift sei, so hob Platon hervor, wie die Malerei: Sie „steh[t] doch da wie lebendige [Werke], wenn du sie aber etwas fragst, so schweigen sie stolz. Ebenso auch die geschriebenen Reden." Das gesprochene Wort ist lebendig, das geschriebene aber unbeholfen und starr: „Gekränkt aber und unrecht getadelt, bedarf sie [die Schrift] immer der Hilfe des Vaters, denn selbst vermag sie sich weder zu wehren noch zu helfen."[27] Ähnlich wie Pythagoras und Sokrates, die absichtlich nichts Schriftliches hinterlassen haben, sondern ihre philosophischen Gedanken und ihr Weltbild durch ihre Schüler weiterleben ließen, war Kaluza zutiefst von der Wirkung des gesprochenen Wortes überzeugt.

Kaluza war sich dessen bewusst, dass die vielen Bücher, die geschrieben worden waren, nur auf diejenigen eine Wirkung hatten, die einen Zugang zu ihnen fanden. Das war jedoch bei den wenigsten der Fall. Die Schüler sollten durch den persönlichen Kontakt den Zugang zur geistigen Welt finden. Er pflegte diesen Kontakt nicht nur mit seinen Studenten in einer sehr ungezwungenen Art, sondern mit jedem Menschen. Viele, die Kaluza gekannt haben, berichten über den guten Einfluss, den er auf Menschen ausübte und über die Liebe, die auch die einfachsten Leute für ihn empfanden. Seine Persönlichkeit wirkte faszinierend und beruhigend. Die Schüler, die seinen Weg kreuzten, denken noch heute voller Respekt und Bewunderung an die Persönlichkeit ihres Lehrers. Das ist dadurch zu erklären, dass Kaluza in seinen menschlichen Beziehungen etwas Besonderes darstellte. Zuerst beeindruckte sein wissenschaftliches Können, das sich auf alle Bereiche erstreckte. Auf allen Gebieten war er über die neuesten Erkenntnisse der Forschung informiert. In seinen Vorlesungen sprach er immer frei; sein Gedächtnis war beeindruckend und ähnelte dem von Euler. Seine Studenten waren fasziniert, mit welcher Leichtigkeit Kaluza die ihnen schwierig erscheinenden mathematischen Rechnungen frei herleitete. Andererseits standen seine Mathematikvorlesungen gleichzeitig im Zusammenhang mit erkenntnistheoretischen Hintergründen der mathematischen Theorien, die zum tieferen Verständnis des Stoffes führten. Theodor Kaluza trug in seinen Vorlesungen den neuesten Stand der Forschung in der Mathematik vor und erklärte alles auf eine jedem verständliche Art. Oft stellte er Ergebnisse vor, die weder zu diesem Zeitpunkt noch später veröffentlicht wurden. Solche Ideen wurden dann manchmal von seinen Schü-

---

sich einbildete, die geschriebenen Reden bedeuteten noch irgend etwas mehr, als den schon Wissenden an das zu erinnern, wovon das Geschriebene handelt."

[26] Platon, „Phaidros", Kap. 59, in Platon (2002), S. 86.
[27] Platon, „Phaidros", Kap. 60, in ebd., S. 88.

lern aufgenommen und weiterentwickelt.[28] Kaluza regte seinen letzten Assistenten Gerhard Lyra mehrfach an, seine (Kaluzas) Ideen aufzugreifen und fortzuführen.[29] Die meisten bemerkten erst später, welchen wichtigen Anteil Kaluza an
ihren eigenen Veröffentlichungen gehabt hatte.

Trotz seines hohen wissenschaftlichen Niveaus und der Beherrschung der
schwierigsten Rechnungen und der neuesten mathematischen Theorien zeigte
Kaluza in den Seminaren seinen Studenten gegenüber nie Unlust oder Missmut.
Er ging sogar auf die größten Schwächen und Dummheiten ein, um Unklarheiten
zu beseitigen und den Stoff noch eingehender zu erläutern.[30] Gilbert Keith Chesterton hatte einmal gesagt: „Wahrhafte Größe besitzt jener, der anderen ein Gefühl ihrer Größe vermittelt." Diese Worte erfassen zutreffend Kaluzas pädagogisches Profil. Er war immer fähig, die besten Seiten eines Menschen hervorzuheben und ihre Entfaltung zu fördern.

Die reiche pädagogische Tradition, die ihm mitgegeben war, verknüpfte sich
mit seiner psychologischen Begabung, auf seine Studenten ihrem Alter und
Kenntnisstand entsprechend einzugehen und sie für das Fach Mathematik zu
interessieren. Dabei fand keine trockene Vermittlung der mathematischen Kenntnisse statt, sondern die gesamte Persönlichkeit des Studenten wurde berücksichtigt: *„Tatsächlich freuten sich auch schwächere Kandidaten auf Prüfungen bei ihm: Das
waren doch Unterrichtsgespräche, von denen man etwas hatte, und das Interesse an der
Person des Kandidaten und nicht nur an seinem abfragbaren Wissen war stets spürbar.
Auch in dieser Hinsicht konnte ein späterer Hochschullehrer viel von ihm lernen: Die
Beurteilung lässt sich auch in dieser Weise erreichen."[31]*

Trotz seiner vornehmen Zurückhaltung machte er einen lebendigen Eindruck
auf seine Studenten: „Er trug stets frei und ohne jegliche Notizen vor". Dabei
„wanderte er oft lebhaft hin und her. [...] Alles wurde frei vorgetragen und war so
faszinierend, dass man das Mitschreiben oft vergaß"[32], erinnerte sich Professor
Detlef Laugwitz, Kaluzas ehemaliger Student. Durch sein unglaublich umfassendes Wissen faszinierte Theodor Kaluza seine Zuhörer. „Wer Kaluzas Gedächt-
nisleistungen, die ihm völlig selbstverständlich waren, erlebt hat, hält das, was
von Euler in dieser Hinsicht berichtet wird, nicht für Legende: Das gibt es! In
den Diskussionen zu Seminaren und Kolloquien merkte man, dass Kaluza die
gesamte Mathematik im Geiste parat hatte und auf jeden Spezialisten eingehen

---

[28] Vgl. Laugwitz (1986), S. 182.

[29] Die 1951 erschienene Abhandlung Gerhard Lyras „Über eine Modifikation der Riemannschen Geometrie" gehört dazu.

[30] Brief von Detlef Laugwitz an die Autorin vom 4. Oktober 1996.

[31] Laugwitz (1986), S. 182.

[32] Ebd., S. 181.

konnte."³³ Auch wenn er über neue Forschungsthemen sprach, machte er es mit einer Leichtigkeit und Souveränität, die keinerlei Berührungsangst vor der Mathematik aufkommen ließ. Er vermittelte den Eindruck, dass die Mathematik eine liebenswerte Sprache ist, deren Beherrschung glücklich machen kann. „Es lief ihm alles wie selbstverständlich von der Zunge, nie kam er ins Stocken oder musste nachdenkliche Pausen machen."³⁴ Kaluzas Persönlichkeit hatte bemerkenswerte Wirkungen auf seine Studenten. Manchen ist Kaluza mit einer beeindruckenden Klarheit im Gedächtnis geblieben, die von der Bewunderung für ihren Lehrer Zeugnis ablegt: „Er sprach klar und deutlich, ein ganz leichter ostpreußischer Akzent war spürbar. [...] So sprach er meist halb zur Tafel [...]. Er schrieb sehr deutlich an. Wenn er einen Gedanken zu Ende gebracht hatte, machte er unter das Angeschriebene einen langen Strich und dann einen energischen Punkt. Oft fiel ihm noch eine Erläuterung ein, die er mündlich vortrug. Dann kam unter den ersten Strich mit Punkt das Ganze noch einmal, so dass manchmal sogar schließlich drei lange Striche und drei Punkte jeweils untereinander erschienen."³⁵

Obwohl Kaluza eine geniale Persönlichkeit war, deren vornehmes Verhalten einen großen Eindruck machte, zeigte er nie die leiseste Spur von Überheblichkeit. Ihn kennzeichnete vielmehr eine sokratische Bescheidenheit. Wenn es um wichtige Sachen ging, konnte er sich durchsetzen, er war weder schüchtern noch schwach. Er machte jedoch nie den Versuch, sich in den Mittelpunkt zu drängen oder andere beiseite zu schieben. Er hatte eine bemerkenswerte Fähigkeit, schnell Wichtiges von Unwichtigem zu trennen und strebte nie nach Ruhm und Macht. Die Studenten spürten bei ihm immer die Bereitschaft, sie ernst zu nehmen. Das befreite sie von der Scheu, den Professor um Hilfe anzusprechen: „*Offizielle Sprechstunden hatte er, glaube ich, nicht. Wenn man etwas von ihm wollte, blieb einem kaum etwas anderes übrig als ihn gleich nach der Vorlesung oder dem Seminar anzusprechen. Er war stets freundlich, aber kurz angebunden. Jedenfalls hatte man den Eindruck, dass er jedes Anliegen ernst nahm und auch junge Studenten wie Erwachsene behandelte, was damals gar nicht selbstverständlich war.*"³⁶

Im Umgang mit Menschen hatte Kaluza ein außerordentliches Taktgefühl. Seine Persönlichkeit wirkte auf jeden erfreulich und wohltuend. Seine Tochter erinnerte sich daran, dass er niemandem ins Wort fiel und half, wenn jemand nicht mehr weiter wusste. Kaluza wartete dann eine Weile und sagte schließlich zögernd und gleichsam beiläufig ‚ich glaube ...‘. Dann brachte er das ganze wieder

---

³³ Laugwitz (1986), S. 181.
³⁴ Brief von Detlef Laugwitz an die Autorin vom 4. Oktober 1996.
³⁵ Ebd.
³⁶ Ebd.

ins Lot. Der Redner hatte das nicht bemerkt, er fühlte sich daher auch nicht beleidigt oder gedemütigt. Es war das Verhalten eines edlen Mannes, der die seltene Gabe besaß, durch seine eigene Überlegenheit seine Mitmenschen nicht zu bedrücken, sondern sie zu erfreuen und zu fördern.

Kaluzas Tätigkeit war mit ständiger Anstrengung verbunden. Das dauernde Lesen und die Forschungsarbeit neben den vielen Unterrichtsstunden und den Prüfungen hatten seiner Gesundheit stark zugesetzt. Er wurde mehrmals schwer krank, und sein Herz wurde schwächer. Im Frühjahr 1949 erkrankte er an einer Trigeminus-Neuralgie. Das linke Auge war ganz vereitert. Der Arzt teilte der Familie mit, wie furchtbar die Schmerzen sein mussten. Kaluza sagte darüber aber kein Wort. In der Nacht musste man den Chirurgen Professor Stich rufen. Er gab ihm Morphium und eine Penizillin-Spritze. Am nächsten Tag hatte sich der Zustand des Auges gebessert. Kaluza bemerkte dazu nur: „Herrgott, ich kann ja sehen!"[37] Doch damit war die Krankheit nicht ausgestanden. Die Infektion verbreitete sich im ganzen Kopf und nahm die bedrohliche Form des Erysipels an. Vier Ärzte bemühten sich an seinem Krankenbett, durch eine hohe Dosis von Sulfonamiden die Septikämie zu verhindern. Die Krankheit zog sich über Monate hin. Kaluza musste das ganze Sommersemester fehlen. Im August 1949 schrieb er an Szegö: „Jetzt ist sie [die Krankheit] bis auf lokale Schädigungen und Störungen überwunden, und es geht mir, dank der intensiven Pflege meiner Frau, im allgemeinen wieder recht gut."[38] Kaluza verharmloste jedoch wie immer sein Leiden. Seine linke Gesichtshälfte blieb fast gelähmt. Seine Hörer haben in den Vorlesungen gewiss bemerkt, dass er vermied, die leicht entstellte Gesichtshälfte dem Publikum zuzuwenden. Sein tiefer ausdrucksvoller Blick verlieh ihm jedoch weiterhin die bekannte gutmütige Ausstrahlung, die so viele Studenten an ihm schätzten. Ein Urlaub, der für seine Erholung sehr nötig gewesen wäre, musste wegen der prekären finanziellen Situation unterbleiben.[39] Von dieser Krankheit blieb ein Gefühl ständigen Frierens zurück, das nicht einmal im Sommer nachließ. Damals wurde eine mit Pelz gefütterte Wollweste, ein Geschenk seines Freundes Gábor Szegö aus den Vereinigten Staaten, „zum integrierenden Bestandteil" seiner Kleidung. Er legte sie „zum Entsetzen" seiner Frau „auch bei größter Hitze" nicht ab.[40]

---

[37] Brief von Theodor Kaluzas Tochter an die Autorin vom 28. April 1997.
[38] Brief von Theodor Kaluza an Gábor Szegö vom 28. August 1948, NTK.
[39] Ebd.
[40] Ebd.

Das Jahr 1952

> *„Lao Tse befliss sich des Tao und der Tugend.*
> *Seine Lehre setzt als Ziel, verborgen zu bleiben*
> *und namenlos zu sein. "*
> *Bericht des chinesischen Historikers Sse-Ma-Tsien*

Seit Kriegsende waren in Göttingen die berühmtesten Physiker Deutschlands versammelt. Max von Laue las im Sommersemester 1950 *Spezielle Relativitätstheorie* und Carl Friedrich von Weizsäcker in den beiden darauf folgenden Semestern *Allgemeine Relativitätstheorie* und *Allgemeine Feldtheorie*.[1] Kaluzas Theorie wurde jedoch in keiner dieser Vorlesungen erwähnt.[2] Sie galt damals als unfruchtbar und war von den meisten Physikern bereits vergessen.

Niemand hätte gedacht, dass sich diese Situation zwanzig Jahre später gründlich ändern und Kaluzas Theorie die Physiker interessieren würde. Obwohl sie in Vergessenheit geraten war, hatte der Gedanke der Vereinheitlichung seinen Reiz in der Welt der theoretischen Physik nicht verloren. Heisenberg arbeitete in dieser Zeit in Göttingen an seiner „Weltformel". Er wohnte im Professorenviertel in der Nähe von Kaluza. Es ist anzunehmen, dass sich die Wissenschaftler mehrmals trafen; ihre Forschungsgebiete lagen aber weit auseinander: Der weltberühmte Heisenberg zeigte für Kaluzas Theorie kein Interesse.[3]

Heisenberg versuchte in den fünfziger Jahren, eine einheitliche Feldtheorie der Elementarteilchen zu entwickeln. Er wählte jedoch einen ganz anderen Weg als Kaluza. Durch die Elementarteilchenforschung hatte man weitere Naturkräfte – die schwache und die starke Wechselwirkung – entdeckt, die die Phänomene in den Atomkernen steuern. Heisenberg untersuchte seit 1952 nichtlinearen Feldgleichungen, ließ dabei aber die Gravitation außer Betracht.[4] In dieser Zeit hielten die Physiker, die sich mit der Elementarteilchenphysik beschäftigten, die Gravitationskraft für die Elementarteilchen nicht für relevant, weil sie außerordentlich schwach ist im Vergleich zu den anderen drei Kräften. Die Vereinheitlichung der

---

[1] Vorlesungsverzeichnisse der Georg-August-Universität Göttingen, 1945–1954.

[2] Brief von Detlef Laugwitz an die Autorin vom 4. Oktober 1996.

[3] Im Nachlass Kaluzas befindet sich ein Sonderdruck der Abhandlung von Heisenberg, „Zur Quantisierung nichtlinearer Gleichungen", die 1953 in den *Nachrichten der Akademie der Wissenschaften in Göttingen, Mathematisch-physikalische Klasse,* erschien. Das bezeugt, dass Kaluza Heisenbergs Forschung verfolgte.

[4] Siehe Cassidy (1990), S. 401.

Materiefelder berücksichtigte also nur die drei Wechselwirkungen Elektromagnetismus, schwache und starke Wechselwirkung. Als fundamentales Prinzip, das zur Vereinheitlichung der Wechselwirkungen führen konnte, fand Heisenberg dabei die Symmetrien. Das Prinzip der Symmetrien in der Natur hatte schon Platon in seiner Philosophie berücksichtigt. Der große griechische Philosoph betrachtete die Symmetrien geometrischer Körper, die sich in ihrer Form offenbarten. Heisenberg erweiterte den Symmetriegedanken, vermutlich durch Hermann Weyls Begriff der „Eichsymmetrien" inspiriert, auf die Symmetrie der Feldgleichungen: „Diese Symmetrien kann man nicht mehr einfach durch Figuren und Bilder erläutern, wie es bei den platonischen Körpern möglich war, wohl aber durch Gleichungen"[5], schrieb Heisenberg in „Schritte über Grenzen". Das Konzept der „inneren Symmetrie", das Heisenberg in dieser Zeit durch seine Theorie einführte, erwies sich als fruchtbar für die weitere Entwicklung der Eichtheorien.[6] Zusammen mit Pauli versuchte Heisenberg anschließend eine Theorie zu entwerfen, die Journalisten „die Weltformel" nannten: die Gleichung, die das ganze Universum in all seinen Phänomenen beschreiben könnte.

Heisenberg führte in seiner neuen Feldtheorie ein „allgemeines, überall vorhandenes Materiefeld" $\psi(x)$ ein, das das ganze Universum beschreiben sollte.[7] Einzelne Elementarteilchen stellten stationäre Energiezustände dieses allgemeinen Materiefeldes dar.[8] Später erwies sich jedoch sein Ansatz als unfruchtbar. Er hatte nämlich nicht die „Näherungssymmetrie" („ungenaue Symmetrie") des von ihm eingeführten Isospins durch exakte Symmetrien zu erklären vermocht. Gerade die exakten Symmetrien sollten sich später als entscheidend für die Theorie des Standardmodells erweisen.[9] Heisenbergs Theorie sollte aber zunächst große

---

[5] Heisenberg (1971), „Schritte über Grenzen", zitiert in Hermann (1976), S. 117.

[6] Vgl. Zee (1990), S. 227.

[7] Cassidy (1995), S. 656.

[8] Seine Feldgleichung enthielt sowohl die Lorentzgruppe als auch die Isospingruppe als Symmetrieeigenschaften. Vgl. Cassidy (1995), S. 658.

[9] Siehe dazu auch Zee (1990), S. 227. In seinem späteren Buch „Einführung in die Einheitliche Feldtheorie der Elementarteilchen" (1967) bemerkte Heisenberg: „Sind die Näherungssymmetrien, die in der Natur gefunden werden, hervorgerufen durch exakte Symmetrien, die nachträglich durch eine Unsymmetrie des Grundzustandes ‚Welt' gestört werden, oder sind sie das Ergebnis einer Dynamik, die in einer groben Approximation und auch nur für einen begrenzten Bereich von Erfahrungen eben zu solchen angenäherten Symmetrien führt? Die Antworten auf diese Fragen sind für die mathematische Formulierung der einheitlichen Feldtheorie entscheidend" (S. 135). Diese Bemerkung ist tatsächlich visionär, doch Heisenbergs Antwort auf die von ihm gestellte Frage erwies sich nicht als fruchtbar, da er sich eben auf die „angenäherten Symmetrien" beschränkte und nichts mit den exakten Symmetrien anzufangen wusste. Hinzu kam, dass erst in den 70er-Jahren klar wurde, dass nur die Theorie von Kaluza

Neugierde und Aufsehen unter den Physikern erregen. Pauli, der scharfe Kritiker, äußerte jedoch bald seine Unzufriedenheit über diese Theorie. 1958 sandte er an einige Kollegen einen Kommentar über die Meldung Heisenbergs, dass er und Pauli die letzte Gleichung, „die Weltformel" – abgesehen von einigen technischen Einzelheiten – entdeckt hätten. Pauli zeichnete auf einem weißen Briefbogen ein leeres Bild. Darüber stand: „Dies soll der Welt zeigen, dass ich wie Tizian malen kann", und darunter: „Nur ein paar technische Details fehlen".[10]

Die „Weltformel" hatte, wie erwähnt, die Naturkraft, die Einstein und Kaluza intensiv beschäftigt hatte, nicht berücksichtigt: die Gravitation. In den fünfziger Jahren war am Göttinger Physikalischen Institut Heisenbergs Theorie Hauptgesprächsthema. Auch in den physikalischen Vorlesungen wurden die vereinheitlichten Feldtheorien behandelt. Doch auf Kaluzas Theorie ging Heisenberg nicht ein. Kaluza war in der letzten Zeit immer seltener in der Öffentlichkeit aufgetreten. Seinem Lebensprinzip zufolge vollzog sich das Wesentliche im Verborgenen und in der Stille. Nun mied er immer mehr die Gesellschaft. Trotz des großen Aufsehens, das Heisenbergs Theorie 1958 erregte, erwies sich die „Weltformel" später als unfruchtbar und wurde von anderen Ansätzen verdrängt.

Womit aber war Kaluza in dieser Zeit beschäftigt? Hatte er seine wissenschaftliche Forschung völlig aufgegeben und sich müde in die Bequemlichkeit eines Ordinarius vor der Emeritierung zurückgezogen? Durchaus nicht. Auch wenn er körperlich sehr gebrechlich war, blieb Kaluza aktiv und leistungsfähig. Die wenigen schriftlichen Dokumente, die aus dieser Zeit erhalten sind, bezeugen die Fortsetzung seiner intensiven Forschungstätigkeit. Da er wenig Neigung hatte zu veröffentlichen, brachte er seine Gedanken und Forschungsergebnisse allerdings nur selten zu Papier.[11] Das war auch seinen Mitarbeitern aufgefallen: *„Kaluza war nie auf Tagungen und Kongressen hervorgetreten, obwohl er oftmals im Besitz wertvoller Ergebnisse war, die in hohem Maße zu Vorträgen und Veröffentlichungen geeignet waren, und die er nur gelegentlich interessierten Kollegen mündlich mitgeteilt hat. Seine große Bescheidenheit und sein starkes Ruhebedürfnis bedingten seine Zurückhaltung*

---

durch die Einführung einer zusätzlichen räumlichen Dimension die Theorie der Symmetrien weiterführen konnte. Außerdem durfte die Gravitationswechselwirkung in einer einheitlichen Feldtheorie nicht vernachlässigt werden, wie es Heisenberg in seiner Vereinheitlichung tat. Sie spielt eine entscheidende Rolle in den vereinheitlichten Modellen.

[10] Kaku (1995), S. 168–169.

[11] In seinem Brief an V. Raman erwähnte Kaluzas Sohn 1971, dass er im Nachlass seines Vaters keine Notizen fand. Auch Kaluzas damaliger Assistent, Gerhard Lyra, betonte in seiner Grabrede, dass Kaluza nie Manuskripte für seine hervorragenden Vorlesungen benutzt hat und dass er sich weigerte, seine Vorlesungen und Forschungsergebnisse niederzuschreiben. Vgl. dazu „Abschiedsrede am Grab von Theodor Kaluza", gehalten von Gerhard Lyra am 23. Januar 1954, NTK.

auch im wissenschaftlichen Leben."12 Lyras Feststellung über den Besuch von Tagungen und Kongressen traf nur auf die spätere Zeit zu. Seit 1939 beteiligte sich Kaluza tatsächlich nicht mehr an Kongressen und lebte sehr zurückgezogen. Neben der Familie wünschte Kaluza nur noch die engsten Freunde und seine Studenten in seinem Hause um sich zu versammeln. Geistig war er aber trotzdem hellwach geblieben. Er besuchte öfter seinen Sohn in Hannover und seine Tochter in Nienburg, was beweist, dass er seine Teilnahme an Kongressen nicht in erster Linie wegen Müdigkeit aufgegeben hatte. Seine Zurückgezogenheit, der mangelnde Drang zu veröffentlichen und die Ablehnung jeglicher Aufzeichnungen hatten außer seinem Bedürfnis nach Ruhe noch weitere Gründe.

Ende 1948 bis 1949 führte Kaluza mit seinem Sohn einen umfangreichen Briefwechsel, in dem er sich verschiedenen Themen der Grundlagen der Mathematik, darunter auch Problemen der Zahlentheorie, widmete. In diesen Briefen führte er mathematische Beweise durch, deren Ergebnisse reif für eine Veröffentlichung gewesen wären.[13] Trotzdem veröffentlichte Kaluza diese Ergebnisse nicht und trug sie auch nicht vor. In diesem Zusammenhang ist eine frühere Äußerung Hilberts relevant. Er antwortete auf den Hinweis, dass in den USA die Bedingungen für emigrierte Mathematiker aus Deutschland hinsichtlich der Bewerbung um eine Stelle dadurch erschwert würden, dass man eine große Publikationsliste verlangte: *„Aber das ist doch nun wirklich nebensächlich, wenn es sein muss, kann man doch jeden Monat ein paar Seiten publizieren".[14]* Die Einstellung dieser Gelehrten, deren kreativer Geist unablässig schöpferisch arbeitete, wird in Hilberts Bemerkung deutlich: Veröffentlichen ist „nebensächlich", Hauptsache ist, dass man sich mit der Wissenschaft beschäftigt.

Theodor Kaluza war höchst anspruchsvoll hinsichtlich der Originalität seiner Arbeiten. Die meisten seiner Veröffentlichungen auf dem Gebiet der Mathematik stammten aus den Jahren 1925 bis 1929, weil er wusste, dass sie für eine Berufung entscheidend waren. Danach publizierte er nur noch zwei Abhandlungen.[15] Vermutlich hat Kaluza in dieser Zeit auf die Weitergabe seiner Forschungsergebnisse an seine Studenten und Assistenten mehr Wert gelegt als auf das Veröffentlichen. Das ist, wie bereits erwähnt, im Kontext seiner idealistischen Einstellung zur Wissenschaft zu sehen. Hinzu kam aber, wie noch ausgefüllt werden wird,

---

12 Abschiedsworte von Gerhard Lyra, seinem letzten Assistenten, am Grabe Professor Kaluzas am 23. Januar 1954, NTK.

13 Dieser Briefwechsel umfasst etwa 40 Seiten und erstreckt sich über ungefähr drei Monate. Der erste Brief allein enthält etwa neun Seiten. NTK.

14 In Braun (1990), S. 52.

15 Abgesehen von seinem Buch „Höhere Mathematik für den Praktiker" (1938 zusammen mit Joos), das dem Bereich neuer Forschungsergebnisse angehört.

dass Kaluza gleichzeitig an etwas Wichtigerem, nämlich an einem „neuen Gedanken", arbeitete.

Kaluza vertraute seine wissenschaftliche Forschung sehr selten dem Papier an, so wie er auch seine Vorlesungen ohne Manuskripte konzipieren konnte. Das ist für einen zeitgenössischen Wissenschaftler kaum vorstellbar. Ein wesentlicher Grund dafür ist, dass Kaluza die Fähigkeit besaß, seine Rechnungen frei, also nur im Kopf, durchzuführen. Das lässt sich durch sein großes Vorstellungsvermögen begründen. Seine Tochter erinnerte sich später daran, dass ihr Vater überall, in jeder Situation, imstande war, sich von der Außenwelt abzuschirmen und sich mit seinen Gedanken zu beschäftigen. Besonders an Orten, an denen sich andere Menschen langweilten, freute sich Kaluza, Zeit für seine wissenschaftlichen Probleme gewonnen zu haben: *„Mein Vater genoss in jeder Situation (im Wartezimmer, in der Schlange von Menschen nach dem Krieg, im Autobus), überall, die Zeit, die er dann hatte, um nachzudenken. Wo andere Menschen nervös und ärgerlich werden, nutzte er die Zeit zum Nachdenken. Er sagte mir einmal, dass solche Wartezeiten doch wunderschön seien, wenn man es sonst eilig hat."*[16] Deshalb wirkte er immer entspannt und nie von seiner Umgebung gestört.

Kaluza besaß also, wie einige andere große Wissenschaftler, die Fähigkeit, sein großes Konzentrationsvermögen zu nutzen, um komplizierte Rechnungen im Kopf durchzuführen. Diese Fähigkeit gepaart mit seinem beeindruckenden Gedächtnis erklärt auch den Mangel an Aufzeichnungen in seinem Nachlass. Er konnte sich seine Ergebnisse gut einprägen. Erst wenn er zu einer bemerkenswerten Schlussfolgerung gelangt war, verspürte er den Wunsch nach Gesellschaft, um sich mitzuteilen. Für sein Bedürfnis nach ungestörter Ruhe möge folgendes Beispiel dienen: In den letzten Jahren seines Lebens hatte sich Kaluza immer mehr zurückgezogen, um seine Zeit ganz der wissenschaftlichen Forschung widmen zu können. Sein Assistent Stuloff, der für Kaluza eine große Zuneigung empfand, fragte ihn oft, ob er ihn auf dem Heimweg begleiten dürfte. Doch Kaluza zog die Einsamkeit vor. „Die Wege zwischen seiner Wohnung am Hainberg und dem Institut in der Bunsenstraße pflegte er zu Fuß, kräftig ausschreitend, zurückzulegen, noch in den letzten Jahren."[17] Während des Gehens dachte er über seine wissenschaftlichen Aufgaben nach. Auch in seiner Wohnung ging er im Zimmer hin und her, während er nachdachte. Dabei bewegte er unbewusst die kleinen Holz- oder Glasfiguren im Regal, ähnlich wie beim Schachspiel.[18] Er kam nur selten zu den Vorträgen der Doktoranden, die ihre Arbeiten im Donnerstagskolloquium vortrugen, wie es um 1950 üblich war. Bei dem Vortrag des

---

[16] Brief von Theodor Kaluzas Tochter an die Autorin vom 28. Dezember 1997.

[17] Brief von Detlef Laugwitz an die Autorin vom 4. Oktober 1996.

[18] Interview der Autorin mit Ingemarie Kaluza, Juni 1997.

von ihm geschätzten Studenten Detlef Laugwitz im November 1953 war er jedoch anwesend: „Er kam kurz nach Beginn des Vortrags und verschwand bei Ende sofort. Aber das machte er jedenfalls in diesen letzten Jahren immer so, am Tee und Nachkolloquium habe ich ihn nicht teilnehmen sehen."[19]

Kaluza war offensichtlich in dieser Zeit bemüht, sich auf das Wesentliche zu konzentrieren. Er spürte vielleicht, dass ihm nur noch wenig Zeit blieb, deshalb widmete er sich ganz dem, was er für das Wichtigste hielt: der Physik. Die mathematischen Arbeiten, die mit seiner Lehrtätigkeit an der Universität verbunden waren, und seine diesbezüglichen neuen Ideen teilte er gelegentlich seinen Freunden oder Kollegen mit. Sein Hauptinteresse galt aber weiterhin der Physik, einem Gebiet, das seinen forschenden Geist immer angeregt hatte. Mit Interesse verfolgte er die Arbeiten seines Kollegen Heisenberg. Er war über den letzten Stand der Entdeckungen in der theoretischen Physik bestens informiert, was viel Zeit in Anspruch nahm.[20]

Wie bereits erwähnt, hat sich Kaluza ständig mit seiner Theorie befasst. Vor allem beschäftigte er sich – nach Aussage seiner Tochter – damit, verschiedene Polygone in fünf Dimensionen in unsere dreidimensionale Welt zu projizieren.[21] Diese Projektionen sollten in verschiedenen, auf der Erde vorkommenden Formen nachvollziehbar sein, beziehungsweise die Existenz der fünften Dimension beweisen können. Doch die Resultate seiner Forschung erschienen ihm zu spekulativ, deshalb befand er sie bedauerlicherweise einer Veröffentlichung nicht für würdig. Nachdem er 1925 seine physikalische Forschung zurückstellen musste,

---

[19] Brief von Detlef Laugwitz an die Autorin vom 4. Oktober 1996.

[20] Seine Tochter erinnerte sich, dass ihr Vater immer sehr viel Zeit in der Bibliothek verbrachte. Sie drückte das in einem Brief an die Autorin folgendermaßen aus: „Immer wenn man ihn suchte, war er in der Bibliothek des Institutes" (Brief von Theodor Kaluzas Tochter an die Autorin vom 28. April 1997). Seine Briefe an Szegö aus dieser Zeit beweisen auch, dass Kaluza immer die neuesten Veröffentlichungen las. Die Veröffentlichungen in der Mathematik, die in Deutschland nicht zugänglich waren, besorgte er sich von seinem Freund aus den Vereinigten Staaten. So bat er Szegö in seinem Brief vom 28. August 1949 um die Arbeiten von Polya, „On the Zeros of Certain Trigonometric Integrals" und „Über die algebraischen-funktionentheoretischen Untersuchungen" von J.L.W.V. Jensen. In seinen Briefen an seinen Sohn erwähnte er neue Veröffentlichungen. Leider sind keine Briefe vorhanden, die dasselbe in der Physik beweisen können. Das liegt wahrscheinlich daran, dass Kaluza in dieser Zeit in Göttingen mit den größten theoretischen Physikern Deutschlands im unmittelbaren Kontakt stand. Der „neue Gedanke" Kaluzas kam zu einem Zeitpunkt, als die theoretische Physik in der Theorie der Vereinheitlichung auf der Suche nach neuen Ansätzen war. Erst 1954 sollten Chen-Ning-Yang und Robert Mills die nicht-abelsche Eichtheorie entwickeln. Vgl. Kaku (1995), S. 222.

[21] In den Briefen seiner Tochter an die Autorin vom 2. Oktober 1997 und vom 26. Oktober 1997.

sprach er offenbar nur noch mit sehr wenigen Eingeweihten darüber. So kühn seine Theorie in der Physik war, so zurückhaltend war Kaluza, wenn es darum ging, die wissenschaftlichen Ergebnisse, die ihm am wichtigsten waren, jemandem anzuvertrauen. In diesem Punkt ähnelte er Bernhard Riemann.

Der einzige, der einen Hinweis erhielt, dass Kaluza sich damals noch mit Physik beschäftigte, war Pascual Jordan. Der bekannte theoretische Physiker hatte, wie bereits erwähnt, für Kaluzas Theorie viel Interesse gezeigt. Jordans wissenschaftlicher Stil stand in gewissem Sinn dem Kaluzaschen nah: Beide maßen der Mathematik innerhalb der physikalischen Forschung große Bedeutung bei. Das muss auch Kaluza an Jordan angezogen haben. Kaluza sah daher in Jordan den geeigneten Physiker, dem er seine Gedanken anvertrauen konnte.

Am 21. August 1952 schrieb Kaluza an Jordan einen wegen seines wissenschaftlichen Inhalts bedeutenden Brief. Bedauerlicherweise ist er nicht auffindbar.[22] In diesem Brief offenbarte Kaluza „neue Gedanken", die Jordan „sehr reizvoll" fand, wie es aus seiner Antwort an Kaluza hervorgeht:

„Verehrter, lieber Herr Kollege Kaluza! Haben Sie herzlichen Dank für Ihre freundlichen Zeilen vom 21.8., die ich mit Vergnügen erhalte. Was Sie andeuten über Ihre neuen Gedanken, ist mir natürlich sehr reizvoll und macht mich sehr gespannt."[23]

Es lässt sich, wenn auch nicht mit Sicherheit, vermuten, was Kaluza in diesem Brief darlegte. Im Jahr 1952 gab es den ersten theoretischen Versuch, die Eichtheorien, die auf Symmetrieeigenschaften beruhen, mit den geometrisierten Feldtheorien[24] zu verbinden. Wie bereits ausgeführt wurde, versuchten die beiden theoretischen Richtungen auf verschiedenen Wegen, die Vereinheitlichung der Wechselwirkungen zu erreichen. In diesem Brief von Jordan finden sich Hinweise darauf, dass auch Kaluza hinter dieser Idee gestanden haben könnte. Er hatte Jordan schon 1945 ermutigt, die von Oswald Veblen 1933 verfasste projektive Relativitätstheorie in Zusammenhang mit der Kaluzaschen zu bringen.[25]

Jordan nahm 1952 seine Arbeit an der projektiven Relativitätstheorie wieder auf und versuchte, sie mit der 1918 erschienenen Arbeit von Hermann Weyl zu verbinden. Auf diesem Gebiet arbeitete auch Gerhard Lyra, Kaluzas Assistent in Göttingen, bereits seit Anfang 1951 vermutlich unter der konzeptionellen Lei-

---

[22] Trotz meiner zahlreichen Bemühungen konnte ich diesen Brief nicht finden. Er befindet sich nicht in Jordans Nachlass (SBB), scheint aber auch nicht im Privatbesitz der Familie Jordan zu sein (nach Auskunft von Pascual Jordan junior).

[23] Brief von Pascual Jordan an Theodor Kaluza vom 25. August 1952, NTK.

[24] Siehe Kapitel „Bedeutung der Theorie Kaluzas für die moderne Physik", S. 362ff.

[25] Vgl. Veblen (1933) und Tonnelat (1965), S. 234–240.

tung Kaluzas.[26] Lyra zeigte, dass Weyls Theorie mit der projektiven Relativitätstheorie – und damit mit der Theorie von Kaluza – in enger Verbindung steht.
Jordan äußerte sein Erstaunen darüber in einem Brief an Pauli: *„Ähnliche Festset-
zungen kommen aber auch vor in der [...] Arbeit des Mathematikers Lyra, der die Weyl-
sche Geometrie etwas abgeändert hat und dann volle Übereinstimmung mit Einstein-
Maxwell erzielt hat. Er [Lyra] bestätigte mir übrigens brieflich meine Vermutung, dass
seine modifizierte Weyl-Geometrie auch unmittelbar als äquivalent mit dem fünfdimensionalen Ansatz erkannt werden kann."*[27] Die Mitteilung Jordans an Pauli bedeutete
also, dass die beiden in verschiedenen Richtungen entwickelten Theorien – Kaluzas Feldtheorie in fünf Dimensionen und die Eichtheorien von Weyl – endlich
als zusammenhängend erkannt worden waren.[28] Obwohl erkennbar war, welche
bedeutenden Folgen diese Feststellung hatte, stieß dieser Ansatz bei Pauli auf
Ablehnung.[29] Jordan war zu formal mathematisch orientiert und verstand wohl
daher die konzeptionelle Basis dieses Gedankens nicht. Deshalb gab er nach
Paulis ablehnendem Brief vom 8. Juni 1953[30] seine Beschäftigung mit diesem
Thema auf. Er ahnte offenbar nicht, welche physikalische Bedeutung diese mathematische Feststellung besaß.[31]

Wenn man die Aufeinanderfolge der Briefe berücksichtigt, kann man die
Entwicklung der Ereignisse rekonstruieren: Brief von Kaluza an Jordan am 21.

---

[26] Siehe dazu auch Brief von Lyra an Jordan vom 27. Oktober 1952 (Nachlass Jordan,
SBB), in dem er seine „geometrische Arbeit" erwähnt, die er „vor einem Jahr" an Jordan geschickt hatte: *„In der Tat ist die dort entwickelte Geometrie formal äquivalent mit Ihrer projektiven
Theorie für J=1. Aber erst in dieser Modifikation der Weylschen Geometrie kommt die ursprüngliche
Konzeption Weyls, wie sie in der ersten Arbeit ‚Gravitation und Elektrizität' in den Sitzungsberichten
d[er] Preuss[ischen] Akad[emie] d[er] Wiss[enschaften] 1918 gegeben wurde, rein zur Vollendung."* In
diesem Brief erwähnte Lyra Kaluza nicht.

[27] Brief von Jordan an Pauli vom 17. Dezember 1952, in Pauli (1996), S. 799.

[28] Vgl. dazu Schmutzer (1989b), S. 88. Schmutzer kennt offensichtlich die historischen
Hintergründe und den Beitrag von Kaluza zu dieser theoretischen Erkenntnis nicht, jedoch
gibt er eine klare Beschreibung der theoretischen Entwicklung, die zur Verbindung der Eichtheorien mit der fünfdimensionalen Theorie von Kaluza geführt hat.

[29] Vgl. Brief von Pauli an Jordan vom 1. Oktober 1952, in Pauli (1996). Jordan legte seine
Auffassung in seinem Brief an Pauli vom 17. Dezember 1952 dar. Pauli äußerte sich zu diesem
Thema in seinem Antwortbrief an Jordan erst am 8. Juni 1953, also sechs Monate später. Zu
diesem Thema äußerte sich Pauli in seinen weiteren Briefen an Jordan nicht mehr, die sich mit
kosmologischen Fragen der Relativitätstheorie beschäftigten, siehe dazu Briefe von Pauli an
Jordan, 1953–1955, Nachlass Jordan, SBB.

[30] Brief von Pauli an Jordan vom 8. Juni 1953, Jordan Nachlass, SBB.

[31] Zu diesem Thema ist auch das 1969 erschienene Buch von Jordan „Albert Einstein.
Sein Lebenswerk und die Zukunft der Physik" zu erwähnen, in dem er nochmals auf die Verbindung der beiden Theorien, Weyls und Kaluzas, eingeht.

August 1952, Brief von Jordan an Kaluza am 25. August 1952, Brief von Lyra an Jordan am 27. Oktober 1952 und schließlich Brief von Jordan an Pauli am 17. Dezember 1952. Nachdem Kaluza sich mit Jordan in Verbindung gesetzt und ihm von seiner neuen Idee erzählt hatte, veranlasste er offenbar zwei Monate später Lyra, Jordan erneut anzuschreiben und ihm ausführlicher von der neuen Idee zu berichten. Jordan traf sich jedoch nicht mit Kaluza, um mit ihm über dessen „neuen Gedanken" zu sprechen, sondern schrieb Pauli im Dezember 1952 (wahrscheinlich nachdem er selber den neuen Gedanken untersucht hatte) und berichtete ihm von dieser Idee. Er erwähnte in seinem Brief zwar Lyra, aber nicht Kaluza.

Pauli hatte eine unüberwindliche Abneigung gegen die vereinheitlichten Feldtheorien, und Jordan war ein zu zaghafter Wissenschaftler, um kühne Konzepte auf diesem Gebiet zu entwickeln.[32] Erst Mitte der 60er-Jahre kamen die Theoretiker der physikalischen Bedeutung der offenbar von Kaluza stammenden Idee auf die Spur: Die inneren Symmetrien, auf denen die Eichtheorien beruhen, stellen nichts anderes dar als eine Übertragung der räumlichen Symmetrie der zusätzlichen Dimensionen auf den subatomaren Bereich.[33] Anders ausgedrückt, übernimmt die Wellenfunktion eines Elementarteilchens die Symmetrien des schwingenden Hyperraums.[34] Das war eine sehr raffinierte Idee, die es ermöglichte, Eichtheorien und Feldtheorien zu vereinigen.

Es ist jedenfalls zu vermuten, dass Kaluza mit seiner großen physikalischen Intuition und seinen mathematischen Kenntnissen im Jahr 1952 – eineinhalb Jahre vor seinem Tod, im Alter von 67 Jahren – diesen konzeptionellen Sprung vollbracht hat. Seine Bescheidenheit und vielleicht auch die Überzeugung, dass die Physiker die neue Idee ebensowenig verstehen würden wie seine Theorie, brachten ihn zu der Überzeugung, dass es für ihn besser wäre, im Hintergrund zu bleiben. Er konnte das in der Überzeugung tun, dass die Zukunft zeigen würde, dass er sich nicht geirrt hatte.

---

[32] Ein weiteres Argument zur Unterstützung meiner Vermutung, dass hinter dieser Entwicklung doch Kaluza steckte, ist, dass Jordan Kaluzas Brief vom 21. August bereits vier Tage später beantwortete. Er versprach ihm, sobald wie möglich nach Göttingen zu kommen. Dieses Treffen fand bis zum Tode Kaluzas am 19. Jaunar 1954 nicht mehr statt. Vermutlich hatte Jordan nach Paulis negativer Antwort sein ursprüngliches Interesse an diesen „neuen Gedanken" Kaluzas bereits verloren.

[33] Als erstem ist es Bryce DeWitt 1963 gelungen zu zeigen, dass die Kaluza-Klein-Theorie im (4+n)-dimensionalen Raum die Vereinheitlichung der vier Wechselwirkungen ermöglichen kann. Vgl. Kaku (1995), S. 177.

[34] Ausführlicher in Kaku (1995), S. 175.

Die letzten Jahre

> *„Über der grauschwarzen Ödnis*
> *ein Baumhoher Gedanke*
> *greift sich den Lichtton: es sind*
> *noch Lieder zu singen jenseits*
> *der Menschen.“*   *Paul Celan*

Auf die gleiche Weise, wie der geheimnisvolle Mensch Theodor Kaluza sein ganzes bisheriges Leben in der Stille verbrachte und nur wenige Spuren seiner großen Gedanken und Ideale offenbarte, gingen auch seine letzten Jahre dahin. Kaluza konnte nun, da der Krieg vorbei war, seine alten Freunde wiedersehen. Seinen Freund Kurt Reidemeister, mit dem er früher so gern Gespräche geführt hatte, traf er allerdings nur kurz. Reidemeister hatte 1948 für zwei Jahre eine Forschungsprofessur am Institute for Advanced Study in Princeton erhalten.[1]

Die Kaluzas wollten die Familie Magnus, die nach der Emigration nun wieder in Göttingen lebte, in ihrem Haus aufnehmen. Kaluza schätzte den schüchternen Mathematiker Wilhelm Magnus, der für ihn ein wichtiger Gesprächspartner war. Am Ende langwieriger Verhandlungen mit dem Dekan der Mathematisch-Naturwissenschaftlichen Fakultät war es aber Kaluza nicht gelungen, einen Teil seiner Wohnung an Magnus zu vermieten. Die Fakultät setzte durch, dass der Sohn des Philosophen Nikolai Hartmann dort untergebracht wurde. Kaluzas Briefe an den Dekan verraten seine Enttäuschung über den Machtkampf, der sich auch hier wieder abspielte: „selbst das Städtische Wohnungsamt, das ja nicht gerade in dem Rufe steht, die ihm (tatsächlich zustehende) Machtfülle nur in ängstlicher Zurückhaltung zu gebrauchen, pflegt im allgemeinen, wenn eine Auswahl unter mehreren Untermietern vorliegt, auf die besonderen Wünsche des Vermieters Rücksicht zu nehmen, sobald diese nur einigermaßen begründet werden.“[2] In seinem letzten Brief an den Dekan betonte Kaluza: „Ich werde natürlich auch sonst jede Gelegenheit benutzen, einer Stadt den Rücken zu kehren, die den Namen Universitätsstadt m. E. nicht mehr zu Recht führt.“[3] Nach einjährigem Auf-

---

[1] Im Brief an die Szegös vom 16. September 1949, NTK, erwähnt Anna Kaluza das Wiedersehen mit den Reidemeisters. Siehe dazu auch Artzy (1972), S. 99–100.

[2] Brief von Theodor Kaluza an den Dekan vom 7. Februar 1948, NTK.

[3] Brief von Theodor Kaluza an den Dekan der Mathematisch-Naturwissenschaftlichen Fakultät der Universität Göttingen vom 6. April 1948. Dieser umfangreiche Schriftwechsel, der sich auf etwa 50 Seiten erstreckt, zeugt erneut von der Entschiedenheit Kaluzas und von seiner Hartnäckigkeit, eine Sache bis zum Erfolg durchzuführen, wenn er davon überzeugt war, dass

enthalt in Göttingen entschied sich Magnus, wieder eine Professur in den Vereinigten Staaten anzunehmen. „Magnus sind sehr liebe Menschen, die wir sehr gern gehabt haben. So wird der Kreis hier immer kleiner"[4], schrieb Anna Kaluza an Szegös, nachdem sich Frau Magnus von ihr verabschiedet hatte, um ihrem Mann in die Vereinigten Staaten zu folgen. *„Von der Tragik des Schicksals des eigenen Volkes abgesehen findet man andererseits auch in der Heimat nicht immer leicht Menschen, deren Denken und Tun unserem Wesen entspricht"*[5], schrieb sie den Freunden, die sie nach dem Krieg noch nicht wiedersehen konnte. *„Vielleicht wird die Welt doch noch einmal friedlicher und vernünftiger".*[6]

* * *

Im Sommer 1951 besuchte Szegö während einer Deutschlandreise die Kaluzas in Göttingen. „Liebe Szegös! Wir freuen uns unendlich über den angekündigten Besuch. Selbstverständlich lässt sich alles einrichten."[7] Gábor Szegö bekam auch eine offizielle Einladung zu einem Vortrag an der Universität Göttingen. Das Honorar war „sehr bescheiden", aber das war zweitrangig.[8] Die beiden Familien, die sich 1934 unter traurigen Umständen trennen mussten, in Gedanken aber verbunden geblieben waren, die die gleichen geistigen Ideale besaßen und die gleichen tiefen Gefühle für einander empfanden, konnten sich jetzt endlich wie-

---

es sich um eine sinnvolle Sache handelte, deren Realisierung möglich und gerecht war. Kaluza bezog sich auf die Fakultätssatzung, die keinem Dekan erlaubte, sich in die Auswahl der „Untermieter" eines Professors, der in einer Universitätswohnung wohnte, einzumischen und auch auf die Gründe, die eher für den Einzug von Magnus sprachen: verheiratet, Familienvater von zwei Kindern. „Ich habe bei Durchsicht der Universitätssatzungen nirgendwo eine Stelle entdecken können, aus der sich ein Recht für den Senat ableiten ließe, in die Privatsphäre des Lehrkörpers der Universität so einzugreifen, dass er einem Ordinarius unter Hinwegsetzung über dessen eigene Wünsche und Abmachungen einen bestimmten Kollegen als Untermieter oktroyiert" (Brief von Theodor Kaluza an den Dekan der Mathematisch-Naturwissenschaftlichen Fakultät der Universität Göttingen vom 7. Februar 1948, NTK). Trotzdem entschied sich die Fakultät anders. Aus dem Briefwechsel lässt sich keine objektive Begründung finden, die für die Entscheidung des Dekans gesprochen hätte. (In den Mitteilungen der Fakultät wird keine Begründung angegeben, doch werden Versprechungen, die man dem prominenten Hartmann gemacht haben wird, entscheidend gewesen sein.)

[4] Brief von Anna Kaluza an die Szegös vom 16. September 1949, NTK.

[5] Ebd.

[6] Ebd.

[7] Brief von Theodor Kaluza an Familie Szegö vom 9. Mai 1951, NTK.

[8] Ebd.

dersehen. „Von annehmbaren Hotels möchte ich das Kaluzasche hervorheben"[9], schrieb Kaluza an Szegö.

Die lange Zeit der Trennung hatte nichts an der alten Freundschaft der beiden Familien geändert. Die Szegös genossen noch einmal die warme Atmosphäre des gastfreundlichen Hauses der Kaluzas und erinnerten sich an die alten Zeiten. Die Freude des Wiedersehens muss sehr groß gewesen sein. Auch der junge Theodor mit seiner Frau und Dorothea kamen nach Göttingen, um die Szegös wiederzusehen. Szegö brachte zum Ausdruck, dass er, obwohl er zweimal – aus Ungarn und aus Deutschland – vertrieben worden war, doch am liebsten wieder nach Deutschland zurückkehren würde. Er fügte hinzu: „Es ist schrecklich, in Amerika alt zu werden."[10] Doch das materielle Elend in Deutschland hielt ihn davon ab. Sie dachten auch an die alten Freunde aus Königsberg: an Werner Rogosinski, den guten „Rogo", der drei Jahre zuvor am King's College in Newcastle in England „full professor und head of the department" geworden war.[11] Und an den fröhlichen Willy Feller, der zur Zeit in Princeton lehrte. Sie erinnerten sich auch an den unversöhnten Reidemeister, der in Marburg Essays über die Freiheit der Wissenschaft und der Wissenschaftler schrieb, um davor zu warnen, dass sich nie wiederholen dürfe, was geschehen war. „Hier trinken wir Kaffee in dem gastfreundlichen Haus der Kaluzas in der alten Gemütlichkeit und denken an die fernen geliebten Freunde", schrieb Gábor Szegö aus Göttingen an Rogosinski.[12]

Abb. 44 folgende Seite: Foto: Theodor Kaluza mit Gábor Szegö in Göttingen (1951)

---

[9] Brief von Theodor Kaluza an Familie Szegö vom 9. Mai 1951, NTK.
[10] Theodor Kaluza junior (1991).
[11] Brief von Szegö an Theodor Kaluza vom 16. Mai 1948, NTK.
[12] Brief von Szegö an Rogosinski vom 18. August 1951, NTK.

Die lebenslange Freundschaft zwischen Theodor Kaluza, Willy Feller, Gábor Szegö und Kurt Reidemeister beweist die Treue dieser erlesenen Gemüter, die sich gegenseitig hoch schätzten. „Brot ist wichtig, Freiheit ist wichtiger, aber bewahrte Treue ist am teuersten", hatte der Theologe und Widerstandskämpfer Dietrich Bonhoeffer einmal gesagt. Seine Aussage könnte als Motto über Kaluzas Leben stehen. Die Treue war es, die Kaluzas Handeln bestimmte. Das bezeugen seine lebenslangen Freundschaften. Aber auch seine Standhaftigkeit, die Wertschätzung von Ethik, Wahrheit und Freundschaft, das Ertragen materieller Entbehrungen, besonders als Privatdozent in Königsberg, aus Liebe zu Wissenschaft und Forschung könnten ihn für uns zum Helden machen. Kaluza hat sich jedoch nie als Helden betrachtet. Alles, was er tat, geschah in größter Bescheidenheit. Er wollte seine herausragenden Eigenschaften nie in den Vordergrund rücken. Mit Sicherheit hat ihm dieses Inkognito und seine edle Art, sich nicht als Helden und Genie zu präsentieren, die Ruhe und Geborgenheit gegeben, die er brauchte, um den Geheimnissen der Natur auf die Spur zu kommen.

Die Spaziergänge, die Kaluza gern in der Göttinger Umgebung gemacht hat te, wurden immer kürzer. Er beschränkte sich darauf, mit seiner Frau in dem von seiner Wohnung hundert Meter entfernten Wald spazieren zu gehen. „Wir gehen noch mal bisschen in den Hainberg", sagten sie und gingen langsam los. Dann blieb er bei jeder Bank stehen und fragte seine Frau: „Meinst du diese Bank?" Er sagte das zwar im Spaß, aber er fühlte sich müde. Sein Herz war schwach geworden. Die vielen Krankheiten und Entbehrungen hatten sein von Natur aus „nervöses Herz" stark belastet. Dazu kam, dass Kaluza ein sehr emotionaler Mensch war. Trotz seiner Zurückhaltung waren seine Gefühle tief. Seine Familienangehörigen und die engsten Freunde waren von seinem edlen Charakter zutiefst berührt: „Alle liebten ihn", betonten immer wieder diejenigen, die ihn gekannt haben. Kaluza empfand für sie eine rührende Zuneigung, die er jedem zeigte. Wenn er glaubte, jemandem helfen zu können, zögerte er keine Sekunde. Seine langen, erheiternden Briefe an diejenigen, die abwesend waren, beweisen seine Gutmütigkeit. So wenig er geneigt war, seine wissenschaftlichen Ideen zu Papier zu bringen und sie zu veröffentlichen, so sehr setzte er seine ganze Energie ein, wenn er jemandem durch seine Briefe helfen konnte. Er ermunterte jeden durch seine humorvollen Formulierungen. Das zeigt sich beispielsweise in den Briefen an seine Frau und an seine Tochter.[13] Seine Frau, die sich öfter über die kleinsten Ereignisse aufregte, besänftigte er mit entwaffnendem Humor. Einmal schrieb er ihr bezüglich des Schlafzimmers in Göttingen, das nicht gut isoliert war: „Hier ist

---

[13] Seine Tochter erwähnte in einem Brief an die Autorin die langen und schönen Briefe, die ihr Vater schrieb, als sie bei Freundinnen zu Besuch war.

591

alles in Ordnung. Die erste Nacht war sehr abwechslungsreich: Zunächst 'mal zog es statt von Süden nach Norden in deinem Zimmer, von Westen nach Osten, so dass mein westlicher Zahn bereits zwei Stunden früher zu reißen begann, als es sonst seine mir inzwischen so lieb gewordene Gewohnheit ist."[14]

Kaluzas Humor wurde von seinen Freunden und vor allem von seinen Familienangehörigen sehr geschätzt. Dieser Humor war aber immer liebenswürdig und nie böswillig. In dieser Hinsicht unterschied er sich z.B. von Wolfgang Pauli. Gerhard Lyra erinnerte sich an diese Eigenschaft seines Professors, ernste und bedrückende Situationen durch seinen Humor aufzulockern: „Herzerfrischend war sein feinsinniger und liebenswürdiger Humor. Ich muss daran denken, wie er noch kürzlich scherzend zu mir sagte, als wir einmal genau gleichzeitig in der Oberschule zur Prüfung eintrafen, dass die Relativitätstheorie wohl doch nicht stimmen könne mit ihrer Behauptung, es gäbe keine absolute Gleichzeitigkeit."[15] Dieser Humor hat Theodor Kaluza nie verlassen, er hat ihm immer geholfen, schwierigste Zeiten durchzustehen. Er war auch eine Abwehr gegen böse Gefühle und Erscheinungen, die ihn umgaben und die er damit bewältigte. Kaluza hatte die Gabe, den Humor einer Situation zu erkennen und ihn dann zum größten Vergnügen der Anwesenden zum Ausdruck zu bringen. Damals erschienen gerade die ersten Fruchtmixer auf dem Markt. Kaluza hat nie viel Obst gegessen, er mochte Fleisch, Süßigkeiten und Tee lieber. Er benutzte den Mixer jedoch gern, um Obst und Getreide zu mischen. Er lachte deshalb über sich selbst und sagte: „Ich bin Multimixionär"[16], auch eine Anspielung auf seine niemals rosige finanzielle Situation. Einen seiner Göttinger Assistenten, der sich im Institut allzu selten sehen ließ, wollte er zum „korrespondierenden Mitglied" ernennen.[17] Aus dem Urlaub in Süddeutschland beschrieb er das schlechte Wetter in einem Brief an seine Tochter folgendermaßen: „29.9.1950: Gestern waren wir Zeugen einer seltenen und unerklärlichen Naturerscheinung: Am Himmel war am Tage so ein komisches Gestirn zu sehen, etwa von der Größe des Mondes, das offenbar der Klasse der blau-roten Zwerge angehörte, und von dem einige ganz alte Eingeborene sich erinnern, es bereits einmal gesehen zu haben. War das auch bei Euch sichtbar? Der Orion ist übrigens wieder um 13 Uhr kleiner geworden. 1.10.1950: Das Gestirn ist schon wieder verschwunden und wir haben wieder beständiges Regenwetter."[18]

---

[14] Brief von Theodor Kaluza an seine Frau vom 30. April 1940.
[15] Lyra, „Ansprache am Grab von Theodor Kaluza" vom 23. Januar 1954, NTK.
[16] Ingemarie Kaluza, „Erinnerungen an Theodor Kaluza" vom 18. März 1997, NTK.
[17] Brief von Theodor Kaluza junior an V. Raman vom 7. Oktober 1970, NTK.
[18] Brief von Theodor Kaluza an seine Tochter vom 29. September 1950, NTK.

Abb. 45: Foto: Theodor und Anna Kaluza im Allgäu (etwa 1950/51)

Manchmal spielte er mit seiner Frau Schach. Das Schachspiel gehörte zu seinen Lieblingsbeschäftigungen. In früheren Jahren hatte er öfter mit Reidemeister, Szegö, Feller und mit seinem Sohn und seiner Tochter gespielt.[19] Theodor Kaluza musizierte auch gern mit seiner Frau. Anna Kaluza hatte eine wunderschöne Stimme, und Kaluza begleitete sie in den letzten Göttinger Jahren öfter bei Liedern von Schubert auf dem alten Klavier – einem Geschenk seiner verstorbenen Mutter.[20] Er war aber in der letzten Zeit sehr schwach geworden. Als man in seiner Gegenwart mit Furcht und Erschrecken über den Tod sprach, sagte er zu seiner Frau: „Sprich doch nicht über so schöne Sachen!"[21] Es war ironisch gemeint, aber es verriet seine Müdigkeit, die immer größer wurde.

Kaluza hatte sich schon immer für Malerei interessiert. Er mochte die starken Farben der Bilder von Emil Nolde, die er als „Farbenorgie" bezeichnete. Sein Lieblingsmaler war aber unbestritten Picasso.[22] Das lag unter anderem daran, dass Picasso in vielen seiner Bilder die Welt so malte, als sähe er sie aus einem höherdimensionalen Universum.[23] In seinen letzten Jahren bewunderte Kaluza besonders Picassos Bild „Der Künstler", das ihn durch eine tiefere Bedeutung anzuziehen schien.[24]

---

[19] Brief von Theodor Kaluzas Tochter an die Autorin vom 12. Oktober 1998.

[20] Brief von Theodor Kaluzas Tochter an die Autorin vom 21. Juni 1998.

[21] Ebd.

[22] Brief von Theodor Kaluzas Tochter an die Autorin vom 1. Juni 1998.

[23] Ebd. Siehe dazu auch das Kapitel „Edwin A. Abbott", S. 196ff.

[24] Brief von Theodor Kaluzas Tochter an die Autorin vom 1. Juni 1998. Eine Reproduktion dieses Bildes befand sich im Haus seiner Tochter. Theodor Kaluza betrachtete es bei jedem Besuch mit intensiver Bewunderung.

Abb. 46 Vorseite: Graphik: „Der Künstler" von Pablo Picasso

Das Bild stellt den Maler dar, der mit dem Profil zum Betrachter sitzt. Seine Gestalt ist verschwommen, verschwindet fast in der Welt des Bildes. Nur die Geste des Malers, zur Staffelei sich wendend, und sein Kopf sind deutlich erkennbar. Das Modell aber sitzt dem Betrachter zugewandt, seine Umrisse heben sich deutlich hervor. Es wirkt wie ein fotografisches Negativ mit weiß leuchtenden Konturen. Durch seine mächtige Präsenz zieht das Modell die Aufmerksamkeit des Zuschauers auf sich. Es wird aber auch die Konzentration und die Begeisterung des Malers deutlich.

Die Botschaft dieses Bildes ist von Picasso besonders hervorgehoben worden: Nicht der Maler ist hier wichtig, sondern sein Modell, das ihn beflügelt. Ist es vielleicht diese von Picasso dargestellte tiefsinnige Idee, die Kaluza an diesem Bild so beeindruckt hat? Diese Frage lässt sich schon deswegen nicht konkret beantworten, weil Kaluza nur selten über seine Gedanken und Gefühle mit jemandem gesprochen hat. Doch die Übereinstimmung seiner Lebensauffassung mit der Botschaft dieses Bildes ist zu groß, als dass man nur eine zufällige oder oberflächliche ästhetische Begeisterung annehmen könnte. Nach Picassos Idee ist nicht der Maler wichtig, sondern das Modell, das er malen will. Auf vergleichbare Weise war auch Kaluza zutiefst davon überzeugt, dass die Person des Wissenschaftlers in Bezug auf sein Forschungsobjekt nebensächlich ist – in seinem Fall die Erkundung des Universums. Das Wichtigste für den Wissenschaftler ist die Freude, die er bei seiner Forschungstätigkeit empfindet. Sein Leben, sein materielles Wohlergehen und sein Ruhm sind zweitrangig. Es lässt sich zwar nicht beweisen, ob Kaluza deswegen von diesem Bild Picassos so fasziniert war. Aber sein ganzes Leben schien auf dieser Idee aufgebaut. Er hat mit Sicherheit das große Glück empfunden, das jedem Schöpfer bei seiner kreativen Tätigkeit geschenkt wird, auch wenn seine kühne Theorie von der *scientific community* Zeit seines Lebens nicht ihre verdiente Anerkennung bekommen hat.

Wie wir gesehen haben, beschäftigte sich Theodor Kaluza bis eineinhalb Jahre vor seinem Tod immer noch mit seiner vereinheitlichten Theorie. Wie weit er gekommen war, lässt sich leider nicht genau feststellen. Nur die wissenschaftlichen Bücher in seiner privaten Bibliothek und der Hinweis in dem letzten Brief von Jordan bezeugen seine fortdauernde Suche.[25] In jener Zeit war Einstein weiter bestrebt, eine vereinheitlichte Feldtheorie zu erstellen. Die fünfdimensionale

---

[25] Außer einigen Abhandlungen von Heisenberg, Jordan und Pauli, wie auch von Dirac und Einstein, die im Nachlass vorhanden sind, lässt sich leider nicht mehr feststellen, welche Arbeiten Kaluza in der Bibliothek des Mathematischen Institutes in diesem Zusammenhang noch las.

Theorie hatte er bereits aufgegeben. Er konnte nicht wissen, dass zehn Jahre später, Mitte der sechziger Jahre, gerade Kaluzas Theorie der Ruhm zuteil werden sollte, den Weg zur großen Vereinheitlichung zu weisen.

Doch wie es das Bild von Picasso andeutet, befindet sich ein großer Schöpfer in einer ständigen Auseinandersetzung mit der Frage nach der Wahrheit. Theodor Kaluza lag seine Theorie, von deren tiefer Bedeutung er überzeugt war, sehr am Herzen. Daher liegt die Vermutung nahe, dass er sich bis in seine letzten Jahre mit der Frage der Vereinheitlichung beschäftigt hat, auch wenn er kaum jemanden an seinen Gedanken teilnehmen ließ.

* * *

Kaluzas Sohn hat seinen Vater immer sehr verehrt und bewundert. Er hatte die Sichtweise, die moralische Einstellung und den Idealismus seines Vaters übernommen; in vielen Punkten dachte er ähnlich. Besonders bewunderte er an seinem Vater die Gabe, seine Kinder zum Guten zu beeinflussen, ohne Druck auf sie auszuüben. Die Kinder spürten keine Versuche einer Beeinflussung. Trotzdem übernahmen sie die Grundeinstellung ihrer Eltern, besonders ihres Vaters, als etwas Selbstverständliches. Was er ihnen sagte, wurde akzeptiert, es gab nie heftige Auseinandersetzungen, weil über alles ruhig gesprochen werden konnte: „Als Kinder hat er meiner Schwester und mir nicht nur nie auch nur einen ‚Klaps' gegeben, sondern eigentlich auch nie etwas ‚befohlen' – seine Anordnungen waren für uns einleuchtende Vorschläge, die zu befolgen die natürlichste Sache der Welt war."[26] Die Kinder bewunderten ihren Vater so sehr, dass sie seinem Beispiel folgen wollten. Er hat sie nie entmutigt oder mit pädagogischen Grundsätzen traktiert, war immer liebevoll. Auch wenn es Aufregungen gab, konnte er ihre Stimmung mit seinem Humor aufhellen. Niemals belastete er mit seinem Genie seine Familie oder seine Mitmenschen. Seine Kinder behandelte er mit großer Ernsthaftigkeit. Sie entwickelten sich zu interessanten Persönlichkeiten mit eigenen beruflichen Interessengebieten. So übernahmen sie von ihrem Vater dessen Abneigung gegen Gewalt und Machtausübung und führten ihr Leben nach denselben Grundprinzipien. Sie bewiesen die gleiche Standhaftigkeit und Fähigkeit, den eigenen Willen durchzusetzen, ohne dafür Machtkämpfe auszuführen.

Kaluzas Sohn wurde Mathematiker und teilte die Liebe seines Vaters zur geistigen Universalität. Nach dem Krieg habilitierte er sich bei Professor Rudolf L.

---

[26] Vgl. Brief von Theodor Kaluza junior an Detlef Laugwitz vom 26. Juni 1985, S. 10, NTK.

M. Iglisch (1903–1987) in Braunschweig und wurde bei ihm Assistent. Er entwickelte sich zu einem bekannten Mathematiker und übernahm sogar Forschungsbereiche der Mathematik, die auch das Zentrum des Interesses seines Vaters gebildet hatten. Bis zu seiner Berufung auf ein Ordinariat sollte es aber noch längere Zeit dauern. Theodor Kaluza besuchte öfter die Familie seines Sohnes und spielte mit seinen beiden Enkelkindern, Christian und Matthias. Wegen seiner Warmherzigkeit verstand er sich mit den Kindern ausgezeichnet. Sie liebten ihn, weil er ihnen immer schöne Geschichten erzählen konnte und sie zum Lachen brachte.

Kaluza war mit seinen Kindern überaus zufrieden. Seine Tochter führte mit ihrem Mann eine glückliche Ehe. Ihr Mann war 1947 aus russischer Kriegsgefangenschaft zurückgekehrt. Nach Überwindung der Schwierigkeiten der Nachkriegsjahre wirkte er in Nienburg an der Weser als Steuerberater. Dorothea bewahrte die Liebe zur Wissenschaft, die ihr Vater in ihr geweckt hatte. Sie zeigte großes Interesse für Biologie und Kunst und führte als geistreiche und intelligente Frau ein materiell sorgenfreies Leben an der Seite ihres Mannes. Sie hatte in ihm eine Persönlichkeit gefunden, die ebenso wie sie selber künstlerische und wissenschaftliche Interessen harmonisch verbinden konnte. Das kostbarste aber, das Kaluza an seine Kinder weitergegeben hatte, war die große Begabung, glücklich zu sein.

Chesterton hat einmal in einem seiner Bücher zum Ausdruck gebracht, dass die Leute, die sich nach dem verzehren, was man gemeinhin Erfolg nennt, durchaus nicht lebensklug sind, denn die schönsten und wertvollsten Dinge des Lebens bekommt man umsonst: den Sternenhimmel, die Freunde, den Mondschein, ein schönes Feld im Frühling und die Treue.[27] In diesem Geist hatte Theodor Kaluza auch seine Kinder erzogen. Er hatte sie gelehrt, dass Glück nicht von sozialen Ehrungen oder materiellem Erfolg abhängig ist. Diese Botschaft wollte er auch anderen vermitteln.[28]

Ende 1953 erhielt Theodor Kaluza junior eine Berufung als Professor für Mathematik nach Hannover. Theodor Kaluza, der die geistige Entwicklung seines Sohnes sehr gefördert hatte, freute sich herzlich. Durch Courant erfuhr davon auch Kaluzas ehemaliger Student und Familienfreund Willy Feller in Princeton. Er wollte seinem alten Freund Theo sofort zu seiner lang ersehnten Beru-

---

[27] Brief von Theodor Kaluzas Tochter an die Autorin vom 25. Januar 1997.

[28] Seine Tochter erzählte, wie Kaluza sich mit Menschen unterhielt und sie aufheiterte. Besonders die Menschen, die materielle Sorgen hatten, waren ihm dankbar, wenn sie durch seine Worte von ihren Schwierigkeiten abgelenkt wurden: Brief von Theodor Kaluzas Tochter an die Autorin vom 25. Juni 1997.

fung gratulieren, aber unmittelbar davor erreichte ihn die Nachricht vom Tod des alten Kaluza.[29]

Im Winter 1954 erkrankte Kaluza wieder an einer Grippe. Er war gerade 68 Jahre alt geworden und stand kurz vor der Emeritierung. Die Grippe fesselte ihn fast drei Wochen ans Bett. Er war danach noch nicht völlig gesund, sah aber keinen Grund, die Prüfungen von zwei Staatsexamenskandidaten zu verschieben. Zusammen mit seinem Assistenten Lyra fuhr er in die Oberschule in der Böttingerstraße. Lyra, der Kaluza die Entdeckung seiner mathematischen Begabung und seine Förderung verdankte, begleitete damals häufig seinen Professor.[30] Es war nachmittags um 17 Uhr. Kaluza fühlte sich zum ersten Mal seit seiner Erkrankung besser und wollte seine Vorlesungen wieder aufnehmen. Während der ersten Prüfung war er jedoch so müde, dass sein Beisitzer Lyra die zweite Prüfung übernehmen musste.[31] Nach den Prüfungen fuhren Kaluza und Lyra mit dem Bus nach Hause. Die Linie 5 brauchte etwa 15 Minuten bis zu Kaluzas Ziel. „Ich hatte das Gefühl, diesmal mitfahren zu sollen (was ich sonst noch nie getan hatte). [...] Als einziges, was mir auffiel, war, dass Kaluza nach der Prüfung sehr schweigsam war."[32] Der Professor fühlte sich nicht wohl. Er sagte seinem Assistenten jedoch kein Wort darüber und ließ ihn nichts merken. Kurz danach hielt der Bus am Marktplatz. Lyra bemerkte, dass sein Professor mit geschlossenen Augen dasaß. „Ich rief ihn an, aber er antwortete nicht, legte seinen Kopf zurück, atmete tief und mit einem leichten Laut des Stöhnens sank sein Kopf nach vorn."[33] Als Lyra bemerkte, dass es Kaluza nicht gut ging, hielt er den Bus an und versuchte, einen Arzt zu finden. Doch niemand konnte ihm helfen. Deshalb holte der Busfahrer ein Taxi. Der Taxichauffeur trug Kaluza in seinen Wagen. Lyra glaubte die ganze Zeit, Kaluza liege in einer tiefen Ohnmacht. Tatsächlich war er neben seinem Assistenten im Bus gestorben.

Im Jahre 1937 hatte der junge Theodor Kaluza in seinem Tagebuch notiert: „Es ist nicht wahr, dass man ohne Weltanschauung nicht leben kann – man kann bloß nicht ruhig sterben. Oder besser umgekehrt: wenn einer ruhig sterben kann, dann hat er eine Weltanschauung; auch wenn sie keinen Namen hat, auch wenn er kein Wort von ihr mitzuteilen vermag."[34] Mit diesen Worten hat er das Wesen seines Vaters erfasst. Dem großen Mysterium des Todes begegnet jeder auf eine

---

[29] Vgl. Brief von Willy Feller an Theodor Kaluza junior vom 5. März 1954, NTK.

[30] Vgl. Interview von Martin Eichler mit Norbert Schappacher, der Autorin durch die freundliche Unterstützung von Professor Schappacher zur Verfügung gestellt.

[31] Brief von Gerhard Lyra an Nikolaus Stuloff vom 7. Februar 1954.

[32] Ebd.

[33] Ebd.

[34] Theodor Kaluza junior, Tagebuch 1937, NTK.

andere Weise. Kaluza hatte offenbar keine Furcht vor dem Tod. Er starb der Beschreibung seines Assistenten zufolge so leicht, als wäre er plötzlich eingeschlafen. Es gab keinen Todeskampf, keine hilfesuchenden Gebärden. Lyra hatte Kaluzas Reglosigkeit für eine Ohnmacht gehalten.

Kaluza hat immer an Gott geglaubt. Dieser Glaube hat ihn sein Leben hindurch begleitet und ihm in den schwierigsten Situationen geholfen. Max Planck, ein Wissenschaftler, der ebenfalls eine in sich ruhende und ausgeglichene Persönlichkeit war, sagte in einem Vortrag 1937, dass Religion und Wissenschaft einen gemeinsamen Kampf führen: „Es ist der stetig fortgesetzte, nie erlahmende Kampf gegen Skeptizismus und gegen Dogmatismus, gegen Unglaube und gegen Aberglaube, den Religion und Naturwissenschaft gemeinsam führen, und das richtungweisende Losungswort in diesem Kampf lautet von jeher und in alle Zukunft: Hin zu Gott!"[35]

Kaluza hat seine Weltanschauung niemandem offenbart, sie lässt sich nur bruchstückhaft rekonstruieren. Die Religion war darin jedenfalls nicht die einzige Komponente: „Katholisch war mein Vater, weil er so aufgewachsen ist. Er fühlte sich darin heimisch, liebte auch die lateinische Sprache in der Messe. Aber er griff nie die protestantische Kirche an. Im Gegenteil, er freute sich immer über jede kleine Annäherung der zwei Kirchen. Als ich einen evangelischen Mann heiratete, beruhigte er meine Mutter, die außer sich war, indem er ihr klar machte, dass ich in einer ganz anderen Welt aufgewachsen war als sie: Meine Mutter erlebte in ländlichen deutsch-polnischen Gebieten, die ganz katholisch waren, ihre Kindheit mit all den vielen katholischen Zeremonien. Er ging selten in die Kirche, wenn, dann in die [katholische] St. Paulus, die uns nahe war. [...] Einmal fragte ich ihn, ob er glaubte, dass Christus göttlich sei. ,Nein', sagte er, ,aber darauf kommt es ja überhaupt nicht an.'"[36] Seine beeindruckende Sicherheit und Standhaftigkeit, seine Ruhe und sein harmonisches Leben lassen sich nur als Einheit seines religiösen Glaubens und seiner philosophischen Auffassung erklären.

Kaluza bewahrte vor dem Tod dieselbe Ruhe, die sein ganzes Leben bestimmt hatte. Es war weder Angst noch Verzweiflung zu erkennen. Er verließ die Welt der Lebenden, als wäre er in einen tiefen Schlaf gesunken.[37] *„Friede auf Erden! Das war's wohl, was da über mich kam, dieser selige Weihnachtsfriede, [...] der einen so milde stimmt und so weich; – und wenn auch der eine oder der andere nichts von ihm wissen will, er ist doch da, und er ersetzt uns armen Menschen so vieles, was uns nicht*

---

[35] *Göttinger Universitätszeitung*, Nr. 24, 21. November 1947, S. 2.

[36] Brief von seiner Tochter an die Autorin vom 1. Juni 1998, NTK.

[37] Vgl. Brief von Gerhard Lyra an Nikolaus Stuloff vom 7. Februar 1954.

gegönnt wird, und auch Du wirst ihn empfunden haben".[38] So hatte Kaluza in ganz jungen Jahren seine weihnachtlichen Gefühle in einem Brief an seine zukünftige Frau ausgedrückt. Hat er plötzlich an diesem Nachmittag des 19. Januar 1954 diesen Frieden empfunden? Das werden wir nicht mehr erfahren. „Als meine Eltern schon lange schliefen, habe ich noch am Fenster gestanden und auf den frischen Weihnachtsschnee geblickt und in die Ferne, zu meiner Lieb, und bin immer ruhiger geworden und immer ruhiger, trotz aller Sehnsucht, und immer froher."[39] Das hatte er fast ein halbes Jahrhundert zuvor geschrieben.

Kaluzas Kollegen, besonders diejenigen, die ihn nicht näher kannten, schilderten ihn fast ausnahmslos als einen zurückhaltenden, stillen, vornehmen Menschen. Kaluza war aber auch ein gefühlvoller Mensch, der mit jedem Mitgefühl hatte und der jedem half. Er kannte das Geheimnis, wie er seine verborgenen Gefühle von Schmerz, Angst, Verzweiflung und Sehnsucht beruhigen und im neu gewonnenen Gleichgewicht in Harmonie mit der Welt leben konnte. Kaluza musste oft stärkste körperliche Schmerzen ertragen; er ließ sich aber nichts anmerken. Auf ähnliche Weise muss er die letzten Augenblicke seines Lebens ausgehalten haben. Die große Ruhe, die er immer gesucht hatte, war jetzt eingetreten. „So fuhr ich Kaluza sofort in die medizinische Klinik, der dort diensthabende Arzt wurde geholt, dieser untersuchte Kaluza sogleich im Taxi und stellte zu meiner großen Bestürzung fest, dass das Herz still stand."[40] Im Krankenhaus stellte man fest, dass Theodor Kaluza an Herzinfarkt gestorben war; vermutlich war sein Herz von der Grippe geschwächt gewesen. Lyra war ein gläubiger Mensch. Als er erfuhr, dass Kaluza tot war, überfiel ihn eine tiefe Verzweiflung, und er geriet außer Fassung. Er verhielt sich nicht so zurückhaltend, wie man es von einem frommen Christen, der Trost im Glauben findet, erwarten würde. Er konnte seine Tränen nicht zurückhalten. „Nun nahm ich Abschied von ihm. Noch wusste niemand von seinem Hinscheiden. Er lag auf der Bahre wie friedlich schlafend, unverändert wie im Leben."[41] Keine Spur von Leid, kein Schmerz war auf seinem Antlitz sichtbar. Es sah so aus, als wäre er schon lange auf diesen Augenblick vorbereitet gewesen.

„Während sein zarter Leib in der Leichenhalle untergebracht wurde, trat ich den schweren Weg an zu Frau Kaluza"[42], berichtete Lyra weiter in seinem Brief. Lyra stammte aus Riga und war in St. Petersburg als Sohn eines Fabrikanten

---

[38] Brief von Theodor Kaluza an Anna Beyer vom 24. Dezember 1907, NTK, siehe Reproduktion dieses Briefes oben Abb. 1, S. 16.

[39] Brief von Theodor Kaluza an Anna Beyer vom 24. Dezember 1907, NTK.

[40] Brief von Gerhard Lyra an Nikolaus Stuloff vom 7. Februar 1954.

[41] Ebd.

[42] Ebd.

aufgewachsen. Seit 1939 war er Kaluzas Assistent gewesen. Er hatte ihm immer sehr nahe gestanden. Lyra schätzte Kaluza nicht nur als Wissenschafter, er hatte ihm auch persönlich „überaus viel zu verdanken."[43] Nachdem Kaluza eine Arbeit Lyras gelesen und sie sehr originell gefunden hatte, machte er ihn zu seinem Assistenten und half ihm, seine Universitätskarriere aufzubauen. Kaluza hatte ihm geraten, die AVA, wo er damals arbeitete, zu verlassen und sich der Mathematik zu widmen. 1941 hatte er sich bei Kaluza habilitiert und war 1951 außerordentlicher Professor geworden. In all diesen Jahren hatte Kaluza ihm väterlich beigestanden und ihm geholfen, seine Schwächen zu überwinden. Lyra war ihm dankbar für die großzügige Unterstützung, die Kaluza ihm und seiner Familie stets gewährt hatte. Kaluza war trotz seiner zarten physischen Gestalt geistig ein ungemein starker Mensch, der nie den Mut verlor und imstande war, andere Menschen zu trösten und zu stärken. Lyra war das immer rätselhaft gewesen. Seitdem er Kaluza kannte, waren auch seine philosophischen Anschauungen nicht mehr unklar. Kaluzas Standhaftigkeit hatte Lyra die Stärke verliehen, sich vom Nationalsozialismus fernzuhalten.[44] Er war ein frommer Christ geworden und hatte in der Wissenschaft den Sinn seines Lebens entdeckt. An all das mag er in diesem schweren Augenblick gedacht haben. Der Verlust seines Professors, der die Rolle eines selbstlosen Vaters übernommen hatte, traf Lyra schmerzlich.

Anna Kaluza wartete zu Hause auf ihren Mann. Gerade an diesem Tag hatte sie wenig mit ihm gesprochen. Er hatte den ganzen Nachmittag geschlafen, und sie musste ihn wegen der Prüfung wecken. Nun erwartete sie ihn zum Abendessen. „Das Tischchen war besonders liebevoll gedeckt", erinnerte sich Lyra. „Ich klingelte, Frau Kaluza öffnete und sah mich allein stehen und sagte: ‚Und wo ist mein Mann?' Da musste ich sagen, Gott hat ihren lieben Mann heute zu sich genommen. Frau Kaluza war wenig gefasst."[45] Sie überfiel tiefste Verzweiflung. Die ersten Stunden nach dieser Nachricht und der Gang in die Leichenhalle waren besonders schmerzlich. Anna Kaluza und die Kinder, die kurz darauf benachrichtigt wurden, waren untröstlich. Keiner konnte sich mit der Leere, die Kaluzas Tod hinterließ, abfinden.

Am nächsten Tag überbrachte Lyra die Nachricht den Studenten. Sie gedachten Kaluzas in einer Schweigeminute. Die Institutsflagge wurde auf Halbmast gehisst. Am Sonnabend, den 23. Januar, fand um 8 Uhr in der zweiten katholi-

---

[43] Brief von Gerhard Lyra an Nikolaus Stuloff vom 7. Februar 1954.

[44] Im NTK befindet sich ein Brief von einem gewissen O. an Lyra vom Oktober 1942, aus dem hervorgeht, dass Lyra sich in die Gefahr gebracht hatte, vor O. den Nationalsozialismus zu kritisieren. Daraus ist das Vertrauen abzulesen, das Lyra in Kaluza hatte. Sie unterhielten sich offenbar über politische Fragen. Kaluza beriet Lyra bei wichtigen Entscheidungen.

[45] Brief von Gerhard Lyra an Nikolaus Stuloff vom 7. Februar 1954.

schen Kirche der Stadt, Sankt Paulus, das Requiem statt; die Beerdigung folgte am gleichen Tag um 12 Uhr.[46]

Kaluza war dem katholischen Glauben sehr verbunden. Er hatte Inhalt und Form der katholischen Religion verinnerlicht; viele empfanden seine Gutmütigkeit und Hilfsbereitschaft Studenten und Kollegen gegenüber als Ausdruck tiefer Frömmigkeit. Vermutlich war „seine katholische Religion" der Rahmen seines Glaubens. Welche Eigenschaften des Katholizismus Kaluza aber überzeugt haben, ist schwer zu sagen. Unbestritten bleibt, dass er an Gott glaubte, aber nicht im Sinn der Dogmen der christlichen Religion. Gott stellte für ihn eine zur Wissenschaft nicht im Widerspruch stehende Existenz dar, die aber unbeweisbar und logisch nicht erfassbar ist.

Um 12 Uhr fand die Trauerfeier am Grabe statt. Die Glocken der Sankt-Paulus-Kirche läuteten. Familienmitglieder, Kollegen und Hunderte von Studenten versammelten sich auf dem Göttinger Friedhof.[47] Der Rektor und der Dekan hielten Reden am Grab. Die Ansprache des Rektors Hermann Heimpel zeichnete das Bild, das sich die Kollegen von ihm gemacht hatten: *„[…] das liebenswürdige Bild eines Mannes, der wenig von den vielen Sprachen sprach, die er beherrschte und bescheiden von der umfassenden Bildung schwieg, die ihn auszeichnete. […] seine Freunde erzählen von seinem Bedürfnis nach Stille, das ihn den Besuch von Kongressen vermeiden ließ."*[48]

Kaluzas Zurückgezogenheit, die als „Bedürfnis nach Stille" interpretiert wurde, blieb tatsächlich rätselhaft. Was steckte wirklich hinter der Bescheidenheit dieses Menschen, der eine Theorie aufgestellt hatte, die von Einstein als genial bezeichnet und lange bewundert wurde? Kaluza strebte nie nach Ruhm und Verehrung, obwohl sie greifbar nahe lagen. Er zeigte die Ruhe eines Menschen, der mehr als viele andere wusste. Er besaß das Geheimnis des Glücks und die Weisheit, dieses Glück zu bewahren. Er wusste, dass man jeglichen Ballast abwerfen muss, wenn man zum Wesentlichen, zur Essenz des Lebens, gelangen will. Dazu gehören aber nicht Ruhm und materieller Erfolg. Sie sind vergänglich und bilden nicht die Substanz jener Stoffe, aus denen das Glück besteht. Kaluza hatte die Ruhe eines Menschen, der sich seines Wertes bewusst ist. Er hatte durch seine Theorie für eine kurze Zeit ein tiefes Rätsel des Universums durchdrungen. Wie alle großen Schöpfer hatte er für einen Augenblick die Ewigkeit erblickt. Dieser

---

[46] Todesanzeige für Theodor Kaluza vom 20. Januar 1954, NTK.

[47] Theodor Kaluza junior (1991).

[48] Ansprache des Rektors Hermann Heimpel am Grabe Theodor Kaluzas, am 23. Januar 1954, NTK. Zum Problem der Beurteilung von Wissenschaftlern im Nationalsozialismus im allgemeinen und Heimpels im besonderen siehe Sommer (2004).

Augenblick hatte ihn für seine Entbehrungen und Mühen belohnt und zutiefst geprägt.

In unserer Zeit, in der mehr denn je jemandes Verdienst am erworbenen Ansehen und am materiellen Wohlstand gemessen wird, erscheint Kaluzas Lehre schwer verständlich. Sein Wesen und seine Erscheinung beeindruckten durch etwas, das immer seltener wird. Es war die stille, vornehme Selbstsicherheit eines großen Geistes, der das höchste Maß der Dinge kannte und der großzügig und uneigennützig ununterbrochen schenkte, ohne Bedenken zu haben, dass seine Gaben je zu Ende gehen könnten. *„Seine Freunde erzählen [...] von der selbstlosen Sachlichkeit, mit der er Erkenntnisse an andere weitergab, von seiner Güte gegen alle und besonders gegen die Studenten"*[49], betonte der Historiker Hermann Heimpel weiter in seiner Rede. Sein Vater, Max Kaluza, der an Diabetes erkrankt war, hatte bis zur letzten Minute seines Lebens seinen Studenten Ratschläge für ihre Dissertationen gegeben. Als er dann starb, spiegelte sich auf seinem Gesicht eine Spur von Zufriedenheit und Erfüllung. Ebenso wie sein Vater gehörte Theodor Kaluza zu den Aristokraten der Wissenschaft, die durch ihr Verhalten den Glauben an die Existenz geistiger Werte stärken. Das Bild des Sokrates in der alten Aula der Königsberger Universität hatte Kaluza sein Leben lang in Erinnerung behalten. Der mysteriöse Grieche, Sohn eines Steinmetzen und einer Hebamme, hatte nie ein Wort aufgeschrieben. Trotzdem zählte er zu den größten Philosophen der Welt. Er vollbrachte sein Werk durch das Unterrichten der Jugend in der Überzeugung, dass die Welt sich dadurch verändere. Kaluza hatte diese Überzeugung in seiner Tätigkeit als Lehrer geteilt. Er glaubte, dass der persönliche Kontakt mit dem Lehrer das Leben des Schülers verändern könne. Auch er hatte die letzten Stunden seines Lebens seinen Studenten gewidmet. Sein Gesichtsausdruck zeigte tiefste Ruhe, es war keine Spur von Leid darin zu finden. Die Verzweiflung überließ er den Lebenden.

Für die Akademie der Wissenschaften sprach auf der Trauerfeier für Kaluza der Professor für theoretische Physik Richard Becker. Der Direktor des Mathematischen Instituts, Franz Rellich, übertrug die Aufgabe, die Abschiedsworte im Namen des Instituts und des Kollegiums zu sprechen, Kaluzas Assistenten Lyra: „[...] weil meine Gefühle des Dankes und der Verehrung dieselben Gefühle sind, die das Herz eines jeden von uns bewegen, der auch nur einmal eine engere Begegnung mit Kaluza gehabt hat. [...] das ist seine herzliche Anteilnahme an der Freude anderer Menschen."[50] Damit schloss der Assistent Gerhard Lyra seine

---

[49] Ansprache des Rektors Hermann Heimpel am Grabe Theodor Kaluzas, am 23. Januar 1954, NTK.

[50] Gerhard Lyra, „Abschied am Grabe", 23. Januar 1954, NTK.

Ansprache am Grabe. Unter den Trauergästen hatte wahrscheinlich kein einziger die große Bedeutung dieses genialen Physikers erkannt.

Am 30. Januar erschien ein Nachruf der Universität. „Alle, die mit Kaluza eine nähere Begegnung hatten, verehren in ihm den gütigen Lehrer, Kollegen und väterlichen Freund, einen Menschen von echter Frömmigkeit und feinsinnigem Humor. Ein selbstloser Gelehrter ist in Frieden dahingeschieden."[51] Kaluzas Sohn, der seinem Vater sehr nahestand, hatte in den bewegten Zeiten des Nationalsozialismus täglich Tagebuch geschrieben. Damals musste er seine innere Haltung zu einem Bollwerk des Widerstands werden lassen. In einem Eintrag hieß es: „Die Menschen, die die Phantasie verachten und das ‚wirkliche Leben' zu spüren und zu leben glauben, stehen dem wirklichen Leben so fern, dass sie gar nicht erkennen, dass auch Träume Tatsachen sind, und dass Wünsche und Ideen und Träume genau so echte (wirkende, glück- und unglückbringende) Wirklichkeiten sind wie Bajonette."[52] In diesen Worten ist das geistige Vermächtnis seines Vaters deutlich zu erkennen. Für Kaluza hatten die Ideen die gleiche Wirklichkeit wie die sichtbare Materie. Von seinen Ideen, Wünschen und Träumen hat er sich sein Leben lang nie getrennt. Sein Leben steht als Symbol des unermüdlichen Versuchs, seine Ideen, Wünsche und Träume in der Stille in Realität umzuwandeln. Das war für ihn das Wichtigste, alles andere war nebensächlich. Er wusste immer genau, vorauf man im Leben verzichten musste, um das Wichtigste erreichen zu können. Dieses Geheimnis hat er jedem in seiner stillen und einfachen Art zu vermitteln versucht.

---

[51] Nachruf des Rektors Heimpel der Georg-August-Universität, 30. Januar 1954.
[52] Theodor Kaluza junior, Tagebuch 1937, NTK.

RÜCKBLICK UND SCHLUSSFOLGERUNG

Nach Kaluzas Tod

Drei Wochen nach Kaluzas Tod, am 12. Februar 1954, gedachte man des 150. Todestages von Immanuel Kant. In seiner Rede im englischen Rundfunk würdigte Karl Popper den großen Königsberger Philosophen als letzten Vorkämpfer der Aufklärung: „Kant war für seine Mitbürger zu einem Symbol dieser Ideen geworden, und sie kamen zu seinem Begräbnis, um ihm zu danken als einem Lehrer und Verkünder der Menschenrechte, der Gleichheit vor dem Gesetz, des Weltbürgertums, der Selbstbefreiung durch das Wissen und – was vielleicht noch wichtiger ist – des ewigen Friedens auf Erden."[1] An diese Ideen hatte auch Kaluza sein Leben lang geglaubt. Er war ebenfalls ein Vertreter des rationalistischen Denkens, das „unsere Zivilisation von den Griechen geerbt hat"; es war für ihn die Grundbedingung für die Freiheit des Einzelnen.[2] Kant hatte auf dem Gebiet der Ethik eine „Kopernikanische Wende" vollbracht, indem er die Menschen aufforderte, „dem Gebote einer Autorität niemals blind [zu] gehorchen".[3] „Dass wir uns nicht einmal einer übermenschlichen Autorität als einem moralischen Gesetzgeber blind unterwerfen sollen"[4], hatte Kant betont, und seine Worte klangen wie eine prophetische Warnung vor dem Nationalsozialismus. Während der nationalsozialistischen Zeit war Kaluza schweren Prüfungen ausgesetzt. Er musste seine ethische Auffassung in einer Gesellschaft behaupten, deren Gesetze unmoralisch geworden waren. Diese harte Probe hat er bestanden, indem er jede Form von Gewalt ablehnte und sich auf den gesunden Menschenverstand berief. Er hat als einzelner im Rahmen seiner ethischen Prinzipien gehandelt. Man kann Kaluza nicht als einen Widerstandskämpfer im üblichen Sinn bezeichnen. Denn

---

[1] Popper (1984a), S. 137.

[2] Popper (1984b), S. 237. Es ist unbekannt, ob sich Kaluza jemals schriftlich oder mündlich zu diesem Thema geäußert hat. Jedoch weisen seine Taten, sein Verhalten in der nationalsozialistischen Zeit sowie die Argumentation in seiner offiziellen Korrespondenz aus der Göttinger Zeit darauf hin, dass Kaluza ein Rationalist war. Für jede einzelne Beweisführung bezog er sich auf rationale Argumente, niemals machte er von seiner Machtposition als geschäftsführender Direktor des Mathematischen Instituts Gebrauch. Auch in den Beschreibungen derjenigen, die ihn persönlich gekannt hatten, erscheint er als ein Rationalist im Sinne Poppers bzw. Nelsons: ein Vertreter der Ideen der Aufklärung, nach der sich der Mensch nur durch seine Vernunft aus seiner Unmündigkeit befreien kann.

[3] Ebd., S. 146.

[4] Ebd.

im Gegensatz zu jemandem, der unter Einsatz seines Lebens Widerstand leistet und bereit ist, bis zur Selbstvernichtung zu gehen, lehnte Kaluza prinzipiell jede Form von Gewalt – sowohl gegen andere als auch gegen sich selbst – ab.

In seiner Rede verglich Popper den letzten großen Philosophen der Aufklärung, der sein ganzes Leben dem „Kampf um seine geistige Selbstbefreiung" gewidmet hatte, mit Sokrates. „Beide wurden beschuldigt, die Staatsreligion verdorben und die Jugend geschädigt zu haben. Beide erklärten sich für unschuldig, und beide kämpften für Gedankenfreiheit. Freiheit bedeutete ihnen mehr als Abwesenheit eines Zwanges: Freiheit war für sie die einzig lebenswerte Form des Lebens."[5]

Man kann in Kaluza einen Gelehrten sehen, der sein Leben auf den Gedanken der Freiheit im Sinne der philosophischen Traditionen von Sokrates und Kant aufgebaut hat. Kaluza hat sich keinen Zwängen unterworfen – weder in seiner wissenschaftlichen Forschung, noch in seiner ethischen Weltanschauung. Seine geistige Freiheit hat er sich auch in den schweren Zeiten des Ersten Weltkriegs und während des Nationalsozialismus bewahrt und entsprechend gewirkt. Die geistige Freiheit hatte Einsamkeit zur Folge, die Kaluza in Kauf nehmen musste. Trotz der vielen Menschen, die ihn gewürdigt und bewundert haben, trotz seiner Begabung, mit jedem Menschen aus jedem sozialen Stand umgehen zu können, trotz der vielen Gäste, die in sein Haus kamen, war die Zahl seiner engsten Freunde klein. Von den besten seiner Freunde – Szegö, Feller und Reidemeister – wurde er durch den Krieg getrennt. Kaluza führte das Leben eines einsamen Gelehrten, der nie bereit war, seine geistige Unabhängigkeit für die Zugehörigkeit zu einer Partei oder einer Organisation, die ihn einem ethisch inakzeptablen Zwang aussetzte, einzutauschen.[6]

---

[5] Popper (1984a), S.147.

[6] Auch diejenigen, die Kaluza gern hatte und denen er sehr half, wie beispielsweise seine Assistenten Stuloff und Lyra, die sich Kaluza zutiefst verpflichtet fühlten und ihn sehr verehrten, zählten offensichtlich nicht zu seinen engsten Freunden. Das zeigt der Briefwechsel zwischen Kaluza und Stuloff, sowie der Brief von Lyra an Stuloff vom 25. Januar 1954. Die engsten Kontakte pflegte Kaluza zu den Mitgliedern seiner Familie und zu seinen Freunden Reidemeister, Feller und Szegö. Kaluza hatte offenbar die Gabe, schnell die Grenzen anderer erkennen zu können. Er versuchte nie, auf jemanden einen direkten Einfluss auszuüben. Wahrscheinlich glaubte er nicht an den Erfolg solcher Handlungsweise. Dafür spricht besonders deutlich die Tatsache, dass Kaluza seinen Sohn nicht in seine Theorie einweihte, obwohl er die notwendigen Mathematikkenntnisse besaß, um die Theorie verstehen zu können. Nur Jordan und seiner Tochter berichtete er darüber. Als sich Jordan später, in den Jahren 1945 bis 1952, für Kaluzas fünfdimensionale Theorie interessierte, war Theodor Kaluza junior bereits als Assistent in Braunschweig auf dem Gebiet der Mathematik tätig. Vater und Sohn unterhielten einen umfangreichen Briefwechsel über Themen der Mathematik. Doch auch jetzt unternahm

Karl Popper, der kritische Rationalist, der sich selbst als „Anhänger jener längst überwundenen und verschwundenen Bewegung, die Kant ‚Aufklärung' nannte", bezeichnete, schloss seine Rede zum 150. Todestag Kants mit den Worten: „Dieser sokratischen Idee des freien Menschen, die ein Erbgut unseres Abendlandes ist, hat Kant auf dem Gebiete des Wissens wie auf dem der Ethik eine neue Bedeutung gegeben. [...] Denn Kant hat gezeigt, dass jeder Mensch frei ist: nicht weil er frei geboren, sondern weil er mit einer Last geboren ist – mit der Last der Verantwortung für die Freiheit seiner Entscheidung."[7] Es ist erstaunlich, wie gut dieses Zitat Poppers auf die Haltung des Wissenschaftlers und Menschen Kaluza zutrifft, der sich sein Leben lang seiner Verantwortung nie entzogen hat und der immer die Kraft gefunden hat, im Geiste dieser Verantwortung zu handeln. Offensichtlich war dies für ihn der einzige Weg, der es ihm ermöglichte, seine geistige Freiheit in den schwierigsten Zeiten zu bewahren.[8]

Kaluza nicht den geringsten Versuch, seinen Sohn mit seiner Theorie bekannt zu machen, obwohl ihn sein Sohn als Wissenschaftler sehr verehrte. Aus dem Briefwechsel des Sohnes nach dem Tod des Vaters kann man feststellen, dass er sich darüber sehr wunderte, dass die Theorie seines Vaters plötzlich so berühmt geworden war. Er betonte auch in seinem Interview mit der BBC, dass sein Vater ihm nie etwas über seine Theorie erzählt habe, in Burge und Millington (1985). Es war typisch für Kaluza, dass er sich mit jedem Gesprächspartner nur über dessen wissenschaftliche Interessen unterhielt. Das beweist einmal mehr, dass sich Kaluza dessen bewusst war, dass er nicht von jedem verstanden werden konnte. Außerdem war er überzeugt, nur in der Einsamkeit seine Freiheit bewahren zu können.

[7] Popper (1984a), S. 147.

[8] Theodor Kaluza blieb trotz der materiellen Schwierigkeiten, mit denen er sein ganzes Leben hindurch zu kämpfen hatte, ein vorbildlicher Ehemann und Familienvater. Viele Zeitzeugen, die seine Frau persönlich kennengelernt haben, und ihre Tochter bezeugen, dass Anna Kaluza eine schwierige Frau war. Manche behaupteten, sie habe ihren Gatten öfter terrorisiert. Viele Bekannte wunderten sich darüber, dass Theodor Kaluza seine Frau, die allerdings seit der Kieler Zeit nervenkrank war, immer mit unendlich viel Geduld behandelte. Er kam nie auf die Idee, sie zu verlassen. Offenbar haben nur sehr wenige verstanden, worauf die Beziehung zwischen Anna und Theodor Kaluza beruhte. Ohne auf diese Beziehung näher einzugehen, wollen wir nur kurz darauf hinweisen, dass deutlich aus dem umfangreichen Briefwechsel zwischen den Ehegatten hervorgeht, dass Theodor Kaluza seine Frau sehr liebte. Er bewunderte ihre Intelligenz, ihren Humor und ihr aufrechtes Verhalten – Anna war stets bereit, für Gerechtigkeit zu kämpfen –, und er liebte sie nicht zuletzt auch deswegen, weil er wusste, dass sie ein guter Mensch war. Sie besaß aber nicht seine geistige Stärke, um die Schwierigkeiten der langen Jahre der Entbehrungen und das Chaos des Krieges unbeschadet überstehen zu können. Er wusste auch, dass Anna trotz ihrer Wutausbrüche immer zu ihrer Familie hielt und ihn sehr liebte. Äußerliche moralische Verhaltensmaßstäbe reichen nicht aus, um Kaluzas Standhaftigkeit hinsichtlich der Probleme seines Lebens zu erkennen. Sein Verhalten lässt sich nur im Zusammenhang mit seiner tiefsten Überzeugung erklären, dass allein das Handeln des Ein-

* * *

Nach dem Tode Kaluzas blieb seine Frau in Göttingen. Sie korrespondierte weiter mit den Freunden ihres Mannes. Die Familie Szegö besuchte sie mehrmals. Anna Kaluza konnte sich schwer mit dem Verlust ihres Mannes abfinden. Sie hatte oft hinnehmen müssen, dass die reale Welt anders war, als sie es sich in ihren idealen Vorstellungen und in ihrem tiefen Glauben ersehnt hatte.[9] Trotzdem war sie untröstlich, wenn sie mit dieser Erkenntnis konfrontiert wurde. Und nun war auch ihr Mann nicht mehr da, der sie immer gestützt und ihr gezeigt hatte, dass nur der Glaube an die Vernunft und an das Gute im Menschen die Ungerechtigkeit überwinden kann. Er hatte eine große geistige Kraft und konnte alles mit Vernunft meistern. Anna ließ sich dagegen schnell von ihren Gefühlen beeinflussen.[10] Mit der Zeit wurden ihre Nerven schwächer und sie litt unter Verfolgungsangst. Anna Kaluza lebte noch zwanzig Jahre. Sie starb 1974 mit dem einzigen Trost, dass sie zu ihrem Mann gehen würde.

Ein Jahr nach Kaluza starb auch Einstein. In seinen letzten Jahren hatte er ununterbrochen über die vereinheitlichte Theorie in vier Dimensionen gearbeitet. Ein positives Ergebnis war ihm jedoch nicht mehr vergönnt.

Zwanzig Jahre später wurde die Theorie von Kaluza wiederentdeckt. Die Physiker betrachteten sie nun nicht mehr als historische Kuriosität, sondern erkannten mit Erstaunen und Bewunderung, dass diese Theorie der modernen Physik den Weg aus der seit Jahren andauernden Krise wies. Einsteins Traum, die Naturkräfte zu vereinheitlichen, konnte nicht in vier Dimensionen erreicht werden, wie der Erfinder der Relativitätstheorie die letzten 15 Jahre seines Lebens gehofft hatte. Gerade die Theorie Kaluzas ermöglichte die Vereinheitlichung der Eichtheorien, die die Symmetrien als fundamentales Prinzip berücksichtigen, und der Feldtheorien, die auf einer neuen Struktur des Raumes beruhen. Der Raum in vier Dimensionen mit sonderbaren Metriken mit Torsion, an den Einstein in seinen letzten Jahren geglaubt hatte, erfasste nicht die Struktur des physikalischen Raumes. Jetzt entdeckten die Physiker, dass gerade Kaluzas Idee, dem Raum zusätzliche Dimensionen hinzuzufügen, die Vereinheitlichung der vier Wechselwirkungen ermöglichte. Beide Wissenschafter waren tot, doch die Idee der Vereinheitlichung, an der beide hartnäckig festgehalten hatten, erlebte ihre Auferstehung.

---

zelnen im Geist der Verantwortung den hohen Wert eines Menschen ausmacht, so wie ihn Kant definierte.

[9] Siehe den Brief von Anna Kaluza an die Familie Szegö vom 16. September 1949, NTK.

[10] Siehe dazu auch den Brief der Tochter an die Autorin vom 27. Juli 1997.

„So it's a very curious story that the idea that we are today finding to be the most promising in terms of getting a theory of unification of gravity, electro-magnetism and nuclear forces, [was developed] by not concentrating on five, but on many dimensions. It's about something which Einstein completely neglected throughout his life. It's a curious unexplained fact."[11]

Das Zitat stammt von Abdus Salam, dem Nobelpreisträger für Physik von 1985, aus dem Film „What Einstein Never Knew". Er ist bekannt durch seine Theorie der Vereinheitlichung der elektromagnetischen und der schwachen Wechselwirkungen, die 1983 eine experimentelle Bestätigung fand. Nachdem er Kaluzas Vereinheitlichungsidee in fünf Dimensionen beschrieben hatte, fügte Abdus Salam hinzu: *„An incredible and a miraculous idea."*[12] Auch andere Physiker waren von diesem Zeitpunkt an von Kaluzas Theorie fasziniert. Sogar im Internet findet man seinen Namen jetzt in mehr als 10.000 Einträgen vieler Universitäten und Forschungszentren der Welt.

Die Autoren des Filmes, James Bruce und Andrew Millington, und der Redakteur Peter Clarke bemerkten in ihrem Film über die Geschichte der Theorie von Kaluza, dass der wohlverdiente Erfolg ausblieb: *„Kaluza's disappointment must have been enormous. At the moment when he saw how to combine the two great forces, it must have seemed to him that it couldn't be an accident, but some profound secret must have been revealed".*[13] In der Tat wusste Kaluza, dass er ein tiefes Geheimnis der Natur durch seine Theorie enthüllt hatte. Er war von der Richtigkeit seiner Theorie auch ohne eine experimentelle Überprüfung überzeugt. Kaluza schloss seine Abhandlung „Zum Unitätsproblem der Physik" mit folgenden Worten: *„Trotz voller Würdigung der geschilderten physikalischen wie auch der erkenntnistheoretischen Schwierigkeiten, die sich vor der hier entwickelten Auffassung auftürmen, will es einem schwer werden, zu glauben, dass in all jenen an formaler Einheitlichkeit kaum zu überbietenden Beziehungen immer nur ein launischer Zufall sein lockendes Spiel treibt."*[14]

Zu dieser Schlussfolgerung führte seine erkenntnistheoretische Auffassung, die sich mit einer Erzählung aus seinem Leben illustrieren lässt: Im Alter von vierzig Jahren hatte er sich entschlossen, seinen Kindern das Schwimmen beizubringen, obwohl er selbst noch nie geschwommen war. Er maß seine Körperdichte, kaufte sich ein Buch, im dem alles über das Schwimmen erklärt war, „las das Buch durch, und ging in die Badeanstalt – und schwamm nach einer kurzen Probe in flachem Wasser über den ganzen Teich, während der Bademeister in einem Boot neben ihm ruderte; dann steckte er sich eine Zigarre an, legte sich im

---

[11] In „What Einstein never knew", BBC Drehbuch (1984), 2869, S. 28.
[12] Ebd., S. 25.
[13] Ebd., S. 29.
[14] Kaluza (1921), S. 972.

Wasser auf den Rücken und rauchte die Zigarre zu Ende. Das alles tat er übrigens, um uns Kindern zu zeigen, dass man keine Angst zu haben braucht!"[15], erinnerte sich sein Sohn. Er bemerkte weiter, dass der Bericht zeigt, „wie der Geist meines Vaters den Körper und die natürliche Angst des Körpers beherrschte."[16]

Diese tiefste Überzeugung kennzeichnete den großen Theoretiker Kaluza: Damit ein Experiment erfolgreich funktioniert, muss es auf einer guten Theorie beruhen. Allerdings basiert jedes Experiment auf einem Gedankenexperiment, hatte er früher einmal bemerkt.[17] Indem Kaluza es unternahm, nach der Lektüre des Buches 50 Meter hintereinander zu schwimmen, ohne früher je geschwommen zu sein, wollte er eine Theorie in einer spektakulären Art bestätigen. Diese Lehre hat er auch seinen Kindern beigebracht. „Wir Kinder waren von dieser Idee, die besagt, wenn etwas theoretisch richtig ist, dann muss es wirklich richtig sein, sehr beeindruckt."[18]

Eine „gute" Theorie funktioniert auch in der Praxis. Daran glaubten viele Theoretiker, unter ihnen auch Einstein. Warum Kaluza von der Richtigkeit seiner Theorie überzeugt war, haben wir im Kapitel „Die Theorie" zu zeigen versucht. Kaluza hat vermutlich im Laufe der Zeit mehrmals seine Theorie im Zusammenhang mit der neuesten Entwicklung in der Physik überprüft und keine theoretischen Unstimmigkeiten gefunden. Deshalb wird er sein Leben lang daran geglaubt haben. Wahrscheinlich hatte er sogar eine Vorstellung davon, wie man die Eichtheorien mit seiner Theorie verbinden könnte.[19] Die folgenden Worte Einsteins sollten sich als prophetisch erweisen: *„Auch ich schätze Kaluza sehr. Seine Idee über die Interpretation des elektromagnetischen Feldes in der Allgemeinen Relativi-*

---

[15] Brief von Theodor Kaluza junior an V. Raman vom 5. September 1970, NTK.

[16] Ebd.

[17] Vgl. Sambursky (1923) .

[18] Theodor Kaluza junior, im Interview mit der BBC in „What Einstein never knew" (1984), Drehbuch, S. 41.

[19] Was sowohl bei Kaluza als auch bei Einstein erstaunt, ist die feste Überzeugung beider Wissenschaftler, dass die beiden Wechselwirkungen Elektromagnetismus und Gravitation etwas verbindet, das eine Vereinheitlichung dieser Wechselwirkungen berechtigt. Denn in der Zeit, als bereits vier Wechselwirkungen bekannt waren (Fermi hatte 1934 die Theorie der schwachen Wechselwirkung aufgestellt und Yukawa hatte die Kernkraft bereits 1935 theoretisch erklärt), beschäftigten sich die beiden Wissenschaftler weiterhin nur mit der Vereinheitlichung der Gravitation und des Elektromagnetismus. Die weitere Entwicklung der vereinheitlichten Theorien sollte aber zeigen, dass sie sich nicht geirrt hatten. Siehe dazu z.B. in Kaku (1995) die Kapitel „Einsteins Rache" (S. 168–186) und „Superstrings" (S. 186–219) und Castellani, D'Auria und Fré (1991).

tätstheorie liegt allen späteren Versuchen einer einheitlichen Interpretation des Feldes zugrunde. "[20]

Es wäre falsch zu glauben, dass Kaluza, enttäuscht von der Ablehnung der *scientific community*, seine Theorie selber verworfen hätte. Es kam nicht selten vor, dass sich Wissenschaftler in solchen Fällen resigniert zurückzogen und das Vertrauen in ihre eigenen Werke verloren.[21] Kaluza war viel zu sehr von seiner Theorie überzeugt. Seine Liebe zur wissenschaftlichen Forschung als einer Möglichkeit zur Erkundung der Wahrheit war zu groß, als dass er eine Theorie, die so anspruchsvoll war, „das Ideal der Menschheit" zu erfüllen, einfach hätte beiseite schieben können. Seine Tochter bemerkte zu diesem Thema: „*Zu dem Punkt, dass mein Vater nicht mehr die öffentliche Anerkennung für seine Arbeit erlebt hat, kann ich meinen Bruder Theo zitieren, der mich vollständig tröstete: Ich bräuchte nicht traurig zu sein, denn die Gewissheit, etwas Grundlegendes gesehen und ans Licht gebracht zu haben, sei sicher ein solches Glückserlebnis gewesen, wie es Mozart empfunden haben mag, als er sein Figaro-Manuskript fertig hatte.*"[22]

Kaluza besaß außerdem eine glückliche Natur, die von den größten Idealen der Menschheit inspiriert war. Er glaubte viel zu sehr an die große Kraft des Geistes, als dass er so schnell sein Lebenswerk verworfen hätte. Aus den Beschreibungen derjenigen, die ihn persönlich kannten, weiß man, dass Kaluza sich nie lange von trüben Gedanken niederdrücken ließ. Durch seinen Humor und sein scharfes Denken war er imstande, jeden mit seiner Haltung aufzuheitern. Auf sein unbestechlich präzises Denken stützte sich auch sein Vertrauen in seine Theorie. Vermutlich hatte Kaluza verstanden, dass die Entwicklung der theoretischen Physik zu seiner Zeit noch nicht weit genug fortgeschritten war, um seine Theorie begreifen zu können. Das mag ihn vielleicht für kurze Zeit traurig gestimmt haben. Er war jedoch davon überzeugt, dass der Tag kommen werde, an dem Physiker ihre Bedeutung erkennen würden. In der Tat hat er sich nicht geirrt. Nur so lässt sich seine weitere Beschäftigung mit der Physik und die Standhaftigkeit erklären, mit der er sein ganzes Leben der physikalischen Forschung widmete.[23]

---

[20] Einstein an Fraenkel, am 22. September 1932, EA 37-049.

[21] Ein Beispiel ist Weyl, der in den 40er-Jahren überzeugt war, seine vereinheitlichte Theorie sei verfehlt. Seine Enttäuschung brachte ihn so weit, dass er Hilberts Methode, der er gefolgt war, als einen falschen Weg betrachtete.

[22] Brief von Theodor Kaluzas Tochter an die Autorin vom 25. Januar 1997.

[23] Siehe dazu das Kapitel „Das Jahr 1952", S. 578ff. Es gibt sehr wenige schriftliche Quellen, die die weitere Beschäftigung Kaluzas mit der Physik nach 1925 belegen. Eine Quelle, die ein sehr wichtiges Argument für diese These liefert, sind die beiden Briefe Jordans aus den Jahren 1952 – an Kaluza – und 1954 – an Anna Kaluza. Ihr Inhalt wurde bereits eingehend analy-

Vor der Kirche Santa Maria sopra Minerva in Rom erhebt sich ein Denkmal, das der Barockkünstler Gian Lorenzo Bernini 1667 auf Veranlassung des Papstes Alexander VII. der östlichen Weisheit gewidmet hat. Das Denkmal stellt einen kräftigen Elefanten aus Marmor dar, der auf seinem Rücken einen ägyptischen Obelisken als Symbol der östlichen Weisheit trägt. Dieses Denkmal beeindruckt den Besucher, der die historischen Ereignisse kennt, die in dieser Kirche stattfanden. Hier in der Kirche Santa Maria sopra Minerva musste Giordano Bruno im Jahre 1600 sein Todesurteil entgegennehmen, weil er nicht bereit war, vor der In-

---

siert (S. 582–586). Daraus geht deutlich hervor, dass sich Kaluza weiterhin ununterbrochen mit der Physik beschäftigt hat. Ein anderes Argument sind die wissenschaftlichen Bücher, die in seinem Nachlass vorhanden waren, darunter die bereits erwähnte Abhandlung Heisenbergs von 1953. Hinzu kommt die Aussage seiner Tochter, die in mehreren Briefen an die Autorin über die Beschäftigung ihres Vaters mit der Quantenmechanik und den Theorien der Vereinheitlichung berichtete. Auch seine bevorzugten Gesprächspartner in der Kieler und Göttinger Zeit, die bekannten Physiker Rausch von Traubenberg, Geiger und Pohl, oder Mathematiker wie Hilbert, der immer Interesse für Physik gezeigt hat, liefern Argumente für diese These. Es lässt sich jedoch nicht mehr feststellen, mit welchen unter ihnen sich Kaluza über seine Theorie unterhalten hat. Es ist zu vermuten, dass er sich mehr auf das Forschungsgebiet seines jeweiligen Gegenübers konzentrierte, als ihn von seiner eigenen Theorie zu überzeugen. Dafür war Kaluza viel zu zurückhaltend und in sich zurückgezogen. Dass Kaluza nur mit wenigen Menschen über seine physikalische Forschung sprach, wurde bereits erläutert. Es scheint auch offenkundig zu sein, dass Kaluza zwischen seinen Gesprächspartnern Unterschiede machte. Er wusste, welche von ihnen seine Theorie verstehen konnten, und welche dazu nicht in der Lage waren. Pascual Jordan und Gerhard Lyra scheinen die einzigen Wissenschaftler gewesen zu sein, mit denen er sich über seine Theorie unterhalten hat.

Interessant erscheint es, dass er unter seinen Familienmitgliedern eher mit seiner Tochter über seine Theorie sprach als mit seinem Sohn, der doch Mathematiker war. Das liegt offensichtlich daran, dass Dorothea überhaupt zu seinen liebsten Gesprächspartnern gehörte, was wohl damit zusammenhängt, dass sie ein ähnliches Bedürfnis nach Ruhe und Harmonie hatte wie ihr Vater. Ihre Fähigkeit, sich zu wundern und zu begeistern, war ihrem Vater ebenso eigen. Diese Gemeinsamkeiten machten es Kaluza offenbar vergleichsweise leicht, sich zu öffnen. Dorothea benutzte dabei immer die einfachsten und grundlegendsten Argumente und zeigte die gleiche Unabhängigkeit des Denkens wie ihr Vater. Mit ihrer scharfen Intelligenz ließ sie sich in ihrer stillen Art von ihrer Meinung nur durch rationale Argumente abbringen. Offensichtlich war Dorotheas gesamte Persönlichkeit geeignet, sie zu einem guten Gesprächspartner für ihren Vater zu machen. Der mathematisch begabte Sohn hatte ein eher künstlerisch geprägtes Temperament. Seine Tagebücher weisen darauf hin, dass er die entschlossene Art seiner Mutter übernommen hatte. Diese Eigenschaft war höchstwahrscheinlich im Hufengymnasium in Königsberg durch die Erziehung solcher Lehrer wie Ernst Wiechert weiter entfaltet worden. Theodor Kaluza junior zeigte ein offenkundiges Interesse an Mathematik und Literatur. Wahrscheinlich war sein Interesse für die Physik aber geringer als das seiner Schwester, die in Göttingen sogar Physikvorlesungen besucht hatte.

quisition seine Weltanschauung als Ketzerei zu bekennen. 33 Jahre danach musste Galilei vor der Macht der Inquisition seine Überzeugung verleugnen und einen
Meineid schwören. Immer wieder musste sich die Wissenschaft im Laufe ihrer
Geschichte der Macht beugen. In diesem Zusammenhang beeindruckt die Inschrift auf dem Denkmal umso stärker: „Um die Weisheit der Welt ertragen zu
können, muss man die Kraft eines Elefanten haben." Schon immer musste derjenige, dessen geistige Kraft eine neue Weltanschauung geschaffen hat, große
Standhaftigkeit zeigen, um seine neuen Ideen in der Welt durchsetzen zu können.

Man kann wohl mit Recht behaupten, dass das Leben von Kaluza die Kraft
eines Elefanten erfordert hat. Das betrifft nicht nur die Tatsache, dass er für seine große wissenschaftliche Leistung bei weitem nicht die Anerkennung bekam,
die er verdient hatte. Sein Leben erlegte ihm viele schwere Prüfungen auf, denen
er nie ausgewichen ist: Hunger, materielle Entbehrungen, Krankheiten, Krieg und
vor allem den Zwang, ein ungerechtes und gewalttätiges politisches System erleben zu müssen, das allen seinen ethischen Grundsätzen widersprach. Die zarte
äußere Erscheinung Kaluzas barg aber eine beeindruckende geistige Kraft in sich,
den Glauben an das Gute und an den tiefen, wunderbaren Sinn des Lebens und
des Universums. Dieser unerschütterliche Glaube half ihm, durch alle diese Prüfungen hindurchzugehen und standhaft zu bleiben.

War Theodor Kaluza ein Mathematiker oder ein Physiker?

An der University of Miami findet man im biographischen Verzeichnis der Wissenschaftler den Namen Kaluza unter der Bezeichnung „Great Physicists". Auch der Sohn bezeichnete seinen Vater in einem Interview, das die BBC im Zusammenhang mit dem Film „What Einstein Never Knew" 1985 mit ihm führte, als Physiker. Die Autoren des Films würdigten ebenfalls die große Leistung des Physikers Theodor Kaluza. Im *Dictionary of Scientific Biography* wird er als „mathematical physicist" bezeichnet; im *Poggendorff*, in der *Neuen Deutschen Biographie* sowie im *Lexikon bedeutender Mathematiker* wird Kaluza als Mathematiker geführt. Seine Tochter Dorothea betonte jedoch nachdrücklich: „Für uns war mein Vater immer der Physiker und der Astronom".[1]

Es stellt sich also die Frage, ob Theodor Kaluza Mathematiker oder Physiker war und ob diese Unterscheidung überhaupt berechtigt ist. In den erwähnten Nachschlagewerken und Verzeichnissen wurden offenbar unterschiedliche Kriterien für die Einordnung Kaluzas zugrunde gelegt. In angelsächsischen Biographien wird Kaluza, so scheint es, im Hinblick auf seine in den letzten 30 Jahren in der modernen theoretischen Physik berühmt gewordene fünfdimensionale Vereinheitlichungstheorie beurteilt. Da seine Theorie unbestreitbar zu den größten Leistungen des menschlichen Geistes in der Physik zählt, wird Kaluza ganz selbstverständlich die Bezeichnung Physiker (*Great Physicist*) verliehen.

Es sollte aber auch nicht das Urteil seiner Kinder außer Acht gelassen werden. Sie waren – unabhängig von seiner Theorie in fünf Dimensionen, über die ihr Vater ja nie explizit sprach – über einen langen Zeitraum hinweg Zeugen seiner wissenschaftlichen Forschungen.[2] Aufgrund seiner permanenten wissenschaftlichen Beschäftigung mit physikalischen Themen hatten sie offensichtlich den Eindruck gewonnen, er sei Physiker.[3] Kennzeichnend für Kaluza war seine

---

[1] Brief von Theodor Kaluzas Tochter an die Autorin vom 1. Februar 1997.

[2] Dorothea wohnte bis ca. 1947 zusammen mit ihren Eltern in Göttingen; sie war ihrem Vater stets sehr nah. Sie berichtete darüber, dass es während des Krieges zu einer Gewohnheit geworden war, dass sie sich nachmittags neben ihren Vater auf einen Stuhl setzte, damit er ihr etwas aus der Physik erzählte. Sie erinnerte sich noch im hohen Alter detailliert an physikalische Theorien aus der Quantenmechanik. Kaluzas Sohn verließ sein Elternhaus 1940, als er zum Wehrdienst eingezogen wurde. Seit 1947 stand er wieder in engem Kontakt mit seinem Vater.

[3] Theodor Kaluza beschäftigte sich auch mit der Astronomie. Bekannt ist eine Astronomievorlesung, die er in Kiel hielt. Man weiß auch, dass er dem Astronomen Paul ten Bruggencate Anregungen für seine Abhandlung „Zur Lind'badschen Rotations-Theorie der Milchstraße" von 1943 gab, siehe oben das Kapitel „Göttingen: Im Krieg", S. 514ff.

Fähigkeit, in jedem Bereich der Wissenschaft zu den Grundlagen vorzudringen. Ebenso, wie er in der Physik durch seine Theorie das Wesentliche ergründen wollte, das fundamentale Prinzip, auf dem alle Wechselwirkungen beruhen, erfasste er auch in der Mathematik alle grundlegenden Bereiche. Dieses Bestreben Kaluzas, das Wesentliche und Grundsätzliche in der Erkenntnis aller Bereiche zu erfassen, sei es in der Wissenschaft oder in der Philosophie, blieb sein Leben lang unverändert. Er strebte und forschte stets danach, noch tiefer in das Wesen des jeweiligen Gebiets einzudringen. So erklärt sich auch, warum er wenig Neigung zum Veröffentlichen hatte. Daraus ist zu ersehen, dass sich Kaluzas Lebenswerk nicht eindeutig einem der beiden Bereiche Physik oder Mathematik zuordnen lässt. Er gehörte zum Typus des Universalgelehrten, dem jede Form von Erkenntnis, die sich mit einer wissenschaftlichen Forschungsmethode gewinnen lässt, wichtig ist.[4]

Kaluza bekannte sich selber zur Physik, als er Einstein 1925 in einem Brief mitteilte, dass er „ab jetzt die Physik verlassen muss, um [sich] mit der Mathematik zu beschäftigen."[5] Seine Aussage bezog sich darauf, dass er in dem Zeitraum zwischen der Veröffentlichung seiner Theorie (1921) und dem Kongress in Innsbruck (1924) nur physikalische Abhandlungen veröffentlicht hatte, die ihrem Charakter nach zur Grundlagenforschung in der Physik zu rechnen sind.[6]

Der *Poggendorff*, die *NDB* und das *Lexikon der großen Mathematiker* berücksichtigen offensichtlich in erster Linie Kaluzas Berufsbezeichnung als Professor der Mathematik und wenden so ein funktionales soziologisches Kriterium an. Sie beziehen sich auch darauf, dass seine Veröffentlichungen quantitativ mehr der Mathematik als der Physik angehören. Dabei ordnen die Autoren der genannten biographischen Werke Kaluzas physikalische Veröffentlichungen in den Bereich der angewandten Mathematik ein. Damit ergibt sich das Bild eines Mathematikers, das sich aber nach den dort angewandten Kriterien als formal und oberflächlich erweist. Kaluza veröffentlichte von insgesamt 17 Abhandlungen nur vier mit physikalischem Charakter. Die restlichen sind der Mathematik zuzuordnen. Seine in der *Physikalisch-Ökonomischen Gesellschaft in Königsberg* mündlich vorgetragenen Abhandlungen gehören überwiegend ebenfalls in den Bereich der Physik.[7] Man darf nicht außer Acht lassen, dass die meisten seiner mathematischen

---

[4] Bezeichnend dafür ist auch die Vorliebe, die Kaluza für Aristoteles hegte, in dem er den Prototyp des universellen Geistes sah. Brief von Dorothea an die Autorin, 12. März 1998.

[5] Brief von Theodor Kaluza an Albert Einstein vom 6. Februar 1925, EA 65-731.

[6] Siehe dazu oben das Kapitel „Kongresse in der Königsberger Zeit", S. 316ff.

[7] Wie z.B. „Über den Entropiesatz", „Farbenphotographie und Wahrscheinlichkeitsrechnung", „Über die Sichtweise im Walde" und „Ein von Witte erdachtes Modell zum zweiten

Veröffentlichungen – besonders die sechs mathematischen Arbeiten zwischen 1927 und 1928 – dem Zweck dienten, eine Professur für Mathematik zu erhalten:[8] Vor 1924 hatte Kaluza vier mathematische Abhandlungen (einschließlich seiner Dissertation) publiziert und genau so viele in der Physik. Alle seine Veröffentlichungen in der Physik so wie zwei der mathematischen Abhandlungen[9] bezogen sich auf die Grundlagenforschung. Nach seiner Berufung veröffentlichte Kaluza nur noch zwei Abhandlungen mit Originalergebnissen in der Mathematik[10], dabei entstand die zweite im Hinblick auf seine Berufung an die Göttinger Akademie 1938. Kaluza veröffentlichte also den größten Teil seiner mathematischen Arbeiten in unmittelbarem Zusammenhang mit seiner beruflichen Karriere. Sie waren mit der außergewöhnlichen Originalität und wissenschaftlichen Reichweite seiner Veröffentlichungen in der Physik nicht vergleichbar.[11]

Theodor Kaluza verließ das Gebiet der Physik nicht aus innerer Überzeugung, sondern weil die Mathematik ihm bessere berufliche Chancen bot; er ist deshalb aber nicht weniger als Physiker zu betrachten. Schon nach diesem kurzen Überblick über seine Veröffentlichungen, drängt sich die Schlussfolgerung auf, dass er hinsichtlich seiner Berufung und seiner schöpferischen Leistung, die er in der Physik vollbrachte, eindeutig auch als Vertreter der Physik anzusehen ist. Es darf zudem nicht außer Acht gelassen werden, dass sich Kaluza auch nach seinem Entschluss aus dem Jahr 1925, ein Ordinariat für Mathematik anzustreben, weiterhin mit Physik beschäftigte. Auch wenn seine weitere physikalische Forschung unveröffentlicht blieb, gibt es deutliche Hinweise dafür, dass sich Kaluza an der weiteren Entwicklung der theoretischen Physik beteiligt hat. In diesem Zusammenhang ist auch sein großes Interesse für die Technik aufschlussreich.[12] Es lässt sich also behaupten, dass die Physik Kaluzas Berufung war. Die Zuordnung Kaluzas zur Physik muss also nach inhaltlichen und nicht nach sozialbe-

---

Wärmehauptsatz". Vgl. oben das Kapitel „Die Physikalisch-Ökonomische Gesellschaft zu Königsberg", S. 112ff.

[8] Die erste Veröffentlichung stammte aus dem Jahr 1933. Dabei wurde sein Buch „Höhere Mathematik für den Praktiker" als nicht zur Mathematikforschung gehörig betrachtet.

[9] Kaluza (1913) und Kaluza (1916).

[10] Kaluza (1933) und Kaluza (1938).

[11] Eine Ausnahme machen die zwei mathematischen Abhandlungen „Ein Problem der Mengenlehre" (1913) und „Eine Abbildung der transfiniten Kardinaltheorie auf das Endliche" (1916).

[12] In Kiel besichtigte Kaluza mit seinen Kindern die Kreuzer, die mit modernsten technischen Apparaturen ausgestattet waren. Vgl. Brief von Theodor Kaluzas Tochter an die Autorin vom 15. Februar 1999. Auch Kaluzas Sohn erwähnte in seinen „Erinnerungen" 1991 das stete Interesse seines Vaters für die neuen Errungenschaften der Technik. Vgl. auch Brief von Theodor Kaluza junior an V. Raman vom 5. September 1970.

dingten Kriterien erfolgen: Aufgrund der Bedeutung seiner vier physikalischen Abhandlungen gehört Kaluza mit vollem Recht auf die Liste der großen Physiker des 20. Jahrhunderts.

Bezüglich der Einordnung seiner physikalischen Abhandlungen in den ungenau definierten Bereich der „angewandten Mathematik" haben wir bereits darauf verwiesen, dass in dieser Zeit keine gültigen Kriterien für eine definitive und widerspruchsfreie Zuordnung existierten. Das betrifft auch die Schwierigkeiten, die im Zusammenhang mit seiner Berufung nach Göttingen auf den Lehrstuhl des etablierten Vertreters der angewandten Mathematik, Richard Courant, entstanden. Kaluzas damals als „angewandte Mathematik" bezeichnete Abhandlungen mit physikalischem Charakter haben sich im Rahmen der weiteren Entwicklung der Physik als bedeutender Beitrag zur theoretischen Physik erwiesen. Es wird offenkundig, dass die Einordnung der vereinheitlichten Theorie in die „angewandte Mathematik" ein vorschnell gefasstes Urteil ist, wenn man berücksichtigt, dass diese Theorie vierzig Jahre nach ihrer Veröffentlichung von den größten Physikern der Zeit als physikalische Leistung anerkannt wurde. Sie löste eine heftige inhaltliche Auseinandersetzung unter namhaften Physikern wie Albert Einstein, Wolfgang Pauli, Oskar Klein, Werner Heisenberg, Erwin Schrödinger, Louis de Broglie und Pascual Jordan aus. Einstein widmete der Weiterentwicklung von Kaluzas Theorie 17 Jahre, es würde jedoch niemand auf die Idee kommen, diese Arbeit Einsteins dem Gebiet der angewandten Mathematik zuzuordnen. Dieses Urteil mag in direktem Zusammenhang mit der Tatsache stehen, dass Kaluzas Theorie Mitte der dreißiger Jahre als unfruchtbar galt und als Kuriosität betrachtet wurde, als eine rein formale mathematische Konstruktion ohne physikalischen Inhalt.[13]

Zusammenfassend kann man Kaluza anhand von zwei verschiedenen Kriterien einordnen: Vom Standpunkt des sozialen Kontextes aus war Kaluza Mathematiker (Professor für Mathematik); aus dem Blickwinkel des inhaltlichen Charakters seiner wissenschaftlichen Leistung ist Kaluza sowohl als großer Physiker als auch als Mathematiker zu betrachten. Die Historiographie kann ihn als genialen Physiker und als Mathematiker würdigen.

Die Bezeichnung „Physiker" hat sich allerdings im Laufe der Zeit gewandelt. Aus dieser Sicht wollen wir nun kurz auf die historische Entwicklung der theoretischen Physik bis zur heutigen Zeit eingehen. Wie wir gesehen haben, beherrschte Kaluza das Gebiet der Mathematik meisterhaft. Er widmete sich in jungen Jahren in zwei seiner Veröffentlichungen den Grundlagen der Mathematik. Bis zu

---

[13] Wie bereits im Kapitel „Oskar Klein und das Schicksal einer Theorie über die Einheit des Universums" gezeigt, trug Pauli entscheidend zu dieser Auffassung bei, oben S. 354ff.

seinem Tod blieb er auf dem neuesten Stand der Kenntnisse in der Mathematik sowohl im Bereich der Grundlagenforschung als auch dem der erkenntnistheoretischen Probleme der Mathematik. Deshalb kann man Kaluza zweifellos als „bedeutenden Mathematiker" betrachten. Im *Lexikon bedeutender Mathematiker* wird seine diesbezügliche Leistung entsprechend gewürdigt. Bezogen auf seine physikalische Forschung bedeutete die Mathematik für Kaluza jedoch viel mehr als für einen „normalen" Mathematiker. Das wird aber nur im Rahmen der Entwicklung der theoretischen Physik seit Anfang des 20. Jahrhunderts deutlich.

Durch die Einführung des vierdimensionalen Raums in die Physik 1907 hatte Minkowski der Mathematik die Möglichkeit eröffnet, in der Physik eine noch größere Rolle zu spielen, als es ihr bis dahin schon möglich gewesen war. Durch die Einbeziehung der Geometrie bzw. der vierdimensionalen geometrischen Struktur des Raumes in die Spezielle Relativitätstheorie öffnete Minkowski das Tor zur Verschmelzung von Mathematik und Physik. Mit David Hilberts vereinheitlichter Theorie von 1915 „Die Grundlagen der Physik" wurde eine neue Richtung in der Entwicklung der theoretischen Physik erkennbar, die die Autorin als *„neuere Mathematisierung der Physik"* bezeichnen möchte.[14]

Durch die Einbeziehung der riemannschen Geometrie in die Erklärung einer physikalischen Kraft, der Gravitation, hat Einstein in seiner Allgemeinen Relativitätstheorie diese Entwicklung weitergeführt. Riemanns Traum von einer Erklärung der Natur der physikalischen Wechselwirkungen durch die Struktur des Raumes schien nun konkrete Umrisse zu bekommen. Hermann Weyls Abhandlung von 1918 „Gravitation und Elektrizität" führte den Begriff der Symmetrie in die Physik ein, um die Vereinheitlichung der beiden Wechselwirkungen zu erzielen: einen Begriff, der bis dahin dem Bereich der Mathematik, der Geometrie und der Gruppentheorie, angehörte.

Auch Kaluzas Abhandlung aus dem Jahre 1921 lässt sich in diese Entwicklung einordnen: Durch die Einführung des fünfdimensionalen riemannschen Raums gelang es Kaluza, die zwei Naturkräfte Gravitation und Elektromagnetismus als eine einheitliche gravitationsartige Wechselwirkung in fünf Dimensionen zu erklären. Dass Kaluzas Ansatz von vielen nicht verstanden und als „spekulativ" und „formal" bezeichnet wurde, zeigt, dass die neue Entwicklung, die sich in der Physik angebahnt hatte, die *neuere Mathematisierung,* erst später Früchte tragen konnte.

---

[14] Dieser Charakter der Physik im 20. Jahrhundert, den die Autorin unter dem Begriff *neuere Mathematisierung der Physik* erfasst, wird von manchen Wissenschaftshistorikern und -philosophen mangels tieferen Verständnisses dieses komplizierten Phänomens abwertend beurteilt (vgl. z.B. Stöckler (1987), S. 304).

Einstein erkannte frühzeitig diese Entwicklung der theoretischen Physik, die die Mathematik in ihren konzeptionellen Inhalt einbezog. In seinem Nobelpreisvortrag von 1923 behauptete er, dass die empirischen Kriterien, auf die er sich immer in seiner physikalischen Forschung gestützt hatte, bei der weiteren Suche nach einer vereinheitlichten Theorie nicht mehr zuverlässig seien: *„Leider können wir uns bei dieser Bemühung nicht auf empirische Tatsachen stützen wie bei der Ableitung der Gravitationstheorie (Gleichheit der trägen und schweren Masse), sondern wir sind auf das Kriterium der mathematischen Einfachheit beschränkt, das von Willkür nicht frei ist.“*[15] 1938 drückte er die neue philosophische Auffassung, auf der seine physikalische Forschung beruhte, noch deutlicher aus: *„Vom skeptischen Empirismus etwa Machscher Art herkommend hat das Gravitationsproblem mich zu einem gläubigen Rationalisten gemacht, d.h. zu einem, der die einzige zuverlässige Quelle der Wahrheit in mathematischer Einfachheit sucht.“*[16]

Ein wichtiger Schritt zur Bestätigung des Erfolges dieser neuen Richtung in der Grundlagenforschung der theoretischen Physik waren die Arbeit von Chen Ning Yang und Robert Mills von 1954 und die Arbeit von Gerardus 't Hooft von 1974.[17] In ihrer Abhandlung konstruierten die Physiker Robert Mills und Chen Ning Yang eine physikalische Theorie beruhend auf dem mathematischen Konzept der perfekten Symmetrie: „Diese Symmetrie war nicht wie in früheren Fällen der Physikgeschichte aus irgendwelchen experimentellen Beobachtungen abgeleitet – sie war vielmehr eine rein intellektuelle Konstruktion auf der Grundlage der Ästhetik".[18] Der Autor dieser Zeilen, der Physiker Anthony Zee, der Beiträge zur vereinheitlichten Theorie geleistet hat, betont den ästhetischen Wert der „perfekten Symmetrie" für das Erzielen der Vereinheitlichung. Man muss dabei berücksichtigen, dass es sich um einen mathematischen Begriff handelt, der in die Physik eingeführt wurde.

Die Physiker, die sich an der Entwicklung der modernen theoretischen Physik beteiligt haben und die die Forschungsmethode der „mathematisierten Physik" vertreten, zeichnen sich durch ihre großen Leistungen auf dem Gebiet der Mathematik aus. Dass in der heutigen Zeit einer der bedeutendsten theoretischen Physiker, Edward Witten, für seine Leistung in der Mathematik zweimal mit der Fields-Medaille ausgezeichnet wurde, zeigt, dass die am Anfang des Jahrhunderts

---

[15] Einsteins Nobelpreisvortrag gehalten in Göteborg am 11. Juni 1923, „Grundgedanken und Probleme zur Relativitätstheorie" zitiert in Fölsing (1995), S. 637. Über Kaluzas Einfluss auf Einsteins philosophische „Bekehrung" siehe Wuensch (2003b).

[16] Brief von Einstein an Cornelius Lanczos vom 24. Januar 1938, zitiert in Fölsing (1995), S. 638 und Anm. 32, S. 902. Siehe dazu auch Krull (1994), S. 153–170.

[17] Siehe dazu Zee (1990), S. 222 und S. 246.

[18] Ebd., S. 222.

erst im Entstehen begriffene *neuere Mathematisierung der Physik* ein Prozess ist, der sich in der physikalischen Forschung weithin durchgesetzt hat.

Erst im Rahmen dieser Entwicklung kann Theodor Kaluza als Physiker verstanden werden. Aus seinen physikalischen Abhandlungen ist deutlich erkennbar, dass er der Mathematik eine wichtigere Rolle in der Physik zuschrieb, als es bis dahin üblich war. Die Mathematik stellte für Kaluza die Möglichkeit dar, den Zusammenhang zwischen den physikalischen Konzepten und ihren Beziehungen, die sich durch mathematische Formeln ausdrücken lassen, neu zu überdenken: die Mathematik wird zur Mitgestalterin der Physik und erhält damit eine tiefere Bedeutung in der Physik, als zuvor angenommen wurde. Kaluza sah die Mathematik nicht nur als Werkzeug im Dienste der Physik, sondern baute die Auffassung der mathematischen Physik von Franz Neumann zur realen Verbindung der beiden Wissenschaften aus: Der Mathematik wird dadurch eine erkenntnistheoretische Rolle in der Gestaltung der Physik zuerkannt. In diesem Zusammenhang wirkt die übliche Trennung zwischen Mathematik und Physik künstlich.

Im Hinblick auf den neuen mathematischen Charakter, der die physikalische Grundlagenforschung seit dem Anfang des 20. Jahrhunderts kennzeichnet, ist Theodor Kaluza durch seine Forschungsmethode, sein ständiges Interesse und die Beschäftigung mit der Physik als Physiker anzusehen, als Physiker allerdings, der in die neue Richtung der modernen, stark mathematisierten theoretischen Physik einzuordnen ist. Der besondere Charakter der wissenschaftlichen Methode Kaluzas liegt – beruhend auf der Tradition der mathematisch-physikalischen Schule in Königsberg und Göttingen – in der erfolgreichen Vereinigung der beiden umfassenden Gebiete von Mathematik und Physik, die er meisterhaft vollzogen hat.

Wir haben Theodor Kaluza auf seinem gesamten Lebensweg begleitet und die unterschiedlichen philosophischen Richtungen angedeutet, von denen Kaluzas Denken und Handeln beeinflusst war. Wie wir gesehen haben, lässt sich seine philosophische Auffassung in kein philosophisches System pressen, er gründete aber auch keine neue philosophische Schule. Aus den bruchstückhaften Quellen lässt sich nur schwer ein zusammenhängendes, widerspruchsfreies Bild seines Denkens rekonstruieren: Es ist aber doch von Interesse, dies aus den vorhandenen Quellen zu versuchen, zumal Kaluzas philosophische Ansichten eine entscheidende Rolle bei der Entstehung seiner wissenschaftlichen Arbeiten gespielt haben.

Der Mittelpunkt des kulturellen und sozialen Kontextes, in dem Kaluza seine Ausbildung erhielt und in dem er gelebt hat, war die Königsberger Universität Albertina mit ihrer vielfältigen humanistischen Tradition. Sie hat entscheidend die Entwicklung der philosophischen Auffassung Kaluzas beeinflusst. Dies haben wir im Kapitel „Königsberg" darzustellen versucht. Ob Kaluza während seines postdoktoralen Studienaufenthalts in Göttingen Leonard Nelson kennenlernte, der Kants ethische Philosophie mit großem Ernst und Charisma weiterentwickelte, ist nicht bekannt, aber wahrscheinlich, da Nelson damals in Göttingen schon sehr bekannt war.

Kaluzas nächste Lebensstationen Kiel und Göttingen scheinen keine Änderung in seiner philosophischen Auffassung bewirkt zu haben. In dieser zweiten Periode seines Lebens zeichnet sich deutlich die Festigung der bereits in der Königsberger Zeit gewonnenen philosophischen Auffassungen ab. In dieser Zeit stellte Kaluza die Standhaftigkeit seiner philosophischen Prinzipien unter Beweis. Daher kann man diese Periode der Kieler und Göttinger Zeit, die etwa 25 Jahre dauerte, als Zeit der schweren Prüfungen betrachten. In diesem Lebensabschnitt verhielt sich Kaluza standhaft gemäß seinen humanistischen Prinzipien; seine philosophische, besonders seine ethische Auffassung bewährte sich.

Wie wir bereits angedeutet haben, lassen sich zwei wichtige Pole in der philosophischen Auffassung Kaluzas in den letzten 25 Jahren seines Lebens erkennen: Kant und Sokrates. Ein wichtiges Merkmal, das sich in der philosophischen Auffassung des Entdeckers des fünfdimensionalen Raums erkennen lässt, ist zweifellos sein Vertrauen in die Macht des Geistes, in die Möglichkeit, die dem Menschen gegeben ist, das Universum durch seine Vernunft zu verstehen. Kant verband diesen geistigen Vorgang mit der „Selbstbefreiung durch das Wissen" und nannte ihn den „Ausgang des Menschen aus seiner selbstverschuldeten Unmündigkeit".[1] Verstehen bedeutete gleichzeitig Freiheit des Individuums – eine Vorstellung, die den großen Königsberger Philosophen mit Sokrates verband. Diese Idee prägte die Persönlichkeit Kaluzas; immer wieder in seinem Leben ist sie als ihn leitende Idee zu erkennen. Offensichtlich half sie ihm, die schwierigsten Zeiten seines Lebens zu bewältigen. Er vermochte dadurch sowohl standhaft an seine Theorie zu glauben, während er von der *scientific community* verkannt wurde, als auch dem Druck des Nationalsozialismus zu widerstehen.

Der Kantianischen Philosophie war der Deutsche Idealismus von Hegel, Schelling und Fichte gefolgt. In der Zeit von Kaluza herrschten andere philosophische Auffassungen: der Positivismus, die Lebensphilosophie und die Phänomenologie. Einen Versuch, die Kantianische Philosophie wiederzubeleben, stellte der Neukantianismus dar, der in Marburg und Freiburg entwickelt wurde. Er beeinflusste jedoch Kaluza nicht.[2]

Die kantianische Auffassung lebte aber weiter in der gesamten mathematisch-physikalischen Schule in Königsberg. Dadurch wurde Kaluza geprägt. Auch in dem Versuch des anderen berühmten Königsbergers, David Hilbert, die Mathematik innerhalb eines einheitlichen axiomatischen Systems zu definieren, lässt sich die Kantianische Auffassung deutlich erkennen: Das Vertrauen in den Verstand sowie in die entscheidende Rolle der Mathematik in den Naturwissenschaften waren wichtige Elemente der philosophischen Grundlage, auf der die Erkenntnistheorie Hilberts beruhte. Daher wundert es nicht, dass Kaluza, der in Königsberg in der Kantischen Tradition erzogen worden war, eine kantianische Auffassung vertrat. Sein Vertrauen in die absolute Macht des Geistes ist also offenkundig auf den transzendentalen Idealismus Kants zurückzuführen. Daraus entspringt auch seine deutlich erkennbare Überzeugung, dass eine Sache nicht scheitern kann, wenn die Theorie, auf der sie beruht, richtig ist. Einem Bericht seines Sohnes aus dem Jahr 1970 ist Kaluzas ruhige Gewissheit zu entnehmen, dass *„der Geist den Körper und die natürliche Angst des Körpers beherrscht"*:

„Ein andermal verschluckte er sich beim Essen so sehr, dass wir glaubten, er werde ersticken und meine Mutter fortlaufen wollte, um einen Arzt zu holen (Telephon hatte man damals noch nicht). Mein Vater konnte nicht sprechen, winkte aber meiner Mutter mit energischen Gesten, hier zu bleiben und keinen Arzt zu holen. Später fragten wir ihn, warum er keinen Arzt gewollt hatte – er sagte ruhig: ‚Wenn ich aus Luftmangel ohnmächtig geworden wäre, hätte der Krampf sich von selbst gelöst. Ein Arzt war ganz überflüssig.' Ich kenne viele Menschen, die das wissen, aber nur wenige, deren Verstand dem Angstgefühl so überlegen ist, dass sie auch diesem Wissen gemäß handeln."[3]

---

[1] Kant (1783b), S. 35.
[2] Siehe oben Kapitel „Philosophischer Abschnitt (I)", S. 85ff.
[3] Brief von Theodor Kaluza junior an V. Raman vom 5. September 1970, NTK.

Da Kaluza der Überzeugung war, dass der Geist die größte Rolle spielt und die materielle Welt steuert, konnte er die körperlich verursachte Angst überwinden. Kaluza war immer ruhig und machte auf jeden einen entspannten Eindruck. Auf manche Leute wirkte es verwunderlich oder sogar unheimlich, dass sich Kaluza von nichts mitreißen ließ. Er ließ sich nie in Diskussionen hineinziehen, die in Machtkämpfe auszuarten drohten. Stattdessen blieb er ruhig und machte ab und zu eine Bemerkung, die bezweckte, die Gesprächspartner auf den Wahrheitsgehalt der Behauptungen hinzuweisen.[4] Auch aus der von Kaluza betreuten Doktorarbeit von Sambursky geht deutlich hervor, dass sich Kaluzas erkenntnistheoretische Auffassung auf die Überzeugung stützte, dass alles, was erprobt ist und funktioniert, zuerst gedacht wurde. Wenn etwas theoretisch richtig ist, dann funktioniert es mit Sicherheit auch in der Praxis.

Kaluza stand auch Sokrates sehr nahe.[5] Er fand an ihm nicht nur seinen dialektischen Diskurs anziehend, in dem die Logik eine entscheidende Rolle spielt. Vor allem scheint ihn Sokrates' Auffassung, dass Tugend gleich Einsicht sei, besonders geprägt zu haben. Denn nach der Lehre des Sokrates war es unmöglich, das Rechte nicht zu tun, wenn man es erkannt hatte. In diesem Punkt näherte sich Kaluzas moralische Handlungsweise entschieden der sokratischen Lehre. Ebenso wie Sokrates handelte Kaluza standhaft entsprechend seinem „daimonion", seiner inneren Stimme, und er war, wie der weise Grieche, zutiefst religiös. Aber auch das in die westliche Kultur als *sokratische Bescheidenheit* eingegangene Bekenntnis „Ich weiß, dass ich nichts weiß" prägte Kaluzas Verhalten zutiefst.[6] Wie bereits ausgeführt, gibt es höchstwahrscheinlich einen engen Zusammenhang zwischen der Tatsache, dass Kaluza keinen großen Wert auf das Schreiben legte, und der Haltung des großen griechischen Philosophen, der nichts Schriftliches hinterließ. Besonders in der Göttinger Zeit, als sich Kaluza stark für seine Lehrtätigkeit engagierte, fällt es auf, dass er nichts Schriftliches mehr hinterließ:[7]

---

[4] Diejenigen, die Kaluzas Wesen nicht verstanden, sagten über seine Zurückhaltung und Ruhe: „Kaluza stand nie im Brennpunkt einer Diskussion" (Martin Eichler im Interview mit Schappacher). Seine Tochter beschreibt Kaluza als „immer sehr entspannt und ruhig". Im Brief von Theodor Kaluzas Tochter an die Autorin vom 12. Oktober 1998.

[5] Vgl. Brief von Theodor Kaluzas Tochter an die Autorin vom 12. März 1998.

[6] Seine vornehme Bescheidenheit wurde von allen, die ihn kannten, hervorgehoben: im Interview der Autorin mit Nikolaus Stuloff, mit Ingemarie Kaluza so wie im Brief von Martin Glatfeld an die Autorin vom 21. Oktober 1996, im Brief von Detlef Laugwitz an die Autorin vom 4. Oktober 1996 und im Brief von Arnold Kirsch an die Autorin vom 4. Dezember 1996.

[7] Dieser Punkt wurde mehrmals erörtert. Entscheidend dafür ist, dass Kaluza in dieser Zeit geistig sehr produktiv war. Seine Ideen eigneten sich für die Publikation, er lehnte das jedoch ausdrücklich ab.

Seine Ideen und seine wissenschaftlichen Ansichten sollten durch seine Schüler weiterleben.

Kant und Sokrates waren jedoch nicht die einzigen Philosophen, die Kaluza beeinflusst haben. Als kritischer Rationalist analysierte Kaluza mehrere philosophische Systeme, bevor er zu der festen Überzeugung kam, dass der Geist die materielle Welt regiert. Es ist auch auffallend, dass Kaluza weniger daran interessiert war, ein neues philosophisches System zu konstruieren, als sein Verhalten an grundlegenden Prinzipien, die er sich zu eigen gemacht hatte, zu erproben. Ebenso, wie es einem Naturwissenschaftler gefällt, seine Theorie immer wieder bestätigt zu sehen, empfand Kaluza vermutlich Befriedigung in der konsequenten Befolgung seiner Prinzipien im alltäglichen Leben. Seine Standhaftigkeit basierte auf der Auffassung des Sokrates, dass man das Rechte tun muss, wenn man es erkannt hat.

Darüber hinaus lassen sich aber auch Einflüsse anderer Philosophen in Kaluzas Weltanschauung erkennen. Dazu gehört, wie bereits erwähnt, vor allem Aristoteles. Dessen Einfluss wird in Kaluzas Universalismus und in seinem aristotelischen Empirismus spürbar: in dem Vertrauen, dass alles, was existiert, neue Erkenntnisse hervorbringen kann, wenn man es erforscht, sowie in der Überzeugung, dass man an die Erforschung der Natur nicht mit vorgefertigten Ideen heran gehen soll.

Wenn man Kaluzas erkenntnistheoretische Auffassung zusammenfassend darstellen möchte, so könnte sie in dem Satz erfasst werden: Jedes neue Phänomen lässt sich durch den Geist, zu dessen wichtigsten Sprachen die Mathematik gehört, erkunden.

Kaluzas geistiges Profil wurde entscheidend durch die Tatsache geprägt, dass seine philosophischen Anschauungen im Einklang mit seinem religiösen Glauben standen. Aber auch in seiner Religiosität war Theodor Kaluza keiner konkreten Richtung zuzuordnen. Er kannte die großen Religionen der Welt – den Koran hatte er im Original gelesen, die Bibel in Hebräisch und die buddhistische Religion hatte er während seiner Studienjahre kennengelernt. Sein religiöses Empfinden war unbestritten mit dem Katholizismus verbunden. Kaluza war Christ in der Überzeugung, dass Jesus, der seiner Meinung nach nicht göttlicher Herkunft war, eine Verbindung zwischen Gott und den Menschen darstellte. Diese Verbindung sah er vor allem darin, dass Jesus durch sein Leben ein Beispiel von der Macht des Geistes gegeben hat. Er hat den Menschen gezeigt, dass das Geistige stärker ist als die Materie. In diesem Zusammenhang stellte Gott für Kaluza dar, „was uns verschwiegen bleibt".[8] Er war von den Grenzen des menschlichen Da-

---

[8] Im Brief von Theodor Kaluza an Anna Beyer vom 25. Dezember 1907, NTK.

seins und Wissens überzeugt. Gott äußert sich im Lebensprinzip und der Existenz des Guten auf der Welt. Im Einklang damit glaubte Kaluza zutiefst an die Harmonie der Welt und führte alles Böse auf die menschliche Unwissenheit zurück, zu deren Bekämpfung jeder beitragen sollte. Kaluzas Antwort auf die Theodizee stand, in Anlehnung an Kants Lehre, in engem Zusammenhang mit der Verantwortung des Einzelnen. Der Mensch muss sich darum bemühen, die tiefen Zusammenhänge des Lebens und des Universums zu verstehen. Daraus entsteht der Imperativ des ethischen Handelns. Kaluza vertrat auch die Ansicht, dass alle Religionen gleichberechtigt seien. Eine bestimmte Religion zu bevorzugen, sei an Äußerlichkeiten gebunden, die nichts mit ihrer Richtigkeit zu tun hätten.[9]

Durch die Schöpfung seiner vereinheitlichten Theorie erfüllte er als erster in der Physik das lange Sehnen der Kulturwelt nach Vereinheitlichung. Kaluzas Vereinheitlichungstheorie beruhte auf der philosophischen Überzeugung, dass alle Phänomene im Universum einem einzigen Prinzip entspringen. Diese Vorstellung beruhte auf einem Entwicklungsprozess, der bereits in der Zeit der griechischen Philosophen begonnen hatte und sich über 2000 Jahre erstreckte.[10] Erst in der Philosophie Kants erhielt der Vereinheitlichungsgedanke eine grundlegende Erklärung: Er ist tief verankert in unserm Denken und daher streben alle Theorien nach Vereinheitlichung. Kants Philosophie lieferte damit die erkenntnistheoretische Grundlage für die vereinheitlichten Theorien. Kaluza verhalf der Vereinheitlichungsidee in seiner Theorie zum Durchbruch in der Physik. Sie steht auch in engem Zusammenhang mit seiner Überzeugung, dass der Geist die wichtigste Rolle spielt und das Materielle steuert, sowie mit seiner kantianischen Auffassung, dass das Universum sich durch den menschlichen Verstand erfassen lässt. Anders als Einstein, der seine Spezielle Relativitätstheorie auch aus empirischen Tatsachen herleitete, erweist sich Kaluza als Vertreter einer philosophischen Auffassung, die an den Kantianismus anknüpft. Und ebenfalls anders als im Falle Einsteins konnte der Positivismus nicht die geeignete Erkenntnistheorie für die vereinheitlichten Theorien zur Verfügung stellen.

Noch ein roter Faden lässt sich in Kaluzas Auffassung finden: das Handeln im Geist der Ethik und die Überzeugung, dass jeder eine Verantwortung trägt, die ihn verpflichtet, den eigenen Werten gemäß zu handeln, unabhängig von der Machtausübung, der ein Individuum durch seine Zugehörigkeit zu einem Staat oder einer Gruppe ausgesetzt ist: Kaluzas ethische Auffassung war begründet auf

---

[9] So sah er keinen Widerspruch darin, dass seine Tochter evangelisch wurde, denn sie hatte „anders gelebt" als er und seine Frau. Im Brief von Theodor Kaluzas Tochter an die Autorin vom 1. Juni 1998. Außerdem waren viele seiner besten Freunde jüdischen Glaubens.

[10] Siehe oben das Kapitel „Die Entwicklung des Vereinheitlichungsgedankens", S. 227–279.

Albert Schweitzers Idee der *persönlichen Ethik*, die im Widerspruch zur *gesellschaftlichen Ethik* steht.[11] Kaluza scheint eine eigene Auffassung der Individualethik entwickelt zu haben. Es wurde bereits hervorgehoben, dass er dadurch die spätere Auffassung Karl Poppers und die der Vertreter der *Philosophie der Verantwortung* (Hans Jonas, John Passmore) vorwegnahm.[12]

---

[11] Siehe weiter unten das Kapitel „Kaluzas ethische Haltung", S. 638ff.

[12] Im Tagebuch von Theodor Kaluza junior aus dem Jahre 1938 (NTK) sind lange Passagen zu finden, in denen er die Grundzüge einer philosophischen Auffassung der Handlung des Menschen im Geist der Verantwortung darlegt.

Schlussfolgerungen

Theodor Kaluzas Bedeutung für die Physik

Wir wollen die Bedeutung Kaluzas für die Physik unter zwei Aspekten beurteilen: für die Physik seiner Zeit und für die heutige Physik. Die Bewertung vom Standpunkt der heutigen Physik wirft eine neue Fragestellung auf, die der historischen Forschung einen besonderen Stellenwert verleiht. Sie wurde bislang trotz ihrer Bedeutung nur wenig angewandt. Der historische Forscher ist nicht nur ein nüchterner Beobachter, der die Fakten der Vergangenheit möglichst genau zu rekonstruieren versucht. Es fällt ihm vielmehr auch die Aufgabe zu, Schlussfolgerungen zu ziehen, die im Rahmen unserer modernen kulturellen und ethischen Werte von großer Tragweite sind. Diese Rolle wird jedoch nur ungern in Anspruch genommen. Dennoch hat sich gezeigt, dass sich aus der ständigen kritischen Überprüfung der Geschichte Erkenntnisse gewinnen lassen, die eine Zeitlang – im Sinne Poppers – unfalsifizierbar sind. Die Geschichte lehrt uns, dass es nötig ist, unsere Anschauung über die Gesellschaft ständiger Kritik zu unterziehen und sie entsprechend unserer kulturellen und ethischen Werte immer wieder zu ändern.[1] In diesem Fall würde es sich um eine *dynamische Historiographie* handeln, die das Ziel verfolgt, stets neue kulturelle Werte zu erschließen, die unsere Gegenwart verändern können, und damit auf die Zukunft entscheidend zu wirken. Die Geschichte würde man dann nicht mehr als sinnlose chronologische Abfolge von Ereignissen betrachten, sondern als kontinuierliches Experiment, das es ermöglicht, unser Weltbild stets zu vervollständigen.

* * *

Kaluzas Vereinheitlichungstheorie war von allen seinen Abhandlungen diejenige, die die meisten Diskussionen hervorgerufen hat. Bedeutende theoretische Physi-

---

[1] Popper zeigte im Anschluss an Leonard Nelsons Kritik an Oswald Spengler in seinem Werk „Das Elend des Historizismus", dass die Auffassung (und damit jede Handlungsweise, die aus dieser Auffassung entspringt), grundlegende Gesetze der historischen Entwicklung zu gewinnen und wissenschaftlich begründete Aussagen über zukünftige Entwicklungen zu machen, falsch ist und verheerende Auswirkungen gehabt hat. Die historische Forschung sollte daher keine unumstößlichen Erkenntnisse verkünden, sondern immer wieder Theorien aufstellen, die sich höchstens eine Zeitlang als unfalsifizierbar erweisen. Da jede Theorie falsifizierbar ist, erscheint die Aufgabe des Historikers umso wichtiger, weil sie unaufhörlich ist.

ker wie Einstein, Pauli, de Broglie und Oskar Klein untersuchten in den zwanziger Jahren Kaluzas Theorie und verwarfen sie schließlich. Die Ablehnung von Kaluzas Theorie durch die *scientific community* seiner Zeit hatte zur Folge, dass sie von diesem Zeitpunkt an als ein rein mathematisches Konstrukt ohne physikalischen Inhalt betrachtet wurde. Deshalb wurde sie unter den unscharfen Begriff der angewandten Mathematik eingeordnet und ihr Schöpfer seitdem ausschließlich als Mathematiker betrachtet. Diese Kategorisierung erfolgte aus rein formalen Gesichtspunkten angesichts der praktisch nicht möglichen Anwendungen dieser Theorie: Ein Vergleich zwischen den vielfältig anwendbaren mathematischen Beiträgen Courants und der Theorie der Vereinheitlichung von Kaluza zeigt deutlich ihren von Grund auf verschiedenen Charakter. Kaluzas Theorie gehört jedoch zur theoretischen Physik, so wie sie Physiker wie Einstein bis in die dreißiger Jahre hinein betrachteten.

Diese Rezeption der Theorie von Kaluza in seiner Zeit lässt sich im historischen Kontext der Entwicklung der theoretischen Physik verstehen: Die Quantenmechanik entwickelte sich darin zur Blüte, während die vereinheitlichten Feldtheorien in Verruf gerieten.

Die Ablehnung von Kaluzas Theorie hatte erhebliche Folgen bezüglich seiner Universitätslaufbahn: Letzten Endes musste Kaluza 1925 seine intensive Forschung in der Physik aufgeben und sich der Mathematik widmen, damit seine wissenschaftliche Karriere nicht scheiterte.

Würde man also Kaluzas Theorie vom Standpunkt der Entwicklung der Physik der fünfziger Jahre aus betrachten, so würde man Kaluza als Schöpfer einiger physikalischer Theorien ansehen, die jedoch keine große Bedeutung für die Physik erlangten. In der modernen Physik erfuhr jedoch Kaluzas Theorie seit Ende der sechziger Jahre immer größere Anerkennung. Sie führte zu einem Paradigmenwechsel in der Entwicklung der vereinheitlichten Theorien, die seit dieser Zeit zu neuer Blüte gelangten. Unter dem historischen Aspekt der wissenschaftlichen Bewertung von Kaluzas Theorie gibt es zwei Gesichtspunkte, die berücksichtigt werden müssen:

1. Kaluza erfuhr während seines Lebens nicht die wissenschaftliche Anerkennung, die ihm wegen seiner hohen Leistung zustand. Er wurde nicht gefeiert und verehrt wie Einstein oder Heisenberg. Es ist daher eine wichtige Aufgabe des Historikers, auf die große Bedeutung von Kaluzas Theorie im Rahmen der Entwicklung der vereinheitlichten Theorien aufmerksam zu machen und ihr den verdienten Platz in der Reihe bedeutender Leistungen menschlichen Geistes zuzuweisen. In den Vereinigten Staaten hat Kaluzas Anerkennung als Wissenschaftler bereits vor mehr als zwei Jahrzehnten begonnen: Er wurde im Verzeichnis der

Wissenschaftler an der Universität Miami in die Reihe der großen Physiker Newton, Einstein, Bohr und Heisenberg eingeordnet. Sein Name ist in zahlreichen Fachpublikationen zu finden. Kaluzas fünfdimensionale vereinheitlichte Theorie wurde 1986 ins Portugiesische[2] und 1987 ins Englische[3] übersetzt. Die englische Übersetzung wurde im Sammelband „Modern Kaluza-Klein Theories" zusammen mit den Theorien von Nordström, Oskar Klein und den bedeutendsten vereinheitlichten Theorien der modernen Zeit veröffentlicht. Auch Publikationen, die der Popularisierung der neuesten physikalischen Theorien dienen, erwähnen seinen Namen.[4] Umso mehr Anerkennung verdient Kaluza im Rahmen der Geschichtsschreibung in Deutschland, wo er 69 Jahre gelebt und gewirkt hat.[5]

Ein weiterer Punkt, der bis jetzt wenig erforscht wurde und mit der historischen Entwicklung der vereinheitlichten Feldtheorien im Zusammenhang steht, ist der wissenschaftstheoretische Charakter dieser Theorien, den wir unter den Begriff der *neueren Mathematisierung der Physik* erfasst haben.[6] Es ist bemerkenswert, dass Theodor Kaluza bereits seit seiner ersten physikalischen Abhandlung 1910 diese Forschungsmethode anwandte, in der der Mathematik erstmals eine wichtigere Rolle als Mitgestalterin der Physik zukam. Diese Feststellung wurde jedoch bis in die Gegenwart von manchen Wissenschaftlern verkannt und falsch bewertet.[7] Man billigte Kaluza kein tieferes Verständnis für die physikalischen Hintergründe zu und machte seiner Theorie den Vorwurf, dass sie auf keinem konzeptionellen Inhalt beruhe. Eine rein heuristische Vorgehensweise habe ihm als Basis für die Schöpfung seiner Theorie gedient; sie sei aus einem rein formalen mathematischen Kunstgriff entstanden.

2. In der vorliegenden Arbeit wurde die These aufgestellt, dass Theodor Kaluzas Theorie auf tiefsinnigen physikalischen und erkenntnistheoretischen Überlegun-

---

[2] Kaluza (1986). Siehe Gagean und Leite (1986). Ich danke Professor Hubert Goenner für den Hinweis auf diese Veröffentlichung.

[3] Kaluza (1987).

[4] Die Bedeutung der Theorie Kaluzas wurde z.B. im Buch von Joao Magueijo „Schneller als die Lichtgeschwindigkeit" hervorgehoben, in dem der Autor auch ein großes Interesse für das – bislang – unbekannte Leben Kaluzas zeigte, siehe Magueijo (2003). Für den Nobelpreisträger John Nash war Kaluza das Vorbild des genialen verkannten Wissenschaftlers, siehe Nasar (2002). Kaluzas Name steht sogar im Kinderbuch der Amerikaner Gribbin, John und Mary „Raum & Zeit", das 1995 ins Deutsche übersetzt wurde, siehe Gribbin (1995).

[5] Kaluza wird z.B. bis zum heutigen Tage nicht im Brockhaus erwähnt.

[6] Siehe Kapitel „War Theodor Kaluza ein Physiker oder ein Mathematiker?", S. 614ff.

[7] Siehe z.B. die Aussage des theoretischen Physikers Peter Freund über Kaluzas fünfdimensionale vereinheitlichte Theorie, in Kaku (1995), S. 134.

gen beruht.[8] Diese These stützt sich hauptsächlich auf vier Feststellungen, die im Folgenden zusammengefasst werden sollen.

a) Alle wissenschaftlichen Arbeiten Kaluzas aus der Zeit bis 1925 sind von seinem Interesse an der Grundlagenforschung gekennzeichnet: In der Mathematik folgte er in zwei Abhandlungen der Grundlagendiskussion in der Mengenlehre[9], und in der Physik beschäftigte er sich in allen seinen vier Theorien mit Problemen, die an der vordersten Front der Forschung standen: 1910 befasste er sich mit der Erweiterung des Relativitätsprinzips auf die beschleunigte Bewegung und eröffnete durch seine Feststellung, dass in diesem Fall die Geometrie des Raumes nicht mehr flach, sondern gekrümmt sein muss, einen Weg, der zur Entwicklung der Allgemeinen Relativität führte. In seiner vereinheitlichten Theorie von 1921 verfolgte Kaluza das durch Nordström (1914), Hilbert (1915) und Weyl (1918) untersuchte Problem der Vereinheitlichung der Gravitation und des Elektromagnetismus. Ihm gelang eine neue Lösung der Vereinheitlichung der beiden Naturkräfte, indem er einen fünfdimensionalen Raum mit riemannscher Metrik in die Physik einführte und damit zeigen konnte, dass Gravitation und Elektromagnetismus Projektionen einer einzigen fünfdimensionalen gravitationsartigen Kraft auf unseren vierdimensionalen Raum sind. 1922 verfasste er die Abhandlung „Über den Bau und Energieinhalt der Atomkerne", in der er als erster versuchte, eine umfassende, allgemeingültige Theorie der Kernphysik zu finden, und in der er die später entdeckten „magischen Kerne" voraussah. 1924 zeigte Kaluza, dass das Axiom der Konstanz der Lichtgeschwindigkeit nicht notwendig für die Aufstellung der Speziellen Relativitätstheorie ist, da es aus einer Symmetrieeigenschaft des Raumes begründet werden kann. Auch diese Theorie gewann in neuerer Zeit im Rahmen der Diskussion über Phänomene mit Überlichtgeschwindigkeit an Bedeutung.

Kaluzas Arbeiten zeugen von der Kenntnis von tiefsinnigen erkenntnistheoretischen Hintergründen der erforschten physikalischen Phänomene. Sein Interesse an der Grundlagenforschung, das sich sowohl in seinen mathematischen als auch in seinen physikalischen Abhandlungen feststellen lässt, offenbart eine Forschungsmethode, die die vielfältigen Erkenntnisse eines wissenschaftlichen Gebietes auf grundlegende Prinzipien zurückzuführen versucht. Dieses Vorgehen

---

[8] Es sind keine schriftlichen Aufzeichnungen von Kaluza bezüglich seiner fünfdimensionalen Theorie erhalten. Es wurde auch von seinen Zeitgenossen betont, dass Kaluza selten darüber sprach. Dies lässt sich durch den besonderen Charakter seiner Persönlichkeit erklären: Kaluza sprach kaum über sich selbst und ließ seine Bedeutung als Wissenschaftler nie in den Vordergrund treten.

[9] Kaluza (1913) und Kaluza (1916).

beruht auf dem Vereinheitlichungsgedanken. Die Annahme, dass sich Kaluzas Methode lediglich auf rein formelle mathematische Kunstgriffe stützt, missachtet ihre wissenschaftliche Komplexität. Ein Vergleich von Kaluzas vereinheitlichter Theorie mit anderen – allerdings misslungenen – Versuchen stützt die Behauptung, dass Kaluzas Theorie nicht nur nach formalen Kriterien konzipiert wurde. In diesem Zusammenhang sind mehrere Theorien zu erwähnen, die darauf zielten, die Naturkräfte zu vereinigen: die Theorie von Nordström von 1914, sowie ein weiterer Vereinheitlichungsversuch in sechs Dimensionen von Podolansky (1950), Einsteins Vereinheitlichungstheorien und Heisenbergs Theorie von 1958. Obwohl diese Theorien von Bedeutung für die Entwicklung des Vereinheitlichungsprogramms sind, konnten sie aus konzeptionellen Gründen nicht die Lösung zur Vereinheitlichung liefern. Nur Kaluzas Theorie hat die Feuerprobe der theoretischen Überprüfung bestanden – und zwar erst 50 Jahre nach ihrer Veröffentlichung, nachdem sie schon verworfen worden war.

Auf ein weiteres Argument für die oben dargelegte These soll nur kurz eingegangen werden: Es wurde bereits dargelegt, dass sich Theodor Kaluza mit seiner Theorie weiter beschäftigte, obwohl die *scientific community* sie abgelehnt hatte. Vermutlich sah Kaluza 1952, als er an Jordan schrieb, dass er einen „neuen Gedanken" habe, die Möglichkeit der Verknüpfung seiner Theorie mit den durch Weyl begründeten Eichtheorien. Sollte sich im Rahmen künftiger Forschung diese Hypothese bestätigen, so wäre das ein weiterer Hinweis darauf, dass Kaluza in seiner Theorie keinesfalls eine rein formale mathematische Erfindung sah, sondern an ihre tiefe konzeptuelle Kraft sein ganzes Leben lang geglaubt hat.

b) Kaluzas Forschungsmethode war durch die Einbeziehung der Mathematik in seine physikalischen Untersuchungen gekennzeichnet. Wie Galilei betrachtete Kaluza offenbar die Mathematik als die „Sprache, in der die Gesetze des Universums geschrieben wurden". Ebenso wie für Franz Neumann, David Hilbert und Hermann Minkowski stellte auch für Kaluza die Mathematik die wichtigste Sprache zur Erkundung des Universums dar. In allen seinen Abhandlungen wird deutlich, in welchem Maß Kaluza die Mathematik zur Lösung physikalischer Aufgaben heranzog.

Doch Kaluza überdachte ebenfalls die experimentelle Lage der zu untersuchenden Phänomene. Obwohl er eine „mathematisierte Physik" betrieb, ist in seiner Abhandlung „Über den Bau und Energieinhalt der Atomkerne" deutlich erkennbar, dass er sich auf die bis zu diesem Zeitpunkt erzielten experimentellen Forschungsergebnisse stützte, um seine Theorie über die Struktur der Kerne aufzustellen. Wie zielsicher seine Vorgehensweise war, zeigt sich daran, dass seine in der Abhandlung von 1922 erzielten Ergebnisse noch in der heutigen theoretischen Kernphysik gelten und dass er die später entdeckten „magischen Kerne" voraussah. Bereits in seiner Abhandlung von 1910 setzte er sich mit der experimentellen Lage der Speziellen Relativitätstheorie auseinander und schlug ein Experiment zu ihrer Bestätigung vor.

Auch Kaluzas erkenntnistheoretische Vorgehensweise, die in der erwähnten Doktorarbeit von Samuel Sambursky (1923) deutlich dargelegt ist, zeigt, dass Kaluza das Gedankenexperiment als entscheidend für seine Forschungsmethode betrachtete. Dass sich Kaluza mit den unterschiedlichen Vorgehensweisen des Mathematikers einerseits und des Naturwissenschaftlers andererseits bereits 1907 auseinandergesetzt hat, wie die im Nachlass gefundene Abschrift des Aufsatzes von Brendel zeigt, bezeugt sein Interesse für dieses Thema in einer Zeit, als er die Reihe seiner wissenschaftlichen Abhandlungen noch nicht begonnen hatte, und gibt einen Hinweis auf Kaluzas frühe Entscheidung, sich der Physik zu widmen, zu deren „kühner" Methode er sich damit bekannte. Es scheint der Autorin von Bedeutung, erneut die Schlussfolgerung dieser Untersuchung zu unterstreichen: Theodor Kaluza vernachlässigte in seiner Forschung nie die physikalischen Inhalte und beschränkte sich nicht auf einen reinen mathematischen Formalismus. Seine Forschungsmethode ist deutlich als *physikalisch* erkennbar.

c) Kaluzas vereinheitlichte Theorie kann man nicht getrennt von seiner philosophischen Auffassung betrachten. Wie bereits erwähnt, war Kaluza kein Positivist wie der junge Pauli oder Einstein in der Zeit der Entstehung seiner Speziellen Relativitätstheorie. Einem reinen Positivisten wäre Kaluzas vereinheitlichte Theorie, die sich nicht auf Experimente stützte, viel zu spekulativ erschienen. Es ist auch bezeichnend, dass unter den zeitgenössischen Physikern die Positivisten Kaluzas Theorie am meisten ablehnten.

Kaluzas philosophische Auffassung beruhte auf der Lehre von Kant und Sokrates. Er glaubte an die dem Menschen gegebene Möglichkeit, die Welt mit dem Verstand zu erkennen. Kaluzas Theorie stand in engem Zusammenhang mit seiner kantianischen Auffassung, dass alles einem Vereinheitlichungsprinzip entspringt. Ohne diese tiefe philosophische Überzeugung ist die Entstehung der vereinheitlichten Theorie Kaluzas schwer zu begründen.

d) Auf der konzeptionellen Ebene war Kaluzas Theorie in mehrerer Hinsicht für die Entwicklung der Theorien der Superstrings und der M-Theorien richtungweisend: durch die Idee, dass sich die Vereinheitlichung zweier Wechselwirkungen erreichen lässt, wenn man eine zusätzliche Dimension in den physikalischen

Raum einführt[10], durch den Begriff des Übergangs vom höherdimensionalen Raum auf den Raum unserer Erfahrung und in Bezug auf die Möglichkeit, die Verbindung zu den Eichtheorien herzustellen, die offenbar keine der anderen nach Kaluza entstandenen vereinheitlichten Theorien vorweisen konnte.[11] Der Begriff des „Übergangs" beruht auf der Notwendigkeit der Übereinstimmung der „Projektion" des fünfdimensionalen Raums mit dem vierdimensionalen Raum der Erfahrung und seiner physikalischen Gestalt. Dieser wichtige Begriff wurde von den Superstringtheorien übernommen und spielte für deren Aufbau eine entscheidende Rolle. Das Konzept des „Übergangs" tauchte das erste Mal in Kaluzas Aufsatz von 1921 auf.[12] Kaluza begründete durch seine fünfdimensionale Theorie ein *Modell der Vereinheitlichung* in höheren Dimensionen, das sich in der modernen theoretischen Physik durchsetzte. Man kann mit Recht behaupten, dass Kaluzas Theorie einen Paradigmenwechsel in der modernen Physik bewirkt hat: Der elfdimensionale Raum der heutigen Superstringtheorien beruht auf Kaluzas Vereinheitlichungsmodell aus seiner fünfdimensionalen Theorie.

Nicht nur die Superstring- und M-Theorien beruhen auf Kaluzas Idee. In den letzten Jahren verwendet Lisa Randall in ihrer neuen Theorie[13] Kaluzas Vereinheitlichungsmodell in seiner ursprünglichen Form, in der die fünfte Dimension als ausgedehnt angenommen wird, und nicht als zu einem winzigen Kreis zusammengerollt wie in Oskar Kleins Theorie von 1926. Dadurch erhält Kaluzas Theorie eine neue Bedeutung: In dem Ansatz von Lisa Randall wird der physikalische Raum nicht als elfdimensional wie in den Superstring- und M-Theorien, sondern als fünfdimensional wie in der Theorie Kaluzas angenommen. Zur Zeit steht eine experimentelle Bestätigung der Idee Kaluzas noch aus. Solch ein Experiment scheint die technischen Möglichkeiten prinzipiell zu überschreiten: *Sollte es jedoch gelingen, die Höherdimensionalität des Raumes nachzuweisen, so würde Kaluzas Idee eine*

---

[10] Diese Idee scheint als erster Nordström in Anlehnung an Minkowski gehabt zu haben. Sie erschien in seiner Theorie rein formal, da Nordström sich auf die minkowskische Geometrie stützte. Siehe dazu auch Anhang 2, unten S. 644ff.

[11] Eine eingehende Erklärung der Feinheiten von Kaluzas Theorie, die zu ihrer besonderen wissenschaftlichen Bedeutung entscheidend beiträgt, würde über den Rahmen dieser Arbeit weit hinausgehen. Es soll jedoch die wichtige Tatsache erwähnt werden, dass diese Theorie die Verknüpfung zu den Eichtheorien ermöglichte, was auf einem wichtigen konzeptuellen Hintergrund basiert: Es handelt sich um den tiefsinnigen Zusammenhang zwischen zusätzlichen räumlichen Dimensionen und dem Begriff der Symmetrie, der durch Kaluzas Theorie hergestellt werden konnte. Für einen detaillierteren Einblick siehe Jordan (1968) und Mielke (1985).

[12] Der Begriff „Übergang" wurde von Kaluza in seinem Aufsatz nicht explizit verwendet. Seine Theorie beruht aber auf seinem konzeptionellen Inhalt.

[13] Siehe Randall und Sudrum (1999a) und (1999b) und Randall (2005).

Revolution in der Physik auslösen, die vergleichbar wäre mit der Kopernikanischen Wende.

Auch wenn Theodor Kaluza nie um Anerkennung als Entdecker seiner Theorie gekämpft hat, weil ihm die Theorie und ihr Wahrheitsgehalt wichtiger waren als seine Person, wäre es bald ein Jahrhundert nach ihrer Entstehung überfällig, ihrem Schöpfer endlich die wohlverdiente Ehre zu erweisen und seine großen Leistungen in der theoretischen Physik entsprechend zu würdigen. Sowohl das physikalische als auch das mathematische Werk Kaluzas verdienen hohe Beachtung. Trotz ihres geringen Umfangs zeichnet sich Kaluzas gesamte physikalische Leistung durch große Originalität, wissenschaftliche Tragweite ihrer Resultate und eine visionäre Kraft aus, für die ihm ein ehrenvoller Platz in der Reihe der großen Wissenschaftler dieses Jahrhunderts gebührt.

Wissenschaftstheoretische Zusammenhänge

Die physikalische Bedeutung der Theorie Kaluzas kann nur im umfangreichen Rahmen der Entwicklung der vereinheitlichten Theorien erfasst werden. Wie bereits gezeigt[1], handelte es sich nicht um Theorien, die *ad hoc* am Anfang des 20. Jahrhunderts entstanden, sondern um das Ergebnis eines langen Prozesses, der sich sowohl auf der philosophischen Ebene – in der 2000 Jahre andauernden Entwicklung des Vereinheitlichungsgedankens – als auch auf der mathematischen Ebene – in der Entwicklung der Geometrie der höherdimensionalen Räume, die im 19. Jahrhundert stattfand – abspielte. Die Ergebnisse, die in diesen beiden Bereichen erzielt wurden, schufen die Grundlagen, die dann die Entstehung der vereinheitlichten Theorien in der Physik ermöglichten.

Wie bereits erwähnt, spielt in der Entwicklung der vereinheitlichten Theorien nicht das Kriterium empirischer Überprüfung, sondern der Begriff der Vereinheitlichung, der ein erkenntnistheoretischer Begriff ist, die wichtigste Rolle. Für die Überprüfung der Konsistenz einer vereinheitlichten Theorie, die nicht mehr durch direkten Vergleich mit Erfahrung stattfinden kann, sah Einstein die Notwendigkeit, das zitierte Kriterium der „mathematischen Einfachheit" zu entwickeln. Dass die Entstehung der vereinheitlichten Theorien nicht durch eine „Krise" – im Sinne Thomas S. Kuhns – wie im Falle der Speziellen Relativitätstheorie durch das Experiment von Michelson und Morley ausgelöst wurde, sondern durch das erkenntnistheoretische Prinzip der Vereinheitlichung, stellt eine neue

---

[1] In den Kapiteln „Die Dimensionalität des Raumes" S. 161–191 und „Die Entwicklung des Vereinheitlichungsgedanken" S. 227–279.

Herausforderung für die Definition des Begriffs „wissenschaftliche Revolution" dar. Es zeigt sich die Notwendigkeit, eine neue Theorie über die Entwicklung der Physik aufzustellen, die die Entstehung der vereinheitlichten Theorien – einen Prozess, dem keine „Krise" vorwegging – erklären kann.[2]

Der lange Prozess, der zur Entwicklung der vereinheitlichten Theorien geführt hat, wirft die Frage auf, ob der Vereinheitlichungsgedanke nicht als führendes Prinzip der Entwicklung der Physik angesehen werden könnte: Ließe sich also die Geschichte der Physik als Streben nach der Vereinheitlichung erfassen und ihre verschiedenen Entwicklungsphasen als Stufen auf diesem Wege betrachten? Dies könnte den Weg zu einer neuen wissenschaftstheoretischen Auffassung der Geschichte der Physik öffnen.

Kaluza als Vorbild des Wissenschaftlers der Zukunft

> *„Wir ertrinken in Information und dürsten*
> *nach Einsicht. "*　　　　*Edward O. Wilson*

Kaluza gehörte als universelles Genie einer Gattung von Wissenschaftlern an, die seit Anfang der dreißiger Jahre im Verschwinden begriffen war. In seinen letzten Jahren war er immer mehr mit dem Geist des Spezialistentums konfrontiert. Einer Aussage seines Assistenten Lyra zufolge konnte Kaluza auch an solchen Maßstäben gemessen werden, weil er hoch spezialisierte wissenschaftliche Zusammenhänge mühelos erfassen konnte. Lyra erwähnte mit Bewunderung Kaluzas Fähigkeit, nach komplizierten Fachvorträgen die interessantesten Fragen zu stellen und die treffendsten Schlussfolgerungen zu ziehen, obwohl er nicht zu den „genialen", ansonsten aber einseitig orientierten Spezialisten gehörte, die damals in Göttingen wirkten. Seine Bemerkungen während solcher Vorträge zeigten ein tiefes Verständnis der neuesten Fragestellungen und Zusammenhänge auf den verschiedensten wissenschaftlichen Gebieten. Deshalb ist eine Überlegung darüber angebracht, ob nicht gerade dieser universelle Geist einen wichtigen Beitrag zur Bewältigung der erhöhten Herausforderungen leisten kann, die der heutige Stand der Wissenschaft und Kultur an den modernen Menschen stellt. Ein

---

[2] Der von T. S. Kuhn beschriebene Begriff der wissenschaftlichen Revolution vermag nicht die Entstehung der vereinheitlichten Theorien zu beschreiben: Sein Begriff „wissenschaftliche Krise" z.B. – der allerdings auch im Zusammenhang mit der Entstehung der kopernikanischen Revolution stark kritisiert wurde [siehe Lakatos (1982)] – lässt sich in diesem Fall nicht anwenden. Aber auch der von Lakatos entwickelte Begriff des „wissenschaftlichen Programms" scheint ungeeignet, die Entwicklung der vereinheitlichten Theorien zu erfassen.

derartiges universelles Denken wird gegenwärtig noch immer als eine überholte Erscheinung der Vergangenheit betrachtet.

Nach dem Zweiten Weltkrieg entwickelte sich die wissenschaftliche Forschung immer mehr in Richtung der Spezialisierung.[3] Die Wissenschaftler „vergruben sich immer tiefer in ihre Teildisziplinen und nahmen die Entwicklung auf anderen Gebieten geflissentlich nicht zur Kenntnis".[4] Dadurch wurde die Kluft zwischen den einzelnen Disziplinen immer tiefer und die unterschiedlichen Wissensgebiete wurden immer weniger zusammenhängend behandelt. Heute scheint kein menschliches Gehirn mehr imstande zu sein, das gesamte Wissen zu umfassen. Die exponentielle Zunahme wissenschaftlicher Erkenntnisse erweckt in vielen Bereichen den Eindruck, dass sie vom Gesamtzusammenhang völlig losgelöst und divergent sind und keine Einheit mehr bilden. Die verschiedenen Wissensbereiche sind aber nur Teile der Erkenntnis, die sich der Mensch vom Universum verschafft. Edward O. Wilson, einer der größten Biologen dieses Jahrhunderts, weist in seinem 1998 erschienenen Buch „Die Einheit des Wissens" darauf hin, dass Naturwissenschaften, Geisteswissenschaften und Kunst das gemeinsame Ziel haben, die Welt als Ganzes zu verstehen. Alle Bereiche der menschlichen Erkenntnis versuchen auf verschiedene Weise, uns zu „einer Überzeugung zu führen, die weit mehr ist als der logische Satz, dass die Welt einer Ordnung unterliegt und mit wenigen Naturgesetzen erklärt werden kann."[5]

Heute ist das Ende der Ära der Spezialisierung, die einen einschränkenden Reduktionismus zur Folge hatte, erkennbar: „Wir treffen mittlerweile auf unüberwindliche Hindernisse, die sich mit dem einfachen reduktionistischen Ansatz nicht lösen lassen. Damit kündigt sich eine neue Ära an: die Ära der Synergie zwischen den drei grundlegenden wissenschaftlichen Feldern", erklärt Michio Kaku in seinem 1998 erschienenen Buch „Zukunftsvisionen".[6] Die drei Bereiche des Wissens – Materie, Leben, Geist – sind die drei „Grundpfeiler der modernen Naturwissenschaft".[7] Ein neues Zeitalter steht bevor, in dem nur derjenige erfolgreich sein wird, der alle Bereiche des menschlichen Wissens beherrscht.

Kaluza hat sich während seines ganzen Lebens mit fast allen Bereichen der menschlichen Erkenntnis befasst: Mathematik, Physik, Philosophie, Ethik, Religion, Biologie, Psychologie, Chemie, Rechts- und Sozialwissenschaft, Linguistik,

---

[3] Die historische Entwicklung des Spezialistentums sowie ihre kulturellen Folgen wurden von Ortega y Gasset in seinem Buch „Aufstand der Massen" einleuchtend dargelegt. Vgl. in Ortega y Gasset (1933) das Kapitel „Die Barbarei des Spezialistentums".

[4] Kaku (1998), S. 23.

[5] Wilson (1998), S. 176.

[6] Kaku (1998), S. 23–24.

[7] Ebd., S. 19.

Literatur, Musik und Kunst. Kaluzas philosophische Auffassung – und damit auch seine Forschungsmethode – beruhte auf dem humanistischen Bildungsideal Wilhelm von Humboldts: Um das Allgemeine im Partikulären erkennen zu können, muss der menschliche Geist das gesamte Wissen aller Bereiche beherrschen. Theodor Kaluza stellt ein Beispiel für einen Wissenschaftler dar, der diese Forderung erfolgreich erfüllt hat.[8] Daher kann er als Vorbild für künftige Wissenschaftler dienen, die alle Bereiche des menschlichen Wissens beherrschen müssen. „In Zukunft wird man kaum noch aktiver Wissenschaftler sein können, ohne auf allen drei Gebieten [Materie, Leben, Geist] einigermaßen Bescheid zu wissen. Schon heute haben Forscher, die nicht über alle drei Gebiete gewisse Kenntnisse besitzen, einen deutlichen Wettbewerbsnachteil", beschreibt Michio Kaku die hohen Ansprüche, die die Zukunft an die Wissenschaftler stellen wird.[9]

Edward O. Wilson geht noch einen Schritt weiter und entwickelt für die Zukunft eine große Vision der „Einheit des Wissens", die alle Gebiete der menschlichen Erkenntnis umfassen wird, von Ethik, Religion und Kunst bis hin zu den Natur- und Geisteswissenschaften. Die Zeit sei gekommen, behauptet der große Biologe, in der wir lernen müssen, dass unsere Suche nach Wissen einen tiefen Sinn hat, der sich erst in der Einheit des Wissens erkennen lässt. Aus diesem Blickwinkel erscheint Kaluzas Profil in einem neuen Licht: Als visionärer Wissenschaftler hat er bis zuletzt trotz des immer stärker um sich greifenden Spezialistentums das gesamte Wissen zu vereinigen versucht.

---

[8] Siehe dazu die Kapitel „Die Tradition der Königsberger Universität", S. 62ff., und „Göttingen: Nach dem Krieg", S. 542ff.

[9] Kaku (1998), S. 24.

> *„Humanität besteht darin, dass nie ein Mensch ei-*
> *nem Zweck geopfert wird. Die Ethik der ethischen*
> *Persönlichkeit will die Humanität wahren. Die von*
> *der Gesellschaft auferstellte ist dazu unvermögend."*
> *Albert Schweitzer: „Kultur und Ethik"*

Manche Wissenschaftshistoriker betrachten das ethische Verhalten eines Wissenschaftlers als bedeutungslos und schließen es bewusst von ihrer Analyse aus. Wissenschaft wie Ethik sind jedoch Elemente einer Kultur: Die Ethik war zum Beispiel eine bedeutende Komponente des Humanismus. Die Untersuchung der
ethischen Haltung eines Wissenschaftlers ist daher unentbehrlich für seine Ge-
samtbeurteilung.

In Kaluzas Leben spielte seine ethische Überzeugung eine entscheidende Rolle. Obwohl sich Theodor Kaluza nie schriftlich über ethische Fragen geäußert
und nur selten über seine Einstellung zur Ethik gesprochen hat, lassen seine Ver-
haltensweisen doch deutlich seine ethische Auffassung erkennen. Es war für ihn
typisch, in einer sokratischen Art zu handeln, ohne damit entschiedene missiona-
rische Absichten zu verbinden.

Seine mit der Lehre des Sokrates übereinstimmenden Ansichten sind bereits
ausführlich dargelegt worden. Sie führten Kaluza zu der Überzeugung, dass,
wenn man etwas als richtig erkannt hat, man auch in diesem Sinne handeln soll.
Diese pragmatische Vorgehensweise ist ein typisches Merkmal für Kaluzas Verhalten. Sein Leben und Wirken sind von der Idee bestimmt, im Alltag das zu verwirklichen, was für ihn ethisch gültig war. Wie schwierig die Verwirklichung dieses Grundsatzes ist, dürfte nicht unbekannt sein. Bei Kaluza entsprang er einer
tiefen Grundlage: Er stand im Zusammenhang mit seiner Überzeugung, dass sich
eine gute Theorie auch im Experiment als richtig erweisen muss.

Wie bereits erwähnt, war Kaluza ein Bewunderer Albert Schweitzers, des großen Humanisten, der am Anfang unseres Jahrhunderts ein Vorbild verantwortungsvollen Handelns gegeben hat.[1] Schweitzer hat in seinen Schriften kein philosophisches System aufgestellt. Jedoch hat er in seinem 1923 erschienenen Buch
„Kultur und Ethik" eine Antwort auf die Frage gegeben, wie sich erkennen lässt,

---

[1] In den Erinnerungen seines Sohnes wird Kaluzas Bewunderung für Schweitzer betont.
Vgl. Theodor Kaluza (1991) und Brief von Theodor Kaluza junior an Detlef Laugwitz vom 26.
Juni 1985, NTK.

ob eine individuelle Handlung richtig ist. Er stellte dort seine Anschauung von der „Ehrfurcht vor dem Leben" dar, die gegen die widersprüchlichen und unzulänglichen Auffassungen der egoistisch-utilitaristischen Ethik und die Selbstvervollkommnungsethik gerichtet war. Wie bereits erwähnt, lassen sich in Kaluzas Verhalten seinen Mitmenschen gegenüber die Grundzüge der Lehre Schweitzers erkennen: in seiner Bereitschaft, seinen Studenten unermüdlich zu helfen, in der Erfüllung seiner Pflicht seiner Familie gegenüber und in der Erziehung seiner Kinder im Geist der Ethik und gegen Gewalt sowie in seinem Bemühen, seinen jüdischen Freunden zu helfen und sich gegen den Nationalsozialismus aufzulehnen.

Im Zusammenhang mit der Lehre Schweitzers sei schließlich noch ein weiterer wichtiger, bislang nicht erwähnter Gesichtspunkt hervorgehoben. Albert Schweitzer unterstrich 1923 in seinem Buch, dass die individuelle Ethik, die er „die Ethik der ethischen Persönlichkeit" nannte, im Widerspruch zur „Ethik der Gesellschaft" stehe. In der Ethik der Gesellschaft sah er die Ethik, die die Gesellschaft zum Zweck ihres „gedeihlichen Bestehens" ihren Mitgliedern auferlegt.[2] Schweitzers Schlussfolgerung mutet den heutigen Leser in Anbetracht des aufkommenden Nationalsozialismus in Europa erschreckend visionär an:

„Selbst die Gesellschaft, deren Ethik relativ hoch steht, ist eine Gefahr für die Ethik ihrer Mitglieder. Bilden sich aber gar die Defekte der Ethik der Gesellschaft aus und übt die Gesellschaft zudem noch einen übermäßig starken geistigen Einfluss auf die Einzelnen aus, so geht die Ethik der ethischen Persönlichkeit zugrunde. Solches ereignet sich in der modernen Gesellschaft, deren ethisches Gewissen durch biologisch-sozialwissenschaftliche und zuletzt noch nationalistisch verfärbte Ethik in verhängnisvoller Weise abgestumpft wird."[3]

Es ist anzunehmen, dass Kaluzas ablehnendes Verhalten dem Nationalsozialismus gegenüber sich auf Schweitzers Auffassung der „Ethik der ethischen Persönlichkeit" gründete. Zu einer Zeit, als die Gesellschaft dem Individuum mehr denn je ihre Pseudoethik aufzwang, galt es, im Geiste der „Ethik der ethischen Persönlichkeit" und gegen die aufgezwungene Ethik der Gesellschaft zu wirken. Es ist auffallend, dass sich Kaluza als Direktor des Mathematischen Instituts nicht als „ausführendes Organ der Gesellschaft" betrachtete, wie es in einer Machtposition eigentlich nahegelegen hätte. Aus der Lehre Schweitzers geht deutlich hervor, dass gerade das Individuum, das sich in einer Machtposition befindet, dem Konflikt ausgesetzt ist. Er entspringt daraus, dass die Gesellschaft bemüht ist, „die Autorität der Ethik der ethischen Persönlichkeit so viel wie mög-

---

[2] Schweitzer (1923) in Schweitzer (1996), S. 312.
[3] Ebd.

lich zu beschränken." Denn die Gesellschaft „will Diener haben, die sich nicht auflehnen."[4]

Kaluza hat sich in seiner Funktion als Direktor des Mathematischen Instituts ab 1940 bewusst nicht in das für diese Zeit typische Machtspiel hineinziehen lassen. In einer Zeit, in der die Machtausübung zur staatlichen Ideologie gehörte, hat Kaluza nicht die Rolle des Führers übernommen. Aus seinem Institutsbriefwechsel jener Jahre lässt sich feststellen, dass Kaluza die dienstlichen Verhältnisse anders bewertete und verwaltete als seine Briefpartner.[5] Seine Handlung begründete er immer mit rationalen Argumenten, sie beruhte niemals auf dem Machtprinzip.

Bezeichnend ist auch Kaluzas Reaktion nach dem Krieg, als er der Entscheidungsbefugnis durch den Senat bezüglich der Untervermietung eines Teils seiner Wohnung ausgeliefert war. Er war darüber, dass vernünftige Argumente unberücksichtigt blieben und nur das Kriterium der Machtausübung eine Rolle spielte, so bestürzt, dass er in Betracht zog, die Universität Göttingen zu verlassen.[6] Kaluzas Haltung, von der ihm zustehenden Macht nie Gebrauch zu machen, um zu herrschen, sondern um die ihm auferlegte Verantwortung zu tragen, äußerte sich auch deutlich in den Beziehungen zu seinen Studenten: Es gehörte zu seiner Grundeinstellung, seinen Studenten niemals ihre Qualitäten abzusprechen, sondern sie zu fördern. Kaluza konnte mit jedem Menschen reden, unabhängig von seiner sozialen oder kulturellen Stellung, was ihn sehr beliebt machte. Sein Verhalten ist bemerkenswert für einen Menschen, dessen intellektuelle Fähigkeiten so herausragend waren, dass er als genial bezeichnet werden kann.

Kaluzas Auffassung, dass blinde Machtausübung im Widerspruch zur individuellen Ethik stehe und daher vermieden werden sollte, verdient ebenfalls Beachtung. Man kann ihn daher als Humanisten bezeichnen. In dieser Hinsicht stand Kaluza Hilbert und Einstein nahe, die sich auch ihr Leben lang gegen politische Machtausübung einsetzten. Das ethische Verhalten, das in Kaluzas und Hilberts Handeln eine entscheidende Rolle spielte, scheint in hohem Maß aus dem kulturellen Kontext, der beide in ihren formativen Jahren in Königsberg prägte, erklärt werden zu können: Im Einklang mit den humanistischen Idealen der kantianischen Philosophie lehnten beide prinzipiell nationale, religiöse und geschlechtliche Kriterien bei der Beurteilung eines Menschen ab und schätzten wissenschaftliche und menschliche Qualitäten.

---

[4] Schweitzer (1923) in Schweitzer (1996), S. 312.
[5] Siehe dazu Briefwechsel mit Correns im Kapitel „Göttingen: Im Krieg", S. 514ff.
[6] Briefwechsel von Kaluza mit dem Dekan und dem Wohnungsamt von 1948, NTK.

Die Faszination, die Kaluzas Persönlichkeit ausübte, kann nicht in allen Details erfasst werden. Bezeichnend für ihn ist jedenfalls, dass er stets lautlos und still gehandelt hat. Seinem Wesen war eine sokratische Bescheidenheit eigen, die weder für seine Zeit noch für unsere Gegenwart selbstverständlich ist. Nur große Philosophen wie Ludwig Wittgenstein, Kant oder Spinoza zeichnete dieselbe Bescheidenheit aus. Umso mehr verdient Kaluza Bewunderung, der nicht nur als herausragender Wissenschaftler, sondern auch als Mensch als Vorbild dienen kann. Sein verantwortungsvolles Handeln im Geiste der Ethik stellt eine nicht zu unterschätzende Herausforderung für die moderne Welt der Wissenschaft dar.

Abb. 47: Foto: Die (weitgehend erhalten gebliebene) Stoa Kantiana an der Nordostecke des Doms in Königsberg (Postkarte nach 1924)

ANHÄNGE

Anhang 1: Der Ursprung des Namens „Kaluza"

Über den Ursprung des Namen „Kaluza" wurde viel spekuliert. Da eine linguistische Untersuchung bislang fehlt, im Folgenden die eigene Recherche: Das Wort „kałuża" („kaudscha" ausgesprochen) bedeutet auf Polnisch „Pfütze" und ist in allen slawischen Sprachen in den entsprechenden Aussprache-Variationen anzutreffen: Auf Kroatisch bedeutet „kaljuža" „Schlammpfütze", auf Slowakisch bedeutet „kaluž" „Pfütze", Slowenisch bedeutet „kalúža" und auf Russisch „калужа" dasselbe. Auf Slowenisch ist Kalúža auch als Nachname anzutreffen. Es könnte von Bedeutung sein, dass das altgriechische „καλός" „schön", „edel", „ehrlich" und das neugriechischen „καλούσια" „kleine Aufmerksamkeit" bedeutet. Eine etymologische Untersuchung des in den slawischen Sprachen auftretenden Wortes konnten wir nicht finden. Auf Finnisch bedeutet das Wort „kalustaa" „möblieren", „ausstatten", auf Litauisch bezeichnet „kalúos" „schmieden" und auf Ungarisch „kalauz" Fremdenführer. Ein ähnliches Wort ist dagegen in den skandinavischen Sprachen (Schwedisch, Dänisch, Norwegisch) nicht anzutreffen. In der altpreußischen Sprache, die im Samland bis ins 11. Jahrhundert, als der Deutsche Ritterorden in das Land kam, gesprochen wurde, bedeutet das Wort „kaltzā" „lauten", „sprechen". Es liegt die Vermutung nahe, dass der Name aus dem Altpreußischen stammt und in mehrere slawische Sprachen, ins Deutsche und Finnische gelangt ist. Es könnte aber auch sein, dass das Wort „kaluza" in die slawischen Sprachen aus dem Griechischen übertragen wurde. Ob dies tatsächlich der Fall ist, kann jedoch erst eine linguistische Untersuchung feststellen.

Interessant ist auch, dass der Name in Italien Caluso (was am besten die Aussprache auf Deutsch wiedergibt) bis heute anzutreffen ist.[1] Bereits im 18. Jahrhundert lebte in Turin der Wissenschaftler und Literat Tommaso Valperga di Caluso (1737–1815), der 1783 Sekretär der *Accademia delle Scienze di Torino* wurde und zu den Freunden des bekannten Mathematikers Joseph Louis Lagrange zählte.[2] Ob Valperga di Caluso auch aus der bereits seit dem 16. Jahrhundert in Ratibor ansässigen Familie Kaluza stammte, lässt sich nicht feststellen.

---

[1] Nach der Recherche der Professorin für Linguistik an der Universität Bergamo, Federica Venier, taucht der Name Caluso in Italien nur fünfmal auf, davon zweimal in Turin, was dafür spricht, dass es sich um einen ausländischen Namen handelt, der italianisiert wurde. Als Wort ist es im Italienischen nicht vorhanden.

[2] Siehe Borgato und Pepe (1990), S. 59.

Eine Schlussfolgerung kann auf jeden Fall gezogen werden: Da im Deutschen das Wort Kaluza nur als Personenname anzutreffen ist und nicht als Sachbezeichnung, muss der Name entweder aus dem Altpreußischen, aus einer slawischen Sprache oder aus dem Finnischen, Ungarischen oder Litauischen im Mittelalter ins Deutsche gelangt sein. Am wahrscheinlichsten scheint es jedoch, dass der Name „Kaluza" ins Deutsche aus dem Altpreußischen etwa im 11. oder 12. Jahrhundert eingedrungen ist, als der Deutsche Orden das Samland eroberte.

Anhang 2: Kannte Kaluza Nordströms fünfdimensionale Theorie?

Wie wir gesehen haben, veröffentlichte Gunnar Nordström bereits 1914 seine fünfdimensionale vereinheitlichte Theorie der Gravitation und des Elektromagnetismus, etwa vier Jahre bevor Kaluza sein eigenes Manuskript Einstein schickte. Nordströms Theorie wurde jedoch von Kaluza in seiner Arbeit nicht erwähnt, obwohl beide Theorien – wie wir feststellen konnten – einige ähnliche Ideen behandeln: die Idee eines fünfdimensionalen Raums im Zusammenhang mit der Vereinheitlichung beider bis dahin bekannten Naturkräfte. Eine immer wiederkehrende Frage ist, warum Kaluza Nodrströms Theorie nicht zitiert hat. Ist es möglich, dass er Nordströms Theorie gar nicht kannte?

Bezüglich dieser Frage geben die historischen Quellen keinen Hinweis: Briefe zwischen Kaluza und Nordström scheint es nie gegeben zu haben, im Nachlass von Kaluza befinden sich keine Briefe, die den Namen von Nordström auch nur erwähnen. Dasselbe scheint bezüglich des Nachlasses von Nordström zuzutreffen. Werfen wir zunächst einen Blick auf die veröffentlichten Quellen: Nordströms Theorie wurde am 3. April 1914 an die *Physikalische Zeitschrift* eingereicht. Diese Zeitschrift erschien in 24 Heften in einem zweiwöchigen Abstand. So erschien Nordströms Artikel im Heft Nummer 10 (Band XV) am 15. Mai 1914 und wurde von den Bibliotheken gekauft. So kaufte auch die *Bibliothek des Mathematisch-physikalischen Laboratoriums in Königsberg* dieses Heft.[3] Diese Bibliothek besaß die bedeutendsten wissenschaftlichen Zeitschriften wie *Sitzungsberichte der Königlichen Preußischen Akademie der Wissenschaften zu Berlin, Mathematische Annalen, Annalen der Physik*. Während dessen aber all diese Zeitschriften auch in der Universitätsbibliothek zu finden waren, konnte man die *Physikalische Zeitschrift* nur in der *Bibliothek des Mathematisch-physikalischen Laboratoriums* lesen. Die zwei Bibliotheken befanden sich an verschiedenen Orten. Die Staats- und Universitätsbibliothek war am Mitteltragheim 22 in der Nähe des Universitätsgebäudes,

---

[3] Siehe Alphabetisches Verzeichnis, S. 139.

wo Kaluza als Privatdozent für Mathematik lehrte, während sich das *Mathematisch-Physikalische Laboratorium* im *Physikalischen Institut* am Steindamm 6 befand.[4] Kaluza musste also diese Bibliothek besuchen, um sich über die neuesten wissenschaftlichen Themen aus der *Physikalischen Zeitschrift* zu informieren. Es ist anzunehmen, dass er die *Bibliothek des Mathematisch-physikalischen Laboratoriums* seltener besuchte als die Universitätsbibliothek, die er einfach in den Pausen zwischen den Veranstaltungen aufsuchen konnte und die ausgedehntere Öffnungszeiten als die Bibliothek im Physikalischen Institut hatte.[5]

In der Regel brauchte vor dem Krieg eine Zeitschrift ein paar Tage, um in Königsberg anzukommen, während des Krieges dauerte es dann bis zu drei Wochen.[6] Manche Zeitschriften wurden nicht sofort ausgelegt, sondern wurden erst aufgestellt, nachdem alle Hefte zusammengebunden waren. Es könnte sein, dass das der Fall war mit allen oben genannten Zeitschriften. Wenn es so war, könnte es sein, dass der ganze Band der *Physikalischen Zeitschrift* erst nach Anfang des Krieges, also Anfang 1915, zugänglich wurde. Trifft diese Vermutung zu, so mag es sein, dass Kaluza nicht dazu kam, diesen Aufsatz sofort zu lesen und wahrscheinlich den ganzen Krieg hindurch nicht. Trifft diese Vermutung jedoch nicht zu und es wurden die neu angetroffenen Hefte ausgelegt, dann ist zu erwarten, dass Kaluza bereits mitten im Sommersemester 1914 den Aufsatz von Nordström gelesen haben mag. Am Ende des Krieges war aber die *Physikalischen Zeitschrift* mit höchster Sicherheit zugänglich, zumal Kaluza in seinem Aufsatz einen Artikel aus dem XIX. Band (1918) der *Physikalischen Zeitschrift* zitiert, nämlich den erwähnten Artikel von Thirring. Es ist also anzunehmen, dass er sich auch den XV. Band (1914) der Zeitschrift angeschaut und mithin Nordströms Artikel gelesen haben könnte.

Es kann jedoch trotzdem sein, dass Kaluza durch irgendwelche Umstände – z.B. die politische Aufregung vor Ausbruch des Weltkrieges – nicht dazu kam, diesen Artikel zu lesen. Und da dieser Fall des Öfteren in der Wissenschaftsgeschichte vorkommt – dass Wissenschafter behaupten, auf eine Idee, die bereits von anderen entwickelt wurde, selbständig und ohne Kenntnis der Veröffentlichungen der anderen gekommen zu sein – erscheint es mir notwendig, einen wis-

---

[4] Siehe Lawrynowicz (1999), S. 490 und 492.

[5] Siehe Krueger (1922), S. 9. Die beiden Bibliotheken befanden sich in fast gleicher Entfernung von der Universität am Paradeplatz und waren in etwa 10 Minuten zu Fuß zu erreichen. Vgl. „Stadtplan von Königsberg" (1910). Die Universitätsbibliothek war jedoch vielfältiger ausgestattet und hatte längere Öffnungszeiten.

[6] Das Oktober-Heft (Nr. 19) der *Physikalischen Zeitschrift* von 1914, wurde z.B. in Göttingen innerhalb von drei Wochen angeschafft und wahrscheinlich brauchte es nur wenig länger, bis sie aus Leipzig nach Königsberg kam.

senschaftshistorischen Begriff einzuführen, der bei der Analyse solcher Fälle behilflich sein wird. Alle veröffentlichten oder in Briefen mitgeteilten wissenschaftlichen Ergebnisse werde ich den Faktor nennen, der den *aktuellen Stand der Wissenschaft* repräsentiert, ab jetzt „*ASW-Faktor*". Dagegen alle der wissenschaftlichen Gemeinschaft bekannten und akzeptierten wissenschaftlichen Ergebnisse werde ich den Faktor des *aktuellen Standes der Gemeinschaft* nennen, ab jetzt „*ASG-Faktor*". Es ist leicht zu erkennen, dass der ASW-Faktor einen abstrakten Charakter hat, während dessen der ASG-Faktor auf der konkreten Verbreitung der wissenschaftlichen Erkenntnisse innerhalb der wissenschaftlichen Gemeinschaft beruht.

Da es häufiger vorgekommen ist, dass Wissenschaftler in ihren Aufsätzen ihre Vorgänger absichtlich nicht erwähnten, um sich als die Erfinder neuer Ideen darzustellen[7], sollte man in wissenschaftshistorischen Untersuchungen zwischen diesen beiden Faktoren unterscheiden.

Anhand dieser neuen Begriffe lässt sich das bisher Besprochene so ausdrücken: Unabhängig davon, ob Kaluza von Nordström gewusst hat oder nicht, war Nordströms Theorie Anfang 1919, als Kaluza seine Theorie entwarf, Bestandteil des ASW-Faktors. Mit dieser Aussage möchte ich darauf hinweisen, dass ungeachtet dessen, ob ein Wissenschaftler die Theorie seines Vorgängers explizit kannte oder nicht, sie den ASW-Faktor erfüllt und somit Bestandteil der Wissenschaft geworden ist, so dass alle neuen Theorien auch auf der – angeblich unbekannten – Vorgängertheorie aufbauen. Anders ausgedrückt: Man kann nicht die Behauptung eines Wissenschafters, die Theorie eines Vorgängers nicht gekannt zu haben, rechtfertigen, da seine Ergebnisse überhaupt erst dann ernst genommen werden, wenn sie den zu seiner Zeit vorhandenen ASW-Faktor überschritten haben.[8] Kaluza hätte also – gemessen an dem ASW-Faktor – von Nordströms Theorie *wissen müssen*.

Nun tritt jedoch eine merkwürdige Gegebenheit ins Spiel bezüglich des ASG-Faktors: Alles spricht dafür, dass die wissenschaftliche Gemeinschaft Nordströms fünfdimensionale Theorie zu diesem Zeitpunkt (also um 1918) ignorierte. Einstein, der seit 1913 Nordström aus Zürich gut kannte, korrespondierte mit

---

[7] Ein bekannter Fall ist Einstein, der in seinem Aufsatz von 1905 keinen seiner Vorgänger, weder Lorentz noch Poincaré, erwähnte.

[8] Selbstverständlich steht der historischen Forschung die Möglichkeit offen, bis in letzte Einzelheiten zu untersuchen, ob zwei Forscher unabhängig von einander *gleichzeitig* auf gleiche oder ähnliche Ergebnisse kamen, besonders deshalb, weil es sich meistens herausstellt, dass sie verschiedene Wege gegangen sind. Die oben entwickelten Faktoren erweisen sich jedoch als nützlich, wenn es sich um wissenschaftliche Ergebnisse handelt, die zeitlich auseinander liegen. In dem vorliegenden Fall handelt es sich um einen Unterschied von fünf Jahren.

ihm von 1916 bis 1918 über die Hamiltonsche Formulierung der Allgemeinen Relativitätstheorie. In dieser Zeit hielt sich Nordström in Leiden auf und besuchte regelmäßig die Familie Ehrenfest, mit der Einstein auch gut befreundet war.

In keinem der Briefe zwischen Einstein und Nordström wird dessen fünfdimensionale Theorie auch nur erwähnt. Auch im Briefwechsel zwischen Einstein und Paul Ehrenfest, der selber 1917 über die Höherdimensionalität des physikalischen Raums geschrieben hatte, wird niemals Nordströms vereinheitlichte Theorie erwähnt und auch nicht in Ehrenfests Aufsatz.

Hätte Einstein Nordströms fünfdimensionale Theorie gekannt, wäre es zu erwarten gewesen, dass er Kaluza 1919 darauf hingewiesen hätte, als dieser ihm sein Manuskript zur Beurteilung schickte. Das ist jedoch nicht der Fall. Auch 1921, als Einstein Kaluza erneut anschrieb, um seine Einwilligung zur Veröffentlichung zu geben, wurde Nordströms Beitrag nicht erwähnt, obwohl Einstein in den zwei Jahren bereits Ehrenfest von Kaluzas Theorie unterrichtet hatte.[9]

Nachdem Kaluzas Theorie 1921 veröffentlicht wurde, wäre es ebenfalls zu erwarten gewesen, dass sich jemand aus der wissenschaftlichen Gemeinschaft, nicht zuletzt Nordström selbst, zu Wort gemeldet hätte, um seine fünfdimensionale Theorie aus dem Schatten zu holen. Das ist jedoch nicht der Fall. Diese Untersuchung zeigt, dass um 1918 die fünfdimensionale Theorie von Nordström den ASG-Faktor nicht erfüllte. Die Erklärung dieser Tatsache scheint auf einem konzeptionellen Element dieser Theorie zu beruhen: Nordström hatte 1913 eine skalare Gravitationstheorie entworfen[10], die für kurze Zeit als Konkurrent der Einsteinschen Gravitationstheorie angesehen wurde. In einem Brief an Erwin Freundlich beschrieb Einstein den Unterschied zwischen der Nordströmschen Idee und seiner eigenen: „Nach Nordström besteht wie bei mir eine Rotverschiebung der Sonnenspektrallinien, aber keine Krümmung der Lichtstrahlen im Gravitationsfeld."[11] Auch im Januar 1914 drückte Einstein in einem Brief an Freundlich seine Einwände gegen Nordströms skalare Gravitationstheorie aus: Sie sei „äußerlich betrachtet [...] viel nahe liegender" und zwar wegen der „geradlinige[n] Ausbreitung der Lichtstrahlen". Und gleich führte Einstein seinen größten Einwand an: „Aber auch sie ist auf dem apriorischen euklidischen vierdimensionalen Raum gebaut, an den zu glauben für mein Gefühl so etwas wie Aberglauben bedeutet."[12] Zwei Monate später, am 30. März 1914, schloss Nordström

---

[9] Auch im Briefwechsel mit Enrico Besso, den Einstein von Kaluzas fünfdimensionaler Theorie informierte, wird niemals Nordströms fünfdimensionale Theorie erwähnt, siehe Einstein und Besso (1979).

[10] Die erste Version erschien 1912.

[11] Einstein an Freundlich Mitte August 1913, CPAE Bd. 5 (1993), S. 550.

[12] Einstein an Freundlich am 20. Januar 1914, ebd., S. 594.

seine fünfdimensionale Theorie ab, in der er die Gravitation mit dem Elektromagnetismus vereinheitlichte, und reichte sie bei der *Physikalischen Zeitschrift* ein.
Es ist jedoch unbekannt, ob er sie je Einstein zuschickte, denn sie wird in keinem
der Briefe Einsteins erwähnt. In Einsteins Gravitationstheorie ist der physikalische Raum entsprechend der Riemannschen Geometrie gekrümmt, was ein bedeutender konzeptioneller Unterschied zu Nordströms Theorie darstellt. Daher
schienen Nordströms Theorien – sowohl die vierdimensionale von 1913 als auch
die fünfdimensionale von 1914 – konzeptionell gesehen eine Fehlentwicklung.
Das scheint der Grund zu sein, warum sowohl Einstein als auch die wissenschaftliche Gemeinschaft Nordströms Theorie völlig ignoriert haben.

Da der ASW-Faktor aber erfüllt ist und da der XV. Band der *Physikalischen
Zeitschrift* Kaluza in Königsberg höchst wahrscheinlich zugänglich war, muss man
schließen, dass Kaluza Nordströms Theorie – trotz ihrer falschen konzeptionellen Konstruktion bezüglich der pseudo-euklidischen Metrik – im Hinblick auf
ihre neue Idee hätte zitieren müssen: Es handelte sich schließlich um die erste
vereinheitlichte Theorie in einem fünfdimensionalen Raum.

BIBLIOGRAPHIE

Veröffentlichungen von Theodor Kaluza

Kaluza, Theodor (1907): „Die Tschirnhaustransformation algebraischer Gleichungen mit einer Unbekannten." Dissertation: Universität Königsberg.

Kaluza, Theodor (1910): „Zur Relativitätstheorie." (I), In *Physikalische Zeitschrift* 11, S. 977–978.

Kaluza, Theodor (1913): „Ein bewegliches Modell zur Zentralperspektive." In *Zeitschrift für mathematischen und naturwissenschaftlichen Unterricht*, 44, S. 387–390.

Kaluza, Theodor (1913): „Ein Problem der Mengenlehre." In *Schriften der physikalisch-ökonomischen Gesellschaft zu Königsberg in Preußen* 54, (1914), S. 6–15.

Kaluza, Theodor (1916): „Eine Abbildung der transfiniten Kardinaltheorie auf das Endliche." In *Schriften der physikalisch-ökonomischen Gesellschaft zu Königsberg in Preußen* 57, (1917), S. 1–49.

Kaluza, Theodor (1921): „Zum Unitätsproblem der Physik." In *Sitzungsberichte der Preußischen Akademie der Wissenschaften zu Berlin*, S. 966–972.

Kaluza, Theodor (1922): „Über Bau und Energieinhalt der Atomkerne." In *Physikalische Zeitschrift* 23, S. 448–455.

Kaluza Theodor (1924): „Zur Relativitätstheorie." (II), In *Physikalische Zeitschrift* 25, S. 604–606.

Kaluza, Theodor (1926): „Buchbesprechung: J.A. Schouten, ‚Über die Entwicklung der Begriffe des Raumes und der Zeit und ihre Beziehungen zum Relativitätsprinzip' nach der zweiten holländischen Auflage übersetzt vom Verfasser (Wissenschaftliche Grundfragen II). 41 S. Leipzig und Berlin 1924, B. G. Teubner." In *Jahresbericht der Deutschen Mathematiker-Vereinigung*, 34, S. 159–160.

Kaluza, Theodor (1927a): „Struktur und Eigenschaften mehrfach monotoner Folgen." In *Mathematische Zeitschrift*, 26, S. 345–364.

Kaluza, Theodor (1927b): „Zur Theorie der vollmonotonen Funktionen." In *Schriften der Königsberger Gelehrten Gesellschaft*, 4, S. 103–112.

Kaluza, Theodor und Szegö, Gábor (1927): „Über Reihen mit lauter positiven Gliedern." In *Journal of the London Mathematical Society*, 2, S. 266–272.

Kaluza, Theodor (1928a): „Über die Koeffizienten reziproker Potenzreihen." In *Mathematische Zeitschrift*, 28, S. 161–176.

Kaluza, Theodor (1928b): „Über vollmonotone Folgen mit stetiger Belegungsfunktion." In *Mathematische Zeitschrift*, 28, S. 200–201.

Kaluza, Theodor (1928c): „Entwickelbarkeit von Funktionen in Dirichletsche Reihen." In *Mathematische Zeitschrift*, 28, S. 203–215.

Kaluza, Theodor (1933): „Elementarer Beweis einer Vermutung von K. Friedrichs und H. Lewy." In *Mathematische Zeitschrift*, 37, S. 689–697.

Kaluza, Theodor (1938): „Über die ‚Differenzensummation' unendlicher Reihen." In *Nachrichten von der Gesellschaft der Wissenschaften zu Göttingen, Mathematisch-Physikalische Klasse* N.F., 1, S. 171–179.

Kaluza, Theodor und Joos, Georg (1938): „Höhere Mathematik für den Praktiker." Barth: Leipzig.

Kaluza, Theodor (2007): „Gesammelte Werke." Wuensch, Daniela (Hrsg.), Termessos: Göttingen. In Vorbereitung.

Literatur

Abbott, Edwin A. (1929): „Flächenland. Eine Geschichte von den Dimensionen erzählt von einem Quadrat." Teubner: Leipzig und Berlin.

Akrill, John L. (1985): „Aristoteles. Eine Einführung in sein Philosophieren.", Walter de Gruyter: Berlin

D'Alembert, Jean le Rond (1754): « Dimension. » In *Encyclopédie ou dictionnaire raisonné des sciences, des arts et des métiers,* IV, S. 1009.

„Alphabetisches Verzeichnis der von der Königlichen und Universitäts-Bibliothek, den Universitätsinstituten, der Akademischen Handbibliothek, der Stadtbibliothek, der Altertumsgesellschaft Prussia, der Physikalisch-Ökonomischen Gesellschaft und der Königlichen Kunst-Akademie zu Königsberg in Preußen gehaltenen laufenden Zeitschriften" (1912), Königliche und Universitäts-Bibliothek: Königsberg i. Pr.

Alter, Peter (Hrsg.) (1994): „Nationalismus. Dokumente zur Geschichte und Gegenwart eines Phänomens." Piper: München.

D'Amico, Masolino (1995): „Prefazione." In *Abbott, Edwin A. (1995): „Flatlandia."* 3. Aufl., Adelphi: Milano, S. 9–22.

Appelquist, Thomas; Chodos, A. und Freund, Peter G. (Hrsg.) (1987): „Modern Kaluza-Klein-Theories." Addison-Wesley: Menlo Park (California), Reading (Massachusetts), Don Mills (Ontario).

Aristoteles: „Metaphysik." In *Aristoteles (1995): Philosophische Schriften*, 5, Felix Meiner Verlag: Hamburg.

Artzy, Raphael (1972): „Kurt Reidemeister 13.10.1893–8.7.1971". In *Jahresbericht der Deutschen Mathematiker-Vereinigung*, 74, S. 96–104.

Aschoff, Jürgen (1947): „Auf den Hund gekommen". In *Göttinger Universitätszeitung*, 4. Juli 1947, S. 7.

Ash, Mitchell G. (1995): „Wissenschaftswandel in Zeiten politischer Umwälzungen: Entwicklungen, Verwicklungen, Abwicklungen". In *Internationale Zeitschrift für Geschichte und Ethik der Naturwissenschaften, Technik und Medizin*, S. 1–21.

Aufgebauer, Peter (1994): „Die Mendikanten in Göttingen." In *700 Jahre Pauliner Kirche: vom Kloster zur Bibliothek*, Mittler, Elmar (Hrsg.), Wallstein: Göttingen, S. 9–14.

Banchoff, Thomas F. (1990): „From Flatland to Hypergraphics: Interacting with Higher Dimensions." http:www.geom.uiuc.edu/~banchoff/ISR/ISR.html. In *Interdisciplinary Science Reviews*.

Bechstedt, Martin (1980): „'Gestalthafte Atomlehre' – Zur 'Deutschen Chemie' im NS-Staat." In *Naturwissenschaft, Technik und NS-Ideologie: Beiträge zur Wissenschaftsgeschichte des Dritten Reichs*, Mehrtens, Herbert und Richter, Steffen (Hrsg.), Suhrkamp: Frankfurt am Main, S. 142–165.

Behnke, Heinrich (1978): „Semesterberichte. Ein Leben an deutschen Universitäten im Wandel der Zeit." Vandenhoeck & Ruprecht: Göttingen.

Bell, Eric T. (1967): „Die großen Mathematiker." Econ: Düsseldorf und Wien.

Beltrami, Eugenio (1868): „Saggio di Interpretazione della geometria non-Euclidea." In *Giornale di Matematiche, Napoli*, 6, S. 284–312.

Benz, Ulrich (1975): „Arnold Sommerfeld: Lehrer und Forscher an der Schwelle zum Atomzeitalter; 1868–1951." Wissenschaftliche Verlags-Gesellschaft: Stuttgart.

Bergmann, Peter Gabriel (1947): "Introduction to the theory of relativity." 3rd ed., Prentice-Hall: New York.

„Bericht über die Jahresversammlung zu Innsbruck, vom 21.–27. Sept.1924." In *Jahresbericht der Deutschen Mathematiker-Vereinigung* 33, 1925, S. 81–113.

Bernays, Paul (1913): „Über die Bedenklichkeiten der neuen Relativitätstheorie." Vandenhoeck & Ruprecht: Göttingen.

Bernstein, Jeremy (1989): "The Tenth Dimension. An Informal History of High Energy Physics." McGraw-Hill: New York, St. Louis, San Francisco.

Beuermann, Gustav (Hrsg.) (1987): „250 Jahre Georg-August-Universität Göttingen: Ausstellung im Auditorium19. Mai–12. Juli 1987." Universität Göttingen: Göttingen.

Beushausen, Ulrich; Dahms, Hans-Joachim; Koch, Thomas; Massing, Almuth und Obermann, Konrad (1998): „Die Medizinische Fakultät im Dritten Reich." In *Die Universität Göttingen unter dem Nationalsozialismus*, Becker, Heinrich; Dahms, Hans-Joachim und Wegeler, Cornelia (Hrsg.), (1998), 2. Auflage, K. G. Saur: München, London und New York, S. 183–286.

Biegel, Gerd und Reich, Karin (2005): „Carl Friedrich Gauß. Genie aus Braunschweig – Professor in Göttingen." Joh. Heinr. Meyer: Braunschweig.

Biewer; Ludwig (1992): „Studentisches Leben an der Universität Königsberg von der Wende zum 19. Jahrhundert bis zum Nationalsozialismus." In *Preußen als Hochschullandschaft im*

19./20. Jahrhundert, Arnold, Udo (Hrsg.), Nordostdeutsches Kulturwerk: Lüneburg, S. 44–85.

Birkenmajer, Ludwik, Antoni (1900): „Mikolaj Kopernik." Sklad Glówny w ksi egarni Spólki Wydawniczej Polskiej: Krakau.

Bleuel, Hans Peter und Klinnert, Ernst (1967): „Deutsche Studenten auf dem Weg ins Dritte Reich. Ideologien- Programme- Aktionen 1918–1935." Mohn: Gütersloh.

Böhme, Klaus (Hrsg.) (1975): „Aufrufe und Reden deutscher Professoren im Ersten Weltkrieg." Reclam: Stuttgart.

Bol, Gerrit (1942): „Zur Theorie der Eikörper." In *Jahresbericht der Deutschen Mathematiker Vereinigung* 52, S. 250–266.

Bolzano, Bernard: (1845) „Versuch einer objektiven Begründung der Lehre von den drei Dimensionen des Raumes." In *Abhandlungen der Königlichen Böhmischen Gesellschaft der Wissenschaften*, 5. F., 3, 201–215.

Borgato, Maria Teresa und Pepe, Luigi (1990): „Lagrange. Appunti per una biografia scientifica." La Rosa editrice: Torino.

Borges, Jorge Luis (1978): „Das Buch." In *Borges, Jorge Luis (1992), Werke in 20 Bänden,* XVI, Haefs, Gisbert und Arnold, Fritz (Hrsg.), Fischer: Frankfurt am Main.

Born, Max (1913): „Zum Relativitätsprinzip: Entgegnung auf Herrn Gehr[c]kes Artikel ‚Die gegen die Relativitätstheorie erhobenen Einwände'.", in *Die Naturwissenschaften*, 1, S. 92–94 und 191–192.

Born, Max (1975): „Mein Leben." Nymphenburger Verlagshandlung: München.

Borsche, Tilman (1990): „Wilhelm von Humboldt." Beck: München.

Bostwick, Arthur E. (1908): "On Hyperspace." In *The Monist*, 18, S. 629–631.

Braun, Helene (1990): „Eine Frau und die Mathematik 1933–1940. Der Beginn einer wissenschaftlichen Laufbahn", Max Koecher (Hrsg.), Springer: Berlin, Heidelberg und New York.

Brausch, Gerd (1996): „Die Albertus-Universität vom Ersten Weltkrieg bis zum 400jährigen Jubiläum." In „Die Albertus-Universität zu Königsberg. Höhepunkte und Bedeutung. Vorträge aus Anlass der 450. Wiederkehr ihrer Gründung" Rothe, Hans und Spieler, Silke (Hrsg.), Kulturstiftung der deutschen Vertriebenen: Bonn, S. 123–140.

Brendel, Martin (1910): „Theorie der kleinen Planeten. Zweiter Teil", in *Abhandlungen der Königlichen Gesellschaft der Wissenschaften zu Göttingen, Mathematisch-Physikalische Klasse,* N.F., 6.

Broglie, Louis de (1927): « L`Univers à cinq dimensions et la mécanique ondulatoire. » In *Le journal de physique et le radium, 6. Sér., 8*, S. 65–73.

Brouwer, L. E. J. (1911): „Beweis der Invarianz der Dimensionenzahl". In *Mathematische Annalen* 70, 161–165.

Bruch, Rüdiger von (1980): „Wissenschaft, Politik und öffentliche Meinung. Gelehrten-Politik im Wilhelminischen Deutschland (1890–1914)." Matthiesen: Husum.

Bruggencate, Paul ten (1943): „Zur Lindblad'schen Rotations-Theorie der Milchstraße." In *Nachrichten von der Akademie der Wissenschaften in Göttingen, Mathematisch-physikalische Klasse*, S. 63–90.

Brust, Alfred (Hrsg.) (1990): „Kurische Nehrung – geliebt und unvergessen. Bilder und Gedanken der Erinnerung." 2. Aufl., Rautenberg: Leer.

Burtt, Edwin Arthur (1925): "The Metaphysical Foundations of Modern Physical Science." Kegan Paul, Trench, Trubner & Co: London und Harcourt, Brace & Co: New York.

Campbell, Lewis und Garnett, William (1882): "The Life of James Clerk Maxwell with a section from his correspondence and occasional writings and a sketch of his contributions to science." MacMillian: London.

Camus, Albert (1942): « Le mythe de Sisyphe. » In *Camus, Albert (1959) : Le mythe de Sisyphe*, Gallimard : Paris.

Cao, Tian Yu (1997): "Conceptual Developments of the 20th Century Field Theories." Cambridge University Press: Cambridge.

Capelle, Wilhelm (1953): „Die Vorsokratiker. Die Fragmente und Quellenberichte übersetzt und eingeleitet." Alfred Kröner Verlag: Stuttgart.

Carnap, Rudolph (1925): „Dreidimensionalität des Raumes und Kausalität. Eine Untersuchung über den logischen Zusammenhang zweier Fiktionen." In *Annalen der Philosophie und philosophischen Kritik*, 4, 105–130.

Cartan, Elie (1937): « Leçons sur la théorie des espaces à connexion projective. » Gauthier-Villars : Paris.

Cassidy, David C. (1995): „Werner Heisenberg. Leben und Werk." Spektrum: Heidelberg, Berlin und Oxford.

Castellani, Leonardo; D'Auria, Riccardo; Fré, Pietro (1991): "Supergravity and Superstrings. A Geometric Perspective." World Scientific: Singapore.

Cayley, Arthur (1844): "Chapters on the analytical geometry of *(n)* dimensions." *The Collected Mathematical Papers of Arthur Cayley*, I, (1889) Cambridge University Press: Cambridge, S. 119–127.

Chadwick, James (1932): "The existence of a neutron." In *Proceedings of the Royal Society of London*, A 136, S. 692–708.

Chase, Charles H. (1908): "Pseudo-Geometry. Criticism and Discussions" und "Editorial Comment." In *The Monist*, 18, 465–475.

Christoffel, Elwin Bruno (1870a): „Über die Transformation der homogenen Differentialausdrücke 2ten Grades." In *Borchardt's Journal für Mathematik*, 70, S. 46–70.

Christoffel, Elwin Bruno (1870b): „Über ein die Transformation homogener Differentialausdrücke betreffendes Theorem." In *Borchardt's Journal für Mathematik*, 70, S. 241–245.

Cranz, Carl (1890): „Gemeinverständliches über die sogenannte vierte Dimension: Vortrag. Stiftungsfest. Math-Naturwiss. Verein der technischen Hochschule, Stuttgart, am 12.8.1888." Verl.-Anstalt und Dr. Ag.: Hamburg.

Croce, Benedetto (1993): „Geschichte Europas im 19. Jahrhundert." Insel-Verlag: Frankfurt am Main und Leipzig.

Cudell, Anabela Arnoldt (2001): „Eine Königsberger Familie. Geschichten der Arnoldts und Hilberts." C. A. Starke Verlag: Limburg.

Cusanus, Nikolaus (1440): „De docta ignorantia." In *Nikolaus von Kues (2002): Philosophisch-theologische Werke*, Band I, Felix Meiner: Hamburg.

Cusanus, Nikolaus (1442): „De coniecturis." In *Nikolaus von Kues (2002): Philosophisch-theologische Werke*, Band II, Felix Meiner: Hamburg.

Dahms, Hans-Joachim (1987): „Einleitung." In *Die Universität Göttingen unter dem Nationalsozialismus*, Becker, Heinrich; Dahms, Hans-Joachim und Wegeler, Cornelia (Hrsg.), K. G. Saur: München, London und New York, S. 29–74.

Dahms, Hans-Joachim (2001): „Die Philosophen und die Demokratie in den 20er Jahren des 20. Jahrhunderts: Hans Kelsen, Leonard Nelson und Karl Popper." In *Logischer Empirismus und Reine Rechtslehre. Beziehungen zwischen dem Wiener Kreis und der Hans Kelsen-Schule*, Jabloner, Clemens und Stadler, Friedrich (Hrsg.), Veröffentlichungen des Institutes Wiener Kreis Bd. 10, Springer, Wien, New York, S. 209–229.

Dahms, Hans-Joachim (2002): „Appointment Politics and the rise of Modern Theoretical Physics at Göttingen." In *Göttingen and the Development of the Natural Sciences*, Rupke, Nicolaas (Hrsg.), Wallstein: Göttingen, S. 143 –157.

Darrigol, Olivier (2000): "Electrodynamics from Ampère to Einstein." Oxford University Press: New York.

„Das Schallmessverfahren." (1917), Reichsdruckerei: Berlin.

Daugsch, Walter (1994): „Die Albertina: Universität in Königsberg 1544–1994." Katalog zur Ausstellung im Museum für Geschichte und Kunst des Gebiets Kaliningrad, Kaliningrad 17. August bis 7. Oktober 1994, Westkreuz: Berlin.

Davis, Paul und Brown, Julian R. (Hrsg.) (1996): „Superstrings. Eine allumfassende Theorie der Natur in der Diskussion." 3. Aufl., Deutscher Taschenbuch-Verlag: München.

Davis, Paul und Gribbin, John (1993): „Auf dem Weg zur Weltformel: Superstrings, Chaos, Complexity – und was dann? Der große Überblick über den neuesten Stand der Physik." Byblos: Berlin.

Dedekind (1876): „Bernhard Riemann's Lebenslauf." In *Bernhard Riemann's gesammelte mathematische Werke und wissenschaftlicher Nachlass*, Weber, H. und Dedekind, R. (Hrsg.) Teubner: Leipzig, S. 507–526.

Dehnen, Heinz (1994): „Empirische Grundlagen und experimentelle Prüfung der Relativitätstheorie." In *Philosophie und Physik der Raum-Zeit*, Audretsch, Jürgen und Mainzer, Klaus (Hrsg.), 2. Aufl., BI-Wissenschaftlicher-Verlag: Mannheim, Wien und Zürich, S. 183–221.

DeWitt, Bryce S. (1964): „Dynamical theory of groups and fields." In *Relativity, Groups and Topology*, DeWitt, C. und DeWitt, B. S. (Eds.), Gordon & Breach: New York und London, S. 725.

DeWitt, Brice S. (1996): „Quantentheorie der Gravitation." In *Gravitation*, 2. Aufl., Spektrum: Heidelberg, Berlin, Oxford, S. 32–45.

Dieudonné, Jean (1985): „Geschichte der Mathematik 1700–1900." Vieweg: Braunschweig und Wiesbaden.

Dongen, Jeroen van (2002): „Einstein and the Kaluza-Klein particle." *Studies in History and Philosophy of Science B*, 33, 185–210.

Dreher, Eugen (1878): „Über Wahrnehmen und Denken. Ein Beitrag zur Erkenntnislehre." Vortrag, in *Verhandlungen der philosophischen Gesellschaft zu Berlin*, 15 (1879), Heimann: Leipzig, S. 1–42.

Dreher, Eugen (1879): „Die vierte Dimension des Raumes." Plötz: Halle an der Saale.

Duff, Mike J. (1995): "Kaluza-Klein Theory in Perspective." In *The Oskar Klein Centenary. Proceedings of the Symposium 19–21 September 1994, Stockholm*. Lindström, Ulf (Hrsg.), World Scientific: Singapore, S. 22–35.

Duff, Mike J. (Hrsg.) (1999): "The World in Eleven Dimensions: Supergravity, Supermembranes and M-Theory." Institute of Physics: Bristol and Philadelphia.

Dyson, Freeman (2001): "Another Visit with Wolfgang Pauli." In *Physics Today*, August 2001, Letters.

Ebel, Wilhelm (1962): „Catalogus Professorum Gottingensium 1734–1962." Vandenhoeck & Ruprecht: Göttingen.

Eck, Reimer (1994): „Vom Pädagogium zur Keimzelle von Universität und Bibliothek. Zur Bau- und Nutzungsgeschichte des Pauliner-Klosters im 18. Jahrhundert. In *700 Jahre Pauliner Kirche: vom Kloster zur Bibliothek*, Mittler, Elmar (Hrsg.), Wallstein: Göttingen, S. 145–149.

Edwards, Harold M. (1990): „Helmut Hasse (1898–1979)." In *Dictionary of Scientific Biography*, XVII, Supplement II, S. 385–387.

Ehrenfest, Paul (1920): „Welche Rolle spielt die Dreidimensionalität des Raumes in den Grundgesetzen der Physik?" In *Annalen der Physik*, 61, S. 440–446.

Ehrenfest, Tatiana Afanassjewa (1915): „De rol de axioma's en der bewijzen in de Meetkunde." In *Wiskundig Tijdschrift*, 12, S. 145–159.

Ehrenfest, Tatiana Afanassjewa (1925): „Is onze aanschouwing der ruimte van empirischen Oorsprong?" In *Physica*, 5, S. 442–447.

Ehrenfest, Tatiana Afanassjewa (1928): „Geometrische Intuition und physikalische Erfahrung." In *Pädagogisches Institut Krim*.

Eiesland, John (1904): "On Nullsystems in Space of Five Dimensions and their relation to Ordinary Space." *American Journal of Mathematics*, 26, S. 103–148.

Bibliographie

Einstein, Albert (1905): „Zur Elektrodynamik bewegter Körper." In *H. A. Lorentz, A. Einstein, H. Minkowski (1913): Das Relativitätsprinzip*, Sommerfeld, Arnold und Blumenthal, Otto (Hrsg.), Teubner: Leipzig und Berlin, S. 27–52.

Einstein, Albert (1907): „Über das Relativitätsprinzip und die aus demselben gezogenen Folgerungen" In *Jahrbuch der Radioaktivität und Elektronik*, 4, S. 411–462.

Einstein, Albert (1912): „Lichtgeschwindigkeit und Statik des Gravitationsfeldes." In *Annalen der Physik*, 38, S. 355–369.

Einstein, Albert (1915): „Die Feldgleichungen der Gravitation." In *Sitzungsberichte der Königlich Preußischen Akademie der Wissenschaften zu Berlin*, S. 844–847.

Einstein, Albert (1916): „Die Grundlage der allgemeinen Relativitätstheorie." In *Annalen der Physik*, 49, S. 769–822.

Einstein, Albert (1919). „Spielen Gravitationsfelder im Aufbau der materiellen Elementarteilchen eine wesentliche Rolle?" In *Sitzungsberichte der Königlich Preussischen Akademie der Wissenschaften zu Berlin*, S. 349–356.

Einstein, Albert (1921): „Geometrie und Erfahrung." In *Der Weg der Physik: 2500 Jahre physikalischen Denkens; Texte von Anaximander bis Pauli*, Sambursky, Shmuel (Hrsg.) (1975), Artemis: Zürich und München, S. 641–646.

Einstein, Albert (1922): "The Meaning of Relativity: four lectures delivered at Princeton University 1921." Methuen: London.

Einstein, Albert (1927a): „Zu Kaluzas Theorie des Zusammenhangs von Gravitation und Elektrizität. Erste Mitteilung." In *Sitzungsberichte der Preußischen Akademie der Wissenschaften zu Berlin*, S. 23–25.

Einstein, Albert (1927b): „Zu Kaluzas Theorie des Zusammenhangs von Gravitation und Elektrizität. Zweite Mitteilung." In *Sitzungsberichte der Preußischen Akademie der Wissenschaften zu Berlin*, S. 26–30.

Einstein, Albert (1933): „Zur Methodik der theoretischen Physik. Herbert Spencer lecture in Oxford, 1933." In *Einstein, Albert (1953)*, S. 148–156.

Einstein, Albert (1936): „Über die geistige Einstellung des Judentums." In *Einstein; Albert (1979): „Aus meinen späten Jahren"*, Deutsche Verlags-Anstalt: Stuttgart, S. 238–239.

Einstein, Albert (1953): „Mein Weltbild.", Seelig, Carl (Hrsg.), Europa Verlag: Zürich, Stuttgart und Wien.

Einstein, Albert (1979): „Aus meinen späten Jahren." Deutsche Verlags-Anstalt: Stuttgart.

Einstein, Albert; Bargmann, Valentine und Bergmann, Peter G. (1941): "On the five-dimensional representation of gravitation and electricity." In *Theodore von Karman Anniversary Volume*, California Institute of Technology: Pasadena, California, S. 212–225.

Einstein, Albert und Bergmann, Peter G. (1938): „On a generalization of Kaluza's theory of electricity." In *Annals of Mathematics*, 39, S. 683–701.

Einstein, Albert und Besso, Michele (1979): « Correspondance 1903–1955. » Hermann: Paris.

Einstein, Albert und Grommer, Jakob (1923): „Beweis der Nichtexistenz eines überall regulären zentrisch symmetrischen Feldes nach der Feld-Theorie von Th. Kaluza." In *Scripta Universitatis Atque Bibliothecae Hierosolymitanarum,* I, Kreysing: Leipzig, S. 1–5.

Einstein, Albert und Grossmann, Marcel (1913): „Entwurf einer verallgemeinerten Relativitätstheorie und einer Theorie der Gravitation." Teubner: Leipzig.

Einstein, Albert und Laub, Jakob (1908): „Über die elektromagnetischen Grundgleichungen für bewegte Körper." In *CPAE,* II, S. 509–519.

Einstein, Albert und Mayer, Walther (1931): „Einheitliche Theorie von Gravitation und Elektrizität." In *Sitzungsberichte der Preußischen Akademie der Wissenschaften zu Berlin,* S. 541–557.

Einstein, Albert und Mayer, Walther (1932): „Einheitliche Theorie von Gravitation und Elektrizität. (Zweite Abhandlung.)" In *Sitzungsberichte der Preußischen Akademie der Wissenschaften zu Berlin* S. 130–137.

Einstein, Albert und Pauli, Wolfgang (1943): "On the non-existence of regular stationary solutions of relativistic field equations." In *Annals of Mathematics,* 44, S. 131–137.

Elsasser, Walter (1933): "On the Pauli principle in nuclei." In *Le journal de Physique et Le Radium,* 4, S. 549–562.

Engel, Walter et. Al. (Hrsg.) (1994): „Die Albertina. Universität in Königsberg 1544–1994. Katalog zur Ausstellung im Museum für Geschichte und Kunst des Gebiets Kaliningrad, Kaliningrad, 17. August bis 7. Oktober 1994." Westkreuz: Bonn.

Epple, Moritz (1995): „Kurt Reidemeister. Kombinatorische Topologie und exaktes Denken." In „Die Albertus-Universität zu Königsberg und ihre Professoren: aus Anlass der Gründung der Albertus-Universität vor 450 Jahren." *Jahrbuch der Albertus-Universität,* 29, Rauschning, Dietrich und Nerée, Donata von (Hrsg.), Duncker & Humblot: Berlin, S. 567–575.

Erdmann, Karl-Dietrich (1985): „Preußen. Seine Wirkung auf die deutsche Geschichte. Vorlesungen." Klett-Cotta: Stuttgart.

„Erklärung der Hochschullehrer des Deutschen Reiches." (1914), Klokow: Berlin.

Eucken, Rudolf (1874): „Über den Wert der Geschichte der Philosophie." Mauke: Jena.

Eucken, Rudolf (1921): „Lebenserinnerungen. Ein Stück deutschen Lebens." Koehler: Leipzig.

Evans, Robley D. (1955): "The atomic nucleus." McGraw-Hill: New York, Toronto und London.

Everitt, C. W. F. (1981): "James Clerk Maxwell." In *Dictionary of Scientific Biography,* IX, S. 198–230.

Eversheim, Paul (1919): „Die Physik im Kriege." In *Deutsche Naturwissenschaft, Technik und Erfindung im Weltkriege,* Otto Nemnich: München und Leipzig, S. 57–79.

Ezhela, V.V. ; Filimonov, B.B.; Lugovsky, S.B.; Polishchuk, B.V.; Striganov, S.I.; Stroganov, Y.G.; Armstrong, B.; Barnett, R.M.; Groom, D.E.; Gee, P.S.; Trippe, T.G.; Wohl, C.G. und Jackson, J.D. (1996): "Particle Physics. One hundred years of discoveries. An annotated chronological bibliography." Springer-Verlag: New York.

Faraday, Michael (1855): "Experimental Researches in Electricity." Ser. 30, Taylor: London.

Fauvel, John (1993): "A Saxon Mathematician." In *Fauvel, John und Flood, Raymond: Möbius and his Band*, Oxford University Press: Oxford, New York, Tokio.

Fechner, Gustav Theodor (Pseudonym Dr. Mises) (1846): „Vier Paradoxa." Voß: Leipzig.

Fechner, Gustav Theodor (Pseudonym Dr. Mises) (1875): „Kleine Schriften." Breitkopf und Härtel: Leipzig.

Ferber, Christian von (1956): „Die Entwicklung des Lehrkörpers der deutschen Universitäten und Hochschulen 1864–1954." Vandenhoeck & Ruprecht: Göttingen.

Fermi, Enrico (1934): „Versuch einer Theorie der Betastrahlen I." In *Zeitschrift für Physik,* 88, S. 161-177.

Ferrari, José A. (1991): „Zur fünfdimensionalen Kaluza-Klein Theorie." Dissertation, Technische Universität Berlin: Berlin.

Feyerabend, Paul K. (1976): „Wider den Methodenzwang. Skizze einer anarchistischen Erkenntnistheorie." Suhrkamp: Frankfurt a.M. (Engl. 1975: „Against Method. Outline of an anarchistic Theory of Knowledge." NLB: London.).

Firode, Alain (2001): « La Dynamique de D'Alembert. » Bellarmin und Vrin: Montréal und Paris.

Flasch, Kurt (1973): „Die Metaphysik des Einen bei Nikolaus von Kues." E. J. Brill: Leiden.

Flasch, Kurt (2001): „Nicolaus Cusanus." C.H. Beck: München.

Fölsing, Albrecht (1995): „Albert Einstein." Suhrkamp: Frankfurt am Main.

Fölsing, Ulla (1999): „Geniale Beziehungen. Berühmte Paare in der Wissenschaft." C.H. Beck: München.

Folkerts, Menso (1977): „Theodor Kaluza." In *Neue Deutsche Biographie,* XI, Historische Kommission bei der Bayerischen Akademie der Wissenschaften (Hrsg.), Duncker & Humblot: Berlin, S. 76.

Folkerts, Menso (1996): „Die Begründung der Königsberger mathematisch-physikalischen Schule. (Bessel-Jacobi-Neumann)." In *Die Albertus-Universität zu Königsberg. Höhepunkte und Bedeutung. Vorträge aus Anlass der 450. Wiederkehr ihrer Gründung*, Rothe, Hans und Spieler, Silke (Hrsg.), Kulturstiftung der deutschen Vertriebenen: Bonn, S. 63–79.

Forman, Paul (1994): „Weimarer Kultur, Kausalität und Quantentheorie 1918–1927." In *Meyenn, Karl von (Hrsg.): Quantenmechanik und Weimarer Republik*, Vieweg: Braunschweig und Wiesbaden, S. 61–179.

Fraenkel, Abraham A. (1967): „Lebenskreise. Aus den Erinnerungen eines jüdischen Mathematikers." Deutsche Verlags-Anstalt: Stuttgart."

Franzke, E.; Maletz, E. und Schöttler, B. (1980): „Oberschlesisches Gemeindeverzeichnis der Regierungsbezirke Oppeln und Kattowitz nach dem Gebietsstand vom 1. Januar 1945", Schöttler: Dortmund.

Freedman, Daniel Z. und Nieuwenhuizen, Peter van (1985): „Die verborgenen Dimensionen der Raumzeit." In *Spektrum der Wissenschaft*, Mai 1985, S. 78–86.

Freedman, Daniel Z. und Nieuwenhuizen, Peter van (1996): „Supergravitation und die Einheit der Naturgesetze." In *Gravitation*, 2. Aufl., Spektrum: Heidelberg, Berlin, Oxford, S. 46–61.

Frei, Günther (1977): „Leben und Werk von Helmut Hasse. 1.Teil: Der Lebensgang." Université Laval: Quebec.

Frei, Günther (1984): „Felix Klein (1849–1925) – A biographical sketch." In *Jahrbuch Überblicke Mathematik*, 17, S. 229–254.

Frei, Günther (1995a): „Adolf Hurwitz (1859–1919)." In „Die Albertus-Universität zu Königsberg und ihre Professoren: aus Anlass der Gründung der Albertus-Universität vor 450 Jahren." *Jahrbuch der Albertus-Universität* 29, Rauschning, Dietrich und Nerée, Donata von (Hrsg.), Duncker & Humblot: Berlin, S. 527–542.

Frei, Günther (1995b): „Heinrich Weber (1842–1913)." In „Die Albertus-Universität zu Königsberg und ihre Professoren: aus Anlass der Gründung der Albertus-Universität vor 450 Jahren." *Jahrbuch der Albertus-Universität* 29, Rauschning, Dietrich und Nerée, Donata von (Hrsg.), Duncker & Humblot: Berlin, S. 509–520.

Frei, Günther und Stammbach, Urs (1992): „Hermann Weyl und die Mathematik an der ETH Zürich 1913–1930." Birkhäuser: Basel, Boston und Berlin.

Freund, Peter (1986): "Introduction to Supersymmetry", Cambridge University Press: Cambridge.

Friedländer, Ludwig (1905): „Erinnerungen, Reden und Studien." Bd. I, Trübner: Straßburg.

Fritsch, Rudolf (1995): „Franz Meyer (1856–1934)." In „Die Albertus-Universität zu Königsberg und ihre Professoren: aus Anlass der Gründung der Albertus-Universität vor 450 Jahren." *Jahrbuch der Albertus-Universität* 29, Rauschning, Dietrich und Nerée, Donata von (Hrsg.), Duncker & Humblot: Berlin, S. 561–566.

Gagean, David Lopes und Leite, Manuel Costa (1986): "A teoria de Kaluza-Klein." In *ANÁLISE Lisboa* 5, S. 151–158.

Galilei, Galileo (1632): „Dialog über die beiden hauptsächlichsten Weltsysteme." In *Galilei, Galileo (1982): „Dialog über die beiden hauptsächlichsten Weltsysteme."* Sexl, Roman und Meyenn, Karl von (Hrsg.), Teubner: Stuttgart.

Galison, Peter Louis (1979): "Minkowski's Space-Time: From Visual Thinking to the Absolute World." In *Historical Studies in the Physical Sciences*, 10, S. 85–121.

Galison, Peter Louis (1997): "Image and Logic: a material culture of microphysics." University of Chicago Press: Chicago.

Gamow, George Antony (1932): „Der Bau des Atomkerns und die Radioaktivität." Hirzel: Leipzig.

Garber, Elizabeth (1999): "The Language of Physics. The Calculus and the Development of the Theoretical Physics in Europe, 1750–1914." Birkhäuser: Boston, Berlin und Basel.

Gause, Fritz (1968): „Königsberg in Preußen. Die Geschichte einer europäischen Stadt." Gräfe und Unzer: München.

Gause, Fritz (1974): „Kant und Königsberg: Ein Buch der Erinnerung an Kants 250. Geburtstag am 22. April 1974." Rautenberg: Leer.

Gauß, Carl Friedrich und Bolyai, Wolfgang (1899): „Briefwechsel zwischen Carl Friedrich Gauss und Wolfgang Bolyai." Schmidt, Franz und Stäckel, Paul (Hrsg.) Teubner: Leipzig, Nachdruck, „Carl Friedrich Gauss. Werke. Ergänzungsreihe", Bd. II, Georg Olms: Hildesheim, Zürich und New York, 1987.

Gauß, Carl Friedrich (1829): „Über ein neues allgemeines Grundgesetz der Mechanik." In *Carl Friedrich Gauss. Werke.* Königliche Gesellschaft der Wissenschaften zu Göttingen (Hrg.) Bd. V, Teubner: Leipzig, 1867, Nachdruck, Georg Olms: Hildesheim und New York, 1981.

Gauß, Carl Friedrich (1831): „Theoria Residuorum Biquadraticorum. Commentatio Secunda." (erschienen in *Göttingische gelehrte Anzeigen* am 23. April 1831) In *Carl Friedrich Gauss. Werke.* Königliche Gesellschaft der Wissenschaften zu Göttingen (Hrg.) Bd. II, Teubner: Leipzig, 1863, Nachdruck, Georg Olms: Hildesheim und New York, 1981, S. 169–178.

Gauß, Carl Friedrich (1850): „Beiträge zur Theorie der algebraischen Gleichungen." In *Carl Friedrich Gauss. Werke.* Königliche Gesellschaft der Wissenschaften zu Göttingen (Hrg.) Bd. III, Teubner: Leipzig, 1866, Nachdruck, Georg Olms: Hildesheim und New York, 1981, S. 71–103.

Gauß, Carl Friedrich (1850/51): „Über die Methode der kleinsten Quadrate." Teil II: „Bestimmung des kleinsten Werthes der Summe $x_1^2 + x_2^2 + \ldots x_n^2 = R^2$ für *m* gegebene Ungleichungen," Vorlesungsnachschrift von August Ritter. In *Carl Friedrich Gauss. Werke.* Königliche Gesellschaft der Wissenschaften zu Göttingen (Hrg.) Bd. X, 1, Teubner: Leipzig, 1917, Nachdruck, Georg Olms: Hildesheim und New York, 1981, S. 473–481.

Gilbert, Leo (1914): „Das Relativitätsprinzip, die jüngste Modenarrheit der Wissenschaft, und die Lösung des Fizeau-Problems." Breitenbach: Brackwede i. W.

Gödel Kurt (1946a): "Some observations about the relationship between theory of relativity and Kantian philosophy." In Gödel (1995), S. 230–246.

Gödel Kurt (1946b): "Some observations about the relationship between theory of relativity and Kantian philosophy." In Gödel, Kurt (1995), S. 247–259.

Gödel, Kurt (1995): "Collected Works. Vol. III.", Feferman, Solomon; Dawson, John W. Jr.; Goldfarb, Warren; Parsons, Charles; Solovay, Robert M. (Hrsg.), Oxford University Press: New York und Oxford.

Goenner, Hubert (1996): „Einführung in die spezielle und allgemeine Relativitätstheorie." Spectrum: Heidelberg, Berlin und Oxford.

Goenner, Hubert (2004): "On the History of Unified Field Theories." Living Reviews, lrr-2004-02, http//relativity.livingreviews.org/Articles/lrr-2004-02

Goenner, Hubert und Wuensch, Daniela (2003): "Kaluza's and Klein's contributions to Kaluza-Klein-theory." Preprint 235, Max-Planck-Institut für Wissenschaftsgeschichte: Berlin.

Goeppert Mayer, Maria (1963): "The Shell Model. Nobel Lecture, December 12, 1963" In *Nobel Lectures in Physics 1963–1970,* World Scientific: Singapore, New Jersey und London, S. 20–37.

Goldstein, Catherine und Ritter, Jim (2000): "The Varieties of Unity: Sounding Unified Theories 1920–1930", Preprint 149, Max-Planck-Institut für Wissenschaftsgeschichte: Berlin.

Gottwald, Siegfried (1990): „Friedrich Wilhelm Franz Meyer." In *Gottwald, Siegfried; Ilgauds, Hans-Joachim und Schlote, Karl-Heinz (Hrsg.) (1990): „Lexikon bedeutender Mathematiker",* Bibliographisches Institut: Leipzig, S. 323.

Graf, Friedrich Wilhelm (1997): „Die Positivität des Geistigen. Rudolf Euckens Programm neoidealistischer Universalintegration." In *Hübinger, Gangolf; Bruch, Rüdiger vom und Graf, Friedrich Wilhelm (Hrsg.): „Kultur und Kulturwissenschaften um 1900", Teil II: „Idealismus und Positivismus",* Steiner: Stuttgart, S. 53–85.

Grassmann, Hermann (1844): „Die lineale Ausdehnungslehre, ein neuer Zweig der Mathematik dargestellt und durch Anwendungen auf die übrigen Zweige der Mathematik, wie auch auf die Statik, Mechanik, die Lehre vom Magnetismus und die Krystallonomie erläutert." Otto Wigand: Leipzig. In *Hermann Grassmanns gesammelte mathematische und physikalische Werke,* Engel, Friedrich (Hrsg.), Band I, Teil I, (1894), Teubner: Leipzig.

Greene, Brian (1999): "The Elegant Universe." W. W. Norton: New York und London.

Gribbin, John & Marry (1995): „Raum und Zeit. Was wir über das Universum wissen; von der Erde als Scheibe zur vierdimensionalen Raumzeit." Gerstenberg: Hildesheim.

Gronwald, Frank und Hehl, Friedrich W.: „On the Gauge Aspects of Gravity." In *International School of Cosmology and Gravitation: 14th Course: Quantum Gravity, held May 1995 in Erice, Italy. Proceedings.* Bergmann, P.G. et al. (Hrsg.), World Scientific: Singapore, S. 148–198. Eprint Archive, gr-qc/9602013.

Hahn, Otto (1986): „Mein Leben." Hahn, Dietrich (Hrsg.), 6. Aufl., Piper: München und Zürich.

Halpern, Paul (2004a): "The Great Beyond. Higher Dimensions, Parallel Universes, and the Extraordinary Search for a Theory of Everything." John Wiley & Sons: Hoboken, New Jersey

Halpern, Paul (2004b): "Nordström, Ehrenfest and the Role of Dimensionality in Physics." In *Physics in Perspective*, 6, No. 4, S. 390–400.

Halsted, George Bruce (1878): "Bibliography of Hyper-Space and Non-Euclidean Geometry." In *American Journal of Mathematics Pure and Applied,* 1, S. 262–276.

Hansi (1915): « Professeur Knatschké. Oeuvres choisies du grand savant allemand et de sa fille Elsa. » Floury: Paris.

661

Hasse, Helmut (1950): „Kurt Hensel zum Gedächtnis." In *Journal für reine und angewandte Mathematik*, 187, S. 1–13.

Havas, Peter (1989): "The Early History of the Problem of Motion." In *Einstein and the History of General Relativity*, Howard, Don und Stachel, John (Hrsg.), Birkhäuser: Boston, Berlin und Basel, S. 234–276.

Heiber, Helmut (1992): „Universität unterm Hakenkreuz." Teil II, Bd. 1: „Die Kapitulation der Hohen Schulen." K. G. Saur: München, London, New York.

Heiber, Helmut (1994): „Universität unterm Hakenkreuz." Teil II, Bd. 2: „Die Kapitulation der Hohen Schulen: das Jahr 1933 und seine Themen." K. G. Saur: München, London, New York.

Heiduk, Franz (1993): „Oberschlesisches Literatur-Lexikon. Biographisch-bibliographisches Handbuch." Teil II, Gebr. Mann: Berlin.

Heine, Heinrich (1995): „Die Harzreise." In *Heinrich Heine: Werke in fünf Bänden*, Toman, Rolf (Hrsg.), Bd. II, Könemann: Köln.

Heilbron, John L. (1988): „Max Planck. Ein Leben für die Wissenschaft 1858–1947." Hirzel: Stuttgart.

Heinkel, Ernst (1977): „Stürmisches Leben: Biographie." Thorwald, Jürgen (Hrsg.), Heyne: München.

Heisenberg, Elisabeth (1991): „Das politische Leben eines Unpolitischen. Erinnerungen an Werner Heisenberg." 3. Aufl., Piper: München.

Heisenberg, Werner (1960): „Einsteins Entwurf einer einheitlichen Theorie des Feldes." In *Heisenberg, Werner (1986): Gesammelte Werke*, Bd. IV, Blum, Walter; Dürr, Hans-Peter und Rechenberg Helmut (Hrsg.), Piper: München, S. 120–125.

Heisenberg, Werner (1967): „Einführung in die einheitliche Feldtheorie der Elementarteilchen", Hirzel: Stuttgart.

Heisenberg, Werner (1996): „Das Teil und das Ganze." Piper: München.

Helmholtz, Hermann (1870): „Über den Ursprung und die Bedeutung der geometrischen Axiome." In *Vorträge und Reden,* II, 4. Aufl. (1896), Vieweg: Braunschweig.

Helmholtz, Hermann (1990): "Letters of Hermann von Helmholtz to his Wife 1847–1859." Kremer, Richard L. (Hrsg.), Steiner: Stuttgart.

Henderson, Linda Dalrymple (1983): "The Fourth Dimension and Non-Euclidean Geometry in Modern Art." Princeton University Press: Princeton.

Herbart, Johann Friedrich (1802): „Theses. Quas pro summis in philosophia honoribus consequendis die XXII. Octobris publice defendet Johannes Fridericus Herbart." Rosenbusch: Göttingen.

Herbart, Johann Friedrich (1806): „Hauptpunkte der Metaphysik." In *Johann Friedrich Herbart (1885). Werke*, II, Kehrbach, Karl (Hrsg.), Veit: Leipzig.

Herglotz, Gustav (1910): „Vom Standpunkt des Relativitätsprinzips aus als ‚starr' zu bezeichnenden Körper." In *Annalen der Physik,* 31, S. 393–415.

Herglotz, Gustav (1911): „Über die Mechanik des deformierbaren Körpers vom Standpunkte der Relativitätstheorie." In *Annalen der Physik,* 36, S. 493–533.

Hermann, Armin (1970): „Der Kraftbegriff bei Michael Faraday und seine historische Wurzel." In *Physikalische Blätter,* 26, S. 247–252 und 298–301.

Hermann, Armin (1973): „Max Planck in Selbstzeugnissen und Bilddokumenten." Rowohlt: Reinbek bei Hamburg.

Hermann, Armin (1976): „Werner Heisenberg in Selbstzeugnissen und Bilddokumenten." Rowohlt: Reinbek bei Hamburg.

Hermann, Armin (1977a): „Die Suche nach dem Absoluten. Max Planck und die Platonische Philosophie." In *Kultur & Technik,* 1, S. 2–4.

Hermann, Armin (1977b): „Schelling und die Naturwissenschaften." In *Technikgeschichte,* 44, S. 47–53.

Hermann, Armin (1978): „Theoretische Physik in Deutschland." In *Berichte zur Wissenschaftsgeschichte,* 1, S. 163–172.

Hermann, Armin (1982): „Wie die Wissenschaft ihre Unschuld verlor. Macht und Missbrauch der Forscher." Deutsche Verlags-Anstalt: Stuttgart.

Hermann, Armin (1983): „Weltreich der Physik. Von Galilei bis Heisenberg." Ullstein: Frankfurt am Main, Berlin und Wien.

Hermann, Armin (1984): „Naturwissenschaft und Technik im Dienste der Kriegswirtschaft." In *Hochschule und Wissenschaft im Dritten Reich*, Tröger, Jörg (Hrsg.), Campus: Frankfurt am Main und New York.

Hermann, Armin (1987): „Unity and Metamorphosis of Forces (1800–1850): Schelling, Oersted and Faraday." In *Doncel, Manuel; Hermann, Armin; Michel, Louis und Pais, Abraham (Hrsg.): "Symmetries in Physics (1600–1980)", Proceedings of the 1st International Meeting on the History of Scientific Ideas held at Sant Feliu de Guixols, Catalonia, Spain, September 20–26, 1983,* Seminari d'Historia de les Ciencies Universitat Autonoma de Barcelona: Barcelona, S. 51–65.

Hermann, Armin (1994): „Einstein. Der Weltweise und sein Jahrhundert." Piper: München.

Hermann, Armin (1997): „Wilhelm Wien und Arnold Sommerfeld – Zwei große Physiker an der Universität München." In *Die Entwicklung der Region Königsberg/Kaliningrad, Symposium in München 24.–25.5. 1996*, München, S. 221–238.

Hermann, Robert und Estabrook, Frank (1978): "Yang-Mills, Kaluza-Klein and the Einstein program." Math. Sci. Press: Brookline.

Hermanowski, Anno und Georg (1986): „Johann Gottfried Herders Schulreform." Dümmler: Bonn.

Hermanowski, Georg (1996): „Ostpreußen. Wegweiser durch ein unvergessenes Land." Bechtermünz: Augsburg.

Hernández, Eva; Macías, Alfredo und Mielke, Eckehard, W. (1996): "Coupling of the Kaluza-Klein Induced Dilaton Field in the Dirac Equation." In *Recent Developments in Gravitation and Mathematical Physics: proceedings of the First Mexican School on Graviation and Mathematical Physics; Gauanajuato, Mexico, 12–16 Dezember 1994*, Marcias, Alfredo (Hrsg.), World Scientific: Singapore, S. 258–262.

Herrmann, Kay (2000): „Mathematische Naturphilosophie in der Grundlagendiskussion. Jakob Friedrich Fries und die Wissenschaften." Vandenhoeck & Ruprecht: Göttingen.

Hesse, Hermann (1943): „Das Glasperlenspiel." In *Hesse, Hermann (1996): „Das Glasperlenspiel"* 9. Aufl., Suhrkamp: Frankfurt am Main.

Hilbert, David (1900): „Mathematische Probleme. Vortrag, gehalten auf dem Internationalen Mathematikerkongreß zu Paris 1900." In *Archiv für Mathematik und Physik*, 3. Reihe, 1, (1901), S. 44–63 und 213–237, in *Hilbert, David (1935): „Gesammelte Abhandlungen"*, Bd. III, Springer: Berlin, S. 290–329.

Hilbert, David (1909): „Gedenkrede auf Hermann Minkowski. Gehalten von Hilbert in der öffentlichen Sitzung der Königlichen Gesellschaft der Wissenschaften am 1. Mai 1909." In *Reidemeister, Kurt (Hrsg.) (1971): „Hilbert. Gedenkband."* Springer: Berlin, Heidelberg und New York, S. 39–68.

Hilbert, David (1915): „Die Grundlagen der Physik. Erste Mitteilung am 20. November 1915." In *Nachrichten von der Königlichen Gesellschaft der Wissenschaften zu Göttingen, math.-phys. Klasse*, S. 395–407.

Hilbert, David (1918): „Axiomatisches Denken." In *Mathematische Annalen*, 78, S. 405–415, in *Hilbert, David (1935): „Gesammelte Abhandlungen"*, Band III, Springer: Berlin, S. 146–156.

Hilbert, David (1930): „Naturerkennen und Logik." In *Naturwissenschaften* (1930), S. 959–963, in *Hilbert, David (1935): „Gesammelte Abhandlungen"*, Band III, Springer: Berlin, S. 378–387.

Hilbert, David (1971): „Über meine Tätigkeit in Göttingen." In *Reidemeister, Kurt (Hrsg.) (1971): „Hilbert. Gedenkband."* Springer: Berlin, Heidelberg und New York, S. 78–82.

Hilbert, David (1992): „Natur und mathematisches Erkennen. Vorlesungen, gehalten 1919–1920 in Göttingen, nach der Ausarbeitung von Paul Bernays." Rowe, David (Hrsg.), Birkhäuser: Basel, Boston und Berlin.

Hilbert, David und Klein, Felix (1985): „Der Briefwechsel David Hilbert – Felix Klein (1886–1918)." Frei, Günther (Hrsg.), Vandenhoeck & Ruprecht: Göttingen.

Hinton, Charles Howard (1884a): "What is the Fourth Dimension?" In *Speculations on the Fourth Dimension. Selected Writings of Charles H. Hinton*, Rucker, Rudolf v. B. (Hrsg.), 1980, Dover Publications: New York, S. 1–22.

Hinton, Charles Howard (1884b): "A Picture of Our Universe." In *Speculations on the Fourth Dimension. Selected Writings of Charles H. Hinton*, Rucker, Rudolf v. B. (Hrsg.), 1980, Dover Publications: New York, S. 41–55.

Hinton, Charles Howard (1884 und 1886): "Scientific Romances." Serie I und II, Swan Sonnenschein: London.

Hinton, Charles Howard (1906): "The Fourth Dimension." 2. ed. (1. ed. 1904), Swan Sonnenschein: London.

Höltken, Jürgen und Meinhardt, Günther (1976): „Göttingen im 19. und 20. Jahrhundert: eine Ausstellung der Städtischen Sparkasse zu Göttingen." Göttinger Tageblatt: Göttingen.

Hoffmann, Dieter (2003): „Pascual Jordan im Dritten Reich – Schlaglichter." Preprint 248, Max-Planck-Institut für Wissenschaftsgeschichte: Berlin.

Hofmann, Erich; Döhring, Erich; Schipperges, Heinrich; Jaeger, Rudolf; Rohs, Peter und Jordan, Karl (Hrsg.) (1965): „Geschichte der Christian-Albrechts-Universität Kiel: 1665–1965" Bd.1, Teil 2.: „Allgemeine Entwicklung der Universität." Wachholtz: Neumünster.

't Hooft, Gerardus (1996): "Gauge Theory and Renormalization." In *History of Original Ideas and Basic Discoveries in Particle Physics* Newman, Harvey B. und Ypsilantis, Thomas (Hrsg.), Plenum: New York und London, S. 37–51.

Hopf, Eberhard (1937): „Ergodentheorie." Springer: Berlin.

Hoppe, Reinhold (1879): „Gleichung der Kurve eines Bandes mit unauflösbarem Knoten nebst Auflösung in vierter Dimension." *Archiv der Mathematik und Physik*, 64, S. 224–231.

Hoppe, Reinhold (1880): „Bemerkungen betreffend die Auflösung eines Knoten in vierter Dimension." In *Archiv der Mathematik und Physik*, 65, S. 423–426.

Hubatsch, Walther und Gundermann, Iselin (1966): „Die Albertus-Universität zu Königsberg/Preußen in Bildern." Holzner: Würzburg.

Hübinger, Gangolf (1997): „Die monistische Bewegung." In „Kultur und Kulturwissenschaften um 1900", Bd. II: „Idealismus und Positivismus." Hübinger, Gangolf; Bruch, Rüdiger vom und Graf, Friedrich Wilhelm (Hrsg.), Steiner: Stuttgart, S. 246–259.

Humboldt, Wilhelm von (1797): „Über den Geist der Menschheit." In „*Wilhelm von Humboldts Gesammelte Schriften.*" Bd. II, (1904), Königlich Preußischen Akademie der Wissenschaften (Hrsg.), Behr: Berlin, S. 324–334.

Humboldt, Wilhelm von (1809): „Der Königsberger und der litauische Schulplan." In „*Wilhelm von Humboldts Gesammelte Schriften.*" Bd. III, (1904), Königlich Preußische Akademie der Wissenschaften (Hrsg.), Behr: Berlin, S. 259–283.

Humboldt, Wilhelm von (1827): „Über den Dualis." In „*Wilhelm von Humboldts Gesammelte Schriften.*" Bd. VI,1, (1907), Königlich Preußische Akademie der Wissenschaften (Hrsg.), Behr: Berlin, S. 4–30.

Isaksson, Eva (1985): "Gunnar Nordström (1881–1923). On Gravitation and Relativity." Vortrag auf dem XVIIth International Congress of History of Science, University of California, Berkeley, July 31–August 8, 1985.

Ishiwara, Jun (1914): „Grundlagen einer relativistischen elektromagnetischen Gravitationstheorie." *Physikalische Zeitschrift*, 15, S. 294–298 und 506–510.

D'Iverno, Ray (1995): „Einführung in die Relativitätstheorie." VCH Verlagsgesellschaft: Weinheim, New York, Basel.

Jammer, Max (1954): "Concepts of Space. The History of Theories of Space in Physics." Harvard University Press : Cambridge Massachusetts.

Janssen, Jan E. (1965): „Hakenkreuzflagge auf dem Uni-Gebäude 1933." In *300 Jahre Studentenschaft Christiana Albertina Kiel. Jubiläumsschrift der Kieler Studentenschaft*, Allgemeiner Studentenausschuss und Arbeitsgemeinschaft für Aktive Schulpolitik (Hrsg.), Mühlau: Kiel.

Janzen, Hermann (1922): „Max Kaluza." In *Zeitschrift für französischen und englischen Unterricht*, 21, S. 1–7.

Jaspers, Karl (1996): „Die Schuldfrage." 2. Auflage, Piper: München.

Jeismann, Michael (1992): „Das Vaterland der Feinde. Studien zum nationalen Feindbegriff und Selbstverständnis in Deutschland und Frankreich 1792–1918." Klett-Cotta: Stuttgart.

Jordan, Camille (1872): « Essai sur la Géométrie à *n* Dimensions. » In *Comptes Rendus de L'Académie des Sciences Paris,* 75, S. 1614–1617.

Jordan, Karl (Hrsg.) (1968): „Geschichte der Christian-Albrechts-Universität Kiel: 1665–1965." Bd. VI: „Geschichte der Mathematik, Naturwissenschaften und Landwirtschaftswissenschaften." Wachholtz: Neumünster.

Jordan, Pascual (1941): „Die Physik und das Geheimnis des organischen Lebens." Vieweg: Braunschweig.

Jordan, Pascual (1945): „Zur projektiven Relativitätstheorie." In *Nachrichten der Akademie der Wissenschaften in Göttingen Mathematisch-Physikalische Klasse*, S. 74–77.

Jordan, Pascual (1948): „Fünfdimensionale Kosmologie." In *Astronomische Nachrichten Göttingen*, 5–6, S. 193–214.

Jordan, Pascual (1950): „Vierdimensionale Begründung der erweiterten Gravitationstheorie." In *Abhandlungen der Akademie der Wissenschaften und Literatur in Mainz, mathematisch-naturwissenschaftliche Klasse,* 11, S. 320–334.

Jordan, Pascual (1955): „Schwerkraft und Weltall." Vieweg: Braunschweig.

Jordan, Pascual (1969): „Albert Einstein. Sein Lebenswerk und die Zukunft der Physik." Huber: Frauenfeld.

Jordan, Pascual (1971): „Begegnungen: Albert Einstein, Karl Heim, Hermann Oberth, W. Pauli ..." Stalling: Oldenburg.

Jouffret, Esprit Pascal (1903): « Traité élémentaire de géométrie à quatre dimensions et introduction à la géométrie à *n* dimensions. » Gauthier-Villars: Paris.

Juschkewitsch, A. P. (1964): „Geschichte der Mathematik im Mittelalter." Teubner, Leipzig.

Kaku, Michio (1988): „Introduction to Superstrings." Springer: New York.

Kaku, Michio (1991): „Strings, Conformal Fields, and Topology." Springer: New York, Berlin, Heidelberg.

Kaku, Michio (1995): „Hyperspace. Eine Reise durch den Hyperraum und die zehnte Dimension." Byblos: Berlin.

Kaku, Michio (1998): „Zukunftsvisionen: wie Wissenschaft und Technik des 21. Jahrhunderts unser Leben revolutionieren." Lichtenberg: München.

Kaluza, Max (1914a): „Über Germanus: ‚Britanien und der Krieg'." In *Zeitschrift für französischen und englischen Unterricht*, 13, Literaturberichte und Anzeigen, S. 536–537.

Kaluza, Max (1914b): „Über H. Spies: ‚Deutschlands Feind. England und die Vorgeschichte des Weltkrieges'." In *Zeitschrift für französischen und englischen Unterricht*, 13, Literaturberichte und Anzeigen, S. 537–538.

Kaluza, Theodor (1907): „Die Tschirnhaustransformation algebraischer Gleichungen mit einer Unbekannten." Dissertation: Universität Königsberg.

Kaluza, Theodor (1910): „Zur Relativitätstheorie." (I), In *Physikalische Zeitschrift*, 11, S. 977–978.

Kaluza, Theodor (1913): „Ein Problem der Mengenlehre." In *Schriften der physikalisch-ökonomischen Gesellschaft zu Königsberg in Preußen*, 54, (1914), S. 6–15.

Kaluza, Theodor (1916): „Eine Abbildung der transfiniten Kardinaltheorie auf das Endliche." In *Schriften der physikalisch-ökonomischen Gesellschaft zu Königsberg in Preußen*, 57, (1917), S. 1–49.

Kaluza, Theodor (1921): „Zum Unitätsproblem der Physik." In *Sitzungsberichte der Preußischen Akademie der Wissenschaften zu Berlin*, S. 966–972.

Kaluza, Theodor (1922): „Über Bau und Energieinhalt der Atomkerne." In *Physikalische Zeitschrift*, 23, S. 448–455.

Kaluza Theodor (1924): „Zur Relativitätstheorie." (II), In *Physikalische Zeitschrift*, 25, S. 604–606.

Kaluza, Theodor (1926): „Buchbesprechung: J. A. Schouten, ‚Über die Entwicklung der Begriffe des Raumes und der Zeit und ihre Beziehungen zum Relativitätsprinzip'." In *Jahresbericht der Deutschen Mathematiker-Vereinigung*, 34, S. 159–160.

Kaluza, Theodor (1927a): „Struktur und Eigenschaften mehrfach monotoner Folgen." In *Mathematische Zeitschrift*, 26, S. 345–364.

Kaluza, Theodor (1927b): „Zur Theorie der vollmonotonen Funktionen." In *Schriften der Königsberger Gelehrten Gesellschaft*, 4, S. 103–112.

Kaluza, Theodor (1928a): „Über die Koeffizienten reziproker Potenzreihen." In *Mathematische Zeitschrift*, 28, S. 161–176.

Kaluza, Theodor (1928b): „Über vollmonotone Folgen mit stetiger Belegungsfunktion." In *Mathematische Zeitschrift*, 28, S. 200–201.

Kaluza, Theodor (1928c): „Entwickelbarkeit von Funktionen in Dirichletsche Reihen." In *Mathematische Zeitschrift*, 28, S. 203–215.

Kaluza, Theodor (1933): „Elementarer Beweis einer Vermutung von K. Friedrichs und H. Lewy." In *Mathematische Zeitschrift*, 37, S. 689–697.

Kaluza, Theodor (1986): „Para o problema da unidade da física." In *ANÁLISE, Lisboa,* 5, S. 159–165.

Kaluza, Theodor (1987): "On the Unity Problem of Physics." In *Appelquist, Thomas; Chodos, A. und Freund, Peter G. (Hrsg.) (1987): Modern Kaluza-Klein-Theories.* Addison-Wesley: Menlo Park (California), Reading (Massachusetts), Don Mills (Ontario), S. 61–68.

Kaluza, Theodor (2007): „Gesammelte Werke." Wuensch, Daniela (Hrsg.), Termessos: Göttingen.

Kaluza, Theodor und Joos, Georg (1938): „Höhere Mathematik für den Praktiker." Barth: Leipzig.

Kaluza, Theodor junior (1991): „Erinnerungen." Preprint 247, Institut für Mathematik der Universität Hannover.

Kamke, E. und Zeller, K. (1957): „Konrad Knopp." In *Jahresbericht der Deutschen Mathematiker-Vereinigung,* 60, S. 44–49.

Kamp, Norbert (1988): „1937 – die Universität im Dritten Reich." In *Stationen der Göttinger Universitätsgeschichte 1737–1787–1837–1887–1937,* Moeller, Bernd (Hrsg.), Vandenhoeck & Ruprecht: Göttingen, S. 91–115.

Kant, Immanuel (1747): „Gedanken von der wahren Schätzung der lebendigen Kräfte und Beurteilung der Beweise, deren sich Herr von Leibniz und andere Mechaniker in dieser Streitsache bedient haben, nebst einigen vorhergehenden Betrachtungen, welche die Kraft der Körper überhaupt betreffen." In Gross, Felix (Hrg.) (1912) *Immanuel Kant's sämtliche Werke in sechs Bänden,* Bd. II, Inselverlag: Leipzig, S. 7–209.

Kant, Immanuel (1770): „De mundi sensibilis atque intelligibilis forma et principiis." In *Kant, Immanuel (1968): Werke,* V, Weischedel, Wilhelm (Hrsg.), Suhrkamp: Frankfurt am Main.

Kant, Immanuel (1781): „Kritik der reinen Vernunft." In *Kants Werke. Akademie-Textausgabe,* (1968), Bd. III, Walter de Gruyter: Berlin, in *Kant, Immanuel (1995): „Werke in sechs Bänden",* Bd. II, Könnemann: Köln.

Kant, Immanuel (1783a): „Prolegomena zu einer jeden künftigen Metaphysik, die als Wissenschaft wird auftreten können." In *Kant, Immanuel (1968): Werke,* Bd. V, Weischedel, Wilhelm (Hrsg.) Suhrkamp: Frankfurt am Main.

Kant, Immanuel (1783b): „Beantwortung der Frage: Was ist Aufklärung?" In *Kants Werke. Akademie-Textausgabe,* (1968), Bd. VIII, Walter de Gruyter: Berlin, S. 33–42.

Kant, Immanuel (1785): „Grundlegung zur Metaphysik der Sitten." In *Kants Werke. Akademie-Textausgabe,* (1968), Bd. IV, Walter de Gruyter: Berlin, S. 385–464.

Kant, Immanuel (1786): „Metaphysische Anfangsgründe der Naturwissenschaft." In *Kant, Immanuel (1997): „Metaphysische Anfangsgründe der Naturwissenschaft."* Pollok, Konstantin (Hrsg.), Meiner: Hamburg.

Kant, Immanuel (1788): „Kritik der praktischen Vernunft." In *Kants Werke. Akademie-Textausgabe,* (1968), Bd. V, Walter de Gruyter: Berlin, S. 1–164.

Kant, Immanuel (1795): „Zum ewigen Frieden." In *Kants Werke. Akademie-Textausgabe,* (1968), Bd. VIII, Walter de Gruyter: Berlin, S. 341–386.

Kant, Immanuel (1797): „Die Metaphysik der Sitten." In *Kants Werke. Akademie-Textausgabe,* (1968), Bd. VI, Walter de Gruyter: Berlin S. 203–494.

Kasner, Edward (1921): "The Impossibility of Einstein Fields Immersed in Flat Space of Five Dimensions." In *American Journal of Mathematics,* 43, S. 126–129.

Kauffman, Louis (1991): „Knots and physics." World Scientific: Singapore.

Kibble, Tom (1993): "The Genesis of Unified Gauge Theories." In *CERN Courier,* Juni 1993, S. 22–25.

„Kieler Universitätstaschenbuch 1927/28" (1927), Vorstand der Kieler Studentenschaft (Hrsg.), Mühlau: Kiel.

Kielmansegg, Peter Graf (1980): „Deutschland und der Erste Weltkrieg." 2. Auflage, Klett-Cotta: Stuttgart.

Kirschmann, August (1902): „Die Dimensionen des Raumes. Eine kritische Studie." W. Engelmann: Leipzig.

Klein, Felix (1871): „Über die sogenannte Nicht-Euklidische Geometrie." In *Mathematische Annalen,* 4, S. 573–611.

Klein, Felix (1872): „Vergleichende Betrachtungen über neuere geometrische Forschungen." In *Das Erlanger Programm von Felix Klein,* Wußing, Hans (Hrsg.), 1974, Akademische Verlagsgesellschaft: Leipzig. S. 29–83.

Klein, Felix (1876): „Über den Zusammenhang der Flächen." In *Mathematische Annalen,* 9, S. 476–483.

Klein, Felix (1892a): „Nicht-Euklidische Geometrie. Erste Vorlesung gehalten während des Wintersemesters 1889/90. Ausarbeitung von Schilling." Vervielfältigte Autographie, Göttingen.

Klein, Felix (1892b): „Vorlesungen über Nicht-Euklidische Geometrie." In *Klein, Felix (1928): „Vorlesungen über Nicht-Euklidische Geometrie."* Rosemann, W. (Hrsg.), Springer: Berlin.

Klein, Felix (1893): "The present state of Mathematics." In *Fricke, R. und Vermeil, H. (Hrsg.) (1922): „Felix Klein. Gesammelte mathematische Abhandlungen",* Bd. II, Springer: Berlin, S. 613–615.

Klein, Felix (1910): „Über die Geometrischen Grundlagen der Lorentzgruppe " In *Jahresbericht der deutschen Mathematiker-Vereinigung,* 19, in Fricke, R. und Ostrowski, A. (Hrsg.) (1921): „Felix Klein. Gesammelte mathematische Abhandlungen", Bd. I, Springer: Berlin, S. 533–552.

Klein, Felix (1918): „Über die Integralform der Erhaltungssätze und die Theorie der räumlich-geschlossenen Welt." In *Nachrichten von der Königlichen Gesellschaft der Wissenschaften zu Göttingen. Mathematisch-physikalische Klasse,* S. 394–423.

Klein, Felix (1926a): „Vorlesungen über die Entwicklung der Mathematik im 19. Jahrhundert. Teil I." Courant, Richard und Neugebauer, Otto (Hrsg.) Springer: Berlin.

Klein, Felix (1926b): „Vorlesungen über höhere Geometrie." Blaschke, W. (Hrsg.), 3. Aufl., Springer: Berlin.

Klein, Felix (1927): „Vorlesungen über die Entwicklung der Mathematik im 19. Jahrhundert. Teil II: Die Grundbegriffe der Invariantentheorie und ihr Eindringen in die mathematische Physik." Springer: Berlin.

Klein, Martin (1970): "Paul Ehrenfest." Bd. I: "The Making of a Theoretical Physicist." North-Holland Publishing Company: Amsterdam und London.

Klein, Oskar (1926a): „Quanten-Theorie und fünfdimensionale Relativitätstheorie." In *Zeitschrift für Physik,* 37, S. 895–906.

Klein, Oskar (1926b): "The Atomicity of Electricity as a Quantum Theory Law." In *Nature,* 118, S. 516.

Klein, Oskar (1928): „Zur fünfdimensionalen Darstellung der Relativitätstheorie." In *Zeitschrift für Physik,* 39, S. 188–208.

Klein, Oskar (1969): "From my Life of Physics." In *Supplement to the IAEA Bulletin,* Wien, S. 59–68.

Kluge, Birgitta (Hrsg.) (1989): „Königsberg in alten und neuen Reisebeschreibungen." Droste: Düsseldorf.

Kneser, Hellmuth (1949): „Felix Klein als Mathematiker." In „Felix Klein, 25.4.1849–22.6.1925." *Mitteilungen des Universitätsbundes Göttingen,* 26, 1, S. 1–6.

Knopp, Konrad (1996): „Theorie und Anwendung der unendlichen Reihen." 6. Auflage, Springer: Berlin, Heidelberg und New York.

„Königsberg in 144 Bildern" (1954), Rautenberg & Möckel: Leer.

„Königsberg i. Pr. und Umgebung, 1910." (1911), Woerl: Leipzig, Nachdruck (1991), Rautenberg: Leer.

„Königsberg Pr." (1927), Gräfe und Unzer: Königsberg, Nachdruck (1991), Rautenberg: Leer.

Kowalewski, Gerhard (1950): „Bestand und Wandel. Meine Lebenserinnerungen, zugleich ein Beitrag zur neueren Geschichte der Mathematik." Oldenbourg: München.

Koyré, Alexandre (1943a): „Galilei und die wissenschaftliche Revolution des 17. Jahrhunderts." In *Koyré, Alexandre (1988): „Galilei."* Wagenbach: Berlin, S. 13–28.

Koyré, Alexandre (1943b): „Galilei und Platon. " In *Koyré, Alexandre (1988): „Galilei."* Wagenbach: Berlin, S. 29–58.

Koyré, Alexandre (1980): „Von der geschlossenen Welt zum unendlichen Universum." Suhrkamp: Frankfurt am Main.

Kramme, Rüdiger (1997): „'Kulturphilosophie' und 'Internationalität' des Logos im Spiegel seiner Selbstbeschreibungen." In „Kultur und Kulturwissenschaften um 1900", Teil II:

„Idealismus und Positivismus." Hübinger, Gangolf; Bruch, Rüdiger vom und Graf, Friedrich Wilhelm (Hrsg.), Steiner: Stuttgart, S. 122–134.

Krüger, Lorenz und Falkenburg, Brigitte (Hrsg.) (1995): „Physik, Philosophie und die Einheit der Wissenschaften: für Erhard Scheibe." Spektrum: Heidelberg, Berlin und Oxford.

Krueger, Theodor (1922): „Einführung in die Benutzung der Staats- und Universitäts-Bibliothek zu Königsberg in Preußen." Gräfe und Unzer: Königsberg Pr.

Krull, Frank (1994): „Albert Einstein in seinen erkenntnistheoretischen Äußerungen." In *Sudhoffs Archiv*, 78, S. 153–170.

Kuratowski, C. und Menger, K. (1930): „Remarques sur la théorie axiomatique de la dimension." In *Monatshefte Mathematik und Physik*, 37, S. 169–174.

Kutzer, Horst (Hrsg.) (1986): „Kiel. Ein Lesebuch." Husum-Verlag: Husum.

Labastida, José Manuel Fernandez de (1998): „Knoten in der Physik". In *Spektrum der Wissenschaft*, Oktober 1998, S. 66–73.

Lakatos, Imre (1982): „Die Methodologie der wissenschaftlichen Forschungsprogramme." Worrall, John und Currie, Gregory (Hrsg.) Friedr. Vieweg & Sohn: Braunschweig und Wiesbaden.

Lang, Manfred; Peters, Horst und Sönnichsen, Nico (1989): „Kiel zu Fuß. 17 Stadtteilrundgänge durch Geschichte und Gegenwart." VSA-Verlag: Hamburg.

Larmor, Joseph (1919): "On Generalized Relativity in Connection with Mr. W. J. Johnston's Symbolic Calculus." *Proceedings of the Royal Society of London*, A96, S. 334–363.

Laugwitz, Detlef (1986): „Theodor Kaluza (1885–1954)." In *Jahrbuch Überblicke Mathematik*, Wissenschaftsverlag: Mannheim, Wien und Zürich, S. 179–187.

Laugwitz, Detlef (1996): „Bernhard Riemann 1826–1866." Birkhäuser: Basel, Boston und Berlin.

Lavrynovich [!], Kasimir (1995): „Friedrich Wilhelm Bessel (1784–1846)." In „Die Albertus-Universität zu Königsberg und ihre Professoren: aus Anlass der Gründung der Albertus-Universität vor 450 Jahren." *Jahrbuch der Albertus-Universität*, 29, Rauschning, Dietrich und Nerée, Donata von (Hrsg.), Duncker & Humblot: Berlin, S. 465–472.

Lawrynowicz [!], Kasimir (1999): „Albertina. Zur Geschichte der Albertus-Universität zu Königsberg in Preußen." Duncker & Humblot: Berlin.

Lee, Hoong-Chien (Hrsg.) (1984): "An Introduction to Kaluza-Klein Theories: Workshop on Kaluza-Klein Theories, Chalk River/ Deep River, Ontario 11–16 August 1983." World Scientific: Singapore.

Lehrach, Dirk (1997): „Wiederaufbau und Kernenergie. Zur Haltung deutscher Emigranten in Amerika." Centaurus: Pfaffenweiler.

Leis, Rolf (1990): „Zur Entwicklung der angewandten Analysis und mathematischen Physik in den letzten hundert Jahren." In *Ein Jahrhundert Mathematik 1890–1990. Festschrift zum Jubi-*

läum der DMV, Fischer, Gerd; Hirzebruch, Friedrich; Scharlau, Winfried und Törnig, Willi (Hrsg.), Vieweg: Braunschweig.

Lemmermeyer, Franz und Roquette, Peter (Hrsg.) (2006): „Helmut Hasse und Emmy Noether. Die Korrespondenz 1925–1935." Universitätsverlag Göttingen: Göttingen.

Liberati, Stefano; Sonego, Sebastiano und Visser, Matt (2002): "Faster-than-c Signals, Special Relativity and Causality." In *Annals of Physics*, 298, S. 167–185.

Lichnerowicz, André (1955): « Théories relativistes de la gravitation et de l'électromagnétisme, relativité générale et théories unitaires. » Masson et Cie : Paris.

Lichnerowicz, André (1994): « Géometrie et relativité. » In *"Development of Mathematics 1900– 1915."* Pierre, Jean-Paul, (Hrsg.), Birkhäuser: Berlin, Boston und Basel.

Lie, Sophus (1871a): „Über diejenige Theorie eines Raumes mit beliebig vielen Dimensionen, die der Krümmungs-Theorie des gewöhnlichen Raumes entspricht." In *Nachrichten von der Königlichen Gesellschaft der Wissenschaften und der Georg-August Universität zu Göttingen*, S. 191–209.

Lie, Sophus (1871b): „Zur Theorie eines Raumes von n Dimensionen." In *Nachrichten von der Königlichen Gesellschaft der Wissenschaften und der Georgia Augusta Universität zu Göttingen*, S. 535–557.

Lindner, Helmut (1980): „'Deutsche' und ‚gegentypische' Mathematik. Zur Begründung einer ‚arteigenen Mathematik' im ‚Dritten Reich' durch Ludwig Bieberbach." In *Naturwissenschaft, Technik und NS-Ideologie. Beiträge zur Wissenschaftsgeschichte des Dritten Reiches*, Mehrtens, Herbert und Richter, Steffen (Hrsg.), Suhrkamp: Frankfurt am Main.

Lohmeier, Dieter und Schell, Bernhard (Hrsg.) (1992): „Einstein, Anschütz und der Kieler Kreiselkompass. Der Briefwechsel zwischen Albert Einstein und Hermann Anschütz-Kaempfe und andere Dokumente." Westholsteinische Verlags-Anstalt Boyens: Heide in Holstein.

Lyra, Gerhard (1951): „Über eine Modifikation der Riemannschen Geometrie." In *Mathematische Zeitschrift*, 54, S. 52–64.

Magueijo, Joao (2003): „Schneller als Lichtgeschwindigkeit. Der Entwurf einer neuen Kosmologie." Bertelsmann: München.

Mainzer, Klaus (1980): „Dimension." In *Enzyklopädie Philosophie und Wissenschaftstheorie*, Bd. I, Mittelstraß, Jürgen (Hrsg.), Bibliographisches Institut: Mannheim, Wien, Zürich, S. 484–486.

Mainzer, Klaus (2004): „Menyhért (Melchior) Palágyi." In *Enzyklopädie Philosophie und Wissenschaftstheorie*, Bd. III, Mittelstraß, Jürgen (Hrsg.), Metzler: Stuttgart und Weimar, S. 23–24.

Majer, Ulrich (1993): „Hilberts Methode der idealen Elemente und Kants regulativer Gebrauch der Ideen." In *Kant-Studien*, 84, S. 51–77.

Majer, Ulrich (1995): "Geometry, Intuition and Experience: From Kant to Husserl." In *Erkenntnis*, 42, S. 261–285.

Marcias A.; Camacho A.; Mielke, E.; Matos, T (1995): "Effective Weinberg-Salam Model from Higher Dimensions." In Recent Developments in Gravitation and Mathematical Physics, Proceedings of the First Mexican School on Gravitation and Mathematical Physics, Guanajuato, Mexico 12–16 Dec. 1994, Marcias, A.; Matos, T.; Obregon, O. und Quevedo, H. (Hrsg.), World Scientific: Singapore, S. 277–286.

Marcias, A.; Mielke, E.W. (1997): "Recovering an Effective Weinberg-Salam-Glashow Model from Higher Dimensions." In *Gravitation and Cosmology: Proceedings of the ICGC-95 Conference, held at IUCAA, Pune, India, on December 13–19, 1995*, Dhurandhar, Sanjeev und Padmanabhan, Thanu (Eds.), Kluwer: Boston, S. 89–96.

„Mathematisches Institut der Universität Göttingen. Einrichtung und Benutzungsordnung." (1929), Universität Göttingen.

Matull, Wilhelm (1978): „Damals in Königsberg: Ein Buch der Erinnerung an Ostpreußens Hauptstadt 1919–1939." Gräfe und Unzer: München.

Matull, Wilhelm (1987): „Liebes altes Königsberg." Rautenberg: Leer.

„Max-Planck-Institut für Strömungsforschung Göttingen 1925–1975: Festschrift zum 50jährigen Bestehen des Instituts." (1975), MPI für Strömungsforschung: Göttingen.

Mayer-Kuckuk, Theo (1974): „Physik der Atomkerne: eine Einführung." 2. Aufl., Teubner: Stuttgart.

McCormmach, Russell (1970): "H. A. Lorentz and the Electromagnetic View of Nature." In *ISIS*, 61, S. 459–497.

Mehrtens, Herbert (1986): „Angewandte Mathematik und Anwendungen der Mathematik im nationalsozialistischen Deutschland." In *Geschichte und Gesellschaft*, 12, Göttingen, S. 317–347.

Meier-Oeser, Stephan (1989): „Die Präsenz des Vergessenen. Zur Rezeption der Philosophie des Nicolaus Cusanus vom 15. bis zum 18. Jahrhundert." Aschendorff: Münster.

Meier-Welcker, Hans; Köhler, Karl und Papke, Gerhard (Hrsg.) (1968): „Handbuch zur deutschen Militärgeschichte 1648–1939." Bd. V, „Von der Entlassung Bismarcks bis zum Ende des Ersten Weltkrieges (1890–1918)." Bernard & Graefe: Frankfurt am Main.

Meinardus, Wilhelm (1927): „Führer durch die Universität Göttingen." Universität Göttingen: Göttingen.

Meinel, Christoph: (1991): „Karl Friedrich Zöllner und die Wissenschaftskultur der Gründerzeit." Sigma: Berlin.

Meinhardt, Günther (1977): „Die Universität Göttingen. Ihre Entwicklung und Geschichte von 1734–1974." Musterschmidt: Göttingen.

Meinhardt Günther (Hrsg.) (1979): „Göttingen in alten Ansichten." Verlag Europäische Bibliothek: Zaltbommel (Niederlande).

Mermin, N. David (1984): "Relativity without light." In *American Journal of Physics,* 52 (2), S. 119–124.

Meschkowski, Herbert (1980): „Mathematiker Lexikon." 3. Aufl., Bibliographisches Institut: Mannheim und Zürich.

Meyenn, Karl von (1990): „Pascual Ernst Jordan (1902–1980)." In *Dictionary of Scientific Biography*, XVII, Supplement II, S. 448–454.

Meyenn, Karl von (Hrsg.) (1994): „Quantenmechanik und Weimarer Republik." Vieweg: Braunschweig und Wiesbaden.

„Meyers Orts- und Verkehrs-Lexikon des Deutschen Reichs: auf Grund amtlicher Unterlagen von Reichs-, Landes- und Gemeindebehörden." (1916), Bd. II, Uetrecht, E. (Hrsg.), Bibliographisches Institut: Leipzig und Wien.

Miegel, Agnes (1994): „Spaziergänge einer Ostpreußin: Feuilletons aus den zwanziger Jahren." Piorreck, Anni (Hrsg.), Rautenberg: Leer.

Mielke, Eckehard W. (1985a): „Bemerkungen zur Geometrisierung fundamentaler Wechselwirkungen der Physik." In *Naturwissenschaften*, 72, S. 118–124.

Mielke, Eckehard W. (1985b): „Magnetische Monopole in vereinheitlichten Theorien". In *Zeitschrift für Naturforschung,* 41a, S. 777–787.

Mielke, E.W. (1986): „Kaluza-Klein-Theorien: Wege zu geometrischen Vereinheitlichung fundamentaler physikalischer Wechselwirkungen?" In *Jahrbuch Überblicke Mathematik*, Wissenschaftsverlag: Mannheim, Wien und Zürich, S. 127–138.

Mielke, Eckehard W. (1987): "Geometrodynamics of Gauge Fields – On the Geometry of Yang-Mills and Gravitational Gauge Theories." Akademie-Verlag: Berlin.

Mielke, Eckehard W. (1991): „Bemerkung zu: ‚Epistemologische Aspekte der neuen Entwicklungen in der Physik' von G. Münster". In *Philosophia Naturalis,* 28, S. 267–284.

Mielke, Eckehard W. und Hehl, Friedrich W. (1985): „Die Entwicklung der Eichtheorien: Marginalien zu deren Wissenschaftsgeschichte." In *Exakte Wissenschaften und ihre philosophische Grundlegung – Vorträge des Internationalen Hermann Weyl Kongresses, Kiel 1985* Deppert, W.; Hübner, K.; Oberschelp, A. und Weidemann, V. (Hrsg.), Lang: Frankfurt a.M., S. 241–309.

Miller, Arthur I. (1998): "Albert Einstein's Special Relativity. Emergence (1905) and Early Interpretation (1905–1911)." Springer: New York, Berlin und Heidelberg.

Miller, Arthur I. (2001): "Einstein, Picasso. Space, Time and the Beauty That Causes Havoc." Basis Books: New York.

Mills, Robert (1989): "Gauge Fields." In *American Journal of Physics*, 57(6), S. 493–507.

Minkowski, Hermann (1908a): „Die Grundgleichungen für die elektromagnetischen Vorgänge in bewegten Körpern." In *Gesammelte Abhandlungen von Hermann Minkowski*, (1911), Hilbert, David (Hrsg.), Bd. II, Teubner: Leipzig und Berlin, S. 352–404.

Minkowski, Hermann (1908b): „Raum und Zeit. Vortrag gehalten auf der 80. Versammlung Deutscher Naturforscher und Ärzte zu Cöln am 21. September 1908." In *H. A. Lorentz,*

A. Einstein, H. Minkowski: Das Relativitätsprinzip, Sommerfeld, Arnold und Blumenthal, Otto (Hrsg.), Teubner: Leipzig und Berlin (1913), S. 56–68.

Minkowski, Hermann (1911): „Gesammelte Abhandlungen von Hermann Minkowski." Hilbert, David (Hrsg.), Bd. II, Teubner: Leipzig und Berlin.

Minkowski, Hermann (1915): „Das Relativitätsprinzip." In *Annalen der Physik*, 47, S. 927–938.

Minkowski, Hermann (1973): „Briefe an David Hilbert." Rüdenberg, L.; Zassenhaus, H. (Hrsg.), Springer: Berlin, Heidelberg und New York.

Mitscherlich, Alfred (1925): „Erster Jahresbericht der Königsberger Gelehrten Gesellschaft am 11. Januar 1925." In *Schriften der Königsberger Gelehrten Gesellschaft,* 1, 1924/25, S. 257–260.

Miyazaki, Koji (1987): „Polyeder und Kosmos: Spuren einer mehrdimensionalen Welt." Vieweg: Braunschweig.

Mladjenovic, Milorad (1992): "The History of Early Nuclear Physics (1896–1931)." World Scientific: Singapore, New Jersey, London und Hong Kong.

Mladjenovic, Milorad (1998): "The Defining Years in Nuclear Physics 1932–1969s." Institute of Physics Publishing: Bristol und Philadelphia.

Möbius, August Ferdinand (1827): „Der barycentrische Calcul ein neues Hülfsmittel zur analytischen Behandlung der Geometrie dargestellt und insbesondere auf die Bildung neuer Classen von Aufgaben und die Entwicklung mehrerer Eigenschaften der Kegelschnitte." In *Möbius, August Ferdinand (1885): Gesammelte Werke*, Bd. I, Baltzer, B. (Hrsg.), Hirzel: Leipzig,.

More, Henry (1659): „The immortality of the soul; So farre forth as it is demonstrable from the Knowledge of Nature and the Light of Reason." W. Morden: London.

Morrison, Margaret (2000): "Unifying Scientific Theories." Cambridge University Press: Cambridge.

Mosse, George L. (1993): „Der nationalsozialistische Alltag." 3. Aufl., Meisenheim: Hain.

Moszkowski, Alexander (1921): „Einstein. Einblicke in seine Gedankenwelt. Gemeinverständliche Betrachtungen über die Relativitäts-Theorie und ein neues Weltsystem entwickelt aus Gesprächen mit Einstein von Alexander Moszkowski." Hoffmann und Campe: Hamburg; Fontane Co: Berlin.

Münster, Gernot (1990): „Epistemologische Aspekte der neuen Entwicklungen in der Physik." In *Philosophia naturalis*, 27, S. 83–98.

Nasar, Sylvia (2002): „Genie und Wahnsinn. Das Leben des genialen Mathematikers John Nash." Piper: München, 5. Aufl.

Nastansky, Heinz-Ludwig und Welter, Rüdiger (1995): „Neukantianismus" In *Enzyklopädie Philosophie und Wissenschaftstheorie,* Bd. II, Mittelstraß, Jürgen (Hrsg.): Metzler: Stuttgart und Weimar, S. 989–990.

Naujok, Rudolf und Hermanowski, Georg (1992): „Ostpreußen. Westpreußen. Danzig. Memel. Unvergessene Heimat." 2. Aufl. Kraft: Würzburg.

Neumann, Gustav (1894): „Neumanns Orts-Lexikon des Deutschen Reichs. Ein geographisch-statistisches Nachschlagewerk für deutsche Landeskunde." 3. Auflage, Keil, Wilhelm (Hrsg.), Bibliographisches Institut: Leipzig und Wien.

Newton, Isaac (1988): „Mathematische Prinzipien der Naturphilosophie." Dellian, Ed (Hrsg.) Meiner: Hamburg.

Nipperdey, Thomas (1991): „Deutsche Geschichte 1866–1918." Bd. I, „Arbeitswelt und Bürgergeist." 2. Aufl. Beck: München.

Nipperdey Thomas (1993): „Deutsche Geschichte 1866–1918." Bd. II, „Machtstaat vor der Demokratie." 2. Aufl., Beck: München.

Nöbeling, Georg (1933): „Die vierte Dimension und der krumme Raum." Deuticke: Leipzig.

Nordström, Gunnar (1914): „Über die Möglichkeit, das elektromagnetische Feld und das Gravitationsfeld zu vereinigen." In *Physikalische Zeitschrift,* XV, S. 504–506.

Nys, Désiré (1907): « La Nature de l'espace. D'après les théories modernes depuis Descartes. » In *Académie Royale de Belgique : Mémoires*, Série II, 3 (1908).

Olbers, Wilhelm und Gauß, Carl Friedrich (1900): „Briefwechsel zwischen Olbers und Gauss." Schilling, C. (Hrsg.), Springer: Berlin.

Olesko, Kathryn M. (1991): "Physics as a Calling. Discipline and Practice in the Königsberg Seminar for Physics." Cornell University Press: Ithaca und London.

Olesko, Kathryn M. (1995): „Franz Ernst Neumann (1798–1895)." In „Die Albertus-Universität zu Königsberg und ihre Professoren: aus Anlass der Gründung der Albertus-Universität vor 450 Jahren." *Jahrbuch der Albertus-Universität* 29, Rauschning, Dietrich und Nerée, Donata von (Hrsg.), Duncker & Humblot: Berlin, S. 489–497.

O'Raifeartaigh, Lochlainn (1997): "The Dawning of Gauge Theory." Princeton University Press: Princeton.

O'Raifeartaigh, Lochlainn und Straumann, N. (2000): "Gauge theory: Historical origins and some modern developments." In *Reviews of Modern Physics,* 72, S. 1–23.

Ortega y Gasset, José (1924): „Kant." In *Ortega y Gasset, José (1996): Gesammelte Werke*, Bd. II, Deutsche Verlags-Anstalt: Stuttgart, S. 414–439.

Ortega, y Gasset, José (1993): „Der Aufstand der Massen." Deutsche Verlags-Anstalt: Stuttgart.

Orth, Ernst Wolfgang (1995): „Johann Friedrich Herbart (1776–1841) als Philosoph des 19. Jahrhunderts." In „Die Albertus-Universität zu Königsberg und ihre Professoren: aus Anlass der Gründung der Albertus-Universität vor 450 Jahren." *Jahrbuch der Albertus-Universität,* 29, Rauschning, Dietrich und Nerée, Donata von (Hrsg.), Duncker & Humblot: Berlin, S. 137–151.

Owens, Larry (1989): „Mathematicians at War: Warren Weawer and the Applied Mathematics Panel, 1942–1945". In *The History of Modern Mathematics*, Vol. II: *Institutions and Applications,*

Rowe, David E. und McCleary, John (Hrsg.), Academic Press: Boston und London, S. 287–305.

Pais, Abraham (1986): „Raffiniert ist der Herrgott ...", Vieweg: Braunschweig und Wiesbaden.

Pais, Abraham (1995): "Glimpses of Oskar Klein as Scientist and Thinker." In *The Oskar Klein Centenary. Proceedings of the Symposium 19–21 September 1994, Stockholm.* World Scientific: Singapore und New Jersey, S. 1–21.

Palágyi, Melchior (1901): „Neue Theorie des Raumes und der Zeit. Die Grundbegriffe einer Metageometrie." In *Palágyi, Melchior (1909): „Neue Theorie des Raumes und der Zeit. Die Grundbegriffe einer Metageometrie."* Nachdruck, Wissenschaftliche Buchgesellschaft: Darmstadt.

Palágyi, Melchior (1914): „Die Relativitätstheorie in der modernen Physik." Georg Reimer: Berlin.

Pauli, Wolfgang (1933): „Über die Formulierung der Naturgesetze mit fünf homogenen Koordinaten." In *Annalen der Physik*, 18, S. 306–372.

Pauli, Wolfgang (1963): „Relativitätstheorie." Boringhieri: Torino.

Pauli, Wolfgang (1979): „Wissenschaftlicher Briefwechsel mit Bohr, Einstein, Heisenberg u.a.", Bd. I: 1919–1929, Meyenn, Karl von; Hermann, Armin und Weisskopf, Victor (Hrsg.), Springer: Berlin und Heidelberg.

Pauli, Wolfgang (1985): „Wissenschaftlicher Briefwechsel mit Bohr, Einstein, Heisenberg u.a.", Bd. II: 1930–1939, Meyenn, Karl von (Hrsg.), Springer: Berlin und Heidelberg,

Pauli, Wolfgang (1993): „Wissenschaftlicher Briefwechsel mit Bohr, Einstein, Heisenberg u.a.", Bd. III: 1940–1949, Meyenn, Karl von (Hrsg.), Springer: Berlin und Heidelberg.

Pauli, Wolfgang (1996): „Wissenschaftlicher Briefwechsel mit Bohr, Einstein, Heisenberg u.a.", Bd. IV, Teil 1: 1950–1952, Meyenn, Karl von (Hrsg.), Springer: Berlin und Heidelberg.

Peat, Francis David (1989): „Superstrings, kosmische Fäden. Die Suche nach der Theorie, die alles erklärt." Hoffmann und Campe: Hamburg.

Peckhaus, Volker (1990): „Hilbertprogramm und Kritische Philosophie. Das Göttinger Modell interdisziplinärer Zusammenarbeit zwischen Mathematik und Philosophie." Vandenhoeck & Ruprecht: Göttingen.

Perkins, Donald H. (1990): „Hochenergiephysik." Addison-Wesley: Bonn, München, Reading, Massachusetts.

Pick, Leopold (1898): „Die vierte Dimension." Strauch: Leipzig

Pieper, Herbert (1995): „Carl Gustav Jacob Jacobi (1804–1851)." In „Die Albertus-Universität zu Königsberg und ihre Professoren: aus Anlass der Gründung der Albertus-Universität vor 450 Jahren." *Jahrbuch der Albertus-Universität*, 29, Rauschning, Dietrich und Nerée, Donata von (Hrsg.), Duncker & Humblot: Berlin, S. 473–488.

Planck, Max (1906): „Prinzip der Relativität und die Grundgleichungen der Mechanik." Vortrag gehalten am 23. März 1906 vor der Physikalischen Gesellschaft in Berlin. In *Planck, Max (1958): „Physikalische Abhandlungen und Vorträge."* Bd. II, S. 115–120.

Planck, Max (1909): „Die Einheit des physikalischen Weltbildes. Vortrag gehalten am 9. Dezember 1908 in der naturwissenschaftlichen Fakultät des Studentenkorps an der Universität Leiden." Hirzel: Leipzig.

Planck, Max (1910a): „Acht Vorlesungen über Theoretische Physik gehalten an der Columbia University in the City of New York im Frühjahr." Hirzel: Leipzig.

Planck, Max (1910b): „Die Stellung der neueren Physik zur mechanistischen Naturanschauung." Vortrag gehalten am 23. September 1910 auf der 82. Versammlung Deutscher Naturforscher und Ärzte in Königsberg in Preußen. In *Planck, Max (1958): „Physikalische Abhandlungen und Vorträge."* Bd. III, Vieweg: Braunschweig, S. 30–46.

Planck, Max (1925): „Vom Relativen zum Absoluten. Gastvorlesung, gehalten in der Universität München am 1. Dezember 1924." Hirzel: Leipzig.

Planck, Max (1935): „Die Physik im Kampf um die Weltanschauung. Vortrag gehalten am 6. März 1935 im Harnack-Haus Berlin-Dahlem." Barth: Leipzig.

Planck, Max (1947): „Religion und Wissenschaft." In *Göttinger Universitätszeitung*, Nr. 24, 21. November 1947, S. 2.

Planck, Max (1948): „Wissenschaftliche Selbstbiographie." In *Planck, Max (1958): „Physikalische Abhandlungen und Vorträge."* Bd. III, Vieweg: Braunschweig, S. 374–401.

Platon: „Phaidros." In *Platon (2002): „Phaidros."* Reclam: Stuttgart.

Platon: „Philebos." In *Platon: (1955): „Philebos."* Apelt, Otto (Hrsg.), 3. Aufl., Felix Meiner Verlag: Hamburg.

Platon: „Timaios." In *Platon (2003): „Timaios."* Griechisch-Deutsch, Reclam: Stuttgart.

Podolanski, Julius (1933): „Die Anwendung der Ritzschen Methode auf Polarisationsprobleme in der Wellenmechanik. Polarisationskräfte zwischen zwei Wasserstoffatomen." Dissertation, Universität Jena, Johann Ambrosius Barth: Leipzig.

Poggendorffs Handwörterbuch der Naturwissenschaften, VII A, Teil 2, (1958): „Kaluza, Theodor." S. 684.

Poincaré, Henri (1895a): « L'Espace et la Géometrie. » In *Revue Métaphysique et de la Morale*, 3, 1895, S. 631–646.

Poincaré, Henri (1895b): « Analysis Situs. » In *Journal de L'École Polytechnique, Paris*, 2. Sér., 1, S. 1–121.

Poincaré, Henri (1904): « La valeur de la science. » Ernest Flammarion: Paris.

Poincaré, Henri (1905): « Sur la dynamique de l'électron. » In *Comptes rendus hebdomadaires des séances de L'Académie des Sciences, Paris,* 140, S. 1504–1508.

Poincaré, Henri (1906): « Sur la dynamique de l'électron. » *Rendiconti del Circolo matematico di Palermo*, 21, S. 129–176, in *Oeuvres de Henri Poincaré*, Bd. IX, Petiau, Gérard (Hrsg.), Gauthier-Villars: Paris, 1954.

Poincaré, Henri (1913): « Dernières Pensées. » Flammarion: Paris.

Poincaré, Henri (1914): „Wissenschaft und Hypothese." 3. Aufl., Teubner: Leipzig.

Popper, Karl R. (1987): „Das Elend des Historizismus." 6. Aufl., Mohr: Tübingen.

Popper, Karl R. (1984a): „Immanuel Kant: Der Philosoph der Aufklärung." In *Popper, Karl R.: Auf der Suche nach einer besseren Welt. Vorträge und Aufsätze aus dreißig Jahren*, Piper: München, S. 137–148.

Popper Karl R. (1984b): „Woran glaubt der Westen." In *Popper, Karl R.: Auf der Suche nach einer besseren Welt. Vorträge und Aufsätze aus dreißig Jahren*, Piper: München, S. 231–254.

Pyenson, Lewis (1982): "Relativity in Late Wilhelmian Germany: The Appeal to a Pre-established Harmony between Mathematics and Physics." In *Archive for the History of Exact Sciences,* 27, S. 137–155.

Raman, Varadaraja V. (1973): "Theodor Franz Eduard Kaluza." In *Dictionary of Scientific Biography*, VII, S. 211–212.

Randall, Lisa (2005): "Warped Passages: Unraveling The Mysteries of The Universe's Hidden Dimensions." Ecco Press at Harper Collins: New York.

Randall, Lisa und Sundrum, Raman (1999a): "A large Mass Hierarchy from a Small Extra Dimension." In *Physical Review Letters,* 83, S. 3370–3373.

Randall, Lisa und Sundrum, Raman (1999b): "An Alternative to Compactification." In *Physical Review Letters,* 83, S. 4690–4693.

Reich, Karin (1978): „Die Geschichte der Differentialgeometrie von Gauß bis Riemann (1828–1868)." Dissertation, TU München.

Reich, Karin (1989): „Das Eindringen des Vektorkalküls in die Differentialgeometrie." In *Archive fort he History of Exact Sciences,* 40, S. 275–303.

Reich, Karin (1992): „Levi-Civitasche Parallelverschiebung, affiner Zusammenhang, Übertragungsprinzip: 1916/17-1922/23." In *Archive fort he History of Exact Sciences,* 44, S. 77–105.

Reichardt, Hans (1985): „Gauß und die Anfänge der nicht-euklidischen Geometrie." Teubner: Leipzig.

Reichenbächer, Ernst (1926): „Der Elektromagnetismus in der Weltgeometrie." In *Physikalische Zeitschrift,* 27, 741–745.

Reid, Constance (1976): "Courant in Göttingen and New York. The Story of an Improbable Mathematician." Springer: New York, Heidelberg und Berlin

Reid, Constance (1979): „Richard Courant, 1888–1972. Der Mathematiker als Zeitgenosse", Springer: Berlin, Heidelberg und New York.

Reid, Constance (1996): "Hilbert." Copernicus: New York (1. Auflage 1970)

Reidemeister, Kurt (1935): „Anschauung als Erkenntnisquelle." In *Semesterberichte zur Pflege des Zusammenhangs von Universität und Schule aus den mathematischen Seminaren,* Münster, 8, und in *Zeitschrift für philosophische Forschung* I (1947), S. 197–210.

Reidemeister, Kurt (1946a): „Das Grundrecht der Wissenschaft." In *Die Wandlung,* 1, Heidelberg, S. 1078–1134.

Reidemeister, Kurt (1946b): „Über die Freiheit der Wissenschaft." In *Marburger Hochschulgespräche,* S. 64–71.

Reidemeister, Kurt (1947a): „Der totale Staat im Spiegel der Selbsterfahrung." In *Die Wandlung,* 2, Heidelberg, S. 215–220.

Reidemeister, Kurt (1947b): „Über Freiheit und Wahrheit." Habel: Berlin.

Reinke, Hans-Dieter (1994): „Die Ostseeküste von Eckernförde bis Kiel." Ellert und Richter: Hamburg.

Reinoß, Herbert (Hrsg.) (1992): „Jugendjahre in Ostpreußen", 2. Aufl., Heyne: München.

Remarque, Erich Maria (1931): „Der Weg zurück." Propyläen-Verlag: Berlin.

Remmert, Volker R. (2004): „Die Deutsche Mathematiker-Vereinigung im ‚Dritten Reich': Krisenjahre und Konsolidierung." In *DMV-Mitteilungen* 12–3, S. 159–177.

Renn, Jürgen (1994): "The Third Way to General Relativity." Preprint 9, Max-Planck-Institut für die Wissenschaftsgeschichte: Berlin.

Richter, Gustav (1912): „Bewegung, die vierte Dimension." Braumüller: Wien und Leipzig.

Richter, Wilhelm (1971): „Der Wandel des Bildungsgedanken: die Brüder von Humboldt, das Zeitalter der Bildung und die Gegenwart." Colloquium-Verlag: Berlin.

Riemann, Bernhard (1854): „Über die Hypothesen, welche der Geometrie zu Grunde liegen." In *Bernhard Riemann's gesammelte mathematische Werke und wissenschaftlicher Nachlass,* Weber, H. und Dedekind, R. (Hrsg.) Teubner: Leipzig (1876), S. 254–269.

Riemann, Bernhard (1858): „Ein Beitrag zur Elektrodynamik." In *Bernhard Riemann's gesammelte mathematische Werke und wissenschaftlicher Nachlass,* Weber, H. und Dedekind, R. (Hrsg.) Teubner: Leipzig (1876), S. 270–275.

Riemann, Bernhard (1876a): „Fragmente philosophischen Inhalts." In *Bernhard Riemann's gesammelte mathematische Werke und wissenschaftlicher Nachlass,* Weber, H. und Dedekind, R. (Hrsg.) Teubner: Leipzig (1876), S. 475–506.

Riemann, Bernhard (1876b): „Schwere, Elektrizität und Magnetismus." Hattendorff, Karl (Hrsg.), Rümpler: Hannover.

Riemann, Gabriele (Hrsg.) (1973): „Göttingen: Portrait einer Stadt." Länderdienstlicher-Verlag: Berlin.

Ritter, August (1853): „Über das Prinzip des kleinsten Zwanges." Dissertation, Göttingen, in *Carl Friedrich Gauss. Werke.* Königliche Gesellschaft der Wissenschaften zu Göttingen (Hrg.) Bd. X, 1, Teubner: Leipzig, 1917, (Nachdruck, Georg Olms: Hildesheim und New York, 1981), S. 469–472.

Rolland, Romain (1954): „Zwischen den Völkern. Aufzeichnungen und Dokumente aus den Jahren 1914–1919." Bd . I, Deutsche Verlags-Anstalt: Stuttgart.

Roquette, Peter (1995): „Die Königsberger Mathematiker." In „Die Albertus-Universität zu Königsberg und ihre Professoren: aus Anlass der Gründung der Albertus-Universität vor 450 Jahren." *Jahrbuch der Albertus-Universität,* 29, Rauschning, Dietrich und Nerée, Donata von (Hrsg.), Duncker & Humblot: Berlin, S. 459–463.

Roquette, Peter (2002): „David Hilbert in Königsberg." Vortrag am 30. September 2002 an der Mathematischen Fakultät in Kaliningrad.

Rosenfeld, Boris A. (1988): "A History of Non-Euclidean Geometry. Evolution of the Concept of a Geometric Space." Springer: New York.

Rosenow, Ulf (1987): „Die Göttinger Physik unter dem Nationalsozialismus." In *Die Universität Göttingen unter dem Nationalsozialismus,* Becker, Heinrich; Dahms, Hans-Joachim und Wegeler, Cornelia (Hrsg.), K. G. Saur: München, London und New York, S. 374–410.

Rowe, David (1989): "Klein, Hilbert, and the Göttingen Mathematical Tradition." In *OSIRIS,* 5, S. 186–213.

Rowe, David (1995): „David Hilbert (1862–1943)." In „Die Albertus-Universität zu Königsberg und ihre Professoren: aus Anlass der Gründung der Albertus-Universität vor 450 Jahren." *Jahrbuch der Albertus-Universität,* 29, Rauschning, Dietrich und Nerée, Donata von (Hrsg.), Duncker & Humblot: Berlin, S. 543–552.

Rucker, Rudolf v. B. (1980): "Introduction" to *"Speculations on the Fourth Dimension. Selected Writings of Charles H. Hinton",* Rucker, Rudolf v. B. (Hrsg.), Dover Publications: New York, S. I–XIX.

Runge, Carl (1914): „Was ist angewandte Mathematik?" In *Zeitschrift für mathematischen und naturwissenschaftlichen Unterricht aller Schulgattungen,* 45, S. 269–271.

Russell, Bertrand (1896): "The Logic of Geometry." In *Mind,* 5, S. 1–23.

Rust, Francis (1908): "A Comment on Pseudo-Geometry." In *The Monist,* 18, S. 631–632.

Rutherford, Ernest (1920): "Nuclear Constitution of Atoms." In *Proceedings of the Royal Society of London A,* 97, S. 374–400.

Rutherford, Ernest (1924): „Die elektrische Struktur der Materie". In *Die Naturwissenschaften,* 12, S. 1–13.

Sabbata, Venzo de und Schmutzer, Ernst (Hrsg.) (1983): "Unified Field Theories of more than 4 Dimensions, Proceedings of the International School of Cosmology and Gravitation, Erice, Italy, 20 May–1 June 1982." World Scientific: Singapore.

Salam, Abdus (1980): "Gauge unification of fundamental forces." In *Review of Modern Physics,* 52, July 1980, S. 525–538.

Sambursky, Samuel W. (1923): „Über den indirekten Beweis in der Mathematik und Physik." In *Jahrbuch der Philosophischen Fakultät zu Königsberg in Pr.,* S. 57–58.

Schappacher, Norbert (1987): „Das mathematische Institut der Universität Göttingen 1929–1950." In *Die Universität Göttingen unter dem Nationalsozialismus,* Becker, Heinrich; Dahms,

Hans-Joachim und Wegeler, Cornelia (Hrsg.), K.G. Saur: München, London und New York, S. 345–373.

Schappacher, Norbert und Kneser Martin (1990): „Fachverband-Institut-Staat." In *Ein Jahrhundert Mathematik 1890–1990. Festschrift zum Jubiläum der DMV*, Fischer, Gerd; Hirzebruch Friedrich; Scharlau Winfried und Törnig Willi (Hrsg.), Vieweg: Braunschweig.

Scharlau, Winfried (Hrsg.) (1990): „Mathematische Institute in Deutschland 1800–1945." Vieweg: Braunschweig.

Scheible, Heinz (1995): „Georg Sabinus (1508–1560)." In „Die Albertus-Universität zu Königsberg und ihre Professoren: aus Anlass der Gründung der Albertus-Universität vor 450 Jahren." *Jahrbuch der Albertus-Universität*, 29, Rauschning, Dietrich und Nerée, Donata von (Hrsg.), Duncker & Humblot: Berlin, S. 17–31.

Scheifele, Irene (1996): „Festschriften der Versammlungen Deutscher Naturforscher und Ärzte 1822 bis 1920", In *Schriftenreihe zur Geschichte der Versammlungen Deutscher Naturforscher und Ärzte,* 6, Wissenschaftliche Verlags-Gesellschaft: Stuttgart.

Schilling, Martin (1911) : „Catalog mathematischer Modelle für den höheren Unterricht." 7. Aufl., Verlag von Martin Schilling: Leipzig.

Schilpp, Paul Arthur (Hrsg.) (1983): „Albert Einstein als Philosoph und Naturforscher." Vieweg: Braunschweig.

Schirrmacher, Arne (2003): „Drei Männer Arbeit in der frühen Bundesrepublik: Max Born, Werner Heisenberg und Pascual Jordan als politische Gegner." *Vortrag auf der Pascual Jordan Tagung in Mainz am 11. November 2003*, S. 1–29.

Schlegel, Victor (1886): „Über Entwickelung und Stand der *n*-dimensionalen Geometrie mit besonderer Berücksichtigung der vierdimensionalen." In *Abhandlungen der Leopoldina Akademie*, 22.

Schlegel, Victor (1888): „Über den sogenannten vierdimensionalen Raum." In *Allgemeinverständliche naturwissenschaftliche Abhandlungen*, Heft 1, H. Riemann: Berlin.

Schlote, Karl-Heinz (1995): „Die Königsberger Schule." In „Die Albertus-Universität zu Königsberg und ihre Professoren: aus Anlass der Gründung der Albertus-Universität vor 450 Jahren." *Jahrbuch der Albertus-Universität,* 29, Rauschning, Dietrich und Nerée, Donata von (Hrsg.), Duncker & Humblot: Berlin, S. 499–508.

Schmeiser, Martin (1994): „Akademischer Hasard. Das Berufsschicksal des Professors und das Schicksal der deutschen Universität 1870–1920. Eine verstehend soziologische Untersuchung." Klett-Cotta: Stuttgart.

Schmidt, Jürgen (1966): „Mengenlehre." BI-Hochschultaschenbücher: Mannheim.

Schmutzer, Ernst (1981): „Relativitätstheorie aktuell – ein Beitrag zur Einheit der Physik." 2. Aufl., Teubner: Leipzig.

Schmutzer, Ernst (1988): „Die fünfte Dimension." In *Spektrum der Wissenschaft*, 1988, Heft 7, S. 52–59.

Schmutzer, Ernst (1989a): „Einheit der Physik in ihrer Fünfdimensionalität?". In *Erfahrung des Denkens. Wahrnehmung des Ganzen. Carl Friedrich von Weizsäcker als Physiker und Philosoph*, Ackermann, Peter (Hrsg.), Akademie-Verlag: Berlin.

Schmutzer, Ernst (1989b): „Die Relativitätstheorie im Wandel des 20. Jahrhunderts." In *Philosophie, Physik, Wissenschaftsgeschichte, ein gemeinsames Kolloquium der TU Berlin und des Wissenschaftskolleg zu Berlin, 24. und 25. April 1989*, Muschik, W. (Hrsg.), Schriftenreihe: TUB-Dokumentation Kongresse und Tagungen, 45, Technische Universität: Berlin, S. 139–154.

Scholz, Erhard (1982): "Herbart's Influence on Bernhard Riemann." In *Historia Mathematica, 9*, S. 413–440.

Scholz, Erhard (1992): "Riemann's Vision of a New Approach to Geometry." In *1830–1930: A Century of Geometry*, Boi, I; Flament, D. und Salanskis, J.-M. (Hrsg.), Springer: Berlin, Heidelberg, New York, S. 23–34.

Schouten, Jan A. (1924): „Über die Entwicklung der Begriffe des Raumes und der Zeit und ihre Beziehungen zum Relativitätsprinzip." Teubner: Leipzig und Berlin.

Schrödinger, Erwin (1950): "Space-time structure." Cambridge University Press: Cambridge.

Schubring, Gert (1989): "Pure and Applied Mathematics in Divergent Institutional Setting in Germany: The Role and Impact of Felix Klein." In *The History of Modern Mathematics*, Vol. II, *Institutions and Applications*, Rowe, David E. und McCleary, John (Eds.) Academic Press: Boston und London, S. 171–222.

Schweitzer, Albert (1996): „Kultur und Ethik." Beck: München.

Schwermer, Joachim (1995): „Hermann Minkowski (1864–1909)." In „Die Albertus-Universität zu Königsberg und ihre Professoren: aus Anlass der Gründung der Albertus-Universität vor 450 Jahren." *Jahrbuch der Albertus-Universität, 29*, Rauschning, Dietrich und Nerée, Donata von (Hrsg.), Duncker & Humblot: Berlin, S. 553–560.

Segre, C. (1921): „Mehrdimensionale Räume." In *Encyklopädie der mathematischen Wissenschaften mit Einschluß ihrer Anwendungen, Bd. III, 2. Teil 2. Hälfte, A*, S. 769–972.

Selle, Götz von (1956): „Geschichte der Albertus-Universität zu Königsberg in Preußen", 2. Aufl., Holzner: Würzburg.

Selow, Edith (1981): "Friedrich Wilhelm Joseph Schelling." In *Dictionary of Scientific Biography*, XI, S. 153–159.

Siegmund-Schultze, Reinhard (1998): „Mathematiker auf der Flucht vor Hitler. Quellen und Studien zur Emigration einer Wissenschaft." Vieweg: Braunschweig.

Sigurdsson, Skuli (1991): "Hermann Weyl, Mathematics and Physics, 1900–1927." Dissertation, Harvard University: Cambridge, Massachusetts.

Sommer, Klaus P. (2004): „Eine Frage der Perspektive? Hermann Heimpel und der Nationalsozialismus." In *Historisches Denken und gesellschaftlicher Wandel. Studien zur Geschichtswissenschaft zwischen Kaiserreich und deutscher Zweistaatlichkeit.* Kaiser, Tobias; Kaudelka, Steffen und Steinbach, Matthias (Hrsg.), Metropol Verlag: Berlin, S. 199–223.

Sommer, Klaus P. (2005): „In das Deutschland ‚von Hilbert und Einstein'. Briefe von Einstein, Planck, Nernst, Debye, Born, Sommerfeld, Courant, Ehrenfest, Weyl und Althoff an David Hilbert, gefunden auf einem Göttinger Dachboden." In *Berichte zur Wissenschaftsgeschichte,* 28, H. 4, S. 1–21 bzw. 283–303.

Sommer, Klaus P. und Wuensch, Daniela (2009): "Klein, Hilbert and the Unity of Science." Englische Langfassung von Wuensch und Sommer (2009), erscheint demnächst.

Sommerfeld, Arnold (1949): „Vorlesungen über theoretische Physik. Band III, Elektrodynamik." Geest & Portig: Leipzig.

Smuts, Jan Christian (1938): „Die holistische Welt." Metzner: Berlin.

Sommerville, Duncan M. Y. (1911): "Bibliography of Non-Euclidean Geometry including the theory of parallels, the foundations of geometry, and space of *n* dimensions." Harrison & Sons: London.

Stachel, John (1986): "The Rigidly Rotating Disk as the ‚Missing Link'." In *Einstein and the History of General Relativity* Don Howard und John Stachel (Hrsg.), Birkhäuser: Boston, Berlin und Basel, S. 48–62.

„Stadtplan von Königsberg. Stand 1931." Nachdruck 1996, Rautenberg: Leer.

Stäckel, Paul (1901): „Friedrich Ludwig Wachter, ein Beitrag zur Geschichte der nichteuklidischen Geometrie." In *Mathematische Annalen,* 54, S. 49–85.

Stäckel, Paul (1903): „Bericht über die Mechanik mehrfacher Mannigfaltigkeiten." In *Jahresbericht der deutschen Mathematiker-Vereinigung,* 12, S. 469–481.

Stäckel, Paul (1917a): „Bemerkung zu ‚Mannigfaltigkeiten von n Dimensionen'." In *Carl Friedrich Gauss. Werke.* Königliche Gesellschaft der Wissenschaften zu Göttingen (Hrg.) Bd. X, 1, Teubner: Leipzig, 1917, S. 481–482, (Nachdruck, Georg Olms: Hildesheim und New York, 1981).

Stäckel, Paul (1917b): „Gauss als Geometer." In *Carl Friedrich Gauss. Werke.* Königliche Gesellschaft der Wissenschaften zu Göttingen (Hrg.) Bd. X, 2, Teubner: Leipzig, 1917, S. 1–123, (Nachdruck, Georg Olms: Hildesheim und New York, 1981).

Stallmach, Joseph (1979): „Der ‚Zusammenfall der Gegensätze' und der unendliche Gott." In *Nikolaus von Kues. Einführung in sein philosophisches Denken.* Jacobi, Klaus (Hrsg.), Karl Alber: Freiburg und München, S. 56–73.

Steiner, Rudolf (1995): „Die vierte Dimension. Mathematik und Wirklichkeit." Ziegler, Renatus und Trapp, Ulla (Hrsg.), Rudolf Steiner Verlag: Dornach, Schweiz.

Stewart, Ian (1990): „Mathematik Probleme-Themen-Fragen." Akademie-Verlag: Basel, Boston und Berlin.

Stichweh, Rudolf (1984): „Zur Entstehung des modernen Systems wissenschaftlicher Disziplinen. Physik in Deutschland 1740–1890." Suhrkamp: Frankfurt am Main.

Stickelbroeck, Michael (1994): „Mysterium Venerandum. Der trinitarische Gedanke im Werk des Bernhard von Clairvaux." Aschendorff: Münster.

Stöckler, Manfred (1987): „Philosophische Probleme der Elementarteilchenphysik." Habilitationsschrift: Giessen.

Störig, Hans Joachim (1992): „Kleine Weltgeschichte der Philosophie." Fischer: Frankfurt am Main.

Stresau, Hermann (1947): „Thomas Mann. " In *Göttinger Universitätszeitung*, Nr. 17/28, 15. August 1947, S. 18.

Surin, Aline (1965): « Étude du schéma fluide parfait et des équations de mouvement dans les théories pentadimensionnelles de Jordan-Thiry et de Kaluza-Klein. » Gauthier-Villars: Paris.

Sutton, Christine (1994): „Raumschiff Neutrino." Birkhäuser: Basel, Boston und Berlin.

„Tagesordnung der Innsbrucker Versammlung, 21.-27. September 1924." In *Jahresbericht der Deutschen Mathematiker-Vereinigung*, 33, 1925, S. 57–60.

Taton, René (Hrsg.) (1961): « Histoire générale des sciences. » Bd. III, 1: « La science contemporaine, Le XIX siècle. » Presses Universitaires de France: Paris.

Teller, Edward (1993): „Die dunklen Geheimnisse der Physik." Piper: München.

Thirring, Hans (1918): „Über die formale Analogie zwischen den elektromagnetischen Grundgleichungen und den Einsteinschen Gravitationsgleichungen erster Näherung." In *Physikalische Zeitschrift*, 19, S. 204–205.

Thiry, Yves (1948): « Les équations de la théorie unitaire de Kaluza. » In *Comptes Rendus de l'Académie des Sciences Paris*, 226, S. 216–218.

Thomsen, Dietrick E. (1984): "Kaluza-Klein: The Koenigsberg Connection", in *Science News*, 126, No.1, July 1984, S. 12–14.

Titze, Hartmut (1995): „Datenhandbuch zur deutschen Bildungsgeschichte." Band I: „Hochschulen", Teil II: „Wachstum und Differenzierung der deutschen Universitäten 1830–1945." Vandenhoeck & Ruprecht: Göttingen.

Tobies, Renate (1989): „On the Contribution of Mathematical Societies to Promoting Applications of Mathematics in Germany." In *The History of Modern Mathematics*, Vol. II: *Institutions and Applications*, Rowe, David E. und McCleary, John (Hrsg.), Academic Press: Boston und London, S. 223–250.

Tonnelat, Marie-Antoinette (1965) : « Les théorie unitaires de l'électromagnétisme et de la gravitation. » Gautier-Villars: Paris.

Tollmien, Cordula (1987): „Das Kaiser-Wilhelm-Institut für Strömungsforschung verbunden mit der Aerodynamischen Versuchsanstalt. In *Die Universität Göttingen unter dem Nationalsozialismus*, Becker, Heinrich; Dahms, Hans-Joachim und Wegeler, Cornelia (Hrsg.), K. G. Saur: München, London und New York, S. 464–489.

Tonnelat, Marie-Antoinette (1971): « Histoire du Principe de Relativité. » Flammarion: Paris.

Trautman, Andrzej (1982): "Einstein and the Geometrization of Physics." In *Conference on Differential Geometric Methods in Theoretical Physics, Trieste 30 June –3 July 1981*, World Scientific: Singapore, S. 33–40.

Trunschke, Andreas (1990): „Der Königsberger Physiker Franz Ernst Neumann (1798–1895) und die Preußische Akademie der Wissenschaften zu Berlin". In *NTM-Schriftenreihe, Geschichte der Naturwissenschaften, Technik, Medizin*, Bd. 27, 1990, S. 1–11.

Uhlenbeck, George E. (1925): „Over een Stelling van Lorentz en haar uitbreiding voor meer-dimensionale Ruimten." In *Physica*, 5, S. 423–428.

Uhlig, Ralph (Hrsg.) (1991): „Vertriebene Wissenschaftler der Christian-Albrechts-Universität zu Kiel (CAU) nach 1933 – Zur Geschichte der CAU im Nationalsozialismus; eine Dokumentation." Schmatzler, Uta Cornelia und Wieben, Mathias (Bearb.), Lang: Frankfurt am Main.

Ullmann, Klaus (1992): „Schlesien-Lexikon." 6. Aufl., Kraft: Würzburg.

Ungern-Sternberg, Jürgen von und Ungern-Sternberg, Wolfgang von (1996): „Der Aufruf an die Kulturwelt." Steiner: Stuttgart.

Urbahns, Ferdinand und Schmidt, Harry (1938): „Kiel und die Kieler Förde." Mühlau: Kiel und Hamburg.

Veblen, Oswald (1933): „Projektive Relativitätstheorie." Springer: Berlin.

Veblen, Oswald und Hoffmann, Banesh (1930): „Projective Relativity." In *Physical Review* 36, S. 810–822.

Verbin, Y. und Nielsen, N. K. (2004): „On the Origin of Kaluza's Idea of Unification." http://arXiv/physics/0405075, forthcoming in *General Relativity and Gravitation*.

„Verhandlungen der Gesellschaft Deutscher Naturforscher und Ärzte. 82. Versammlung zu Königsberg. 18. bis 24. September 1910." (1911), Witting, Alexander (Hrsg.), F.C.W. Vogel: Leipzig.

„Verhandlungen der Gesellschaft Deutscher Naturforscher und Ärzte. 87. Versammlung zu Leipzig, Hundertjahrfeier. 17. bis 24. September 1922." (1923), Witting, Alexander (Hrsg.), F.C.W. Vogel: Leipzig.

„82. Versammlung der Gesellschaft Deutscher Naturforscher und Ärzte in Königsberg vom 18. bis 24. September 1910." In *Physikalische Zeitschrift*, 11, (1910), S. 921.

„87. Versammlung der Gesellschaft Deutscher Naturforscher und Ärzte in Leipzig 1922. Hundertjahrfeier." In *Verhandlungen der Gesellschaft Deutscher Naturforscher und Ärzte*, 1922, Teubner: Leipzig.

Vizgin, Vladimir P. (1989): „Einstein, Hilbert and Weyl: The Genesis of the Geometrical Unified Field Theory Program." In *Einstein and the History of General Relativity*, Howard, Don und Stachel, John (Hrsg.), Birkhäuser: Boston, Berlin und Basel, S. 300–314.

Vizgin, Vladimir P. (1994): „Unified Field Theories in the First Third of the 20th Century." Birkhäuser: Basel, Boston und Berlin.

Vogel, Prof. (1914): „Rückblick auf die Geschichte der nunmehr 125 Jahre bestehenden Physikalisch-ökonomischen Gesellschaft". In *Schriften der Physikalisch-ökonomischen Gesellschaft zu Königsberg in Preußen*, 54, S. 224–227.

Volk, Otto (1967): „Die Albertus-Universität in Königsberg i. Pr. und die exakten Naturwissenschaften im 18. Und 19. Jahrhundert. In *„Staat und Gesellschaft. Festgabe für Günther Küchenhoff zum 60. Geburtstag am 21. August 1967"*, Mayer, Franz (Hrsg.), Schwartz: Göttingen.

Volkmann, Paul (1896): „Erkenntnistheoretische Grundzüge der Naturwissenschaften und ihre Beziehungen zum Geistesleben der Gegenwart." Teubner: Leipzig und Berlin.

Volkmann, Paul (1909): „Die materialistische Epoche des neunzehnten Jahrhunderts und die phänomenologisch-monistische Bewegung der Gegenwart." Rede gehalten am 18. Januar 1909 in der Aula der Königlichen Albertus-Universität zu Königsberg in Preußen. Teubner: Leipzig und Berlin.

Volkmann, Paul (1910): „Franz Neumann als Experimentator." In *Physikalische Zeitschrift*, 11, S. 932–937.

Volkmann, Paul (1924): „Kant und die theoretische Physik der Gegenwart." In *Annalen der Philosophie,* 4, S. 42–68.

„Vorträge und Diskussionen von der 82. Naturforscherversammlung zu Königsberg." (1910) In *Physikalische Zeitschrift,* 11, 1910, S. 922–1019.

„Vorträge und Diskussionen von der 88. Versammlung Deutscher Naturforscher und Ärzte in Innsbruck." (1924) In *Physikalische Zeitschrift,* 25, 1924, S. 588–607.

Vries, Hendrik de (1926): „Die vierte Dimension: Eine Einführung in das vergleichende Studium der verschiedenen Geometrien." Teubner: Leipzig.

Waerden, B. L. van der (1985): "A History of Algebra. From al-Khwarizmi to Emmy Noether." Springer: Berlin, Heidelberg, New York.

Walter, Scott (1999a): "Minkowski, Mathematicians and the Mathematical Theory of Relativity." In *The Expanding Worlds of General Relativity*, Goenner, Hubert; Renn, Jürgen; Ritter, Jim und Sauer, Tilman (Hrsg.), Birkhäuser: Boston, Basel und Berlin, S. 45–86.

Walter, Scott (1999b): "The Non-Euclidean Style of Minkowskian Relativity." In *Gray, Jeremy (Hrsg.), "The Symbolic Universe"*, Oxford University Press: Oxford, S. 91–127.

Wegeler, Cornelia (1996): „...wir sagen ab der internationalen Gelehrtenrepublik: Altertumswissenschaft und Nationalsozialismus; das Göttinger Institut für Altertumskunde 1921–1962." Böhlau: Wien, Köln und Weimar.

„Wegweiser durch Königsberg in Preußen und Umgebung." (1910), Sahm, Wilhelm (Hrsg.), 2. Aufl., Königsberg, Nachdruck (1988), Rautenberg: Leer.

Weisskopf, Victor (1991). „Mein Leben. Ein Physiker, Zeitzeuge und Humanist erinnert sich an unser Jahrhundert." Scherz: Bern.

Wells, H. G. (1895): "The Time Machine." Everyman: London, 2002.

Wess, Julius und Bagger, Jonathan (1992): „Supersymmetry and Supergravity." 2. ed. Princeton University Press: Princeton, N. J.

Wesson, P. S. und Mashhoon, B.; Liu, H. (1997): "The (Im)possibility of Detecting a Fifth-Dimension." In *Modern Physics Letter*, A12, S. 2309–2316.

Weyl, Hermann (1918): „Gravitation und Elektrizität." In *Sitzungsberichte der Königlich Preußischen Akademie der Wissenschaften zu Berlin,* S. 465–478.

Weyl, Hermann (1923): „Die Idee der Riemannschen Fläche." In *Mathematische Vorlesungen an der Universität Göttingen,* Bd. V, Teubner: Leipzig und Berlin.

Weyl, Hermann (1929). „Elektron und Gravitation. I." In *Zeitschrift für Physik,* 56, S. 330–335.

Weyl, Hermann (1944): "David Hilbert and his mathematical work." In *Bulletin of the American Mathematical Society* 50, S. 612–654.

Weyl, Hermann (1949): "Philosophy of Mathematics and the Natural Science. Revised and augmented English edition." Princeton University Press: Princeton, N. J.

Weyl, Hermann (1950): „50 Jahre Relativitätstheorie." In *Die Naturwissenschaften,* 38, S. 73–83.

Weyl, Hermann (1971): „Über den Symbolismus der Mathematik und mathematischen Physik." In *„Hilbert, Gedenkband",* Reidemeister, Kurt (Hrsg.), Springer: Berlin, Heidelberg und New York, S. 20–38.

Whitrow, G. J. (1956): "Why Physical Space has Three Dimensions." In *The British Journal for the Philosophy of Science,* 6, S. 13–31.

Wiechert, Ernst (1951): „In der Heimat. Mit 64 Fotos von Walter Gerull-Kardas." Piper: München.

Wiechert, Ernst (1989): „Jahre und Zeiten: Erinnerungen." Ullstein: Frankfurt am Main.

Wieleitner, H. (1925): „Zur Frühgeschichte der Räume von mehr als drei Dimensionen." In *ISIS,* 23 (Vol. VII, 3), S. 486–489.

Wien, Wilhelm (1930): „Aus dem Leben und Wirken eines Physikers." Barth: Leipzig.

Williams, L. Pearce (1981a): „Michael Faraday." In *Dictionary of Scientific Biography,* III, S. 527–540.

Williams, L. Pearce (1981b): „Hans Christian Oersted." In *Dictionary of Scientific Biography,* IX, S. 182–186.

Wilson, Edward O. (1998): „Die Einheit des Wissens." 2. Aufl., Siedler: Berlin.

Windelband, Wilhelm (1912): „Lehrbuch der Geschichte der Philosophie." J. C. B. Mohr (Paul Siebeck): Tübingen.

Wise, Mathew Norton (1981): "German concepts of force, energy, and the electromagnetic ether: 1845–1880." In *Conceptions of ether* Cantor, G. N. und Hodge, M. J. S. (Hrsg.), Cambridge University Press: Cambridge, New York, New Rochelle u.a., S. 269–307.

Wise, Mathew Norton (1994): "Pascual Jordan: quantum mechanics, psychology, National Socialism." In *Renneberg, Monika und Walker, Mark (Hrsg.): Science, Technology and National Socialism,* Cambridge University Press: Cambridge, S. 224–254 und S. 391–396.

Witte, Hans (1906): „Über den gegenwärtigen Stand der Frage nach einer mechanischen Erklärung der elektrischen Erscheinungen." Ebering: Berlin.

Witte, Hans (1908): „Weitere Untersuchungen über die Frage nach einer mechanischen Erklärung der elektrischen Erscheinungen unter der Annahme eines kontinuierlichen Weltäthers." In *Annalen der Physik,* 26, S. 235–257.

Witten, Edward (1981): "Search for a realistic Kaluza-Klein Theory." In *Nuclear Physics B*, 186, S. 412–428.

Witten, Edward (1996): "Reflections on the Fate of Spacetime." In *Physics Today*, April 1996, S. 24–30.

Witten, Edward (1997): "Duality, Spacetime and Quantum Mechanics." In *Physics Today*, May 1997, S. 28–33.

Wuensch, Daniela (2003a): "The fifth dimension: Theodor Kaluza's ground-breaking idea." In *Annalen der Physik,* 12, 9, S. 519–542.

Wuensch, Daniela (2003b): "Einstein, Kaluza and the fifth dimension." Vortrag auf der *Sixth International Conference on the History of General Relativity, 26–29 June 2002, Amsterdam*, In *Eisenstaedt, Jean und Kox, Anne (2005): The Universe of General Relativity*, Birkhäuser: Boston, S. 277–302.

Wuensch, Daniela (2004): "Theodor Kaluza and his five-dimensional world." In *Proceedings of the Tenth Marcel-Grossmann Meeting, July 20 to 26, 2003, Rio de Janeiro, Brasil*, (2005), World Scientific: Singapore, S. 982–993.

Wuensch, Daniela (2005): „'zwei wirkliche Kerle' Neues zur Entdeckung der Gravitationsgleichungen der Allgemeinen Relativitätstheorie durch Albert Einstein und David Hilbert. " Termessos: Göttingen.

Wuensch (2006a): „Hilberts Vorlesungen zur Kontinuumsmechanik im Licht seiner axiomatischen Methode." In Vorbereitung.

Wuensch, Daniela (2006b): "Einstein and Oskar Klein: The Challenge of the Fifth Dimension." In Vorbereitung.

Wuensch, Daniela und Goenner, Hubert (2004): "Kaluza's and Klein's contributions to Kaluza-Klein-theory." In *Proceedings of the Tenth Marcel-Grossmann Meeting, July 20 to 26, 2003, Rio de Janeiro, Brasil*, (2005), World Scientific: Singapore, S. 2041–2047.

Wuensch, Daniela und Sommer, Klaus (2006): „Felix Klein, David Hilbert und die Einheit der Wissenschaften." In *Festschrift für Karin Reich*, Wolfschmidt, Gudrun (Hrsg.), Algorismus: München, S. 259–270.

Wurzbach, Constant von (1856–1891): „Biographisches Lexikon des Kaisertums Österreich." 60 Bände, Zamarski: Wien.

Wußing, Hans (1975): „August Ferdinand Möbius (1790–1668)." In *Biographien bedeutender Mathematiker*, Volk und Wissen: Berlin.

Wußing, Hans (1995): „Carl Louis Ferdinand Lindemann (1852–1939)." In „Die Albertus-Universität zu Königsberg und ihre Professoren: aus Anlass der Gründung der Albertus-Universität vor 450 Jahren." *Jahrbuch der Albertus-Universität*, 29, Rauschning, Dietrich und Nerée, Donata von (Hrsg.), Duncker & Humblot: Berlin, S. 521–526.

Zee, Anthony (1990): „Magische Symmetrie. Die Ästhetik in der modernen Physik." Birkhäuser: Basel, Boston und Berlin.

Ziegenbein, Paul (1934): „Einige Formeln und Sätze aus dem Gebiet der konvexen Bereiche." Dissertation, Universität Kiel.

Zimmermann, R. (1881): „Henry More und die vierte Dimension des Raumes." In *Sitzungsberichte der Kaiserlichen Akademie der Wissenschaften in Wien*, 98, S. 403.

Zühlke, P. (1914): „Angewandte Mathematik und Schule." In *Zeitschrift für mathematischen und naturwissenschaftlichen Unterricht aller Schulgattungen,* 45, S. 478–451.

Unveröffentlichte Quellen
(in Auswahl: Manuskripte, Vorlesungen, Filme etc.)

Burge, James; und Millington, Andrew: „What Einstein Never Knew." Drehbuch zum Film, London, 1985.

Heilbron, John L.: Interview mit Oskar Klein, 3. Sitzung, geführt von John L. Heilbron am 25. Februar 1963, Band 58a und b, Archives of the History of Quantum Physics, Niels-Bohr-Archive, Copenhagen.

Hilbert, David an Wagner, Hermann, Brief vom 7. März 1926, NSUBG Cod. Ms. H. Wagner 27.

Hilbert, David und Minkowski, Hermann: „Über partielle Differentialgleichungen der Physik", Seminar gehalten Wintersemester 1907/1908, NSUBG Cod. Ms. David Hilbert, 570/5.

Hilbert, David: „Gedanken allgemeiner Art", NSUBG Cod. Ms. David Hilbert 601.

Hilbert, David: „Grundgedanken der Relativitätstheorie", Vorlesung im Sommersemester 1921, NSUBG Cod. Ms. David Hilbert 564.

Hilbert, David: „Natur und mathematisches Erkennen", Rede im März 1921 in Kopenhagen, NSUBG Cod. Ms. David Hilbert 589.

Hilbert, David: „Raum und Zeit", Vorlesung im Wintersemester 1918/19, NSUBG Cod. Ms. David Hilbert 561.

Hilbert, David: „Unsere Vorstellung von Gravitation und Elektrizität", Vorlesung im Wintersemester 1923/24, NSUBG Cod. Ms. David Hilbert 569.

Hilbert, David: „Weltgleichungen." Teil III: „Theorie und Erfahrung." Vortrag gehalten 1923 in Hamburg und Zürich, NSUBG Cod. Ms. David Hilbert 596.

Hilbert, David: „Weltgleichungen." Teil III: „Theorie und Erfahrung." Vortrag gehalten 1923 in Hamburg und Zürich, NSUBG Cod. Ms. David Hilbert 596.

Hilbert, David: „Wissenschaftliches Tagebuch" III, NSUBG Cod. Ms. David Hilbert 600/3.

Kaluza, Ingemarie: „Erinnerungen an Theodor Kaluza." 18. März, 1997.

Kaluza, Theodor junior: „Tagebücher." 1937–1938.

Minkowski, Hermann an Hurwitz, Adolf, Brief vom 1. Februar 1908, NSUBG Cod. Ms. Math. Archiv 78. Nr. 211.

Minkowski, Hermann: „Das Relativitätsprinzip", NSUBG Cod. Ms. Math. Archiv 60:3.

Minkowski, Hermann: „Manuskripte zu Vorträgen in Göttingen", (1908), NSUBG Cod. Ms. Math. Archiv 60:4.

Minkowski, Hermann: „Vorarbeiten zu den Grundgleichungen des Elektromagnetischen Feldes", NSUBG Cod. Ms. Math. Archiv 60:1.

Minkowski, Hermann: „Vorarbeiten zu Raum und Zeit", NSUBG Cod. Math. Archiv 60:2, Mappe 2.

Minkowski, Hermann: „Vorlesungsaufzeichnungen", NSUBG Cod. Ms. Math. Archiv 60:5.

Riemann, Bernhard: „Über die mathematische Theorie der Schwere, der Elektrizität und des Magnetismus", am 30. April 1860 angekündigte Vorlesung, NSUBG Cod. Ms. B. Riemann 2, Blatt 49.

Schappacher, Norbert: „Beispiele und Gedanken zu den Auswirkungen des Kriegsendes auf die Mathematik in Deutschland." Vortrag 1996 in Berlin.

Schappacher, Norbert: „Das Mathematische Institut Göttingen 1929–1950." Unveröffentlichte Langfassung von 1987.

Wiechert, Ernst: „Abschiedsrede an die Abiturienten." Rede gehalten von dem Dichter am 16. März 1929 vor den Abiturienten des Hufengymnasiums Königsberg, NTK (veröffentlicht 1951 in „Reden an die Jugend").

Wiechert, Ernst: „Dichtung und Gegenwart." Rede gehalten 1936 vor den Studenten in der Münchener Universität, NTK (veröffentlicht 1951 in „Reden an die Jugend").

Interviews

Prof. Nikolaus Stuloff, Oktober 1997.

Ingemarie Kaluza, Juni 1997.

INDICES

Verzeichnis der Abbildungen im Text

Verzeichnis der Abbildungen im Farbbildteil

Nachweis der Abbildungen im Text

Abb.: 1, 2, 3, 4, 5, 6, 10, 11, 17, 18, 24, 25, 28, 32, 33, 34, 35, 36, 37, 39, 41, 42, 43, 44, 45, 46: NTK

Abb.: 19, 22, 23: Zeichnungen Alberta Wünsch

Abb.: 20: Wikipedia

Abb.: 21: EST-Archiv, Foto A. Schmidt

Abb.: 7, 8, 9, 14, 16, 47: Theodor Kaluza Stiftung

Abb.: 12: Museum Stadt Königsberg, Duisburg

Abb.: 13: Archiv Paul Gerhard Frühbrodt

Abb.: 15: Hubatsch und Gundermann (1966), S. 23

Abb.: 26: Kaluza (1922), S. 475

Abb.: 27: Evans (1955), S. 299

Abb.: 29: Kaku (1995), S. 180

Abb.: 30: Witten (1997), S. 27

Abb.: 31: Greene (1999), S. 315

Abb.: 38: Vereinigung Göttinger Papierhändler (vor 1942), von Dr. Ulrich Schmitt

Abb.: 40: Miyazaki (1987), Bild 36

Nachweis der Abbildungen im Farbbildteil

Abb.: 1, 2, 3, 4, 5, 6, 7, 8, 9, 10, 11, 12, 13, 14, 15, 17, 33, 34, 35, 36, 39, 40, 41, 42: NTK

Abb.: 16, 18, 19, 22, 23, 24, 43, 44 (Foto K.P.S.): Theodor Kaluza Stiftung

Abb.: 20, 21: Museum Stadt Königsberg, Duisburg, Sammlung Lothar Debler

Abb.: 25, 26, 27, 28, 29, 30, 31: „Königsberg in 144 Bildern" (1954), S. 35, 38 und 43[1]

Abb.: 32: Daugsch (1994), S. 93

Abb.: 37, 38: Prof. Dr. Hans-Heinrich Voigt

---

[1] Wir danken dem Verlagshaus Würzburg als Nachfolger des Rautenberg Verlages in Leer für die Erlaubnis zur Reproduktion dieser Bilder.

Hirzebruch, Friedrich (geb. 1927) *564, 672, 682*

Hitler, Adolf (1889–1945) *438, 439, 440, 453, 462, 479, 487, 510, 514, 520, 521, 530, 532, 533, 541, 683*

Hitzfeld, Otto Maximilian (1898–1990) *541*

Hoffmann, Banesh (1906–1986) *369, 686*

Hoffmann, E. T. A. (1776–1822) *15, 35, 45, 47, 352*

Hofmann, Erich *440, 441, 442, 446, 447, 448, 455, 456, 665*

Hohenzollern *45*

Höhwe *129*

Hölder, Otto (1859–1937) *104, 341*

Hölderlin, Friedrich (1770–1843) *527*

Hooft, Gerardus 't (geb. 1946) *364, 365, 390, 619, 665*

Hopf, Eberhard (1902–1983) *481, 484, 486, 665*

Hopf, Heinz (1894–1971) *692*

Hoppe, Reinhold Ernst Eduard (1816–1900) *189, 665*

Humboldt, Alexander von (1769–1859) *52, 316, 527*

Humboldt, Wilhelm von (1767–1835) *52, 54, 55, 64, 65, 72, 79, 527, 534, 565, 637, 652, 665, 680*

Hunger, Ulrich *32*

Hurwitz, Adolf (1859–1919) *70, 93, 264, 659*

Iglisch, Rudolf Ludwig Martin (1903–1987) *510, 511, 597*

Ignatowsky, Woldemar A. von (1875–1923) *107, 328*

Ishiwara, Jun (1881–1947) *272, 273, 274, 665*

Jacobi, Carl Gustav Jacob (1804–1851) *23, 53, 65, 68, 69, 76, 212, 452, 677*

Jamblichos (gest. um 330) *236, 237*

Jancke, F. *114*

Jaspers, Karl Theodor (1883–1969) *516, 666*

Johnston, William (1858–1931) *284, 671*

Jonas, Hans (1903–1993) *572, 626*

Joos, Jakob Christoph Georg (1894–1959) *20, 372, 502, 503, 514, 581, 650, 668*

Jordan, Camille Marie Ennemond (1838–1922) *189, 666*

Jordan, Pascual (1902–1980) *28, 29, 339, 372, 434, 452, 453, 498, 505, 549, 550, 551, 552, 553, 554, 555, 556, 557, 558, 559, 560, 584, 585, 586, 595, 606, 611, 612, 617, 631, 633, 665, 666, 674, 682, 688*

Jordan, Pascual junior *32, 548, 549, 551, 554, 584*

Jouffret, Esprit Pascal (1837–19?) *183, 198, 204, 205, 206, 209, 210, 666*

Joyce, James (1882–1941) *53, 543*

Kafka, Franz (1883–1924) *448, 543*

Kaiser, Hermann (1885–1945) *533*

Kaku, Michio (geb. 1947) *31, 195, 198, 365, 366, 375, 376, 377, 378, 380, 381, 504, 580, 583, 586, 610, 629, 636, 637, 666, 667*

Kaluza, Amalie geb. Zaruba (1850–1934) *36, 39, 40, 41, 43, 50, 52, 75, 420*

Kaluza, Anna, geb. Beyer (1885–1974) *16, 51, 101, 102, 103, 104, 322, 350, 353, 430, 449, 450, 453, 456, 464, 465,*

Die Autorin Daniela Wuensch

Nach dem Studium der Physik, Mathematik, Philosophie und Germanistik promovierte die Autorin im Jahr 2000 in Stuttgart in Wissenschaftsgeschichte bei dem bekannten Wissenschaftshistoriker Armin Hermann über „Theodor Kaluza (1885–1954). Leben und Werk." mit *summa cum laude.* Für ihre Doktorarbeit erhielt sie den Wilhelm-Zimmermann-Preis der Universität Stuttgart.

In den folgenden fünf Jahren setzte die Autorin ihre Recherchen fort. Bis dahin weitgehend unerforschte Bereiche klärte sie zum großen Teil erstmalig auf: die *Ursprünge und die Geschichte der Vereinheitlichungsidee seit der Antike*, die *Geschichte der Idee der Höherdimensionalität seit Kant* sowie die *Entwicklung der vereinheitlichten Theorien bis zur Gegenwart.* Diese reichen neuen Forschungsergebnisse – quasi ein weiteres Buch im Umfang ihrer ursprünglichen Dissertation – veröffentlichte sie in ihrem bei Termessos zuerst 2007 erschienenem Kaluza-Werk. In ihm stellt Wuensch daher nicht nur Kaluzas Leben und Werk dar, sondern erzählt auch auf ganz einmalige Weise von der Suche nach der Einheit der Naturkräfte: *Ein Abenteuer der Erkenntnis, das bereits in der griechischen Antike begann und erstmals Anfang des 20. Jahrhunderts in der Theorie von Theodor Kaluza von Erfolg gekrönt war.* Unter dem Titel „Die Geschichte der höherdimensionalen vereinheitlichten Theorien" erweiterte Daniela Wuensch diesen Teil des Buches zu ihrer Habilitationsarbeit an der Universität Hamburg, wo sie im Mai/Juni 2006 eine Gastprofessur für Wissenschaftsgeschichte vertrat.

Die Autorin, die zwei Jahre bei der Hilbert-Edition in Göttingen arbeitete und anschließend zwei Jahre im Rahmen des DFG-Projekts „David Hilberts Kontinuumsmechanik im Licht seiner axiomatischen Methode" forschte, lehrte Wissenschaftsgeschichte in Göttingen und Hamburg und arbeitet jetzt als unabhängige Wissenschaftshistorikerin in Stuttgart und Göttingen.

Im Termessos-Verlag sind erschienen: „'zwei wirkliche Kerle.' Neues zur Entdeckung der Gravitationsgleichungen der Allgemeinen Relativitätstheorie durch David Hilbert und Albert Einstein" (2005) und (²2007), „Der Erfinder der fünften Dimension. Theodor Kaluza. Leben und Werk" (2007) und (²2008) und „Der Weg der Wissenschaft im Labyrinth der Kulturen" (2008).

Bibliographische Angaben:

Daniela Wuensch: „Der Erfinder der 5. Dimension. Theodor Kaluza. Leben und Werk.“
Verbesserte 2. Auflage. Göttingen 2008. Termessos Verlag. ISBN 978-3-938016-11-4
748 Seiten (716 Seiten Text + 32 unpaginierte Seiten Vierfarb-Abbildungen),
insgesamt 91 Abbildungen (79 Fotos, 7 Figuren, 3 Reproduktionen, 2 Digramme)
(1. Auflage: Göttingen 2007)

Termessos Verlag – Heinz-Hilpert-Str. 1 – DE-37085 Göttingen
www.termessos.de – info@termessos.de
Fax (0049   0)5 51 / 7 89 54 34

Satz und Layout: Termessos Verlag
Druck und Bindung: Hubert & Co, Göttingen
Gedruckt auf säurefreiem, alterungsbeständigem Papier

Trotz aller aufgewandten Sorgfalt wird dieses Buch Fehler enthalten. Finden Sie welche,
lassen Sie sie uns bitte wissen: *info@termessos.de!* Wir können dann eine Errata-Liste ins
Internet stellen, den vorhandenen Exemplaren beilegen und spätere Auflagen korrigieren.

Ein Wort zur neuen Rechtschreibung: Wir begrüßen die ß/ss-Regelung und die Aufgabe
der Trennung von „ck“ in „k-k“, die – bei sich verschiebendem Satz – für Setzereien immer eine Quelle von Fehlern war. Die zum großen Teil inzwischen wieder zurückgenom-
menen oder aufgeweichten Reformen der Groß- und Kleinschreibung, Getrennt- und
Zusammenschreibung halten wir dagegen für fast durchgehend verfehlt. Auch die Zeit,
„aufwendig“ durch „aufwändig“ zu ersetzen, wollten wir im übrigen nicht aufwenden.

Foto der Autorin (S. 715): Christa Hinzmann 2005, i.A. des Göttinger Tageblattes
Coverrückseite: Foto Baltikuminfo.de, digital bearbeitet von K.P.S.
Vorsatzpapier vorne: Ostpreußenkarten: Cudell (2001), Vorsatzpapier vorne.
Vorsatzpapier hinten: Stadtplan Königsbergs: Ausschnitt aus „Stadtplan von Königsberg.
Stand 1931“ (mit Dank an das Verlagshaus Würzburg als Nachfolger des Rautenberg Ver-
lages in Leer für die Erlaubnis zur Reproduktion eines Ausschnittes dieser Karte).

716

Daniela Wuensch

„zwei wirkliche Kerle"
Neues zur Entdeckung der Gravitationsglei-
chungen der Allgemeinen Relativitätstheorie
durch David Hilbert und Albert Einstein.

Die erste Auflage dieses aufsehenerre-
genden Buches löste eine Menge Reaktionen aus. Rasch konnte dem erfolgreichen
Werk eine verbesserte 2. Auflage folgen.

„Das Buch ist nicht nur spannend, es liefert
auch einen interessanten Einblick in das
wissenschaftliche Umfeld von Einstein und
Hilbert. Es ist ein mustergültiges Beispiel
wissenschaftshistorischer Forschung. ..."
Prof. Dr. Ulrich Eckhardt, in *Spektrum der Wis-*
senschaft, September 2006, S. 100f.

„Dieses Buch ist für den Wissenschaftshistoriker, der inhaltlich wie methodisch
auf seine Kosten kommt, genauso ein Gewinn wie für den Wissenschaftsphiloso-
phen, der sich dafür interessiert, wie sich Wissenschaft entwickelt und wie einzel-
ne große Erkenntnisse errungen werden, für den Wissenschaftstheoretiker, der
die Methode der Wissenschaftsgeschichte an einem Fallbeispiel kennenlernen
will, und für den Physiker, der sich mit der Allgemeinen Relativitätstheorie be-
schäftigt.
Die sehr gute Lesbarkeit, der rote Faden, der sich trotz aller Details und ver-
schlungenen Pfade durchzieht, und der klare, sachliche, aber dennoch nicht tro-
ckene Stil der wissenschaftshistorischen Analyse tragen zu dem Genuss bei, den
die Lektüre dieses Buches bereitet."
Dr. Tobias Jung in *Berichte zur Wissenschaftsgeschichte*, 28(4), 2005, S. 356f..

„Es ist Daniela Wuenschs großes Verdienst, ein ‚heißes Eisen angefasst', das
Problem so gründlich wie möglich untersucht und zur Stellungnahme heraus-
fordernde Thesen aufgestellt zu haben. ... hier liegt ein wichtiges Buch vor, das
weiterempfohlen wird"
Dr. Rainer Schimming in NTM, 17(1), 2007, S. 71f..

ISBN 978-3-938016-09-1, 127 S., 15 Abbildungen, 15,6 x 24 cm, fadengeheftet, Softcover –
direkt zu beziehen inklusive reichhaltiger weiterer Informationen über: *www.termessos.de*

Der Weg der
Wissenschaft
im Labyrinth
der Kulturen

Daniela Wuensch

Termessos

Daniela Wuensch

Der Weg der Wissenschaft im Labyrinth der Kulturen. Sieben zentrale Aufgaben der Wissenschaftsgeschichte.

141 S, 10 Abbildungen, davon 7 farbig.

„... eine der interessantesten und anregendsten Publikationen der letzten Jahre, deren Lektüre allen Naturwissenschaftlern nachdrücklich empfohlen sei."
Dr. Manfred Jacobi, Brüssel, in Physik in unserer Zeit, 39, Nov. 2008, S. III.

„Ich halte dieses Buch für einen wichtigen Beitrag zum Verständnis der Wissenschaftsgeschichte und ihrer Probleme in unserer Gesellschaft und wünsche ihm eine möglichst große Verbreitung. Die Autorin, die bereits anderweitig gezeigt hat, dass sie eine hervorragende Wissenschaftshistorikerin ist, ist für dieses erhellende Buch zu danken. Der Verlag hat das Buch in gewohnter Wiese liebevoll ausgestattet, so dass es sich ganz wunderbar als Geschenk eignet."
Prof. Dr. Thomas Sonar, Braunschweig, in Mathematische Semesterberichte, 55 (2008), S. 253f.

"In my view one can hardly overestimate Daniela Wuensch's efforts at putting forward a unified project for the history of science and delegating an integrative role to it for various disciplines. Her very readable presentation of important questions offers enrichment to both experts and lay persons alike. ...

In a lecture held in 1900, the mathematician David Hilbert, so revered by Daniela Wuensch, managed to present 23 basic mathematical problems and thus furnish the next half century with a research program. One can only hope that the book reviewed here will be similary successful."
Dr. Tobias Jung, Augsburg in Annalen der Physik, 17, November 2008, S. 911f.

ISBN 978-3-938016-10-7, 141 S., 7 Farb-, 2 Duo-Ton-Fotos und 1 sw-Repoduktion, 12,2 x 19 cm, fadengeheftet, Softcover – direkt zu beziehen über: *www.termessos.de*

Reaktionen auf **Daniela Wuensch:**
Der Erfinder der 5. Dimension. Theodor Kaluza. Leben und Werk

„Die Autorin verhehlt nicht, dass sie für Kaluza große Bewunderung empfindet – und das nicht nur seiner wissenschaftlichen Leistungen wegen. Was sie an diesem intellektuell brillanten und dennoch bescheiden gebliebenen Wissenschaftler schätzt, ist seine moralische Integrität. Anders als manch einer seiner (berühmteren) Zeitgenossen hielt Kaluza auch während des Dritten Reichs an seinen humanistischen Idealen fest."

Christian Speicher in *Neue Zürcher Zeitung*, 6. Juni 2007, S. 31

„Es ist nicht hoch genug einzuschätzende Verdienst von Daniela Wuensch, dass sie Theodor Kaluza eine ausführliche und sehr einfühlsame Biographie gewidmet hat. Dabei beschränkt sie sich bei weitem nicht auf die Arbeit zur fünften Dimension und die Vereinheitlichungsidee, sondern diskutiert auch Kaluzas weitere Forschungs- und Lehrtätigkeit an den Universitäten Königsberg, Kiel und Göttingen."

Prof. Dr. Claus Kiefer in *Physik in Unserer Zeit*, 38/5, 2007, S. 255

„Die Biographie Kaluzas ist eine vorbildliche und ganz hervorragende wissenschaftliche Biographie, verfasst von einer Wissenschaftshistorikerin mit physikalischem Fachwissen. Über viele Jahre hat Wünsch unzählige Quellen ausgewertet und Gespräche nicht nur mit Familienmitglieder geführt. Ihre Schilderung des Kaluza' schen Lebens und Wirkens ist anrührend, spannend, fachlich klar, erhellend und beim Lesen ein Genuss. Der Göttinger Termessos Verlag hat den Band hervorragend liebevoll ausgestattet. Mit einem Satz: Eine Perle der wissenschaftlichen Biographie."

Prof. Dr. Thomas Sonar in *Mathematische Semesterberichte*, 54, 2007, S. 256f.

„In dem vorliegenden Buch ist es der Autorin gelungen, die beiden konträren Ziele einer Biografie, akribisch die Fakten zusammenzutragen und eine spannende Geschichte zu erzählen, auf das Glücklichste zu vereinen. ... 716 Seiten Text, davon 42 Seiten Literaturverzeichnis und mehr als 2000 Anmerkungen belegen die Intensität, mit der die Autorin recherchiert hat. ... Daniela Wünsch stellt die fünfdimensionale Theorie sachkundig dar – sie hat schließlich Mathematik und Physik studiert –, und zwar einmal streng formal und dann auch „laienhaft" für diejenigen Leser, die der Mathematik etwas ferner stehen. ...
Ich gestehe: Das Buch hat mich begeistert."

Prof. Dr. Ulrich Eckhardt in *Spektrum der Wissenschaft*, September 2008, S. 104f.